（2024年版）

国网福建省电力有限公司输变电工程

通用设计

110kV 输电线路杆塔分册

国网福建省电力有限公司经济技术研究院　组编

中国电力出版社
CHINA ELECTRIC POWER PRESS

为持续完善福建省 110kV 输配电线路设计标准及造价控制指标，加强工程建设集约化管理，国网福建省电力有限公司（简称国网福建电力）建设部组织修编完善 110kV 输电线路杆塔通用设计。该通用设计总结归纳福建省常见气象条件、导地线参数等后进行杆塔规划设计，得到不同使用条件下的杆塔参数。通用设计的应用有助于统一建设标准、规范设计方案、加快设计进度和提升工程建设水平。

本书为《国网福建省电力有限公司输变电工程通用设计 110kV 输电线路杆塔分册（2024 年版）》。全书共分为 4 篇，第 1 篇为总论，包括概述、编制依据、使用说明、模块划分及杆塔规划；第 2 篇为技术导则，包括杆塔规划、杆塔荷载、其他设计参数和杆塔材料；第 3、4 篇为 110kV 输电线路杆塔通用设计，主要包括 15 个子模块的设计说明、杆塔一览图、杆塔单线图。

本书适合从事输电线路工程的技术人员及相关人员阅读。

图书在版编目（CIP）数据

国网福建省电力有限公司输变电工程通用设计. 110 kV 输电线路杆塔分册 : 2024 年版 / 国网福建省电力有限公司经济技术研究院组编. -- 北京 : 中国电力出版社, 2025. 4. -- ISBN 978-7-5198-9924-0

Ⅰ. TM7；TM753

中国国家版本馆 CIP 数据核字第 20250X8F23 号

出版发行：中国电力出版社
地　　址：北京市东城区北京站西街 19 号（邮政编码：100005）
网　　址：http://www.cepp.sgcc.com.cn
责任编辑：赵　杨（010-63412287）
责任校对：黄　蓓　常燕昆　张晨荻　朱丽芳
装帧设计：张俊霞
责任印制：石　雷

印　　刷：三河市万龙印装有限公司
版　　次：2025 年 4 月第一版
印　　次：2025 年 4 月北京第一次印刷
开　　本：880 毫米×1230 毫米　横 16 开本
印　　张：31
字　　数：1107 千字
定　　价：498.00 元

《国网福建省电力有限公司输变电工程通用设计　110kV 输电线路杆塔分册（2024 年版）》编委会

牵头单位　国网福建省电力有限公司建设部

编制单位　国网福建省电力有限公司经济技术研究院

福建永福电力设计股份有限公司

主　　编　柯清辉

副 主 编　陈　彬　黄永忠　肖方顺　林学根

编写人员　武奋前　李扬森　林少远　纪联辉　于新民　刘志伟　宋　平　唐自强　程建平　陈　祥　蔡旺昕　李小刚　聂克剑

施孝霖　陈行云　林健昊　吴逸帆　黄晓予　张劲波　王先日　陈远浩　叶　欣　郭经峰　林　师　陈俤辉　林文玉

付晓旭　谢杨斌　孙义贤　游金泉　谢　铭　陈笔尖　胡逸羽　张　炜　陈　达　黄旭伟　张彦博　刘　创

前　言

近年来，我国自然灾害频繁，电网时常受灾害影响，对电网安全、企业与社会经济造成重大损失。考虑原设计规模与标准的不足、环境演变因素、国民经济发展需要，并总结和吸收了近年来架空输电线路设计、建设和运行中的新技术、新材料、新工艺的应用经验，国家修订了新版规程规范与有关设计标准，其主要设计原则与有关计算参数有较大调整，以提高电网抗灾能力与安全运行水平。

福建省 110kV 电压等级输电线路目前缺乏完整的设计标准及造价控制指标，在具体工程建设中，无论是技术参数，还是工程造价水平均较难准确控制，而目前福建省 110kV 线路的设计单位技术水平良莠不齐，尤其在杆塔设计方面更为薄弱。2012 年，国网福建省电力有限公司（简称国网福建电力）建设部组织相关单位编写了 1A3 等共 17 个模块杆塔型的通用设计（2012 版），该版本通用设计由于原设计规模及标准的不足、外部环境演变、国民经济发展需要，以及国家近期修订的新版规程规范及有关设计标准等客观因素，远不能满足实际工程的需求，一定程度上制约了工程建设集约化管理。

国网福建电力于 2020 年底开始组织相关单位修编完善 110kV 输电线路杆塔通用设计，在方案的研究阶段，国网福建电力开展了大量前期工作：分别向省内各设计、施工和运行单位进行深入调研；2020 年和 2021 年 6 月，分两批次针对福建省 110kV 电压等级输电线路工程建设设立深化项目，共确定了 15 个模块，总计 139 种塔型进行深化设计工作；2020—2021 年，多次组织相关专家对通用设计技术原则进行深入讨论，并于 2022—2023 年完成本次成果的省内试运行。这些举措保证了方案的适用性与通用性。

此次 110kV 输电线路杆塔通用设计的顺利完成及今后的推广，将有效提高福建电网抗灾能力，并使工程建设的采购、设计制造、施工等各环节更加规范化，有利推进福建省电网基建标准化工作再上新台阶。

编　者

2025 年 4 月

目　录

第1篇

总　　论

1　概　　述

1.1　编制目的

为更好地推广应用国家电网有限公司（简称国家电网公司）110kV输电线路通用设计成果，提高福建省电网建设标准化水平，贯彻实施通用设计理念，集约人力资源；统一建设标准，统一主要设计技术原则，统一设计深度；提高设计质量，加快电网工程建设进度，提高福建电网稳定运行水平。国网福建电力统一组织开展了国网通用设计110kV线路模块的深化应用工作。

通用设计深化应用方案的编制，在国网通用设计方案的基础上，进一步统一了福建省的设计方案，简化了通用设计福建省应用方案的数量，提高了通用设计方案在福建省的适用性，对提高电网工程设计质量，提高设计、建设效率，提升工程建设水平，提高电网稳定运行水平，有效控制工程造价有积极的意义。

1.2　编制原则

（1）遵循最新标准规范。按照新修订的国家标准、行业标准及公司技术标准、文件等要求，编制杆塔通用设计技术导则。

（2）统一设计技术要求。统一设计原则、杆塔规划、材料规格、加工制图要求，提高杆塔通用互换性。

（3）优化精简杆塔数量。分析通用设计杆塔应用频率、技术指标，合理归并相邻杆塔模块，优化精简通用设计杆塔数量。

（4）实现技术经济合理。精细化开展杆塔设计，合理控制构件应力。

1.3　工作成果

根据福建省110kV杆塔通用设计模块深化应用的指导意见及前期调研成果，并通过与会专家讨论，最终确定本次通用设计共计深化15个模块，分别为110－DC21D（原1A3）、110－DF11D（原1A7）、110－DD21S（原1D5）、110－DG11S（原1D13）、110－DC31D（原1A9）、110－DD21GS（原1GGD4）、110－DF11S（原1D12）、110－DB21S（原1D2）、110－DH11S（原1D14）、110－CF11GS（原1GGD7）、110－EG11S（原1E15）、110－ED21S（原1E6）、110－EF11GS（原1GGE5）、110－EF11S（原1E12）、110－DC21GS（原1GGD3）。

1.4　工作方式

为了保证设计方案的适用性、通用性，国网福建电力开展大量深入的前期调研工作，结合福建省各个地区的实际情况，向省内设计、施工、运行、生产制造等相关单位进行多方面、深层次的调查收资；与国内其他设计单位进行充分的交流，借鉴国家电网典型设计的先进经验，确保此次典型设计的质量与技术水平。调研的主要内容如下：

（1）杆塔设计条件规划。

（2）杆塔设计技术标准。

（3）加工、施工、运行等环节对设计参数的要求。

（4）在线运行的各种杆塔的优缺点。

1.5　技术重点

本次 110kV 杆塔深化应用项目总结和吸收了近年来架空输电线路设计、建设及运行中的新技术、新材料、新工艺应用经验，具有以下优点：

（1）按照现行《35kV～750kV 线路杆塔通用设计优化技术导则》文件要求进行优化设计。

（2）铁塔采用全方位不等高接腿布置，可尽量维护自然地形、地貌，相对以往 110kV 工程可减少尖峰土石方量。

（3）提升杆塔的使用档距和最高呼高，使线路满足林区高跨设计的要求，达到减少林木砍伐量、防治水土流失等目的。

（4）充分考虑目前省内各地区污秽等级的要求，合理规划塔头尺寸，以满足全省使用要求。

（5）采用三维数字化技术设计，满足国家电网公司架空输电线路三维设计全过程应用需求，同时为构建数字电网奠定基础。

（6）结合国家电网公司开拓电力物联网的战略目标，考虑远期升级大容量地线复合光缆（optical power grounded waveguide，OPGW）的技术措施。

2　编　制　依　据

2.1　主要设计标准、规程规范

（1）《架空输电线路电气设计规程》（DL/T 978—2020）。

（2）《架空输电线路杆塔结构设计技术规程》（DL/T 5486—2020）。

（3）《架空输电线路荷载规范》（DL/T 5551—2018）。

（4）《钢结构设计标准》（GB 50017—2017）。

（5）《输电线路杆塔制图和构造规定》（DL/T 5442—2020）。

（6）《输电线路铁塔制造技术条件》（GB/T 2694—2018）。

（7）《交流电气装置的过电压保护和绝缘配合设计规范》（GB/T 50064—2014）。

（8）《35kV～750kV 线路杆塔通用设计优化技术导则（试行）》。

（9）《输变电工程三维设计建模规范　第 2 部分：架空输电线路》（Q/GDW 11810.2—2018）。

（10）《输变电工程数字化设计编码应用导则　第 2 部分：线路工程》（Q/GDW 11600.1—2016）。

（11）《输变电工程数字化移交技术导则　第 2 部分：架空输电线路》（Q/GDW 11812.2—2018）。

（12）《电力安全工作规程　电力线路部分》（GB 26859—2011）。

（13）《电力建设安全工作规程　第 2 部分：电力线路》（DL 5009.2—2023）等。

2.2　国家电网有限公司的有关规定

（1）《国家电网有限公司关于印发十八项电网重大反事故措施（修订版）的通知》（国家电网设备〔2018〕979 号）。

（2）《电力安全工作规程　电力线路部分》（GB 26859—2011）。

（3）《电力建设安全工作规程　第 2 部分：电力线路》（DL 5009.2—2023）。

3　使　用　说　明

3.1　应用方法

首先，根据实际工程的导地线规格型号及气象条件，查找相应的杆塔子模块，套用时，应注意详细核对每个塔型的设计参数，确保安全可靠。

（1）水平档距、垂直档距、K_v 值、转角度数、代表档距。

（2）绝缘配置是否满足实际工程的要求。

（3）塔头间隙。

（4）特殊塔位应注意核对可能出现极端的荷载情况。

（5）施工架线方式是否存在特殊情况。

（6）联塔金具及挂孔大小是否与通用设计一致。

3.2 耐张塔基础作用力转换系数

耐张塔同一呼高拉腿对应的下压力或压腿对应的上拔力，可通过该呼高的最大下压力或上拔力乘以相应转换系数得到。

（1）Ⅰ型耐张塔下压力转换系数 0.9，上拔力转换系数 0.9。

（2）Ⅱ型耐张塔下压力转换系数 0.65，上拔力转换系数 0.55。

（3）Ⅲ型耐张塔下压力转换系数 0.4，上拔力转换系数 0.3。

（4）Ⅳ型耐张塔下压力转换系数 0.7，上拔力转换系数 0.7。

3.3 注意事项

（1）要结合工程具体情况，选择经济、合理的通用设计模块，尽量避免“以大代小”的使用情况。

（2）具体工程设计中，可以在不同的模块中，选择满足使用条件的各经过校核代用，或重新设计并提供专题报告，经评审通过后使用。如果重新设计的塔型使用数量较大，可申请修订通用设计。

（3）当通用设计中没有相同使用条件的模块时，可以选用适合的模块深化设计。

（4）严禁未经验算，而超条件使用通用设计杆塔。

4 模块划分及杆塔规划

110kV 杆塔通用设计规划的杆塔模块表见表 4－1。

表 4－1　110kV 杆塔通用设计规划的杆塔模块表

序号	回路数	导线型号	基本风速（m/s）	覆冰（mm）	地形	塔型数	模块名称
1	单	1×JL3/G1A－300/40 兼 1×JL3/G1A－240/30	27	10	山地	10	110－DC21D（原 1A3）
2	单	1×JL3/G1A－300/40 兼 1×JL3/G1A－240/30	27	15	山地	10	110－DC31D（原 1A9）
3	单	1×JL3/G1A－300/40 兼 1×JL3/G1A－240/30	33	0	山地	10	110－DF11D（原 1A7）
4	双	1×JL3/G1A－300/40 兼 1×JL3/G1A－240/30	25	10	山地	9	110－DB21S（原 1D2）
5	双	1×JL3/G1A－300/40 兼 1×JL3/G1A－240/30	29	10	山地	10	110－DD21S（原 1D5）
6	双	1×JL3/G1A－300/40 兼 1×JL3/G1A－240/30	33	0	山地	10	110－DF11S（原 1D12）
7	双	1×JL3/G1A－300/40 兼 1×JL3/G1A－240/30	35	0	山地	10	111－DG11S（原 1D13）

续表

序号	回路数	导线型号	基本风速（m/s）	覆冰（mm）	地形	塔型数	模块名称
8	双	1×JL3/G1A－300/40 兼 1×JL3/G1A－240/30	37	0	山地	9	110－DH11S（原 1D14）
9	双	2×JL3/G1A－240/30 兼 1×JL3/G1A－400/35	29	10	山地	9	110－ED21S（原 1E6）
10	双	2×JL3/G1A－240/30 兼 1×JL3/G1A－400/35	33	0	山地	9	110－EF11S（原 1E12）
11	双	2×JL3/G1A－240/30 兼 1×JL3/G1A－400/35	35	0	山地	9	110－EG11S（原 1E15）
12	双	1×JL3/G1A－300/40 兼 1×JL3/G1A－240/30	27	10	平地	8	110－DC21GS（原 1GGD3）
13	双	1×JL3/G1A－300/40 兼 1×JL3/G1A－240/30	29	10	平地	9	110－DD21GS（原 1GGD4）
14	双	1×JL3/G1A－300/40 兼 1×JL3/G1A－240/30	33	0	平地	8	110－CF11GS（原 1GGD7）
15	双	2×JL3/G1A－240/30 兼 1×JL3/G1A－400/35	33	0	平地	9	110－EF11GS（原 1GGE5）

国家电网有限公司 STATE GRID CORPORATION OF CHINA

第 2 篇

技 术 导 则

5 杆 塔 规 划

5.1 气象条件

本次通用设计 15 个模块涉及 $V_{max}=25m/s$、$C=10mm$；$V_{max}=27m/s$、$C=10mm$；$V_{max}=27m/s$、$C=15mm$；$V_{max}=29m/s$、$C=10mm$；$V_{max}=33m/s$、$C=0mm$；$V_{max}=35m/s$、$C=0mm$；$V_{max}=37m/s$、$C=0mm$；共七个气象区；海拔均为 0～1000m。

5.2 导地线参数

本次通用设计杆塔模块导线采用 1×JL3/G1A－300/40 兼 1×JL3/G1A－240/30 或 2×JL3/G1A－240/30 兼 1×JL3/G1A－400/35。地线架设 1～2 根 OPGW 光缆，每根 48 芯，杆塔设计时，按两根地线设计。本项目按采用 1×JLB20A－100，考虑 OPGW 的影响。对角钢塔：导线设计安全系数取 2.5；地线设计安全系数取 4.0；对钢管杆：导线设计安全系数取 6；地线设计安全系数取 8，具体导地线技术参数及机械性能见表 5－1。

表 5－1　　导地线技术参数及机械特性表

项目	导线		地线
电线型号	JL3/G1A－240/30	JL3/G1A－300/40	JLB20A－100
计算截面面积（mm^2）	276	339	101
计算外径（mm）	21.6	23.9	13
计算重量（kg/m）	0.9215	1.132	0.6767
额定拉断力（N）	75190	92360	135200
弹性系数（MPa）	70500	70500	153900
线膨胀系数（1/℃）	19.4×10^{-6}	19.4×10^{-6}	13.0×10^{-6}

5.3 杆塔设计条件

根据调研成果、以往工程使用经验及《35kV～750kV 线路杆塔通用设计优化技术导则》，各模块的杆塔规划使用条件见表 5－2～表 5－5。

表 5－2　　110－DD21S（1D5）模块杆塔规划使用条件

序号	名称	水平档距（m）	垂直档距（m）	代表档距（m）	K_v	转角度数（°）	呼称高（m）	计算呼高（m）
1	110－DD21S－ZC1	380	550	250	0.8	0	15～30	30
2	110－DD21S－ZC2	480	700	250	0.7	0	15～36	36
3	110－DD21S－ZC3	650	1000	250	0.6	0	15～36	36
4	110－DD21S－ZCK	480	700	250	0.7	0	39～51	51
5	110－DD21S－ZCR	480	700	250	0.7	0	15～36	36
6	110－DD21S－JC1	450	700/－350	200/450	—	0～20	15～30	30

续表

序号	名称	水平档距（m）	垂直档距（m）	代表档距（m）	K_v	转角度数（°）	呼称高（m）	计算呼高（m）
7	110－DD21S－JC2	450	700/－350	200/450	—	20～40	15～30	30
8	110－DD21S－JC3	450	700/－350	200/450	—	40～60	15～30	30
9	110－DD21S－JC4	450	700/－350	200/450	—	60～90	15～30	30
10	110－DD21S－DJC	450	700/－350	200/450	—	0～90 终端	15～30	30

注：K_v 表示最小垂直档距与水平档距比值。

表 5－3　　110－DG11S（1D13）模块杆塔规划使用条件

序号	名称	水平档距（m）	垂直档距（m）	代表档距（m）	K_v	转角度数（°）	呼称高（m）	计算呼高（m）
1	110－DG11S－ZC1	380	550	250	0.8	0	15～30	30
2	110－DG11S－ZC2	480	700	250	0.7	0	15～36	30
3	110－DG11S－ZC3	650	1000	250	0.6	0	15～36	33
4	110－DG11S－ZCK	480	700	250	0.7	0	39～51	51
5	110－DG11S－ZCR	480	700	250	0.7	0	15～36	36
6	110－DG11S－JC1	450	700/－350	200/450	—	0～20	15～30	30
7	110－DG11S－JC2	450	700/－350	200/450	—	20～40	15～30	30
8	110－DG11S－JC3	450	700/－350	200/450	—	40～60	15～30	30
9	110－DG11S－JC4	450	700/－350	200/450	—	60～90	15～30	30
10	110－DG11S－DJC	450	700/－350	200/450	—	0～90 终端	15～30	30

表 5－4　　其余单回和双回角钢塔模块使用条件

序号	名称	水平档距（m）	垂直档距（m）	代表档距（m）	K_v	转角度数（°）	呼称高（m）	计算呼高（m）
1	ZMC1（ZC1）	380	550	250	0.8	0	15～30	30
2	ZMC2（ZC2）	480	700	250	0.7	0	15～36	30
3	ZMC3（ZC3）	650	1000	250	0.6	0	15～36	33
4	ZMCK（ZCK）	480	700	250	0.7	0	39～51	51
5	ZMCR（ZCR）	480	700	250	0.7	0	33～51	51
6	JC1	450	700/－350	200/450	—	0～20	15～30	30
7	JC2	450	700/－350	200/450	—	20～40	15～30	30
8	JC3	450	700/－350	200/450	—	40～60	15～30	30
9	JC4	450	700/－350	200/450	—	60～90	15～30	30
10	DJC	450	700/－350	200/450	—	0～90 终端	15～30	30

表 5－5　　双回路平地钢管杆模块规划使用条件

序号	名称	水平档距（m）	垂直档距（m）	代表档距（m）	K_v	转角度数（°）	呼称高（m）
1	ZG1	150	200	0.85	0	15～27	21
2	ZG2	200	250	0.8	0	15～33	27
3	ZG3	250	350	0.7	0	15～36	33
4	ZGK	200	250	0.8	0	33～45	45
5	JG1	200	250	—	0～10	15～30	30
6	JG2	200	250	—	0～20	15～30	30
7	JG3	200	250	—	20～40	15～30	30
8	JG4	200	250	—	40～60	15～30	30
9	JG5	200	250	—	60～90 兼 0～90 终端	15～30	30

注：部分模块可根据实际情况取消 *K* 塔。

5.4　杆塔电气配合及塔头设计

（1）本次通用设计考虑架设两根地线。

（2）单回路铁塔采用三角排列布置方式，直线塔采用猫头型式，耐张塔采用干字型型式；双回路采用垂直排列。

（3）适用地形：角钢塔按 1000m 以下山区地形设计，钢管杆按平地设计。

（4）地线对导线的保护角：单回路按小于等于 15°，双回路按小于等于 0°进行设计。

（5）雷暴日数：雷暴日取 65 日。

（6）污秽等级：按 D2 级污秽区，爬电比距大于等于 50.4mm/kV。

（7）塔头空气间隙值：按规范及《35kV～750kV 线路杆塔通用设计优化技术导则（试行）》取值。

（8）110kV 塔头布置间隙裕度统一考虑为对横担 150mm，对塔身 150mm。

（9）对于 33m/s、35m/s 和 37m/s 风速区跳线采用防风偏绝缘子跳线串，25m/s、27m/s 和 29m/s 风速区采用常规跳线串和防风偏绝缘子跳线串兼用。

5.5 杆塔结构布置

（1）铁塔按计高低腿组合设计。

（2）为了增加铁塔顺线路的刚度，常规铁塔采用方形断面。

（3）为了确保铁塔的抗扭刚度，隔面设置按小于等于 5 倍平均宽和 4 个主材分段。

（4）为了确保直线塔导线双悬垂挂点间距满足 200＋200＝400（mm）的要求，直线塔导线横担口宽不宜小于 1000mm。

（5）本次通用设计耐张塔内外侧导线横担都设置 3 个跳线挂点，单回路上导线跳线挂点设置在内侧地线横担上；耐张塔上导线挂点设置在塔身隔面中间。

（6）横担上弦杆与下弦杆的夹角宜控制在 18°～23°；塔身交叉斜材与水平面的夹角取 35°～45° 为宜，不宜小于 30°，同时不宜大于 45°；塔腿斜材与主材的夹角不应小于 18°，同时不宜大于 30°，塔腿斜材与水平面的夹角宜大于 30°。

（7）直线塔上下曲臂主材夹角不宜小于 18°。

（8）为避免根开出现倒挂且便于后期使用，本次通用设计所有塔型塔身坡度取 0.005 为模数。

（9）铁塔全高低于 80m 时，可采用脚钉；大于等于 80m 时，宜采用直爬梯或脚钉并设置简易的休息平台。

6 杆塔荷载

6.1 气象重现期

110kV 输电线路重现期按 30 年取值。

6.2 设计风速离地高度

设计风速离地高度取 10m，按 B 类地面粗糙度选取。

6.3 杆塔结构重要性系数

本次通用设计除了重要跨越 R 塔取 1.1，其余杆塔均按 1.0 取值。

6.4 荷载计算原则

（1）本次荷载计算软件采用 SmartLoad，荷载计算执行标准《架空输电线路荷载规范》（DL/T 5551—2018）。

（2）本次通用设计导地线风荷载脉动折减系数ε_c统一按沿海台风区 0.7 取值（仅对 35m/s 及以上风速区考虑）。

（3）安装工况下，综合考虑导地线安装时的初伸长、过牵引、施工误差等因素，导线张力增加 15%，地线张力增加 10%。

（4）安装工况动力系数为 1.1。

（5）铁塔构件覆冰后，风荷载增大系数按规范要求取值，10mm 冰取 1.2，15mm 冰取 1.6。

（6）直线塔最小垂直档距根据 K_v 计算，即 $L_{vmin}=K_v\times L_h$；耐张塔最小垂直荷载工况，按一侧上拔一侧下压考虑，前侧下压荷载按设计垂直档距的 80% 考虑，后侧上拔荷载按照设计垂直档距的 50%考虑。

（7）前后侧挂点荷载分配系数：直线塔前后水平档距分配系数按 6:4，垂直档距按 6:4。

耐张塔水平档距分配系数取 7:3，同时按照 5:5 分配后校核构件强度；垂直档距分配系数取 8:2，且应考虑一侧上拔一侧下压的情况，其上拔侧垂直荷载按设计垂直档距 50%计算，垂直下压侧荷载按设计垂直档距的 80%考虑；终端塔应考虑垂直荷载一侧为 0，另一侧全部加在线路侧的情况。

（8）安装工况下，铁塔附加荷载标准值按表 6－1 执行。

表 6-1　　　　一般线路附加荷载标准值

电压等级（kV）	导线（kN）		地线（kN）		跳线（kN）
	悬垂型杆塔	耐张型杆塔	悬垂型杆塔	耐张型杆塔	
110	1.5	2.0	1.0	1.5	1.5

（9）导地线断线张力或纵向不平衡张力取值按表 6-2 执行。

表 6-2　　　　导地线断线张力（含纵向不平衡张力）取值表

冰区	地形	断线张力（含纵向不平衡张力、最大使用张力的百分数）（%）				
		地线	悬垂型杆塔		耐张型杆塔	
			单导线	双分裂导线	单导线	双分裂导线
10mm 及以下冰区	平丘	100	50	25	100	70
	山地	100	50	30	100	70
15mm 冰区	—	100	50	40	100	70

（10）导地线不均匀覆冰张力取值按表 6-3 执行。

表 6-3　　　　导地线不均匀覆冰张力取值表

冰区	不均匀覆冰张力（最大使用张力的百分数）（%）			
	悬垂型杆塔		耐张型杆塔	
	导线	地线	导线	地线
10mm 及以下冰区	10	20	30	40
15mm 冰区	15	25	35	45

6.5 工况组合

6.5.1 直线塔工况组合

（1）正常运行情况：

1）设计大风：基本风速、无冰、未断线（包括最小垂直荷载和最大水平荷载组合），包括 0°、45°、60°、90° 风的工况。

2）设计覆冰：设计冰厚、相应风速及气温、未断线。

3）低温：最低气温、无冰、无风、未断线。

（2）断线情况：

1）单导线断任意一相导线，地线未断。

2）断任意一根地线，导线未断。

（3）安装情况：

1）导地线及其附件的提升作业。

2）锚线作业。

（4）不均匀覆冰情况：10mm 冰区应按导线和地线不均匀覆冰、相应风速及气温、未断线计算。

（5）验算覆冰情况：不考虑验算覆冰工况。

（6）分期架设情况：双回路考虑分期架设工况。

6.5.2 耐张塔工况组合

（1）正常运行情况：

1）设计大风：基本风速、无冰、未断线（包括最小垂直荷载和最大水平荷载组合），包括 0°（终端）、90° 风的工况。

2）设计覆冰：设计冰厚、相应风速及气温、未断线。

3）低温：最低气温、无冰、无风、未断线。

（2）断线情况：

1）同一档内，单导线断任意两相导线，地线未断。

2）同一档内，断任意一根地线，单导线断任意一项导线。

（3）安装情况：所有耐张杆塔应考虑紧线、挂线工况。

（4）不均匀覆冰情况：10mm、15mm 冰区应按导线和地线不均匀覆冰、相应风速及气温、未断线计算。

（5）验算覆冰情况：不考虑验算覆冰工况。

（6）分期架设情况：双回路考虑分期架设工况。

7 其他设计参数

7.1 计算软件

铁塔应力分析采用铁塔设计软件（smart tower 和 smart pole）软件。

7.2 铁塔计算

（1）对于两端单肢连接的构件，端部约束情况按两端无约束考虑。

（2）塔身主要传力斜材按平行轴布置时，计算长度放大 1.1 倍。

（3）塔腿斜材规格取不小于 L50×4；导线横担规格不小于 L50×4；塔头第一段主材规格不小于 Q355 L63×5。

（4）常规塔构件应力控制。

铁塔构件应力比以下控制：

1）塔身主材单角钢：0.98。

2）塔身主材组合角钢：0.93。

3）横担主材：0.92。

4）塔身及塔头斜材：0.95。

5）塔身 K 材（不考虑放大）：0.75。

6）塔腿斜材：0.85。

7）辅助材：0.95。

螺栓：0.98。

钢管杆满应力控制：0.9。

构件长细比限值：

1）受压主材：150。

2）受压斜材：200。

3）辅助材：250。

4）受拉材：400。

5）横担正面辅助材：220。

8 杆塔材料

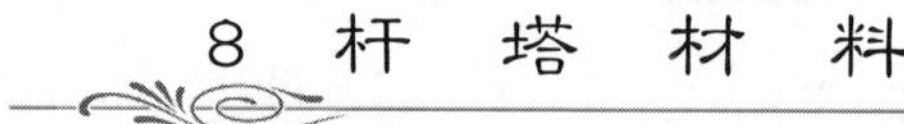

8.1 角钢选用原则

8.1.1 角钢选用表

为了方便采购，杆塔材料应选择常用角钢规格，详见表 8－1。

表 8－1　　角钢规格选用表

L40×3	L40×4	L45×4	L50×4	L50×5	L56×4	L56×5	L63×5
L70×5	L70×6	L75×5	L75×6	L80×6	L80×7	L90×6	L90×7
L90×8	L100×7	L100×8	L100×10	L110×8	L110×10	L125×8	L125×10
L140×10	L140×12	L160×10	L160×12	L160×14	L180×14	L180×16	L200×16
L200×18	L200×20	L200×24	L220×16	L220×18	L220×20	L220×22	L220×24
L220×24	L220×26	L250×18	L250×20	L250×22	L250×24	L250×26	L250×28
L250×30	L250×32	—	—	—	—	—	—

注：前一个数字代表等边角钢肢宽，后一个数字代表肢厚，单位为 mm。

8.1.2 角钢材质选择

本项目所有塔型均按角钢塔进行设计，其中，角钢肢宽 63mm 以下统一采用 Q235B 热轧等肢角钢；角钢规格 63×5 及以上、125×8 以下统一采用 Q355B 热轧等肢角钢；塔身及横担主材规格 125×8 及以上酌情采用 Q420B 热轧等肢角钢，塔身斜材 63×5 及以上统一采用 Q355B 热轧等肢角钢。

8.2 螺栓选用及焊接原则

铁塔构件主要采用螺栓连接，规格有 M16、M20 和 M24，其中 M16、M20 螺栓采用 6.8 级，M24 螺栓采用 8.8 级。

本项目地脚螺栓规格及底板尺寸参数参照《输电线路铁塔制图和构造规定》（DL/T 5442—2020）中的 5.6 级执行。地脚螺栓的选用规格和分布尺寸见表 8－2。

表 8-2　　地脚螺栓选用表

地脚螺栓规格		M20	M24	M27	M30	M36	M42	M48	M56	M64	M72
座板孔径 *D*		25	30	35	40	50	55	60	70	80	90
5.6 级	孔距 *S*	80	80	100	100	120	135	145	165	185	210
	边距 *L*	50	55	60	70	80	90	100	120	130	140
8.8 级	孔距 *S*	—	—	—	—	130	140	160	185	205	235
	边距 *L*	—	—	—	—	90	95	100	120	130	140
A（mm）		50	50	50	50	50	100	100	150	150	200
B（mm）		30	35	35	40	40	60	60	70	85	85
C（mm）		20	20	25	25	25	30	30	30	40	40

8.3　挂点金具

导线悬垂“I”型串联塔金具采用 ZBS－07/10－80 挂板，地线联塔金具采用 UB－1080 挂板。

导线耐张串及地线耐张串均采用单挂点，导线联塔金具采用 U－1695 挂板，地线联塔金具采用 U－1085 挂环，跳线串考虑 UB－0770 挂板或防风偏绝缘子金具。

第 3 篇

110kV 输电线路角钢塔通用设计

9　110－DC21D 子模块

9.1　模块说明

9.1.1　概述

根据国家电网公司《35kV～750kV 线路杆塔通用设计优化技术导则》和国网福建电力工作安排，福建永福电力设计股份有限公司负责 110kV 输电线路通用设计 110－DC21D 子模块的设计工作。该模块为海拔 1000m 以内、设计基本风速为 27m/s（离地 10m）、覆冰厚度为 10mm，导线为 1×JL3/G1A－300/40（兼 1×JL3/G1A－240/30）。直线塔按 3+1 塔系列规划，耐张塔按 4 塔系列规划，并单独设计终端塔和 ZMCR 重要跨越塔，所有塔均按全方位不等长腿设计；该子模块共计 10 种塔型。

9.1.2　气象条件

110－DC21D 子模块的气象条件见表 9－1。

表 9－1　　110－DC21D 子模块的气象条件

项目	气温（℃）	风速（m/s）	覆冰厚度（mm）
最低气温	－10	0	0
年平均气温	15	0	0
基本风速	15	27	0
设计覆冰	－5	10	10
最高气温	40	0	0

续表

项目	气温（℃）	风速（m/s）	覆冰厚度（mm）
安装情况	－5	10	0
操作过电压	15	15	0
雷电过电压	15	10	0
带电作业	15	10	0
年平均雷电日数	65		

9.1.3　导地线型号及参数

110－DC21D 子模块的导地线型号及参数见表 9－2。

表 9－2　　110－DC21D 子模块的导地线型号及参数

项目		导线		地线	
电线型号		JL3/G1A－300/40	JL3/G1A－240/30	JLB20A－100	JLB40－100
结构	铝［根数/直径（mm）］	24/3.99	24/3.60	—	—
	钢、铝包钢［根数/直径（mm）］	7/2.66	7/2.40	19/2.6	19/2.6
计算截面面积（mm^2）		339	276	101	101
计算外径（mm）		23.9	21.6	13	13
计算重量（kg/m）		1.132	0.9215	0.6767	0.4765
计算拉断力（N）		92360	75190	135200	68600
弹性系数（MPa）		70500	70500	153900	103600
线膨胀系数（1/℃）		19.4×10^{-6}	19.4×10^{-6}	13.0×10^{-6}	15.5×10^{-6}

设计使用时，导地线的保证拉断力为计算拉断力的 95%。设计用导线安全系数为 2.5，平均运行张力取保证拉断力的 25%；进行电气配合时，地线型号选取 JLB40－100，地线安全系数为 3.0，平均运行张力取保证拉断力的 25%；进行结构荷载计算时，地线型号选取 JLB20A－100，地线安全系数为 4.0，平均运行张力取保证拉断力的 25%。

9.1.4　绝缘配置

悬垂串按“I”型布置，采用 70kN 盘式绝缘子，设计绝缘子高度为 1314mm，爬电比距大于等于 28mm/kV。

跳线串采用 70kN 盘式绝缘子，设计绝缘子高度为 1314mm，爬电比距大于等于 28mm/kV。

耐张串采用 100kN 盘式绝缘子，设计绝缘子高度为 1314mm，爬电比距大于等于 28mm/kV。

9.1.5　联塔金具

直线塔导线横担均按前、中、后三个挂点设计，挂点间距采用 200＋200＝400（mm），以满足单、双联悬挂的需要，联塔金具采用 ZBS－07/10－80 挂板；地线悬垂串的联塔金具采用 UB 型挂板。

导地线耐张串均采用单挂点设计，导线联塔金具采用 U 型挂环，地线联塔金具采用 U 型挂环。跳线串联塔金具采用 UB 型挂板。

9.2　110－DC21D 子模块杆塔一览图

110－DC21D 子模块杆塔一览图如图 9－1 所示。

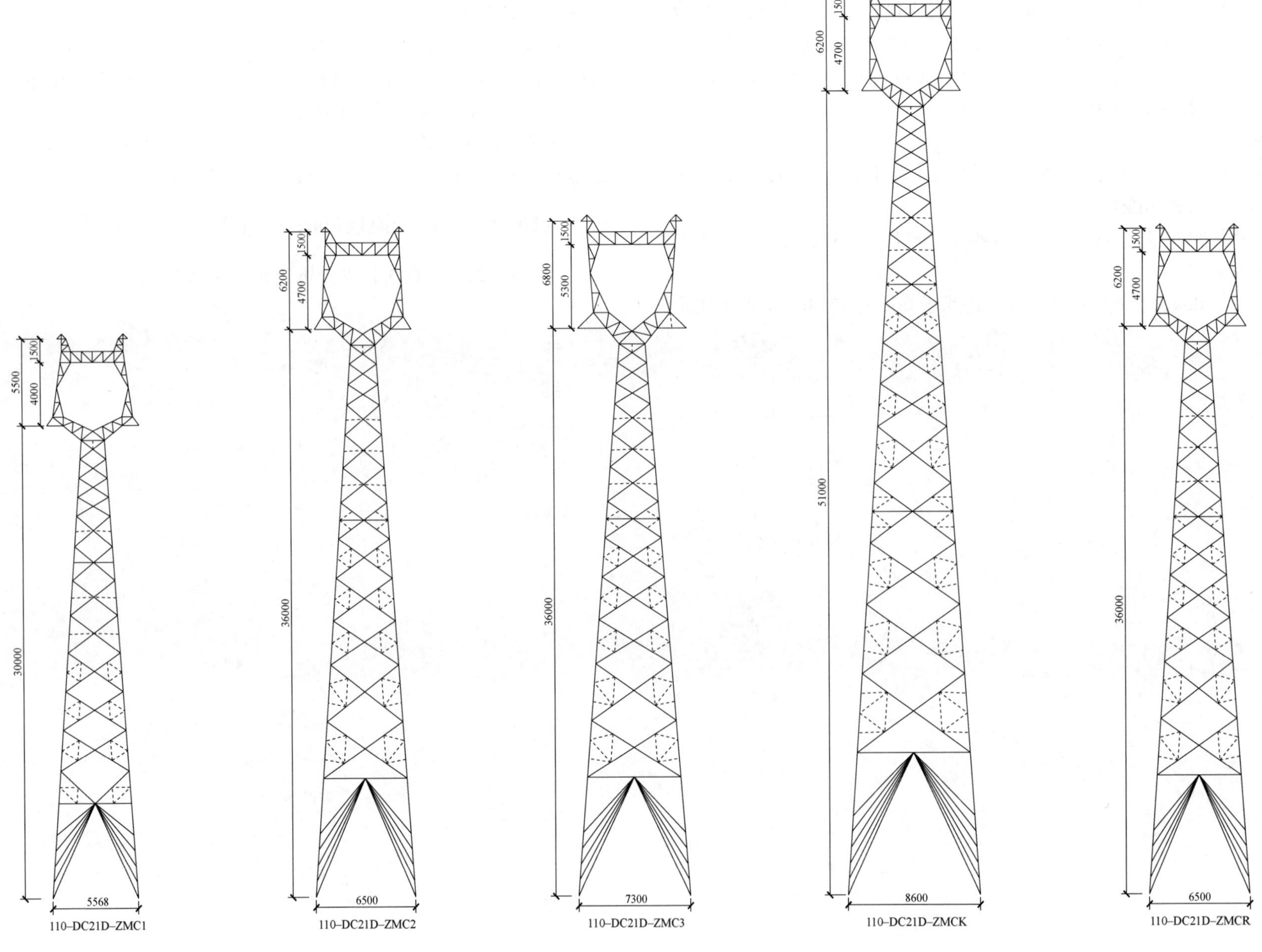

图 9－1　110－DC21D 子模块杆塔一览图（山区）（一）

序号	塔型名称	呼高（m）	水平档距（m）	垂直档距（m）	塔重（kg）	允许转角（°）	串型
1	110－DC21D－ZMC1	30.0	380	550	6132	0	“I”串
2	110－DC21D－ZMC2	30.0	480	700	6584	0	“I”串
		36.0	450	700	7590		
3	110－DC21D－ZMC3	33.0	650	1000	7789	0	“I”串
		36.0	635	1000	8395		
4	110－DC21D－ZMCK	51.0	480	700	11755	0	“I”串
5	110－DC21D－ZMCR	30.0	480	700	6834	0	“I”串
		36.0	450	700	7813		
6	110－DC21D－JC1	30.0	450	700	7956.0	0～20	
7	110－DC21D－JC2	30.0	450	700	8603.7	20～40	
8	110－DC21D－JC3	30.0	450	700	9451.0	40～60	
9	110－DC21D－JC4	30.0	450	700	10852.9	60～90	
10	110－DC21D－DJC	30.0	450	700	10924.0	0～90	

注：直线塔呼高一列中第一行为计算呼高，第二行为最高呼高。

说明：

1. 铁塔全为螺栓连接的型钢结构。
2. 所有构件均需热浸镀锌防腐。
3. 所有塔身断面均为方形。
4. 所有铁塔均设有全方位长短腿。
5. 铁塔材料：

型钢：Q235B、Q355B 和 Q420B；

钢板：Q235B、Q355B 和 Q420B；

螺栓：6.8 级和 8.8 级。

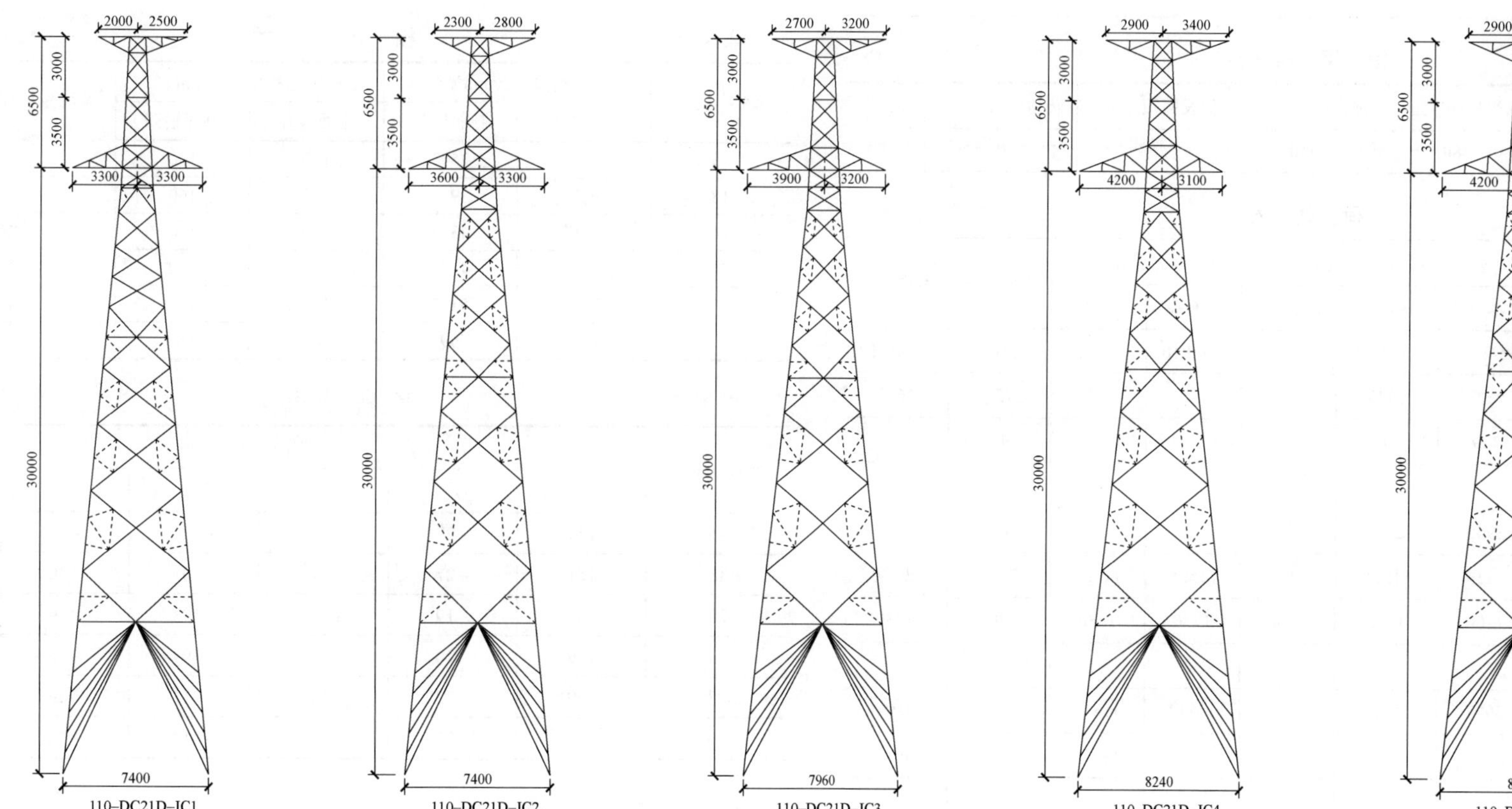

图 9－1　110－DC21D 子模块杆塔一览图（山区）（二）

9.3 110-DC21D-ZMC1 塔

9.3.1 设计条件

110-DC21D-ZMC1 塔的导线型号及张力、使用条件、荷载见表 9-3～表 9-5。

表 9-3　导线型号及张力

电压等级	110kV	导线型号	1×JL3/G1A-300/40	最大使用张力（kN）	35.09	断线张力取值（%）	100	不均匀覆冰不平衡张力取值（%）	10
		地线型号	JLB20A-100	最大使用张力（kN）	33.80	断线张力取值（%）	50	不均匀覆冰不平衡张力取值（%）	20

表 9-4　使用条件

使用条件	呼高（m）	水平档距（m）	垂直档距（m）	代表档距（m）	转角度数（°）	K_v 值
数值	30	380	550	250	0	0.80

表 9-5　荷载表　单位：N

气象条件（t/v/b）			正常运行情况			事故情况		安装情况	不均匀冰
			基本风速	覆冰	最低气温	未断线	断线		
			15/27/0	-5/10/10	-10/0/0	-5/0/10	-5/0/10	-5/10/0	-5/10/10
水平荷载	导线		5523	1645				757	1645
	绝缘子及金具		339	56				46	56
	跳线串								
	地线		3940	2285				541	1619
垂直荷载	导线		7139	11526	7147	11526	11526	7016	10430
	绝缘子及金具		1200	1730	1200	1730	1730	1200	1730
	跳线串								
	地线		5987	11812	6175	11812	11812	6078	10355
张力	导线	一侧					18472	31818	3694
		另一侧					0		
		张力差					18472		

续表

气象条件（t/v/b）			正常运行情况			事故情况		安装情况	不均匀冰
			基本风速	覆冰	最低气温	未断线	断线		
			15/27/0	-5/10/10	-10/0/0	-5/0/10	-5/0/10	-5/10/0	-5/10/10
张力	地线	一侧					33800	32672	6760
		另一侧					0		
		张力差					33800		

注：导线水平荷载为下相导线荷载，表中（t/v/b）单位分别为：°、m/s、mm。

9.3.2 根开尺寸及基础作用力

110-DC21D-ZMC1 塔的根开尺寸及基础作用力见表 9-6 和表 9-7。

表 9-6　根开尺寸

呼高（m）	基础根开（mm）		地脚螺栓根开（mm）		地脚螺栓规格（5.6 级）
	正面根开	侧面根开	正面根开	侧面根开	
15	3507	3507	160	160	4M24
18	3927	3927	160	160	4M24
21	4347	4347	160	160	4M24
24	4757	4757	160	160	4M24
27	5177	5177	160	160	4M24
30	5597	5597	160	160	4M24

表 9-7　基础作用力

呼高（m）	基础作用力（kN）					
	T_{max}	T_x	T_y	N_{max}	N_x	N_y
15	139	-27	-6	-186	-31	-11
18	151	-27	-9	-201	-30	-12
21	151	-19	-18	-198	-29	-12
24	159	-20	-18	-199	-25	-12
27	169	-22	-20	-211	-26	-23
30	174	-23	-20	-219	-26	-23

9.3.3 单线图及司令图

110-DC21D-ZMC1 塔单线图如图 9-2 所示，司令图如图 9-3 所示。

塔呼高（m）	15.0	18.0	21.0	24.0	27.0	30.0
塔重（kg）	3954.4	4393.0	4832.5	5201.3	5649.0	6151.6

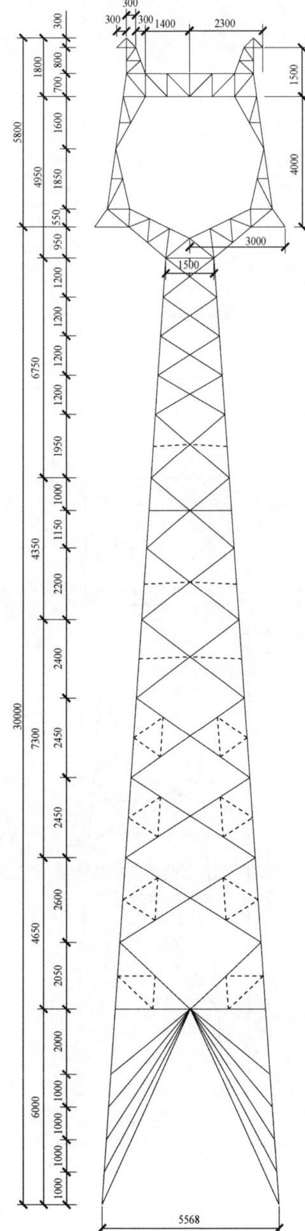

30m呼高

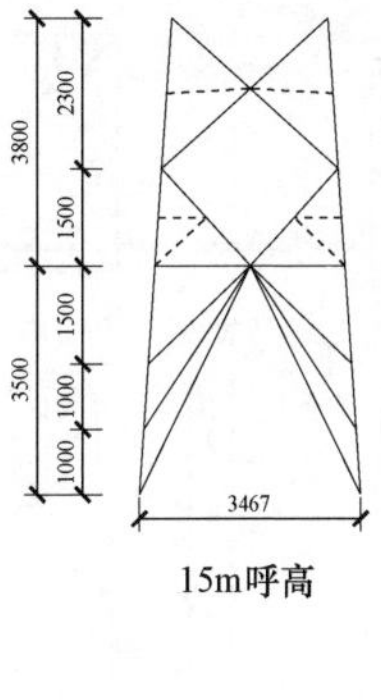

15m呼高

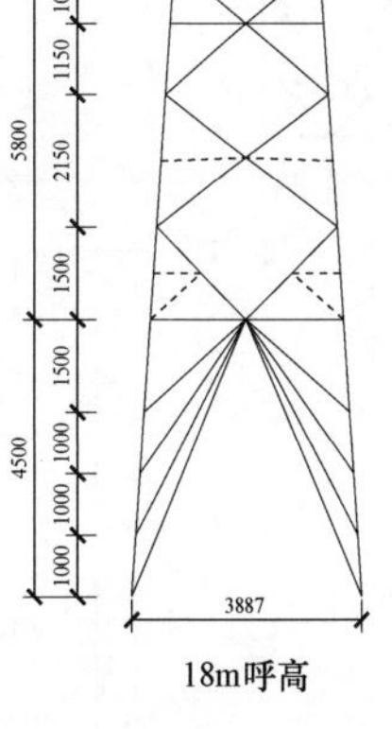

18m呼高

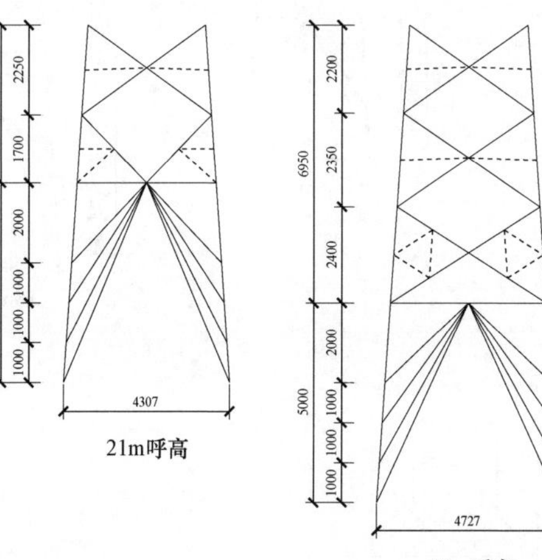

21m呼高

24m呼高

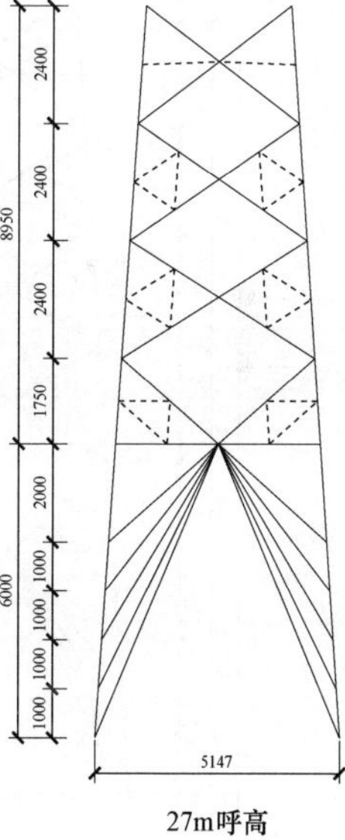

27m呼高

图 9－2　110－DC21D－ZMC1 塔单线图

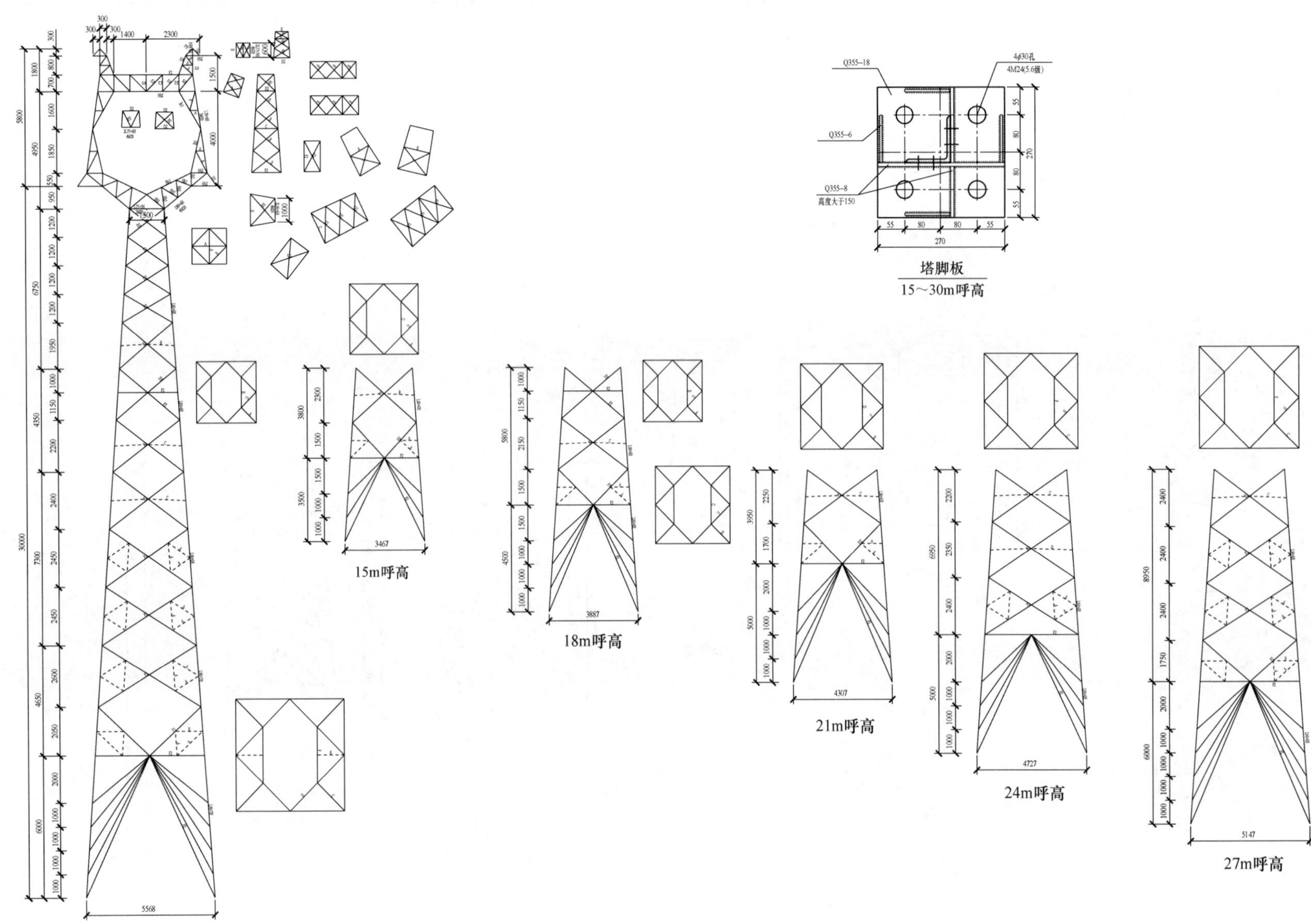

图 9-3　110-DC21D-ZMC1 塔司令图

9.4 110-DC21D-ZMC2 塔

9.4.1 设计条件

110-DC21D-ZMC2 塔导线型号及张力、使用条件、荷载见表 9-8～表 9-10。

表 9-8 导 线 型 号 及 张 力

电压等级									
电压等级	110kV	导线型号	1×JL3/G1A-300/40	最大使用张力（kN）	35.09	断线张力取值（%）	100	不均匀覆冰不平衡张力取值（%）	10
		地线型号	JLB20A-100	最大使用张力（kN）	33.80	断线张力取值（%）	50	不均匀覆冰不平衡张力取值（%）	20

表 9-9 使 用 条 件

使用条件	呼高（m）	水平档距（m）	垂直档距（m）	代表档距（m）	转角度数（°）	K_v 值
数值	30	480	700	250	0	0.70
	33	465	700	250	0	0.70
	36	450	700	250	0	0.70

表 9-10 荷 载 表 单位：N

气象条件（t/v/b）			正常运行情况			事故情况		安装情况	不均匀冰
			基本风速	覆冰	最低气温	未断线	断线		
			15/27/0	-5/10/10	-10/0/0	-5/0/10	-5/0/10	-5/10/0	-5/10/10
水平荷载	导线		7260	2158				994	2158
	绝缘子及金具		358	59				49	59
	跳线串								
	地线		5163	2986				709	2115
垂直荷载	导线		9108	14675	9119	14675	14675	8949	13284
	绝缘子及金具		1200	1730	1200	1730	1730	1200	1730
	跳线串								
	地线		7662	15049	7905	15049	15049	7780	13202
张力	导线	一侧					18472	31818	3694
		另一侧					0		
		张力差					18472		
张力	地线	一侧					33800	32672	6760
		另一侧					0		
		张力差					33800		

注：导线水平荷载为下相导线荷载，表中（t/v/b）单位分别为：°、m/s、mm。

9.4.2 根开尺寸及基础作用力

110-DC21D-ZMC2 塔的根开尺寸及基础作用力见表 9-11 和表 9-12。

表 9-11 根 开 尺 寸

呼高（m）	基础根开（mm）		地脚螺栓根开（mm）		地脚螺栓规格（5.6 级）
	正面根开	侧面根开	正面根开	侧面根开	
15	3600	3600	160	160	4M24
18	4020	4020	160	160	4M24
21	4430	4430	160	160	4M24
24	4850	4850	160	160	4M24
27	5270	5270	160	160	4M24
30	5690	5690	160	160	4M24
33	6110	6110	200	200	4M30
36	6530	6530	200	200	4M30

表 9-12 基 础 作 用 力

呼高（m）	基础作用力（kN）					
	T_{max}	T_x	T_y	N_{max}	N_x	N_y
15	161	-21	-14	-199	-24	-16
18	175	-24	-17	-215	-27	-19
21	191	-24	-21	-234	-28	-23
24	203	-24	-22	-248	-28	-24
27	217	-27	-24	-265	-31	-27
30	224	-27	-25	-273	-32	-28
33	231	-28	-25	-284	-32	-28
36	238	-27	-24	-293	-32	-28

9.4.3 单线图及司令图

110-DC21D-ZMC2 塔单线图如图 9-4 所示，司令图如图 9-5 所示。

塔呼高（m）	15.0	18.0	21.0	24.0	27.0	30.0	33.0	36.0
塔重（kg）	4136.2	4563.6	5158.2	5611.5	6175.7	6584.3	7136.4	7589.9

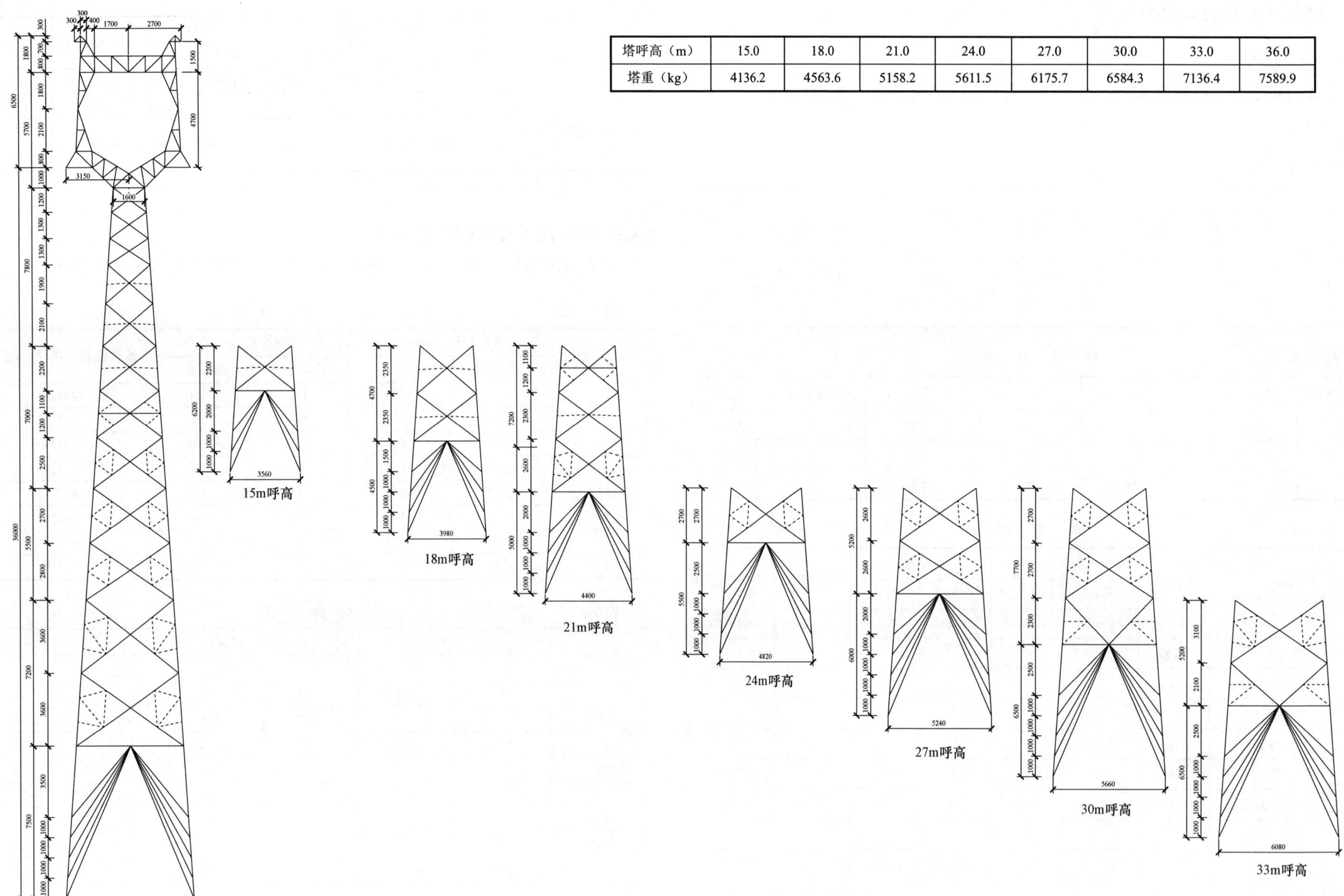

图 9－4　110－DC21D－ZMC2 塔单线图

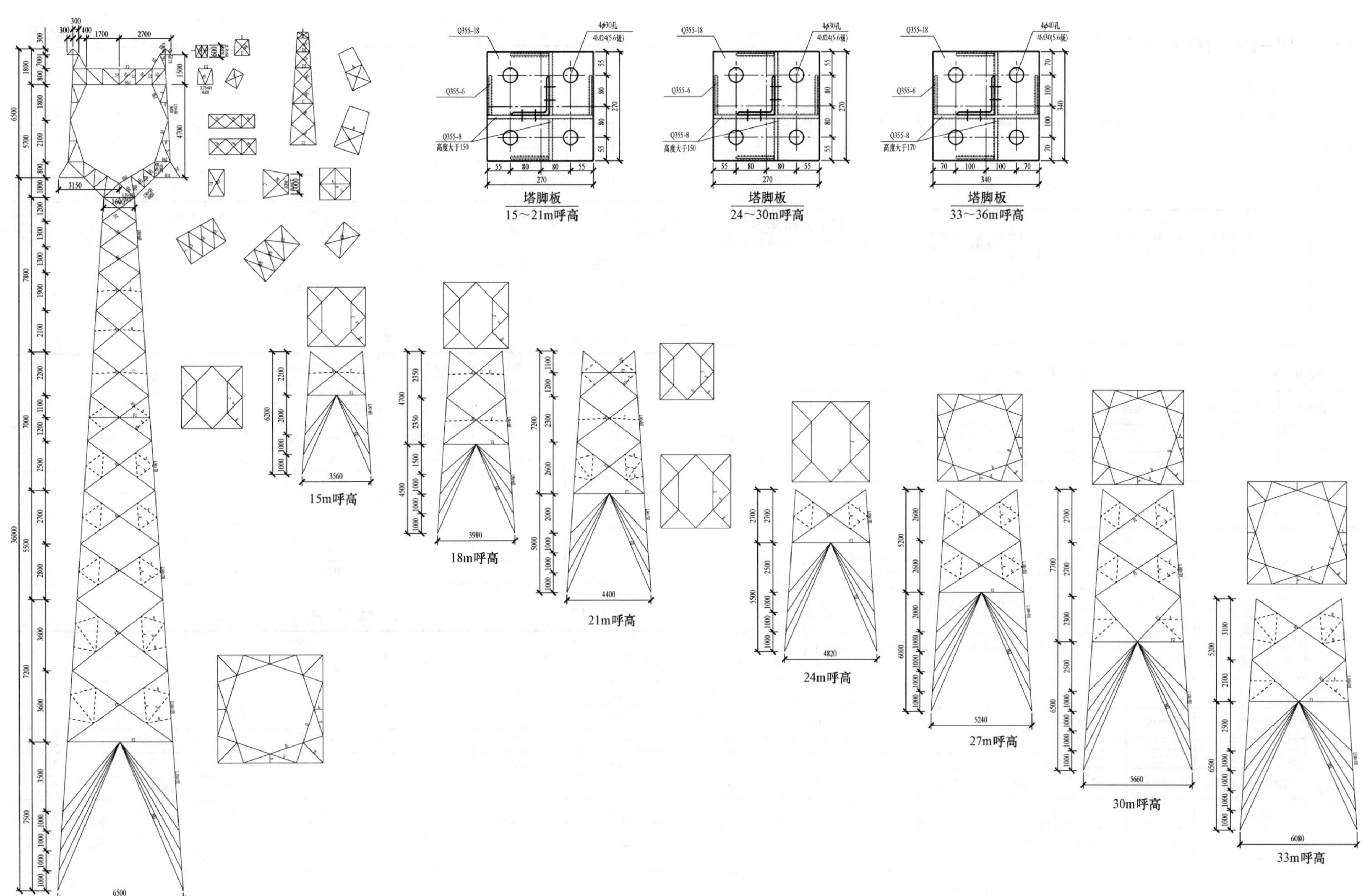

图 9－5　110－DC21D－ZMC2 塔司令图

9.5 110-DC21D-ZMC3 塔

9.5.1 设计条件

110-DC21D-ZMC3 塔导线型号及张力、使用条件、荷载见表 9-13～表 9-15。

表 9-13　　导线型号及张力

电压等级	110kV	导线型号	1×JL3/G1A-300/40	最大使用张力（kN）	35.09	断线张力取值（%）	100	不均匀覆冰不平衡张力取值（%）	10
		地线型号	JLB20A-100	最大使用张力（kN）	33.80	断线张力取值（%）	50	不均匀覆冰不平衡张力取值（%）	20

表 9-14　　使用条件

使用条件	呼高（m）	水平档距（m）	垂直档距（m）	代表档距（m）	转角度数（°）	K_v 值
数值	33	650	1000	250	0	0.60
	36	635	1000	250	0	0.60

表 9-15　　荷载表　　单位：N

气象条件（$t/v/b$）			正常运行情况			事故情况		安装情况	不均匀冰
			基本风速	覆冰	最低气温	未断线	断线		
			15/27/0	-5/10/10	-10/0/0	-5/0/10	-5/0/10	-5/10/0	-5/10/10
水平荷载	导线		9587	2831				1312	2831
	绝缘子及金具		358	59				49	59
	跳线串								
	地线		6896	3962				946	2807
垂直荷载	导线		13229	21018	13246	21018	21018	12976	19070
	绝缘子及金具		1200	1730	1200	1730	1730	1200	1730
	跳线串								
	地线		11360	21656	11746	21656	21656	11547	19082
张力	导线	一侧					18472	31818	3694
		另一侧					0		
		张力差					18472		
	地线	一侧					33800	32672	6760
		另一侧					0		
		张力差					33800		

注：导线水平荷载为下相导线荷载，表中（$t/v/b$）单位分别为：°、m/s、mm。

9.5.2 根开尺寸及基础作用力

110-DC21D-ZMC3 塔的根开尺寸及基础作用力见表 9-16 和表 9-17。

表 9-16　　根开尺寸

呼高（m）	基础根开（mm）		地脚螺栓根开（mm）		地脚螺栓规格（5.6 级）
	正面根开	侧面根开	正面根开	侧面根开	
15	3980	3980	160	160	4M24
18	4460	4460	160	160	4M24
21	4940	4940	160	160	4M24
24	5420	5420	160	160	4M24
27	5890	5890	200	200	4M30
30	6370	6370	200	200	4M30
33	6850	6850	200	200	4M30
36	7330	7330	200	200	4M30

表 9-17　　基础作用力

呼高（m）	基础作用力（kN）					
	T_{max}	T_x	T_y	N_{max}	N_x	N_y
15	186	-25	-18	-233	-30	-21
18	201	-28	-21	-250	-33	-24
21	219	-28	-23	-270	-34	-26
24	224	-28	-23	-279	-34	-26
27	237	-31	-25	-295	-37	-29
30	241	-31	-29	-300	-37	-33
33	247	-32	-29	-310	-38	-34
36	254	-31	-28	-320	-38	-33

9.5.3 单线图及司令图

110-DC21D-ZMC3 塔单线图如图 9-6 所示，司令图如图 9-7 所示。

塔呼高（m）	15.0	18.0	21.0	24.0	27.0	30.0	33.0	36.0
塔重（kg）	4479.7	4988.5	5576.1	6041.9	6726.0	7200.8	7789.3	8394.9

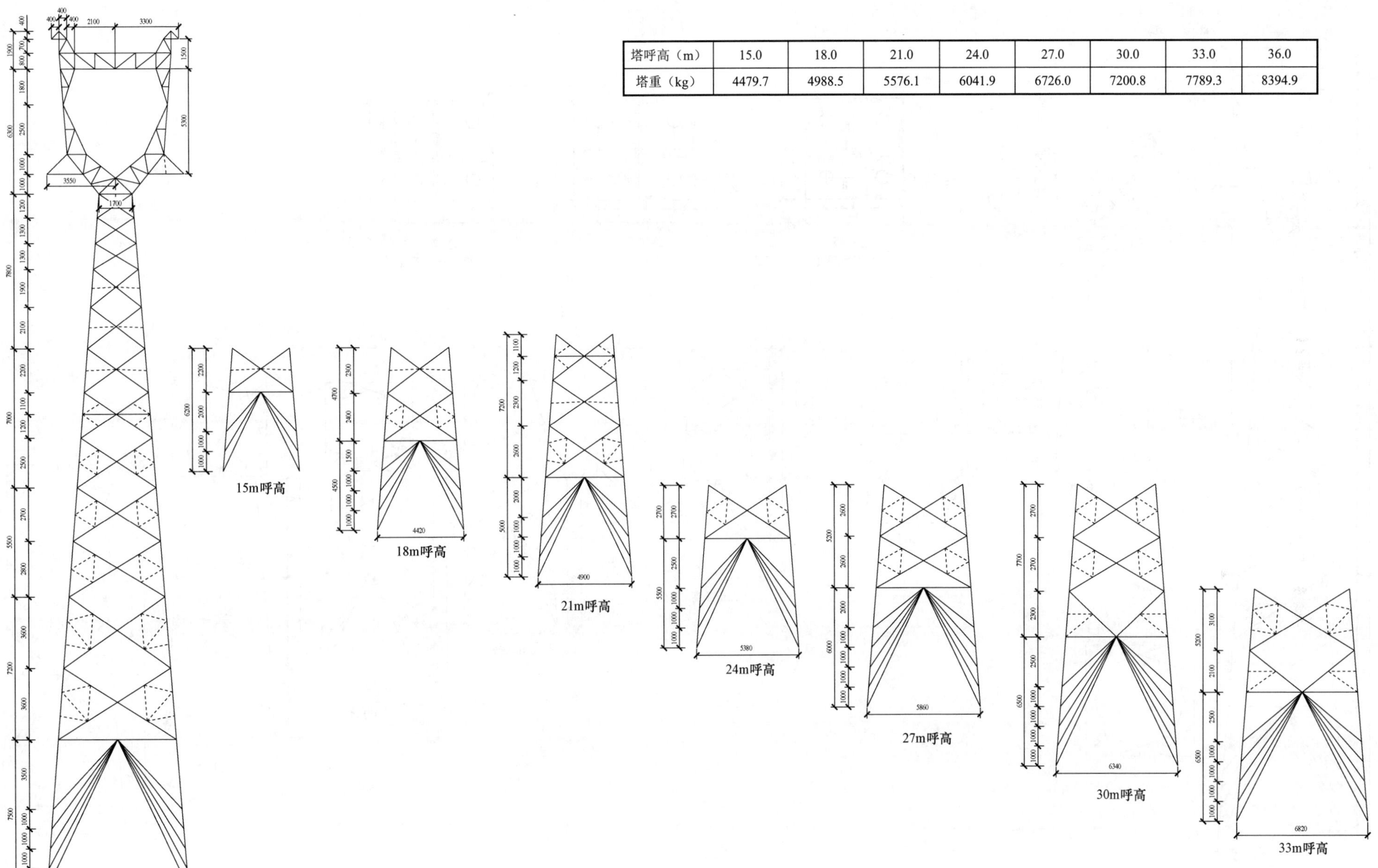

图 9-6　110-DC21D-ZMC3 塔单线图

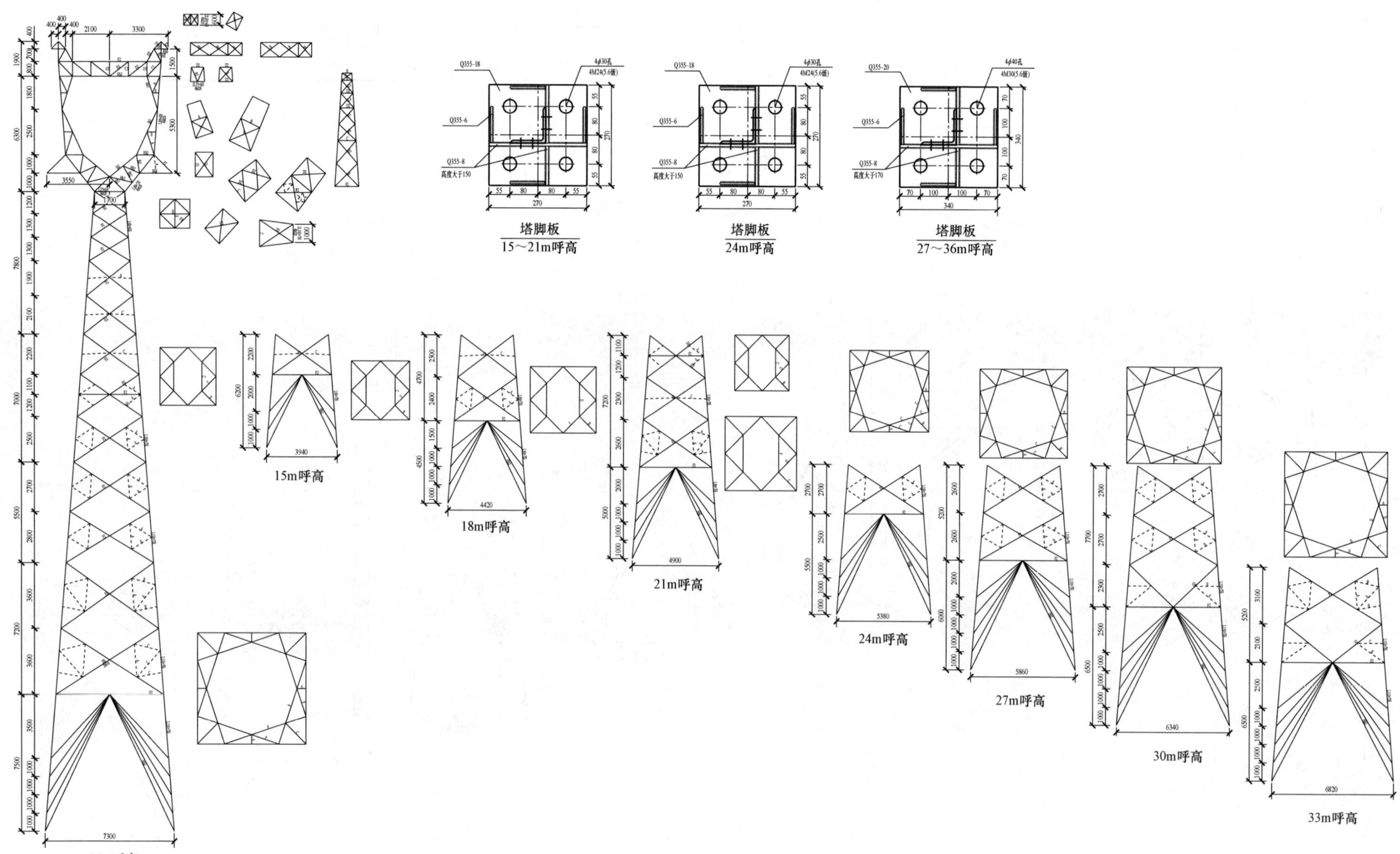

图 9－7　110－DC21D－ZMC3 塔司令图

9.6 110－DC21D－ZMCK 塔

9.6.1 设计条件

110－DC21D－ZMCK 塔导线型号及张力、使用条件、荷载见表 9－18～表 9－20。

表 9－18　　导 线 型 号 及 张 力

电压等级	110kV	导线型号	1×JL3/G1A－300/40	最大使用张力（kN）	35.09	断线张力取值（%）	100	不均匀覆冰不平衡张力取值（%）	10
		地线型号	JLB20A－100	最大使用张力（kN）	33.80	断线张力取值（%）	50	不均匀覆冰不平衡张力取值（%）	20

表 9－19　　使 用 条 件

使用条件	呼高（m）	水平档距（m）	垂直档距（m）	代表档距（m）	转角度数（°）	K_v 值
数值	51	480	700	250	0	0.70

表 9－20　　荷 载 表　　单位：N

气象条件（$t/v/b$）			正常运行情况			事故情况		安装情况	不均匀冰
			基本风速	覆冰	最低气温	未断线	断线		
			15/27/0	－5/10/10	－10/0/0	－5/0/10	－5/0/10	－5/10/0	－5/10/10
水平荷载	导线		8149	2436				1117	2436
	绝缘子及金具		399	66				55	66
	跳线串								
	地线		5661	3292				777	2332
垂直荷载	导线		9108	14675	9119	14675	14675	8949	13284
	绝缘子及金具		1200	1730	1200	1730	1730	1200	1730
	跳线串								
	地线		7662	15049	7905	15049	15049	7780	13202
张力	导线	一侧					18472	31818	3694
		另一侧					0		
		张力差					18472		

续表

气象条件（$t/v/b$）			正常运行情况			事故情况		安装情况	不均匀冰
			基本风速	覆冰	最低气温	未断线	断线		
			15/27/0	－5/10/10	－10/0/0	－5/0/10	－5/0/10	－5/10/0	－5/10/10
张力	地线	一侧					33800	32672	6760
		另一侧					0		
		张力差					33800		

注：导线水平荷载为下相导线荷载，表中（$t/v/b$）单位分别为：°、m/s、mm。

9.6.2 根开尺寸及基础作用力

110－DC21D－ZMCK 塔的根开尺寸及基础作用力见表 9－21 和表 9－22。

表 9－21　　根 开 尺 寸

呼高（m）	基础根开（mm）		地脚螺栓根开（mm）		地脚螺栓规格（5.6 级）
	正面根开	侧面根开	正面根开	侧面根开	
39	6940	6940	200	200	4M30
42	7360	7360	200	200	4M30
45	7780	7780	200	200	4M30
48	8200	8200	200	200	4M30
51	8620	8620	200	200	4M30

表 9－22　　基 础 作 用 力

呼高（m）	基础作用力（kN）					
	T_{max}	T_x	T_y	N_{max}	N_x	N_y
39	289	－34	－30	－349	－39	－34
42	302	－37	－32	－366	－42	－36
45	320	－38	－34	－388	－44	－39
48	331	－40	－35	－403	－46	－40
51	335	－40	－35	－412	－46	－40

9.6.3 单线图及司令图

110－DC21D－ZMCK 塔单线图如图 9－8 所示，司令图如图 9－9 所示。

塔呼高（m）	39.0	42.0	45.0	48.0	51.0
塔重（kg）	8420.8	9250.0	10148.6	10920.8	11754.7

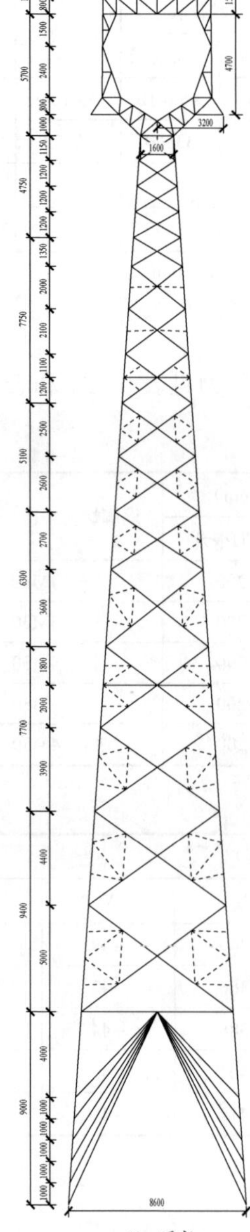
51m呼高

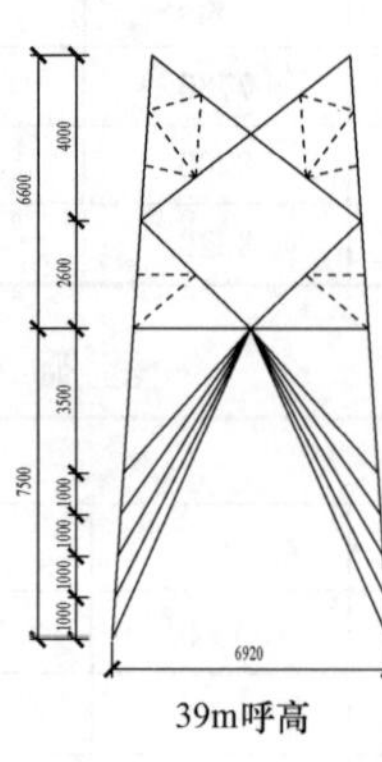
39m呼高

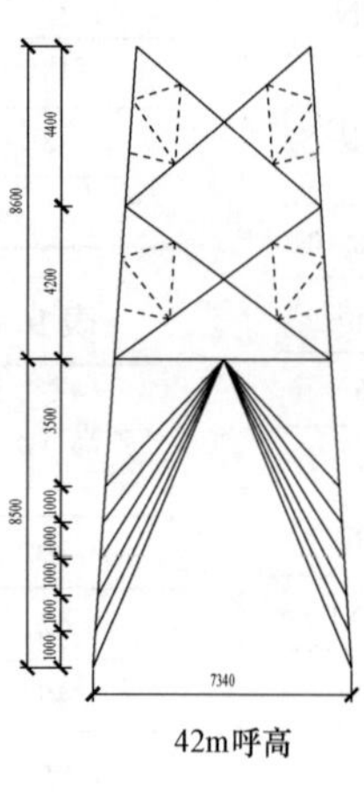
42m呼高

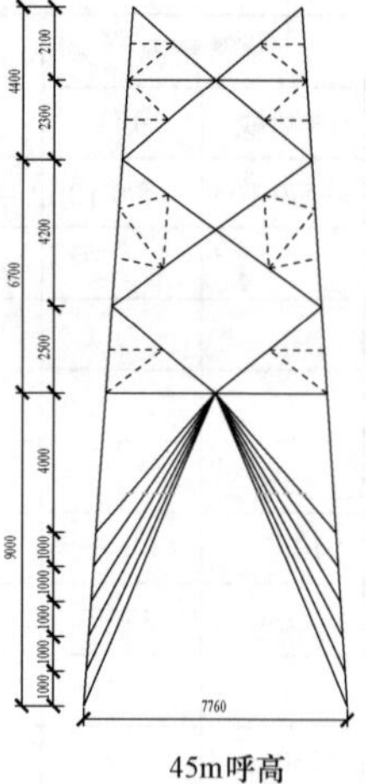
45m呼高

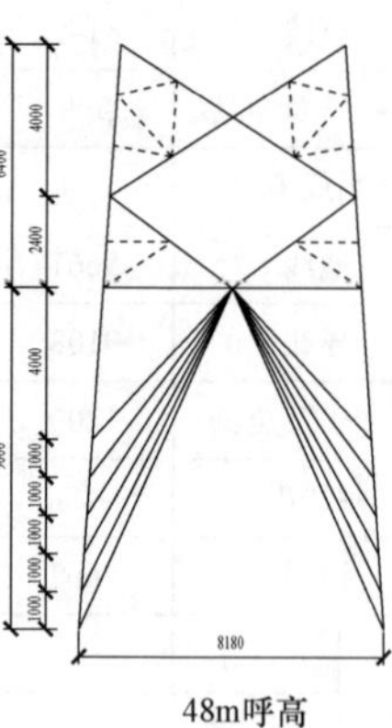
48m呼高

图 9-8　110-DC21D-ZMCK 塔单线图

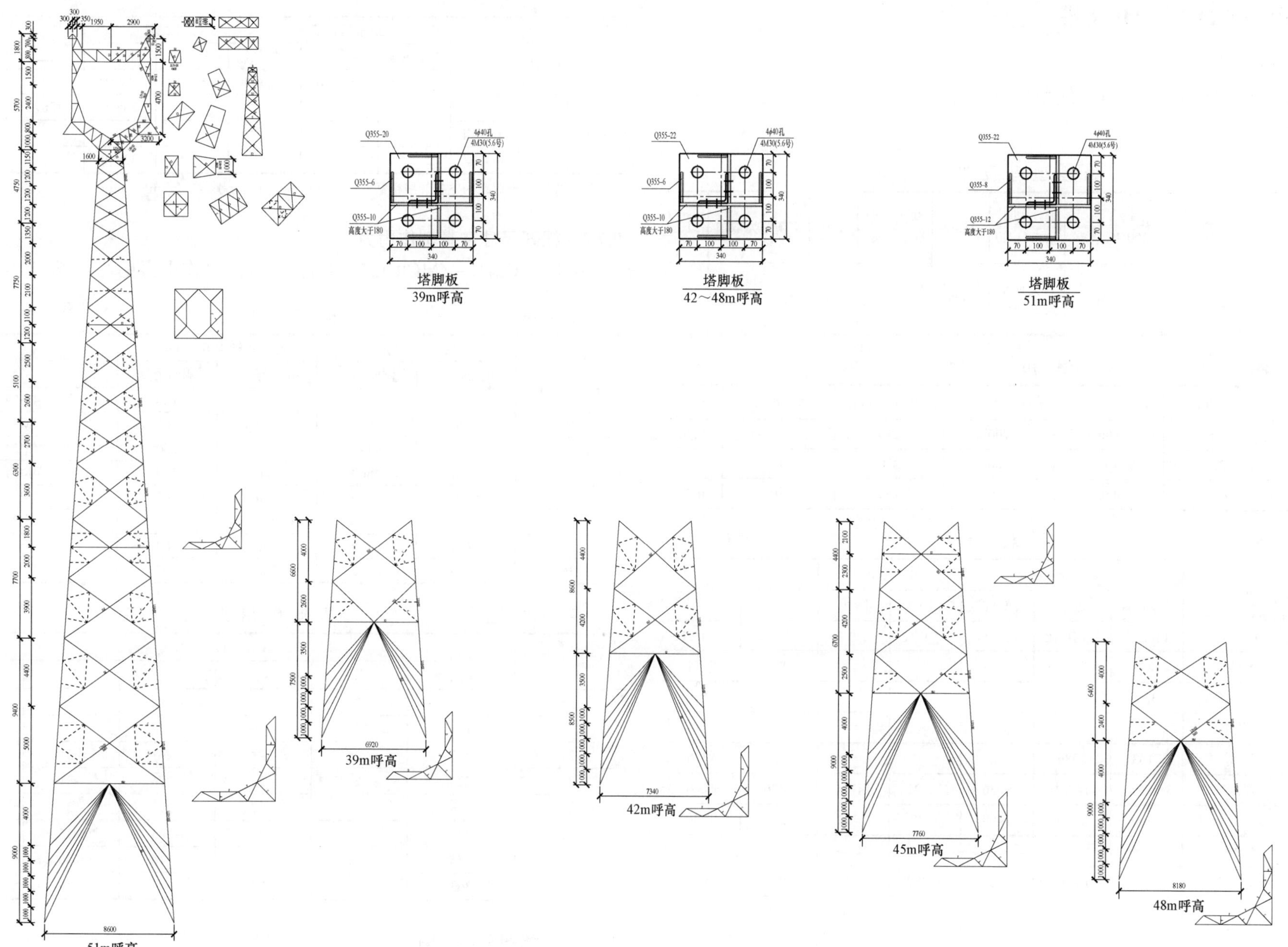

图 9-9　110-DC21D-ZMCK 塔司令图

9.7 110－DC21D－ZMCR 塔

9.7.1 设计条件

110－DC21D－ZMCR 塔导线型号及张力、使用条件、荷载见表 9－23～表 9－25。

表 9－23　　导 线 型 号 及 张 力

电压等级	110kV	导线型号	1×JL3/G1A－300/40	最大使用张力（kN）	35.09	断线张力取值（%）	100	不均匀覆冰不平衡张力取值（%）	10
		地线型号	JLB20A－100	最大使用张力（kN）	33.80	断线张力取值（%）	50	不均匀覆冰不平衡张力取值（%）	20

表 9－24　　使 用 条 件

使用条件	呼高（m）	水平档距（m）	垂直档距（m）	代表档距（m）	转角度数（°）	K_v 值
数值	30	480	700	250	0	0.70
	33	465	700	250	0	0.70
	36	450	700	250	0	0.70

表 9－25　　荷 载 表　　单位：N

气象条件（$t/v/b$）			正常运行情况			事故情况		安装情况	不均匀冰
			基本风速	覆冰	最低气温	未断线	断线		
			15/27/0	－5/10/10	－10/0/0	－5/0/10	－5/0/10	－5/10/0	－5/10/10
水平荷载	导线		7243	2151				991	2151
	绝缘子及金具		358	59				49	59
	跳线串								
	地线		5163	2986				709	2115
垂直荷载	导线		9115	14721	9036	14721	14721	8876	13320
	绝缘子及金具		1200	1730	1200	1730	1730	1200	1730
	跳线串								
	地线		7923	15387	8181	15387	15387	8048	13521
张力	导线	一侧					17548	29338	3510
		另一侧					0		
		张力差					17548		
	地线	一侧					33800	32672	6760
		另一侧					0		
		张力差					33800		

注：导线水平荷载为下相导线荷载，表中（$t/v/b$）单位分别为：°、m/s、mm。

9.7.2 根开尺寸及基础作用力

110－DC21D－ZMCR 塔的根开尺寸及基础作用力见表 9－26 和表 9－27。

表 9－26　　根 开 尺 寸

呼高（m）	基础根开（mm）		地脚螺栓根开（mm）		地脚螺栓规格（5.6 级）
	正面根开	侧面根开	正面根开	侧面根开	
15	3600	3600	160	160	4M24
18	4020	4020	160	160	4M24
21	4440	4440	160	160	4M24
24	4860	4860	160	160	4M24
27	5280	5280	160	160	4M24
30	5690	5690	200	200	4M30
33	6110	6110	200	200	4M30
36	6530	6530	200	200	4M30

表 9－27　　基 础 作 用 力

呼高（m）	基础作用力（kN）					
	T_{max}	T_x	T_y	N_{max}	N_x	N_y
15	177	－23	－16	－220	－27	－18
18	192	－26	－19	－237	－30	－21
21	212	－26	－23	－261	－31	－26
24	224	－27	－24	－276	－31	－27
27	238	－30	－27	－291	－34	－31
30	247	－30	－27	－303	－35	－31
33	256	－31	－27	－316	－36	－31
36	263	－30	－27	－326	－36	－31

9.7.3 单线图及司令图

110－DC21D－ZMCR 塔单线图如图 9－10 所示，司令图如图 9－11 所示。

塔呼高（m）	15.0	18.0	21.0	24.0	27.0	30.0	33.0	36.0
塔重（kg）	4283.5	4746.7	5279.6	5748.0	6313.0	6833.5	7383.7	7812.5

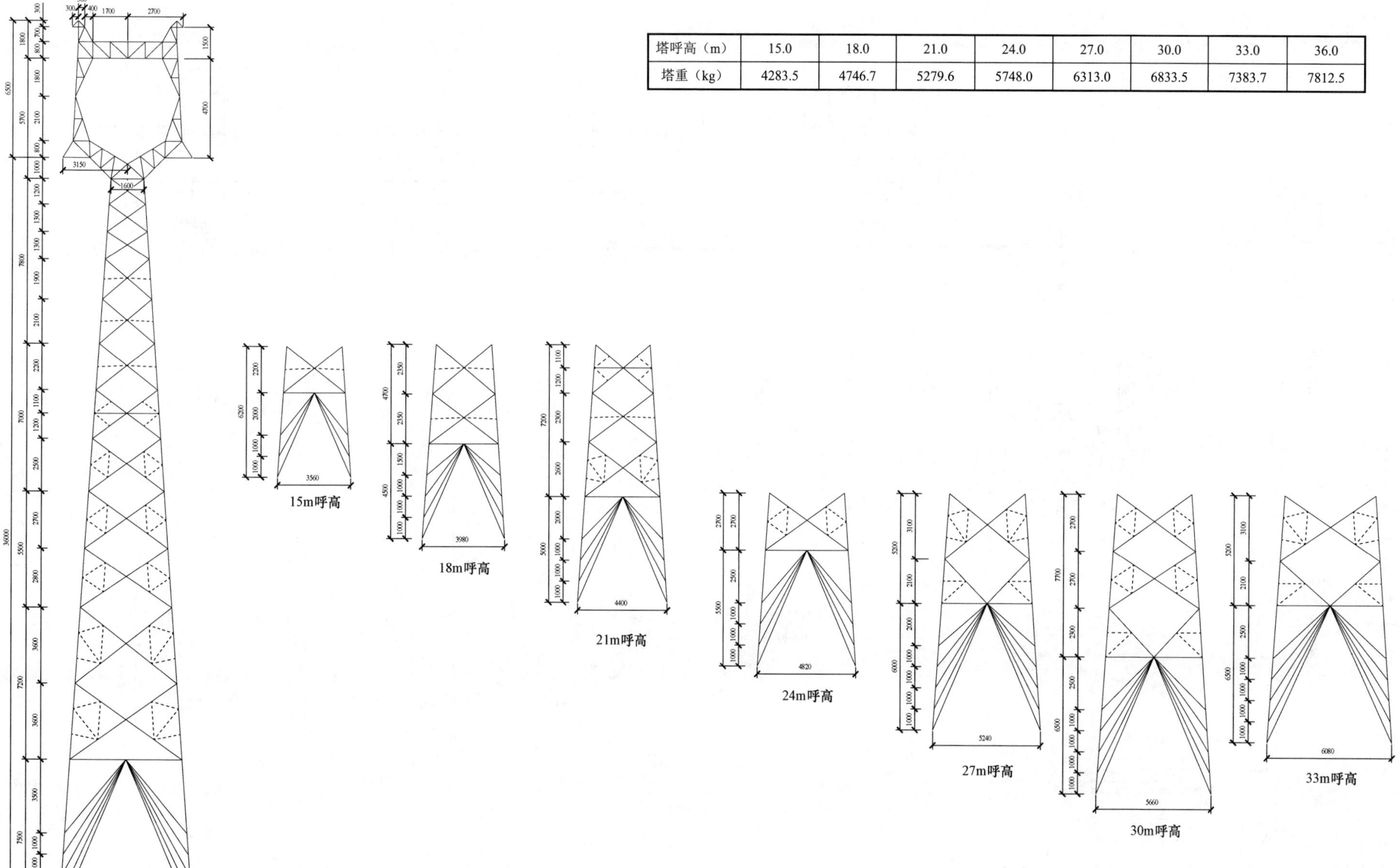

图 9－10　110－DC21D－ZMCR 塔单线图

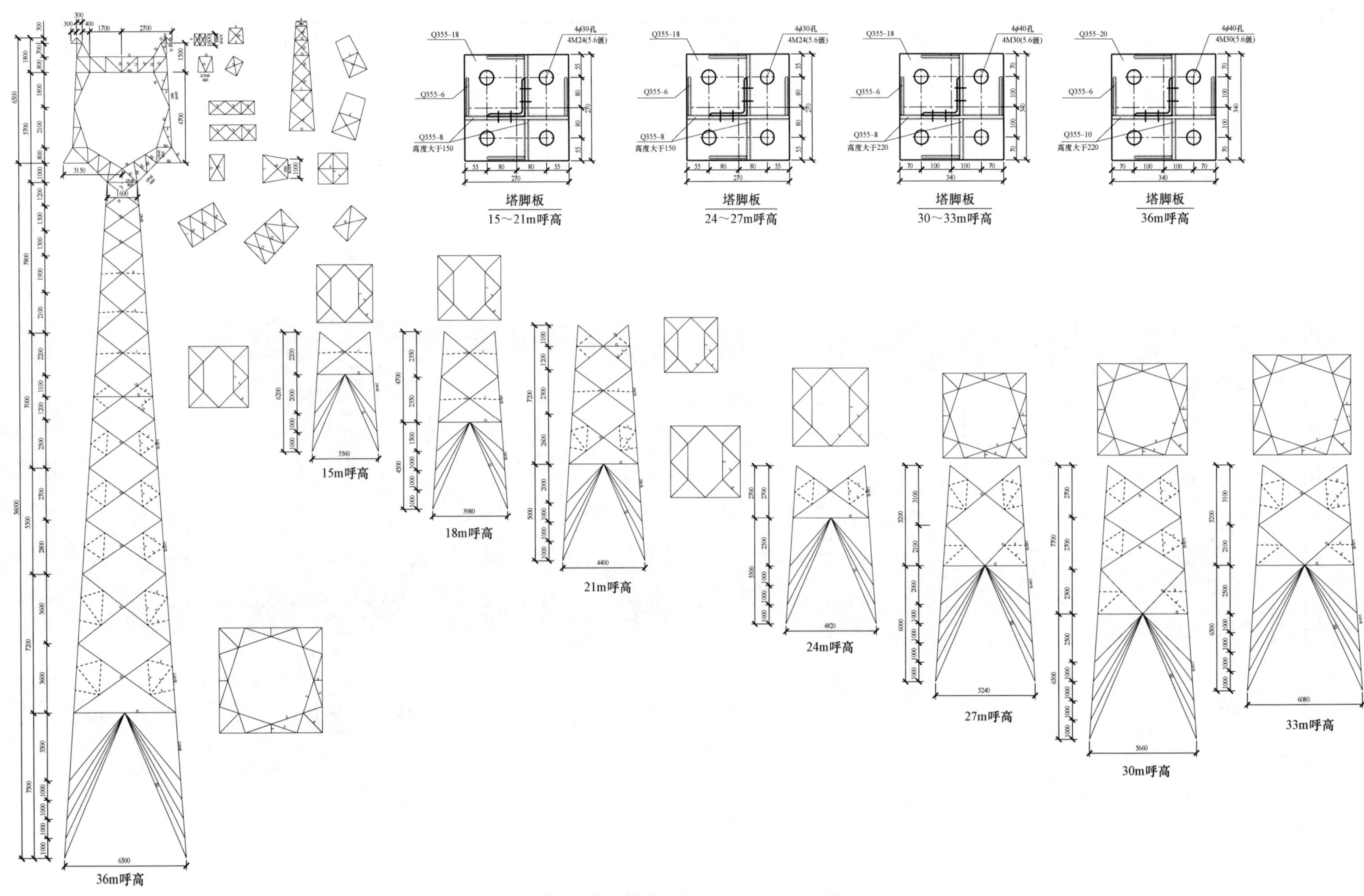

图 9-11　110-DC21D-ZMCR 塔司令图

9.8 110－DC21D－JC1 塔

9.8.1 设计条件

110－DC21D－JC1 塔导线型号及张力、使用条件、荷载见表 9－28～表 9－30。

表 9－28　导线型号及张力

电压等级	110kV	导线型号	1×JL3/G1A－300/40	最大使用张力（kN）	35.09	断线张力取值（%）	100	不均匀覆冰不平衡张力取值（%）	30
		地线型号	JLB20A－100	最大使用张力（kN）	33.80	断线张力取值（%）	100	不均匀覆冰不平衡张力取值（%）	40

表 9－29　使用条件

使用条件	呼高（m）	水平档距（m）	垂直档距（m）	代表档距（m）	转角度数（°）	K_v 值
数值	30	450	700	200/450	0～20	—

注：上拔侧按 50%垂直档距考虑，下压侧按 80%垂直档距考虑。

表 9－30　荷载表　单位：N

气象条件（t/v/b）		正常运行情况			事故情况		安装情况	不均匀冰
		基本风速	覆冰	最低气温	未断线	断线		
		15/27/0	－5/10/10	－10/0/0	－5/0/10	－5/0/10	－5/10/0	－5/10/10
水平荷载	导线	6528	1936				889	1936
	绝缘子及金具	684	113				94	113
	跳线串	448	88				61	88
	地线	4229	2447				580	1733
垂直荷载	导线	9013	14545	8276	14545	14545	8234	13162
	绝缘子及金具	3000	4059	3000	4059	4059	3000	4059
	跳线串	1567	2153	1567	2153	2153	1567	2153
	地线	6994	14395	6725	14395	14395	6652	12545

续表

气象条件（t/v/b）			正常运行情况			事故情况		安装情况	不均匀冰
			基本风速	覆冰	最低气温	未断线	断线		
			15/27/0	－5/10/10	－10/0/0	－5/0/10	－5/0/10	－5/10/0	－5/10/10
张力	导线	一侧	26514	35097	21479	35097	35097	24416	35097
		另一侧	26101	34928	29116	34928	0	31697	34928
		张力差	413	169	7637	169	35097	7281	169
	地线	一侧	26390	40787	24507	40787	40787	26432	40787
		另一侧	28606	36501	31990	36501	0	34171	36501
		张力差	2216	4286	7483	4286	40787	7739	4286

注：导线水平导线荷载为下相导线荷载，表中（t/v/b）单位分别为：°、m/s、mm。

9.8.2 根开尺寸及基础作用力

110－DC21D－JC1 塔的根开尺寸及基础作用力见表 9－31 和表 9－32。

表 9－31　根开尺寸

呼高（m）	基础根开（mm）		地脚螺栓根开（mm）		地脚螺栓规格（5.6 级）
	正面根开	侧面根开	正面根开	侧面根开	
15	4444	4444	240	240	4M36
18	5043	5043	240	240	4M36
21	5641	5641	240	240	4M36
24	6240	6240	240	240	4M36
27	6839	6839	240	240	4M36
30	7437	7437	240	240	4M36

表 9－32　基础作用力

转角度数（°）	基础作用力（kN）					
	T_{max}	T_x	T_y	N_{max}	N_x	N_y
0～10	397	－45	－46	－489	－55	－55
10～20	421	－47	－49	－514	－58	－57

9.8.3 单线图及司令图

110－DC21D－JC1 塔单线图如图 9－12 所示，司令图如图 9－13 所示。

塔呼高（m）	15.0	18.0	21.0	24.0	27.0	30.0
塔重（kg）	4697.8	5356.4	5987.1	6592.0	7252.1	7956.0

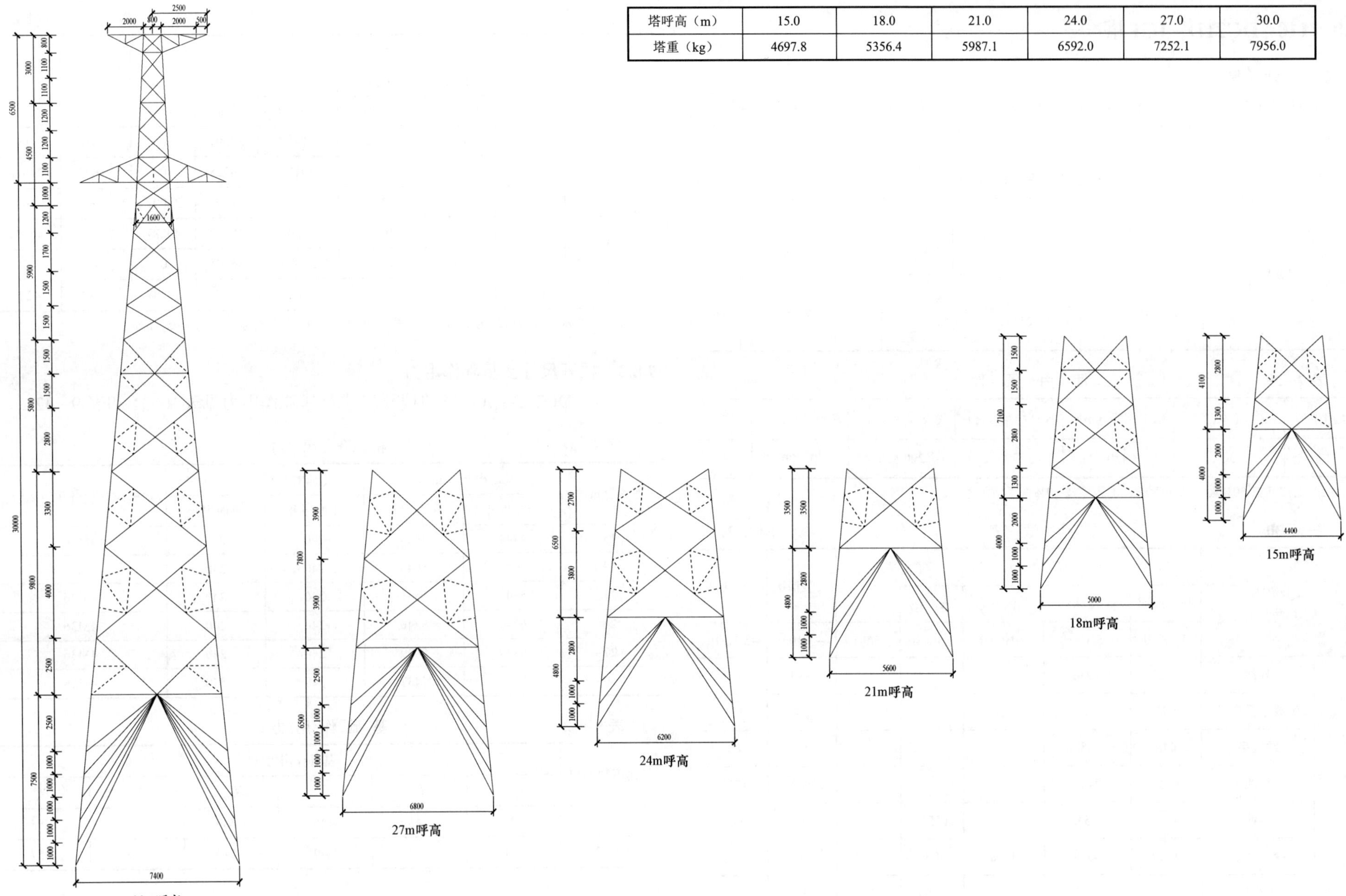

图 9－12　110－DC21D－JC1 塔单线图

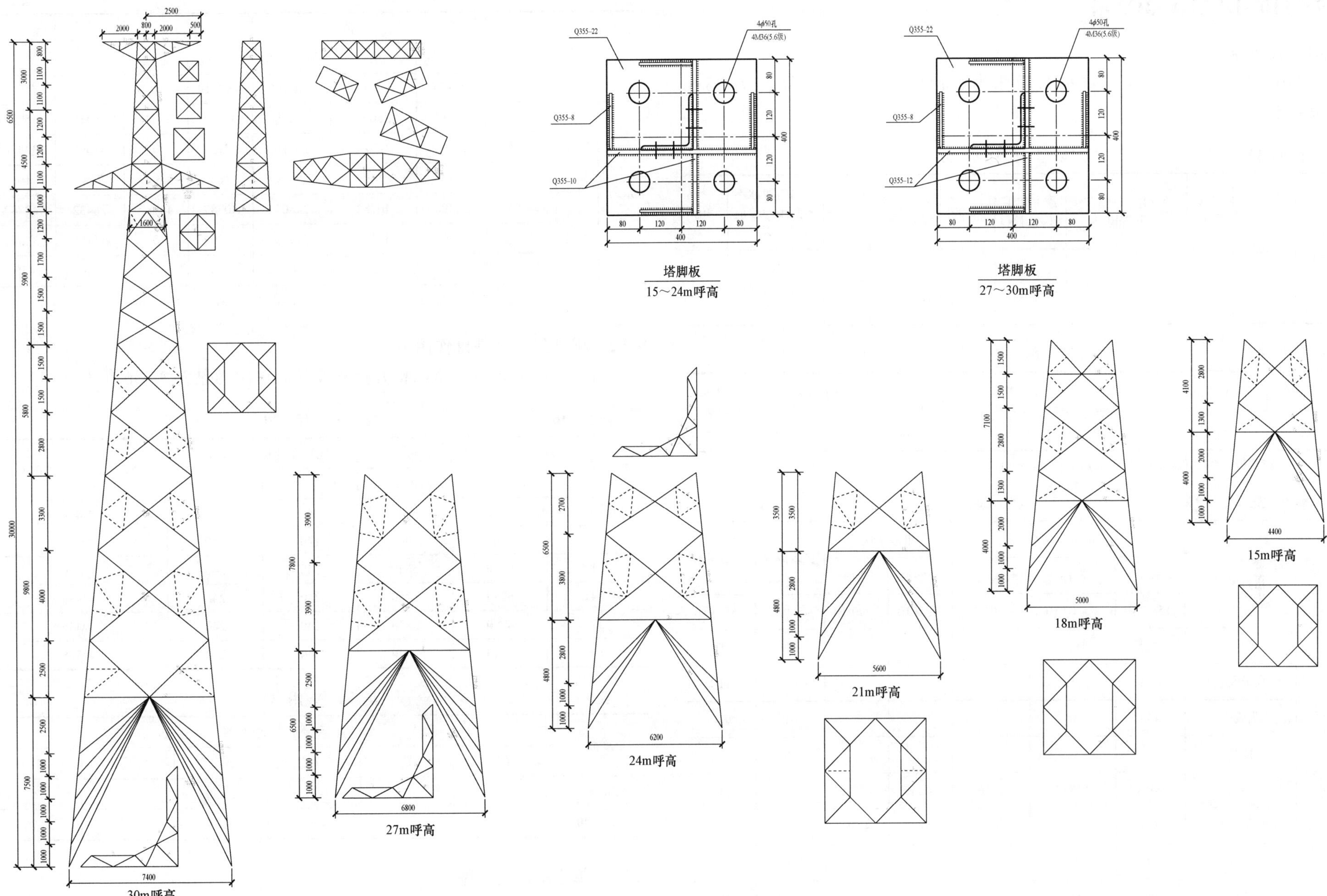

图 9-13　110-DC21D-JC1 塔司令图

9.9 110－DC21D－JC2 塔

9.9.1 设计条件

110－DC21D－JC2 塔导线型号及张力、使用条件、荷载见表 9－33～表 9－35。

表 9－33　导线型号及张力

电压等级	110kV	导线型号	1×JL3/G1A－300/40	最大使用张力（kN）	35.09	断线张力取值（%）	100	不均匀覆冰不平衡张力取值（%）	30
		地线型号	JLB20A－100	最大使用张力（kN）	33.80	断线张力取值（%）	100	不均匀覆冰不平衡张力取值（%）	40

表 9－34　使用条件

使用条件	呼高（m）	水平档距（m）	垂直档距（m）	代表档距（m）	转角度数（°）	K_v 值
数值	30	450	700	200/450	20～40	—

注：上拔侧按 50%垂直档距考虑，下压侧按 80%垂直档距考虑。

表 9－35　荷载表　单位：N

气象条件（t/v/b）		正常运行情况			事故情况		安装情况	不均匀冰
		基本风速	覆冰	最低气温	未断线	断线		
		15/27/0	－5/10/10	－10/0/0	－5/0/10	－5/0/10	－5/10/0	－5/10/10
水平荷载	导线	6528	1936				889	1936
	绝缘子及金具	684	113				94	113
	跳线串	448	88				61	88
	地线	4229	2447				580	1733
垂直荷载	导线	9013	14545	8276	14545	14545	8234	13162
	绝缘子及金具	3000	4059	3000	4059	4059	3000	4059
	跳线串	1567	2153	1567	2153	2153	1567	2153
	地线	6994	14395	6725	14395	14395	6652	12545

续表

气象条件（t/v/b）			正常运行情况			事故情况		安装情况	不均匀冰
			基本风速	覆冰	最低气温	未断线	断线		
			15/27/0	－5/10/10	－10/0/0	－5/0/10	－5/0/10	－5/10/0	－5/10/10
张力	导线	一侧	26514	35097	21479	35097	35097	24416	35097
		另一侧	26101	34928	29116	34928	0	31697	34928
		张力差	413	169	7637	169	35097	7281	169
	地线	一侧	26390	40787	24507	40787	40787	26432	40787
		另一侧	28606	36501	31990	36501	0	34171	36501
		张力差	2216	4286	7483	4286	40787	7739	4286

注：导线水平导线荷载为下相导线荷载，表中（t/v/b）单位分别为：°、m/s、mm。

9.9.2 根开尺寸及基础作用力

110－DC21D－JC2 塔的根开尺寸及基础作用力见表 9－36 和表 9－37。

表 9－36　根开尺寸

呼高（m）	基础根开（mm）		地脚螺栓根开（mm）		地脚螺栓规格（5.6 级）
	正面根开	侧面根开	正面根开	侧面根开	
15	4440	4440	240	240	4M36
18	5040	5040	240	240	4M36
21	5640	5640	240	240	4M36
24	6240	6240	240	240	4M36
27	6840	6840	240	240	4M36
30	7440	7440	240	240	4M36

表 9－37　基础作用力

转角度数（°）	基础作用力（kN）					
	T_{max}	T_x	T_y	N_{max}	N_x	N_y
20～30	468	－62	－56	－539	－63	－61
30～40	551	－72	－65	－617	－71	－70

9.9.3 单线图及司令图

110－DC21D－JC2 塔单线图如图 9－14 所示，司令图如图 9－15 所示。

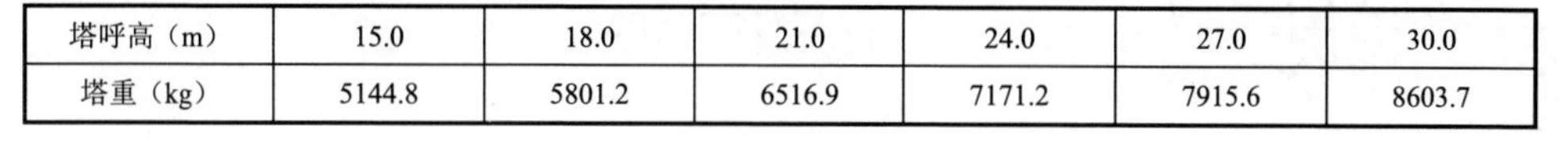

塔呼高（m）	15.0	18.0	21.0	24.0	27.0	30.0
塔重（kg）	5144.8	5801.2	6516.9	7171.2	7915.6	8603.7

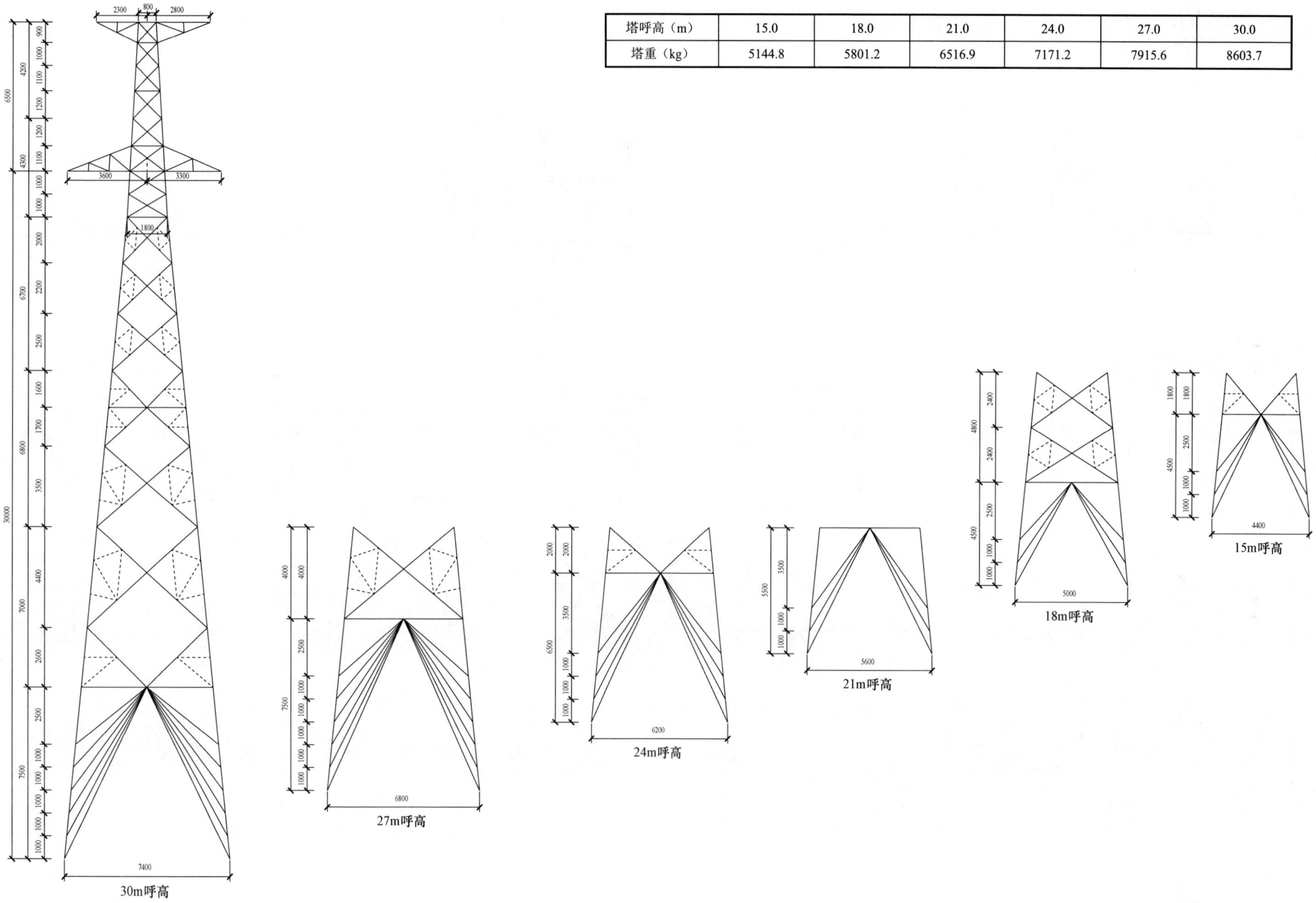

图 9-14　110-DC21D-JC2 塔单线图

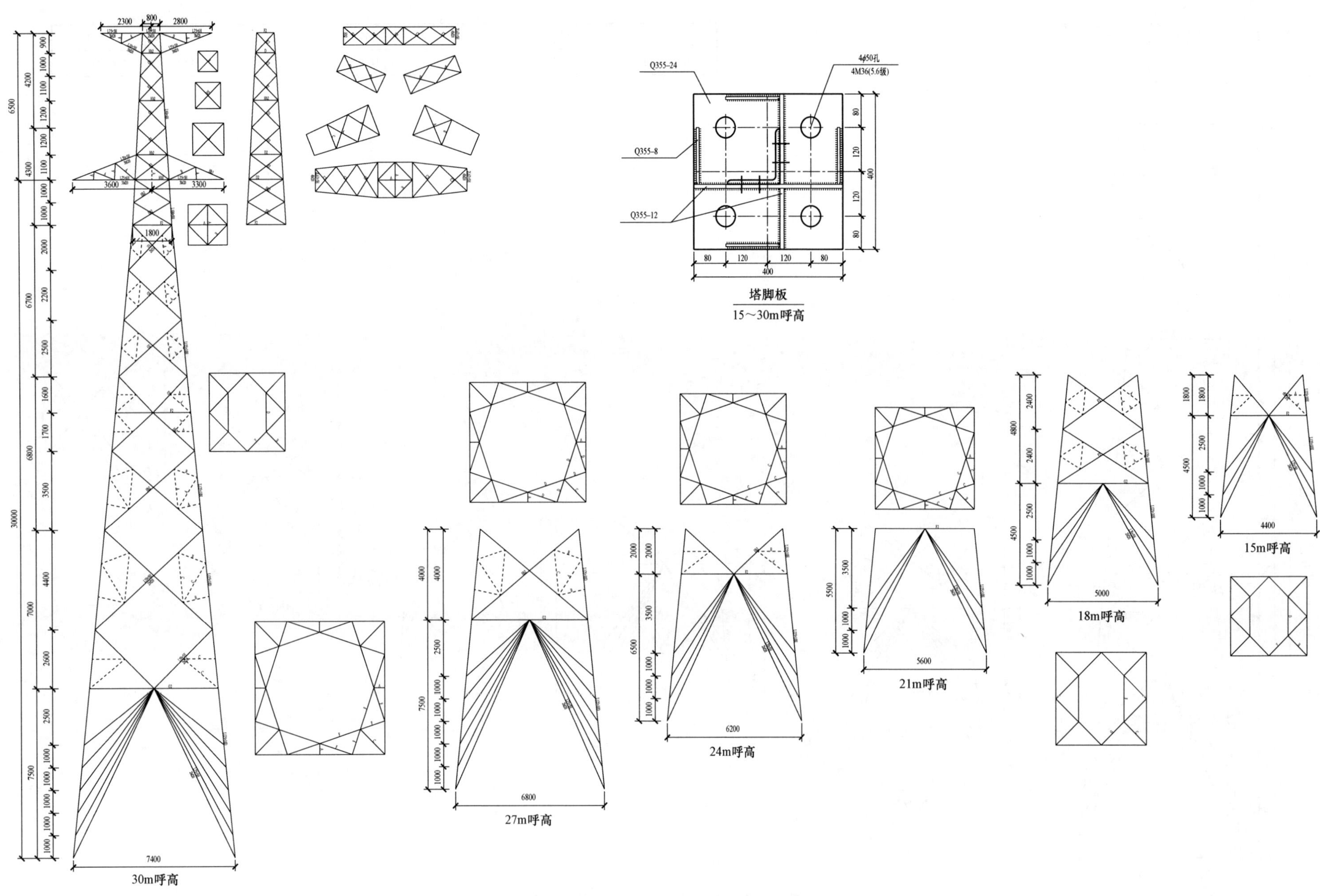

图 9－15　110－DC21D－JC2 塔司令图

9.10 110－DC21D－JC3 塔

9.10.1 设计条件

110－DC21D－JC3 塔导线型号及张力、使用条件、荷载见表 9－38～表 9－40。

表 9－38　导线型号及张力

电压等级	110kV	导线型号	1×JL3/G1A－300/40	最大使用张力（kN）	35.09	断线张力取值（%）	100	不均匀覆冰不平衡张力取值（%）	30
		地线型号	JLB20A－100	最大使用张力（kN）	33.80	断线张力取值（%）	100	不均匀覆冰不平衡张力取值（%）	40

表 9－39　使用条件

使用条件	呼高（m）	水平档距（m）	垂直档距（m）	代表档距（m）	转角度数（°）	K_v 值
数值	30	450	700	200/450	40～60	—

注：上拔侧按 50%垂直档距考虑，下压侧按 80%垂直档距考虑。

表 9－40　荷载表　单位：N

气象条件（t/v/b）		正常运行情况			事故情况		安装情况	不均匀冰
		基本风速	覆冰	最低气温	未断线	断线		
		15/27/0	－5/10/10	－10/0/0	－5/0/10	－5/0/10	－5/10/0	－5/10/10
水平荷载	导线	6528	1936				889	1936
	绝缘子及金具	684	113				94	113
	跳线串	448	88				61	88
	地线	4229	2447				580	1733
垂直荷载	导线	9013	14545	8276	14545	14545	8234	13162
	绝缘子及金具	3000	4059	3000	4059	4059	3000	4059
	跳线串	1567	2153	1567	2153	2153	1567	2153
	地线	6994	14395	6725	14395	14395	6652	12545

续表

气象条件（t/v/b）			正常运行情况			事故情况		安装情况	不均匀冰
			基本风速	覆冰	最低气温	未断线	断线		
			15/27/0	－5/10/10	－10/0/0	－5/0/10	－5/0/10	－5/10/0	－5/10/10
张力	导线	一侧	26514	35097	21479	35097	35097	24416	35097
		另一侧	26101	34928	29116	34928	0	31697	34928
		张力差	413	169	7637	169	35097	7281	169
	地线	一侧	26390	40787	24507	40787	40787	26432	40787
		另一侧	28606	36501	31990	36501	0	34171	36501
		张力差	2216	4286	7483	4286	40787	7739	4286

注：导线水平导线荷载为下相导线荷载，表中（t/v/b）单位分别为：°、m/s、mm。

9.10.2 根开尺寸及基础作用力

110－DC21D－JC3 塔的根开尺寸及基础作用力见表 9－41 和表 9－42。

表 9－41　根开尺寸

呼高（m）	基础根开（mm）		地脚螺栓根开（mm）		地脚螺栓规格（5.6 级）
	正面根开	侧面根开	正面根开	侧面根开	
15	4700	4700	270	270	4M42
18	5360	5360	270	270	4M42
21	6020	6020	270	270	4M42
24	6670	6670	270	270	4M42
27	7330	7330	270	270	4M42
30	7990	7990	270	270	4M42

表 9－42　基础作用力

转角度数（°）	基础作用力（kN）					
	T_{max}	T_x	T_y	N_{max}	N_x	N_y
40～50	599	－77	－72	－674	－86	－81
50～60	697	－90	－84	－772	－98	－92

9.10.3 单线图及司令图

110－DC21D－JC3 塔单线图如图 9－16 所示，司令图如图 9－17 所示。

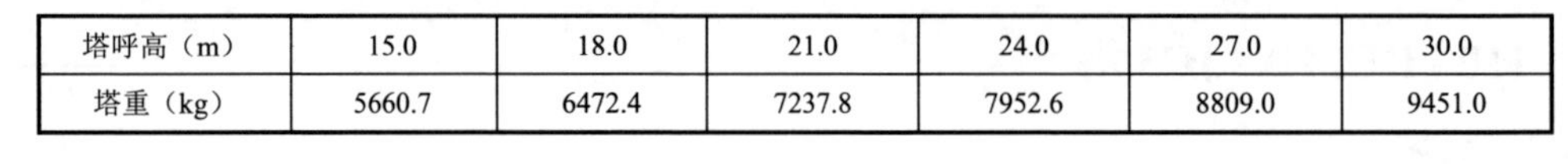

塔呼高（m）	15.0	18.0	21.0	24.0	27.0	30.0
塔重（kg）	5660.7	6472.4	7237.8	7952.6	8809.0	9451.0

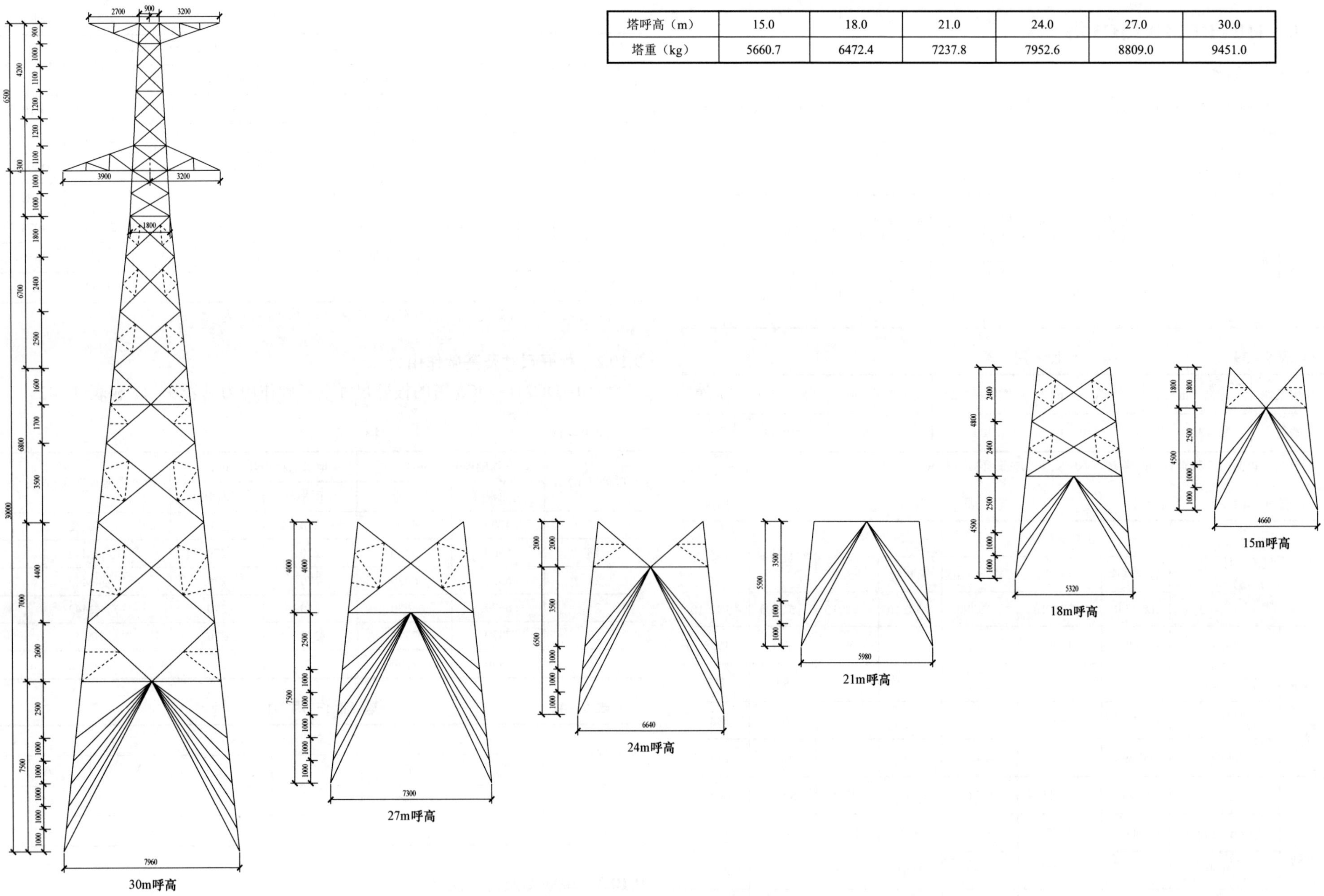

30m呼高
27m呼高
24m呼高
21m呼高
18m呼高
15m呼高
7960
7300
6640
5980
5320
4660

图 9－16　110－DC21D－JC3 塔单线图

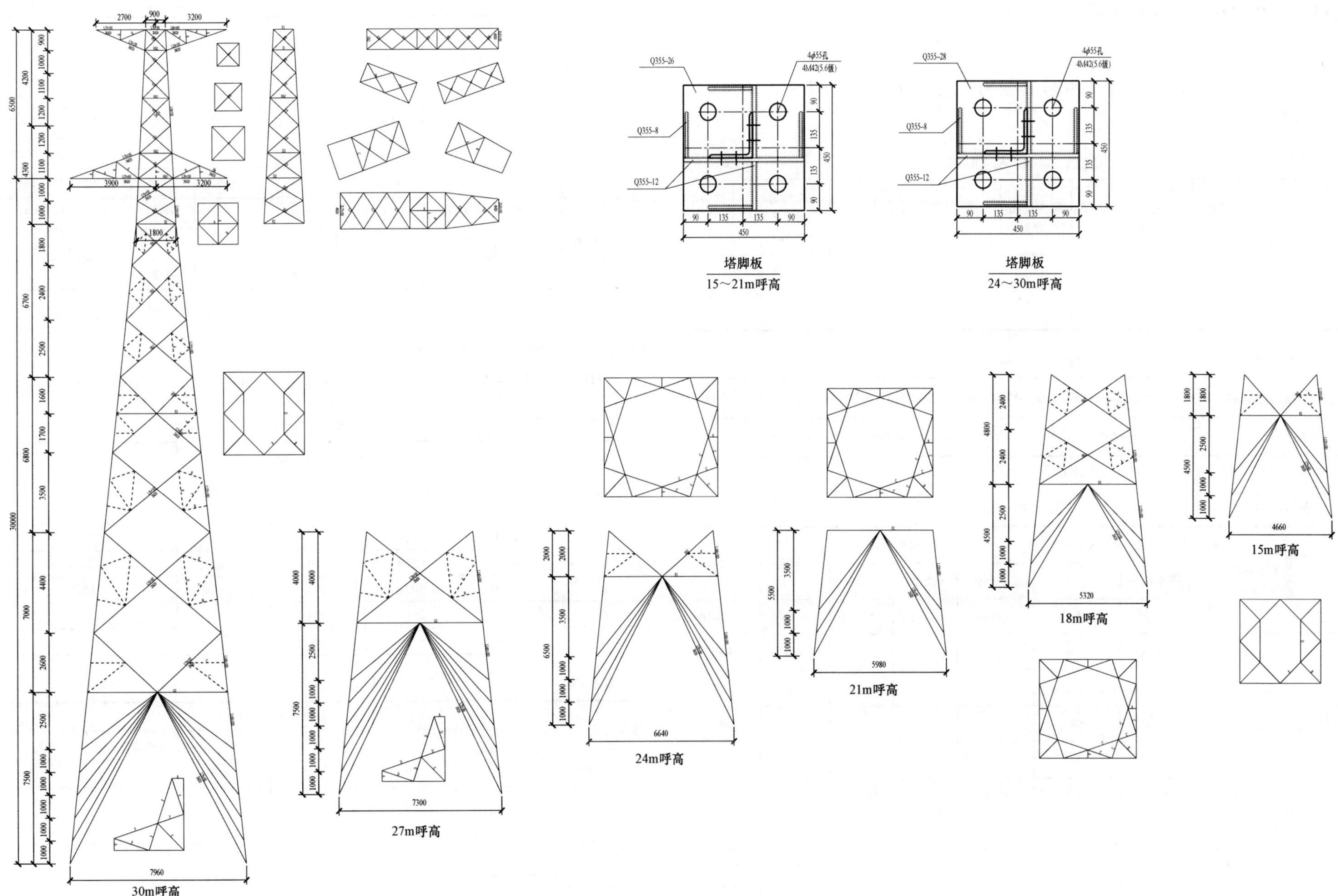

图 9-17　110-DC21D-JC3 塔司令图

9.11 110-DC21D-JC4 塔

9.11.1 设计条件

110-DC21D-JC4 塔导线型号及张力、使用条件、荷载见表 9-43～表 9-45。

表 9-43　　导线型号及张力

电压等级	110kV	导线型号	1×JL3/G1A-300/40	最大使用张力（kN）	35.09	断线张力取值（%）	100	不均匀覆冰不平衡张力取值（%）	30
		地线型号	JLB20A-100	最大使用张力（kN）	33.80	断线张力取值（%）	100	不均匀覆冰不平衡张力取值（%）	40

表 9-44　　使用条件

使用条件	呼高（m）	水平档距（m）	垂直档距（m）	代表档距（m）	转角度数（°）	K_v 值
数值	30	450	700	200/450	60～90	—

注：上拔侧按 50%垂直档距考虑，下压侧按 80%垂直档距考虑。

表 9-45　　荷载表　　单位：N

气象条件（$t/v/b$）		正常运行情况			事故情况		安装情况	不均匀冰
		基本风速	覆冰	最低气温	未断线	断线		
		15/27/0	-5/10/10	-10/0/0	-5/0/10	-5/0/10	-5/10/0	-5/10/10
水平荷载	导线	6528	1936				889	1936
	绝缘子及金具	684	113				94	113
	跳线串	448	88				61	88
	地线	4229	2447				580	1733
垂直荷载	导线	9013	14545	8276	14545	14545	8234	13162
	绝缘子及金具	3000	4059	3000	4059	4059	3000	4059
	跳线串	1567	2153	1567	2153	2153	1567	2153
	地线	6994	14395	6725	14395	14395	6652	12545
张力	导线 一侧	26514	35097	21479	35097	35097	24416	35097
	导线 另一侧	26101	34928	29116	34928	0	31697	34928
	导线 张力差	413	169	7637	169	35097	7281	169
	地线 一侧	26390	40787	24507	40787	40787	26432	40787
	地线 另一侧	28606	36501	31990	36501	0	34171	36501
	地线 张力差	2216	4286	7483	4286	40787	7739	4286

注：导线水平导线荷载为下相导线荷载，表中（$t/v/b$）单位分别为：°、m/s、mm。

9.11.2 根开尺寸及基础作用力

110-DC21D-JC4 塔的根开尺寸及基础作用力见表 9-46 和表 9-47。

表 9-46　　根开尺寸

呼高（m）	基础根开（mm）		地脚螺栓根开（mm）		地脚螺栓规格（5.6 级）
	正面根开	侧面根开	正面根开	侧面根开	
15	4830	4830	290	290	4M48
18	5520	5520	290	290	4M48
21	6210	6210	290	290	4M48
24	6900	6900	290	290	4M48
27	7580	7580	290	290	4M48
30	8270	8270	290	290	4M48

表 9-47　　基础作用力

转角度数（°）	基础作用力（kN）					
	T_{max}	T_x	T_y	N_{max}	N_x	N_y
60～70	751	-99	-93	-831	-109	-103
70～80	834	-110	-104	-914	-120	-113
80～90	915	-121	-114	-995	-130	-123

9.11.3 单线图及司令图

110-DC21D-JC4 塔单线图如图 9-18 所示，司令图如图 9-19 所示。

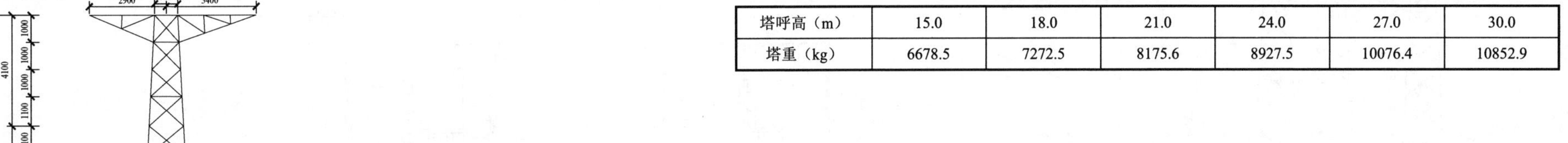

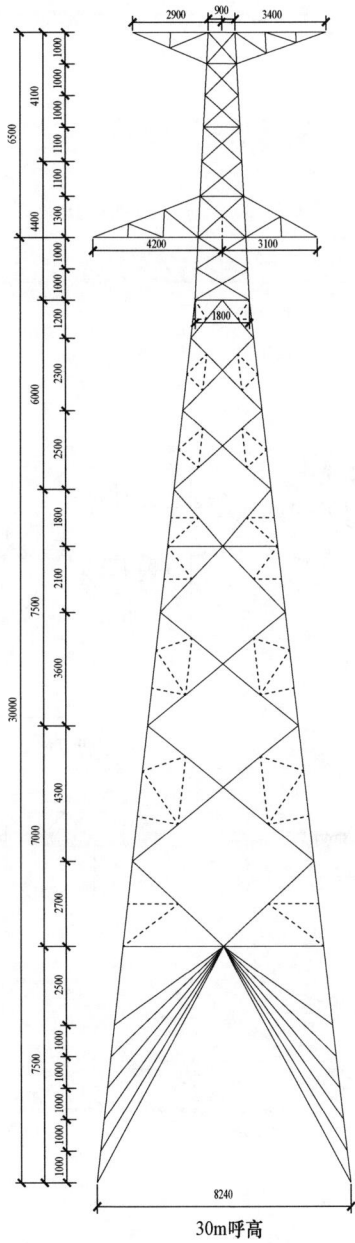

塔呼高（m）	15.0	18.0	21.0	24.0	27.0	30.0
塔重（kg）	6678.5	7272.5	8175.6	8927.5	10076.4	10852.9

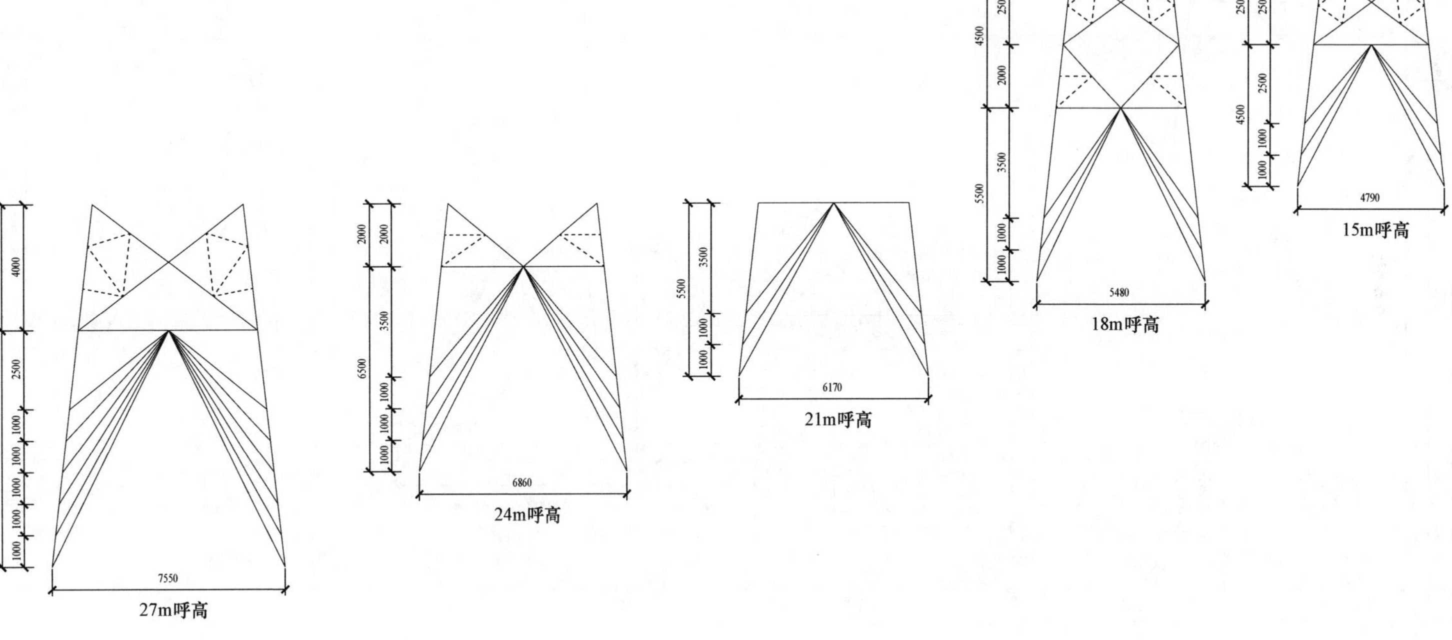

图 9－18　110－DC21D－JC4 塔单线图

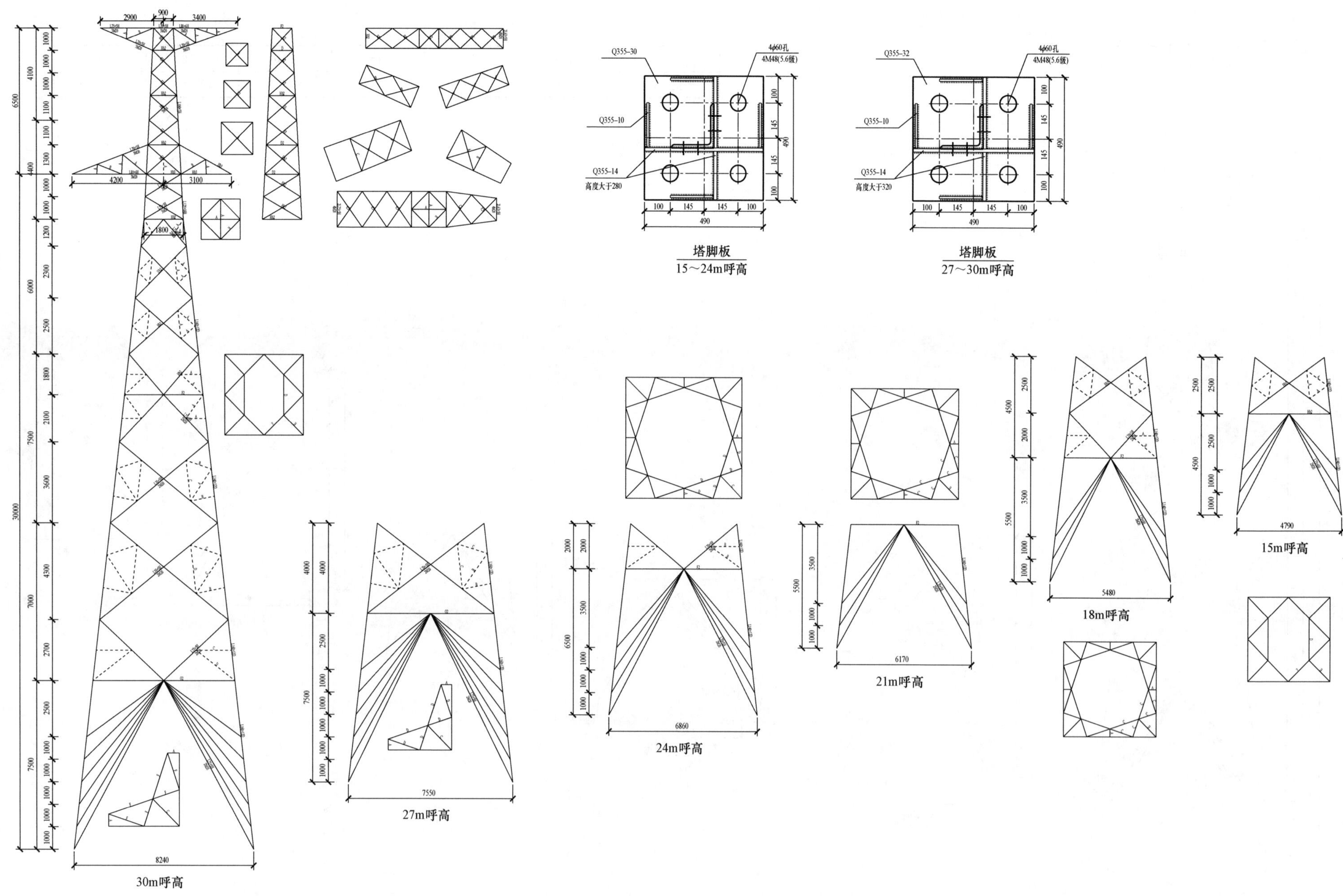

图 9-19　110-DC21D-JC4 塔司令图

9.12 110－DC21D－DJC 塔

9.12.1 设计条件

110－DC21D－DJC 塔导线型号及张力、使用条件、荷载见表 9－48～表 9－50。

表 9－48　　导线型号及张力

电压等级	110kV	导线型号	1×JL3/G1A－300/40	最大使用张力(kN)	35.09	断线张力取值（%）	100	不均匀覆冰不平衡张力取值（%）	30
		地线型号	JLB20A－100	最大使用张力(kN)	33.80	断线张力取值（%）	100	不均匀覆冰不平衡张力取值（%）	40

表 9－49　　使用条件

使用条件	呼高（m）	水平档距（m）	垂直档距（m）	代表档距（m）	转角度数（°）	K_v 值
数值	30	450	700	200/450	0～90	—

注：上拔侧按 50%垂直档距考虑，下压侧按 80%垂直档距考虑。

表 9－50　　荷载表　　单位：N

气象条件（t/v/b）		正常运行情况			事故情况		安装情况	不均匀冰
		基本风速	覆冰	最低气温	未断线	断线		
		15/27/0	－5/10/10	－10/0/0	－5/0/10	－5/0/10	－5/10/0	－5/10/10
水平荷载	导线	6528	1936				889	1936
	绝缘子及金具	684	113				94	113
	跳线串	448	88				61	88
	地线	4229	2447				580	1733
垂直荷载	导线	9013	14545	8276	14545	14545	8234	13162
	绝缘子及金具	3000	4059	3000	4059	4059	3000	4059
	跳线串	1567	2153	1567	2153	2153	1567	2153
	地线	6994	14395	6725	14395	14395	6652	12545

续表

气象条件（t/v/b）			正常运行情况			事故情况		安装情况	不均匀冰
			基本风速	覆冰	最低气温	未断线	断线		
			15/27/0	－5/10/10	－10/0/0	－5/0/10	－5/0/10	－5/10/0	－5/10/10
张力	导线	一侧	26514	35097	21479	35097	35097	24416	35097
		另一侧	26101	34928	29116	34928	0	31697	34928
		张力差	413	169	7637	169	35097	7281	169
	地线	一侧	26390	40787	24507	40787	40787	26432	40787
		另一侧	28606	36501	31990	36501	0	34171	36501
		张力差	2216	4286	7483	4286	40787	7739	4286

注：导线水平荷载为下相导线荷载，表中（t/v/b）单位分别为：°、m/s、mm。

9.12.2 根开尺寸及基础作用力

110－DC21D－DJC 塔的根开尺寸及基础作用力见表 9－51 和表 9－52。

表 9－51　　根开尺寸

呼高（m）	基础根开（mm）		地脚螺栓根开（mm）		地脚螺栓规格（5.6 级）
	正面根开	侧面根开	正面根开	侧面根开	
15	4830	4830	290	290	4M48
18	5520	5520	290	290	4M48
21	6210	6210	290	290	4M48
24	6900	6900	290	290	4M48
27	7580	7580	290	290	4M48
30	8270	8270	290	290	4M48

表 9－52　　基础作用力

转角度数（°）	基础作用力（kN）					
	T_{max}	T_x	T_y	N_{max}	N_x	N_y
0～40	799	－100	－103	－872	－113	－108
40～90	859	－104	－116	－922	－123	－110

9.12.3 单线图及司令图

110－DC21D－DJC 塔单线图如图 9－20 所示，司令图如图 9－21 所示。

塔呼高（m）	15.0	18.0	21.0	24.0	27.0	30.0
塔重（kg）	6851.7	7445.7	8348.8	9100.7	10205.9	10924.0

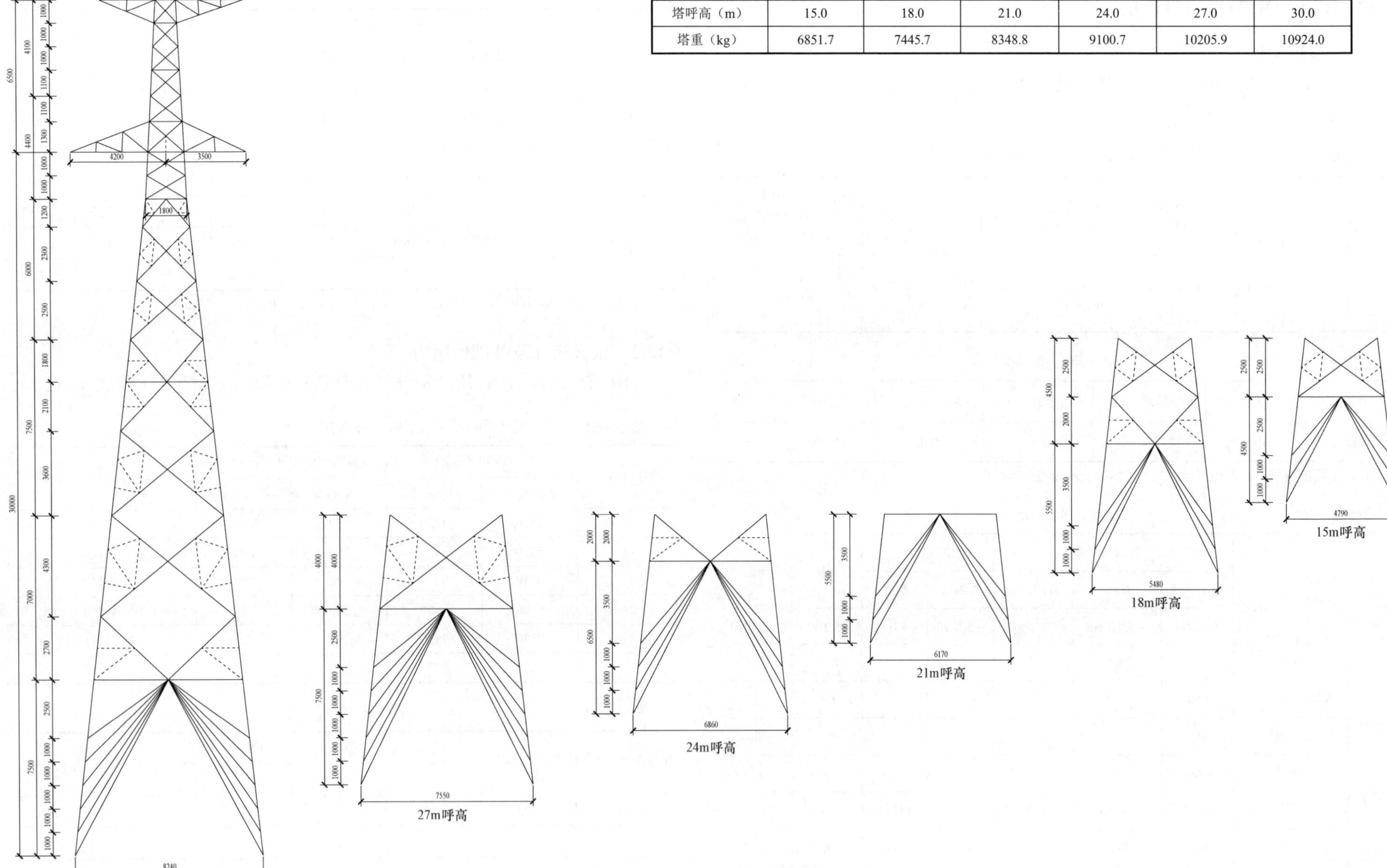

图 9－20　110－DC21D－DJC 塔单线图

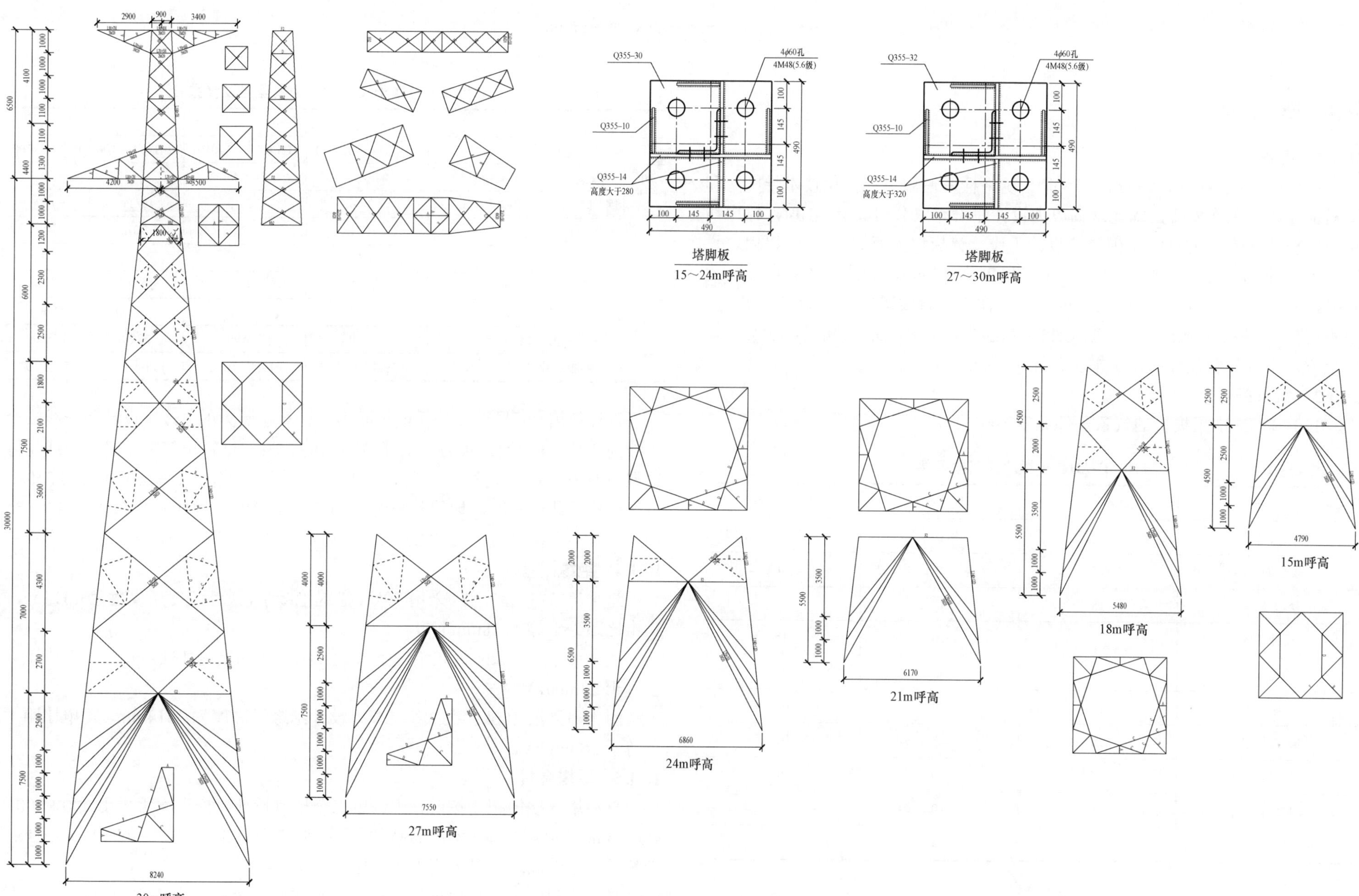

图 9-21　110-DC21D-DJC 塔司令图

10.1 模块说明

10.1.1 概述

根据国家电网公司《35kV～750kV 线路杆塔通用设计优化技术导则》和国网福建电力工作安排，福建永福电力设计股份有限公司负责 110kV 输电线路通用设计 110-DC31D 子模块的设计工作。该模块为海拔 1000m 以内、设计基本风速为 27m/s（离地 10m）、覆冰厚度为 15mm，导线为 1×JL3/G1A-300/40（兼 1×JL3/G1A-240/30）的单回路铁塔。直线塔按 3+1 塔系列规划，耐张塔按 4 塔系列规划，并单独设计终端塔和 ZMCR 重要跨越塔，所有塔均按全方位不等长腿设计；该子模块共计 10 种塔型。

10.1.2 气象条件

110-DC31D 子模块的气象条件见表 10-1。

表 10-1 110-DC31D 子模块的气象条件

项目	气温（℃）	风速（m/s）	覆冰厚度（mm）
最低气温	-10	0	0
年平均气温	15	0	0
基本风速	15	27	0
设计覆冰	-5	10	15
最高气温	40	0	0
安装情况	-5	10	0
操作过电压	15	15	0
雷电过电压	15	10	0
带电作业	15	10	0
年平均雷电日数	65		

10.1.3 导地线型号及参数

110-DC31D 子模块的导地线型号及参数见表 10-2。

表 10-2 110-DC31D 子模块的导地线型号及参数

项目		导线		地线	
电线型号		JL3/G1A-300/40	JL3/G1A-240/30	JLB20A-100	JLB40-100
结构	铝［根数/直径（mm）］	24/3.99	24/3.60		
	钢、铝包钢［根数/直径（mm）］	7/2.66	7/2.40	19/2.6	19/2.6
计算截面面积（mm^2）		339	276	101	101
计算外径（mm）		23.9	21.6	13	13
计算重量（kg/m）		1.132	0.9215	0.6767	0.4765
计算拉断力（N）		92360	75190	135200	68600
弹性系数（MPa）		70500	70500	153900	103600
线膨胀系数（1/℃）		19.4×10^{-6}	19.4×10^{-6}	13.0×10^{-6}	15.5×10^{-6}

设计使用时，导地线的保证拉断力为计算拉断力的 95%。设计用导线安全系数为 2.5，平均运行张力取保证拉断力的 25%；进行电气配合时，地线型号选取 JLB40-100，地线安全系数为 3.0，平均运行张力取保证拉断力的 25%；进行结构荷载计算时，地线型号选取 JLB20A-100，地线安全系数为 4.0，平均运行张力取保证拉断力的 25%。

10.1.4 绝缘配置

悬垂串按“I”型布置，采用 70kN 盘式绝缘子，设计绝缘子高度为 1314mm，爬电比距大于等于 28mm/kV。

跳线串采用 70kN 盘式绝缘子，设计绝缘子高度为 1314mm，爬电比距大于等于 28mm/kV。

耐张串采用 100kN 盘式绝缘子，设计绝缘子高度为 1314mm，爬电比距大于等于 28mm/kV。

10.1.5 联塔金具

直线塔导线横担均按前、中、后三个挂点设计，挂点间距采用 200+200=400（mm），以满足单、双联悬挂的需要，联塔金具采用 ZBS-07/10-80 挂板；地线悬垂串的联塔金具采用 UB 型挂板。

导地线耐张串均采用单挂点设计，导线联塔金具采用 U 型挂环，地线联塔金具采用 U 型挂环。跳线串联塔金具采用 UB 型挂板。

10.2　110-DC31D 子模块杆塔一览图

110-DC31D 子模块杆塔一览图（山区）如图 10-1 所示。

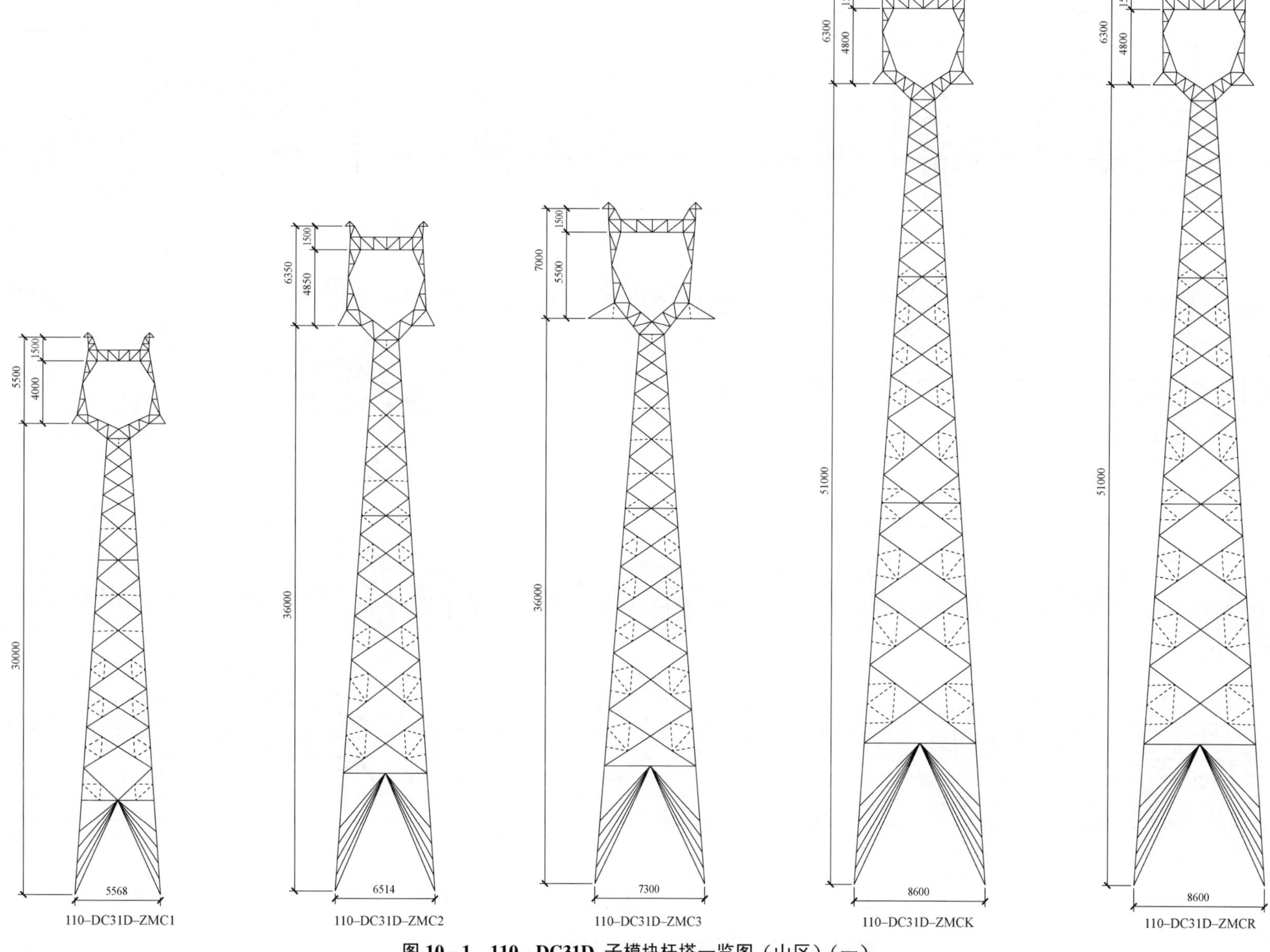

图 10-1　110-DC31D 子模块杆塔一览图（山区）（一）

序号	塔型名称	呼高（m）	水平档距（m）	垂直档距（m）	塔重（kg）	允许转角（°）	串型
1	110－DC31D－ZMC1	30.0	380	550	6838	0	"I" 串
2	110－DC31D－ZMC2	30.0	480	700	7007	0	"I" 串
		36.0	450	700	8047		
3	110－DC31D－ZMC3	33.0	650	1000	8365	0	"I" 串
		36.0	635	1000	8868		
4	110－DC31D－ZMCK	51.0	480	700	12518	0	"I" 串
5	110－DC31D－ZMCR	51.0	480	700	13080	0	"I" 串
6	110－DC31D－JC1	30.0	450	700	7959	0～20	
7	110－DC31D－JC2	30.0	450	700	8927	20～40	
8	110－DC31D－JC3	30.0	450	700	9764	40～60	
9	110－DC31D－JC4	30.0	450	700	10970	60～90	
10	110－DC31D－DJC	30.0	450	700	11154	0～90	

注：直线塔呼高一列中第一行为计算呼高，第二行为最高呼高。

说明：

1. 铁塔全为螺栓连接的型钢结构。
2. 所有构件均需热浸镀锌防腐。
3. 所有塔身断面均为方形。
4. 所有铁塔均设有全方位长短腿。
5. 铁塔材料：

型钢：Q235B、Q355B 和 Q420B；

钢板：Q235B、Q355B 和 Q420B；

螺栓：6.8 级和 8.8 级。

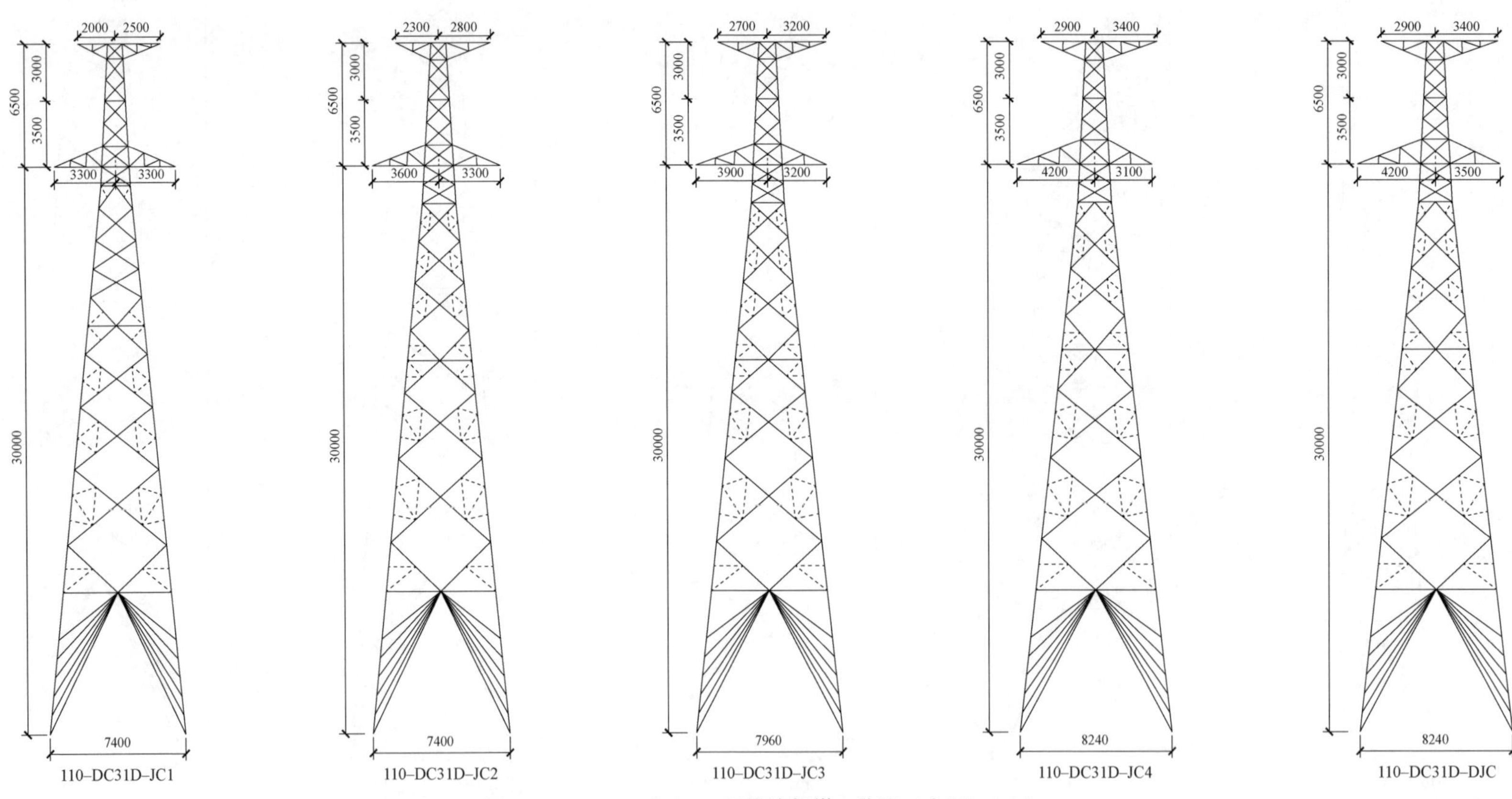

图 10－1　110－DC31D 子模块杆塔一览图（山区）（二）

10.3 110－DC31D－ZMC1 塔

10.3.1 设计条件

110－DC31D－ZMC1 塔的导线型号及张力、使用条件、荷载见表 10－3～表 10－5。

表 10－3　　导 线 型 号 及 张 力

电压等级	110kV	导线型号	1×JL3/G1A－300/40	最大使用张力(kN)	35.09	断线张力取值（%）	50	不均匀覆冰不平衡张力取值（%）	15
		地线型号	JLB20A－100	最大使用张力(kN)	32.11	断线张力取值（%）	100	不均匀覆冰不平衡张力取值（%）	20

表 10－4　　使 用 条 件

使用条件	呼高（m）	水平档距（m）	垂直档距（m）	代表档距（m）	转角度数（°）	K_v 值
数值	30	380	550	250	0	0.80

表 10－5　　荷 载 表　　单位：N

气象条件（$t/v/b$）			正常运行情况			事故情况		安装情况	不均匀冰
			基本风速	覆冰	最低气温	未断线	断线		
			15/27/0	－5/10/15	－10/0/0	－5/0/15	－5/0/15	－5/10/0	－5/10/15
水平荷载	导线		5459	2144				744	2144
	绝缘子及金具		339	60				46	60
	跳线串								
	地线		3932	3218				540	2263
垂直荷载	导线		6716	16505	6106	16505	16505	6106	14057
	绝缘子及金具		1200	2083	1200	2083	2083	1200	2083
	跳线串								
	地线		5019	18858	4015	18858	18858	4015	15398
张力	导线	一侧					17548	21706	9002
		另一侧					0	21706	9002
		张力差					17548	0	0
	地线	一侧					32110	24570	8494
		另一侧					0	24570	8494
		张力差					32110	0	0

注：导线水平荷载为下相导线荷载，表中（$t/v/b$）单位分别为：°、m/s、mm。

103.2 根开尺寸及基础作用力

110－DC31D－ZMC1 塔的根开尺寸及基础作用力见表 10－6 和表 10－7。

表 10－6　　根 开 尺 寸

呼高（m）	基础根开（mm）		地脚螺栓根开（mm）		地脚螺栓规格（5.6 级）
	正面根开	侧面根开	正面根开	侧面根开	
15	3507	3507	160	160	4M24
18	3927	3927	160	160	4M24
21	4347	4347	160	160	4M24
24	4767	4767	160	160	4M24
27	5187	5187	160	160	4M24
30	5607	5607	160	160	4M24

表 10－7　　基 础 作 用 力

呼高（m）	基础作用力（kN）					
	T_{max}	T_x	T_y	N_{max}	N_x	N_y
15	179	－19	－19	－237	－25	－24
18	197	－20	－20	－259	－24	－25
21	201	－20	－20	－265	－26	－25
24	204	－18	－19	－273	－23	－24
27	211	－20	－20	－282	－26	－25
30	212	－19	－19	－286	－24	－25

10.3.3 单线图及司令图

110－DC31D－ZMC1 塔单线图如图 10－2 所示，司令图如图 10－3 所示。

塔呼高（m）	15.0	18.0	21.0	24.0	27.0	30.0
塔重（kg）	4300	4793	5543	5761	6265	6838

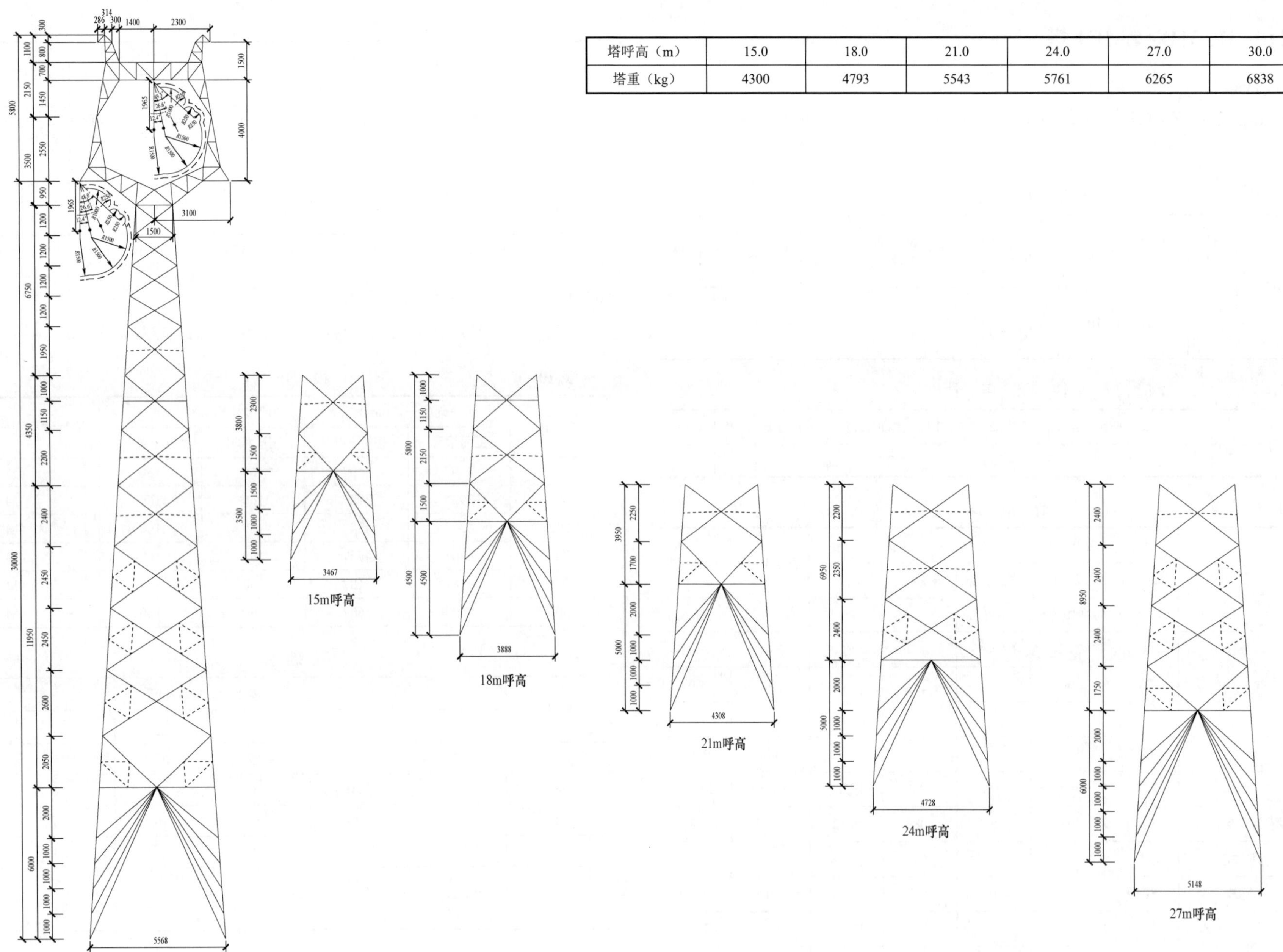

图 10－2　110－DC31D－ZMC1 塔单线图

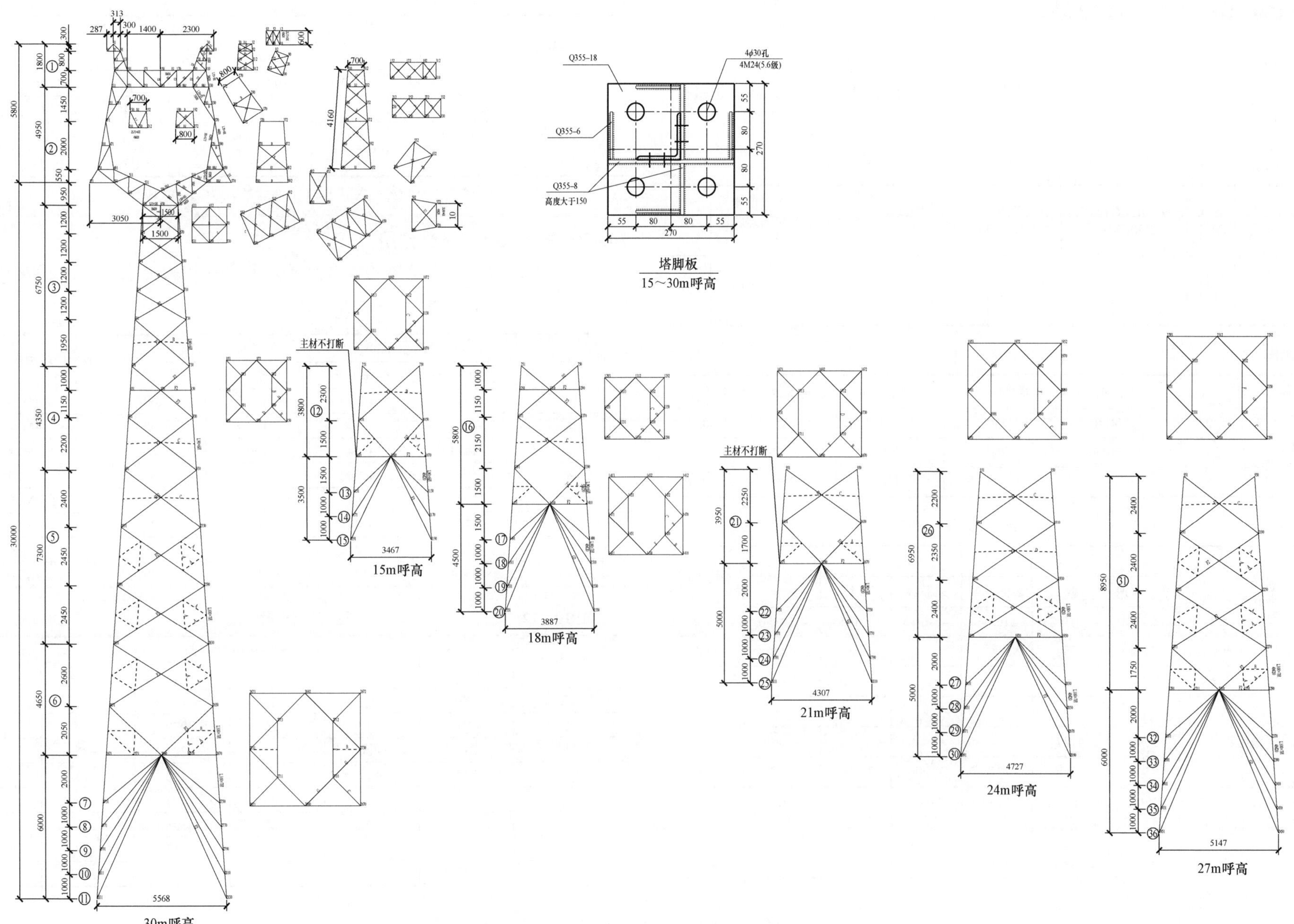

图 10－3　110－DC31D－ZMC1 塔司令图

10.4 110－DC31D－ZMC2 塔

10.4.1 设计条件

110－DC31D－ZMC2 塔导线型号及张力、使用条件、荷载见表 10－8～表 10－10。

表 10－8 导线型号及张力

电压等级	110kV	导线型号	1×JL3/G1A－300/40	最大使用张力（kN）	35.09	断线张力取值（%）	50	不均匀覆冰不平衡张力取值（%）	15
		地线型号	JLB20A－100	最大使用张力（kN）	32.11	断线张力取值（%）	100	不均匀覆冰不平衡张力取值（%）	20

表 10－9 使用条件

使用条件	呼高（m）	水平档距（m）	垂直档距（m）	代表档距（m）	转角度数（°）	K_v 值
数值	30	480	700	250	0	0.70
	33	465	700	250	0	0.70
	36	450	700	250	0	0.70

表 10－10 荷载表 单位：N

气象条件（t/v/b）			正常运行情况			事故情况		安装情况	不均匀冰
			基本风速	覆冰	最低气温	未断线	断线		
			15/27/0	－5/10/15	－10/0/0	－5/0/15	－5/0/15	－5/10/0	－5/10/15
水平荷载	导线		7094	2758				965	2758
	绝缘子及金具		358	64				49	64
	跳线串								
	地线		5099	4127				700	2902
垂直荷载	导线		8548	21006	7771	21006	21006	7771	17891
	绝缘子及金具		1200	2083	1200	2083	2083	1200	2083
	跳线串								
	地线		6387	24001	5110	24001	24001	5110	19598
张力	导线	一侧					17548	21706	9002
		另一侧					0	21706	9002
		张力差					17548	0	0
	地线	一侧					32110	24570	8494
		另一侧					0	24570	8494
		张力差					32110	0	0

注：导线水平荷载为下相导线荷载，表中（t/v/b）单位分别为：°、m/s、mm。

10.4.2 根开尺寸及基础作用力

110－DC31D－ZMC2 塔的根开尺寸及基础作用力见表 10－11 和表 10－12。

表 10－11 根开尺寸

呼高（m）	基础根开（mm）		地脚螺栓根开（mm）		地脚螺栓规格（5.6 级）
	正面根开	侧面根开	正面根开	侧面根开	
15	3614	3614	160	160	4M24
18	4034	4034	160	160	4M24
21	4454	4454	160	160	4M24
24	4874	4874	160	160	4M24
27	5284	5284	200	200	4M30
30	5704	5704	200	200	4M30
33	6124	6124	200	200	4M30
36	6544	6544	200	200	4M30

表 10－12 基础作用力

呼高（m）	基础作用力（kN）					
	T_{max}	T_x	T_y	N_{max}	N_x	N_y
15	186	－17	－19	－255	－22	－24
18	198	－19	－21	－270	－24	－26
21	211	－20	－21	－287	－25	－26
24	214	－19	－20	－292	－25	－26
27	225	－29	－26	－305	－27	－27
30	234	－29	－27	－308	－28	－27
33	242	－30	－27	－312	－27	－27
36	252	－30	－26	－315	－26	－26

10.4.3 单线图及司令图

110－DC31D－ZMC2 塔单线图如图 10－4 所示，司令图如图 10－5 所示。

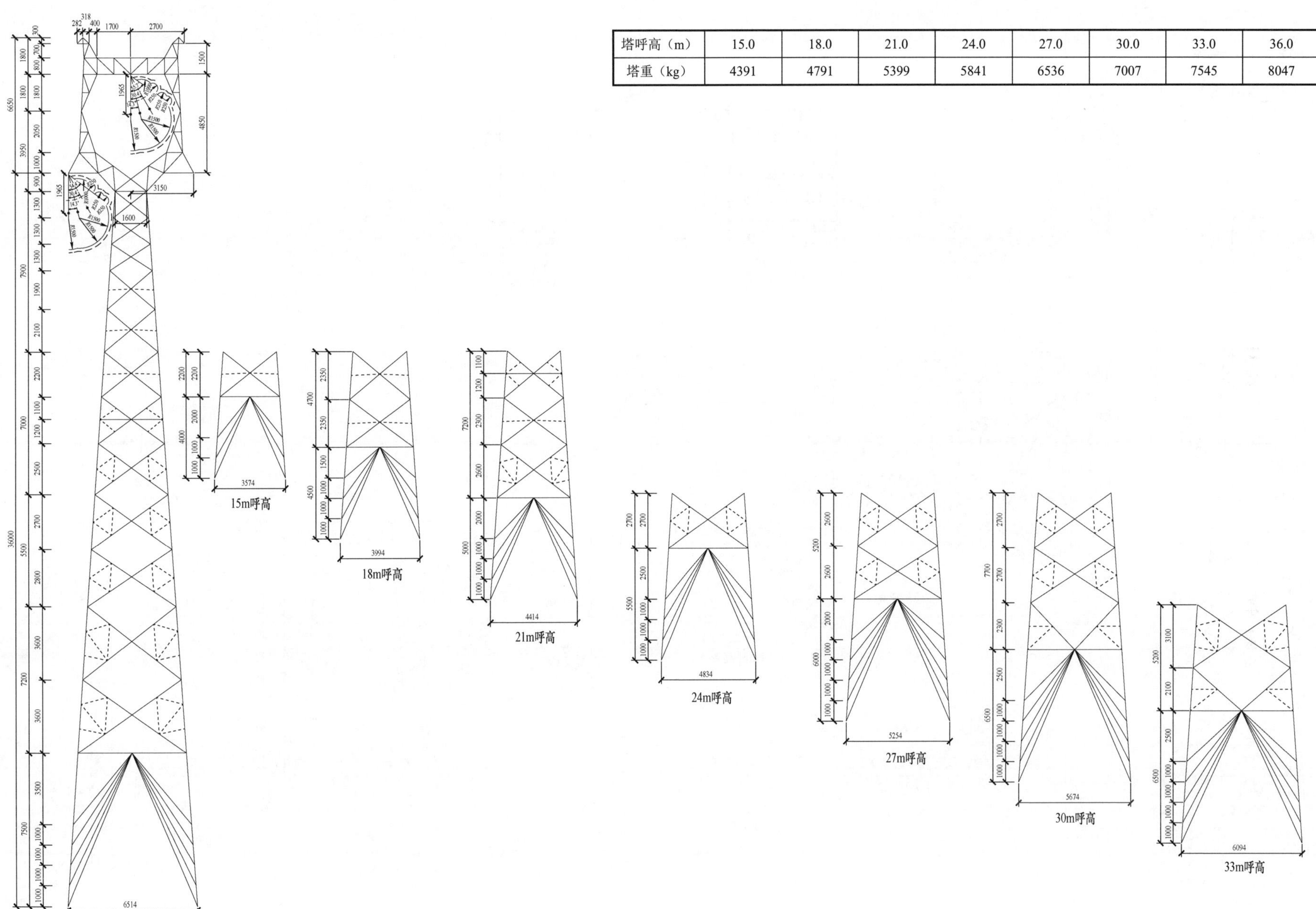

塔呼高（m）	15.0	18.0	21.0	24.0	27.0	30.0	33.0	36.0
塔重（kg）	4391	4791	5399	5841	6536	7007	7545	8047

图 10－4　110－DC31D－ZMC2 塔单线图

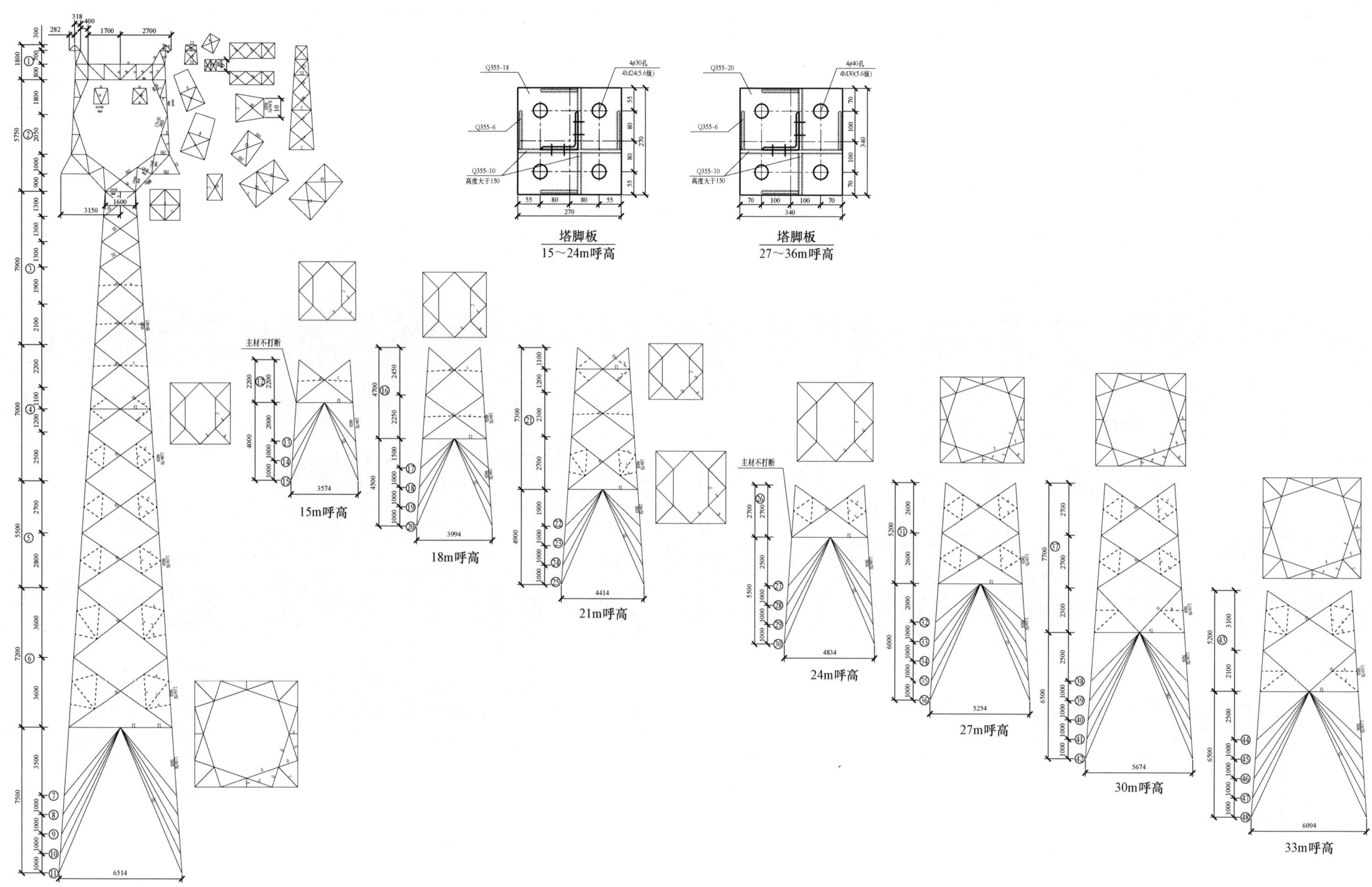

图 10－5　110－DC31D－ZMC2 塔司令图

10.5 110－DC31D－ZMC3 塔

10.5.1 设计条件

110－DC31D－ZMC3 塔导线型号及张力、使用条件、荷载见表 10－13～表 10－15。

表 10－13　导线型号及张力

电压等级	110kV	导线型号	1×JL3/G1A－300/40	最大使用张力(kN)	35.09	断线张力取值（%）	50	不均匀覆冰不平衡张力取值（%）	15
		地线型号	JLB20A－100	最大使用张力(kN)	32.11	断线张力取值（%）	100	不均匀覆冰不平衡张力取值（%）	20

表 10－14　使用条件

使用条件	呼高（m）	水平档距（m）	垂直档距（m）	代表档距（m）	转角度数（°）	K_v 值
数值	33	650	1000	250	0	0.60
	36	635	1000	250	0	0.60

表 10－15　荷载表　单位：N

气象条件（t/v/b）			正常运行情况			事故情况		安装情况	不均匀冰
			基本风速	覆冰	最低气温	未断线	断线		
			15/27/0	－5/10/15	－10/0/0	－5/0/15	－5/0/15	－5/10/0	－5/10/15
水平荷载	导线		8900	3284				1196	3284
	绝缘子及金具		358	64				49	64
	跳线串								
	地线		6701	5208				920	3662
垂直荷载	导线		12211	30008	11101	30008	30008	11101	25559
	绝缘子及金具		1200	2083	1200	2083	2083	1200	2083
	跳线串								
	地线		9125	34288	7300	34288	34288	7300	27997
张力	导线	一侧					17548	21706	9002
		另一侧					0	21706	9002
		张力差					17548	0	0
	地线	一侧					32110	24570	8494
		另一侧					0	24570	8494
		张力差					32110	0	0

注：导线水平荷载为下相导线荷载，表中（t/v/b）单位分别为：°、m/s、mm。

10.5.2 根开尺寸及基础作用力

110－DC31D－ZMC3 塔的根开尺寸及基础作用力见表 10－16 和表 10－17。

表 10－16　根开尺寸

呼高（m）	基础根开（mm）		地脚螺栓根开（mm）		地脚螺栓规格（5.6 级）
	正面根开	侧面根开	正面根开	侧面根开	
15	3980	3980	160	160	4M24
18	4460	4460	160	160	4M24
21	4940	4940	160	160	4M24
24	5410	5410	160	160	4M24
27	5890	5890	200	200	4M30
30	6370	6370	200	200	4M30
33	6850	6850	200	200	4M30
36	7330	7330	200	200	4M30

表 10－17　基础作用力

呼高（m）	基础作用力（kN）					
	T_{max}	T_x	T_y	N_{max}	N_x	N_y
15	179.16	－24.00	－17.58	－265.48	－25.49	－26.76
18	192.81	－27.13	－20.31	－277.54	－27.37	－28.43
21	208.22	－27.35	－21.47	－290.11	－28.08	－28.58
24	214.63	－27.49	－24.72	－295.79	－28.32	－28.49
27	228.46	－30.52	－27.66	－305.61	－29.99	－29.84
30	234.86	－30.26	－28.05	－308.59	－30.93	－29.71
33	241.87	－31.24	－28.29	－313.39	－29.62	－29.43
36	249.09	－31.05	－27.74	－315.92	－29.02	－28.70

10.5.3 单线图及司令图

110－DC31D－ZMC3 塔单线图如图 10－6 所示，司令图如图 10－7 所示。

塔呼高（m）	15.0	18.0	21.0	24.0	27.0	30.0	33.0	36.0
塔重（kg）	4910.3	5431.3	6036.8	6563.8	7200.1	7703.0	8364.5	8867.9

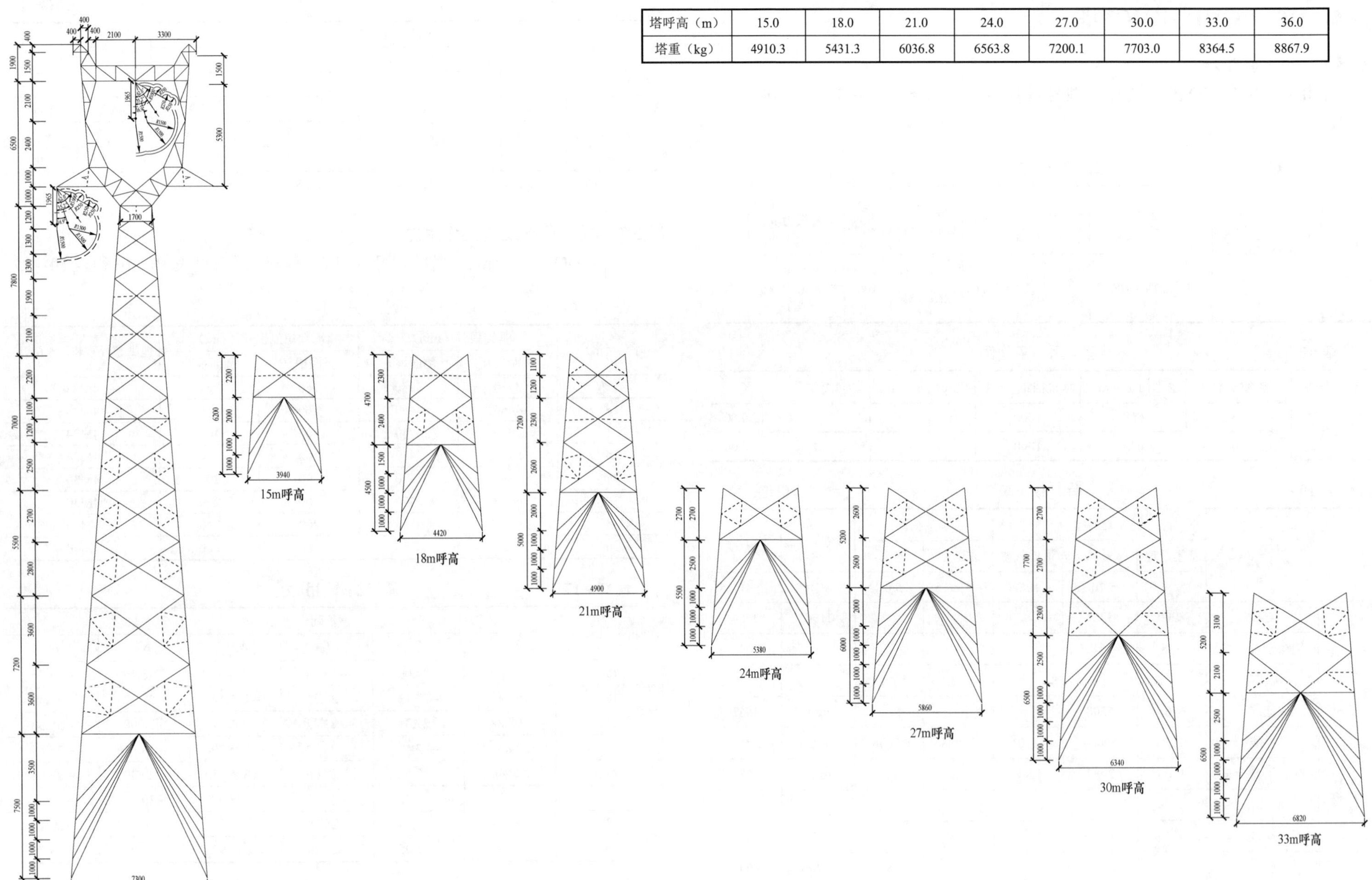

图 10－6　110－DC31D－ZMC3 塔单线图

制图说明：

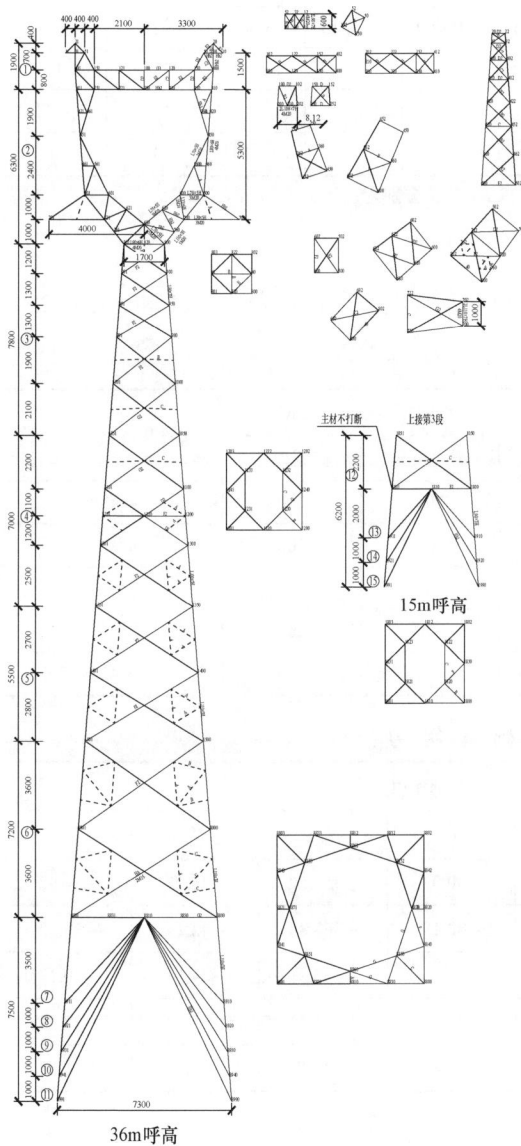

1. 塔名：110－DC21D－ZMC3，工程名：110～500kV 输电线路通用设计。
2. 螺栓等级：M16（6.8 级）；M20（6.8 级）；M24（8.8 级）。
3. 导、地线联塔金具采用 UB－10，挂线孔孔径为ϕ19.5，孔边距为 40mm，挂线角钢间距为 48mm。导线挂点按前、中、后三个挂点设置，挂点间距采用 300＋300＝600（mm）；导线横担挂点处正面连接板向下延伸设置 1ϕ21.5 施工孔。
4. 两侧地线横担主材上各设置 1ϕ17.5 引流孔，距地线挂点约 300mm。
5. 四腿均设置 2ϕ17.5 接地孔，竖排，间距为 50mm，位置在面向塔身的右侧主材正面上，距离主材肢边 25mm，距离靴板上方 500mm 左右，且不宜大于 1500mm。
6. 司令图中角钢规格号后带“H”指 355 钢，规格号后带“D”指 Q420 钢。
7. 节间分布未单独进行标注的均为等长节间布置。
8. 当构件肢宽为 100 及以下时，如长度大于 9m 应分断用外包角钢连接，外包角钢规格比被包角钢大一级（面积大 1.3 倍）；当构件肢宽为 125 及以上时，如长度大于 12m 应分断用双包连接；塔腿主材分断时，斜材的分断位置不得在同一个节间。
9. 本次铁塔设计，塔脚连接形式仅考虑地脚螺栓式。
10. 铁塔根开按塔身坡度推算。

角钢规格代号表

代号	角钢规格	螺栓规格	代号	角钢规格	螺栓规格	代号	角钢规格	螺栓规格
A	L40×3	M16×1	A2	L40×3	M16×2	A3	L40×3	M16×3
B	L40×4	M16×1	B2	L40×4	M16×2	B3	L40×4	M16×3
C	L45×4	M16×1	C2	L45×4	M16×2	C3	L45×4	M16×3
D	L50×4	M16×1	D2	L50×4	M16×2	D3	L50×4	M16×3
E	L50×5	M16×1	E2	L50×5	M16×2	E3	L50×5	M16×3
F	L56×4	M16×1	F2	L56×4	M16×2	F3	L56×4	M16×3
G	L56×5	M16×1	G2	L56×5	M16×2	G3	L56×5	M16×3
H	L63×5	M20×1	H2	L63×5	M20×2	H3	L63×5	M20×3
Hh	L63×5H	M20×1	Hh2	L63×5H	M20×2	Hh3	L63×5H	M20×3

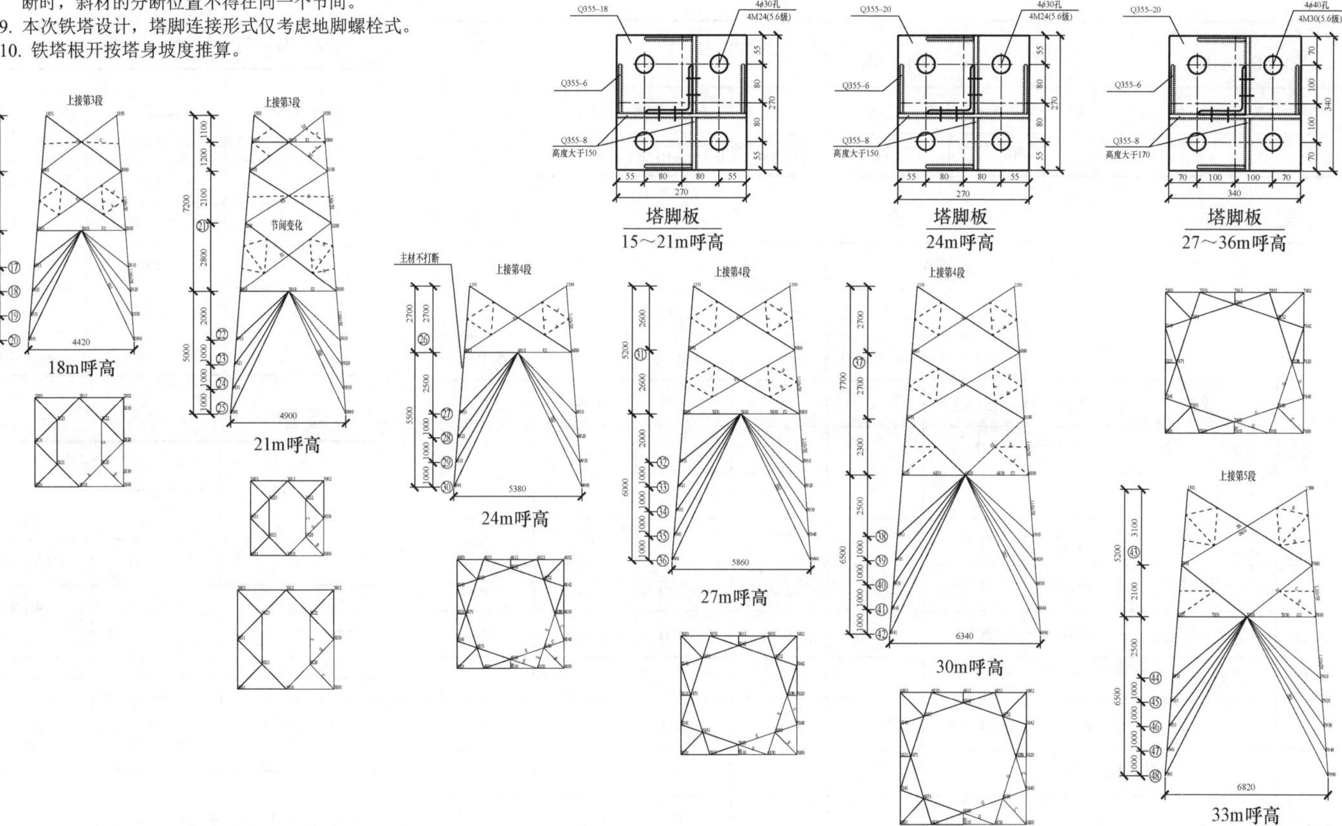

图 10－7　110－DC31D－ZMC3 塔司令图

10.6 110-DC31D-ZMCK 塔

10.6.1 设计条件

110-DC31D-ZMCK 塔导线型号及张力、使用条件、荷载见表 10-18～表 10-20。

表 10-18　导线型号及张力

电压等级										
电压等级	110kV	导线型号	1×JL3/G1A-300/40	最大使用张力(kN)	35.09	断线张力取值（%）	50	不均匀覆冰不平衡张力取值（%）	15
		地线型号	JLB20A-100	最大使用张力(kN)	32.11	断线张力取值（%）	100	不均匀覆冰不平衡张力取值（%）	20

表 10-19　使用条件

使用条件	呼高（m）	水平档距（m）	垂直档距（m）	代表档距（m）	转角度数（°）	K_v 值
数值	51	480	700	250	0	0.70

表 10-20　荷载表　　单位：N

气象条件（$t/v/b$）			正常运行情况			事故情况		安装情况	不均匀冰
			基本风速	覆冰	最低气温	未断线	断线		
			15/27/0	-5/10/15	-10/0/0	-5/0/15	-5/0/15	-5/10/0	-5/10/15
水平荷载	导线		8026	3159				1095	3159
	绝缘子及金具		399	71				55	71
	跳线串								
	地线		5641	4617				774	3246
垂直荷载	导线		8548	21006	7771	21006	21006	7771	17891
	绝缘子及金具		1200	2083	1200	2083	2083	1200	2083
	跳线串								
	地线		6387	24001	5110	24001	24001	5110	19598
张力	导线	一侧					17548	21706	9002
		另一侧					0	21706	9002
		张力差					17548	0	0
	地线	一侧					32110	24570	8494
		另一侧					0	24570	8494
		张力差					32110	0	0

注：导线水平荷载为下相导线荷载，表中（$t/v/b$）单位分别为：°、m/s、mm。

10.6.2 根开尺寸及基础作用力

110-DC31D-ZMCK 塔的根开尺寸及基础作用力见表 10-21 和表 10-22。

表 10-21　根开尺寸

呼高（m）	基础根开（mm）		地脚螺栓根开（mm）		地脚螺栓规格（5.6 级）
	正面根开	侧面根开	正面根开	侧面根开	
39	6950	6950	200	200	4M30
42	7370	7370	200	200	4M30
45	7790	7790	200	200	4M30
48	8210	8210	200	200	4M30
51	8630	8630	200	200	4M30

表 10-22　基础作用力

呼高（m）	基础作用力（kN）					
	T_{max}	T_x	T_y	N_{max}	N_x	N_y
39	290.36	-33.90	-30.02	-350.50	-38.93	-34.08
42	304.03	-36.88	-32.18	-368.83	-42.18	-36.32
45	321.50	-38.16	-34.50	-390.21	-44.16	-39.13
48	332.11	-39.62	-35.50	-405.34	-45.72	-40.44
51	342.03	-40.95	-36.40	-421.12	-47.42	-41.62

10.6.3 单线图及司令图

110-DC31D-ZMCK 塔单线图如图 10-8 所示，司令图如图 10-9 所示。

塔呼高（m）	39.0	42.0	45.0	48.0	51.0
塔重（kg）	9084.8	9923.4	10808.0	11579.7	12517.8

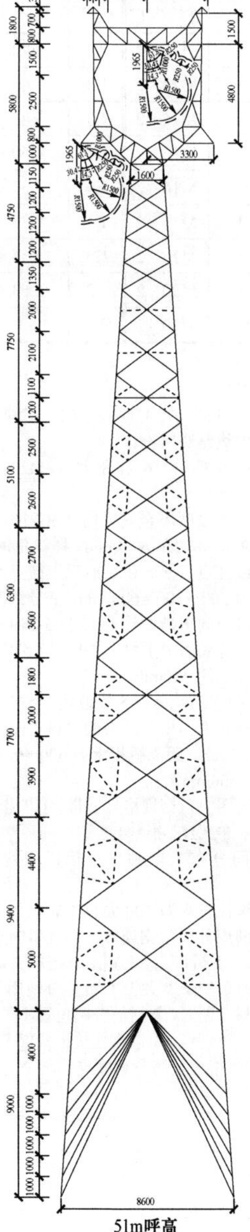
51m呼高

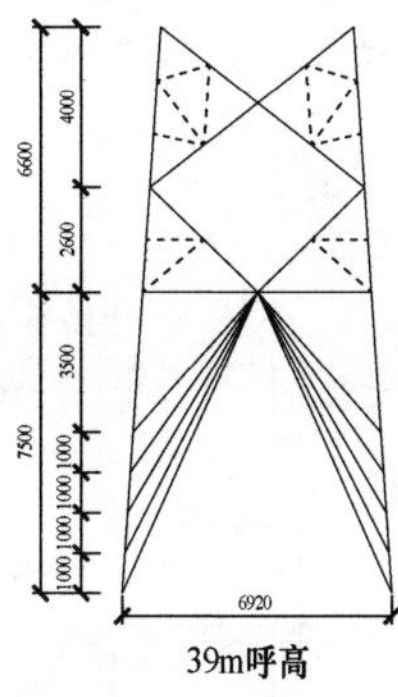
39m呼高

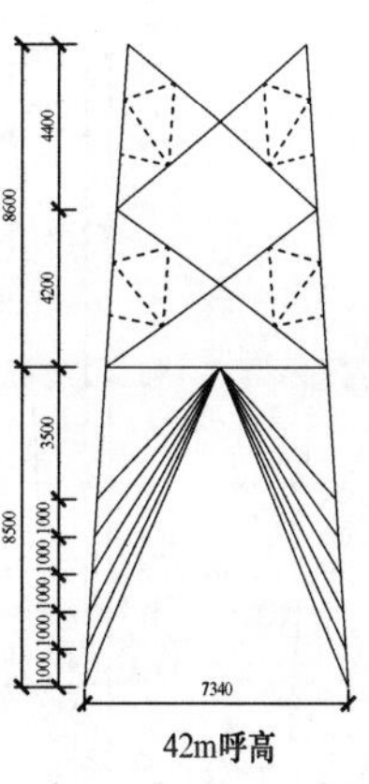
42m呼高

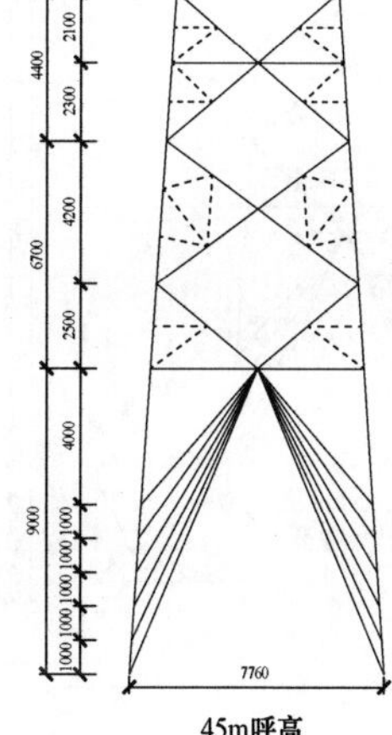
45m呼高

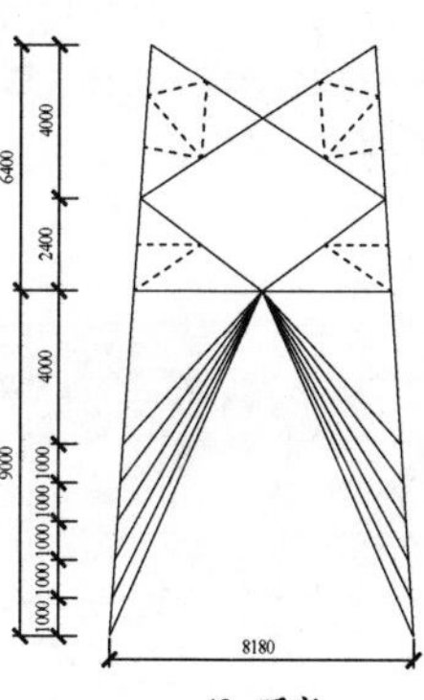
48m呼高

图 10－8　110－DC31D－ZMCK 塔单线图

51m呼高

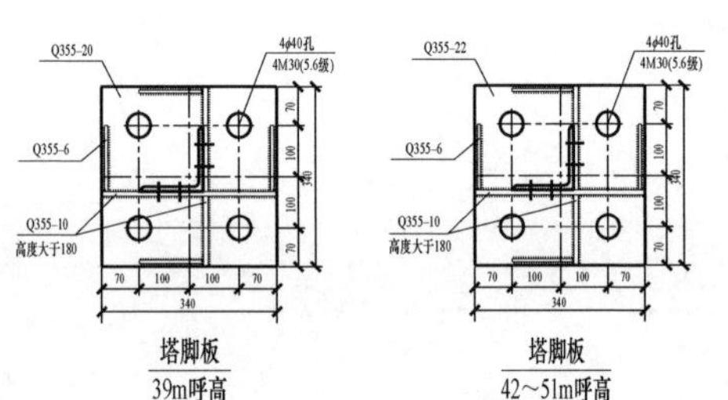

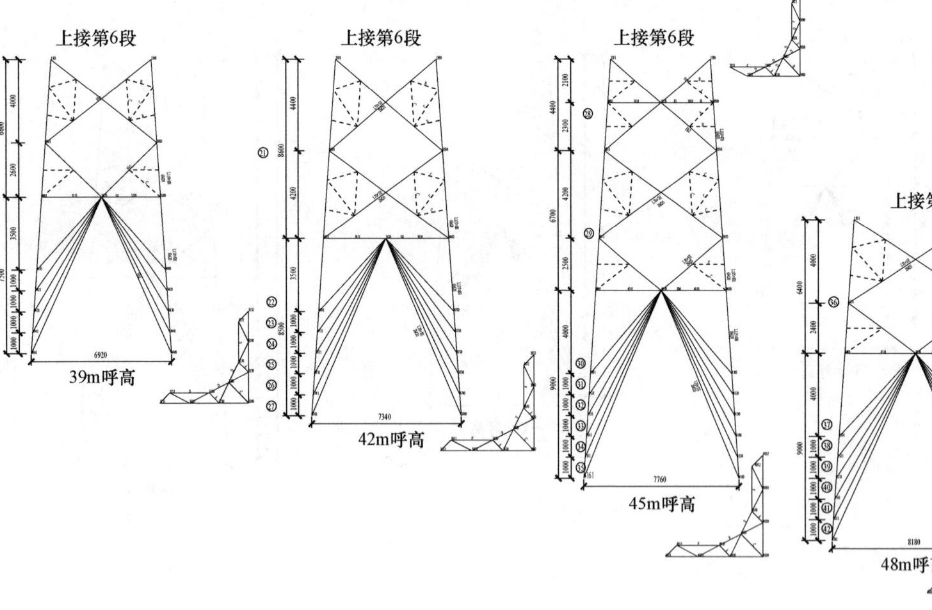

角钢规格代号表

代号	角钢规格	螺栓规格	代号	角钢规格	螺栓规格	代号	角钢规格	螺栓规格
A	L40×3	M16×1	A2	L40×3	M16×2	A3	L40×3	M16×3
B	L40×4	M16×1	B2	L40×4	M16×2	B3	L40×4	M16×3
C	L45×4	M16×1	C2	L45×4	M16×2	C3	L45×4	M16×3
D	L50×4	M16×1	D2	L50×4	M16×2	D3	L50×4	M16×3
E	L50×5	M16×1	E2	L50×5	M16×2	E3	L50×5	M16×3
F	L56×4	M16×1	F2	L56×4	M16×2	F3	L56×4	M16×3
G	L56×5	M16×1	G2	L56×5	M16×2	G3	L56×5	M16×3
H	L63×5	M20×1	H2	L63×5	M20×2	H3	L63×5	M20×3
Hh	L63×5H	M20×1	Hh2	L63×5H	M20×2	Hh3	L63×5H	M20×3

制图说明：

1. 塔名：110－DC31D－ZMCK，工程名：110～500kV输电线路通用设计。
2. 螺栓等级：M16（6.8 级）；M20（6.8 级）；M24（8.8 级）。
3. 导、地线联塔金具采用 UB－10，挂线孔孔径为 ϕ19.5，孔边距为 40mm，挂线角钢间距为 48mm。导线挂点按前、中、后三个挂点设置，挂点间距采用 300＋300＝600（mm）；导线横担挂点处正面连接板向下延伸设置 1ϕ21.5 施工孔。
4. 两侧地线横担主材上各设置 1ϕ17.5 引流孔，距地线挂点约 300mm。
5. 四腿均设置 2ϕ17.5 接地孔，竖排，间距为 50mm，位置在面向塔身的右侧主材正面上，距离主材肢边 25mm，距离靴板上方 500mm 左右，且不宜大于 1500mm。
6. 司令图中角钢规格号后带“H”指 355 钢，规格号后带“D”指 Q420 钢。
7. 节间分布未单独进行标注的均为等长节间布置。
8. 当构件肢宽为 100 及以下时，如长度大于 9m 应分断用外包角钢连接，外包角钢规格比被包角钢大一级（面积大 1.3 倍）；当构件肢宽为 125 及以上时，如长度大于 12m 应分断用双包连接；塔腿主材分断时，斜材的分断位置不得在同一个节间。
9. 本次铁塔设计，塔脚连接形式仅考虑地脚螺栓式。
10. 铁塔根开按塔身坡度推算。

图 10－9　110－DC31D－ZMCK 塔司令图

10.7 110-DC31D-ZMCR 塔

10.7.1 设计条件

110-DC31D-ZMCR 塔导线型号及张力、使用条件、荷载见表 10-23～表 10-25。

表 10-23 导线型号及张力

电压等级	110kV	导线型号	1×JL3/G1A-300/40	最大使用张力（kN）	35.09	断线张力取值（%）	50	不均匀覆冰不平衡张力取值（%）	15
		地线型号	JLB20A-100	最大使用张力（kN）	32.11	断线张力取值（%）	100	不均匀覆冰不平衡张力取值（%）	20

表 10-24 使用条件

使用条件	呼高（m）	水平档距（m）	垂直档距（m）	代表档距（m）	转角度数（°）	K_v 值
数值	51	480	700	250	0	0.70

表 10-25 荷载表 单位：N

气象条件（$t/v/b$）			正常运行情况			事故情况		安装情况	不均匀冰
			基本风速	覆冰	最低气温	未断线	断线		
			15/27/0	-5/10/15	-10/0/0	-5/0/15	-5/0/15	-5/10/0	-5/10/15
水平荷载	导线		8026	3159				1095	3159
	绝缘子及金具		399	71				55	71
	跳线串								
	地线		5641	4617				774	3246
垂直荷载	导线		8548	21006	7771	21006	21006	7771	17891
	绝缘子及金具		1200	2083	1200	2083	2083	1200	2083
	跳线串								
	地线		6387	24001	5110	24001	24001	5110	19598
张力	导线	一侧					17548	21706	9002
		另一侧					0	21706	9002
		张力差					17548	0	0
张力	地线	一侧					32110	24570	8494
		另一侧					0	24570	8494
		张力差					32110	0	0

注：导线水平荷载为下相导线荷载，表中（$t/v/b$）单位分别为：°、m/s、mm。

10.7.2 根开尺寸及基础作用力

110-DC31D-ZMCR 塔的根开尺寸及基础作用力见表 10-26 和表 10-27。

表 10-26 根开尺寸

呼高（m）	基础根开（mm）		地脚螺栓根开（mm）		地脚螺栓规格（5.6 级）
	正面根开	侧面根开	正面根开	侧面根开	
33	6110	6110	200	200	4M30
36	6530	6530	200	200	4M30
39	6950	6950	200	200	4M30
42	7370	7370	200	200	4M30
45	7790	7790	200	200	4M30
48	8210	8210	200	200	4M30
51	8630	8630	200	200	4M30

表 10-27 基础作用力

呼高（m）	基础作用力（kN）					
	T_{max}	T_x	T_y	N_{max}	N_x	N_y
33	298.43	-36.59	-32.44	-359.84	-42.31	-36.48
36	312.78	-36.95	-32.34	-377.27	-43.08	-36.39
39	322.94	-38.00	-33.50	-391.14	-43.68	-38.11
42	338.82	-40.98	-35.82	-411.32	-46.92	-40.46
45	352.89	-42.14	-37.71	-430.49	-48.77	-42.90
48	367.50	-44.09	-39.29	-451.64	-51.04	-44.98
51	378.54	-45.50	-40.28	-469.39	-52.87	-46.29

10.7.3 单线图及司令图

110-DC31D-ZMCR 塔单线图如图 10-10 所示，司令图如图 10-11 所示。

塔呼高（m）	33.0	36.0	39.0	42.0	45.0	48.0	51.0
塔重（kg）	8167.3	8734.4	9427.9	10129.1	11165.5	12118.8	13079.6

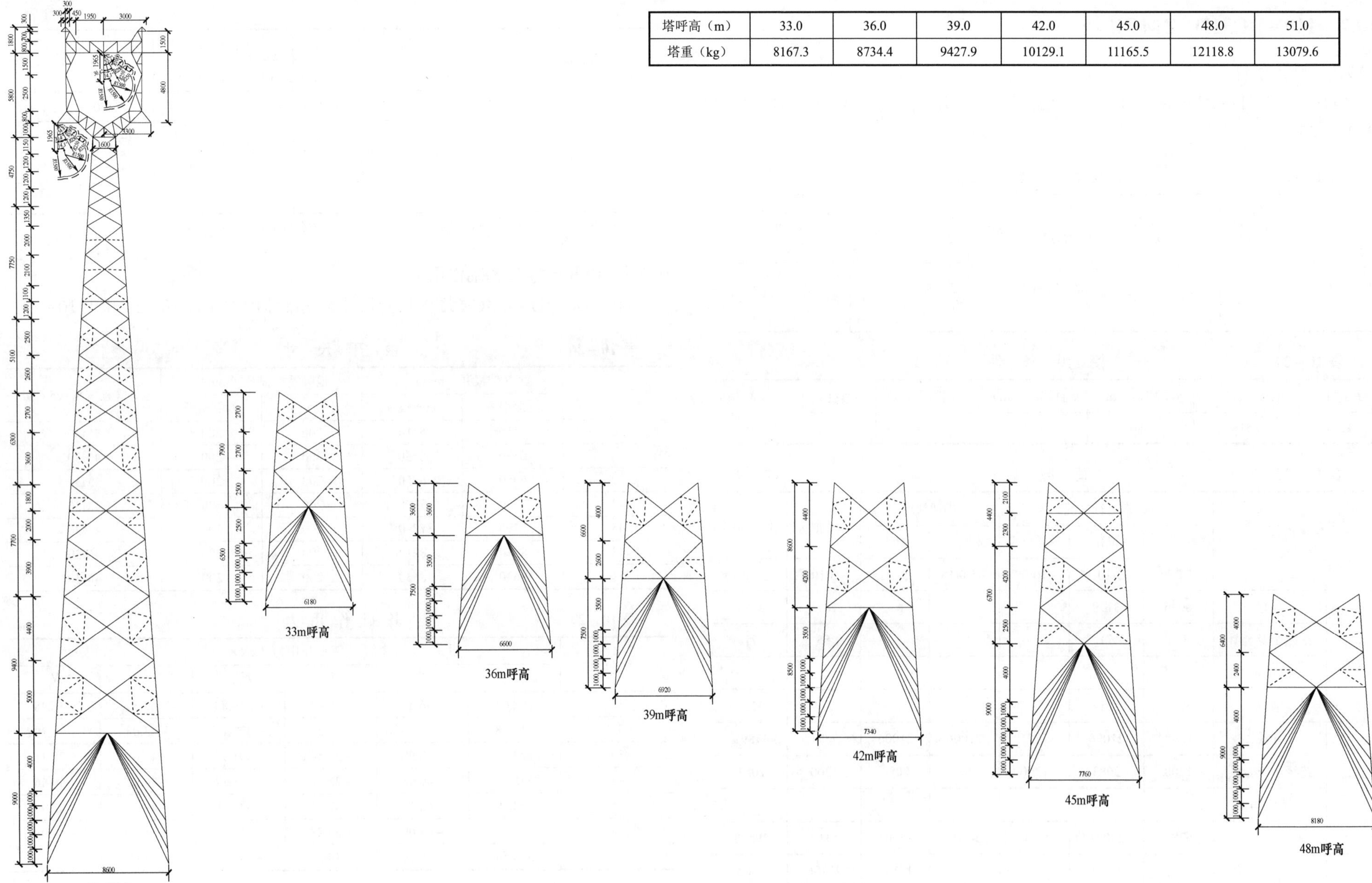

图 10－10　110－DC31D－ZMCR 塔单线图

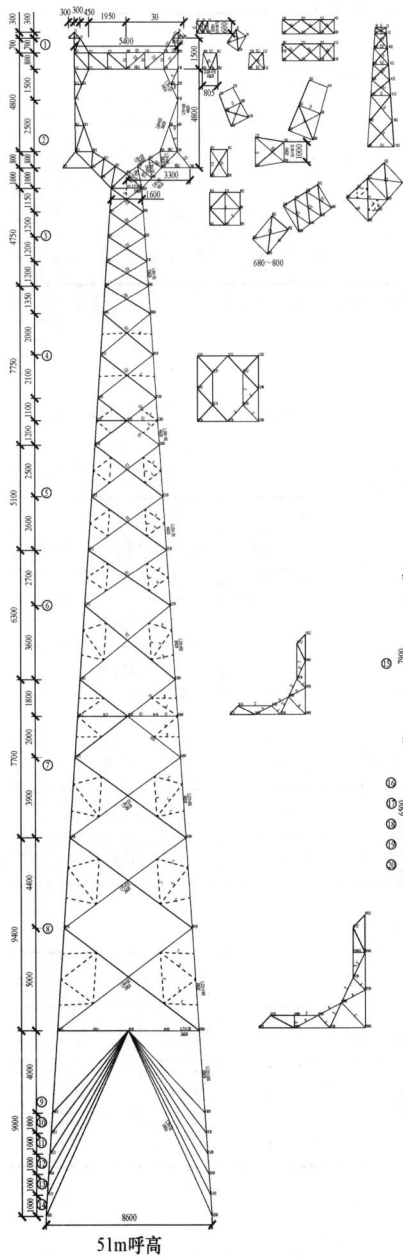

制图说明：

1. 塔名：110－DC31D－ZMCR，工程名：110～500kV 输电线路通用设计。
2. 螺栓等级：M16（6.8 级）；M20（6.8 级）；M24（8.8 级）。
3. 导、地线联塔金具采用 UB－10，挂线孔孔径为ϕ19.5，孔边距为 40mm，挂线角钢间距为 48mm。
   导线挂点按前、中、后三个挂点设置，挂点间距采用 300＋300＝600（mm）；导线横担挂点处正面连接板向下延伸设置 1ϕ21.5 施工孔。
4. 两侧地线横担主材上各设置 1ϕ17.5 引流孔，距地线挂点约 300mm。
5. 四腿均设置 2ϕ17.5 接地孔，竖排，间距为 50mm，位置在面向塔身的右侧主材正面上，距离主材肢边 25mm，距离靴板上方 500mm 左右，且不宜大于 1500mm。
6. 司令图中角钢规格号后带“H”指 355 钢，规格号后带“D”指 Q420 钢。
7. 节间分布未单独进行标注的均为等长节间布置。
8. 当构件肢宽为 100 及以下时，如长度大于 9m 应分断用外包角钢连接，外包角钢规格比被包角钢大一级（面积大 1.3 倍）；当构件肢宽为 125 及以上时，如长度大于 12m 应分断用双包连接；塔腿主材分断时，斜材的分断位置不得在同一个节间。
9. 本次铁塔设计，塔脚连接形式仅考虑地脚螺栓式。
10. 铁塔根开按塔身坡度推算。

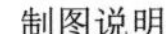

角钢规格代号表

代号	角钢规格	螺栓规格	代号	角钢规格	螺栓规格	代号	角钢规格	螺栓规格
A	L40×3	M16×1	A2	L40×3	M16×2	A3	L40×3	M16×3
B	L40×4	M16×1	B2	L40×4	M16×2	B3	L40×4	M16×3
C	L45×4	M16×1	C2	L45×4	M16×2	C3	L45×4	M16×3
D	L50×4	M16×1	D2	L50×4	M16×2	D3	L50×4	M16×3
E	L50×5	M16×1	E2	L50×5	M16×2	E3	L50×5	M16×3
F	L56×4	M16×1	F2	L56×4	M16×2	F3	L56×4	M16×3
G	L56×5	M16×1	G2	L56×5	M16×2	G3	L56×5	M16×3
H	L63×5	M20×1	H2	L63×5	M20×2	H3	L63×5	M20×3
Hh	L63×5H	M20×1	Hh2	L63×5H	M20×2	Hh3	L63×5H	M20×3

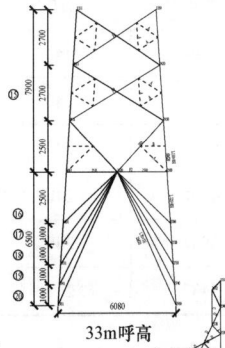

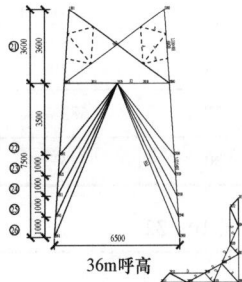

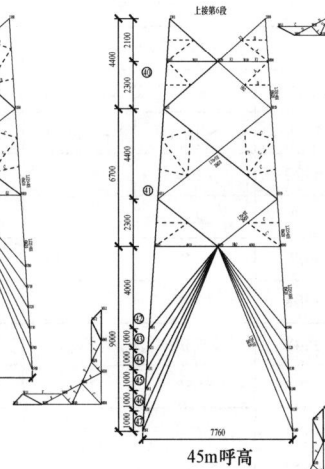

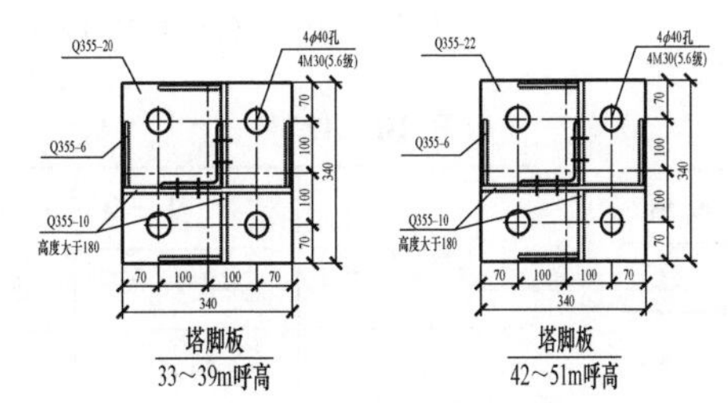

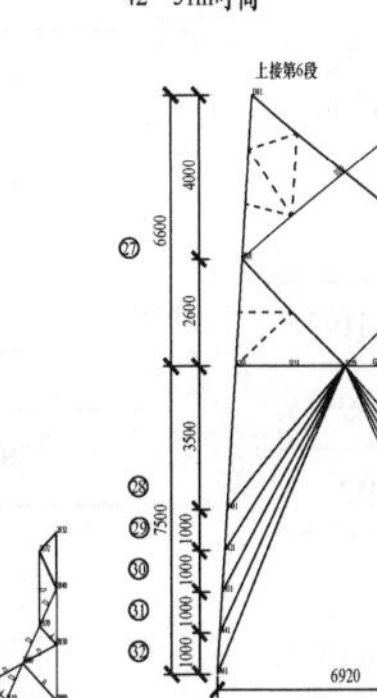

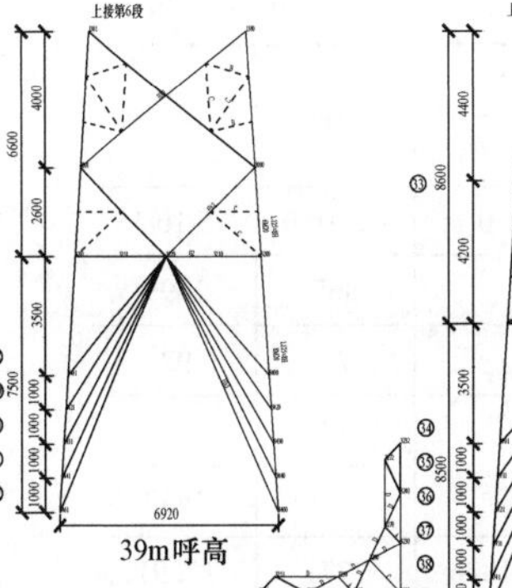

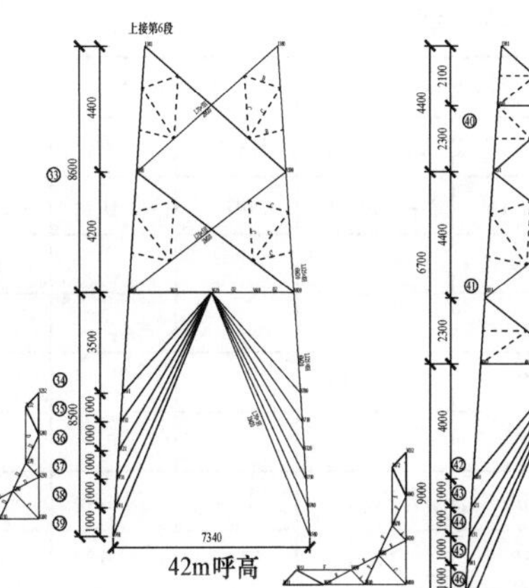

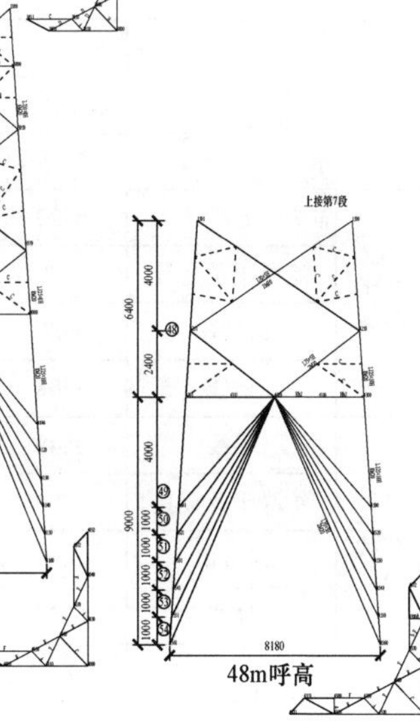

51m呼高

33m呼高

图 10－11　110－DC31D－ZMCR 塔司令图

10.8　110－DC31D－JC1 塔

10.8.1　设计条件

110－DC31D－JC1 塔导线型号及张力、使用条件、荷载见表 10－28～表 10－30。

表 10－28　　导线型号及张力

电压等级	110kV	导线型号	1×JL3/G1A－300/40	最大使用张力（kN）	35.09	断线张力取值（%）	100	不均匀覆冰不平衡张力取值（%）	35
		地线型号	JLB20A－100	最大使用张力（kN）	32.11	断线张力取值（%）	100	不均匀覆冰不平衡张力取值（%）	45

表 10－29　　使用条件

使用条件	呼高（m）	水平档距（m）	垂直档距（m）	代表档距（m）	转角度数（°）	K_v 值
数值	30	450	700	200/450	0～20	—

注：上拔侧按 50%垂直档距考虑，下压侧按 80%垂直档距考虑。

表 10－30　　荷载表　　单位：N

气象条件（t/v/b）			正常运行情况			事故情况		安装情况	不均匀冰
			基本风速	覆冰	最低气温	未断线	断线		
			15/27/0	－5/10/15	－10/0/0	－5/0/15	－5/0/15	－5/10/0	－5/10/15
水平荷载	导线		6422	2499				867	2499
	绝缘子及金具		513	92				70	92
	跳线串		607	168				83	168
	地线		4608	3751				629	2637
垂直荷载	导线		8548	21006	7771	21006	21006	7771	17891
	绝缘子及金具		3400	5165	3400	5165	5165	3400	5165
	跳线串		1667	2792	1667	2792	2792	1667	2792
	地线		6387	24001	5110	24001	24001	5110	19598
张力	导线	一侧	20492	35097	15642	35097	35097	17922	35097
		另一侧	21890	35097	22634	35097	0	24730	35097
		张力差	1398	0	6992	0	35097	6808	0

续表

气象条件（t/v/b）			正常运行情况			事故情况		安装情况	不均匀冰
			基本风速	覆冰	最低气温	未断线	断线		
			15/27/0	－5/10/15	－10/0/0	－5/0/15	－5/0/15	－5/10/0	－5/10/15
张力	地线	一侧	18465	40153	15086	40153	32110	16437	40153
		另一侧	23586	36106	26206	36106	0	27871	36106
		张力差	5121	4047	11120	4047	32110	11434	4047

注：导线水平导线荷载为下相导线荷载，表中（t/v/b）单位分别为：°、m/s、mm。

10.8.2　根开尺寸及基础作用力

110－DC31D－JC1 塔的根开尺寸及基础作用力见表 10－31 和表 10－32。

表 10－31　　根开尺寸

呼高（m）	基础根开（mm）		地脚螺栓根开（mm）		地脚螺栓规格（5.6 级）
	正面根开	侧面根开	正面根开	侧面根开	
15	4444	4444	240	240	4M36
18	5042	5042	240	240	4M36
21	5641	5641	240	240	4M36
24	6240	6240	240	240	4M36
27	6838	6838	240	240	4M36
30	7437	7437	240	240	4M36

表 10－32　　基础作用力

转角度数（°）	基础作用力（kN）					
	T_{max}	T_x	T_y	N_{max}	N_x	N_y
0～10	320	－37	－35	－415	－46	－46
10～20	398	－45	－44	－490	－56	－54

10.8.3　单线图及司令图

110－DC31D－JC1 塔单线图如图 10－12 所示，司令图如图 10－13 所示。

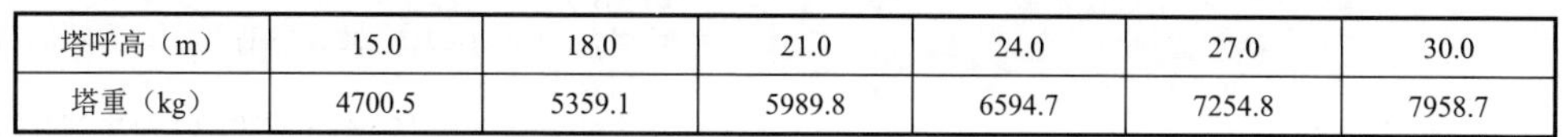

塔呼高（m）	15.0	18.0	21.0	24.0	27.0	30.0
塔重（kg）	4700.5	5359.1	5989.8	6594.7	7254.8	7958.7

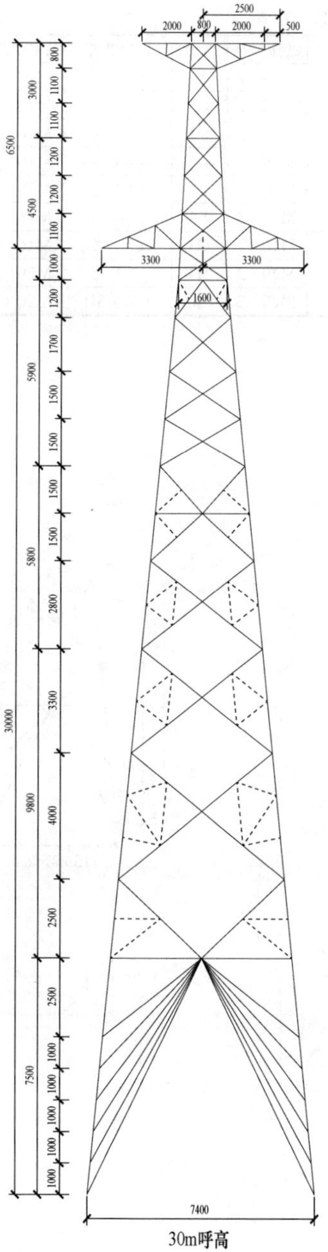

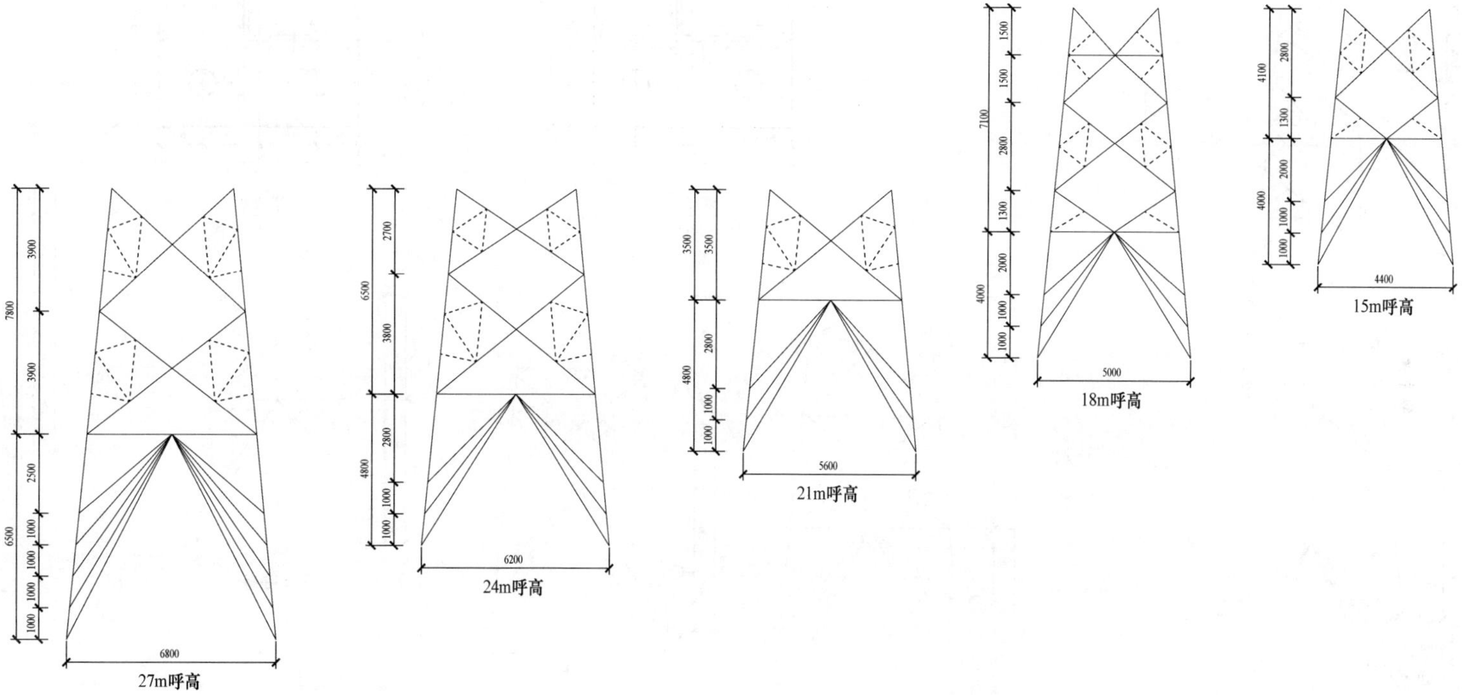

30m呼高　27m呼高　24m呼高　21m呼高　18m呼高　15m呼高

图 10－12　110－DC31D－JC1 塔单线图

制图说明：

1. 塔名：110-DC31D-JC1，工程名：110～500kV 输电线路通用设计。
2. 螺栓等级：M16（6.8 级）；M20（6.8 级）；M24（8.8 级）。
3. 导、地线联塔金具与 1A3 同。
4. 新增 27m 和 30m 呼高，段号按司令图重新编排；第 1、3 段和塔脚板重新绘制，其他粉红色杆件为修改杆件。
5. 司令图中角钢规格号后带“H”指 355 钢，规格号后带“D”指 Q420 钢。
6. 制图规定参照制图规定报批稿执行。

角 钢 规 格 代 号 表

代号	角钢规格	螺栓规格	代号	角钢规格	螺栓规格	代号	角钢规格	螺栓规格
A	L40×3	M16×1	A2	L40×3	M16×2	A3	L40×3	M16×3
B	L40×4	M16×1	B2	L40×4	M16×2	B3	L40×4	M16×3
C	L45×4	M16×1	C2	L45×4	M16×2	C3	L45×4	M16×3
D	L50×4	M16×1	D2	L50×4	M16×2	D3	L50×4	M16×3
E	L50×5	M16×1	E2	L50×5	M16×2	E3	L50×5	M16×3
F	L56×4	M16×1	F2	L56×4	M16×2	F3	L56×4	M16×3
G	L56×5	M16×1	G2	L56×5	M16×2	G3	L56×5	M16×3
H	L63×5	M20×1	H2	L63×5	M20×2	H3	L63×5	M20×3
Hh	L63×5H	M20×1	Hh2	L63×5H	M20×2	Hh3	L63×5H	M20×3

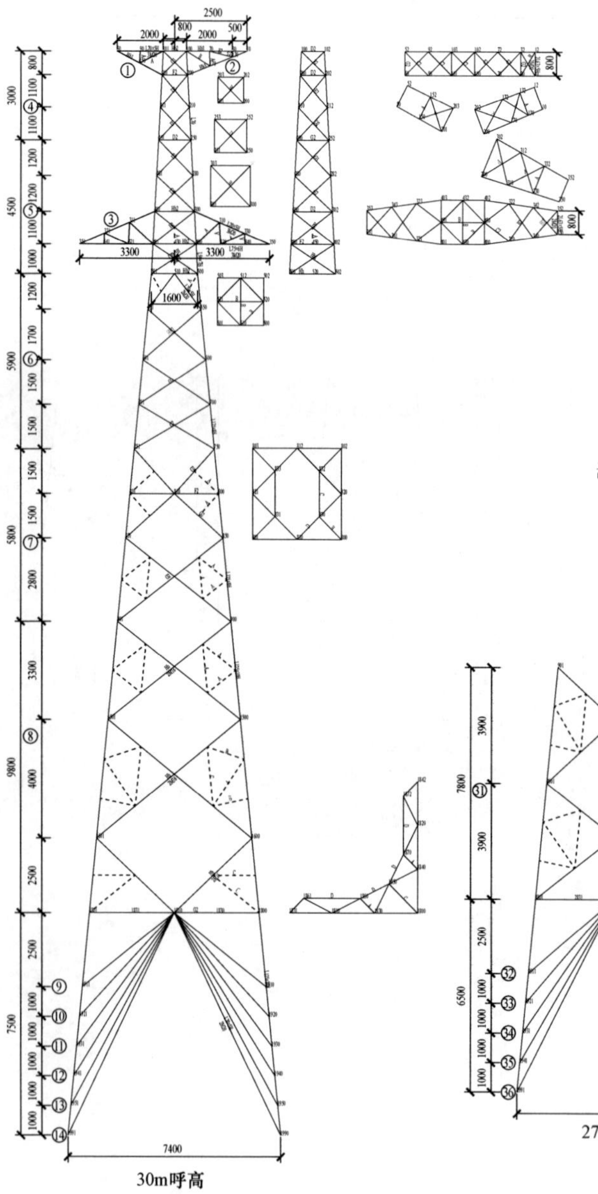

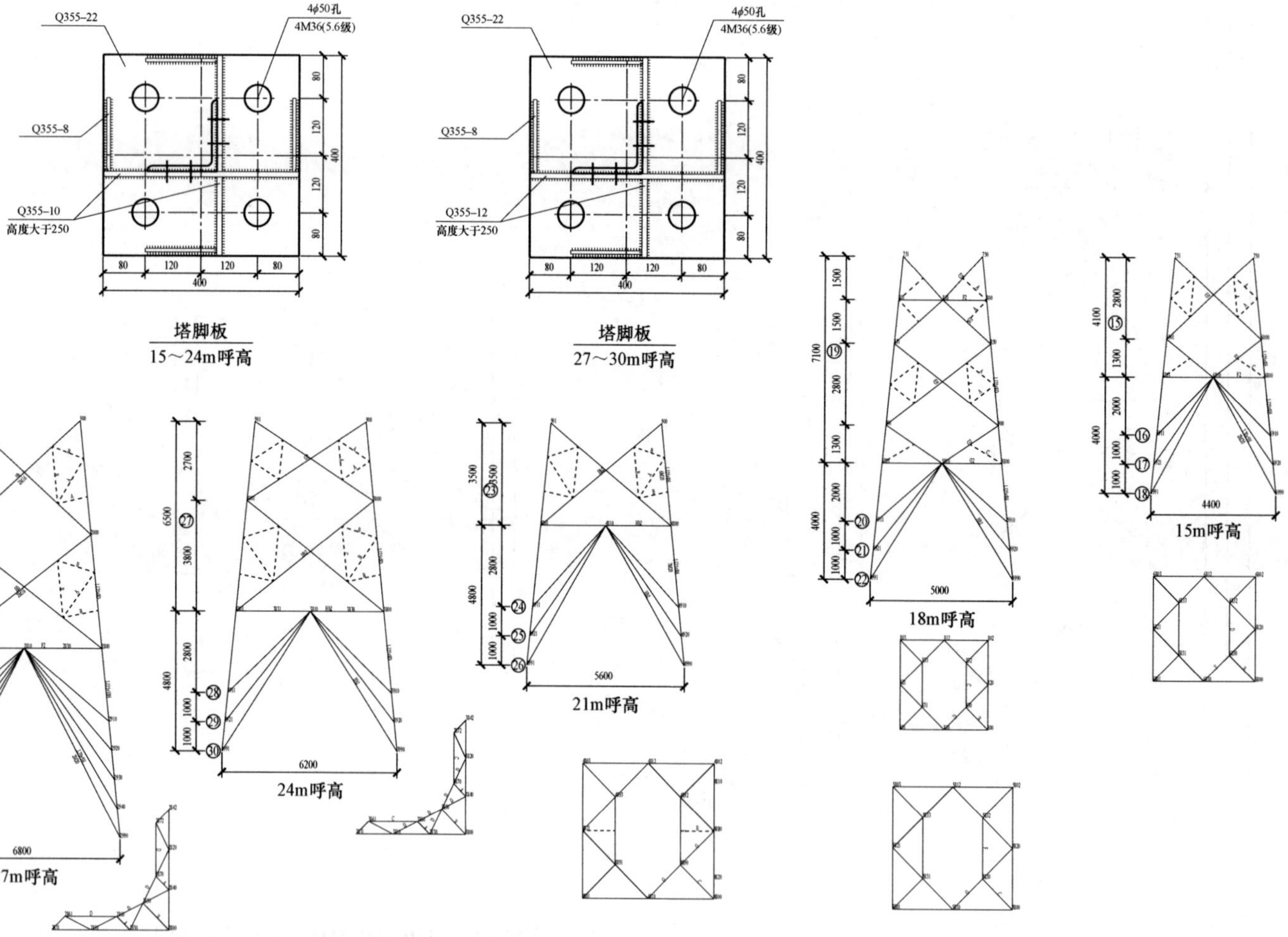

塔脚板

15～24m呼高

塔脚板

27～30m呼高

30m呼高

27m呼高

24m呼高

21m呼高

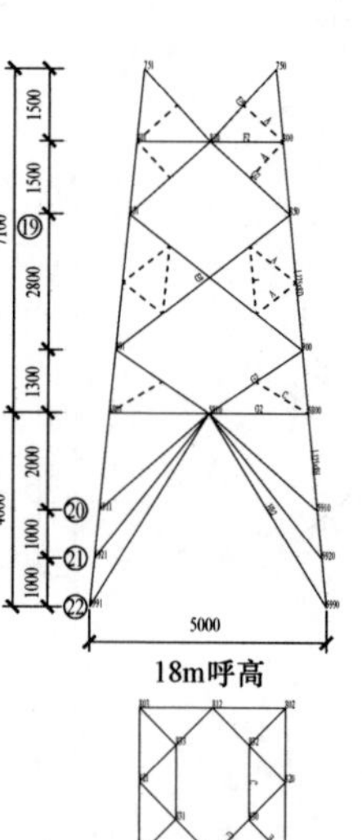

18m呼高

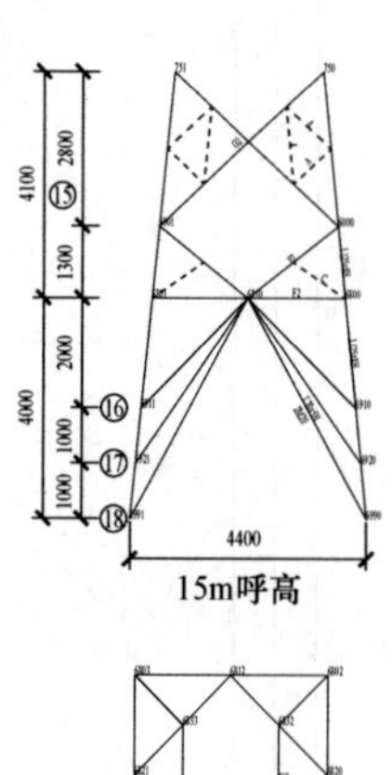

15m呼高

图 10-13 110-DC31D-JC1 塔司令图

10.9 110-DC31D-JC2 塔

10.9.1 设计条件

110-DC31D-JC2 塔导线型号及张力、使用条件、荷载见表 10-33～表 10-35。

表 10-33　　导线型号及张力

电压等级	110kV	导线型号	1×JL3/G1A-300/40	最大使用张力(kN)	35.09	断线张力取值（%）	100	不均匀覆冰不平衡张力取值（%）	35
		地线型号	JLB20A-100	最大使用张力(kN)	32.11	断线张力取值（%）	100	不均匀覆冰不平衡张力取值（%）	45

表 10-34　　使用条件

使用条件	呼高（m）	水平档距（m）	垂直档距（m）	代表档距（m）	转角度数（°）	K_v 值
数值	30	450	700	200/450	20～40	—

注：上拔侧按 50%垂直档距考虑，下压侧按 80%垂直档距考虑。

表 10-35　　荷载表　　单位：N

气象条件（t/v/b）			正常运行情况			事故情况		安装情况	不均匀冰
			基本风速	覆冰	最低气温	未断线	断线		
			15/27/0	-5/10/15	-10/0/0	-5/0/15	-5/0/15	-5/10/0	-5/10/15
水平荷载	导线		6422	2499				867	2499
	绝缘子及金具		513	92				70	92
	跳线串		607	168				83	168
	地线		4608	3751				629	2637
垂直荷载	导线		8548	21006	7771	21006	21006	7771	17891
	绝缘子及金具		3400	5165	3400	5165	5165	3400	5165
	跳线串		1667	2792	1667	2792	2792	1667	2792
	地线		6387	24001	5110	24001	24001	5110	19598
张力	导线	一侧	20492	35097	15642	35097	35097	17922	35097
		另一侧	21890	35097	22634	35097	0	24730	35097
		张力差	1398	0	6992	0	35097	6808	0

续表

气象条件（t/v/b）			正常运行情况			事故情况		安装情况	不均匀冰
			基本风速	覆冰	最低气温	未断线	断线		
			15/27/0	-5/10/15	-10/0/0	-5/0/15	-5/0/15	-5/10/0	-5/10/15
张力	地线	一侧	18465	40153	15086	40153	32110	16437	40153
		另一侧	23586	36106	26206	36106	0	27871	36106
		张力差	5121	4047	11120	4047	32110	11434	4047

注：导线水平导线荷载为下相导线荷载，表中（t/v/b）单位分别为：°、m/s、mm。

10.9.2 根开尺寸及基础作用力

110-DC31D-JC2 塔的根开尺寸及基础作用力见表 10-36 和表 10-37。

表 10-36　　根开尺寸

呼高（m）	基础根开（mm）		地脚螺栓根开（mm）		地脚螺栓规格（5.6 级）
	正面根开	侧面根开	正面根开	侧面根开	
15	4440	4440	240	240	4M36
18	5040	5040	240	240	4M36
21	5640	5640	240	240	4M36
24	6240	6240	240	240	4M36
27	6840	6840	240	240	4M36
30	7440	7440	240	240	4M36

表 10-37　　基础作用力

转角度数（°）	基础作用力（kN）					
	T_{max}	T_x	T_y	N_{max}	N_x	N_y
20～30	478	-56	-55	-577	-67	-66
30～40	558	-65	-65	-657	-76	-75

10.9.3 单线图及司令图

110-DC31D-JC2 塔单线图如图 10-14 所示，司令图如图 10-15 所示。

塔呼高（m）	15.0	18.0	21.0	24.0	27.0	30.0
塔重（kg）	5273.3	5986.7	6755.0	7429.1	8208.7	8926.7

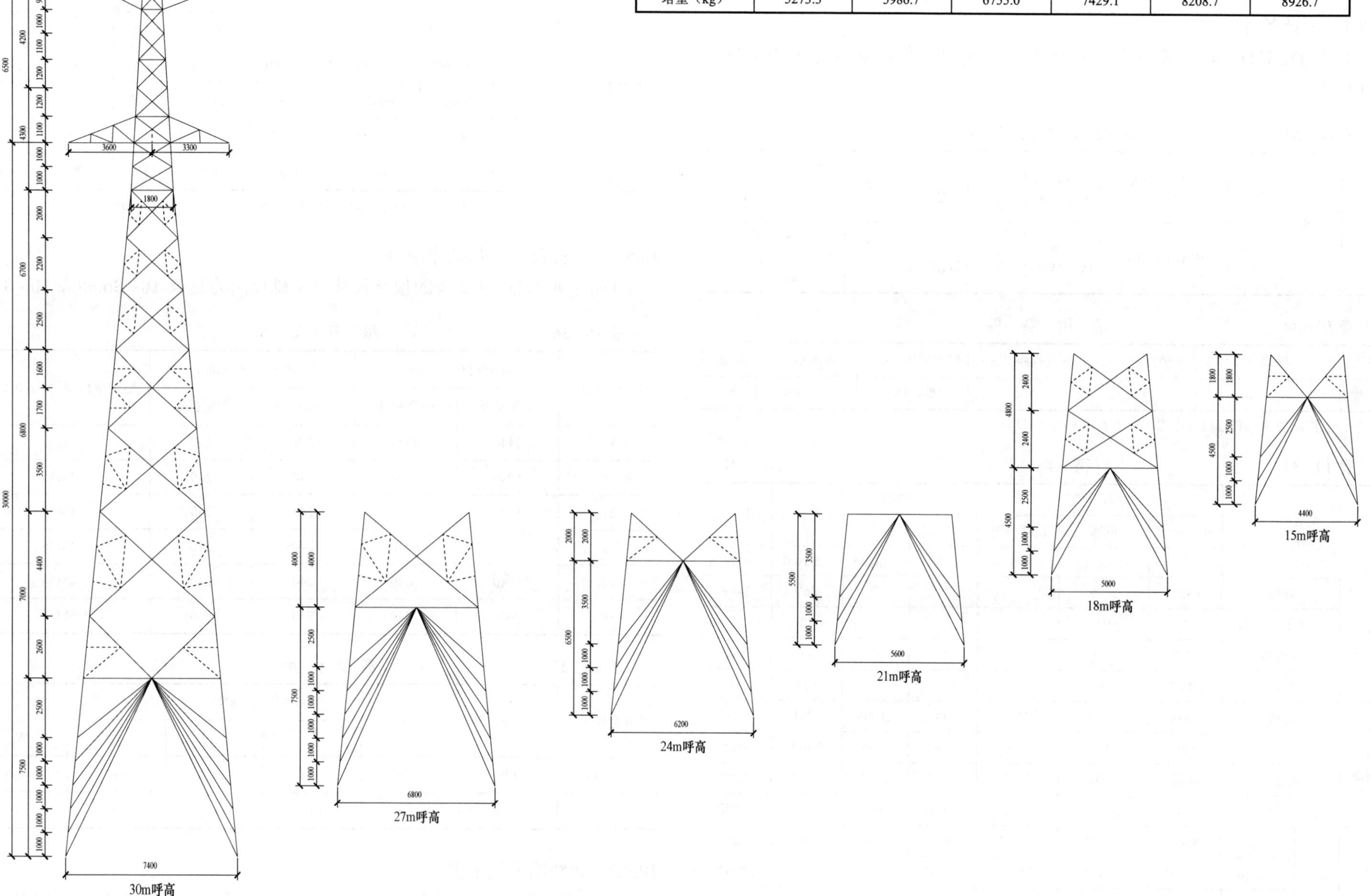

图 10－14　110－DC31D－JC2 塔单线图

制图说明：

1. 塔名：110-DC31D-JC2，工程名：110～500kV 输电线路通用设计。
2. 螺栓等级：M16（6.8 级）；M20（6.8 级）；M24（8.8 级）。
3. 导、地线联塔金具与 1A3 模块同。
4. 两侧地线横担主材上各设置 1ϕ17.5 引流孔，距地线挂点约为 300mm。
5. 四腿均设置 2ϕ17.5 接地孔，竖排，间距为 50mm，位置在面向塔身的右侧主材正面上，距离主材肢边 25mm，距离靴板上方 500mm 左右，且不宜大于 1500mm。
6. 司令图中角钢规格号后带“H”指 355 钢，规格号后带“D”指 Q420 钢。
7. 节间分布未单独进行标注的均为等长节间布置。
8. 当构件肢宽为 100 及以下时，如长度大于 9m 应分断用外包角钢连接，外包角钢规格比被包角钢大一级（面积大 1.3 倍）；当构件肢宽为 125 及以上时，如长度大于 12m 应分断用双包连接；塔腿主材分断时，斜材的分断位置不得在同一个节间。
9. 本次铁塔设计，塔脚连接形式仅考虑地脚螺栓式。
10. 铁塔根开按塔身坡度推算。

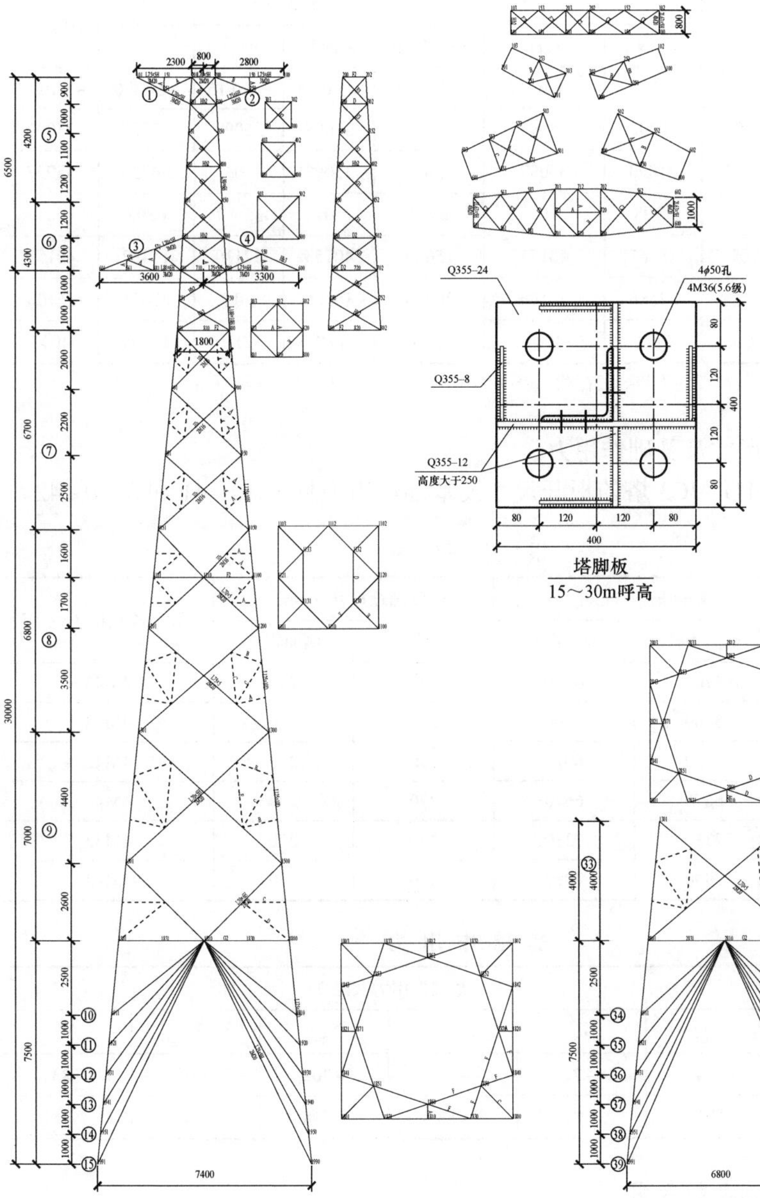

角钢规格代号表

代号	角钢规格	螺栓规格	代号	角钢规格	螺栓规格	代号	角钢规格	螺栓规格
A	L40×3	M16×1	A2	L40×3	M16×2	A3	L40×3	M16×3
B	L40×4	M16×1	B2	L40×4	M16×2	B3	L40×4	M16×3
C	L45×4	M16×1	C2	L45×4	M16×2	C3	L45×4	M16×3
D	L50×4	M16×1	D2	L50×4	M16×2	D3	L50×4	M16×3
E	L50×5	M16×1	E2	L50×5	M16×2	E3	L50×5	M16×3
F	L56×4	M16×1	F2	L56×4	M16×2	F3	L56×4	M16×3
G	L56×5	M16×1	G2	L56×5	M16×2	G3	L56×5	M16×3
H	L63×5	M20×1	H2	L63×5	M20×2	H3	L63×5	M20×3
Hh	L63×5H	M20×1	Hh2	L63×5H	M20×2	Hh3	L63×5H	M20×3

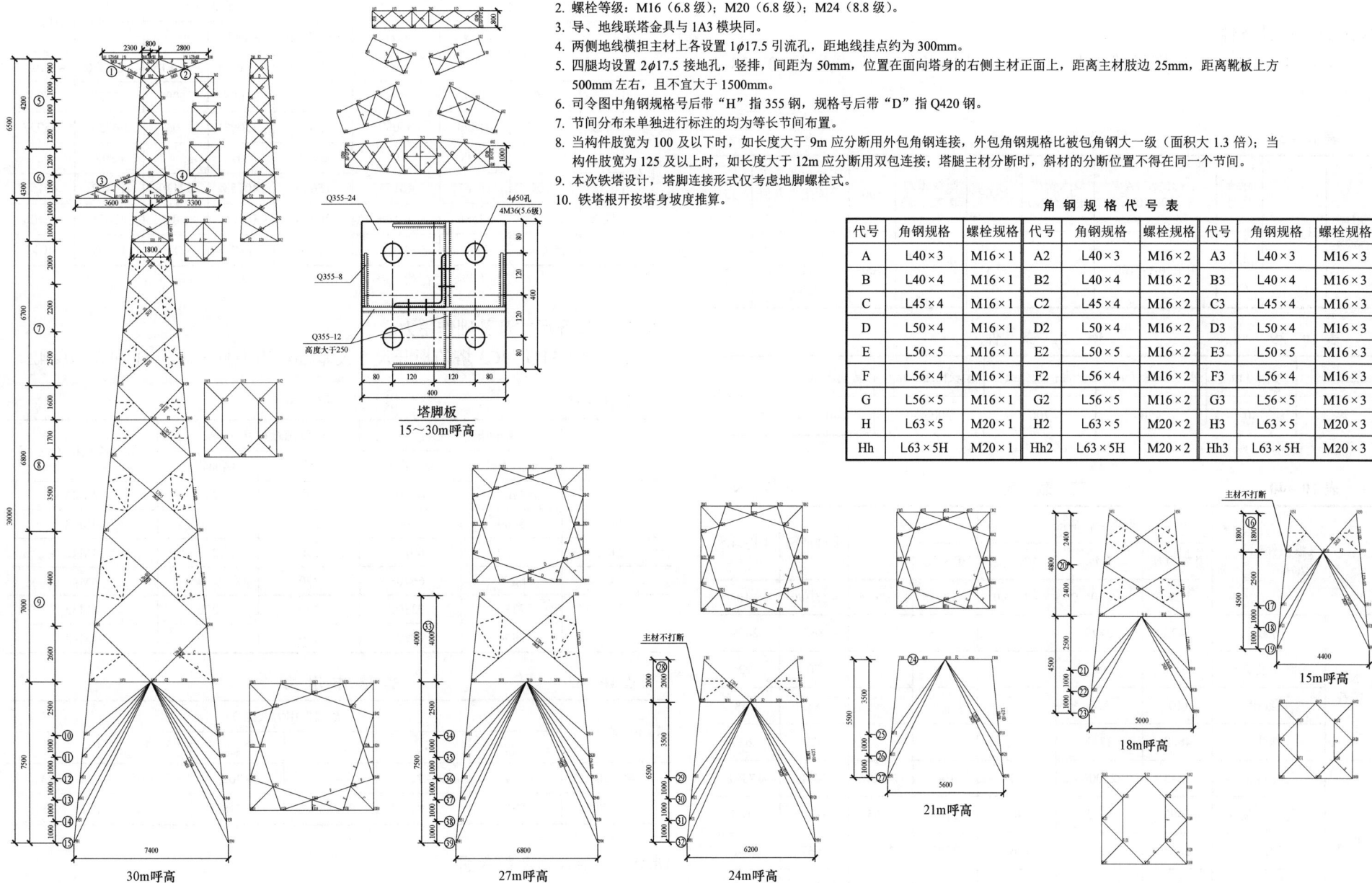

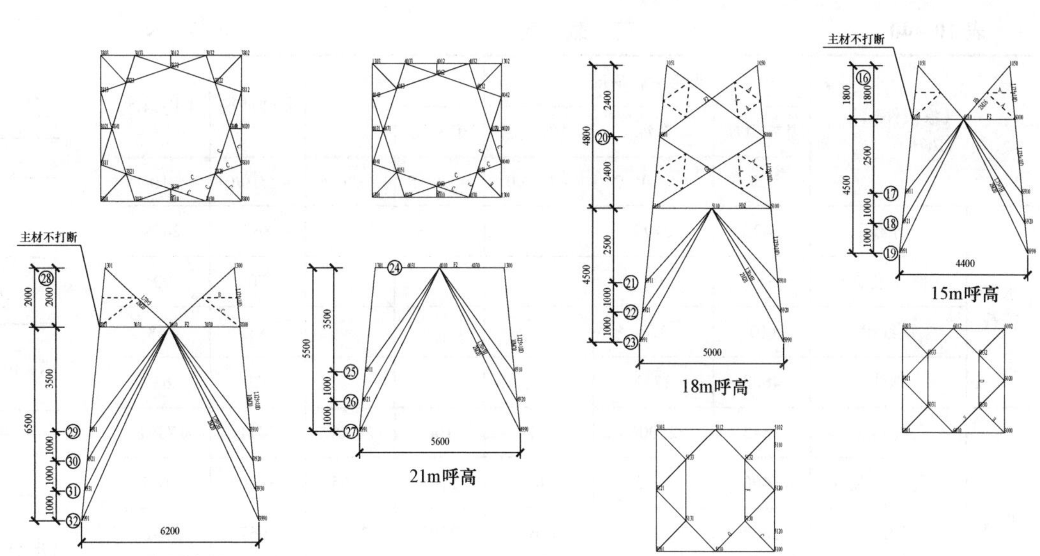

塔脚板

15～30m呼高

30m呼高　27m呼高　24m呼高　21m呼高　18m呼高　15m呼高

图 10-15　110-DC31D-JC2 塔司令图

10.10 110-DC31D-JC3 塔

10.10.1 设计条件

110-DC31D-JC3 塔导线型号及张力、使用条件、荷载见表 10-38～表 10-40。

表 10-38　导线型号及张力

电压等级	110kV	导线型号	1×JL3/G1A-300/40	最大使用张力(kN)	35.09	断线张力取值（%）	100	不均匀覆冰不平衡张力取值（%）	35
		地线型号	JLB20A-100	最大使用张力(kN)	32.11	断线张力取值（%）	100	不均匀覆冰不平衡张力取值（%）	45

表 10-39　使用条件

使用条件	呼高（m）	水平档距（m）	垂直档距（m）	代表档距（m）	转角度数（°）	K_v 值
数值	30	450	700	200/450	40～60	—

注：上拔侧按 50%垂直档距考虑，下压侧按 80%垂直档距考虑。

表 10-40　荷载表　单位：N

气象条件（t/v/b）		正常运行情况			事故情况		安装情况	不均匀冰
		基本风速	覆冰	最低气温	未断线	断线		
		15/27/0	-5/10/15	-10/0/0	-5/0/15	-5/0/15	-5/10/0	-5/10/15
水平荷载	导线	6422	2499				867	2499
	绝缘子及金具	513	92				70	92
	跳线串	607	168				83	168
	地线	4608	3751				629	2637
垂直荷载	导线	8548	21006	7771	21006	21006	7771	17891
	绝缘子及金具	3400	5165	3400	5165	5165	3400	5165
	跳线串	1667	2792	1667	2792	2792	1667	2792
	地线	6387	24001	5110	24001	24001	5110	19598

续表

气象条件（t/v/b）			正常运行情况			事故情况		安装情况	不均匀冰
			基本风速	覆冰	最低气温	未断线	断线		
			15/27/0	-5/10/15	-10/0/0	-5/0/15	-5/0/15	-5/10/0	-5/10/15
张力	导线	一侧	20492	35097	15642	35097	35097	17922	35097
		另一侧	21890	35097	22634	35097	0	24730	35097
		张力差	1398	0	6992	0	35097	6808	0
	地线	一侧	18465	40153	15086	40153	32110	16437	40153
		另一侧	23586	36106	26206	36106	0	27871	36106
		张力差	5121	4047	11120	4047	32110	11434	4047

注：导线水平导线荷载为下相导线荷载，表中（t/v/b）单位分别为：°、m/s、mm。

10.10.2 根开尺寸及基础作用力

110-DC31D-JC3 塔的根开尺寸及基础作用力见表 10-41 和表 10-42。

表 10-41　根开尺寸

呼高（m）	基础根开（mm）		地脚螺栓根开（mm）		地脚螺栓规格（5.6 级）
	正面根开	侧面根开	正面根开	侧面根开	
15	4700	4700	270	270	4M42
18	5360	5360	270	270	4M42
21	6020	6020	270	270	4M42
24	6670	6670	270	270	4M42
27	7330	7330	270	270	4M42
30	7990	7990	270	270	4M42

表 10-42　基础作用力

转角度数（°）	基础作用力（kN）					
	T_{max}	T_x	T_y	N_{max}	N_x	N_y
40～50	594	-77	-71	-702	-89	-83
50～60	691	-89	-83	-798	-101	-95

10.10.3 单线图及司令图

110-DC31D-JC3 塔单线图如图 10-16 所示，司令图如图 10-17 所示。

塔呼高（m）	15.0	18.0	21.0	24.0	27.0	30.0
塔重（kg）	5668	6524	7259	8003	9068	9764

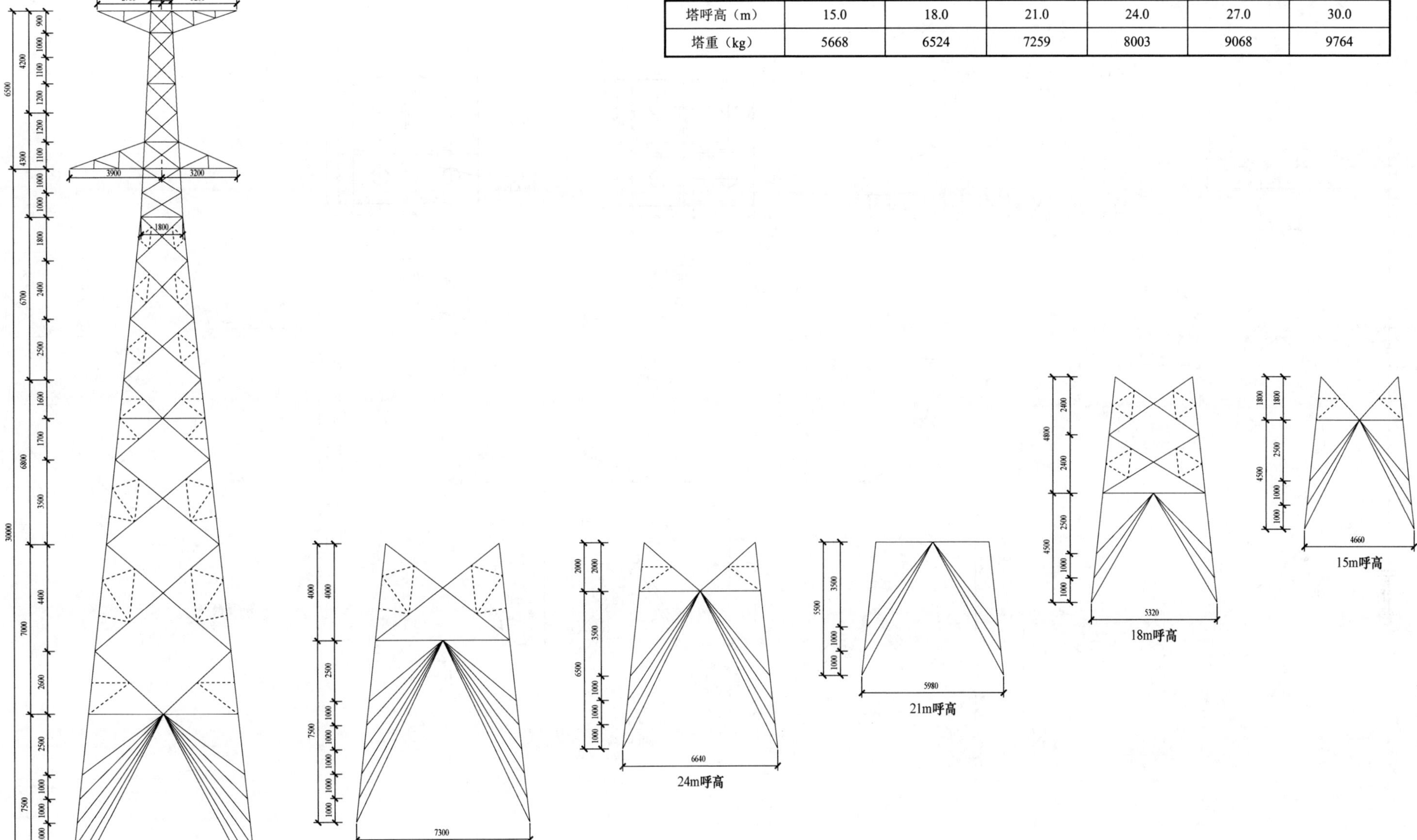

图 10－16　110－DC31D－JC3 塔单线图

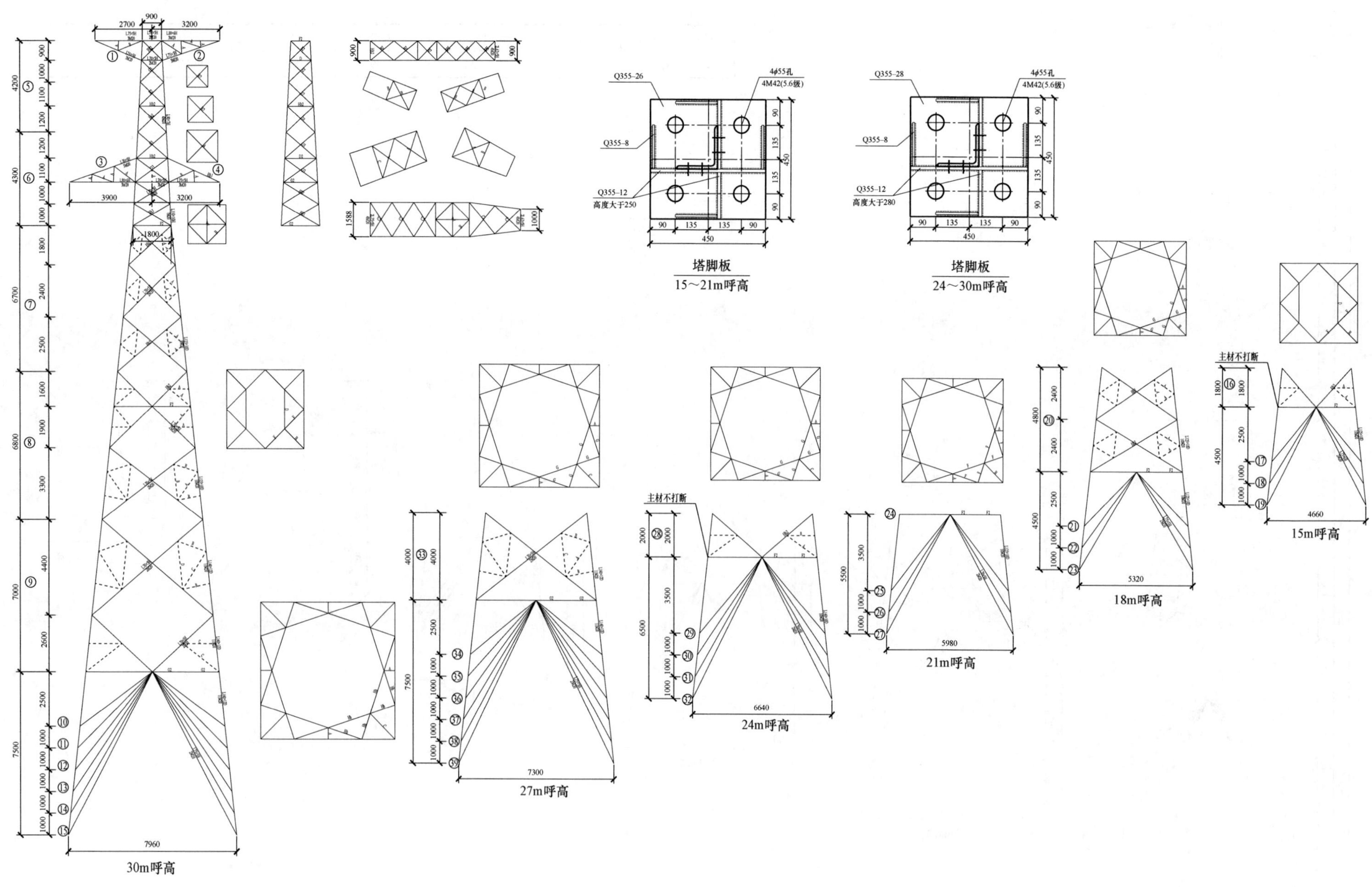

图 10－17　110－DC31D－JC3 塔司令图

10.11 110－DC31D－JC4 塔

10.11.1 设计条件

110－DC31D－JC4 塔导线型号及张力、使用条件、荷载见表 10－43～表 10－45。

表 10－43 导线型号及张力

电压等级	110kV	导线型号	1×JL3/G1A－300/40	最大使用张力(kN)	35.09	断线张力取值（%）	100	不均匀覆冰不平衡张力取值（%）	35
		地线型号	JLB20A－100	最大使用张力(kN)	32.11	断线张力取值（%）	100	不均匀覆冰不平衡张力取值（%）	45

表 10－44 使用条件

使用条件	呼高（m）	水平档距（m）	垂直档距（m）	代表档距（m）	转角度数（°）	K_v 值
数值	30	450	700	200/450	40～60	—

注：上拔侧按 50%垂直档距考虑，下压侧按 80%垂直档距考虑。

表 10－45 荷载表 单位：N

气象条件（t/v/b）			正常运行情况			事故情况		安装情况	不均匀冰
			基本风速	覆冰	最低气温	未断线	断线		
			15/27/0	－5/10/15	－10/0/0	－5/0/15	－5/0/15	－5/10/0	－5/10/15
水平荷载	导线		6422	2499				867	2499
	绝缘子及金具		513	92				70	92
	跳线串		607	168				83	168
	地线		4608	3751				629	2637
垂直荷载	导线		8548	21006	7771	21006	21006	7771	17891
	绝缘子及金具		3400	5165	3400	5165	5165	3400	5165
	跳线串		1667	2792	1667	2792	2792	1667	2792
	地线		6387	24001	5110	24001	24001	5110	19598
张力	导线	一侧	20492	35097	15642	35097	35097	17922	35097
		另一侧	21890	35097	22634	35097	0	24730	35097
		张力差	1398	0	6992	0	35097	6808	0

续表

气象条件（t/v/b）			正常运行情况			事故情况		安装情况	不均匀冰
			基本风速	覆冰	最低气温	未断线	断线		
			15/27/0	－5/10/15	－10/0/0	－5/0/15	－5/0/15	－5/10/0	－5/10/15
张力	地线	一侧	18465	40153	15086	40153	32110	16437	40153
		另一侧	23586	36106	26206	36106	0	27871	36106
		张力差	5121	4047	11120	4047	32110	11434	4047

注：导线水平导线荷载为下相导线荷载，表中（t/v/b）单位分别为：°、m/s、mm。

10.11.2 根开尺寸及基础作用力

110－DC31D－JC4 塔的根开尺寸及基础作用力见表 10－46 和表 10－47。

表 10－46 根开尺寸

呼高（m）	基础根开（mm）		地脚螺栓根开（mm）		地脚螺栓规格(5.6 级)
	正面根开	侧面根开	正面根开	侧面根开	
15	4830	4830	290	290	4M48
18	5520	5520	290	290	4M48
21	6210	6210	290	290	4M48
24	6900	6900	290	290	4M48
27	7580	7580	290	290	4M48
30	8270	8270	290	290	4M48

表 10－47 基础作用力

转角度数（°）	基础作用力（kN）					
	T_{max}	T_x	T_y	N_{max}	N_x	N_y
60～70	677	－91	－80	－768	－102	－91
70～80	787	－103	－94	－894	－116	－107
80～90	913	－121	－113	－1026	－134	－126

10.11.3 单线图及司令图

110－DC31D－JC4 塔单线图如图 10－18 所示，司令图如图 10－19 所示。

塔呼高（m）	15.0	18.0	21.0	24.0	27.0	30.0
塔重（kg）	6739	7384	8258	9033	10181	10970

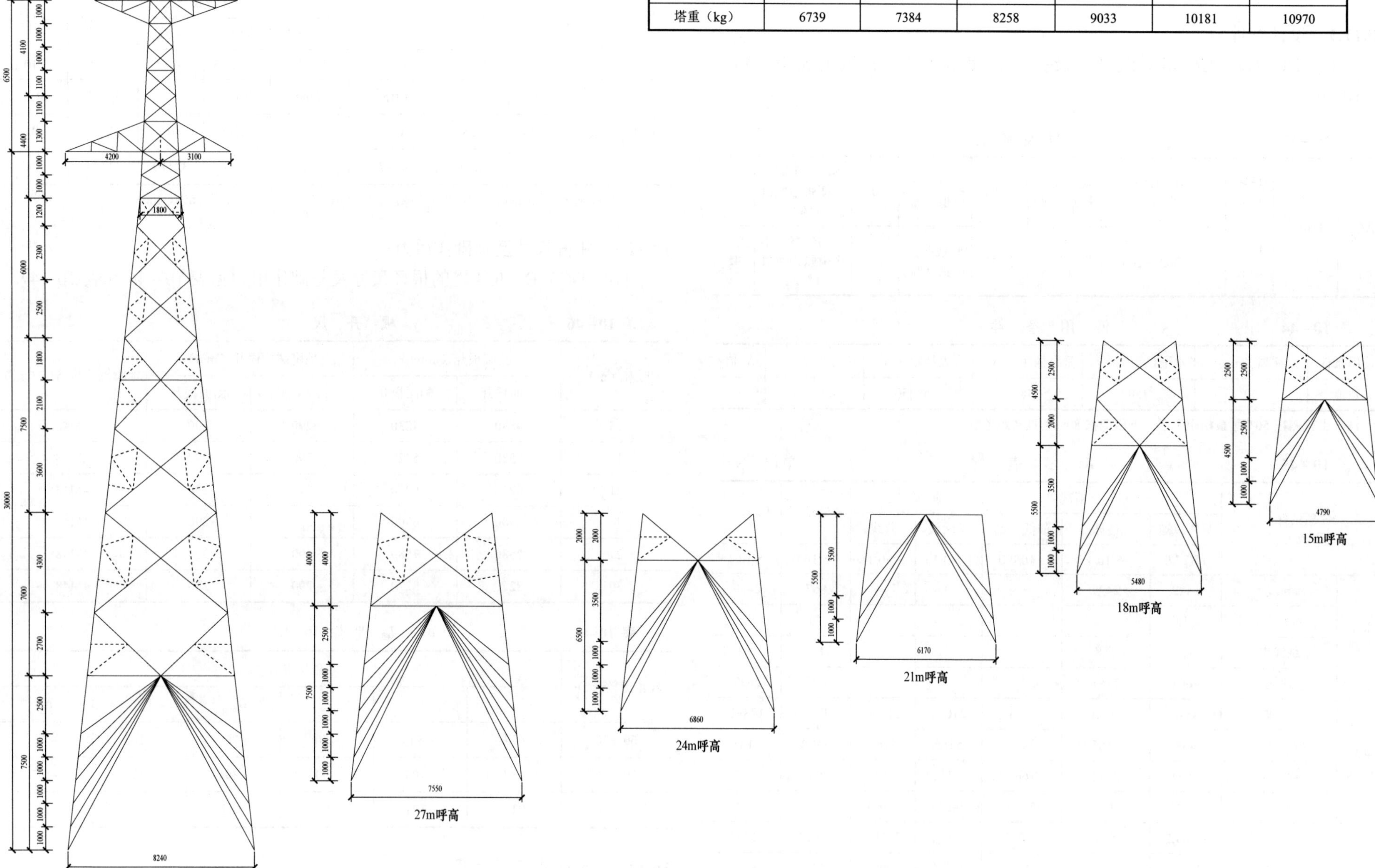

图 10-18　110-DC31D-JC4 塔单线图

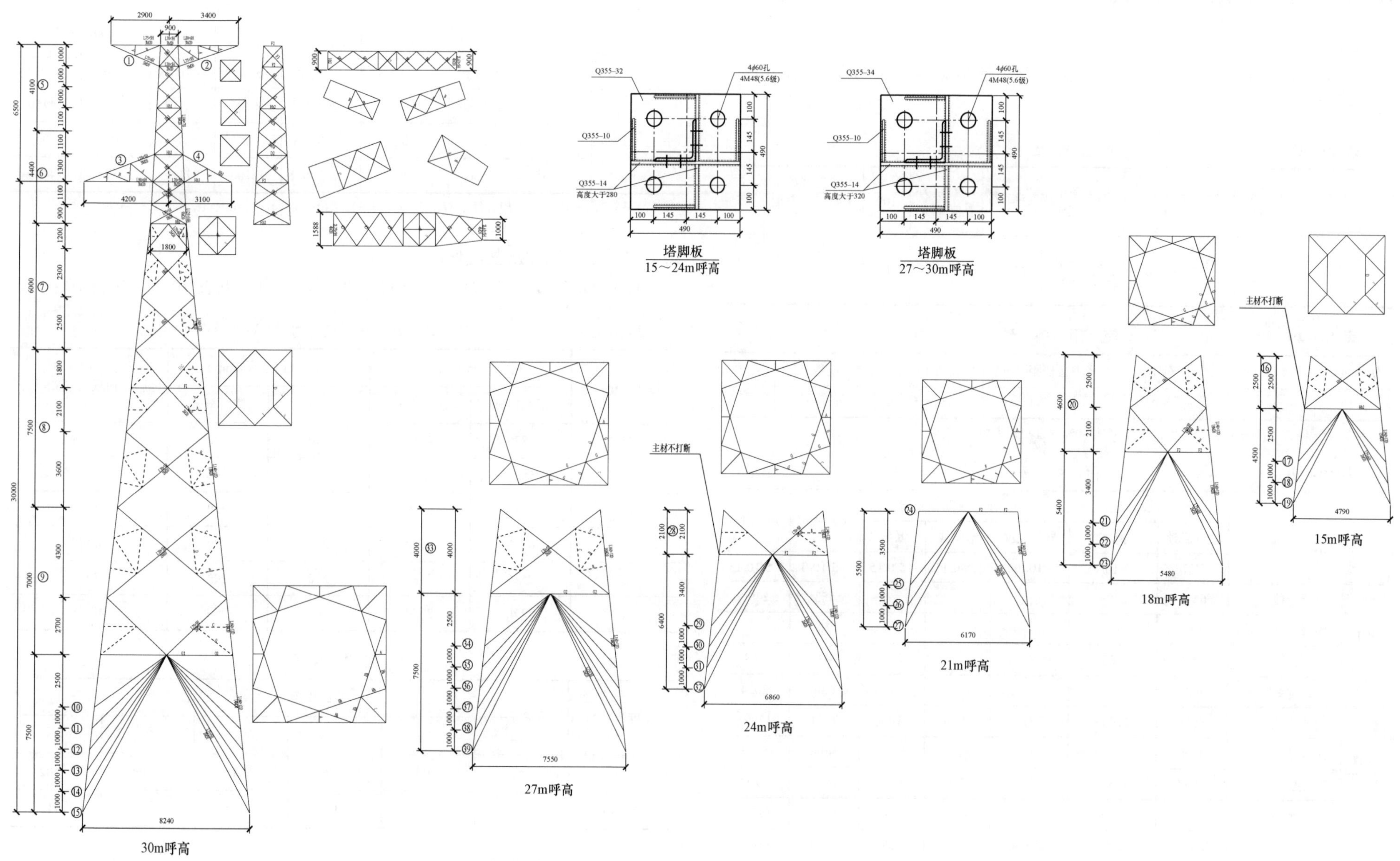

图 10-19　110-DC31D-JC4 塔司令图

10.12　110－DC31D－DJC 塔

10.12.1　设计条件

110－DC31D－DJC 塔导线型号及张力、使用条件、荷载见表 10－48～表 10－50。

表 10－48　　导 线 型 号 及 张 力

电压等级	110kV	导线型号	1×JL3/G1A－300/40	最大使用张力（kN）	35.09	断线张力取值（%）	100	不均匀覆冰不平衡张力取值（%）	35
		地线型号	JLB20A－100	最大使用张力（kN）	32.11	断线张力取值（%）	100	不均匀覆冰不平衡张力取值（%）	45

表 10－49　　使 用 条 件

使用条件	呼高（m）	水平档距（m）	垂直档距（m）	代表档距（m）	转角度数（°）	K_v 值
数值	30	450	700	200/450	0～90	—

注：上拔侧按 50%垂直档距考虑，下压侧按 80%垂直档距考虑。

表 10－50　　荷 载 表　　单位：N

气象条件（$t/v/b$）			正常运行情况			事故情况		安装情况	不均匀冰
			基本风速	覆冰	最低气温	未断线	断线		
			15/27/0	－5/10/15	－10/0/0	－5/0/15	－5/0/15	－5/10/0	－5/10/15
水平荷载	导线		6441	2499				883	2499
	绝缘子及金具		513	92				70	92
	跳线串		607	168				83	168
	地线		4632	3732				636	2624
垂直荷载	导线		8548	21006	7771	21006	21006	7771	17891
	绝缘子及金具		3400	5166	3400	5166	5166	3400	5166
	跳线串		1667	2792	1667	2792	2792	1667	2792
	地线		6387	24001	5110	24001	24001	5110	19598
张力	导线	一侧	21890	35097	22634	35097	35097	24730	35097
		另一侧	0	0	0	0	0	0	0
		张力差	20492	35097	22634	35097	35097	24730	35097
	地线	一侧	23586	36106	26206	36106	32110	27871	14450
		另一侧	0	0	0	0	0	0	0
		张力差	23586	36106	26206	36106	32110	27871	14450

续表

注：导线水平荷载为下相导线荷载，表中（$t/v/b$）单位分别为：°、m/s、mm。

10.12.2　根开尺寸及基础作用力

110－DC31D－DJC 塔的根开尺寸及基础作用力见表 10－51 和表 10－52。

表 10－51　　根 开 尺 寸

呼高（m）	基础根开（mm）		地脚螺栓根开（mm）		地脚螺栓规格（5.6 级）
	正面根开	侧面根开	正面根开	侧面根开	
15	4830	4830	290	290	4M48
18	5520	5520	290	290	4M48
21	6210	6210	290	290	4M48
24	6900	6900	290	290	4M48
27	7580	7580	290	290	4M48
30	8270	8270	290	290	4M48

表 10－52　　基 础 作 用 力

转角度数（°）	基础作用力（kN）					
	T_{max}	T_x	T_y	N_{max}	N_x	N_y
0～40	747	－90	－96	－837	－104	－102
40～90	859	－105	－116	－949	－126	－113

10.12.3　单线图及司令图

110－DC31D－DJC 塔单线图如图 10－20 所示，司令图如图 10－21 所示。

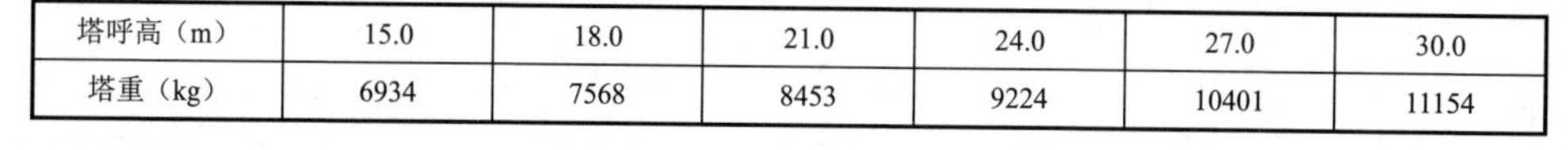

塔呼高（m）	15.0	18.0	21.0	24.0	27.0	30.0
塔重（kg）	6934	7568	8453	9224	10401	11154

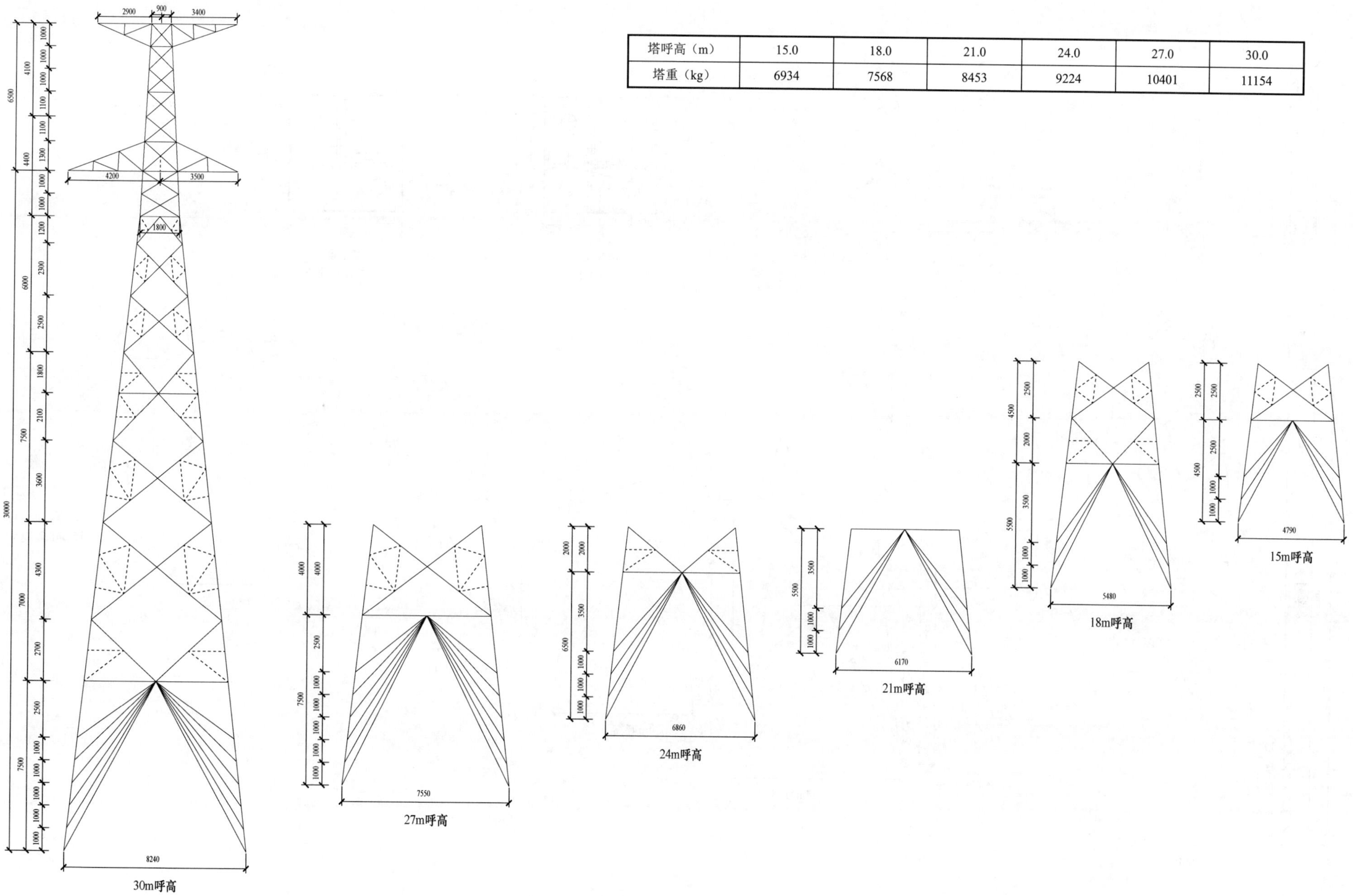

30m呼高

27m呼高

24m呼高

21m呼高

18m呼高

15m呼高

图 10－20　110－DC31D－DJC 塔单线图

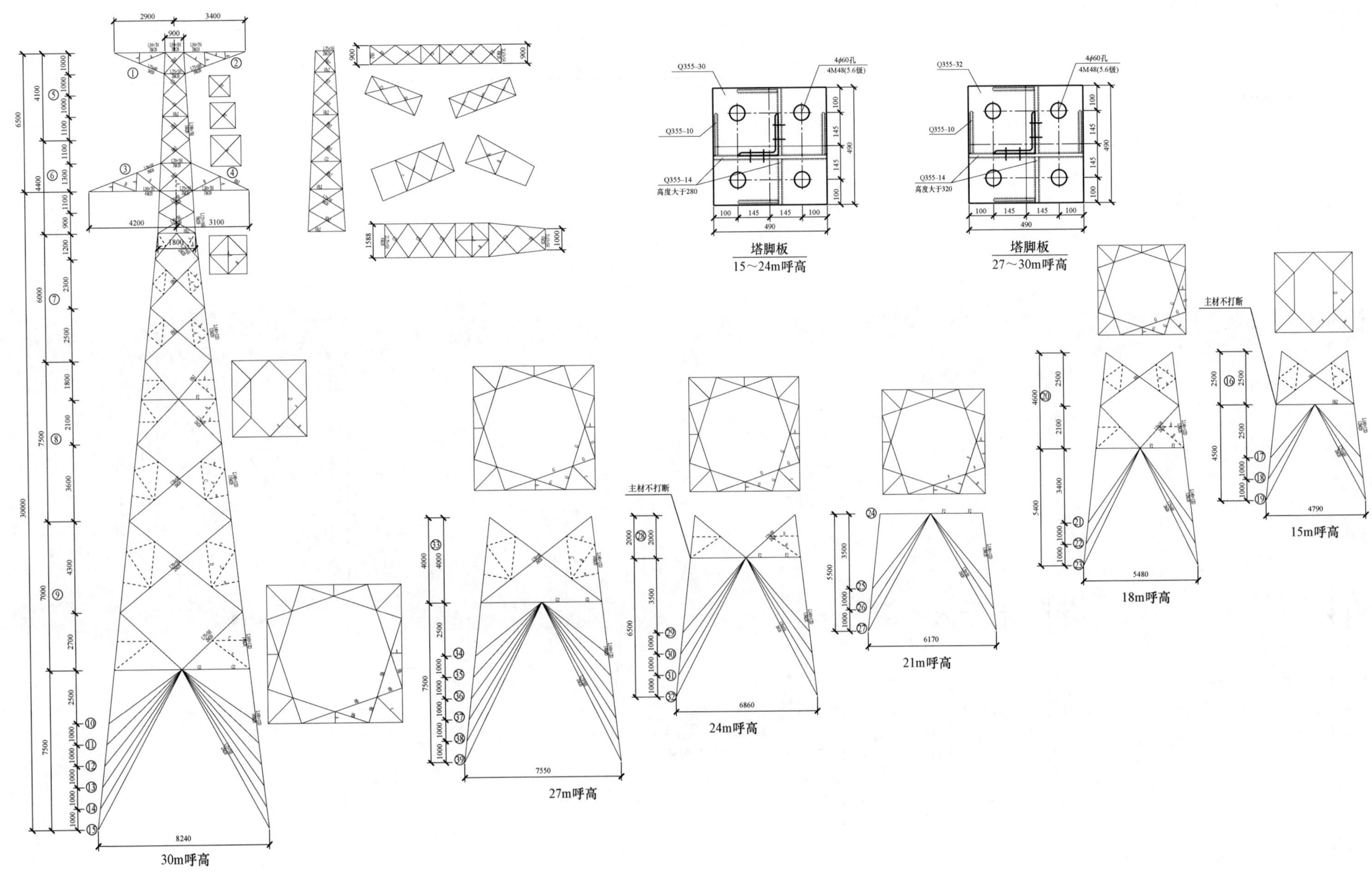

图 10－21　110－DC31D－DJC 塔司令图

11　110－DF11D 子模块

11.1　模块说明

11.1.1　概述

根据国家电网有限公司《35kV～750kV 线路杆塔通用设计优化技术导则》和国网福建电力工作安排，福建永福电力设计股份有限公司负责 110kV 输电线路通用设计 110－DF11D 子模块的设计工作。该模块为海拔 1000m 以内、设计基本风速为 33m/s（离地 10m）、覆冰厚度为 0mm，导线为 1×JL3/G1A－300/40（兼 1×JL3/G1A－240/30）。直线塔按 3+1 塔系列规划，耐张塔按 4 塔系列规划，并单独设计终端塔和 ZMCR 重要跨越塔，所有塔均按全方位不等长腿设计；该子模块共计 10 种塔型。

11.1.2　气象条件

110－DF11D 子模块的气象条件见表 11－1。

表 11－1　　110－DF11D 子模块的气象条件

项目	气温（℃）	风速（m/s）	覆冰厚度（mm）
最低气温	－5	0	0
年平均气温	15	0	0
基本风速	15	33	0
设计覆冰	－5	10	0
最高气温	40	0	0
安装情况	0	10	0
操作过电压	20	20	0
雷电过电压	15	15	0
带电作业	15	10	0
年平均雷电日数	65		

11.1.3　导地线型号及参数

110－DF11D 子模块的导地线型号及参数见表 11－2。

表 11－2　　110－DF11D 子模块的导地线型号及参数

项目		导线		地线	
电线型号		JL3/G1A－300/40	JL3/G1A－240/30	JLB20A－100	JLB40－100
结构	铝［根数/直径（mm）］	24/3.99	24/3.60	—	—
	钢、铝包钢［根数/直径（mm）］	7/2.66	7/2.40	19/2.6	19/2.6
计算截面面积（mm^2）		339	276	101	101
计算外径（mm）		23.9	21.6	13	13
计算重量（kg/m）		1.132	0.9215	0.6767	0.4765
计算拉断力（N）		92360	75190	135200	68600
弹性系数（MPa）		70500	70500	153900	103600
线膨胀系数（1/℃）		19.4×10^{-6}	19.4×10^{-6}	13.0×10^{-6}	15.5×10^{-6}

设计使用时，导地线的保证拉断力为计算拉断力的 95%。设计用导线安全系数为 2.5，平均运行张力取保证拉断力的 25%；进行电气配合时，地线型号选取 JLB40－100，地线安全系数为 3.0，平均运行张力取保证拉断力的 25%；进行结构荷载计算时，地线型号选取 JLB20A－100，地线安全系数为 4.0，平均运行张力取保证拉断力的 25%。

11.1.4　绝缘配置

悬垂串按“I”型布置，采用 FXBW－110/70－3 复合绝缘子，结构高度为 1440mm，最小公称爬电距离为 3520mm。

跳线串采用 FSP－110/0.8－2 防风偏复合绝缘子，实结构高度为 1440mm，最小公称爬电距离为 3520mm。

耐张串采用 FXBW－110/70－3 复合绝缘子，结构高度为 1440mm，最小公称爬电距离为 3520mm。

11.1.5　联塔金具

直线塔导线横担均按前、中、后三个挂点设计，挂点间距采用 200+200=400（mm），以满足单、双联悬挂的需要，联塔金具采用 ZBS－07/10－80；地线悬垂串的联塔金具采用 UB 型挂板。

导地线耐张串均采用单挂点设计，导线联塔金具采用 U 型挂环，地线联塔金具采用 U 型挂环。跳线串联塔适配防风偏绝缘子低压端螺栓。

11.2 110-DF11D 子模块杆塔一览图

110-DF11D 子模块杆塔一览图（山区）如图 11-1 所示。

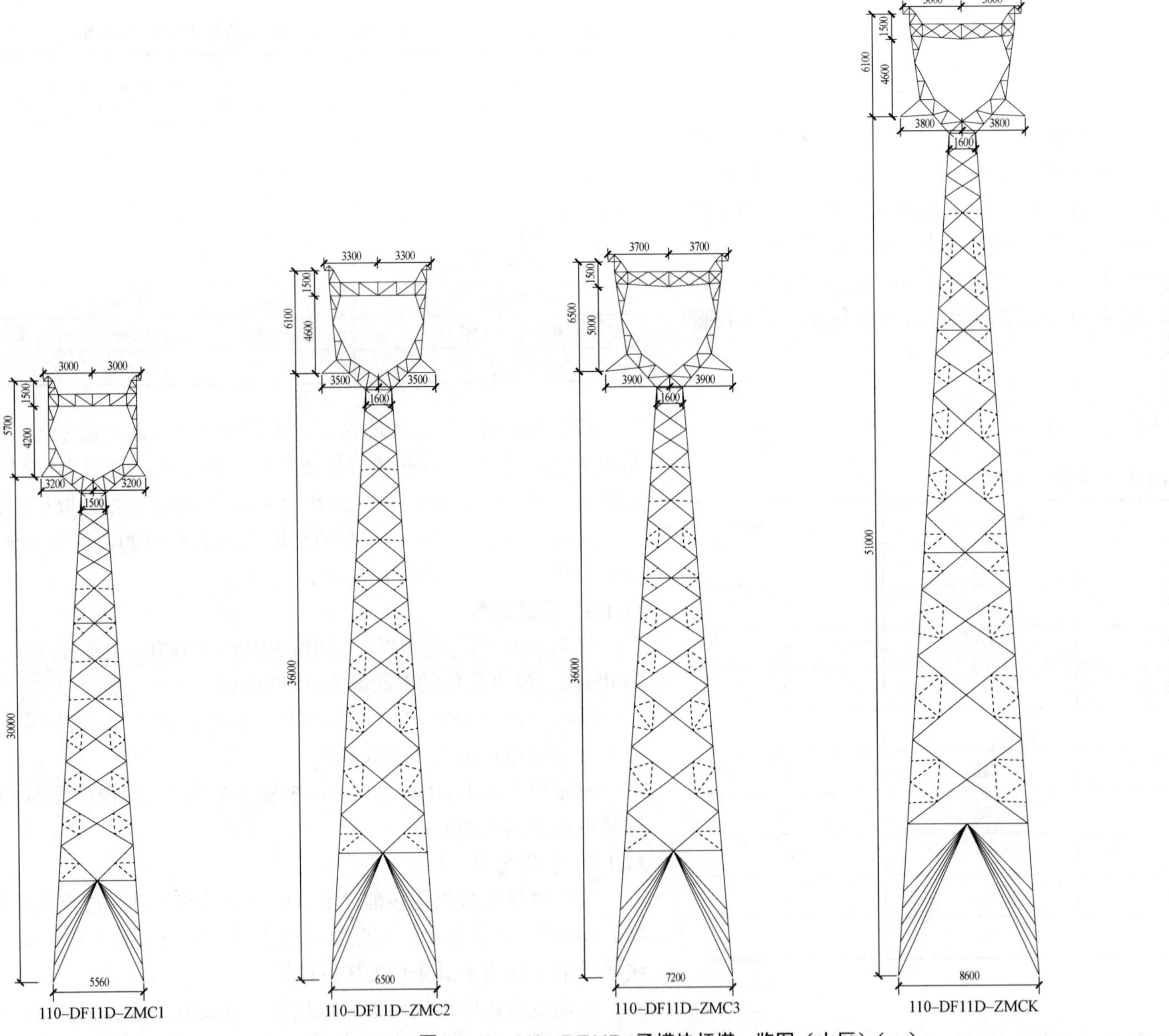

图 11-1 110-DF11D 子模块杆塔一览图（山区）（一）

序号	塔型名称	呼高（m）	水平档距（m）	垂直档距（m）	塔重（kg）	允许转角（°）	串型
1	110-DF11D-ZMC1	30.0	380	550	6841.0	0	“I”串
2	110-DF11D-ZMC2	30.0	480	700	7043.8	0	“I”串
		36.0	450	700	8144.1		
3	110-DF11D-ZMC3	33.0	650	1000	8533.7	0	“I”串
		36.0	635	1000	9138.4		
4	110-DF11D-ZMCK	51.0	480	700	13177.6	0	“I”串
5	110-DF11D-ZMCR	30.0	480	700	7219.4	0	“I”串
		36.0	450	700	8559.0		
6	110-DF11D-JC1	30.0	450	700	8446.7	0～20	
7	110-DF11D-JC2	30.0	450	700	9518.9	20～40	
8	110-DF11D-JC3	30.0	450	700	10168.7	40～60	
9	110-DF11D-JC4	30.0	450	700	11544.6	60～90	
10	110-DF11D-DJC	30.0	450	700	11542.0	0～90	

注：直线塔呼高一列中第一行为计算呼高，第二行为最高呼高。

说明：

1. 铁塔全为螺栓连接的型钢结构。
2. 所有构件均需热浸镀锌防腐。
3. 所有塔身断面均为方形。
4. 所有铁塔均设有全方位长短腿。
5. 铁塔材料：

型钢：Q235B、Q355B 和 Q420B；

钢板：Q235B、Q355B 和 Q420B；

螺栓：6.8 级和 8.8 级。

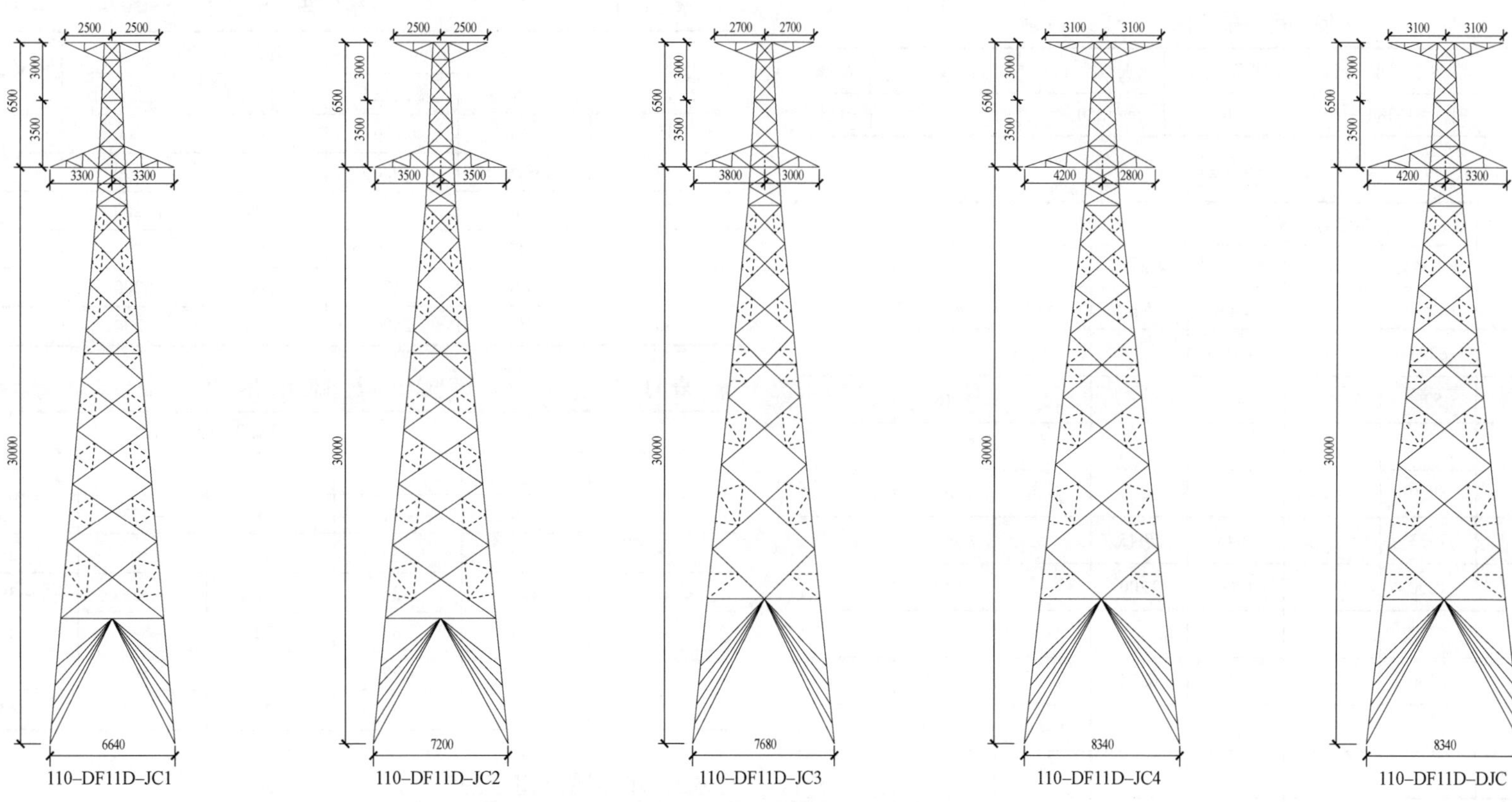

图 11-1　110-DF11D 子模块杆塔一览图（山区）（二）

11.3 110-DF11D-ZMC1 塔

11.3.1 设计条件

110-DF11D-ZMC1 塔的导线型号及张力、使用条件、荷载见表 11-3～表 11-5。

表 11-3　导线型号及张力

电压等级	110kV	导线型号	1×JL3/G1A-300/40	最大使用张力（kN）	35.09	断线张力取值（%）	50	不均匀覆冰不平衡张力取值（%）	—
		地线型号	JLB20A-100	最大使用张力（kN）	33.80	断线张力取值（%）	100	不均匀覆冰不平衡张力取值（%）	—

表 11-4　使用条件

使用条件	呼高（m）	水平档距（m）	垂直档距（m）	代表档距（m）	转角度数（°）	K_v 值
数值	30	380	550	250	0	0.80

表 11-5　荷载表　　单位：N

气象条件（t/v/b）			正常运行情况			事故情况		安装情况	不均匀冰
			基本风速	覆冰	最低气温	未断线	断线		
			15/33/0	—	-5/0/0	-5/0/0	-5/0/0	0/10/0	—
水平荷载	导线		8293					757	
	绝缘子及金具		506					46	
	跳线串								
	地线		5909					542	
垂直荷载	导线		7533		7045	7045		6918	
	绝缘子及金具		1200		1200	1200		1200	
	跳线串								
	地线		6366		6324	6324		6228	
张力	导线	一侧					18472	32135	
		另一侧					0		
		张力差					18472		
张力	地线	一侧					33800	35755	
		另一侧					0		
		张力差					33800		

注：导线水平荷载为下相导线荷载，表中（t/v/b）单位分别为：°、m/s、mm。

11.3.2 根开尺寸及基础作用力

110-DF11D-ZMC1 塔的根开尺寸及基础作用力见表 11-6 和表 11-7。

表 11-6　根开尺寸

呼高（m）	基础根开（mm）		地脚螺栓根开（mm）		地脚螺栓规格（5.6 级）
	正面根开	侧面根开	正面根开	侧面根开	
15	3500	3500	200	200	4M30
18	3920	3920	200	200	4M30
21	4340	4340	200	200	4M30
24	4750	4750	200	200	4M30
27	5170	5170	200	200	4M30
30	5590	5590	200	200	4M30

表 11-7　基础作用力

呼高（m）	基础作用力（kN）					
	T_{max}	T_x	T_y	N_{max}	N_x	N_y
15	238	-31	-28	-273	-35	-30
18	269	-35	-32	-306	-38	-34
21	288	-35	-32	-328	-39	-34
24	300	-36	-32	-342	-39	-34
27	320	-39	-35	-365	-44	-38
30	332	-40	-35	-379	-44	-38

11.3.3 单线图及司令图

110-DF11D-ZMC1 塔单线图如图 11-2 所示，司令图如图 11-3 所示。

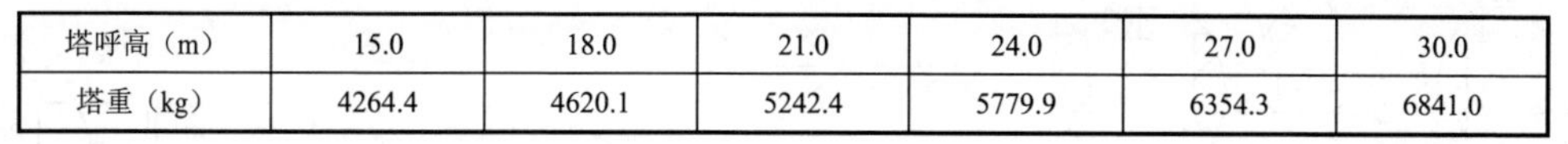

塔呼高（m）	15.0	18.0	21.0	24.0	27.0	30.0
塔重（kg）	4264.4	4620.1	5242.4	5779.9	6354.3	6841.0

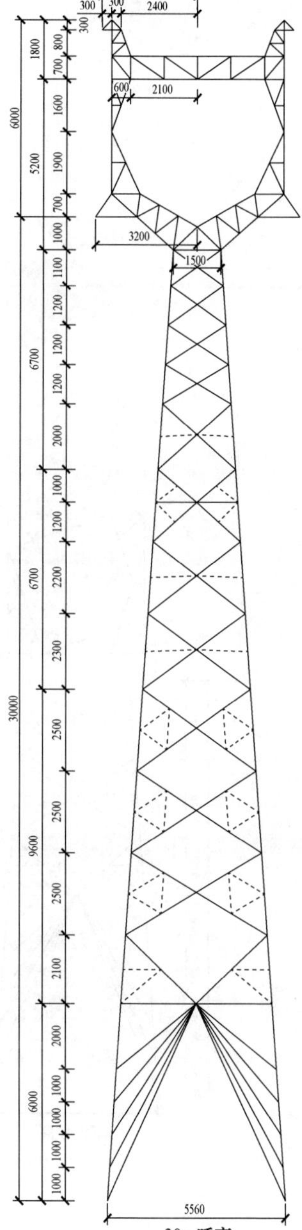

30m呼高

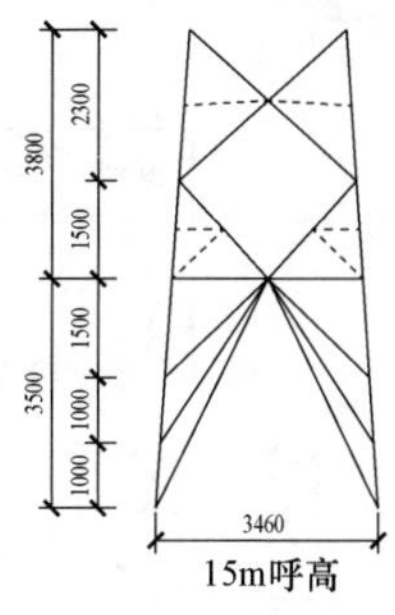

15m呼高

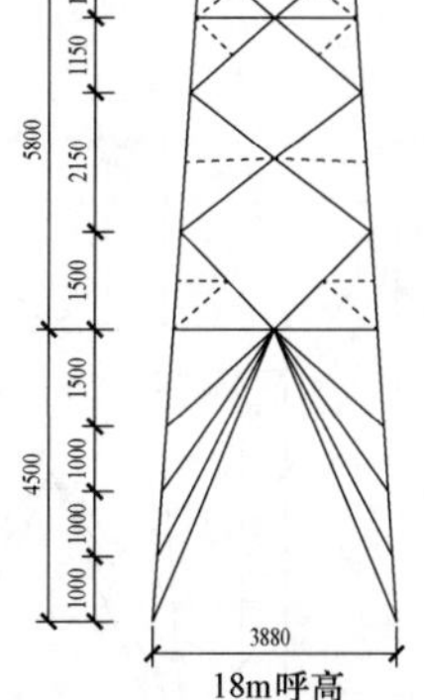

18m呼高

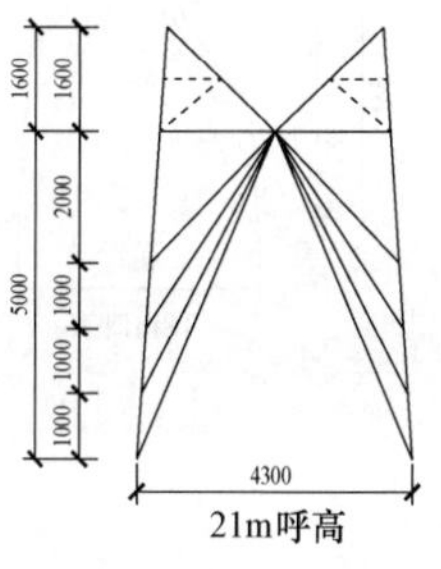

21m呼高

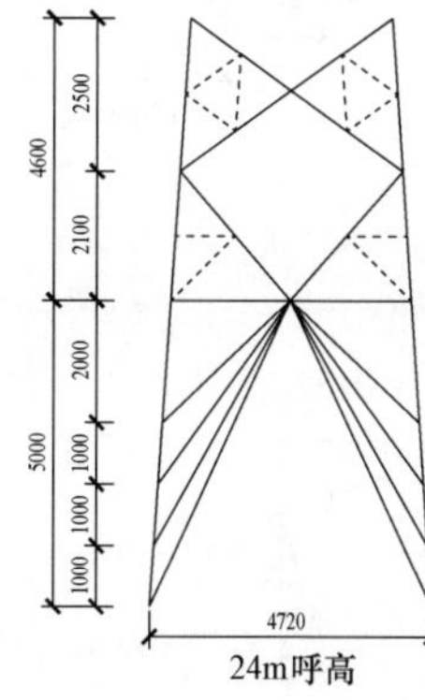

24m呼高

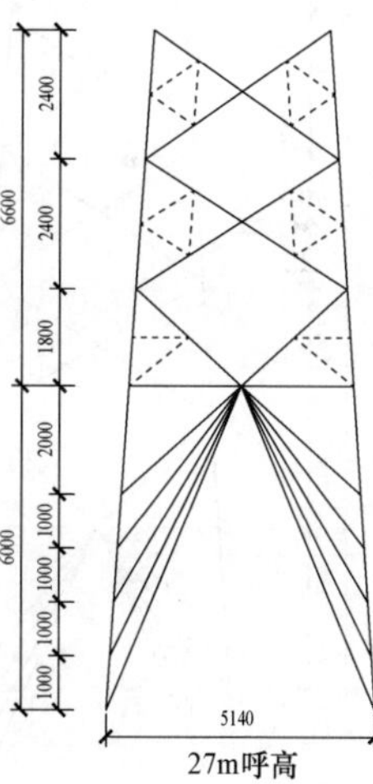

27m呼高

图 11－2　110－DF11D－ZMC1 塔单线图

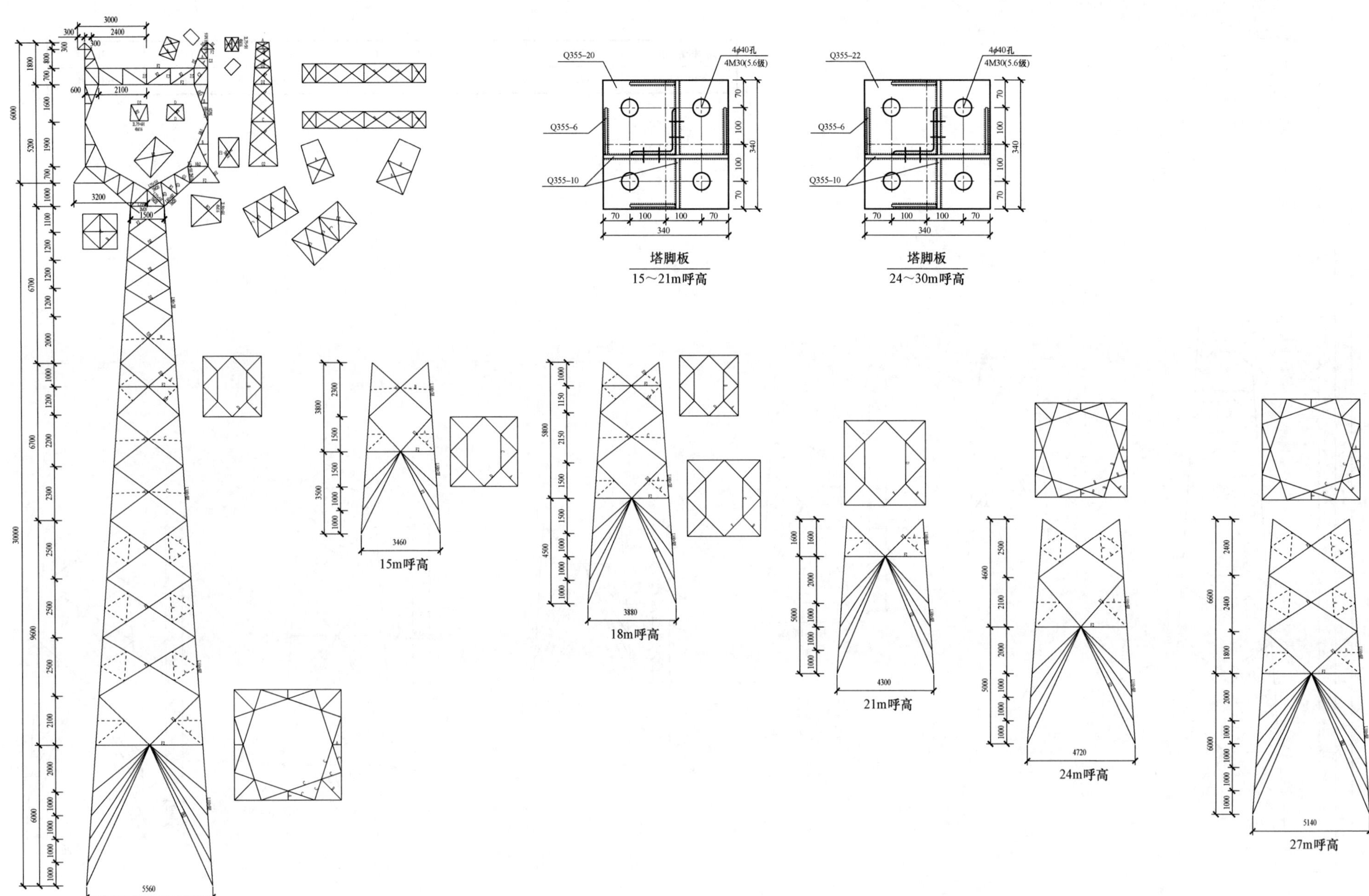

图 11－3　110－DF11D－ZMC1 塔司令图

11.4 110-DF11D-ZMC2 塔

11.4.1 设计条件

110-DF11D-ZMC2 塔导线型号及张力、使用条件、荷载见表 11-8～表 11-10。

表 11-8　　导线型号及张力

电压等级	110kV	导线型号	1×JL3/G1A-300/40	最大使用张力(kN)	35.09	断线张力取值（%）	50	不均匀覆冰不平衡张力取值（%）	—
		地线型号	JLB20A-100	最大使用张力(kN)	33.80	断线张力取值（%）	100	不均匀覆冰不平衡张力取值（%）	—

表 11-9　　使用条件

使用条件	呼高（m）	水平档距（m）	垂直档距（m）	代表档距（m）	转角度数（°）	K_v 值
数值	30	480	700	250	0	0.70
	33	465	700	250	0	0.70
	36	450	700	250	0	0.70

表 11-10　　荷载表　　单位：N

气象条件（$t/v/b$）			正常运行情况			事故情况		安装情况	不均匀冰
			基本风速	覆冰	最低气温	未断线	断线		
			15/33/0	—	-5/0/0	-5/0/0	-5/0/0	0/10/0	—
水平荷载	导线		10908					995	
	绝缘子及金具		535					49	
	跳线串								
	地线		7726					709	
垂直荷载	导线		9618		8986	8986		8822	
	绝缘子及金具		1200		1200	1200		1200	
	跳线串								
	地线		8153		8098	8098		7974	
张力	导线	一侧					18472	32135	
		另一侧					0		
		张力差					18472		
	地线	一侧					33800	35755	
		另一侧					0		
		张力差					33800		

续表

注：导线水平荷载为下相导线荷载，表中（$t/v/b$）单位分别为：°、m/s、mm。

11.4.2 根开尺寸及基础作用力

110-DF11D-ZMC2 塔的根开尺寸及基础作用力见表 11-11 和表 11-12。

表 11-11　　根开尺寸

呼高（m）	基础根开（mm）		地脚螺栓根开（mm）		地脚螺栓规格（5.6 级）
	正面根开	侧面根开	正面根开	侧面根开	
15	3600	3600	200	200	4M30
18	4020	4020	200	200	4M30
21	4430	4430	200	200	4M30
24	4850	4850	200	200	4M30
27	5270	5270	200	200	4M30
30	5690	5690	200	200	4M30
33	6110	6110	200	200	4M30
36	6530	6530	200	200	4M30

表 11-12　　基础作用力

呼高（m）	基础作用力（kN）					
	T_{max}	T_x	T_y	N_{max}	N_x	N_y
15	247	-32	-22	-286	-36	-24
18	269	-36	-26	-310	-40	-33
21	297	-37	-33	-342	-41	-35
24	314	-37	-33	-361	-42	-35
27	335	-42	-38	-384	-46	-40
30	349	-42	-38	-401	-47	-41
33	355	-43	-37	-410	-47	-40
36	368	-43	-38	-426	-47	-41

11.4.3 单线图及司令图

110-DF11D-ZMC2 塔单线图如图 11-4，司令图如图 11-5 所示。

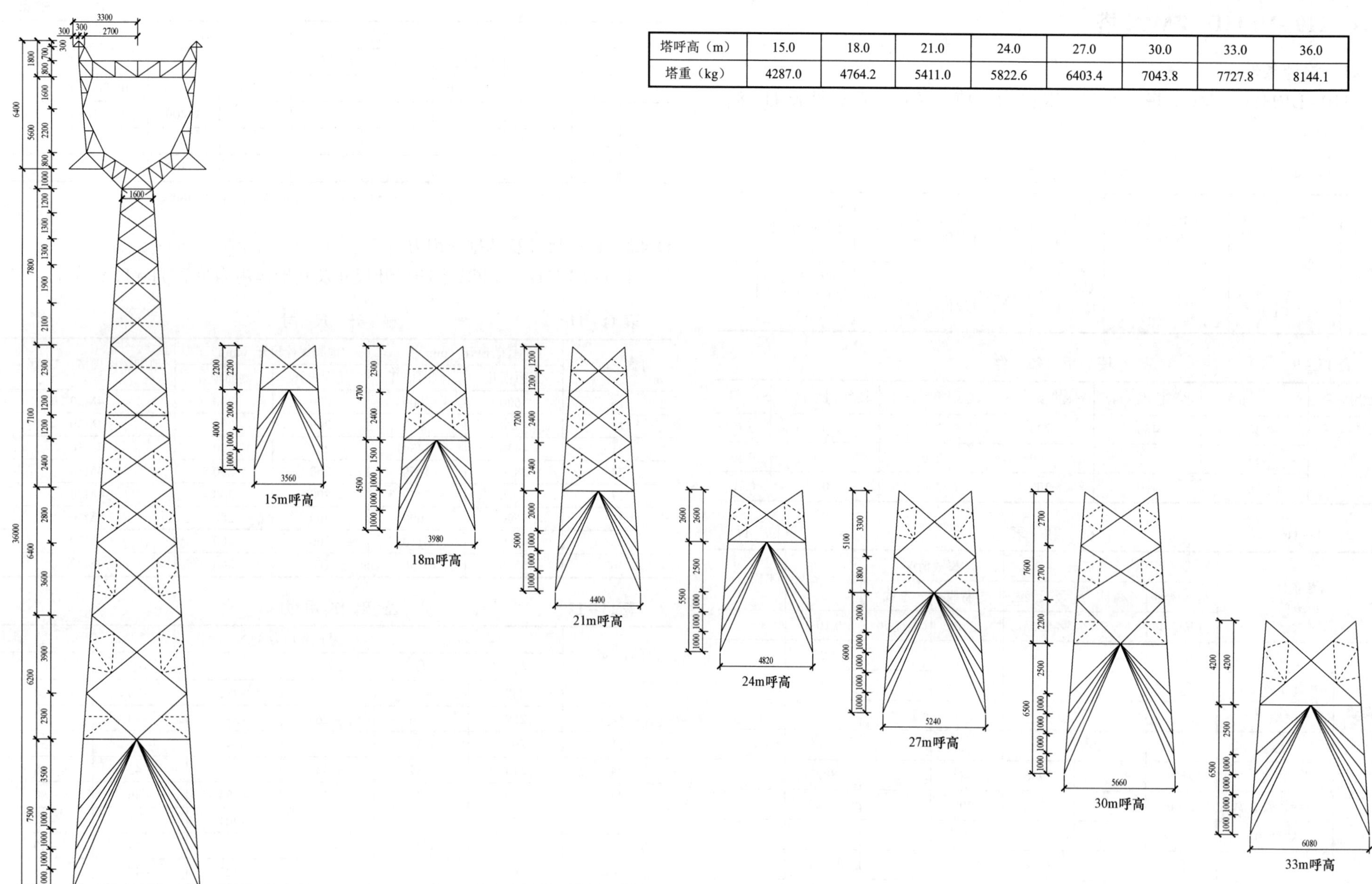

塔呼高（m）	15.0	18.0	21.0	24.0	27.0	30.0	33.0	36.0
塔重（kg）	4287.0	4764.2	5411.0	5822.6	6403.4	7043.8	7727.8	8144.1

图 11－4　110－DF11D－ZMC2 塔单线图

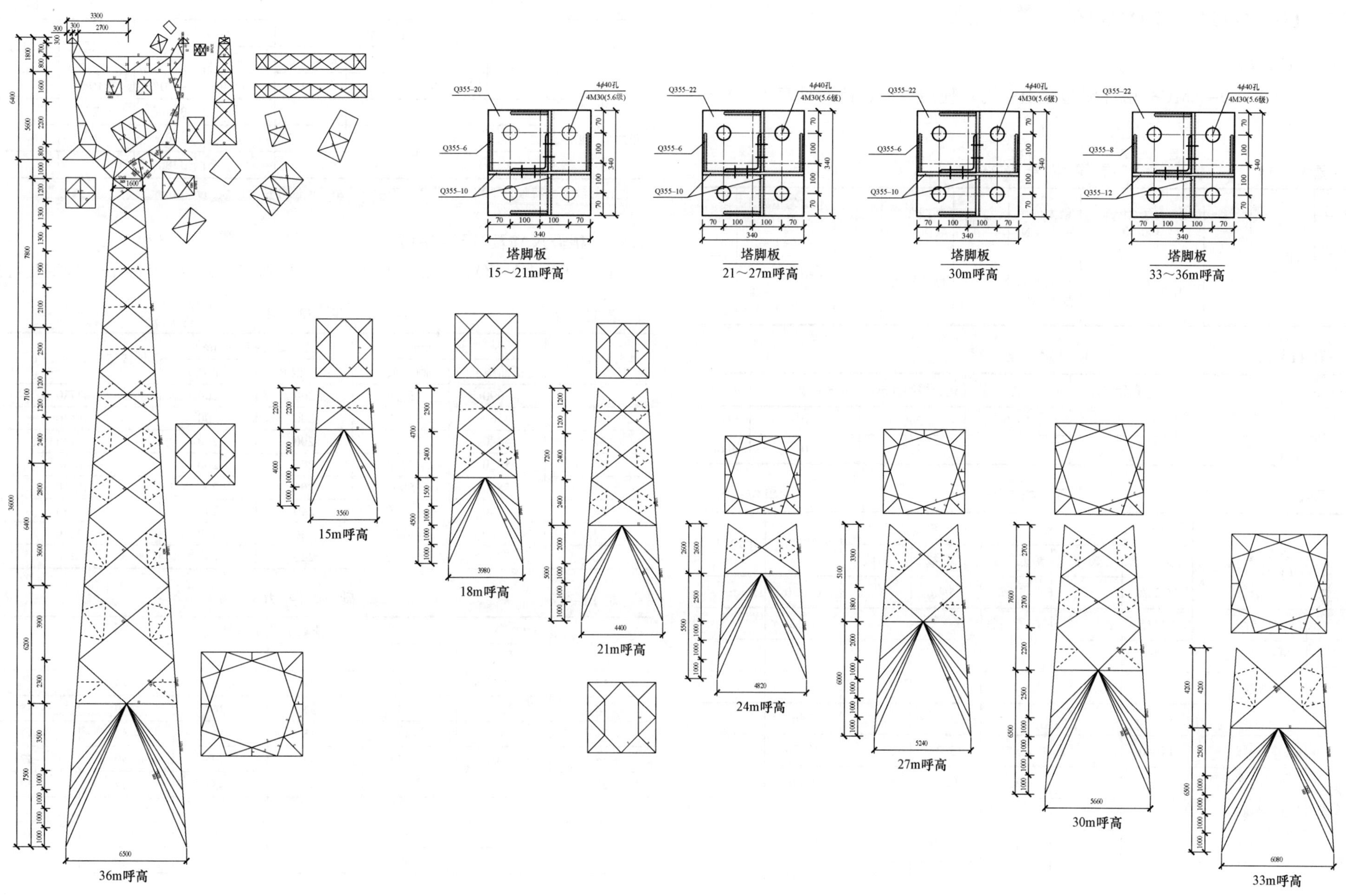

图 11－5 110－DF11D－ZMC2 塔司令图

11.5 110－DF11D－ZMC3 塔

11.5.1 设计条件

110－DF11D－ZMC3 塔导线型号及张力、使用条件、荷载见表 11－13～表 11－15。

表 11－13　　导 线 型 号 及 张 力

电压等级	110kV	导线型号	1×JL3/G1A－300/40	最大使用张力(kN)	35.09	断线张力取值（%）	50	不均匀覆冰不平衡张力取值（%）	—
		地线型号	JLB20A－100	最大使用张力(kN)	33.80	断线张力取值（%）	100	不均匀覆冰不平衡张力取值（%）	—

表 11－14　　使 用 条 件

使用条件	呼高（m）	水平档距（m）	垂直档距（m）	代表档距（m）	转角度数（°）	K_v 值
数值	33	650	1000	250	0	0.60
	36	635	1000	250	0	0.60

表 11－15　　荷 载 表　　单位：N

气象条件（$t/v/b$）			正常运行情况			事故情况		安装情况	不均匀冰
			基本风速	覆冰	最低气温	未断线	断线		
			15/33/0	—	－5/0/0	－5/0/0	－5/0/0	0/10/0	—
水平荷载	导线		14435					1313	
	绝缘子及金具		535					49	
	跳线串								
	地线		10312					946	
垂直荷载	导线		14040		13035	13035		12774	
	绝缘子及金具		1200		1200	1200		1200	
	跳线串								
	地线		12140		12053	12053		11857	
张力	导线	一侧					18472	32135	
		另一侧					0		
		张力差					18472		
	地线	一侧					33800	35755	
		另一侧					0		
		张力差					33800		

注：导线水平荷载为下相导线荷载，表中（$t/v/b$）单位分别为：°、m/s、mm。

11.5.2 根开尺寸及基础作用力

110－DF11D－ZMC3 塔的根开尺寸及基础作用力见表 11－16 和表 11－17。

表 11－16　　根 开 尺 寸

呼高（m）	基础根开（mm）		地脚螺栓根开（mm）		地脚螺栓规格（5.6 级）
	正面根开	侧面根开	正面根开	侧面根开	
15	3890	3890	200	200	4M30
18	4360	4360	200	200	4M30
21	4840	4840	200	200	4M30
24	5320	5320	200	200	4M30
27	5800	5800	200	200	4M30
30	6280	6280	240	240	4M36
33	6760	6760	240	240	4M36
36	7240	7240	240	240	4M36

表 11－17　　基 础 作 用 力

呼高（m）	基础作用力（kN）					
	T_{max}	T_x	T_y	N_{max}	N_x	N_y
15	294	－38	－29	－342	－44	－31
18	316	－43	－33	－367	－49	－35
21	341	－43	－35	－395	－49	－37
24	350	－43	－34	－406	－50	－37
27	372	－47	－39	－431	－54	－42
30	378	－48	－44	－441	－55	－48
33	389	－49	－44	－455	－55	－48
36	400	－49	－44	－469	－55	－49

11.5.3 单线图及司令图

110－DF11D－ZMC3 塔单线图如图 11－6 所示，司令图如图 11－7 所示。

塔呼高（m）	15.0	18.0	21.0	24.0	27.0	30.0	33.0	36.0
塔重（kg）	4779.2	5327.7	5931.8	6494.4	7150.5	7886.7	8533.7	9138.4

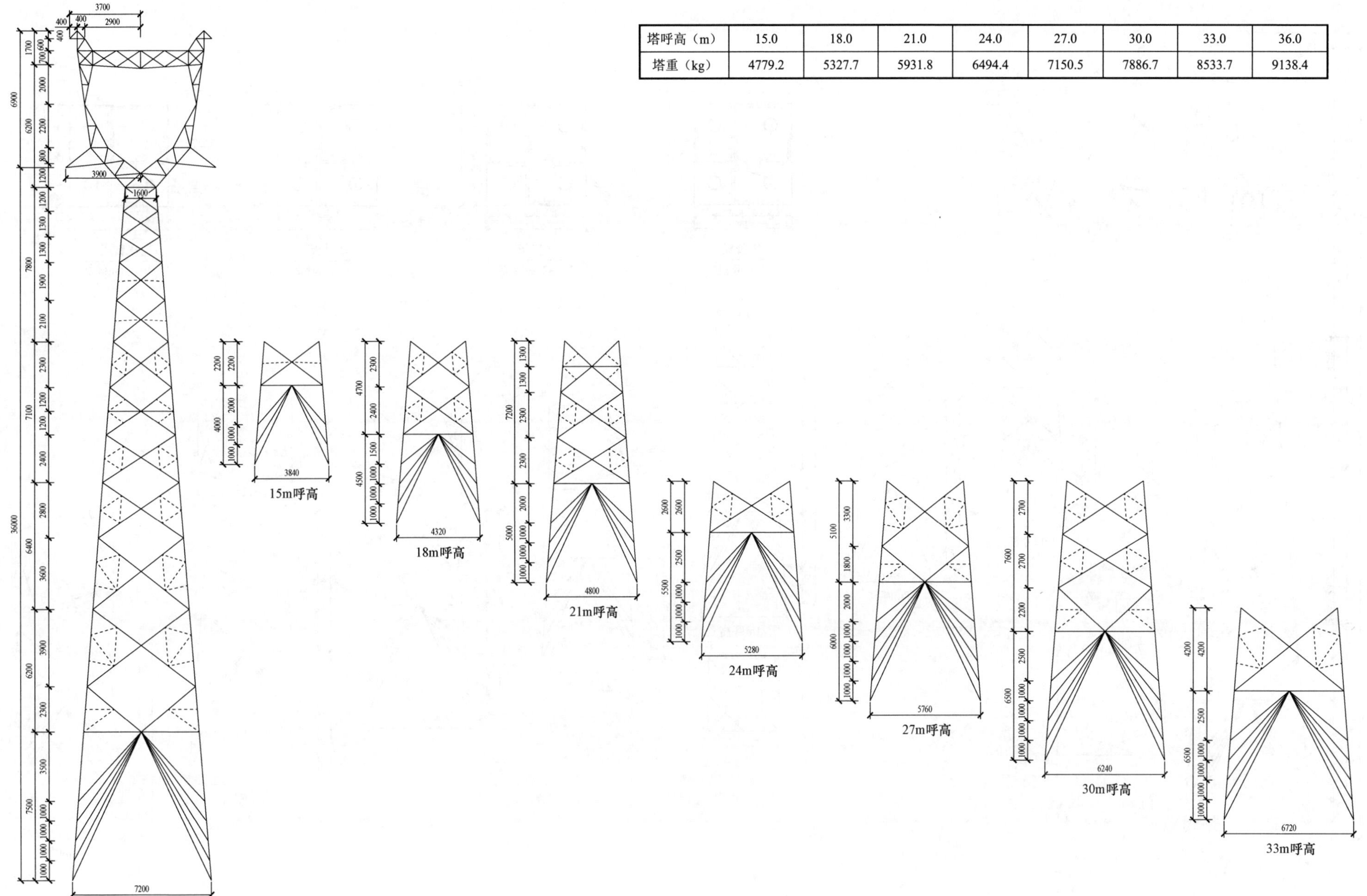

图 11-6　110-DF11D-ZMC3 塔单线图

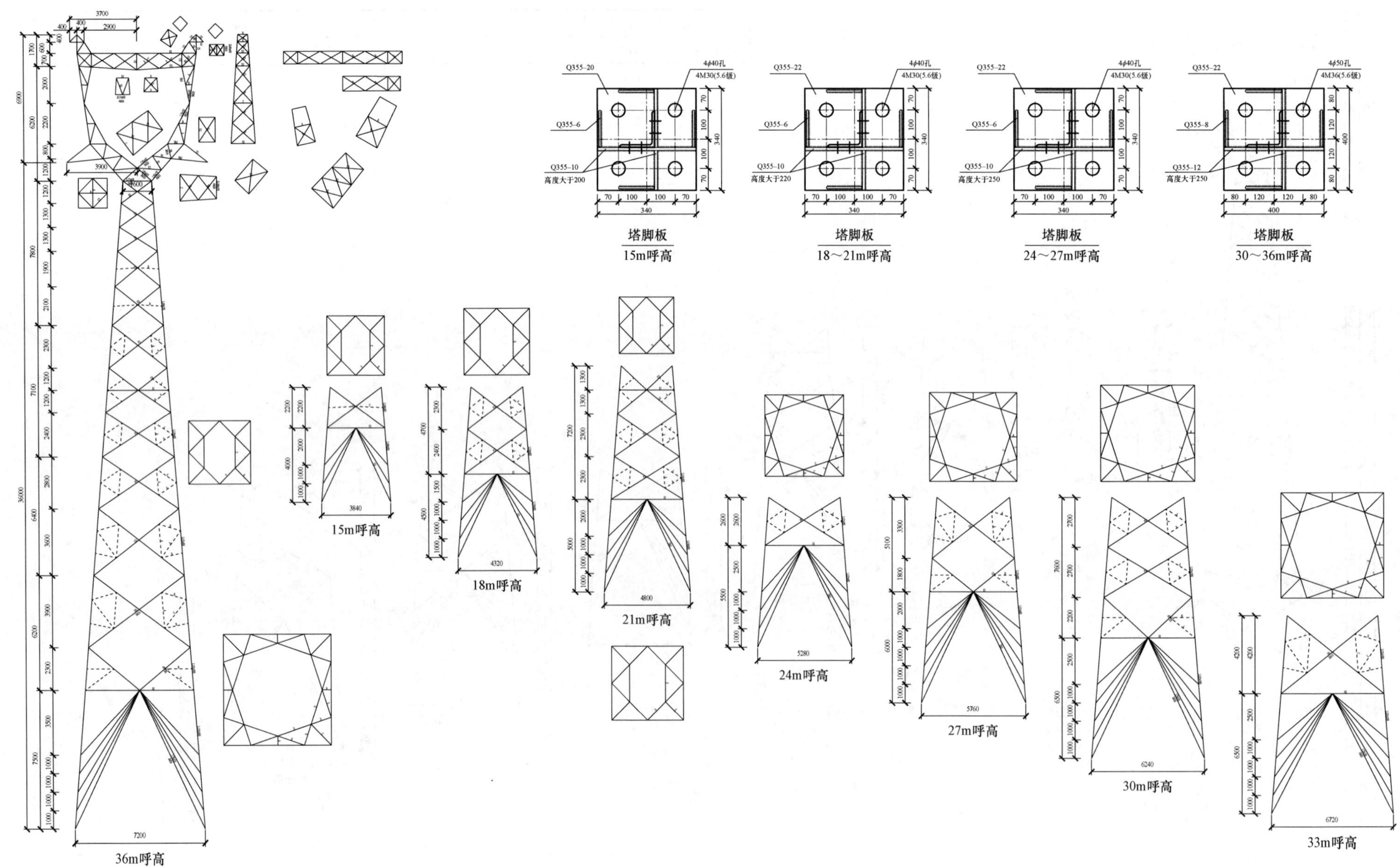

图 11－7　110－DF11D－ZMC3 塔司令图

11.6 110－DF11D－ZMCK 塔

11.6.1 设计条件

110－DF11D－ZMCK 塔导线型号及张力、使用条件、荷载见表 11－18～表 11－20。

表 11－18　　导线型号及张力

电压等级	110kV	导线型号	1×JL3/G1A－300/40	最大使用张力(kN)	35.09	断线张力取值（%）	50	不均匀覆冰不平衡张力取值（%）	—
		地线型号	JLB20A－100	最大使用张力(kN)	33.80	断线张力取值（%）	100	不均匀覆冰不平衡张力取值（%）	—

表 11－19　　使用条件

使用条件	呼高（m）	水平档距（m）	垂直档距（m）	代表档距（m）	转角度数（°）	K_v 值
数值	51	480	700	250	0	0.70

表 11－20　　荷载表　　单位：N

气象条件（$t/v/b$）			正常运行情况		事故情况			安装情况	不均匀冰
			基本风速	覆冰	最低气温	未断线	断线		
			15/33/0	—	－5/0/0	－5/0/0	－5/0/0	0/10/0	—
水平荷载	导线		12221					1117	
	绝缘子及金具		596					55	
	跳线串								
	地线		8468					777	
垂直荷载	导线		9618		8986	8986		8822	
	绝缘子及金具		1200		1200	1200		1200	
	跳线串								
	地线		8153		8098	8098		7974	
张力	导线	一侧					18472	32135	
		另一侧					0		
		张力差					18472		
	地线	一侧					33800	35755	
		另一侧					0		
		张力差					33800		

注：导线水平荷载为下相导线荷载，表中（$t/v/b$）单位分别为：°、m/s、mm。

11.6.2 根开尺寸及基础作用力

110－DF11D－ZMCK 塔的根开尺寸及基础作用力见表 11－21 和表 11－22。

表 11－21　　根开尺寸

呼高（m）	基础根开（mm）		地脚螺栓根开（mm）		地脚螺栓规格（5.6 级）
	正面根开	侧面根开	正面根开	侧面根开	
39	6960	6960	240	240	4M36
42	7380	7380	240	240	4M36
45	7660	7660	240	240	4M36
48	8210	8210	240	240	4M36
51	8630	8630	240	240	4M36

表 11－22　　基础作用力

呼高（m）	基础作用力（kN）					
	T_{max}	T_x	T_y	N_{max}	N_x	N_y
39	470	－55	－48	－536	－61	－52
42	486	－56	－49	－555	－62	－54
45	515	－60	－53	－590	－66	－58
48	533	－63	－56	－613	－70	－61
51	550	－65	－58	－634	－72	－63

11.6.3 单线图及司令图

110－DF11D－ZMCK 塔单线图如 11－8 所示，司令图如图 11－9 所示。

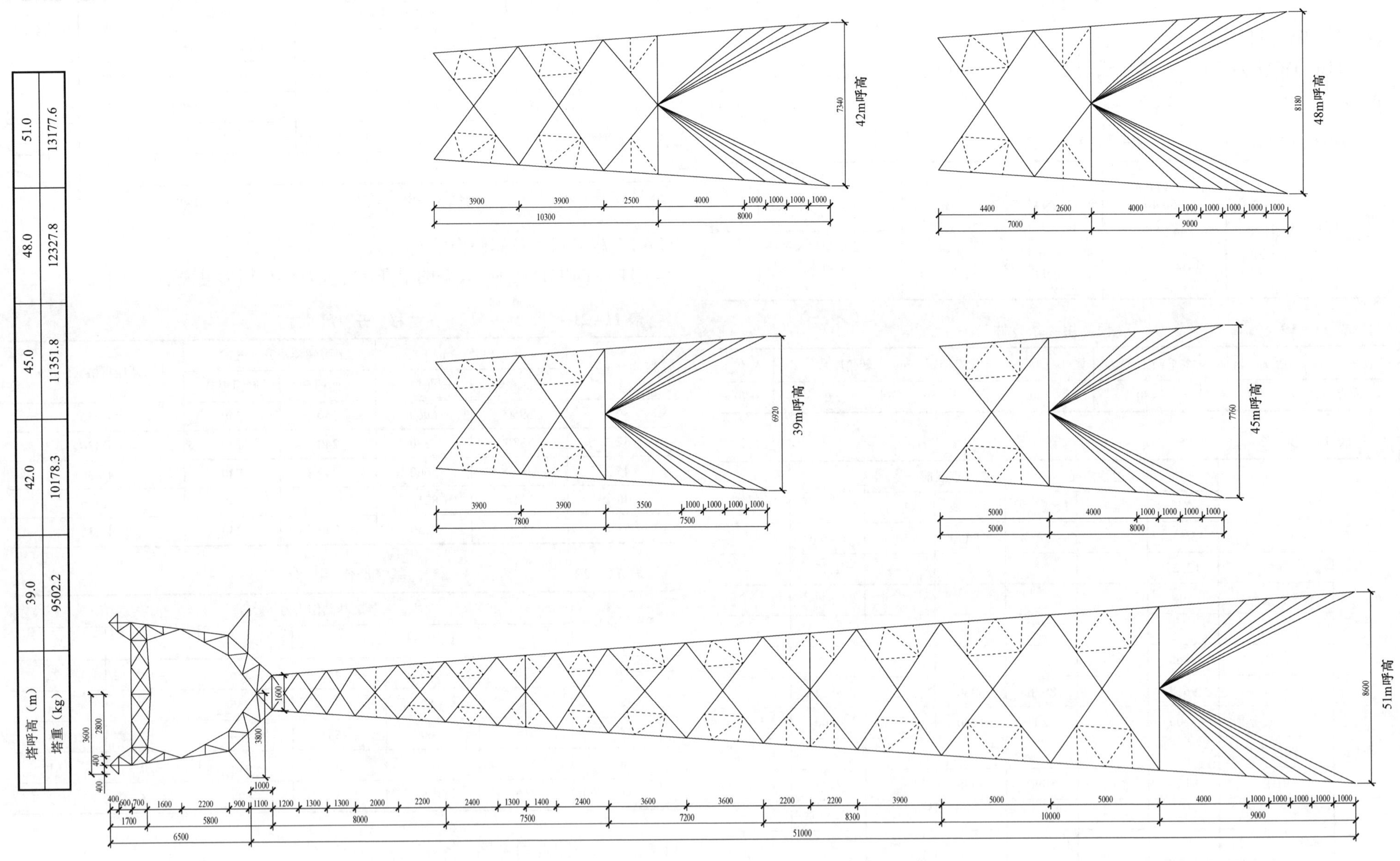

塔呼高（m）	39.0	42.0	45.0	48.0	51.0
塔重（kg）	9502.2	10178.3	11351.8	12327.8	13177.6

图 11-8　110-DF11D-ZMCK 塔单线图

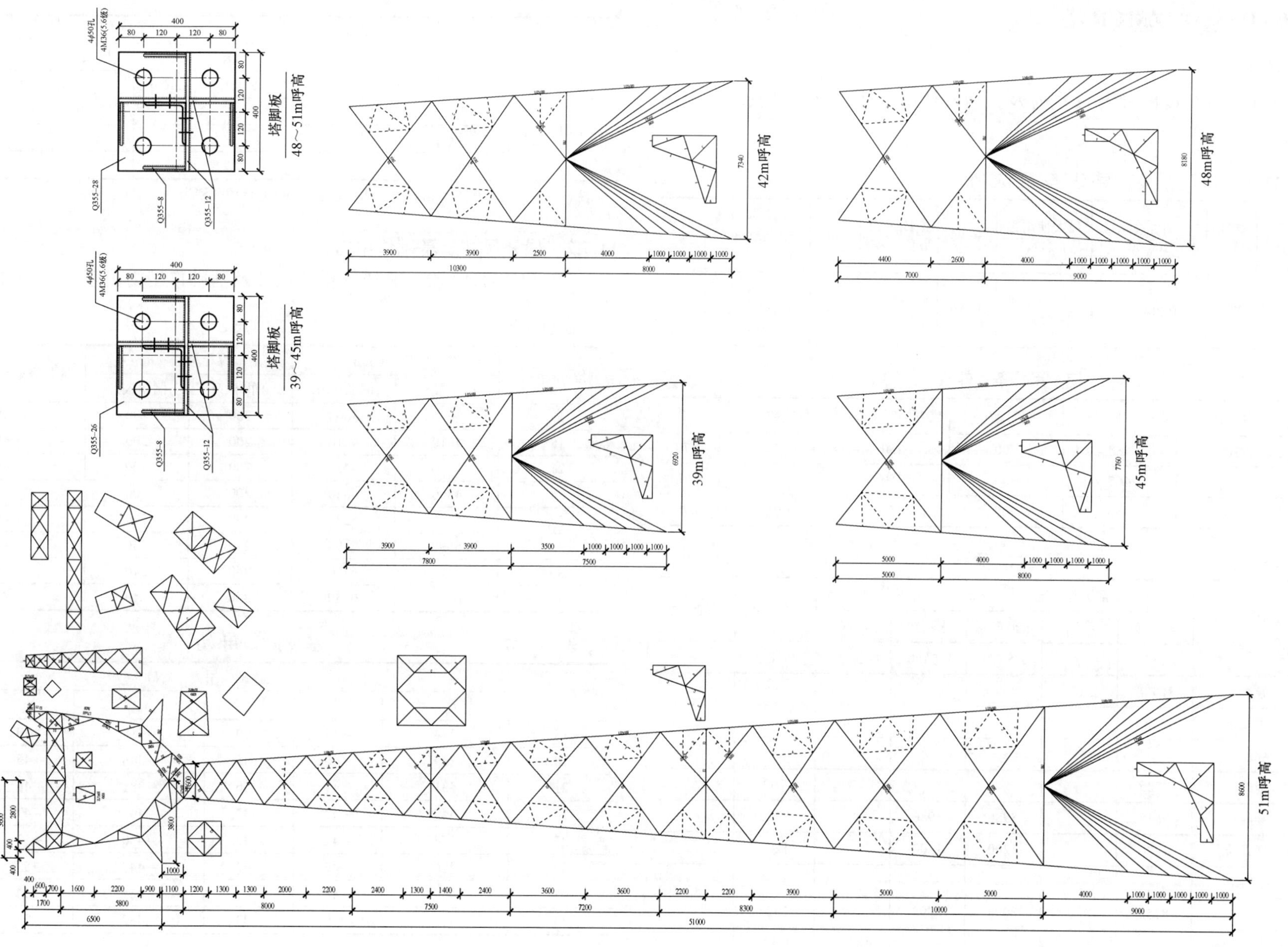

图 11-9 110-DF11D-ZMCK 塔司令图

11.7 110－DF11D－ZMCR 塔

11.7.1 设计条件

110－DF11D－ZMCR 塔导线型号及张力、使用条件、荷载见表 11－23～表 11－25。

表 11－23　导线型号及张力

电压等级									
电压等级	110kV	导线型号	1×JL3/G1A－300/40	最大使用张力（kN）	35.09	断线张力取值（%）	50	不均匀覆冰不平衡张力取值（%）	—
		地线型号	JLB20A－100	最大使用张力（kN）	33.80	断线张力取值（%）	100	不均匀覆冰不平衡张力取值（%）	—

表 11－24　使用条件

使用条件	呼高（m）	水平档距（m）	垂直档距（m）	代表档距（m）	转角度数（°）	K_v 值
数值	30	480	700	250	0	0.70
	33	465	700	250	0	0.70
	36	450	700	250	0	0.70

表 11－25　荷载表　　单位：N

气象条件（t/v/b）			正常运行情况			事故情况		安装情况	不均匀冰
			基本风速	覆冰	最低气温	未断线	断线		
			15/33/0	—	－5/0/0	－5/0/0	－5/0/0	0/10/0	—
水平荷载	导线		10908					995	
	绝缘子及金具		535					49	
	跳线串								
	地线		7726					709	
垂直荷载	导线		9618		8986	8986		8822	
	绝缘子及金具		1200		1200	1200		1200	
	跳线串								
	地线		8153		8098	8098		7974	
张力	导线	一侧					18472	32135	
		另一侧					0		
		张力差					18472		
	地线	一侧					33800	35755	
		另一侧					0		
		张力差					33800		

注：导线水平荷载为下相导线荷载，表中（t/v/b）单位分别为：°、m/s、mm。

11.7.2 根开尺寸及基础作用力

110－DF11D－ZMCR 塔的根开尺寸及基础作用力见表 11－26 和表 11－27。

表 11－26　根开尺寸

呼高（m）	基础根开（mm）		地脚螺栓根开（mm）		地脚螺栓规格（5.6 级）
	正面根开	侧面根开	正面根开	侧面根开	
15	3600	3600	200	200	4M30
18	4010	4010	200	200	4M30
21	4430	4430	200	200	4M30
24	4850	4850	200	200	4M30
27	5270	5270	200	200	4M30
30	5690	5690	240	240	4M36
33	6110	6110	240	240	4M36
36	6530	6530	240	240	4M36

表 11－27　基础作用力

呼高（m）	基础作用力（kN）					
	T_{max}	T_x	T_y	N_{max}	N_x	N_y
15	274	－34	－29	－318	－39	－31
18	299	－40	－35	－346	－45	－37
21	331	－41	－36	－381	－46	－39
24	349	－42	－37	－403	－47	－40
27	374	－47	－42	－430	－52	－45
30	386	－47	－42	－447	－53	－46
33	400	－48	－42	－464	－54	－46
36	415	－48	－43	－482	－54	－47

11.7.3 单线图及司令图

110－DF11D－ZMCR 塔单线图如图 11－10 所示，司令图如图 11－11 所示。

塔呼高（m）	15.0	18.0	21.0	24.0	27.0	30.0	33.0	36.0
塔重（kg）	4440.2	4969.3	5530.7	6102.1	6745.5	7219.4	8042.7	8559.0

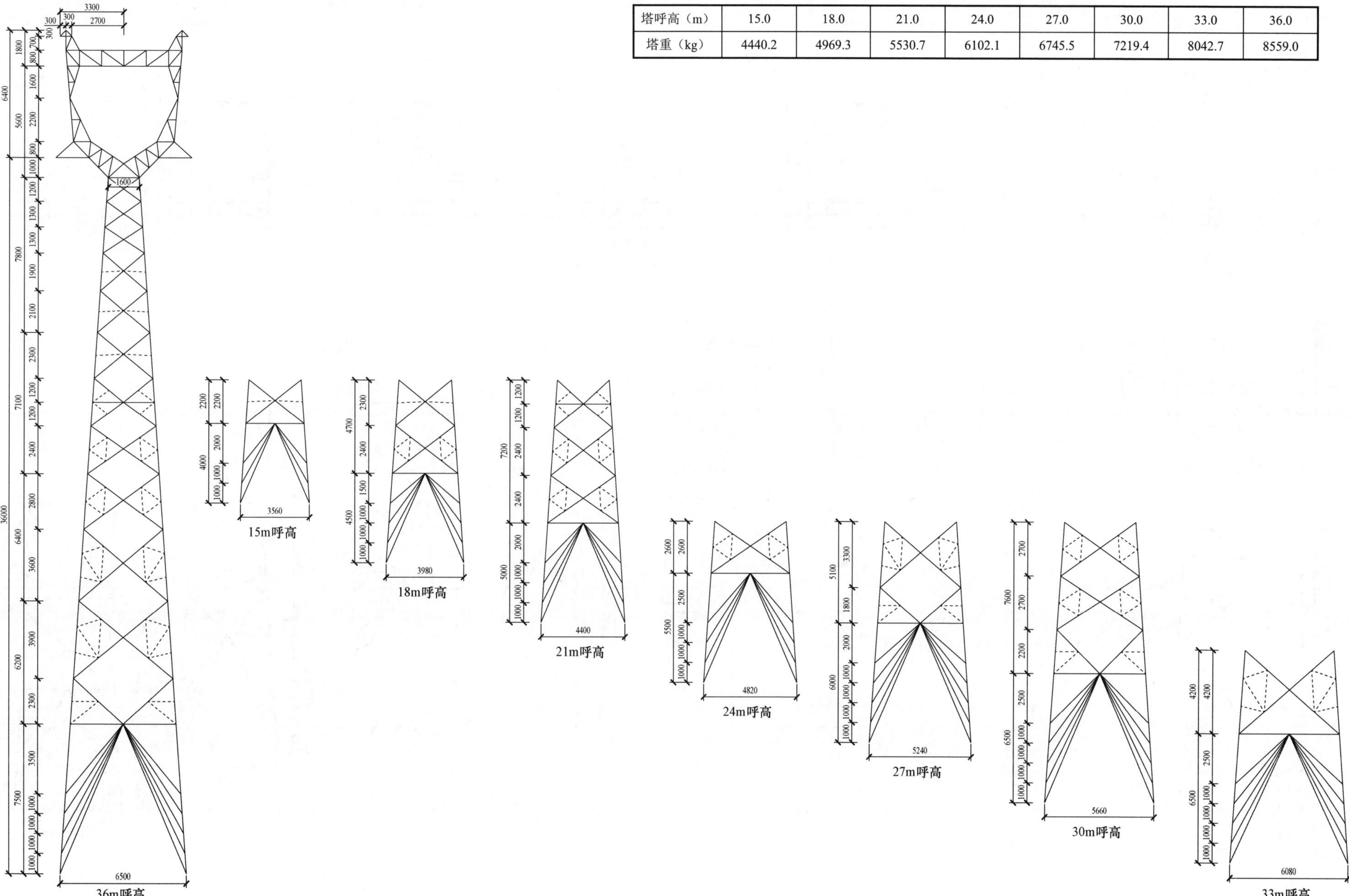

图 11－10　110－DF11D－ZMCR 塔单线图

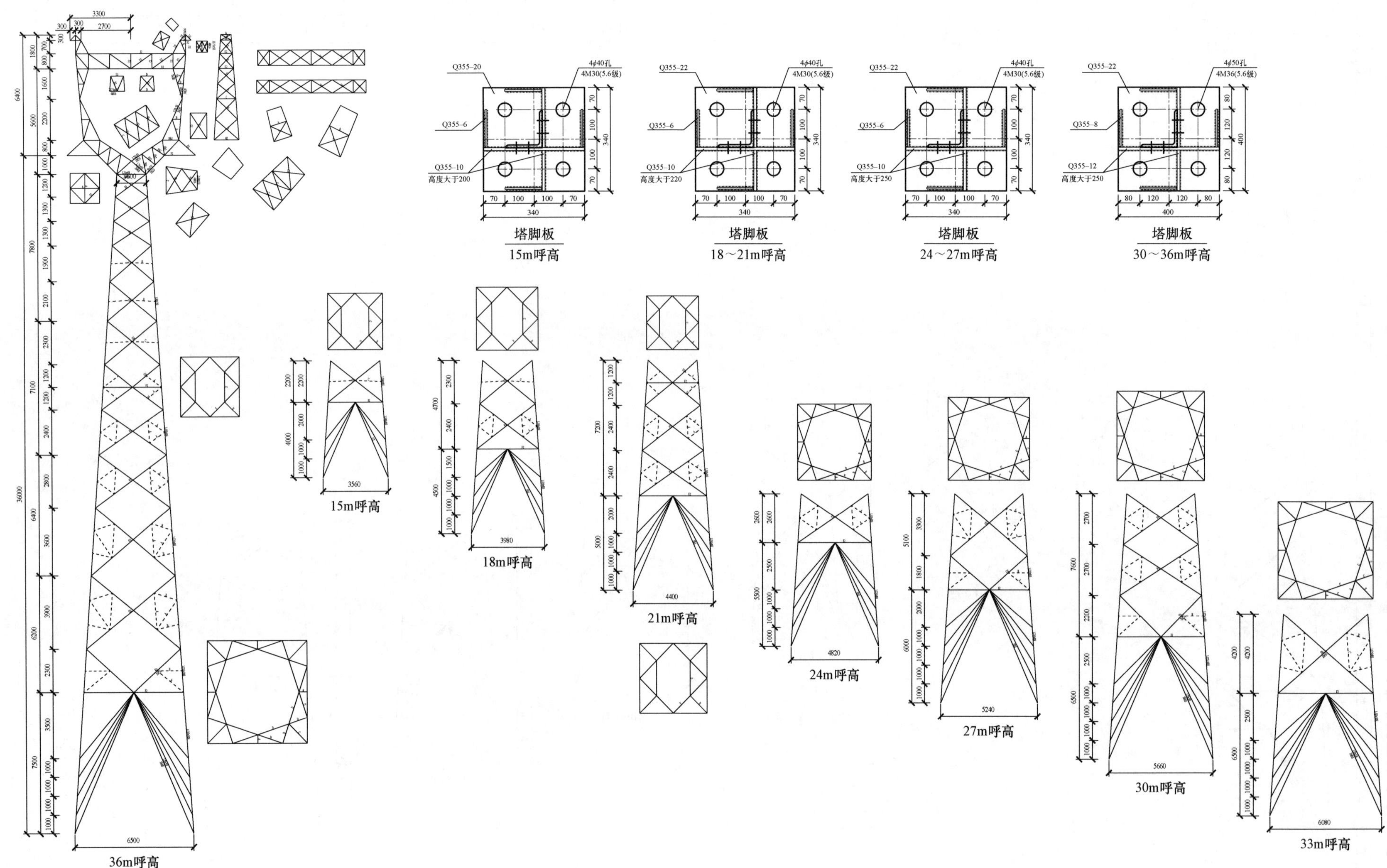

图 11－11 110－DF11D－ZMCR 塔司令图

11.8 110-DF11D-JC1 塔

11.8.1 设计条件

110-DF11D-JC1 塔导线型号及张力、使用条件、荷载见表 11-28～表 11-30。

表 11-28　　导线型号及张力

电压等级	110kV	导线型号	1×JL3/G1A-300/40	最大使用张力（kN）	35.09	断线张力取值（%）	100	不均匀覆冰不平衡张力取值（%）	—
		地线型号	JLB20A-100	最大使用张力（kN）	33.80	断线张力取值（%）	100	不均匀覆冰不平衡张力取值（%）	—

表 11-29　　使用条件

使用条件	呼高（m）	水平档距（m）	垂直档距（m）	代表档距（m）	转角度数（°）	K_v 值
数值	30	450	700	200/450	0～20	—

注：上拔侧按 50%垂直档距考虑，下压侧按 80%垂直档距考虑。

表 11-30　　荷载表　　单位：N

气象条件（t/v/b）			正常运行情况			事故情况		安装情况	不均匀冰
			基本风速	覆冰	最低气温	未断线	断线		
			15/33/0	—	-5/0/0	-5/0/0	-5/0/0	0/10/0	—
水平荷载	导线		9871					894	
	绝缘子及金具		1022					94	
	跳线串		669					61	
	地线		6344					581	
垂直荷载	导线		9886		8332	8332	8332	8274	
	绝缘子及金具		3000		3000	3000	3000	3000	
	跳线串		1567		1567	1567	1567	1567	
	地线		7469		6711	6711	6711	6633	
张力	导线	一侧	36944		25015	25154	0	28303	
		另一侧	33014		30687	30744	30744	33414	
		张力差	3930		5672	5590	30744	5111	
	地线	一侧	33800		27940	31693	0	30095	
		另一侧	33109		33786	34632	34632	36134	
		张力差	691		5846	2939	34632	6039	

注：导线水平导线荷载为下相导线荷载，表中（t/v/b）单位分别为：°、m/s、mm。

11.8.2 根开尺寸及基础作用力

110-DF11D-JC1 塔的根开尺寸及基础作用力见表 11-31 和表 11-32。

表 11-31　　根开尺寸

呼高（m）	基础根开（mm）		地脚螺栓根开（mm）		地脚螺栓规格（5.6 级）
	正面根开	侧面根开	正面根开	侧面根开	
15	3985	3985	240	240	4M36
18	4524	4524	240	240	4M36
21	5062	5062	240	240	4M36
24	5601	5601	270	270	4M42
27	6140	6140	270	270	4M42
30	6679	6679	270	270	4M42

表 11-32　　基础作用力

转角度数（°）	基础作用力（kN）					
	T_{max}	T_x	T_y	N_{max}	N_x	N_y
0～10	487	-61	-51	-561	-56	-56
10～20	607	-73	-62	-663	-80	-66

11.8.3 单线图及司令图

110-DF11D-JC1 塔单线图如图 11-12 所示，司令图如图 11-13 所示。

塔呼高（m）	15.0	18.0	21.0	24.0	27.0	30.0
塔重（kg）	5082.2	5681.9	6375.3	7018.0	7792.4	8446.7

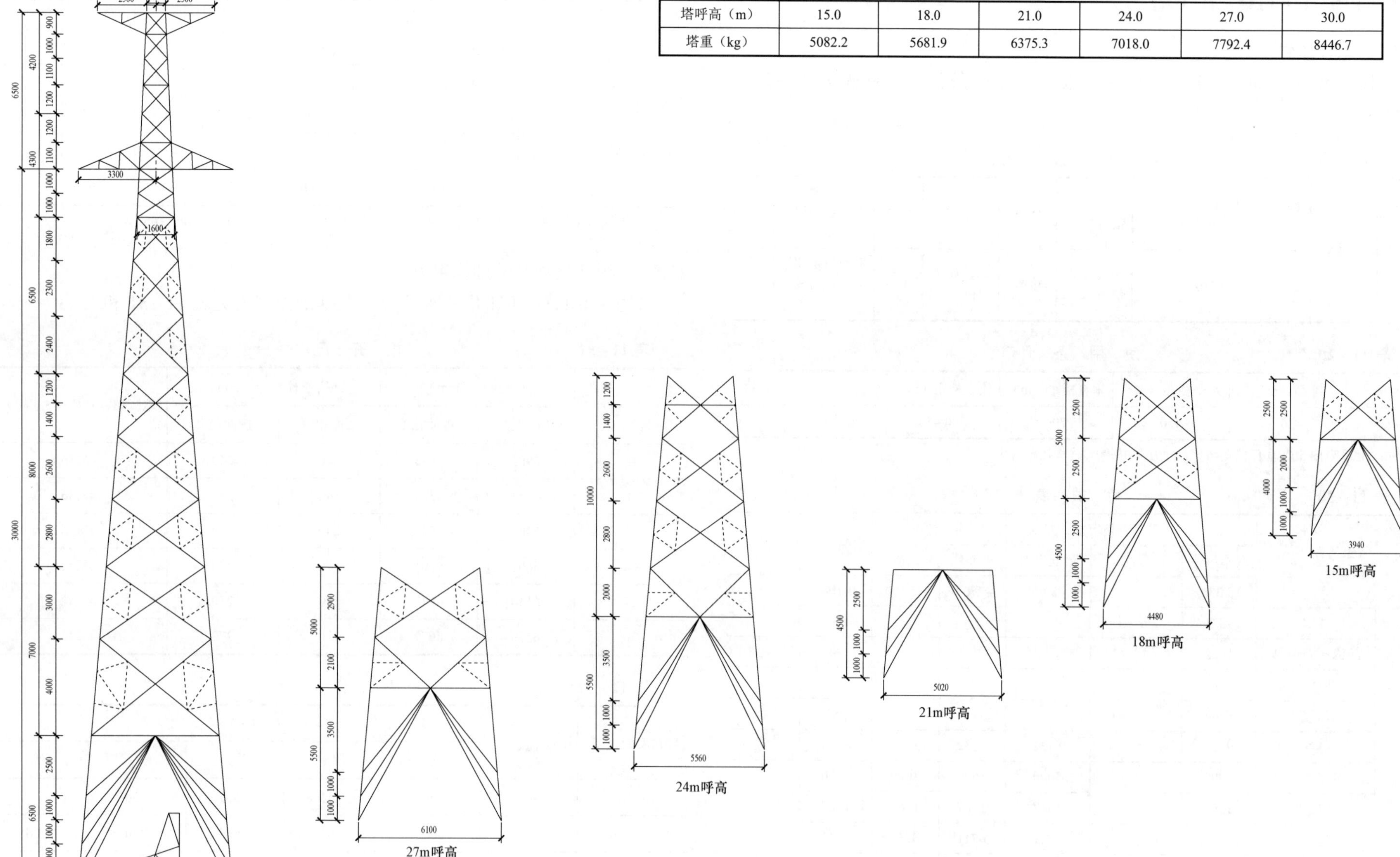

图 11－12　110－DF11D－JC1 塔单线图

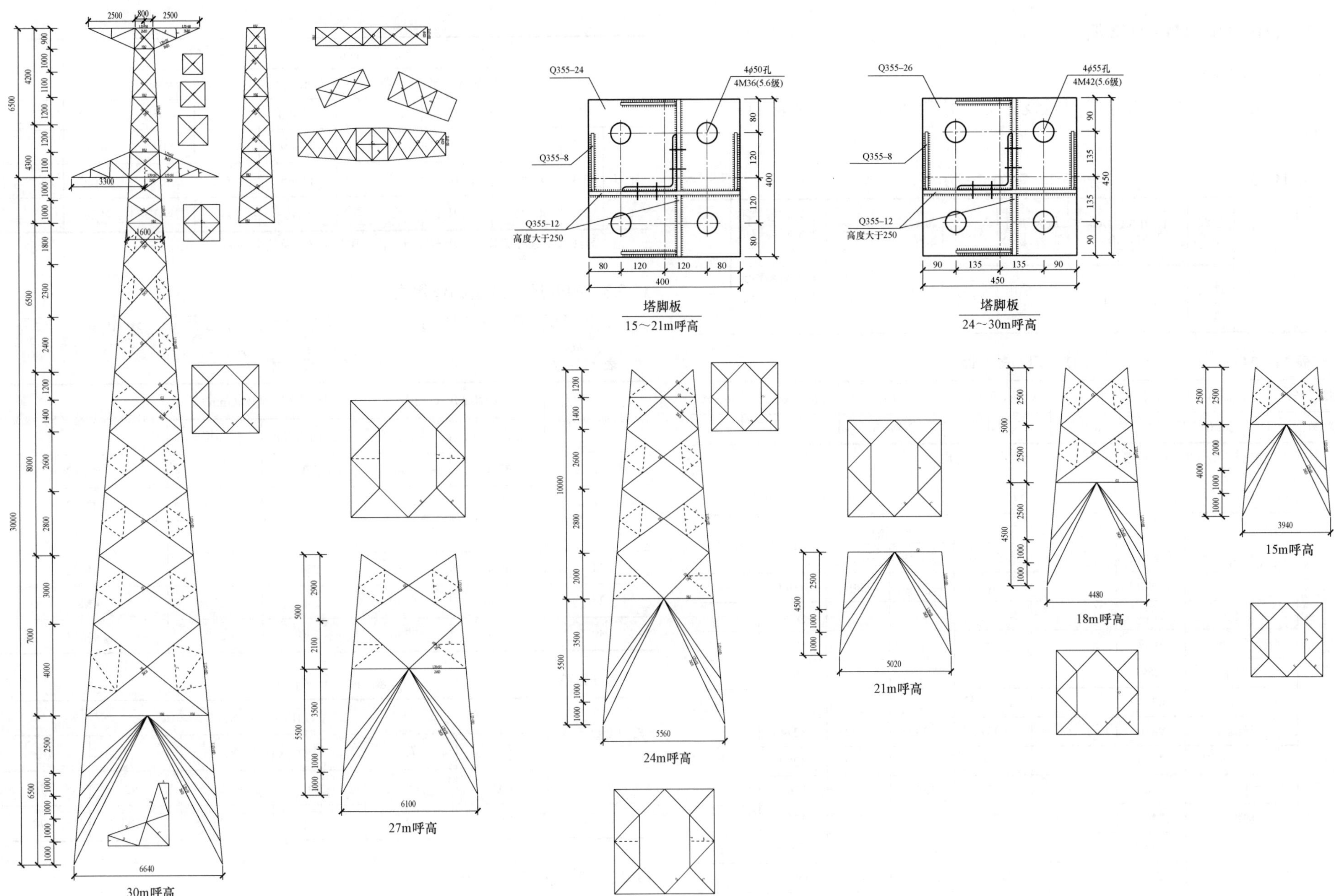

图 11-13　110-DF11D-JC1 塔司令图

11.9 110－DF11D－JC2 塔

11.9.1 设计条件

110－DF11D－JC2 塔导线型号及张力、使用条件、荷载见表 11－33～表 11－35。

表 11－33　　导线型号及张力

电压等级	110kV	导线型号	1×JL3/G1A－300/40	最大使用张力（kN）	35.09	断线张力取值（%）	100	不均匀覆冰不平衡张力取值（%）	—
		地线型号	JLB20A－100	最大使用张力（kN）	33.80	断线张力取值（%）	100	不均匀覆冰不平衡张力取值（%）	—

表 11－34　　使用条件

使用条件	呼高（m）	水平档距（m）	垂直档距（m）	代表档距（m）	转角度数（°）	K_v 值
数值	30	450	700	200/450	20～40	—

注：上拔侧按 50%垂直档距考虑，下压侧按 80%垂直档距考虑。

表 11－35　　荷载表　　单位：N

气象条件（$t/v/b$）			正常运行情况			事故情况		安装情况	不均匀冰
			基本风速	覆冰	最低气温	未断线	断线		
			15/33/0	—	－5/0/0	－5/0/0	－5/0/0	0/10/0	—
水平荷载	导线		9871					894	
	绝缘子及金具		1022					94	
	跳线串		669					61	
	地线		6344					581	
垂直荷载	导线		9886		8332	8332	8332	8274	
	绝缘子及金具		3000		3000	3000	3000	3000	
	跳线串		1567		1567	1567	1567	1567	
	地线		7469		6711	6711	6711	6633	
张力	导线	一侧	36944		25015	25154	0	28303	
		另一侧	33014		30687	30744	30744	33414	
		张力差	3930		5672	5590	30744	5111	
	地线	一侧	33800		27940	31693	0	30095	
		另一侧	33109		33786	34632	34632	36134	
		张力差	691		5846	2939	34632	6039	

注：导线水平导线荷载为下相导线荷载，表中（$t/v/b$）单位分别为：°、m/s、mm。

11.9.2 根开尺寸及基础作用力

110－DF11D－JC2 塔的根开尺寸及基础作用力见表 11－36 和表 11－37。

表 11－36　　根开尺寸

呼高（m）	基础根开（mm）		地脚螺栓根开（mm）		地脚螺栓规格（5.6 级）
	正面根开	侧面根开	正面根开	侧面根开	
15	4240	4240	270	270	4M42
18	4830	4830	270	270	4M42
21	5430	5430	270	270	4M42
24	6030	6030	270	270	4M42
27	6630	6630	270	270	4M42
30	7230	7230	270	270	4M42

表 11－37　　基础作用力

转角度数（°）	基础作用力（kN）					
	T_{max}	T_x	T_y	N_{max}	N_x	N_y
20～30	661	－84	－74	－721	－92	－79
30～40	766	－96	－85	－826	－103	－90

11.9.3 单线图及司令图

110－DF11D－JC2 塔单线图如图 11－14 所示，司令图如图 11－15 所示。

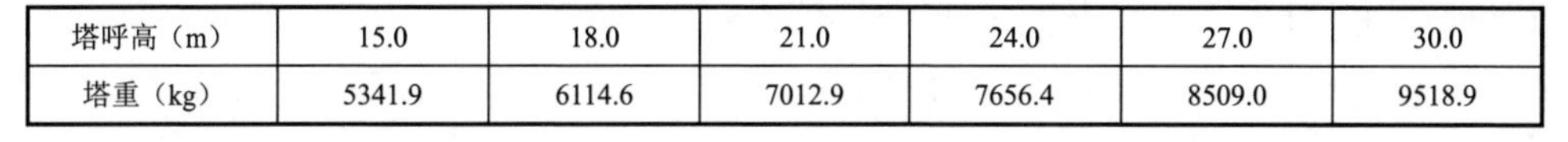

塔呼高（m）	15.0	18.0	21.0	24.0	27.0	30.0
塔重（kg）	5341.9	6114.6	7012.9	7656.4	8509.0	9518.9

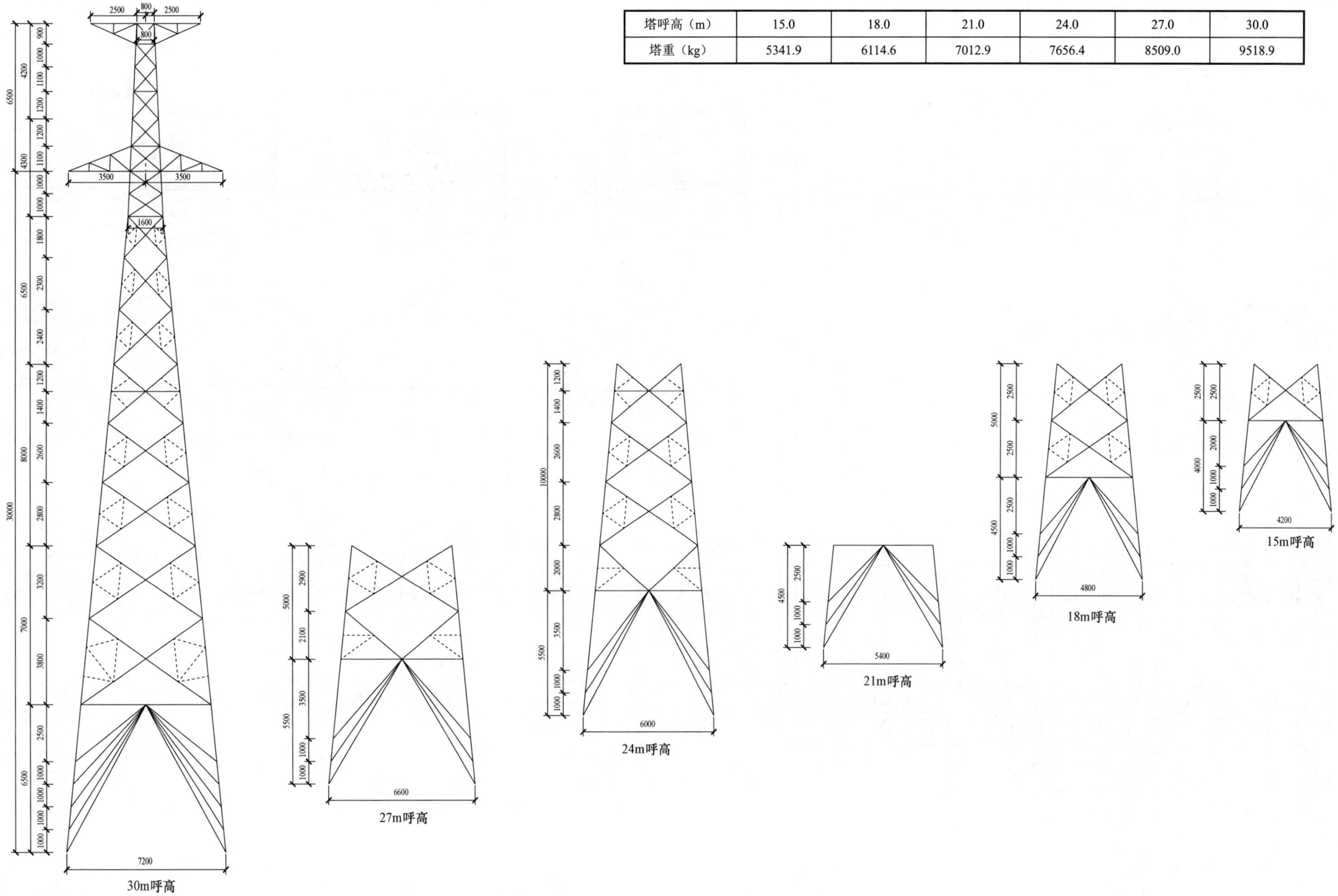

30m呼高

27m呼高

24m呼高

21m呼高

18m呼高

15m呼高

图 11－14　110－DF11D－JC2 塔单线图

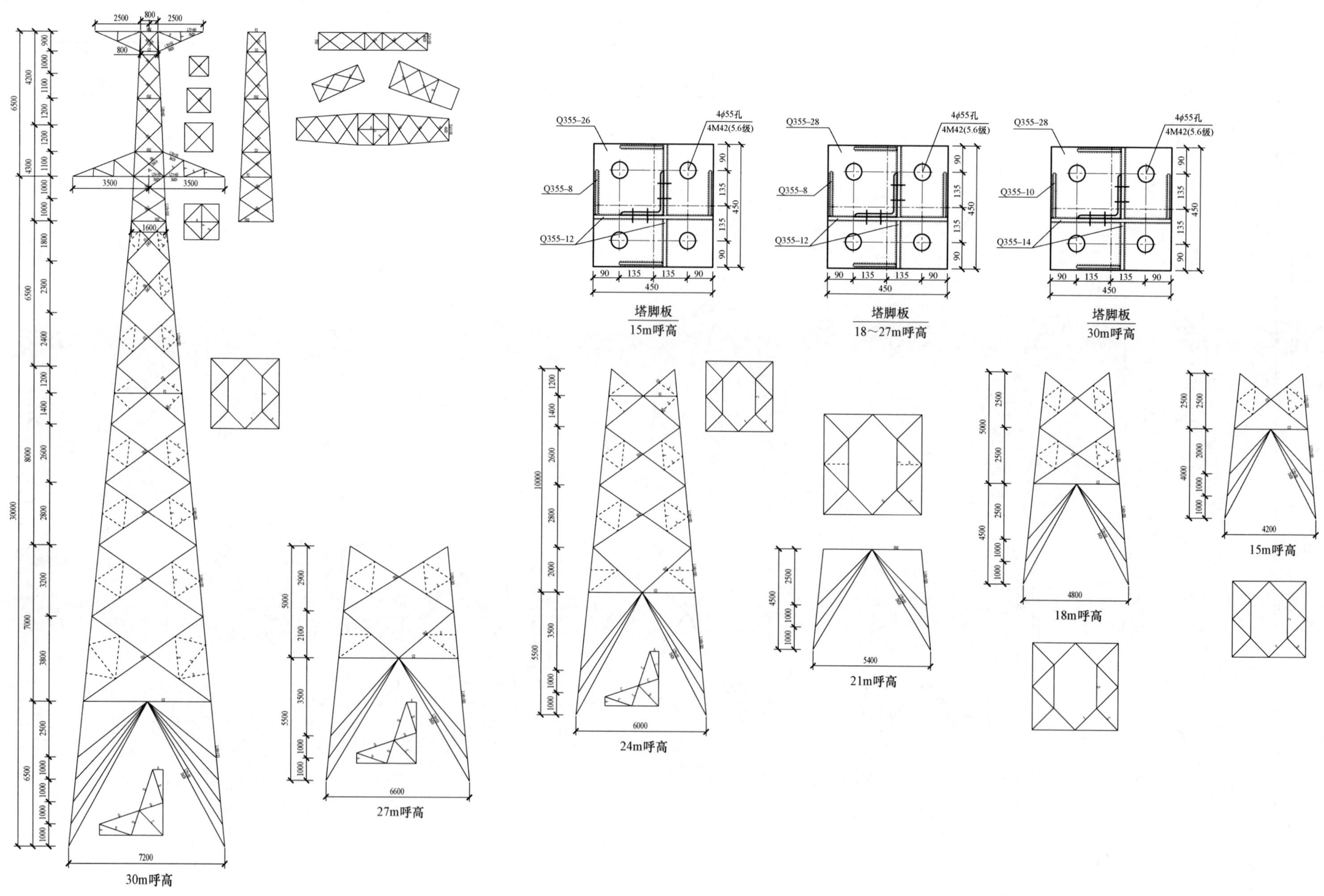

图 11－15　110－DF11D－JC2 塔司令图

11.10 110-DF11D-JC3 塔

11.10.1 设计条件

110-DF11D-JC3 塔导线型号及张力、使用条件、荷载见表 11-38～表 11-40。

表 11-38　导 线 型 号 及 张 力

电压等级									
电压等级	110kV	导线型号	1×JL3/G1A-300/40	最大使用张力(kN)	35.09	断线张力取值（%）	100	不均匀覆冰不平衡张力取值（%）	—
		地线型号	JLB20A-100	最大使用张力(kN)	33.80	断线张力取值（%）	100	不均匀覆冰不平衡张力取值（%）	—

表 11-39　使 用 条 件

使用条件	呼高（m）	水平档距（m）	垂直档距（m）	代表档距（m）	转角度数（°）	K_v 值
数值	30	450	700	200/450	40～60	—

注：上拔侧按 50%垂直档距考虑，下压侧按 80%垂直档距考虑。

表 11-40　荷 载 表　　单位：N

气象条件（t/v/b）			正常运行情况			事故情况		安装情况	不均匀冰
			基本风速	覆冰	最低气温	未断线	断线		
			15/33/0	—	-5/0/0	-5/0/0	-5/0/0	0/10/0	—
水平荷载	导线		9871					894	
	绝缘子及金具		1022					94	
	跳线串		669					61	
	地线		6344					581	
垂直荷载	导线		9886		8332	8332	8332	8274	
	绝缘子及金具		3000		3000	3000	3000	3000	
	跳线串		1567		1567	1567	1567	1567	
	地线		7469		6711	6711	6711	6633	
张力	导线	一侧	36944		25015	25154	0	28303	
		另一侧	33014		30687	30744	30744	33414	
		张力差	3930		5672	5590	30744	5111	

续表

气象条件（t/v/b）			正常运行情况			事故情况		安装情况	不均匀冰
			基本风速	覆冰	最低气温	未断线	断线		
			15/33/0	—	-5/0/0	-5/0/0	-5/0/0	0/10/0	—
张力	地线	一侧	33800		27940	31693	0	30095	
		另一侧	33109		33786	34632	34632	36134	
		张力差	691		5846	2939	34632	6039	

注：导线水平导线荷载为下相导线荷载，表中（t/v/b）单位分别为：°、m/s、mm。

11.10.2 根开尺寸及基础作用力

110-DF11D-JC3 塔的根开尺寸及基础作用力见表 11-41 和表 11-42。

表 11-41　根 开 尺 寸

呼高（m）	基础根开（mm）		地脚螺栓根开（mm）		地脚螺栓规格（5.6 级）
	正面根开	侧面根开	正面根开	侧面根开	
15	4570	4570	290	290	4M48
18	5200	5200	290	290	4M48
21	5830	5830	290	290	4M48
24	6460	6460	290	290	4M48
27	7090	7090	290	290	4M48
30	7720	7720	290	290	4M48

表 11-42　基 础 作 用 力

转角度数（°）	基础作用力（kN）					
	T_{max}	T_x	T_y	N_{max}	N_x	N_y
40～50	819	-108	-98	-880	-117	-103
50～60	909	-119	-108	-970	-128	-113

11.10.3 单线图及司令图

110-DF11D-JC3 塔单线图如图 11-16，司令图如图 11-17 所示。

塔呼高（m）	15.0	18.0	21.0	24.0	27.0	30.0
塔重（kg）	6066.8	6860.0	7688.2	8463.1	9386.2	10168.7

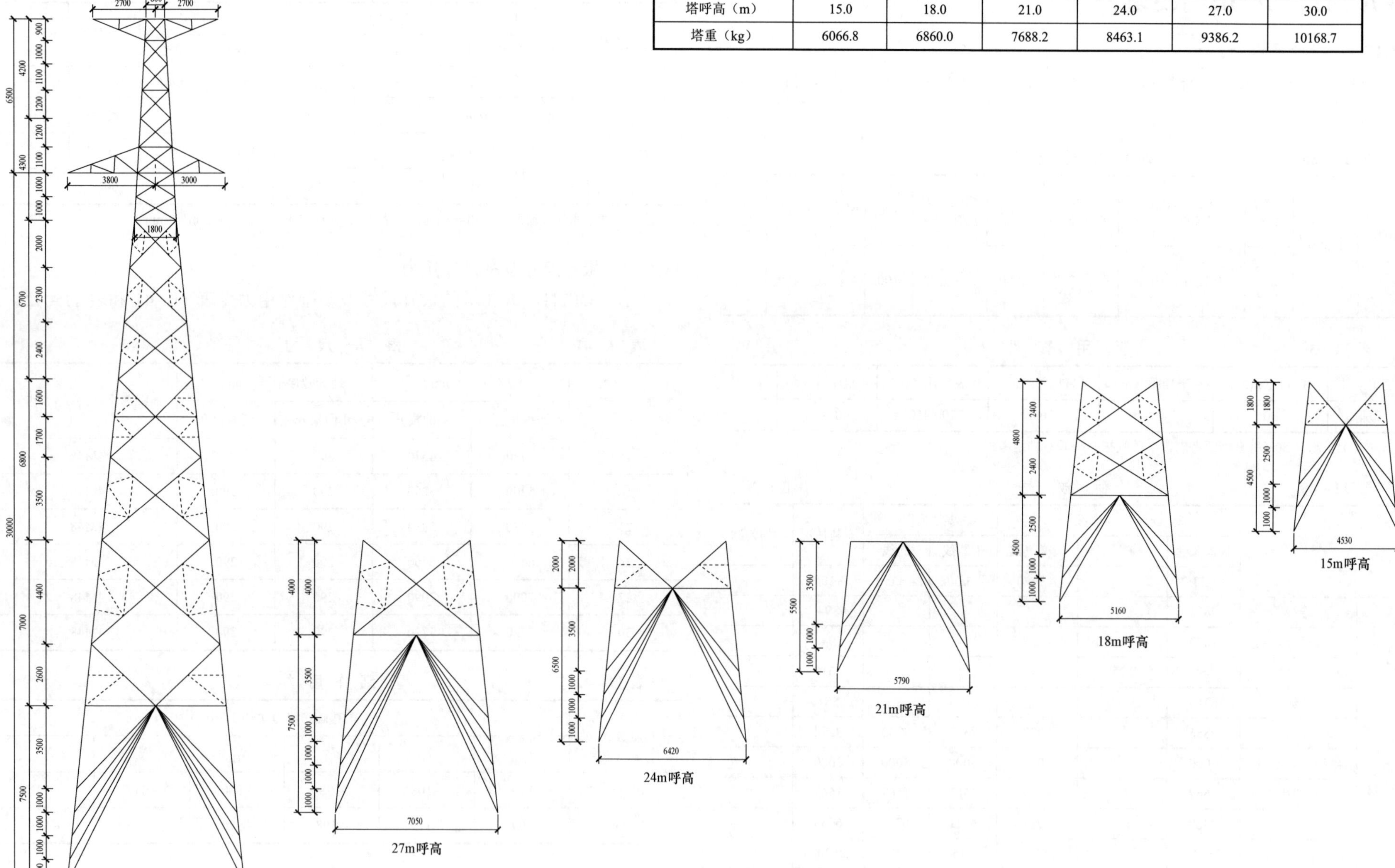

图 11-16　110-DF11D-JC3 塔单线图

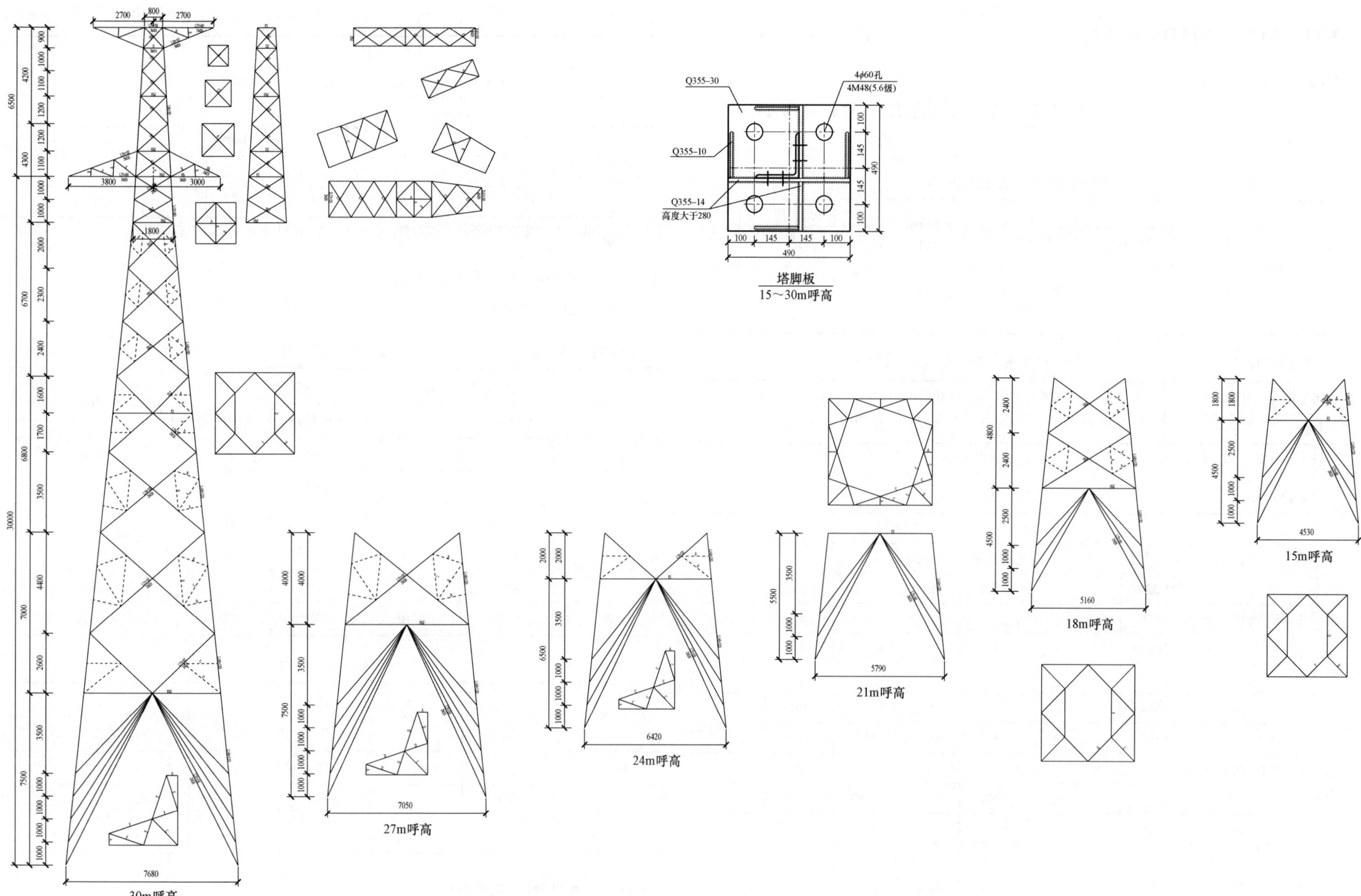

图 11－17　110－DF11D－JC3 塔司令图

11.11 110-DF11D-JC4 塔

11.11.1 设计条件

110-DF11D-JC4 塔导线型号及张力、使用条件、荷载见表 11-43～表 11-45。

表 11-43 导线型号及张力

电压等级	110kV	导线型号	1×JL3/G1A-300/40	最大使用张力(kN)	35.09	断线张力取值(%)	100	不均匀覆冰不平衡张力取值(%)	—
		地线型号	JLB20A-100	最大使用张力(kN)	33.80	断线张力取值(%)	100	不均匀覆冰不平衡张力取值(%)	—

表 11-44 使用条件

使用条件	呼高(m)	水平档距(m)	垂直档距(m)	代表档距(m)	转角度数(°)	K_v值
数值	30	450	700	200/450	60～90	—

注：上拔侧按 50%垂直档距考虑，下压侧按 80%垂直档距考虑。

表 11-45 荷载表 单位：N

气象条件(t/v/b)			正常运行情况		事故情况			安装情况	不均匀冰
			基本风速	覆冰	最低气温	未断线	断线		
			15/33/0	—	-5/0/0	-5/0/0	-5/0/0	0/10/0	—
水平荷载	导线		9871					894	
	绝缘子及金具		1022					94	
	跳线串		669					61	
	地线		6344					581	
垂直荷载	导线		9886		8332	8332	8332	8274	
	绝缘子及金具		3000		3000	3000	3000	3000	
	跳线串		1567		1567	1567	1567	1567	
	地线		7469		6711	6711	6711	6633	
张力	导线	一侧	36944		25015	25154	0	28303	
		另一侧	33014		30687	30744	30744	33414	
		张力差	3930		5672	5590	30744	5111	

续表

气象条件(t/v/b)			正常运行情况		事故情况			安装情况	不均匀冰
			基本风速	覆冰	最低气温	未断线	断线		
			15/33/0	—	-5/0/0	-5/0/0	-5/0/0	0/10/0	—
张力	地线	一侧	33800		27940	31693	0	30095	
		另一侧	33109		33786	34632	34632	36134	
		张力差	691		5846	2939	34632	6039	

注：导线水平导线荷载为下相导线荷载，表中(t/v/b)单位分别为：°、m/s、mm。

11.11.2 根开尺寸及基础作用力

110-DF11D-JC4 塔的根开尺寸及基础作用力见表 11-46 和表 11-47。

表 11-46 根开尺寸

呼高(m)	基础根开(mm)		地脚螺栓根开(mm)		地脚螺栓规格(5.6级)
	正面根开	侧面根开	正面根开	侧面根开	
15	4930	4930	290	290	4M48
18	5610	5610	330	330	4M56
21	6300	6300	330	330	4M56
24	6990	6990	330	330	4M56
27	7680	7680	330	330	4M56
30	8370	8370	330	330	4M56

表 11-47 基础作用力

转角度数(°)	基础作用力(kN)					
	T_{max}	T_x	T_y	N_{max}	N_x	N_y
60～70	914	-130	-117	-981	-139	-123
70～80	987	-139	-127	-1054	-149	-133
80～90	1059	-149	-135	-1126	-159	-142

11.11.3 单线图及司令图

110-DF11D-JC4 塔单线图如图 11-18 所示，司令图如图 11-19 所示。

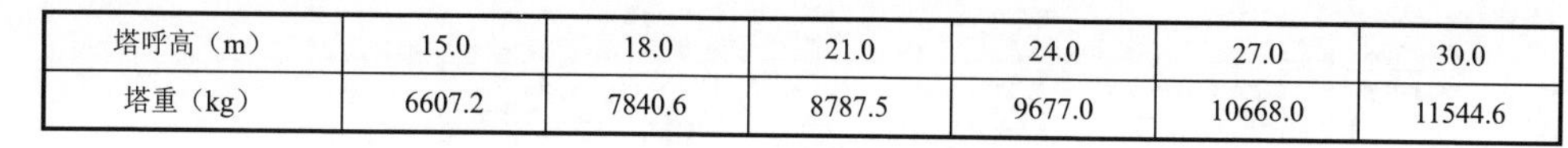

塔呼高（m）	15.0	18.0	21.0	24.0	27.0	30.0
塔重（kg）	6607.2	7840.6	8787.5	9677.0	10668.0	11544.6

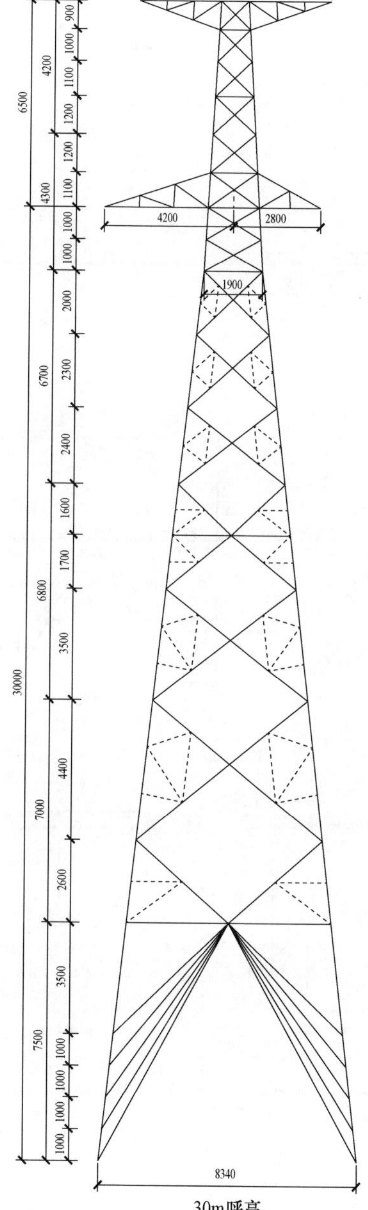

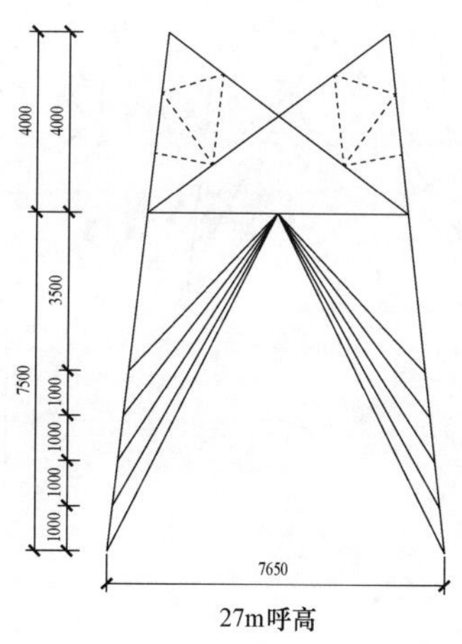

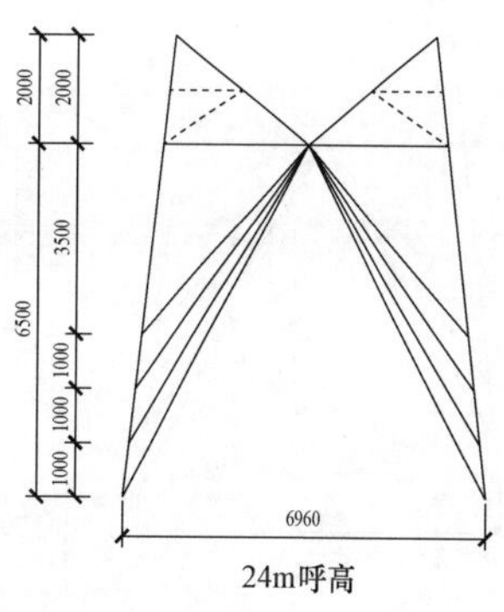

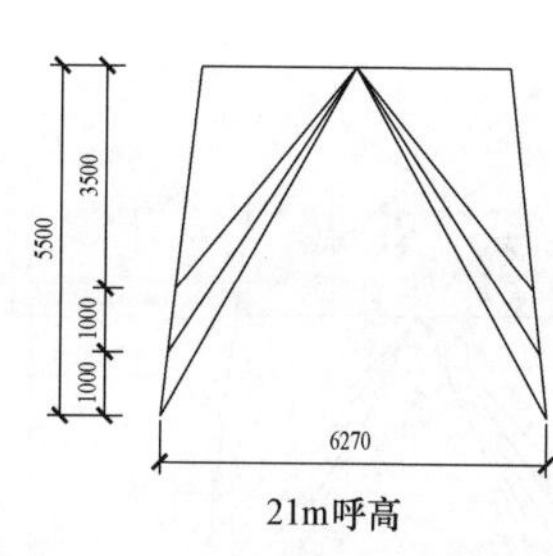

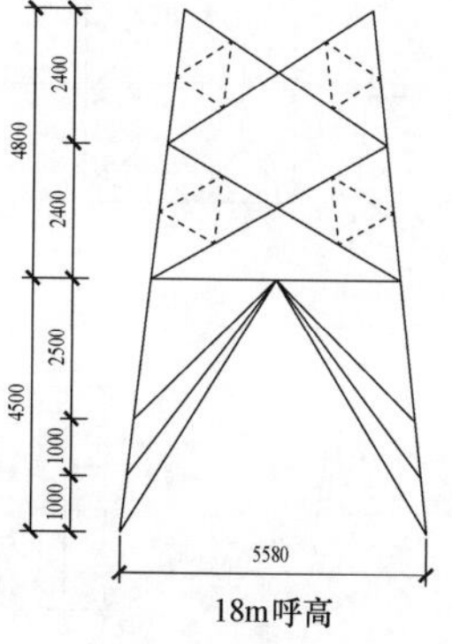

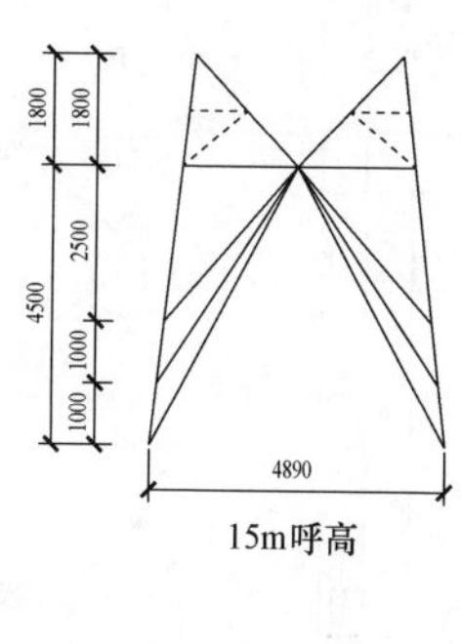

图 11－18　110－DF11D－JC4 塔单线图

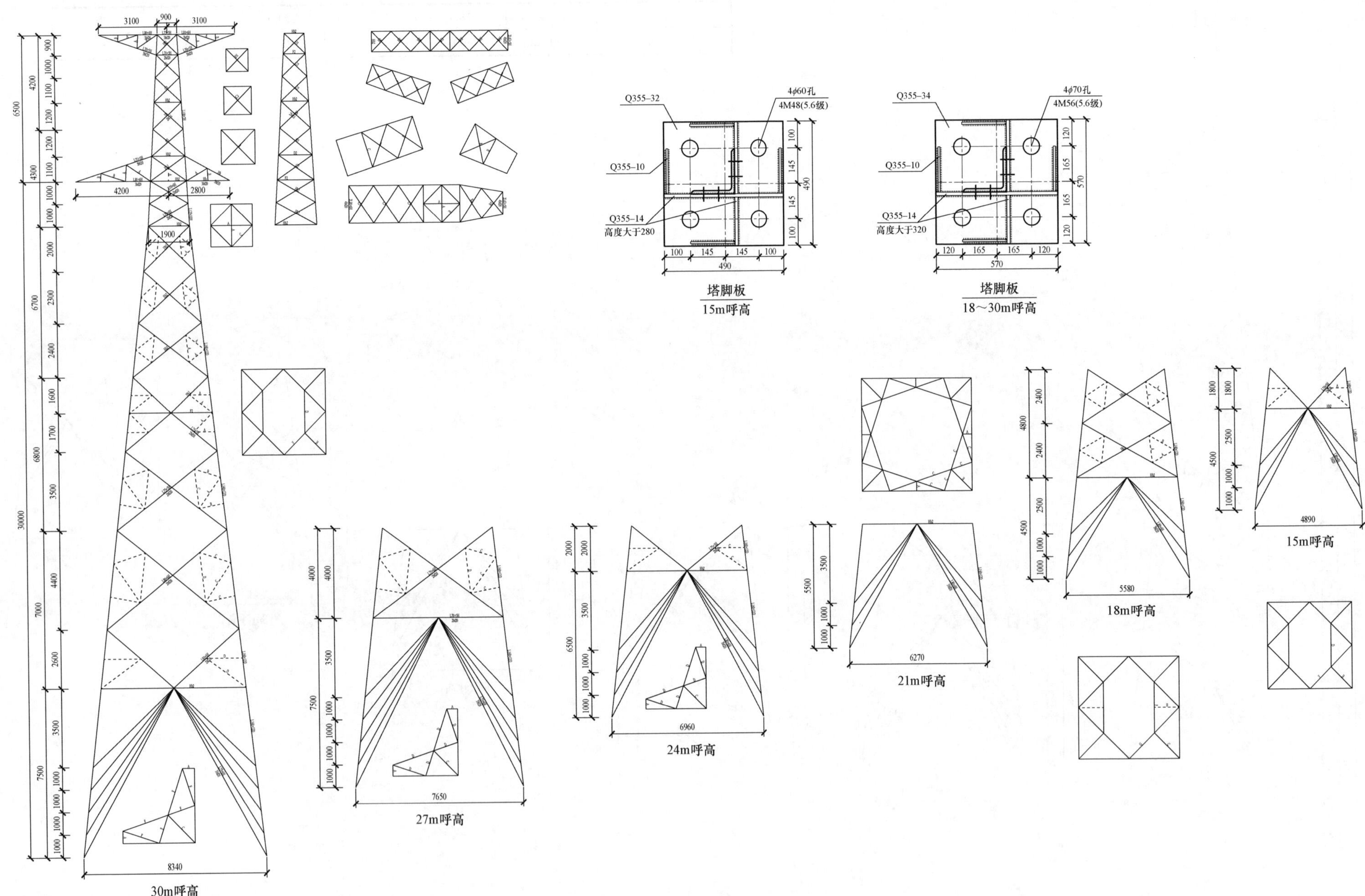

图 11-19　110-DF11D-JC4 塔司令图

11.12 110－DF11D－DJC 塔

11.12.1 设计条件

110－DF11D－DJC 塔导线型号及张力、使用条件、荷载见表 11－48～表 11－50。

表 11－48　　导线型号及张力

电压等级	110kV	导线型号	1×JL3/G1A－300/40	最大使用张力（kN）	35.09	断线张力取值（%）	100	不均匀覆冰不平衡张力取值（%）	—
		地线型号	JLB20A－100	最大使用张力（kN）	33.80	断线张力取值（%）	100	不均匀覆冰不平衡张力取值（%）	—

表 11－49　　使用条件

使用条件	呼高（m）	水平档距（m）	垂直档距（m）	代表档距（m）	转角度数（°）	K_v 值
数值	30	450	700	200/450	0～90	—

注：上拔侧按 50%垂直档距考虑，下压侧按 80%垂直档距考虑。

表 11－50　　荷载表　　单位：N

气象条件（t/v/b）			正常运行情况			事故情况		安装情况	不均匀冰
			基本风速	覆冰	最低气温	未断线	断线		
			15/33/0	—	－5/0/0	－5/0/0	－5/0/0	0/10/0	—
水平荷载	导线		9871					894	
	绝缘子及金具		1022					94	
	跳线串		669					61	
	地线		6344					581	
垂直荷载	导线		9886		8332	8332	8332	8274	
	绝缘子及金具		3000		3000	3000	3000	3000	
	跳线串		1567		1567	1567	1567	1567	
	地线		7469		6711	6711	6711	6633	
张力	导线	一侧	36944		25015	25154	0	28303	
		另一侧	33014		30687	30744	30744	33414	
		张力差	3930		5672	5590	30744	5111	

续表

气象条件（t/v/b）			正常运行情况			事故情况		安装情况	不均匀冰
			基本风速	覆冰	最低气温	未断线	断线		
			15/33/0	—	－5/0/0	－5/0/0	－5/0/0	0/10/0	—
张力	地线	一侧	33800		27940	31693	0	30095	
		另一侧	33109		33786	34632	34632	36134	
		张力差	691		5846	2939	34632	6039	

注：导线水平荷载为下相导线荷载，表中（t/v/b）单位分别为：°、m/s、mm。

11.12.2 根开尺寸及基础作用力

110－DF11D－DJC 塔的根开尺寸及基础作用力见表 11－51 和表 11－52。

表 11－51　　根开尺寸

呼高（m）	基础根开（mm）		地脚螺栓根开（mm）		地脚螺栓规格（5.6 级）
	正面根开	侧面根开	正面根开	侧面根开	
15	4930	4930	290	290	4M48
18	5610	5610	290	290	4M48
21	6300	6300	290	290	4M48
24	6990	6990	330	330	4M56
27	7680	7680	330	330	4M56
30	8370	8370	330	330	4M56

表 11－52　　基础作用力

转角度数（°）	基础作用力（kN）					
	T_{max}	T_x	T_y	N_{max}	N_x	N_y
0～40	927	－126	－125	－990	－143	－122
40～90	1016	－135	－138	－1069	－156	－129

11.12.3 单线图及司令图

110－DF11D－DJC 塔单线图如图 11－20 所示，司令图如图 11－21 所示。

塔呼高（m）	15.0	18.0	21.0	24.0	27.0	30.0
塔重（kg）	6674.8	7685.8	8628.7	9763.0	10754.0	11542.0

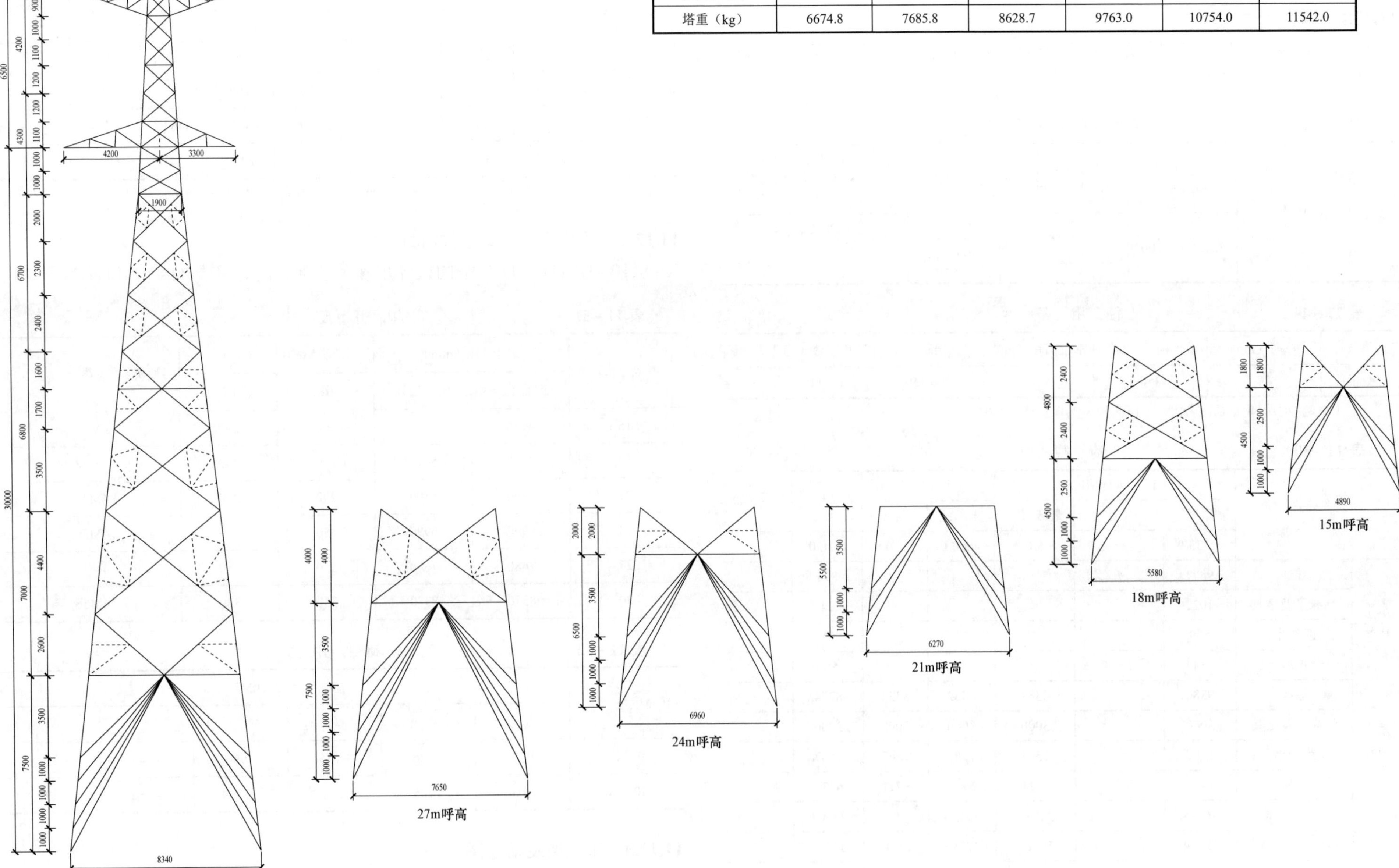

图 11-20　110-DF11D-DJC 塔单线图

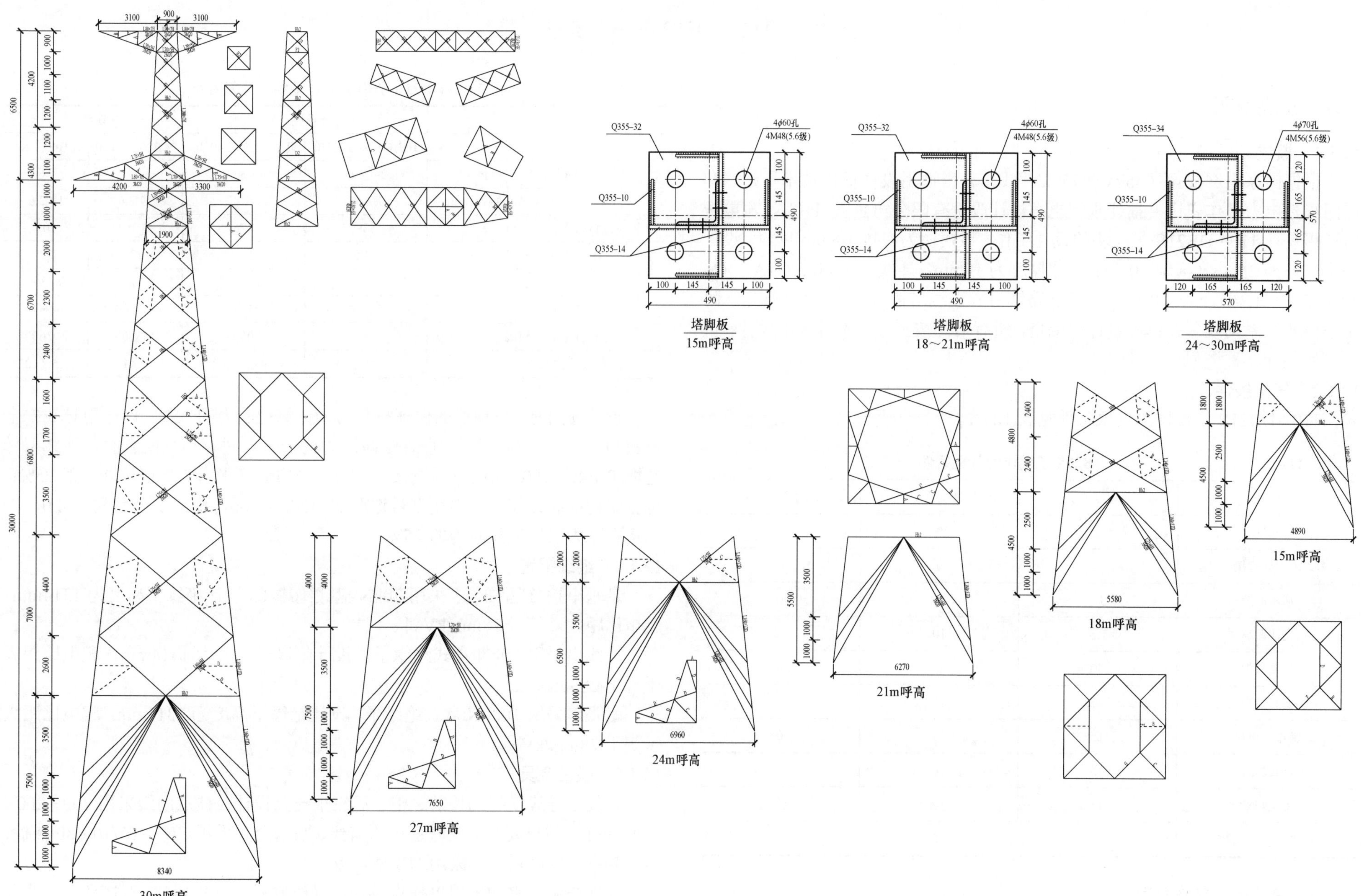

图 11-21　110-DF11D-DJC 塔司令图

12 110–DB21S 子模块

12.1 模块说明

12.1.1 概述

根据国家电网公司《35kV～750kV 线路杆塔通用设计优化技术导则》和国网福建电力工作安排，福建永福电力设计股份有限公司负责 110kV 输电线路通用设计 110–DB21S 子模块的设计工作。该模块为海拔 1000m 以内、设计基本风速为 25m/s（离地 10m）、覆冰厚度为 10mm，导线为 1×JL3/G1A–300/40（兼 1×JL3/G1A–240/30）的双回路铁塔。直线塔按 3+1 塔系列规划，耐张塔按 4 塔系列规划并单独设计终端塔，所有塔均按全方位不等长腿设计；该子模块共计 9 种塔型。

12.1.2 气象条件

110–DB21S 子模块的气象条件见表 12–1。

表 12–1　　110–DB21S 子模块的气象条件

项目	气温（℃）	风速（m/s）	覆冰厚度（mm）
最低气温	–10	0	0
年平均气温	15	0	0
基本风速	10	25	0
设计覆冰	–5	10	10
最高气温	40	0	0
安装情况	–5	10	0
操作过电压	15	15	0
雷电过电压	15	10	0
带电作业	15	10	0
年平均雷电日数	65		

12.1.3 导地线型号及参数

110–DB21S 子模块的导地线型号及参数见表 12–2。

表 12–2　　110–DB21S 子模块的导地线型号及参数

项目		导线		地线	
电线型号		JL3/G1A–300/40	JL3/G1A–240/30	JLB20A–100	JLB40–100
结构	铝［根数/直径（mm）］	24/3.99	24/3.60	—	—
	钢、铝包钢［根数/直径（mm）］	7/2.66	7/2.40	19/2.6	19/2.6
计算截面面积（mm²）		339	276	101	101
计算外径（mm）		23.9	21.6	13	13
计算重量（kg/m）		1.132	0.9215	0.6767	0.4765
计算拉断力（N）		92360	75190	135200	68600
弹性系数（MPa）		70500	70500	153900	103600
线膨胀系数（1/℃）		19.4×10^{-6}	19.4×10^{-6}	13.0×10^{-6}	15.5×10^{-6}

设计使用时，导地线的保证拉断力为计算拉断力的 95%。设计用导线安全系数为 2.5，平均运行张力取保证拉断力的 25%；进行电气配合时，地线型号选取 JLB40–100，地线安全系数为 3.0，平均运行张力取保证拉断力的 25%；进行结构荷载计算时，地线型号选取 JLB20A–100，地线安全系数为 4.0，平均运行张力取保证拉断力的 25%。

12.1.4 绝缘配置

悬垂串按“I”型布置，采用 70kN 盘式绝缘子，设计绝缘子高度为 1314mm，爬电比距大于等于 28mm/kV。

跳线串采用 70kN 盘式绝缘子，设计绝缘子高度为 1314mm，爬电比距大于等于 28mm/kV。

耐张串采用 100kN 盘式绝缘子，设计绝缘子高度为 1314mm，爬电比距大于等于 28mm/kV。

12.1.5 联塔金具

直线塔导线横担均按前、中、后三个挂点设计，挂点间距采用 200+200=400（mm），以满足单、双联悬挂的需要，联塔金具采用 ZBS–07/10–80 挂板；地线悬垂串的联塔金具采用 UB 型挂板。

导地线耐张串均采用单挂点设计，导线联塔金具采用 U 型挂环，地线联塔金具采用 U 型挂环。跳线串联塔金具采用 UB 型挂板。

12.2 110－DB21S 子模块杆塔一览图

110－DB21S 子模块杆塔一览图（山区）如图 12－1 所示。

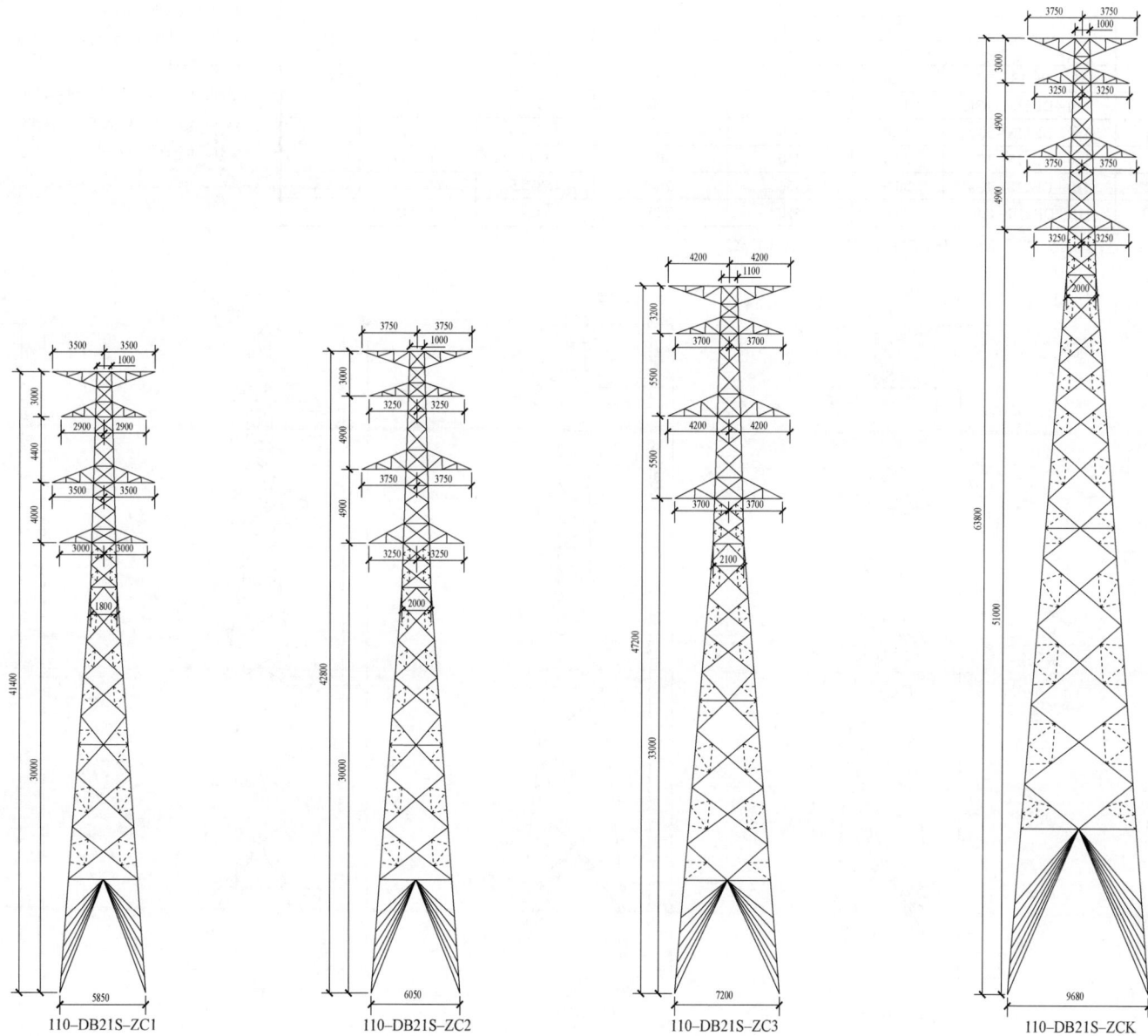

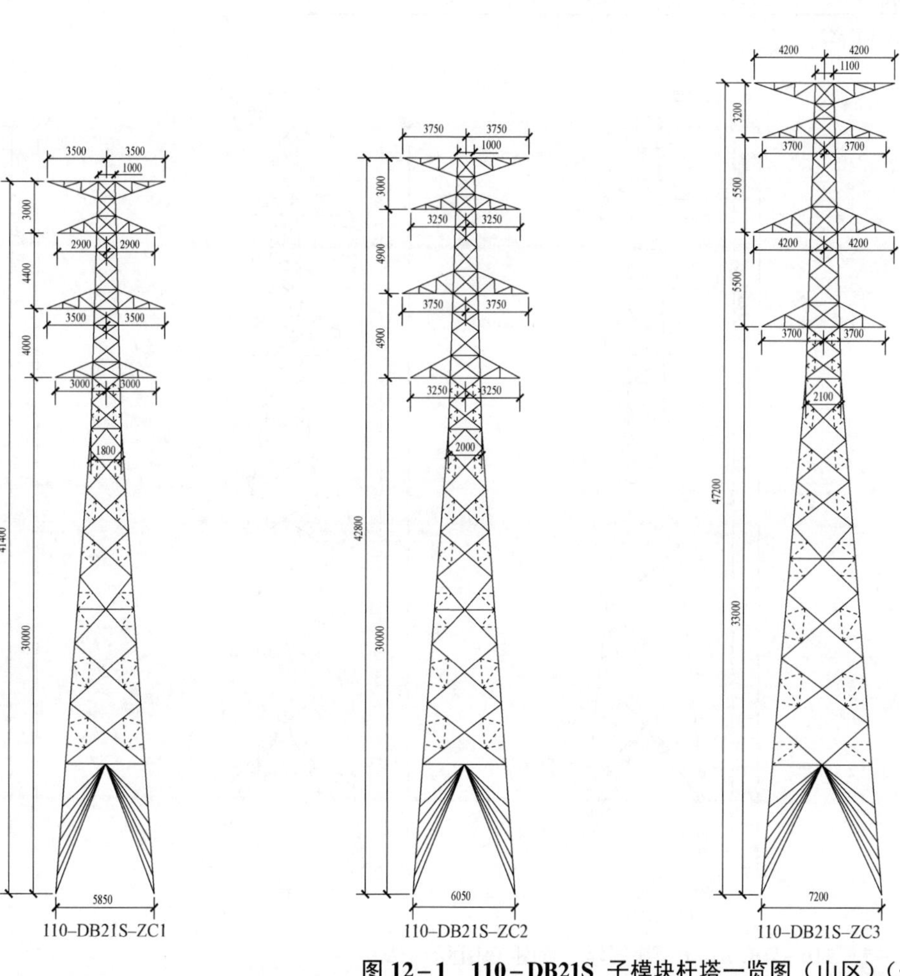

图 12－1　110－DB21S 子模块杆塔一览图（山区）（一）

序号	塔型名称	呼高（m）	水平档距（m）	垂直档距（m）	塔重（kg）	允许转角（°）	串型
1	110－DB21S－ZC1	30.0	380	550	8680.7	0	“I”串
2	110－DB21S－ZC2	30.0	480	700	9385.3	0	“I”串
		36.0	450	700	10459.2		
3	110－DB21S－ZC3	33.0	650	1000	11231.7	0	“I”串
		36.0	635	1000	11949.4		
4	110－DB21S－ZCK	51.0	480	700	15178.2	0	“I”串
5	110－DB21S－JC1	30.0	450	700	12314.5	0～20	
6	110－DB21S－JC2	30.0	450	700	13033.3	20～40	
7	110－DB21S－JC3	30.0	450	700	14344.5	40～60	
8	110－DB21S－JC4	30.0	450	700	15872.9	60～90	
9	110－DB21S－DJC	30.0	450	700	16437.6	0～90	

注：直线塔呼高一列中第一行为计算呼高，第二行为最高呼高。

说明：

1. 铁塔全为螺栓连接的型钢结构。
2. 所有构件均需热浸镀锌防腐。
3. 所有塔身断面均为方形。
4. 所有铁塔均设有全方位长短腿。
5. 铁塔材料：

型钢：Q235B、Q355B 和 Q420B；

钢板：Q235B、Q355B 和 Q420B；

螺栓：6.8 级和 8.8 级。

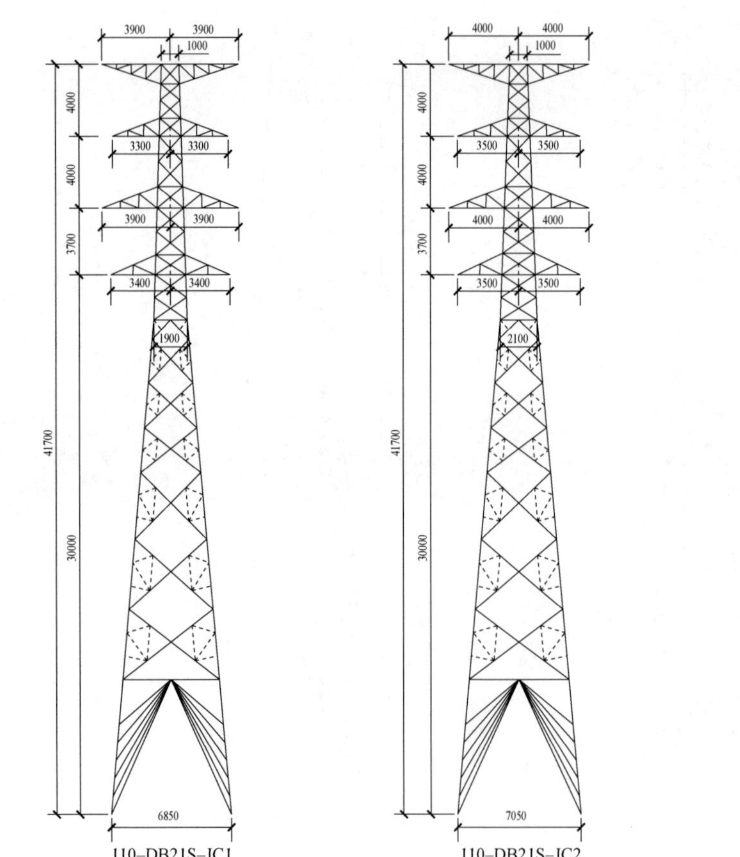

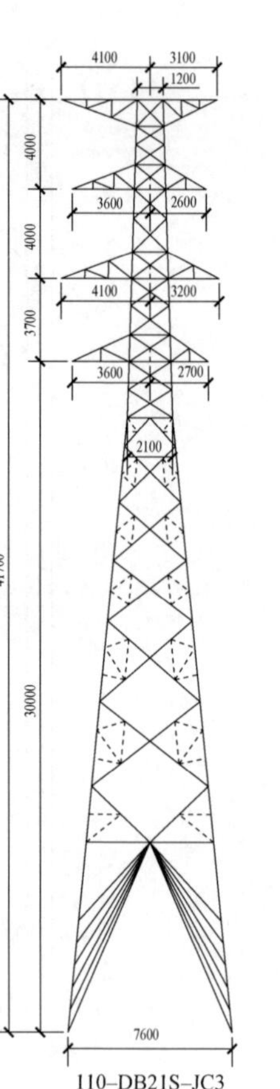

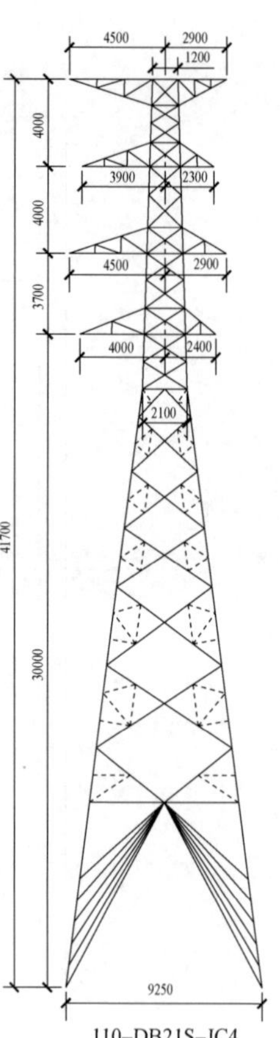

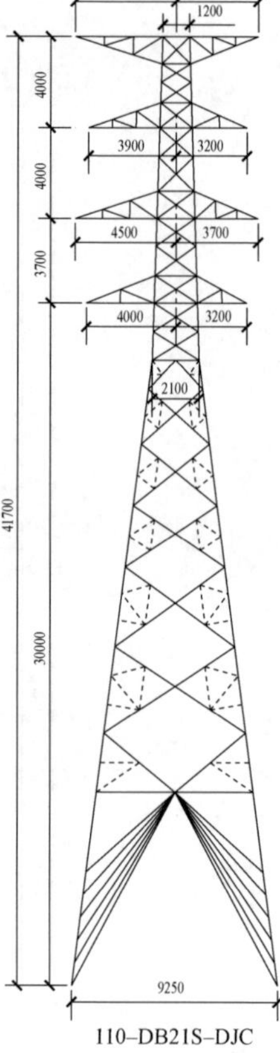

图 12－1　110－DB21S 子模块杆塔一览图（山区）（二）

12.3 110-DB21S-ZC1 塔

12.3.1 设计条件

110-DB21S-ZC1 塔的导线型号及张力、使用条件、荷载见表 12-3～表 12-5。

表 12-3 导线型号及张力

电压等级	110kV	导线型号	1×JL3/G1A-300/40	最大使用张力(kN)	35.09	断线张力取值（%）	50	不均匀覆冰不平衡张力取值（%）	10
		地线型号	JLB20A-100	最大使用张力(kN)	32.11	断线张力取值（%）	100	不均匀覆冰不平衡张力取值（%）	20

表 12-4 使用条件

使用条件	呼高（m）	水平档距（m）	垂直档距（m）	代表档距（m）	转角度数（°）	K_v 值
数值	30	380	550	250	0	0.80

表 12-5 荷载表 单位：N

气象条件（*t/v/b*）			正常运行情况			事故情况		安装情况	不均匀冰
			基本风速	覆冰	最低气温	未断线	断线		
			15/25/0	-5/10/10	-10/0/0	-5/0/10	-5/0/10	-5/10/0	-5/10/10
水平荷载	导线		4712	1641				754	1641
	绝缘子及金具		290	56				46	56
	跳线串								
	地线		3523	2389				564	1693
垂直荷载	导线		6716	12403	6106	12403	12403	6106	10981
	绝缘子及金具		1200	1730	1200	1730	1730	1200	1730
	跳线串								
	地线		5019	13826	4015	13826	13826	4015	11624
张力	导线	一侧					17548	29338	3510
		另一侧					0	29338	3510
		张力差					17548	0	0
张力	地线	一侧					32110	30428	6422
		另一侧					0	30428	6422
		张力差					32110	0	0

注：导线水平荷载为下相导线荷载，表中（*t/v/b*）单位分别为：°、m/s、mm。

12.3.2 根开尺寸及基础作用力

110-DB21S-ZC1 塔的根开尺寸及基础作用力见表 12-6 和表 12-7。

表 12-6 根开尺寸

呼高（m）	基础根开（mm）		地脚螺栓根开（mm）		地脚螺栓规格（5.6 级）
	正面根开	侧面根开	正面根开	侧面根开	
15	3650	3650	200	200	4M30
18	4100	4100	200	200	4M30
21	4540	4540	200	200	4M30
24	4990	4990	200	200	4M30
27	5440	5440	200	200	4M30
30	5890	5890	200	200	4M30

表 12-7 基础作用力

呼高（m）	基础作用力（kN）					
	T_{max}	T_x	T_y	N_{max}	N_x	N_y
15	247	-41	10	-327	47	-9
18	245	-24	-22	-318	44	-10
21	252	-24	-23	-327	45	-12
24	262	-26	-25	-321	-32	-28
27	286	-29	-29	-348	-35	-33
30	296	-31	-30	-361	-37	-35

12.3.3 单线图及司令图

110-DB21S-ZC1 塔单线图如图 12-2 所示，司令图如图 12-3 所示。

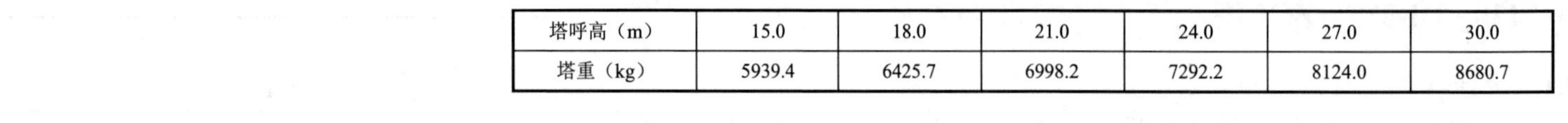

塔呼高（m）	15.0	18.0	21.0	24.0	27.0	30.0
塔重（kg）	5939.4	6425.7	6998.2	7292.2	8124.0	8680.7

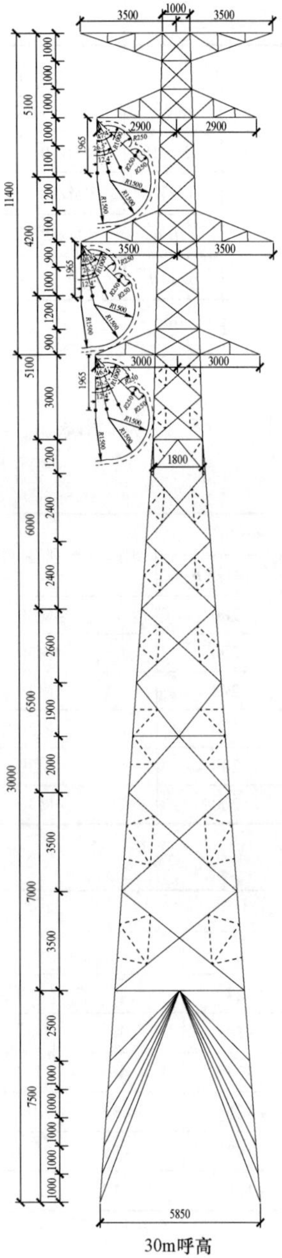

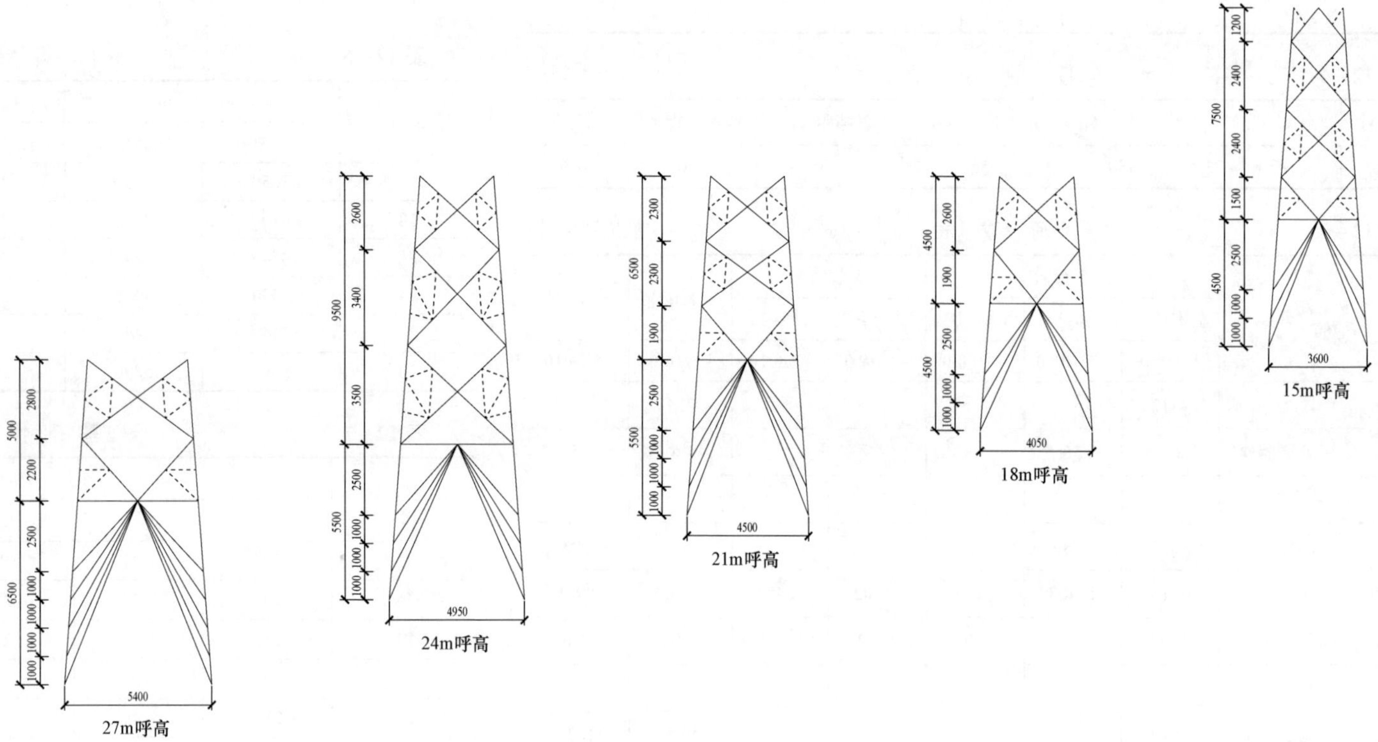

30m呼高

27m呼高

24m呼高

21m呼高

18m呼高

15m呼高

图 12-2　110-DB21S-ZC1 塔单线图

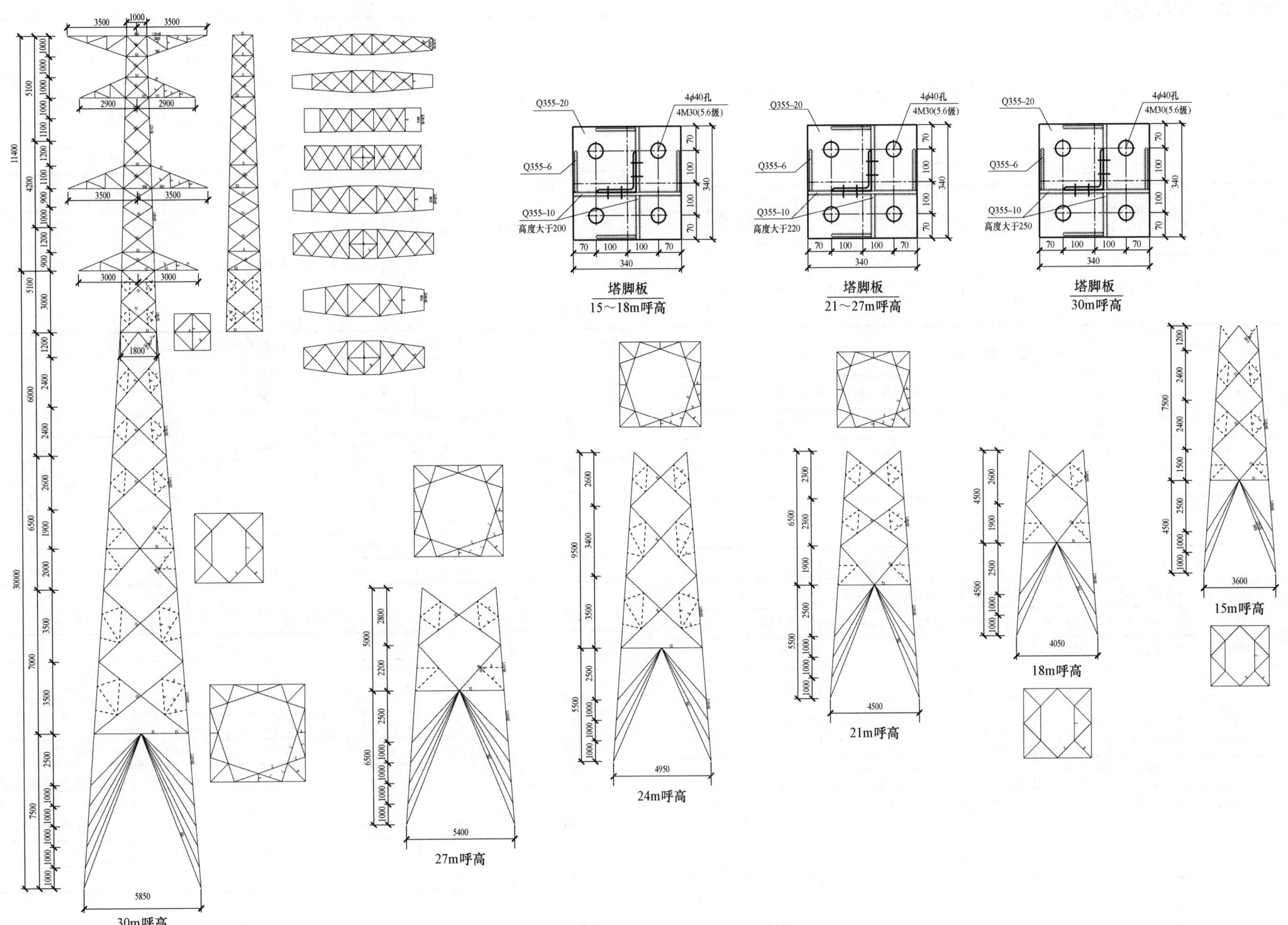

图 12-3 110-DB21S-ZC1 塔司令图

12.4 110－DB21S－ZC2 塔

12.4.1 设计条件

110－DB21S－ZC2 塔导线型号及张力、使用条件、荷载见表 12－8～表 12－10。

表 12－8　　导线型号及张力

电压等级	110kV	导线型号	1×JL3/G1A－300/40	最大使用张力（kN）	35.09	断线张力取值（%）	50	不均匀覆冰不平衡张力取值（%）	10
		地线型号	JLB20A－100	最大使用张力（kN）	32.11	断线张力取值（%）	100	不均匀覆冰不平衡张力取值（%）	20

表 12－9　　使用条件

使用条件	呼高（m）	水平档距（m）	垂直档距（m）	代表档距（m）	转角度数（°）	K_v 值
数值	30	480	700	250	0	0.70
	33	465	700	250	0	0.70
	36	450	700	250	0	0.70

表 12－10　　荷载表　　单位：N

气象条件（t/v/b）			正常运行情况			事故情况		安装情况	不均匀冰
			基本风速	覆冰	最低气温	未断线	断线		
			15/25/0	－5/10/10	－10/0/0	－5/0/10	－5/0/10	－5/10/0	－5/10/10
水平荷载	导线		6141	2128				983	2128
	绝缘子及金具		307	59				49	59
	跳线串								
	地线		4611	3110				739	2203
垂直荷载	导线		8548	15786	7771	15786	15786	7771	13976
	绝缘子及金具		1200	1730	1200	1730	1730	1200	1730
	跳线串								
	地线		6387	17596	5110	17596	17596	5110	14794
张力	导线	一侧					17548	29338	3510
		另一侧					0	29338	3510
		张力差					17548	0	0

续表

气象条件（t/v/b）			正常运行情况			事故情况		安装情况	不均匀冰
			基本风速	覆冰	最低气温	未断线	断线		
			15/25/0	－5/10/10	－10/0/0	－5/0/10	－5/0/10	－5/10/0	－5/10/10
张力	地线	一侧					32110	30428	6422
		另一侧					0	30428	6422
		张力差					32110	0	0

注：导线水平荷载为下相导线荷载，表中（t/v/b）单位分别为：°、m/s、mm。

12.4.2 根开尺寸及基础作用力

110－DB21S－ZC2 塔的根开尺寸及基础作用力见表 12－11 和表 12－12。

表 12－11　　根开尺寸

呼高（m）	基础根开（mm）		地脚螺栓根开（mm）		地脚螺栓规格（5.6 级）
	正面根开	侧面根开	正面根开	侧面根开	
15	3850	3850	200	200	4M30
18	4300	4300	200	200	4M30
21	4750	4750	200	200	4M30
24	5200	5200	200	200	4M30
27	5650	5650	200	200	4M30
30	6100	6100	200	200	4M30
33	6550	6550	200	200	4M30
36	7000	7000	200	200	4M30

表 12－12　　基础作用力

呼高（m）	基础作用力（kN）					
	T_{max}	T_x	T_y	N_{max}	N_x	N_y
15	295	－29	－27	－355	－35	－31
18	303	－30	－28	－366	－36	－32
21	319	－32	－30	－384	－38	－34
24	328	－33	－31	－396	－39	－35
27	354	－37	－36	－425	－43	－40
30	370	－39	－38	－444	－46	－43
33	373	－39	－38	－450	－47	－43
36	378	－－39	－37	－458	－46	－43

12.4.3 单线图及司令图

110－DB21S－ZC2 塔单线图如图 12－4 所示，司令图如图 12－5 所示。

塔呼高（m）	15.0	18.0	21.0	24.0	27.0	30.0	33.0	36.0
塔重（kg）	6419.2	6916.4	7484.2	7871.6	8695.3	9385.3	9753.9	10459.2

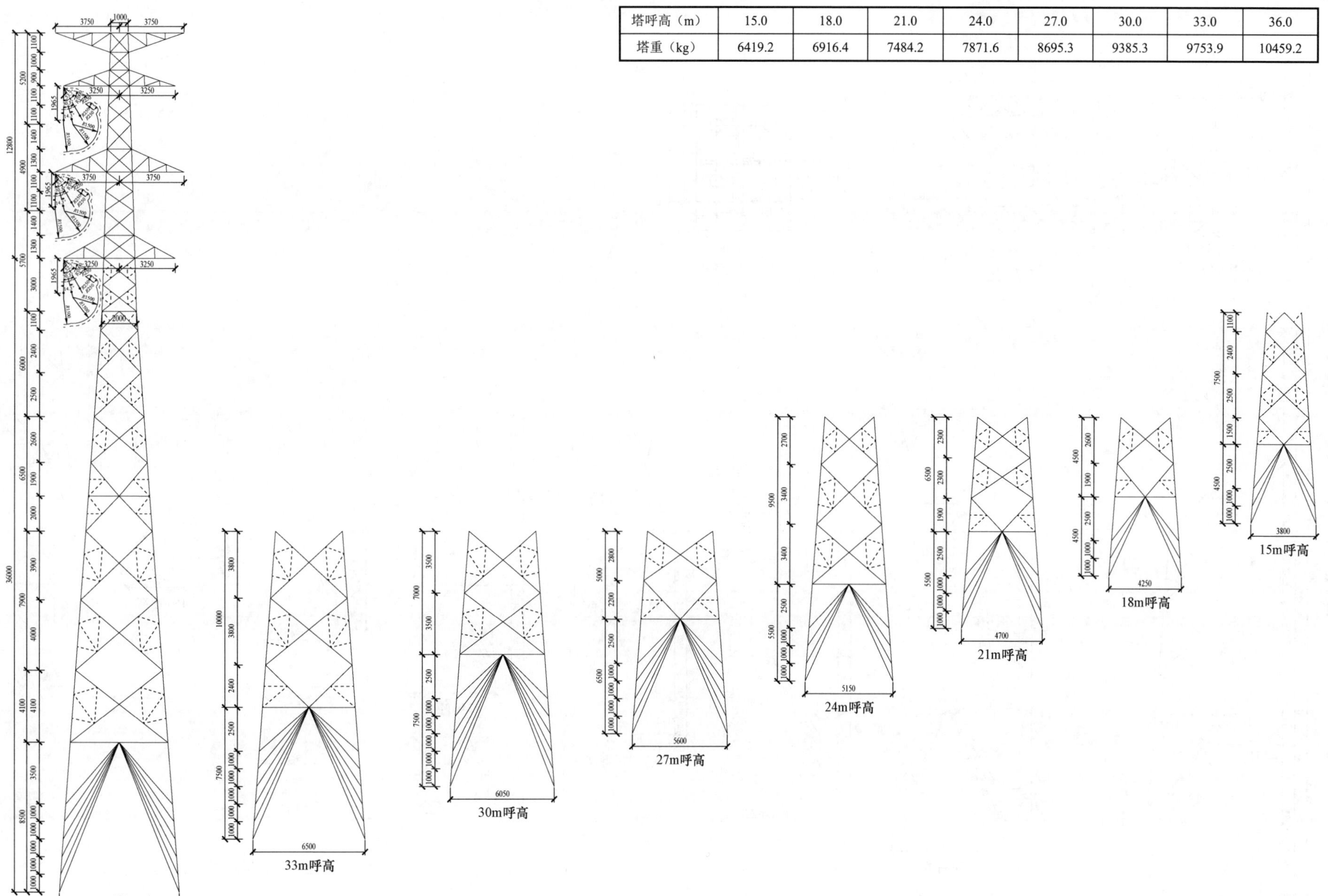

图 12-4　110-DB21S-ZC2 塔单线图

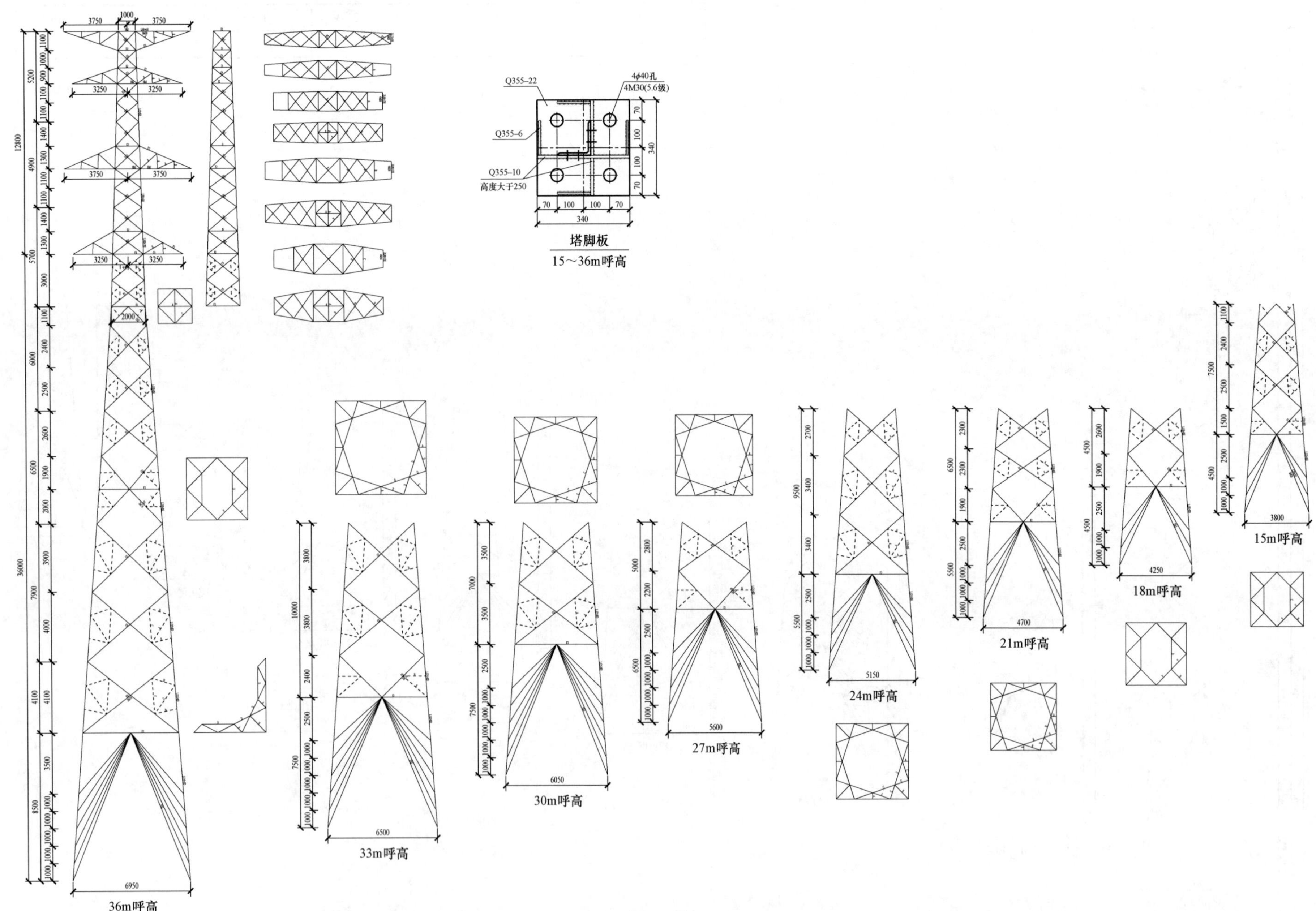

图 12-5　110-DB21S-ZC2 塔司令图

12.5 110-DB21S-ZC3 塔

12.5.1 设计条件

110-DB21S-ZC3 塔导线型号及张力、使用条件、荷载见表 12-13～表 12-15。

表 12-13 导线型号及张力

电压等级	110kV	导线型号	1×JL3/G1A-300/40	最大使用张力(kN)	35.09	断线张力取值（%）	50	不均匀覆冰不平衡张力取值（%）	10
		地线型号	JLB20A-100	最大使用张力(kN)	32.11	断线张力取值（%）	100	不均匀覆冰不平衡张力取值（%）	20

表 12-14 使用条件

使用条件	呼高（m）	水平档距（m）	垂直档距（m）	代表档距（m）	转角度数（°）	K_v 值
数值	33	650	1000	250	0	0.60
	36	635	1000	250	0	0.60

表 12-15 荷载表 单位：N

气象条件（$t/v/b$）			正常运行情况			事故情况		安装情况	不均匀冰
			基本风速	覆冰	最低气温	未断线	断线		
			15/25/0	-5/10/10	-10/0/0	-5/0/10	-5/0/10	-5/10/0	-5/10/10
水平荷载	导线		7801	2640				1250	2640
	绝缘子及金具		307	59				49	59
	跳线串								
	地线		6114	4044				981	2865
垂直荷载	导线		12211	22551	11101	22551	22551	11101	19966
	绝缘子及金具		1200	1730	1200	1730	1730	1200	1730
	跳线串								
	地线		9125	25137	7300	25137	25137	7300	21134
张力	导线	一侧					17548	29338	3510
		另一侧					0	29338	3510
		张力差					17548	0	0

续表

气象条件（$t/v/b$）			正常运行情况			事故情况		安装情况	不均匀冰
			基本风速	覆冰	最低气温	未断线	断线		
			15/25/0	-5/10/10	-10/0/0	-5/0/10	-5/0/10	-5/10/0	-5/10/10
张力	地线	一侧					32110	30428	6422
		另一侧					0	30428	6422
		张力差					32110	0	0

注：导线水平荷载为下相导线荷载，表中（$t/v/b$）单位分别为：°、m/s、mm。

12.5.2 根开尺寸及基础作用力

110-DB21S-ZC3 塔的根开尺寸及基础作用力见表 12-16 和表 12-17。

表 12-16 根开尺寸

呼高（m）	基础根开（mm）		地脚螺栓根开（mm）		地脚螺栓规格（5.6 级）
	正面根开	侧面根开	正面根开	侧面根开	
15	4200	4200	200	200	4M30
18	4710	4710	200	200	4M30
21	5220	5220	200	200	4M30
24	5730	5730	240	240	4M36
27	6240	6240	240	240	4M36
30	6750	6750	240	240	4M36
33	7260	7260	240	240	4M36
36	7770	7770	240	240	4M36

表 12-17 基础作用力

呼高（m）	基础作用力（kN）					
	T_{max}	T_x	T_y	N_{max}	N_x	N_y
15	357	-37	-33	-431	-44	-38
18	358	-37	-33	-435	-45	-38
21	375	-39	-35	-455	-47	-41
24	368	-39	-37	-452	-47	-43
27	402	-44	-40	-489	-52	-47
30	417	-46	-42	-508	-54	-49
33	415	-45	-45	-510	-55	-53
36	417	-45	-45	-515	-55	-52

12.5.3 单线图及司令图

110-DB21S-ZC3 塔单线图如图 12-6 所示，司令图如图 12-7 所示。

塔呼高（m）	15.0	18.0	21.0	24.0	27.0	30.0	33.0	36.0
塔重（kg）	7115.7	7679.2	8308.7	8859.5	9890.2	10568.1	11231.7	11949.4

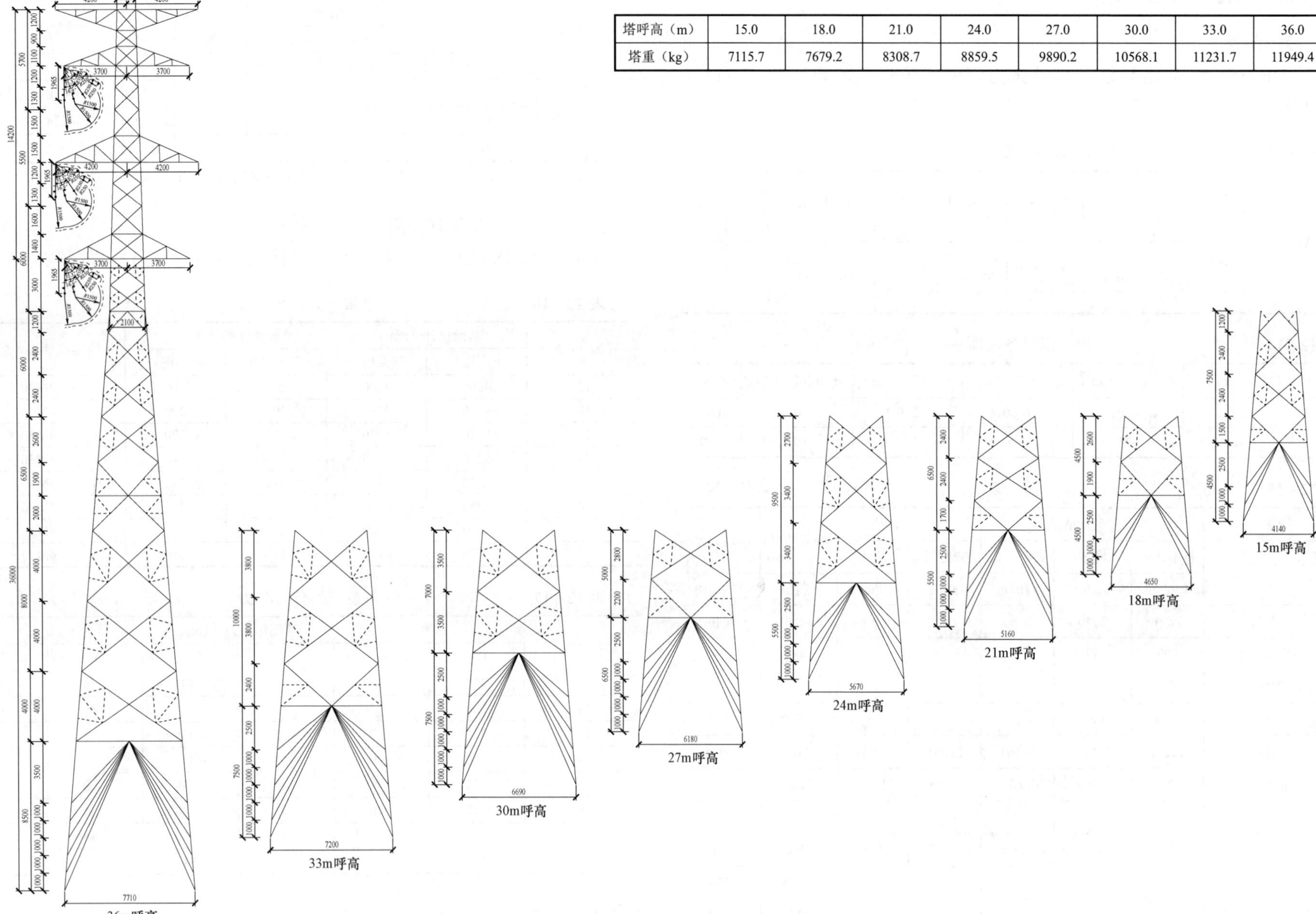

图 12－6　110－DB21S－ZC3 塔单线图

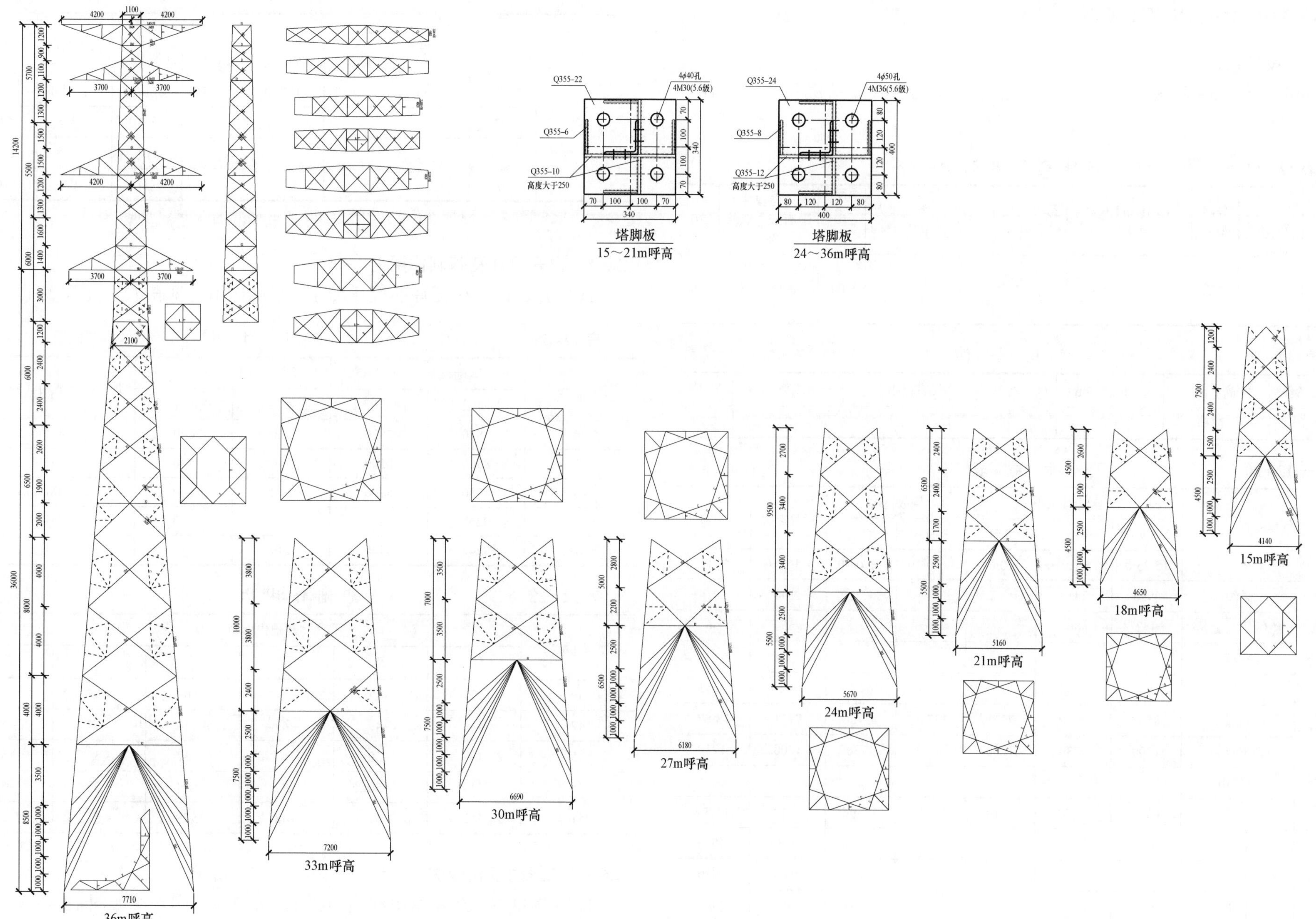

图 12-7 110-DB21S-ZC3 塔司令图

12.6 110－DB21S－ZCK 塔

12.6.1 设计条件

110－DB21S－ZCK 塔导线型号及张力、使用条件、荷载见表 12－18～表 12－20。

表 12－18 导线型号及张力

电压等级	110kV	导线型号	1×JL3/G1A－300/40	最大使用张力（kN）	35.09	断线张力取值（%）	50	不均匀覆冰不平衡张力取值（%）	10
		地线型号	JLB20A－100	最大使用张力（kN）	32.11	断线张力取值（%）	100	不均匀覆冰不平衡张力取值（%）	20

表 12－19 使用条件

使用条件	呼高（m）	水平档距（m）	垂直档距（m）	代表档距（m）	转角度数（°）	K_v 值
数值	51	480	700	250	0	0.70

表 12－20 荷载表 单位：N

气象条件（t/v/b）			正常运行情况			事故情况		安装情况	不均匀冰
			基本风速	覆冰	最低气温	未断线	断线		
			15/25/0	－5/10/10	－10/0/0	－5/0/10	－5/0/10	－5/10/0	－5/10/10
水平荷载	导线		6925	2414				1108	2414
	绝缘子及金具		342	66				55	66
	跳线串								
	地线		5003	3392				801	2403
垂直荷载	导线		8548	15786	7771	15786	15786	7771	13976
	绝缘子及金具		1200	1730	1200	1730	1730	1200	1730
	跳线串								
	地线		6387	17596	5110	17596	17596	5110	14794
张力	导线	一侧					17548	29338	3510
		另一侧					0	29338	3510
		张力差					17548	0	0
	地线	一侧					32110	30428	6422
		另一侧					0	30428	6422
		张力差					32110	0	0

注：导线水平荷载为下相导线荷载，表中（t/v/b）单位分别为：°、m/s、mm。

12.6.2 根开尺寸及基础作用力

110－DB21S－ZCK 塔的根开尺寸及基础作用力见表 12－21 和表 12－22。

表 12－21 根开尺寸

呼高（m）	基础根开（mm）		地脚螺栓根开（mm）		地脚螺栓规格（5.6 级）
	正面根开	侧面根开	正面根开	侧面根开	
39	7820	7820	240	240	4M36
42	8300	8300	240	240	4M36
45	8780	8780	240	240	4M36
48	9260	9260	240	240	4M36
51	9740	9740	240	240	4M36

表 12－22 基础作用力

呼高（m）	基础作用力（kN）					
	T_{max}	T_x	T_y	N_{max}	N_x	N_y
39	421	－47	－45	－509	－56	－52
42	434	－49	－47	－526	－58	－54
45	440	－50	－47	－537	－59	－54
48	448	－50	－47	－549	－60	－55
51	452	－51	－48	－558	－61	－56

12.6.3 单线图及司令图

110－DB21S－ZCK 塔单线图如图 12－8 所示，司令图如图 12－9 所示。

塔呼高（m）	39.0	42.0	45.0	48.0	51.0
塔重（kg）	11829.5	12618.4	13442.2	14248.8	15178.2

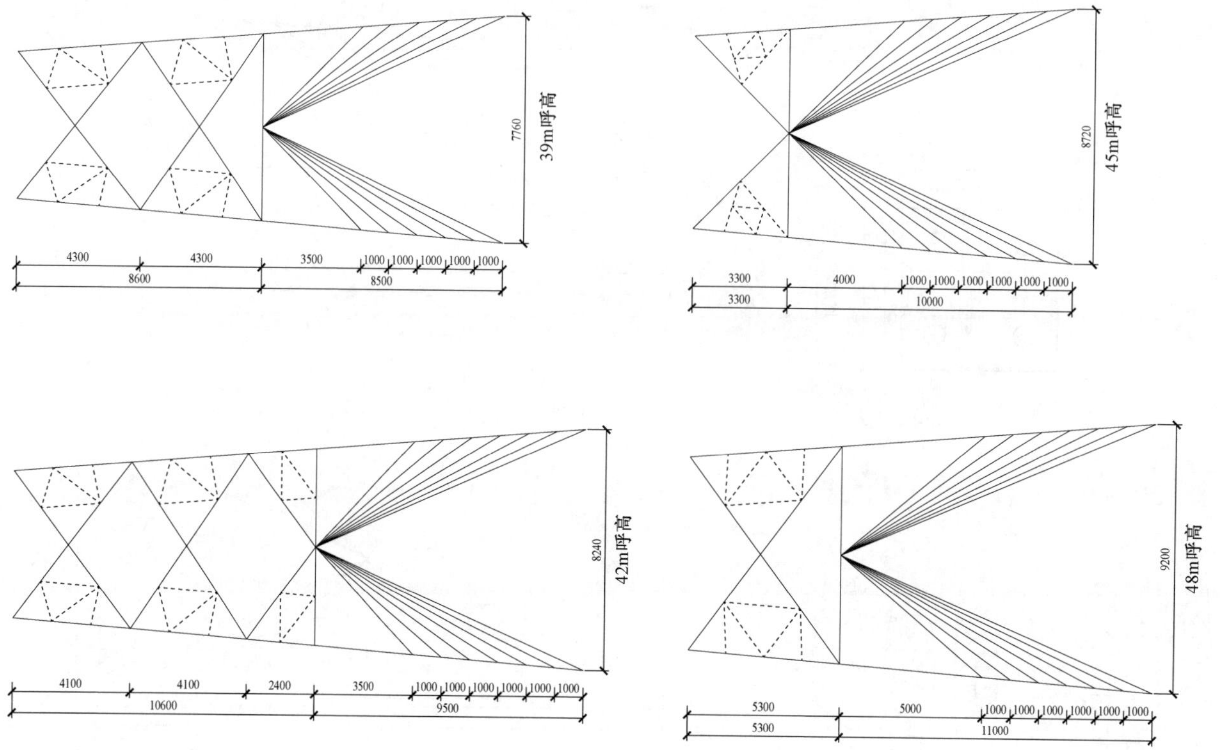

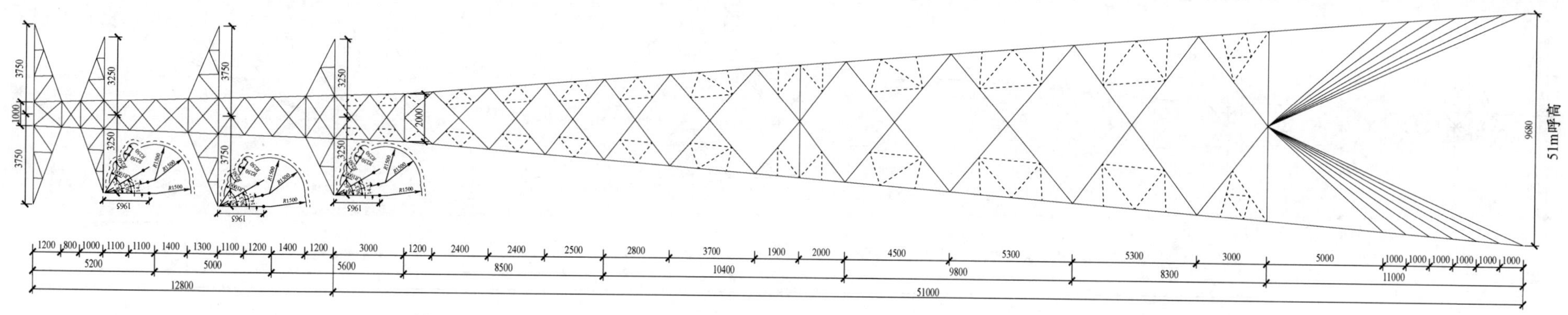

图 12-8　110-DB21S-ZCK 塔单线图

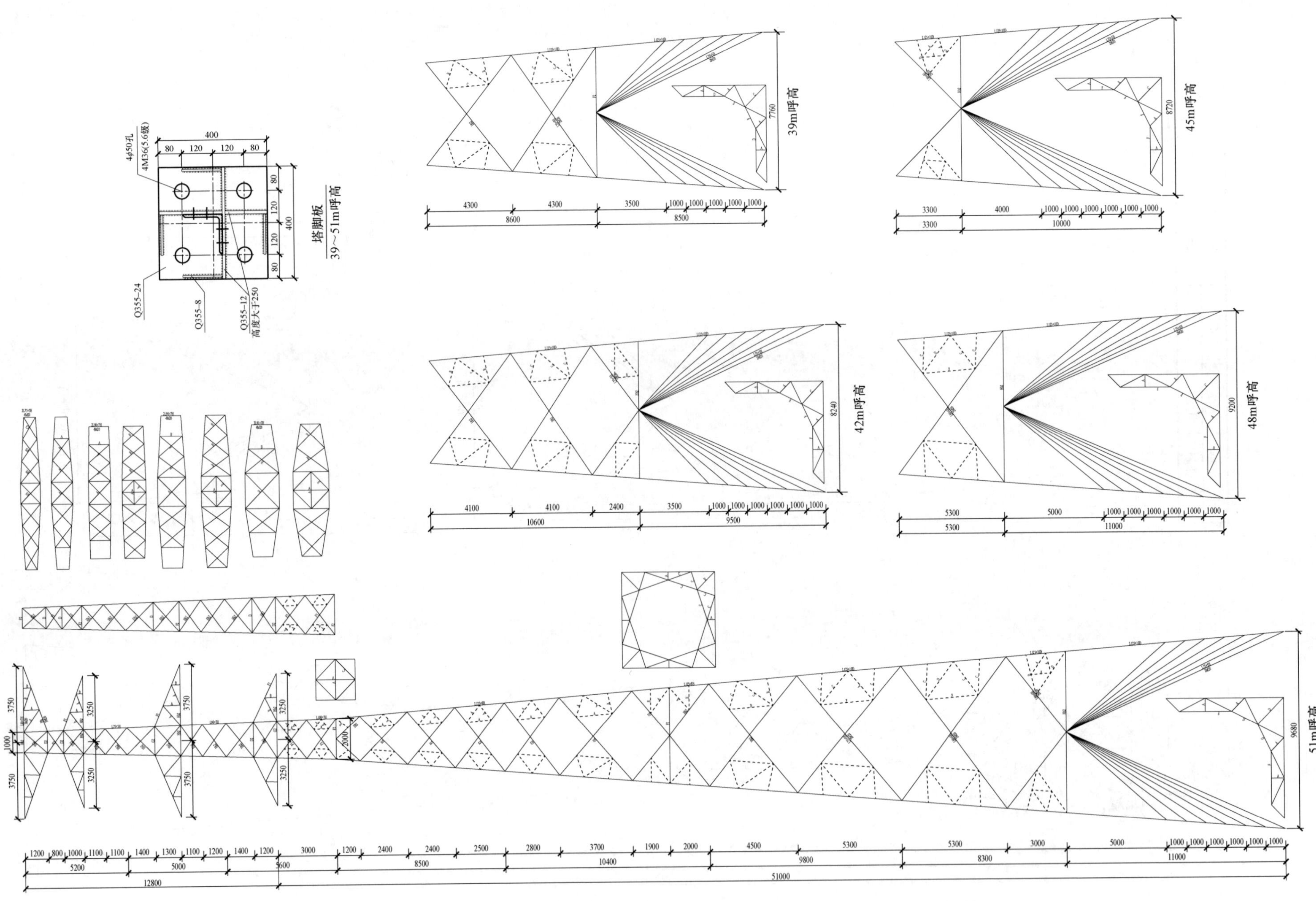

塔脚板
39～51m呼高
400
80
120
120
80
4φ50孔
4M36(5.6级)
Q355-24
Q355-8
Q355-12
高度大于250
39m呼高
7760
4300
4300
3500
1000
8600
8500
45m呼高
8720
3300
4000
10000
42m呼高
8240
4100
4100
2400
10600
9500
48m呼高
9200
5300
5000
11000
51m呼高
9680
3750
3250
1000
2000
1200
800
1100
1400
1300
3000
2500
2800
3700
1900
4500
5200
5000
5600
10400
9800
8300
12800
51000

图 12-9　110-DB21S-ZCK 塔司令图

12.7 110－DB21S－JC1 塔

12.7.1 设计条件

110－DB21S－JC1 塔导线型号及张力、使用条件、荷载见表 12－23～表 12－25。

表 12－23　　　导线型号及张力

电压等级	110kV	导线型号	1×JL3/G1A－300/40	最大使用张力(kN)	35.09	断线张力取值（%）	100	不均匀覆冰不平衡张力取值（%）	30
		地线型号	JLB20A－100	最大使用张力(kN)	32.11	断线张力取值（%）	100	不均匀覆冰不平衡张力取值（%）	40

表 12－24　　　使用条件

使用条件	呼高（m）	水平档距（m）	垂直档距（m）	代表档距（m）	转角度数（°）	K_v 值
数值	30	450	700	200/450	0～20	—

注：上拔侧按 50%垂直档距考虑，下压侧按 80%垂直档距考虑。

表 12－25　　　荷载表　　　单位：N

气象条件（$t/v/b$）			正常运行情况			事故情况		安装情况	不均匀冰
			基本风速	覆冰	最低气温	未断线	断线		
			15/25/0	－5/10/10	－10/0/0	－5/0/10	－5/0/10	－5/10/0	－5/10/10
水平荷载	导线		5567	1928				895	1928
	绝缘子及金具		440	84				70	84
	跳线串		521	136				83	136
	地线		4150	2807				664	1988
垂直荷载	导线		8548	15786	7771	15786	15786	7771	13976
	绝缘子及金具		3400	4459	3400	4459	4459	3400	4459
	跳线串		1667	2337	1667	1667	1667	1667	2337
	地线		6387	17596	5110	17596	17596	5110	14794
张力	导线	一侧	24975	35097	21479	35097	35097	24416	35097
		另一侧	25157	34928	29116	34928	0	31697	34928
		张力差	182	169	7637	169	35097	7281	169
	地线	一侧	23742	39187	22479	39187	32110	24277	39187
		另一侧	26519	34977	30026	34977	0	32027	34977
		张力差	2777	4210	7547	4210	32110	7750	4210

注：导线水平导线荷载为下相导线荷载，表中（$t/v/b$）单位分别为：°、m/s、mm。

12.7.2 根开尺寸及基础作用力

110－DB21S－JC1 塔的根开尺寸及基础作用力见表 12－26 和表 12－27。

表 12－26　　　根开尺寸

呼高（m）	基础根开（mm）		地脚螺栓根开（mm）		地脚螺栓规格（5.6 级）
	正面根开	侧面根开	正面根开	侧面根开	
15	4190	4190	290	290	4M48
18	4730	4730	290	290	4M48
21	5270	5270	290	290	4M48
24	5810	5810	290	290	4M48
27	6350	6350	290	290	4M48
30	6890	6890	290	290	4M48

表 12－27　　　基础作用力

转角度数（°）	基础作用力（kN）					
	T_{max}	T_x	T_y	N_{max}	N_x	N_y
0～10	742	－71	－74	－891	－87	－86
10～20	788	－75	－78	－936	－93	－89

12.7.3 单线图及司令图

110－DB21S－JC1 塔单线图如图 12－10 所示，司令图如图 12－11 所示。

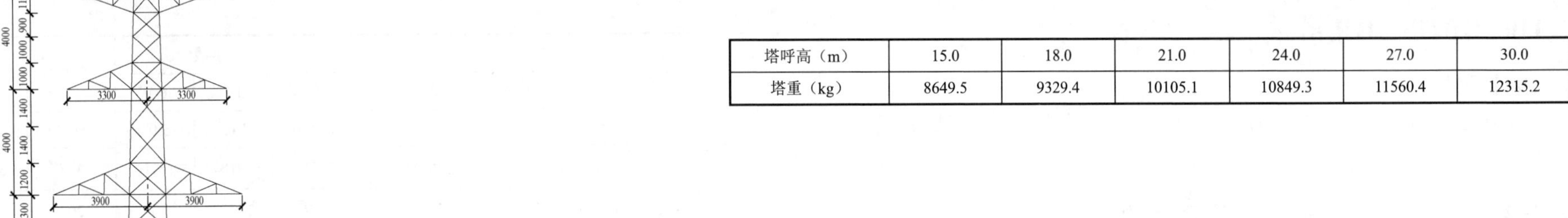

塔呼高（m）	15.0	18.0	21.0	24.0	27.0	30.0
塔重（kg）	8649.5	9329.4	10105.1	10849.3	11560.4	12315.2

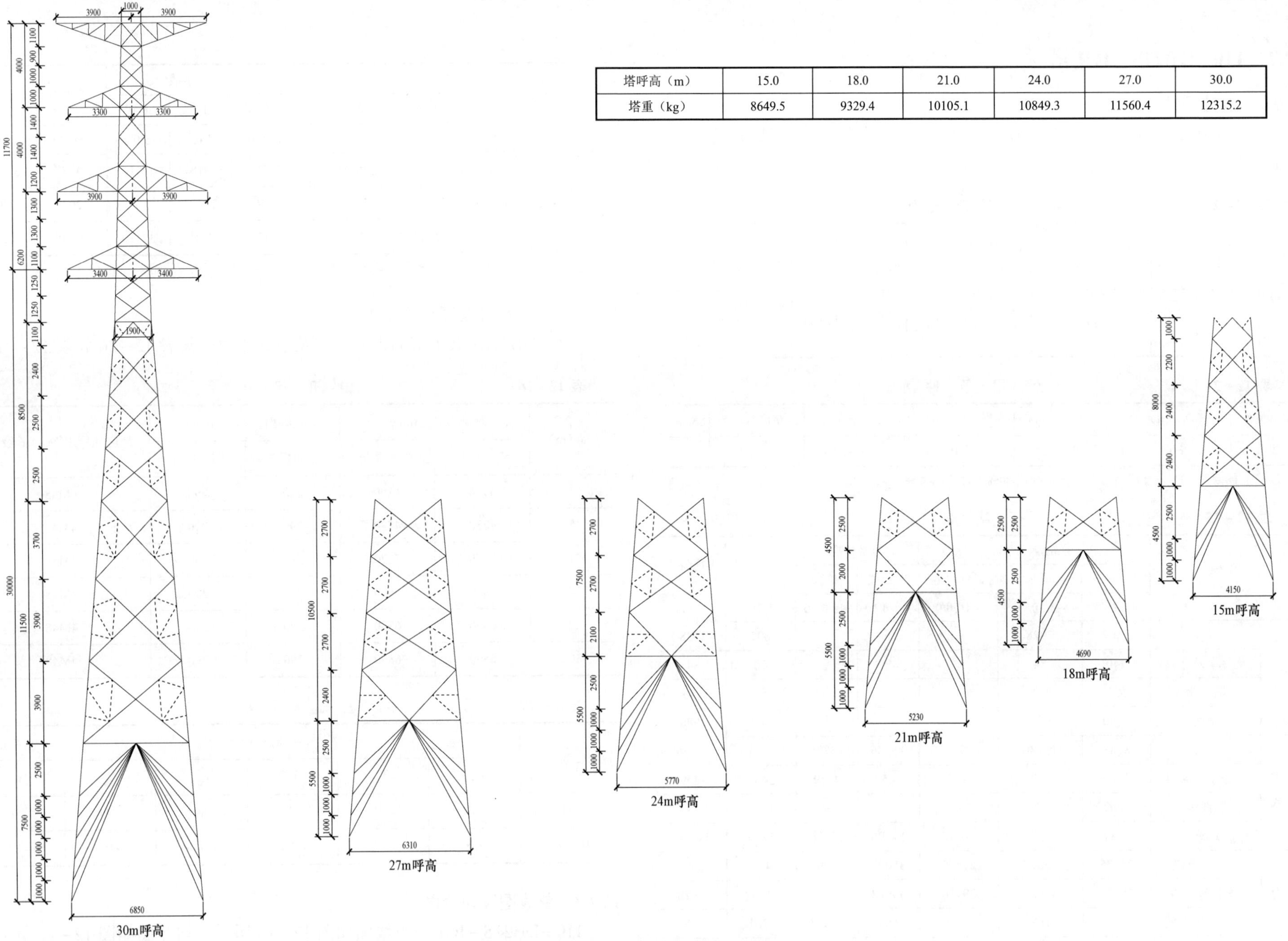

30m呼高

27m呼高

24m呼高

21m呼高

18m呼高

15m呼高

图 12-10　110-DB21S-JC1 塔单线图

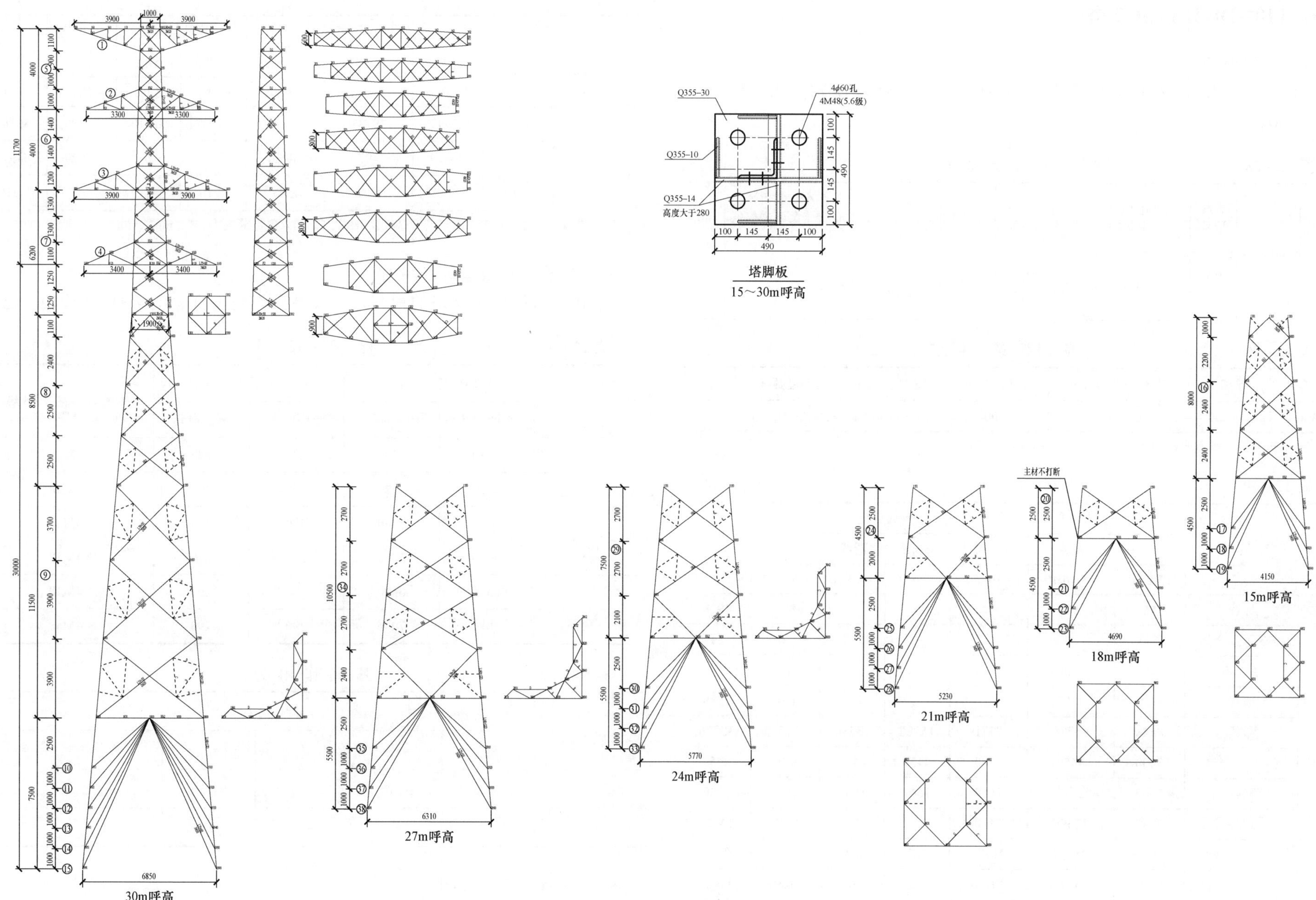

图 12-11　110-DB21S-JC1 塔司令图

12.8 110-DB21S-JC2 塔

12.8.1 设计条件

110-DB21S-JC2 塔导线型号及张力、使用条件、荷载见表 12-28～表 12-30。

表 12-28　　导 线 型 号 及 张 力

电压等级	110kV	导线型号	1×JL3/G1A-300/40	最大使用张力（kN）	35.09	断线张力取值（%）	100	不均匀覆冰不平衡张力取值（%）	30
		地线型号	JLB20A-100	最大使用张力（kN）	32.11	断线张力取值（%）	100	不均匀覆冰不平衡张力取值（%）	40

表 12-29　　使 用 条 件

使用条件	呼高（m）	水平档距（m）	垂直档距（m）	代表档距（m）	转角度数（°）	K_v 值
数值	30	450	700	200/450	20～40	—

注：上拔侧按 50%垂直档距考虑，下压侧按 80%垂直档距考虑。

表 12-30　　荷 载 表　　单位：N

气象条件（t/v/b）			正常运行情况			事故情况		安装情况	不均匀冰
			基本风速	覆冰	最低气温	未断线	断线		
			15/25/0	-5/10/10	-10/0/0	-5/0/10	-5/0/10	-5/10/0	-5/10/10
水平荷载	导线		5567	1928				895	1928
	绝缘子及金具		440	84				70	84
	跳线串		521	136				83	136
	地线		4150	2807				664	1988
垂直荷载	导线		8548	15786	7771	15786	15786	7771	13976
	绝缘子及金具		3400	4459	3400	4459	4459	3400	4459
	跳线串		1667	2337	1667	1667	1667	1667	2337
	地线		6387	17596	5110	17596	17596	5110	14794
张力	导线	一侧	24975	35097	21479	35097	35097	24416	35097
		另一侧	25157	34928	29116	34928	0	31697	34928
		张力差	182	169	7637	169	35097	7281	169
张力	地线	一侧	23742	39187	22479	39187	32110	24277	39187
		另一侧	26519	34977	30026	34977	0	32027	34977
		张力差	2777	4210	7547	4210	32110	7750	4210

注：导线水平导线荷载为下相导线荷载，表中（t/v/b）单位分别为：°、m/s、mm。

12.8.2 根开尺寸及基础作用力

110-DB21S-JC2 塔的根开尺寸及基础作用力见表 12-31 和表 12-32。

表 12-31　　根 开 尺 寸

呼高（m）	基础根开（mm）		地脚螺栓根开（mm）		地脚螺栓规格（5.6 级）
	正面根开	侧面根开	正面根开	侧面根开	
15	4380	4380	290	290	4M48
18	4920	4920	290	290	4M48
21	5460	5460	290	290	4M48
24	6000	6000	290	290	4M48
27	6540	6540	290	290	4M48
30	7080	7080	290	290	4M48

表 12-32　　基 础 作 用 力

转角度数（°）	基础作用力（kN）					
	T_{max}	T_x	T_y	N_{max}	N_x	N_y
20～30	817/-632	-82	-81	-947/483	-96	-92
30～40	970/-630	-96	-96	-1092/478	-111	-105

12.8.3 单线图及司令图

110-DB21S-JC2 塔单线图如图 12-12 所示，司令图如图 12-13 所示。

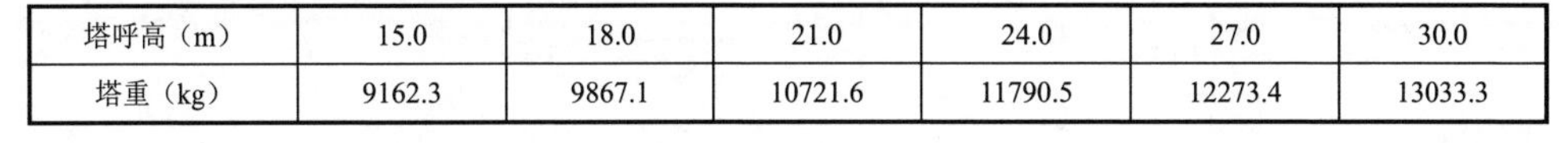

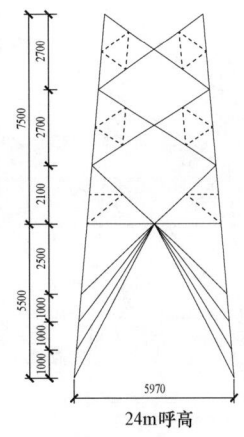

塔呼高（m）	15.0	18.0	21.0	24.0	27.0	30.0
塔重（kg）	9162.3	9867.1	10721.6	11790.5	12273.4	13033.3

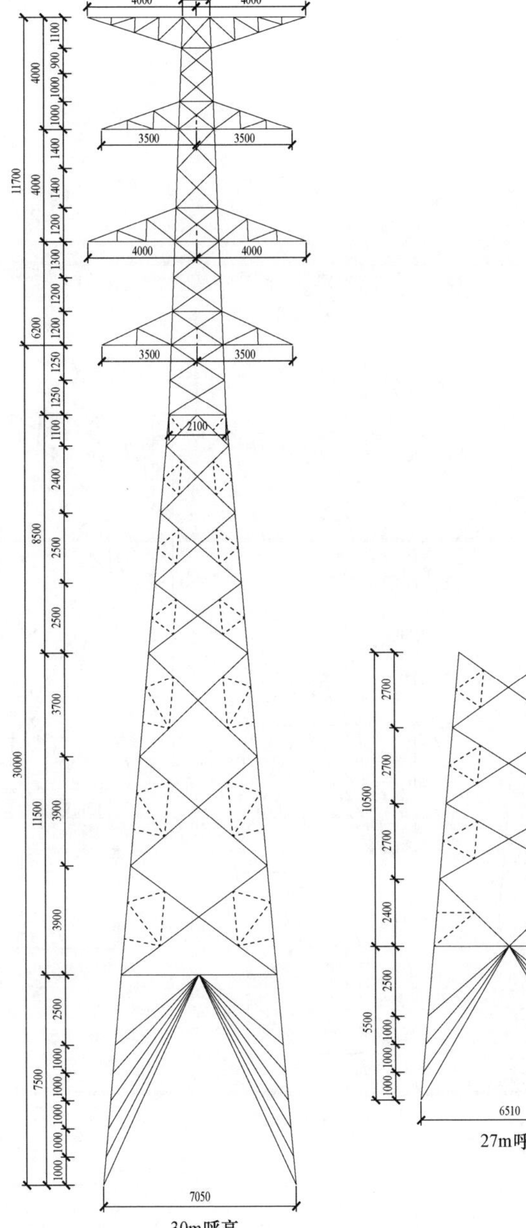

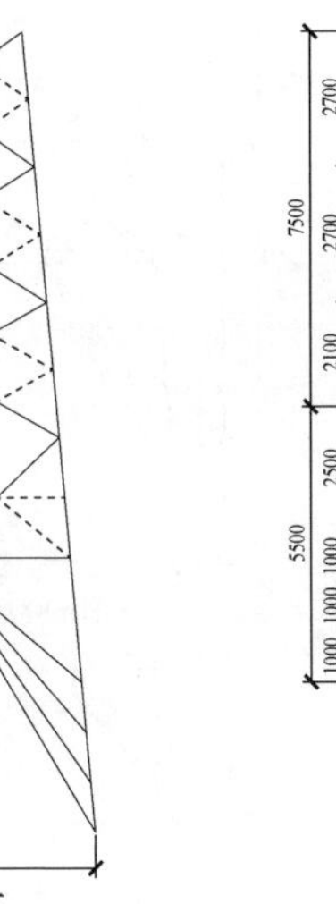

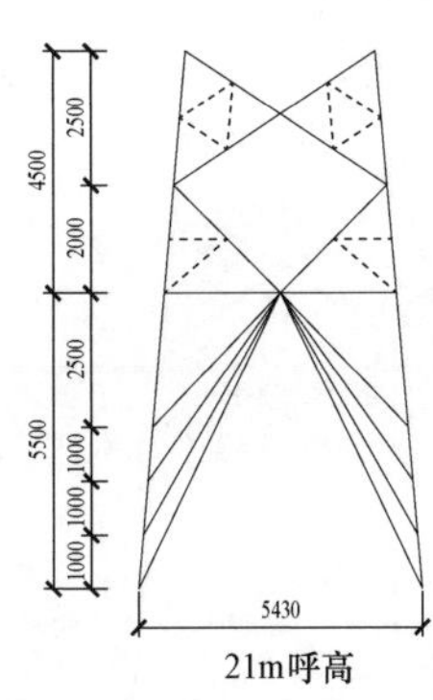

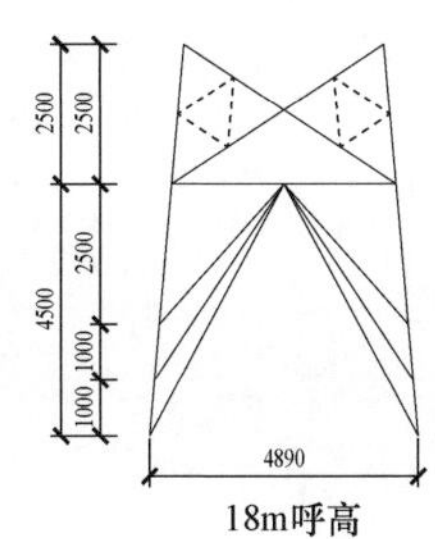

18m呼高

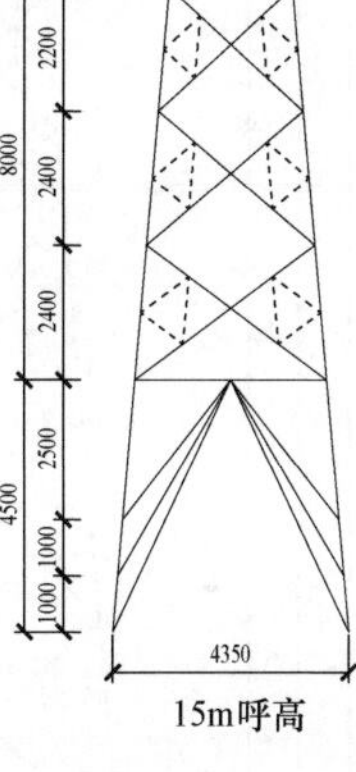

图 12－12　110－DB21S－JC2 塔单线图

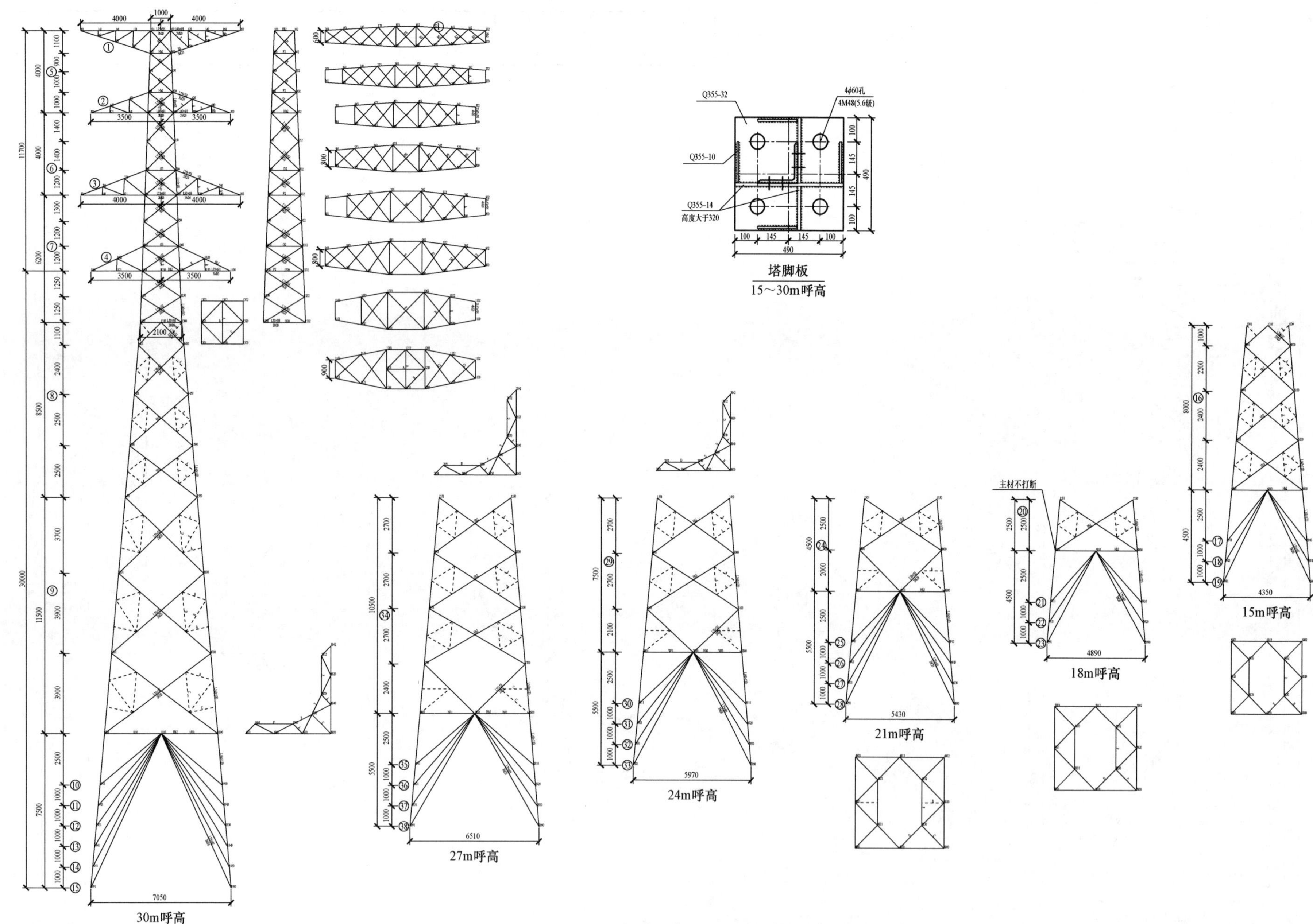

图 12-13　110-DB21S-JC2 塔司令图

12.9 110-DB21S-JC3 塔

12.9.1 设计条件

110-DB21S-JC3 塔导线型号及张力、使用条件、荷载见表 12-33～表 12-35。

表 12-33　　导线型号及张力

电压等级	110kV	导线型号	1×JL3/G1A-300/40	最大使用张力(kN)	35.09	断线张力取值(%)	100	不均匀覆冰不平衡张力取值(%)	30
		地线型号	JLB20A-100	最大使用张力(kN)	32.11	断线张力取值(%)	100	不均匀覆冰不平衡张力取值(%)	40

表 12-34　　使用条件

使用条件	呼高(m)	水平档距(m)	垂直档距(m)	代表档距(m)	转角度数(°)	K_v 值
数值	30	450	700	200/450	40～60	—

注：上拔侧按 50%垂直档距考虑，下压侧按 80%垂直档距考虑。

表 12-35　　荷载表　　单位：N

气象条件 (t/v/b)			正常运行情况			事故情况		安装情况	不均匀冰
			基本风速	覆冰	最低气温	未断线	断线		
			15/25/0	-5/10/10	-10/0/0	-5/0/10	-5/0/10	-5/10/0	-5/10/10
水平荷载	导线		5567	1928				895	1928
	绝缘子及金具		440	84				70	84
	跳线串		521	136				83	136
	地线		4150	2807				664	1988
垂直荷载	导线		8548	15786	7771	15786	15786	7771	13976
	绝缘子及金具		3400	4459	3400	4459	4459	3400	4459
	跳线串		1667	2337	1667	1667	1667	1667	2337
	地线		6387	17596	5110	17596	17596	5110	14794
张力	导线	一侧	24975	35097	21479	35097	35097	24416	35097
		另一侧	25157	34928	29116	34928	0	31697	34928
		张力差	182	169	7637	169	35097	7281	169

续表

气象条件 (t/v/b)			正常运行情况			事故情况		安装情况	不均匀冰
			基本风速	覆冰	最低气温	未断线	断线		
			15/25/0	-5/10/10	-10/0/0	-5/0/10	-5/0/10	-5/10/0	-5/10/10
张力	地线	一侧	23742	39187	22479	39187	32110	24277	39187
		另一侧	26519	34977	30026	34977	0	32027	34977
		张力差	2777	4210	7547	4210	32110	7750	4210

注：导线水平导线荷载为下相导线荷载，表中（t/v/b）单位分别为：°、m/s、mm。

12.9.2 根开尺寸及基础作用力

110-DB21S-JC3 塔的根开尺寸及基础作用力见表 12-36 和表 12-37。

表 12-36　　根开尺寸

呼高(m)	基础根开(mm)		地脚螺栓根开(mm)		地脚螺栓规格(5.6 级)
	正面根开	侧面根开	正面根开	侧面根开	
15	4640	4640	330	330	4M56
18	5240	5240	330	330	4M56
21	5840	5840	330	330	4M56
24	6440	6440	330	330	4M56
27	7040	7040	330	330	4M56
30	7640	7640	330	330	4M56

表 12-37　　基础作用力

转角度数(°)	基础作用力(kN)					
	T_{max}	T_x	T_y	N_{max}	N_x	N_y
40～50	999/-467	-110	-104	-1146/337	-125	-116
50～60	1166/-403	-128	-121	-1308/273	-143	-134

12.9.3 单线图及司令图

110-DB21S-JC3 塔单线图如图 12-14 所示，司令图如图 12-15 所示。

塔呼高（m）	15.0	18.0	21.0	24.0	27.0	30.0
塔重（kg）	9953.9	10709.5	11657.5	12638.6	13475.9	14344.5

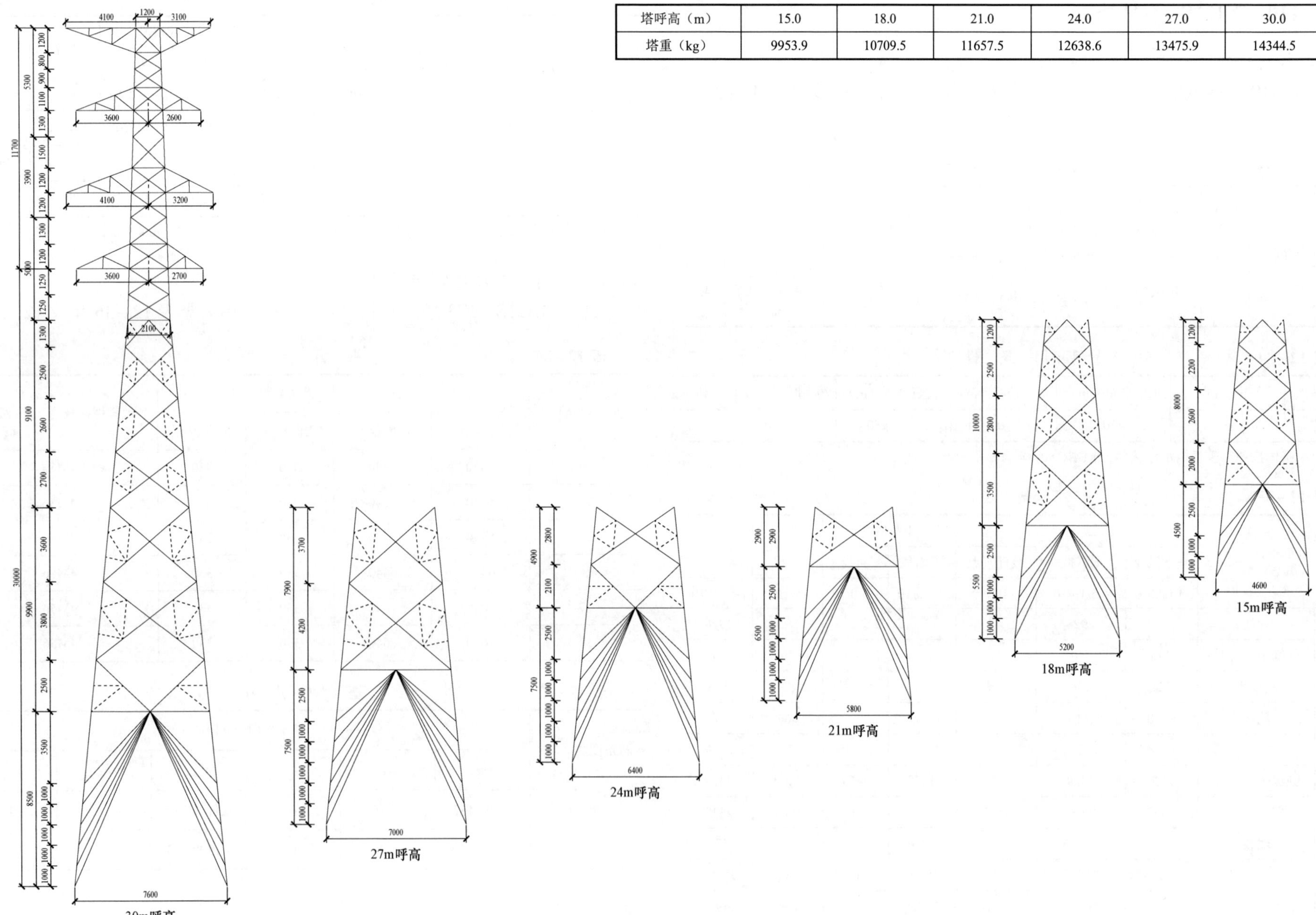

图 12－14　110－DB21S－JC3 塔单线图

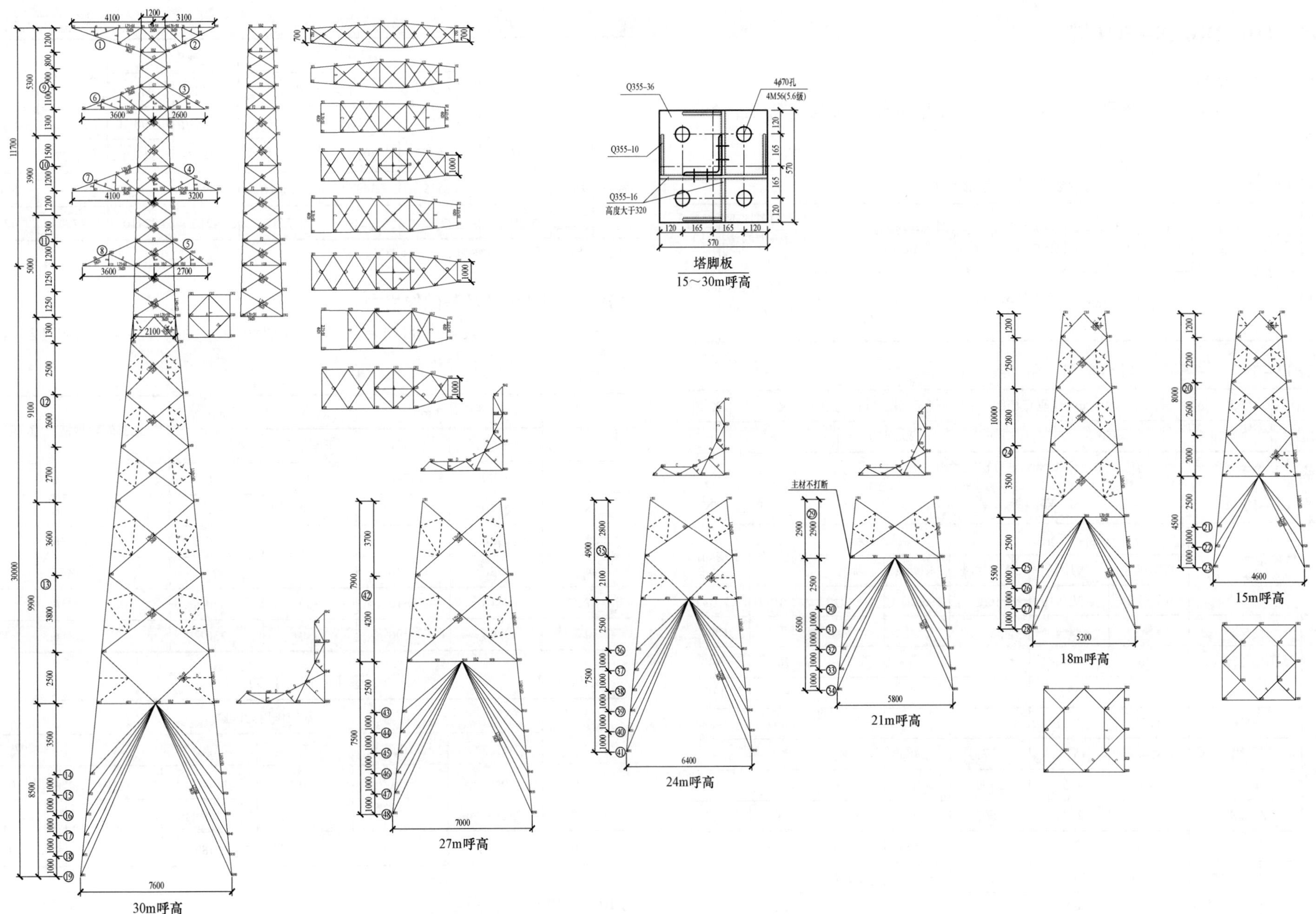

图 12-15　110-DB21S-JC3 塔司令图

12.10　110 – DB21S – JC4 塔

12.10.1　设计条件

110 – DB21S – JC4 塔导线型号及张力、使用条件、荷载见表 12 – 38～表 12 – 40。

表 12 – 38　　导线型号及张力

电压等级	110kV	导线型号	1 × JL3/G1A – 300/40	最大使用张力（kN）	35.09	断线张力取值（%）	100	不均匀覆冰不平衡张力取值（%）	30
		地线型号	JLB20A – 100	最大使用张力（kN）	32.11	断线张力取值（%）	100	不均匀覆冰不平衡张力取值（%）	40

表 12 – 39　　使用条件

使用条件	呼高（m）	水平档距（m）	垂直档距（m）	代表档距（m）	转角度数（°）	K_v 值
数值	30	450	700	200/450	40～60	—

注：上拔侧按 50%垂直档距考虑，下压侧按 80%垂直档距考虑。

表 12 – 40　　荷载表　　单位：N

气象条件（t/v/b）			正常运行情况			事故情况		安装情况	不均匀冰
			基本风速	覆冰	最低气温	未断线	断线		
			15/25/0	– 5/10/10	– 10/0/0	– 5/0/10	– 5/0/10	– 5/10/0	– 5/10/10
水平荷载	导线		5567	1928				895	1928
	绝缘子及金具		440	84				70	84
	跳线串		521	136				83	136
	地线		4150	2807				664	1988
垂直荷载	导线		8548	15786	7771	15786	15786	7771	13976
	绝缘子及金具		3400	4459	3400	4459	4459	3400	4459
	跳线串		1667	2337	1667	1667	1667	1667	2337
	地线		6387	17596	5110	17596	17596	5110	14794
张力	导线	一侧	24975	35097	21479	35097	35097	24416	35097
		另一侧	25157	34928	29116	34928	0	31697	34928
		张力差	182	169	7637	169	35097	7281	169

续表

气象条件（t/v/b）			正常运行情况			事故情况		安装情况	不均匀冰
			基本风速	覆冰	最低气温	未断线	断线		
			15/25/0	– 5/10/10	– 10/0/0	– 5/0/10	– 5/0/10	– 5/10/0	– 5/10/10
张力	地线	一侧	23742	39187	22479	39187	32110	24277	39187
		另一侧	26519	34977	30026	34977	0	32027	34977
		张力差	2777	4210	7547	4210	32110	7750	4210

注：导线水平导线荷载为下相导线荷载，表中（t/v/b）单位分别为：°、m/s、mm。

12.10.2　根开尺寸及基础作用力

110 – DB21S – JC4 塔的根开尺寸及基础作用力见表 12 – 41 和表 12 – 42。

表 12 – 41　　根开尺寸

呼高（m）	基础根开（mm）		地脚螺栓根开（mm）		地脚螺栓规格（5.6 级）
	正面根开	侧面根开	正面根开	侧面根开	
15	5390	5390	330	330	4M56
18	6170	6170	330	330	4M56
21	6950	6950	330	330	4M56
24	7730	7730	330	330	4M56
27	8510	8510	330	330	4M56
30	9290	9290	330	330	4M56

表 12 – 42　　基础作用力

转角度数（°）	基础作用力（kN）					
	T_{max}	T_x	T_y	N_{max}	N_x	N_y
60～70	1116/ – 299	– 147	– 148	– 1242/177	– 167	– 164
70～80	1242/ – 246	– 164	– 165	– 1368/119	– 182	– 182
80～90	1363/ – 192	– 180	– 181	– 1489/0	– 198	– 198

12.10.3　单线图及司令图

110 – DB21S – JC4 塔单线图如图 12 – 16 所示，司令图如图 12 – 17 所示。

塔呼高（m）	15.0	18.0	21.0	24.0	27.0	30.0
塔重（kg）	10767.2	11629.6	12659.7	13787.4	14718.5	15872.9

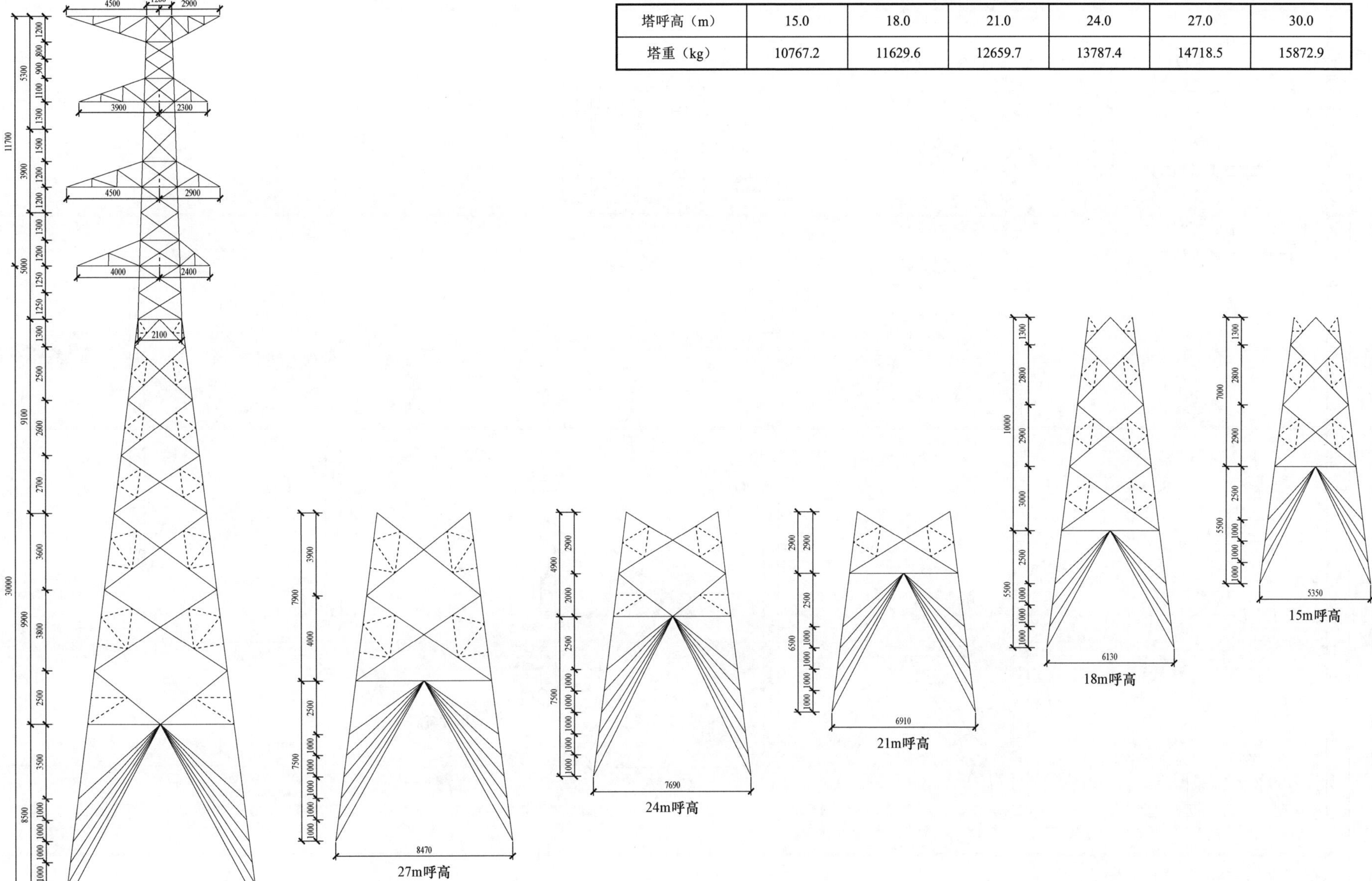

图 12-16　110-DB21S-JC4 塔单线图

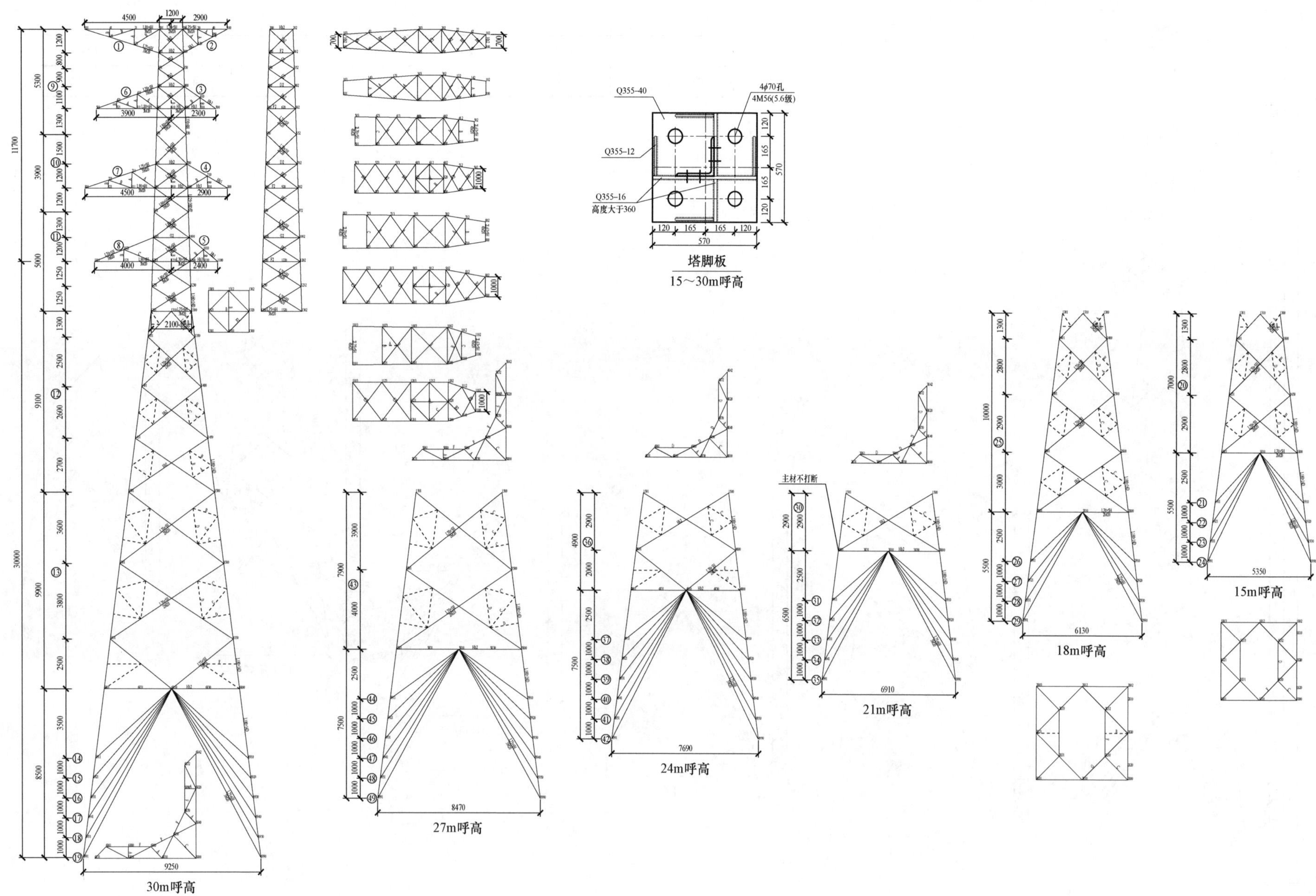

图 12－17　110－DB21S－JC4 塔司令图

12.11 110-DB21S-DJC 塔

12.11.1 设计条件

110-DB21S-DJC 塔导线型号及张力、使用条件、荷载见表 12-43～表 12-45。

表 12-43　　导线型号及张力

电压等级	110kV	导线型号	1×JL3/G1A-300/40	最大使用张力（kN）	35.09	断线张力取值（%）	100	不均匀覆冰不平衡张力取值（%）	30
		地线型号	JLB20A-100	最大使用张力（kN）	32.11	断线张力取值（%）	100	不均匀覆冰不平衡张力取值（%）	40

表 12-44　　使用条件

使用条件	呼高（m）	水平档距（m）	垂直档距（m）	代表档距（m）	转角度数（°）	K_v 值
数值	30	450	700	200/450	0～90	—

注：上拔侧按 50%垂直档距考虑，下压侧按 80%垂直档距考虑。

表 12-45　　荷载表　　单位：N

气象条件（$t/v/b$）			正常运行情况			事故情况		安装情况	不均匀冰
			基本风速	覆冰	最低气温	未断线	断线		
			15/25/0	-5/10/10	-10/0/0	-5/0/10	-5/0/10	-5/10/0	-5/10/10
水平荷载	导线		5567	1928				895	1928
	绝缘子及金具		440	84				70	84
	跳线串		521	136				83	136
	地线		4157	2797				666	1982
垂直荷载	导线		8548	15786	7771	15786	15786	7771	13976
	绝缘子及金具		3400	4459	3400	4459	4459	3400	4459
	跳线串		1667	2337	1667	1667	1667	1667	2337
	地线		6387	17596	5110	17596	17596	5110	14794
张力	导线	一侧	25157	34928	29116	34928	35097	31697	34928
		另一侧	0	0	0	0	0	0	0
		张力差	25157	34928	29116	34928	35097	31697	34928
	地线	一侧	26519	34977	30026	34977	32110	32027	34977
		另一侧	0	0	0	0	0	0	0
		张力差	25157	34928	29116	34928	32110	31697	34928

注：导线水平荷载为下相导线荷载，表中（$t/v/b$）单位分别为：°、m/s、mm。

12.11.2 根开尺寸及基础作用力

110-DB21S-DJC 塔的根开尺寸及基础作用力见表 12-46 和表 12-47。

表 12-46　　根开尺寸

呼高（m）	基础根开（mm）		地脚螺栓根开（mm）		地脚螺栓规格（5.6 级）
	正面根开	侧面根开	正面根开	侧面根开	
15	5390	5390	330	330	4M56
18	6170	6170	330	330	4M56
21	6950	6950	330	330	4M56
24	7730	7730	330	330	4M56
27	8510	8510	330	330	4M56
30	9290	9290	330	330	4M56

表 12-47　　基础作用力

转角度数（°）	基础作用力（kN）					
	T_{max}	T_x	T_y	N_{max}	N_x	N_y
0～40	1201	-147	-166	-1324	-192	-163
40～90	1304	-155	-193	-1398	-203	-171

12.11.3 单线图及司令图

110-DB21S-DJC 塔单线图如图 12-18 所示，司令图如图 12-19 所示。

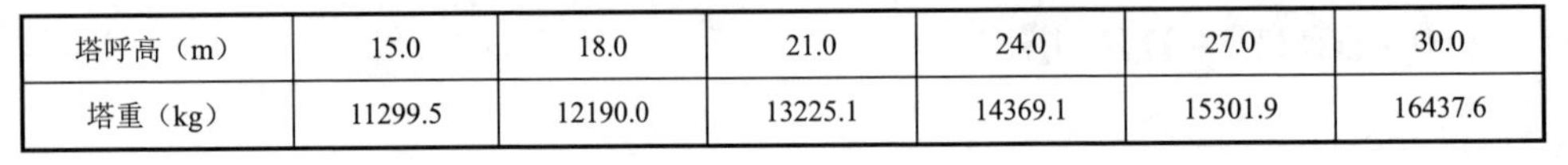

塔呼高（m）	15.0	18.0	21.0	24.0	27.0	30.0
塔重（kg）	11299.5	12190.0	13225.1	14369.1	15301.9	16437.6

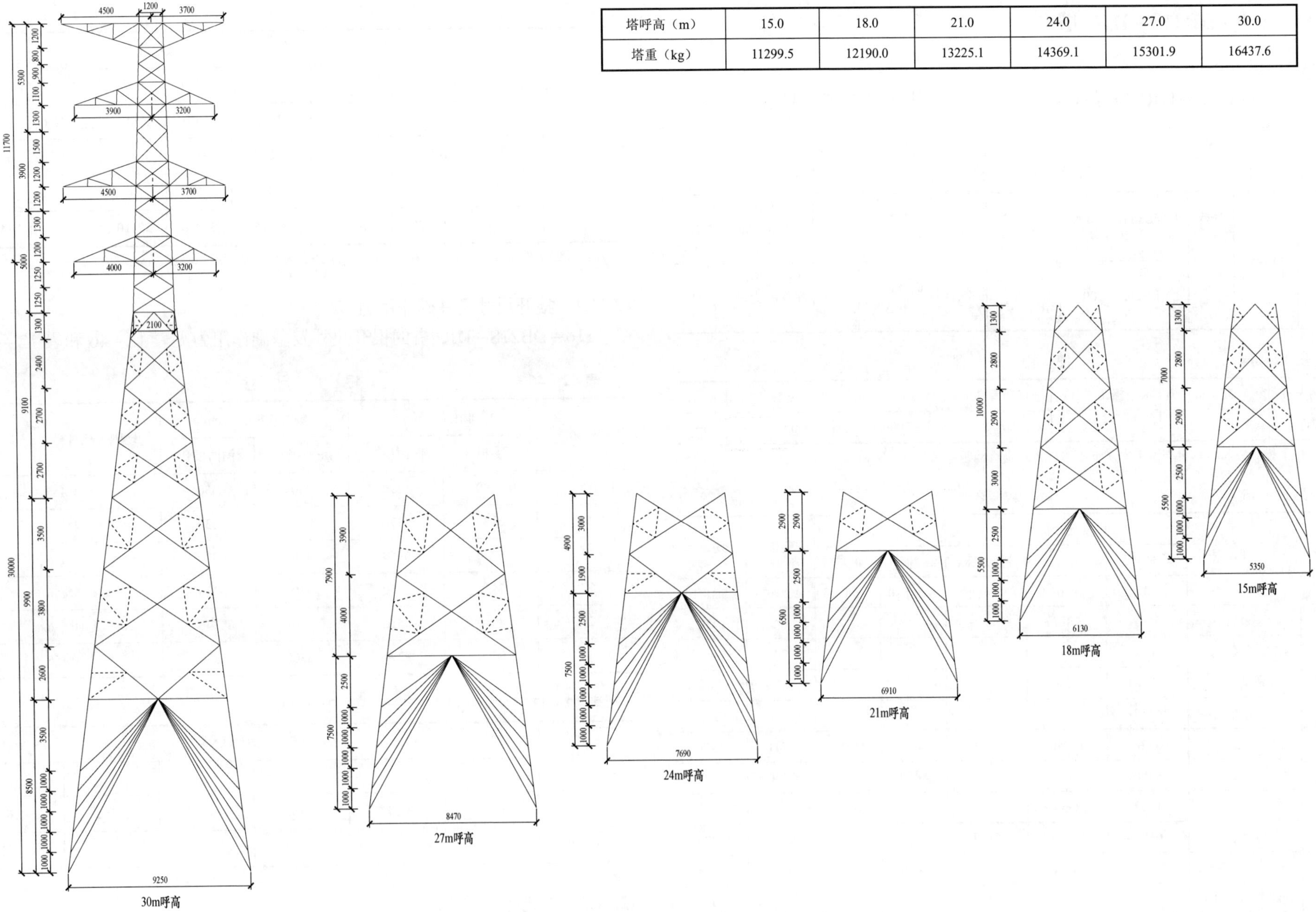

图 12－18　110－DB21S－DJC 塔单线图

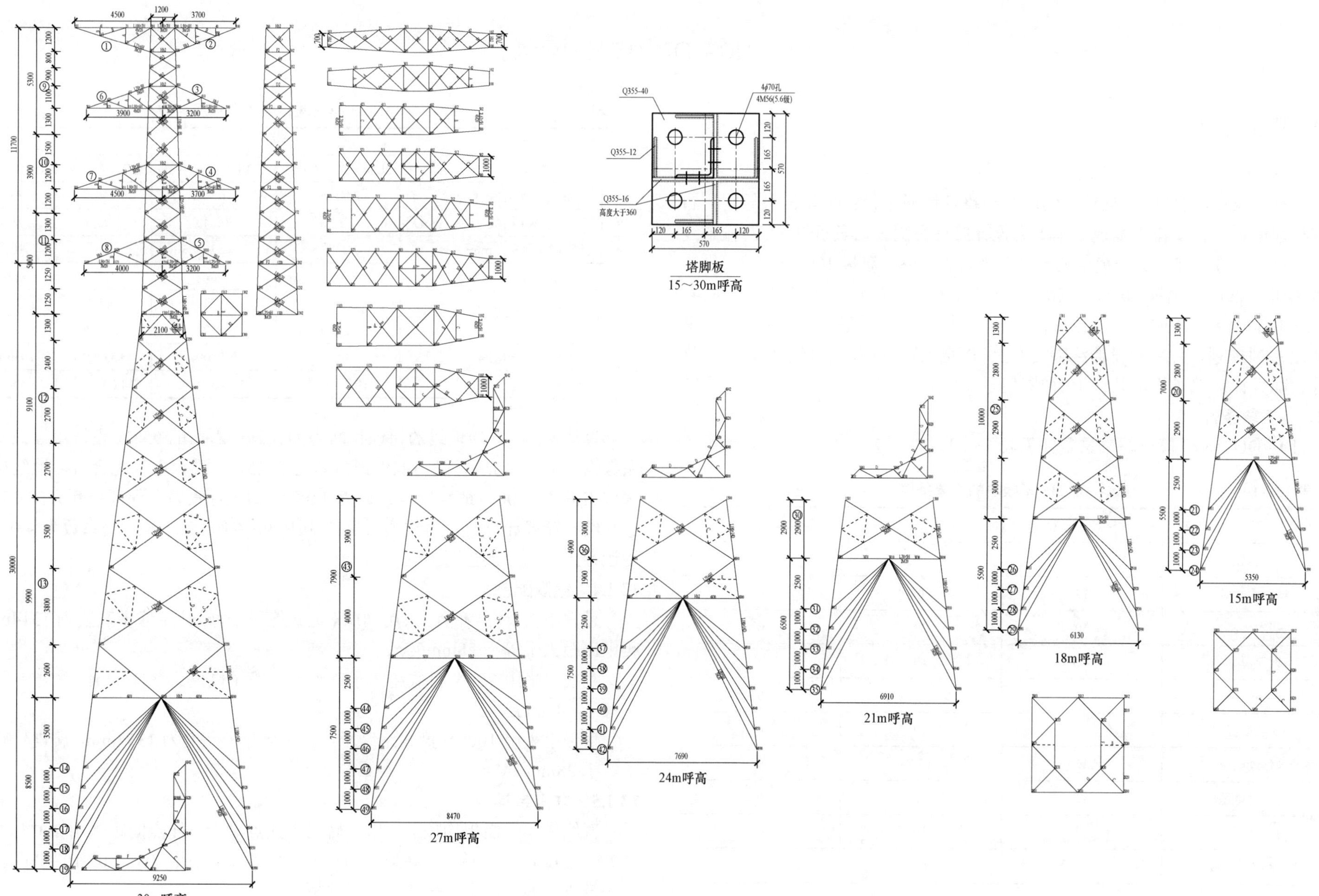

图 12－19　110－DB21S－DJC 塔司令图

13　110－DD21S 子模块

13.1　模块说明

13.1.1　概述

根据国家电网公司《35kV～750kV 线路杆塔通用设计优化技术导则》和国网福建电力工作安排，福建永福电力设计股份有限公司负责 110kV 输电线路通用设计 110－DD21S 子模块的设计工作。该模块为海拔 1000m 以内、设计基本风速为 29m/s（离地 10m）、覆冰厚度为 10mm，导线为 1×JL3/G1A－300/40（兼 1×JL3/G1A－240/30）的双回路铁塔。直线塔按 3＋1 塔系列规划，耐张塔按 4 塔系列规划，并单独设计终端塔和 ZCR 重要跨越塔，所有塔均按全方位不等长腿设计；该子模块共计 10 种塔型。

13.1.2　气象条件

110－DD21S 子模块的气象条件见表 13－1。

表 13－1　　110－DD21S 子模块的气象条件

项目	气温（℃）	风速（m/s）	覆冰厚度（mm）
最低气温	－10	0	0
年平均气温	15	0	0
基本风速	10	29	0
设计覆冰	－5	10	10
最高气温	40	0	0
安装情况	－5	10	0
操作过电压	15	15.5	0
雷电过电压	15	15	0
带电作业	15	10	0
年平均雷电日数	65		

13.1.3　导地线型号及参数

110－DD21S 子模块的导地线型号及参数见表 13－2。

表 13－2　　110－DD21S 子模块的导地线型号及参数

项目		导线		地线	
电线型号		JL3/G1A－300/40	JL3/G1A－240/30	JLB20A－100	JLB40－100
结构	铝［根数/直径（mm）］	24/3.99	24/3.60	—	—
结构	钢、铝包钢［根数/直径（mm）］	7/2.66	7/2.40	19/2.6	19/2.6
计算截面面积（mm²）		339	276	101	101
计算外径（mm）		23.9	21.6	13	13
计算重量（kg/m）		1.132	0.9215	0.6767	0.4765
计算拉断力（N）		92360	75190	135200	68600
弹性系数（MPa）		70500	70500	153900	103600
线膨胀系数（1/℃）		19.4×10^{-6}	19.4×10^{-6}	13.0×10^{-6}	15.5×10^{-6}

设计使用时，导地线的保证拉断力为计算拉断力的 95%。设计用导线安全系数为 2.5，平均运行张力取保证拉断力的 25%；进行电气配合时，地线型号选取 JLB40－100，地线安全系数为 3.0，平均运行张力取保证拉断力的 25%；进行结构荷载计算时，地线型号选取 JLB20A－100，地线安全系数为 4.0，平均运行张力取保证拉断力的 25%。

13.1.4　绝缘配置

悬垂串按“I”型布置，采用 70kN 盘式绝缘子，设计绝缘子高度为 1314mm，爬电比距大于等于 28mm/kV。

跳线串采用 70kN 盘式绝缘子，设计绝缘子高度为 1314mm，爬电比距大于等于 28mm/kV。

耐张串采用 100kN 盘式绝缘子，设计绝缘子高度为 1314mm，爬电比距大于等于 28mm/kV。

13.1.5　联塔金具

直线塔导线横担均按前、中、后三个挂点设计，挂点间距采用 200＋200＝400（mm），以满足单、双联悬挂的需要，联塔金具采用 ZBS－07/10－80 挂板；地线悬垂串的联塔金具采用 UB 型挂板。

导地线耐张串均采用单挂点设计，导线联塔金具采用 U 型挂环，地线联塔金具采用 U 型挂环。跳线串联塔金具采用 UB 型挂板。

13.2　110－DD21S 子模块杆塔一览图

110－DD21S 子模块杆塔一览图如图 13－1 所示。

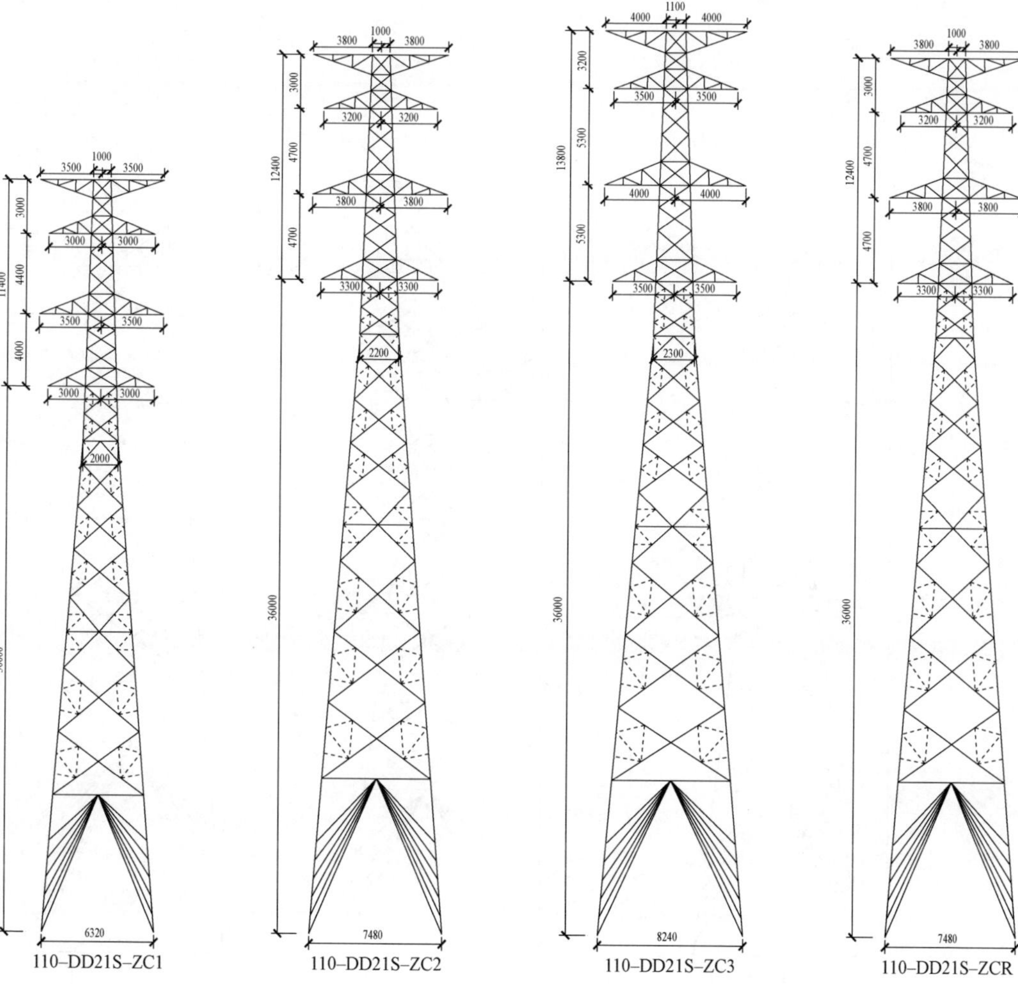

序号	塔型名称	呼高（m）	水平档距（m）	垂直档距（m）	塔重（kg）	允许转角（°）	串型
1	110－DD21S－ZC1	30.0	380	550	8531.3	0	“I”串
2	110－DD21S－ZC2	30.0	480	700	9446.3	0	“I”串
		36.0	450	700	10828.8		
3	110－DD21S－ZC3	33.0	650	1000	11215.1	0	“I”串
		36.0	635	1000	12071.5		
4	110－DD21S－ZCK	51.0	480	700	16409.6	0	“I”串
5	110－DD21S－ZCR	30.0	480	700	9774.0	0	“I”串
		36.0	450	700	11128.1		
6	110－DD21S－JC1	30.0	450	700	12739.7	0～20	
7	110－DD21S－JC2	30.0	450	700	13712.6	20～40	
8	110－DD21S－JC3	30.0	450	700	14483.4	40～60	
9	110－DD21S－JC4	30.0	450	700	16186.8	60～90	
10	110－DD21S－DJC	30.0	450	700	17116.6	0～90	

注：直线塔呼高一列中第一行为计算呼高，第二行为最高呼高。

说明：

1. 铁塔全为螺栓连接的型钢结构。
2. 所有构件均需热浸镀锌防腐。
3. 所有塔身断面均为方型。
4. 所有铁塔均设有全方位长短腿。
5. 铁塔材料：

型钢：Q235B、Q355B 和 Q420B；

钢板：Q235B、Q355B 和 Q420B；

螺栓：6.8 级和 8.8 级。

图 13－1　110－DD21S 子模块杆塔一览图（山区）（一）

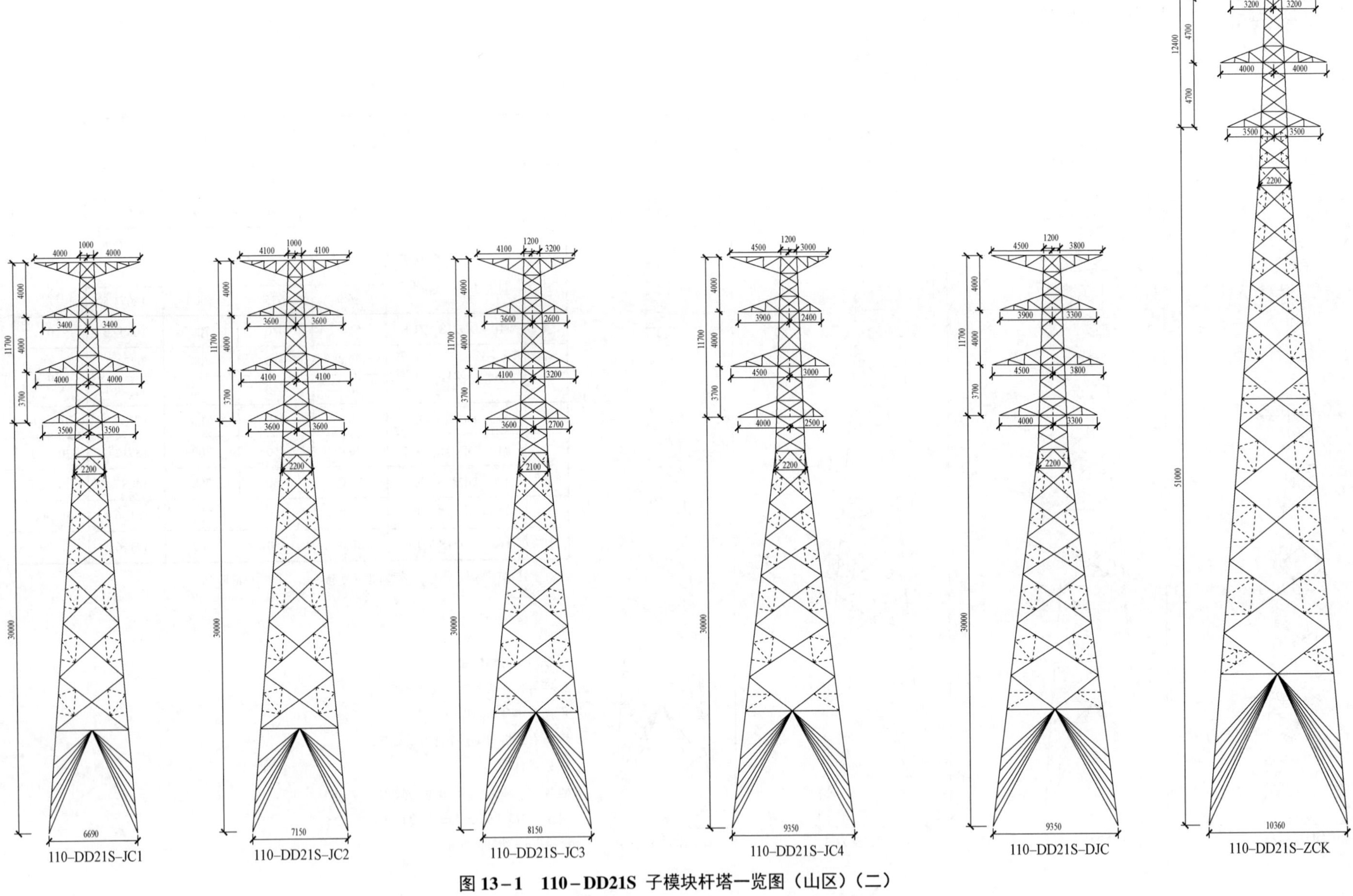

图 13-1　110-DD21S 子模块杆塔一览图（山区）（二）

13.3 110-DD21S- ZC1 塔

13.3.1 设计条件

110-DD21S-ZC1 塔的导线型号及张力、使用条件、荷载见表 13-3～表 13-5。

表 13-3　　导线型号及张力

电压等级	110kV	导线型号	1×JL3/G1A-300/40	最大使用张力(kN)	35.09	断线张力取值（%）	50	不均匀覆冰不平衡张力取值（%）	10
		地线型号	JLB20A-100	最大使用张力(kN)	33.80	断线张力取值（%）	100	不均匀覆冰不平衡张力取值（%）	20

表 13-4　　使用条件

使用条件	呼高（m）	水平档距（m）	垂直档距（m）	代表档距（m）	转角度数（°）	K_v 值
数值	30	380	550	250	0	0.80

表 13-5　　荷载表　　单位：N

气象条件（$t/v/b$）			正常运行情况			事故情况		安装情况	不均匀冰
			基本风速	覆冰	最低气温	未断线	断线		
			10/27/0	-5/10/10	0/0/0	-5/0/10	-5/0/10	-5/10/0	-5/10/10
水平荷载	导线		6383	1645				756	1645
	绝缘子及金具		579	83				69	83
	跳线串								
	地线		4776	2407				568	1705
垂直荷载	导线		6716	12403	6106	12403	12403	6106	10981
	绝缘子及金具		1300	1888	1300	1888	1888	1300	1888
	跳线串								
	地线		5019	13826	4015	13826	13826	4015	11624
张力	导线	一侧					17548	29338	3510
		另一侧					0	29338	3510
		张力差					17548	0	0
	地线	一侧					33800	32672	6760
		另一侧					0	32672	6760
		张力差					33800	0	0

注：导线水平荷载为下相导线荷载，表中（$t/v/b$）单位分别为：°、m/s、mm。

13.3.2 根开尺寸及基础作用力

110-DD21S-ZC1 塔的根开尺寸及基础作用力见表 13-6 和表 13-7。

表 13-6　　根开尺寸

呼高（m）	基础根开（mm）		地脚螺栓根开（mm）		地脚螺栓规格（5.6 级）
	正面根开	侧面根开	正面根开	侧面根开	
15	3970	3970	200	200	4M30
18	4450	4450	200	200	4M30
21	4930	4930	200	200	4M30
24	5410	5410	200	200	4M30
27	5890	5890	200	200	4M30
30	6370	6370	200	200	4M30

表 13-7　　基础作用力

呼高（m）	基础作用力（kN）					
	T_{max}	T_x	T_y	N_{max}	N_x	N_y
15	300	-32	-30	-353	-38	-33
18	309	-33	-31	-365	-39	-34
21	317	-33	-31	-376	-39	-35
24	334	-37	-34	-396	-43	-38
27	355	-40	-38	-420	-47	-43
30	374	-43	-41	-444	-50	-46

13.3.3 单线图及司令图

110-DD21S-ZC1 塔单线图如图 13-2 所示，司令图如图 13-3 所示。

塔呼高（m）	15.0	18.0	21.0	24.0	27.0	30.0
塔重（kg）	5620.1	6192.0	6748.6	7196.9	8000.0	8531.3

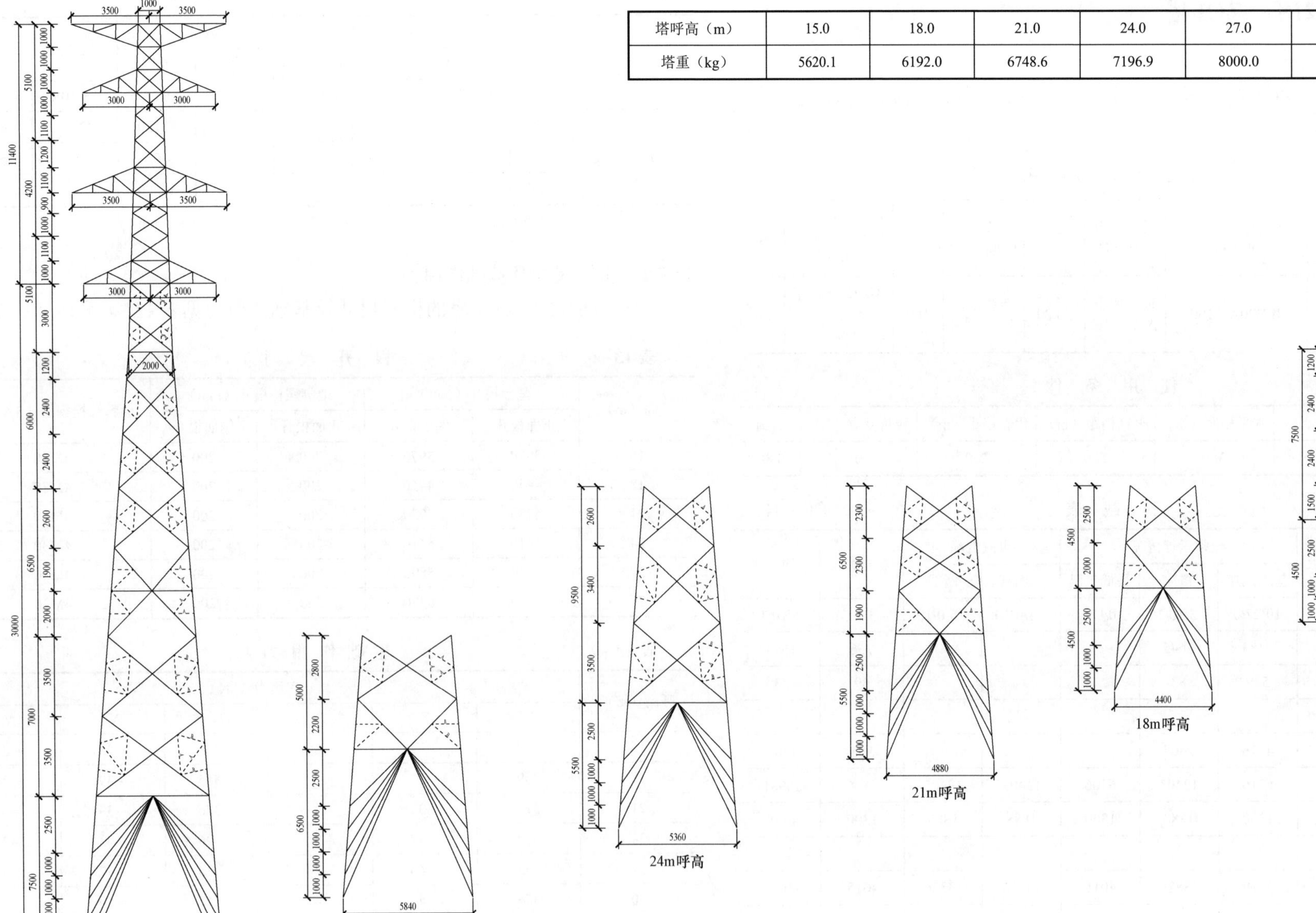

图 13-2　110-DD21S-ZC1 塔单线图

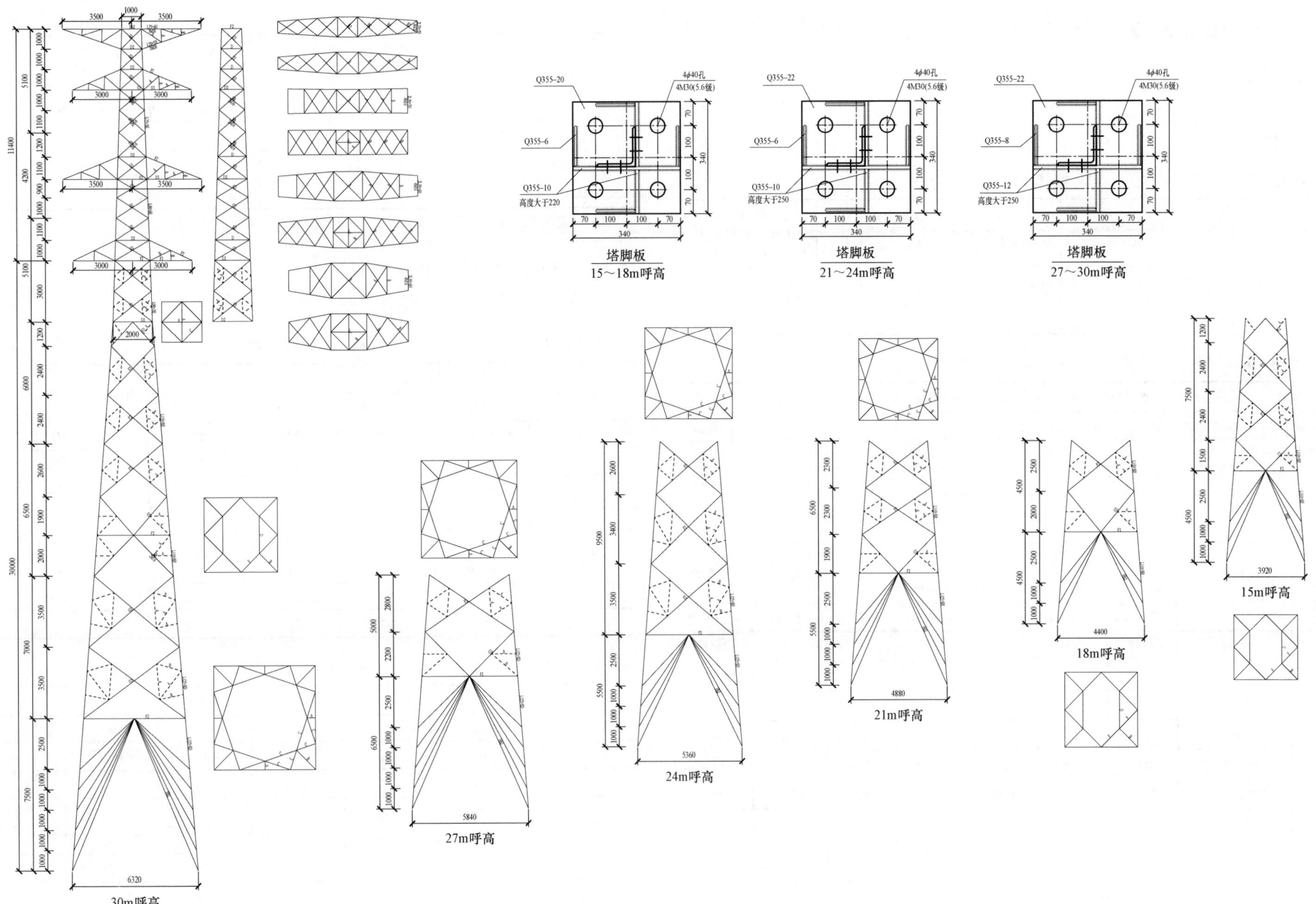

图 13-3　110-DD21S-ZC1 塔司令图

13.4 110－DD21S－ZC2 塔

13.4.1 设计条件

110－DD21S－ZC2 塔导线型号及张力、使用条件、荷载见表 13－8～表 13－10。

表 13－8　　导线型号及张力

电压等级									
电压等级	110kV	导线型号	1×JL3/G1A－300/40	最大使用张力（kN）	35.09	断线张力取值（%）	50	不均匀覆冰不平衡张力取值（%）	10
		地线型号	JLB20A－100	最大使用张力（kN）	33.80	断线张力取值（%）	100	不均匀覆冰不平衡张力取值（%）	20

表 13－9　　使用条件

使用条件	呼高（m）	水平档距（m）	垂直档距（m）	代表档距（m）	转角度数（°）	K_v 值
数值	30	480	700	250	0	0.70
	33	465	700	250	0	0.70
	36	450	700	250	0	0.70

表 13－10　　荷载表　　单位：N

气象条件（t/v/b）			正常运行情况			事故情况		安装情况	不均匀冰
			基本风速	覆冰	最低气温	未断线	断线		
			10/27/0	－5/10/10	0/0/0	－5/0/10	－5/0/10	－5/10/0	－5/10/10
水平荷载	导线		8387	2156				993	2156
	绝缘子及金具		613	87				73	87
	跳线串								
	地线		6227	3130				741	2217
垂直荷载	导线		8548	15786	7771	15786	15786	7771	13976
	绝缘子及金具		1300	1888	1300	1888	1888	1300	1888
	跳线串								
	地线		6387	17596	5110	17596	17596	5110	14794
张力	导线	一侧					17548	29338	3510
		另一侧					0	29338	3510
		张力差					17548	0	0
	地线	一侧					33800	32672	6760
		另一侧					0	32672	6760
		张力差					33800	0	0

续表

注：导线水平荷载为下相导线荷载，表中（t/v/b）单位分别为：°、m/s、mm。

13.4.2 根开尺寸及基础作用力

110－DD21S－ZC2 塔的根开尺寸及基础作用力见表 13－11 和表 13－12。

表 13－11　　根开尺寸

呼高（m）	基础根开（mm）		地脚螺栓根开（mm）		地脚螺栓规格（5.6 级）
	正面根开	侧面根开	正面根开	侧面根开	
15	4160	4160	240	240	4M36
18	4640	4640	240	240	4M36
21	5120	5120	240	240	4M36
24	5600	5600	240	240	4M36
27	6080	6080	240	240	4M36
30	6560	6560	240	240	4M36
33	7040	7040	240	240	4M36
36	7520	7520	240	240	4M36

表 13－12　　基础作用力

呼高（m）	基础作用力（kN）					
	T_{max}	T_x	T_y	N_{max}	N_x	N_y
15	366	－40	－37	－428	－47	－40
18	379	－42	－38	－444	－48	－42
21	400	－45	－41	－468	－51	－45
24	404	－45	－41	－476	－52	－46
27	439	－50	－48	－515	－58	－53
30	460	－53	－51	－539	－61	－56
33	468	－54	－51	－551	－63	－57
36	476	－54	－51	－562	－62	－57

13.4.3 单线图及司令图

110－DD21S－ZC2 塔单线图如图 13－4 所示，司令图如图 13－5 所示。

塔呼高（m）	15.0	18.0	21.0	24.0	27.0	30.0	33.0	36.0
塔重（kg）	6325.9	6848.9	7330.9	7905.3	8822.6	9446.3	10069.9	10828.8

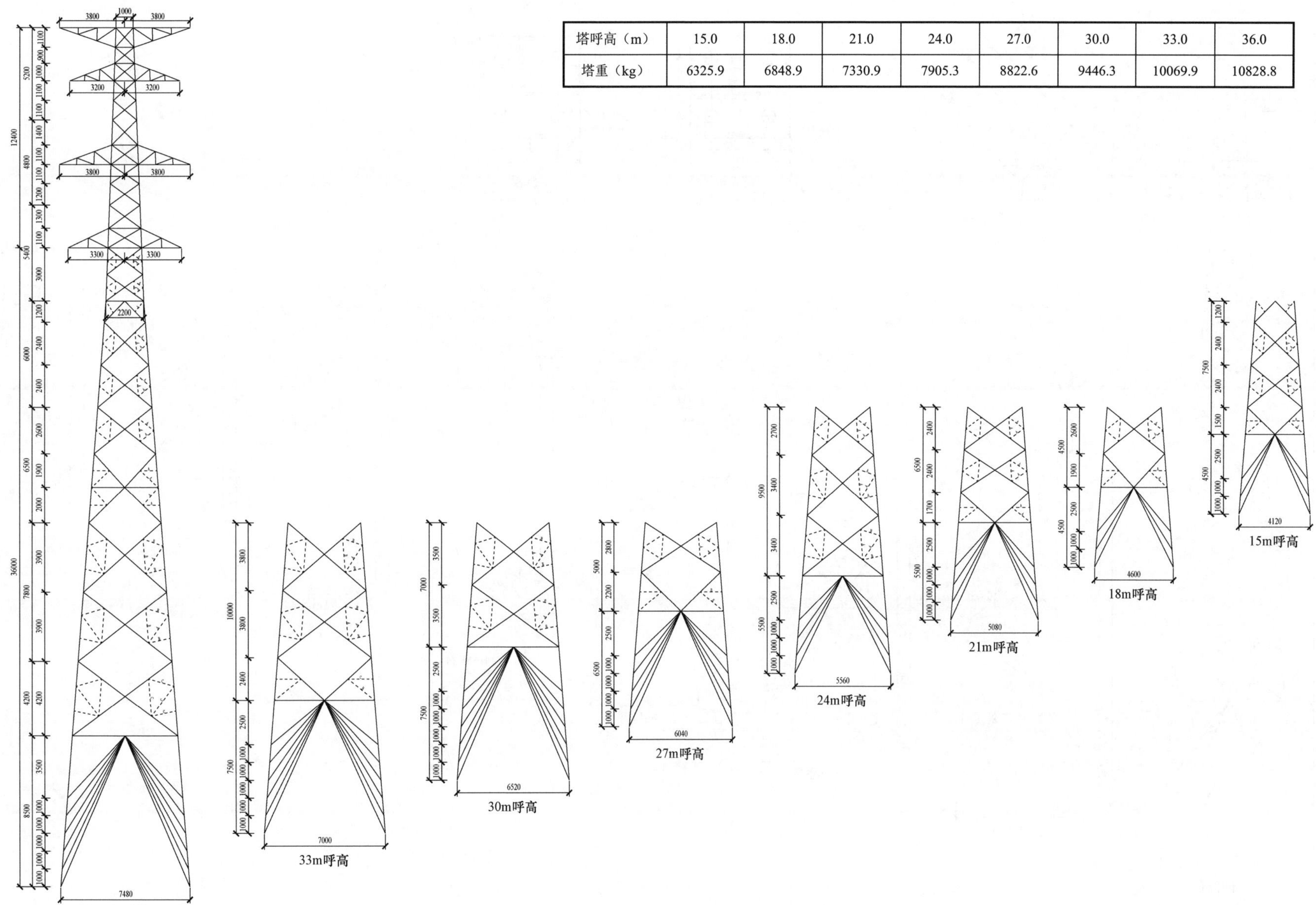

图 13－4　110－DD21S－ZC2 塔单线图

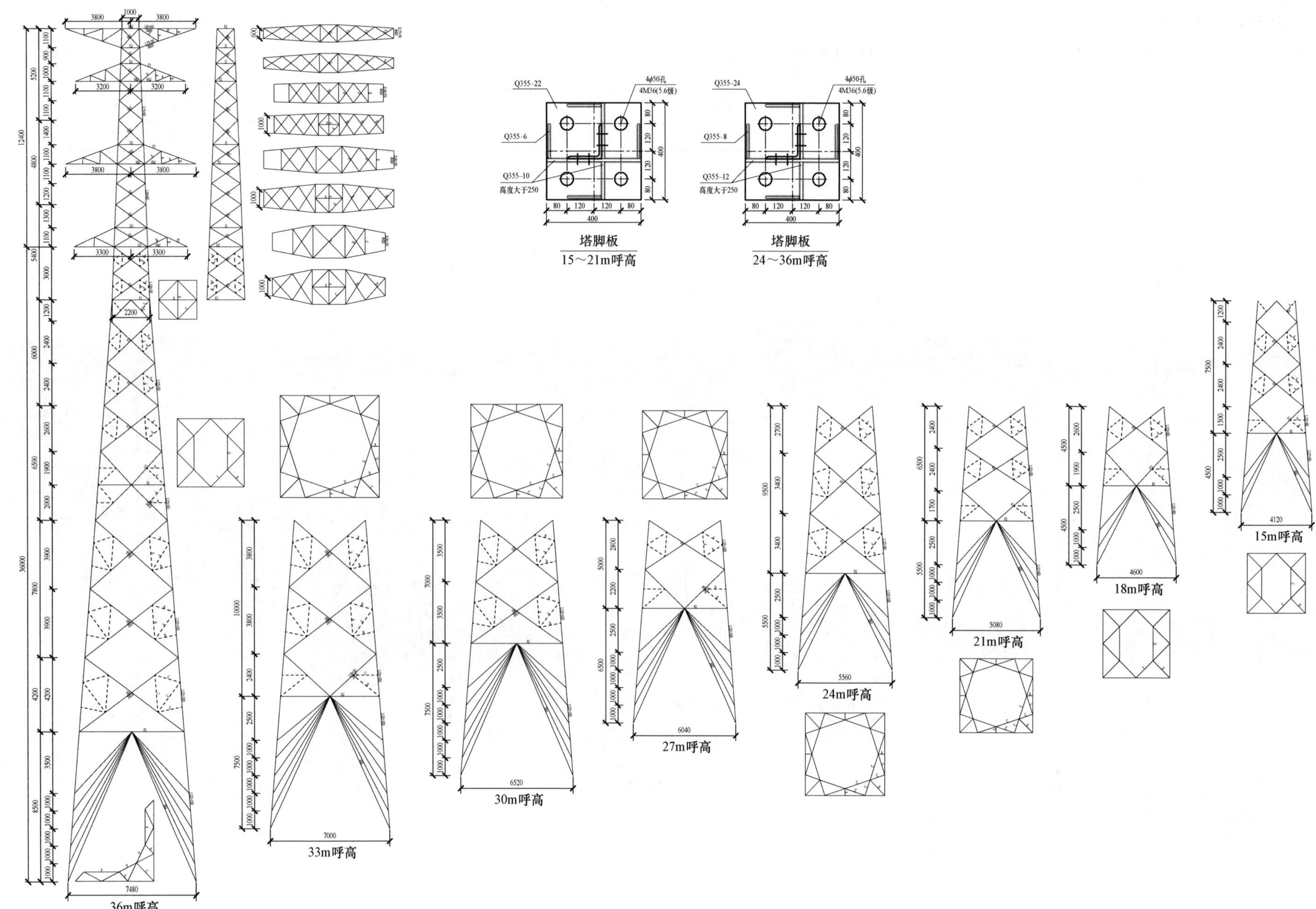

图 13－5　110－DD21S－ZC2 塔司令图

13.5 110－DD21S－ZC3 塔

13.5.1 设计条件

110－DD21S－ZC3 塔导线型号及张力、使用条件、荷载见表 13－13～表 13－15。

表 13－13　　导线型号及张力

电压等级									
电压等级	110kV	导线型号	1×JL3/G1A－300/40	最大使用张力（kN）	35.09	断线张力取值（%）	50	不均匀覆冰不平衡张力取值（%）	10
		地线型号	JLB20A－100	最大使用张力（kN）	33.80	断线张力取值（%）	100	不均匀覆冰不平衡张力取值（%）	20

表 13－14　　使用条件

使用条件	呼高（m）	水平档距（m）	垂直档距（m）	代表档距（m）	转角度数（°）	K_v 值
数值	33	650	1000	250	0	0.60
	36	635	1000	250	0	0.60

表 13－15　　荷载表　　单位：N

气象条件（$t/v/b$）			正常运行情况			事故情况		安装情况	不均匀冰
			基本风速	覆冰	最低气温	未断线	断线		
			10/27/0	－5/10/10	0/0/0	－5/0/10	－5/0/10	－5/10/0	－5/10/10
水平荷载	导线		11074	2825				1309	2825
	绝缘子及金具		613	87				73	87
	跳线串								
	8362		4181	8362				995	2962
垂直荷载	导线		12211	22551	11101	22551	22551	11101	19966
	绝缘子及金具		1300	1888	1300	1888	1888	1300	1888
	跳线串								
	地线		9125	25137	7300	25137	25137	7300	21134
张力	导线	一侧					17548	29338	3510
		另一侧					0	29338	3510
		张力差					17548	0	0
	地线	一侧					33800	32672	6760
		另一侧					0	32672	6760
		张力差					33800	0	0

注：导线水平荷载为下相导线荷载，表中（$t/v/b$）单位分别为：°、m/s、mm。

13.5.2 根开尺寸及基础作用力

110－DD21S－ZC3 塔的根开尺寸及基础作用力见表 13－16 和表 13－17。

表 13－16　　根开尺寸

呼高（m）	基础根开（mm）		地脚螺栓根开（mm）		地脚螺栓规格（5.6 级）
	正面根开	侧面根开	正面根开	侧面根开	
15	4500	4500	240	240	4M36
18	5040	5040	240	240	4M36
21	5580	5580	240	240	4M36
24	6120	6120	240	240	4M36
27	6660	6660	240	240	4M36
30	7200	7200	240	240	4M36
33	7740	7740	240	240	4M36
36	8280	8280	240	240	4M36

表 13－17　　基础作用力

呼高（m）	基础作用力（kN）					
	T_{max}	T_x	T_y	N_{max}	N_x	N_y
15	435	－49	－43	－514	－58	－48
18	440	－50	－43	－522	－58	－49
21	462	－53	－46	－547	－62	－52
24	465	－53	－50	－554	－63	－57
27	503	－60	－54	－596	－69	－61
30	520	－62	－56	－616	－72	－63
33	523	－62	－61	－623	－74	－69
36	528	－62	－60	－631	－73	－69

13.5.3 单线图及司令图

110－DD21S－ZC3 塔单线图如 13－6 所示，司令图如图 13－7 所示。

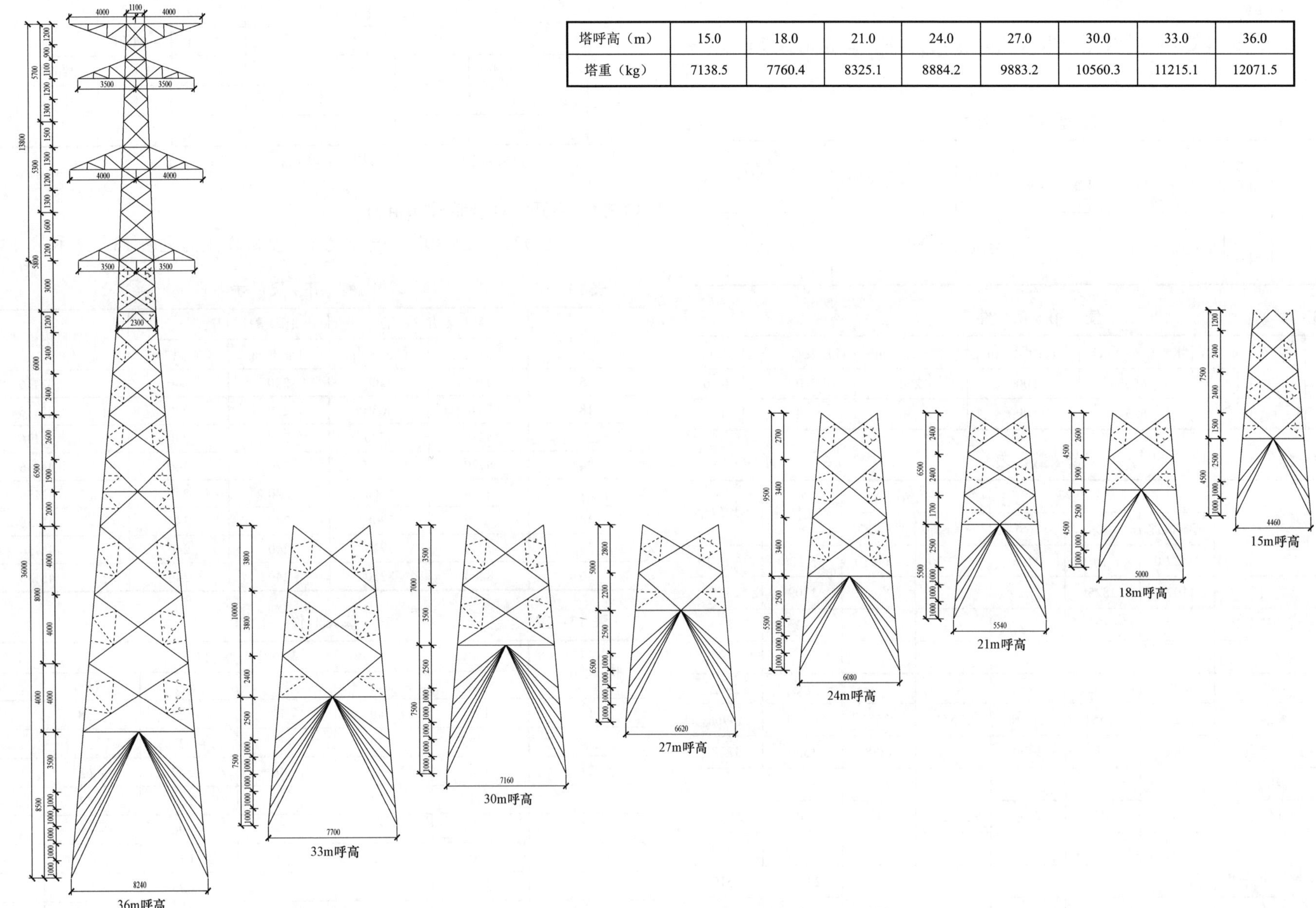

塔呼高（m）	15.0	18.0	21.0	24.0	27.0	30.0	33.0	36.0
塔重（kg）	7138.5	7760.4	8325.1	8884.2	9883.2	10560.3	11215.1	12071.5

图 13－6　110－DD21S－ZC3 塔单线图

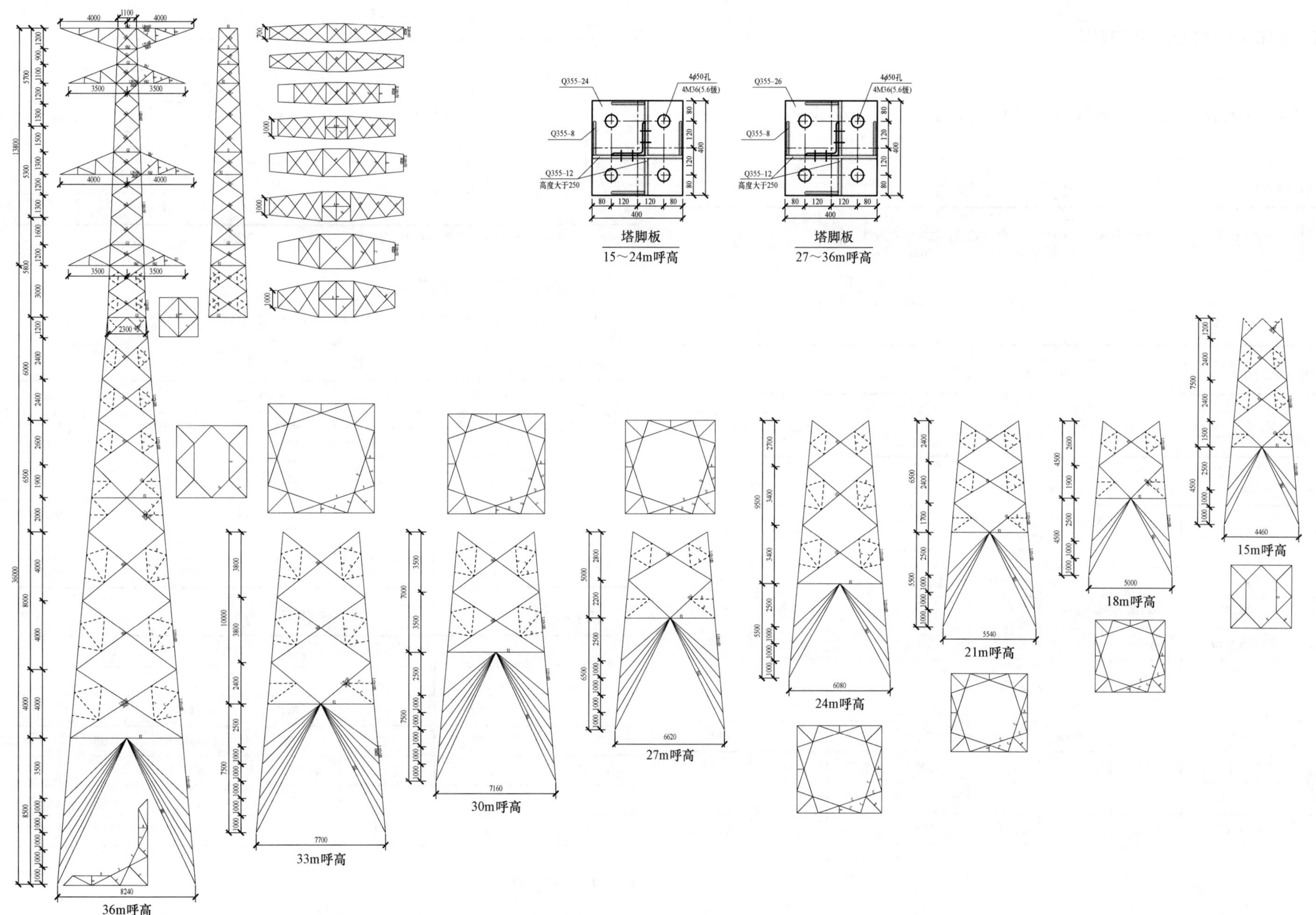

图 13-7　110-DD21S-ZC3 塔司令图

13.6 110－DD21S－ZCK 塔

13.6.1 设计条件

110－DD21S－ZCK 塔导线型号及张力、使用条件、荷载见表 13－18～表 13－20。

表 13－18　导线型号及张力

电压等级	110kV	导线型号	1×JL3/G1A－300/40	最大使用张力（kN）	35.09	断线张力取值（%）	50	不均匀覆冰不平衡张力取值（%）	10
		地线型号	JLB20A－100	最大使用张力（kN）	33.80	断线张力取值（%）	100	不均匀覆冰不平衡张力取值（%）	20

表 13－19　使用条件

使用条件	呼高（m）	水平档距（m）	垂直档距（m）	代表档距（m）	转角度数（°）	K_v 值
数值	51	480	700	250	0	0.70

表 13－20　荷载表　单位：N

气象条件（t/v/b）			正常运行情况			事故情况		安装情况	不均匀冰
			基本风速	覆冰	最低气温	未断线	断线		
			10/27/0	－5/10/10	0/0/0	－5/0/10	－5/0/10	－5/10/0	－5/10/10
水平荷载	导线		9410	2435				1116	2435
	绝缘子及金具		682	97				81	97
	跳线串								
	地线		6750	3407				803	2414
垂直荷载	导线		8548	15786	7771	15786	15786	7771	13976
	绝缘子及金具		1300	1888	1300	1888	1888	1300	1888
	跳线串								
	地线		6387	17596	5110	17596	17596	5110	14794
张力	导线	一侧					17548	29338	3510
		另一侧					0	29338	3510
		张力差					17548	0	0
	地线	一侧					33800	32672	6760
		另一侧					0	32672	6760
		张力差					33800	0	0

续表

注：导线水平荷载为下相导线荷载，表中（t/v/b）单位分别为：°、m/s、mm。

13.6.2 根开尺寸及基础作用力

110－DD21S－ZCK 塔的根开尺寸及基础作用力见表 13－21 和表 13－22。

表 13－21　根开尺寸

呼高（m）	基础根开（mm）		地脚螺栓根开（mm）		地脚螺栓规格（5.6 级）
	正面根开	侧面根开	正面根开	侧面根开	
39	8350	8350	270	270	4M42
42	8860	8860	270	270	4M42
45	9370	9370	270	270	4M42
48	9880	9880	270	270	4M42
51	10390	10390	270	270	4M42

表 13－22　基础作用力

呼高（m）	基础作用力（kN）					
	T_{max}	T_x	T_y	N_{max}	N_x	N_y
39	539	－67	－63	－636	－77	－70
42	557	－70	－65	－658	－80	－73
45	567	－71	－66	－675	－82	－74
48	578	－71	－66	－692	－82	－75
51	586	－72	－66	－705	－84	－76

13.6.3 单线图及司令图

110－DD21S－ZCK 塔单线图如图 13－8 所示，司令图如图 13－9 所示。

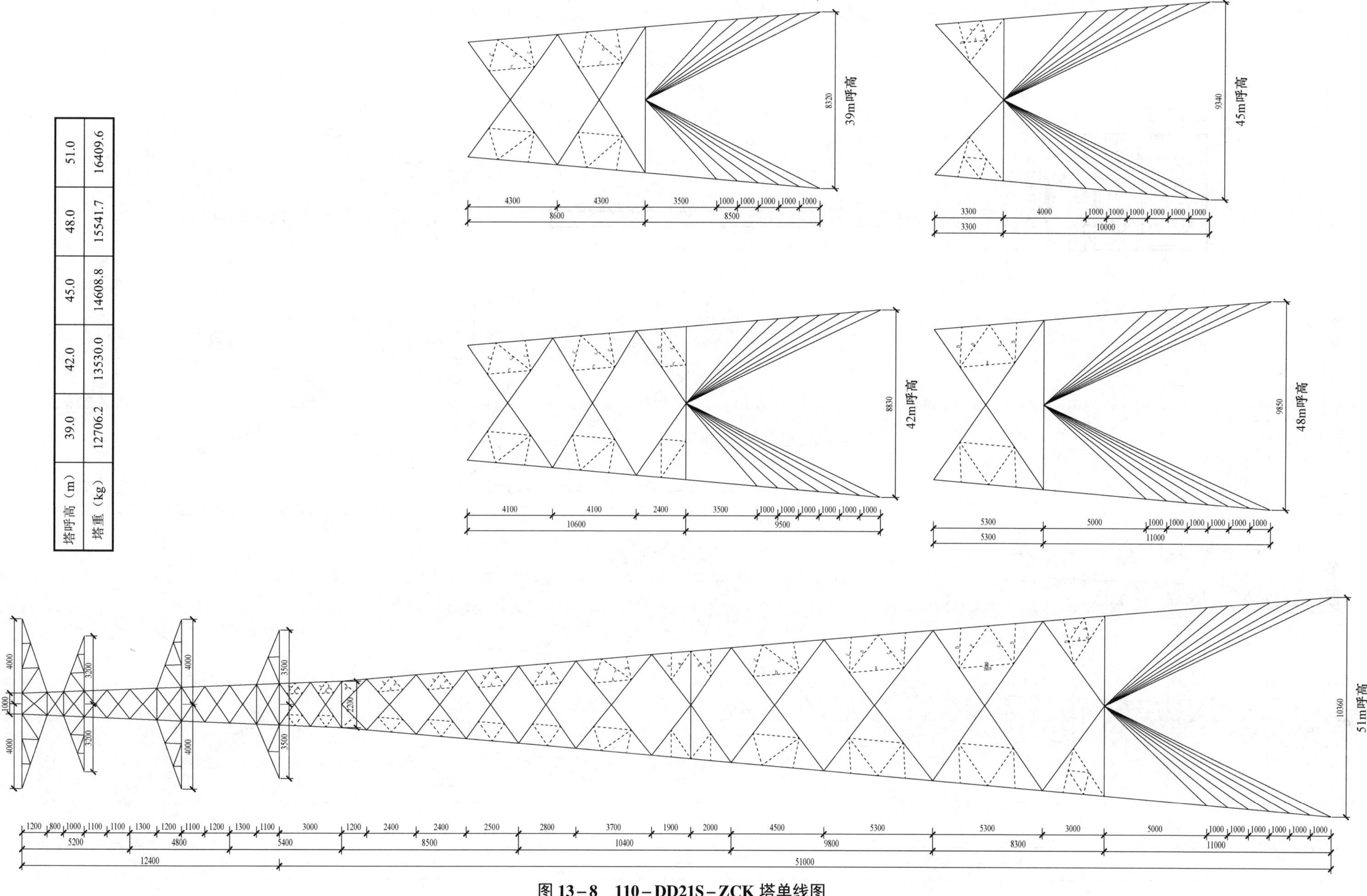

塔呼高（m）	39.0	42.0	45.0	48.0	51.0
塔重（kg）	12706.2	13530.0	14608.8	15541.7	16409.6

图 13-8　110-DD21S-ZCK 塔单线图

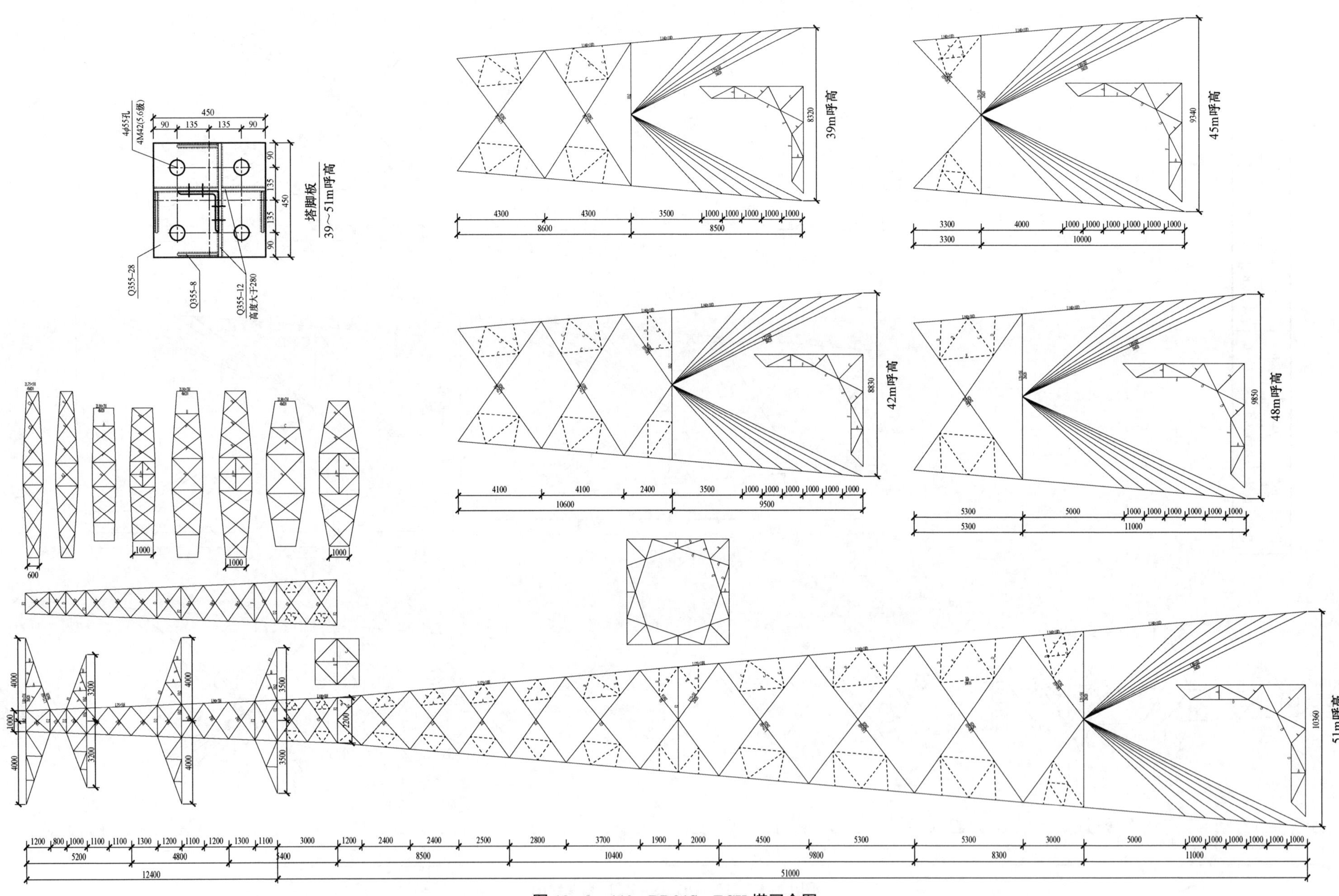

图 13-9　110-DD21S-ZCK 塔司令图

13.7 110－DD21S－ZCR 塔

13.7.1 设计条件

110－DD21S－ZCR 塔导线型号及张力、使用条件、荷载见表 13－23～表 13－25。

表 13－23　　导 线 型 号 及 张 力

电压等级	110kV	导线型号	1×JL3/G1A－300/40	最大使用张力（kN）	35.09	断线张力取值（%）	50	不均匀覆冰不平衡张力取值（%）	10
		地线型号	JLB20A－100	最大使用张力（kN）	33.80	断线张力取值（%）	100	不均匀覆冰不平衡张力取值（%）	20

表 13－24　　使 用 条 件

使用条件	呼高（m）	水平档距（m）	垂直档距（m）	代表档距（m）	转角度数（°）	K_v 值
数值	30	480	700	250	0	0.70
	33	465	700	250	0	0.70
	36	450	700	250	0	0.70

表 13－25　　荷 载 表　　单位：N

气象条件（t/v/b）			正常运行情况			事故情况		安装情况	不均匀冰
			基本风速	覆冰	最低气温	未断线	断线		
			10/27/0	－5/10/10	0/0/0	－5/0/10	－5/0/10	－5/10/0	－5/10/10
水平荷载	导线		8387	2156				993	2156
	绝缘子及金具		613	87				73	87
	跳线串								
	地线		6227	3130				741	2217
垂直荷载	导线		8548	15786	7771	15786	15786	7771	13976
	绝缘子及金具		1300	1888	1300	1888	1888	1300	1888
	跳线串								
	地线		6387	17596	5110	17596	17596	5110	14794
张力	导线	一侧					17548	29338	3510
		另一侧					0	29338	3510
		张力差					17548	0	0
	地线	一侧					33800	32672	6760
		另一侧					0	32672	6760
		张力差					33800	0	0

注：导线水平荷载为下相导线荷载，表中（t/v/b）单位分别为：°、m/s、mm。

13.7.2 根开尺寸及基础作用力

110－DD21S－ZCR 塔的根开尺寸及基础作用力见表 13－26 和表 13－27。

表 13－26　　根 开 尺 寸

呼高（m）	基础根开（mm）		地脚螺栓根开（mm）		地脚螺栓规格（5.6 级）
	正面根开	侧面根开	正面根开	侧面根开	
15	4160	4160	240	240	4M36
18	4640	4640	240	240	4M36
21	5120	5120	240	240	4M36
24	5600	5600	240	240	4M36
27	6080	6080	240	240	4M36
30	6560	6560	240	240	4M36
33	7040	7040	240	240	4M36
36	7520	7520	240	240	4M36

表 13－27　　基 础 作 用 力

呼高（m）	基础作用力（kN）					
	T_{max}	T_x	T_y	N_{max}	N_x	N_y
15	400	－44	－40	－470	－51	－44
18	416	－46	－41	－490	－53	－46
21	439	－49	－45	－516	－57	－50
24	450	－50	－46	－531	－58	－51
27	486	－56	－53	－570	－64	－58
30	510	－59	－57	－598	－68	－63
33	517	－60	－57	－610	－70	－63
36	526	－59	－56	－622	－69	－63

13.7.3 单线图及司令图

110－DD21S－ZCR 塔单线图如图 13－10 所示，司令图如图 13－11 所示。

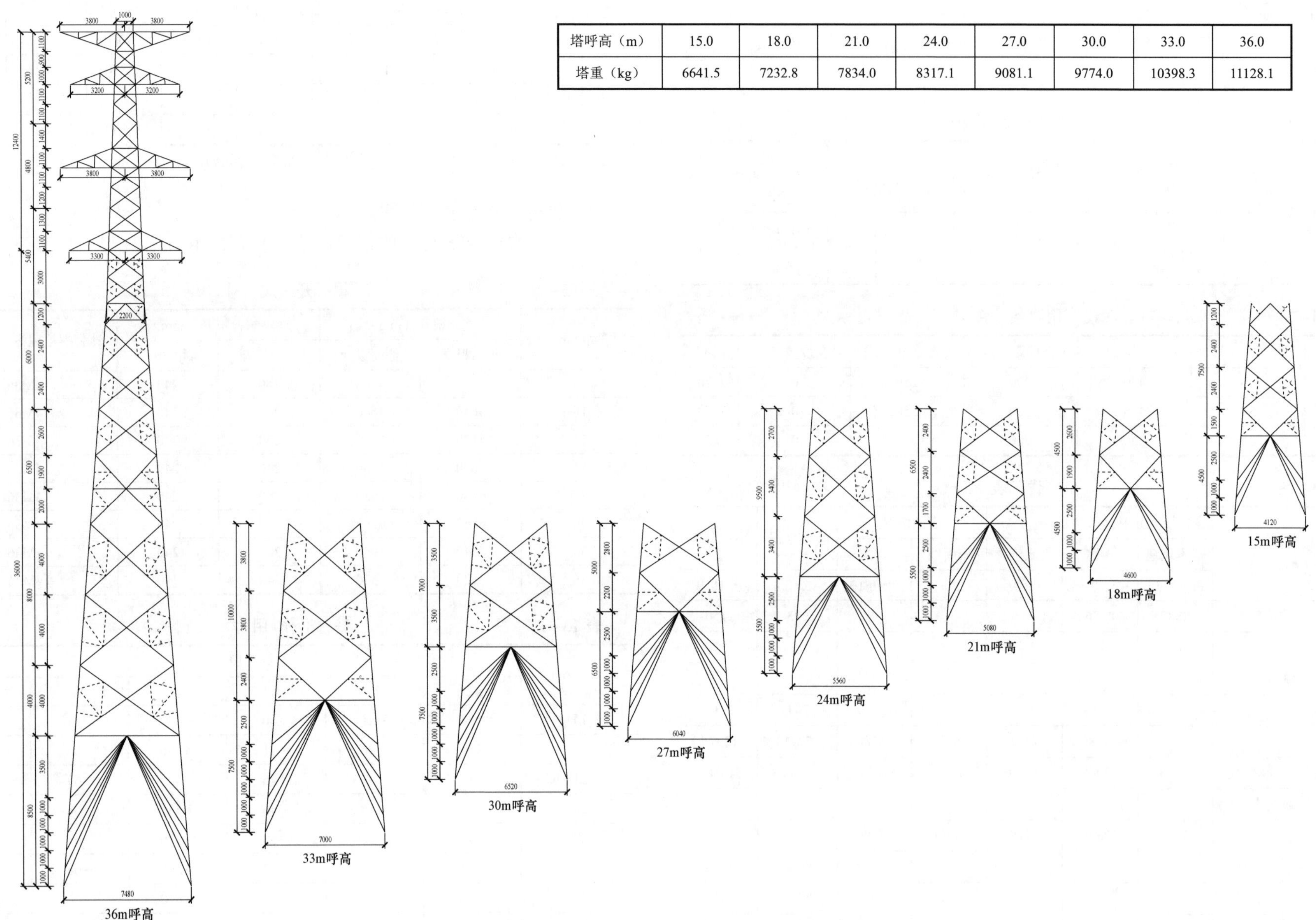

塔呼高（m）	15.0	18.0	21.0	24.0	27.0	30.0	33.0	36.0
塔重（kg）	6641.5	7232.8	7834.0	8317.1	9081.1	9774.0	10398.3	11128.1

图 13－10 110－DD21S－ZCR 塔单线图

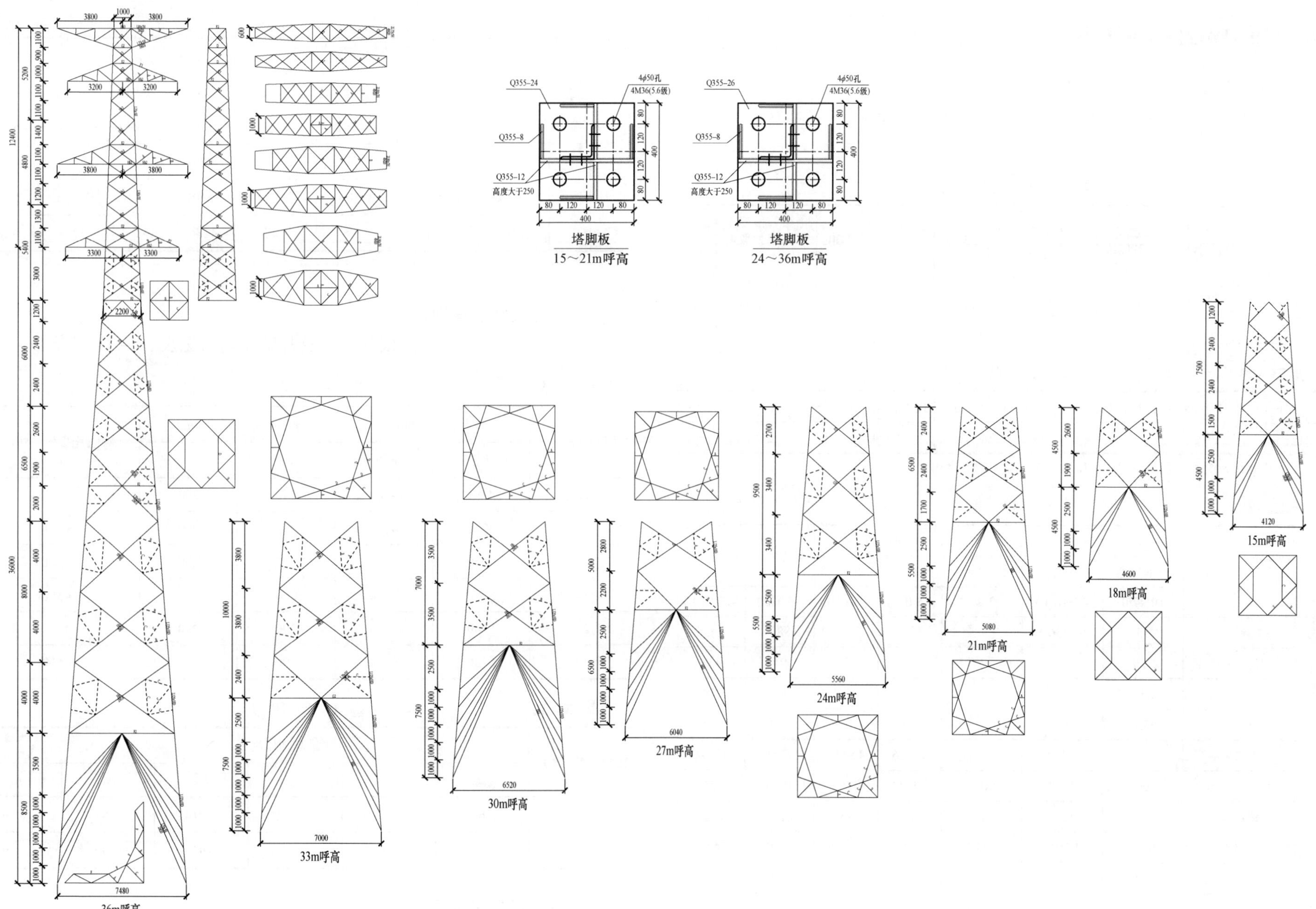

图 13－11　110－DD21S－ZCR 塔司令图

13.8 110－DD21S－JC1 塔

13.8.1 设计条件

110－DD21S－JC1 塔导线型号及张力、使用条件、荷载见表 13－28～表 13－30。

表 13－28　导 线 型 号 及 张 力

电压等级	110kV	导线型号	1×JL3/G1A－300/40	最大使用张力（kN）	35.09	断线张力取值（%）	100	不均匀覆冰不平衡张力取值（%）	30
		地线型号	JLB20A－100	最大使用张力（kN）	33.80	断线张力取值（%）	100	不均匀覆冰不平衡张力取值（%）	40

表 13－29　使 用 条 件

使用条件	呼高（m）	水平档距（m）	垂直档距（m）	代表档距（m）	转角度数（°）	K_v 值
数值	30	450	700	200/450	0～20	—

注：上拔侧按 50%垂直档距考虑，下压侧按 80%垂直档距考虑。

表 13－30　荷 载 表　单位：N

气象条件（$t/v/b$）			正常运行情况			事故情况		安装情况	不均匀冰
			基本风速	覆冰	最低气温	未断线	断线		
			10/27/0	－5/10/10	0/0/0	－5/0/10	－5/0/10	－5/10/0	－5/10/10
水平荷载	导线		7551	1936				889	1936
	绝缘子及金具		789	113				94	113
	跳线串		517	88				61	88
	地线		5593	2811				664	1991
垂直荷载	导线		8548	15786	7771	15786	15786	7771	13976
	绝缘子及金具		3000	4059	3000	4059	4059	3000	4059
	跳线串		1567	2153	1567	2153	2153	2153	2153
	地线		6387	17596	5110	17596	17596	5110	14794
张力	导线	一侧	28267	35097	21479	35097	35097	24416	35097
		另一侧	27175	34928	29116	34928	0	31697	34928
		张力差	1092	169	7637	169	35097	7281	169

续表

气象条件（$t/v/b$）			正常运行情况			事故情况		安装情况	不均匀冰
			基本风速	覆冰	最低气温	未断线	断线		
			10/27/0	－5/10/10	0/0/0	－5/0/10	－5/0/10	－5/10/0	－5/10/10
张力	地线	一侧	27543	40787	24507	40787	33800	26432	40787
		另一侧	28982	36501	31990	36501	0	34171	36501
		张力差	1439	4286	7483	4286	33800	7739	4286

注：导线水平导线荷载为下相导线荷载，表中（$t/v/b$）单位分别为：°、m/s、mm。

13.8.2 根开尺寸及基础作用力

110－DD21S－JC1 塔的根开尺寸及基础作用力见表 13－31 和表 13－32。

表 13－31　根　开　尺　寸

呼高（m）	基础根开（mm）		地脚螺栓根开（mm）		地脚螺栓规格（5.6 级）
	正面根开	侧面根开	正面根开	侧面根开	
15	4281	4281	290	290	4M48
18	4771	4771	290	290	4M48
21	5260	5260	290	290	4M48
24	5750	5750	290	290	4M48
27	6240	6240	290	290	4M48
30	6730	6730	290	290	4M48

表 13－32　基 础 作 用 力

转角度数（°）	基础作用力（kN）					
	T_{max}	T_x	T_y	N_{max}	N_x	N_y
0～10	760	－69	－75	－914	－85	－86
10～20	830	－91	－77	－961	－90	－89

13.8.3 单线图及司令图

110－DD21S－JC1 塔单线图如图 13－12 所示，司令图如图 13－13 所示。

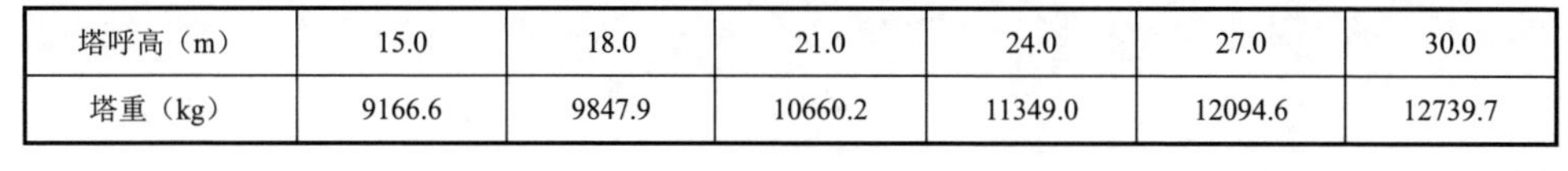

塔呼高（m）	15.0	18.0	21.0	24.0	27.0	30.0
塔重（kg）	9166.6	9847.9	10660.2	11349.0	12094.6	12739.7

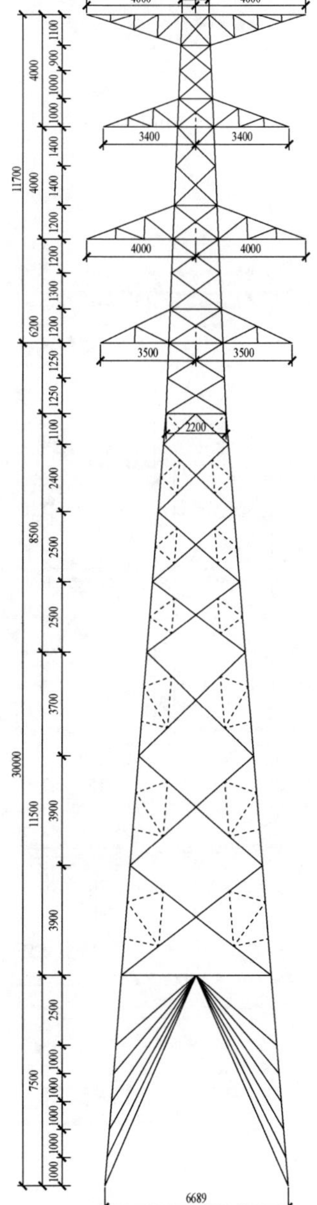

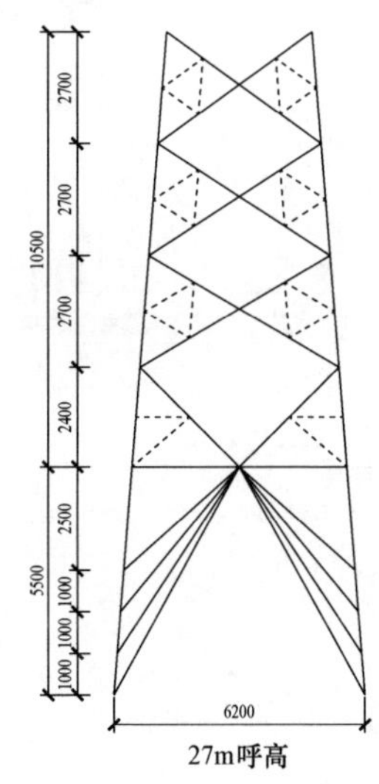

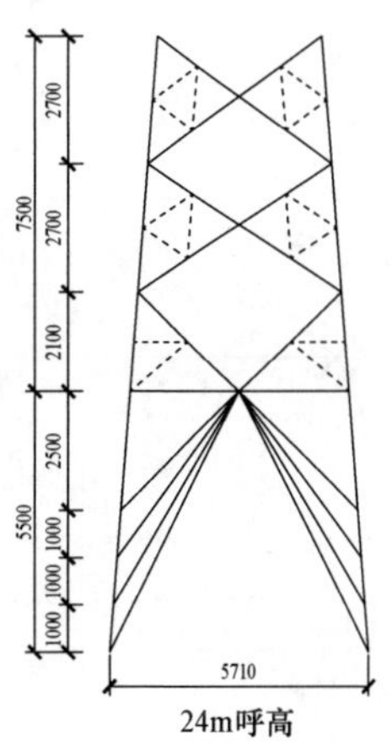

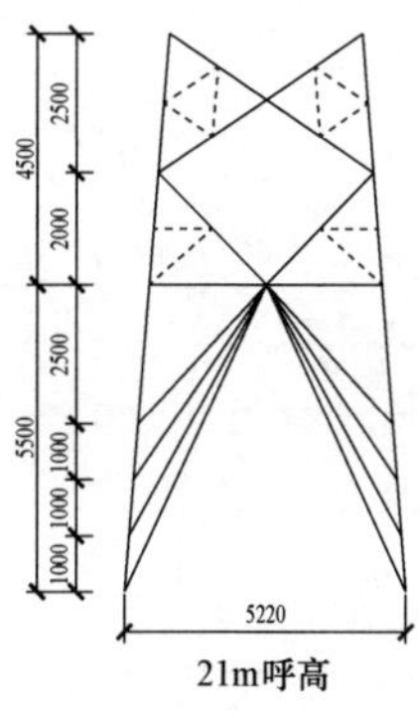

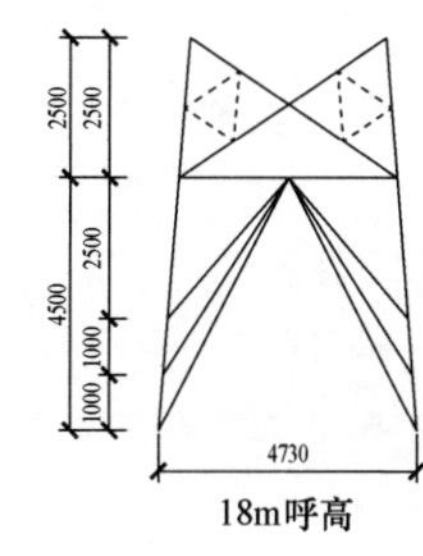

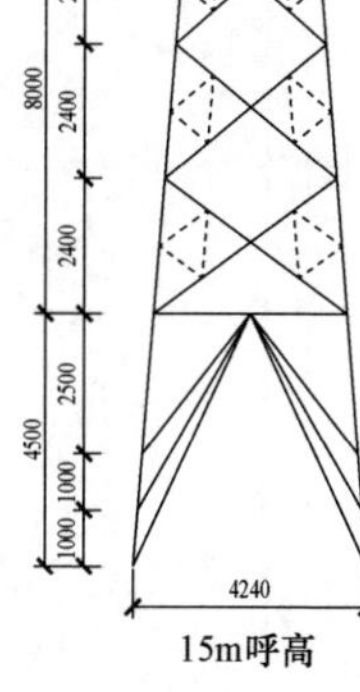

图 13-12　110-DD21S-JC1 塔单线图

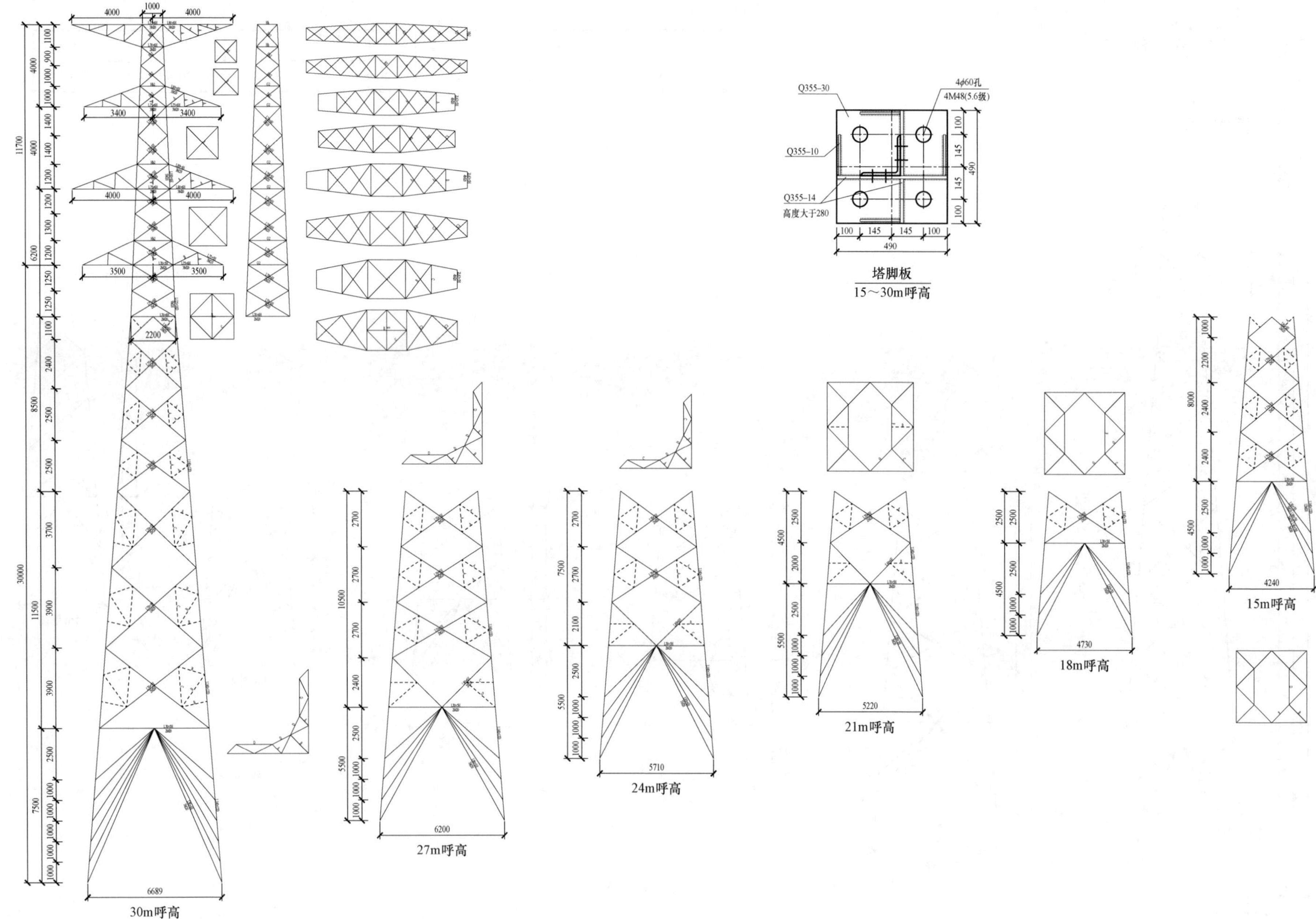

图 13－13　110－DD21S－JC1 塔司令图

13.9 110-DD21S-JC2塔

13.9.1 设计条件

110-DD21S-JC2塔导线型号及张力、使用条件、荷载见表13-33～表13-35。

表13-33　　导线型号及张力

电压等级	110kV	导线型号	1×JL3/G1A-300/40	最大使用张力(kN)	35.09	断线张力取值（%）	100	不均匀覆冰不平衡张力取值（%）	30
		地线型号	JLB20A-100	最大使用张力(kN)	33.80	断线张力取值（%）	100	不均匀覆冰不平衡张力取值（%）	40

表13-34　　使用条件

使用条件	呼高（m）	水平档距（m）	垂直档距（m）	代表档距（m）	转角度数（°）	K_v值
数值	30	450	700	200/450	20～40	—

注：上拔侧按50%垂直档距考虑，下压侧按80%垂直档距考虑。

表13-35　　荷载表　　单位：N

气象条件（t/v/b）			正常运行情况			事故情况		安装情况	不均匀冰
			基本风速	覆冰	最低气温	未断线	断线		
			10/27/0	-5/10/10	0/0/0	-5/0/10	-5/0/10	-5/10/0	-5/10/10
水平荷载	导线		7551	1936				889	1936
	绝缘子及金具		789	113				94	113
	跳线串		517	88				61	88
	地线		5593	2811				664	1991
垂直荷载	导线		8548	15786	7771	15786	15786	7771	13976
	绝缘子及金具		3000	4059	3000	4059	4059	3000	4059
	跳线串		1567	2153	1567	2153	2153	2153	2153
	地线		6387	17596	5110	17596	17596	5110	14794
张力	导线	一侧	28267	35097	21479	35097	35097	24416	35097
		另一侧	27175	34928	29116	34928	0	31697	34928
		张力差	1092	169	7637	169	35097	7281	169
	地线	一侧	27543	40787	24507	40787	33800	26432	40787
		另一侧	28982	36501	31990	36501	0	34171	36501
		张力差	1439	4286	7483	4286	33800	7739	4286

注：导线水平导线荷载为下相导线荷载，表中（t/v/b）单位分别为：°、m/s、mm。

13.9.2 根开尺寸及基础作用力

110-DD21S-JC2塔的根开尺寸及基础作用力见表13-36和表13-37。

表13-36　　根开尺寸

呼高（m）	基础根开（mm）		地脚螺栓根开（mm）		地脚螺栓规格（5.6级）
	正面根开	侧面根开	正面根开	侧面根开	
15	4480	4480	330	330	4M56
18	5020	5020	330	330	4M56
21	5560	5560	330	330	4M56
24	6100	6100	330	330	4M56
27	6640	6640	330	330	4M56
30	7180	7180	330	330	4M56

表13-37　　基础作用力

转角度数（°）	基础作用力（kN）					
	T_{max}	T_x	T_y	N_{max}	N_x	N_y
20～30	915/-616	-105	-91	-1009/462	-116	-98
30～40	1066/-592	-120	-106	-1160/443	-131	-113

13.9.3 单线图及司令图

110-DD21S-JC2塔单线图如图13-14所示，司令图如图13-15所示。

塔呼高（m）	15.0	18.0	21.0	24.0	27.0	30.0
塔重（kg）	9586.7	10362.8	11202.7	11970.2	12704.4	13712.6

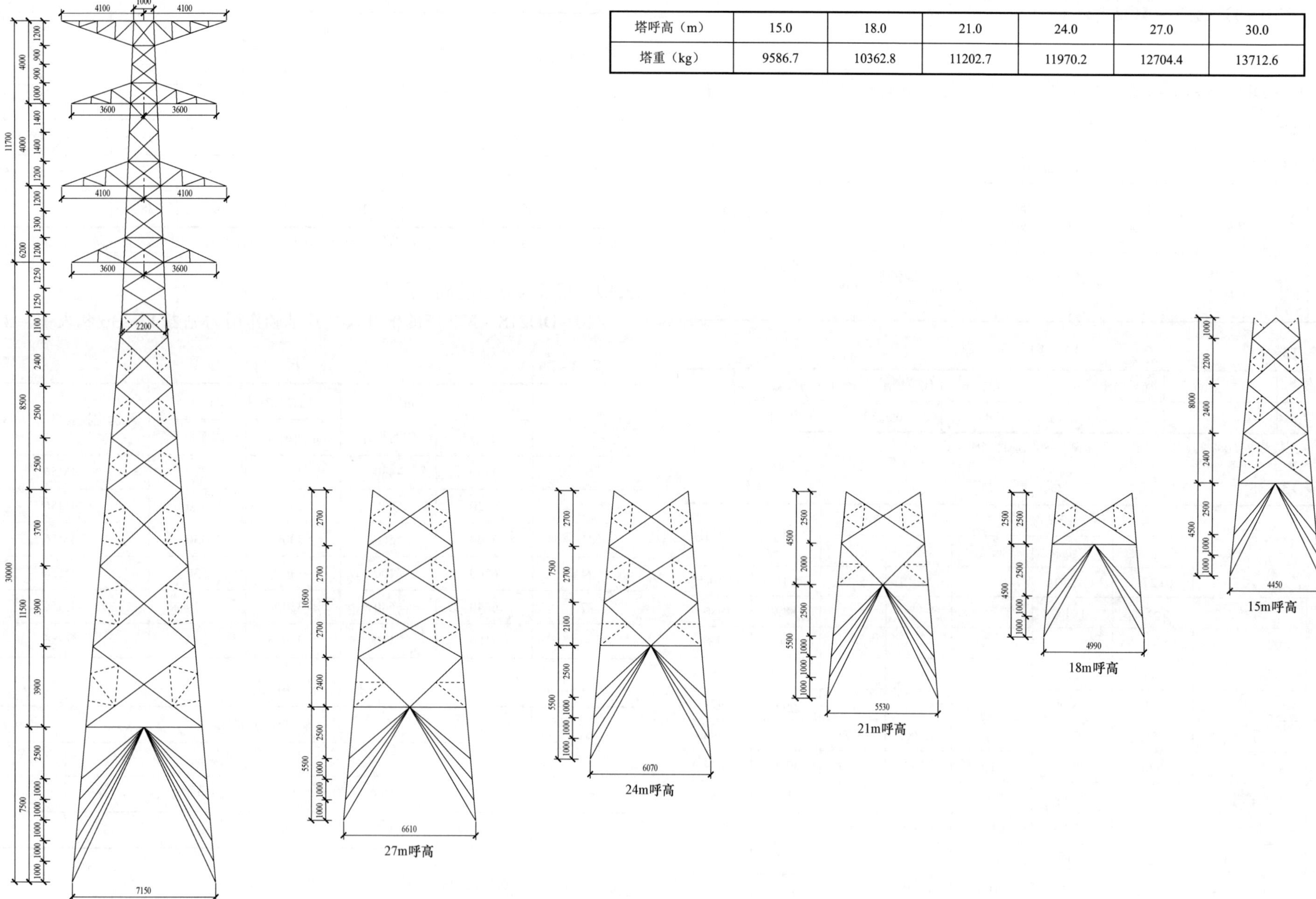

图 13-14　110-DD21S-JC2 塔单线图

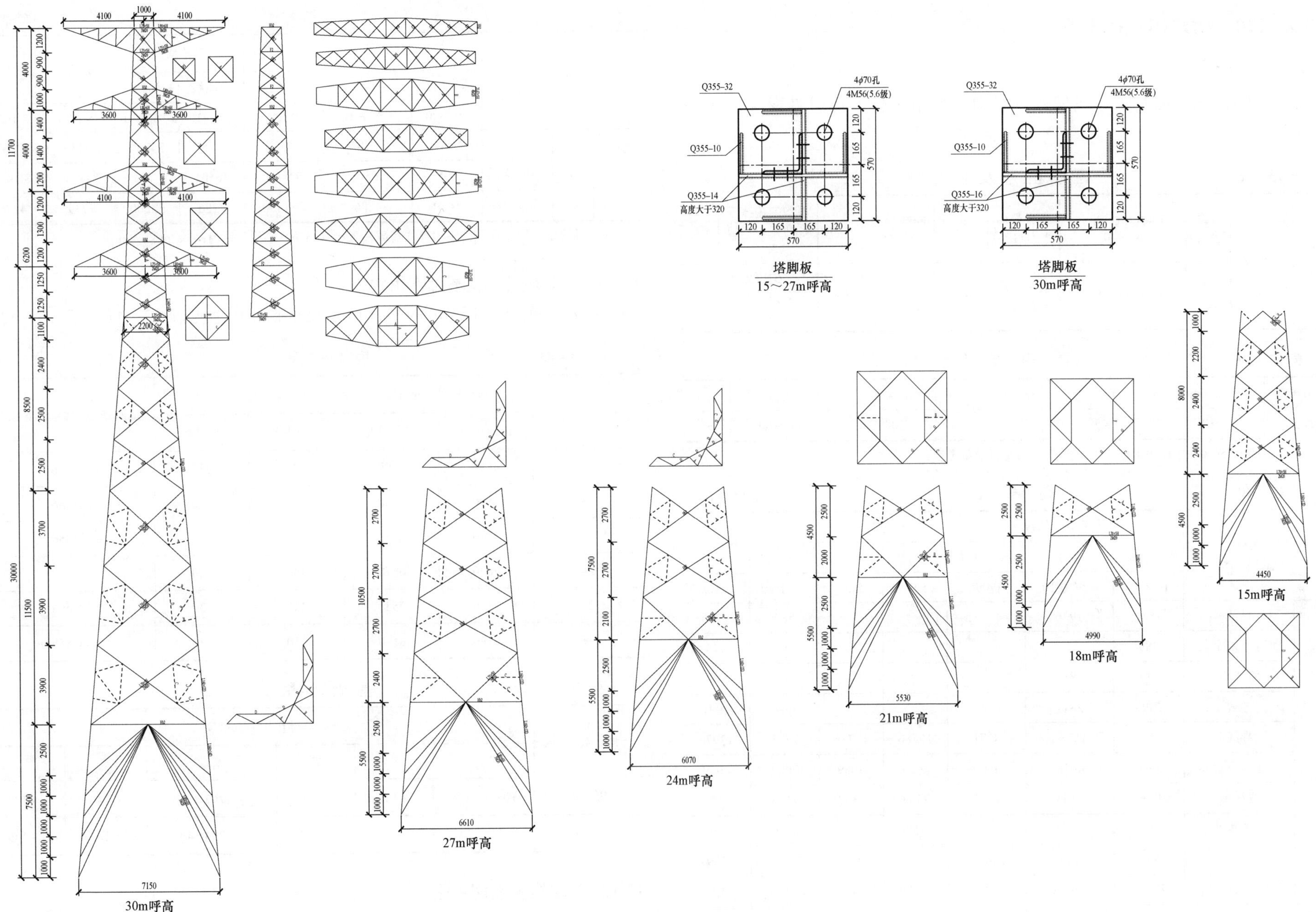

图 13-15　110-DD21S-JC2 塔司令图

13.10 110－DD21S－JC3 塔

13.10.1 设计条件

110－DD21S－JC3 塔导线型号及张力、使用条件、荷载见表 13－38～表 13－40。

表 13－38　　导 线 型 号 及 张 力

电压等级	110kV	导线型号	1×JL3/G1A－300/40	最大使用张力（kN）	35.09	断线张力取值（%）	100	不均匀覆冰不平衡张力取值（%）	30
		地线型号	JLB20A－100	最大使用张力（kN）	33.80	断线张力取值（%）	100	不均匀覆冰不平衡张力取值（%）	40

表 13－39　　使 用 条 件

使用条件	呼高（m）	水平档距（m）	垂直档距（m）	代表档距（m）	转角度数（°）	K_v 值
数值	30	450	700	200/450	40～60	—

注：上拔侧按 50%垂直档距考虑，下压侧按 80%垂直档距考虑。

表 13－40　　荷 载 表　　单位：N

气象条件（$t/v/b$）			正常运行情况			事故情况		安装情况	不均匀冰
			基本风速	覆冰	最低气温	未断线	断线		
			10/27/0	－5/10/10	0/0/0	－5/0/10	－5/0/10	－5/10/0	－5/10/10
水平荷载	导线		7551	1936				889	1936
	绝缘子及金具		789	113				94	113
	跳线串		517	88				61	88
	地线		5593	2811				664	1991
垂直荷载	导线		8548	15786	7771	15786	15786	7771	13976
	绝缘子及金具		3000	4059	3000	4059	4059	3000	4059
	跳线串		1567	2153	1567	2153	2153	2153	2153
	地线		6387	17596	5110	17596	17596	5110	14794
张力	导线	一侧	28267	35097	21479	35097	35097	24416	35097
		另一侧	27175	34928	29116	34928	0	31697	34928
		张力差	1092	169	7637	169	35097	7281	169

续表

气象条件（$t/v/b$）			正常运行情况			事故情况		安装情况	不均匀冰
			基本风速	覆冰	最低气温	未断线	断线		
			10/27/0	－5/10/10	0/0/0	－5/0/10	－5/0/10	－5/10/0	－5/10/10
张力	地线	一侧	27543	40787	24507	40787	33800	26432	40787
		另一侧	28982	36501	31990	36501	0	34171	36501
		张力差	1439	4286	7483	4286	33800	7739	4286

注：导线水平导线荷载为下相导线荷载，表中（$t/v/b$）单位分别为：°、m/s、mm。

13.10.2 根开尺寸及基础作用力

110－DD21S－JC3 塔的根开尺寸及基础作用力见表 13－41 和表 13－42。

表 13－41　　根 开 尺 寸

呼高（m）	基础根开（mm）		地脚螺栓根开（mm）		地脚螺栓规格（5.6 级）
	正面根开	侧面根开	正面根开	侧面根开	
15	4890	4890	330	330	4M56
18	5550	5550	330	330	4M56
21	6210	6210	330	330	4M56
24	6870	6870	330	330	4M56
27	7530	7530	330	330	4M56
30	8190	8190	330	330	4M56

表 13－42　　基 础 作 用 力

转角度数（°）	基础作用力（kN）					
	T_{max}	T_x	T_y	N_{max}	N_x	N_y
40～50	1088/－325	－136	－129	－1167/461	－148	－134
50～60	1215/－312	－151	－144	－1294/444	－163	－149

13.10.3 单线图及司令图

110－DD21S－JC3 塔单线图如图 13－16 所示，司令图如图 13－17 所示。

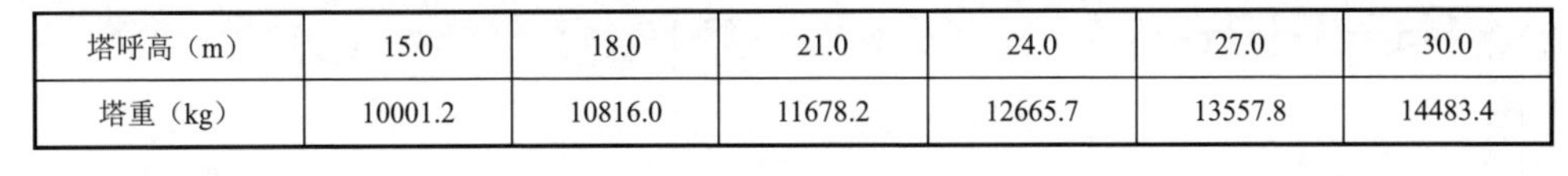

塔呼高（m）	15.0	18.0	21.0	24.0	27.0	30.0
塔重（kg）	10001.2	10816.0	11678.2	12665.7	13557.8	14483.4

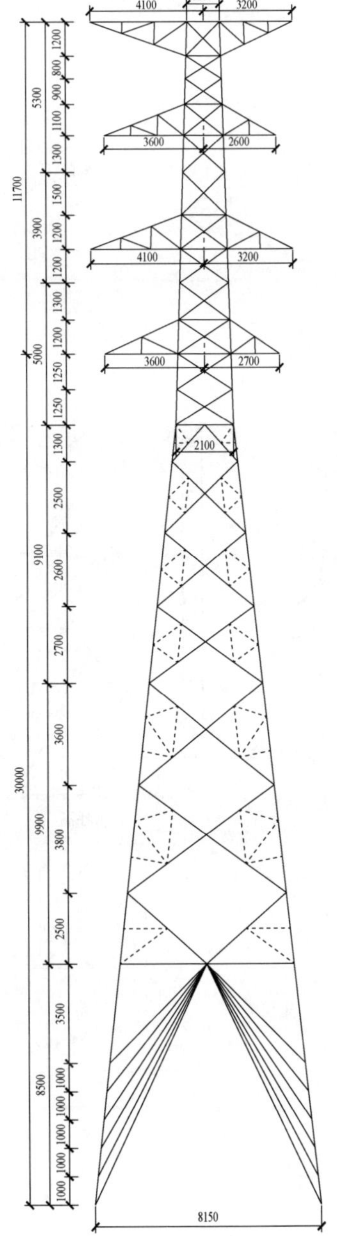

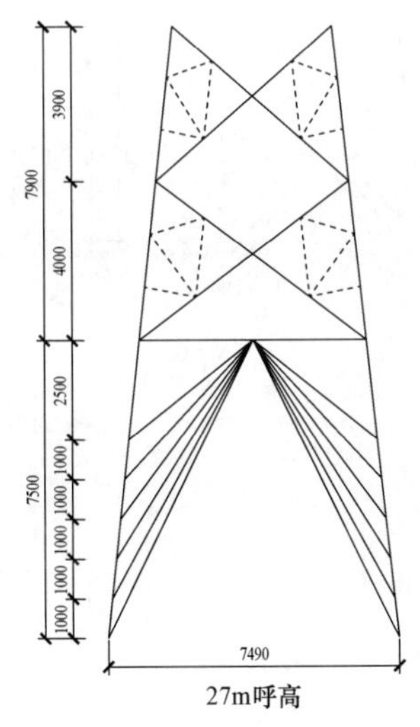

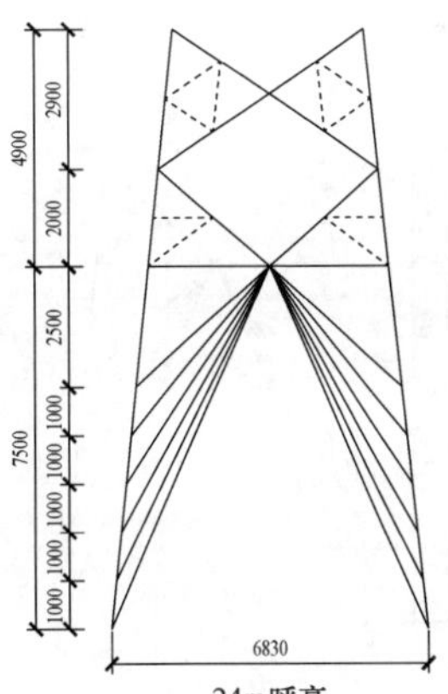

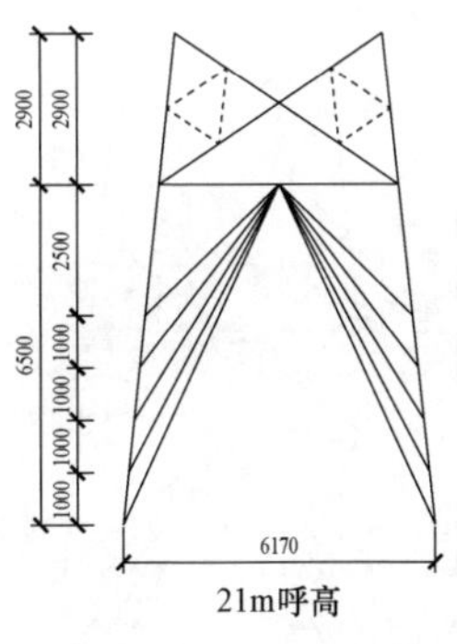

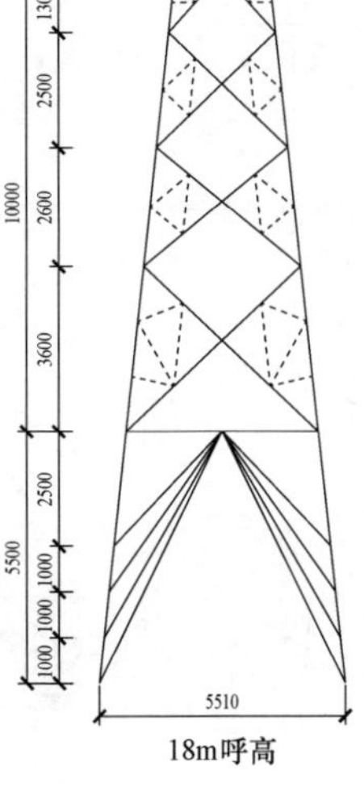

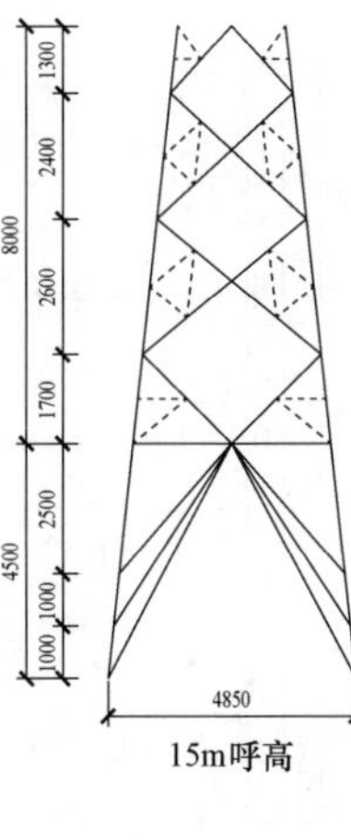

图 13-16　110-DD21S-JC3 塔单线图

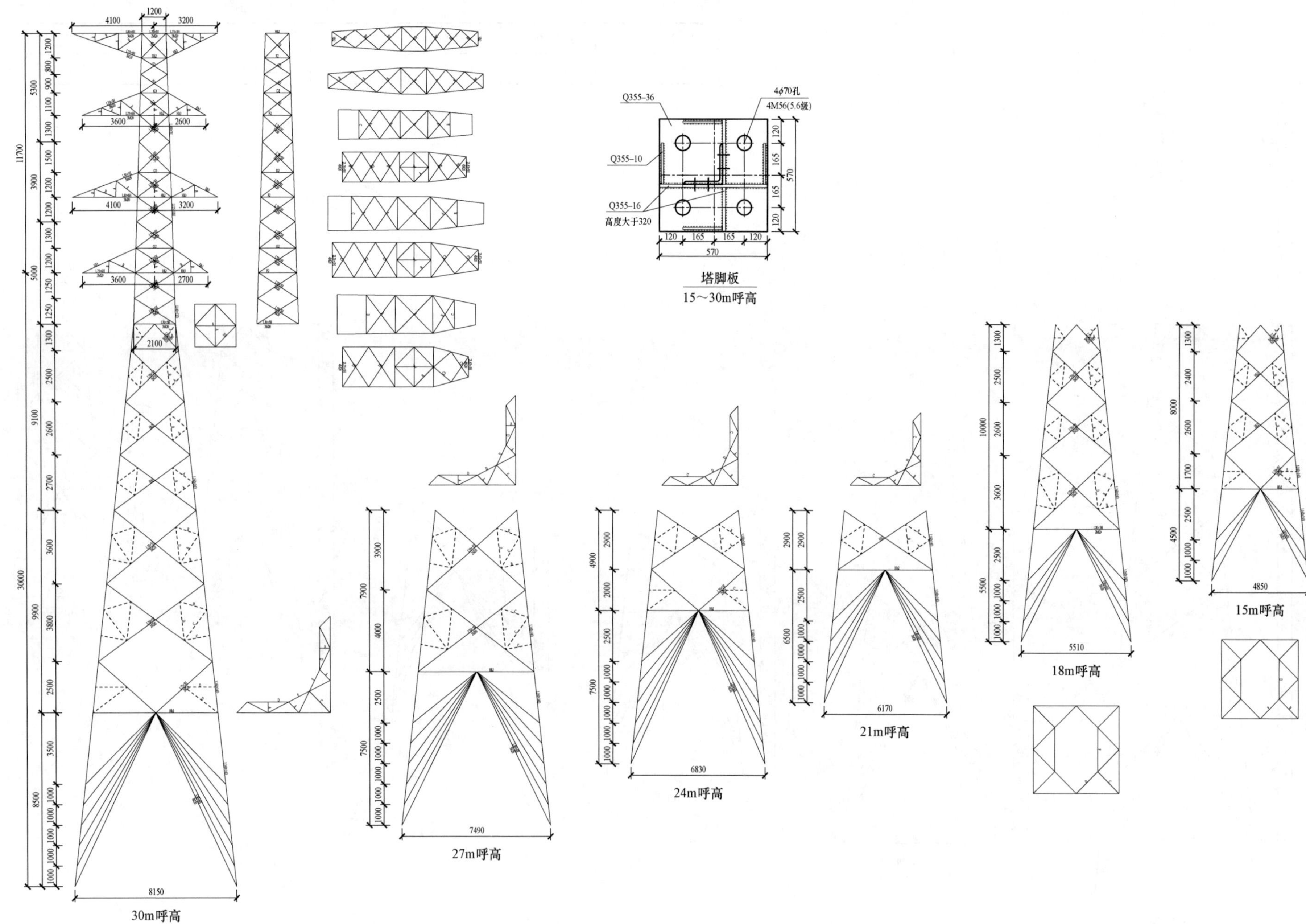

图 13-17　110-DD21S-JC3 塔司令图

13.11 110－DD21S－JC4 塔

13.11.1 设计条件

110－DD21S－JC4 塔导线型号及张力、使用条件、荷载见表 13－43～表 13－45。

表 13－43　　导线型号及张力

电压等级	110kV	导线型号	1×JL3/G1A－300/40	最大使用张力(kN)	35.09	断线张力取值（%）	100	不均匀覆冰不平衡张力取值（%）	30
		地线型号	JLB20A－100	最大使用张力(kN)	33.80	断线张力取值（%）	100	不均匀覆冰不平衡张力取值（%）	40

表 13－44　　使用条件

使用条件	呼高（m）	水平档距（m）	垂直档距（m）	代表档距（m）	转角度数（°）	K_v 值
数值	30	450	700	200/450	60～90	—

注：上拔侧按 50%垂直档距考虑，下压侧按 80%垂直档距考虑。

表 13－45　　荷载表　　单位：N

气象条件（$t/v/b$）			正常运行情况			事故情况		安装情况	不均匀冰
			基本风速	覆冰	最低气温	未断线	断线		
			10/27/0	－5/10/10	0/0/0	－5/0/10	－5/0/10	－5/10/0	－5/10/10
水平荷载	导线		7551	1936				889	1936
	绝缘子及金具		789	113				94	113
	跳线串		517	88				61	88
	地线		5593	2811				664	1991
垂直荷载	导线		8548	15786	7771	15786	15786	7771	13976
	绝缘子及金具		3000	4059	3000	4059	4059	3000	4059
	跳线串		1567	2153	1567	2153	2153	2153	2153
	地线		6387	17596	5110	17596	17596	5110	14794
张力	导线	一侧	28267	35097	21479	35097	35097	24416	35097
		另一侧	27175	34928	29116	34928	0	31697	34928
		张力差	1092	169	7637	169	35097	7281	169

续表

气象条件（$t/v/b$）			正常运行情况			事故情况		安装情况	不均匀冰
			基本风速	覆冰	最低气温	未断线	断线		
			10/27/0	－5/10/10	0/0/0	－5/0/10	－5/0/10	－5/10/0	－5/10/10
张力	地线	一侧	27543	40787	24507	40787	33800	26432	40787
		另一侧	28982	36501	31990	36501	0	34171	36501
		张力差	1439	4286	7483	4286	33800	7739	4286

注：导线水平导线荷载为下相导线荷载，表中（$t/v/b$）单位分别为：°、m/s、mm。

13.11.2 根开尺寸及基础作用力

110－DD21S－JC4 塔的根开尺寸及基础作用力见表 13－46 和表 13－47。

表 13－46　　根开尺寸

呼高（m）	基础根开（mm）		地脚螺栓根开（mm）		地脚螺栓规格（5.6 级）
	正面根开	侧面根开	正面根开	侧面根开	
15	5490	5490	330	330	4M56
18	6270	6270	330	330	4M56
21	7050	7050	330	330	4M56
24	7830	7830	330	330	4M56
27	8610	8610	330	330	4M56
30	9390	9390	330	330	4M56

表 13－47　　基础作用力

转角度数（°）	基础作用力（kN）					
	T_{max}	T_x	T_y	N_{max}	N_x	N_y
60～70	1166/－308	－164	－160	－1258/179	－172	－167
70～80	1270/－254	－171	－170	－1385/121	－188	－186
80～90	1393/－191	－187	－187	－1509/0	－204	－202

13.11.3 单线图及司令图

110－DD21S－JC4 塔单线图如图 13－18 所示，司令图如图 13－19 所示。

塔呼高（m）	15.0	18.0	21.0	24.0	27.0	30.0
塔重（kg）	10951.7	11875.0	12933.2	14033.5	15035.0	16186.8

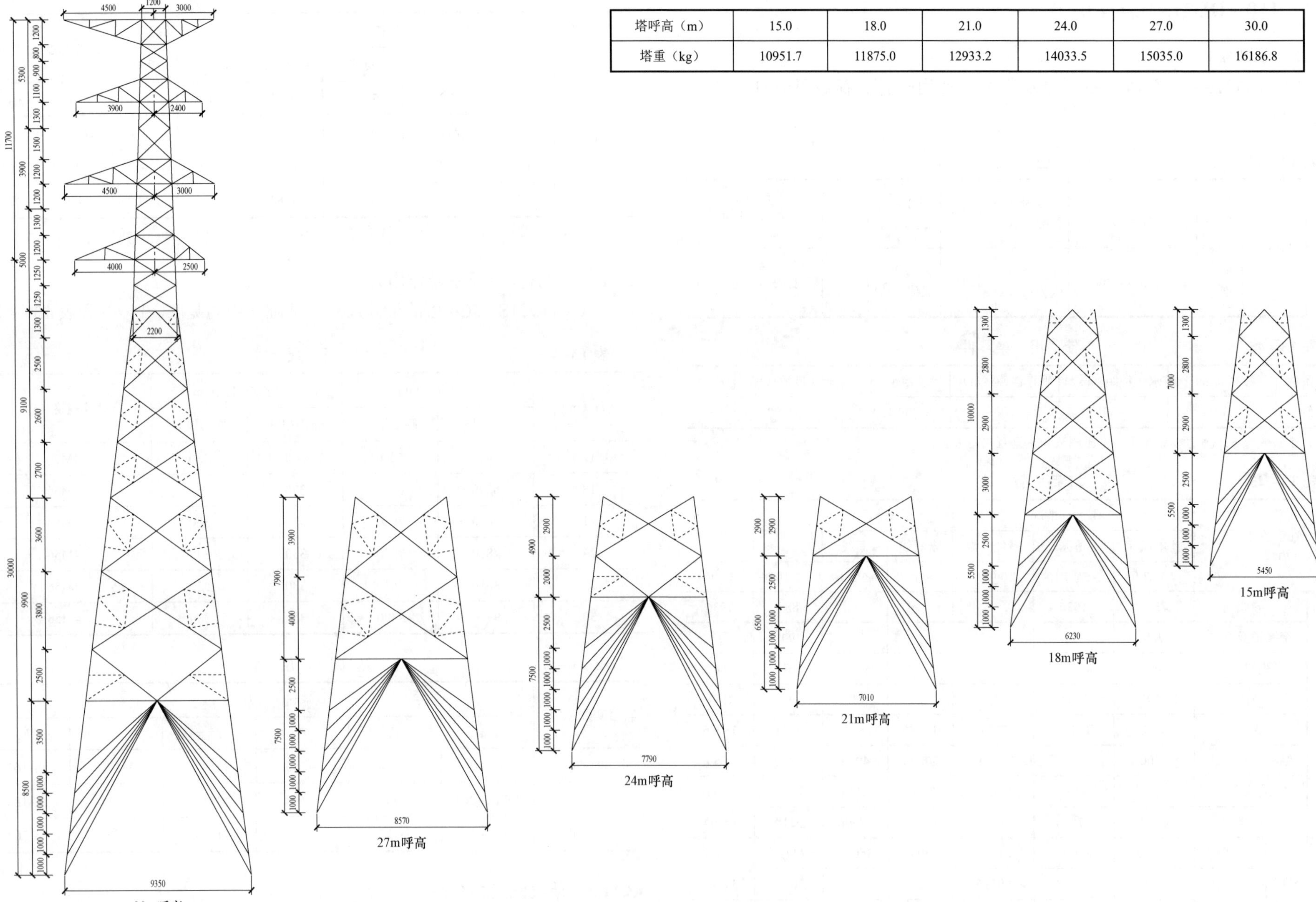

图 13－18　110－DD21S－JC4 塔单线图

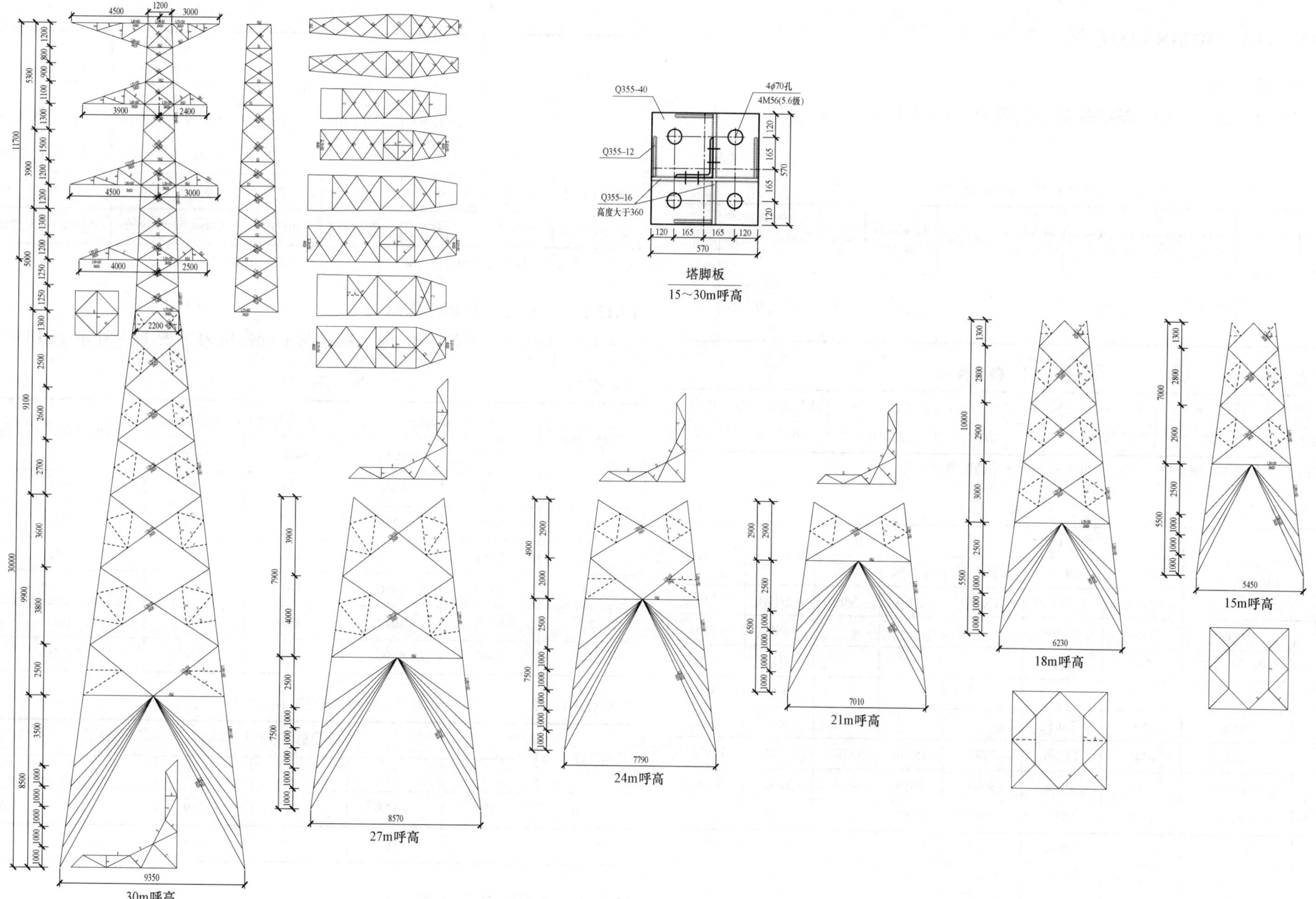

图 13-19　110-DD21S-JC4 塔司令图

13.12 110-DD21S-DJC 塔

13.12.1 设计条件

110-DD21S-DJC 塔导线型号及张力、使用条件、荷载见表 13-48～表 13-50。

表 13-48　导线型号及张力

电压等级	110kV	导线型号	1×JL3/G1A-300/40	最大使用张力(kN)	35.09	断线张力取值(%)	100	不均匀覆冰不平衡张力取值(%)	30
		地线型号	JLB20A-100	最大使用张力(kN)	33.80	断线张力取值(%)	100	不均匀覆冰不平衡张力取值(%)	40

表 13-49　使用条件

使用条件	呼高(m)	水平档距(m)	垂直档距(m)	代表档距(m)	转角度数(°)	K_v值
数值	30	450	700	200/450	00～90	—

注：上拔侧按 50%垂直档距考虑，下压侧按 80%垂直档距考虑。

表 13-50　荷载表　　单位：N

气象条件 (*t*/*v*/*b*)			正常运行情况			事故情况		安装情况	不均匀冰
			基本风速	覆冰	最低气温	未断线	断线		
			10/27/0	-5/10/10	0/0/0	-5/0/10	-5/0/10	-5/10/0	-5/10/10
水平荷载	导线		7551	1936				889	1936
	绝缘子及金具		789	113				94	113
	跳线串		517	88				61	88
	地线		5595	2805				666	1987
垂直荷载	导线		8548	15786	7771	15786	15786	7771	13976
	绝缘子及金具		3000	4059	3000	4059	4059	3000	4059
	跳线串		1567	2153	1567	2153	2153	2153	2153
	地线		6387	17596	5110	17596	17596	5110	14794
张力	导线	一侧	27626	35097	26661	35097	35097	29338	35097
		另一侧	0	0	0	0	0	0	0
		张力差	27626	35097	26661	35097	35097	29338	35097

续表

气象条件 (*t*/*v*/*b*)			正常运行情况			事故情况		安装情况	不均匀冰
			基本风速	覆冰	最低气温	未断线	断线		
			10/27/0	-5/10/10	0/0/0	-5/0/10	-5/0/10	-5/10/0	-5/10/10
张力	地线	一侧	28658	37484	30570	37484	33800	32672	37484
		另一侧	0	0	0	0	0	0	0
		张力差	28658	37484	30570	37484	33800	32672	37484

注：导线水平荷载为下相导线荷载，表中（*t*/*v*/*b*）单位分别为：°、m/s、mm。

13.12.2 根开尺寸及基础作用力

110-DD21S-DJC 塔的根开尺寸及基础作用力见表 13-51 和表 13-52。

表 13-51　根开尺寸

呼高(m)	基础根开(mm)		地脚螺栓根开(mm)		地脚螺栓规格(5.6 级)
	正面根开	侧面根开	正面根开	侧面根开	
15	5490	5490	330	330	4M56
18	6270	6270	330	330	4M56
21	7050	7050	330	330	4M56
24	7830	7830	330	330	4M56
27	8610	8610	330	330	4M56
30	9390	9390	330	330	4M56

表 13-52　基础作用力

转角度数(°)	基础作用力(kN)					
	T_{max}	T_x	T_y	N_{max}	N_x	N_y
0～40	1222	-151	-171	-1339	-195	-168
40～90	1322	-165	-194	-1414	-207	-175

13.12.3 单线图及司令图

110-DD21S-DJC 塔单线图如图 13-20 所示，司令图如图 13-21 所示。

塔呼高（m）	15.0	18.0	21.0	24.0	27.0	30.0
塔重（kg）	11780.6	12702.2	13762.5	14899.3	15994.5	17116.6

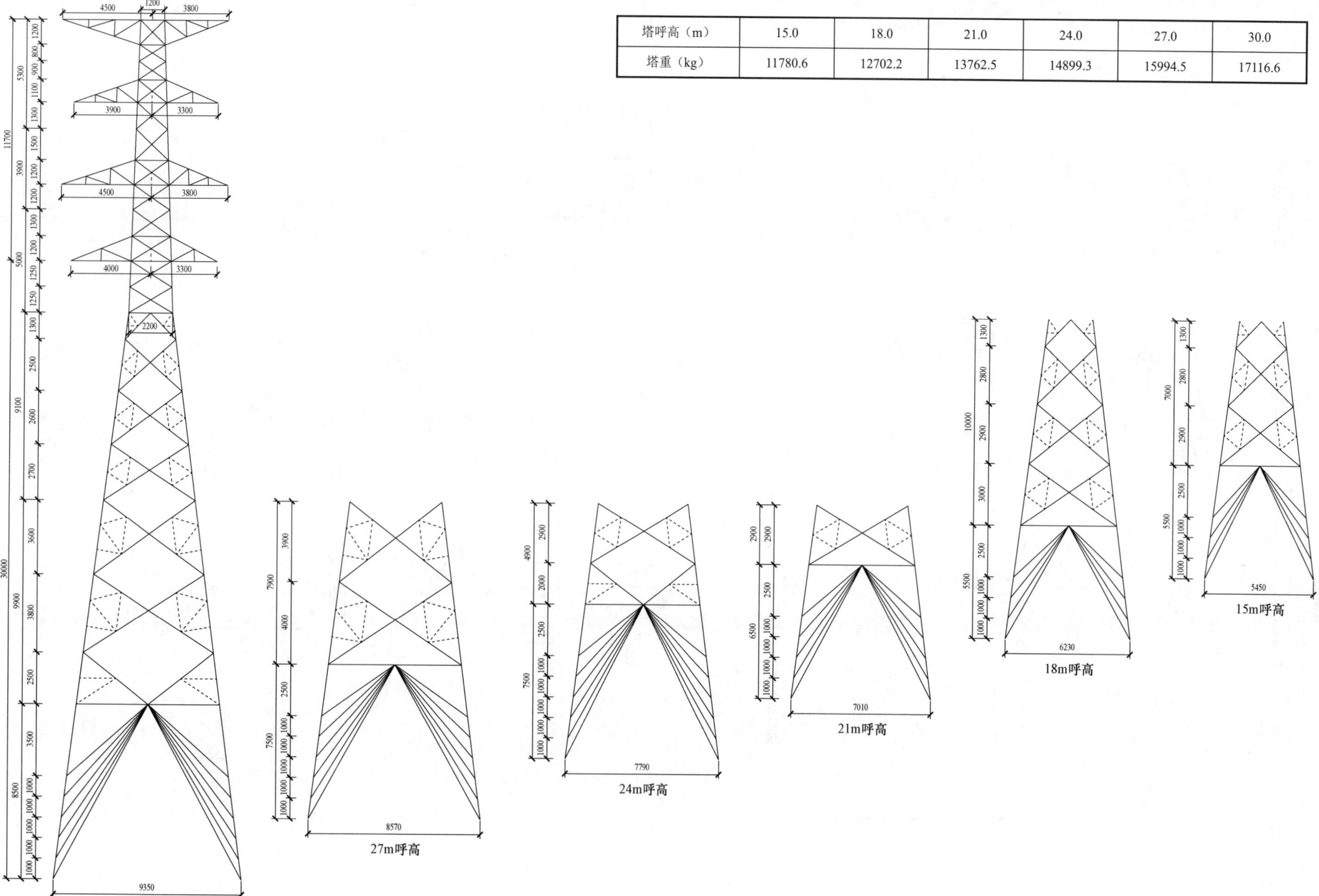

图 13－20　110－DD21S－DJC 塔单线图

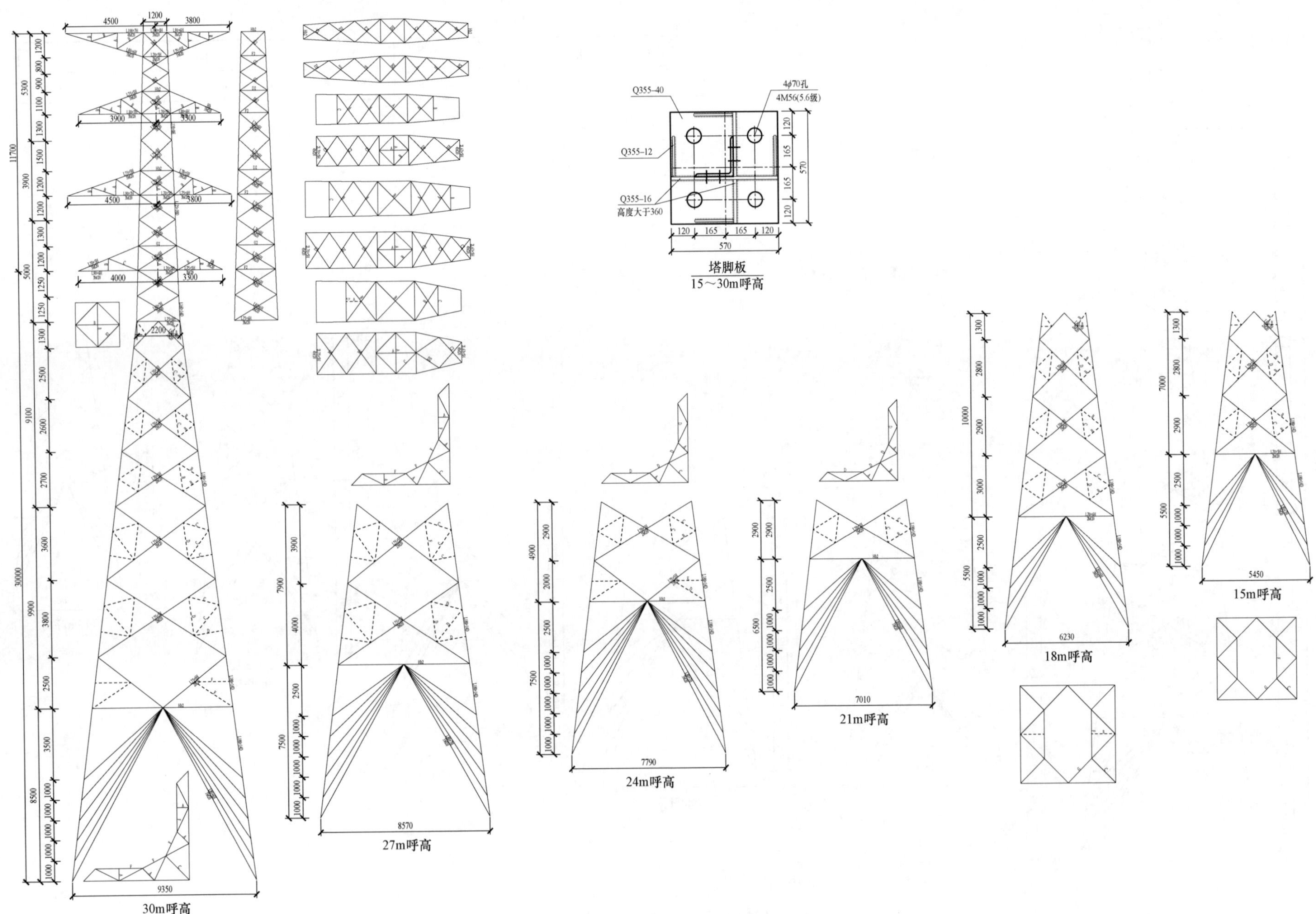

图 13-21　110-DD21S-DJC 塔司令图

14 110－DF11S 子模块

14.1 模块说明

14.1.1 概述

根据国家电网公司《35kV～750kV 线路杆塔通用设计优化技术导则》和国网福建电力工作安排，福建永福电力设计股份有限公司负责 110kV 输电线路通用设计 110－DF11S 子模块的设计工作。该模块为海拔 1000m 以内、设计基本风速为 33m/s（离地 10m）、覆冰厚度为 0mm，导线为 1×JL3/G1A－300/40（兼 1×JL3/G1A－240/30）的双回路铁塔。直线塔按 3+2 塔系列规划，耐张塔按 4 塔系列规划，并单独设计终端塔和 ZMCR 重要跨越塔，所有塔均按全方位不等长腿设计；该子模块共计 10 种塔型。

14.1.2 气象条件

110－DF11S 子模块的气象条件见表 14－1。

表 14－1　　110－DF11S 子模块的气象条件

项目	气温（℃）	风速（m/s）	覆冰厚度（mm）
最低气温	－5	0	0
年平均气温	15	0	0
基本风速	15	33	0
设计覆冰	－5	0	0
最高气温	40	0	0
安装情况	0	10	0
操作过电压	15	17.6	0
雷电过电压	15	15	0
带电作业	15	10	0
年平均雷电日数	65		

14.1.3 导地线型号及参数

110－DF11S 子模块的导地线型号及参数见表 14－2。

表 14－2　　110－DF11S 子模块的导地线型号及参数

项目		导线		地线	
电线型号		JL3/G1A－300/40	JL3/G1A－240/30	JLB20A－100	JLB40－100
结构	铝［根数/直径（mm）］	24/3.99	24/3.60		
	钢、铝包钢［根数/直径（mm）］	7/2.66	7/2.40	19/2.6	19/2.6
计算截面面积（mm^2）		339	276	101	101
计算外径（mm）		23.9	21.6	13	13
计算重量（kg/m）		1.132	0.9215	0.6767	0.4765
计算拉断力（N）		92360	75190	135200	68600
弹性系数（MPa）		70500	70500	153900	103600
线膨胀系数（1/℃）		19.4×10^{-6}	19.4×10^{-6}	13.0×10^{-6}	15.5×10^{-6}

设计使用时，导地线的保证拉断力为计算拉断力的 95%。设计用导线安全系数为 2.5，平均运行张力取保证拉断力的 25%；进行电气配合时，地线型号选取 JLB40－100，地线安全系数为 3.0，平均运行张力取保证拉断力的 25%；进行结构荷载计算时，地线型号选取 JLB20A－100，地线安全系数为 4.0，平均运行张力取保证拉断力的 25%。

14.1.4 绝缘配置

悬垂串按“I”型布置，采用 FXBW－110/70－3 复合绝缘子，结构高度为 1440mm，最小公称爬电距离为 3520mm。

跳线串采用 FSP－110/0.8－2 防风偏复合绝缘子，实结构高度为 1440mm，最小公称爬电距离为 3520mm。

耐张串采用 FXBW－110/70－3 复合绝缘子，结构高度为 1440mm，最小公称爬电距离为 3520mm。

14.1.5 联塔金具

直线塔导线横担均按前、中、后三个挂点设计，挂点间距采用 200+200=400（mm），以满足单、双联悬挂的需要，联塔金具采用 ZBS－07/10－80；地线悬垂串的联塔金具采用 UB 型挂板。

导地线耐张串均采用单挂点设计，导线联塔金具采用 U 型挂环，地线联塔金具采用 U 型挂环。跳线串联塔适配防风偏绝缘子低压端螺栓。

14.2　110－DF11S 子模块杆塔一览图

110－DF11S 子模块杆塔一览图（山区）如图 14－1 所示。

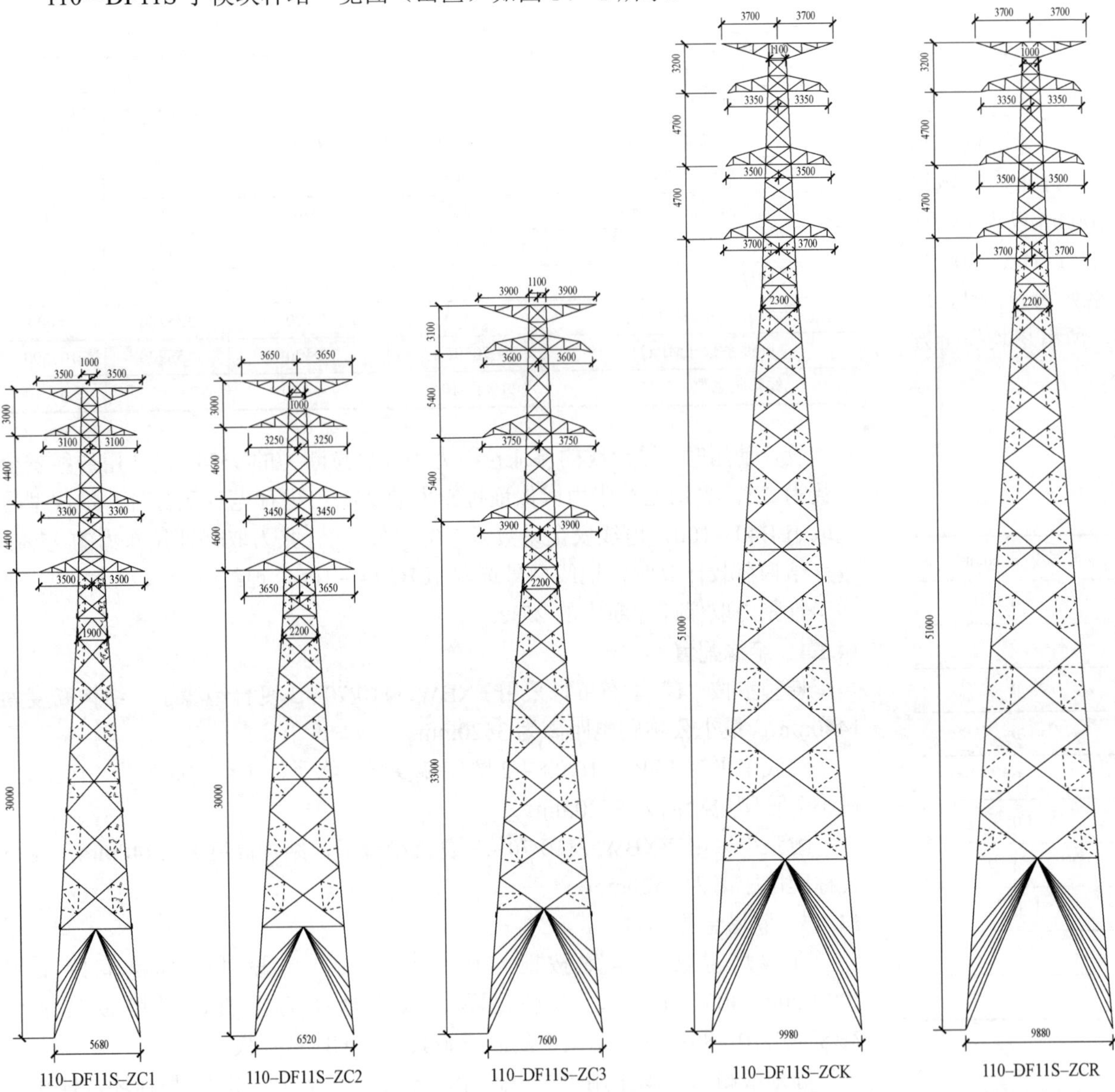

序号	塔型名称	呼高（m）	水平档距（m）	垂直档距（m）	塔重（kg）	允许转角（°）	串型
1	110－DF11S－ZC1	30.0	380	550	6744	0	“I”串
2	110－DF11S－ZC2	30.0	480	700	7855	0	“I”串
		36.0	450	700	9137		
3	110－DF11S－ZC3	33.0	650	1000	8817	0	“I”串
		36.0	635	1000	10370		
4	110－DF11S－ZCK	51.0	480	700	14822	0	“I”串
5	110－DF11S－ZCR	51.0	480	700	15233	0	“I”串
6	110－DF11S－JC1	30.0	450	700	9481	0～20	
7	110－DF11S－JC2	30.0	450	700	9863	20～40	
8	110－DF11S－JC3	30.0	450	700	12281	40～60	
9	110－DF11S－JC4	30.0	450	700	14078	60～90	
10	110－DF11S－DJC	30.0	450	700	14568	0～90	

注：直线塔呼高一列中第一行为计算呼高，第二行为最高呼高。

说明：

1. 铁塔全为螺栓连接的型钢结构。
2. 所有构件均需热浸镀锌防腐。
3. 所有塔身断面均为方型。
4. 所有铁塔均设有全方位长短腿。
5. 铁塔材料：

型钢：Q235B、Q355B 和 Q420B；

钢板：Q235B、Q355B 和 Q420B；

螺栓：6.8 级和 8.8 级。

图 14－1　110－DF11S 子模块杆塔一览图（山区）（一）

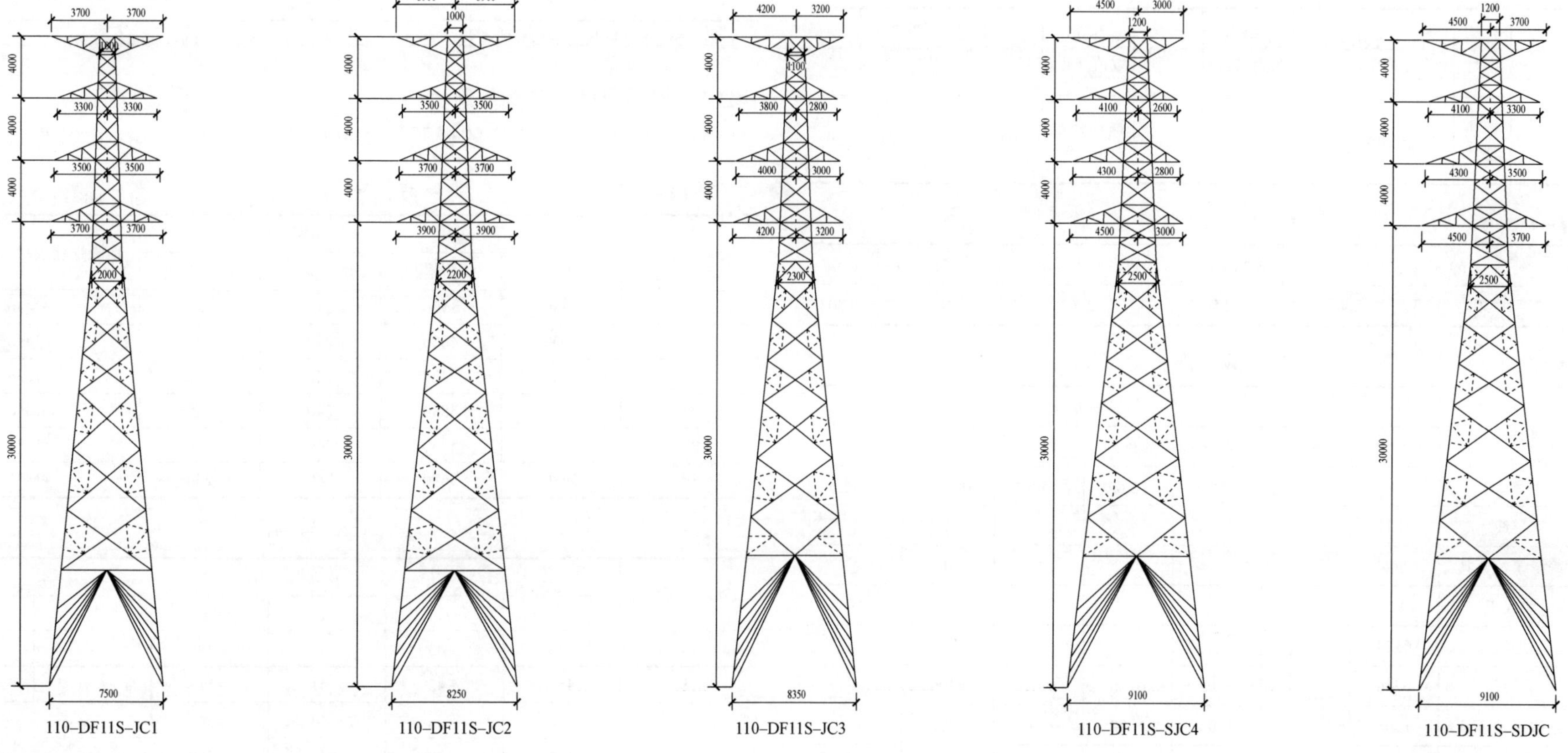

图 14-1　110-DF11S 子模块杆塔一览图（山区）（二）

14.3　110－DF11S－ZC1 塔

14.3.1　设计条件

110－DF11S－ZC1 塔的导线型号及张力、使用条件、荷载见表 14－3～表 14－5。

表 14－3　　导线型号及张力

电压等级	110kV	导线型号	1×JL3/G1A－300/40	最大使用张力（kN）	35.09	断线张力取值（%）	50	不均匀覆冰不平衡张力取值（%）	10
		地线型号	JLB20A－100	最大使用张力（kN）	32.11	断线张力取值（%）	100	不均匀覆冰不平衡张力取值（%）	20

表 14－4　　使用条件

使用条件	呼高（m）	水平档距（m）	垂直档距（m）	代表档距（m）	转角度数（°）	K_v 值
数值	30	380	550	250	0	0.80

表 14－5　　荷载表　　单位：N

气象条件（*t*/*v*/*b*）			正常运行情况			事故情况		安装情况	不均匀冰
			基本风速	覆冰	最低气温	未断线	断线		
			15/33/0	－5/0/0	－5/0/0	－5/0/0	－5/0/0	0/10/0	－5/0/0
水平荷载	导线		8271					754	
	绝缘子及金具		506					46	
	跳线串								
	地线		6154					565	
垂直荷载	导线		6716		6106	6716	6716	6106	
	绝缘子及金具		1200		1200	1200	1200	1200	
	跳线串								
	地线		5019		4015	5019	5019	4015	
张力	导线	一侧					17548	28983	
		另一侧					0	28983	
		张力差					17548	0	
张力	地线	一侧					32110	34348	
		另一侧					0	34348	
		张力差					32110	0	

注：导线水平荷载为下相导线荷载，表中（*t*/*v*/*b*）单位分别为：°、m/s、mm。

14.3.2　根开尺寸及基础作用力

110－DF11S－ZC1 塔的根开尺寸及基础作用力见表 14－6 和表 14－7。

表 14－6　　根开尺寸

呼高（m）	基础根开（mm）		地脚螺栓根开（mm）		地脚螺栓规格（5.6 级）
	正面根开	侧面根开	正面根开	侧面根开	
15	3580	3580	240	240	4M36
18	4000	4000	240	240	4M36
21	4420	4420	240	240	4M36
24	4840	4840	240	240	4M36
27	5260	5260	240	240	4M36
30	5680	5680	240	240	4M36

表 14－7　　基础作用力

呼高（m）	基础作用力（kN）					
	T_{max}	T_x	T_y	N_{max}	N_x	N_y
15	436	－43	－39	－494	－49	－42
18	452	－45	－41	－513	－51	－44
21	478	－48	－44	－542	－54	－47
24	491	－49	－44	－559	－55	－48
27	532	－54	－51	－603	－61	－55
30	545	－54	－51	－620	－61	－55

14.3.3　单线图及司令图

110－DF11S－ZC1 塔单线图如图 14－2 所示，司令图如图 14－3 所示。

塔呼高（m）	15.0	18.0	21.0	24.0	27.0	30.0
塔重（kg）	6610.9	7054.3	7771.5	8207.3	9091.5	9690.3

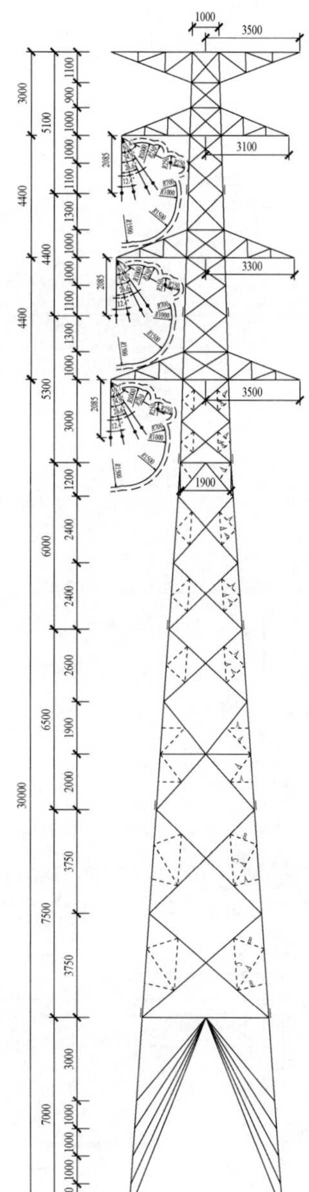

30m呼高

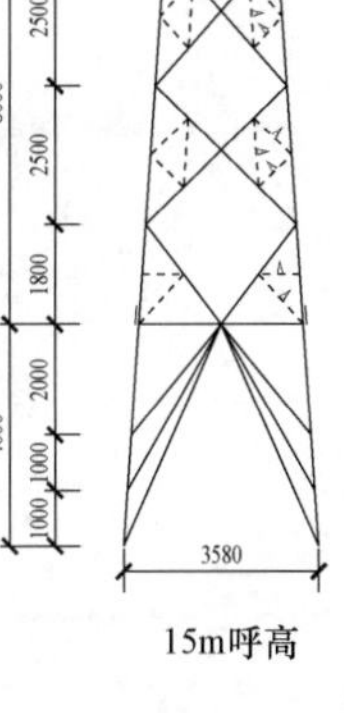

15m呼高

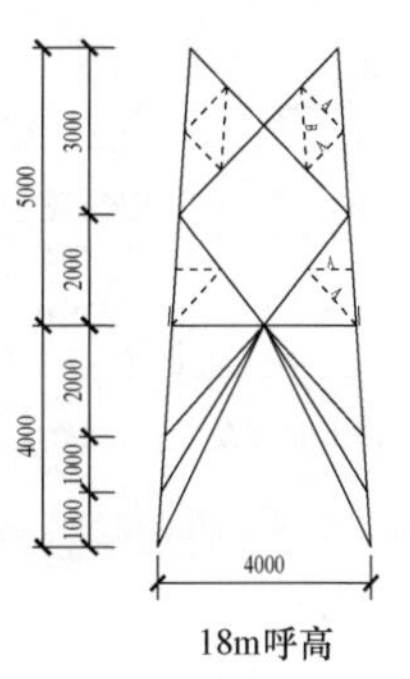

18m呼高

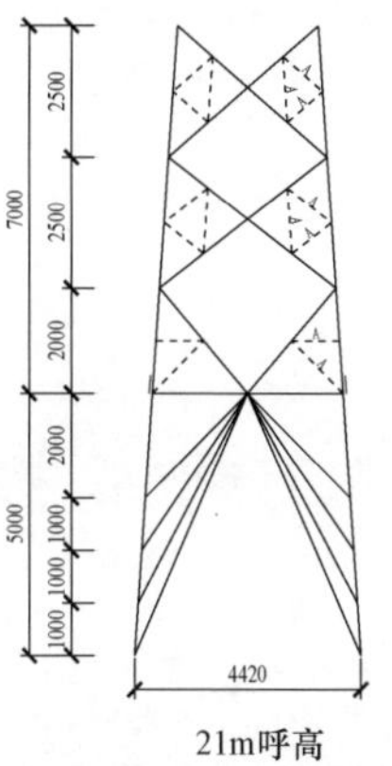

21m呼高

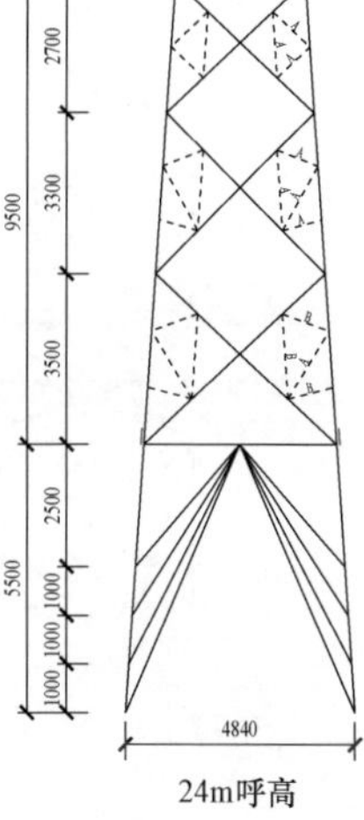

24m呼高

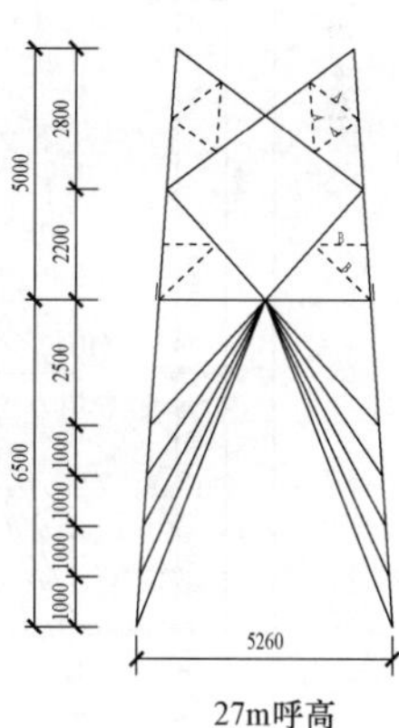

27m呼高

图 14－2　110－DF11S－ZC1 塔单线图

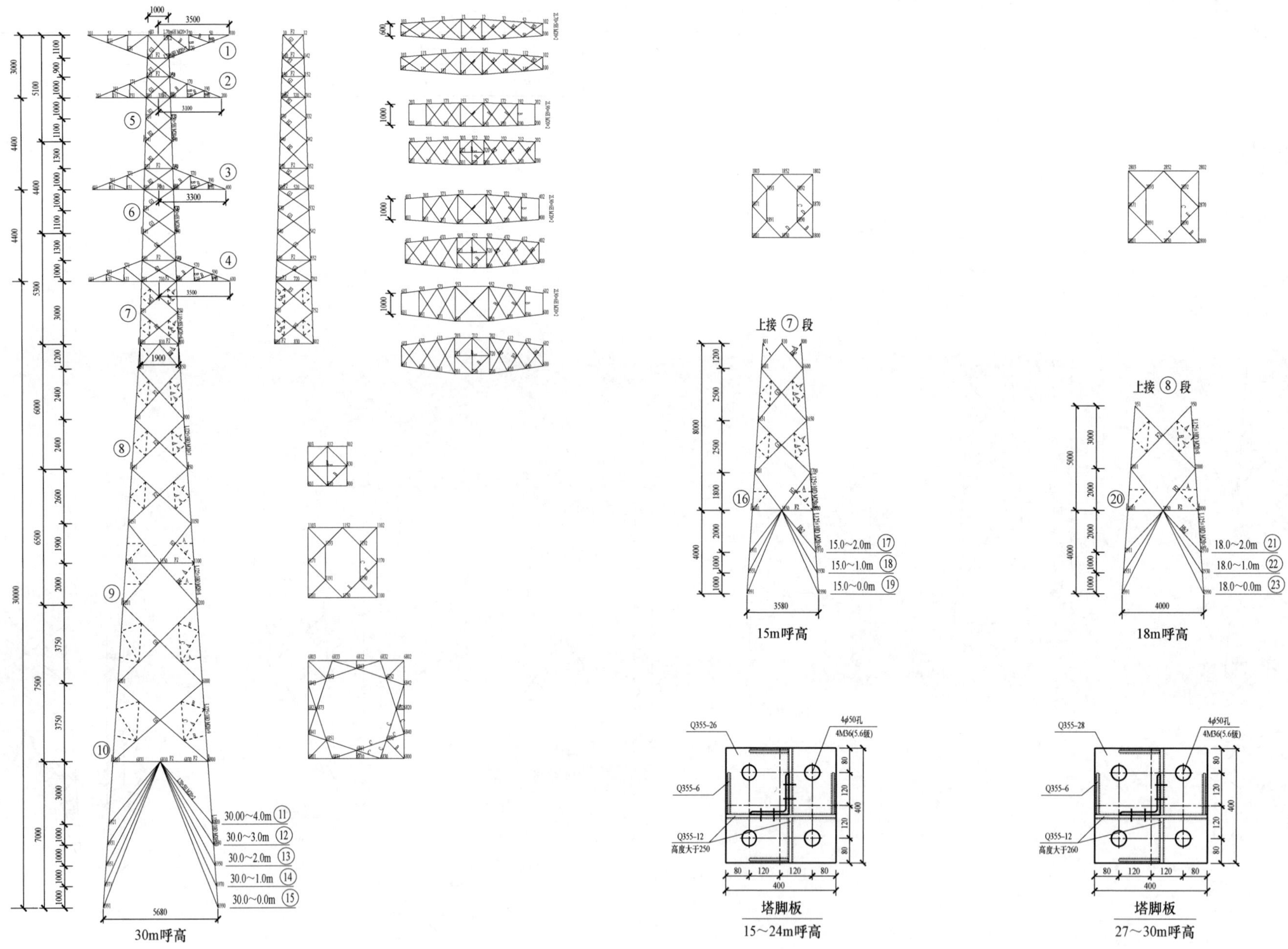

图 14-3 110-DF11S-ZC1 塔司令图（一）

角 钢 规 格 代 号 表

代号	角钢规格	螺栓规格	代号	角钢规格	螺栓规格	代号	角钢规格	螺栓规格
A	L40×3	M16×1	A2	L40×3	M16×2	A3	L40×3	M16×3
B	L40×4	M16×1	B2	L40×4	M16×2	B3	L40×4	M16×3
C	L45×4	M16×1	C2	L45×4	M16×2	C3	L45×4	M16×3
D	L50×4	M16×1	D2	L50×4	M16×2	D3	L50×4	M16×3
E	L50×5	M16×1	E2	L50×5	M16×2	E3	L50×5	M16×3
F	L56×4	M16×1	F2	L56×4	M16×2	F3	L56×4	M16×3
G	L56×5	M16×1	G2	L56×5	M16×2	G3	L56×5	M16×3
H	L63×5H	M16×1	H2	L63×5H	M16×2	H3	L63×5H	M16×3
Hh	L63×5H	M20×1	Hh2	L63×5H	M20×2	Hh3	L63×5H	M20×3

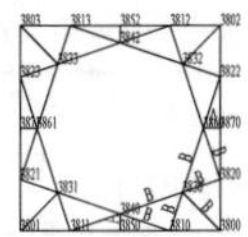

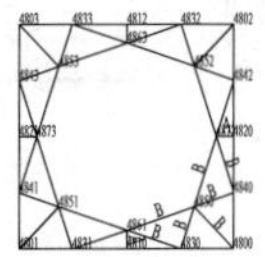

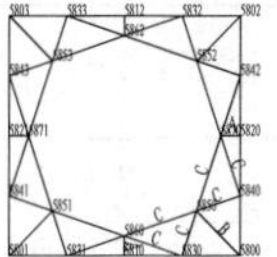

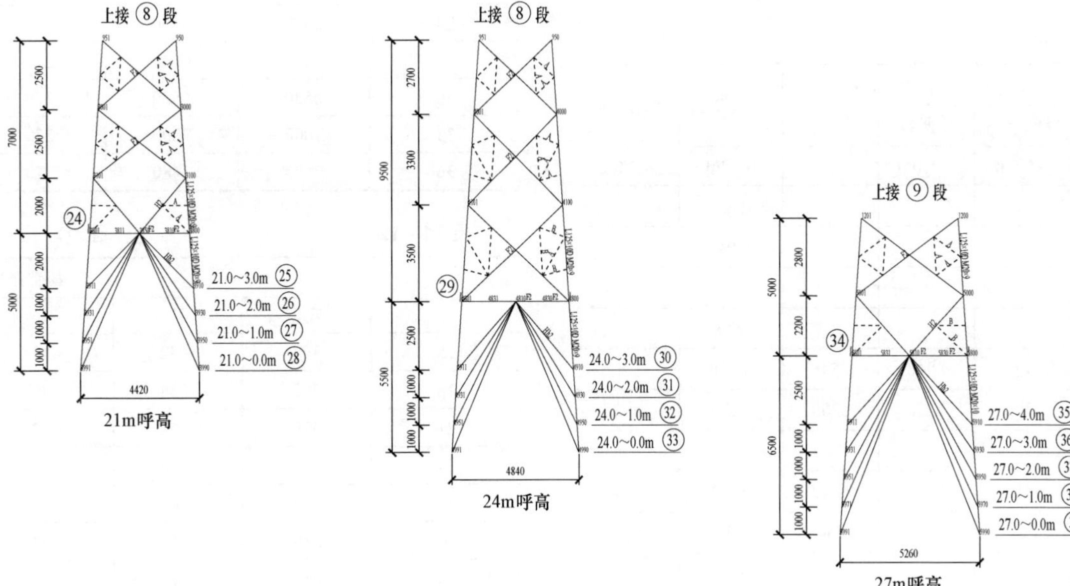

图 14-3　110-DF11S-ZC1 塔司令图（二）

14.4 110－DF11S－ZC2 塔

14.4.1 设计条件

110－DF11S－ZC2 塔导线型号及张力、使用条件、荷载见表 14－8～表 14－10。

表 14－8　导线型号及张力

电压等级	110kV	导线型号	1×JL3/G1A－300/40	最大使用张力（kN）	35.09	断线张力取值（%）	50	不均匀覆冰不平衡张力取值（%）	10
		地线型号	JLB20A－100	最大使用张力（kN）	32.11	断线张力取值（%）	100	不均匀覆冰不平衡张力取值（%）	20

表 14－9　使用条件

使用条件	呼高（m）	水平档距（m）	垂直档距（m）	代表档距（m）	转角度数（°）	K_v 值
数值	30	480	700	250	0	0.70
	33	465	700	250	0	0.70
	36	450	700	250	0	0.70

表 14－10　荷载表　单位：N

气象条件（t/v/b）			正常运行情况			事故情况		安装情况	不均匀冰
			基本风速	覆冰	最低气温	未断线	断线		
			15/33/0	－5/0/0	－5/0/0	－5/0/0	－5/0/0	0/10/0	－5/0/0
水平荷载	导线		10808					983	
	绝缘子及金具		535					49	
	跳线串								
	地线		8023					736	
垂直荷载	导线		8548		7771	8548	8548	7771	
	绝缘子及金具		1200		1200	1200	1200	1200	
	跳线串								
	地线		6387		5110	6387	6387	5110	
张力	导线	一侧					17548	28983	
		另一侧					0	28983	
		张力差					17548	0	

续表

气象条件（t/v/b）			正常运行情况			事故情况		安装情况	不均匀冰
			基本风速	覆冰	最低气温	未断线	断线		
			15/33/0	－5/0/0	－5/0/0	－5/0/0	－5/0/0	0/10/0	－5/0/0
张力	地线	一侧					32110	34348	
		另一侧					0	34348	
		张力差					32110	0	

注：导线水平荷载为下相导线荷载，表中（t/v/b）单位分别为：°、m/s、mm。

14.4.2 根开尺寸及基础作用力

110－DF11S－ZC2 塔的根开尺寸及基础作用力见表 14－11 和表 14－12。

表 14－11　根开尺寸

呼高（m）	基础根开（mm）		地脚螺栓根开（mm）		地脚螺栓规格（5.6 级）
	正面根开	侧面根开	正面根开	侧面根开	
15	4120	4120	270	270	4M42
18	4600	4600	270	270	4M42
21	5080	5080	270	270	4M42
24	5560	5560	270	270	4M42
27	6040	6040	270	270	4M42
30	6520	6520	270	270	4M42
33	7000	7000	270	270	4M42
36	7480	7480	270	270	4M42

表 14－12　基础作用力

呼高（m）	基础作用力（kN）					
	T_{max}	T_x	T_y	N_{max}	N_x	N_y
15	473	－52	－47	－538	－59	－51
18	492	－54	－49	－560	－61	－53
21	519	－58	－53	－590	－66	－57
24	531	－60	－54	－606	－67	－59
27	578	－65	－62	－657	－74	－67
30	589	－67	－63	－674	－76	－68
33	614	－71	－67	－703	－80	－73
36	624	－72	－67	－717	－81	－74

14.4.3　单线图及司令图

110－DF11S－ZC2 塔单线图如图 14－4 所示，司令图如图 14－5 所示。

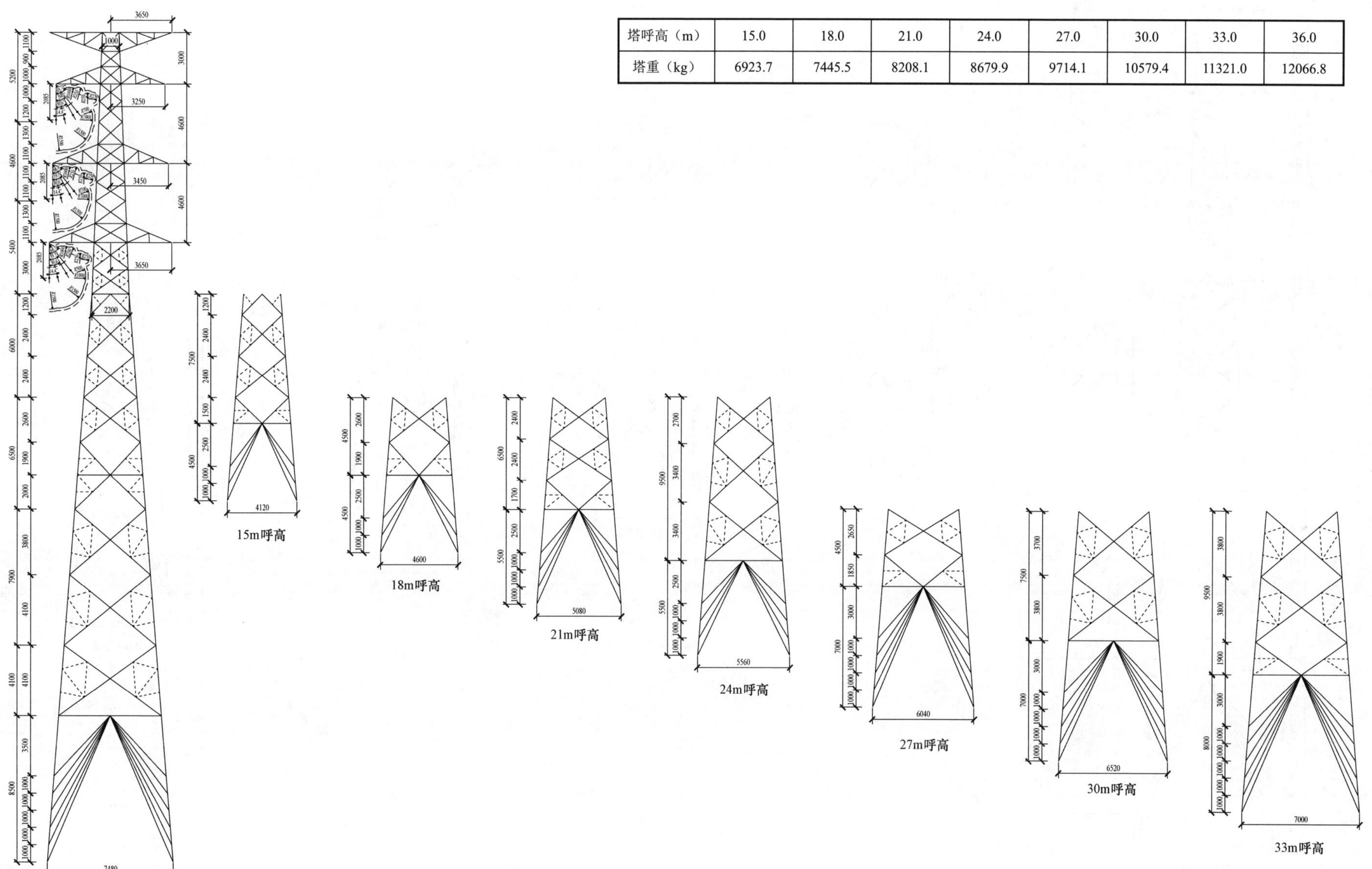

塔呼高（m）	15.0	18.0	21.0	24.0	27.0	30.0	33.0	36.0
塔重（kg）	6923.7	7445.5	8208.1	8679.9	9714.1	10579.4	11321.0	12066.8

图 14－4　110－DF11S－ZC2 塔单线图

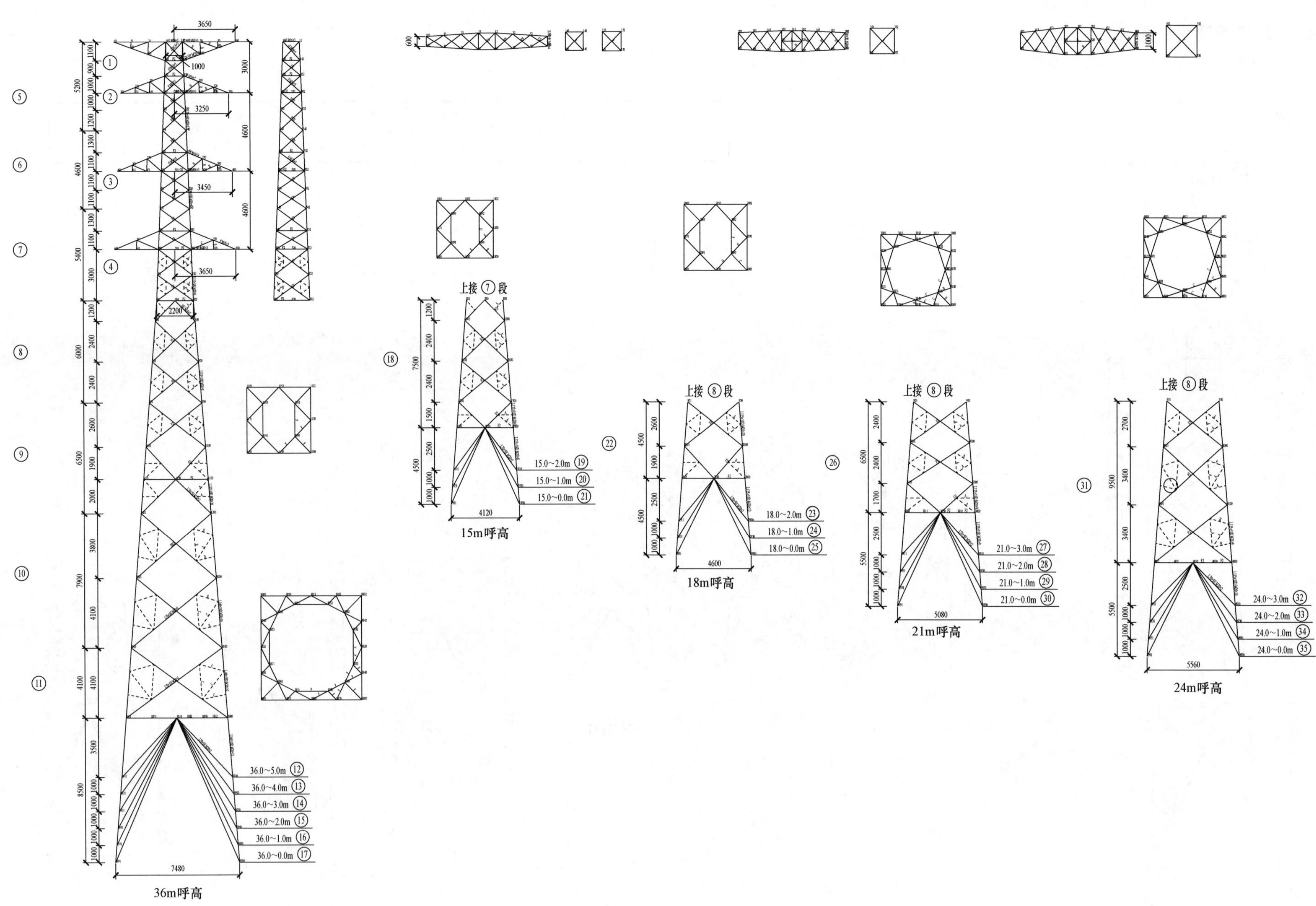

3650
1000
3000
3250
4600
3450
4600
3650
2200
5200
4600
5400
6000
6500
7900
4100
8500
7480
36.0~5.0m ⑫
36.0~4.0m ⑬
36.0~3.0m ⑭
36.0~2.0m ⑮
36.0~1.0m ⑯
36.0~0.0m ⑰
36m呼高
上接⑦段
7500
4500
15.0~2.0m ⑲
15.0~1.0m ⑳
15.0~0.0m ㉑
4120
15m呼高
上接⑧段
4500
18.0~2.0m ㉓
18.0~1.0m ㉔
18.0~0.0m ㉕
4600
18m呼高
上接⑧段
6500
5500
21.0~3.0m ㉗
21.0~2.0m ㉘
21.0~1.0m ㉙
21.0~0.0m ㉚
5080
21m呼高
上接⑧段
9500
5500
24.0~3.0m ㉜
24.0~2.0m ㉝
24.0~1.0m ㉞
24.0~0.0m ㉟
5560
24m呼高

图 14－5　110－DF11S－ZC2 塔司令图（一）

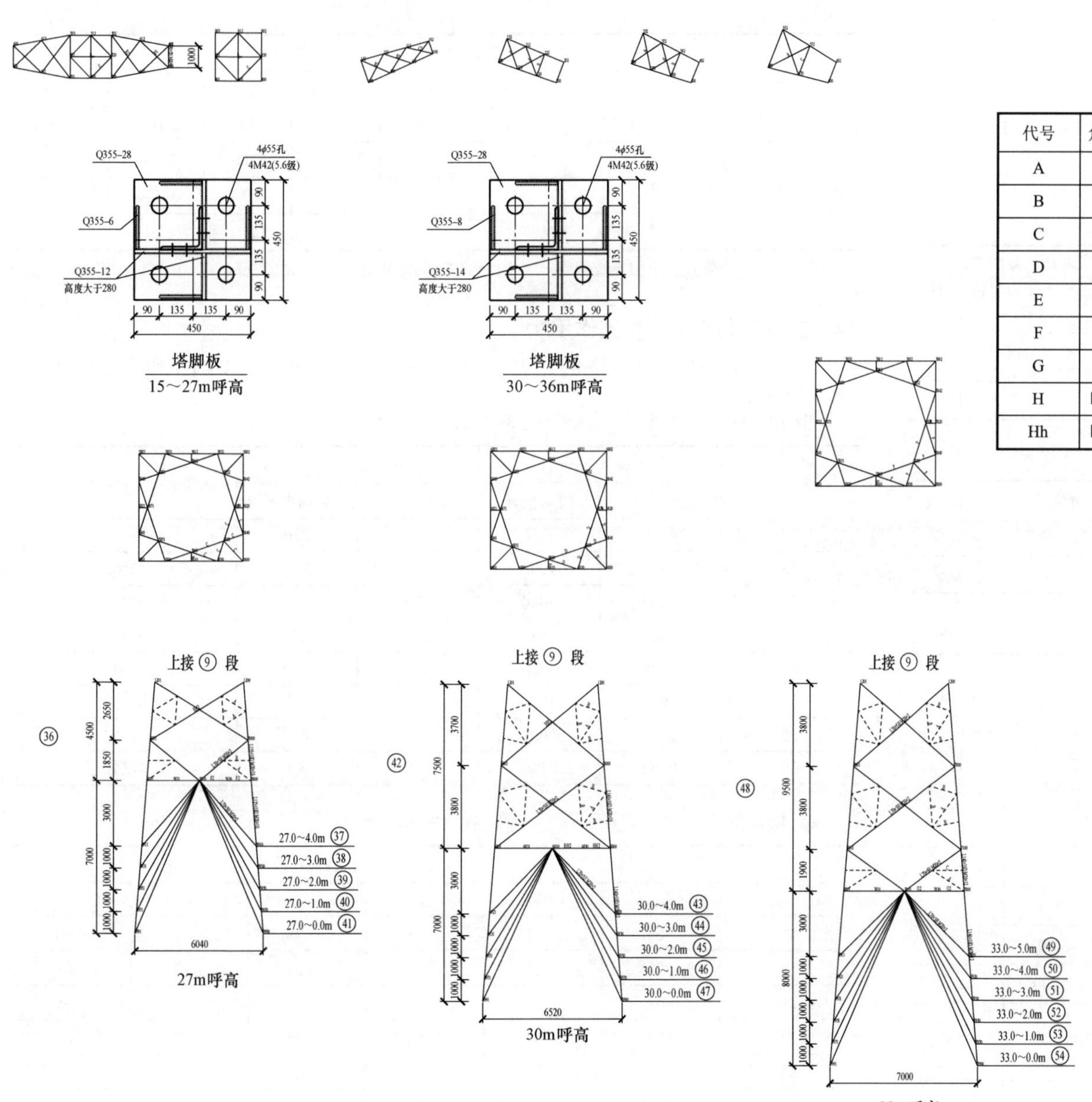

角钢规格代号表

代号	角钢规格	螺栓规格	代号	角钢规格	螺栓规格	代号	角钢规格	螺栓规格
A	L40×3	M16×1	A2	L40×3	M16×2	A3	L40×3	M16×3
B	L40×4	M16×1	B2	L40×4	M16×2	B3	L40×4	M16×3
C	L45×4	M16×1	C2	L45×4	M16×2	C3	L45×4	M16×3
D	L50×4	M16×1	D2	L50×4	M16×2	D3	L50×4	M16×3
E	L50×5	M16×1	E2	L50×5	M16×2	E3	L50×5	M16×3
F	L56×4	M16×1	F2	L56×4	M16×2	F3	L56×4	M16×3
G	L56×5	M16×1	G2	L56×5	M16×2	G3	L56×5	M16×3
H	L63×5H	M16×1	H2	L63×5H	M16×2	H3	L63×5H	M16×3
Hh	L63×5H	M20×1	Hh2	L63×5H	M20×2	Hh3	L63×5H	M20×3

图 14-5　110-DF11S-ZC2 塔司令图（二）

14.5 110－DF11S－ZC3 塔

14.5.1 设计条件

110－DF11S－ZC3 塔导线型号及张力、使用条件、荷载见表 14－13～表 14－15。

表 14－13　　导线型号及张力

电压等级	110kV	导线型号	1×JL3/G1A－300/40	最大使用张力（kN）	35.09	断线张力取值（%）	50	不均匀覆冰不平衡张力取值（%）	10
		地线型号	JLB20A－100	最大使用张力（kN）	32.11	断线张力取值（%）	100	不均匀覆冰不平衡张力取值（%）	20

表 14－14　　使用条件

使用条件	呼高（m）	水平档距（m）	垂直档距（m）	代表档距（m）	转角度数（°）	K_v 值
数值	33	650	1000	250	0	0.60
	36	635	1000	250	0	0.60

表 14－15　　荷载表　　单位：N

气象条件（t/v/b）			正常运行情况			事故情况		安装情况	不均匀冰
			基本风速	覆冰	最低气温	未断线	断线		
			15/33/0	－5/0/0	－5/0/0	－5/0/0	－5/0/0	0/10/0	－5/0/0
水平荷载	导线		13896					1248	
	绝缘子及金具		535					49	
	跳线串								
	地线		10688					981	
垂直荷载	导线		12211		11101	12211	12211	11101	
	绝缘子及金具		1200		1200	1200	1200	1200	
	跳线串								
	地线		9125		7300	9125	9125	7300	
张力	导线	一侧					17548	28983	
		另一侧					0	28983	
		张力差					17548	0	
张力	地线	一侧					32110	34348	
		另一侧					0	34348	
		张力差					32110	0	

注：导线水平荷载为下相导线荷载，表中（t/v/b）单位分别为：°、m/s、mm。

14.5.2 根开尺寸及基础作用力

110－DF11S－ZC3 塔的根开尺寸及基础作用力见表 14－16 和表 14－17。

表 14－16　　根开尺寸

呼高（m）	基础根开（mm）		地脚螺栓根开（mm）		地脚螺栓规格（5.6 级）
	正面根开	侧面根开	正面根开	侧面根开	
15	4360	4360	270	270	4M42
18	4900	4900	270	270	4M42
21	5440	5440	270	270	4M42
24	5980	5980	270	270	4M42
27	6520	6520	270	270	4M42
30	7060	7060	270	270	4M42
33	7600	7600	270	270	4M42
36	8140	8140	270	270	4M42

表 14－17　　基础作用力

呼高（m）	基础作用力（kN）					
	T_{max}	T_x	T_y	N_{max}	N_x	N_y
15	569	－62	－56	－648	－71	－60
18	575	－63	－56	－659	－72	－61
21	602	－67	－60	－688	－76	－65
24	604	－67	－59	－695	－77	－65
27	648	－75	－68	－743	－85	－74
30	647	－74	－72	－749	－85	－80
33	670	－77	－76	－775	－89	－85
36	569	－62	－56	－648	－71	－60

14.5.3 单线图及司令图

110－DF11S－ZC3 塔单线图如图 14－6 所示，司令图如图 14－7 所示。

塔呼高（m）	15.0	18.0	21.0	24.0	27.0	30.0	33.0	36.0
塔重（kg）	8477.7	9043.2	9941.1	10417.0	11598.4	12393.6	13306.5	14201.4

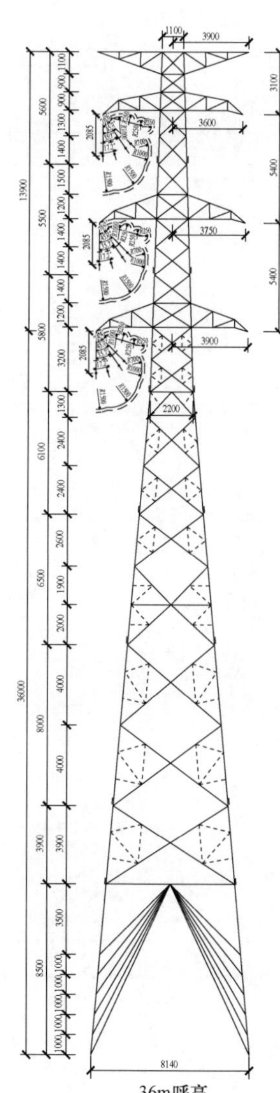

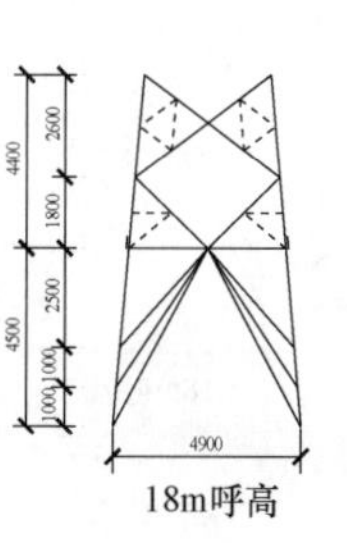

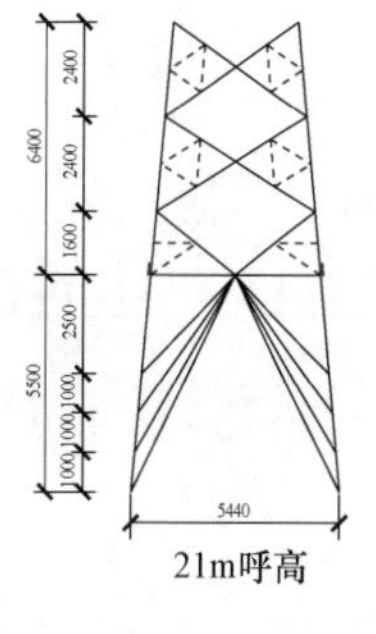

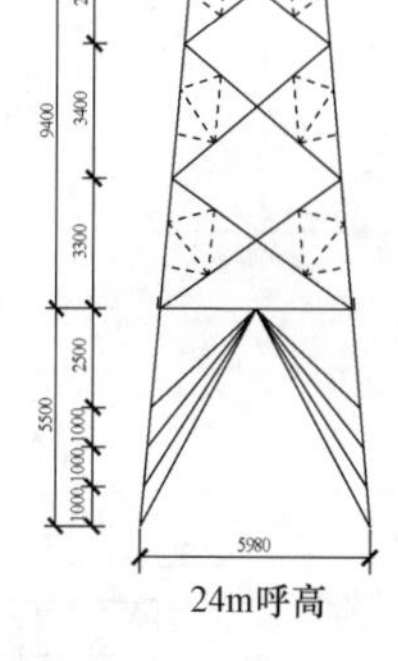

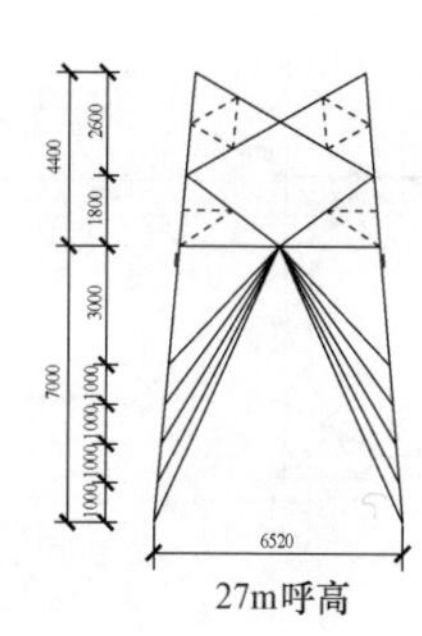

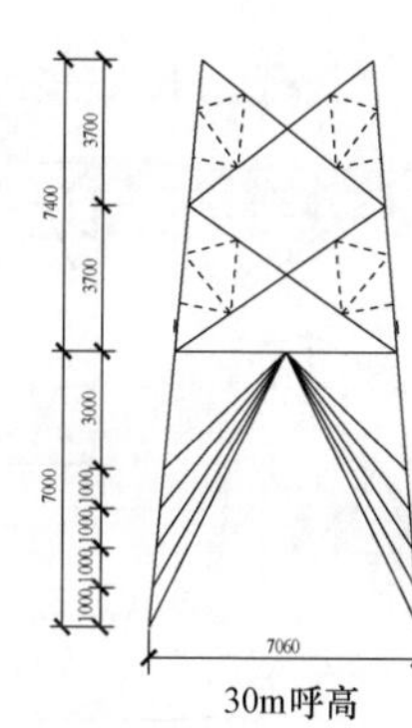

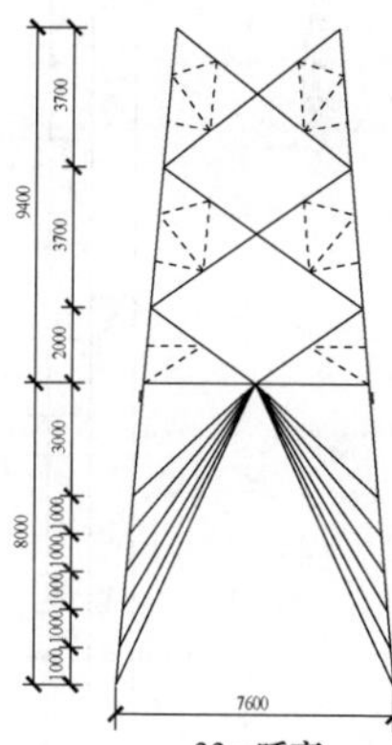

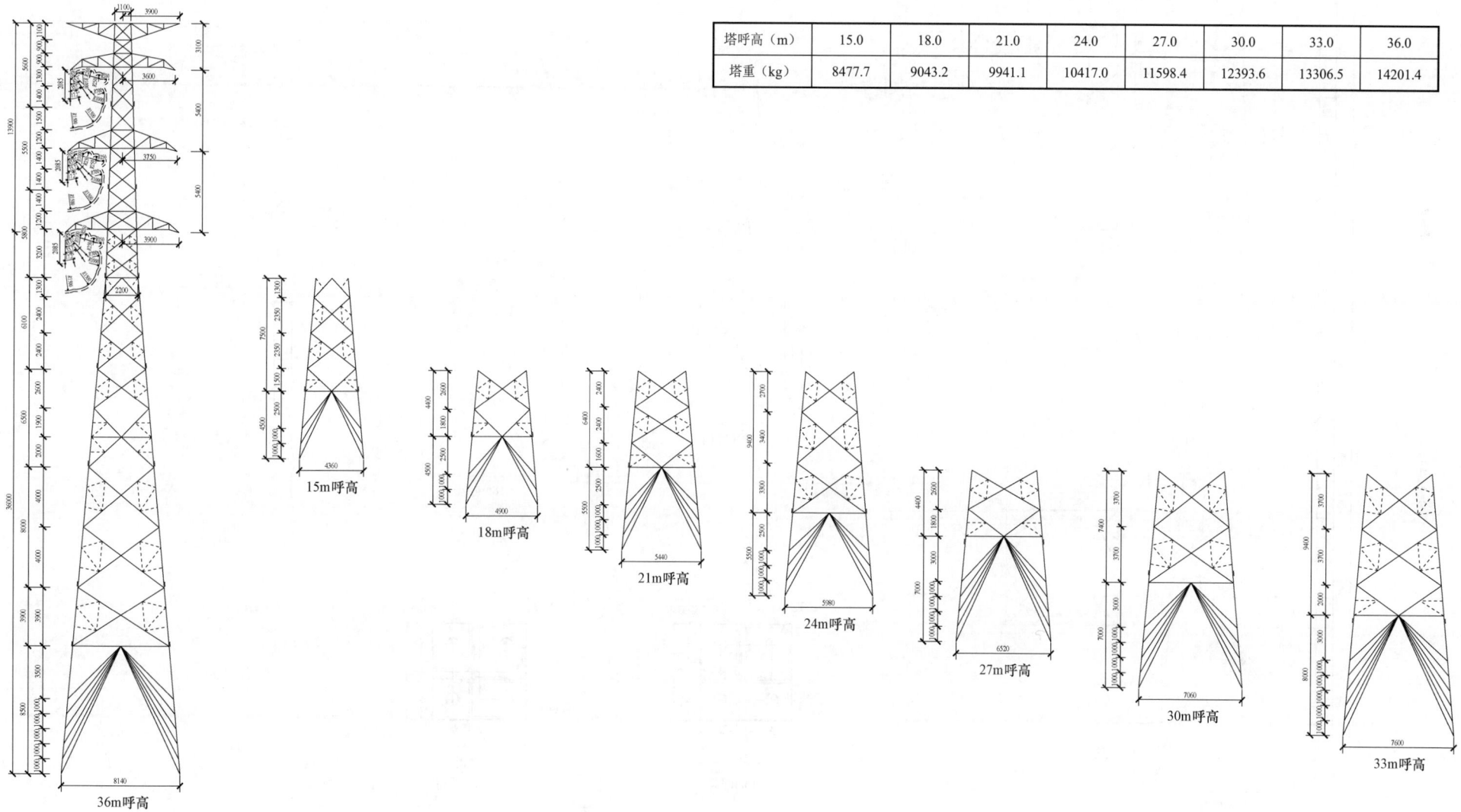

图 14－6　110－DF11S－ZC3 塔单线图

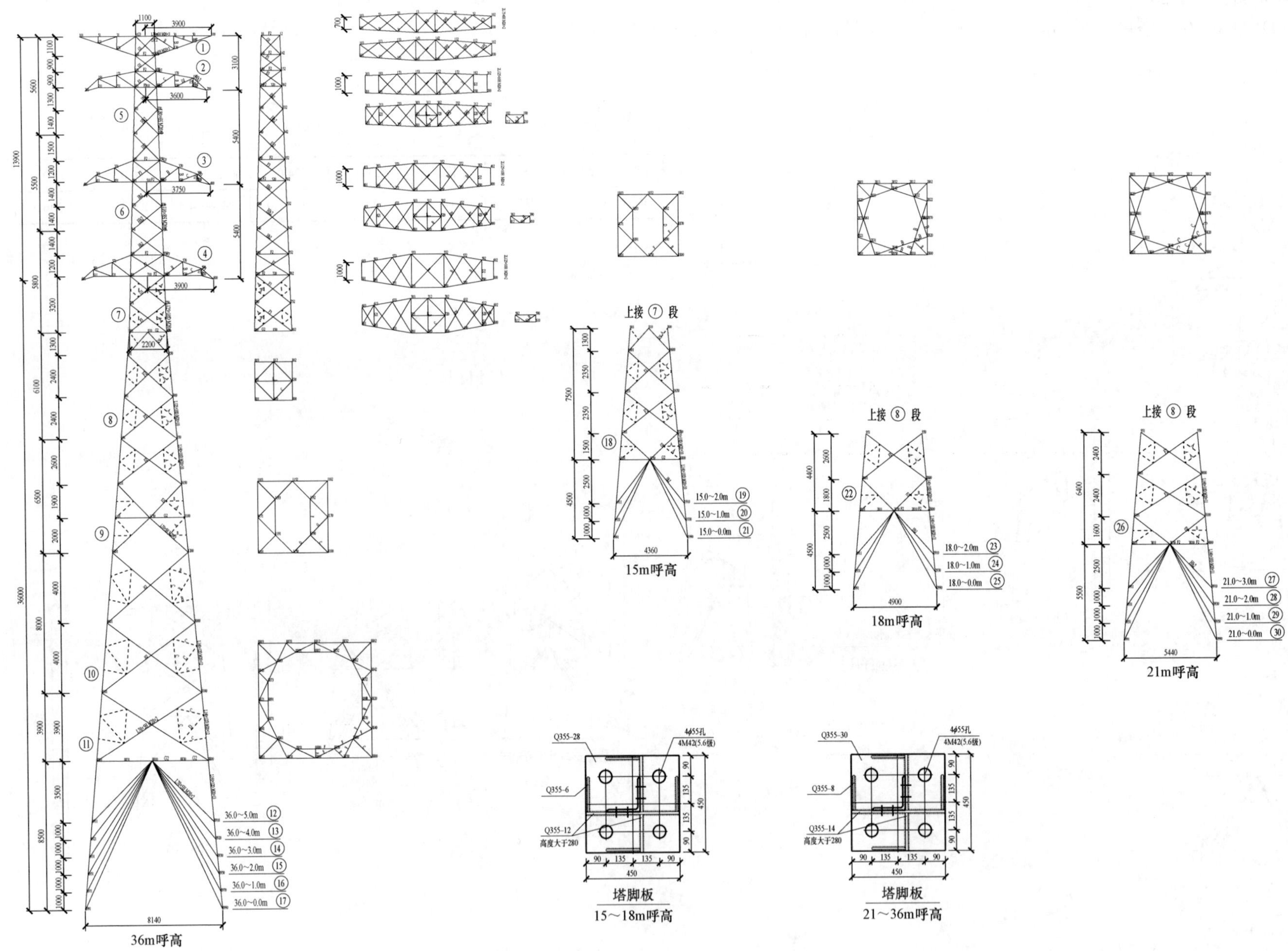
上接 ⑦ 段
上接 ⑧ 段
上接 ⑧ 段
36m呼高
15m呼高
18m呼高
21m呼高
塔脚板
15～18m呼高
塔脚板
21～36m呼高
Q355-28
Q355-6
Q355-12
高度大于280
4ϕ55孔
4M42(5.6级)
Q355-30
Q355-8
Q355-14
高度大于280
36.0～5.0m
36.0～4.0m
36.0～3.0m
36.0～2.0m
36.0～1.0m
36.0～0.0m
15.0～2.0m
15.0～1.0m
15.0～0.0m
18.0～2.0m
18.0～1.0m
18.0～0.0m
21.0～3.0m
21.0～2.0m
21.0～1.0m
21.0～0.0m

图 14-7　110-DF11S-ZC3 塔司令图（一）

角钢规格代号表

代号	角钢规格	螺栓规格	代号	角钢规格	螺栓规格	代号	角钢规格	螺栓规格
A	L40×3	M16×1	A2	L40×3	M16×2	A3	L40×3	M16×3
B	L40×4	M16×1	B2	L40×4	M16×2	B3	L40×4	M16×3
C	L45×4	M16×1	C2	L45×4	M16×2	C3	L45×4	M16×3
D	L50×4	M16×1	D2	L50×4	M16×2	D3	L50×4	M16×3
E	L50×5	M16×1	E2	L50×5	M16×2	E3	L50×5	M16×3
F	L56×4	M16×1	F2	L56×4	M16×2	F3	L56×4	M16×3
G	L56×5	M16×1	G2	L56×5	M16×2	G3	L56×5	M16×3
H	L63×5H	M16×1	H2	L63×5H	M16×2	H3	L63×5H	M16×3
Hh	L63×5H	M20×1	Hh2	L63×5H	M20×2	Hh3	L63×5H	M20×3

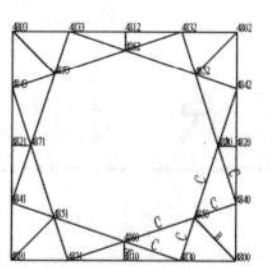
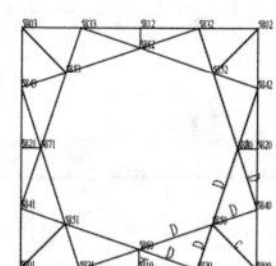
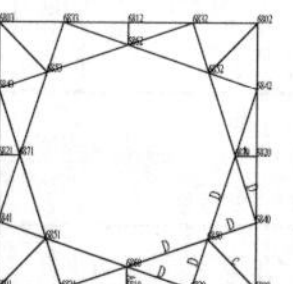
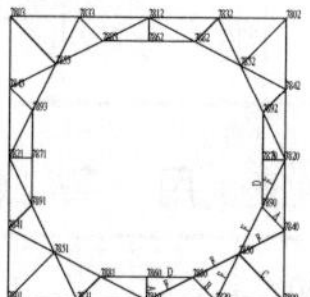

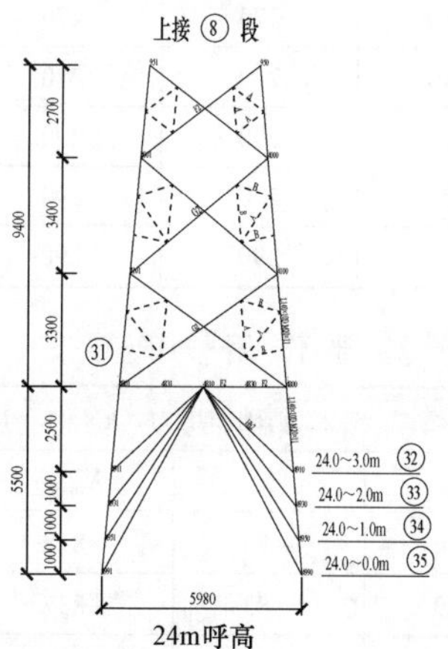

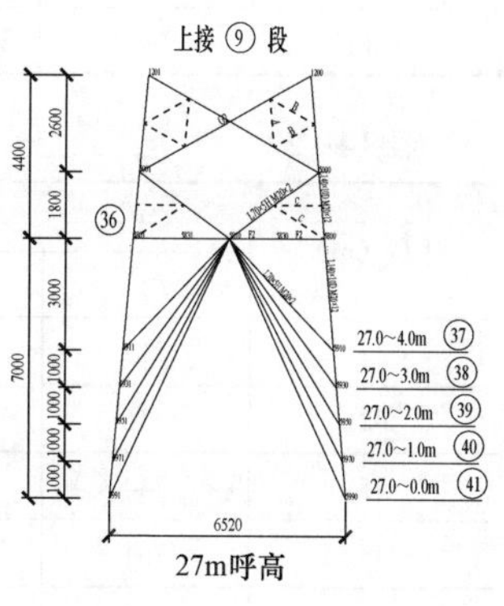

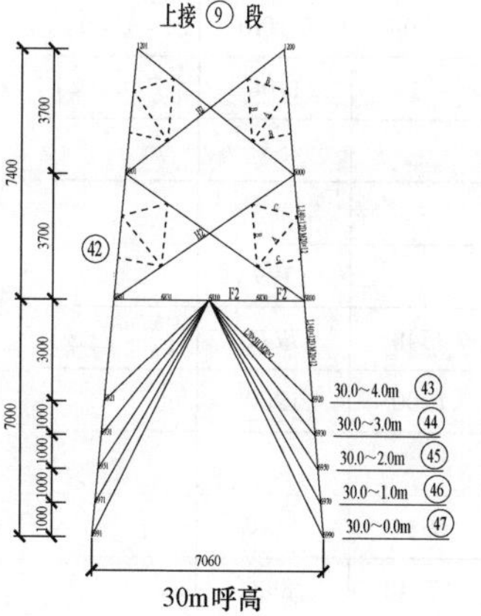

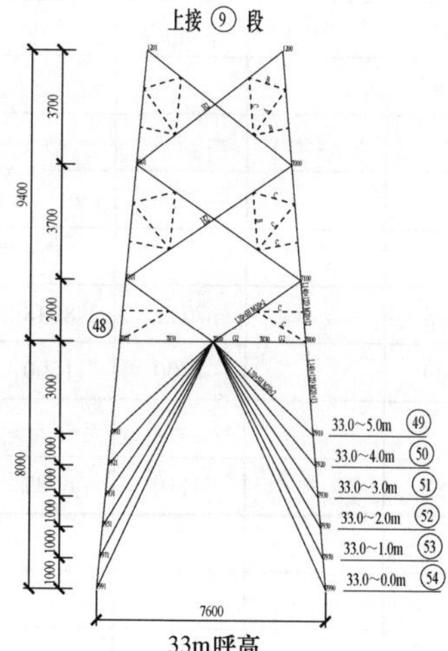

图 14-7 110-DF11S-ZC3 塔司令图（二）

14.6 110－DF11S－ZCK 塔

14.6.1 设计条件

110－DF11S－ZCK 塔导线型号及张力、使用条件、荷载见表 14－18～表 14－20。

表 14－18　　导线型号及张力

电压等级	110kV	导线型号	1×JL3/G1A－300/40	最大使用张力（kN）	35.09	断线张力取值（%）	50	不均匀覆冰不平衡张力取值（%）	10
		地线型号	JLB20A－100	最大使用张力（kN）	32.11	断线张力取值（%）	100	不均匀覆冰不平衡张力取值（%）	20

表 14－19　　使用条件

使用条件	呼高（m）	水平档距（m）	垂直档距（m）	代表档距（m）	转角度数（°）	K_v 值
数值	51	480	700	250	0	0.70

表 14－20　　荷载表　　单位：N

气象条件（$t/v/b$）			正常运行情况			事故情况		安装情况	不均匀冰
			基本风速	覆冰	最低气温	未断线	断线		
			15/33/0	－5/0/0	－5/0/0	－5/0/0	－5/0/0	0/10/0	－5/0/0
水平荷载	导线		12146					1108	
	绝缘子及金具		596					55	
	跳线串								
	地线		8708					799	
垂直荷载	导线		8548		7771	8548	8548	7771	
	绝缘子及金具		1200		1200	1200	1200	1200	
	跳线串								
	地线		6387		5110	6387	6387	5110	
张力	导线	一侧					17548	28983	
		另一侧					0	28983	
		张力差					17548	0	
	地线	一侧					32110	34348	
		另一侧					0	34348	
		张力差					32110	0	

注：导线水平荷载为下相导线荷载，表中（$t/v/b$）单位分别为：°、m/s、mm。

14.6.2 根开尺寸及基础作用力

110－DF11S－ZCK 塔的根开尺寸及基础作用力见表 14－21 和表 14－22。

表 14－21　　根开尺寸

呼高（m）	基础根开（mm）		地脚螺栓根开（mm）		地脚螺栓规格（5.6 级）
	正面根开	侧面根开	正面根开	侧面根开	
39	8060	8060	270	270	4M42
42	8540	8540	270	270	4M42
45	9020	9020	290	290	4M48
48	9500	9500	290	290	4M48
51	9980	9980	290	290	4M48

表 14－22　　基础作用力

呼高（m）	基础作用力（kN）					
	T_{max}	T_x	T_y	N_{max}	N_x	N_y
39	712	－86	－79	－818	－96	－87
42	736	－89	－83	－847	－100	－91
45	744	－90	－82	－860	－101	－91
48	761	－91	－83	－885	－102	－92
51	772	－92	－83	－900	－104	－93

14.6.3 单线图及司令图

110－DF11S－ZCK 塔单线图如图 14－8 所示，司令图如图 14－9 所示。

塔呼高（m）	39.0	42.0	45.0	48.0	51.0
塔重（kg）	14718.4	15664.8	16768.1	17970.0	18922.3

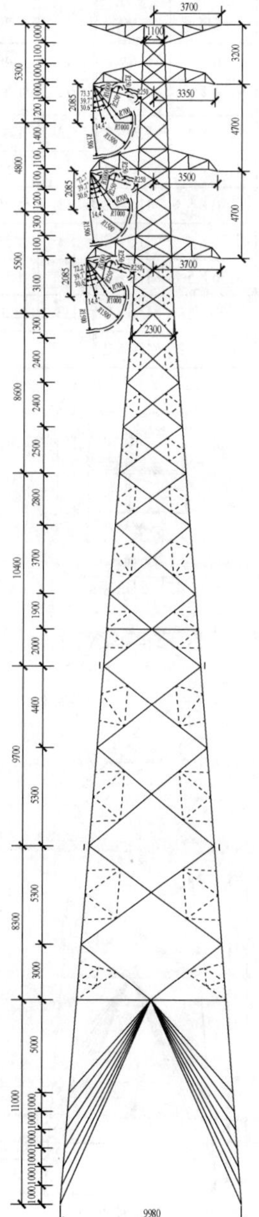

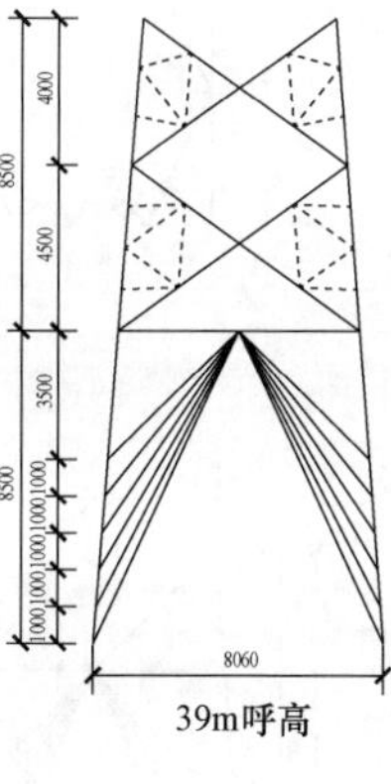

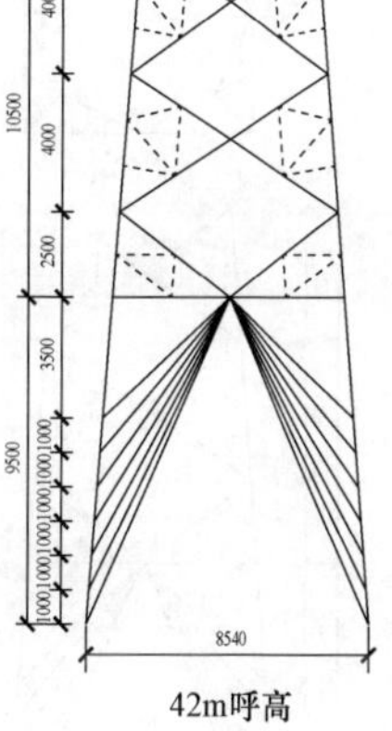

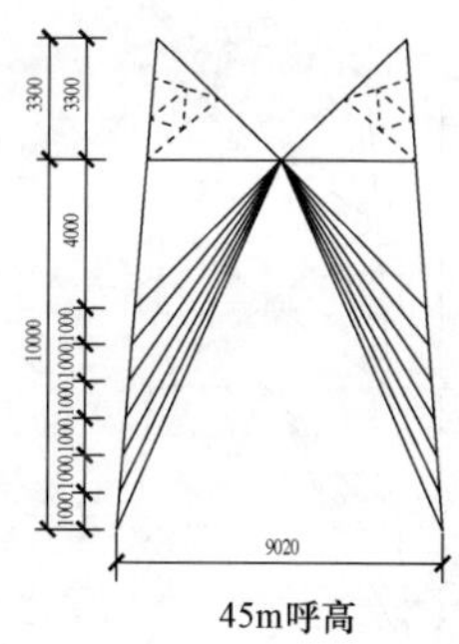

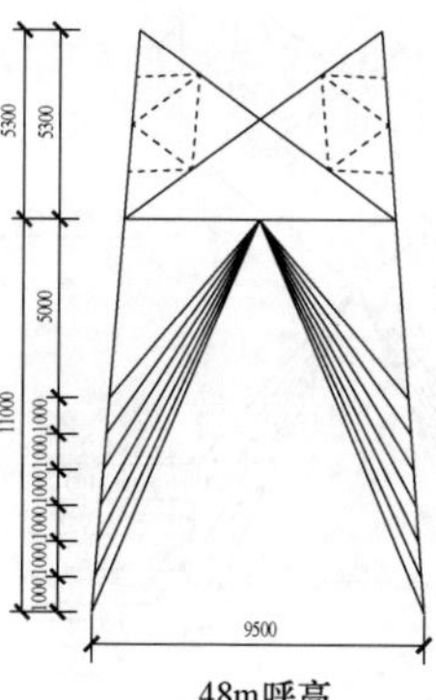

图 14-8　110-DF11S-ZCK 塔单线图

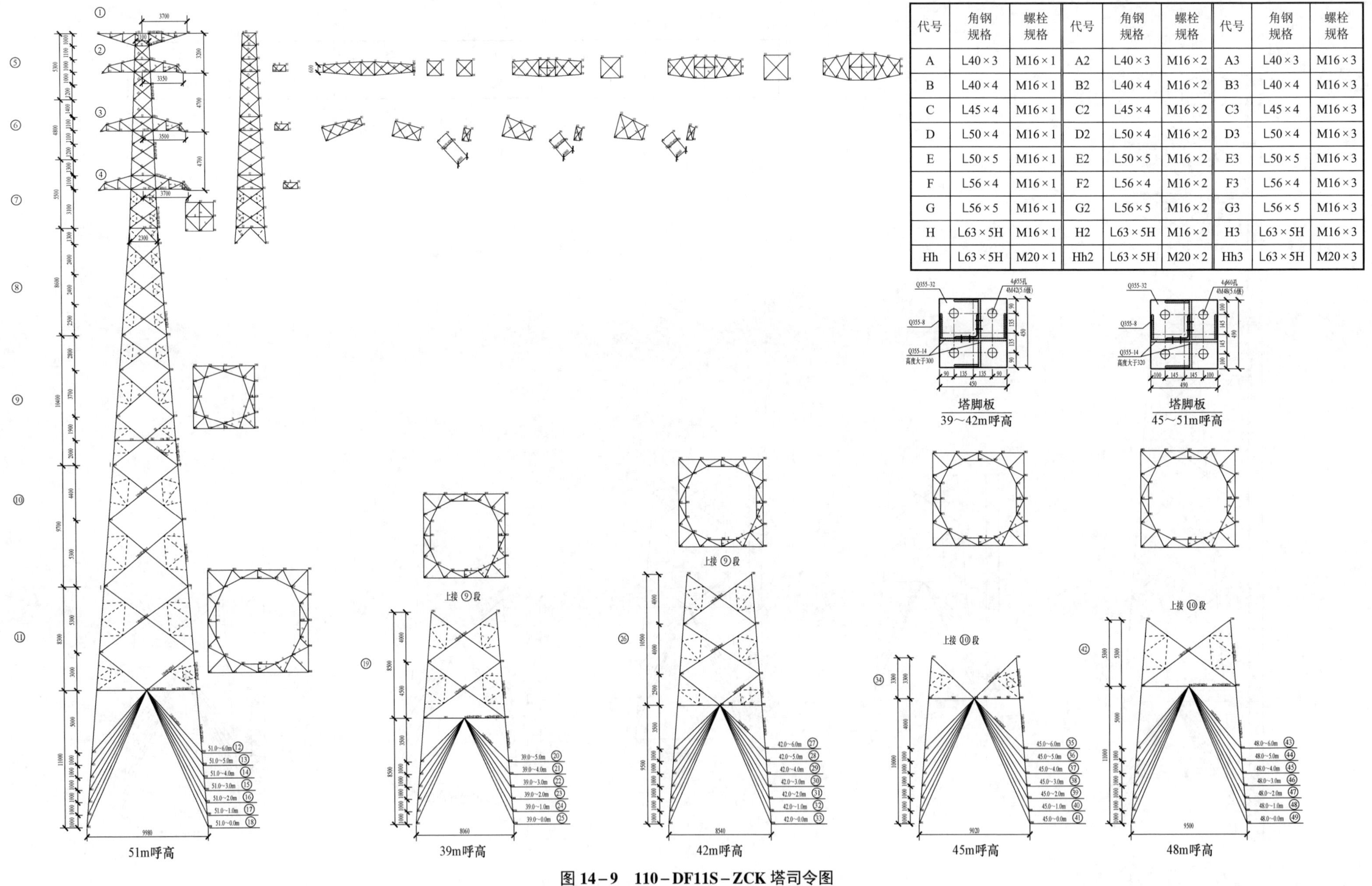

角钢规格代号表

代号	角钢规格	螺栓规格	代号	角钢规格	螺栓规格	代号	角钢规格	螺栓规格
A	L40×3	M16×1	A2	L40×3	M16×2	A3	L40×3	M16×3
B	L40×4	M16×1	B2	L40×4	M16×2	B3	L40×4	M16×3
C	L45×4	M16×1	C2	L45×4	M16×2	C3	L45×4	M16×3
D	L50×4	M16×1	D2	L50×4	M16×2	D3	L50×4	M16×3
E	L50×5	M16×1	E2	L50×5	M16×2	E3	L50×5	M16×3
F	L56×4	M16×1	F2	L56×4	M16×2	F3	L56×4	M16×3
G	L56×5	M16×1	G2	L56×5	M16×2	G3	L56×5	M16×3
H	L63×5H	M16×1	H2	L63×5H	M16×2	H3	L63×5H	M16×3
Hh	L63×5H	M20×1	Hh2	L63×5H	M20×2	Hh3	L63×5H	M20×3

图 14-9　110-DF11S-ZCK 塔司令图

14.7 110－DF11S－ZCR 塔

14.7.1 设计条件

110－DF11S－ZCR 塔导线型号及张力、使用条件、荷载见表 14－23～表 14－25。

表 14－23　　导线型号及张力

电压等级	110kV	导线型号	1×JL3/G1A－300/40	最大使用张力（kN）	35.09	断线张力取值（%）	50	不均匀覆冰不平衡张力取值（%）	10
		地线型号	JLB20A－100	最大使用张力（kN）	32.11	断线张力取值（%）	100	不均匀覆冰不平衡张力取值（%）	20

表 14－24　　使用条件

使用条件	呼高（m）	水平档距（m）	垂直档距（m）	代表档距（m）	转角度数（°）	K_v 值
数值	51	480	700	250	0	0.70

表 14－25　　荷载表　　单位：N

气象条件（t/v/b）			正常运行情况			事故情况		安装情况	不均匀冰
			基本风速	覆冰	最低气温	未断线	断线		
			15/33/0	－5/0/0	－5/0/0	－5/0/0	－5/0/0	0/10/0	－5/0/0
水平荷载	导线		12146					1108	
	绝缘子及金具		596					55	
	跳线串								
	地线		8725					801	
垂直荷载	导线		8548		7771	8548	8548	7771	
	绝缘子及金具		1200		1200	1200	1200	1200	
	跳线串								
	地线		6387		5110	6387	6387	5110	
张力	导线	一侧					17548	28983	
		另一侧					0	28983	
		张力差					17548	0	
	地线	一侧					32110	34348	
		另一侧					0	34348	
		张力差					32110	0	

注：导线水平荷载为下相导线荷载，表中（t/v/b）单位分别为：°、m/s、mm。

14.7.2 根开尺寸及基础作用力

110－DF11S－ZCR 塔的根开尺寸及基础作用力见表 14－26 和表 14－27。

表 14－26　　根开尺寸

呼高（m）	基础根开（mm）		地脚螺栓根开（mm）		地脚螺栓规格（5.6 级）
	正面根开	侧面根开	正面根开	侧面根开	
33	7000	7000	290	290	4M48
36	7480	7480	290	290	4M48
39	7960	7960	290	290	4M48
42	8440	8440	290	290	4M48
45	8920	8920	290	290	4M48
48	9400	9400	290	290	4M48
51	9880	9880	290	290	4M48

表 14－27　　基础作用力

呼高（m）	基础作用力（kN）					
	T_{max}	T_x	T_y	N_{max}	N_x	N_y
33	740	－90	－84	－847	－101	－91
36	761	－89	－83	－872	－100	－91
39	780	－92	－86	－899	－104	－95
42	804	－97	－90	－931	－110	－99
45	814	－97	－89	－946	－110	－99
48	832	－98	－90	－972	－111	－100
51	845	－99	－91	－991	－113	－102

14.7.3　单线图及司令图

110－DF11S－ZCR 塔单线图如图 14－10 所示，司令图如图 14－11 所示。

塔呼高（m）	33.0	36.0	39.0	42.0	45.0	48.0	51.0
塔重（kg）	13183.7	14179.6	15215.0	16442.7	17328.2	18518.6	19453.9

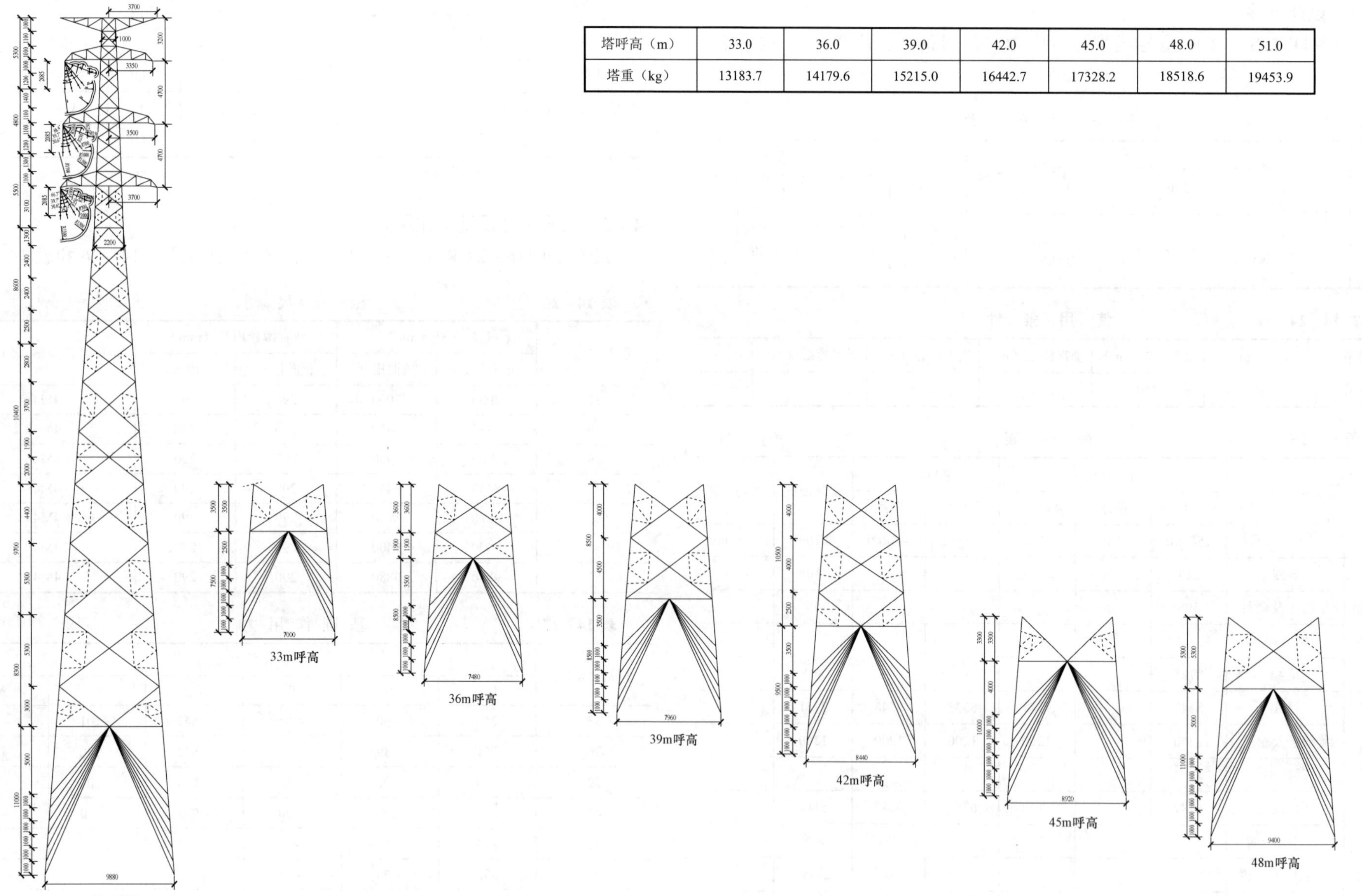

图 14－10　110－DF11S－ZCR 塔单线图

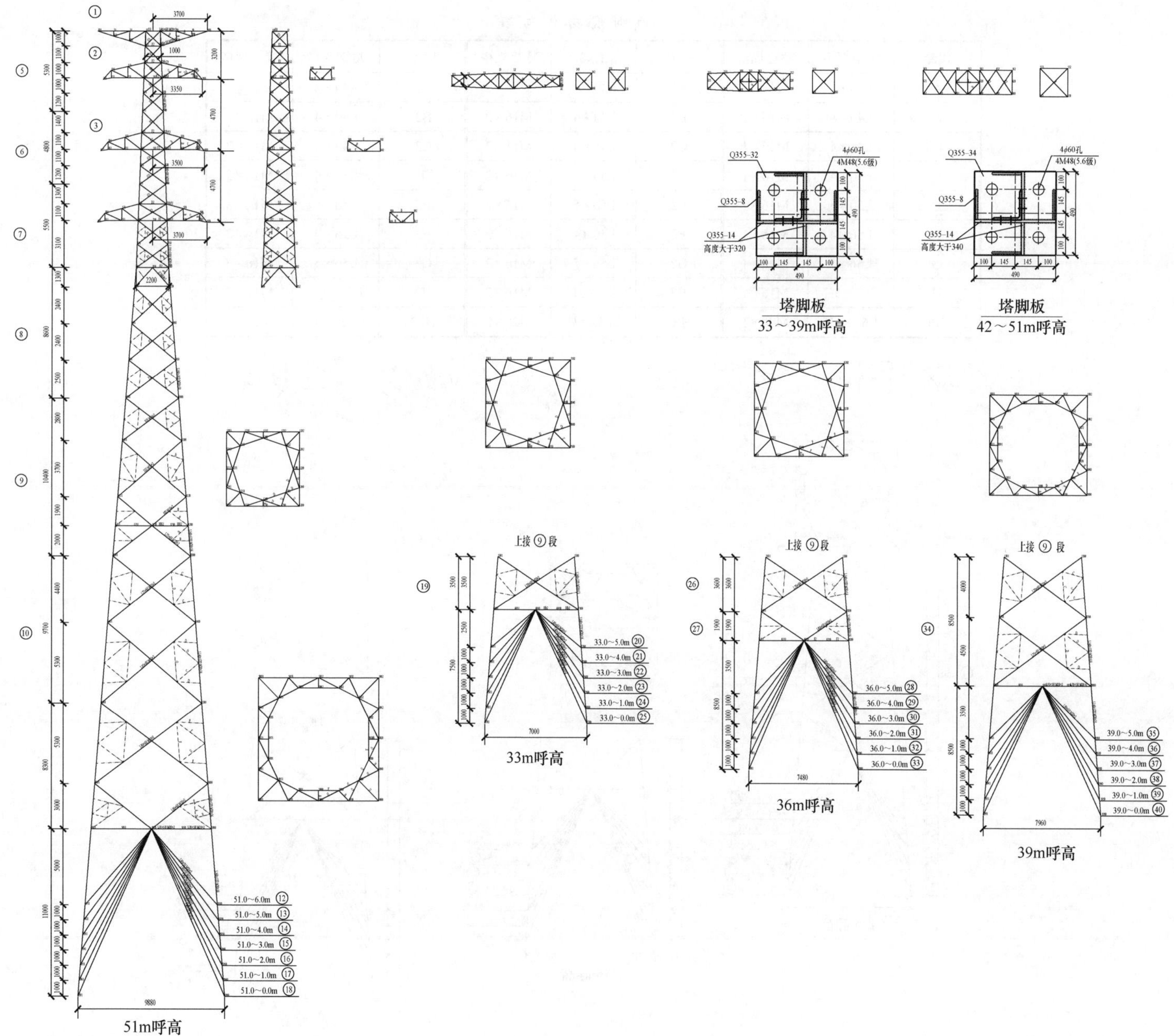

图 14-11　110-DF11S-ZCR 塔司令图（一）

角钢规格代号表

代号	角钢规格	螺栓规格	代号	角钢规格	螺栓规格	代号	角钢规格	螺栓规格
A	L40×3	M16×1	A2	L40×3	M16×2	A3	L40×3	M16×3
B	L40×4	M16×1	B2	L40×4	M16×2	B3	L40×4	M16×3
C	L45×4	M16×1	C2	L45×4	M16×2	C3	L45×4	M16×3
D	L50×4	M16×1	D2	L50×4	M16×2	D3	L50×4	M16×3
E	L50×5	M16×1	E2	L50×5	M16×2	E3	L50×5	M16×3
F	L56×4	M16×1	F2	L56×4	M16×2	F3	L56×4	M16×3
G	L56×5	M16×1	G2	L56×5	M16×2	G3	L56×5	M16×3
H	L63×5H	M16×1	H2	L63×5H	M16×2	H3	L63×5H	M16×3
Hh	L63×5H	M20×1	Hh2	L63×5H	M20×2	Hh3	L63×5H	M20×3

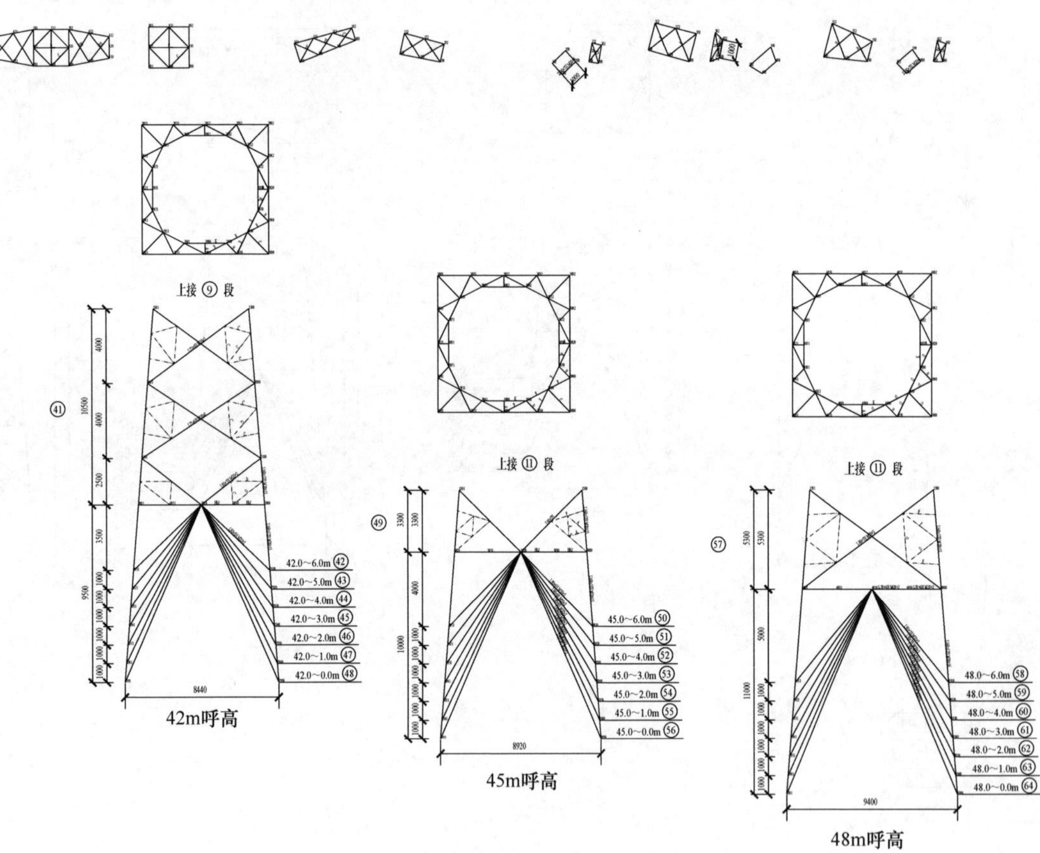

图 14-11　110-DF11S-ZCR 塔司令图（二）

14.8 110-DF11S-JC1 塔

14.8.1 设计条件

110-DF11S-JC1 塔导线型号及张力、使用条件、荷载见表 14-28～表 14-30。

表 14-28　　导线型号及张力

电压等级	110kV	导线型号	1×JL3/G1A-300/40	最大使用张力（kN）	35.09	断线张力取值（%）	70	不均匀覆冰不平衡张力取值（%）	30
		地线型号	JLB20A-100	最大使用张力（kN）	32.11	断线张力取值（%）	100	不均匀覆冰不平衡张力取值（%）	40

表 14-29　　使用条件

使用条件	呼高（m）	水平档距（m）	垂直档距（m）	代表档距（m）	转角度数（°）	K_v 值
数值	30	450	700/-350	200/450	0～20	—

表 14-30　　荷载表　　单位：N

气象条件（$t/v/b$）			正常运行情况			事故情况		安装情况	不均匀冰
			基本风速	覆冰	最低气温	未断线	断线		
			15/33/0	-5/0/0	-5/0/0	-5/0/0	-5/0/0	0/10/0	-5/0/0
水平荷载	导线		9826					889	
	绝缘子及金具		767					70	
	跳线串		907					83	
	地线		7267					665	
垂直荷载	导线		8548		7771	8548	8548	7771	
	绝缘子及金具		3400		3400	3400	3400	3400	
	跳线串		1667		1667	1667	1667	1667	
	地线		6387		5110	6387	6387	5110	
张力	导线	一侧	35097		23697	23697	35097	26858	
		另一侧	29674		27498	27498	0	29941	
		张力差	5423		3801	3801	35097	3083	

续表

气象条件（$t/v/b$）			正常运行情况			事故情况		安装情况	不均匀冰
			基本风速	覆冰	最低气温	未断线	断线		
			15/33/0	-5/0/0	-5/0/0	-5/0/0	-5/0/0	0/10/0	-5/0/0
张力	地线	一侧	32110		26393	26393	32110	28442	
		另一侧	30830		32110	32110	0	34302	
		张力差	1280		5717	5717	32110	5860	

注：导线水平导线荷载为下相导线荷载，表中（$t/v/b$）单位分别为：°、m/s、mm。

14.8.2 根开尺寸及基础作用力

110-DF11S-JC1 塔的根开尺寸及基础作用力见表 14-31 和表 14-32。

表 14-31　　根开尺寸

呼高（m）	基础根开（mm）		地脚螺栓根开（mm）		地脚螺栓规格（5.6 级）
	正面根开	侧面根开	正面根开	侧面根开	
15	4500	4450	290	290	4M48
18	5100	5048	290	290	4M48
21	5700	5646	290	290	4M48
24	6300	6244	290	290	4M48
27	6900	6842	290	290	4M48
30	7500	7440	290	290	4M48

表 14-32　　基础作用力

转角度数（°）	基础作用力（kN）					
	T_{max}	T_x	T_y	N_{max}	N_x	N_y
0～10	722	-87	-80	-821	-100	-88
10～20	893	-105	-98	-991	-118	-106

14.8.3 单线图及司令图

110-DF11S-JC1 塔单线图如图 14-12 所示，司令图如图 14-13 所示。

塔呼高（m）	15.0	18.0	21.0	24.0	27.0	30.0
塔重（kg）	8889.3	9539.5	10355.8	11171.4	11943.9	12798.4

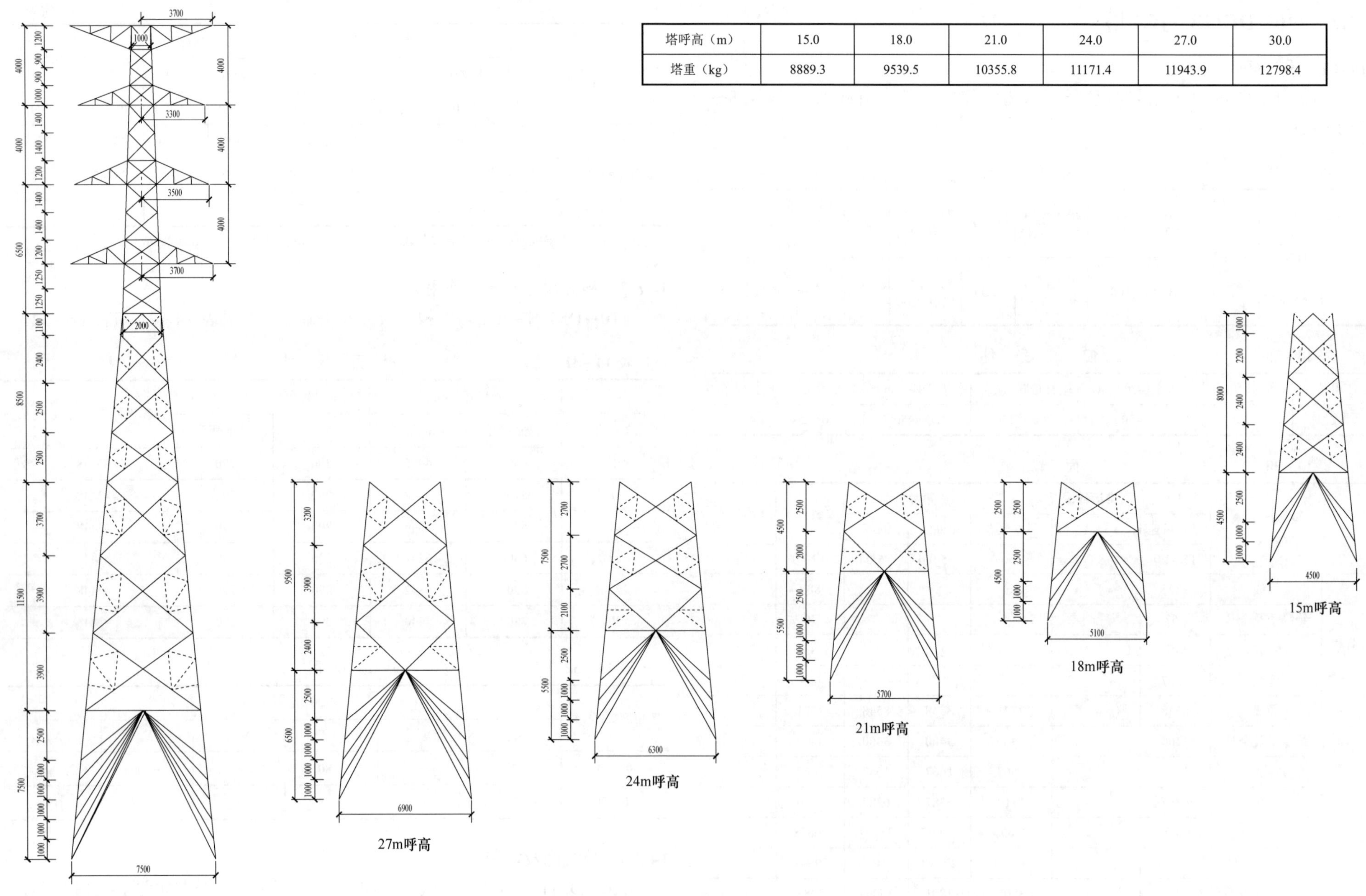

图 14－12　110－DF11S－JC1 塔单线图

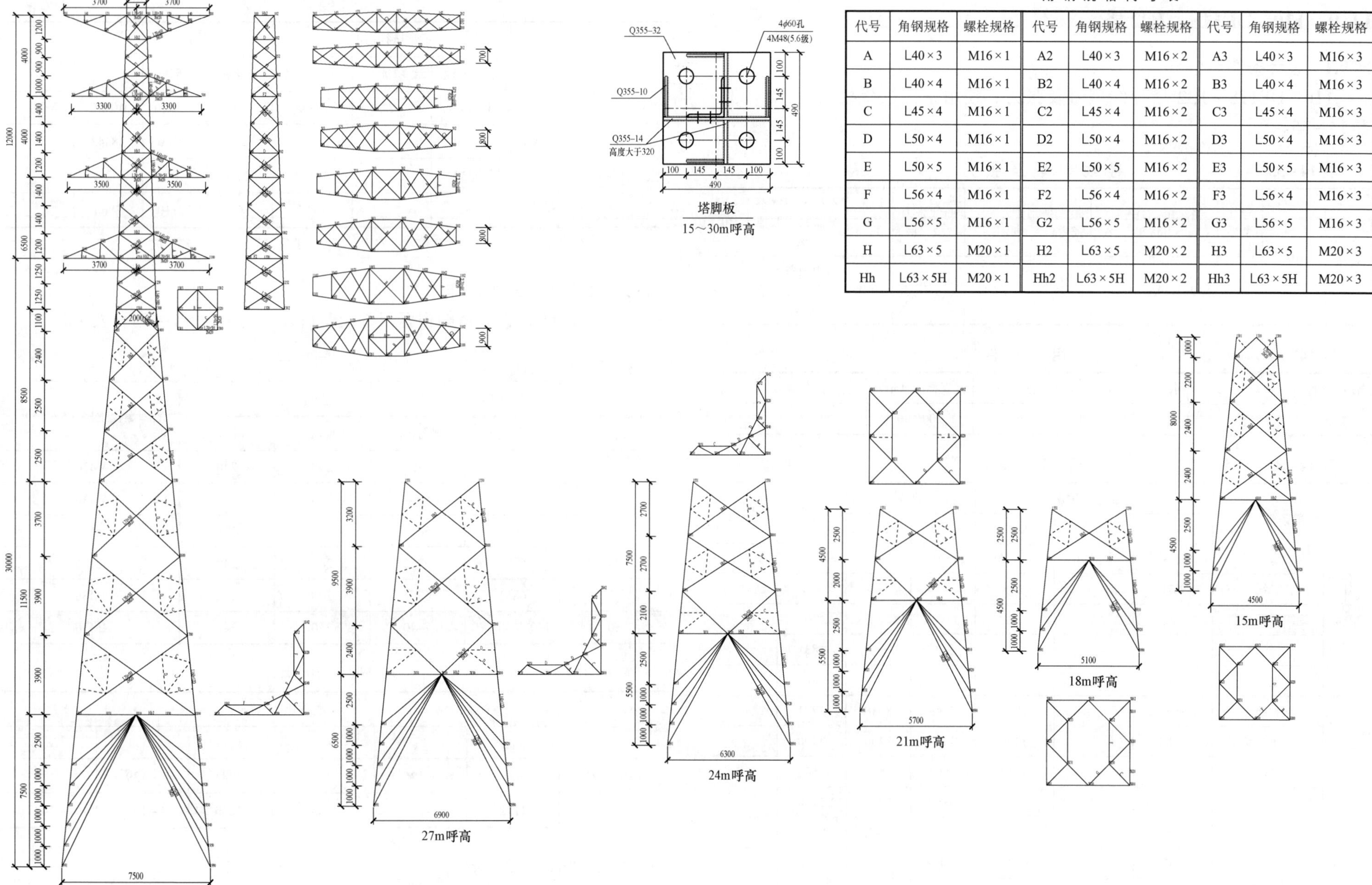

角钢规格代号表

代号	角钢规格	螺栓规格	代号	角钢规格	螺栓规格	代号	角钢规格	螺栓规格
A	L40×3	M16×1	A2	L40×3	M16×2	A3	L40×3	M16×3
B	L40×4	M16×1	B2	L40×4	M16×2	B3	L40×4	M16×3
C	L45×4	M16×1	C2	L45×4	M16×2	C3	L45×4	M16×3
D	L50×4	M16×1	D2	L50×4	M16×2	D3	L50×4	M16×3
E	L50×5	M16×1	E2	L50×5	M16×2	E3	L50×5	M16×3
F	L56×4	M16×1	F2	L56×4	M16×2	F3	L56×4	M16×3
G	L56×5	M16×1	G2	L56×5	M16×2	G3	L56×5	M16×3
H	L63×5	M20×1	H2	L63×5	M20×2	H3	L63×5	M20×3
Hh	L63×5H	M20×1	Hh2	L63×5H	M20×2	Hh3	L63×5H	M20×3

图 14-13　110-DF11S-JC1 塔司令图

14..9 110－DF11S－JC2 塔

14.9.1 设计条件

110－DF11S－JC2 塔导线型号及张力、使用条件、荷载见表 14－33～表 14－35。

表 14－33 导线型号及张力

电压等级	110kV	导线型号	1×JL3/G1A－300/40	最大使用张力（kN）	35.09	断线张力取值（%）	70	不均匀覆冰不平衡张力取值（%）	30
		地线型号	JLB20A－100	最大使用张力（kN）	32.11	断线张力取值（%）	100	不均匀覆冰不平衡张力取值（%）	40

表 14－34 使用条件

使用条件	呼高（m）	水平档距（m）	垂直档距（m）	代表档距（m）	转角度数（°）	K_v 值
数值	30	450	700	200/450	20～40	—

表 14－35 荷载表 单位：N

气象条件（t/v/b）			正常运行情况			事故情况		安装情况	不均匀冰
			基本风速	覆冰	最低气温	未断线	断线		
			15/33/0	－5/0/0	－5/0/0	－5/0/0	－5/0/0	0/10/0	－5/0/0
水平荷载	导线		9826					889	
	绝缘子及金具		767					70	
	跳线串		907					83	
	地线		7267					665	
垂直荷载	导线		8548		7771	8548	8548	7771	
	绝缘子及金具		3400		3400	3400	3400	3400	
	跳线串		1667		1667	1667	1667	1667	
	地线		6387		5110	6387	6387	5110	
张力	导线	一侧	35097		23697	27498	27498	26858	
		另一侧	29674		27498	27498	0	29941	
		张力差	5423		3801	0	27498	3083	

续表

气象条件（t/v/b）			正常运行情况			事故情况		安装情况	不均匀冰
			基本风速	覆冰	最低气温	未断线	断线		
			15/33/0	－5/0/0	－5/0/0	－5/0/0	－5/0/0	0/10/0	－5/0/0
张力	地线	一侧	32110		26393	32110	32110	28442	
		另一侧	30830		32110	32110	0	34302	
		张力差	1280		5717	0	32110	5860	

注：导线水平导线荷载为下相导线荷载，表中（t/v/b）单位分别为：°、m/s、mm。

14.9.2 根开尺寸及基础作用力

110－DF11S－JC2 塔的根开尺寸及基础作用力见表 14－36 和表 14－37。

表 14－36 根开尺寸

呼高（m）	基础根开（mm）		地脚螺栓根开（mm）		地脚螺栓规格（5.6 级）
	正面根开	侧面根开	正面根开	侧面根开	
15	4455	4455	240	240	4M36
18	5054	5054	240	240	4M36
21	5653	5653	240	240	4M36
24	6252	6252	240	240	4M36
27	6851	6851	240	240	4M36
30	7440	7440	240	240	4M36

表 14－37 基础作用力

转角度数（°）	基础作用力（kN）					
	T_{max}	T_x	T_y	N_{max}	N_x	N_y
20～30	975	－125	－116	－1083	－139	－126
30～40	1122	－142	－133	－1230	－155	－142

14.9.3 单线图及司令图

110－DF11S－JC2 塔单线图如图 14－14 所示，司令图如图 14－15 所示。

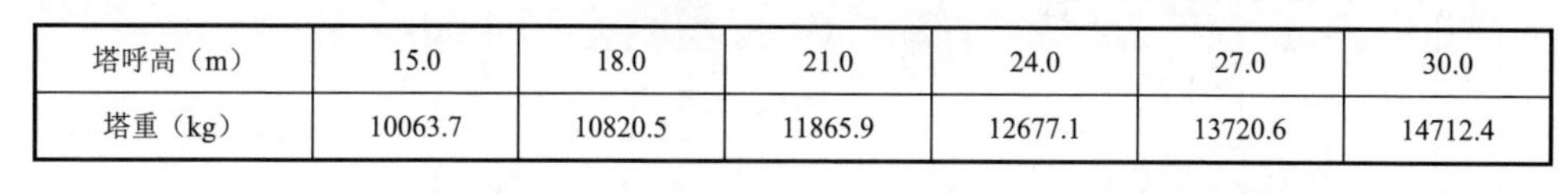

塔呼高（m）	15.0	18.0	21.0	24.0	27.0	30.0
塔重（kg）	10063.7	10820.5	11865.9	12677.1	13720.6	14712.4

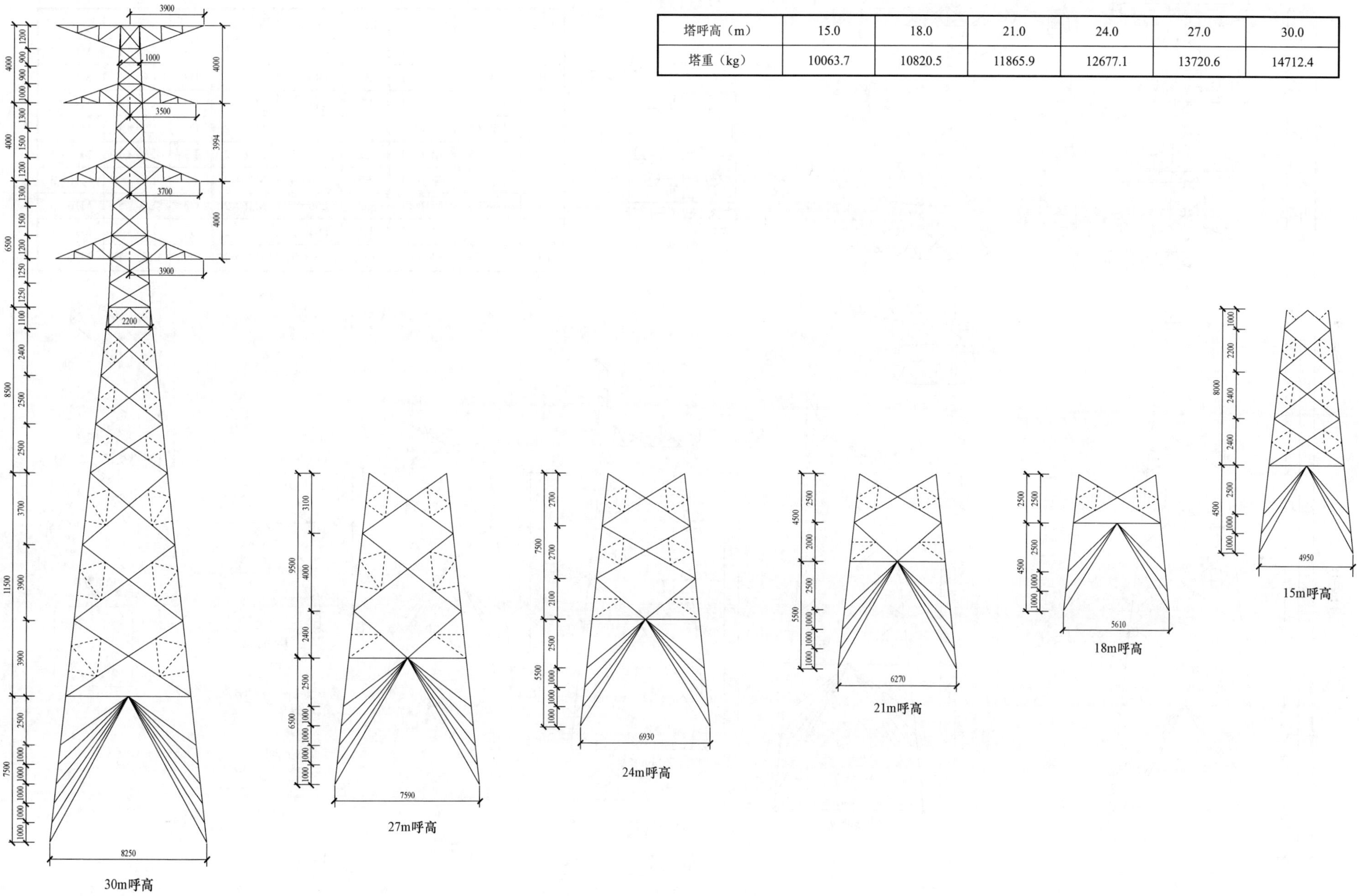

30m呼高　27m呼高　24m呼高　21m呼高　18m呼高　15m呼高

图 14－14　110－DF11S－JC2 塔单线图

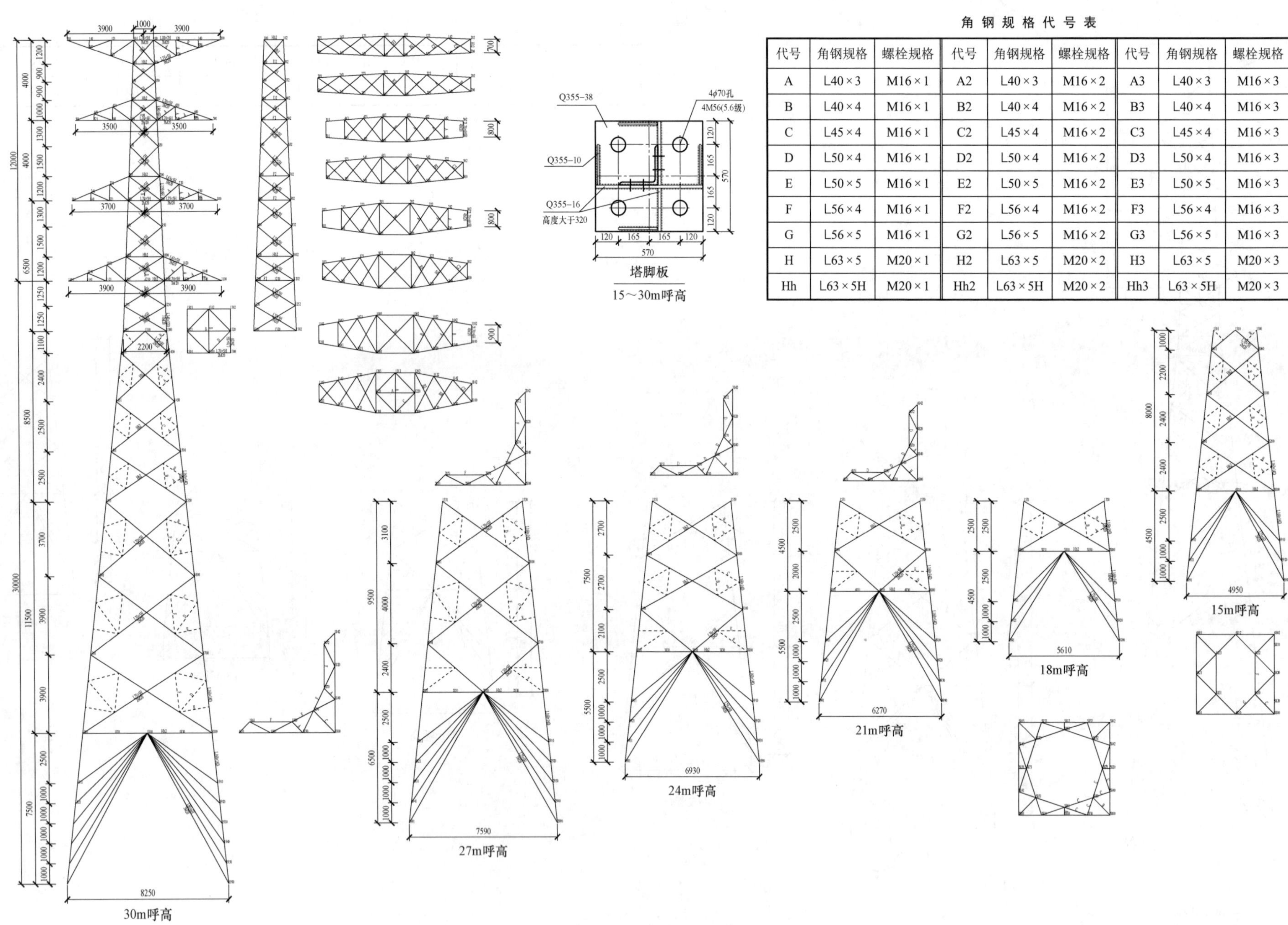

角钢规格代号表

代号	角钢规格	螺栓规格	代号	角钢规格	螺栓规格	代号	角钢规格	螺栓规格
A	L40×3	M16×1	A2	L40×3	M16×2	A3	L40×3	M16×3
B	L40×4	M16×1	B2	L40×4	M16×2	B3	L40×4	M16×3
C	L45×4	M16×1	C2	L45×4	M16×2	C3	L45×4	M16×3
D	L50×4	M16×1	D2	L50×4	M16×2	D3	L50×4	M16×3
E	L50×5	M16×1	E2	L50×5	M16×2	E3	L50×5	M16×3
F	L56×4	M16×1	F2	L56×4	M16×2	F3	L56×4	M16×3
G	L56×5	M16×1	G2	L56×5	M16×2	G3	L56×5	M16×3
H	L63×5	M20×1	H2	L63×5	M20×2	H3	L63×5	M20×3
Hh	L63×5H	M20×1	Hh2	L63×5H	M20×2	Hh3	L63×5H	M20×3

图 14-15　110-DF11S-JC2 塔司令图

14.10 110–DF11S–JC3 塔

14.10.1 设计条件

110–DF11S–JC3 塔导线型号及张力、使用条件、荷载见表 14–38～表 14–40。

表 14–38　　导线型号及张力

电压等级	110kV	导线型号	1×JL3/G1A–300/40	最大使用张力(kN)	35.09	断线张力取值（%）	70	不均匀覆冰不平衡张力取值（%）	30
		地线型号	JLB20A–100	最大使用张力(kN)	32.11	断线张力取值（%）	100	不均匀覆冰不平衡张力取值（%）	40

表 14–39　　使用条件

使用条件	呼高（m）	水平档距（m）	垂直档距（m）	代表档距（m）	转角度数（°）	K_v 值
数值	30	450	700	200/450	40～60	—

表 14–40　　荷载表　　单位：N

气象条件（$t/v/b$）			正常运行情况			事故情况		安装情况	不均匀冰
			基本风速	覆冰	最低气温	未断线	断线		
			15/33/0	–5/0/0	–5/0/0	–5/0/0	–5/0/0	0/10/0	–5/0/0
水平荷载		导线	9826					889	
		绝缘子及金具	767					70	
		跳线串	907					83	
		地线	7267					665	
垂直荷载		导线	8548		7771	8548	8548	7771	
		绝缘子及金具	3400		3400	3400	3400	3400	
		跳线串	1667		1667	1667	1667	1667	
		地线	6387		5110	6387	6387	5110	
张力	导线	一侧	35097		23697	27498	27498	26858	
		另一侧	29674		27498	27498	0	29941	
		张力差	5423		3801	0	27498	3083	
	地线	一侧	32110		26393	32110	32110	28442	
		另一侧	30830		32110	32110	0	34302	
		张力差	1280		5717	0	32110	5860	

注：导线水平导线荷载为下相导线荷载，表中（$t/v/b$）单位分别为：°、m/s、mm。

14.10.2 根开尺寸及基础作用力

110–DF11S–JC3 塔的根开尺寸及基础作用力见表 14–41 和表 14–42。

表 14–41　　根开尺寸

呼高（m）	基础根开（mm）		地脚螺栓根开（mm）		地脚螺栓规格（5.6 级）
	正面根开	侧面根开	正面根开	侧面根开	
15	4700	4700	270	270	4M42
18	5360	5360	270	270	4M42
21	6020	6020	270	270	4M42
24	6670	6670	270	270	4M42
27	7330	7330	270	270	4M42
30	7990	7990	270	270	4M42

表 14–42　　基础作用力

转角度数（°）	基础作用力（kN）					
	T_{max}	T_x	T_y	N_{max}	N_x	N_y
40～50	1241	–157	–148	–1352	–173	–154
50～60	1373	–173	–163	–1484	–189	–169

14.10.3 单线图及司令图

110–DF11S–JC3 塔单线图如图 14–16 所示，司令图如图 14–17 所示。

塔呼高（m）	15.0	18.0	21.0	24.0	27.0	30.0
塔重（kg）	10723.2	11633.4	12913.4	14251.7	15429.6	16557.1

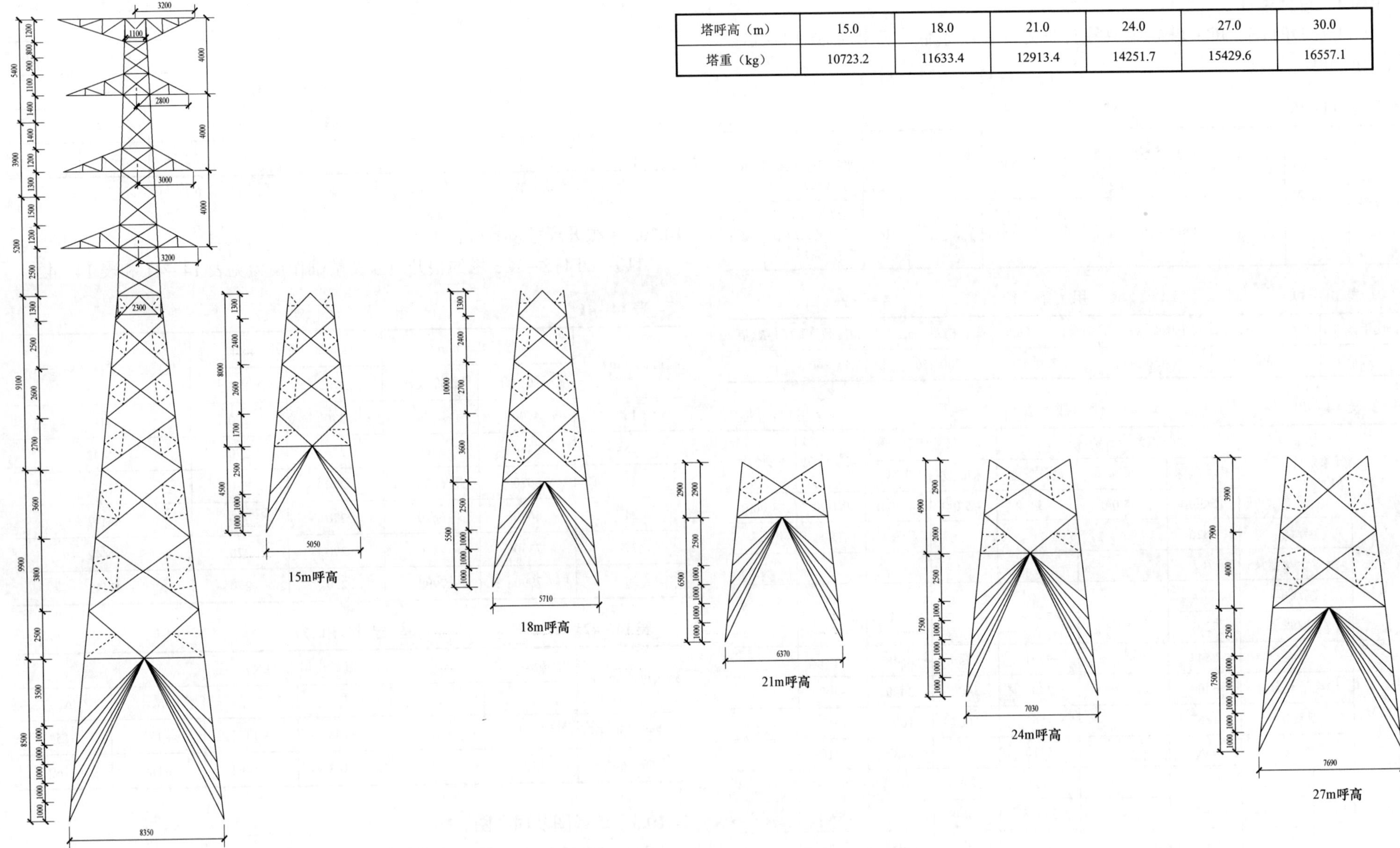

图 14-16　110-DF11S-JC3 塔单线图

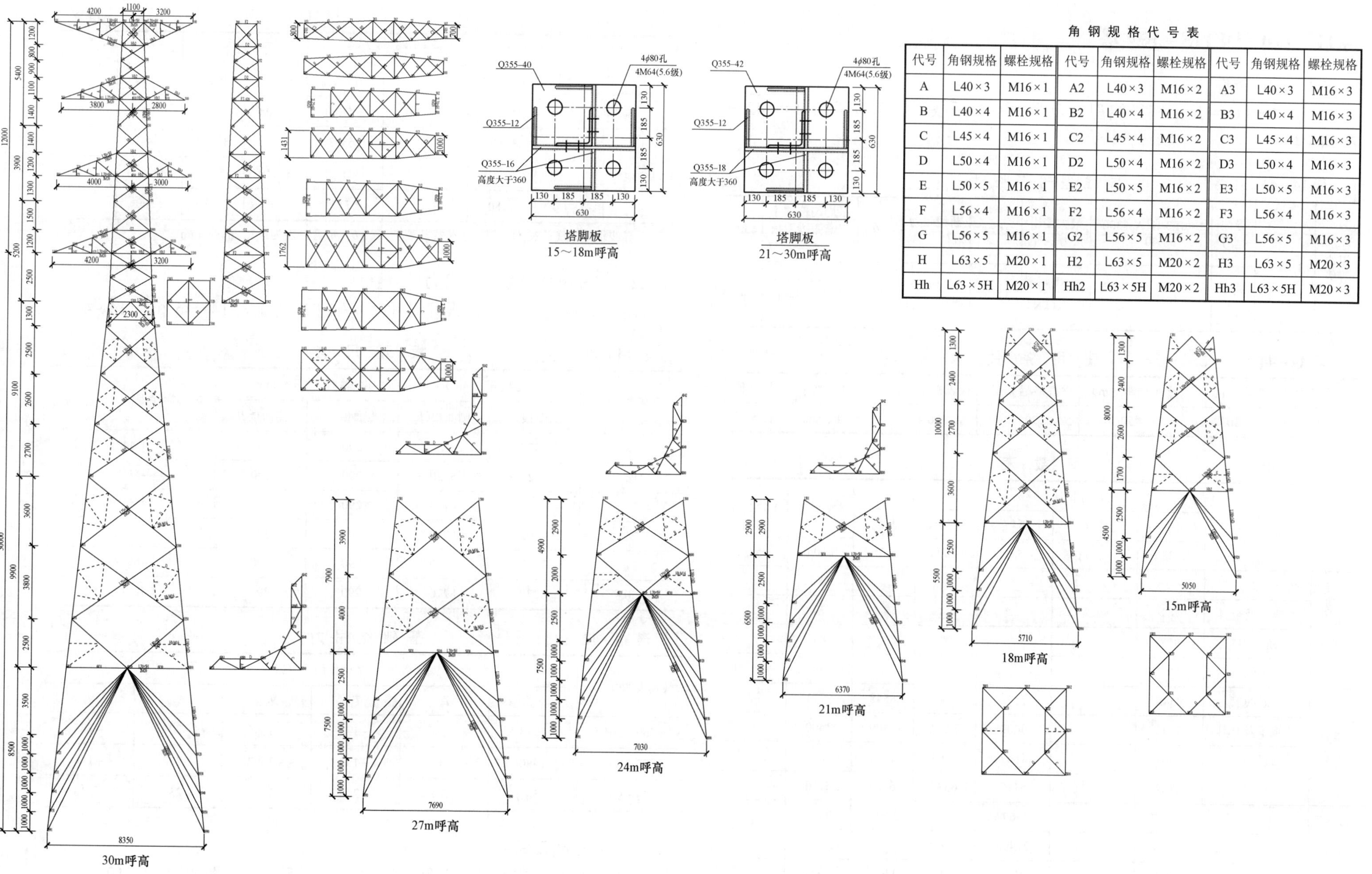

角钢规格代号表

代号	角钢规格	螺栓规格	代号	角钢规格	螺栓规格	代号	角钢规格	螺栓规格
A	L40×3	M16×1	A2	L40×3	M16×2	A3	L40×3	M16×3
B	L40×4	M16×1	B2	L40×4	M16×2	B3	L40×4	M16×3
C	L45×4	M16×1	C2	L45×4	M16×2	C3	L45×4	M16×3
D	L50×4	M16×1	D2	L50×4	M16×2	D3	L50×4	M16×3
E	L50×5	M16×1	E2	L50×5	M16×2	E3	L50×5	M16×3
F	L56×4	M16×1	F2	L56×4	M16×2	F3	L56×4	M16×3
G	L56×5	M16×1	G2	L56×5	M16×2	G3	L56×5	M16×3
H	L63×5	M20×1	H2	L63×5	M20×2	H3	L63×5	M20×3
Hh	L63×5H	M20×1	Hh2	L63×5H	M20×2	Hh3	L63×5H	M20×3

图 14-17 110-DF11S-JC3 塔司令图

14.11 110－DF11S－JC4 塔

14.11.1 设计条件

110－DF11S－JC4 塔导线型号及张力、使用条件、荷载见表 14－43～表 14－45。

表 14－43 导线型号及张力

电压等级	110kV	导线型号	1×JL3/G1A－300/40	最大使用张力(kN)	35.09	断线张力取值(%)	70	不均匀覆冰不平衡张力取值(%)	30
		地线型号	JLB－100	最大使用张力(kN)	33.80	断线张力取值(%)	100	不均匀覆冰不平衡张力取值(%)	40

表 14－44 使用条件

使用条件	呼高(m)	水平档距(m)	垂直档距(m)	代表档距(m)	转角度数(°)	K_v 值
数值	30	450	700	200/450	40～60	—

表 14－45 荷载表 单位：N

气象条件（$t/v/b$）			正常运行情况			事故情况		安装情况	不均匀冰
			基本风速	覆冰	最低气温	未断线	断线		
			15/33/0	－5/0/0	－5/0/0	－5/0/0	－5/0/0	0/10/0	－5/0/0
水平荷载	导线		9826					889	
	绝缘子及金具		767					70	
	跳线串		907					83	
	地线		7267					665	
垂直荷载	导线		8548		7771	8548	8548	7771	
	绝缘子及金具		3400		3400	3400	3400	3400	
	跳线串		1667		1667	1667	1667	1667	
	地线		6387		5110	6387	6387	5110	
张力	导线	一侧	35097		23697	27498	27498	26858	
		另一侧	29674		27498	27498	0	29941	
		张力差	5423		3801	0	27498	3083	

续表

气象条件（$t/v/b$）			正常运行情况			事故情况		安装情况	不均匀冰
			基本风速	覆冰	最低气温	未断线	断线		
			15/33/0	－5/0/0	－5/0/0	－5/0/0	－5/0/0	0/10/0	－5/0/0
张力	地线	一侧	32110		26393	32110	32110	28442	
		另一侧	30830		32110	32110	0	34302	
		张力差	1280		5717	0	32110	5860	

注：导线水平导线荷载为下相导线荷载，表中（$t/v/b$）单位分别为：°、m/s、mm。

14.11.2 根开尺寸及基础作用力

110－DF11S－JC4 塔的根开尺寸及基础作用力见表 14－46 和表 14－47。

表 14－46 根开尺寸

呼高(m)	基础根开(mm)		地脚螺栓根开(mm)		地脚螺栓规格(5.6 级)
	正面根开	侧面根开	正面根开	侧面根开	
15	4830	4830	290	290	4M48
18	5520	5520	290	290	4M48
21	6210	6210	290	290	4M48
24	6900	6900	290	290	4M48
27	7580	7580	290	290	4M48
30	8270	8270	290	290	4M48

表 14－47 基础作用力

转角度数(°)	基础作用力(kN)					
	T_{max}	T_x	T_y	N_{max}	N_x	N_y
60～70	1373	－188	－177	－1495	－208	－185
70～80	1480	－202	－190	－1602	－222	－198
80～90	1587	－218	－200	－1710	－236	－213

14.11.3 单线图及司令图

110－DF11S－JC4 塔单线图如图 14－18 所示，司令图如图 14－19 所示。

塔呼高（m）	15.0	18.0	21.0	24.0	27.0	30.0
塔重（kg）	12000.1	13155.4	14580.2	16011.5	17277.6	18677.3

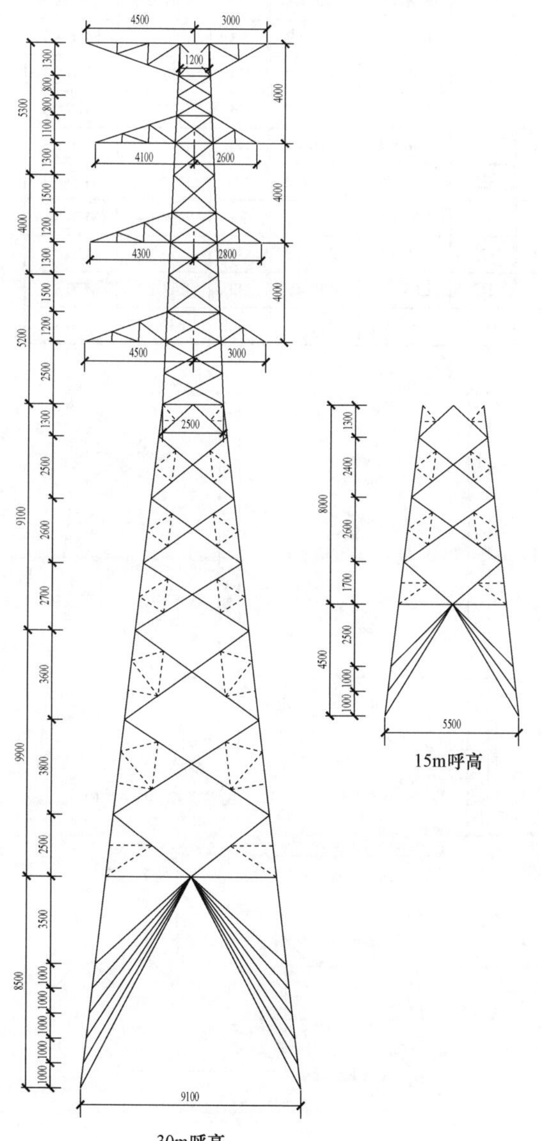

30m呼高

15m呼高

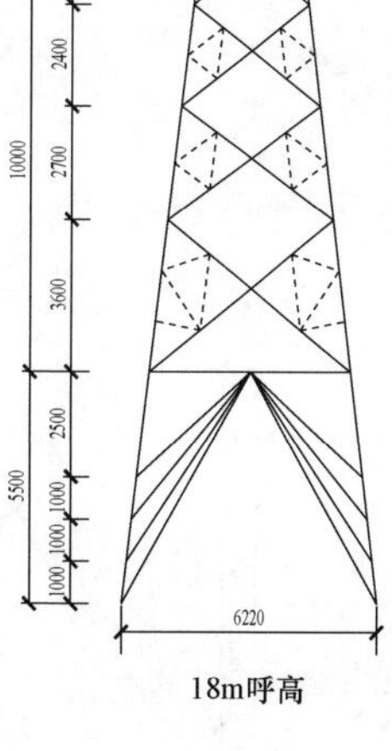

18m呼高

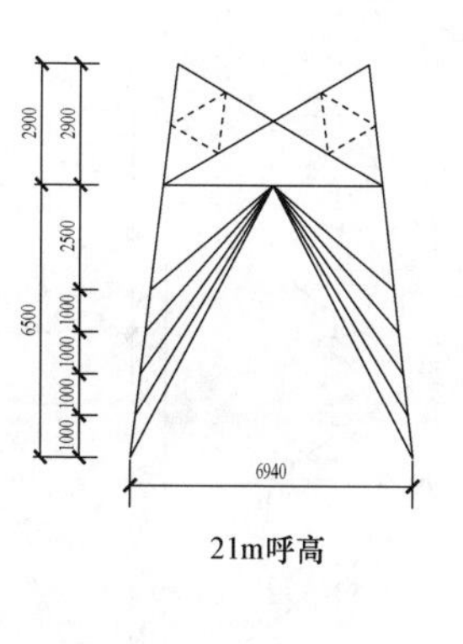

21m呼高

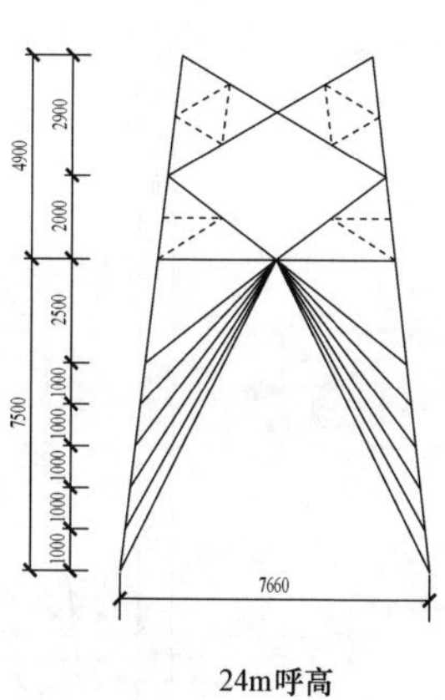

24m呼高

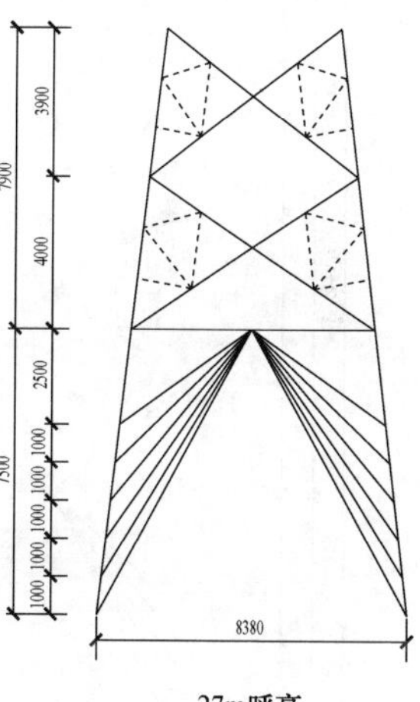

27m呼高

图 14-18　110-DF11S-JC4 塔单线图

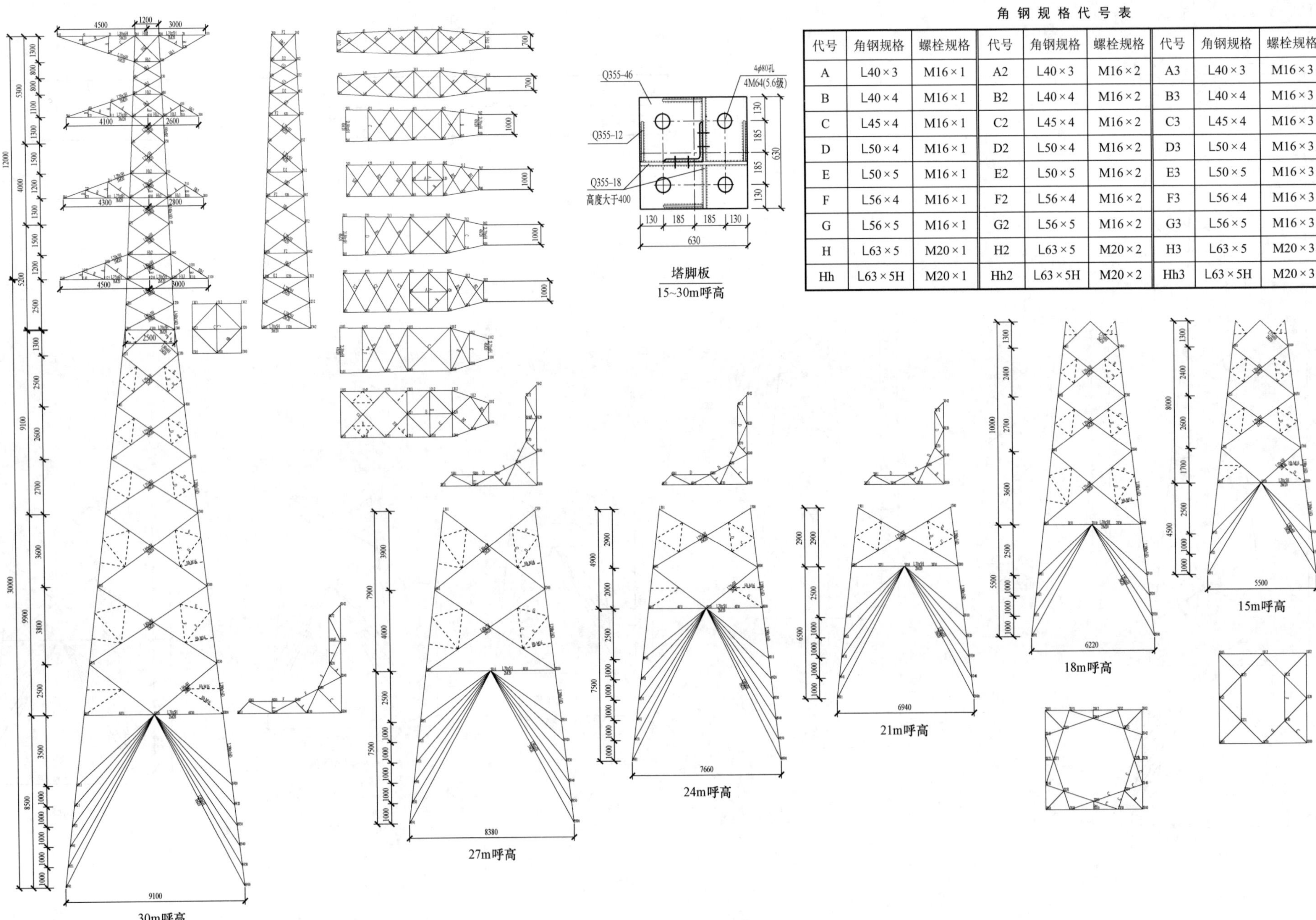

角钢规格代号表

代号	角钢规格	螺栓规格	代号	角钢规格	螺栓规格	代号	角钢规格	螺栓规格
A	L40×3	M16×1	A2	L40×3	M16×2	A3	L40×3	M16×3
B	L40×4	M16×1	B2	L40×4	M16×2	B3	L40×4	M16×3
C	L45×4	M16×1	C2	L45×4	M16×2	C3	L45×4	M16×3
D	L50×4	M16×1	D2	L50×4	M16×2	D3	L50×4	M16×3
E	L50×5	M16×1	E2	L50×5	M16×2	E3	L50×5	M16×3
F	L56×4	M16×1	F2	L56×4	M16×2	F3	L56×4	M16×3
G	L56×5	M16×1	G2	L56×5	M16×2	G3	L56×5	M16×3
H	L63×5	M20×1	H2	L63×5	M20×2	H3	L63×5	M20×3
Hh	L63×5H	M20×1	Hh2	L63×5H	M20×2	Hh3	L63×5H	M20×3

图 14-19　110-DF11S-JC4 塔司令图

14.12 110-DF11S-DJC 塔

14.12.1 设计条件

110-DF11S-DJC 塔导线型号及张力、使用条件、荷载见表 14-48～表 14-50。

表 14-48　　导 线 型 号 及 张 力

电压等级	110kV	导线型号	1×JL3/G1A-300/40	最大使用张力（kN）	35.09	断线张力取值（%）	70	不均匀覆冰不平衡张力取值（%）	30
		地线型号	JLB20A-100	最大使用张力（kN）	32.11	断线张力取值（%）	100	不均匀覆冰不平衡张力取值（%）	40

表 14-49　　使 用 条 件

使用条件	呼高（m）	水平档距（m）	垂直档距（m）	代表档距（m）	转角度数（°）	K_v 值
数值	30	450	700	200/450	00～90	—

表 14-50　　荷 载 表　　单位：N

气象条件（t/v/b）			正常运行情况			事故情况		安装情况	不均匀冰
			基本风速	覆冰	最低气温	未断线	断线		
			15/33/0	-5/0/0	-5/0/0	-5/0/0	-5/0/0	0/10/0	-5/0/0
水平荷载	导线		9779					892	
	绝缘子及金具		767					70	
	跳线串		907					83	
	地线		7263					667	
垂直荷载	导线		8548		7771	8548	8548	7771	
	绝缘子及金具		3400		3400	3400	3400	3400	
	跳线串		1667		1667	1667	1667	1667	
	地线		6387		5110	6387	6387	5110	
张力	导线	一侧	29674		27498	27498	27498	29941	
		另一侧	0		0	0	0	0	
		张力差	29674		27498	27498	27498	29941	
	地线	一侧	30830		32110	32110	32110	34302	
		另一侧	0		0	0	0	0	
		张力差	30830		32110	32110	32110	34302	

续表

注：导线水平荷载为下相导线荷载，表中（t/v/b）单位分别为：°、m/s、mm。

14.12.2 根开尺寸及基础作用力

110-DF11S-DJC 塔的根开尺寸及基础作用力见表 14-51 和表 14-52。

表 14-51　　根 开 尺 寸

呼高（m）	基础根开（mm）		地脚螺栓根开（mm）		地脚螺栓规格（5.6 级）
	正面根开	侧面根开	正面根开	侧面根开	
15	4830	4830	290	290	4M48
18	5520	5520	290	290	4M48
21	6210	6210	290	290	4M48
24	6900	6900	290	290	4M48
27	7580	7580	290	290	4M48
30	8270	8270	290	290	4M48

表 14-52　　基 础 作 用 力

转角度数（°）	基础作用力（kN）					
	T_{max}	T_x	T_y	N_{max}	N_x	N_y
0～40	1399	-180	-194	-1527	-223	-182
40～90	1534	-196	-213	-1642	-241	-192

14.12.3 单线图及司令图

110-DF11S-DJC 塔单线图如图 14-20 所示，司令图如图 14-21 所示。

塔呼高（m）	15.0	18.0	21.0	24.0	27.0	30.0
塔重（kg）	12933.0	14125.6	15593.1	17012.6	18332.5	19817.9

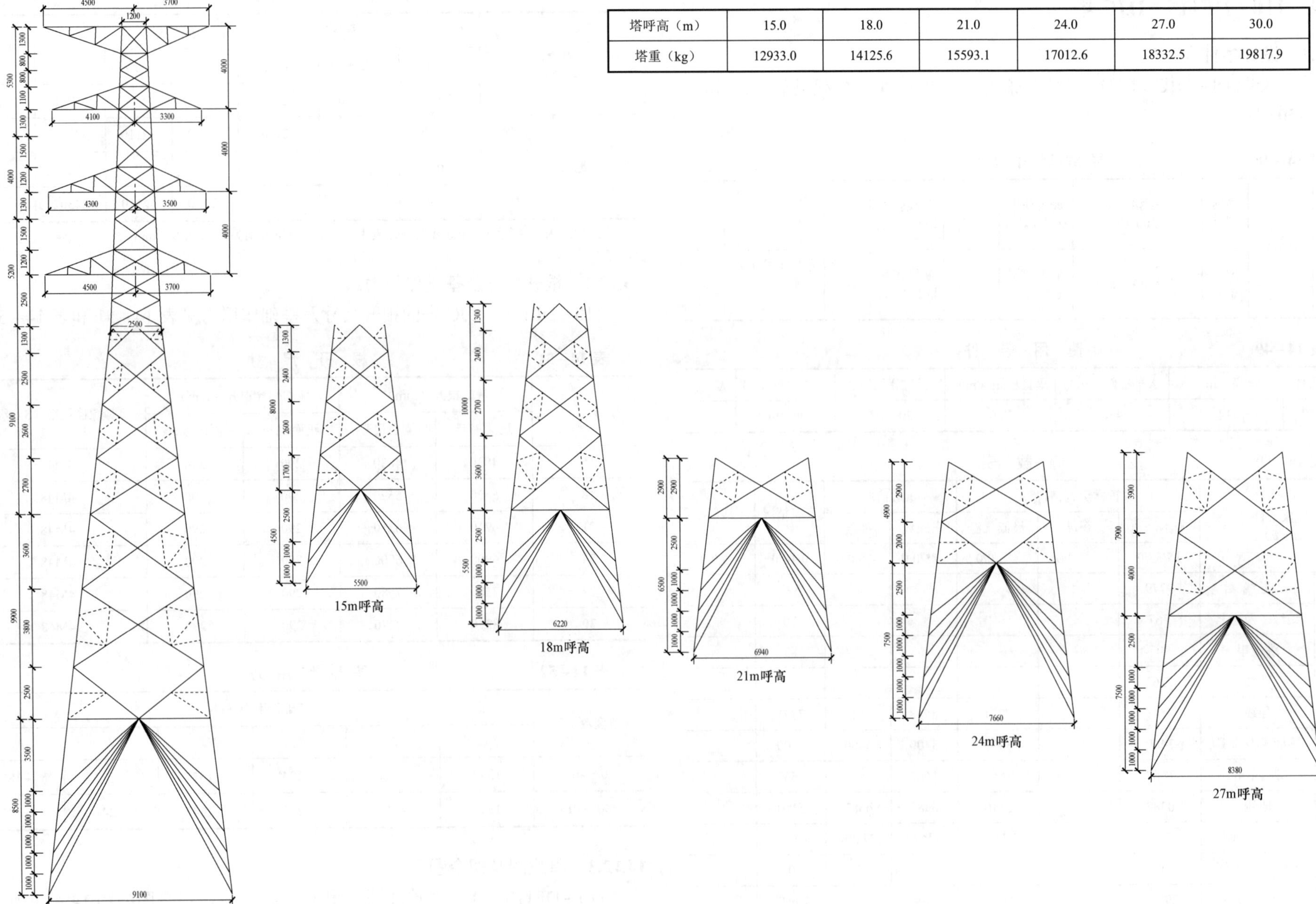

图 14－20　110－DF11S－DJC 塔单线图

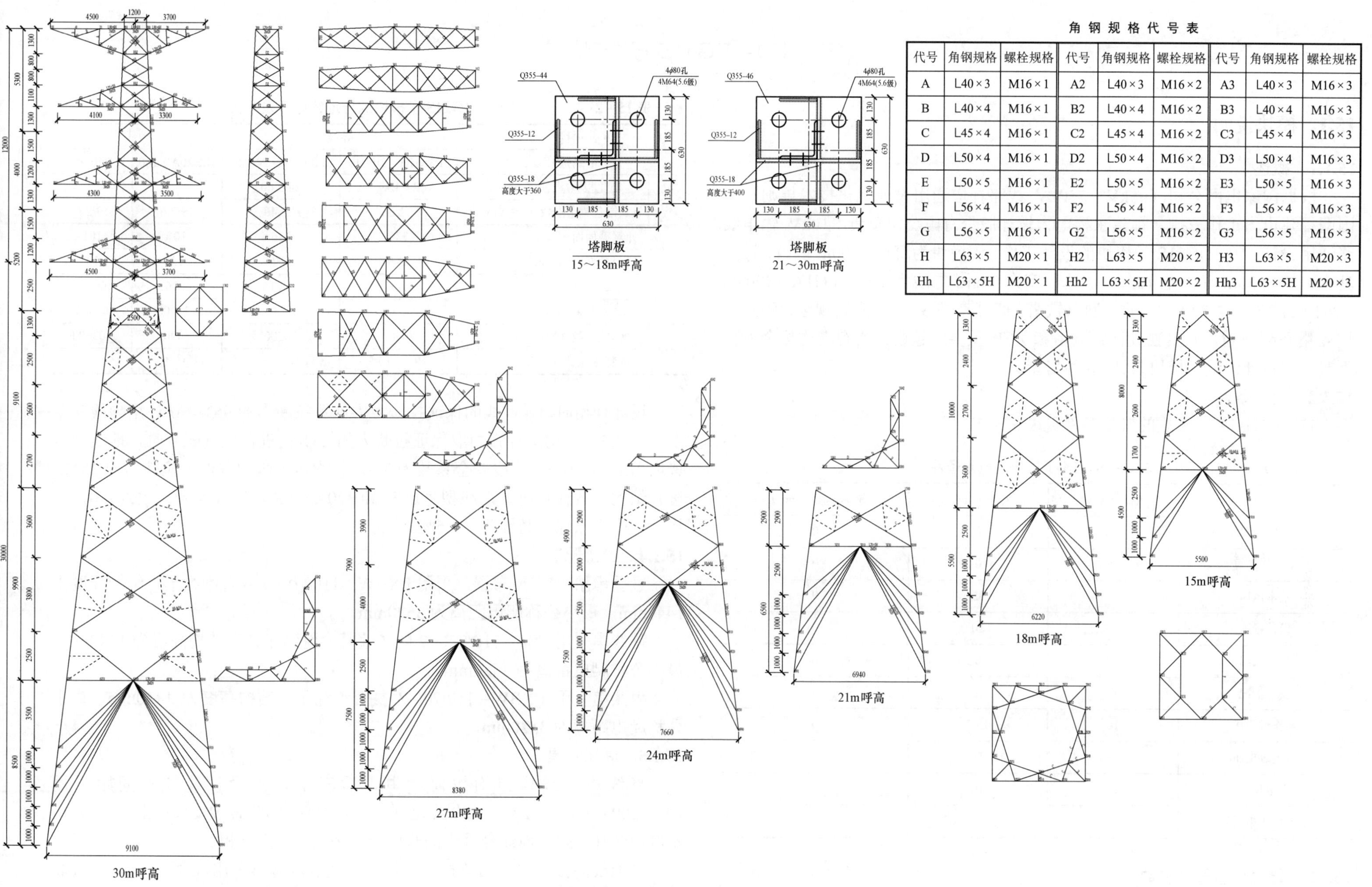

角钢规格代号表

代号	角钢规格	螺栓规格	代号	角钢规格	螺栓规格	代号	角钢规格	螺栓规格
A	L40×3	M16×1	A2	L40×3	M16×2	A3	L40×3	M16×3
B	L40×4	M16×1	B2	L40×4	M16×2	B3	L40×4	M16×3
C	L45×4	M16×1	C2	L45×4	M16×2	C3	L45×4	M16×3
D	L50×4	M16×1	D2	L50×4	M16×2	D3	L50×4	M16×3
E	L50×5	M16×1	E2	L50×5	M16×2	E3	L50×5	M16×3
F	L56×4	M16×1	F2	L56×4	M16×2	F3	L56×4	M16×3
G	L56×5	M16×1	G2	L56×5	M16×2	G3	L56×5	M16×3
H	L63×5	M20×1	H2	L63×5	M20×2	H3	L63×5	M20×3
Hh	L63×5H	M20×1	Hh2	L63×5H	M20×2	Hh3	L63×5H	M20×3

图 14-21　110-DF11S-DJC 塔司令图

15　110－DG11S 子模块

15.1　模块说明

15.1.1　概述

根据国家电网公司《35kV～750kV 线路杆塔通用设计优化技术导则》和国网福建电力工作安排，福建永福电力设计股份有限公司负责 110kV 输电线路通用设计 110－DG11S 子模块的设计工作。该模块为海拔 1000m 以内、设计基本风速为 35m/s（离地 10m）、覆冰厚度为 0mm，导线为 1×JL3/G1A－300/40（兼 1×JL3/G1A－240/30）的双回路铁塔。直线塔按 3+1 塔系列规划，耐张塔按 4 塔系列规划，并单独设计终端塔和 ZCR 重要跨越塔，所有塔均按全方位不等长腿设计；该子模块共计 10 种塔型。

15.1.2　气象条件

110－DG11S 子模块的气象条件见表 15－1。

表 15－1　　110－DG11S 子模块的气象条件

项目	气温（℃）	风速（m/s）	覆冰厚度（mm）
最低气温	－5	0	0
年平均气温	15	0	0
基本风速	15	35	0
设计覆冰	－5	10	0
最高气温	40	0	0
安装情况	0	10	0
操作过电压	15	18.7	0
雷电过电压	15	15	0
带电作业	15	10	0
年平均雷电日数	65		

15.1.3　导地线型号及参数

110－DG11S 子模块的导地线型号及参数见表 15－2。

表 15－2　　110－DG11S 子模块的导地线型号及参数

项目		导线		地线	
电线型号		JL3/G1A－300/40	JL3/G1A－240/30	JLB20A－100	JLB40－100
结构	铝［根数/直径（mm）］	24/3.99	24/3.60	—	—
	钢、铝包钢［根数/直径（mm）］	7/2.66	7/2.40	19/2.6	19/2.6
计算截面面积（mm²）		339	276	101	101
计算外径（mm）		23.9	21.6	13	13
计算重量（kg/m）		1.132	0.9215	0.6767	0.4765
计算拉断力（N）		92360	75190	135200	68600
弹性系数（MPa）		70500	70500	153900	103600
线膨胀系数（1/℃）		19.4×10^{-6}	19.4×10^{-6}	13.0×10^{-6}	15.5×10^{-6}

设计使用时，导地线的保证拉断力为计算拉断力的 95%。设计用导线安全系数为 2.5，平均运行张力取保证拉断力的 25%；进行电气配合时，地线型号选取 JLB40－100，地线安全系数为 3.0，平均运行张力取保证拉断力的 25%；进行结构荷载计算时，地线型号选取 JLB20A－100，地线安全系数为 4.0，平均运行张力取保证拉断力的 25%。

15.1.4　绝缘配置

悬垂串按“I”型布置，采用 FXBW－110/70－3 复合绝缘子，结构高度为 1440mm，最小公称爬电距离为 3520mm。

跳线串采用 FSP－110/0.8－2 防风偏复合绝缘子，实结构高度为 1440mm，最小公称爬电距离为 3520mm。

耐张串采用 FXBW－110/70－3 复合绝缘子，结构高度为 1440mm，最小公称爬电距离为 3520mm。

15.1.5　联塔金具

直线塔导线横担均按前、中、后三个挂点设计，挂点间距采用 200+200=400（mm），以满足单、双联悬挂的需要，联塔金具采用 ZBS－07/10－80；地线悬垂串的联塔金具采用 UB 型挂板。

导地线耐张串均采用单挂点设计，导线联塔金具采用 U 型挂环，地线联塔金具采用 U 型挂环。跳线串联塔适配防风偏绝缘子低压端螺栓。

15.2 110－DG11S 子模块杆塔一览图

110－DG11S 子模块杆塔一览图（山区）如图 15－1 所示。

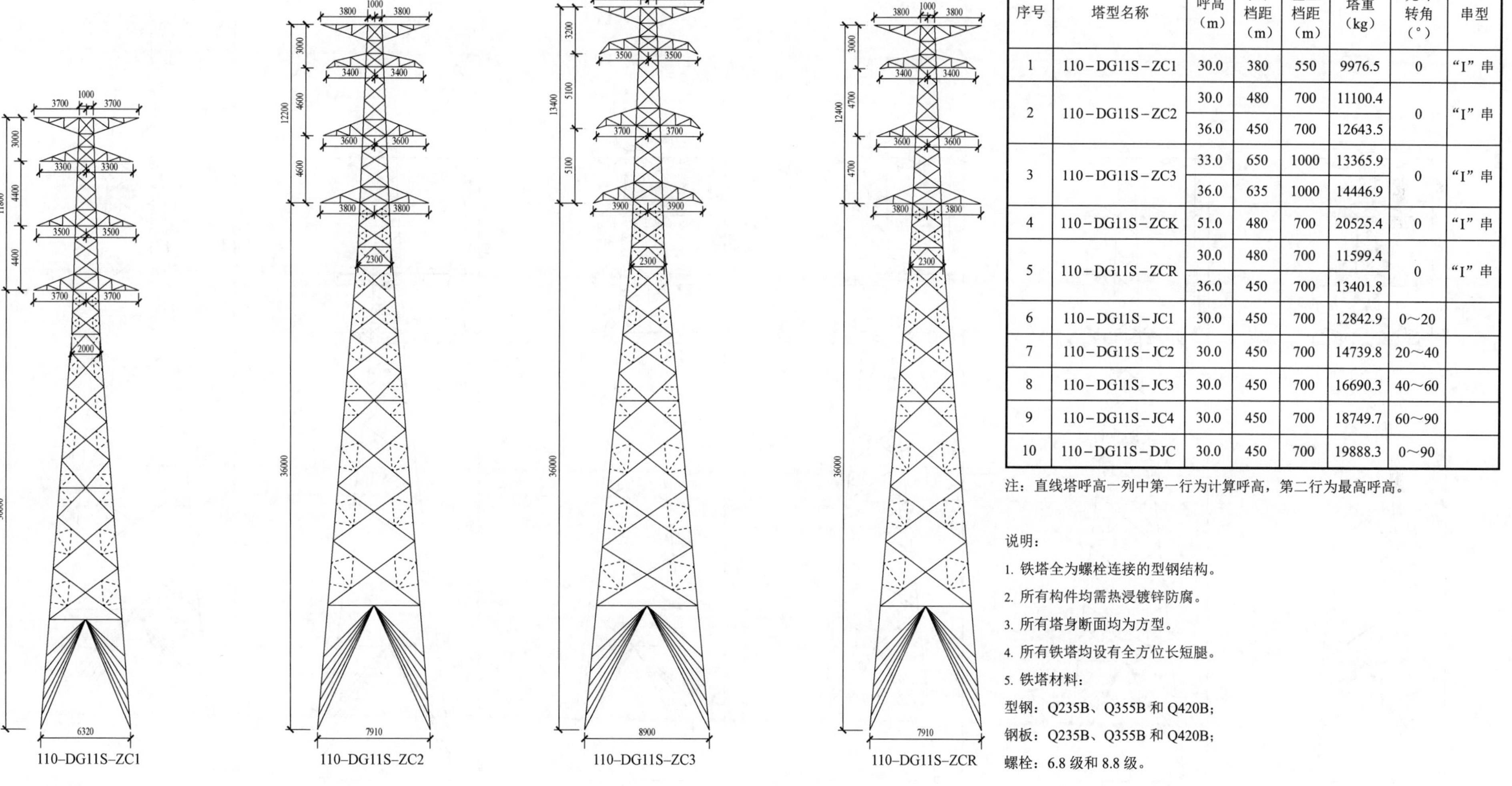

序号	塔型名称	呼高（m）	水平档距（m）	垂直档距（m）	塔重（kg）	允许转角（°）	串型
1	110－DG11S－ZC1	30.0	380	550	9976.5	0	“I” 串
2	110－DG11S－ZC2	30.0	480	700	11100.4	0	“I” 串
		36.0	450	700	12643.5		
3	110－DG11S－ZC3	33.0	650	1000	13365.9	0	“I” 串
		36.0	635	1000	14446.9		
4	110－DG11S－ZCK	51.0	480	700	20525.4	0	“I” 串
5	110－DG11S－ZCR	30.0	480	700	11599.4	0	“I” 串
		36.0	450	700	13401.8		
6	110－DG11S－JC1	30.0	450	700	12842.9	0～20	
7	110－DG11S－JC2	30.0	450	700	14739.8	20～40	
8	110－DG11S－JC3	30.0	450	700	16690.3	40～60	
9	110－DG11S－JC4	30.0	450	700	18749.7	60～90	
10	110－DG11S－DJC	30.0	450	700	19888.3	0～90	

注：直线塔呼高一列中第一行为计算呼高，第二行为最高呼高。

说明：

1. 铁塔全为螺栓连接的型钢结构。
2. 所有构件均需热浸镀锌防腐。
3. 所有塔身断面均为方型。
4. 所有铁塔均设有全方位长短腿。
5. 铁塔材料：

型钢：Q235B、Q355B 和 Q420B；

钢板：Q235B、Q355B 和 Q420B；

螺栓：6.8 级和 8.8 级。

图 15－1　110－DG11S 子模块杆塔一览图（山区）（一）

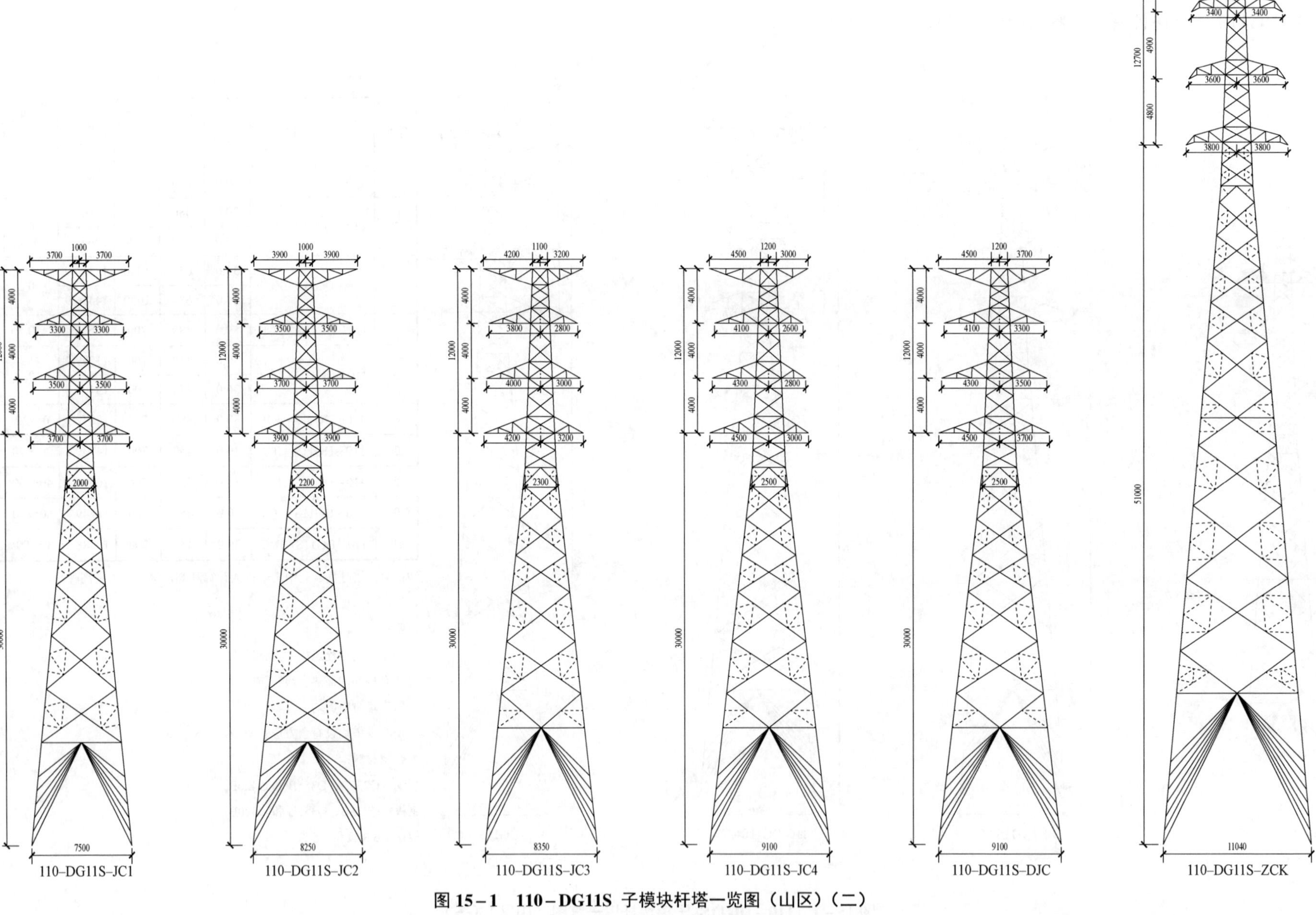

图 15-1　110-DG11S 子模块杆塔一览图（山区）（二）

15.3 110-DG11S-ZC1 塔

15.3.1 设计条件

110-DG11S-ZC1 塔的导线型号及张力、使用条件、荷载见表 15-3～表 15-5。

表 15-3　导线型号及张力

电压等级	110kV	导线型号	1×JL3/G1A-300/40	最大使用张力（kN）	35.09	断线张力取值（%）	50	不均匀覆冰不平衡张力取值（%）	—
		地线型号	JLB20A-100	最大使用张力（kN）	33.80	断线张力取值（%）	100	不均匀覆冰不平衡张力取值（%）	—

表 15-4　使用条件

使用条件	呼高（m）	水平档距（m）	垂直档距（m）	代表档距（m）	转角度数（°）	K_v 值
数值	30	380	550	250	0	0.80

表 15-5　荷载表　　单位：N

气象条件（t/v/b）			正常运行情况			事故情况		安装情况	不均匀冰
			基本风速	覆冰	最低气温	未断线	断线		
			15/35/0	—	-5/0/0	-5/0/0	-5/0/0	0/10/0	—
水平荷载	导线		9766					791	
	绝缘子及金具		844					69	
	跳线串								
	地线		7278					594	
垂直荷载	导线		6716		6106	6716	6716	6106	
	绝缘子及金具		1300		1300	1300	1300	1300	
	跳线串								
	地线		5019		4015	5019	5019	4015	
张力	导线	一侧					17548	30381	
		另一侧					0	30381	
		张力差					17548	0	
张力	地线	一侧					33800	34843	
		另一侧					0	34843	
		张力差					33800	0	

注：导线水平荷载为下相导线荷载，表中（t/v/b）单位分别为：°、m/s、mm。

15.3.2 根开尺寸及基础作用力

110-DG11S-ZC1 塔的根开尺寸及基础作用力见表 15-6 和表 15-7。

表 15-6　根开尺寸

呼高（m）	基础根开（mm）		地脚螺栓根开（mm）		地脚螺栓规格（5.6 级）
	正面根开	侧面根开	正面根开	侧面根开	
15	3960	3960	240	240	4M36
18	4440	4440	240	240	4M36
21	4920	4920	240	240	4M36
24	5400	5400	240	240	4M36
27	5870	5870	270	270	4M42
30	6350	6350	270	270	4M42

表 15-7　基础作用力

呼高（m）	基础作用力（kN）					
	T_{max}	T_x	T_y	N_{max}	N_x	N_y
15	480	-51	-47	-539	-57	-50
18	496	-53	-49	-558	-59	-52
21	513	-53	-50	-577	-60	-54
24	535	-58	-54	-603	-65	-58
27	574	-64	-62	-646	-72	-66
30	603	-69	-66	-680	-77	-71

15.3.3 单线图及司令图

110-DG11S-ZC1 塔单线图如图 15-2 所示，司令图如图 15-3 所示。

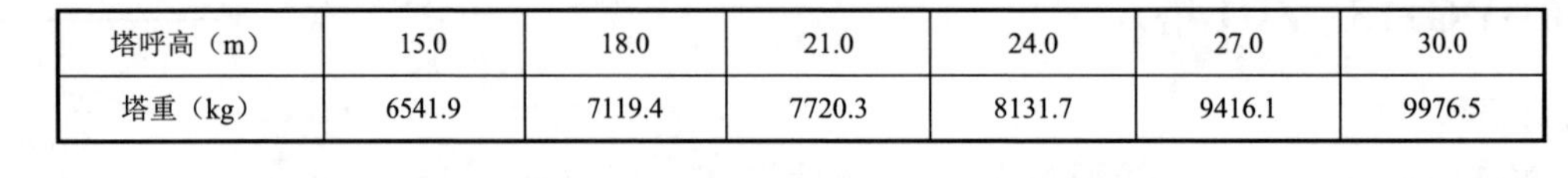

塔呼高（m）	15.0	18.0	21.0	24.0	27.0	30.0
塔重（kg）	6541.9	7119.4	7720.3	8131.7	9416.1	9976.5

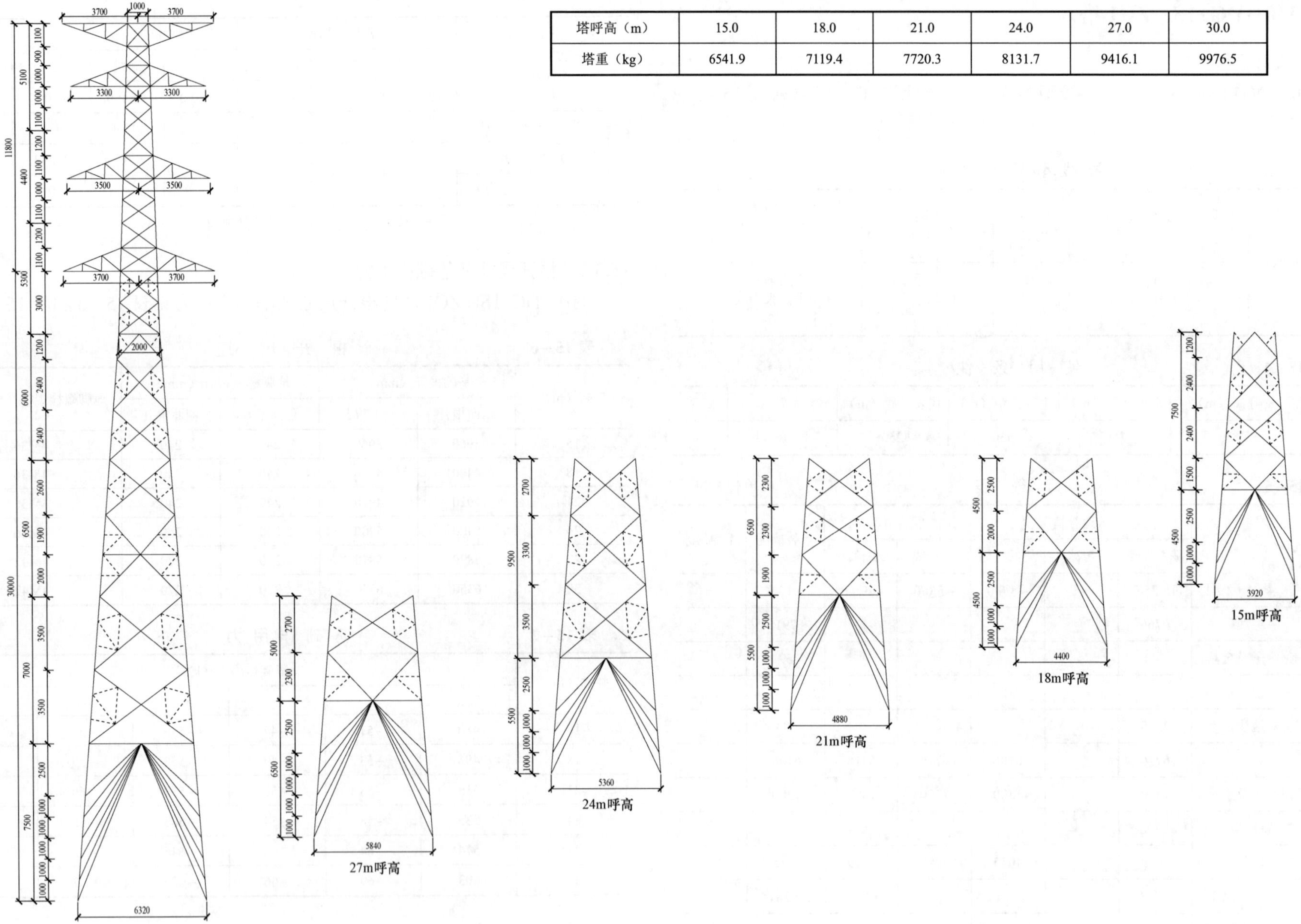

30m呼高
27m呼高
24m呼高
21m呼高
18m呼高
15m呼高
6320
5840
5360
4880
4400
3920

图 15-2　110-DG11S-ZC1 塔单线图

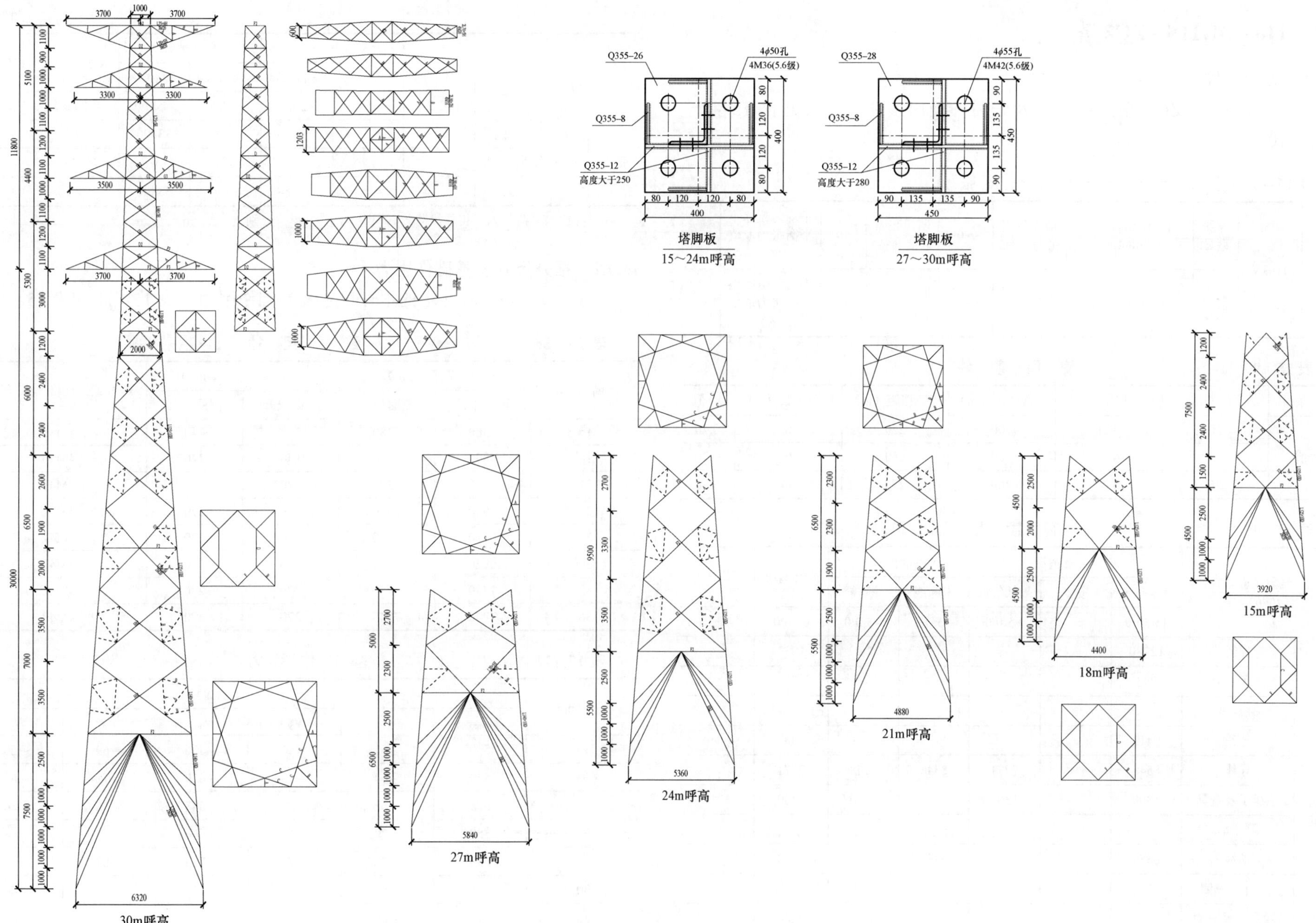

图 15-3 110-DG11S-ZC1 塔司令图

15.4 110-DG11S-ZC2 塔

15.4.1 设计条件

110-DG11S-ZC2 塔导线型号及张力、使用条件、荷载见表 15-8～表 15-10。

表 15-8　导线型号及张力

电压等级								
电压等级	110kV	导线型号	1×JL3/G1A-300/40	最大使用张力（kN）	35.09	断线张力取值（%）	50	不均匀覆冰不平衡张力取值（%）	—
		地线型号	JLB20A-100	最大使用张力（kN）	33.80	断线张力取值（%）	100	不均匀覆冰不平衡张力取值（%）	—

表 15-9　使用条件

使用条件	呼高（m）	水平档距（m）	垂直档距（m）	代表档距（m）	转角度数（°）	K_v 值
数值	30	480	700	250	0	0.70
	33	465	700	250	0	0.70
	36	450	700	250	0	0.70

表 15-10　荷载表　　单位：N

气象条件（$t/v/b$）			正常运行情况			事故情况		安装情况	不均匀冰
			基本风速	覆冰	最低气温	未断线	断线		
			15/35/0	—	-5/0/0	-5/0/0	-5/0/0	0/10/0	—
水平荷载	导线		12780					1033	
	绝缘子及金具		893					73	
	跳线串								
	地线		9413					768	
垂直荷载	导线		8548		7771	8548	8548	7771	
	绝缘子及金具		1300		1300	1300	1300	1300	
	跳线串								
	地线		6387		5110	6387	6387	5110	
张力	导线	一侧					17548	30381	
		另一侧					0	30381	
		张力差					17548	0	
张力	地线	一侧					33800	34843	
		另一侧					0	34843	
		张力差					33800	0	

注：导线水平荷载为下相导线荷载，表中（$t/v/b$）单位分别为：°、m/s、mm。

15.4.2 根开尺寸及基础作用力

110-DG11S-ZC2 塔的根开尺寸及基础作用力见表 15-11 和表 15-12。

表 15-11　根开尺寸

呼高（m）	基础根开（mm）		地脚螺栓根开（mm）		地脚螺栓规格（5.6 级）
	正面根开	侧面根开	正面根开	侧面根开	
15	4380	4380	240	240	4M36
18	4890	4890	240	240	4M36
21	5390	5390	270	270	4M42
24	5900	5900	270	270	4M42
27	6410	6410	270	270	4M42
30	6920	6920	270	270	4M42
33	7430	7430	270	270	4M42
36	7940	7940	270	270	4M42

表 15-12　基础作用力

呼高（m）	基础作用力（kN）					
	T_{max}	T_x	T_y	N_{max}	N_x	N_y
15	530	-61	-56	-596	-69	-60
18	549	-64	-58	-619	-71	-62
21	575	-68	-62	-648	-76	-66
24	589	-70	-63	-666	-78	-68
27	633	-77	-73	-715	-87	-78
30	666	-83	-78	-753	-92	-84
33	679	-84	-79	-771	-94	-86
36	690	-84	-78	-786	-94	-85

15.4.3 单线图及司令图

110－DG11S－ZC2 塔单线图如图 15－4 所示，司令图如图 15－5 所示。

塔呼高（m）	15.0	18.0	21.0	24.0	27.0	30.0	33.0	36.0
塔重（kg）	7072.7	7687.5	8511.3	9034.4	10160.3	11100.4	11861.5	12643.5

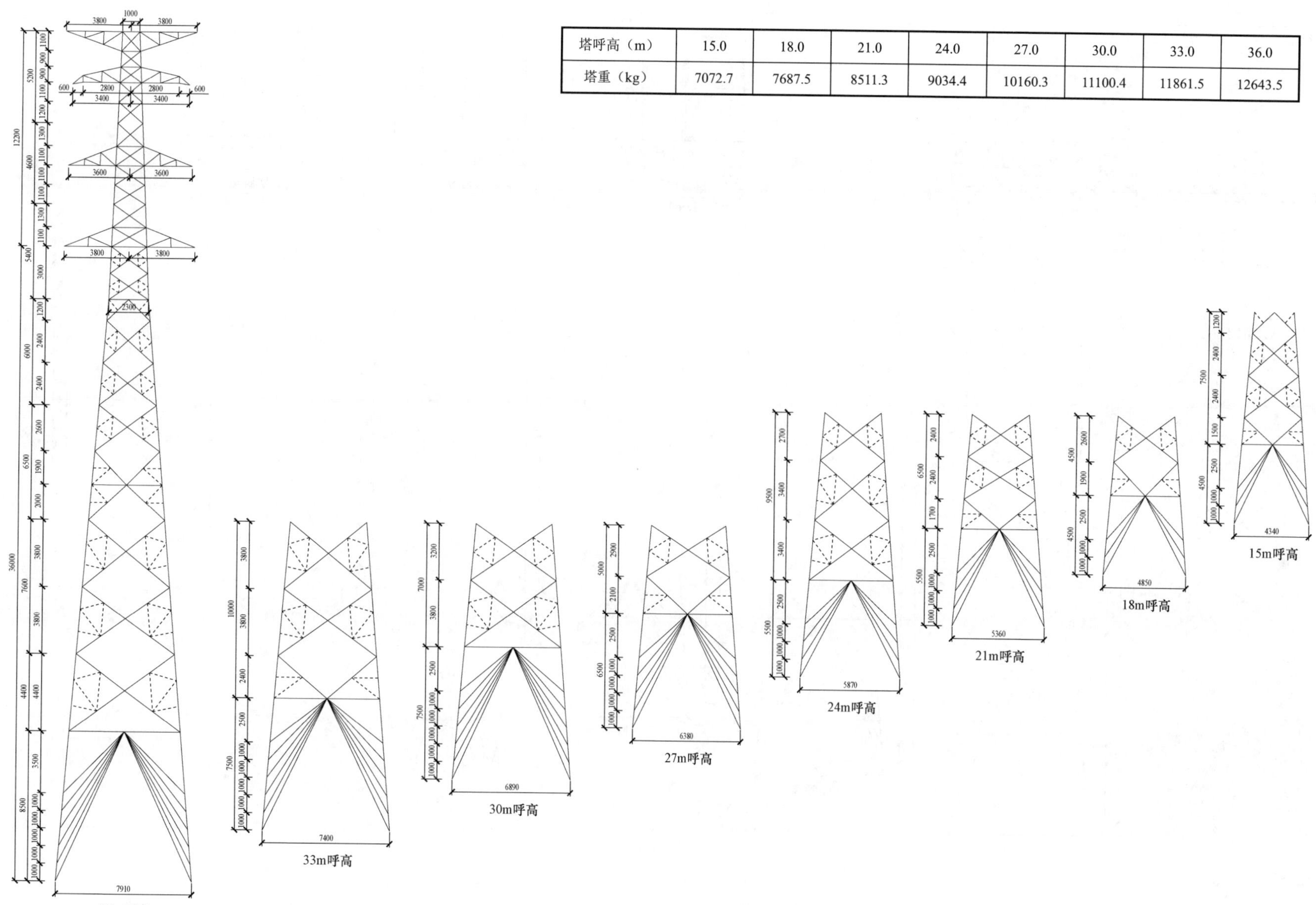

图 15－4　110－DG11S－ZC2 塔单线图

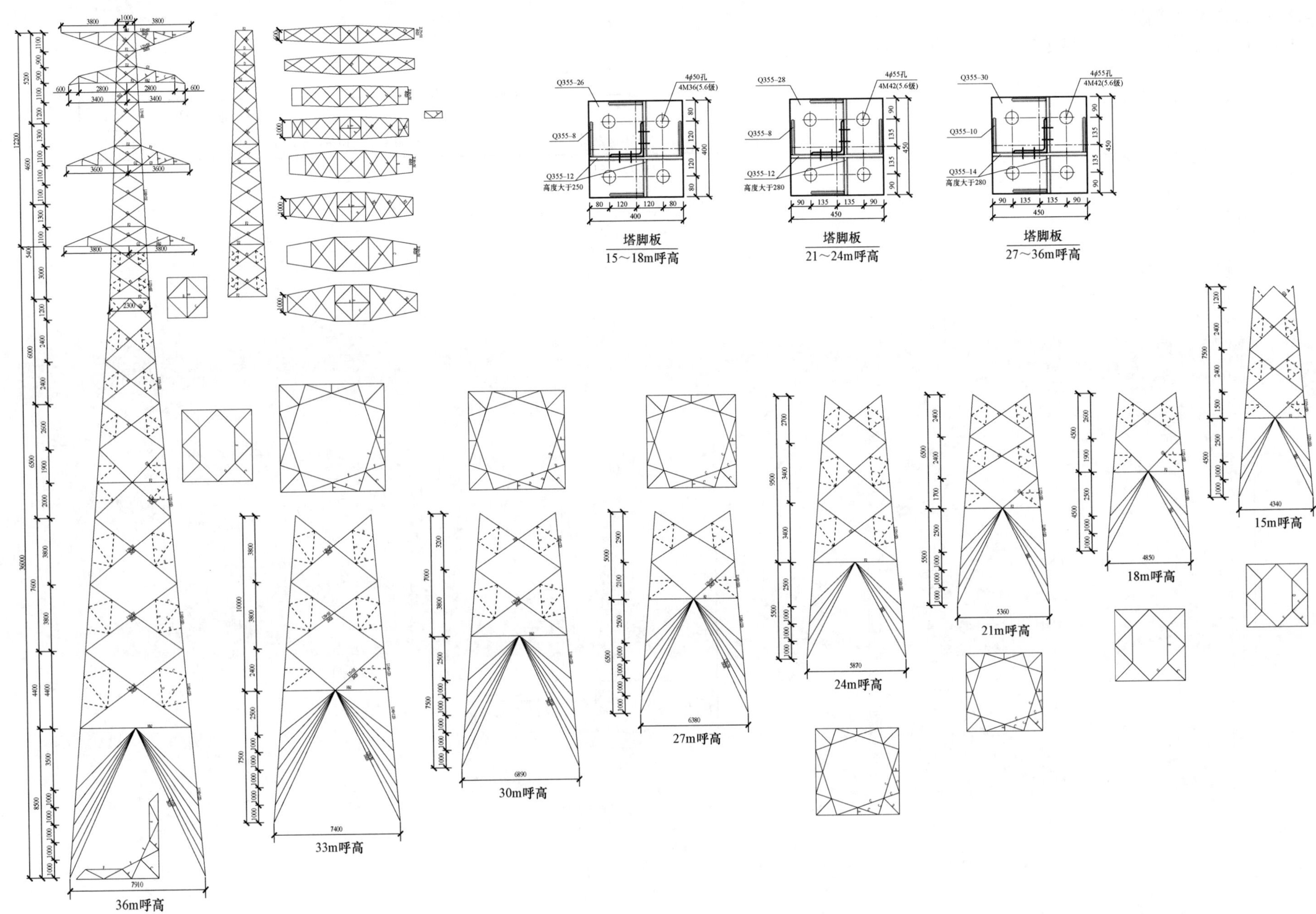

图 15-5　110-DG11S-ZC2 塔司令图

15.5 110－DG11S－ZC3 塔

15.5.1 设计条件

110－DG11S－ZC3 塔导线型号及张力、使用条件、荷载见表 15－13～表 15－15。

表 15－13　　导线型号及张力

电压等级	110kV	导线型号	1×JL3/G1A－300/40	最大使用张力（kN）	35.09	断线张力取值（%）	50	不均匀覆冰不平衡张力取值（%）	—
		地线型号	JLB20A－100	最大使用张力（kN）	33.80	断线张力取值（%）	100	不均匀覆冰不平衡张力取值（%）	—

表 15－14　　使用条件

使用条件	呼高（m）	水平档距（m）	垂直档距（m）	代表档距（m）	转角度数（°）	K_v 值
数值	33	650	1000	250	0	0.60
	36	635	1000	250	0	0.60

表 15－15　　荷载表　　单位：N

气象条件（*t*/*v*/*b*）			正常运行情况			事故情况		安装情况	不均匀冰
			基本风速	覆冰	最低气温	未断线	断线		
			15/35/0	—	－5/0/0	－5/0/0	－5/0/0	0/10/0	—
水平荷载	导线		16278					1311	
	绝缘子及金具		893					73	
	跳线串								
	地线		12180					993	
垂直荷载	导线		12211		11101	12211	12211	11101	
	绝缘子及金具		1300		1300	1300	1300	1300	
	跳线串								
	地线		9125		7300	9125	9125	7300	
张力	导线	一侧					17548	30381	
		另一侧					0	30381	
		张力差					17548	0	

续表

气象条件（*t*/*v*/*b*）			正常运行情况			事故情况		安装情况	不均匀冰
			基本风速	覆冰	最低气温	未断线	断线		
			15/35/0	—	－5/0/0	－5/0/0	－5/0/0	0/10/0	—
张力	地线	一侧					33800	34843	
		另一侧					0	34843	
		张力差					33800	0	

注：导线水平荷载为下相导线荷载，表中（*t*/*v*/*b*）单位分别为：°、m/s、mm。

15.5.2 根开尺寸及基础作用力

110－DG11S－ZC3 塔的根开尺寸及基础作用力见表 15－16 和表 15－17。

表 15－16　　根开尺寸

呼高（m）	基础根开（mm）		地脚螺栓根开（mm）		地脚螺栓规格（5.6 级）
	正面根开	侧面根开	正面根开	侧面根开	
15	4740	4740	270	270	4M42
18	5340	5340	270	270	4M42
21	5940	5940	270	270	4M42
24	6540	6540	270	270	4M42
27	7140	7140	270	270	4M42
30	7740	7740	270	270	4M42
33	8340	8340	270	270	4M42
36	8940	8940	270	270	4M42

表 15－17　　基础作用力

呼高（m）	基础作用力（kN）					
	T_{max}	T_x	T_y	N_{max}	N_x	N_y
15	608	－73	－66	－690	－83	－71
18	613	－73	－70	－699	－84	－77
21	633	－77	－74	－723	－89	－81
24	645	－79	－76	－741	－91	－84
27	687	－87	－86	－787	－100	－94
30	713	－92	－91	－818	－105	－100
33	721	－94	－92	－831	－107	－101
36	728	－93	－91	－841	－107	－101

15.5.3 单线图及司令图

110－DG11S－ZC3 塔单线图如图 15－6 所示，司令图如图 15－7 所示。

塔呼高（m）	15.0	18.0	21.0	24.0	27.0	30.0	33.0	36.0
塔重（kg）	8480.8	9203.3	10060.2	10832.1	11851.1	12592.8	13365.9	14446.9

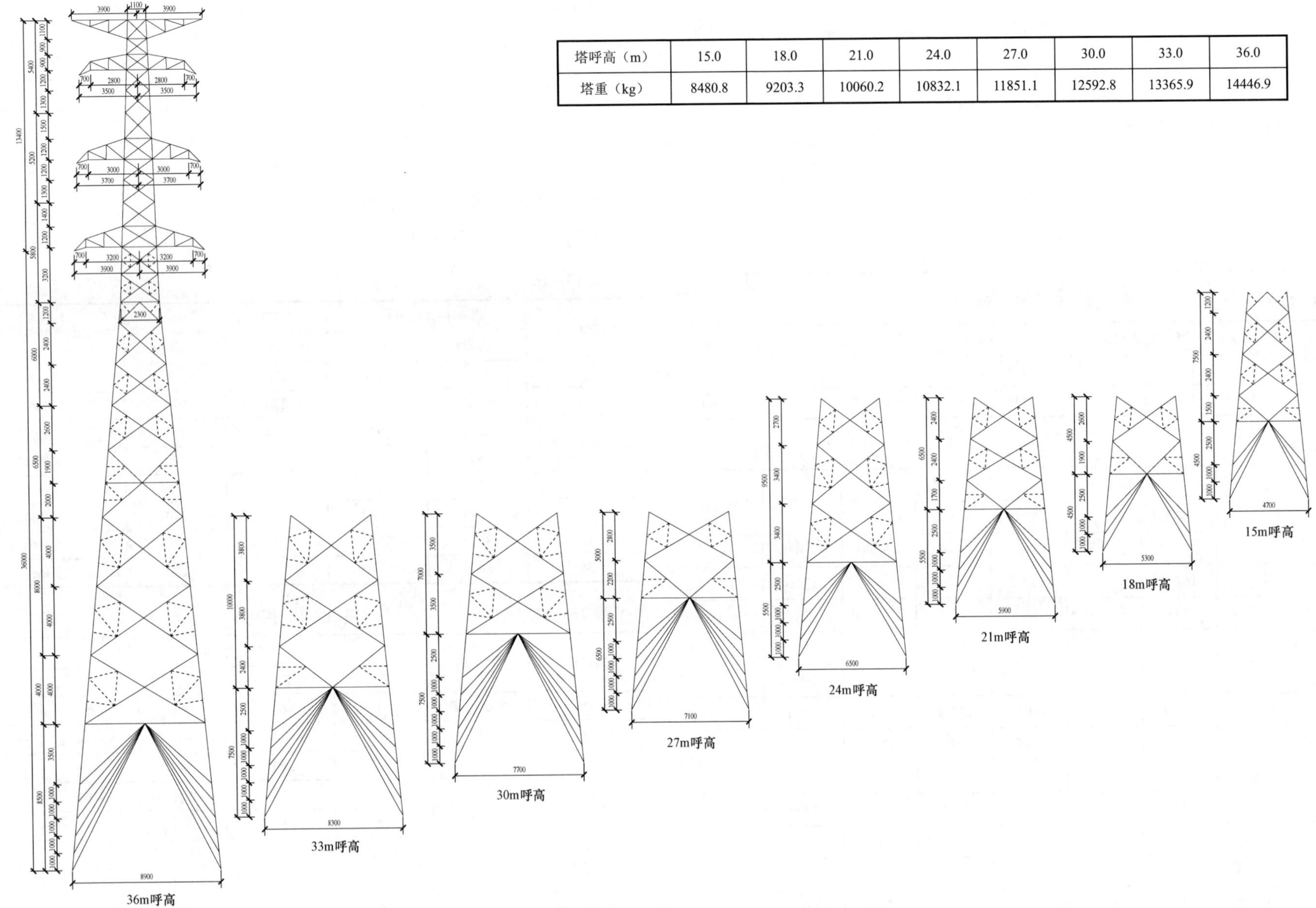

图 15－6 110－DG11S－ZC3 塔单线图

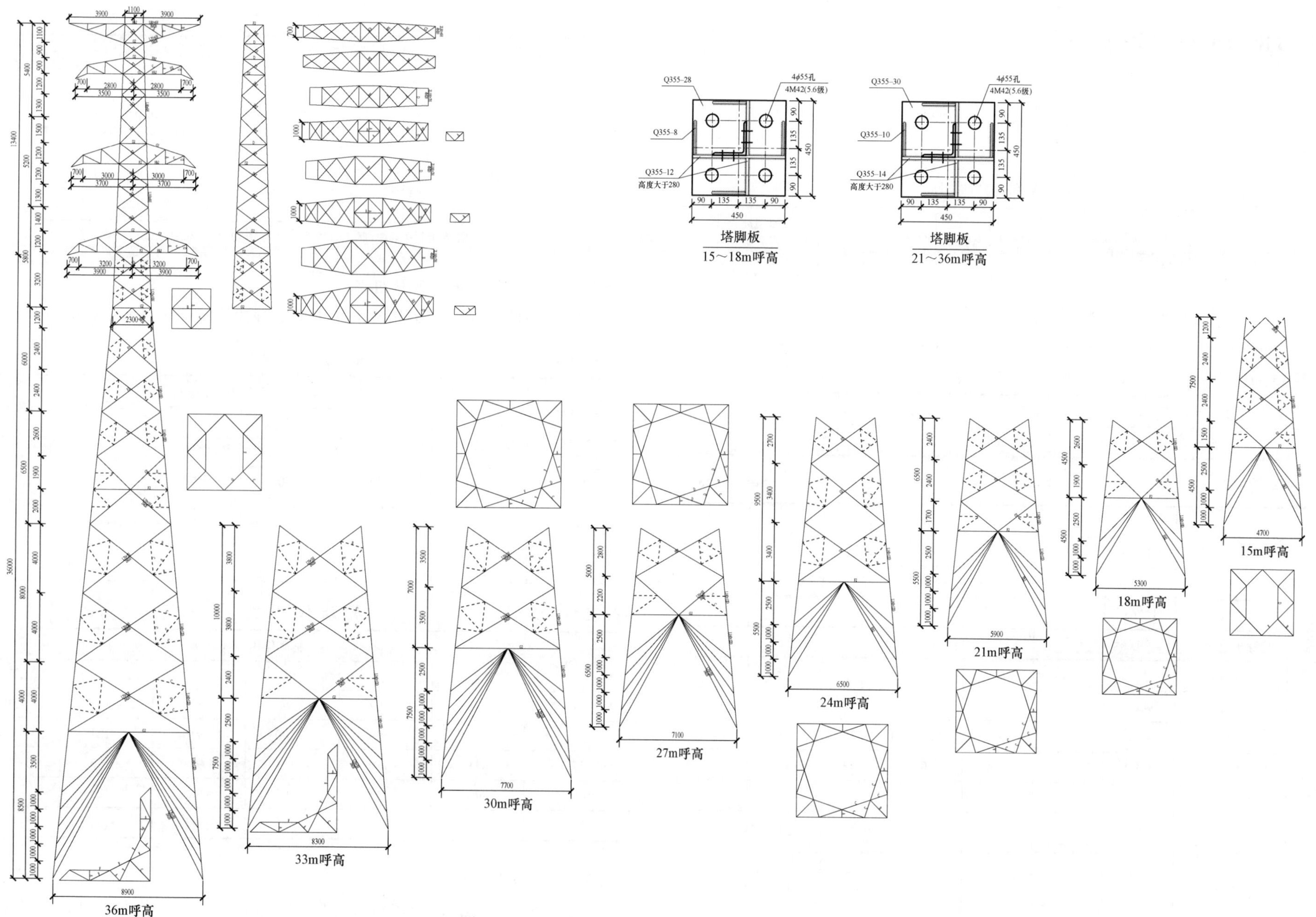

图 15-7　110-DG11S-ZC3 塔司令图

15.6 110－DG11S－ZCK 塔

15.6.1 设计条件

110－DG11S－ZCK 塔导线型号及张力、使用条件、荷载见表 15－18～表 15－20。

表 15－18　　导 线 型 号 及 张 力

电压等级	110kV	导线型号	1×JL3/G1A－300/40	最大使用张力（kN）	35.09	断线张力取值（%）	50	不均匀覆冰不平衡张力取值（%）	—
		地线型号	JLB20A－100	最大使用张力（kN）	33.80	断线张力取值（%）	100	不均匀覆冰不平衡张力取值（%）	—

表 15－19　　使 用 条 件

使用条件	呼高（m）	水平档距（m）	垂直档距（m）	代表档距（m）	转角度数（°）	K_v 值
数值	51	480	700	250	0	0.70

表 15－20　　荷 载 表　　单位：N

气象条件（$t/v/b$）			正常运行情况			事故情况		安装情况	不均匀冰
			基本风速	覆冰	最低气温	未断线	断线		
			15/35/0	—	－5/0/0	－5/0/0	－5/0/0	0/10/0	—
水平荷载	导线		13768					1117	
	绝缘子及金具		993					81	
	跳线串								
	地线		9860					804	
垂直荷载	导线		8548		7771	8548	8548	7771	
	绝缘子及金具		1300		1300	1300	1300	1300	
	跳线串								
	地线		6387		5110	6387	6387	5110	
张力	导线	一侧					17548	30381	
		另一侧					0	30381	
		张力差					17548	0	

续表

气象条件（$t/v/b$）			正常运行情况			事故情况		安装情况	不均匀冰
			基本风速	覆冰	最低气温	未断线	断线		
			15/35/0	—	－5/0/0	－5/0/0	－5/0/0	0/10/0	—
张力	地线	一侧					33800	34843	
		另一侧					0	34843	
		张力差					33800	0	

注：导线水平荷载为下相导线荷载，表中（$t/v/b$）单位分别为：°、m/s、mm。

15.6.2 根开尺寸及基础作用力

110－DG11S－ZCK 塔的根开尺寸及基础作用力见表 15－21 和表 15－22。

表 15－21　　根 开 尺 寸

呼高（m）	基础根开（mm）		地脚螺栓根开（mm）		地脚螺栓规格（5.6 级）
	正面根开	侧面根开	正面根开	侧面根开	
39	8900	8900	290	290	4M48
42	9440	9440	290	290	4M48
45	9980	9980	290	290	4M48
48	10520	10520	290	290	4M48
51	11060	11060	290	290	4M48

表 15－22　　基 础 作 用 力

呼高（m）	基础作用力（kN）					
	T_{max}	T_x	T_y	N_{max}	N_x	N_y
39	771	－102	－94	－878	－114	－103
42	802	－109	－100	－916	－121	－109
45	821	－110	－101	－941	－123	－111
48	840	－111	－102	－968	－125	－113
51	853	－113	－103	－988	－127	－114

15.6.3 单线图及司令图

110－DG11S－ZCK 塔单线图如图 15－8 所示，司令图如图 15－9 所示。

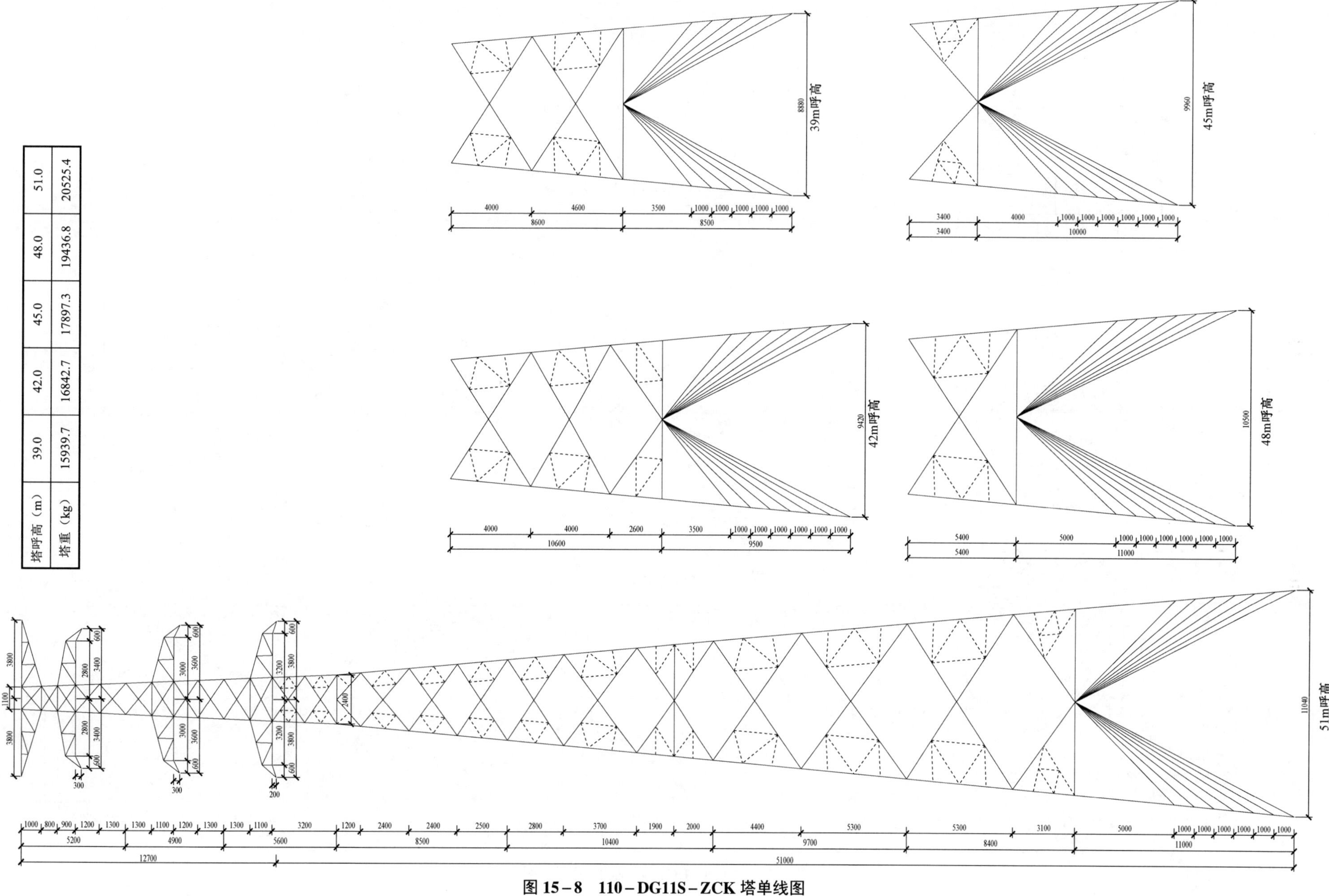

塔呼高（m）	39.0	42.0	45.0	48.0	51.0
塔重（kg）	15939.7	16842.7	17897.3	19436.8	20525.4

图 15-8　110-DG11S-ZCK 塔单线图

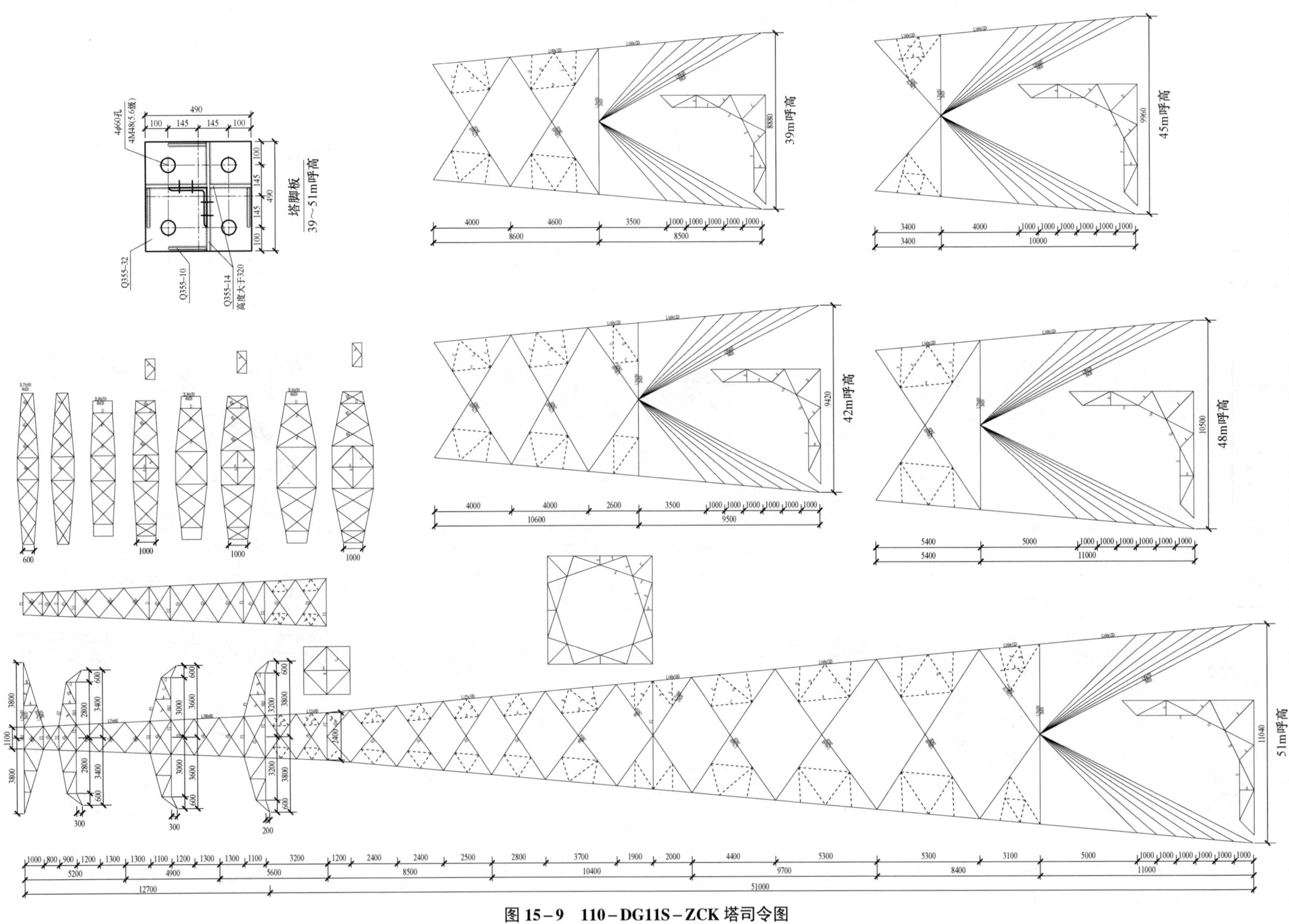

图 15-9　110-DG11S-ZCK 塔司令图

15.7　110-DG11S-ZCR塔

15.7.1　设计条件

110-DG11S-ZCR塔导线型号及张力、使用条件、荷载见表15-23～表15-25。

表15-23　　导线型号及张力

电压等级	110kV	导线型号	1×JL3/G1A-300/40	最大使用张力（kN）	35.09	断线张力取值（%）	50	不均匀覆冰不平衡张力取值（%）	—
		地线型号	JLB20A-100	最大使用张力（kN）	33.80	断线张力取值（%）	100	不均匀覆冰不平衡张力取值（%）	—

表15-24　　使用条件

使用条件	呼高（m）	水平档距（m）	垂直档距（m）	代表档距（m）	转角度数（°）	K_v值
数值	30	480	700	250	0	0.70
	33	465	700	250	0	0.70
	36	450	700	250	0	0.70

表15-25　　荷载表　　单位：N

气象条件（t/v/b）			正常运行情况			事故情况		安装情况	不均匀冰
			基本风速	覆冰	最低气温	未断线	断线		
			15/35/0	—	-5/0/0	-5/0/0	-5/0/0	0/10/0	—
水平荷载	导线		12780					1033	
	绝缘子及金具		893					73	
	跳线串								
	地线		9413					768	
垂直荷载	导线		8548		7771	8548	8548	7771	
	绝缘子及金具		1300		1300	1300	1300	1300	
	跳线串								
	地线		6387		5110	6387	6387	5110	
张力	导线	一侧					17548	30381	
		另一侧					0	30381	
		张力差					17548	0	
	地线	一侧					33800	34843	
		另一侧					0	34843	
		张力差					33800	0	

注：导线水平荷载为下相导线荷载，表中（t/v/b）单位分别为：°、m/s、mm。

15.7.2　根开尺寸及基础作用力

110-DG11S-ZCR塔的根开尺寸及基础作用力见表15-26和表15-27。

表15-26　　根开尺寸

呼高（m）	基础根开（mm）		地脚螺栓根开（mm）		地脚螺栓规格（5.6级）
	正面根开	侧面根开	正面根开	侧面根开	
15	4370	4370	270	270	4M42
18	4880	4880	270	270	4M42
21	5390	5390	270	270	4M42
24	5900	5900	270	270	4M42
27	6410	6410	270	270	4M42
30	6920	6920	270	270	4M42
33	7430	7430	270	270	4M42
36	7940	7940	270	270	4M42

表15-27　　基础作用力

呼高（m）	基础作用力（kN）					
	T_{max}	T_x	T_y	N_{max}	N_x	N_y
15	582	-68	-61	-656	-76	-66
18	605	-71	-64	-683	-79	-69
21	632	-75	-68	-715	-84	-73
24	649	-77	-69	-736	-87	-75
27	706	-86	-81	-798	-96	-87
30	739	-92	-87	-837	-103	-94
33	752	-94	-88	-855	-105	-95
36	766	-93	-87	-874	-104	-95

15.7.3 单线图及司令图

110－DG11S－ZCR 塔单线图如图 15－10 所示，司令图如图 15－11 所示。

塔呼高（m）	15.0	18.0	21.0	24.0	27.0	30.0	33.0	36.0
塔重（kg）	7482.0	8218.4	9088.6	9905.5	10728.9	11599.4	12364.3	13401.8

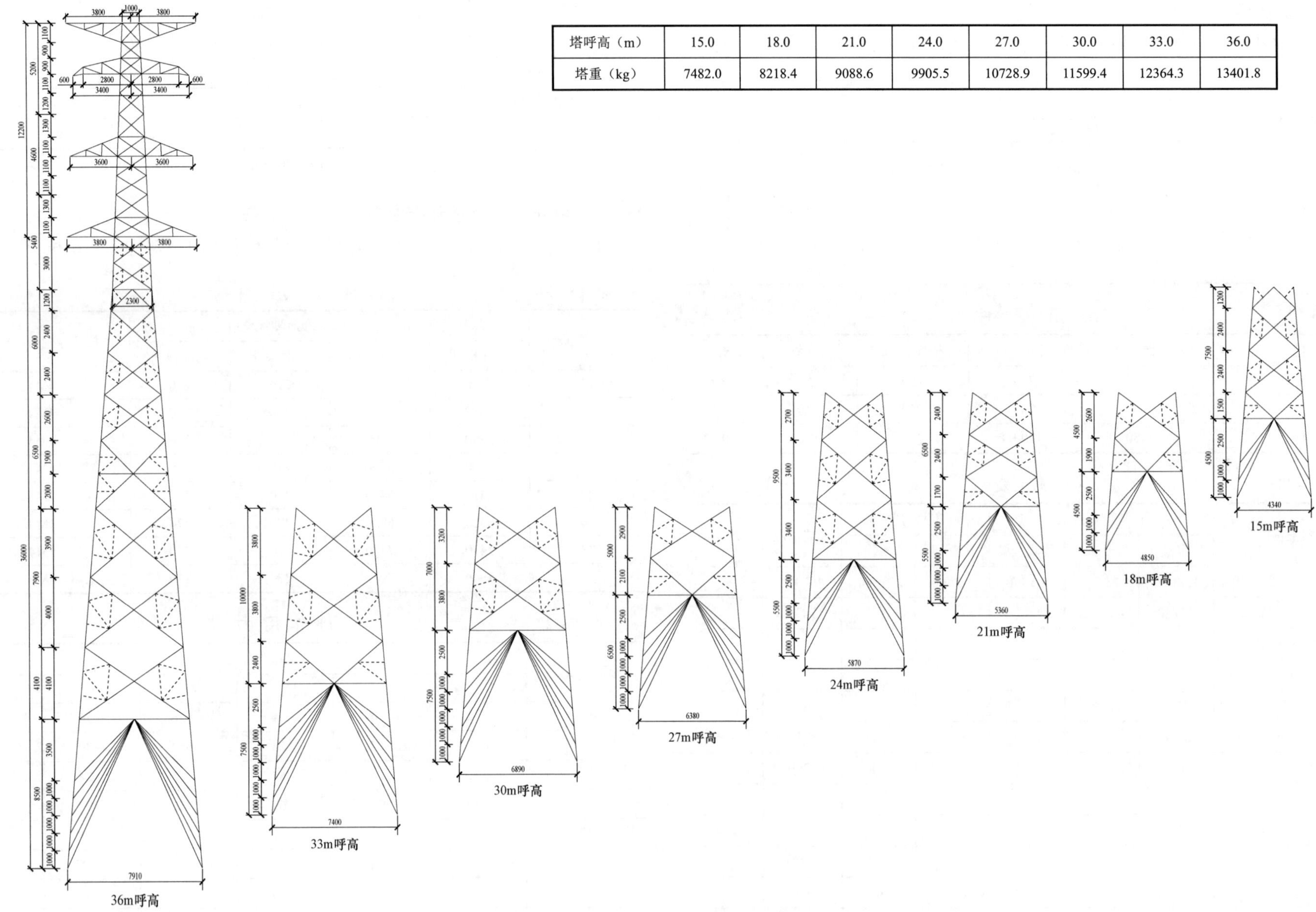

图 15－10 110－DG11S－ZCR 塔单线图

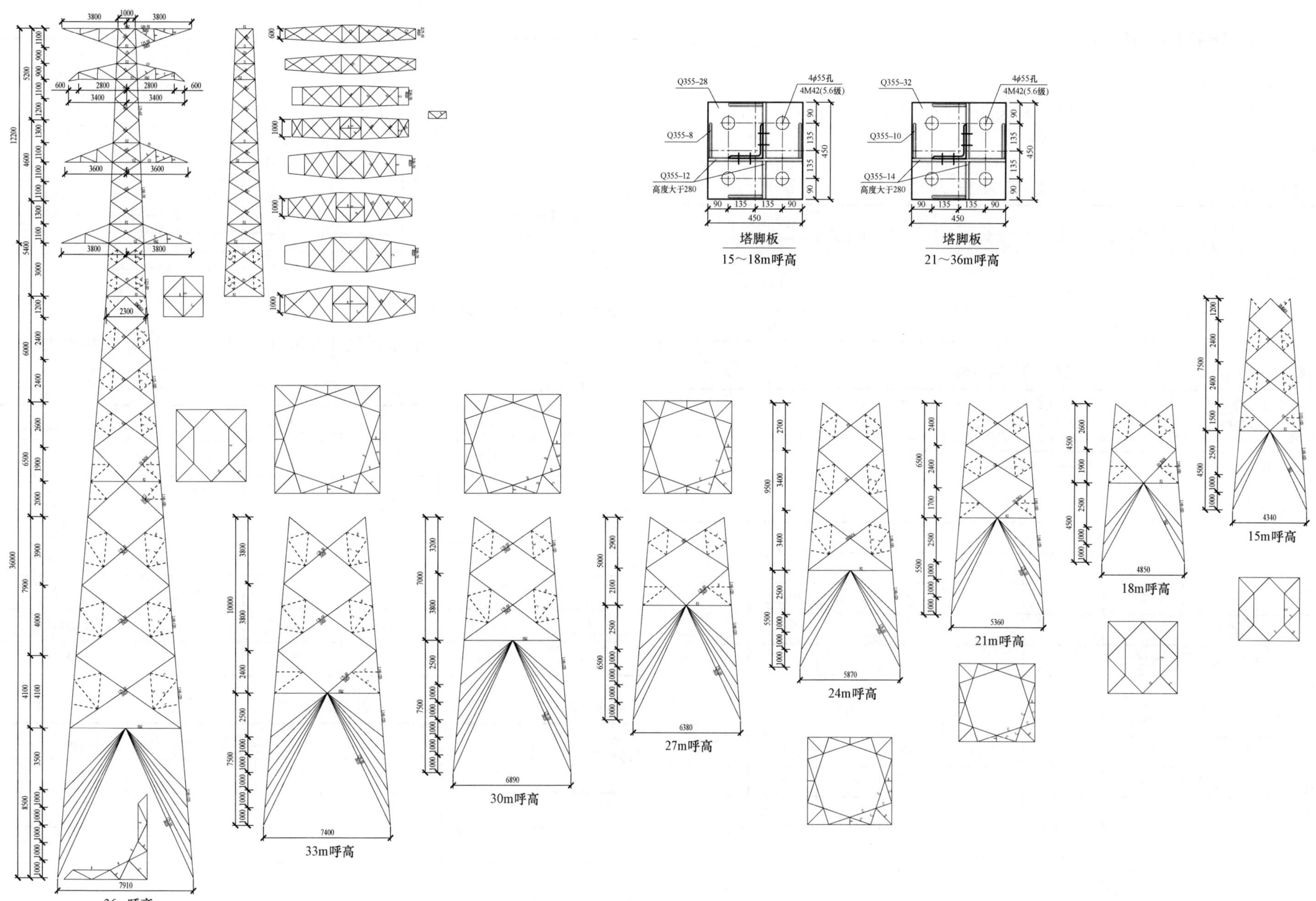

图 15-11　110-DG11S-ZCR 塔司令图

15.8 110－DG11S－JC1 塔

15.8.1 设计条件

110－DG11S－JC1 塔导线型号及张力、使用条件、荷载见表 15－28～表 15－30。

表 15－28　　导线型号及张力

电压等级	110kV	导线型号	1×JL3/G1A－300/40	最大使用张力（kN）	35.09	断线张力取值（%）	100	不均匀覆冰不平衡张力取值（%）	—
		地线型号	JLB20A－100	最大使用张力（kN）	33.80	断线张力取值（%）	100	不均匀覆冰不平衡张力取值（%）	—

表 15－29　　使用条件

使用条件	呼高（m）	水平档距（m）	垂直档距（m）	代表档距（m）	转角度数（°）	K_v 值
数值	30	450	700	200/450	0～20	—

注：上拔侧按 50%垂直档距考虑，下压侧按 80%垂直档距考虑。

表 15－30　　荷载表　　单位：N

气象条件（$t/v/b$）			正常运行情况			事故情况		安装情况	不均匀冰
			基本风速	覆冰	最低气温	未断线	断线		
			15/35/0	—	－5/0/0	－5/0/0	－5/0/0	0/10/0	—
水平荷载	导线		11546					925	
	绝缘子及金具		1150					94	
	跳线串		769					63	
	地线		8507					692	
垂直荷载	导线		8548		7771	8548	8548	7771	
	绝缘子及金具		3000		3000	3000	3000	3000	
	跳线串		1567		1567	1567		1567	
	地线		6387		6387	6387		5110	
张力	导线	一侧	35097		21095	21095	35097	23992	
		另一侧	33262		29116	29116	0	31697	
		张力差	1835		8021	8021	35097	7705	
	地线	一侧	33800		26062	26062	33800	28090	
		另一侧	33606		33786	33786	0	36134	
		张力差	194		7724	7724	33800	8044	

注：导线水平导线荷载为下相导线荷载，表中（$t/v/b$）单位分别为：°、m/s、mm。

15.8.2 根开尺寸及基础作用力

110－DG11S－JC1 塔的根开尺寸及基础作用力见表 15－31 和表 15－32。

表 15－31　　根开尺寸

呼高（m）	基础根开（mm）		地脚螺栓根开（mm）		地脚螺栓规格（5.6 级）
	正面根开	侧面根开	正面根开	侧面根开	
15	4530	4530	290	290	4M48
18	5130	5130	290	290	4M48
21	5730	5730	290	290	4M48
24	6330	6330	290	290	4M48
27	6930	6930	290	290	4M48
30	7530	7530	290	290	4M48

表 15－32　　基础作用力

转角度数（°）	基础作用力（kN）					
	T_{max}	T_x	T_y	N_{max}	N_x	N_y
0～10	832	－102	－92	－922	－114	－98
10～20	1019	－122	－111	－1109	－133	－118

15.8.3 单线图及司令图

110－DG11S－JC1 塔单线图如图 15－12 所示，司令图如图 15－13 所示。

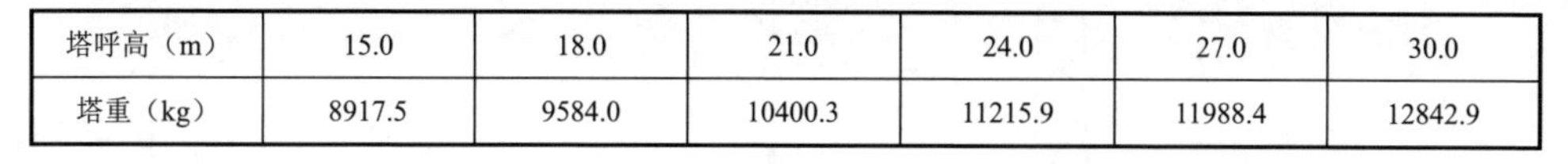

塔呼高（m）	15.0	18.0	21.0	24.0	27.0	30.0
塔重（kg）	8917.5	9584.0	10400.3	11215.9	11988.4	12842.9

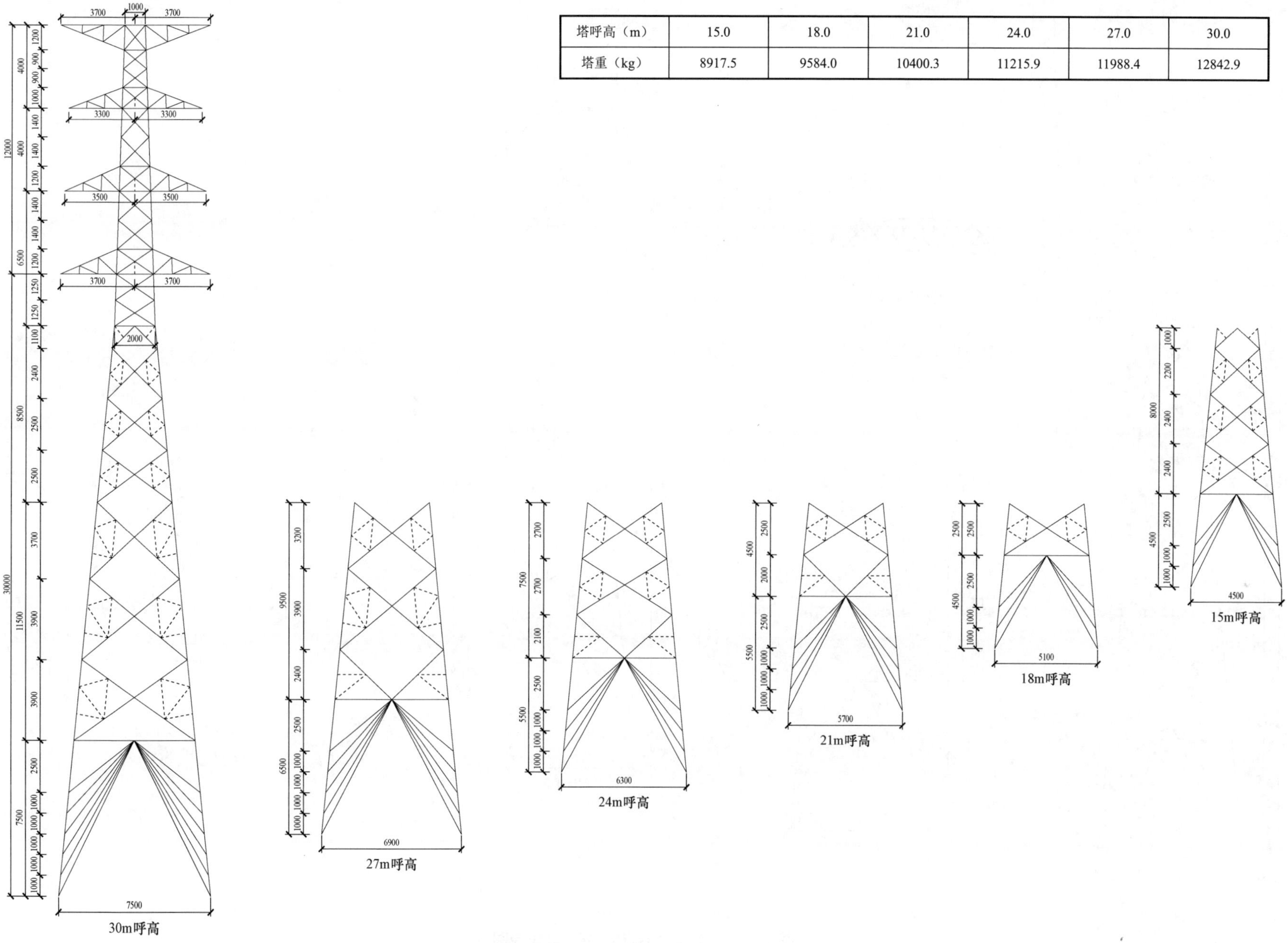

30m呼高

27m呼高

24m呼高

21m呼高

18m呼高

15m呼高

图 15－12　110－DG11S－JC1 塔单线图

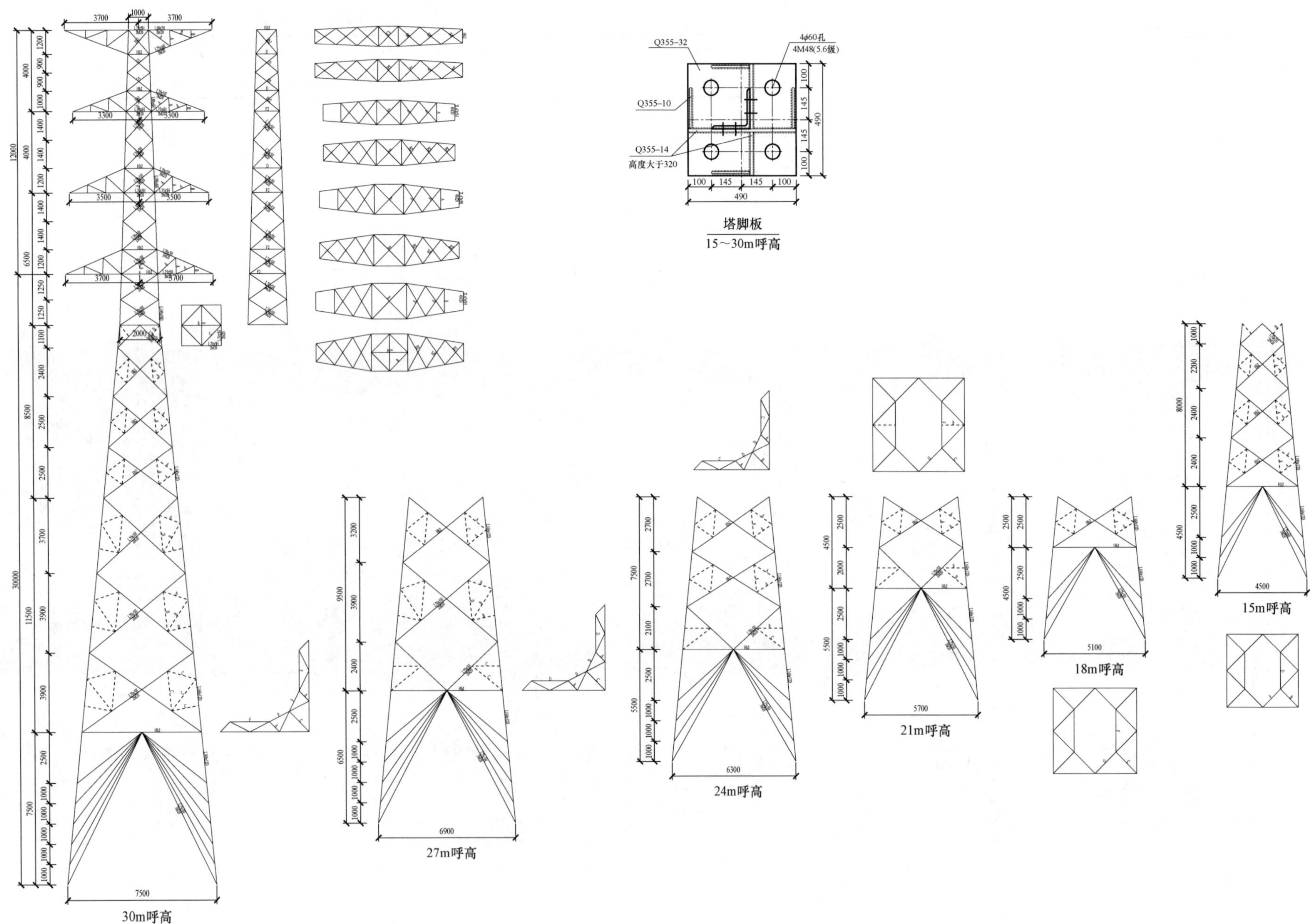

图 15-13　110-DG11S-JC1 塔司令图

15.9 110－DG11S－JC2 塔

15.9.1 设计条件

110－DG11S－JC2 塔导线型号及张力、使用条件、荷载见表 15－33～表 15－35。

表 15－33　　导线型号及张力

电压等级	110kV	导线型号	1×JL3/G1A－300/40	最大使用张力（kN）	35.09	断线张力取值（%）	100	不均匀覆冰不平衡张力取值（%）	—
		地线型号	JLB20A－100	最大使用张力（kN）	33.80	断线张力取值（%）	100	不均匀覆冰不平衡张力取值（%）	—

表 15－34　　使用条件

使用条件	呼高（m）	水平档距（m）	垂直档距（m）	代表档距（m）	转角度数（°）	K_v 值
数值	30	450	700	200/450	20～40	—

注：上拔侧按 50%垂直档距考虑，下压侧按 80%垂直档距考虑。

表 15－35　　荷载表　　单位：N

气象条件（$t/v/b$）			正常运行情况			事故情况		安装情况	不均匀冰
			基本风速	覆冰	最低气温	未断线	断线		
			15/35/0	—	－5/0/0	－5/0/0	－5/0/0	0/10/0	—
水平荷载	导线		11546					925	
	绝缘子及金具		1150					94	
	跳线串		769					63	
	地线		8507					692	
垂直荷载	导线		8548		7771	8548	8548	7771	
	绝缘子及金具		3000		3000	3000	3000	3000	
	跳线串		1567		1567	1567		1567	
	地线		6387		6387	6387		5110	
张力	导线	一侧	35097		21095	21095	35097	23992	
		另一侧	33262		29116	29116	0	31697	
		张力差	1835		8021	8021	35097	7705	

续表

气象条件（$t/v/b$）			正常运行情况			事故情况		安装情况	不均匀冰
			基本风速	覆冰	最低气温	未断线	断线		
			15/35/0	—	－5/0/0	－5/0/0	－5/0/0	0/10/0	—
张力	地线	一侧	33800		26062	26062	33800	28090	
		另一侧	33606		33786	33786	0	36134	
		张力差	194		7724	7724	33800	8044	

注：导线水平导线荷载为下相导线荷载，表中（$t/v/b$）单位分别为：°、m/s、mm。

15.9.2 根开尺寸及基础作用力

110－DG11S－JC2 塔的根开尺寸及基础作用力见表 15－36 和表 15－37。

表 15－36　　根开尺寸

呼高（m）	基础根开（mm）		地脚螺栓根开（mm）		地脚螺栓规格（5.6 级）
	正面根开	侧面根开	正面根开	侧面根开	
15	4990	4990	330	330	4M56
18	5650	5650	330	330	4M56
21	6310	6310	330	330	4M56
24	6970	6970	330	330	4M56
27	7630	7630	330	330	4M56
30	8290	8290	330	330	4M56

表 15－37　　基础作用力

转角度数（°）	基础作用力（kN）					
	T_{max}	T_x	T_y	N_{max}	N_x	N_y
20～30	1095	－142	－130	－1194	－155	－138
30～40	1257	－161	－148	－1356	－174	－157

15.9.3 单线图及司令图

110－DG11S－JC2 塔单线图如图 15－14 所示，司令图如图 15－15 所示。

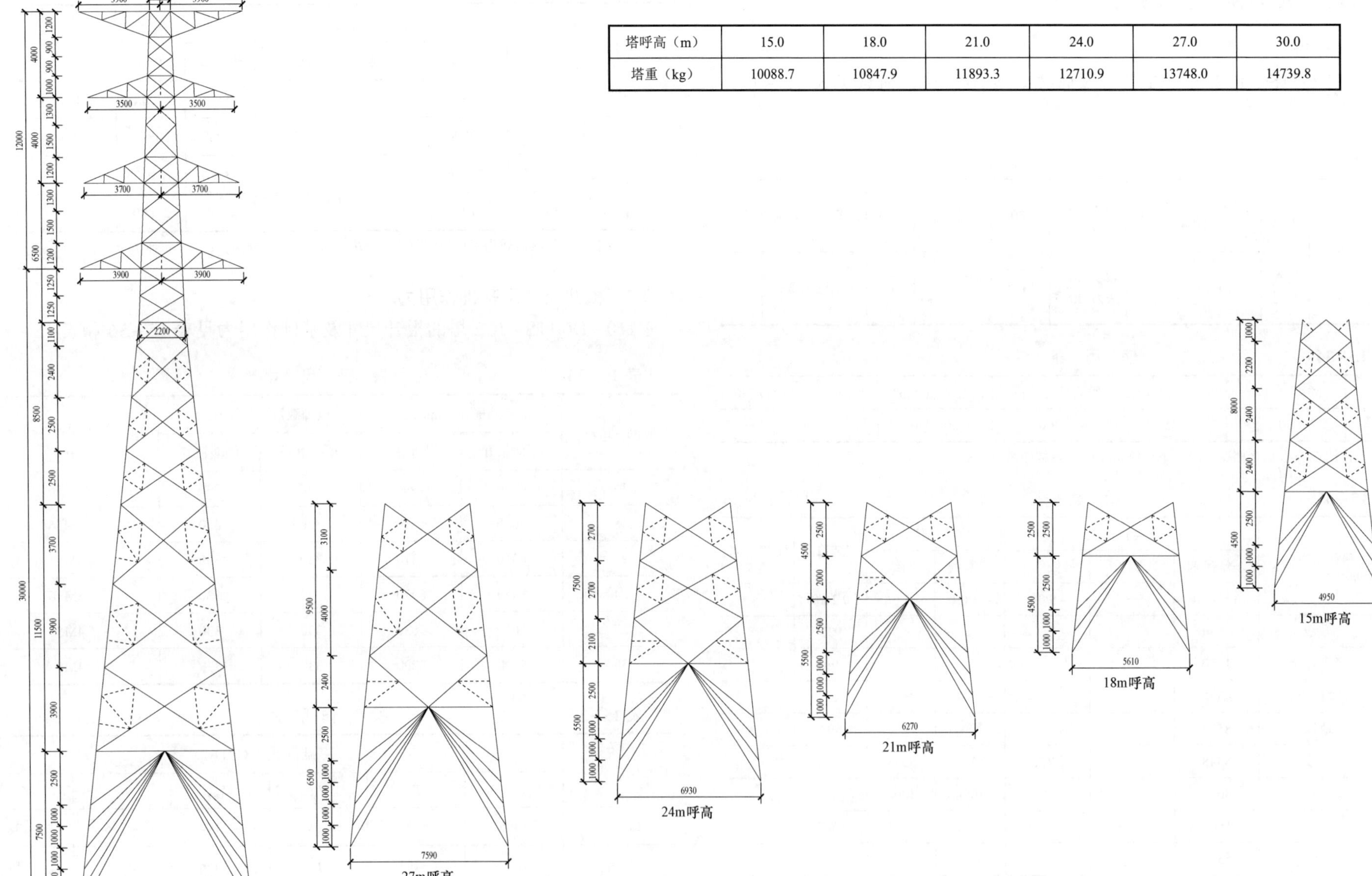

塔呼高（m）	15.0	18.0	21.0	24.0	27.0	30.0
塔重（kg）	10088.7	10847.9	11893.3	12710.9	13748.0	14739.8

图 15－14　110－DG11S－JC2 塔单线图

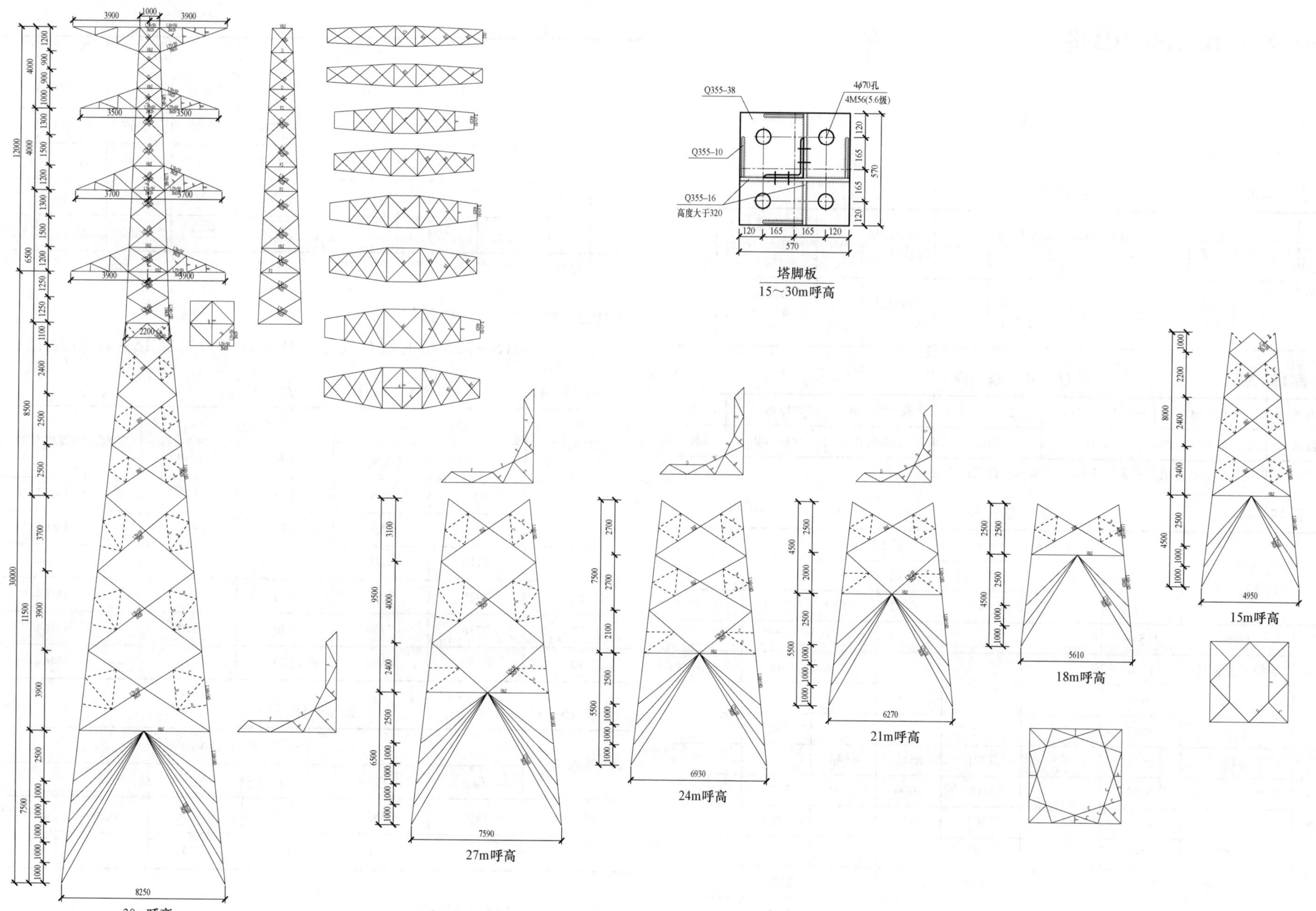

图 15-15 110-DG11S-JC2 塔司令图

15.10　110－DG11S－JC3 塔

15.10.1　设计条件

110－DG11S－JC3 塔导线型号及张力、使用条件、荷载见表 15－38～表 15－40。

表 15－38　导 线 型 号 及 张 力

电压等级	110kV	导线型号	1×JL3/G1A－300/40	最大使用张力（kN）	35.09	断线张力取值（%）	100	不均匀覆冰不平衡张力取值（%）	—
		地线型号	JLB20A－100	最大使用张力（kN）	33.80	断线张力取值（%）	100	不均匀覆冰不平衡张力取值（%）	—

表 15－39　使 用 条 件

使用条件	呼高（m）	水平档距（m）	垂直档距（m）	代表档距（m）	转角度数（°）	K_v 值
数值	30	450	700	200/450	40～60	—

注：上拔侧按 50%垂直档距考虑，下压侧按 80%垂直档距考虑。

表 15－40　荷 载 表　　单位：N

气象条件（t/v/b）			正常运行情况			事故情况		安装情况	不均匀冰
			基本风速	覆冰	最低气温	未断线	断线		
			15/35/0	—	－5/0/0	－5/0/0	－5/0/0	0/10/0	—
水平荷载	导线		11546					925	
	绝缘子及金具		1150					94	
	跳线串		769					63	
	地线		8507					692	
垂直荷载	导线		8548		7771	8548	8548	7771	
	绝缘子及金具		3000		3000	3000	3000	3000	
	跳线串		1567		1567	1567		1567	
	地线		6387		6387	6387		5110	
张力	导线	一侧	35097		21095	21095	35097	23992	
		另一侧	33262		29116	29116	0	31697	
		张力差	1835		8021	8021	35097	7705	
张力	地线	一侧	33800		26062	26062	33800	28090	
		另一侧	33606		33786	33786	0	36134	
		张力差	194		7724	7724	33800	8044	

注：导线水平导线荷载为下相导线荷载，表中（t/v/b）单位分别为：°、m/s、mm。

15.10.2　根开尺寸及基础作用力

110－DG11S－JC3 塔的根开尺寸及基础作用力见表 15－41 和表 15－42。

表 15－41　根 开 尺 寸

呼高（m）	基础根开（mm）		地脚螺栓根开（mm）		地脚螺栓规格（5.6 级）
	正面根开	侧面根开	正面根开	侧面根开	
15	5090	5090	370	370	4M64
18	5750	5750	370	370	4M64
21	6410	6410	370	370	4M64
24	7070	7070	370	370	4M64
27	7730	7730	370	370	4M64
30	8390	8390	370	370	4M64

表 15－42　基 础 作 用 力

转角度数（°）	基础作用力（kN）					
	T_{max}	T_x	T_y	N_{max}	N_x	N_y
40～50	1401	－182	－169	－1496	－194	－171
50～60	1550	－200	－186	－1643	－211	－188

15.10.3　单线图及司令图

110－DG11S－JC3 塔单线图如图 15－16 所示，司令图如图 15－17 所示。

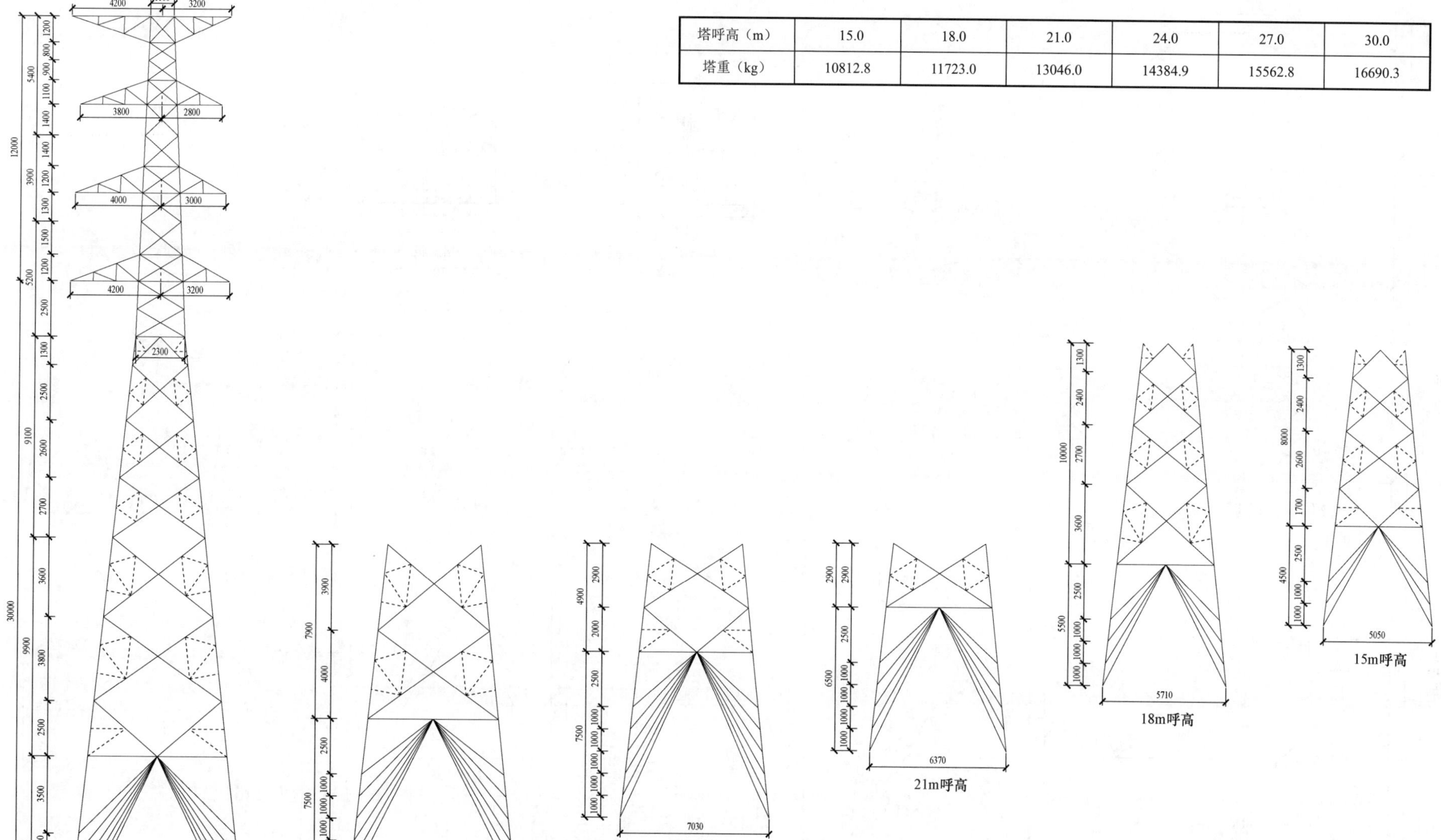

塔呼高（m）	15.0	18.0	21.0	24.0	27.0	30.0
塔重（kg）	10812.8	11723.0	13046.0	14384.9	15562.8	16690.3

图 15－16　110－DG11S－JC3 塔单线图

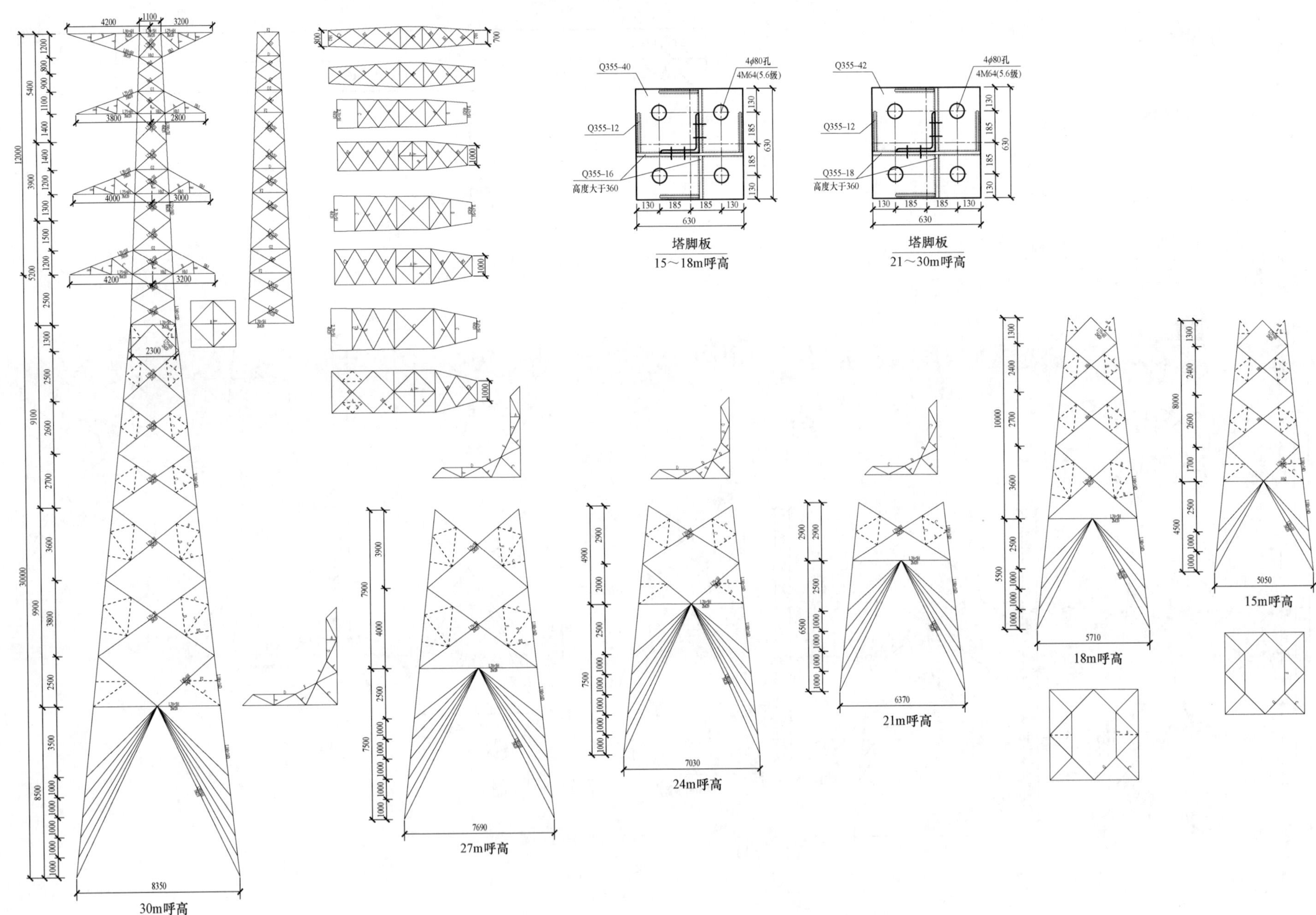

图 15-17 110-DG11S-JC3 塔司令图

15.11 110-DG11S-JC4 塔

15.11.1 设计条件

110-DG11S-JC4 塔导线型号及张力、使用条件、荷载见表 15-43～表 15-45。

表 15-43 导线型号及张力

电压等级	110kV	导线型号	1×JL3/G1A-300/40	最大使用张力(kN)	35.09	断线张力取值（%）	100	不均匀覆冰不平衡张力取值（%）	—
		地线型号	JLB20A-100	最大使用张力(kN)	33.80	断线张力取值（%）	100	不均匀覆冰不平衡张力取值（%）	—

表 15-44 使用条件

使用条件	呼高（m）	水平档距（m）	垂直档距（m）	代表档距（m）	转角度数（°）	K_v 值
数值	30	450	700	200/450	60～90	—

注：上拔侧按 50%垂直档距考虑，下压侧按 80%垂直档距考虑。

表 15-45 荷载表 单位：N

气象条件（$t/v/b$）			正常运行情况			事故情况		安装情况	不均匀冰
			基本风速	覆冰	最低气温	未断线	断线		
			15/35/0	—	-5/0/0	-5/0/0	-5/0/0	0/10/0	—
水平荷载	导线		11546					925	
	绝缘子及金具		1150					94	
	跳线串		769					63	
	地线		8507					692	
垂直荷载	导线		8548		7771	8548	8548	7771	
	绝缘子及金具		3000		3000	3000	3000	3000	
	跳线串		1567		1567	1567		1567	
	地线		6387		6387	6387		5110	
张力	导线	一侧	35097		21095	21095	35097	23992	
		另一侧	33262		29116	29116	0	31697	
		张力差	1835		8021	8021	35097	7705	

续表

气象条件（$t/v/b$）			正常运行情况			事故情况		安装情况	不均匀冰
			基本风速	覆冰	最低气温	未断线	断线		
			15/35/0	—	-5/0/0	-5/0/0	-5/0/0	0/10/0	—
张力	地线	一侧	33800		26062	26062	33800	28090	
		另一侧	33606		33786	33786	0	36134	
		张力差	194		7724	7724	33800	8044	

注：导线水平导线荷载为下相导线荷载，表中（$t/v/b$）单位分别为：°、m/s、mm。

15.11.2 根开尺寸及基础作用力

110-DG11S-JC4 塔的根开尺寸及基础作用力见表 15-46 和表 15-47。

表 15-46 根开尺寸

呼高（m）	基础根开（mm）		地脚螺栓根开（mm）		地脚螺栓规格（5.6 级）
	正面根开	侧面根开	正面根开	侧面根开	
15	5550	5550	370	370	4M64
18	6270	6270	370	370	4M64
21	6990	6990	370	370	4M64
24	7710	7710	370	370	4M64
27	8430	8430	370	370	4M64
30	9150	9150	370	370	4M64

表 15-47 基础作用力

转角度数（°）	基础作用力（kN）					
	T_{max}	T_x	T_y	N_{max}	N_x	N_y
60～70	1558	-219	-203	-1659	-233	-206
70～80	1680	-235	-218	-1779	-248	-221
80～90	1797	-252	-231	-1894	-263	-236

15.11.3 单线图及司令图

110-DG11S-JC4 塔单线图如图 15-18 所示，司令图如图 15-19 所示。

塔呼高（m）	15.0	18.0	21.0	24.0	27.0	30.0
塔重（kg）	12055.3	13210.6	14652.6	16083.9	17350.0	18749.7

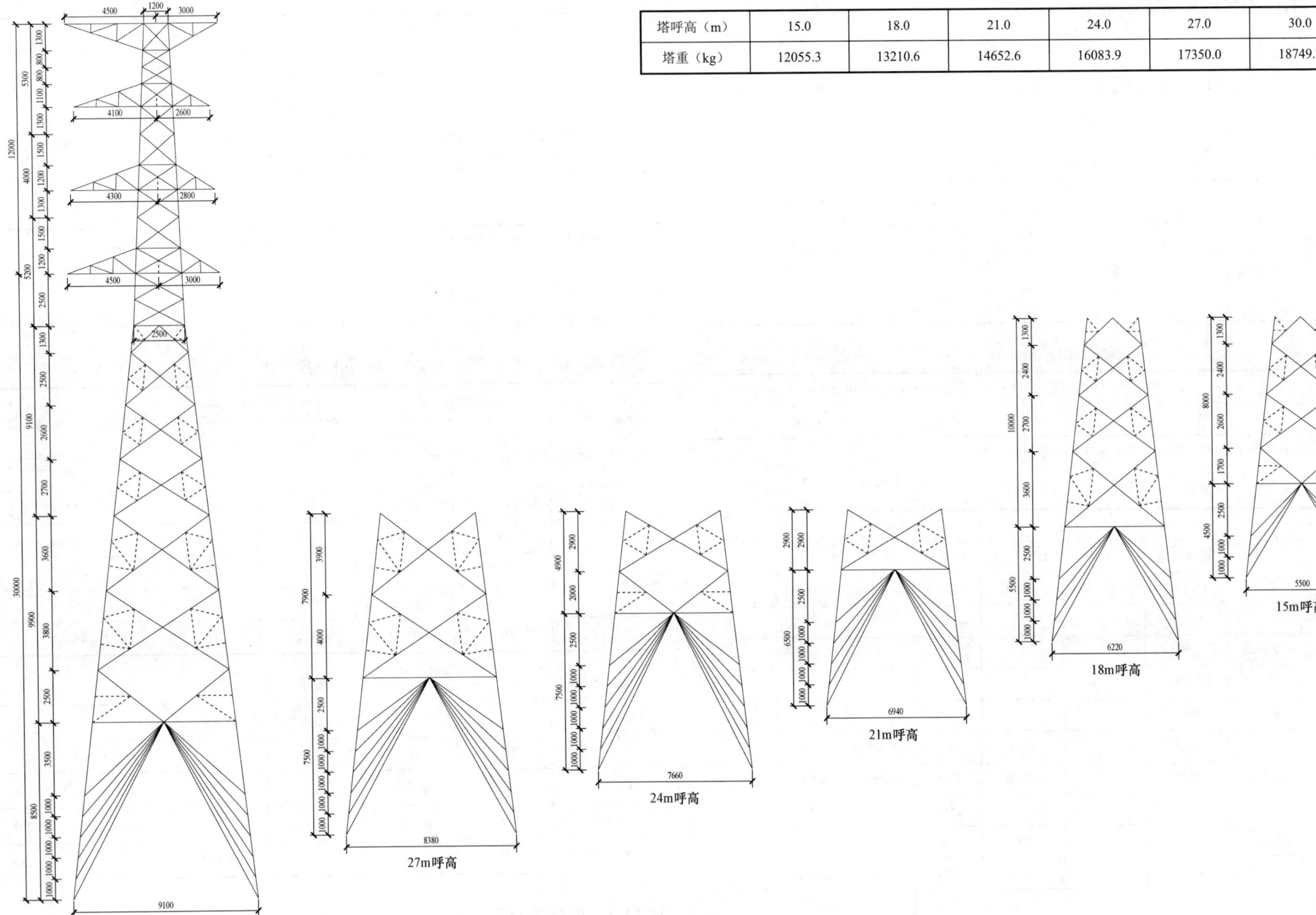

图 15－18　110－DG11S－JC4 塔单线图

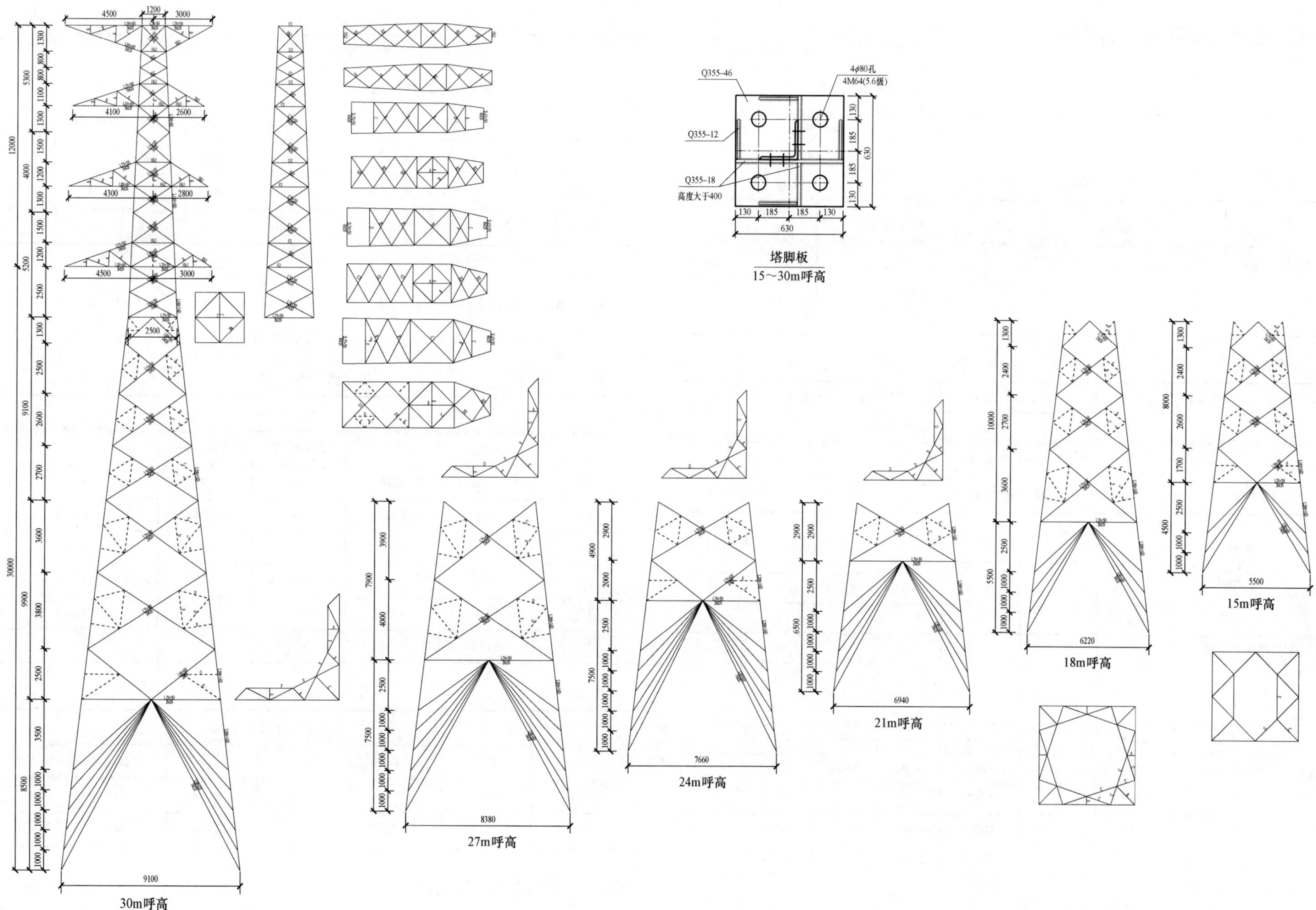

图 15-19　110-DG11S-JC4 塔司令图

15.12 110－DG11S－DJC 塔

15.12.1 设计条件

110－DG11S－DJC 塔导线型号及张力、使用条件、荷载见表 15－48～表 15－50。

表 15－48　　导线型号及张力

电压等级	110kV	导线型号	1×JL3/G1A－300/40	最大使用张力（kN）	35.09	断线张力取值（%）	100	不均匀覆冰不平衡张力取值（%）	—
		地线型号	JLB20A－100	最大使用张力（kN）	33.80	断线张力取值（%）	100	不均匀覆冰不平衡张力取值（%）	

表 15－49　　使用条件

使用条件	呼高（m）	水平档距（m）	垂直档距（m）	代表档距（m）	转角度数（°）	K_v 值
数值	30	450	700	200/450	0～90	—

注：上拔侧按 50%垂直档距考虑，下压侧按 80%垂直档距考虑。

表 15－50　　荷载表　　单位：N

气象条件（*t*/*v*/*b*）			正常运行情况			事故情况		安装情况	不均匀冰
			基本风速	覆冰	最低气温	未断线	断线		
			15/35/0	—	－5/0/0	－5/0/0	－5/0/0	0/10/0	—
水平荷载	导线		11094					896	
	绝缘子及金具		1150					94	
	跳线串		753					61	
	地线		8189					668	
垂直荷载	导线		8548		7771	8548	8548	7771	
	绝缘子及金具		3000		3000	3000	3000	3000	
	跳线串		1567		1567	1567		1567	
	地线		6387		6387	6387		5110	
张力	导线	一侧	34776		27632	27717	35097	30381	
		另一侧	0		0	0	0	0	
		张力差	34776		27632	27717	35097	30381	
张力	地线	一侧	33800		32586	32586	33800	34843	
		另一侧	0		0	0	0	0	
		张力差	33800		32586	32586	33800	34843	

注：导线水平荷载为下相导线荷载，表中（*t*/*v*/*b*）单位分别为：°、m/s、mm。

15.12.2 根开尺寸及基础作用力

110－DG11S－DJC 塔的根开尺寸及基础作用力见表 15－51 和表 15－52。

表 15－51　　根开尺寸

呼高（m）	基础根开（mm）		地脚螺栓根开（mm）		地脚螺栓规格（5.6 级）
	正面根开	侧面根开	正面根开	侧面根开	
15	5560	5560	370	370	4M64
18	6280	6280	370	370	4M64
21	6990	6990	370	370	4M64
24	7710	7710	370	370	4M64
27	8430	8430	370	370	4M64
30	9150	9150	370	370	4M64

表 15－52　　基础作用力

转角度数（°）	基础作用力（kN）					
	T_{max}	T_x	T_y	N_{max}	N_x	N_y
0～40	1565	－204	－218	－1668	－245	－199
40～90	1711	－220	－237	－1795	－264	－210

15.12.3 单线图及司令图

110－DG11S－DJC 塔单线图如图 15－20 所示，司令图如图 15－21 所示。

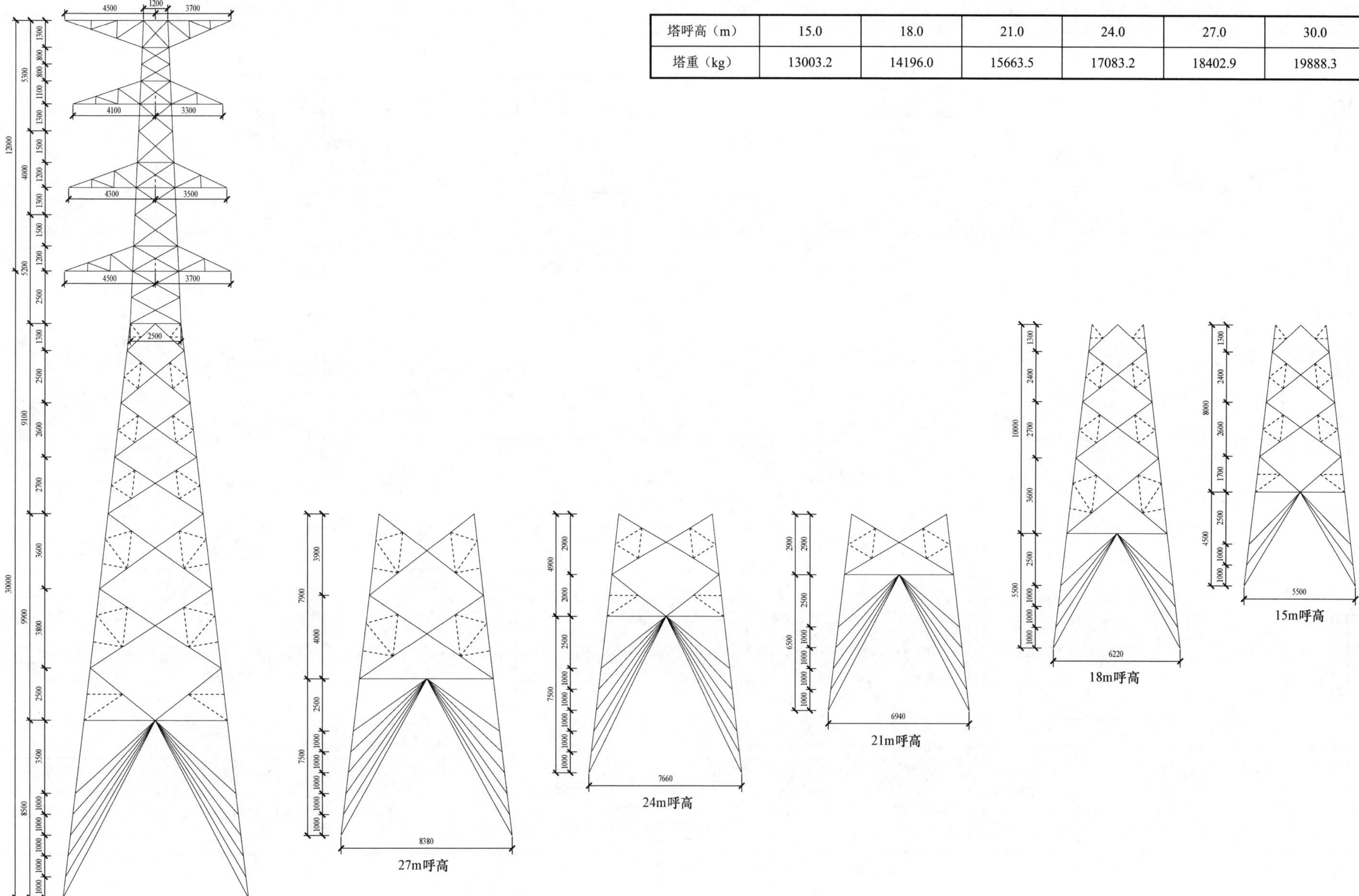

塔呼高（m）	15.0	18.0	21.0	24.0	27.0	30.0
塔重（kg）	13003.2	14196.0	15663.5	17083.2	18402.9	19888.3

图 15－20　110－DG11S－DJC 塔单线图

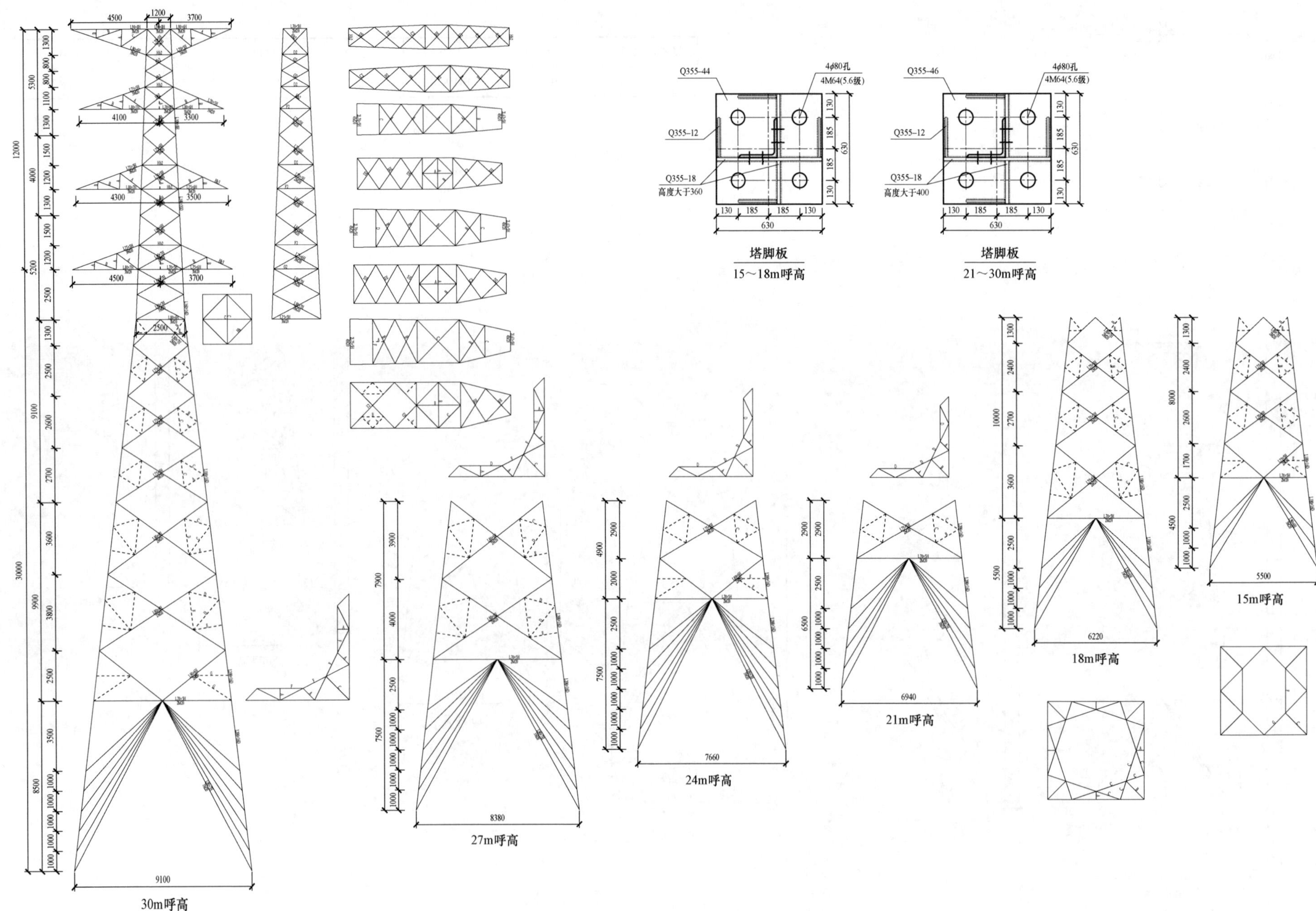

图 15－21 110－DG11S－DJC 塔司令图

16　110－DH11S 子模块

16.1　模块说明

16.1.1　概述

根据国家电网公司《35kV～750kV 线路杆塔通用设计优化技术导则》和国网福建电力工作安排，福建永福电力设计股份有限公司负责 110kV 输电线路通用设计 110－DH11S 子模块的设计工作。该模块为海拔 1000m 以内、设计基本风速为 37m/s（离地 10m）、覆冰厚度为 0mm，导线为 1×JL3/G1A－300/40（兼 1×JL3/G1A－240/30）。直线塔按 3＋1 塔系列规划，耐张塔按 4 塔系列规划并单独设计终端塔，所有塔均按全方位不等长腿设计；该子模块共计 9 种塔型。

16.1.2　气象条件

110－DH11S 子模块的气象条件见表 16－1。

表 16－1　　110－DH11S 子模块的气象条件

项目	气温（℃）	风速（m/s）	覆冰厚度（mm）
最低气温	－5	0	0
年平均气温	15	0	0
基本风速	15	37	0
设计覆冰	－5	0	0
最高气温	40	0	0
安装情况	0	10	0
操作过电压	15	19.7	0
雷电过电压	15	15	0
带电作业	15	10	0
年平均雷电日数	65		

16.1.3　导地线型号及参数

110－DH11S 子模块的导地线型号及参数见表 16－2。

表 16－2　　110－DH11S 子模块的导地线型号及参数

项目		导线		地线	
电线型号		JL3/G1A－300/40	JL3/G1A－240/30	JLB20A－100	JLB40－100
结构	铝［根数/直径（mm）］	24/3.99	24/3.60	—	—
	钢、铝包钢［根数/直径（mm）］	7/2.66	7/2.40	19/2.6	19/2.6
计算截面面积（mm^2）		339	276	101	101
计算外径（mm）		23.9	21.6	13	13
计算重量（kg/m）		1.132	0.9215	0.6767	0.4765
计算拉断力（N）		92360	75190	135200	68600
弹性系数（MPa）		70500	70500	153900	103600
线膨胀系数（1/℃）		19.4×10^{-6}	19.4×10^{-6}	13.0×10^{-6}	15.5×10^{-6}

设计使用时，导地线的保证拉断力为计算拉断力的 95%。设计用导线安全系数为 2.5，平均运行张力取保证拉断力的 25%；进行电气配合时，地线型号选取 JLB40－100，地线安全系数为 4.0，平均运行张力取保证拉断力的 25%；进行结构荷载计算时，地线型号选取 JLB20A－100，地线安全系数为 4.0，平均运行张力取保证拉断力的 25%。

16.1.4　绝缘配置

悬垂串按“I”型布置，采用 FXBW－110/70－3 复合绝缘子，结构高度为 1440mm，最小公称爬电距离为 3520mm。

跳线串采用 FSP－110/0.8－2 防风偏复合绝缘子，实结构高度为 1440mm，最小公称爬电距离为 3520mm。

耐张串采用 FXBW－110/70－3 复合绝缘子，结构高度为 1440mm，最小公称爬电距离为 3520mm。

16.1.5　联塔金具

直线塔导线横担均按前、中、后三个挂点设计，挂点间距采用 200＋200＝400（mm），以满足单、双联悬挂的需要，联塔金具采用 ZBS－07/10－80；地线悬垂串的联塔金具采用 UB 型挂板。

导地线耐张串均采用单挂点设计，导线联塔金具采用 U 型挂环，地线联塔金具采用 U 型挂环。跳线串联塔适配防风偏绝缘子低压端螺栓。

16.2　110－DH11S 子模块杆塔一览图

110－DH11S 子模块杆塔一览图（山区）如图 16－1 所示。

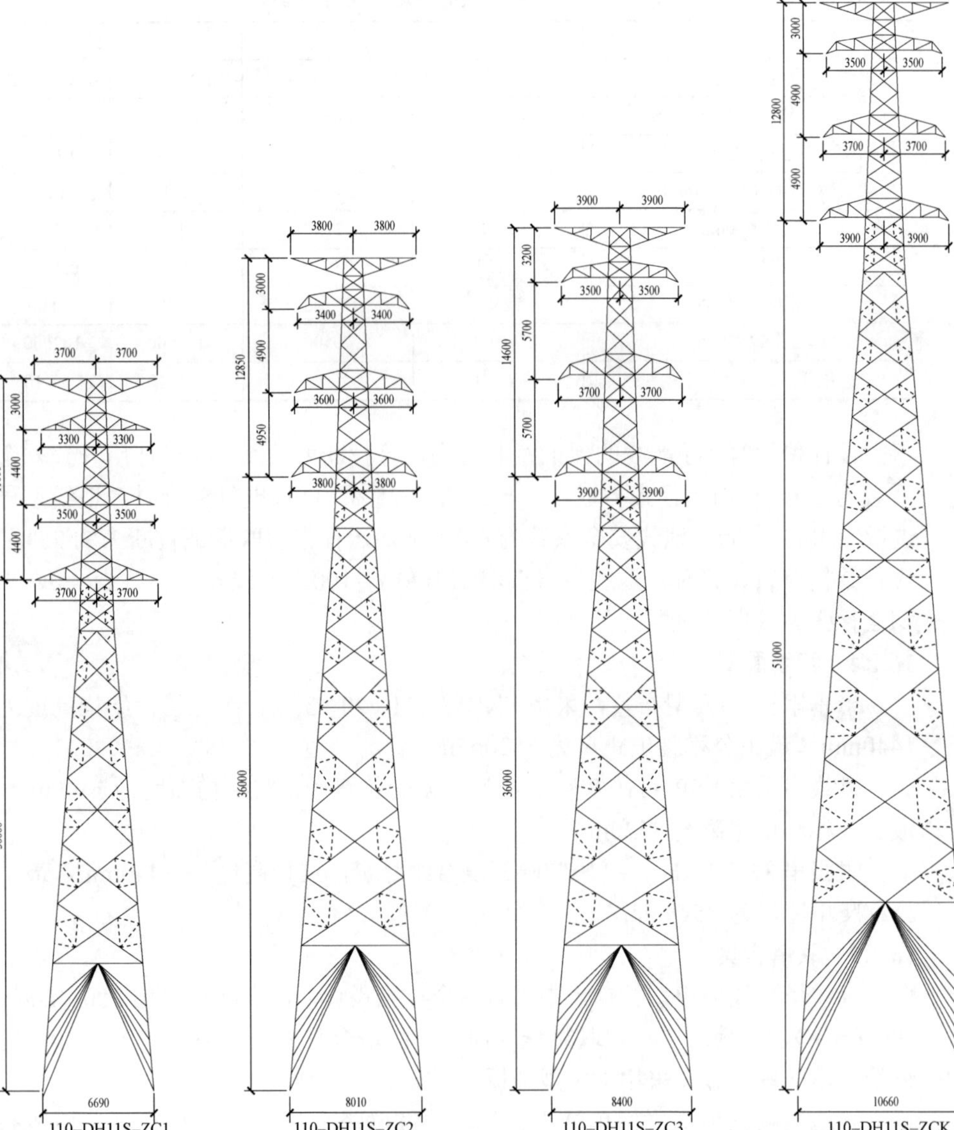

序号	塔型名称	呼高（m）	水平档距（m）	垂直档距（m）	塔重（kg）	允许转角（°）	串型
1	110－DH11S－ZC1	30.0	380	550	10901	0	“I”串
2	110－DH11S－ZC2	30.0	480	700	13171	0	“I”串
		36.0	450	700	15026		
3	110－DH11S－ZC3	33.0	650	1000	14881	0	“I”串
		36.0	635	1000	16003		
4	110－DH11S－ZCK	51.0	480	700	22193	0	“I”串
5	110－DH11S－JC1	30.0	450	700	13184	0～20	
6	110－DH11S－JC2	30.0	450	700	14708	20～40	
7	110－DH11S－JC3	30.0	450	700	16585	40～60	
8	110－DH11S－JC4	30.0	450	700	18575	60～90	
9	110－DH11S－DJC	30.0	450	700	19634	0～90	

注：直线塔呼高一列中第一行为计算呼高，第二行为最高呼高。

说明：

1. 铁塔全为螺栓连接的型钢结构。
2. 所有构件均需热浸镀锌防腐。
3. 所有塔身断面均为方型。
4. 所有铁塔均设有全方位长短腿。
5. 铁塔材料：

型钢：Q235B、Q355B 和 Q420B；

钢板：Q235B、Q355B 和 Q420B；

螺栓：6.8 级和 8.8 级。

图 16－1　110－DH11S 子模块杆塔一览图（山区）（一）

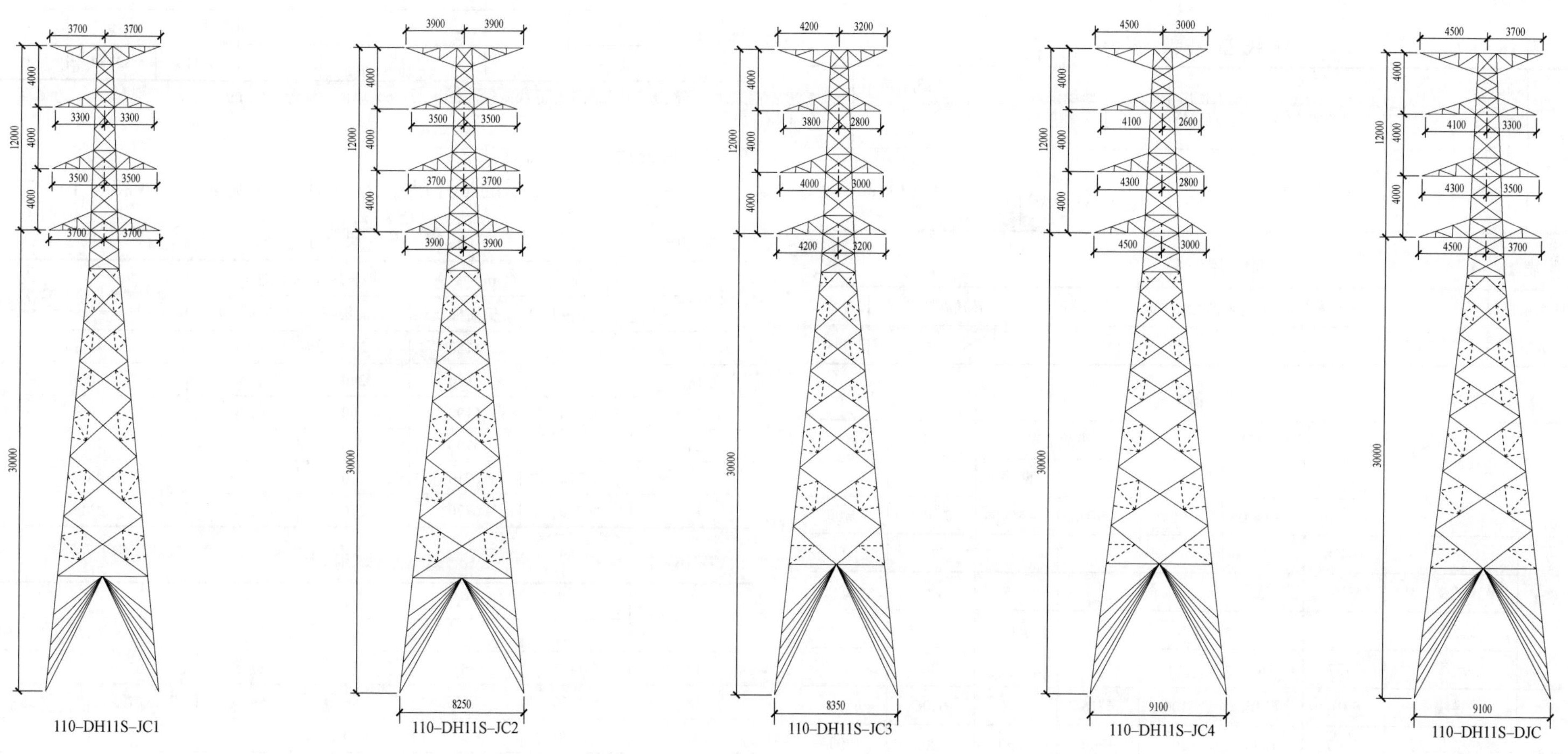

图 16-1　110-DH11S 子模块杆塔一览图（山区）（二）

16.3 110-DH11S-ZC1 塔

16.3.1 设计条件

110-DH11S-ZC1 塔的导线型号及张力、使用条件、荷载见表 16-3~表 16-5。

表 16-3　导线型号及张力

电压等级	110kV	导线型号	1×JL3/G1A-300/40	最大使用张力(kN)	35.09	断线张力取值(%)	50	不均匀覆冰不平衡张力取值(%)	10
		地线型号	JLB20A-100	最大使用张力(kN)	32.11	断线张力取值(%)	100	不均匀覆冰不平衡张力取值(%)	20

表 16-4　使用条件

使用条件	呼高(m)	水平档距(m)	垂直档距(m)	代表档距(m)	转角度数(°)	K_v 值
数值	30	380	550	250	0	0.80

表 16-5　荷载表　单位:N

气象条件($t/v/b$)			正常运行情况			事故情况		安装情况	不均匀冰
			基本风速	覆冰	最低气温	未断线	断线		
			15/37/0	-5/0/0	-5/0/0	-5/0/0	-5/0/0	0/10/0	-5/0/0
水平荷载	导线		10428	0				754	0
	绝缘子及金具		636	0				46	0
	跳线串								
	地线		7737	0				565	0
垂直荷载	导线		6716	6716	6106	6716	6716	6106	6716
	绝缘子及金具		1200	1200	1200	1200	1200	1200	1200
	跳线串								
	地线		5019	5019	4015	5019	5019	4015	5019
张力	导线	一侧					17548	28983	0
		另一侧					0	0	0
		张力差					17548	28983	0

续表

气象条件($t/v/b$)			正常运行情况			事故情况		安装情况	不均匀冰
			基本风速	覆冰	最低气温	未断线	断线		
			15/37/0	-5/0/0	-5/0/0	-5/0/0	-5/0/0	0/10/0	-5/0/0
张力	地线	一侧					32110	32372	0
		另一侧					0	0	0
		张力差					32110	32372	0

注:导线水平荷载为下相导线荷载,表中($t/v/b$)单位分别为:°、m/s、mm。

16.3.2 根开尺寸及基础作用力

110-DH11S-ZC1 塔的根开尺寸及基础作用力见表 16-6 和表 16-7。

表 16-6　根开尺寸

呼高(m)	基础根开(mm)		地脚螺栓根开(mm)		地脚螺栓规格(5.6 级)
	正面根开	侧面根开	正面根开	侧面根开	
15	4180	4180	240	240	4M36
18	4680	4680	240	240	4M36
21	5190	5190	240	240	4M36
24	5700	5700	240	240	4M36
27	6210	6210	270	270	4M42
30	6720	6720	270	270	4M42

表 16-7　基础作用力

呼高(m)	基础作用力(kN)					
	T_{max}	T_x	T_y	N_{max}	N_x	N_y
15	516.55	-58	-54	-575.94	-65	-57
18	530.36	-60	-55	-593.86	-67	-59
21	557.72	-64	-60	-624.49	-72	-64
24	569.47	-66	-61	-640.33	-73	-65
27	617.46	-73	-70	-693.15	-82	-75
30	635.27	-78	-74	-716.06	-87	-79

16.3.3 单线图及司令图

110-DH11S-ZC1 塔单线图如图 16-2 所示,司令图如图 16-3 所示。

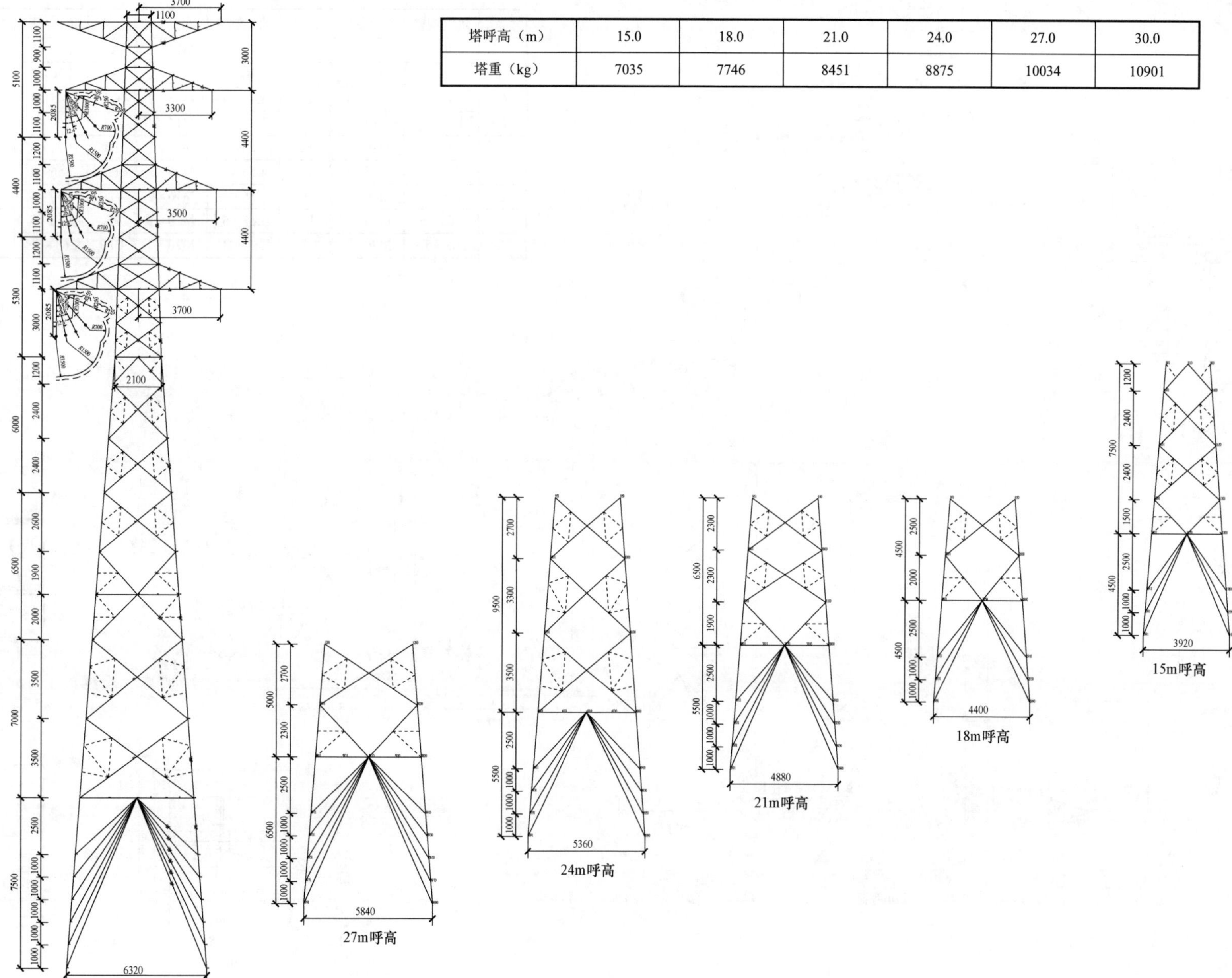

塔呼高（m）	15.0	18.0	21.0	24.0	27.0	30.0
塔重（kg）	7035	7746	8451	8875	10034	10901

图 16-2　110-DH11S-ZC1 塔单线图

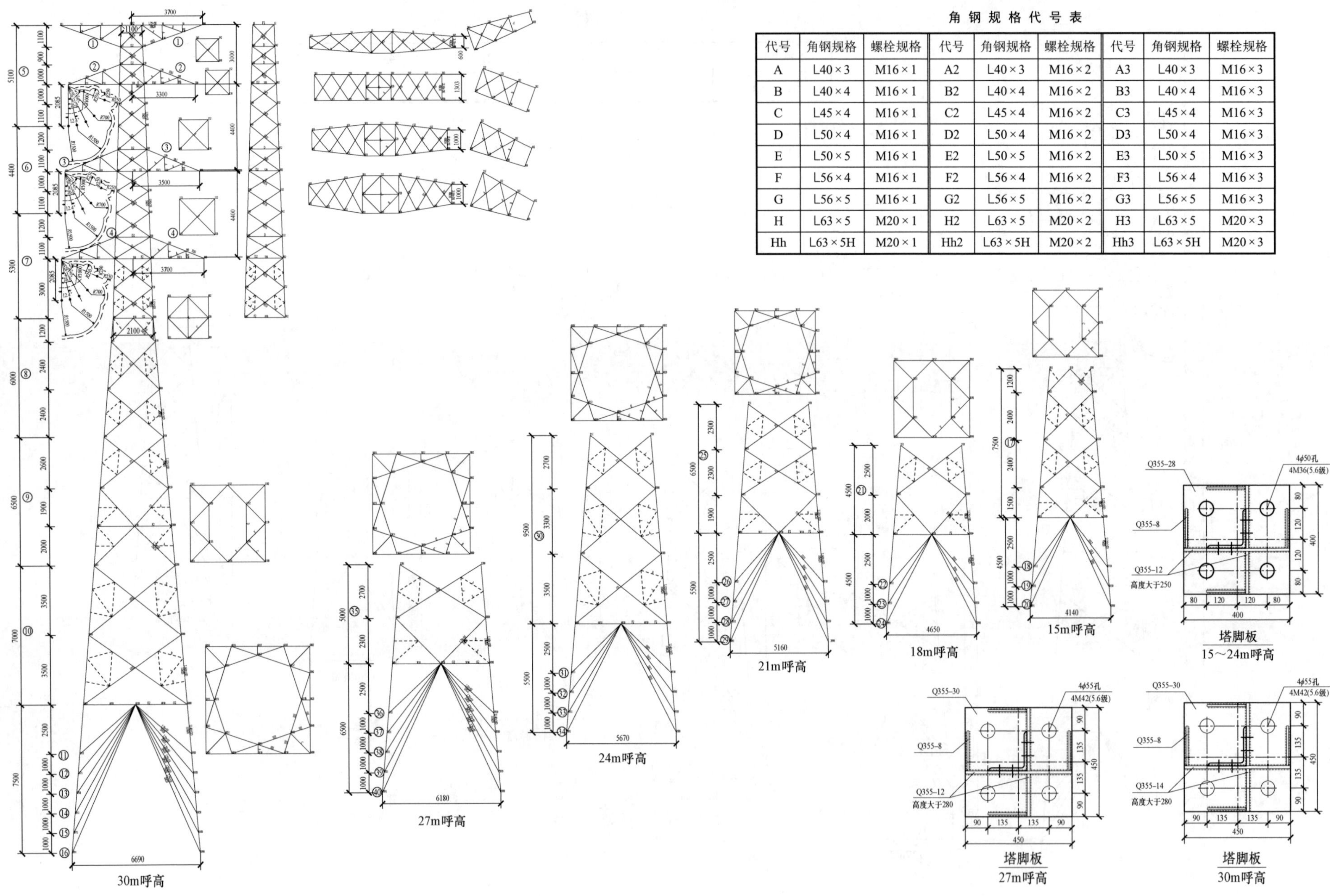

角钢规格代号表

代号	角钢规格	螺栓规格	代号	角钢规格	螺栓规格	代号	角钢规格	螺栓规格
A	L40×3	M16×1	A2	L40×3	M16×2	A3	L40×3	M16×3
B	L40×4	M16×1	B2	L40×4	M16×2	B3	L40×4	M16×3
C	L45×4	M16×1	C2	L45×4	M16×2	C3	L45×4	M16×3
D	L50×4	M16×1	D2	L50×4	M16×2	D3	L50×4	M16×3
E	L50×5	M16×1	E2	L50×5	M16×2	E3	L50×5	M16×3
F	L56×4	M16×1	F2	L56×4	M16×2	F3	L56×4	M16×3
G	L56×5	M16×1	G2	L56×5	M16×2	G3	L56×5	M16×3
H	L63×5	M20×1	H2	L63×5	M20×2	H3	L63×5	M20×3
Hh	L63×5H	M20×1	Hh2	L63×5H	M20×2	Hh3	L63×5H	M20×3

图 16－3　110－DH11S－ZC1 塔司令图

16.4 110－DH11S－ZC2 塔

16.4.1 设计条件

110－DH11S－ZC2 塔导线型号及张力、使用条件、荷载见表 16－8～表 16－10。

表 16－8　导线型号及张力

电压等级	110kV	导线型号	1×JL3/G1A－300/40	最大使用张力（kN）	35.09	断线张力取值（%）	50	不均匀覆冰不平衡张力取值（%）	10
		地线型号	JLB20A－100	最大使用张力（kN）	32.11	断线张力取值（%）	100	不均匀覆冰不平衡张力取值（%）	20

表 16－9　使用条件

使用条件	呼高（m）	水平档距（m）	垂直档距（m）	代表档距（m）	转角度数（°）	K_v 值
数值	30	480	700	250	0	0.70
	33	465	700	250	0	0.70
	36	450	700	250	0	0.70

表 16－10　荷载表　单位：N

气象条件（t/v/b）			正常运行情况			事故情况		安装情况	不均匀冰
			基本风速	覆冰	最低气温	未断线	断线		
			15/37/0	－5/10/0	－10/0/0	－5/0/0	－5/0/0	－5/10/0	－5/10/0
水平荷载	导线		13642	0				983	0
	绝缘子及金具		673	0				49	0
	跳线串								
	地线		10138	0				739	0
垂直荷载	导线		8548	8548	7771	8548	8548	7771	8548
	绝缘子及金具		1200	1200	1200	1200	1200	1200	1200
	跳线串								
	地线		6387	6387	5110	6387	6387	5110	6387
张力	导线	一侧					17548	28983	0
		另一侧					0	0	0
		张力差					17548	28983	0
	地线	一侧					32110	32372	0
		另一侧					0	0	0
		张力差					32110	32372	0

注：导线水平荷载为下相导线荷载，表中（t/v/b）单位分别为：°、m/s、mm。

16.4.2 根开尺寸及基础作用力

110－DH11S－ZC2 塔的根开尺寸及基础作用力见 16－11 和表 16－12。

表 16－11　根开尺寸

呼高（m）	基础根开（mm）		地脚螺栓根开（mm）		地脚螺栓规格（5.6 级）
	正面根开	侧面根开	正面根开	侧面根开	
15	4480	4480	270	270	4M42
18	4990	4990	270	270	4M42
21	5500	5500	270	270	4M42
24	6010	6010	270	270	4M42
27	6520	6520	270	270	4M42
30	7020	7020	290	290	4M48
33	7530	7530	290	290	4M48
36	8040	8040	290	290	4M48

表 16－12　基础作用力

呼高（m）	基础作用力（kN）					
	T_{max}	T_x	T_y	N_{max}	N_x	N_y
15	617	－72	－65	－685	－80	－69
18	634	－74	－66	－706	－82	－71
21	673	－80	－73	－748	－89	－78
24	691	－82	－75	－773	－91	－80
27	744	－91	－86	－829	－101	－91
30	770	－97	－90	－860	－107	－97
33	793	－100	－93	－889	－110	－100
36	805	－98	－91	－904	－109	－98

16.4.3 单线图及司令图

110－DH11S－ZC2 塔单线图如图 16－4 所示，司令图如图 16－5 所示。

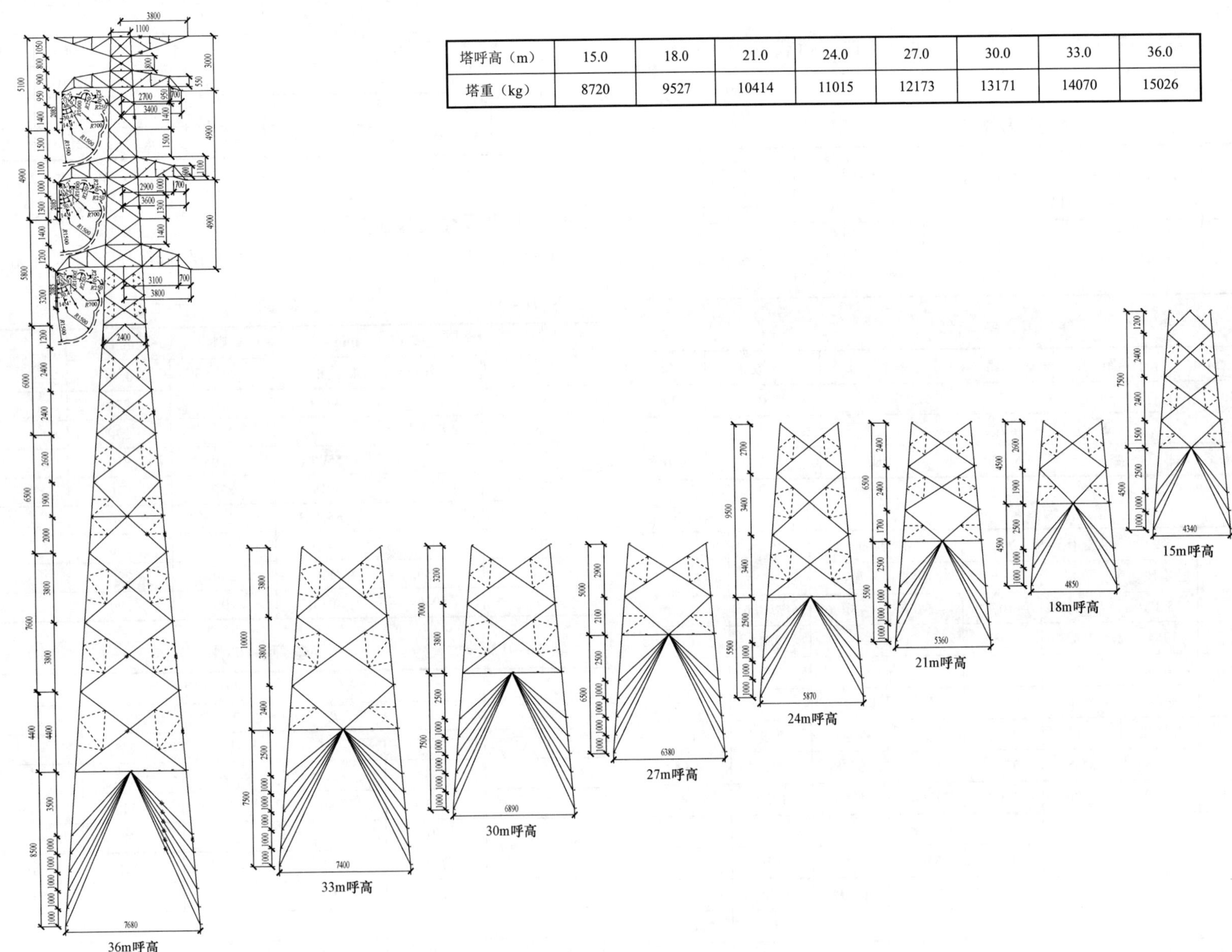

塔呼高（m）	15.0	18.0	21.0	24.0	27.0	30.0	33.0	36.0
塔重（kg）	8720	9527	10414	11015	12173	13171	14070	15026

图 16－4　110－DH11S－ZC2 塔单线图

角钢规格代号表

代号	角钢规格	螺栓规格	代号	角钢规格	螺栓规格	代号	角钢规格	螺栓规格
A	L40×3	M16×1	A2	L40×3	M16×2	A3	L40×3	M16×3
B	L40×4	M16×1	B2	L40×4	M16×2	B3	L40×4	M16×3
C	L45×4	M16×1	C2	L45×4	M16×2	C3	L45×4	M16×3
D	L50×4	M16×1	D2	L50×4	M16×2	D3	L50×4	M16×3
E	L50×5	M16×1	E2	L50×5	M16×2	E3	L50×5	M16×3
F	L56×4	M16×1	F2	L56×4	M16×2	F3	L56×4	M16×3
G	L56×5	M16×1	G2	L56×5	M16×2	G3	L56×5	M16×3
H	L63×5	M20×1	H2	L63×5	M20×2	H3	L63×5	M20×3
Hh	L63×5H	M20×1	Hh2	L63×5H	M20×2	Hh3	L63×5H	M20×3

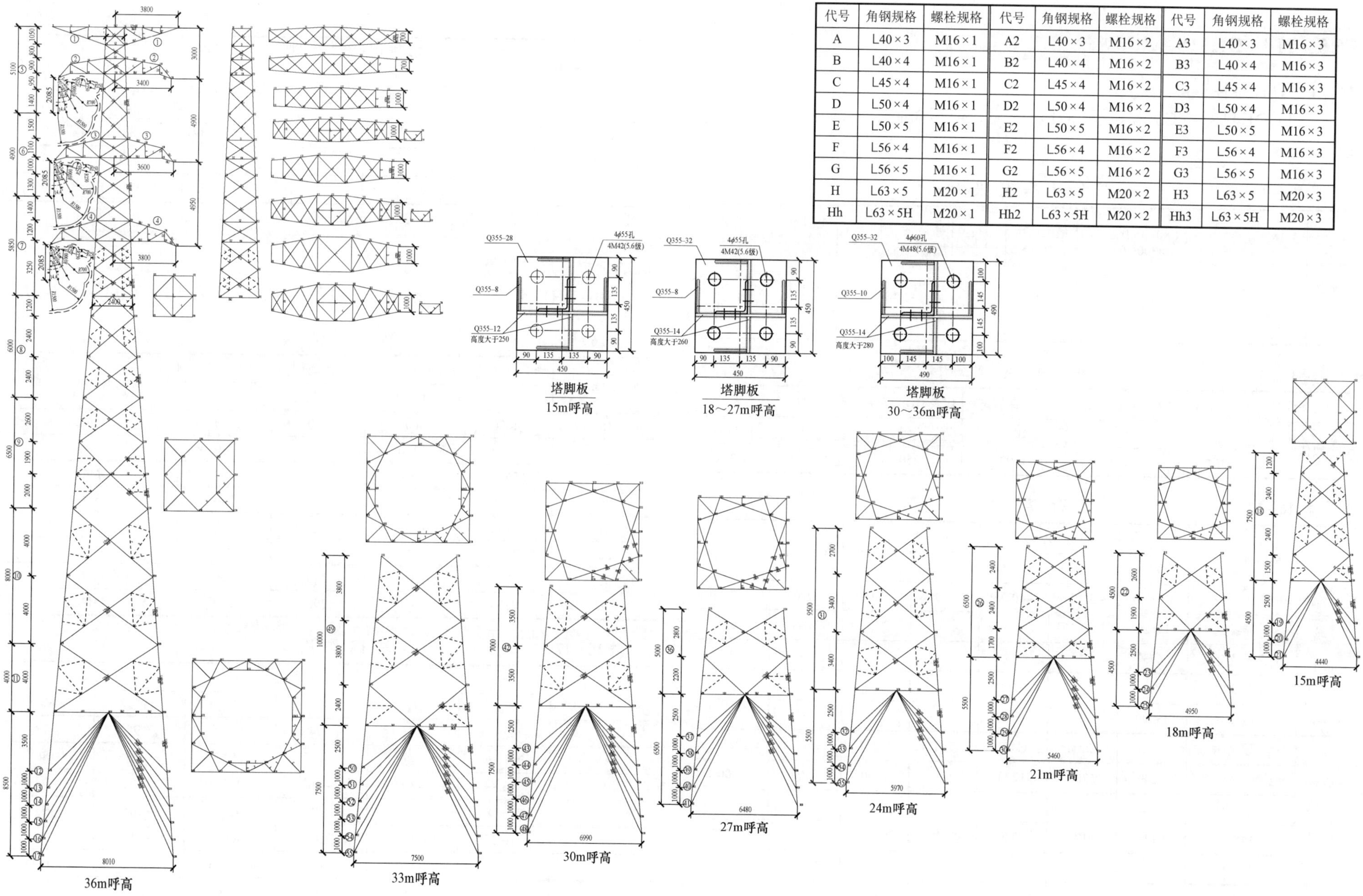

图 16-5　110-DH11S-ZC2 塔司令图

16.5 110–DH11S–ZC3 塔

16.5.1 设计条件

110–DH11S–ZC3 塔导线型号及张力、使用条件、荷载见表 16–13～表 16–15。

表 16–13　　导线型号及张力

电压等级	110kV	导线型号	1×JL3/G1A–300/40	最大使用张力（kN）	35.09	断线张力取值（%）	50	不均匀覆冰不平衡张力取值（%）	10
		地线型号	JLB20A–100	最大使用张力（kN）	32.11	断线张力取值（%）	100	不均匀覆冰不平衡张力取值（%）	20

表 16–14　　使用条件

使用条件	呼高（m）	水平档距（m）	垂直档距（m）	代表档距（m）	转角度数（°）	K_v 值
数值	33	650	1000	250	0	0.60
	36	635	1000	250	0	0.60

表 16–15　　荷载表　　单位：N

气象条件（$t/v/b$）			正常运行情况			事故情况		安装情况	不均匀冰
			基本风速	覆冰	最低气温	未断线	断线		
			15/37/0	–5/10/0	–10/0/0	–5/0/0	–5/0/0	–5/10/0	–5/10/0
水平荷载	导线		17620	0				1248	0
	绝缘子及金具		673	0				49	0
	跳线串								
	地线		13490	0				983	0
垂直荷载	导线		12211	12211	11101	12211	12211	11101	12211
	绝缘子及金具		1200	1200	1200	1200	1200	1200	1200
	跳线串								
	地线		9125	9125	7300	9125	9125	7300	9125
张力	导线	一侧					17548	28983	0
		另一侧					0	0	0
		张力差					17548	28983	0
	地线	一侧					32110	32372	0
		另一侧					0	0	0
		张力差					32110	32372	0

注：导线水平荷载为下相导线荷载，表中（$t/v/b$）单位分别为：°、m/s、mm。

16.5.2 根开尺寸及基础作用力

110–DH11S–ZC3 塔的根开尺寸及基础作用力见表 16–16 和表 16–17。

表 16–16　　根开尺寸

呼高（m）	基础根开（mm）		地脚螺栓根开（mm）		地脚螺栓规格（5、6 级）
	正面根开	侧面根开	正面根开	侧面根开	
15	4600	4600	270	270	4M42
18	5140	5140	270	270	4M42
21	5670	5670	290	290	4M48
24	6210	6210	290	290	4M48
27	6750	6750	290	290	4M48
30	7290	7290	290	290	4M48
33	7830	7830	290	290	4M48
36	8370	8370	290	290	4M48

表 16–17　　基础作用力

呼高（m）	基础作用力（kN）					
	T_{max}	T_x	T_y	N_{max}	N_x	N_y
15	752.68	–85	–74	–833.12	–95	–78
18	767.26	–86	–81	–852.33	–96	–86
21	796.88	–91	–86	–885.69	–102	–92
24	816.08	–94	–88	–911.64	–105	–95
27	870.05	–104	–101	–969.39	–115	–108
30	905.22	–110	–107	–1010.59	–122	–114
33	918.26	–112	–108	–1028.80	–125	–116
36	929.32	–111	–107	–1044.35	–124	–116

16.5.3 单线图及司令图

110－DH11S－ZC3 塔单线图如图 16－6 所示，司令图如图 16－7 所示。

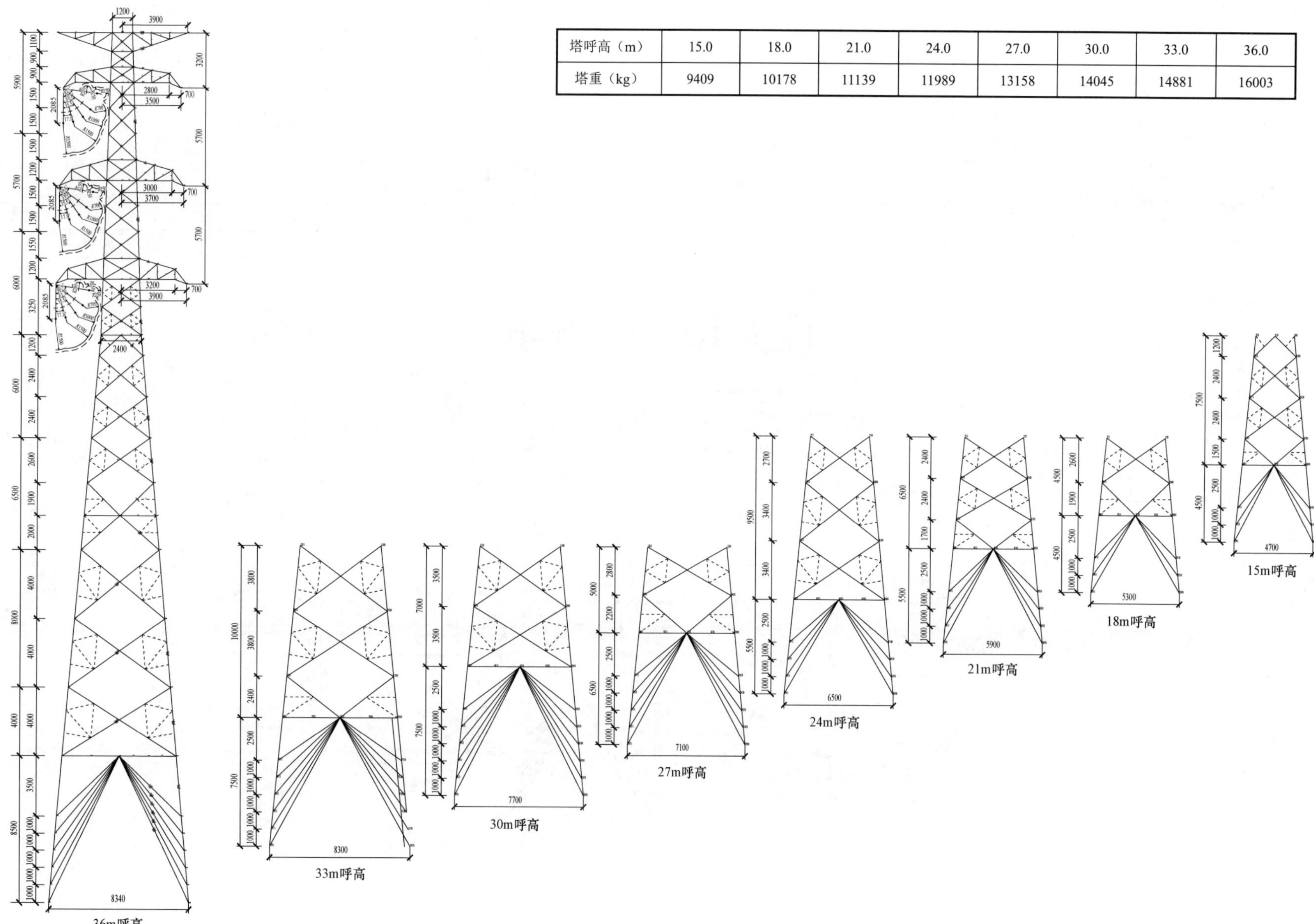

塔呼高（m）	15.0	18.0	21.0	24.0	27.0	30.0	33.0	36.0
塔重（kg）	9409	10178	11139	11989	13158	14045	14881	16003

图 16－6　110－DH11S－ZC3 塔单线图

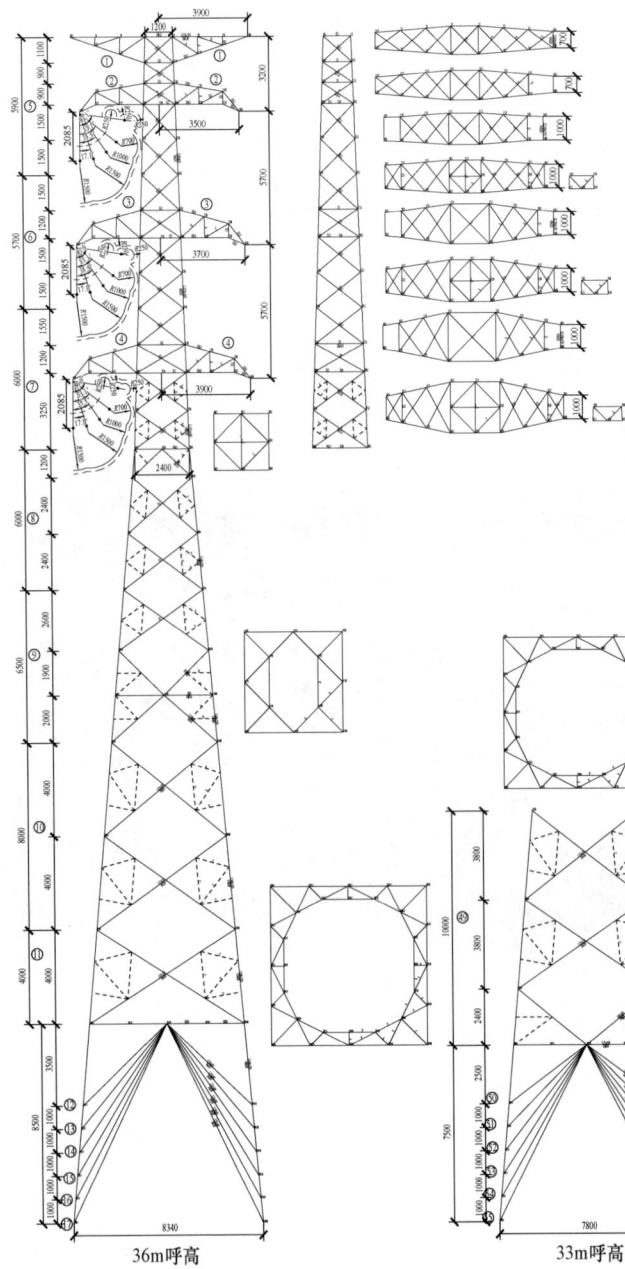

角钢规格代号表

代号	角钢规格	螺栓规格	代号	角钢规格	螺栓规格	代号	角钢规格	螺栓规格
A	L40×3	M16×1	A2	L40×3	M16×2	A3	L40×3	M16×3
B	L40×4	M16×1	B2	L40×4	M16×2	B3	L40×4	M16×3
C	L45×4	M16×1	C2	L45×4	M16×2	C3	L45×4	M16×3
D	L50×4	M16×1	D2	L50×4	M16×2	D3	L50×4	M16×3
E	L50×5	M16×1	E2	L50×5	M16×2	E3	L50×5	M16×3
F	L56×4	M16×1	F2	L56×4	M16×2	F3	L56×4	M16×3
G	L56×5	M16×1	G2	L56×5	M16×2	G3	L56×5	M16×3
H	L63×5	M20×1	H2	L63×5	M20×2	H3	L63×5	M20×3
Hh	L63×5H	M20×1	Hh2	L63×5H	M20×2	Hh3	L63×5H	M20×3

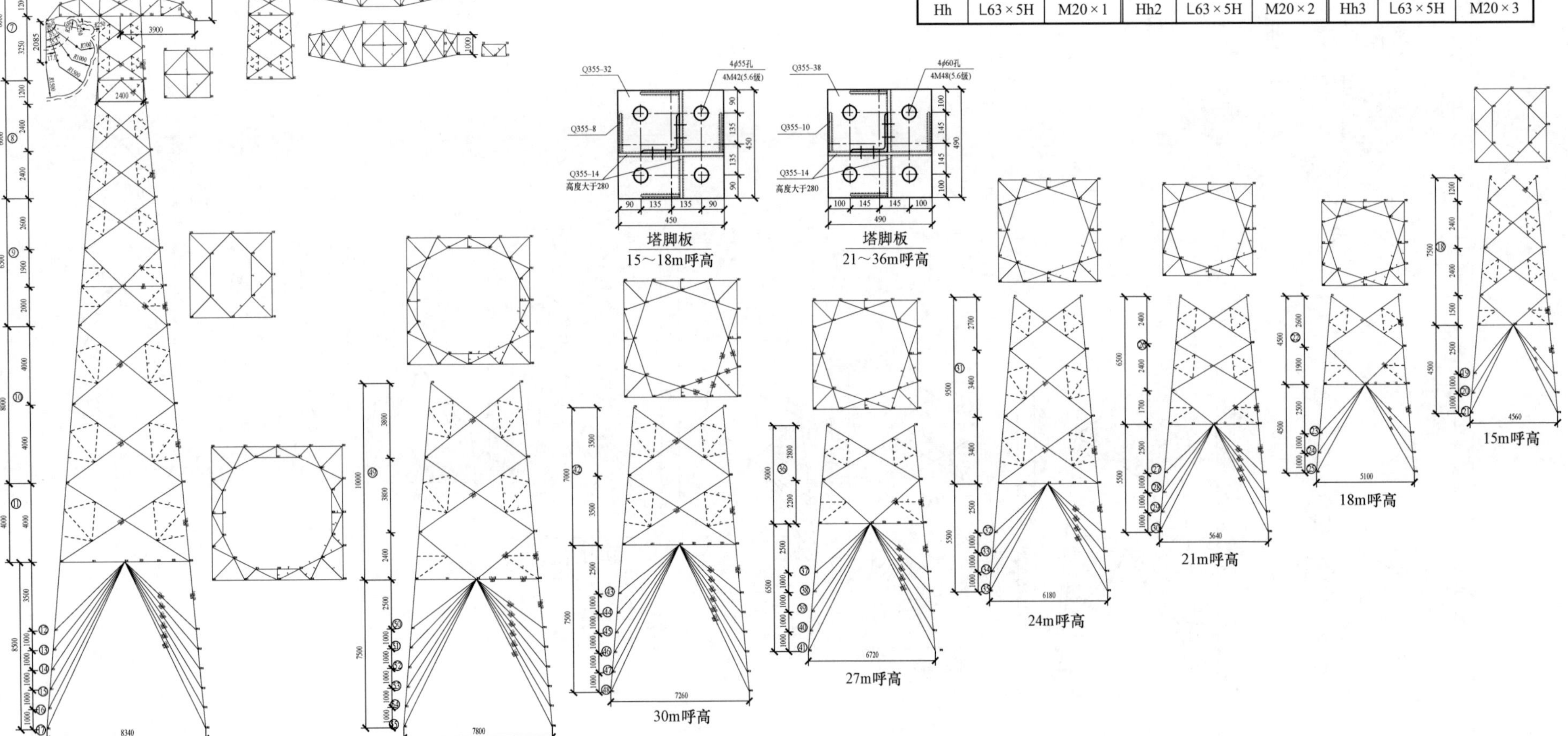

图 16-7　110-DH11S-ZC3 塔司令图

16.6 110－DH11S－ZCK 塔

16.6.1 设计条件

110－DH11S－ZCK 塔导线型号及张力、使用条件、荷载见表 16－18～表 16－20。

表 16－18　导线型号及张力

电压等级	110kV	导线型号	1×JL3/G1A－300/40	最大使用张力（kN）	35.09	断线张力取值（%）	50	不均匀覆冰不平衡张力取值（%）	10
		地线型号	JLB20A－100	最大使用张力（kN）	32.11	断线张力取值（%）	100	不均匀覆冰不平衡张力取值（%）	20

表 16－19　使用条件

使用条件	呼高（m）	水平档距（m）	垂直档距（m）	代表档距（m）	转角度数（°）	K_v 值
数值	51	480	700	250	0	0.70

表 16－20　荷载表　　单位：N

气象条件（$t/v/b$）			正常运行情况			事故情况		安装情况	不均匀冰
			基本风速	覆冰	最低气温	未断线	断线		
			15/37/0	－5/10/0	－10/0/0	－5/0/0	－5/0/0	－5/10/0	－5/10/0
水平荷载	导线		15310	0				1108	0
	绝缘子及金具		749	0				55	0
	跳线串								
	地线		10989	0				802	0
垂直荷载	导线		8548	8548	7771	8548	8548	7771	8548
	绝缘子及金具		1200	1200	1200	1200	1200	1200	1200
	跳线串								
	地线		6387	6387	5110	6387	6387	5110	6387
张力	导线	一侧					17548	28983	0
		另一侧					0	0	0
		张力差					17548	28983	0

续表

气象条件（$t/v/b$）			正常运行情况			事故情况		安装情况	不均匀冰
			基本风速	覆冰	最低气温	未断线	断线		
			15/37/0	－5/10/0	－10/0/0	－5/0/0	－5/0/0	－5/10/0	－5/10/0
张力	地线	一侧					32110	32372	0
		另一侧					0	0	0
		张力差					32110	32372	0

注：导线水平荷载为下相导线荷载，表中（$t/v/b$）单位分别为：°、m/s、mm。

16.6.2 根开尺寸及基础作用力

110－DH11S－ZCK 塔的根开尺寸及基础作用力见表 16－21 和表 16－22。

表 16－21　根开尺寸

呼高（m）	基础根开（mm）		地脚螺栓根开（mm）		地脚螺栓规格（5.6 级）
	正面根开	侧面根开	正面根开	侧面根开	
39	8650	8650	290	290	4M48
42	9160	9160	290	290	4M48
45	9670	9670	290	290	4M48
48	10180	10180	290	290	4M48
51	10690	10690	290	290	4M48

表 16－22　基础作用力

呼高（m）	基础作用力（kN）					
	T_{max}	T_x	T_y	N_{max}	N_x	N_y
39	937	－122	－111	－1051	－134	－119
42	974	－128	－116	－1096	－141	－126
45	998	－130	－118	－1127	－143	－128
48	1022	－131	－119	－1159	－144	－129
51	1040	－133	－120	－1185	－148	－131

16.6.3 单线图及司令图

110－DH11S－ZCK 塔单线图如图 16－8 所示，司令图如图 16－9 所示。

塔呼高（m）	39.0	42.0	45.0	48.0	51.0
塔重（kg）	17359	18498	19778	20941	22193

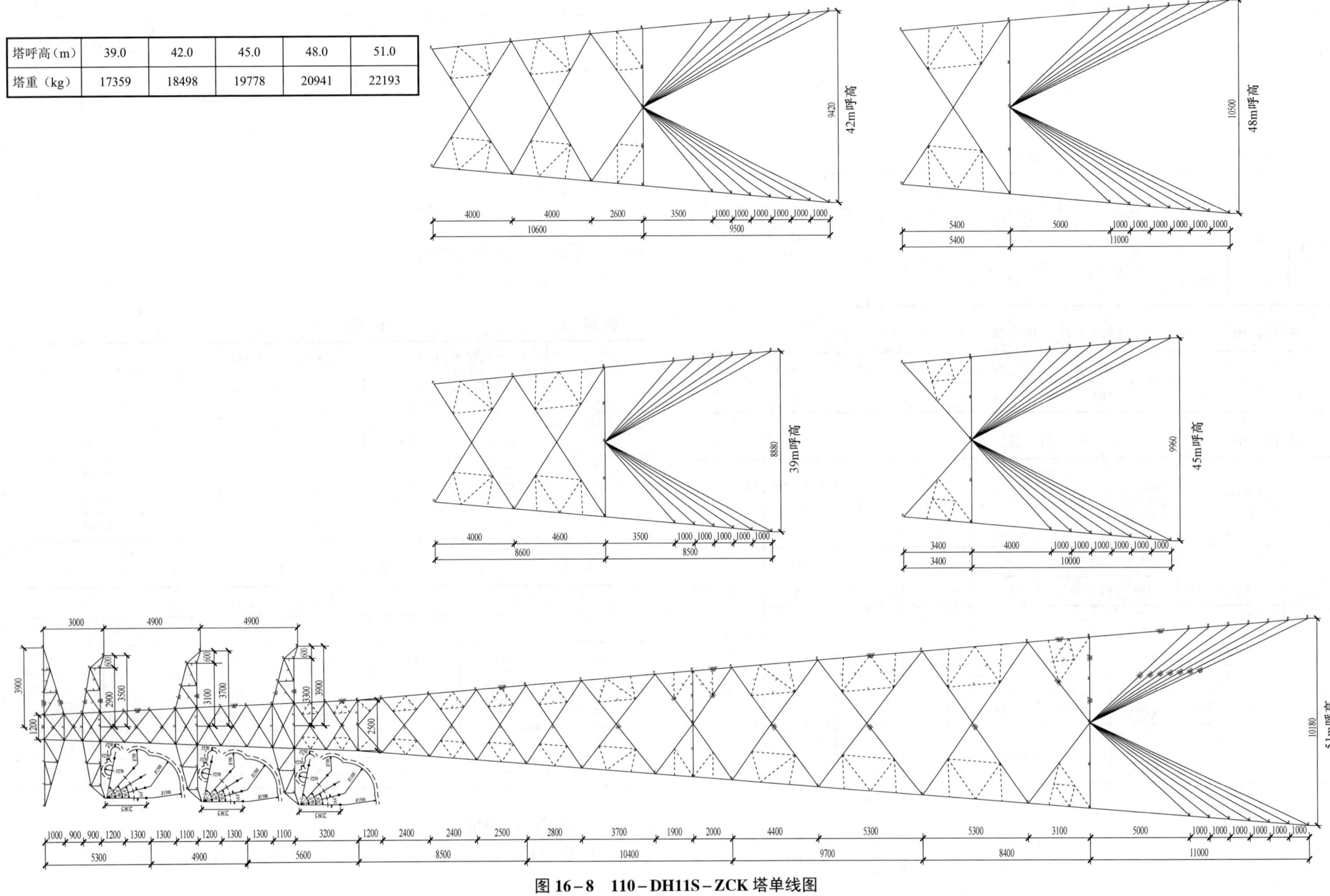

图 16－8　110－DH11S－ZCK 塔单线图

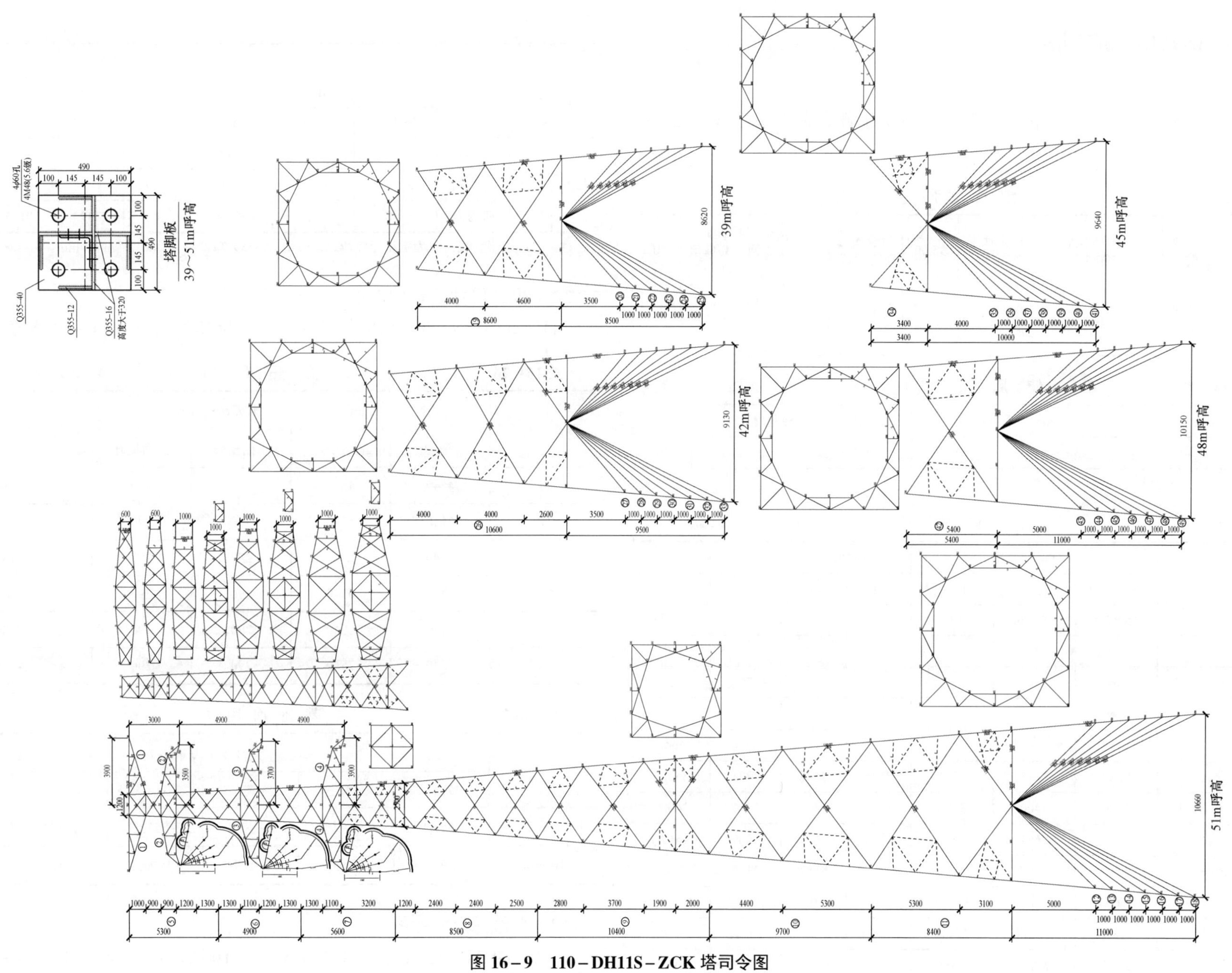

图 16-9　110-DH11S-ZCK 塔司令图

16.7 110－DH11S－JC1 塔

16.7.1 设计条件

110－DH11S－JC1 塔导线型号及张力、使用条件、荷载见表 16－23～表 16－25。

表 16－23　　导线型号及张力

电压等级	110kV	导线型号	1×JL3/G1A－300/40	最大使用张力（kN）	35.09	断线张力取值（%）	70	不均匀覆冰不平衡张力取值（%）	30
		地线型号	JLB20A－100	最大使用张力（kN）	32.11	断线张力取值（%）	100	不均匀覆冰不平衡张力取值（%）	40

表 16－24　　使用条件

使用条件	呼高（m）	水平档距（m）	垂直档距（m）	代表档距（m）	转角度数（°）	K_v 值
数值	30	450	700	200/450	0～20	—

注：上拔侧按 50%垂直档距考虑，下压侧按 80%垂直档距考虑。

表 16－25　　荷载表　　单位：N

气象条件（$t/v/b$）			正常运行情况			事故情况		安装情况	不均匀冰
			基本风速	覆冰	最低气温	未断线	断线		
			15/37/0	－5/10/0	－10/0/0	－5/0/0	－5/0/0	－5/10/0	－5/10/0
水平荷载	导线		12366	0				881	882
	绝缘子及金具		964	0				70	70
	跳线串		1140	0				83	83
	地线		9137	0				664	664
垂直荷载	导线		8548	8548	7771	8548	8548	7771	8548
	绝缘子及金具		3400	3400	3400	3400	3400	3400	3400
	跳线串		1667	1667	1667	1667	1667	1667	1667
	地线		6387	6387	5110	6387	6387	5110	6387
张力	导线	一侧	35097	19413	19413	35097	35097	22130	19413
		另一侧	32576	27498	27498	35097	0	29941	27498
		张力差	2521	8085	8085	0	35097	7811	8085
	地线	一侧	32110	22394	22394	22394	22394	24187	22394
		另一侧	31992	32110	32110	22394	0	34302	32110
		张力差	118	9716	9716	0	22394	10115	9716

续表

注：导线水平导线荷载为下相导线荷载，表中（$t/v/b$）单位分别为：°、m/s、mm。

16.7.2 根开尺寸及基础作用力

110－DH11S－JC1 塔的根开尺寸及基础作用力见表 16－26 和表 16－27。

表 16－26　　根开尺寸

呼高（m）	基础根开（mm）		地脚螺栓根开（mm）		地脚螺栓规格（5.6 级）
	正面根开	侧面根开	正面根开	侧面根开	
15	4540	4540	290	290	4M48
18	5140	5140	290	290	4M48
21	5740	5740	290	290	4M48
24	6340	6340	290	290	4M48
27	6940	6940	290	290	4M48
30	7540	7540	290	290	4M48

表 16－27　　基础作用力

转角度数（°）	基础作用力（kN）					
	T_{max}	T_x	T_y	N_{max}	N_x	N_y
0～10	765.91	－92	－84	－855.09	－104	－90
10～20	990.7	－120	－109	－1096.19	－133	－116

16.7.3 单线图及司令图

110－DH11S－JC1 塔单线图如图 16－10 所示，司令图如图 16－11 所示。

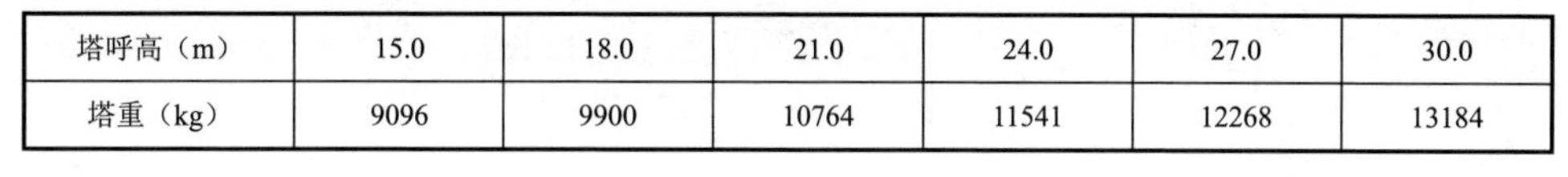

塔呼高（m）	15.0	18.0	21.0	24.0	27.0	30.0
塔重（kg）	9096	9900	10764	11541	12268	13184

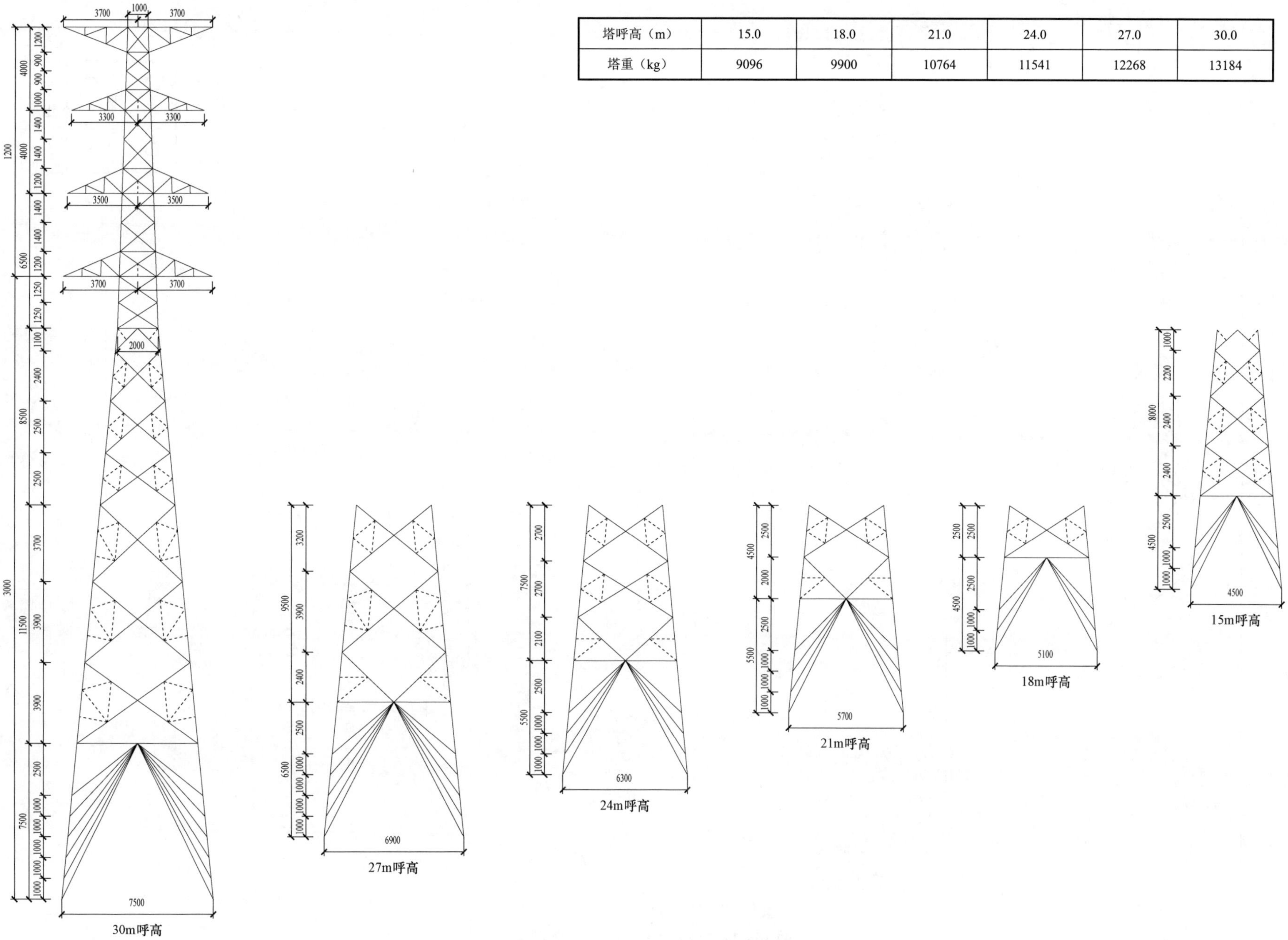

30m呼高

27m呼高

24m呼高

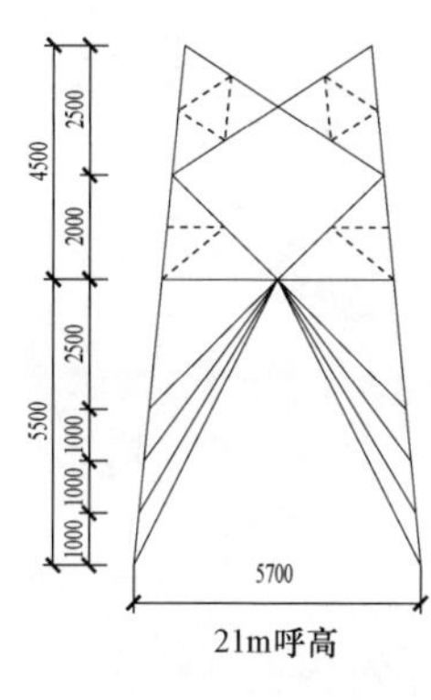

21m呼高

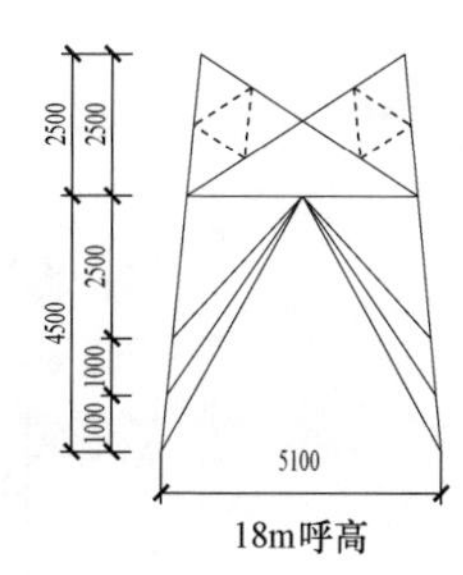

18m呼高

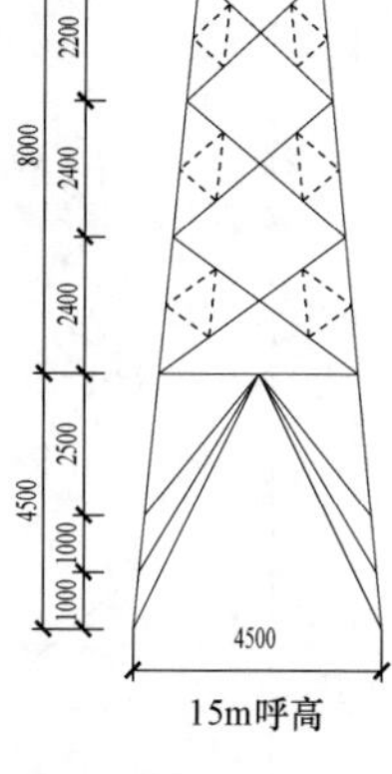

15m呼高

图 16－10　110－DH11S－JC1 塔单线图

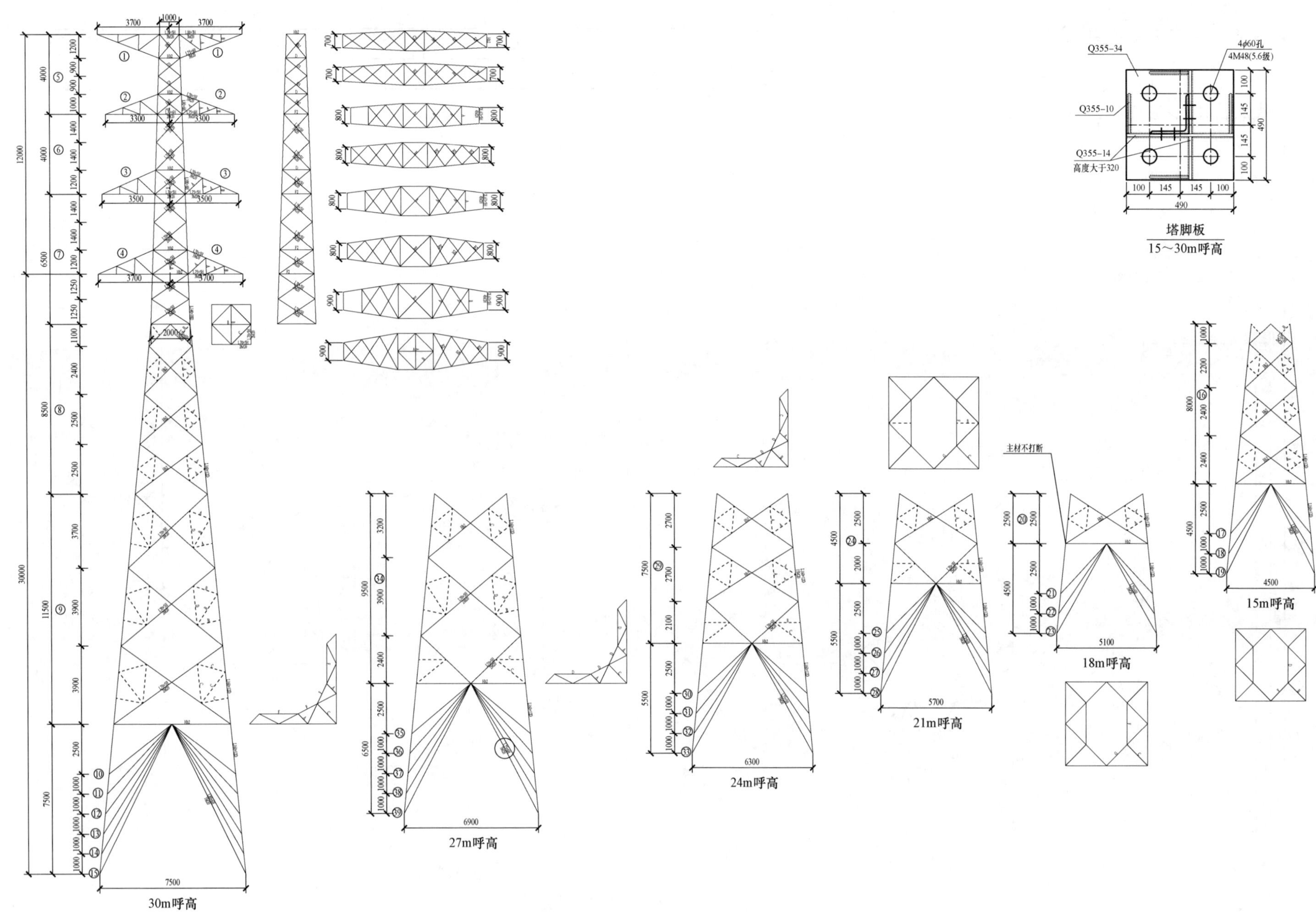

图 16-11 110-DH11S-JC1 塔司令图

16.8 110-DH11S-JC2 塔

16.8.1 设计条件

110-DH11S-JC2 塔导线型号及张力、使用条件、荷载见表 16-28～表 16-30。

表 16-28　　导线型号及张力

电压等级	110kV	导线型号	1×JL3/G1A-300/40	最大使用张力（kN）	35.09	断线张力取值（%）	70	不均匀覆冰不平衡张力取值（%）	30
		地线型号	JLB20A-100	最大使用张力（kN）	32.11	断线张力取值（%）	100	不均匀覆冰不平衡张力取值（%）	40

表 16-29　　使用条件

使用条件	呼高（m）	水平档距（m）	垂直档距（m）	代表档距（m）	转角度数（°）	K_v值
数值	30	450	700	200/450	20～40	—

注：上拔侧按 50%垂直档距考虑，下压侧按 80%垂直档距考虑。

表 16-30　　荷载表　　单位：N

气象条件（$t/v/b$）			正常运行情况			事故情况		安装情况	不均匀冰
			基本风速	覆冰	最低气温	未断线	断线		
			15/37/0	-5/10/0	-10/0/0	-5/0/0	-5/0/0	-5/10/0	-5/10/0
水平荷载	导线		12366	0				881	882
	绝缘子及金具		964	0				70	70
	跳线串		1140	0				83	83
	地线		9137	0				664	664
垂直荷载	导线		8548	8548	7771	8548	8548	7771	8548
	绝缘子及金具		3400	3400	3400	3400	3400	3400	3400
	跳线串		1667	1667	1667	1667	1667	1667	1667
	地线		6387	6387	5110	6387	6387	5110	6387
张力	导线	一侧	35097	19413	19413	35097	35097	22130	19413
		另一侧	32576	27498	27498	35097	0	29941	27498
		张力差	2521	8085	8085	0	35097	7811	8085

续表

气象条件（$t/v/b$）			正常运行情况			事故情况		安装情况	不均匀冰
			基本风速	覆冰	最低气温	未断线	断线		
			15/37/0	-5/10/0	-10/0/0	-5/0/0	-5/0/0	-5/10/0	-5/10/0
张力	地线	一侧	32110	22394	22394	22394	22394	24187	22394
		另一侧	31992	32110	32110	22394	0	34302	32110
		张力差	118	9716	9716	0	22394	10115	9716

注：导线水平导线荷载为下相导线荷载，表中（$t/v/b$）单位分别为：°、m/s、mm。

16.8.2 根开尺寸及基础作用力

110-DH11S-JC2 塔的根开尺寸及基础作用力见表 16-31 和表 16-32。

表 16-31　　根开尺寸

呼高（m）	基础根开（mm）		地脚螺栓根开（mm）		地脚螺栓规格（5.6 级）
	正面根开	侧面根开	正面根开	侧面根开	
15	4990	4990	330	330	4M56
18	5650	5650	330	330	4M56
21	6310	6310	330	330	4M56
24	6970	6970	330	330	4M56
27	7630	7630	330	330	4M56
30	8280	8280	330	330	4M56

表 16-32　　基础作用力

转角度数（°）	基础作用力（kN）					
	T_{max}	T_x	T_y	N_{max}	N_x	N_y
20～30	998.62	-128	-117	-1094.48	-141	-125
30～40	1193.57	-154	-141	-1308.18	-169	-151

16.8.3 单线图及司令图

110-DH11S-JC2 塔单线图如图 16-12 所示，司令图如图 16-13 所示。

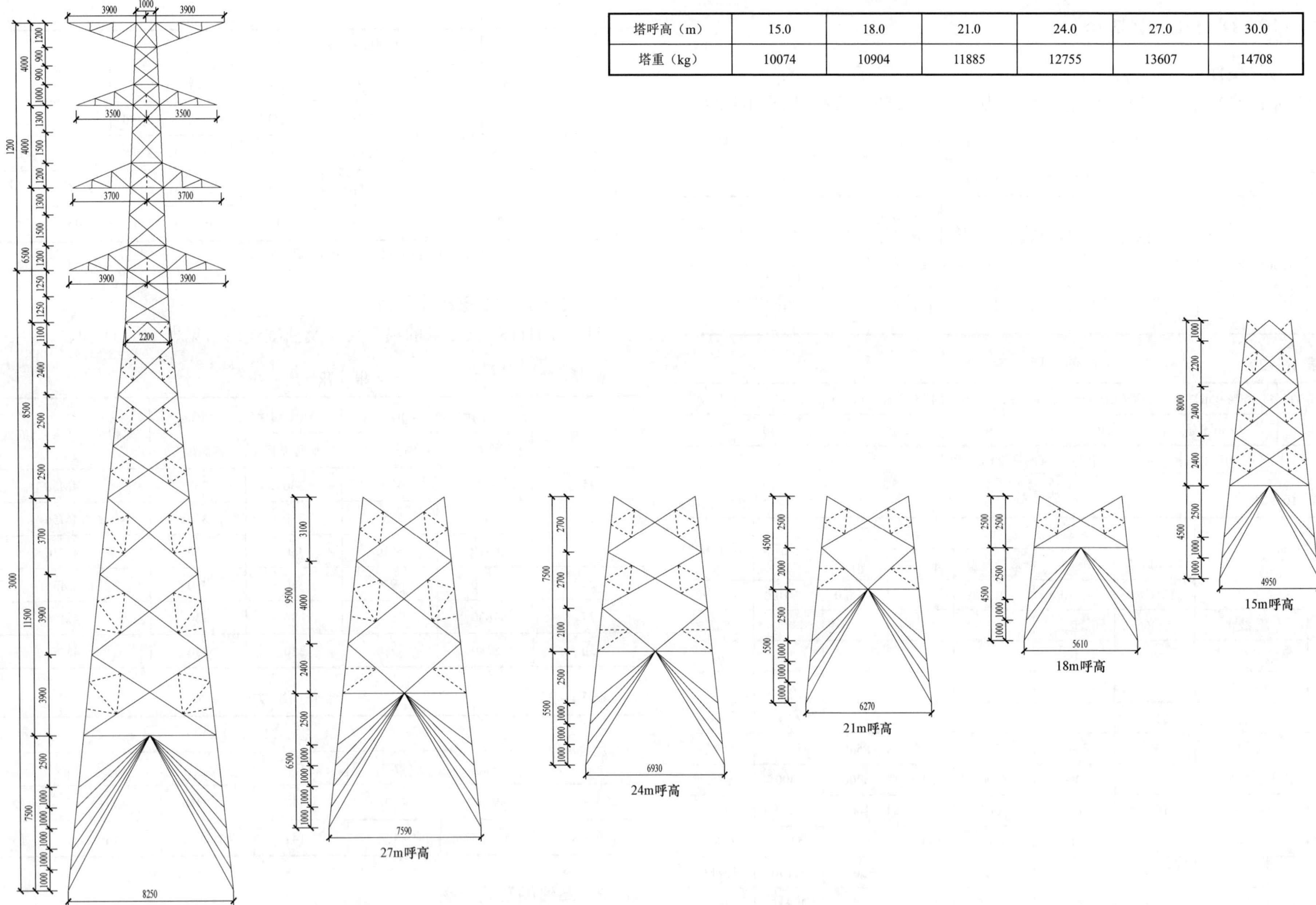

塔呼高（m）	15.0	18.0	21.0	24.0	27.0	30.0
塔重（kg）	10074	10904	11885	12755	13607	14708

图 16－12　110－DH11S－JC2 塔单线图

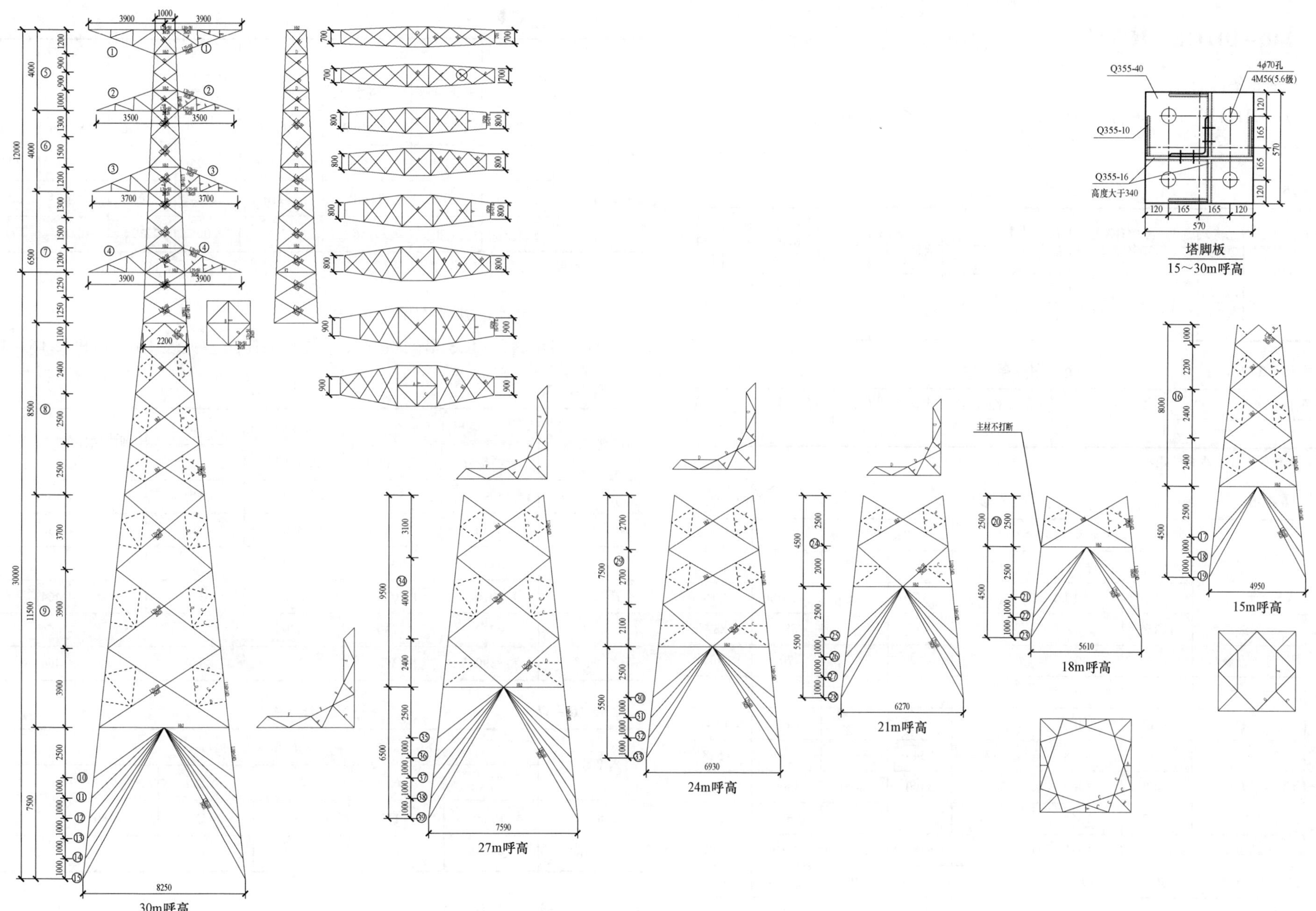

图 16-13 110-DH11S-JC2 塔司令图

16.9 110－DH11S－JC3 塔

16.9.1 设计条件

110－DH11S－JC3 塔导线型号及张力、使用条件、荷载见表 16－33～表 16－35。

表 16－33　　导线型号及张力

电压等级	110kV	导线型号	1×JL3/G1A－300/40	最大使用张力（kN）	35.09	断线张力取值（%）	70	不均匀覆冰不平衡张力取值（%）	30
		地线型号	JLB20A－100	最大使用张力（kN）	32.11	断线张力取值（%）	100	不均匀覆冰不平衡张力取值（%）	40

表 16－34　　使用条件

使用条件	呼高（m）	水平档距（m）	垂直档距（m）	代表档距（m）	转角度数（°）	K_v 值
数值	30	450	700	200/450	40～60	—

注：上拔侧按 50%垂直档距考虑，下压侧按 80%垂直档距考虑。

表 16－35　　荷载表　　单位：N

气象条件（t/v/b）			正常运行情况			事故情况		安装情况	不均匀冰
			基本风速	覆冰	最低气温	未断线	断线		
			15/37/0	－5/10/0	－10/0/0	－5/0/0	－5/0/0	－5/10/0	－5/10/0
水平荷载	导线		12366	0				881	882
	绝缘子及金具		964	0				70	70
	跳线串		1140	0				83	83
	地线		9137	0				664	664
垂直荷载	导线		8548	8548	7771	8548	8548	7771	8548
	绝缘子及金具		3400	3400	3400	3400	3400	3400	3400
	跳线串		1667	1667	1667	1667	1667	1667	1667
	地线		6387	6387	5110	6387	6387	5110	6387
张力	导线	一侧	35097	19413	19413	35097	35097	22130	19413
		另一侧	32576	27498	27498	35097	0	29941	27498
		张力差	2521	8085	8085	0	35097	7811	8085

续表

气象条件（t/v/b）			正常运行情况			事故情况		安装情况	不均匀冰
			基本风速	覆冰	最低气温	未断线	断线		
			15/37/0	－5/10/0	－10/0/0	－5/0/0	－5/0/0	－5/10/0	－5/10/0
张力	地线	一侧	32110	22394	22394	22394	22394	24187	22394
		另一侧	31992	32110	32110	22394	0	34302	32110
		张力差	118	9716	9716	0	22394	10115	9716

注：导线水平导线荷载为下相导线荷载，表中（t/v/b）单位分别为：°、m/s、mm。

16.9.2 根开尺寸及基础作用力

110－DH11S－JC3 塔的根开尺寸及基础作用力见表 16－36 和表 16－37。

表 16－36　　根开尺寸

呼高（m）	基础根开（mm）		地脚螺栓根开（mm）		地脚螺栓规格（5.6 级）
	正面根开	侧面根开	正面根开	侧面根开	
15	5090	5090	330	330	4M56
18	5750	5750	330	330	4M56
21	6410	6410	370	370	4M64
24	7070	7070	370	370	4M64
27	7730	7730	370	370	4M64
30	8390	8390	370	370	4M64

表 16－37　　基础作用力

转角度数（°）	基础作用力（kN）					
	T_{max}	T_x	T_y	N_{max}	N_x	N_y
40～50	1326	－173	－161	－1421.81	－189	－165
50～60	1502.53	－195	－182	－1604.4	－211	－187

16.9.3 单线图及司令图

110－DH11S－JC3 塔单线图如图 16－14 所示，司令图如图 16－15 所示。

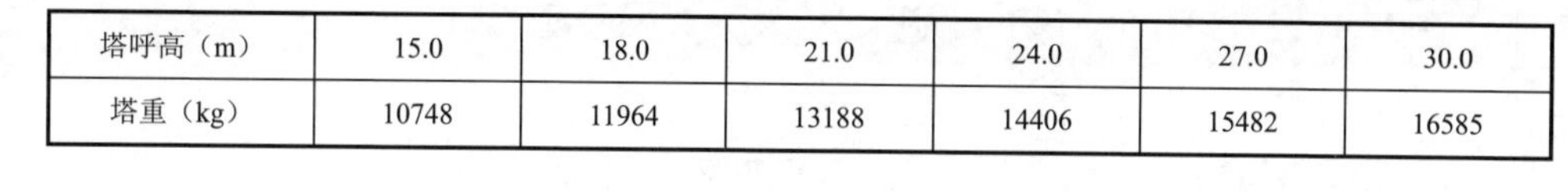

塔呼高（m）	15.0	18.0	21.0	24.0	27.0	30.0
塔重（kg）	10748	11964	13188	14406	15482	16585

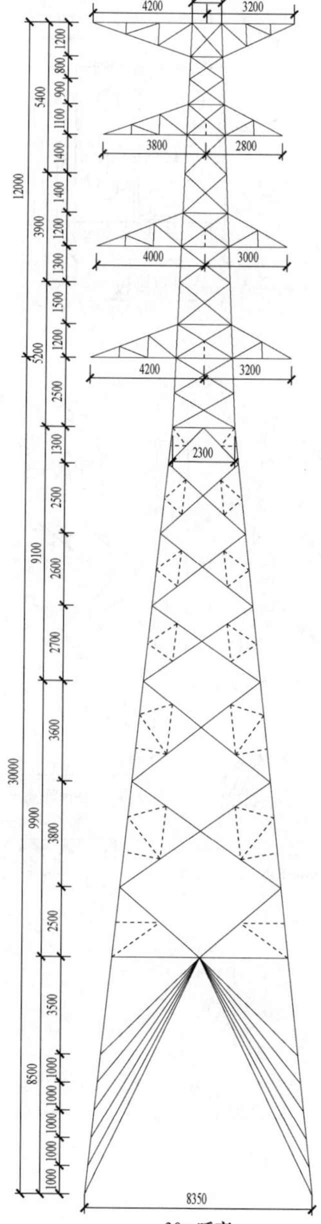

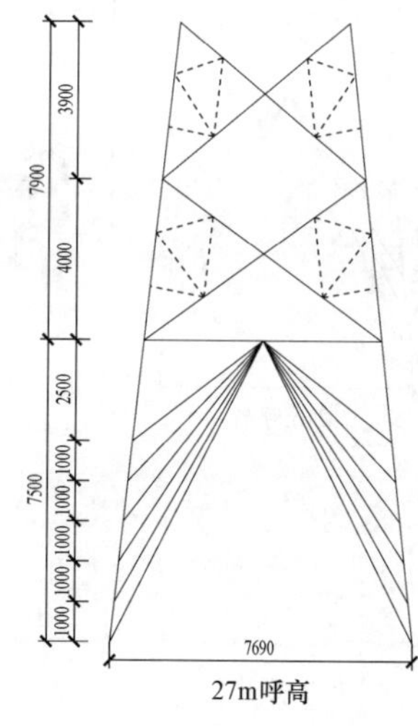

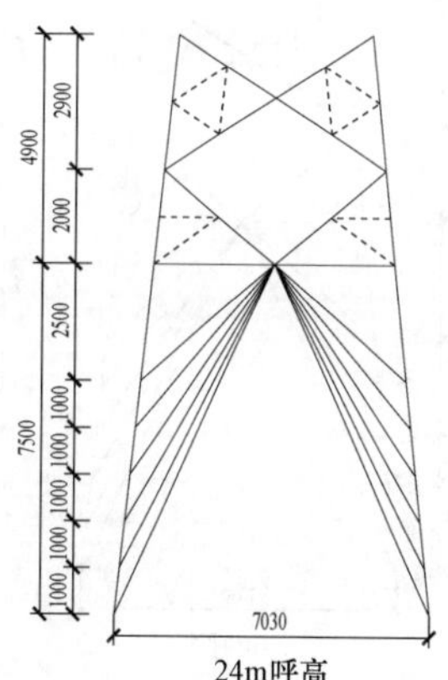

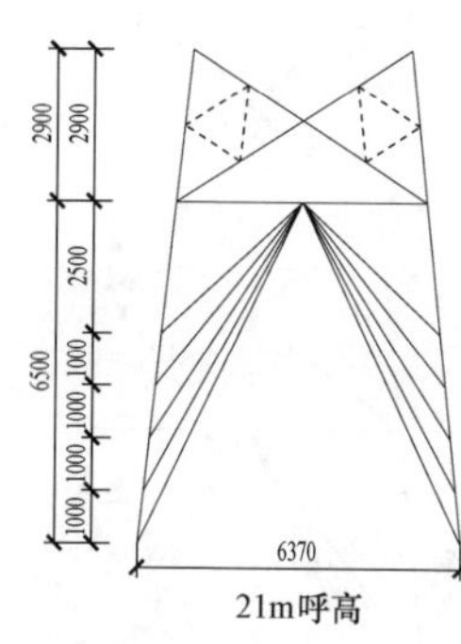

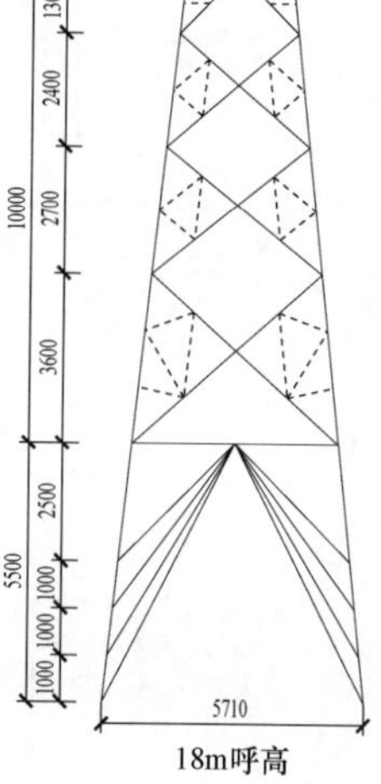

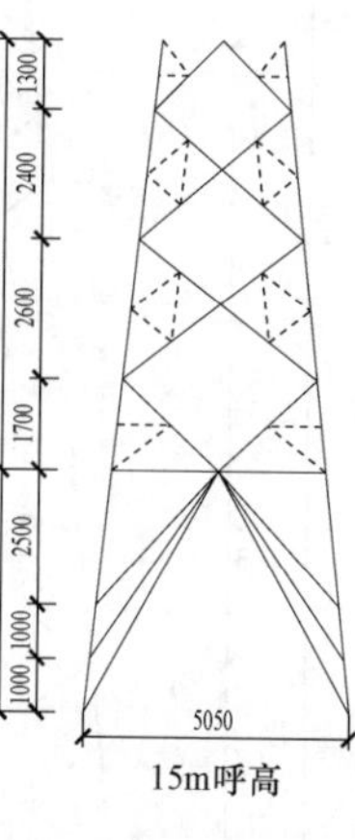

图 16-14　110-DH11S-JC3 塔单线图

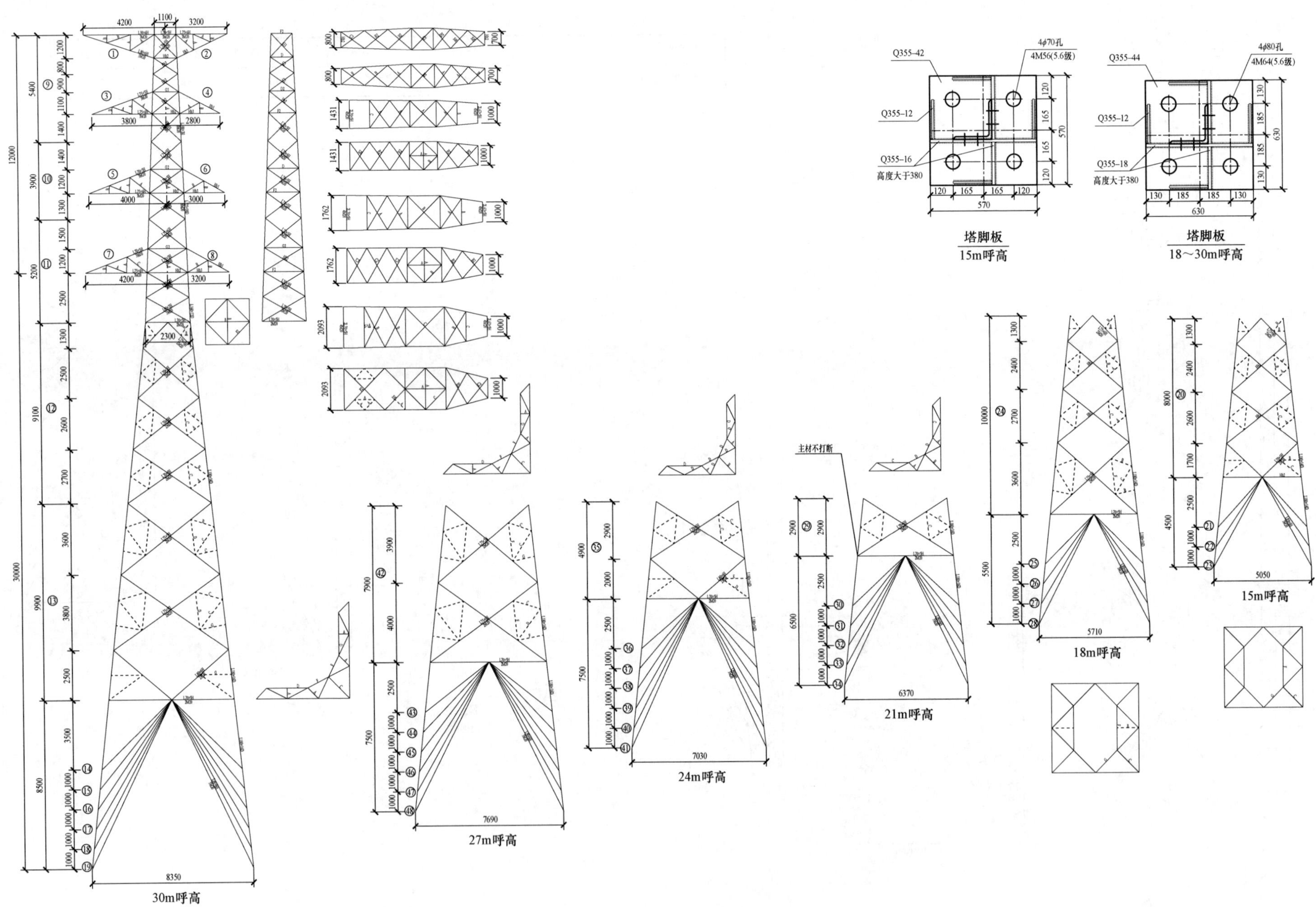

图 16－15　110－DH11S－JC3 塔司令图

16.10 110-DH11S-JC4 塔

16.10.1 设计条件

110-DH11S-JC4 塔导线型号及张力、使用条件、荷载见表 16-38～表 16-40。

表 16-38　　导线型号及张力

电压等级	110kV	导线型号	1×JL3/G1A-300/40	最大使用张力（kN）	35.09	断线张力取值（%）	70	不均匀覆冰不平衡张力取值（%）	30
		地线型号	JLB20A-100	最大使用张力（kN）	32.11	断线张力取值（%）	100	不均匀覆冰不平衡张力取值（%）	40

表 16-39　　使用条件

使用条件	呼高（m）	水平档距（m）	垂直档距（m）	代表档距（m）	转角度数（°）	K_v值
数值	30	450	700	200/450	40～60	—

注：上拔侧按 50%垂直档距考虑，下压侧按 80%垂直档距考虑。

表 16-40　　荷载表　　单位：N

气象条件（t/v/b）			正常运行情况			事故情况		安装情况	不均匀冰
			基本风速	覆冰	最低气温	未断线	断线		
			15/37/0	-5/10/0	-10/0/0	-5/0/0	-5/0/0	-5/10/0	-5/10/0
水平荷载	导线		12366	0				881	882
	绝缘子及金具		964	0				70	70
	跳线串		1140	0				83	83
	地线		9137	0				664	664
垂直荷载	导线		8548	8548	7771	8548	8548	7771	8548
	绝缘子及金具		3400	3400	3400	3400	3400	3400	3400
	跳线串		1667	1667	1667	1667	1667	1667	1667
	地线		6387	6387	5110	6387	6387	5110	6387
张力	导线	一侧	35097	19413	19413	35097	35097	22130	19413
		另一侧	32576	27498	27498	35097	0	29941	27498
		张力差	2521	8085	8085	0	35097	7811	8085
	地线	一侧	32110	22394	22394	22394	22394	24187	22394
		另一侧	31992	32110	32110	22394	0	34302	32110
		张力差	118	9716	9716	0	22394	10115	9716

注：导线水平导线荷载为下相导线荷载，表中（t/v/b）单位分别为：°、m/s、mm。

16.10.2 根开尺寸及基础作用力

110-DH11S-JC4 塔的根开尺寸及基础作用力见表 16-41 和表 16-42。

表 16-41　　根开尺寸

呼高（m）	基础根开（mm）		地脚螺栓根开（mm）		地脚螺栓规格（5.6 级）
	正面根开	侧面根开	正面根开	侧面根开	
15	5550	5550	370	370	4M64
18	6270	6270	370	370	4M64
21	6990	6990	370	370	4M64
24	7710	7710	370	370	4M64
27	8430	8430	370	370	4M64
30	9150	9150	370	370	4M64

表 16-42　　基础作用力

转角度数（°）	基础作用力（kN）					
	T_{max}	T_x	T_y	N_{max}	N_x	N_y
60～70	1406.96	-198	-182	-1503.31	-215	-187
70～80	1619.67	-228	-212	-1731.12	-246	-219
80～90	1725.76	-243	-222	-1849.18	-260	-233

16.10.3 单线图及司令图

110-DH11S-JC4 塔单线图如图 16-16 所示，司令图如图 16-17 所示。

塔呼高（m）	15.0	18.0	21.0	24.0	27.0	30.0
塔重（kg）	12100	13169	14563	16017	17299	18575

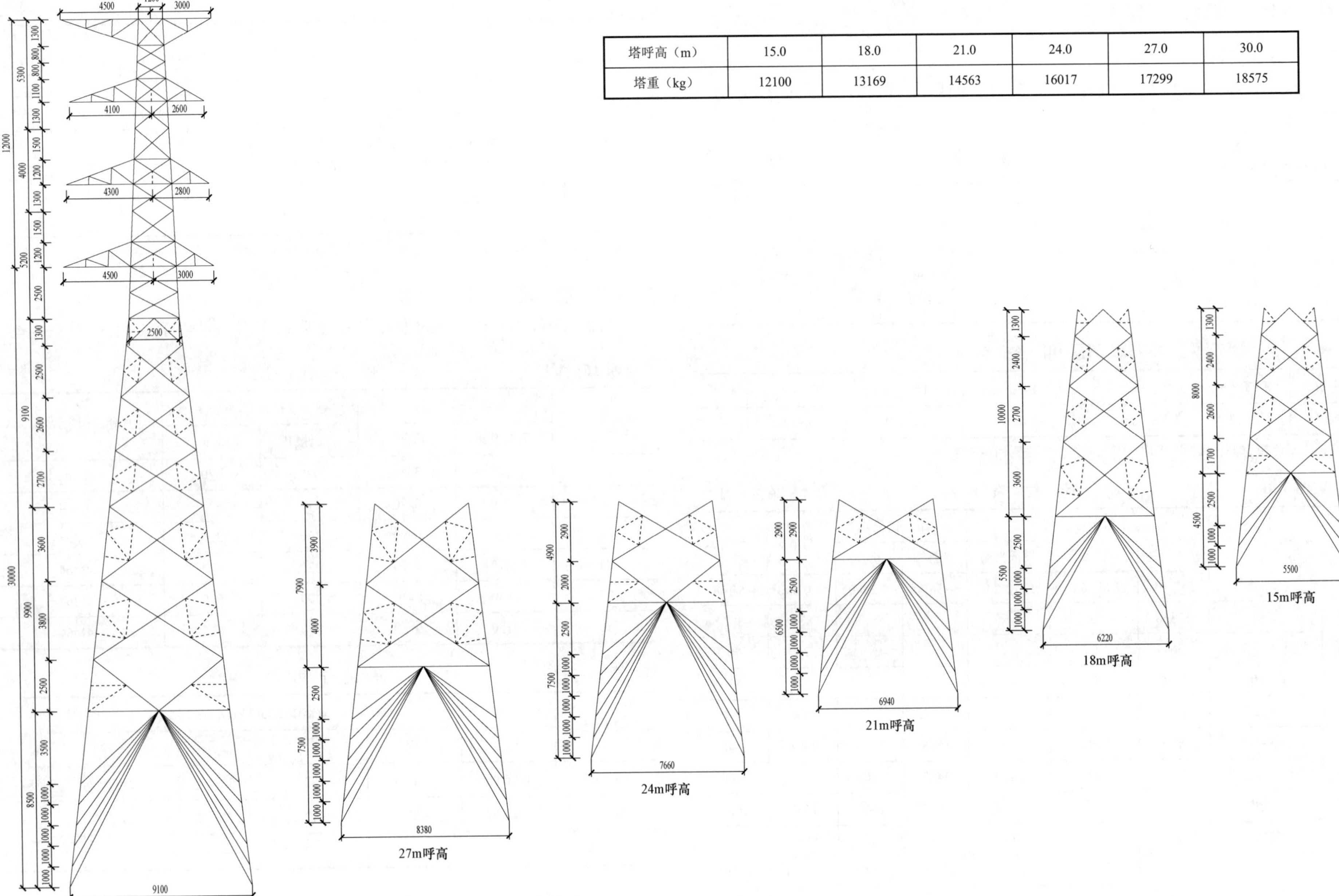

图 16－16　110－DH11S－JC4 塔单线图

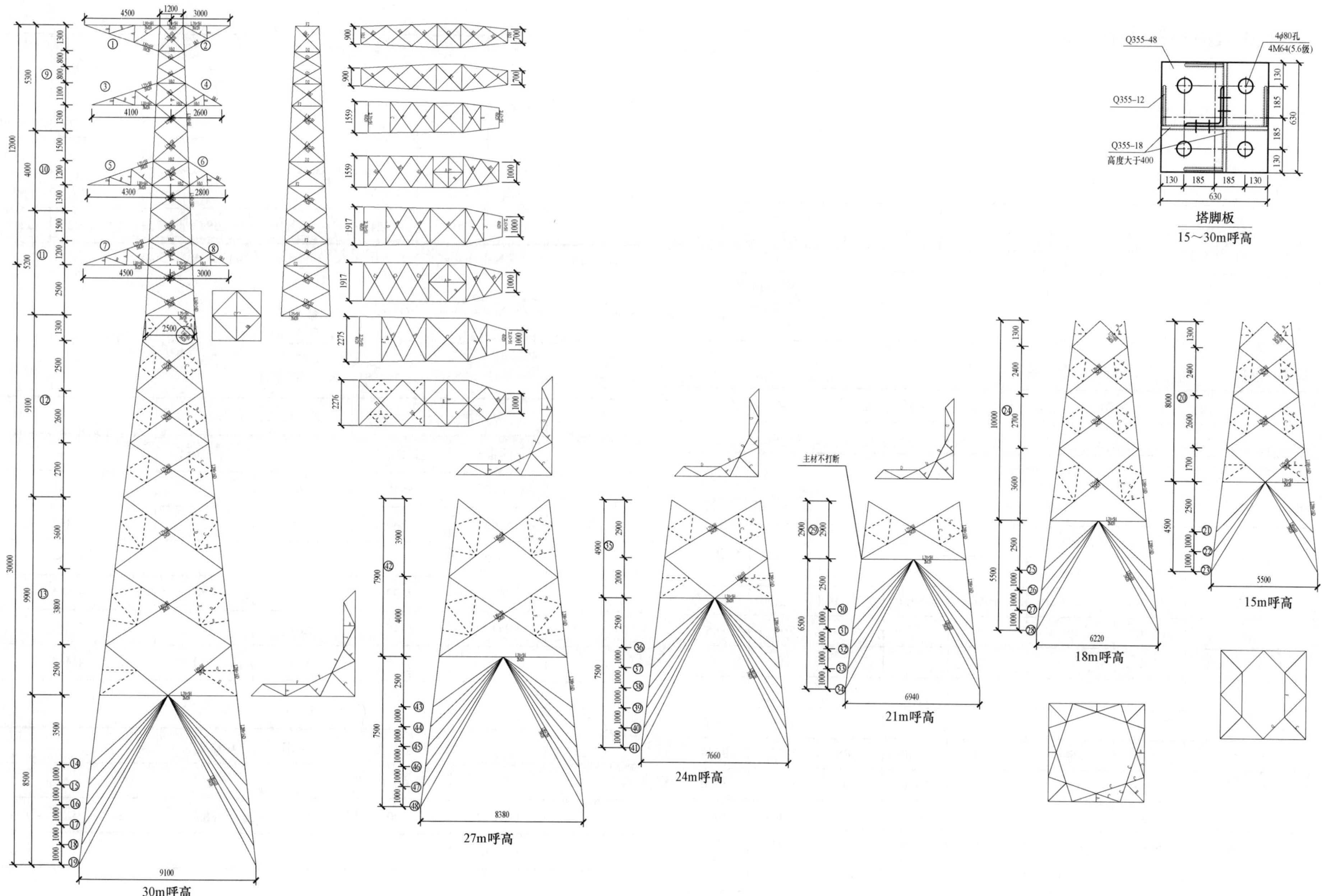

图 16－17　110－DH11S－JC4 塔司令图

16.11 110-DH11S-DJC 塔

16.11.1 设计条件

110-DH11S-DJC 塔导线型号及张力、使用条件、荷载见 16-43～表 16-45。

表 16-43 导线型号及张力

电压等级	110kV	导线型号	1×JL3/G1A-300/40	最大使用张力（kN）	35.09	断线张力取值（%）	70	不均匀覆冰不平衡张力取值（%）	30
		地线型号	JLB20A-100	最大使用张力（kN）	32.11	断线张力取值（%）	100	不均匀覆冰不平衡张力取值（%）	40

表 16-44 使用条件

使用条件	呼高（m）	水平档距（m）	垂直档距（m）	代表档距（m）	转角度数（°）	K_v 值
数值	30	450	700	200/450	0～90	—

注：上拔侧按 50%垂直档距考虑，下压侧按 80%垂直档距考虑。

表 16-45 荷载表 单位：N

气象条件（$t/v/b$）			正常运行情况			事故情况		安装情况	不均匀冰
			基本风速	覆冰	最低气温	未断线	断线		
			15/37/0	-5/10/0	-10/0/0	-5/0/0	-5/0/0	-5/10/0	-5/10/0
水平荷载	导线		12342	0				892	895
	绝缘子及金具		964	0				70	70
	跳线串		1140	0				83	83
	地线		9136	0				667	667
垂直荷载	导线		8548	8548	7771	8548	8548	7771	8548
	绝缘子及金具		3400	3400	3400	3400	3400	3400	3400
	跳线串		1667	1667	1667	1667	1667	1667	1667
	地线		6387	6387	5110	6387	6387	5110	6387
张力	导线	一侧	32576	27498	27498	27498	27498	29941	27498
		另一侧	0	0	0	27498	0	0	0
		张力差	32576	27498	27498	0	27498	29941	27498

续表

气象条件（$t/v/b$）			正常运行情况			事故情况		安装情况	不均匀冰
			基本风速	覆冰	最低气温	未断线	断线		
			15/37/0	-5/10/0	-10/0/0	-5/0/0	-5/0/0	-5/10/0	-5/10/0
张力	地线	一侧	31992	32110	32110	22394	22394	34302	32110
		另一侧	0	0	0	22394	0	0	0
		张力差	31992	32110	32110	22394	22394	34302	32110

注：导线水平荷载为下相导线荷载，表中（$t/v/b$）单位分别为：°、m/s、mm。

16.11.2 根开尺寸及基础作用力

110-DH11S-DJC 塔的根开尺寸及基础作用力见表 16-46 和表 16-47。

表 16-46 根开尺寸

呼高（m）	基础根开（mm）		地脚螺栓根开（mm）		地脚螺栓规格（5.6 级）
	正面根开	侧面根开	正面根开	侧面根开	
15	5540	5540	370	370	4M64
18	6260	6260	370	370	4M64
21	6970	6970	370	370	4M64
24	7690	7690	370	370	4M64
27	8410	8410	370	370	4M64
30	9130	9130	370	370	4M64

表 16-47 基础作用力

转角度数（°）	基础作用力（kN）					
	T_{max}	T_x	T_y	N_{max}	N_x	N_y
0～40	1481.81	-190	-217	-1586.81	-243	-189
40～90	1658.61	-215	-230	-1771.09	-263	-208

16.11.3 单线图及司令图

110-DH11S-DJC 塔单线图如图 16-18 所示，司令图如图 16-19 所示。

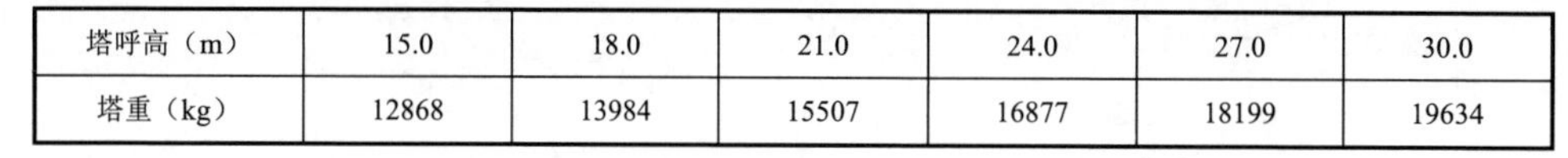

塔呼高（m）	15.0	18.0	21.0	24.0	27.0	30.0
塔重（kg）	12868	13984	15507	16877	18199	19634

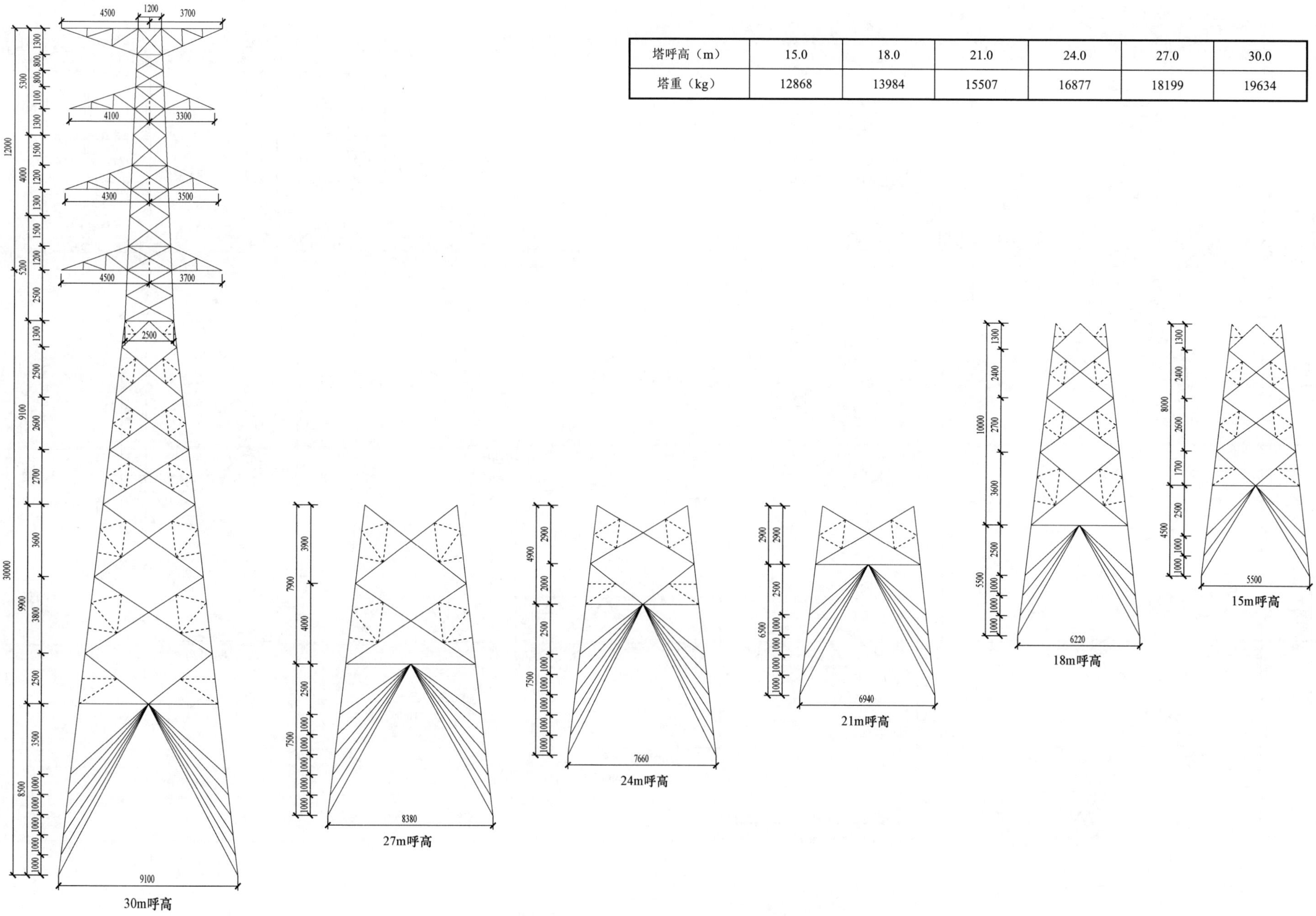

30m呼高
9100
27m呼高
8380
24m呼高
7660
21m呼高
6940
18m呼高
6220
15m呼高
5500

图 16－18　110－DH11S－DJC 塔单线图

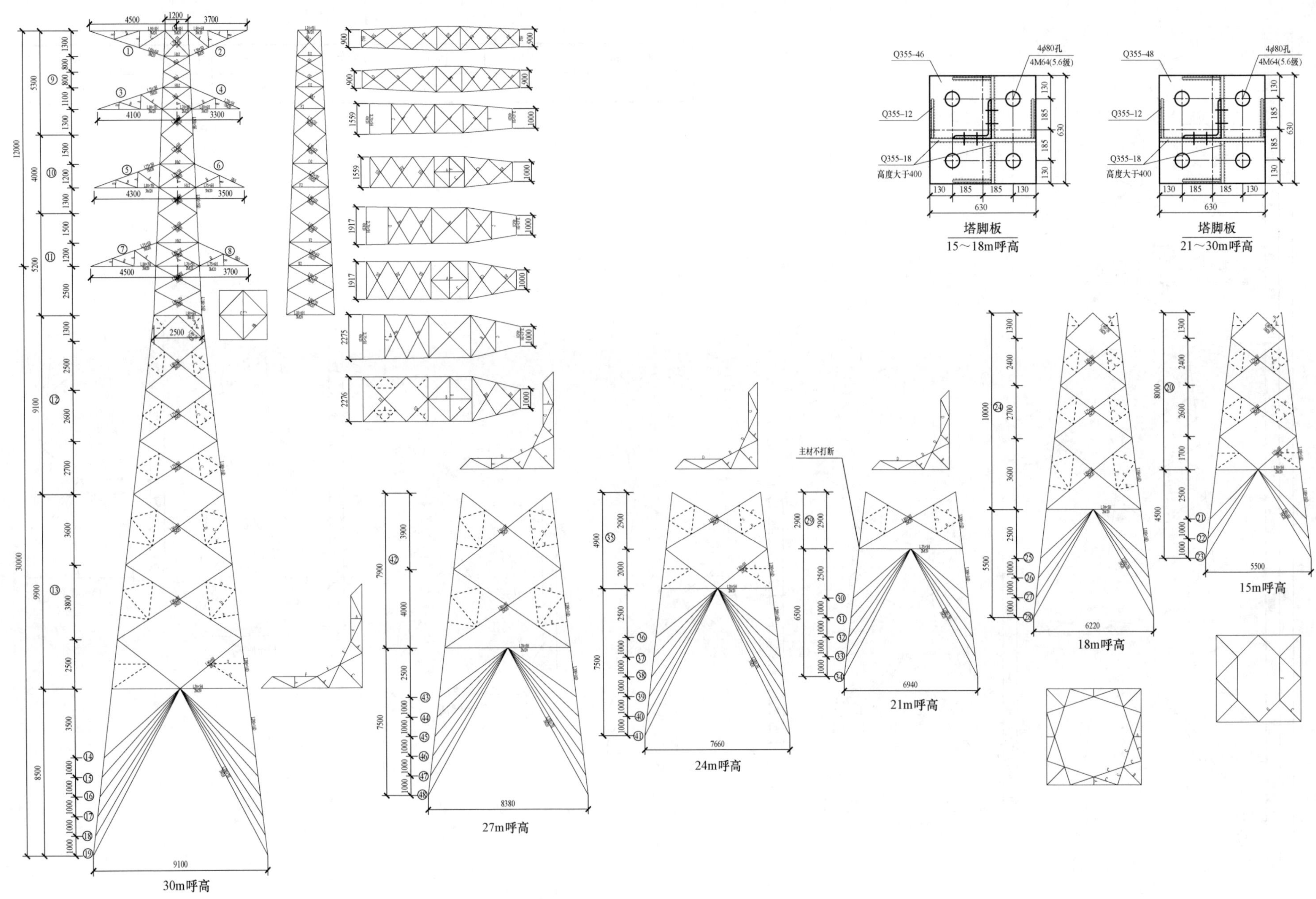

图 16－19　110－DH11S－DJC 塔司令图

17　110－ED21S 子模块

17.1　模块说明

17.1.1　概述

根据国家电网公司《35kV～750kV 线路杆塔通用设计优化技术导则》和国网福建电力工作安排，福建永福电力设计股份有限公司负责 110kV 输电线路通用设计 110－ED21S 子模块的设计工作。该模块为海拔 1000m 以内、设计基本风速为 29m/s(离地 10m)、覆冰厚度为 10mm，导线为 2×JL3/G1A－240/30 兼 1×JL3/G1A－400/35 的单回路铁塔。直线塔按 3+1 塔系列规划，耐张塔按 4 塔系列规划并单独设计终端塔，所有塔均按全方位不等长腿设计；该子模块共计 9 种塔型。

17.1.2　气象条件

110－ED21S 子模块的气象条件见表 17－1。

表 17－1　　110－ED21S 子模块的气象条件

项　　目	气温（℃）	风速（m/s）	覆冰厚度（mm）
最低气温	－10	0	0
年平均气温	15	0	0
基本风速	15	29	0
设计覆冰	－5	10	10
最高气温	40	0	0
安装情况	－5	10	0
操作过电压	15	15.5	0
雷电过电压	15	10	0
带电作业	15	10	0
年平均雷电日数	65		

17.1.3　导地线型号及参数

110－ED21S 子模块的导地线型号及参数见表 17－2。

表 17－2　　110－ED21S 子模块的导地线型号及参数

项目		导线		地线	
电线型号		JL3/G1A－240/30	JL3/G1A－400/35	JLB20A－100	JLB40－100
结构	铝［根数/直径（mm）］	24/3.60	48/3.22	—	—
	钢、铝包钢［根数/直径（mm）］	7/2.40	7/2.50	19/2.6	19/2.6
计算截面面积（mm^2）		276	425	101	101
计算外径（mm）		21.6	26.8	13	13
计算重量（kg/m）		0.9215	1.3486	0.6767	0.4765
计算拉断力（N）		75190	103700	135200	68600
弹性系数（MPa）		70500	65900	153900	103600
线膨胀系数（1/℃）		19.4×10^{-6}	20.3×10^{-6}	13.0×10^{-6}	15.5×10^{-6}

设计使用时，导地线的保证拉断力为计算拉断力的 95%。设计用导线安全系数为 2.5，平均运行张力取保证拉断力的 25%；进行电气配合时，地线型号选取 JLB40－100，地线安全系数为 4.0，平均运行张力取保证拉断力的 25%；进行结构荷载计算时，地线型号选取 JLB20A－100，地线安全系数为 4.0，平均运行张力取保证拉断力的 25%。

17.1.4　绝缘配置

悬垂串按“I”型布置，采用 70kN 盘式绝缘子，设计绝缘子高度为 1314mm，爬电比距大于等于 28mm/kV。

跳线串采用 70kN 盘式绝缘子，设计绝缘子高度为 1314mm，爬电比距大于等于 28mm/kV。

耐张串采用 100kN 盘式绝缘子，设计绝缘子高度为 1314mm，爬电比距大于等于 28mm/kV。

17.1.5　联塔金具

直线塔导线横担均按前、中、后三个挂点设计，挂点间距采用 200＋200＝400（mm），以满足单、双联悬挂的需要，联塔金具采用 ZBS－07/10－80 挂板；地线悬垂串的联塔金具采用 UB 型挂板。

导地线耐张串均采用单挂点设计，导线联塔金具采用 U 型挂环，地线联塔金具采用 U 型挂环。跳线串联塔金具采用 UB 型挂板。

17.2　110－ED21S 子模块杆塔一览图（见图 17.2－1）

110－ED21S 子模块杆塔一览图（山区）如图 17－1 所示。

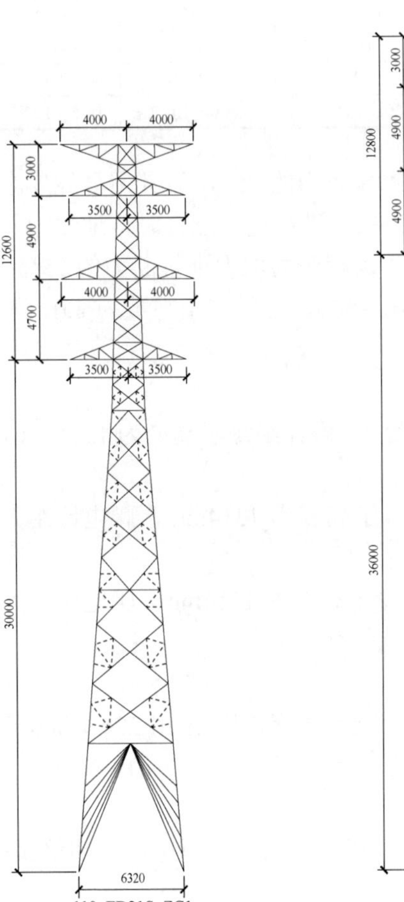

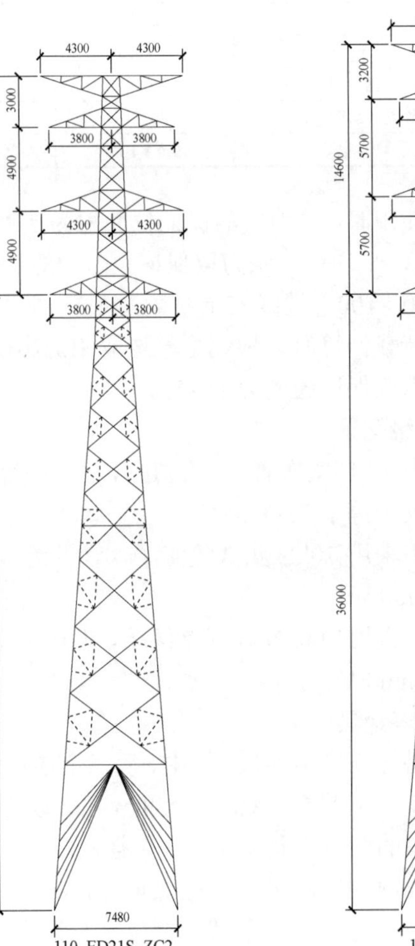

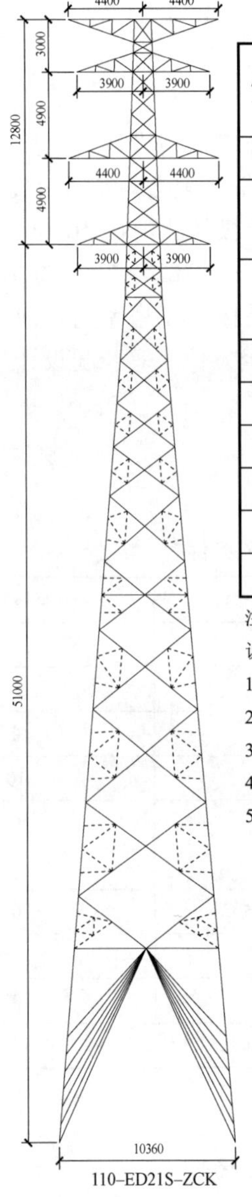

序号	塔型名称	呼高（m）	水平档距（m）	垂直档距（m）	塔重（kg）	允许转角（°）	串型
1	110－ED21S－ZC1	30.0	380	550	9992	0	“I” 串
2	110－ED21S－ZC2	30.0	480	700	10984	0	“I” 串
		36.0	450	700	12515		
3	110－ED21S－ZC3	33.0	650	1000	13674	0	“I” 串
		36.0	635	1000	14592		
4	110－ED21S－ZCK	51.0	480	700	18461	0	“I” 串
5	110－ED21S－JC1	30.0	450	700	14401	0～20	
6	110－ED21S－JC2	30.0	450	700	15678	20～40	
7	110－ED21S－JC3	30.0	450	700	17097	40～60	
8	110－ED21S－JC4	30.0	450	700	19441	60～90	
9	110－ED21S－DJC	30.0	450	700	20658	0～90	

注：直线塔呼高一列中第一行为计算呼高，第二行为最高呼高。

说明：

1. 铁塔全为螺栓连接的型钢结构。
2. 所有构件均需热浸镀锌防腐。
3. 所有塔身断面均为方型。
4. 所有铁塔均设有全方位长短腿。
5. 铁塔材料：

   型钢：Q235B、Q355B 和 Q420B；

   钢板：Q235B、Q355B 和 Q420B；

   螺栓：6.8 级和 8.8 级。

图 17－1　110－ED21S 子模块杆塔一览图（山区）（一）

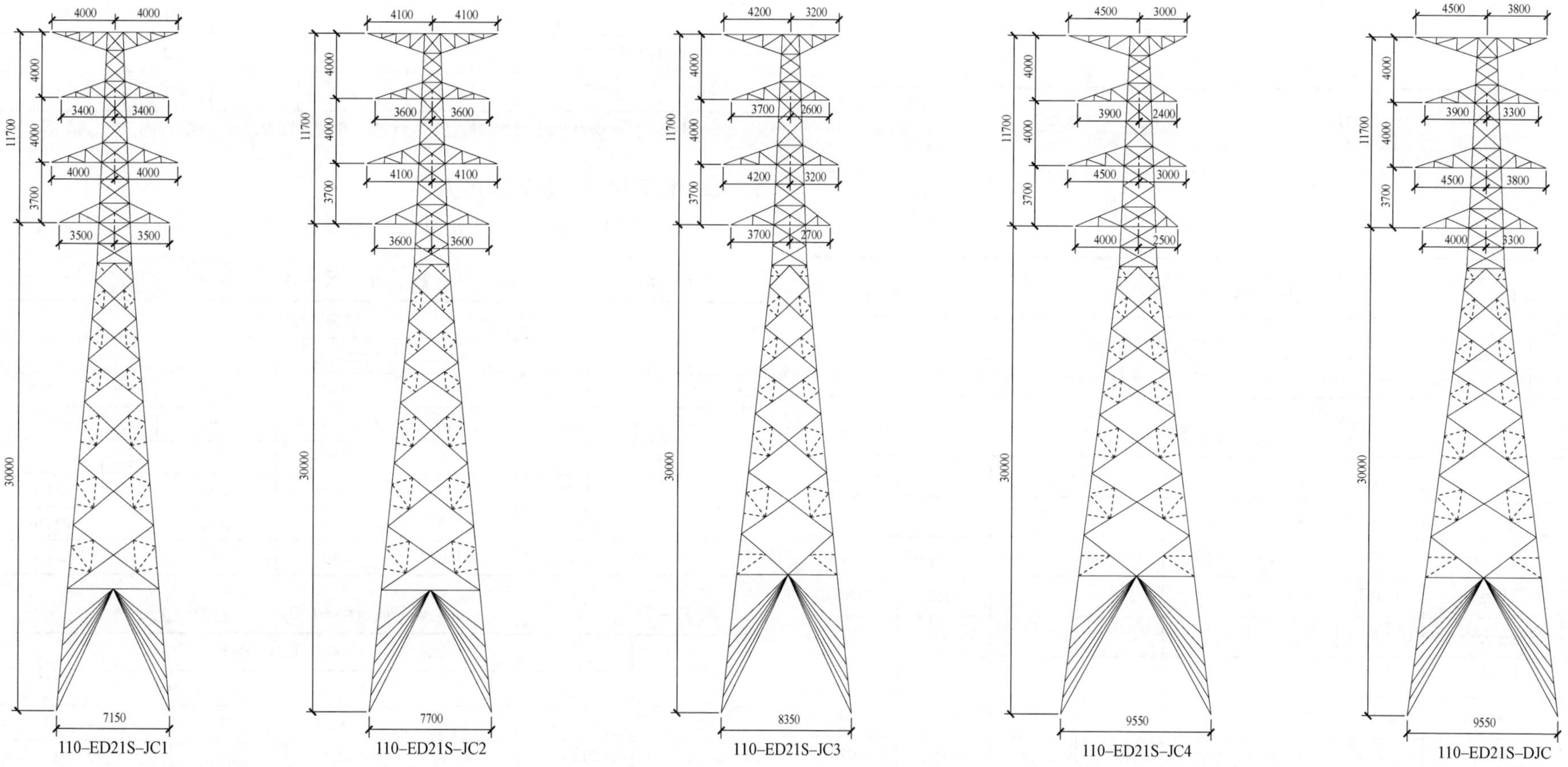

图 17-1　110-ED21S 子模块杆塔一览图（山区）（二）

17.3 110－ED21S－ZC1 塔

17.3.1 设计条件

110－ED21S－ZC1 塔的导线型号及张力、使用条件、荷载见表 17－3～表 17－5。

表 17－3　　导 线 型 号 及 张 力

电压等级	110kV	导线型号	2×JL3/G1A－240/30	最大使用张力（kN）	28.57	断线张力取值（%）	30	不均匀覆冰不平衡张力取值（%）	10
		地线型号	JLB20A－100	最大使用张力（kN）	32.11	断线张力取值（%）	100	不均匀覆冰不平衡张力取值（%）	20

表 17－4　　使 用 条 件

使用条件	呼高（m）	水平档距（m）	垂直档距（m）	代表档距（m）	转角度数（°）	K_v 值
数值	30	380	550	250	0	0.80

表 17－5　　荷 载 表　　单位：N

气象条件（$t/v/b$）			正常运行情况			事故情况		安装情况	不均匀冰
			基本风速	覆冰	最低气温	未断线	断线		
			15/29/0	－5/10/10	－10/0/0	－5/0/10	－5/0/10	－5/10/0	－5/10/10
水平荷载	导线		11434	3080				1352	3080
	绝缘子及金具		390	56				46	56
	跳线串								
	地线		4811	2426				572	1718
垂直荷载	导线		10935	21537	9941	21537	21537	9941	18886
	绝缘子及金具		1400	1930	1400	1930	1930	1400	1930
	跳线串								
	地线		5019	13826	4015	13826	13826	4015	11624
张力	导线	一侧					17143	44555	5714
		另一侧					0	0	0
		张力差					17143	44555	5714
	地线	一侧					32110	30428	6422
		另一侧					0	0	0
		张力差					32110	30428	6422

注：导线水平荷载为下相导线荷载，表中（$t/v/b$）单位分别为：°、m/s、mm。

17.3.2 根开尺寸及基础作用力

110－ED21S－ZC1 塔的根开尺寸及基础作用力见表 17－6 和表 17－7。

表 17－6　　根 开 尺 寸

呼高（m）	基础根开（mm）		地脚螺栓根开（mm）		地脚螺栓规格（5.6 级）
	正面根开	侧面根开	正面根开	侧面根开	
15	3960	3960	240	240	4M36
18	4440	4440	240	240	4M36
21	4920	4920	240	240	4M36
24	5400	5400	240	240	4M36
27	5880	5880	240	240	4M36
30	6360	6360	240	240	4M36

表 17－7　　基 础 作 用 力

呼高（m）	基础作用力（kN）					
	T_{max}	T_x	T_y	N_{max}	N_x	N_y
15	433.19	－45.23	－38.94	－501.09	－52.14	－42.21
18	436.13	－45.19	－38.71	－507.66	－52.32	－42.55
21	452.54	－45.31	－40.4	－526.83	－52.51	－44.48
24	462.89	－47.92	－41.35	－541.3	－55.84	－45.87
27	499.68	－53.42	－47.87	－580.49	－60.94	－52.62
30	520.64	－55.95	－50.46	－605.23	－63.55	－55.43

17.3.3 单线图及司令图

110－ED21S－ZC1 塔单线图如图 17－2 所示，司令图如图 17－3 所示。

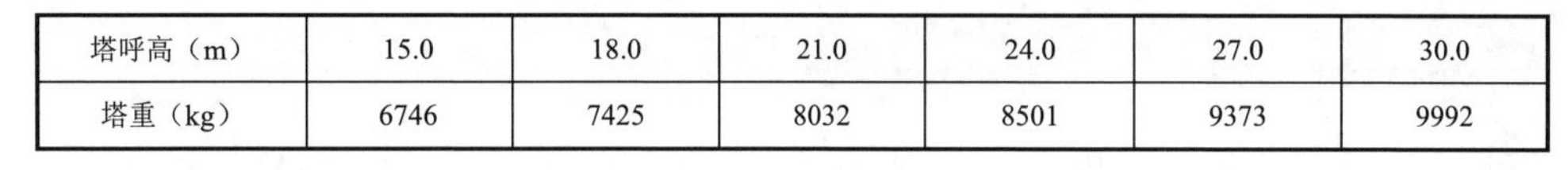

塔呼高（m）	15.0	18.0	21.0	24.0	27.0	30.0
塔重（kg）	6746	7425	8032	8501	9373	9992

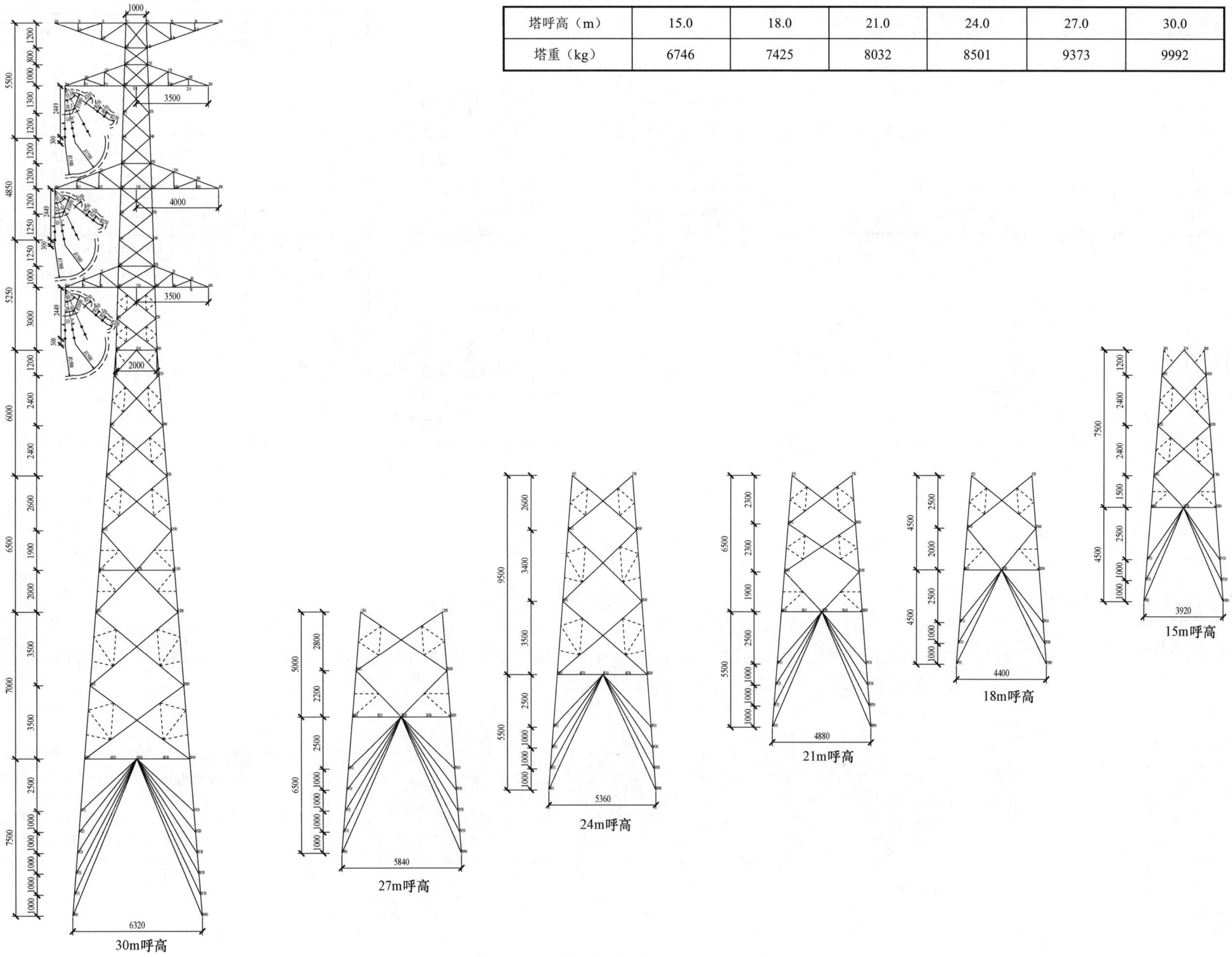

图 17－2　110－ED21S－ZC1 塔单线图

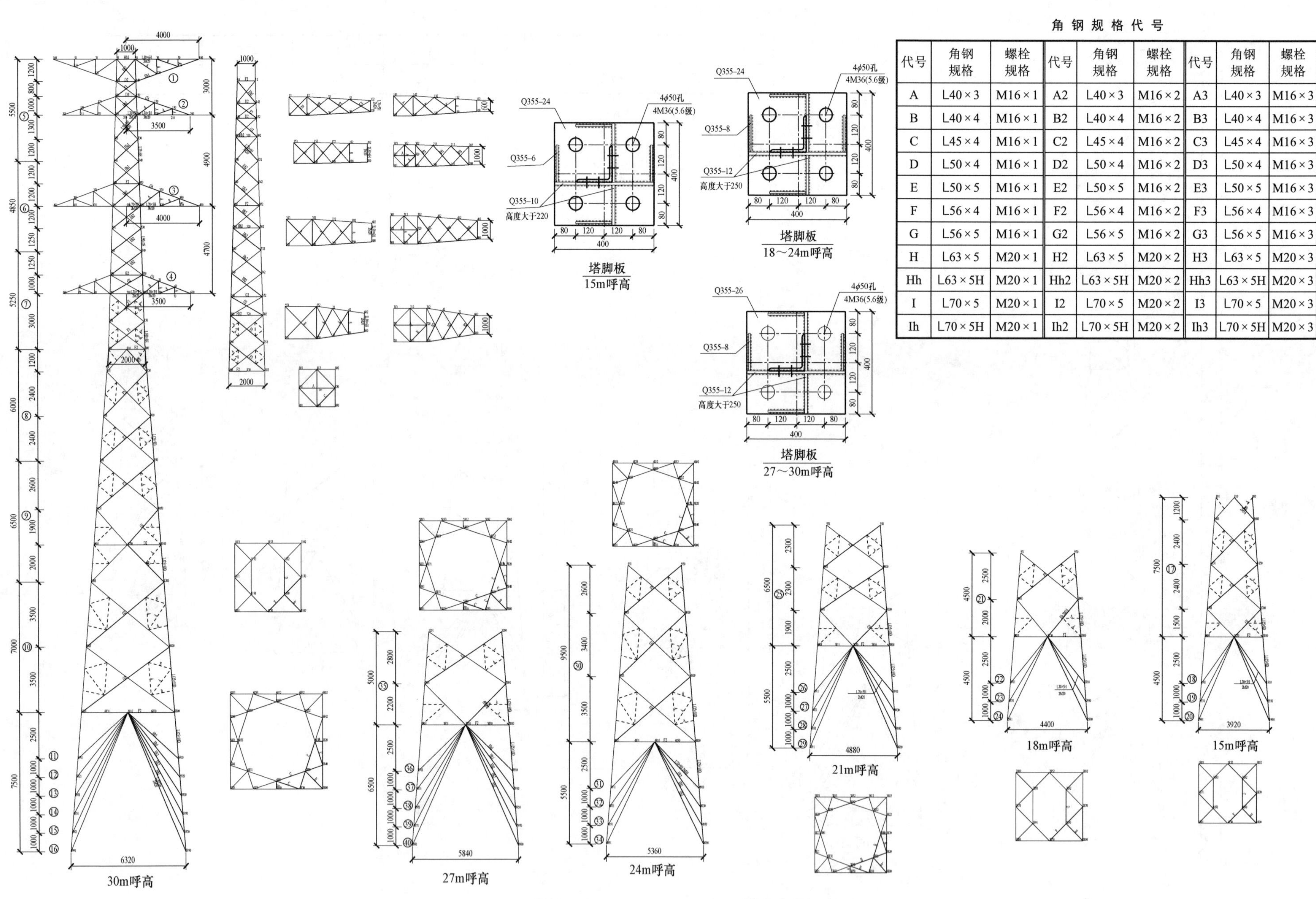

角钢规格代号

代号	角钢规格	螺栓规格	代号	角钢规格	螺栓规格	代号	角钢规格	螺栓规格
A	L40×3	M16×1	A2	L40×3	M16×2	A3	L40×3	M16×3
B	L40×4	M16×1	B2	L40×4	M16×2	B3	L40×4	M16×3
C	L45×4	M16×1	C2	L45×4	M16×2	C3	L45×4	M16×3
D	L50×4	M16×1	D2	L50×4	M16×2	D3	L50×4	M16×3
E	L50×5	M16×1	E2	L50×5	M16×2	E3	L50×5	M16×3
F	L56×4	M16×1	F2	L56×4	M16×2	F3	L56×4	M16×3
G	L56×5	M16×1	G2	L56×5	M16×2	G3	L56×5	M16×3
H	L63×5	M20×1	H2	L63×5	M20×2	H3	L63×5	M20×3
Hh	L63×5H	M20×1	Hh2	L63×5H	M20×2	Hh3	L63×5H	M20×3
I	L70×5	M20×1	I2	L70×5	M20×2	I3	L70×5	M20×3
Ih	L70×5H	M20×1	Ih2	L70×5H	M20×2	Ih3	L70×5H	M20×3

图 17-3　110-ED21S-ZC1 塔司令图

17.4　110－ED21S－ZC2 塔

17.4.1　设计条件

110－ED21S－ZC2 塔导线型号及张力、使用条件、荷载见表 17－8～表 17－10。

表 17－8　　导 线 型 号 及 张 力

电压等级	110kV	导线型号	2×JL3/G1A－240/30	最大使用张力（kN）	28.57	断线张力取值（%）	30	不均匀覆冰不平衡张力取值（%）	10
		地线型号	JLB20A－100	最大使用张力（kN）	32.11	断线张力取值（%）	100	不均匀覆冰不平衡张力取值（%）	20

表 17－9　　使 用 条 件

使用条件	呼高（m）	水平档距（m）	垂直档距（m）	代表档距（m）	转角度数（°）	K_v 值
数值	30	480	700	250	0	0.70
	33	465	700	250	0	0.70
	36	450	700	250	0	0.70

表 17－10　　荷 载 表　　单位：N

气象条件（*t*/*v*/*b*）			正常运行情况			事故情况		安装情况	不均匀冰
			基本风速	覆冰	最低气温	未断线	断线		
			15/29/0	－5/10/10	－10/0/0	－5/0/10	－5/0/10	－5/10/0	－5/10/10
水平荷载	导线		14931	3991				1762	3991
	绝缘子及金具		412	59				49	59
	跳线串								
	地线		6209	3110				739	2203
垂直荷载	导线		13917	27410	12652	27410	27410	12652	24037
	绝缘子及金具		1400	1930	1400	1930	1930	1400	1930
	跳线串								
	地线		6387	17596	5110	17596	17596	5110	14794
张力	导线	一侧					17143	44555	5714
		另一侧					0	0	0
		张力差					17143	44555	5714
张力	地线	一侧					32110	30428	6422
		另一侧					0	0	0
		张力差					32110	30428	6422

注：导线水平荷载为下相导线荷载，表中（*t*/*v*/*b*）单位分别为：°、m/s、mm。

17.4.2　根开尺寸及基础作用力

110－ED21S－ZC2 塔的根开尺寸及基础作用力见表 17－11 和表 17－12。

表 17－11　　根 开 尺 寸

呼高（m）	基础根开（mm）		地脚螺栓根开（mm）		地脚螺栓规格（5.6 级）
	正面根开	侧面根开	正面根开	侧面根开	
15	4160	4160	240	240	4M36
18	4640	4640	240	240	4M36
21	5120	5120	270	270	4M42
24	5600	5600	270	270	4M42
27	6070	6070	270	270	4M42
30	6550	6550	270	270	4M42
33	7030	7030	270	270	4M42
36	7510	7510	270	270	4M42

表 17－12　　基 础 作 用 力

呼高（m）	基础作用力（kN）					
	T_{max}	T_x	T_y	N_{max}	N_x	N_y
15	519.3	－56.68	－47.27	－598.39	－64.92	－50.95
18	529.54	－56.96	－47.48	－612.2	－5.65	－51.75
21	558.58	－59.91	－50.85	－644.1	－69.09	－55.36
24	564.03	－59.88	－50.49	－653.61	－69.55	－55.51
27	609.47	－67.33	－59.31	－702.89	－76.1	－64.65
30	634.82	－70.18	－62.41	－731.95	－78.98	－67.93
33	636.77	－69.66	－61.47	－738.26	－79.3	－67.64
36	638.83	－69.14	－60	－744.08	－78.5	－66.68

17.4.3　单线图及司令图

110－ED21S－ZC2 塔单线图如图 17－4 所示，司令图如图 17－5 所示。

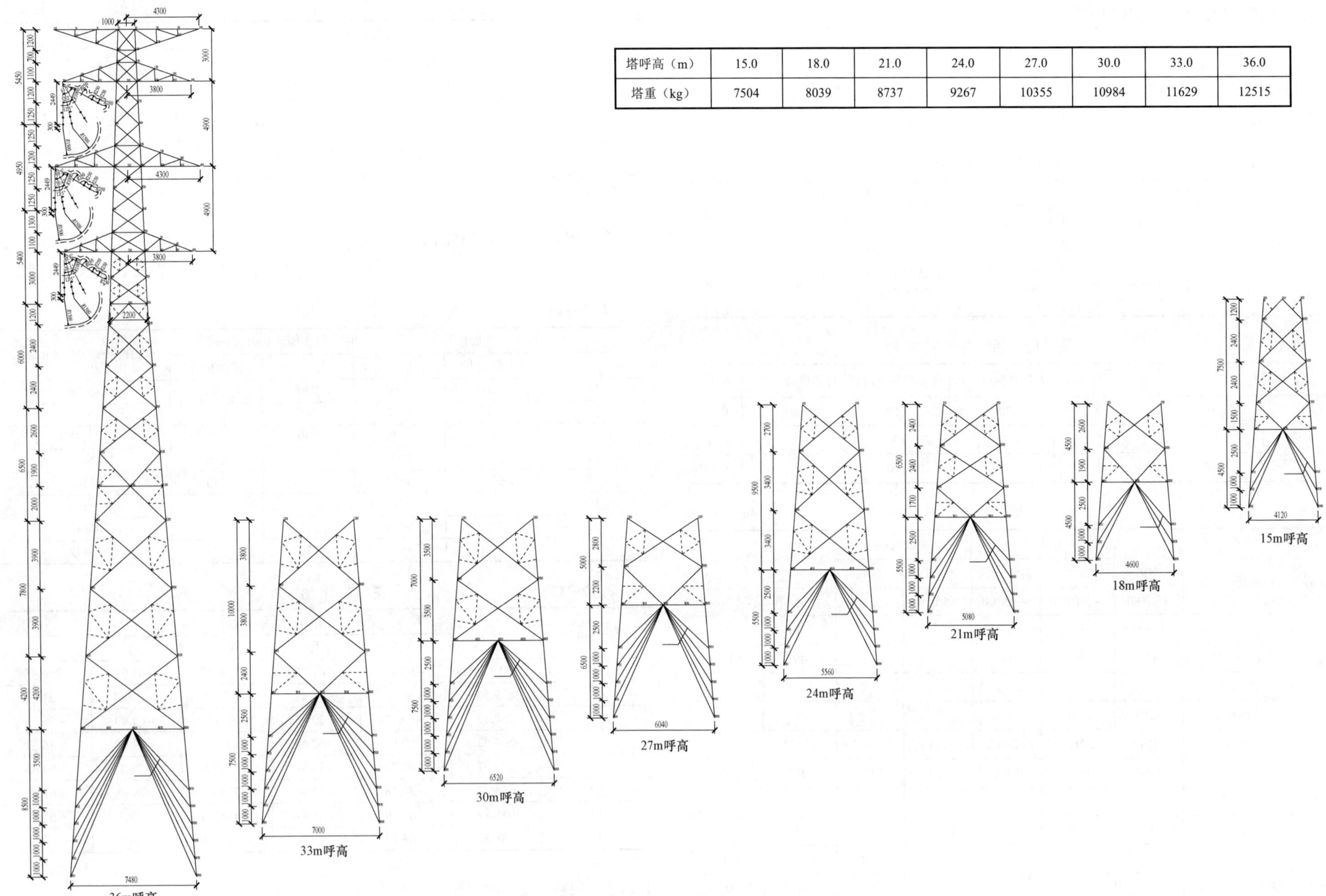

塔呼高（m）	15.0	18.0	21.0	24.0	27.0	30.0	33.0	36.0
塔重（kg）	7504	8039	8737	9267	10355	10984	11629	12515

图 17－4　110－ED21S－ZC2 塔单线图

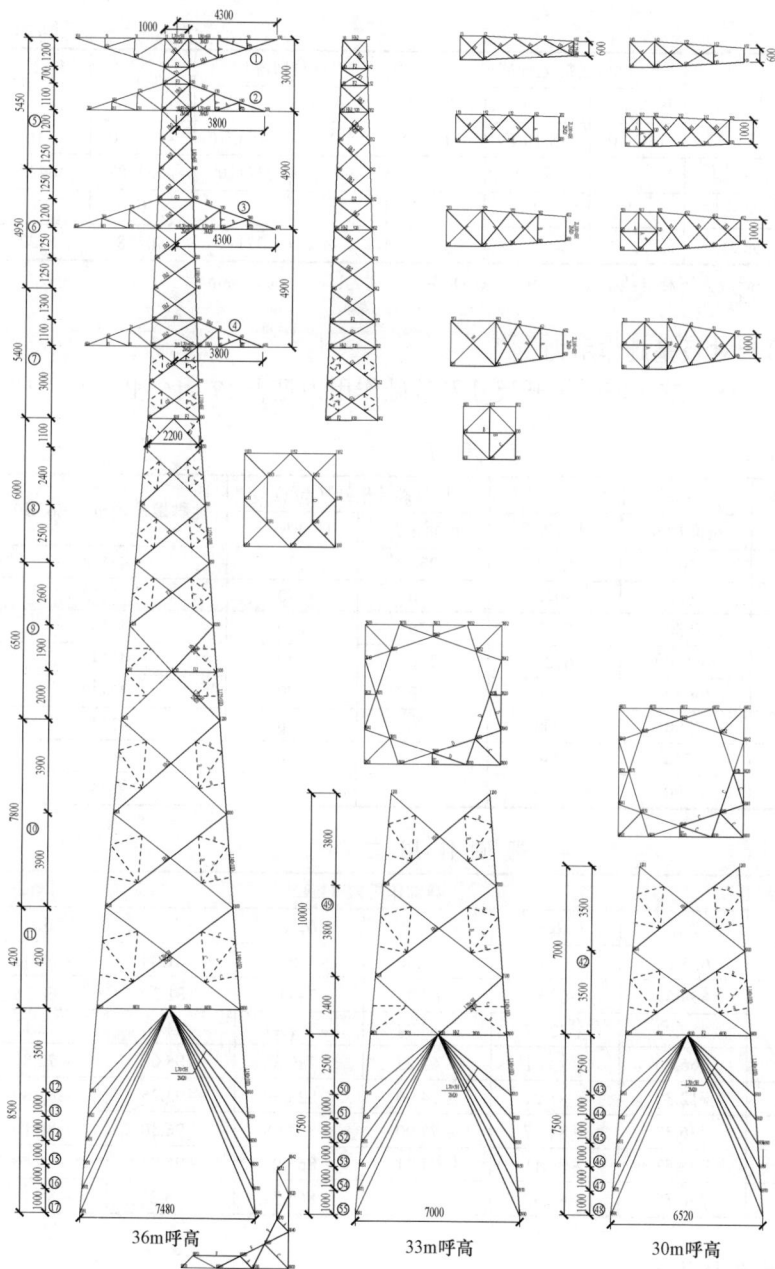

角钢规格代号

代号	角钢规格	螺栓规格	代号	角钢规格	螺栓规格	代号	角钢规格	螺栓规格
A	L40×3	M16×1	A2	L40×3	M16×2	A3	L40×3	M16×3
B	L40×4	M16×1	B2	L40×4	M16×2	B3	L40×4	M16×3
C	L45×4	M16×1	C2	L45×4	M16×2	C3	L45×4	M16×3
D	L50×4	M16×1	D2	L50×4	M16×2	D3	L50×4	M16×3
E	L50×5	M16×1	E2	L50×5	M16×2	E3	L50×5	M16×3
F	L56×4	M16×1	F2	L56×4	M16×2	F3	L56×4	M16×3
G	L56×5	M16×1	G2	L56×5	M16×2	G3	L56×5	M16×3
H	L63×5	M20×1	H2	L63×5	M20×2	H3	L63×5	M20×3
Hh	L63×5H	M20×1	Hh2	L63×5H	M20×2	Hh3	L63×5H	M20×3
I	L70×5	M20×1	I2	L70×5	M20×2	I3	L70×5	M20×3
Ih	L70×5H	M20×1	Ih2	L70×5H	M20×2	Ih3	L70×5H	M20×3

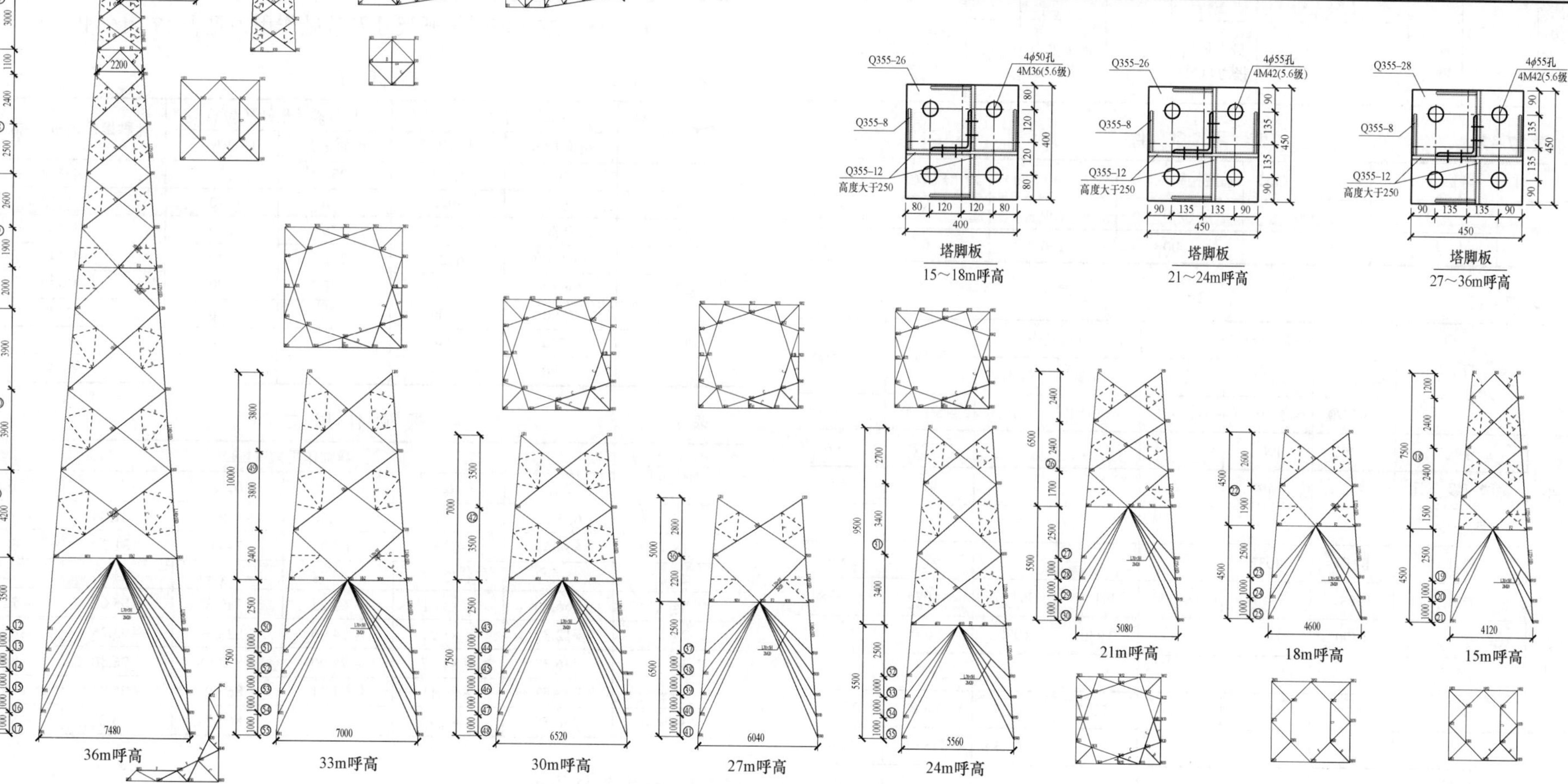

图 17-5　110-ED21S-ZC2 塔司令图

17.5 110－ED21S－ZC3 塔

17.5.1 设计条件

110－ED21S－ZC3 塔导线型号及张力、使用条件、荷载见表 17－13～表 17－15。

表 17－13　　导线型号及张力

电压等级	110kV	导线型号	2×JL3/G1A－240/30	最大使用张力（kN）	28.57	断线张力取值（%）	30	不均匀覆冰不平衡张力取值（%）	10
		地线型号	JLB20A－100	最大使用张力（kN）	32.11	断线张力取值（%）	100	不均匀覆冰不平衡张力取值（%）	20

表 17－14　　使用条件

使用条件	呼高（m）	水平档距（m）	垂直档距（m）	代表档距（m）	转角度数（°）	K_v 值
数值	33	650	1000	250	0	0.60
	36	635	1000	250	0	0.60

表 17－15　　荷载表　　单位：N

气象条件（t/v/b）			正常运行情况			事故情况		安装情况	不均匀冰
			基本风速	覆冰	最低气温	未断线	断线		
			15/29/0	－5/10/10	－10/0/0	－5/0/10	－5/0/10	－5/10/0	－5/10/10
水平荷载	导线		19057	4906				2227	4906
	绝缘子及金具		412	59				49	59
	跳线串								
	地线		8219	4032				978	2856
垂直荷载	导线		19881	39157	18074	39157	39157	18074	34338
	绝缘子及金具		1400	1930	1400	1930	1930	1400	1930
	跳线串								
	地线		9125	25137	7300	25137	25137	7300	21134
张力	导线	一侧					17143	44555	5714
		另一侧					0	0	0
		张力差					17143	44555	5714
张力	地线	一侧					32110	30428	6422
		另一侧					0	0	0
		张力差					32110	30428	6422

注：导线水平荷载为下相导线荷载，表中（t/v/b）单位分别为：°、m/s、mm。

17.5.2 根开尺寸及基础作用力

110－ED21S－ZC3 塔的根开尺寸及基础作用力见表 17－16 和表 17－17。

表 17－16　　根开尺寸

呼高（m）	基础根开（mm）		地脚螺栓根开（mm）		地脚螺栓规格（5.6 级）
	正面根开	侧面根开	正面根开	侧面根开	
15	4500.	4500.	270	270	4M42
18	5040	5040	270	270	4M42
21	5580	5580	270	270	4M42
24	6120	6120	270	270	4M42
27	6660	6660	270	270	4M42
30	7200	7200	270	270	4M42
33	7740	7740	270	270	4M42
36	8280	8280	270	270	4M42

表 17－17　　基础作用力

呼高（m）	基础作用力（kN）					
	T_{max}	T_x	T_y	N_{max}	N_x	N_y
15	635.29	－69.81	－62.60	－735.71	－81.04	－68.43
18	639.57	－69.87	－62.33	－744.02	－81.30	－68.98
21	659.93	－72.57	－65.24	－767.47	－84.10	－72.12
24	666.80	－73.01	－65.23	－780.33	－85.08	－72.87
27	712.39	－81.21	－74.90	－828.69	－93.25	－82.80
30	736.32	－84.17	－77.90	－857.08	－96.30	－86.10
33	738.57	－84.11	－77.31	－865.03	－96.94	－86.40
36	736.38	－83.38	－75.48	－866.74	－96.25	－85.15

17.5.3 单线图及司令图

110－ED21S－ZC3 塔单线图如图 17－6 所示，司令图如图 17－7 所示。

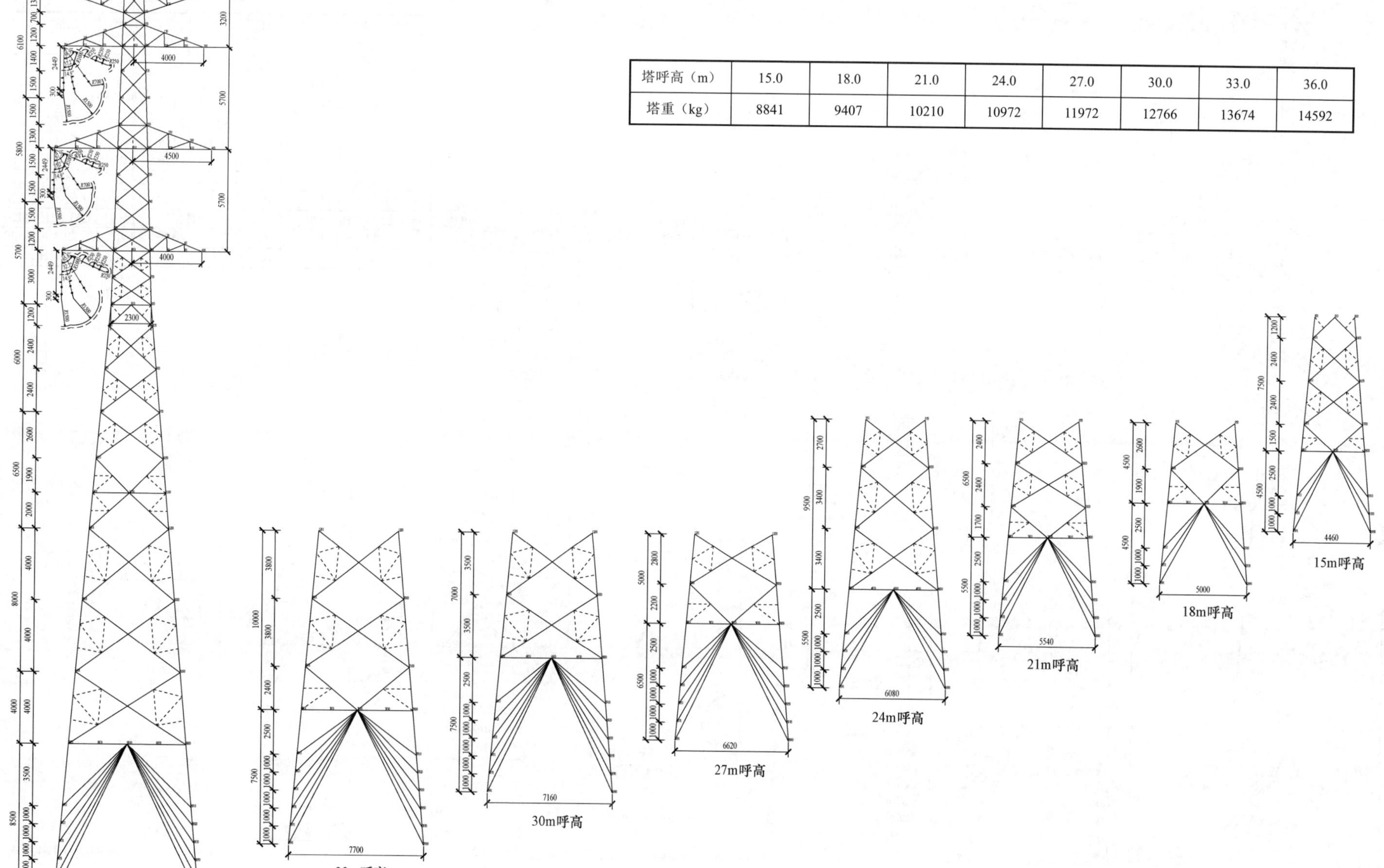

塔呼高（m）	15.0	18.0	21.0	24.0	27.0	30.0	33.0	36.0
塔重（kg）	8841	9407	10210	10972	11972	12766	13674	14592

图 17-6　110-ED21S-ZC3 塔单线图

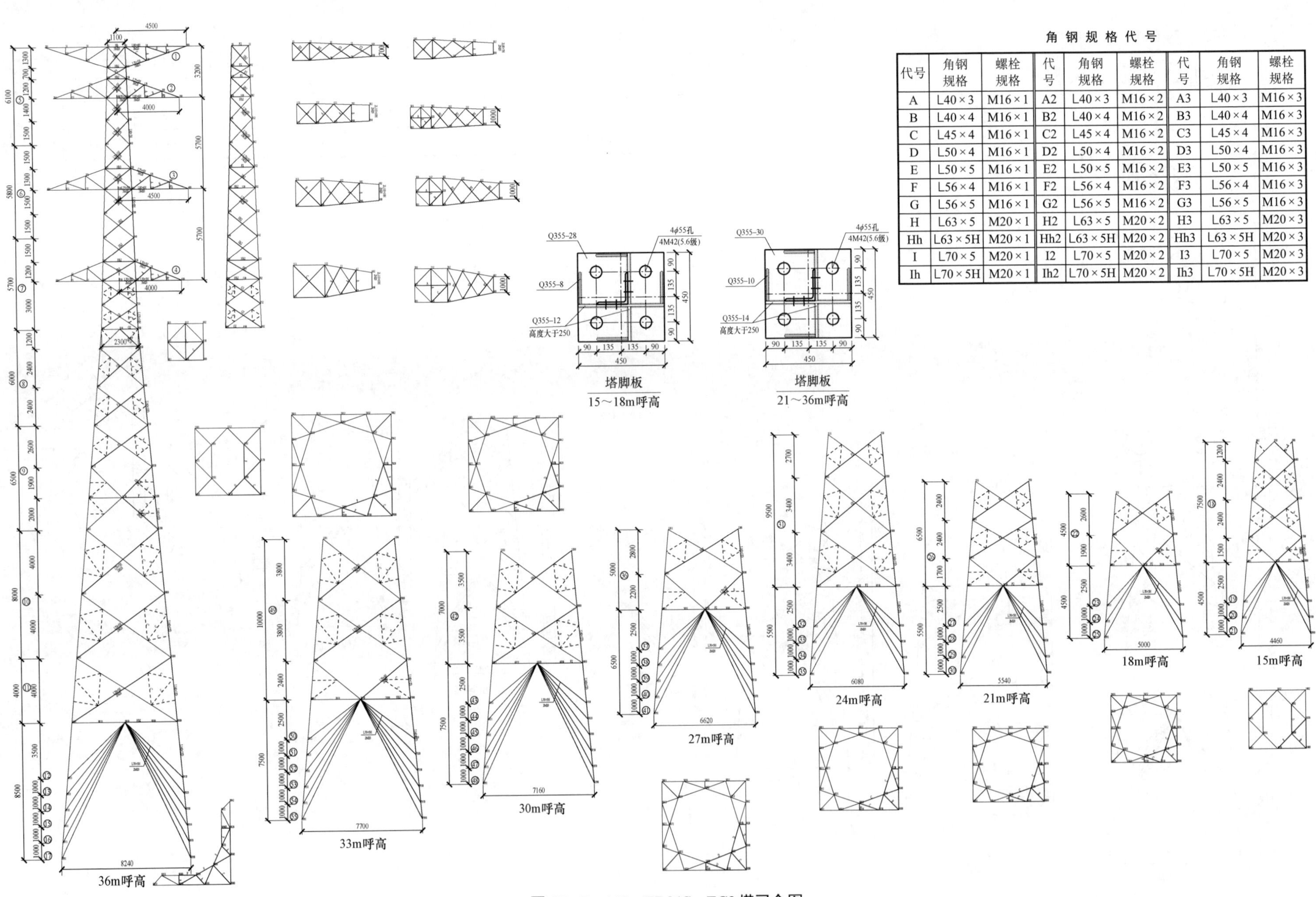

角钢规格代号

代号	角钢规格	螺栓规格	代号	角钢规格	螺栓规格	代号	角钢规格	螺栓规格
A	L40×3	M16×1	A2	L40×3	M16×2	A3	L40×3	M16×3
B	L40×4	M16×1	B2	L40×4	M16×2	B3	L40×4	M16×3
C	L45×4	M16×1	C2	L45×4	M16×2	C3	L45×4	M16×3
D	L50×4	M16×1	D2	L50×4	M16×2	D3	L50×4	M16×3
E	L50×5	M16×1	E2	L50×5	M16×2	E3	L50×5	M16×3
F	L56×4	M16×1	F2	L56×4	M16×2	F3	L56×4	M16×3
G	L56×5	M16×1	G2	L56×5	M16×2	G3	L56×5	M16×3
H	L63×5	M20×1	H2	L63×5	M20×2	H3	L63×5	M20×3
Hh	L63×5H	M20×1	Hh2	L63×5H	M20×2	Hh3	L63×5H	M20×3
I	L70×5	M20×1	I2	L70×5	M20×2	I3	L70×5	M20×3
Ih	L70×5H	M20×1	Ih2	L70×5H	M20×2	Ih3	L70×5H	M20×3

图 17-7　110-ED21S-ZC3 塔司令图

17.6 110－ED21S－ZCK 塔

17.6.1 设计条件

110－ED21S－ZCK 塔导线型号及张力、使用条件、荷载见表 17－18～表 17－20。

表 17－18　　导线型号及张力

电压等级	110kV	导线型号	2×JL3/G1A－240/30	最大使用张力（kN）	28.57	断线张力取值（%）	30	不均匀覆冰不平衡张力取值（%）	10
		地线型号	JLB20A－100	最大使用张力（kN）	32.11	断线张力取值（%）	100	不均匀覆冰不平衡张力取值（%）	20

表 17－19　　使用条件

使用条件	呼高（m）	水平档距（m）	垂直档距（m）	代表档距（m）	转角度数（°）	K_v 值
数值	51	480	700	250	0	0.70

表 17－20　　荷载表　　单位：N

气象条件（t/v/b）			正常运行情况			事故情况		安装情况	不均匀冰
			基本风速	覆冰	最低气温	未断线	断线		
			15/29/0	－5/10/10	－10/0/0	－5/0/10	－5/0/10	－5/10/0	－5/10/10
水平荷载	导线		16838	4545				1992	4545
	绝缘子及金具		459	66				55	66
	跳线串								
	地线		6736	3392				801	2403
垂直荷载	导线		13917	27410	12652	27410	27410	12652	24037
	绝缘子及金具		1400	1930	1400	1930	1930	1400	1930
	跳线串								
	地线		6387	17596	5110	17596	17596	5110	14794
张力	导线	一侧					17143	44555	5714
		另一侧					0	0	0
		张力差					17143	44555	5714
	地线	一侧					32110	30428	6422
		另一侧					0	0	0
		张力差					32110	30428	6422

注：导线水平荷载为下相导线荷载，表中（t/v/b）单位分别为：°、m/s、mm。

17.6.2 根开尺寸及基础作用力

110－ED21S－ZCK 塔的根开尺寸及基础作用力见表 17－21 和表 17－22。

表 17－21　　根开尺寸

呼高（m）	基础根开（mm）		地脚螺栓根开（mm）		地脚螺栓规格（5.6 级）
	正面根开	侧面根开	正面根开	侧面根开	
39	8350	8350	270	270	4M42
42	8860	8860	270	270	4M42
45	9370	9370	270	270	4M42
48	9880	9880	270	270	4M42
51	10390	10390	270	270	4M42

表 17－22　　基础作用力

呼高（m）	基础作用力（kN）					
	T_{max}	T_x	T_y	N_{max}	N_x	N_y
39	690.79	－80.20	－69.36	－805.23	－90.89	－77.39
42	712.18	－82.45	－71.59	－831.68	－93.76	－80.15
45	718.05	－82.78	－70.89	－844.17	－94.68	－80.27
48	724.56	－83.31	－79.15	－856.52	－96.65	－89.32
51	730.89	－84.22	－79.18	－869.04	－98.18	－90.14

17.6.3 单线图及司令图

110－ED21S－ZCK 塔单线图如图 17－8 所示，司令图如图 17－9 所示。

塔呼高（m）	39.0	42.0	45.0	48.0	51.0
塔重（kg）	14340	15318	16270	17366	18461

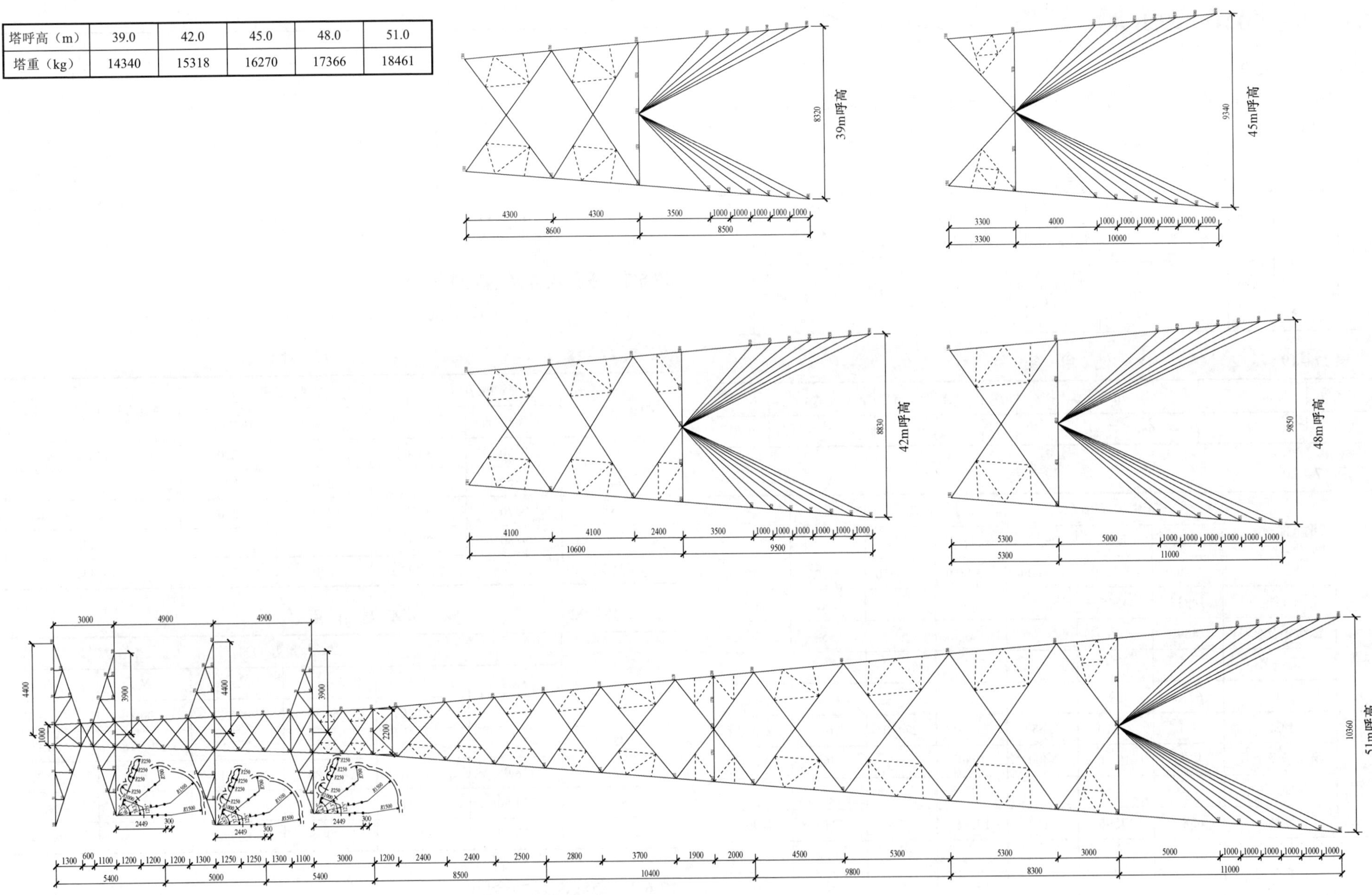

图 17-8　110-ED21S-ZCK 塔单线图

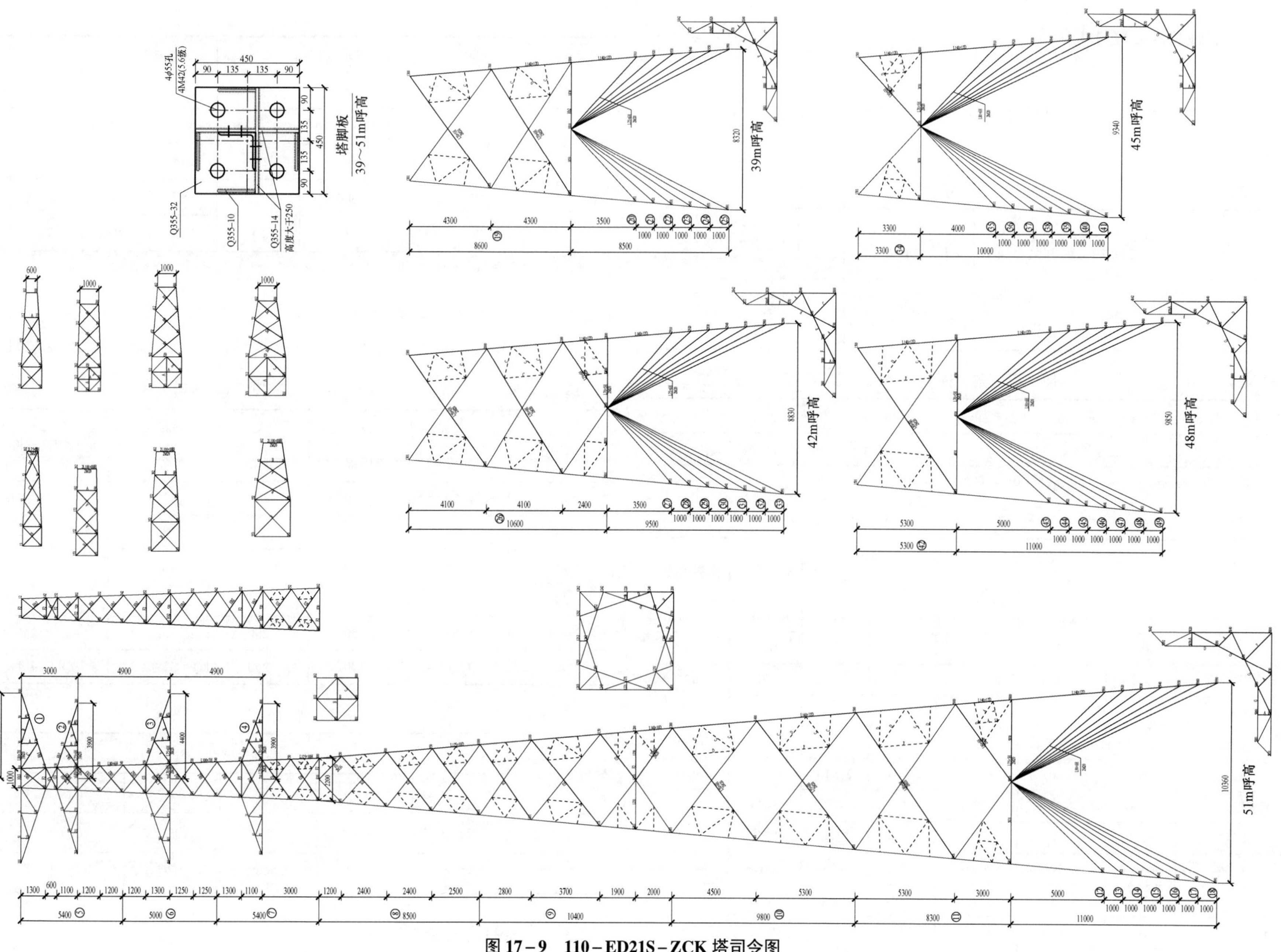

图 17-9　110-ED21S-ZCK 塔司令图

17.7 110－ED21S－JC1 塔

17.7.1 设计条件

110－ED21S－JC1 塔导线型号及张力、使用条件、荷载见表 17－23～表 17－25。

表 17－23　　导线型号及张力

电压等级	110kV	导线型号	2×JL3/G1A－240/30	最大使用张力（kN）	28.57	断线张力取值（%）	70	不均匀覆冰不平衡张力取值（%）	30
		地线型号	JLB20A－100	最大使用张力（kN）	32.11	断线张力取值（%）	100	不均匀覆冰不平衡张力取值（%）	40

表 17－24　　使用条件

使用条件	呼高（m）	水平档距（m）	垂直档距（m）	代表档距（m）	转角度数（°）	K_v 值
数值	30	450	700	200/450	0～20	—

注：上拔侧按 50%垂直档距考虑，下压侧按 80%垂直档距考虑。

表 17－25　　荷载表　　单位：N

气象条件（$t/v/b$）			正常运行情况			事故情况		安装情况	不均匀冰
			基本风速	覆冰	最低气温	未断线	断线		
			15/29/0	－5/10/10	－10/0/0	－5/0/10	－5/0/10	－5/10/0	－5/10/10
水平荷载	导线		13609	3636				1600	3636
	绝缘子及金具		592	84				70	84
	跳线串		947	208				113	208
	地线		5594	2804				664	1986
垂直荷载	导线		13917	27410	12652	27410	27410	12652	24037
	绝缘子及金具		3400	4459	3400	4459	4459	3400	4459
	跳线串		1771	2564	1771	2564	2564	1771	2564
	地线		6387	17596	5110	17596	17596	5110	14794
张力	导线	一侧	45948	57144	32378	57144	40001	36952	57144
		另一侧	44452	57144	45086	57144	0	49109	57144
		张力差	1496	0	12708	0	40001	12157	0
	地线	一侧	25946	39187	22479	39187	39187	24277	39187
		另一侧	27275	34977	30026	34977	0	32027	34977
		张力差	1329	4210	7547	4210	39187	7750	4210

注：导线水平导线荷载为下相导线荷载，表中（$t/v/b$）单位分别为：°、m/s、mm。

17.7.2 根开尺寸及基础作用力

110－ED21S－JC1 塔的根开尺寸及基础作用力见表 17－26 和表 17－27。

表 17－26　　根开尺寸

呼高（m）	基础根开（mm）		地脚螺栓根开（mm）		地脚螺栓规格（5.6 级）
	正面根开	侧面根开	正面根开	侧面根开	
15	4490	4490	290	290	4M48
18	5030	5030	290	290	4M48
21	5570	5570	290	290	4M48
24	6110	6110	290	290	4M48
27	6650	6650	290	290	4M48
30	7190	7190	290	290	4M48

表 17－27　　基础作用力

转角度数（°）	基础作用力（kN）					
	T_{max}	T_x	T_y	N_{max}	N_x	N_y
0～10	876.83	－85.03	－97.36	－1053.80	－106.69	－110.19
10～20	980.62	－113.18	－98.84	－1173.9	－119.62	－118.13

17.7.3 单线图及司令图

110－ED21S－JC1 塔单线图如图 17－10 所示，司令图如图 17－11 所示。

塔呼高（m）	15.0	18.0	21.0	24.0	27.0	30.0
塔重（kg）	9915	10748	11494	12382	13236	14401

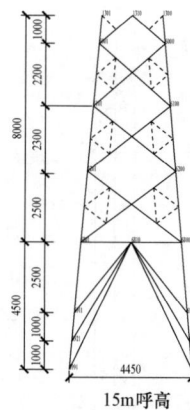

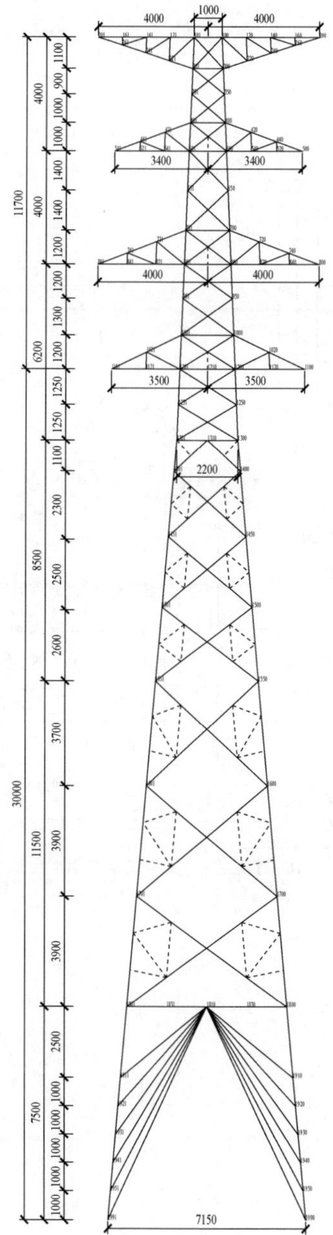

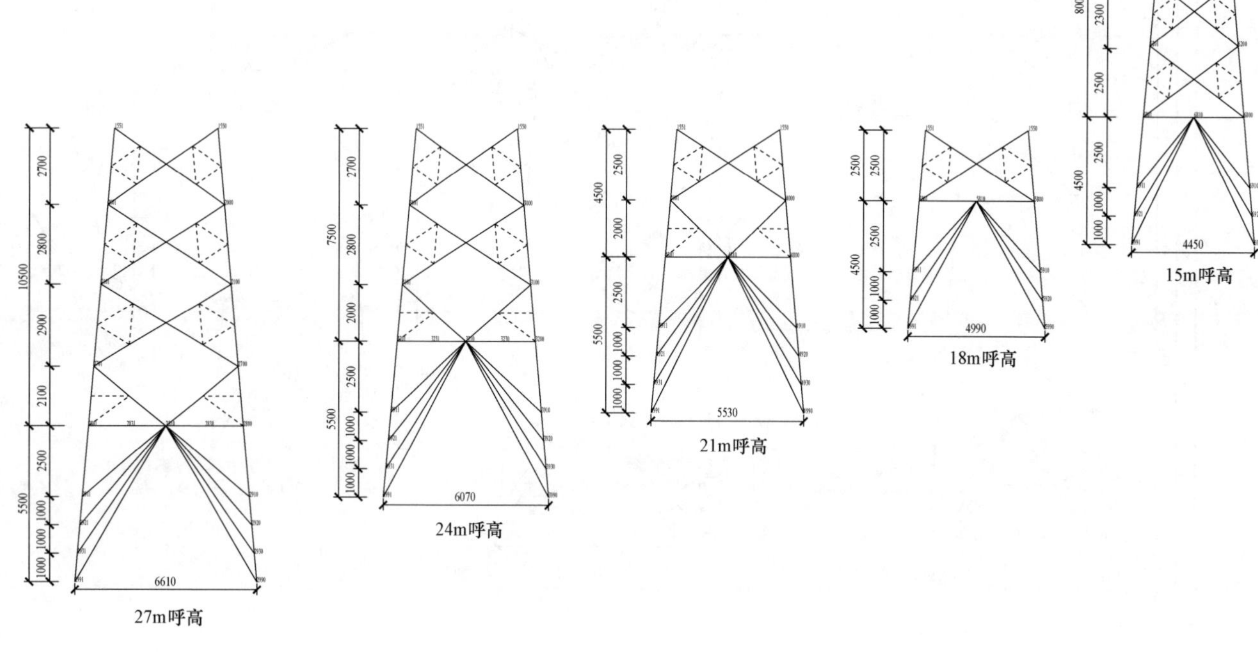

图 17－10　110－ED21S－JC1 塔单线图

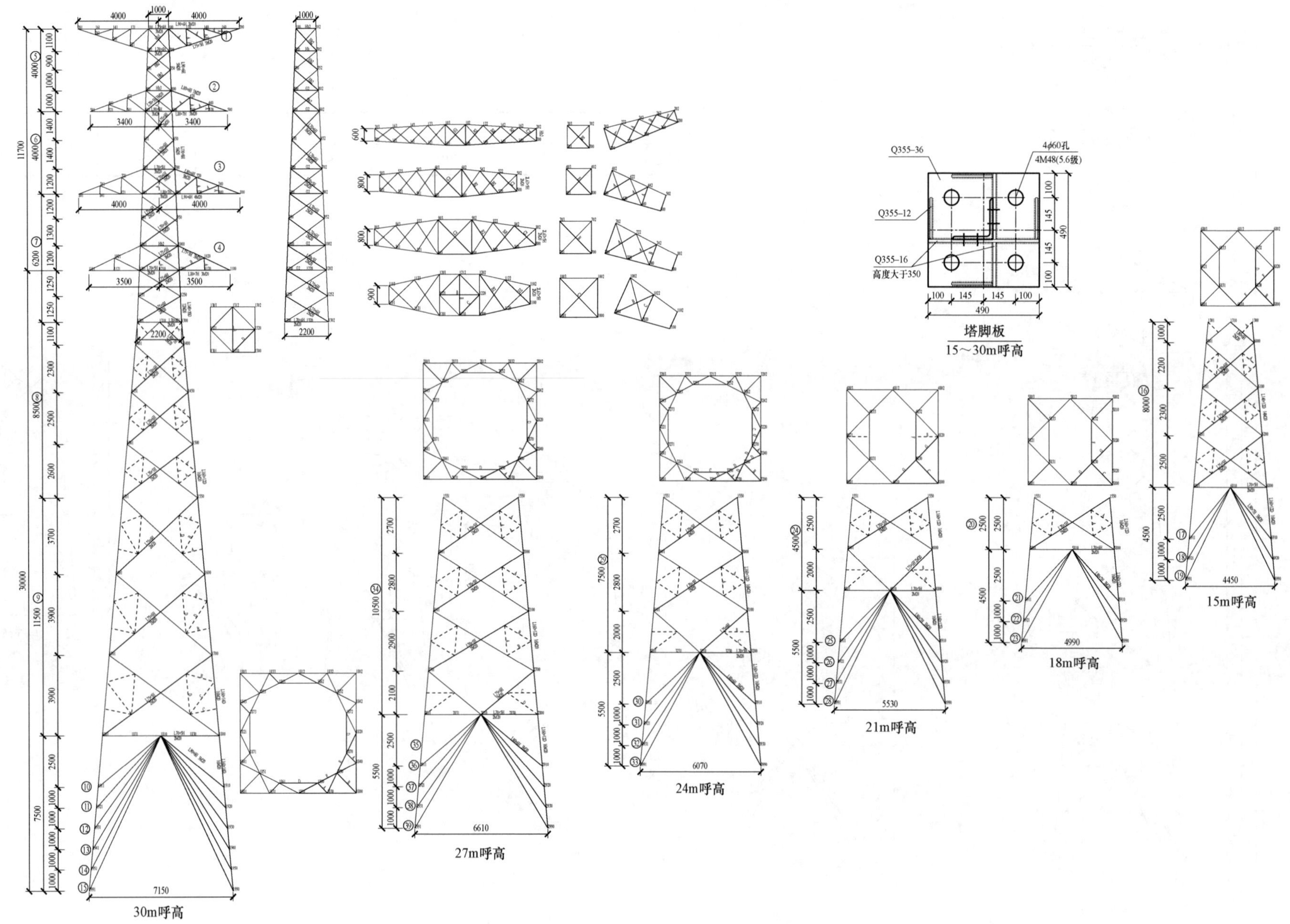

图 17-11　110-ED21S-JC1 塔司令图

17.8 110－ED21S－JC2 塔

17.8.1 设计条件

110－ED21S－JC2 塔导线型号及张力、使用条件、荷载见表 17－28～表 17－30。

表 17－28　导线型号及张力

电压等级	110kV	导线型号	2×JL3/G1A－240/30	最大使用张力（kN）	28.57	断线张力取值（%）	70	不均匀覆冰不平衡张力取值（%）	30
		地线型号	JLB20A－100	最大使用张力（kN）	32.11	断线张力取值（%）	100	不均匀覆冰不平衡张力取值（%）	40

表 17－29　使用条件

使用条件	呼高（m）	水平档距（m）	垂直档距（m）	代表档距（m）	转角度数（°）	K_v 值
数值	30	450	700	200/450	20～40	—

注：上拔侧按 50%垂直档距考虑，下压侧按 80%垂直档距考虑。

表 17－30　荷载表　单位：N

气象条件（t/v/b）			正常运行情况			事故情况		安装情况	不均匀冰
			基本风速	覆冰	最低气温	未断线	断线		
			15/29/0	－5/10/10	－10/0/0	－5/0/10	－5/0/10	－5/10/0	－5/10/10
水平荷载	导线		13609	3636				1600	3636
	绝缘子及金具		592	84				70	84
	跳线串		947	208				113	208
	地线		5594	2804				664	1986
垂直荷载	导线		13917	27410	12652	27410	27410	12652	24037
	绝缘子及金具		3400	4459	3400	4459	4459	3400	4459
	跳线串		1771	2564	1771	2564	2564	1771	2564
	地线		6387	17596	5110	17596	17596	5110	14794
张力	导线	一侧	45948	57144	32378	57144	40001	36952	57144
		另一侧	44452	57144	45086	57144	0	49109	57144
		张力差	1496	0	12708	0	40001	12157	0

续表

气象条件（t/v/b）			正常运行情况			事故情况		安装情况	不均匀冰
			基本风速	覆冰	最低气温	未断线	断线		
			15/29/0	－5/10/10	－10/0/0	－5/0/10	－5/0/10	－5/10/0	－5/10/10
张力	地线	一侧	25946	39187	22479	39187	39187	24277	39187
		另一侧	27275	34977	30026	34977	0	32027	34977
		张力差	1329	4210	7547	4210	39187	7750	4210

注：导线水平导线荷载为下相导线荷载，表中（t/v/b）单位分别为：°、m/s、mm。

17.8.2 根开尺寸及基础作用力

110－ED21S－JC2 塔的根开尺寸及基础作用力见表 17－31 和表 17－32。

表 17－31　根开尺寸

呼高（m）	基础根开（mm）		地脚螺栓根开（mm）		地脚螺栓规格（5.6 级）
	正面根开	侧面根开	正面根开	侧面根开	
15	4740	4740	330	330	4M56
18	5340	5340	330	330	4M56
21	5930	5930	330	330	4M56
24	6530	6530	330	330	4M56
27	7130	7130	330	330	4M56
30	7730	7730	330	330	4M56

表 17－32　基础作用力

转角度数（°）	基础作用力（kN）					
	T_{max}	T_x	T_y	N_{max}	N_x	N_y
20～30	1039.02	－127.86	－113.68	－1144.21	－140.72	－121.39
30～40	1314.32	－158.21	－143.25	－1438.60	－172.58	－153.09

17.8.3 单线图及司令图

110－ED21S－JC2 塔单线图如图 17－12 所示，司令图如图 17－13 所示。

塔呼高（m）	15.0	18.0	21.0	24.0	27.0	30.0
塔重（kg）	10708	11570	12644	13847	14723	15678

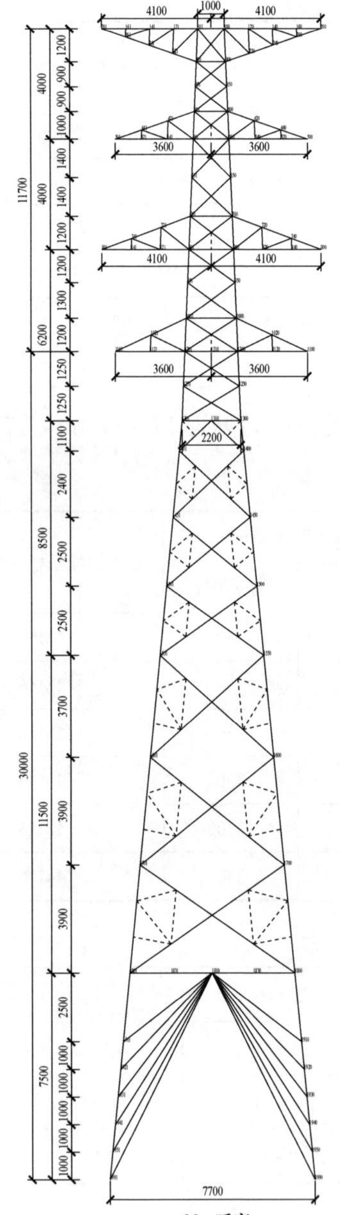

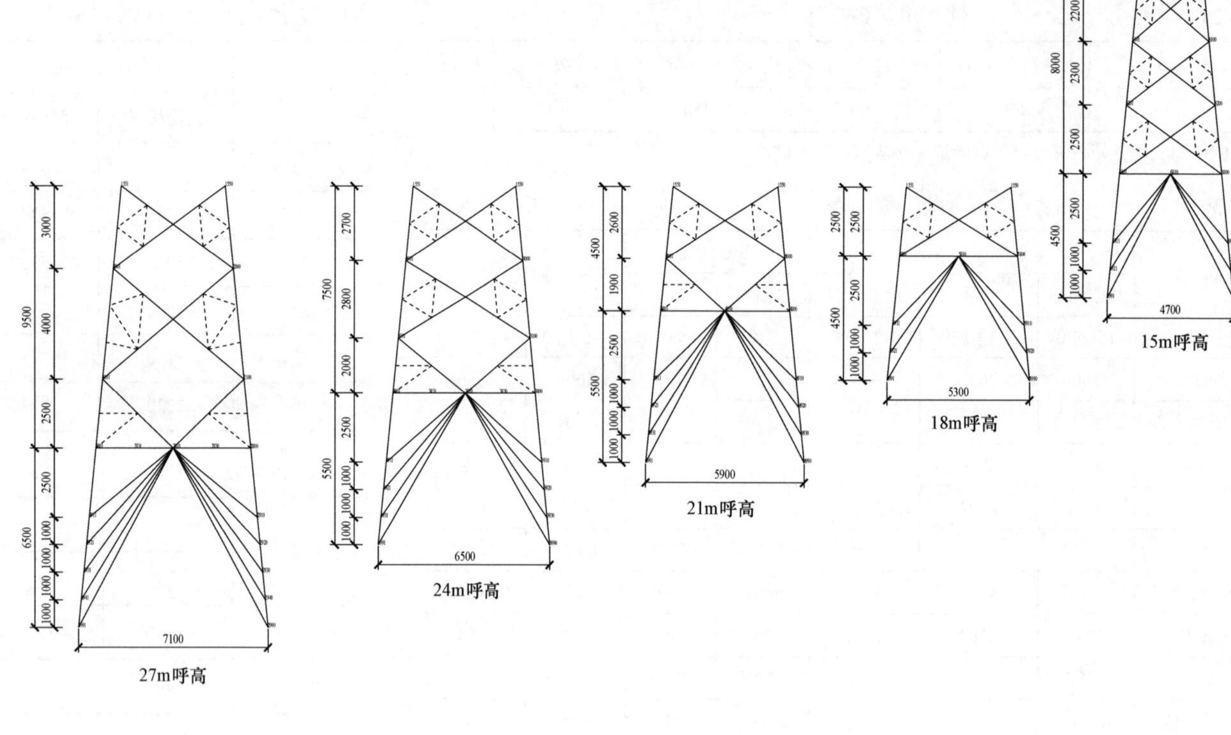

图 17－12　110－ED21S－JC2 塔单线图

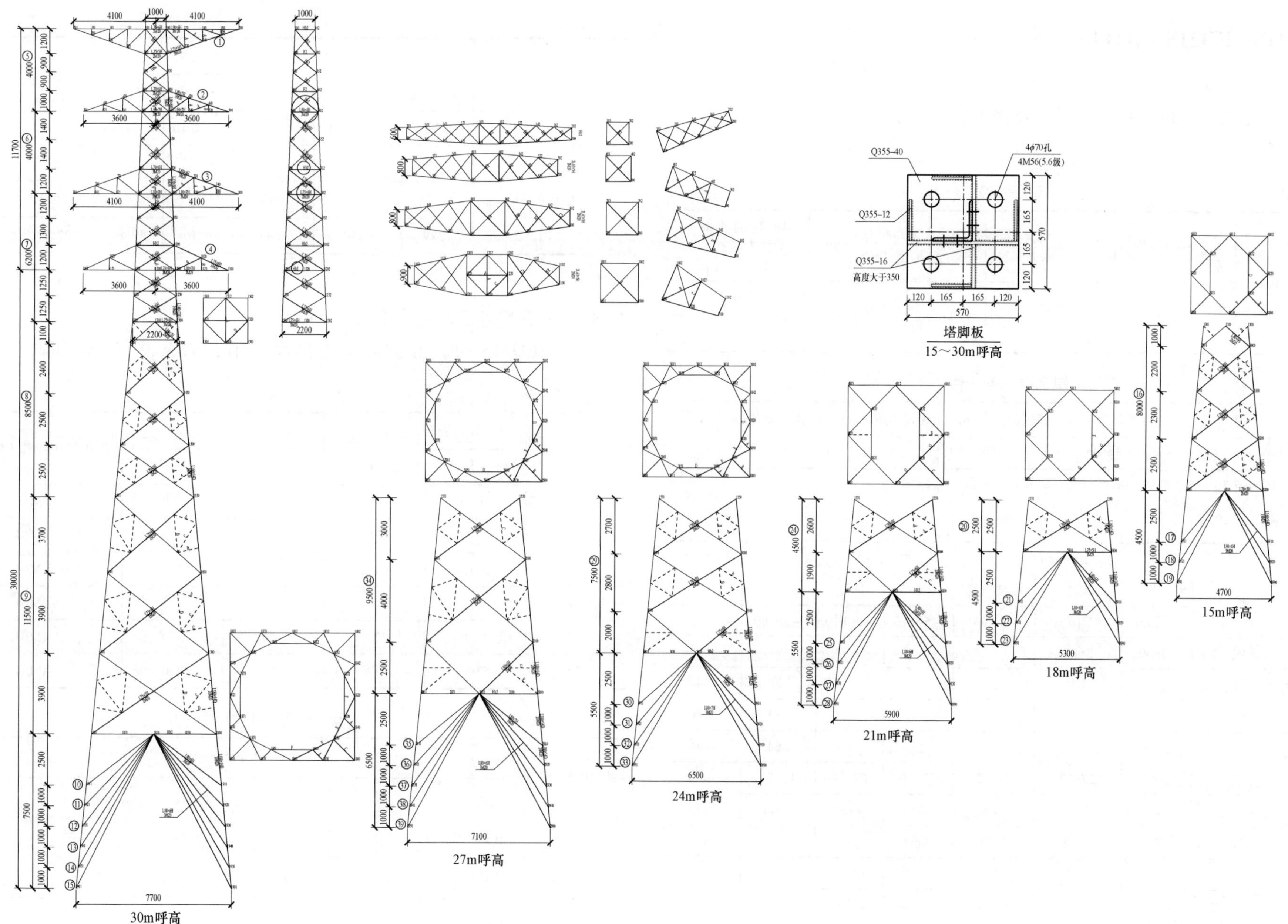

图 17－13　110－ED21S－JC2 塔司令图

17.9 110－ED21S－JC3 塔

17.9.1 设计条件

110－ED21S－JC3 塔导线型号及张力、使用条件、荷载见表 17－33～表 17－35。

表 17－33 导线型号及张力

电压等级	110kV	导线型号	2×JL3/G1A－240/30	最大使用张力（kN）	28.57	断线张力取值（%）	70	不均匀覆冰不平衡张力取值（%）	30
		地线型号	JLB20A－100	最大使用张力（kN）	32.11	断线张力取值（%）	100	不均匀覆冰不平衡张力取值（%）	40

表 17－34 使用条件

使用条件	呼高（m）	水平档距（m）	垂直档距（m）	代表档距（m）	转角度数（°）	K_v 值
数值	30	450	700	200/450	40～60	—

注：上拔侧按 50%垂直档距考虑，下压侧按 80%垂直档距考虑。

表 17－35 荷载表 单位：N

气象条件（$t/v/b$）			正常运行情况			事故情况		安装情况	不均匀冰
			基本风速	覆冰	最低气温	未断线	断线		
			15/29/0	－5/10/10	－10/0/0	－5/0/10	－5/0/10	－5/10/0	－5/10/10
水平荷载	导线		13609	3636				1600	3636
	绝缘子及金具		592	84				70	84
	跳线串		947	208				113	208
	地线		5594	2804				664	1986
垂直荷载	导线		13917	27410	12652	27410	27410	12652	24037
	绝缘子及金具		3400	4459	3400	4459	4459	3400	4459
	跳线串		1771	2564	1771	2564	2564	1771	2564
	地线		6387	17596	5110	17596	17596	5110	14794
张力	导线	一侧	45948	57144	32378	57144	40001	36952	57144
		另一侧	44452	57144	45086	57144	0	49109	57144
		张力差	1496	0	12708	0	40001	12157	0

续表

气象条件（$t/v/b$）			正常运行情况			事故情况		安装情况	不均匀冰
			基本风速	覆冰	最低气温	未断线	断线		
			15/29/0	－5/10/10	－10/0/0	－5/0/10	－5/0/10	－5/10/0	－5/10/10
张力	地线	一侧	25946	39187	22479	39187	39187	24277	39187
		另一侧	27275	34977	30026	34977	0	32027	34977
		张力差	1329	4210	7547	4210	39187	7750	4210

注：导线水平导线荷载为下相导线荷载，表中（$t/v/b$）单位分别为：°、m/s、mm。

17.9.2 根开尺寸及基础作用力

110－ED21S－JC3 塔的根开尺寸及基础作用力见表 17－36 和表 17－37。

表 17－36 根开尺寸

呼高（m）	基础根开（mm）		地脚螺栓根开（mm）		地脚螺栓规格（5.6 级）
	正面根开	侧面根开	正面根开	侧面根开	
15	5090	5090	370	370	4M64
18	5750	5750	370	370	4M64
21	6410	6410	370	370	4M64
24	7070	7070	370	370	4M64
27	7730	7730	370	370	4M64
30	8390	8390	370	370	4M64

表 17－37 基础作用力

转角度数（°）	基础作用力（kN）					
	T_{max}	T_x	T_y	N_{max}	N_x	N_y
40～50	1356.22	－178.81	－163.85	－1458.94	－194.51	－169.30
50～60	1559.27	－203.34	－187.87	－1670.02	－211.54	－193

17.9.3 单线图及司令图

110－ED21S－JC3 塔单线图如图 17－14 所示，司令图如图 17－15 所示。

塔呼高（m）	15.0	18.0	21.0	24.0	27.0	30.0
塔重（kg）	11395	12668	13761	14968	16028	17097

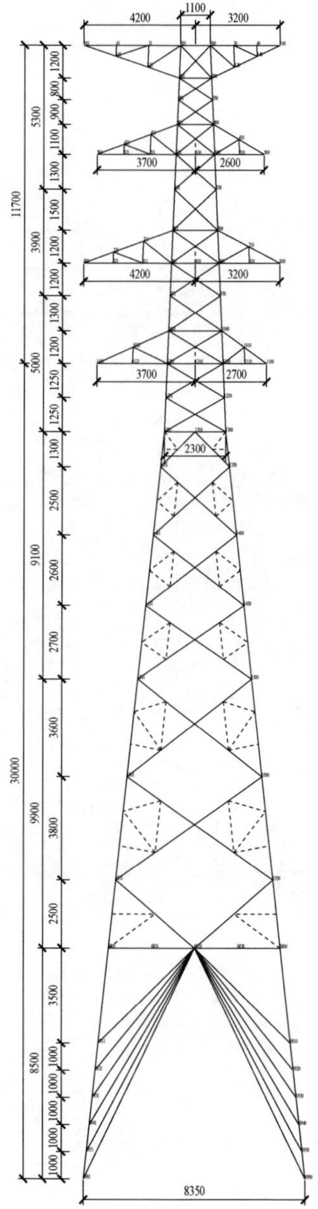

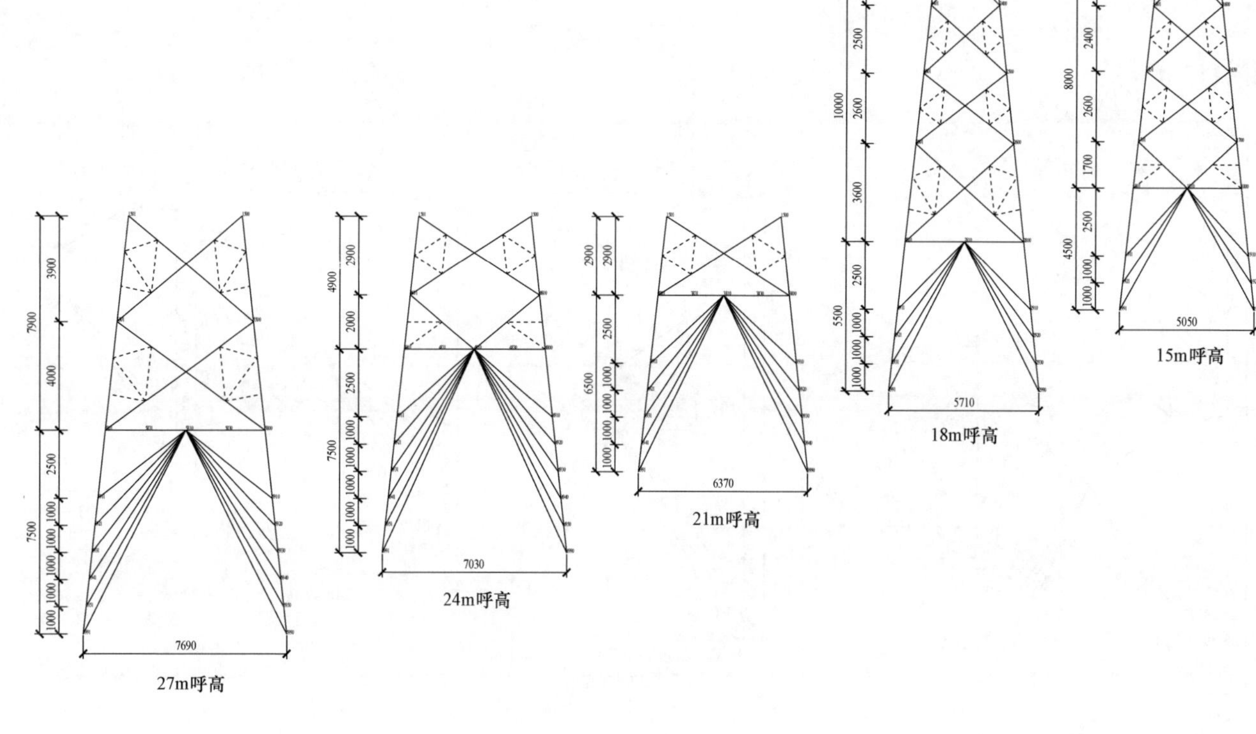

图 17－14　110－ED21S－JC3 塔单线图

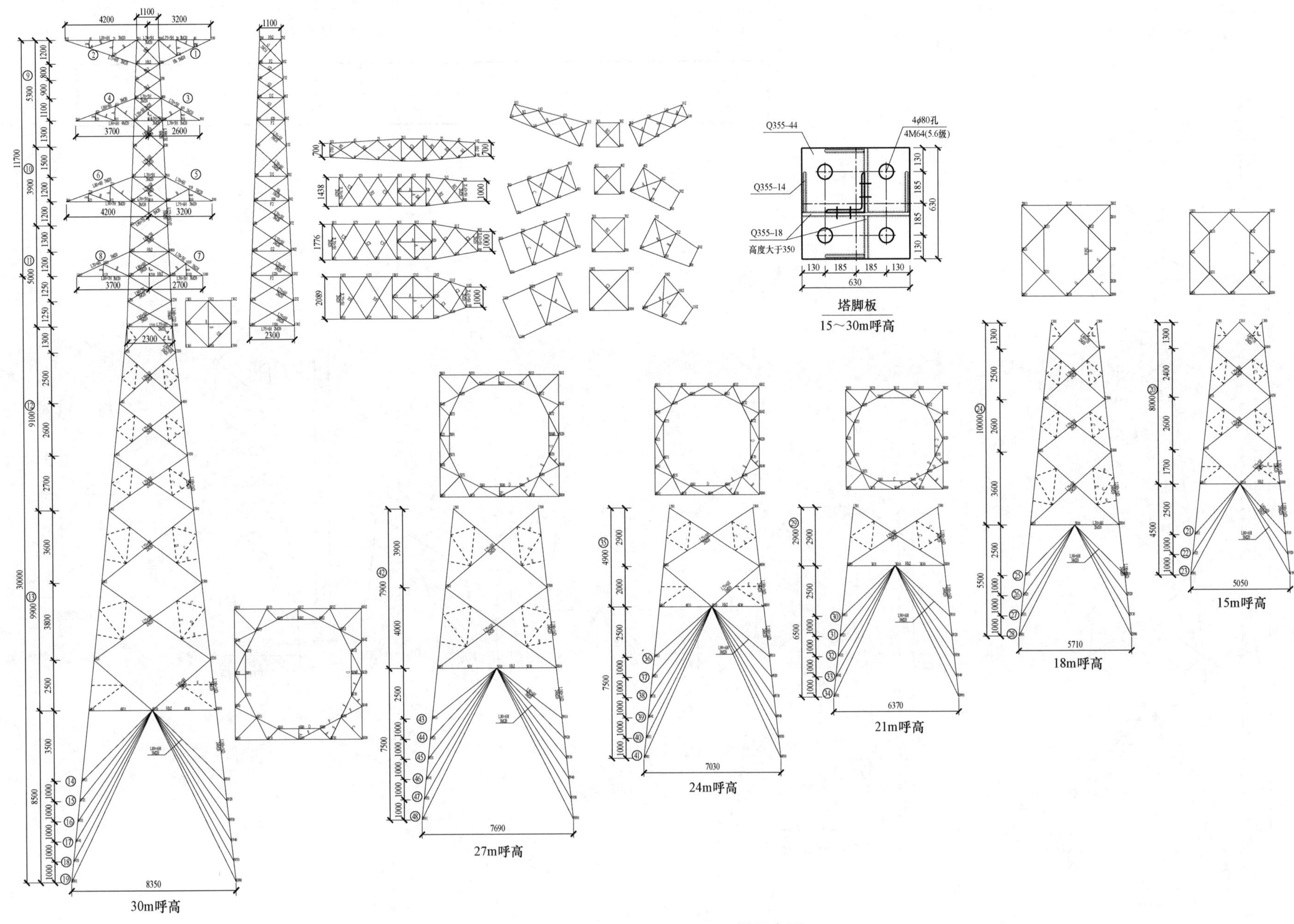

图 17-15　110-ED21S-JC3 塔司令图

17.10 110-ED21S-JC4 塔

17.10.1 设计条件

110-ED21S-JC4 塔导线型号及张力、使用条件、荷载见表 17-38～表 17-40。

表 17-38　　导线型号及张力

电压等级									
电压等级	110kV	导线型号	2×JL3/G1A-240/30	最大使用张力(kN)	28.57	断线张力取值(%)	70	不均匀覆冰不平衡张力取值(%)	30
		地线型号	JLB20A-100	最大使用张力(kN)	32.11	断线张力取值(%)	100	不均匀覆冰不平衡张力取值(%)	40

表 17-39　　使用条件

使用条件	呼高(m)	水平档距(m)	垂直档距(m)	代表档距(m)	转角度数(°)	K_v 值
数值	30	450	700	200/450	40～60	—

注：上拔侧按 50%垂直档距考虑，下压侧按 80%垂直档距考虑。

表 17-40　　荷载表　　单位：N

气象条件 (t/v/b)			正常运行情况			事故情况		安装情况	不均匀冰
			基本风速	覆冰	最低气温	未断线	断线		
			15/29/0	-5/10/10	-10/0/0	-5/0/10	-5/0/10	-5/10/0	-5/10/10
水平荷载	导线		13609	3636				1600	3636
	绝缘子及金具		592	84				70	84
	跳线串		947	208				113	208
	地线		5594	2804				664	1986
垂直荷载	导线		13917	27410	12652	27410	27410	12652	24037
	绝缘子及金具		3400	4459	3400	4459	4459	3400	4459
	跳线串		1771	2564	1771	2564	2564	1771	2564
	地线		6387	17596	5110	17596	17596	5110	14794
张力	导线	一侧	45948	57144	32378	57144	40001	36952	57144
		另一侧	44452	57144	45086	57144	0	49109	57144
		张力差	1496	0	12708	0	40001	12157	0
张力	地线	一侧	25946	39187	22479	39187	39187	24277	39187
		另一侧	27275	34977	30026	34977	0	32027	34977
		张力差	1329	4210	7547	4210	39187	7750	4210

注：导线水平导线荷载为下相导线荷载，表中（t/v/b）单位分别为：°、m/s、mm。

17.10.2 根开尺寸及基础作用力

110-ED21S-JC4 塔的根开尺寸及基础作用力见表 17-41 和表 17-42。

表 17-41　　根开尺寸

呼高(m)	基础根开(mm)		地脚螺栓根开(mm)		地脚螺栓规格(5.6 级)
	正面根开	侧面根开	正面根开	侧面根开	
15	5700	5700	370	370	4M64
18	6480	6480	370	370	4M64
21	7260	7260	370	370	4M64
24	8040	8040	370	370	4M64
27	8820	8820	370	370	4M64
30	9600	9600	370	370	4M64

表 17-42　　基础作用力

转角度数(°)	基础作用力(kN)					
	T_{max}	T_x	T_y	N_{max}	N_x	N_y
60～70	1450.42	-210.94	-194.47	-1586.29	-232.98	-211.73
70～80	1659.21	-236.14	-224.11	-1822.96	-260.92	-245.16
80～90	1790.72	-253.09	-241.42	-1965.76	-277.97	-264.70

17.10.3 单线图及司令图

110-ED21S-JC4 塔单线图如图 17-16 所示，司令图如图 17-17 所示。

塔呼高（m）	15.0	18.0	21.0	24.0	27.0	30.0
塔重（kg）	12893	13984	15213	16957	18093	19441

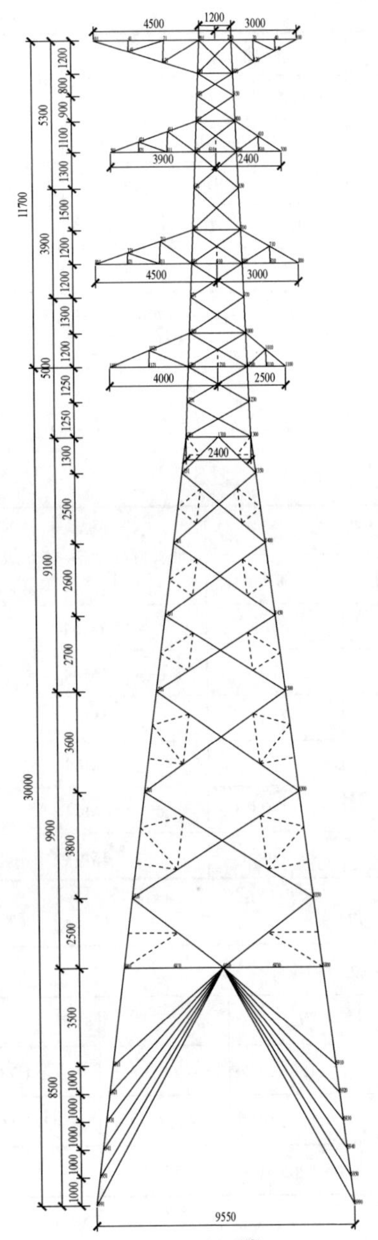

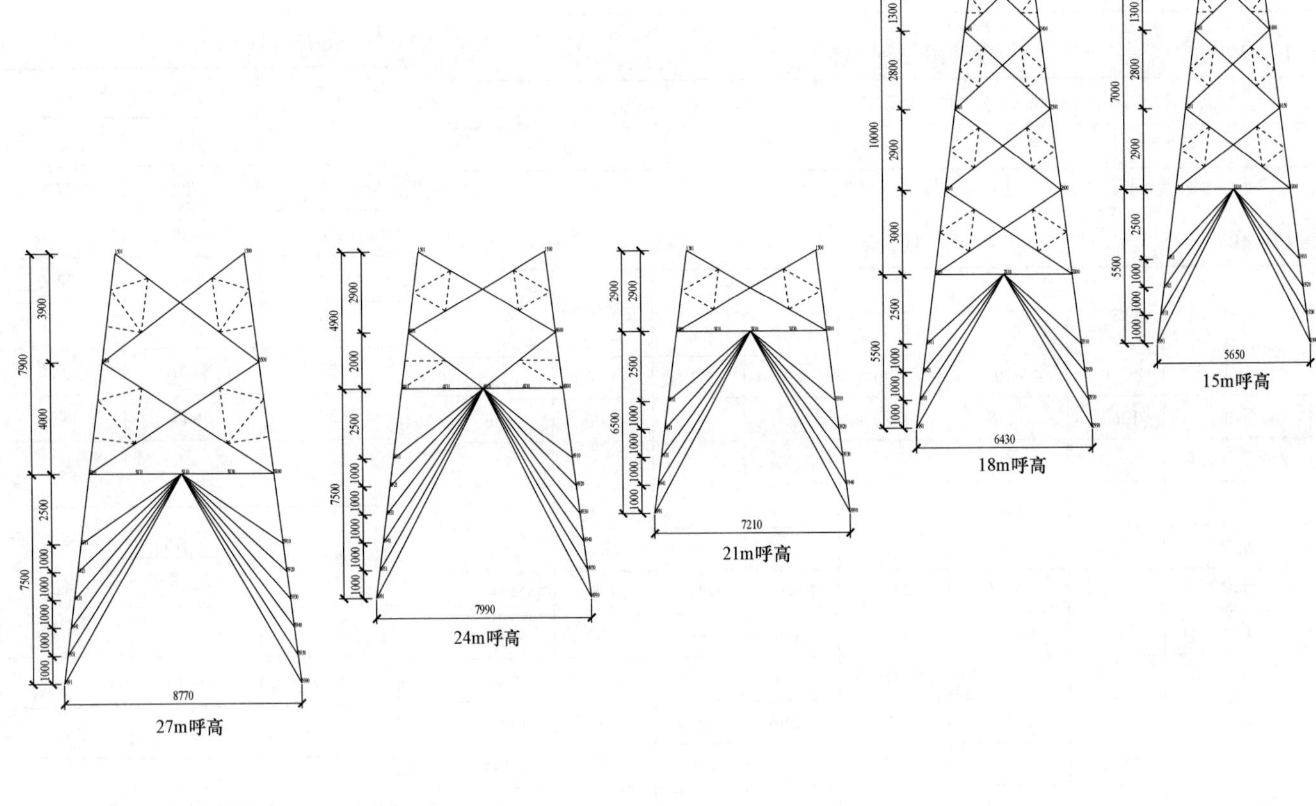

图 17.－16　110－ED21S－JC4 塔单线图

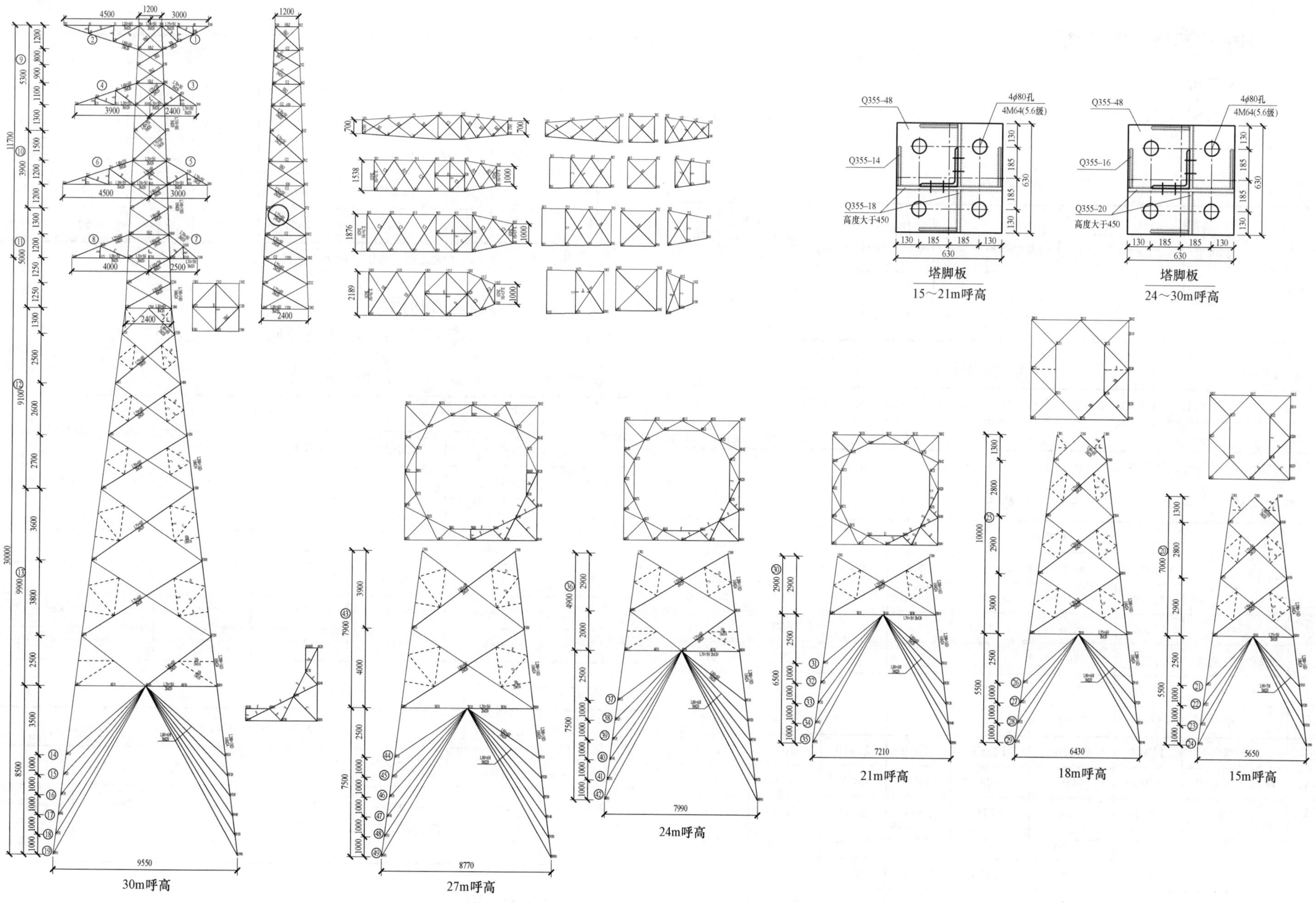

图 17－17　110－ED21S－JC4 塔司令图

17.11 110－ED21S－DJC 塔

17.11.1 设计条件

110－ED21S－DJC 塔导线型号及张力、使用条件、荷载见表 17－43～表 17－45。

表 17－43　　导线型号及张力

电压等级	110kV	导线型号	2×JL3/G1A－240/30	最大使用张力（kN）	28.57	断线张力取值（%）	70	不均匀覆冰不平衡张力取值（%）	30
		地线型号	JLB20A－100	最大使用张力（kN）	32.11	断线张力取值（%）	100	不均匀覆冰不平衡张力取值（%）	40

表 17－44　　使用条件

使用条件	呼高（m）	水平档距（m）	垂直档距（m）	代表档距（m）	转角度数（°）	K_v 值
数值	30	450	700	200/450	0～90	—

注：上拔侧按 50%垂直档距考虑，下压侧按 80%垂直档距考虑。

表 17－45　　荷载表

气象条件（$t/v/b$）			正常运行情况			事故情况		安装情况	不均匀冰
			基本风速	覆冰	最低气温	未断线	断线		
			15/29/0	－5/10/10	－10/0/0	－5/0/10	－5/0/10	－5/10/0	－5/10/10
水平荷载	导线		13609	3636				1600	3636
	绝缘子及金具		592	84				70	84
	跳线串		947	208				113	208
	地线		5594	2804				664	1986
垂直荷载	导线		13917	27410	12652	27410	27410	12652	24037
	绝缘子及金具		3400	4459	3400	4459	4459	3400	4459
	跳线串		1771	2564	1771	2564	2564	1771	2564
	地线		6387	17596	5110	17596	17596	5110	14794
张力	导线	一侧	45948	57144	32378	57144	40001	36952	57144
		另一侧	44452	57144	45086	57144	0	49109	57144
		张力差	1496	0	12708	0	40001	12157	0
	地线	一侧	25946	39187	22479	39187	39187	24277	39187
		另一侧	27275	34977	30026	34977	0	32027	34977
		张力差	1329	4210	7547	4210	39187	7750	4210

注：导线水平荷载为下相导线荷载，表中（$t/v/b$）单位分别为：°、m/s、mm。

17.11.2 根开尺寸及基础作用力

110－ED21S－DJC 塔的根开尺寸及基础作用力见表 17－46 和表 17－47。

表 17－46　　根开尺寸

呼高（m）	基础根开（mm）		地脚螺栓根开（mm）		地脚螺栓规格（5.6 级）
	正面根开	侧面根开	正面根开	侧面根开	
15	5700	5700	370	370	4M64
18	6480	6480	370	370	4M64
21	7260	7260	370	370	4M64
24	8040	8040	370	370	4M64
27	8820	8820	370	370	4M64
30	9600	9600	370	370	4M64

表 17－47　　基础作用力

转角度数（°）	基础作用力（kN）					
	T_{max}	T_x	T_y	N_{max}	N_x	N_y
0～40	1595.08	－201.54	－239.78	－1755.38	－264.68	－227.59
40～90	1750.94	－224.95	－269.74	－1882.16	－288.22	－238.15

17.11.3 单线图及司令图

110－ED21S－DJC 塔单线图如图 17－18 所示，司令图如图 17－19 所示。

塔呼高（m）	15.0	18.0	21.0	24.0	27.0	30.0
塔重（kg）	14282	15364	16616	18034	19238	20658

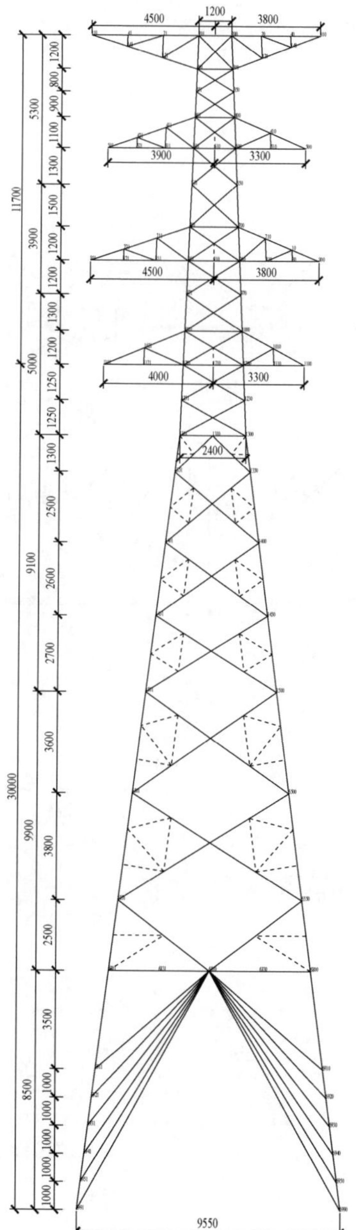

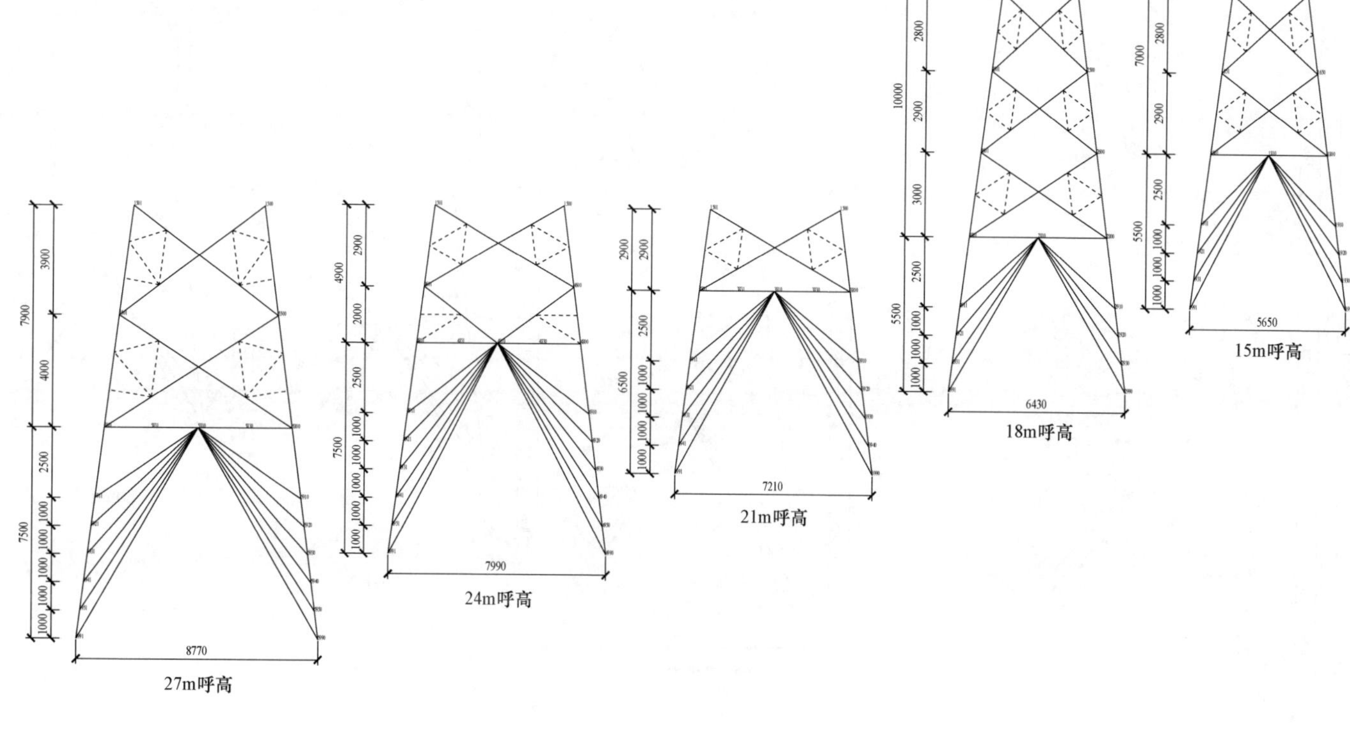

图 17－18　110－ED21S－DJC 塔单线图

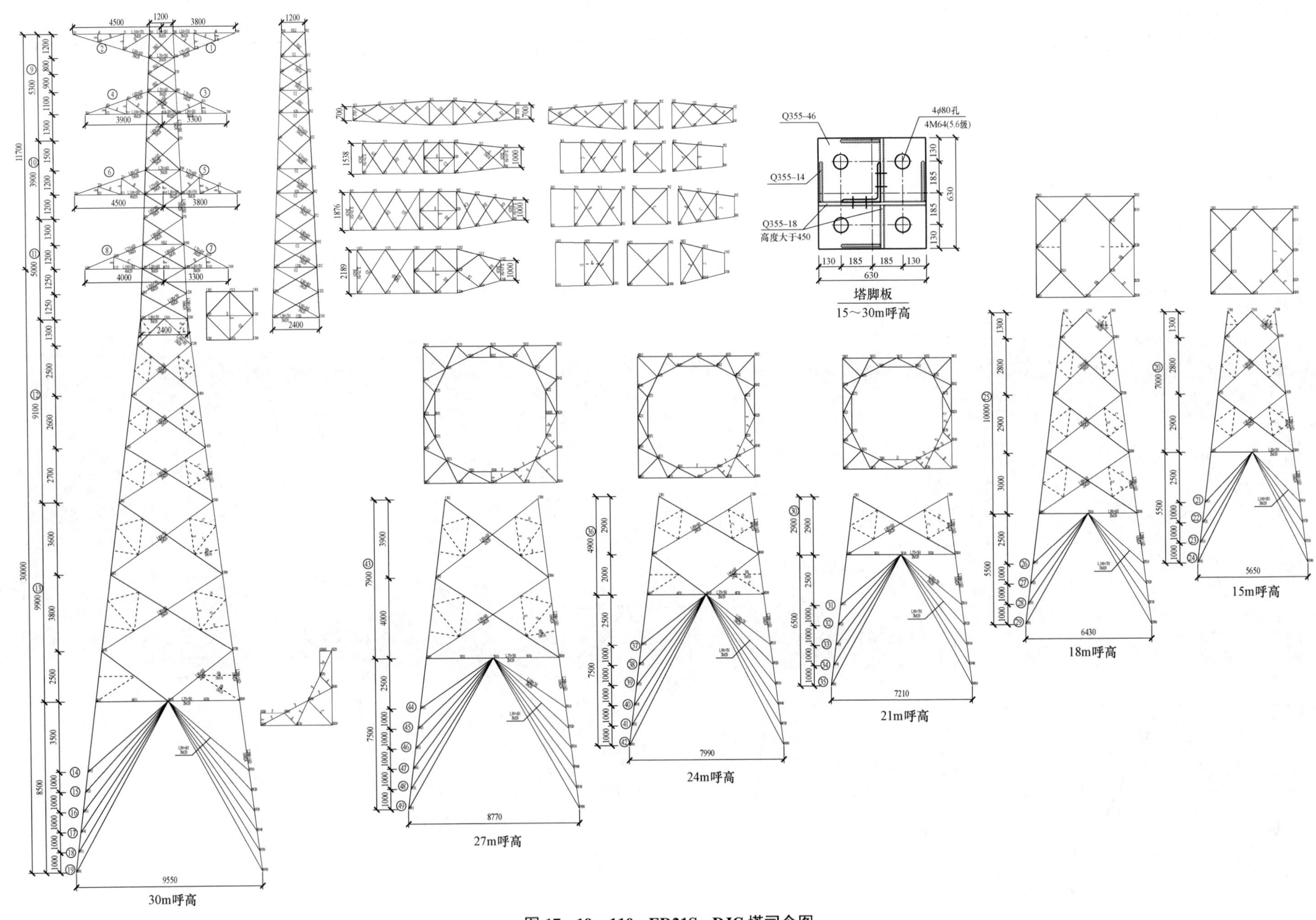

图 17－19　110－ED21S－DJC 塔司令图

18 110－EF11S 子模块

18.1 模块说明

18.1.1 概述

根据国家电网公司《35kV～750kV 线路杆塔通用设计优化技术导则》和国网福建电力工作安排，福建永福电力设计股份有限公司负责 110kV 输电线路通用设计 110－EF11S 子模块的设计工作。该模块为海拔 1000m 以内、设计基本风速为 33m/s（离地 10m）、覆冰厚度为 0mm，导线为 2×JL3/G1A－240/30（兼 1×JL3/G1A－400/35）的双回路铁塔。直线塔按 3+1 塔系列规划，耐张塔按 4 塔系列规划并单独设计终端塔，所有塔均按全方位不等长腿设计；该子模块共计 9 种塔型。

18.1.2 气象条件

110－EF11S 子模块的气象条件见表 18－1。

表 18－1　　110－EF11S 子模块的气象条件

项　　目	气温（℃）	风速（m/s）	覆冰厚度（mm）
最低气温	－5	0	0
年平均气温	15	0	0
基本风速	15	33	0
设计覆冰	－5	0	0
最高气温	40	0	0
安装情况	0	10	0
操作过电压	15	17.6	0
雷电过电压	15	15	0
带电作业	15	10	0
年平均雷电日数	65		

18.1.3 导地线型号及参数

110－EF11S 子模块的导地线型号及参数见表 18－2。

表 18－2　　110－EF11S 子模块的导地线型号及参数

项目		导线		地线	
电线型号		JL3/G1A－240/30	JL3/G1A－400/35	JLB20A－100	JLB40－100
结构	铝［根数/直径（mm）］	24/3.60	48/3.22	—	—
	钢、铝包钢［根数/直径（mm）］	7/2.40	7/2.50	19/2.6	19/2.6
计算截面面积（mm²）		276	425	101	101
计算外径（mm）		21.6	26.8	13	13
计算重量（kg/m）		0.9215	1.3486	0.6767	0.4765
计算拉断力（N）		75190	103700	135200	68600
弹性系数（MPa）		70500	65900	153900	103600
线膨胀系数（1/℃）		19.4×10^{-6}	20.3×10^{-6}	13.0×10^{-6}	15.5×10^{-6}

设计使用时，导地线的保证拉断力为计算拉断力的 95%。设计用导线安全系数为 2.5，平均运行张力取保证拉断力的 25%；进行电气配合时，地线型号选取 JLB40－100，地线安全系数为 3.0，平均运行张力取保证拉断力的 25%；进行结构荷载计算时，地线型号选取 JLB20A－100，地线安全系数为 4.0，平均运行张力取保证拉断力的 25%。

18.1.4 绝缘配置

悬垂串按“I”型布置，采用 FXBW－110/70－3 复合绝缘子，结构高度为 1440mm，最小公称爬电距离为 3520mm。

跳线串采用 FSP－110/0.8－2 防风偏复合绝缘子，实结构高度为 1440mm，最小公称爬电距离为 3520mm。

耐张串采用 FXBW－110/70－3 复合绝缘子，结构高度为 1440mm，最小公称爬电距离为 3520mm。

18.1.5 联塔金具

直线塔导线横担均按前、中、后三个挂点设计，挂点间距采用 200＋200＝400（mm），以满足单、双联悬挂的需要，联塔金具采用 ZBS－07/10－80；地线悬垂串的联塔金具采用 UB 型挂板。

导地线耐张串均采用单挂点设计，导线联塔金具采用 U 型挂环，地线联塔金具采用 U 型挂环。跳线串联塔适配防风偏绝缘子低压端螺栓。

18.2　110－EF11S 子模块杆塔一览图

110－EF11S 子模块杆塔一览图（山区）如图 18－1 所示。

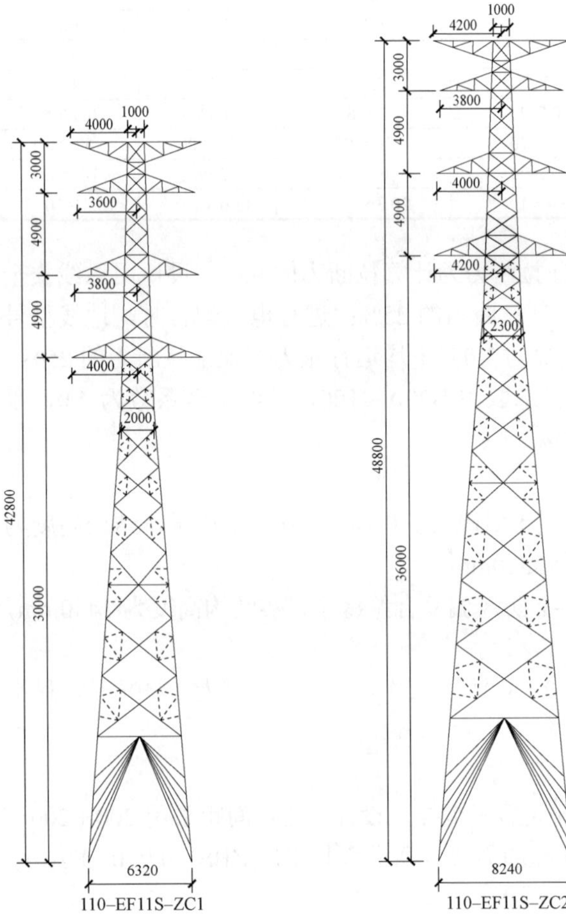

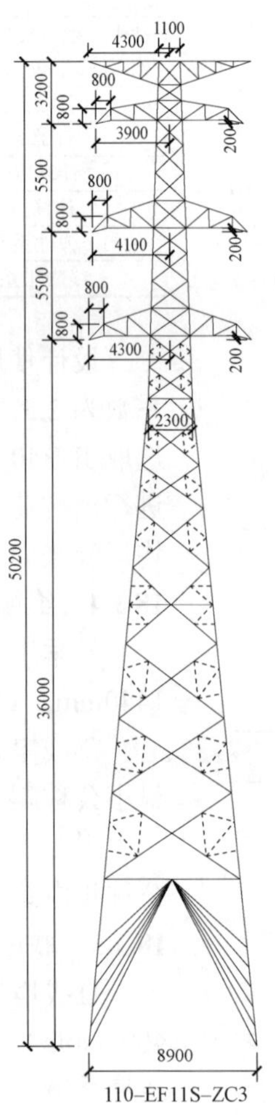

序号	塔型名称	呼高（m）	水平档距（m）	垂直档距（m）	塔重（kg）	允许转角（°）	串型
1	110－EF11S－ZC1	30.0	380	550	11443.9	0	“I”串
2	110－EF11S－ZC2	30.0	480	700	12783.8	0	“I”串
		36.0	450	700	14632.6		
3	110－EF11S－ZC3	33.0	650	1000	15406.1	0	“I”串
		36.0	635	1000	16704.1		
4	110－EF11S－ZCK	51.0	480	700	22297.2	0	“I”串
5	110－EF11S－JC1	30.0	450	700	15497.7	0～20	
6	110－EF11S－JC2	30.0	450	700	17400.3	20～40	
7	110－EF11S－JC3	30.0	450	700	19838.9	40～60	
8	110－EF11S－JC4	30.0	450	700	22415.7	60～90	
9	110－EF11S－DJC	30.0	450	700	24454.8	0～90	

注：直线塔呼高一列中第一行为计算呼高，第二行为最高呼高。

说明：

1. 铁塔全为螺栓连接的型钢结构。
2. 所有构件均需热浸镀锌防腐。
3. 所有塔身断面均为方型。
4. 所有铁塔均设有全方位长短腿。
5. 铁塔材料：

   型钢：Q235B、Q355B 和 Q420B；

   钢板：Q235B、Q355B 和 Q420B；

   螺栓：6.8 级和 8.8 级。

图 18－1　110－EF11S 子模块杆塔一览图（山区）（一）

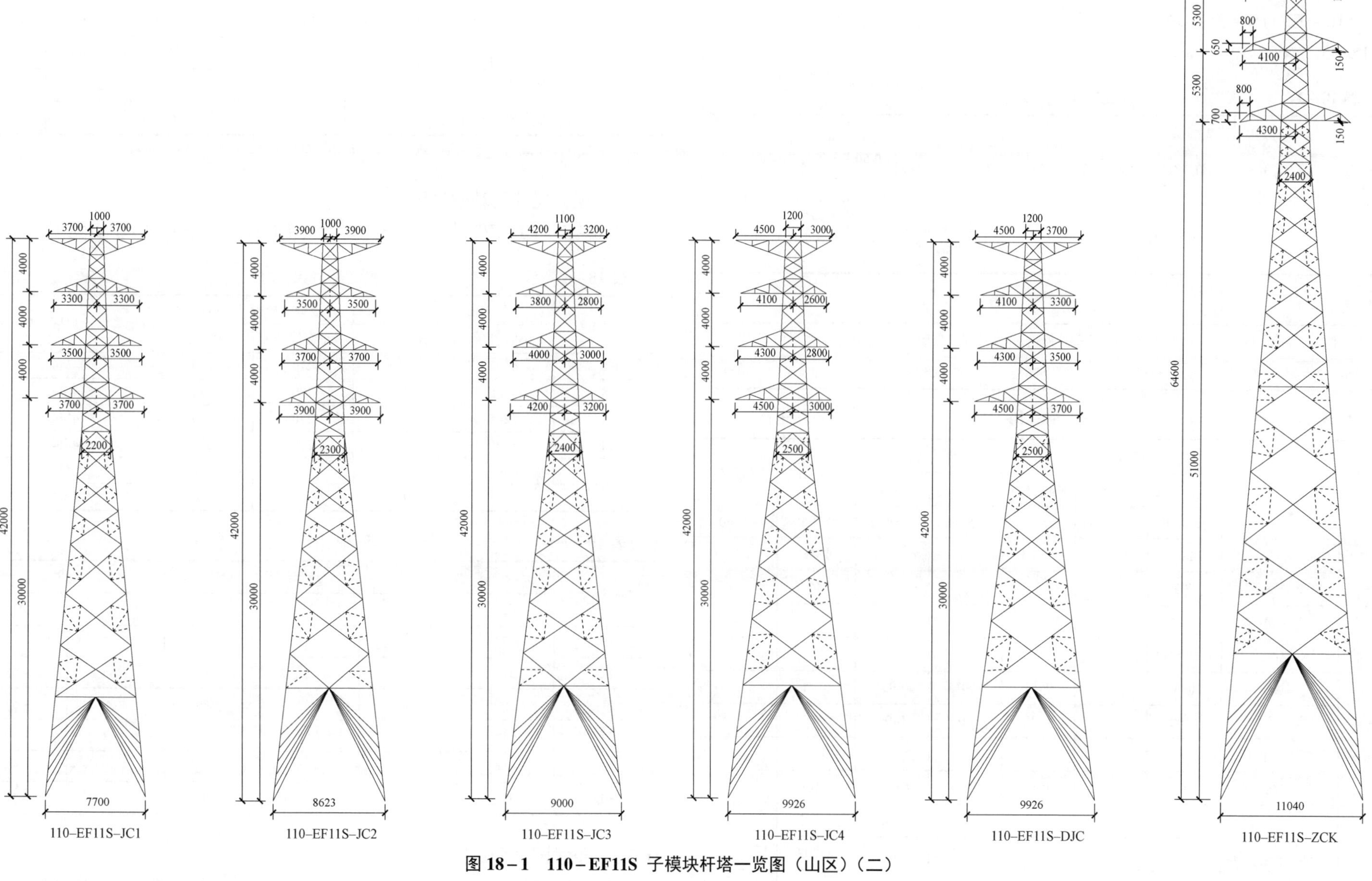

图 18-1　110-EF11S 子模块杆塔一览图（山区）（二）

18.3 110-EF11S-ZC1 塔

18.3.1 设计条件

110-EF11S-ZC1 塔的导线型号及张力、使用条件、荷载见表 18-3～表 18-5。

表 18-3 导线型号及张力

电压等级	110kV	导线型号	2×JL3/G1A-240/30 兼 1×JL3/G1A-400/35	最大使用张力(kN)	28.57/39.406	断线张力取值(%)	30/50	不均匀覆冰不平衡张力取值(%)	10
		地线型号	JLB-100	最大使用张力(kN)	32.11	断线张力取值(%)	100	不均匀覆冰不平衡张力取值(%)	20

表 18-4 使用条件

使用条件	呼高(m)	水平档距(m)	垂直档距(m)	代表档距(m)	转角度数(°)	K_v 值
数值	30	380	550	250	0	0.80

表 18-5 荷载表 单位：N

气象条件(t/v/b)			正常运行情况			事故情况		安装情况	不均匀冰
			基本风速	覆冰	最低气温	未断线	断线		
			15/33/0	-5/0/0	-5/0/0	-5/0/0	-5/0/0	0/10/0	-5/0/0
水平荷载	导线		14888					1355	
	绝缘子及金具		505					46	
	跳线串								
	地线		6242					573	
垂直荷载	导线		10935		9941	10935	10935	9941	
	绝缘子及金具		1400		1400	1400	1400	1400	
	跳线串								
	地线		5019		4015	5019	5019	4015	
张力	导线	一侧					17143	47202	
		另一侧					0	47202	
		张力差					17143	0	

续表

气象条件(t/v/b)			正常运行情况			事故情况		安装情况	不均匀冰
			基本风速	覆冰	最低气温	未断线	断线		
			15/33/0	-5/0/0	-5/0/0	-5/0/0	-5/0/0	0/10/0	-5/0/0
张力	地线	一侧					32110	34348	
		另一侧					0	34348	
		张力差					32110	0	

注：导线水平荷载为下相导线荷载，表中(t/v/b)单位分别为：°、m/s、mm。

18.3.2 根开尺寸及基础作用力

110-EF11S-ZC1 塔的根开尺寸及基础作用力见表 18-6 和表 18-7。

表 18-6 根开尺寸

呼高(m)	基础根开(mm)		地脚螺栓根开(mm)		地脚螺栓规格(5.6 级)
	正面根开	侧面根开	正面根开	侧面根开	
15	4205	4205	270	270	4M42
18	4745	4745	270	270	4M42
21	5285	5285	270	270	4M42
24	5825	5825	290	290	4M48
27	6365	6365	290	290	4M48
30	6905	6905	290	290	4M48

表 18-7 基础作用力

呼高(m)	基础作用力(kN)					
	T_{max}	T_x	T_y	N_{max}	N_x	N_y
15	574	-60	-51	-646	-67	-54
18	577	-60	-51	-651	-68	-55
21	600	-60	-53	-679	-68	-57
24	615	-64	-55	-698	-72	-59
27	664	-71	-64	-750	-80	-68
30	691	-75	-67	-782	-84	-72

18.3.3 单线图及司令图

110-EF11S-ZC1 塔单线图如图 18-2 所示，司令图如图 18-3 所示。

塔呼高（m）	15.0	18.0	21.0	24.0	27.0	30.0
塔重（kg）	7717.5	8289.7	9071.4	9714.4	10714.2	11443.9

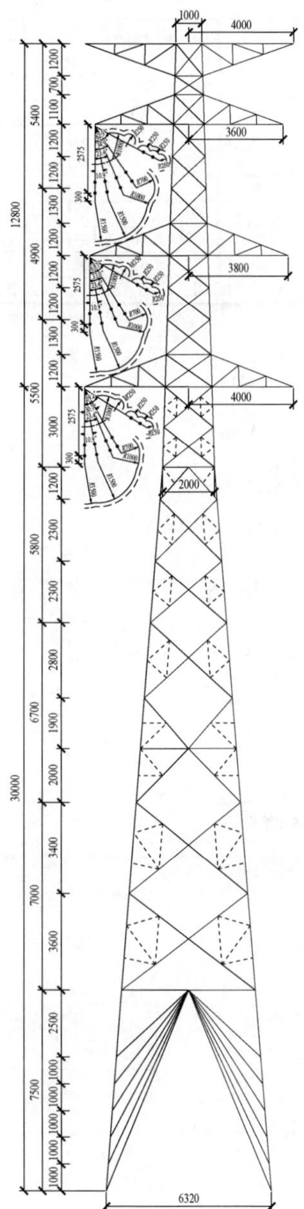

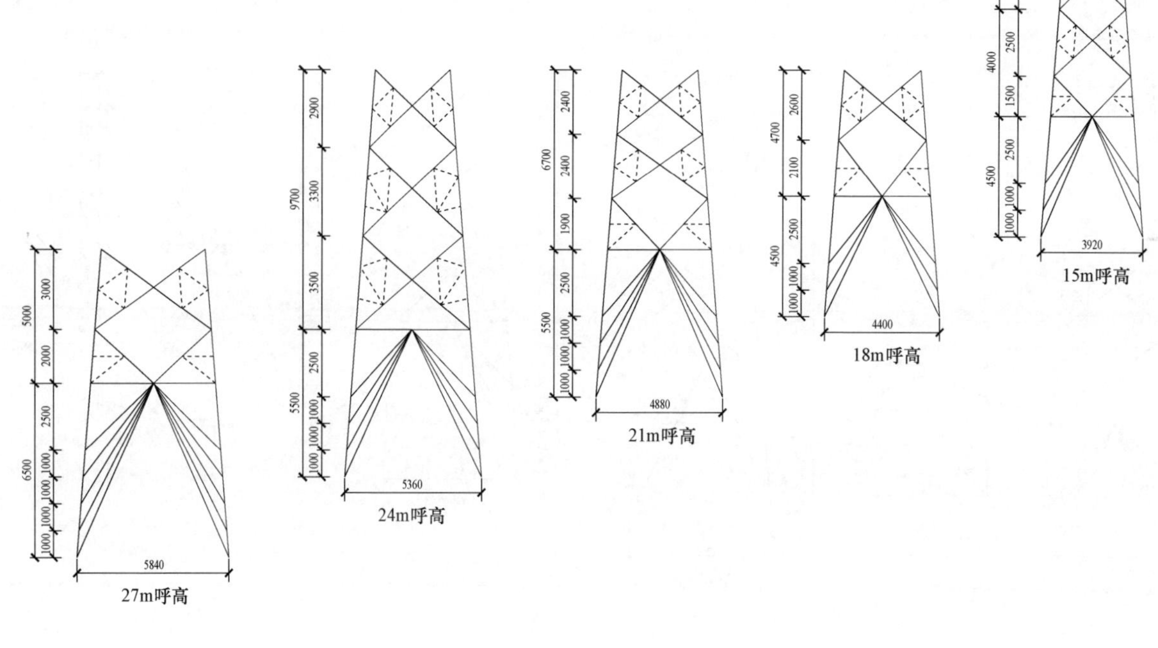

图 18-2　110-EF11S-ZC1 塔单线图

角钢规格代号表

代号	角钢规格	螺栓规格	代号	角钢规格	螺栓规格	代号	角钢规格	螺栓规格
A	L40×3	M16×1	A2	L40×3	M16×2	A3	L40×3	M16×3
B	L40×4	M16×1	B2	L40×4	M16×2	B3	L40×4	M16×3
C	L45×4	M16×1	C2	L45×4	M16×2	C3	L45×4	M16×3
D	L50×4	M16×1	D2	L50×4	M16×2	D3	L50×4	M16×3
E	L50×5	M16×1	E2	L50×5	M16×2	E3	L50×5	M16×3
F	L56×4	M16×1	F2	L56×4	M16×2	F3	L56×4	M16×3
G	L56×5	M16×1	G2	L56×5	M16×2	G3	L56×5	M16×3
H	L63×5	M20×1	H2	L63×5	M20×2	H3	L63×5	M20×3
Hh	L63×5H	M20×1	Hh2	L63×5H	M20×2	Hh3	L63×5H	M20×3

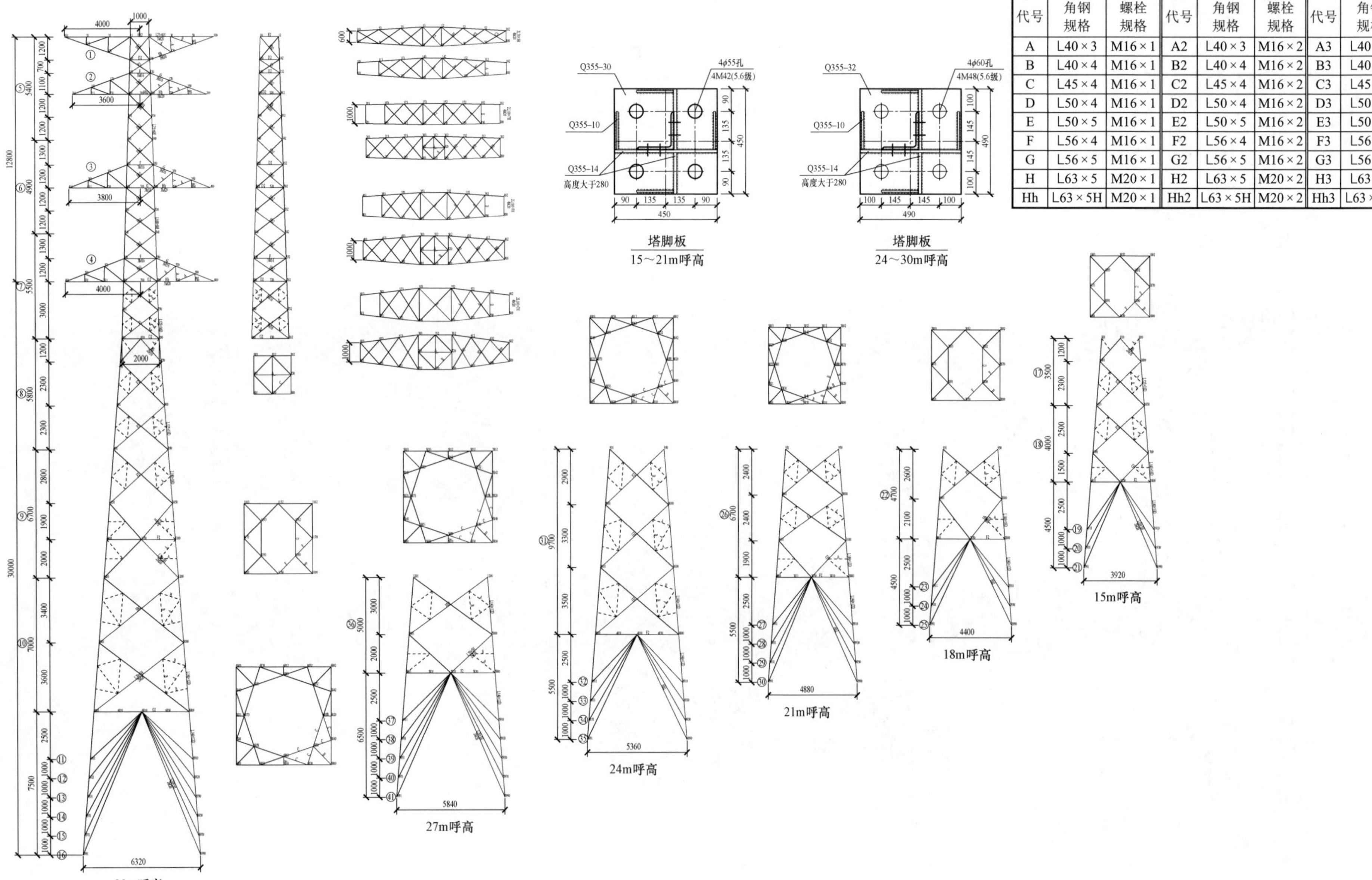

图 18-3　110-EF11S-ZC1 塔司令图

18.4 110－EF11S－ZC2 塔

18.4.1 设计条件

110－EF11S－ZC2 塔导线型号及张力、使用条件、荷载见表 18－8～表 18－10。

表 18－8　　导线型号及张力

电压等级	110kV	导线型号	2×JL3/G1A－240/30	最大使用张力（kN）	28.57	断线张力取值（%）	30	不均匀覆冰不平衡张力取值（%）	10
		地线型号	JLB－100	最大使用张力（kN）	32.11	断线张力取值（%）	100	不均匀覆冰不平衡张力取值（%）	20

表 18－9　　使用条件

使用条件	呼高（m）	水平档距（m）	垂直档距（m）	代表档距（m）	转角度数（°）	K_v 值
数值	30	480	700	250	0	0.70
	33	465	700	250	0	0.70
	36	450	700	250	0	0.70

表 18－10　　荷载表　　单位：N

气象条件（$t/v/b$）			正常运行情况			事故情况		安装情况	不均匀冰
			基本风速	覆冰	最低气温	未断线	断线		
			15/33/0	－5/0/0	－5/0/0	－5/0/0	－5/0/0	0/10/0	－5/0/0
水平荷载	导线		19483					1767	
	绝缘子及金具		534					49	
	跳线串								
	地线		8064					740	
垂直荷载	导线		13917		12652	13917	13917	12652	
	绝缘子及金具		1400		1400	1400	1400	1400	
	跳线串								
	地线		6387		5110	6387	6387	5110	
张力	导线	一侧					17143	47202	
		另一侧					0	47202	
		张力差					17143	0	
	地线	一侧					32110	34348	
		另一侧					0	34348	
		张力差					32110	0	

注：导线水平荷载为下相导线荷载，表中（$t/v/b$）单位分别为：°、m/s、mm。

18.4.2 根开尺寸及基础作用力

110－EF11S－ZC2 塔的根开尺寸及基础作用力见表 18－11 和表 18－12。

表 18－11　　根开尺寸

呼高（m）	基础根开（mm）		地脚螺栓根开（mm）		地脚螺栓规格（5.6 级）
	正面根开	侧面根开	正面根开	侧面根开	
15	4515	4515	290	290	4M48
18	5055	5055	290	290	4M48
21	5595	5595	290	290	4M48
24	6135	6135	290	290	4M48
27	6675	6675	290	290	4M48
30	7210	7210	290	290	4M48
33	7750	7750	290	290	4M48
36	8290	8290	290	290	4M48

表 18－12　　基础作用力

呼高（m）	基础作用力（kN）					
	T_{max}	T_x	T_y	N_{max}	N_x	N_y
15	623	－73	－62	－704	－83	－67
18	637	－74	－63	－723	－85	－68
21	669	－79	－67	－758	－89	－72
24	675	－79	－67	－770	－90	－73
27	725	－88	－77	－825	－99	－84
30	754	－93	－81	－858	－104	－88
33	758	－93	－81	－869	－105	－88
36	760	－92	－79	－875	－104	－87

18.4.3 单线图及司令图

110－EF11S－ZC2 塔单线图如图 18－4 所示，司令图如图 18－5 所示。

塔呼高（m）	15.0	18.0	21.0	24.0	27.0	30.0	33.0	36.0
塔重（kg）	8244.6	9101.7	9943.5	10540.3	11962.6	12783.8	13703.3	14632.6

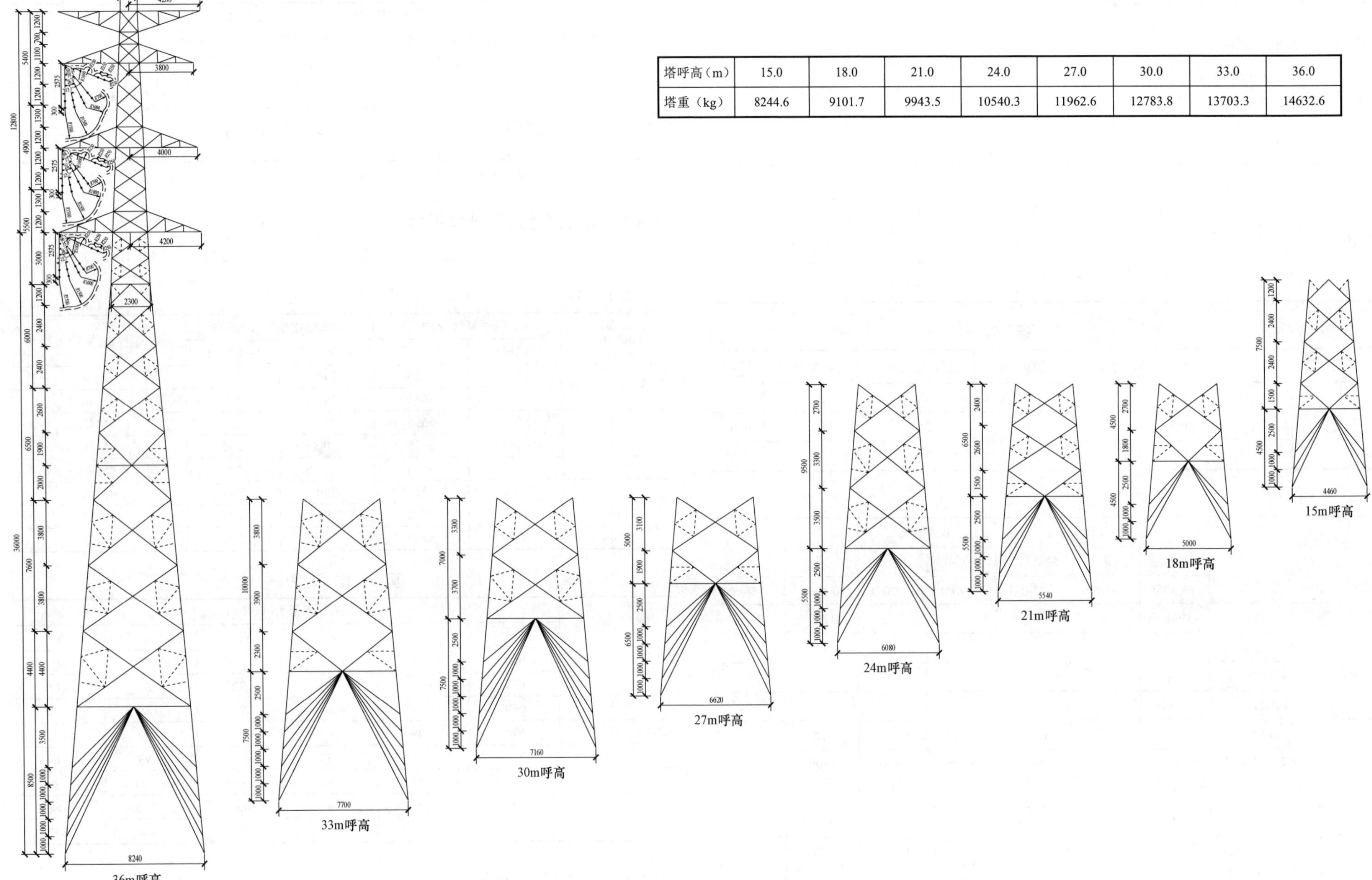

图 18－4　110－EF11S－ZC2 塔单线图

角钢规格代号表

代号	角钢规格	螺栓规格	代号	角钢规格	螺栓规格	代号	角钢规格	螺栓规格
A	L40×3	M16×1	A2	L40×3	M16×2	A3	L40×3	M16×3
B	L40×4	M16×1	B2	L40×4	M16×2	B3	L40×4	M16×3
C	L45×4	M16×1	C2	L45×4	M16×2	C3	L45×4	M16×3
D	L50×4	M16×1	D2	L50×4	M16×2	D3	L50×4	M16×3
E	L50×5	M16×1	E2	L50×5	M16×2	E3	L50×5	M16×3
F	L56×4	M16×1	F2	L56×4	M16×2	F3	L56×4	M16×3
G	L56×5	M16×1	G2	L56×5	M16×2	G3	L56×5	M16×3
H	L63×5	M20×1	H2	L63×5	M20×2	H3	L63×5	M20×3
Hh	L63×5H	M20×1	Hh2	L63×5H	M20×2	Hh3	L63×5H	M20×3

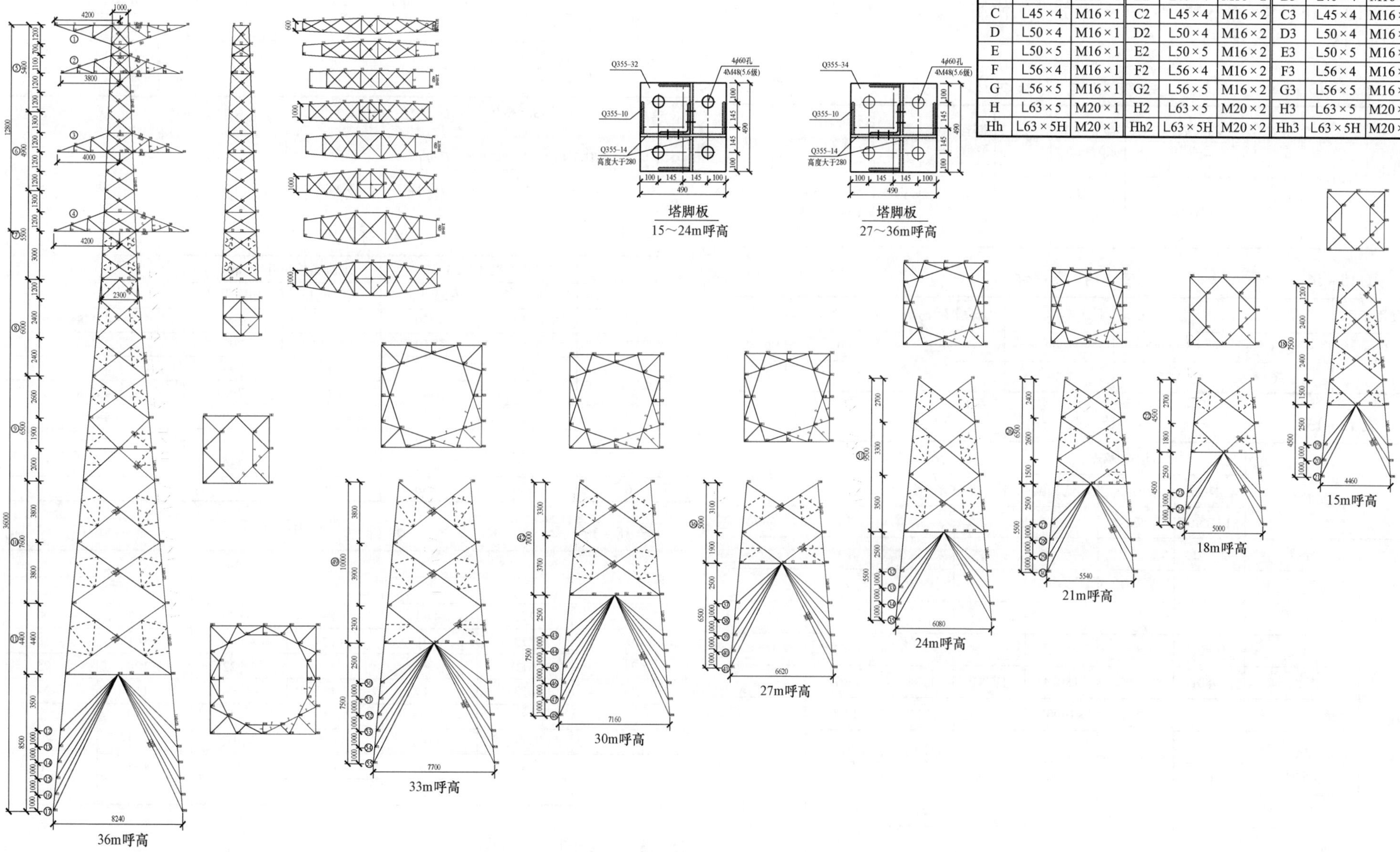

塔脚板
15～24m呼高
塔脚板
27～36m呼高
Q355-32
Q355-34
Q355-10
Q355-14
高度大于280
4ϕ60孔
4M48(5.6级)
36m呼高
33m呼高
30m呼高
27m呼高
24m呼高
21m呼高
18m呼高
15m呼高

图 18－5　110－EF11S－ZC2 塔司令图

18.5 110-EF11S-ZC3 塔

18.5.1 设计条件

110-EF11S-ZC3 塔导线型号及张力、使用条件、荷载见表 18-13～表 18-15。

表 18-13　导线型号及张力

电压等级	110kV	导线型号	2×JL3/G1A-240/30	最大使用张力（kN）	28.57	断线张力取值（%）	30	不均匀覆冰不平衡张力取值（%）	10
		地线型号	JLB-100	最大使用张力（kN）	32.11	断线张力取值（%）	100	不均匀覆冰不平衡张力取值（%）	20

表 18-14　使用条件

使用条件	呼高（m）	水平档距（m）	垂直档距（m）	代表档距（m）	转角度数（°）	K_v 值
数值	33	650	1000	250	0	0.60
	36	635	1000	250	0	0.60

表 18-15　荷载表　　单位：N

气象条件（$t/v/b$）			正常运行情况			事故情况		安装情况	不均匀冰
			基本风速	覆冰	最低气温	未断线	断线		
			15/33/0	-5/0/0	-5/0/0	-5/0/0	-5/0/0	0/10/0	-5/0/0
水平荷载	导线		25091					2243	
	绝缘子及金具		534					49	
	跳线串								
	地线		10702					982	
垂直荷载	导线		19881		18074	19881	19881	18074	
	绝缘子及金具		1400		1400	1400	1400	1400	
	跳线串								
	地线		9125		7300	9125	9125	7300	
张力	导线	一侧					17143	47202	
		另一侧					0	47202	
		张力差					17143	0	

续表

气象条件（$t/v/b$）			正常运行情况			事故情况		安装情况	不均匀冰
			基本风速	覆冰	最低气温	未断线	断线		
			15/33/0	-5/0/0	-5/0/0	-5/0/0	-5/0/0	0/10/0	-5/0/0
张力	地线	一侧					32110	34348	
		另一侧					0	34348	
		张力差					32110	0	

注：导线水平荷载为下相导线荷载，表中（$t/v/b$）单位分别为：°、m/s、mm。

18.5.2 根开尺寸及基础作用力

110-EF11S-ZC3 塔的根开尺寸及基础作用力见表 18-16 和表 18-17。

表 18-16　根开尺寸

呼高（m）	基础根开（mm）		地脚螺栓根开（mm）		地脚螺栓规格（5.6 级）
	正面根开	侧面根开	正面根开	侧面根开	
15	4750	4750	290	290	4M48
18	5350	5350	290	290	4M48
21	5950	5950	290	290	4M48
24	6550	6550	290	290	4M48
27	7150	7150	330	330	4M56
30	7750	7750	330	330	4M56
33	8350	8350	330	330	4M56
36	8950	8950	330	330	4M56

表 18-17　基础作用力

呼高（m）	基础作用力（kN）					
	T_{max}	T_x	T_y	N_{max}	N_x	N_y
15	775	-90	-83	-879	-103	-90
18	779	-91	-83	-887	-104	-90
21	811	-95	-88	-922	-109	-95
24	812	-95	-87	-928	-110	-95
27	856	-104	-97	-978	-119	-106
30	883	-109	-101	-1012	-124	-111
33	885	-109	-101	-1019	-125	-111
36	883	-108	-99	-1022	-124	-110

18.5.3 单线图及司令图

110-EF11S-ZC3 塔单线图如图 18-6 所示，司令图如图 18-7 所示。

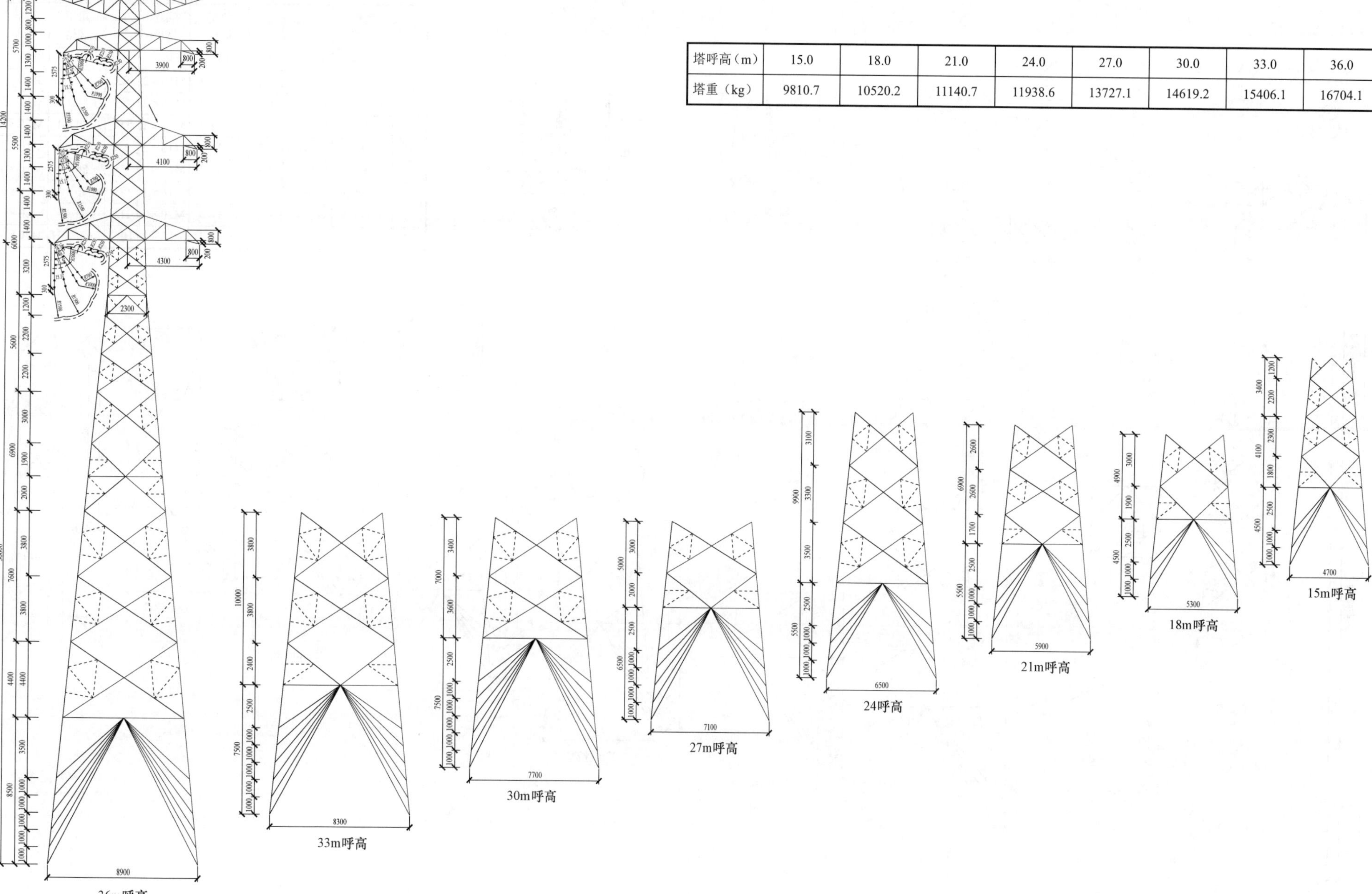

塔呼高（m）	15.0	18.0	21.0	24.0	27.0	30.0	33.0	36.0
塔重（kg）	9810.7	10520.2	11140.7	11938.6	13727.1	14619.2	15406.1	16704.1

图 18－6　110－EF11S－ZC3 塔单线图

角钢规格代号表

代号	角钢规格	螺栓规格	代号	角钢规格	螺栓规格	代号	角钢规格	螺栓规格
A	L40×3	M16×1	A2	L40×3	M16×2	A3	L40×3	M16×3
B	L40×4	M16×1	B2	L40×4	M16×2	B3	L40×4	M16×3
C	L45×4	M16×1	C2	L45×4	M16×2	C3	L45×4	M16×3
D	L50×4	M16×1	D2	L50×4	M16×2	D3	L50×4	M16×3
E	L50×5	M16×1	E2	L50×5	M16×2	E3	L50×5	M16×3
F	L56×4	M16×1	F2	L56×4	M16×2	F3	L56×4	M16×3
G	L56×5	M16×1	G2	L56×5	M16×2	G3	L56×5	M16×3
H	L63×5	M20×1	H2	L63×5	M20×2	H3	L63×5	M20×3
Hh	L63×5H	M20×1	Hh2	L63×5H	M20×2	Hh3	L63×5H	M20×3

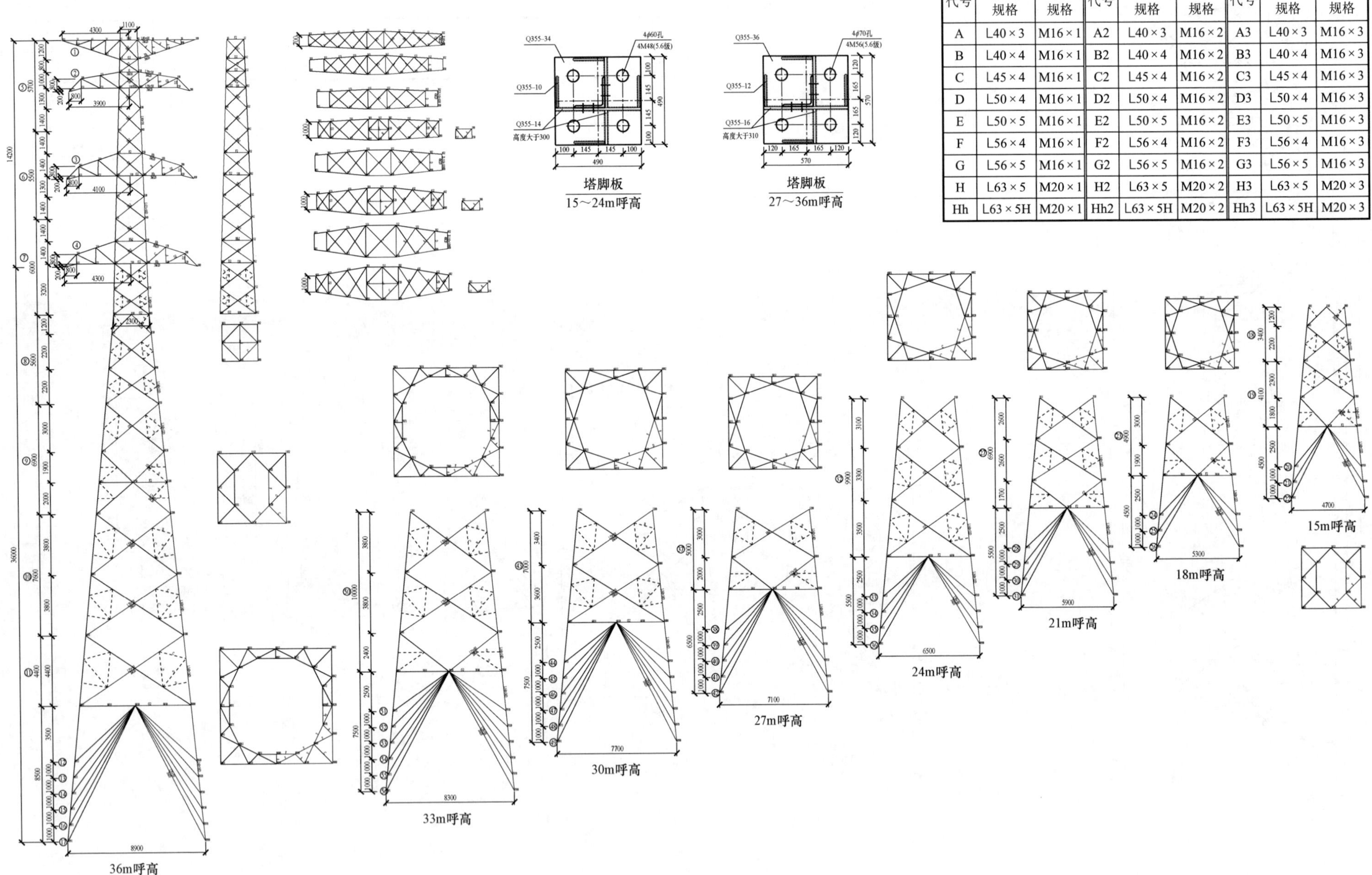

图 18－7　110－EF11S－ZC3 塔司令图

18.6 110－EF11S－ZCK 塔

18.6.1 设计条件

110－EF11S－ZCK 塔导线型号及张力、使用条件、荷载见表 18－18～表 18－20。

表 18－18　　导线型号及张力

电压等级	110kV	导线型号	2×JL3/G1A－240/30	最大使用张力(kN)	28.57	断线张力取值（%）	30	不均匀覆冰不平衡张力取值（%）	10
		地线型号	JLB－100	最大使用张力(kN)	32.11	断线张力取值（%）	100	不均匀覆冰不平衡张力取值（%）	20

表 18－19　　使用条件

使用条件	呼高（m）	水平档距（m）	垂直档距（m）	代表档距（m）	转角度数（°）	K_v 值
数值	51	480	700	250	0	0.70

表 18－20　　荷载表　　单位：N

气象条件（$t/v/b$）			正常运行情况			事故情况		安装情况	不均匀冰
			基本风速	覆冰	最低气温	未断线	断线		
			15/33/0	－5/0/0	－5/0/0	－5/0/0	－5/0/0	0/10/0	－5/0/0
水平荷载	导线		21914					1996	
	绝缘子及金具		595					55	
	跳线串								
	地线		8741					802	
垂直荷载	导线		13917		12652	13917	13917	12652	
	绝缘子及金具		1400		1400	1400	1400	1400	
	跳线串								
	地线		6387		5110	6387	6387	5110	
张力	导线	一侧					17143	47202	
		另一侧					0	47202	
		张力差					17143	0	
张力	地线	一侧					32110	34348	
		另一侧					0	34348	
		张力差					32110	0	

注：导线水平荷载为下相导线荷载，表中（$t/v/b$）单位分别为：°、m/s、mm。

18.6.2 根开尺寸及基础作用力

110－EF11S－ZCK 塔的根开尺寸及基础作用力见表 18－21 和表 18－22。

表 18－21　　根开尺寸

呼高（m）	基础根开（mm）		地脚螺栓根开（mm）		地脚螺栓规格（5.6 级）
	正面根开	侧面根开	正面根开	侧面根开	
39	8930	8930	330	330	4M56
42	9470	9470	330	330	4M56
45	10010	10010	330	330	4M56
48	10545	10545	330	330	4M56
51	11085	11085	330	330	4M56

表 18－22　　基础作用力

呼高（m）	基础作用力（kN）					
	T_{max}	T_x	T_y	N_{max}	N_x	N_y
39	873	－109	－103	－1004	－123	－113
42	901	－114	－107	－1037	－129	－118
45	916	－114	－107	－1060	－130	－119
48	924	－115	－108	－1079	－132	－120
51	935	－117	－108	－1096	－134	－122

18.6.3 单线图及司令图

110－EF11S－ZCK 塔单线图如图 18－8 所示，司令图如图 18－9 所示。

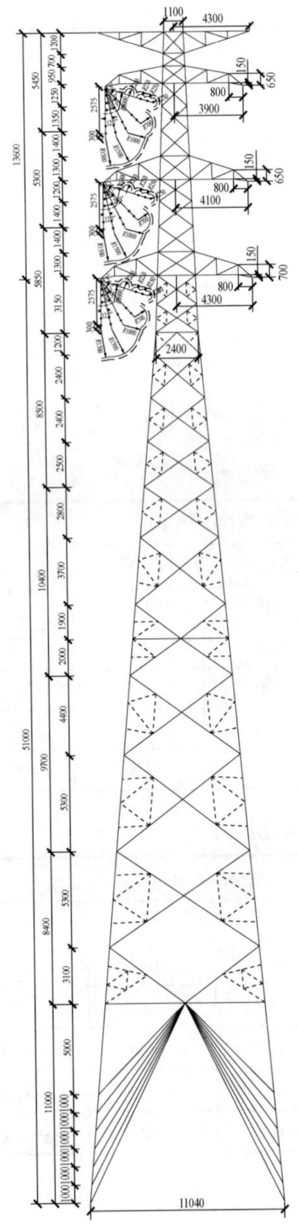

塔呼高（m）	39.0	42.0	45.0	48.0	51.0
塔重（kg）	17332.8	18262.1	19542.4	21275.4	22297.2

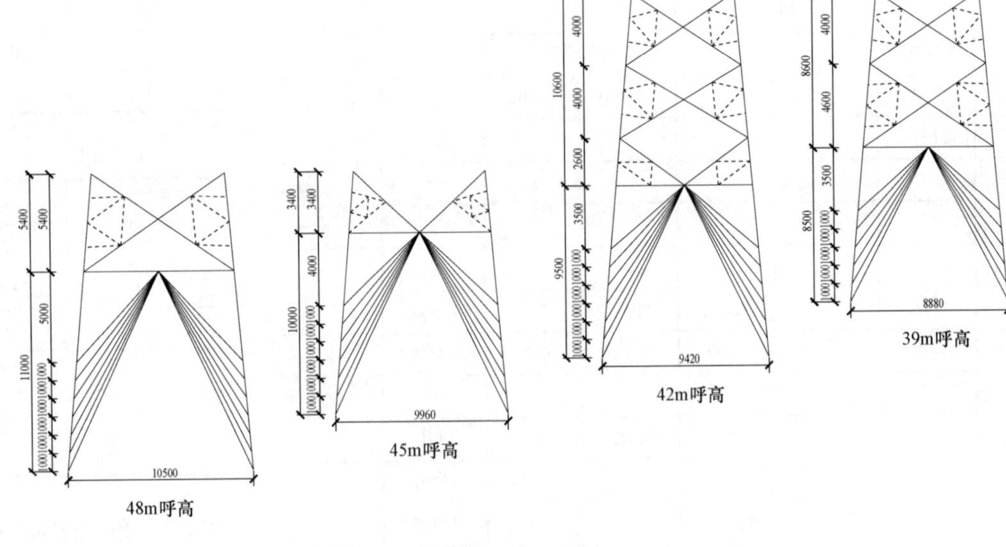

51m呼高

图 18-8　110-EF11S-ZCK 塔单线图

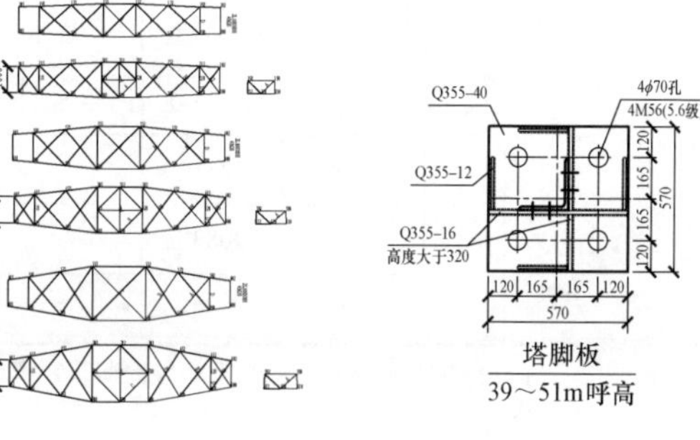

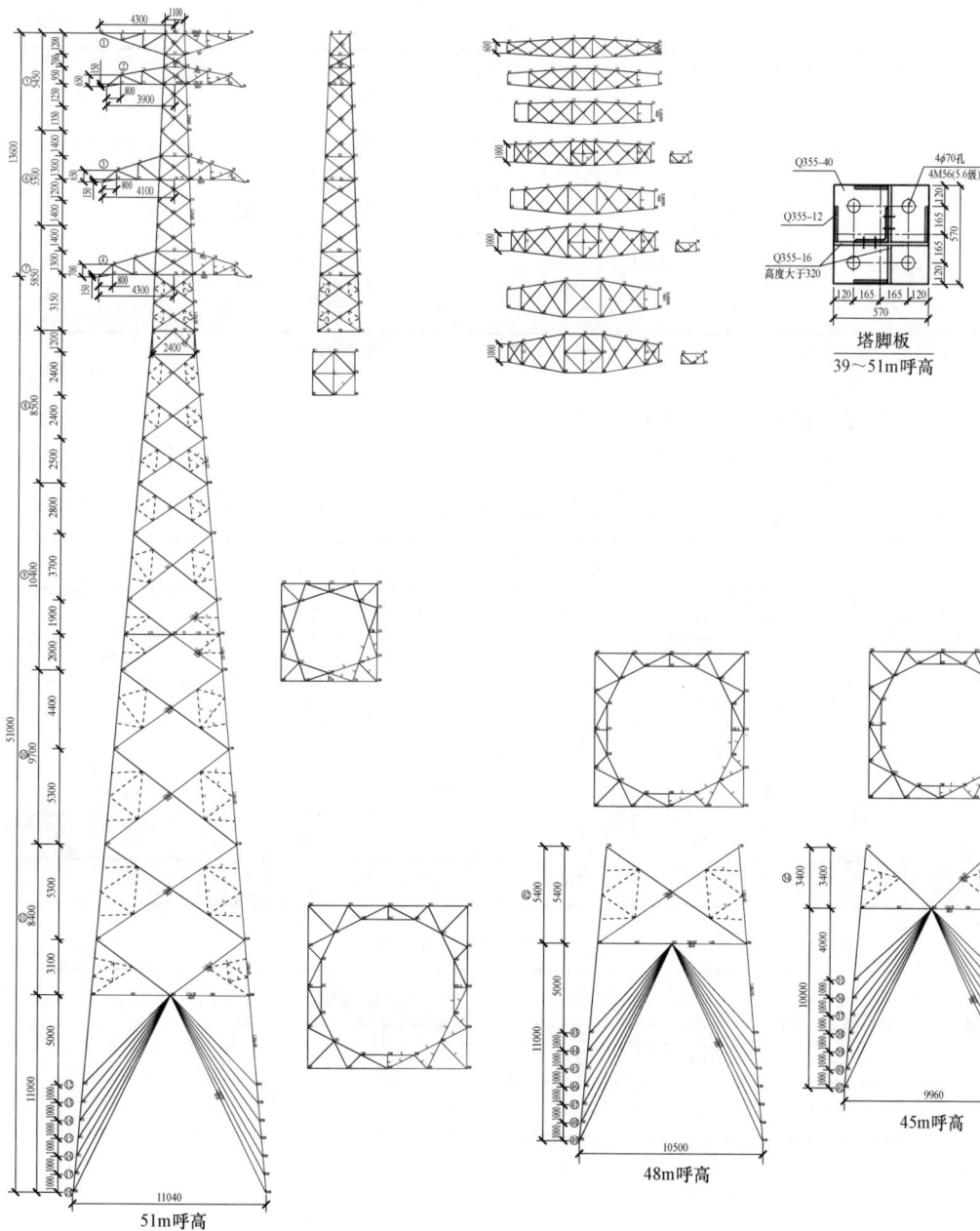

塔脚板
39～51m呼高

角钢规格代号表

代号	角钢规格	螺栓规格	代号	角钢规格	螺栓规格	代号	角钢规格	螺栓规格
A	L40×3	M16×1	A2	L40×3	M16×2	A3	L40×3	M16×3
B	L40×4	M16×1	B2	L40×4	M16×2	B3	L40×4	M16×3
C	L45×4	M16×1	C2	L45×4	M16×2	C3	L45×4	M16×3
D	L50×4	M16×1	D2	L50×4	M16×2	D3	L50×4	M16×3
E	L50×5	M16×1	E2	L50×5	M16×2	E3	L50×5	M16×3
F	L56×4	M16×1	F2	L56×4	M16×2	F3	L56×4	M16×3
G	L56×5	M16×1	G2	L56×5	M16×2	G3	L56×5	M16×3
H	L63×5	M20×1	H2	L63×5	M20×2	H3	L63×5	M20×3
Hh	L63×5H	M20×1	Hh2	L63×5H	M20×2	Hh3	L63×5H	M20×3

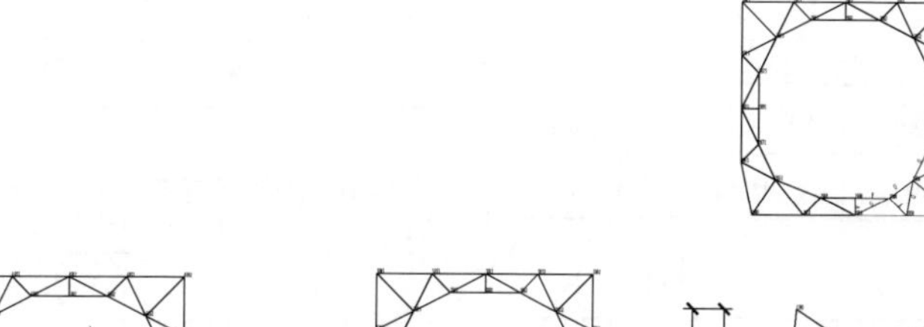

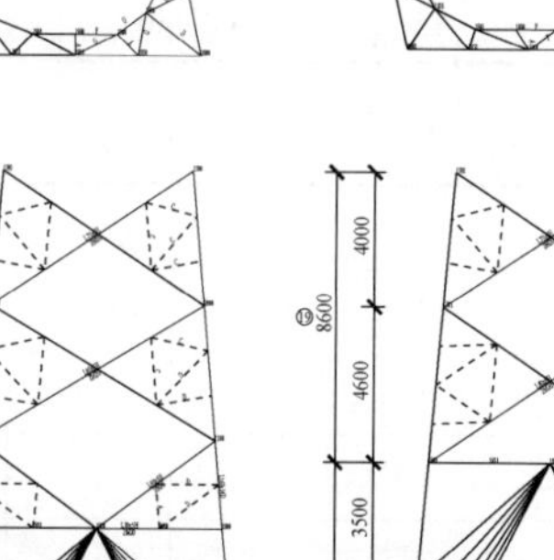

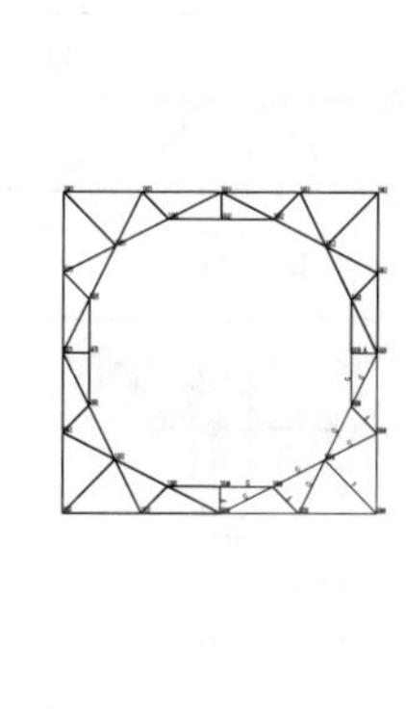

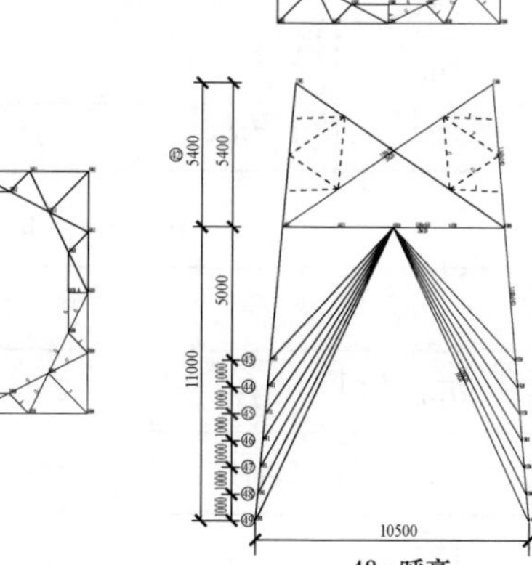

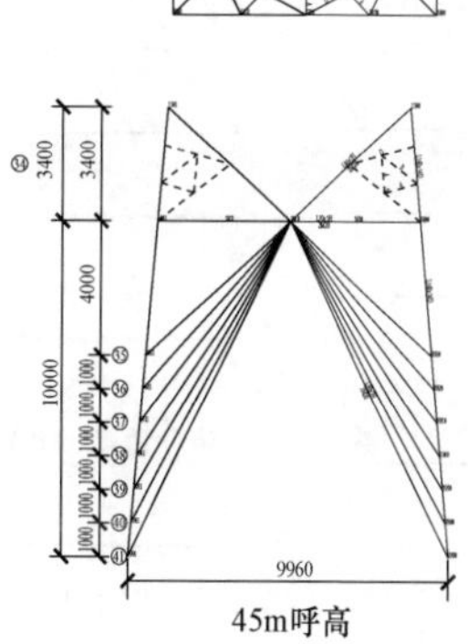

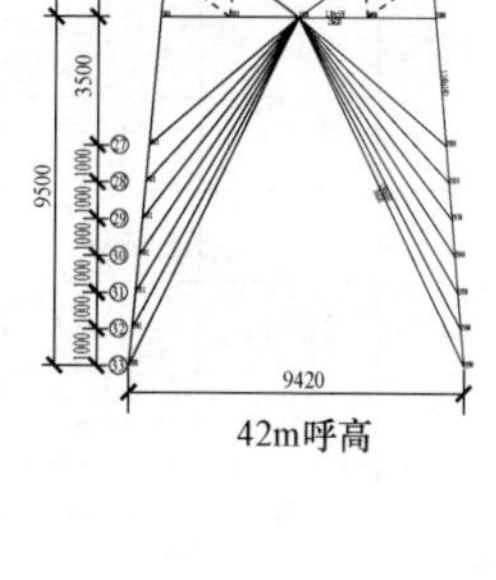

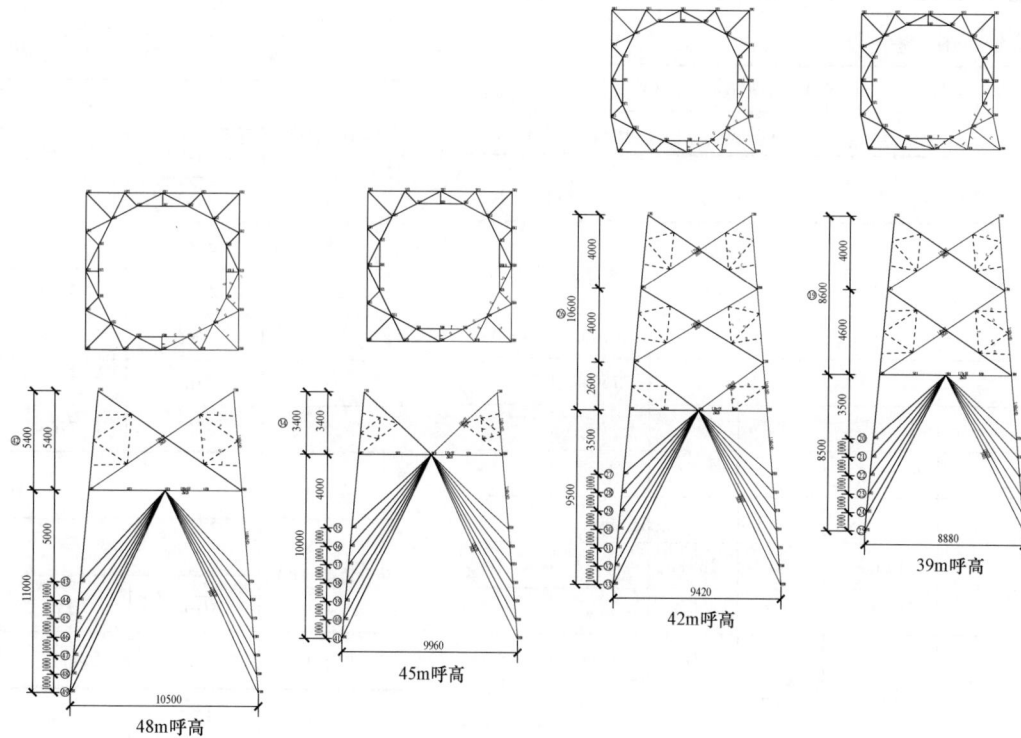

图 18-9　110-EF11S-ZCK 塔司令图

18.7　110 – EF11S – JC1 塔

18.7.1　设计条件

110 – EF11S – JC1 塔导线型号及张力、使用条件、荷载见表 18 – 23～表 18 – 25。

表 18 – 23　　导 线 型 号 及 张 力

电压等级	110kV	导线型号	2 × JL3/G1A – 240/30	最大使用张力（kN）	28.57	断线张力取值（%）	70	不均匀覆冰不平衡张力取值（%）	30
		地线型号	JLB – 100	最大使用张力（kN）	32.11	断线张力取值（%）	100	不均匀覆冰不平衡张力取值（%）	40

表 18 – 24　　使 用 条 件

使用条件	呼高（m）	水平档距（m）	垂直档距（m）	代表档距（m）	转角度数（°）	K_v 值
数值	30	450	700/ – 350	200/450	0～20	—

表 18 – 25　　荷 载 表　　单位：N

气象条件（$t/v/b$）			正常运行情况			事故情况		安装情况	不均匀冰
			基本风速	覆冰	最低气温	未断线	断线		
			15/33/0	– 5/0/0	– 5/0/0	– 5/0/0	– 5/0/0	0/10/0	– 5/0/0
水平荷载	导线		17754					1604	
	绝缘子及金具		767					70	
	跳线串		1227					113	
	地线		7266					666	
垂直荷载	导线		13917		12652	13917	13917	12652	
	绝缘子及金具		3400		3400	3400	3400	3400	
	跳线串		1771		1771	1771	1771	1771	
	地线		6387		5110	6387	6387	5110	
张力	导线	一侧	57144		35125	35125	40001	39994	
		另一侧	50642		44793	44793	0	48793	
		张力差	6502		9668	9668	40001	8799	
	地线	一侧	32110		26393	26393	32110	28442	
		另一侧	30830		32110	32110	0	34302	
		张力差	1280		5717	5717	32110	5860	

注：导线水平导线荷载为下相导线荷载，表中（$t/v/b$）单位分别为：°、m/s、mm。

18.7.2　根开尺寸及基础作用力

110 – EF11S – JC1 塔的根开尺寸及基础作用力见表 18 – 26 和表 18 – 27。

表 18 – 26　　根 开 尺 寸

呼高（m）	基础根开（mm）		地脚螺栓根开（mm）		地脚螺栓规格（5.6 级）
	正面根开	侧面根开	正面根开	侧面根开	
15	4765	4765	330	330	4M56
18	5365	5365	330	330	4M56
21	5965	5965	330	330	4M56
24	6565	6565	330	330	4M56
27	7165	7165	330	330	4M56
30	7765	7765	330	330	4M56

表 18 – 27　　基 础 作 用 力

转角度数（°）	基础作用力（kN）					
	T_{max}	T_x	T_y	N_{max}	N_x	N_y
0～10	921	– 113	– 104	– 1022	– 128	– 110
10～20	1227	– 148	– 136	– 1348	– 165	– 144

18.7.3　单线图及司令图

110 – EF11S – JC1 塔单线图如图 18 – 10 所示，司令图如图 18 – 11 所示。

塔呼高（m）	15.0	18.0	21.0	24.0	27.0	30.0
塔重（kg）	10483.7	11395.4	12459.4	13575.0	14480.0	15497.7

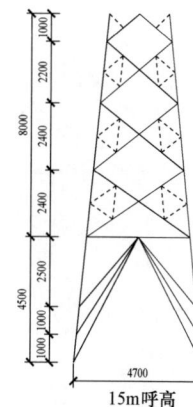

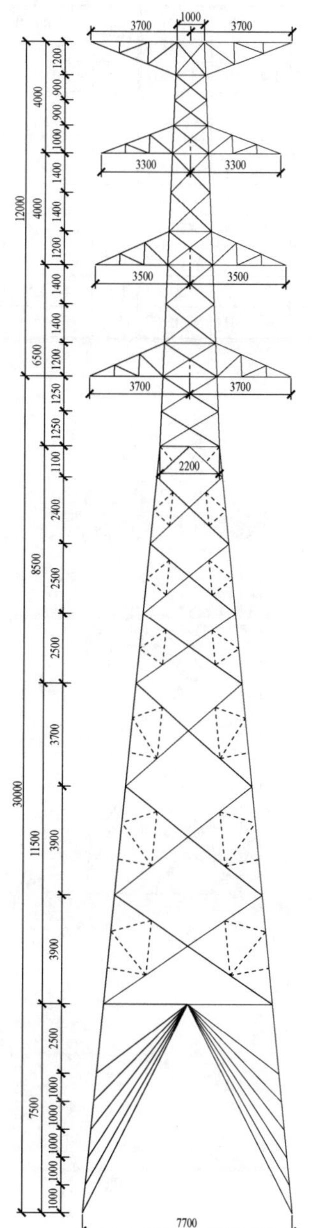

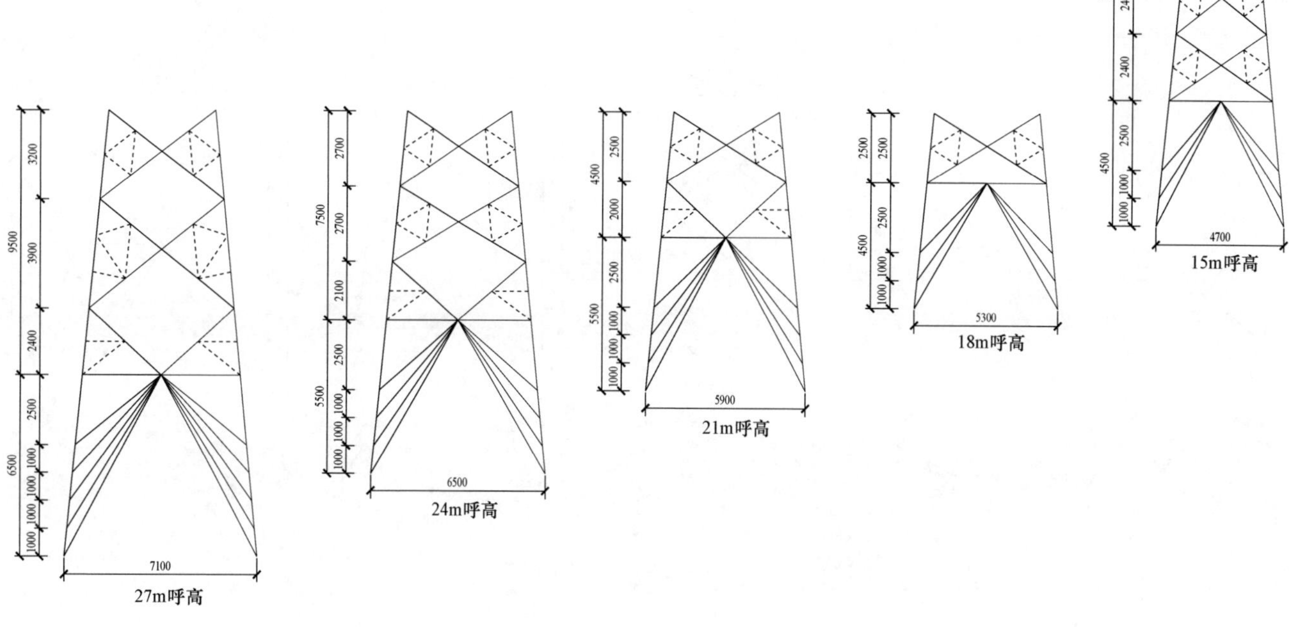

图 18-10　110-EF11S-JC1 塔单线图

角钢规格代号表

代号	角钢规格	螺栓规格	代号	角钢规格	螺栓规格	代号	角钢规格	螺栓规格
A	L40×3	M16×1	A2	L40×3	M16×2	A3	L40×3	M16×3
B	L40×4	M16×1	B2	L40×4	M16×2	B3	L40×4	M16×3
C	L45×4	M16×1	C2	L45×4	M16×2	C3	L45×4	M16×3
D	L50×4	M16×1	D2	L50×4	M16×2	D3	L50×4	M16×3
E	L50×5	M16×1	E2	L50×5	M16×2	E3	L50×5	M16×3
F	L56×4	M16×1	F2	L56×4	M16×2	F3	L56×4	M16×3
G	L56×5	M16×1	G2	L56×5	M16×2	G3	L56×5	M16×3
H	L63×5	M20×1	H2	L63×5	M20×2	H3	L63×5	M20×3
Hh	L63×5H	M20×1	Hh2	L63×5H	M20×2	Hh3	L63×5H	M20×3

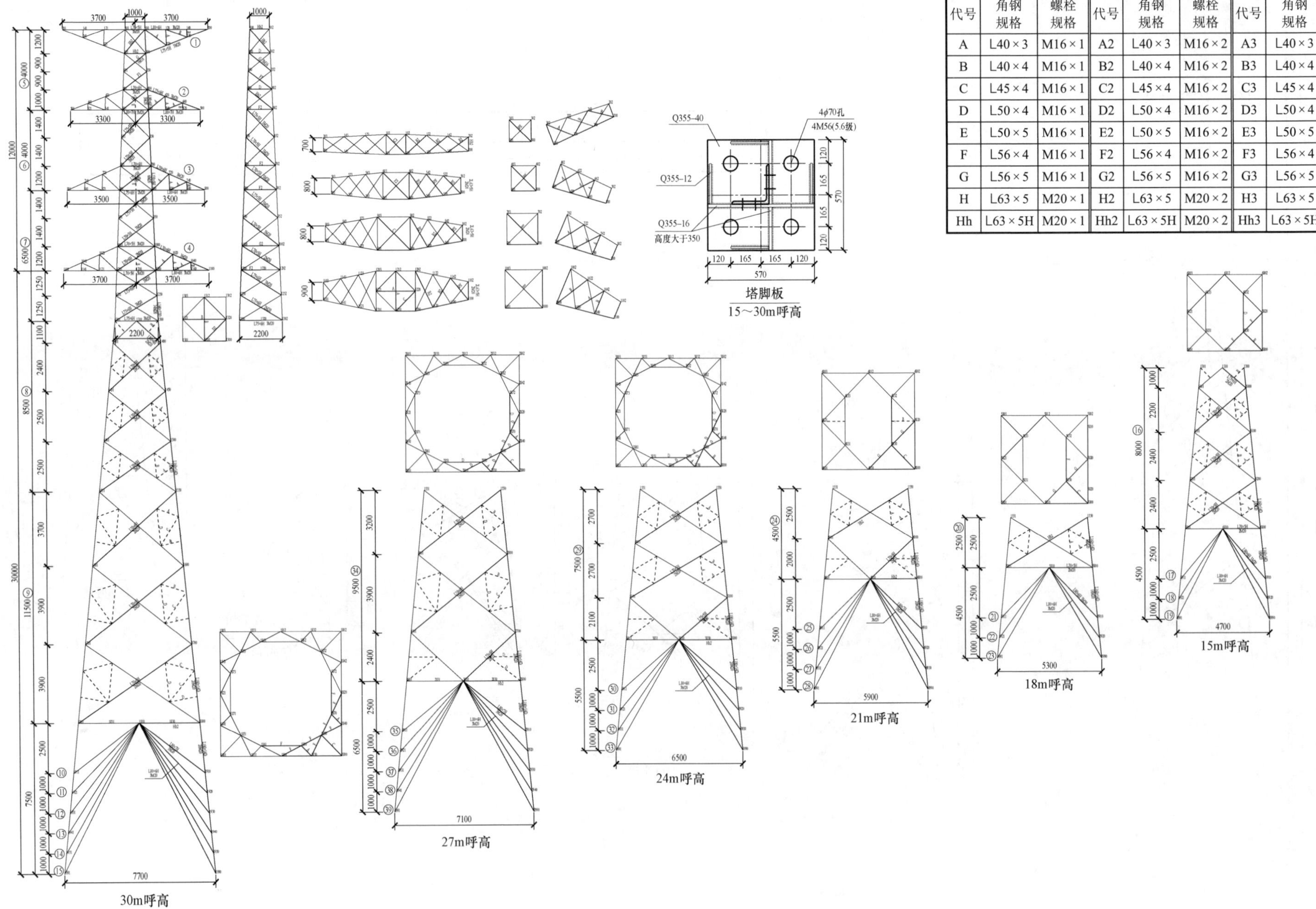

图 18－11　110－EF11S－JC1 塔司令图

18.8 110-EF11S-JC2 塔

18.8.1 设计条件

110-EF11S-JC2 塔导线型号及张力、使用条件、荷载见表 18-28～表 18-30。

表 18-28　导线型号及张力

电压等级		型号							
电压等级	110kV	导线型号	2×JL3/G1A-240/30	最大使用张力(kN)	28.57	断线张力取值（%）	70	不均匀覆冰不平衡张力取值（%）	30
		地线型号	JLB-100	最大使用张力(kN)	32.11	断线张力取值（%）	100	不均匀覆冰不平衡张力取值（%）	40

表 18-29　使用条件

使用条件	呼高（m）	水平档距（m）	垂直档距（m）	代表档距（m）	转角度数（°）	K_v 值
数值	30	450	700/-350	200/450	20～40	—

表 18-30　荷载表　　单位：N

气象条件（t/v/b）			正常运行情况			事故情况		安装情况	不均匀冰
			基本风速	覆冰	最低气温	未断线	断线		
			15/33/0	-5/0/0	-5/0/0	-5/0/0	-5/0/0	0/10/0	-5/0/0
水平荷载	导线		17754					1604	
	绝缘子及金具		767					70	
	跳线串		1227					113	
	地线		7266					666	
垂直荷载	导线		13917		12652	13917	13917	12652	
	绝缘子及金具		3400		3400	3400	3400	3400	
	跳线串		1771		1771	1771	1771	1771	
	地线		6387		5110	6387	6387	5110	
张力	导线	一侧	57144		35125	35125	40001	39994	
		另一侧	50642		44793	44793	0	48793	
		张力差	6502		9668	9668	40001	8799	
张力	地线	一侧	32110		26393	26393	32110	28442	
		另一侧	30830		32110	32110	0	34302	
		张力差	1280		5717	5717	32110	5860	

续表

注：导线水平导线荷载为下相导线荷载，表中（t/v/b）单位分别为：°、m/s、mm。

18.8.2 根开尺寸及基础作用力

110-EF11S-JC2 塔的根开尺寸及基础作用力见 18-31 和表 18-32。

表 18-31　根开尺寸

呼高（m）	基础根开（mm）		地脚螺栓根开（mm）		地脚螺栓规格（5.6 级）
	正面根开	侧面根开	正面根开	侧面根开	
15	5250	5250	370	370	4M64
18	5940	5940	370	370	4M64
21	6630	6630	370	370	4M64
24	7320	7320	370	370	4M64
27	8010	8010	370	370	4M64
30	8700	8700	370	370	4M64

表 18-32　基础作用力

转角度数（°）	基础作用力（kN）					
	T_{max}	T_x	T_y	N_{max}	N_x	N_y
20～30	1251.35/ -672.31	-166	-154	489.55/ -1363.12	-182	-163
30～40	1519.57/ -632.19	-200	-186	433.09/ -1650.17	-217	-198

18.8.3 单线图及司令图

110-EF11S-JC2 塔单线图如图 18-12 所示，司令图如图 18-13 所示。

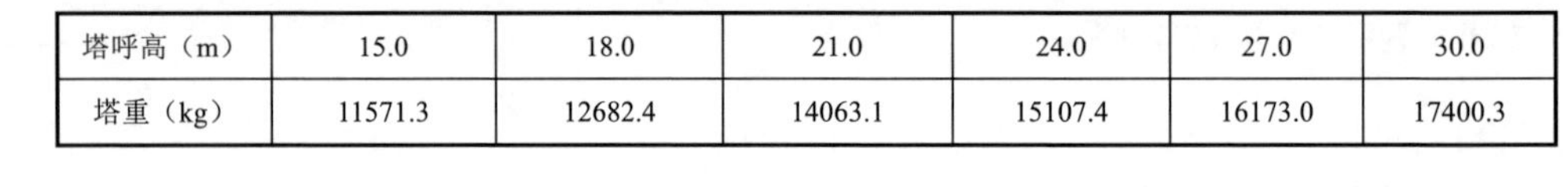

塔呼高（m）	15.0	18.0	21.0	24.0	27.0	30.0
塔重（kg）	11571.3	12682.4	14063.1	15107.4	16173.0	17400.3

30m呼高
8623
27m呼高
7934
24m呼高
7244
21m呼高
6554
18m呼高
5864
15m呼高
5174

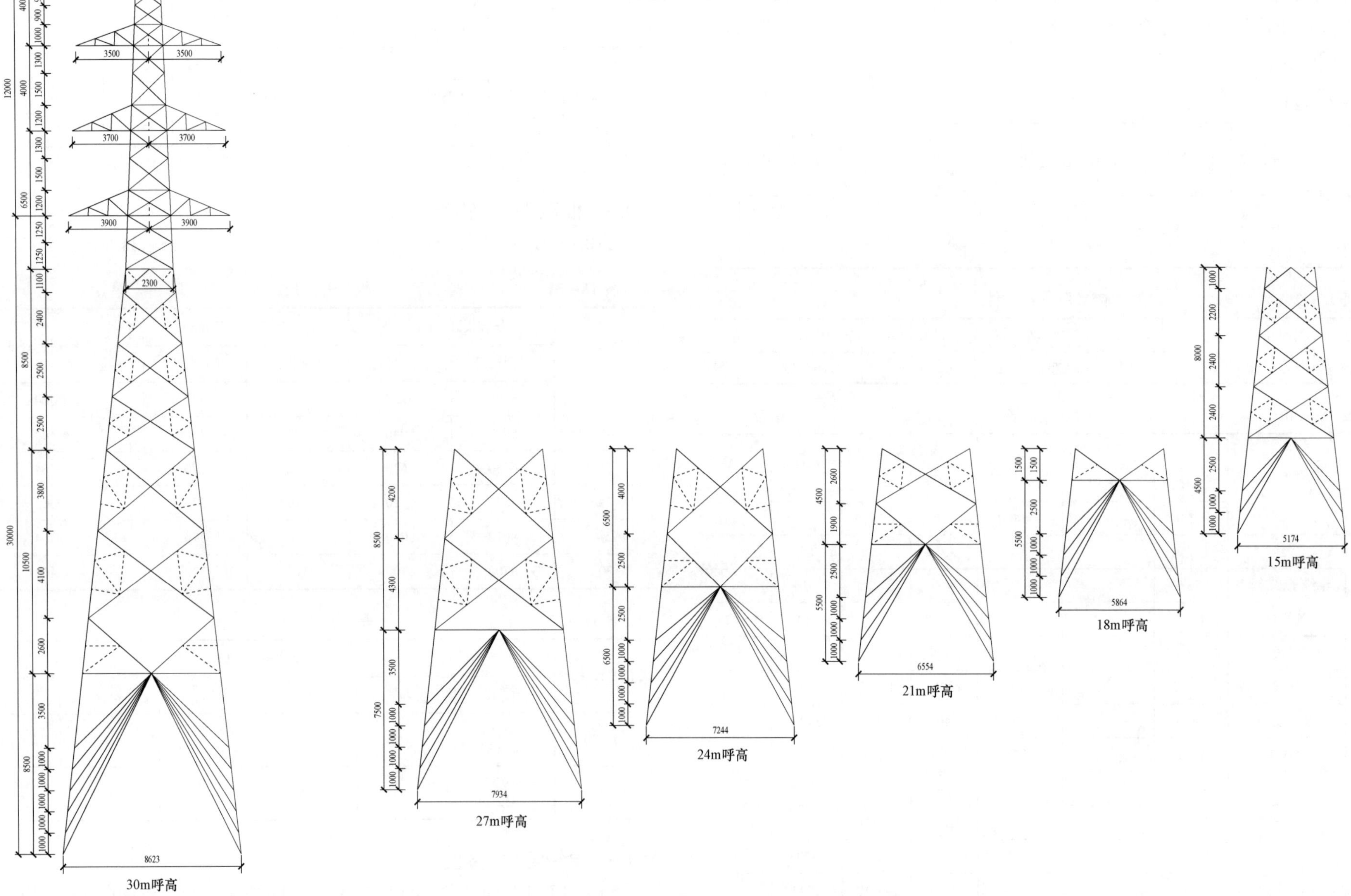

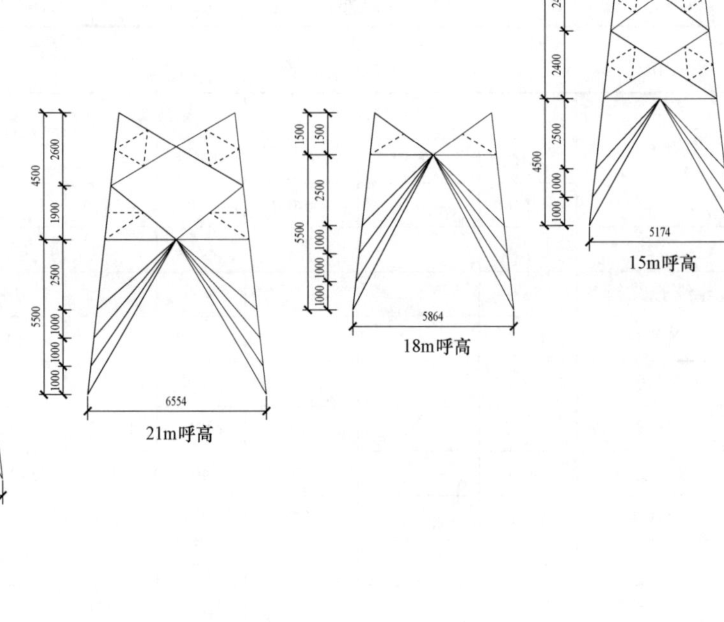

图 18－12　110－EF11S－JC2 塔单线图

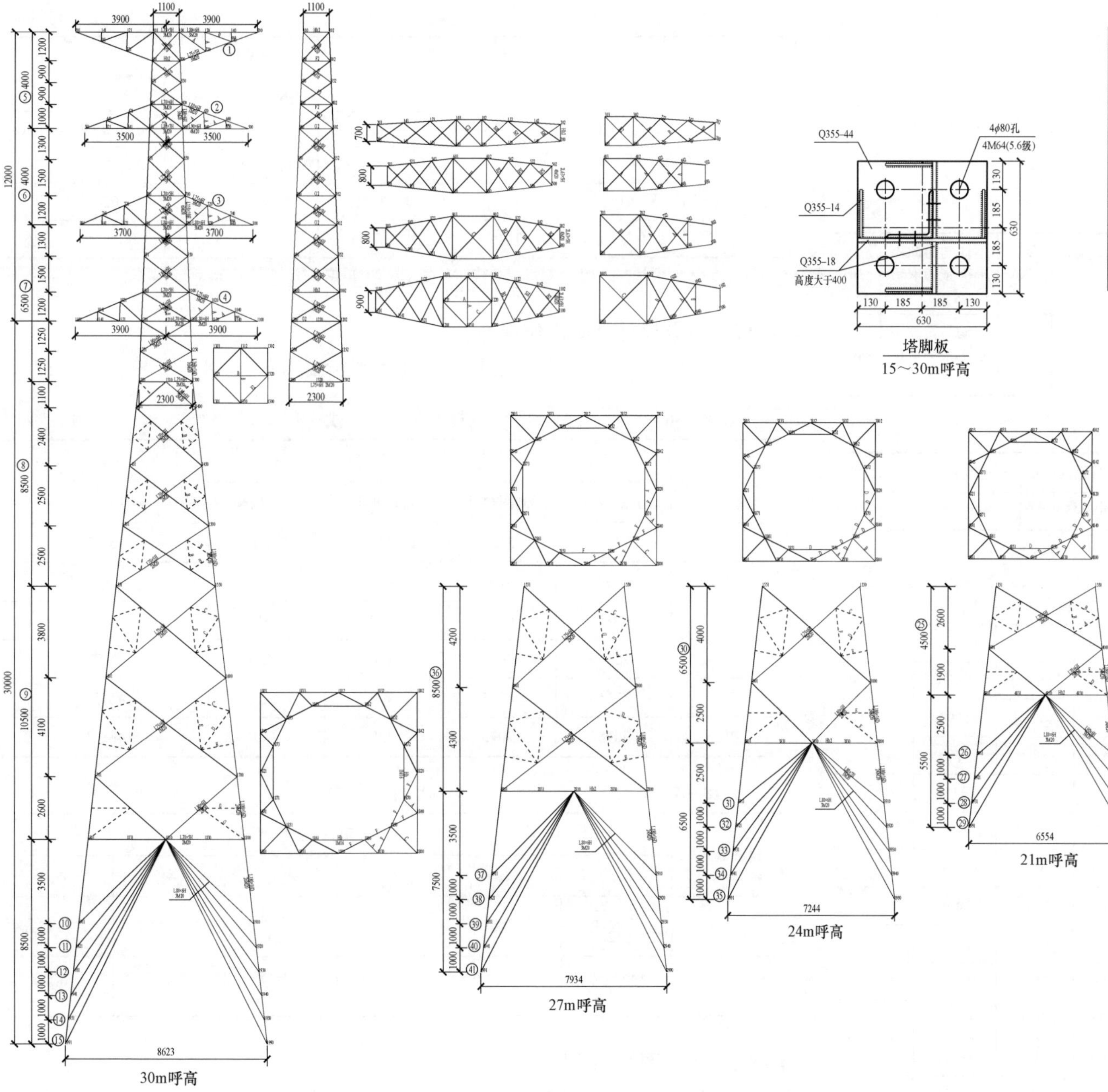

Q355-44
4ϕ80孔
4M64(5.6级)
Q355-14
Q355-18
高度大于400
塔脚板
15～30m呼高
30m呼高
27m呼高
24m呼高
21m呼高

角钢规格代号表

代号	角钢规格	螺栓规格	代号	角钢规格	螺栓规格	代号	角钢规格	螺栓规格
A	L40×3	M16×1	A2	L40×3	M16×2	A3	L40×3	M16×3
B	L40×4	M16×1	B2	L40×4	M16×2	B3	L40×4	M16×3
C	L45×4	M16×1	C2	L45×4	M16×2	C3	L45×4	M16×3
D	L50×4	M16×1	D2	L50×4	M16×2	D3	L50×4	M16×3
E	L50×5	M16×1	E2	L50×5	M16×2	E3	L50×5	M16×3
F	L56×4	M16×1	F2	L56×4	M16×2	F3	L56×4	M16×3
G	L56×5	M16×1	G2	L56×5	M16×2	G3	L56×5	M16×3
H	L63×5	M20×1	H2	L63×5	M20×2	H3	L63×5	M20×3
Hh	L63×5H	M20×1	Hh2	L63×5H	M20×2	Hh3	L63×5H	M20×3

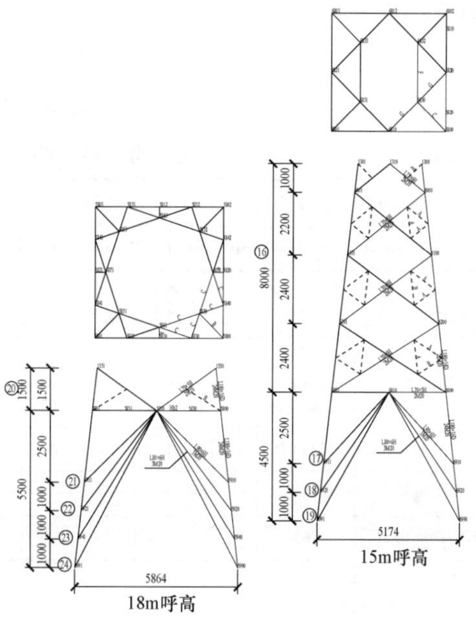

18m呼高
15m呼高

图 18-13　110-EF11S-JC2 塔司令图

18.9 110－EF11S－JC3 塔

18.9.1 设计条件

110－EF11S－JC3 塔导线型号及张力、使用条件、荷载见表 18－33～表 18－35。

表 18－33　　导 线 型 号 及 张 力

电压等级	110kV	导线型号	2×JL3/G1A－240/30	最大使用张力（kN）	28.57	断线张力取值（%）	70	不均匀覆冰不平衡张力取值（%）	30
		地线型号	JLB－100	最大使用张力（kN）	32.11	断线张力取值（%）	100	不均匀覆冰不平衡张力取值（%）	40

表 18－34　　使 用 条 件

使用条件	呼高（m）	水平档距（m）	垂直档距（m）	代表档距（m）	转角度数（°）	K_v 值
数值	30	450	700/－350	200/450	40～60	—

表 18－35　　荷 载 表　　单位：N

气象条件（t/v/b）			正常运行情况			事故情况		安装情况	不均匀冰
			基本风速	覆冰	最低气温	未断线	断线		
			15/33/0	－5/0/0	－5/0/0	－5/0/0	－5/0/0	0/10/0	－5/0/0
水平荷载	导线		17754					1604	
	绝缘子及金具		767					70	
	跳线串		1227					113	
	地线		7266					666	
垂直荷载	导线		13917		12652	13917	13917	12652	
	绝缘子及金具		3400		3400	3400	3400	3400	
	跳线串		1771		1771	1771	1771	1771	
	地线		6387		5110	6387	6387	5110	
张力	导线	一侧	57144		35125	35125	40001	39994	
		另一侧	50642		44793	44793	0	48793	
		张力差	6502		9668	9668	40001	8799	

续表

气象条件（t/v/b）			正常运行情况			事故情况		安装情况	不均匀冰
			基本风速	覆冰	最低气温	未断线	断线		
			15/33/0	－5/0/0	－5/0/0	－5/0/0	－5/0/0	0/10/0	－5/0/0
张力	地线	一侧	32110		26393	26393	32110	28442	
		另一侧	30830		32110	32110	0	34302	
		张力差	1280		5717	5717	32110	5860	

注：导线水平导线荷载为下相导线荷载，表中（t/v/b）单位分别为：°、m/s、mm。

18.9.2 根开尺寸及基础作用力

110－EF11S－JC3 塔的根开尺寸及基础作用力见表 18－36 和表 18－37。

表 18－36　　根 开 尺 寸

呼高（m）	基础根开（mm）		地脚螺栓根开（mm）		地脚螺栓规格（5.6 级）
	正面根开	侧面根开	正面根开	侧面根开	
15	5475	5475	420	420	4M72
18	6195	6195	420	420	4M72
21	6915	6915	420	420	4M72
24	7635	7635	420	420	4M72
27	8355	8355	420	420	4M72
30	9075	9075	420	420	4M72

表 18－37　　基 础 作 用 力

转角度数（°）	基础作用力（kN）					
	T_{max}	T_x	T_y	N_{max}	N_x	N_y
40～50	1615.52/－542.58	－224	－213	368.33/－1725.33	－244	－215
50～60	1839.37/－482.23	－253	－242	301.25/－1955.41	－274	－245

18.9.3 单线图及司令图

11190－EF11S－JC3 塔单线图如图 18－14 所示，司令图如图 18－15 所示。

塔呼高（m）	15.0	18.0	21.0	24.0	27.0	30.0
塔重（kg）	12812.0	14033.6	15664.4	17034.8	18383.8	19838.9

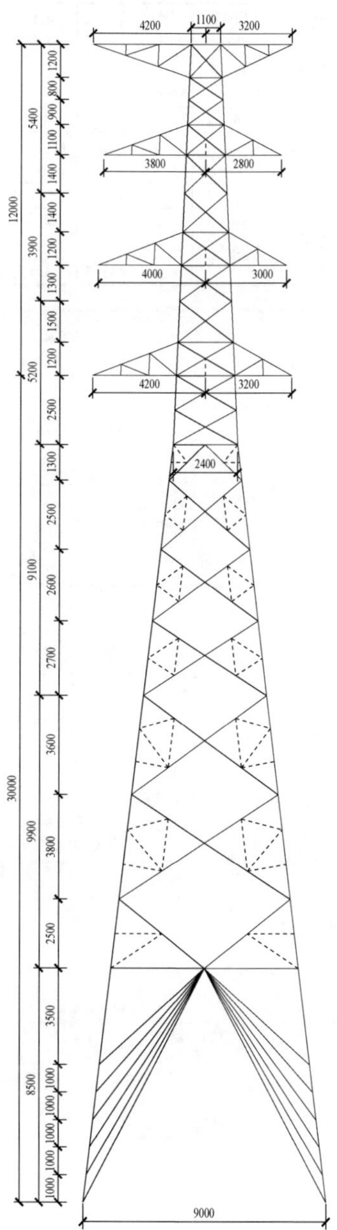

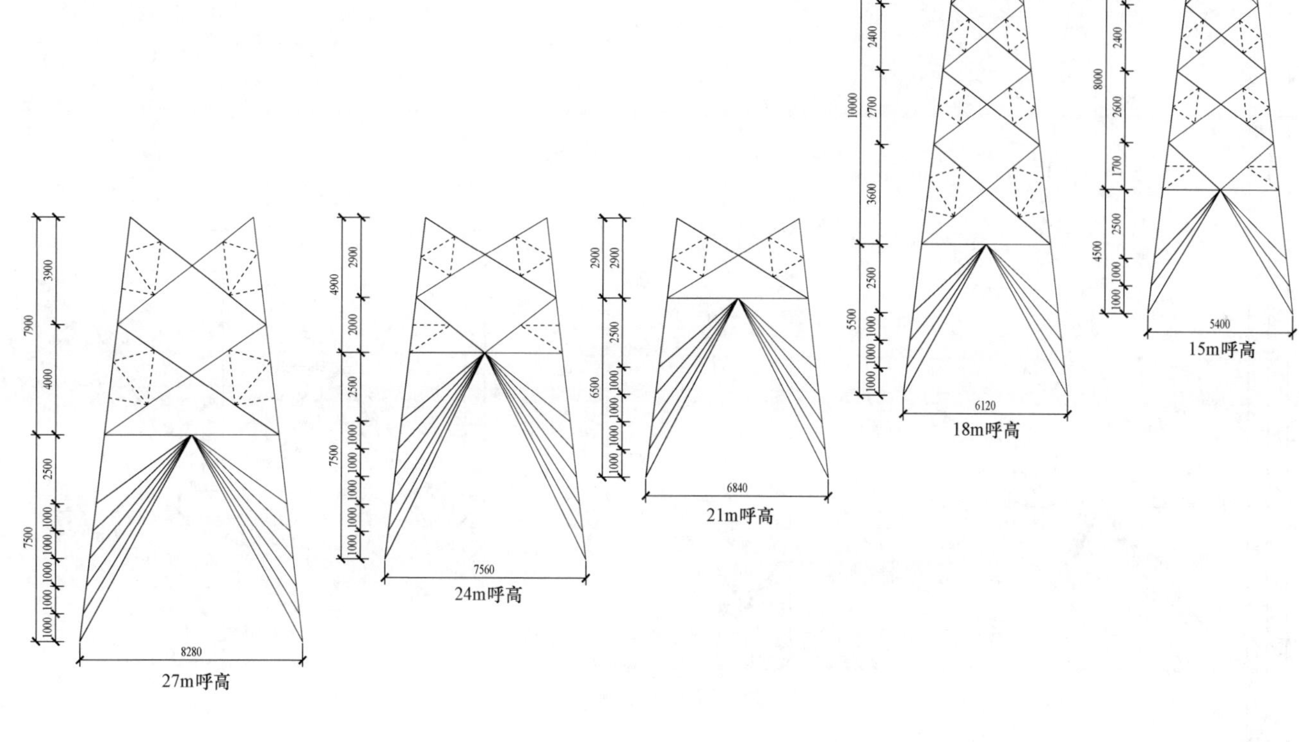

图 18－14　110－EF11S－JC3 塔单线图

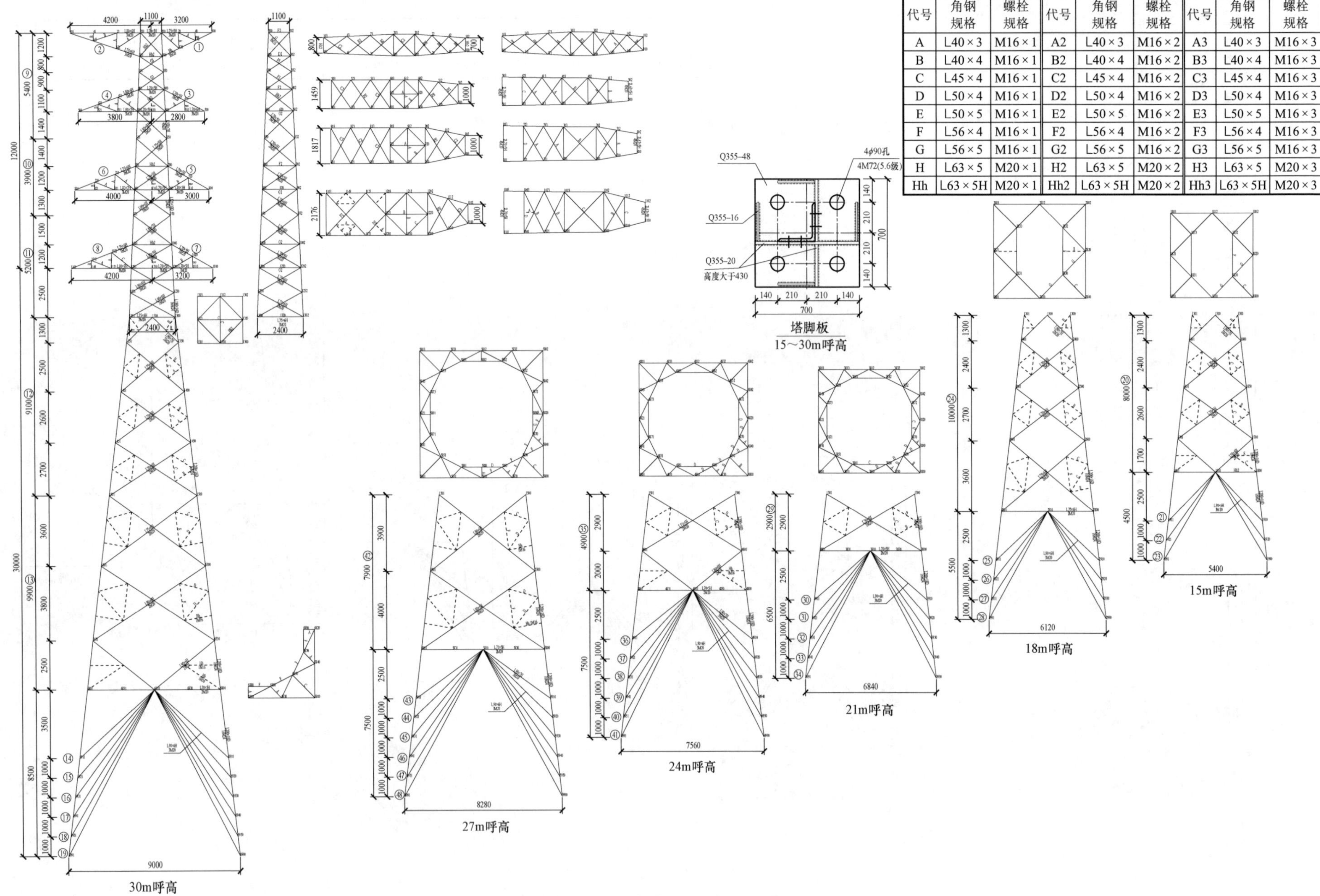

角钢规格代号表

代号	角钢规格	螺栓规格	代号	角钢规格	螺栓规格	代号	角钢规格	螺栓规格
A	L40×3	M16×1	A2	L40×3	M16×2	A3	L40×3	M16×3
B	L40×4	M16×1	B2	L40×4	M16×2	B3	L40×4	M16×3
C	L45×4	M16×1	C2	L45×4	M16×2	C3	L45×4	M16×3
D	L50×4	M16×1	D2	L50×4	M16×2	D3	L50×4	M16×3
E	L50×5	M16×1	E2	L50×5	M16×2	E3	L50×5	M16×3
F	L56×4	M16×1	F2	L56×4	M16×2	F3	L56×4	M16×3
G	L56×5	M16×1	G2	L56×5	M16×2	G3	L56×5	M16×3
H	L63×5	M20×1	H2	L63×5	M20×2	H3	L63×5	M20×3
Hh	L63×5H	M20×1	Hh2	L63×5H	M20×2	Hh3	L63×5H	M20×3

图 18－15　110－EF11S－JC3 塔司令图

18.10 110－EF11S－JC4 塔

18.10.1 设计条件

110－EF11S－JC4 塔导线型号及张力、使用条件、荷载见表 18－38～表 18－40。

表 18－38　　导线型号及张力

电压等级	110kV	导线型号	2×JL3/G1A－240/30	最大使用张力（kN）	28.57	断线张力取值（%）	70	不均匀覆冰不平衡张力取值（%）	30
		地线型号	JLB－100	最大使用张力（kN）	32.11	断线张力取值（%）	100	不均匀覆冰不平衡张力取值（%）	40

表 18－39　　使用条件

使用条件	呼高（m）	水平档距（m）	垂直档距（m）	代表档距（m）	转角度数（°）	K_v 值
数值	30	450	700/－350	200/450	40～60	—

表 18－40　　荷载表　　单位：N

气象条件（$t/v/b$）			正常运行情况			事故情况		安装情况	不均匀冰
			基本风速	覆冰	最低气温	未断线	断线		
			15/33/0	－5/0/0	－5/0/0	－5/0/0	－5/0/0	0/10/0	－5/0/0
水平荷载	导线		17754					1604	
	绝缘子及金具		767					70	
	跳线串		1227					113	
	地线		7266					666	
垂直荷载	导线		13917		12652	13917	13917	12652	
	绝缘子及金具		3400		3400	3400	3400	3400	
	跳线串		1771		1771	1771	1771	1771	
	地线		6387		5110	6387	6387	5110	
张力	导线	一侧	57144		35125	35125	40001	39994	
		另一侧	50642		44793	44793	0	48793	
		张力差	6502		9668	9668	40001	8799	
	地线	一侧	32110		26393	26393	32110	28442	
		另一侧	30830		32110	32110	0	34302	
		张力差	1280		5717	5717	32110	5860	

注：导线水平导线荷载为下相导线荷载，表中（$t/v/b$）单位分别为：°、m/s、mm。

18.10.2 根开尺寸及基础作用力

110－EF11S－JC4 塔的根开尺寸及基础作用力见表 18－41 和表 18－42。

表 18－41　　根开尺寸

呼高（m）	基础根开（mm）		地脚螺栓根开（mm）		地脚螺栓规格（5.6 级）
	正面根开	侧面根开	正面根开	侧面根开	
15	5950	5950	420	420	4M72
18	6760	6760	420	420	4M72
21	7570	7570	420	420	4M72
24	8380	8380	420	420	4M72
27	9190	9190	420	420	4M72
30	10000	10000	420	420	4M72

表 18－42　　基础作用力

转角度数（°）	基础作用力（kN）					
	T_{max}	T_x	T_y	N_{max}	N_x	N_y
60～70	1733.68/－355.14	－260	－250	188.02/－1847.85	－284	－253
70～80	1978.91/－320.06	－298	－289	123.79/－2105.37	－322	－294
80～90	2126.72/－251.11	－323	－306	62.41/－2255.2	－344	－318

18.10.3 单线图及司令图

110－EF11S－JC4 塔单线图如图 18－16 所示，司令图如图 18－17 所示。

塔呼高（m）	15.0	18.0	21.0	24.0	27.0	30.0
塔重（kg）	14742.7	16126.3	17634.1	19341.5	20832.7	22415.7

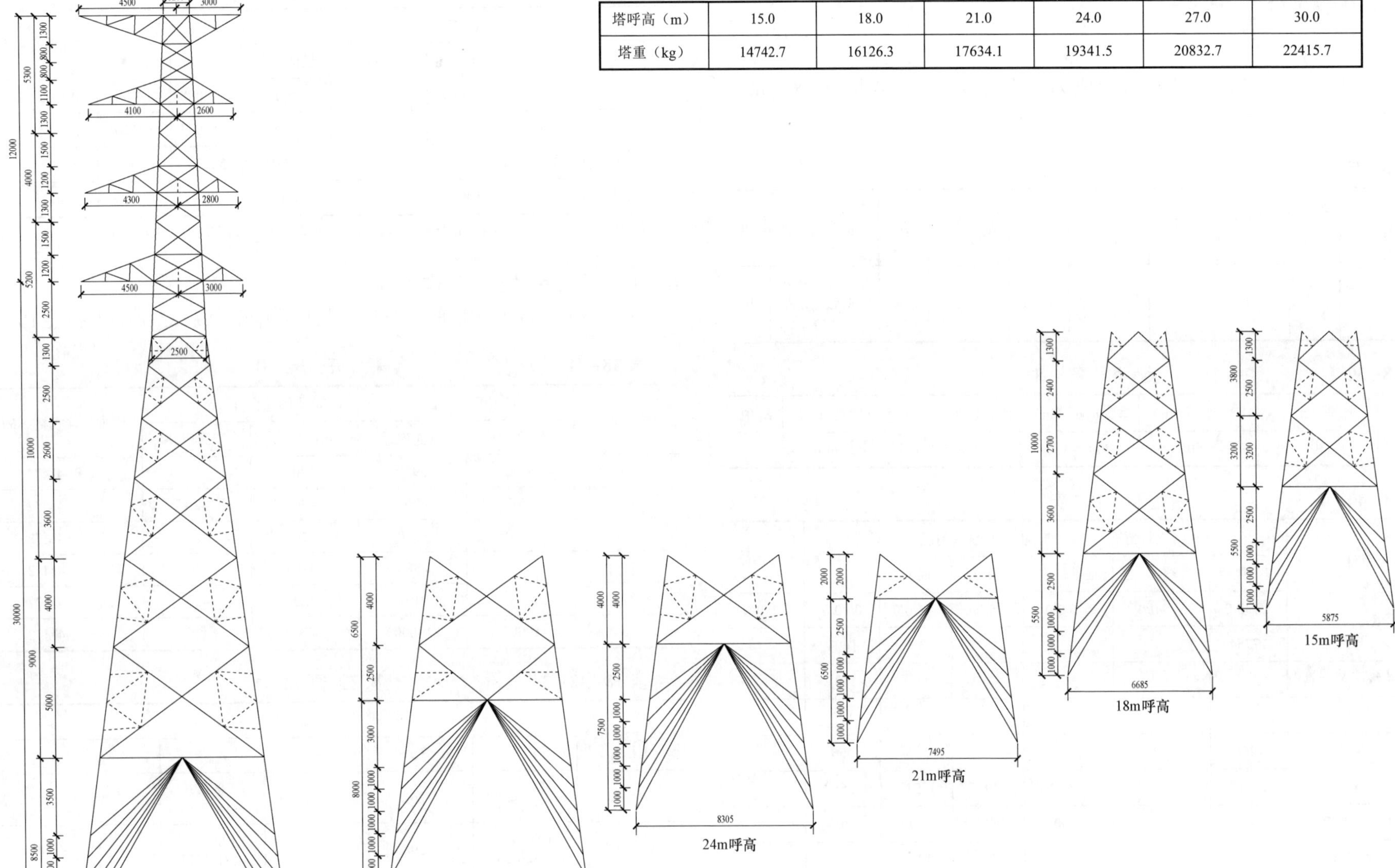

图 18-16　110-EF11S-JC4 塔单线图

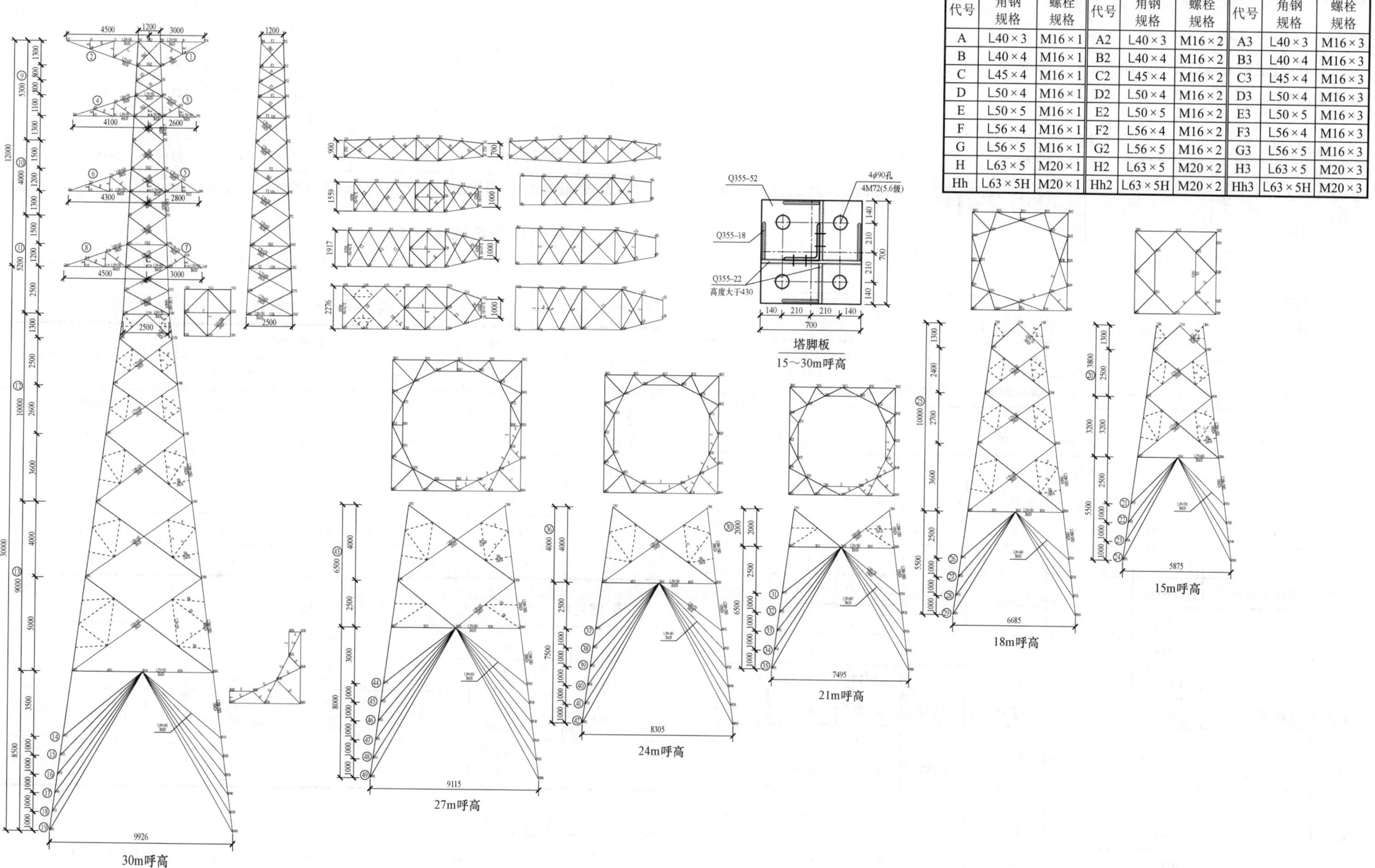

角钢规格代号表

代号	角钢规格	螺栓规格	代号	角钢规格	螺栓规格	代号	角钢规格	螺栓规格
A	L40×3	M16×1	A2	L40×3	M16×2	A3	L40×3	M16×3
B	L40×4	M16×1	B2	L40×4	M16×2	B3	L40×4	M16×3
C	L45×4	M16×1	C2	L45×4	M16×2	C3	L45×4	M16×3
D	L50×4	M16×1	D2	L50×4	M16×2	D3	L50×4	M16×3
E	L50×5	M16×1	E2	L50×5	M16×2	E3	L50×5	M16×3
F	L56×4	M16×1	F2	L56×4	M16×2	F3	L56×4	M16×3
G	L56×5	M16×1	G2	L56×5	M16×2	G3	L56×5	M16×3
H	L63×5	M20×1	H2	L63×5	M20×2	H3	L63×5	M20×3
Hh	L63×5H	M20×1	Hh2	L63×5H	M20×2	Hh3	L63×5H	M20×3

图 18-17　110-EF11S-JC4 塔司令图

18.11　110－EF11S－DJC 塔

18.11.1　设计条件

110－EF11S－DJC 塔导线型号及张力、使用条件、荷载见表 18－43～表 18－45。

表 18－43　　导 线 型 号 及 张 力

电压等级	110kV	导线型号	2×JL3/G1A－240/30	最大使用张力（kN）	28.57	断线张力取值（%）	70	不均匀覆冰不平衡张力取值（%）	30
		地线型号	JLB－100	最大使用张力（kN）	32.11	断线张力取值（%）	100	不均匀覆冰不平衡张力取值（%）	40

表 18－44　　使 用 条 件

使用条件	呼高（m）	水平档距（m）	垂直档距（m）	代表档距（m）	转角度数（°）	K_v 值
数值	30	450	700/－350	200/450	0～90	—

表 18－45　　荷 载 表　　单位：N

气象条件（$t/v/b$）			正常运行情况			事故情况		安装情况	不均匀冰
			基本风速	覆冰	最低气温	未断线	断线		
			15/33/0	－5/0/0	－5/0/0	－5/0/0	－5/0/0	0/10/0	－5/0/0
水平荷载	导线		17754					1604	
	绝缘子及金具		767					70	
	跳线串		1227					113	
	地线		7266					666	
垂直荷载	导线		13917		12652	13917	13917	12652	
	绝缘子及金具		3400		3400	3400	3400	3400	
	跳线串		1771		1771	1771	1771	1771	
	地线		6387		5110	6387	6387	5110	
张力	导线	一侧	57144		35125	35125	40001	39994	
		另一侧	50642		44793	44793	0	48793	
		张力差	6502		9668	9668	40001	8799	

续表

气象条件（$t/v/b$）			正常运行情况			事故情况		安装情况	不均匀冰
			基本风速	覆冰	最低气温	未断线	断线		
			15/33/0	－5/0/0	－5/0/0	－5/0/0	－5/0/0	0/10/0	－5/0/0
张力	地线	一侧	32110		26393	26393	32110	28442	
		另一侧	30830		32110	32110	0	34302	
		张力差	1280		5717	5717	32110	5860	

注：导线水平荷载为下相导线荷载，表中（$t/v/b$）单位分别为：°、m/s、mm。

18.11.2　根开尺寸及基础作用力

110－EF11S－DJC 塔的根开尺寸及基础作用力见表 18－46 和表 18－47。

表 18－46　　根 开 尺 寸

呼高（m）	基础根开（mm）		地脚螺栓根开（mm）		地脚螺栓规格（5.6 级）
	正面根开	侧面根开	正面根开	侧面根开	
15	5950	5950	420	420	4M72
18	6760	6760	420	420	4M72
21	7570	7570	420	420	4M72
24	8380	8380	420	420	4M72
27	9190	9190	420	420	4M72
30	10000	10000	420	420	4M72

表 18－47　　基 础 作 用 力

转角度数（°）	基础作用力（kN）					
	T_{max}	T_x	T_y	N_{max}	N_x	N_y
0～40	1821.19/－1686.66	－249	－291	1560.14/－1960.87	－321	－260
40～90	2037.32/－1307.68	－284	－327	1179.30/－2143.43	－351	－277

18.11.3　单线图及司令图

110－EF11S－DJC 塔单线图如图 18－18 所示，司令图如图 18－19 所示。

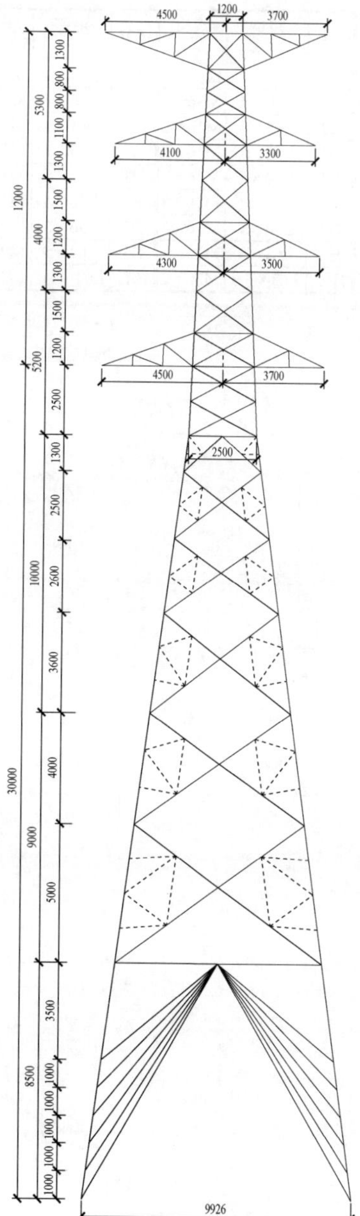

塔呼高（m）	15.0	18.0	21.0	24.0	27.0	30.0
塔重（kg）	16385.6	17605.1	19395.0	21164.4	22682.6	24454.8

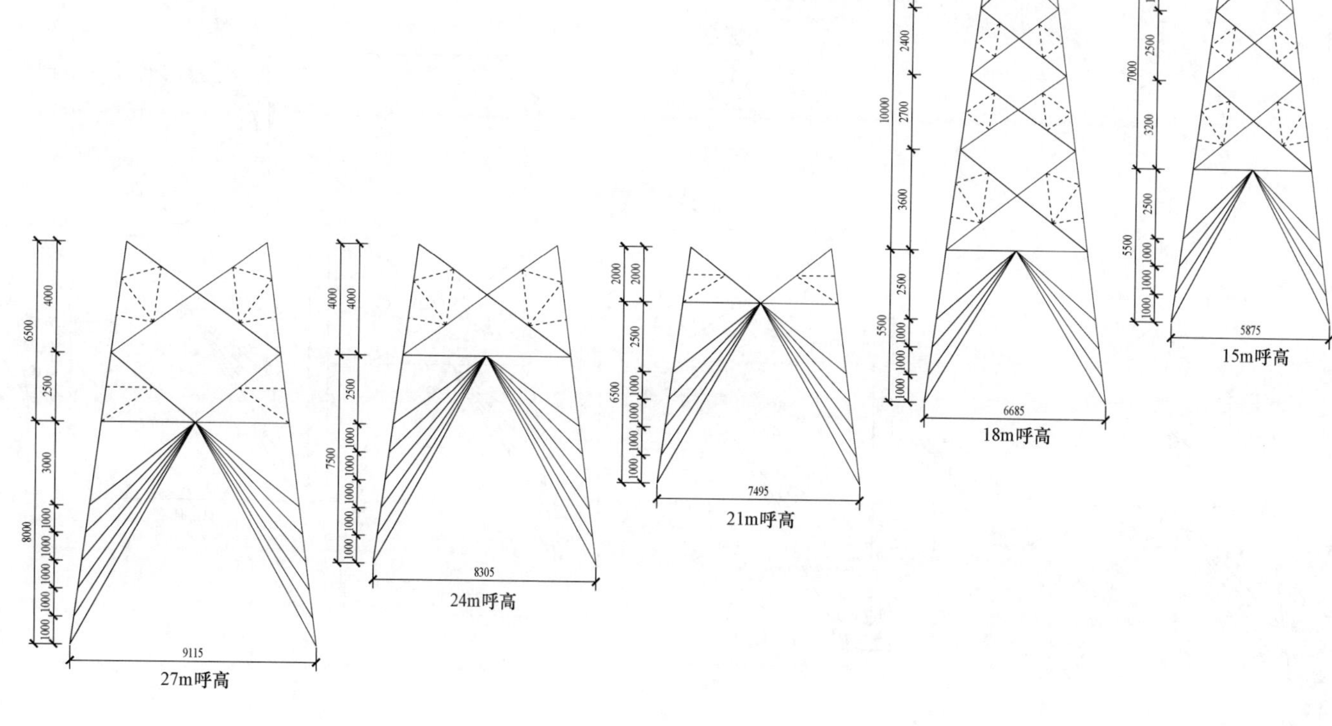

图 18-18　110-EF11S-DJC 塔单线图

角钢规格代号表

代号	角钢规格	螺栓规格	代号	角钢规格	螺栓规格	代号	角钢规格	螺栓规格
A	L40×3	M16×1	A2	L40×3	M16×2	A3	L40×3	M16×3
B	L40×4	M16×1	B2	L40×4	M16×2	B3	L40×4	M16×3
C	L45×4	M16×1	C2	L45×4	M16×2	C3	L45×4	M16×3
D	L50×4	M16×1	D2	L50×4	M16×2	D3	L50×4	M16×3
E	L50×5	M16×1	E2	L50×5	M16×2	E3	L50×5	M16×3
F	L56×4	M16×1	F2	L56×4	M16×2	F3	L56×4	M16×3
G	L56×5	M16×1	G2	L56×5	M16×2	G3	L56×5	M16×3
H	L63×5	M20×1	H2	L63×5	M20×2	H3	L63×5	M20×3
Hh	L63×5H	M20×1	Hh2	L63×5H	M20×2	Hh3	L63×5H	M20×3

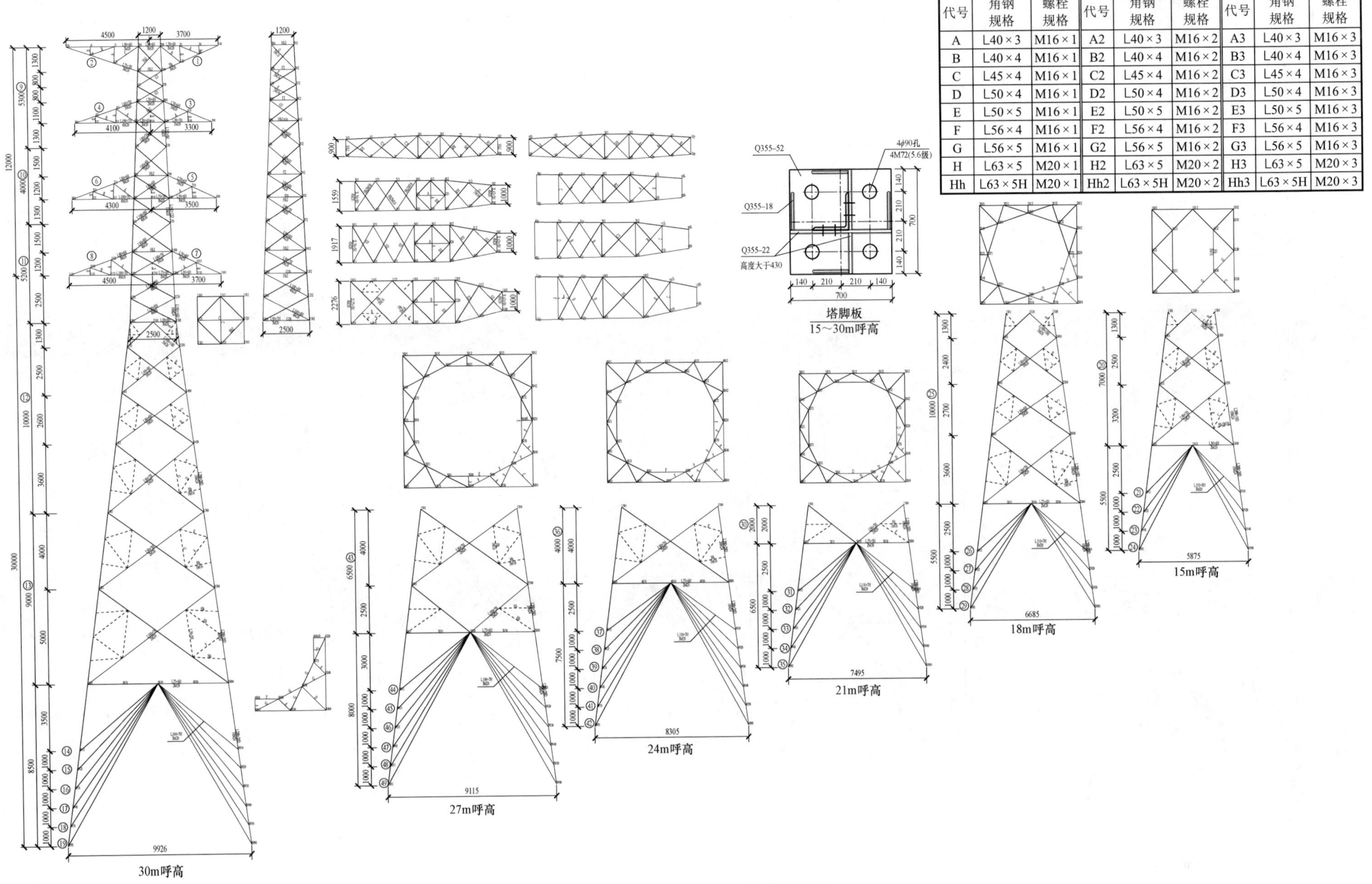

图 18－19　110－EF11S－DJC 塔司令图

19　110－EG11S 子模块

19.1　模块说明

19.1.1　概述

根据国家电网公司《35kV～750kV 线路杆塔通用设计优化技术导则》和国网福建电力工作安排，福建永福电力设计股份有限公司负责 110kV 输电线路通用设计 110－EG11S 子模块的设计工作。该模块为海拔 1000m 以内、设计基本风速为 35m/s（离地 10m）、覆冰厚度为 0mm，导线为 2×JL3/G1A－240/30（兼 1×JL3/G1A－400/35）的双回路铁塔。直线塔按 3+1 塔系列规划，耐张塔按 4 塔系列规划并单独设计终端塔，所有塔均按全方位不等长腿设计；该子模块共计 9 种塔型。

19.1.2　气象条件

110－EG11S 子模块的气象条件见表 19－1。

表 19－1　　110－EG11S 子模块的气象条件

项目	气温（℃）	风速（m/s）	覆冰厚度（mm）
最低气温	－5	0	0
年平均气温	15	0	0
基本风速	15	35	0
设计覆冰	－5	0	0
最高气温	40	0	0
安装情况	0	10	0
操作过电压	15	18.7	0
雷电过电压	15	15	0
带电作业	15	10	0
年平均雷电日数	65		

19.1.3　导地线型号及参数

110－EG11S 子模块的导地线型号及参数见表 19－2。

表 19－2　　110－EG11S 子模块的导地线型号及参数

项目		导线		地线	
电线型号		JL3/G1A－240/30	JL3/G1A－400/35	JLB20A－100	JLB40－100
结构	铝［根数/直径（mm）］	24/3.60	48/3.22	—	—
	钢、铝包钢［根数/直径（mm）］	7/2.40	7/2.50	19/2.6	19/2.6
计算截面面积（mm^2）		276	425	101	101
计算外径（mm）		21.6	26.8	13	13
计算重量（kg/m）		0.9215	1.3486	0.6767	0.4765
计算拉断力		75190	103700	135200	68600
弹性系数（MPa）		70500	65900	153900	103600
线膨胀系数（1/℃）		19.4×10^{-6}	20.3×10^{-6}	13.0×10^{-6}	15.5×10^{-6}

设计使用时，导地线的保证拉断力为计算拉断力的 95%。设计用导线安全系数为 2.5，平均运行张力取保证拉断力的 25%；进行电气配合时，地线型号选取 JLB40－100，地线安全系数为 3.0，平均运行张力取保证拉断力的 25%；进行结构荷载计算时，地线型号选取 JLB20A－100，地线安全系数为 4.0，平均运行张力取保证拉断力的 25%。

19.1.4　绝缘配置

悬垂串按“I”型布置，采用 FXBW－110/70－3 复合绝缘子，结构高度为 1440mm，最小公称爬电距离为 3520mm。

跳线串采用 FSP－110/0.8－2 防风偏复合绝缘子，实结构高度为 1440mm，最小公称爬电距离为 3520mm。

耐张串采用 FXBW－110/70－3 复合绝缘子，结构高度为 1440mm，最小公称爬电距离为 3520mm。

19.1.5　联塔金具

直线塔导线横担均按前、中、后三个挂点设计，挂点间距采用 200＋200＝400（mm），以满足单、双联悬挂的需要，联塔金具采用 ZBS－07/10－80；地线悬垂串的联塔金具采用 UB 型挂板。

导地线耐张串均采用单挂点设计，导线联塔金具采用 U 型挂环，地线联塔金具采用 U 型挂环。跳线串联塔适配防风偏绝缘子低压端螺栓。

19.2 110－EG11S 子模块杆塔一览图

110－EG11S 子模块杆塔一览图（山区）如图 19－1 所示。

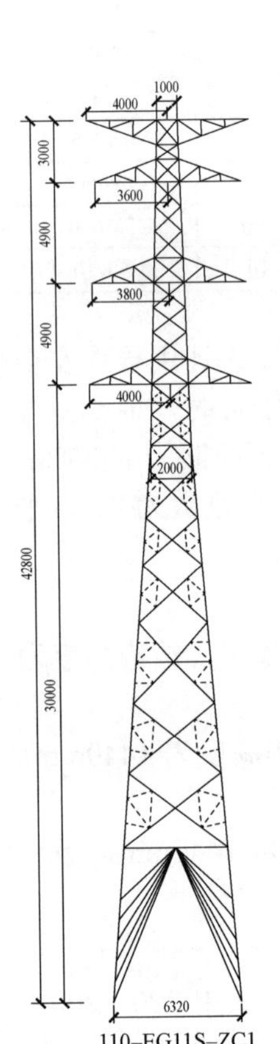

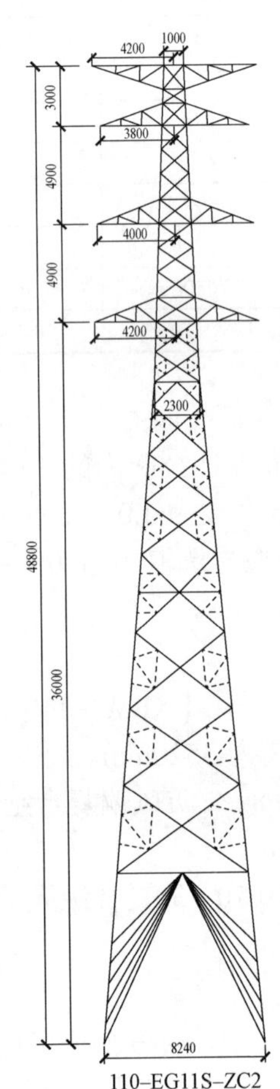

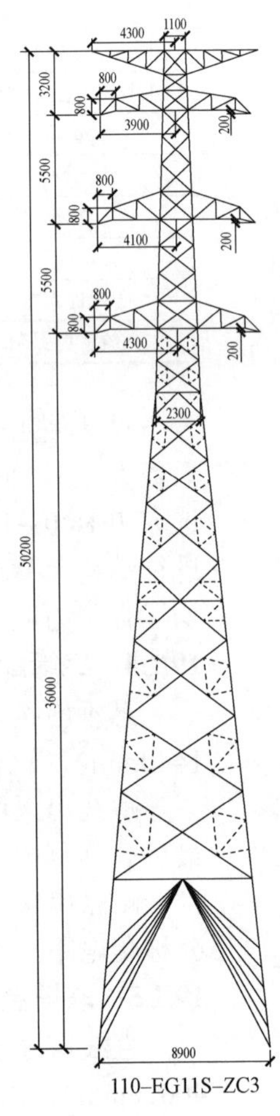

序号	塔型名称	呼高（m）	水平档距（m）	垂直档距（m）	塔重（kg）	允许转角（°）	串型
1	110－EG11S－ZC1	30.0	380	550	11508.9	0	“I” 串
2	110－EG11S－ZC2	30.0	480	700	12856.9	0	“I” 串
		36.0	450	700	14833.8		
3	110－EG11S－ZC3	33.0	650	1000	15483.0	0	“I” 串
		36.0	635	1000	16872.8		
4	110－EG11S－ZCK	51.0	480	700	22354.2	0	“I” 串
5	110－EG11S－JC1	30.0	450	700	15533.7	0～20	
6	110－EG11S－JC2	30.0	450	700	17320.0	20～40	
7	110－EG11S－JC3	30.0	450	700	19903.3	40～60	
8	110－EG11S－JC4	30.0	450	700	22496.7	60～90	
9	110－EG11S－DJC	30.0	450	700	24547.4	0～90	

注：直线塔呼高一列中第一行为计算呼高，第二行为最高呼高。

说明：

1. 铁塔全为螺栓连接的型钢结构。
2. 所有构件均需热浸镀锌防腐。
3. 所有塔身断面均为方型。
4. 所有铁塔均设有全方位长短腿。
5. 铁塔材料：
   型钢：Q235B、Q355B 和 Q420B；
   钢板：Q235B、Q355B 和 Q420B；
   螺栓：6.8 级和 8.8 级。

图 19－1　110－EG11S 子模块杆塔一览图（山区）（一）

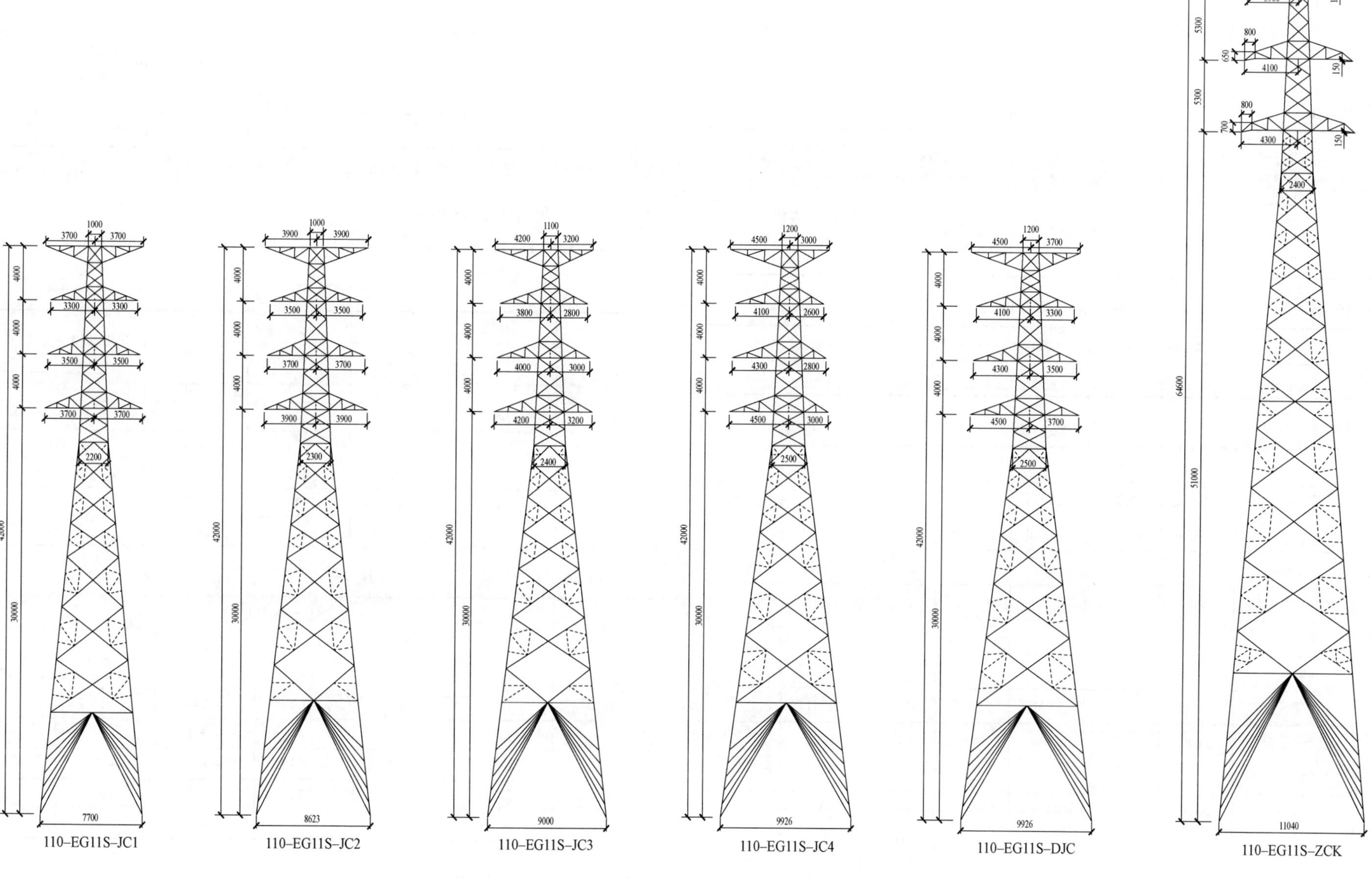

图 19－1　110－EG11S 子模块杆塔一览图（山区）（二）

19.3 110－EG11S－ZC1 塔

19.3.1 设计条件

110－EG11S－ZC1 塔的导线型号及张力、使用条件、荷载见表 19－3～表 19－5。

表 19－3　　导线型号及张力

电压等级	110kV	导线型号	2×JL3/G1A－240/30	最大使用张力（kN）	28.57	断线张力取值（%）	30	不均匀覆冰不平衡张力取值（%）	10
		地线型号	JLB20A－100	最大使用张力（kN）	32.11	断线张力取值（%）	100	不均匀覆冰不平衡张力取值（%）	20

表 19－4　　使用条件

使用条件	呼高（m）	水平档距（m）	垂直档距（m）	代表档距（m）	转角度数（°）	K_v 值
数值	30	380	550	250	0	0.80

表 19－5　　荷载表　　单位：N

气象条件（$t/v/b$）			正常运行情况			事故情况		安装情况	不均匀冰
			基本风速	覆冰	最低气温	未断线	断线		
			15/35/0	－5/0/0	－5/0/0	－5/0/0	－5/0/0	0/10/0	－5/0/0
水平荷载	导线		16774					1355	
	绝缘子及金具		568					46	
	跳线串								
	地线		7022					573	
垂直荷载	导线		10935		9941	10935	10935	9941	
	绝缘子及金具		1400		1400	1400	1400	1400	
	跳线串								
	地线		5019		4015	5019	5019	4015	
张力	导线	一侧					17143	47202	
		另一侧					0	47202	
		张力差					17143	0	
张力	地线	一侧					32110	33545	
		另一侧					0	33545	
		张力差					32110	0	

注：导线水平荷载为下相导线荷载，表中（$t/v/b$）单位分别为：°、m/s、mm。

19.3.2 根开尺寸及基础作用力

110－EG11S－ZC1 塔的根开尺寸及基础作用力见表 19－6 和表 19－7。

表 19－6　　根开尺寸

呼高（m）	基础根开（mm）		地脚螺栓根开（mm）		地脚螺栓规格（5.6 级）
	正面根开	侧面根开	正面根开	侧面根开	
15	4205	4205	270	270	4M42
18	4745	4745	270	270	4M42
21	5285	5285	270	270	4M42
24	5825	5825	290	290	4M48
27	6365	6365	290	290	4M48
30	6905	6905	290	290	4M48

表 19－7　　基础作用力

呼高（m）	基础作用力（kN）					
	T_{max}	T_x	T_y	N_{max}	N_x	N_y
15	672	－70	－60	－744	－78	－63
18	675	－69	－60	－749	－78	－63
21	703	－70	－63	－781	－78	－66
24	719	－74	－64	－803	－83	－68
27	777	－83	－74	－863	－92	－79
30	808	－87	－78	－899	－95	86

19.3.3 单线图及司令图

110－EG11S－ZC1 塔单线图如图 19－2 所示，司令图如图 19－3 所示。

塔呼高（m）	15.0	18.0	21.0	24.0	27.0	30.0
塔重（kg）	7782.5	8354.7	9136.4	9779.4	10779.2	11508.9

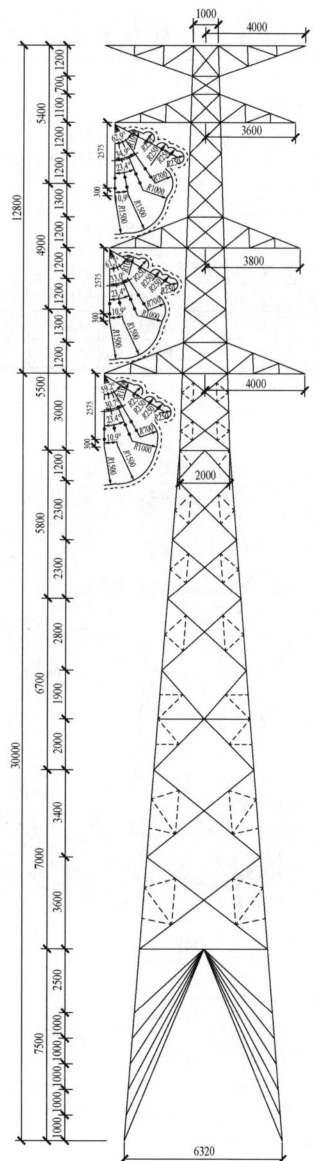

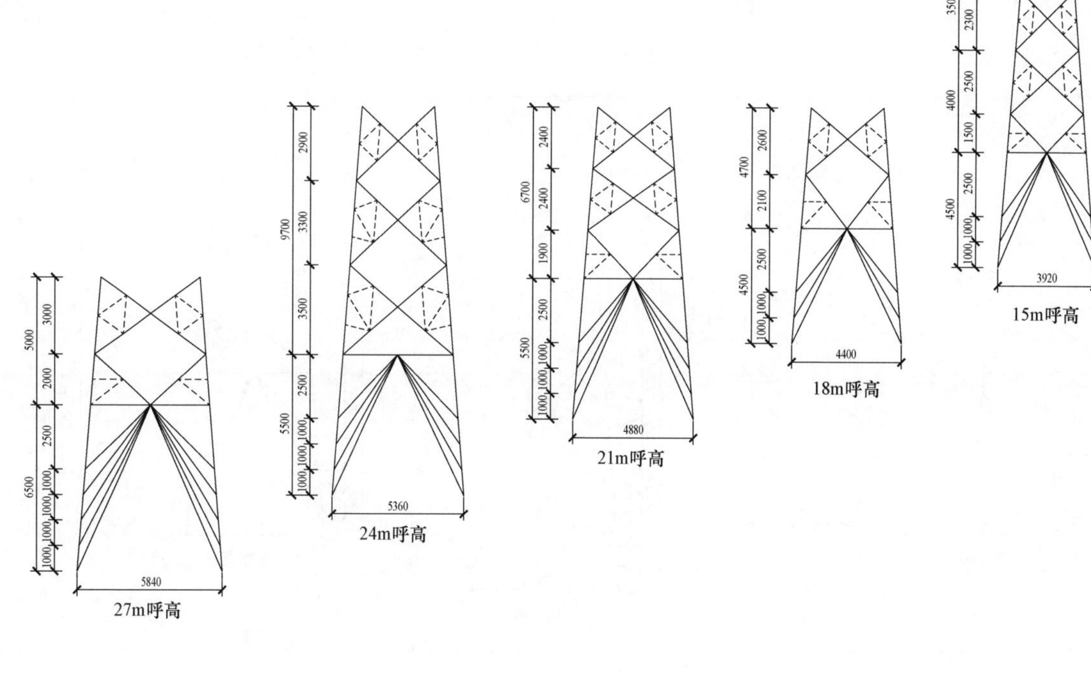

图 19－2　110－EG11S－ZC1 塔单线图

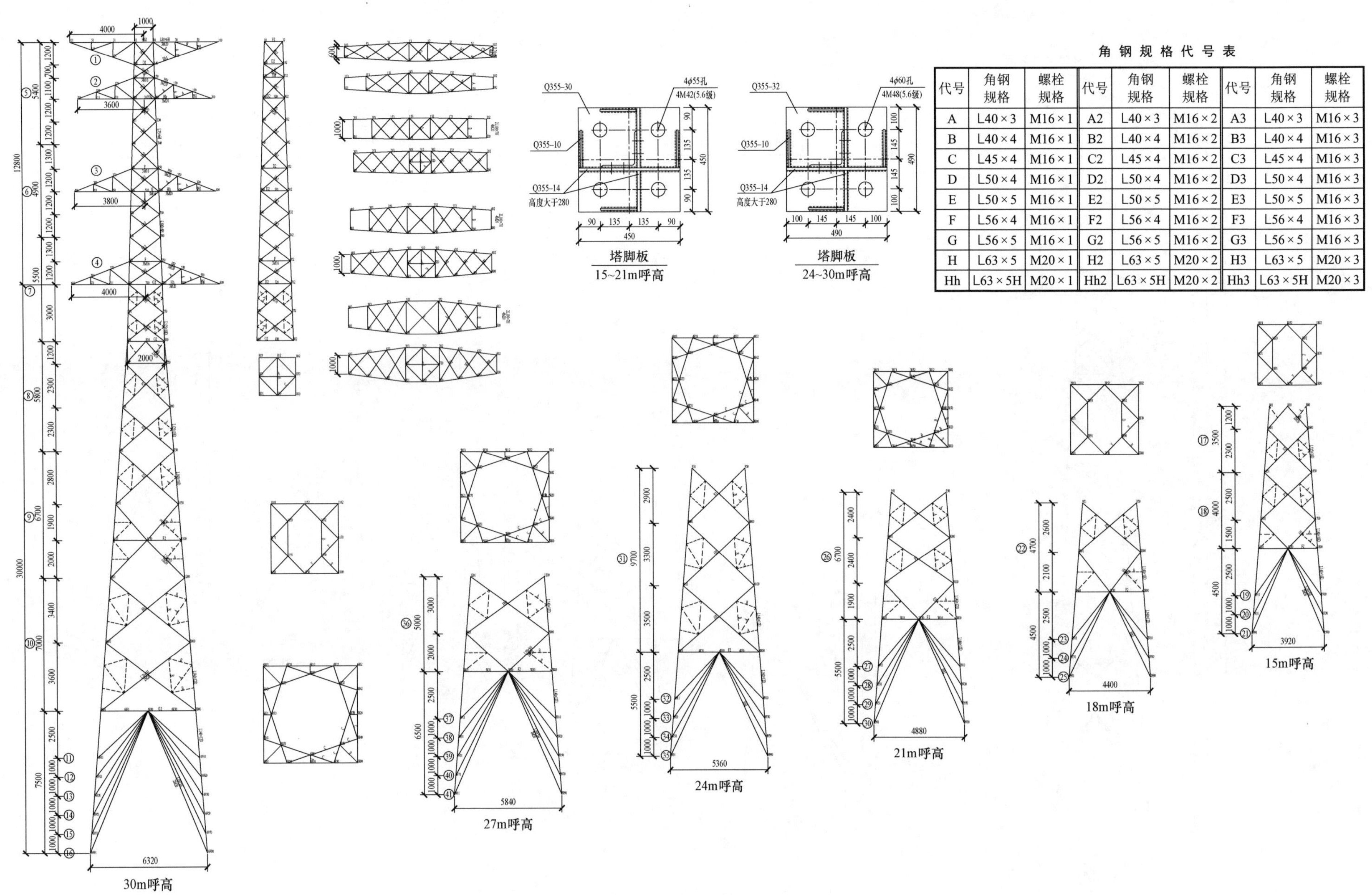

角钢规格代号表

代号	角钢规格	螺栓规格	代号	角钢规格	螺栓规格	代号	角钢规格	螺栓规格
A	L40×3	M16×1	A2	L40×3	M16×2	A3	L40×3	M16×3
B	L40×4	M16×1	B2	L40×4	M16×2	B3	L40×4	M16×3
C	L45×4	M16×1	C2	L45×4	M16×2	C3	L45×4	M16×3
D	L50×4	M16×1	D2	L50×4	M16×2	D3	L50×4	M16×3
E	L50×5	M16×1	E2	L50×5	M16×2	E3	L50×5	M16×3
F	L56×4	M16×1	F2	L56×4	M16×2	F3	L56×4	M16×3
G	L56×5	M16×1	G2	L56×5	M16×2	G3	L56×5	M16×3
H	L63×5	M20×1	H2	L63×5	M20×2	H3	L63×5	M20×3
Hh	L63×5H	M20×1	Hh2	L63×5H	M20×2	Hh3	L63×5H	M20×3

图 19-3 110-EG11S-ZC1 塔司令图

19.4 110－EG11S－ZC2 塔

19.4.1 设计条件

110－EG11S－ZC2 塔导线型号及张力、使用条件、荷载见表 19－8～表 19－10。

表 19－8　导线型号及张力

电压等级	110kV	导线型号	2×JL3/G1A－240/30	最大使用张力（kN）	28.57	断线张力取值（%）	30	不均匀覆冰不平衡张力取值（%）	10
		地线型号	JLB20A－100	最大使用张力（kN）	32.11	断线张力取值（%）	100	不均匀覆冰不平衡张力取值（%）	20

表 19－9　使用条件

使用条件	呼高（m）	水平档距（m）	垂直档距（m）	代表档距（m）	转角度数（°）	K_v 值
数值	30	480	700	250	0	0.70
	33	465	700	250	0	0.70
	36	450	700	250	0	0.70

表 19－10　荷载表　单位：N

气象条件（$t/v/b$）			正常运行情况			事故情况		安装情况	不均匀冰
			基本风速	覆冰	最低气温	未断线	断线		
			15/35/0	－5/0/0	－5/0/0	－5/0/0	－5/0/0	0/10/0	－5/0/0
水平荷载	导线		21963					1767	
	绝缘子及金具		601					49	
	跳线串								
	地线		9071					740	
垂直荷载	导线		13917		12652	13917	13917	12652	
	绝缘子及金具		1400		1400	1400	1400	1400	
	跳线串								
	地线		6387		5110	6387	6387	5110	
张力	导线	一侧					17143	47202	
		另一侧					0	47202	
		张力差					17143	0	

续表

气象条件（$t/v/b$）			正常运行情况			事故情况		安装情况	不均匀冰
			基本风速	覆冰	最低气温	未断线	断线		
			15/35/0	－5/0/0	－5/0/0	－5/0/0	－5/0/0	0/10/0	－5/0/0
张力	地线	一侧					32110	33545	
		另一侧					0	33545	
		张力差					32110	0	

注：导线水平荷载为下相导线荷载，表中（$t/v/b$）单位分别为：°、m/s、mm。

19.4.2 根开尺寸及基础作用力

110－EG11S－ZC2 塔的根开尺寸及基础作用力见表 19－11 和表 19－12。

表 19－11　根开尺寸

呼高（m）	基础根开（mm）		地脚螺栓根开（mm）		地脚螺栓规格（5.6 级）
	正面根开	侧面根开	正面根开	侧面根开	
15	4515	4515	290	290	4M48
18	5055	5055	290	290	4M48
21	5595	5595	290	290	4M48
24	6135	6135	290	290	4M48
27	6675	6675	290	290	4M48
30	7210	7210	290	290	4M48
33	7750	7750	290	290	4M48
36	8290	8290	290	290	4M48

表 19－12　基础作用力

呼高（m）	基础作用力（kN）					
	T_{max}	T_x	T_y	N_{max}	N_x	N_y
15	727	－85	－73	－809	－96	－77
18	744	－87	－74	－830	－97	－78
21	781	－91	－78	－871	－102	－83
24	789	－92	－78	－885	－103	－84
27	847	－103	－90	－947	－114	－96
30	880	－108	－95	－986	－120	－101
33	886	－108	－94	－997	－121	－102
36	889	－107	－92	－1005	－119	－100

19.4.3 单线图及司令图

110－EG11S－ZC2 塔单线图如图 19－4 所示，司令图如图 19－5 所示。

塔呼高（m）	15.0	18.0	21.0	24.0	27.0	30.0	33.0	36.0
塔重（kg）	8296.1	9153.2	9995.0	10646.6	12036.9	12856.9	13775.8	14833.8

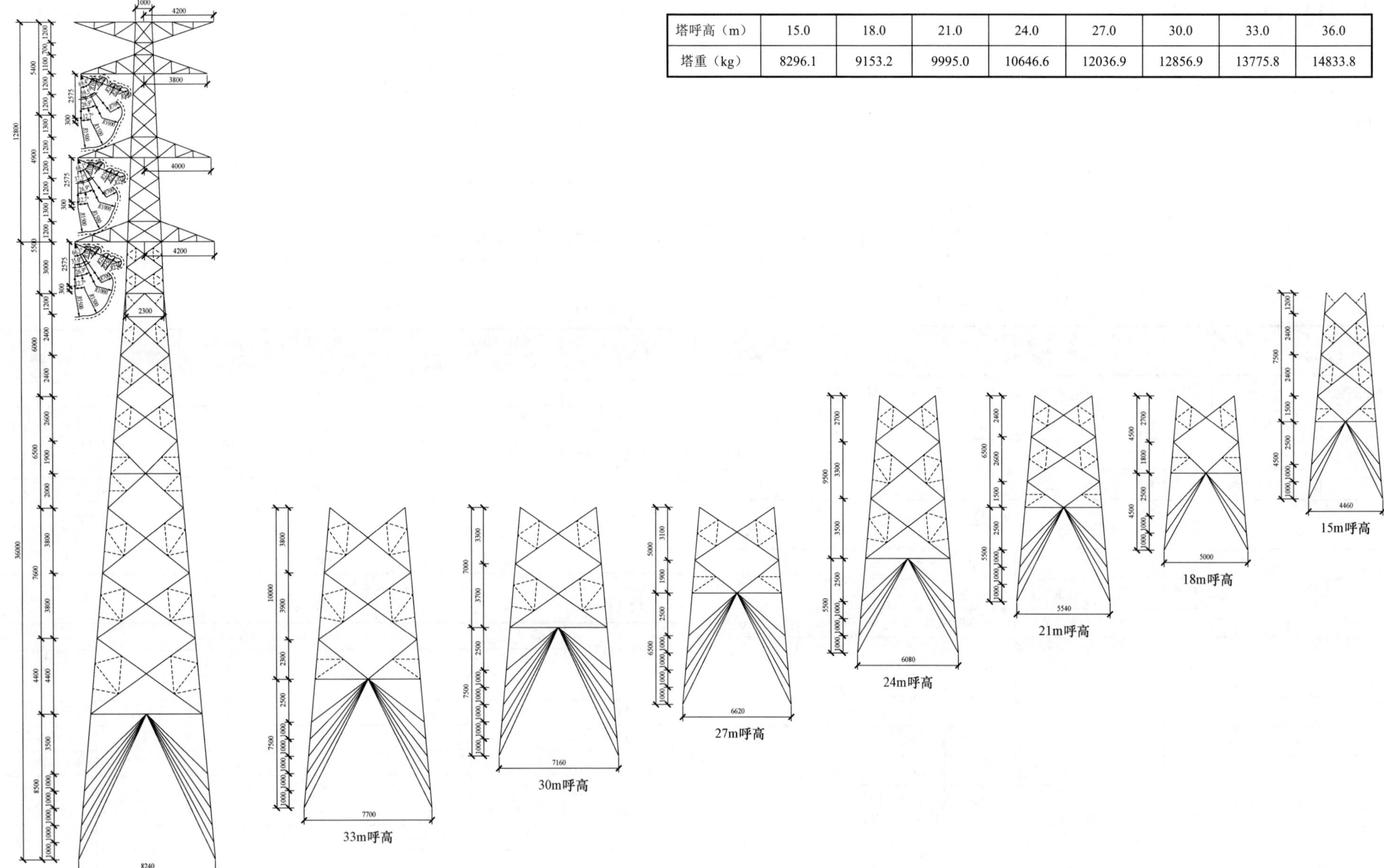

图 19－4　110－EG11S－ZC2 塔单线图

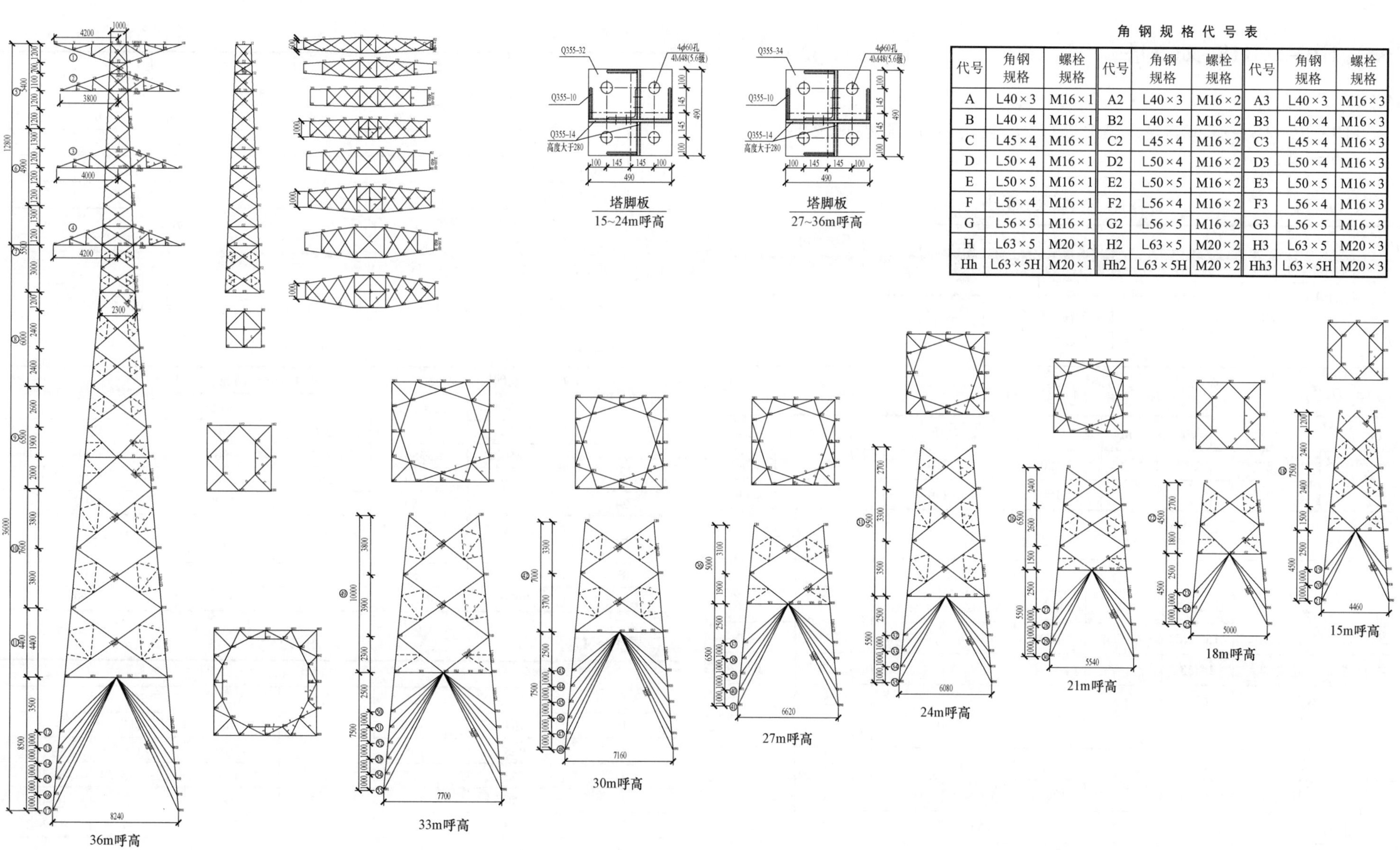

角钢规格代号表

代号	角钢规格	螺栓规格	代号	角钢规格	螺栓规格	代号	角钢规格	螺栓规格
A	L40×3	M16×1	A2	L40×3	M16×2	A3	L40×3	M16×3
B	L40×4	M16×1	B2	L40×4	M16×2	B3	L40×4	M16×3
C	L45×4	M16×1	C2	L45×4	M16×2	C3	L45×4	M16×3
D	L50×4	M16×1	D2	L50×4	M16×2	D3	L50×4	M16×3
E	L50×5	M16×1	E2	L50×5	M16×2	E3	L50×5	M16×3
F	L56×4	M16×1	F2	L56×4	M16×2	F3	L56×4	M16×3
G	L56×5	M16×1	G2	L56×5	M16×2	G3	L56×5	M16×3
H	L63×5	M20×1	H2	L63×5	M20×2	H3	L63×5	M20×3
Hh	L63×5H	M20×1	Hh2	L63×5H	M20×2	Hh3	L63×5H	M20×3

图 19-5　110-EG11S-ZC2 塔司令图

19.5 110－EG11S－ZC3 塔

19.5.1 设计条件

110－EG11S－ZC3 塔导线型号及张力、使用条件、荷载见表 19－13～表 19－15。

表 19－13 导线型号及张力

电压等级	110kV	导线型号	2×JL3/G1A－240/30	最大使用张力（kN）	28.57	断线张力取值（%）	30	不均匀覆冰不平衡张力取值（%）	10
		地线型号	JLB20A－100	最大使用张力（kN）	32.11	断线张力取值（%）	100	不均匀覆冰不平衡张力取值（%）	20

表 19－14 使用条件

使用条件	呼高（m）	水平档距（m）	垂直档距（m）	代表档距（m）	转角度数（°）	K_v 值
数值	33	650	1000	250	0	0.60
	36	635	1000	250	0	0.60

表 19－15 荷载表　　单位：N

气象条件（t/v/b）			正常运行情况			事故情况		安装情况	不均匀冰
			基本风速	覆冰	最低气温	未断线	断线		
			15/35/0	－5/0/0	－5/0/0	－5/0/0	－5/0/0	0/10/0	－5/0/0
水平荷载	导线		28353					2243	0
	绝缘子及金具		601					49	
	跳线串								
	地线		12040					981	
垂直荷载	导线		19881		18074	19881	19881	18074	
	绝缘子及金具		1400		1400	1400	1400	1400	
	跳线串								
	地线		9125		7300	9125	9125	7300	
张力	导线	一侧					17143	47202	
		另一侧					0	47202	
		张力差					17143	0	
	地线	一侧					32110	33545	
		另一侧					0	33545	
		张力差					32110	0	

注：导线水平荷载为下相导线荷载，表中（t/v/b）单位分别为：°、m/s、mm。

19.5.2 根开尺寸及基础作用力

110－EG11S－ZC3 塔的根开尺寸及基础作用力见表 19－16 和表 19－17。

表 19－16 根开尺寸

呼高（m）	基础根开（mm）		地脚螺栓根开（mm）		地脚螺栓规格（5.6 级）
	正面根开	侧面根开	正面根开	侧面根开	
15	4750	4750	290	290	4M48
18	5350	5350	290	290	4M48
21	5950	5950	290	290	4M48
24	6550	6550	290	290	4M48
27	7150	7150	330	330	4M56
30	7750	7750	330	330	4M56
33	8350	8350	330	330	4M56
36	8950	8950	330	330	4M56

表 19－17 基础作用力

呼高（m）	基础作用力（kN）					
	T_{max}	T_x	T_y	N_{max}	N_x	N_y
15	904	－105	－97	－1007	－118	－103
18	908	－105	－97	－1016	－119	－104
21	945	－111	－102	－1056	－125	－109
24	946	－111	－101	－1064	－126	－109
27	999	－122	－113	－1122	－137	－122
30	1031	－127	－118	－1159	－142	－127
33	1032	－127	－117	－1167	－143	－128
36	1030	－126	－115	－1171	－142	－126

19.5.3 单线图及司令图

110－EG11S－ZC3 塔单线图如图 19－6 所示，司令图如图 19－7 所示。

塔呼高（m）	15.0	18.0	21.0	24.0	27.0	30.0	33.0	36.0
塔重（kg）	9863.6	10573.1	11193.6	12018.9	13807.8	14694.7	15483.0	16872.8

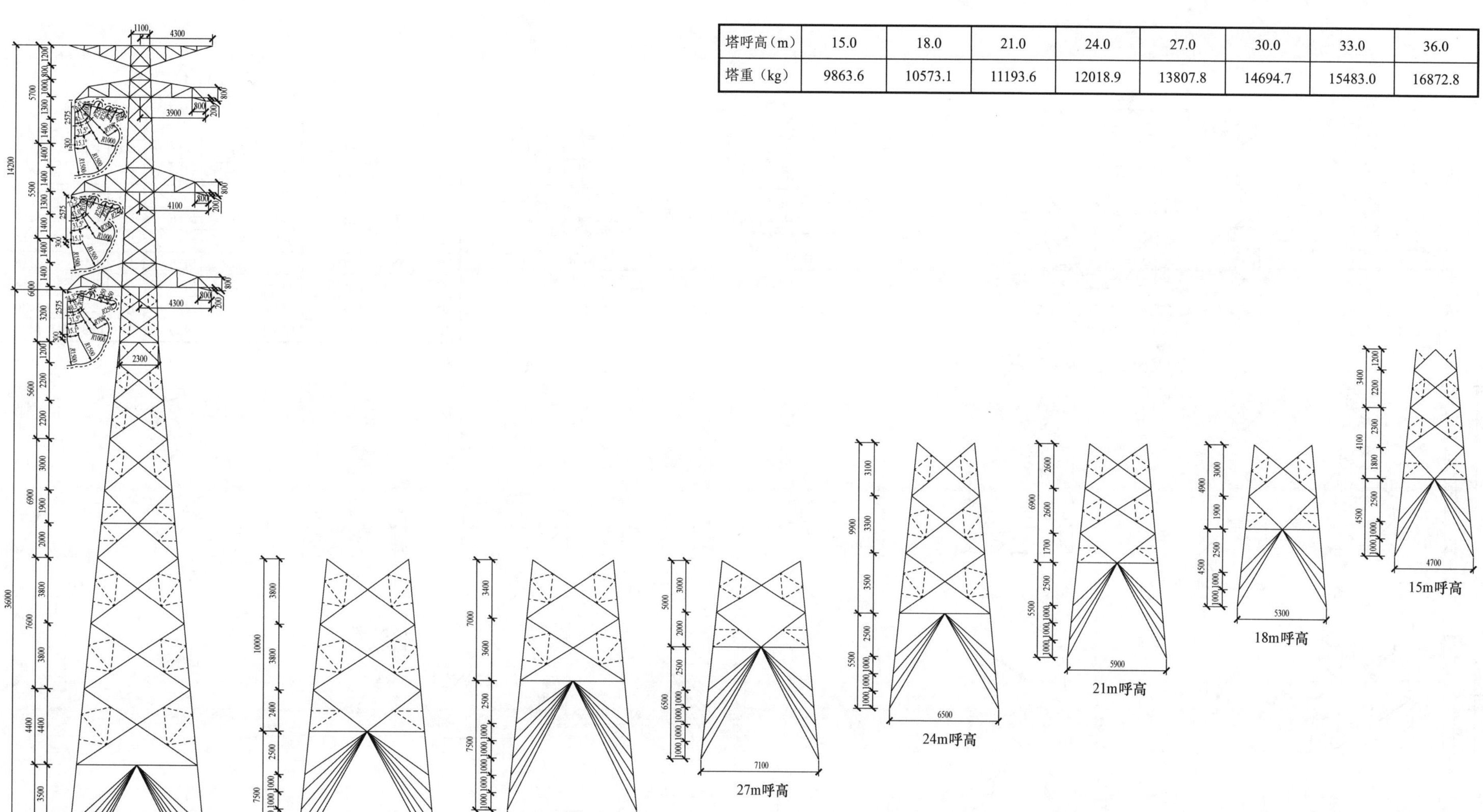

图 19－6　110－EG11S－ZC3 塔单线图

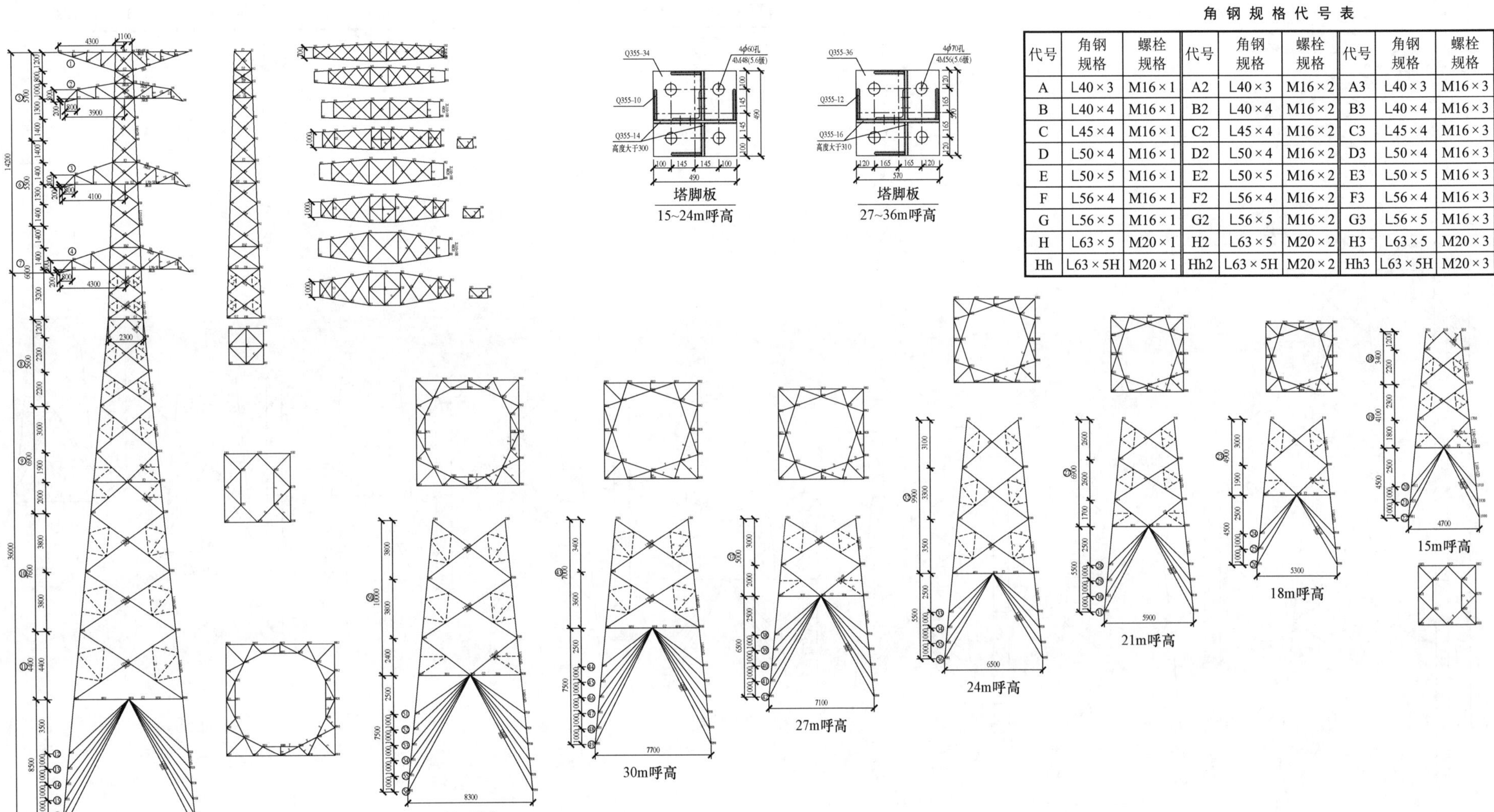

角钢规格代号表

代号	角钢规格	螺栓规格	代号	角钢规格	螺栓规格	代号	角钢规格	螺栓规格
A	L40×3	M16×1	A2	L40×3	M16×2	A3	L40×3	M16×3
B	L40×4	M16×1	B2	L40×4	M16×2	B3	L40×4	M16×3
C	L45×4	M16×1	C2	L45×4	M16×2	C3	L45×4	M16×3
D	L50×4	M16×1	D2	L50×4	M16×2	D3	L50×4	M16×3
E	L50×5	M16×1	E2	L50×5	M16×2	E3	L50×5	M16×3
F	L56×4	M16×1	F2	L56×4	M16×2	F3	L56×4	M16×3
G	L56×5	M16×1	G2	L56×5	M16×2	G3	L56×5	M16×3
H	L63×5	M20×1	H2	L63×5	M20×2	H3	L63×5	M20×3
Hh	L63×5H	M20×1	Hh2	L63×5H	M20×2	Hh3	L63×5H	M20×3

图 19－7　110－EG11S－ZC3 塔司令图

19.6 110－EG11S－ZCK 塔

19.6.1 设计条件

110－EG11S－ZCK 塔导线型号及张力、使用条件、荷载见表 19－18～表 19－20。

表 19－18　　导线型号及张力

电压等级									
电压等级	110kV	导线型号	2×JL3/G1A－240/30	最大使用张力（kN）	28.57	断线张力取值（%）	30	不均匀覆冰不平衡张力取值（%）	10
		地线型号	JLB20A－100	最大使用张力（kN）	32.11	断线张力取值（%）	100	不均匀覆冰不平衡张力取值（%）	20

表 19－19　　使用条件

使用条件	呼高（m）	水平档距（m）	垂直档距（m）	代表档距（m）	转角度数（°）	K_v 值
数值	51	480	700	250	0	0.70

表 19－20　　荷载表　　单位：N

气象条件（$t/v/b$）			正常运行情况			事故情况		安装情况	不均匀冰
			基本风速	覆冰	最低气温	未断线	断线		
			15/35/0	－5/0/0	－5/0/0	－5/0/0	－5/0/0	0/10/0	－5/0/0
水平荷载	导线		24686					1996	
	绝缘子及金具		669					55	
	跳线串								
	地线		9833					802	
垂直荷载	导线		13917		12652	13917	13917	12652	
	绝缘子及金具		1400		1400	1400	1400	1400	
	跳线串								
	地线		6387		5110	6387	6387	5110	
张力	导线	一侧					17143	47202	
		另一侧					0	47202	
		张力差					17143	0	
	地线	一侧					32110	33545	
		另一侧				0	33545		
		张力差				32110	0		

注：导线水平荷载为下相导线荷载，表中（$t/v/b$）单位分别为：°、m/s、mm。

19.6.2 根开尺寸及基础作用力

110－EG11S－ZCK 塔的根开尺寸及基础作用力见表 19－21 和表 19－22。

表 19－21　　根开尺寸

呼高（m）	基础根开（mm）		地脚螺栓根开（mm）		地脚螺栓规格（5.6 级）
	正面根开	侧面根开	正面根开	侧面根开	
39	8930	8930	330	330	4M56
42	9470	9470	330	330	4M56
45	10010	10010	330	330	4M56
48	10545	10545	330	330	4M56
51	11085	11085	330	330	4M56

表 19－22　　基础作用力

呼高（m）	基础作用力（kN）					
	T_{max}	T_x	T_y	N_{max}	N_x	N_y
39	1016	－127	－107	－1147	－141	－116
42	1045	－131	－110	－1182	－147	－135
45	1062	－132	－124	－1206	－148	－136
48	1071	－133	－124	－1226	－150	－137
51	1084	－135	－125	－1245	－152	－138

19.6.3 单线图及司令图

110－EG11S－ZCK 塔单线图如图 19－8 所示，司令图如图 19－9 所示。

塔呼高（m）	39.0	42.0	45.0	48.0	51.0
塔重（kg）	17481.0	18346.9	19599.4	21332.4	22354.2

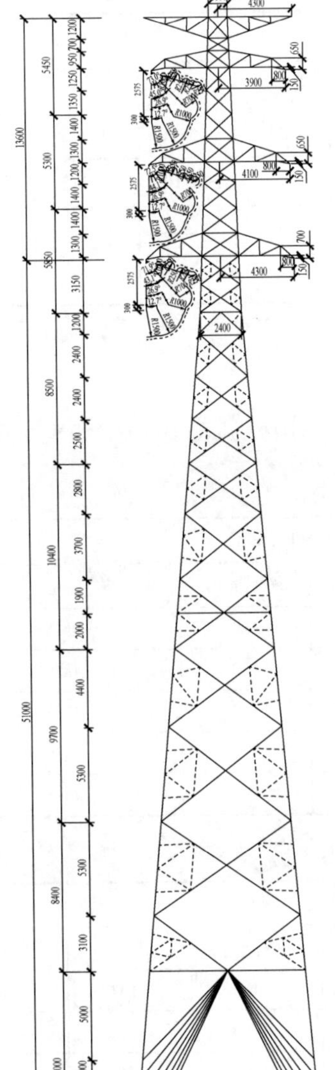

51m呼高

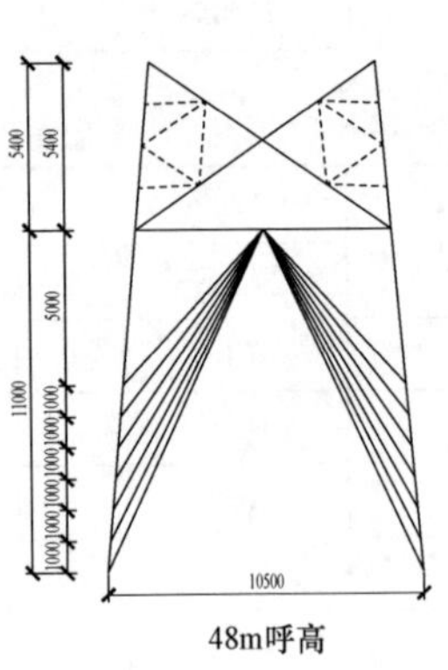

48m呼高

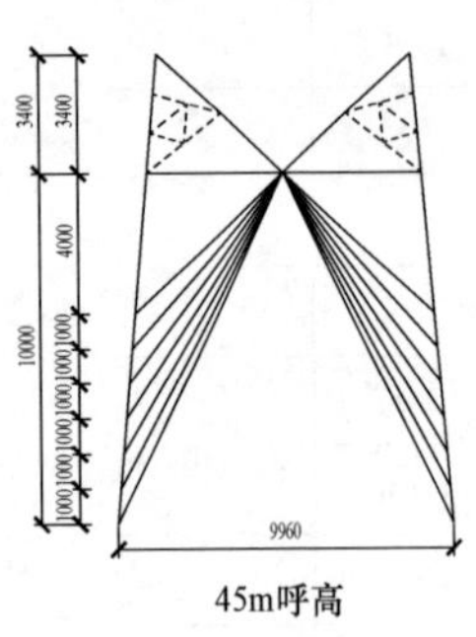

45m呼高

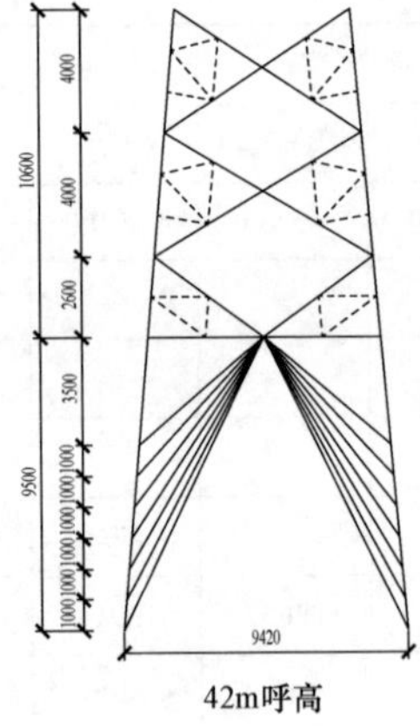

42m呼高

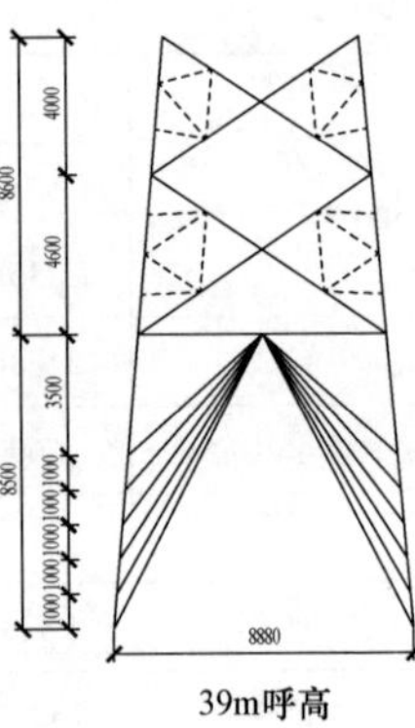

39m呼高

图 19－8　110－EG11S－ZCK 塔单线图

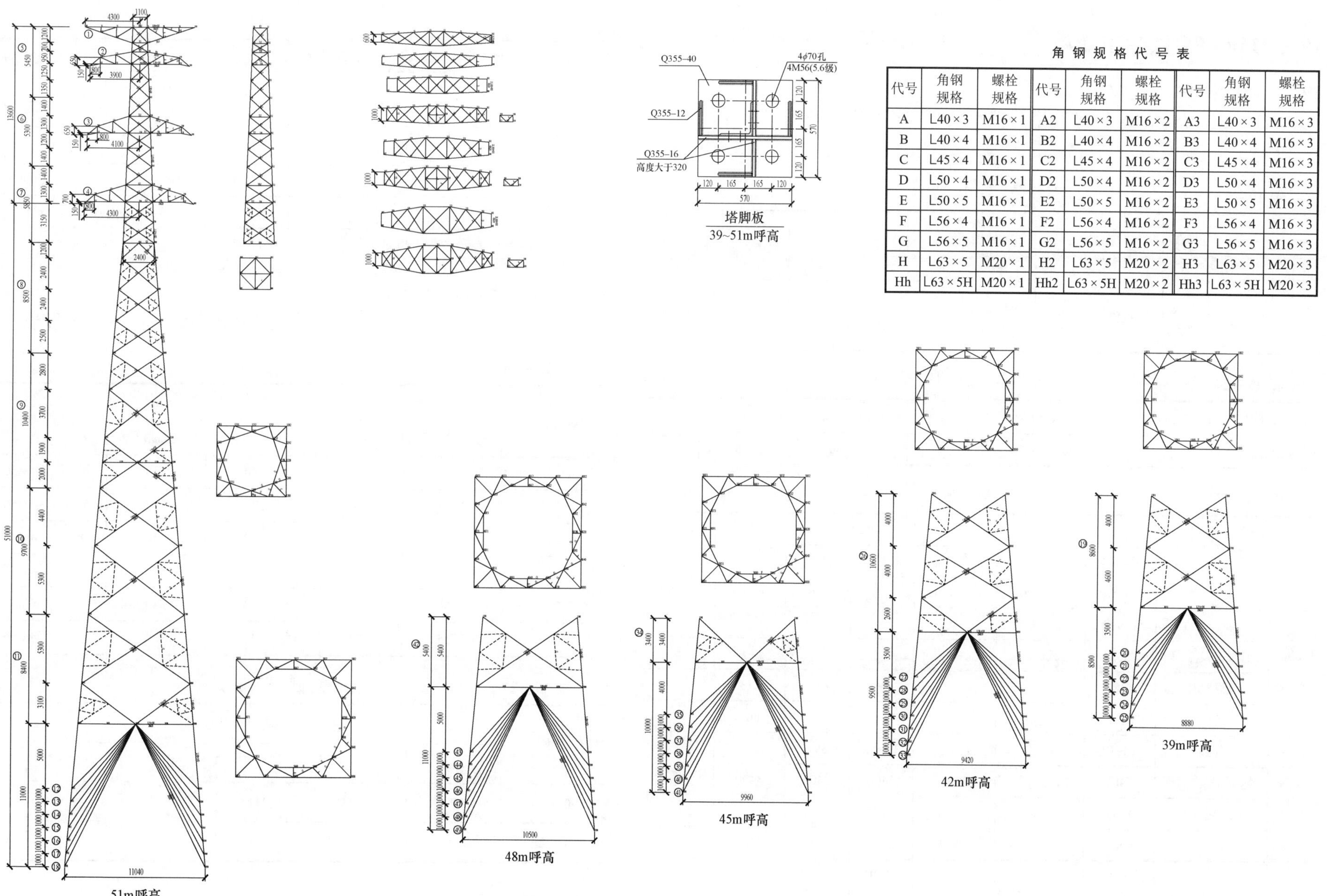

角钢规格代号表

代号	角钢规格	螺栓规格	代号	角钢规格	螺栓规格	代号	角钢规格	螺栓规格
A	L40×3	M16×1	A2	L40×3	M16×2	A3	L40×3	M16×3
B	L40×4	M16×1	B2	L40×4	M16×2	B3	L40×4	M16×3
C	L45×4	M16×1	C2	L45×4	M16×2	C3	L45×4	M16×3
D	L50×4	M16×1	D2	L50×4	M16×2	D3	L50×4	M16×3
E	L50×5	M16×1	E2	L50×5	M16×2	E3	L50×5	M16×3
F	L56×4	M16×1	F2	L56×4	M16×2	F3	L56×4	M16×3
G	L56×5	M16×1	G2	L56×5	M16×2	G3	L56×5	M16×3
H	L63×5	M20×1	H2	L63×5	M20×2	H3	L63×5	M20×3
Hh	L63×5H	M20×1	Hh2	L63×5H	M20×2	Hh3	L63×5H	M20×3

图 19-9 110-EG11S-ZCK 塔司令图

19.7 110－EG11S－JC1 塔

19.7.1 设计条件

110－EG11S－JC1 塔导线型号及张力、使用条件、荷载见表 19－23～表 19－25。

表 19－23　　导线型号及张力

电压等级									
电压等级	110kV	导线型号	2×JL3/G1A－240/30	最大使用张力(kN)	28.57	断线张力取值（%）	70	不均匀覆冰不平衡张力取值（%）	30
		地线型号	JLB20A－100	最大使用张力(kN)	32.11	断线张力取值（%）	100	不均匀覆冰不平衡张力取值（%）	40

表 19－24　　使用条件

使用条件	呼高（m）	水平档距（m）	垂直档距（m）	代表档距（m）	转角度数（°）	K_v 值
数值	30	450	700/－350	200/450	0～20	—

表 19－25　　荷载表　　单位：N

气象条件（$t/v/b$）			正常运行情况			事故情况		安装情况	不均匀冰
			基本风速	覆冰	最低气温	未断线	断线		
			15/35/0	－5/0/0	－5/0/0	－5/0/0	－5/0/0	0/10/0	－5/0/0
水平荷载	导线		19992					1598	
	绝缘子及金具		862					70	
	跳线串		1380					113	
	地线		8174					665	
垂直荷载	导线		13917		12652	13917	13917	12652	
	绝缘子及金具		3400		3400	3400	3400	3400	
	跳线串		1771		1771	1771	1771	1771	
	地线		6387		5110	6387	6387	5110	
张力	导线	一侧	57144		31601	31601	40001	36090	
		另一侧	53243		44793	44793	0	48793	
		张力差	3901		13192	13192	40001	12703	

续表

气象条件（$t/v/b$）			正常运行情况			事故情况		安装情况	不均匀冰
			基本风速	覆冰	最低气温	未断线	断线		
			15/35/0	－5/0/0	－5/0/0	－5/0/0	－5/0/0	0/10/0	－5/0/0
张力	地线	一侧	32110		24455	24455	32110	26377	
		另一侧	31379		32110	32110	0	34302	
		张力差	731		7655	7655	32110	7925	

注：导线水平导线荷载为下相导线荷载，表中（$t/v/b$）单位分别为：°、m/s、mm。

19.7.2 根开尺寸及基础作用力

110－EG11S－JC1 塔的根开尺寸及基础作用力见表 19－26 和表 19－27。

表 19－26　　根开尺寸

呼高（m）	基础根开（mm）		地脚螺栓根开（mm）		地脚螺栓规格（5.6 级）
	正面根开	侧面根开	正面根开	侧面根开	
15	4765	4765	330	330	4M56
18	5365	5365	330	330	4M56
21	5965	5965	330	330	4M56
24	6565	6565	330	330	4M56
27	7165	7165	330	330	4M56
30	7765	7765	330	330	4M56

表 19－27　　基础作用力

转角度数（°）	基础作用力（kN）					
	T_{max}	T_x	T_y	N_{max}	N_x	N_y
0～10	992	－123	－111	－1093	－138	－117
10～20	1310	－159	－145	－1432	－177	－153

19.7.3 单线图及司令图

110－EG11S－JC1 塔单线图如图 19－10 所示，司令图如图 19－11 所示。

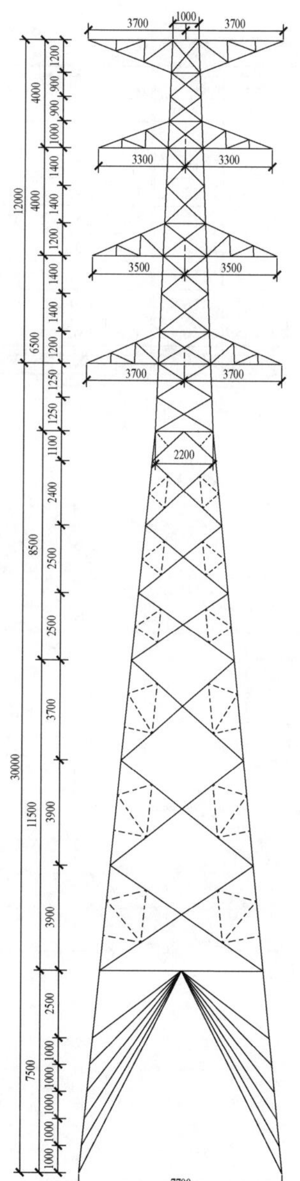

塔呼高（m）	15.0	18.0	21.0	24.0	27.0	30.0
塔重（kg）	10540.6	11459.1	12481.6	13588.2	14530.2	15533.7

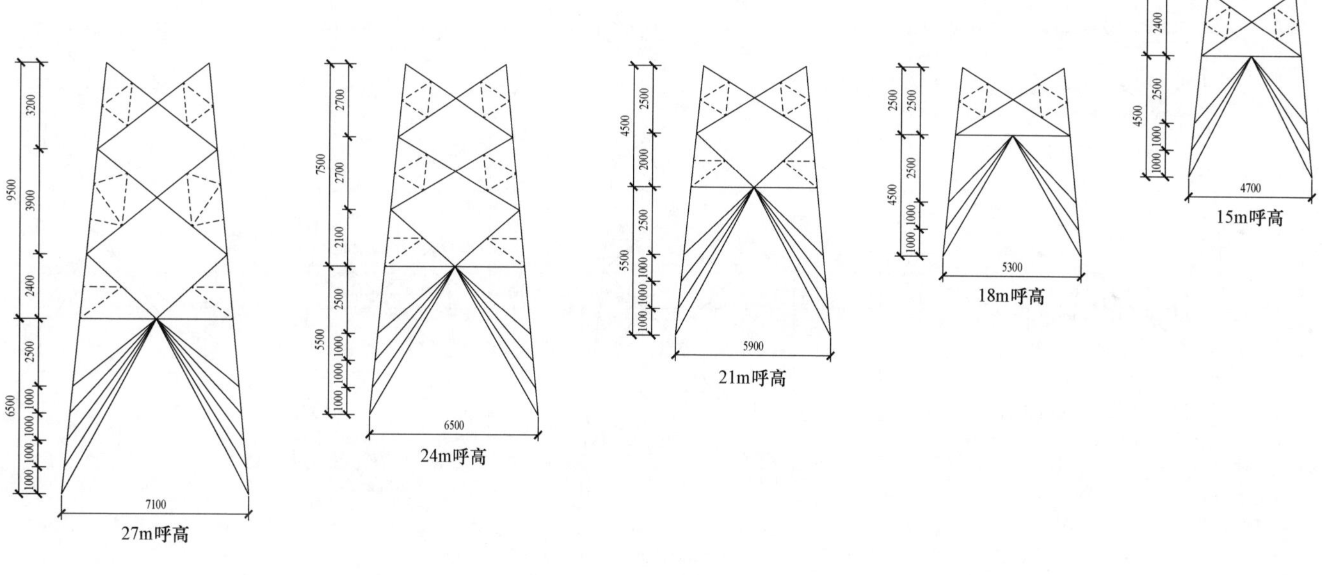

图 19－10　110－EG11S－JC1 塔单线图

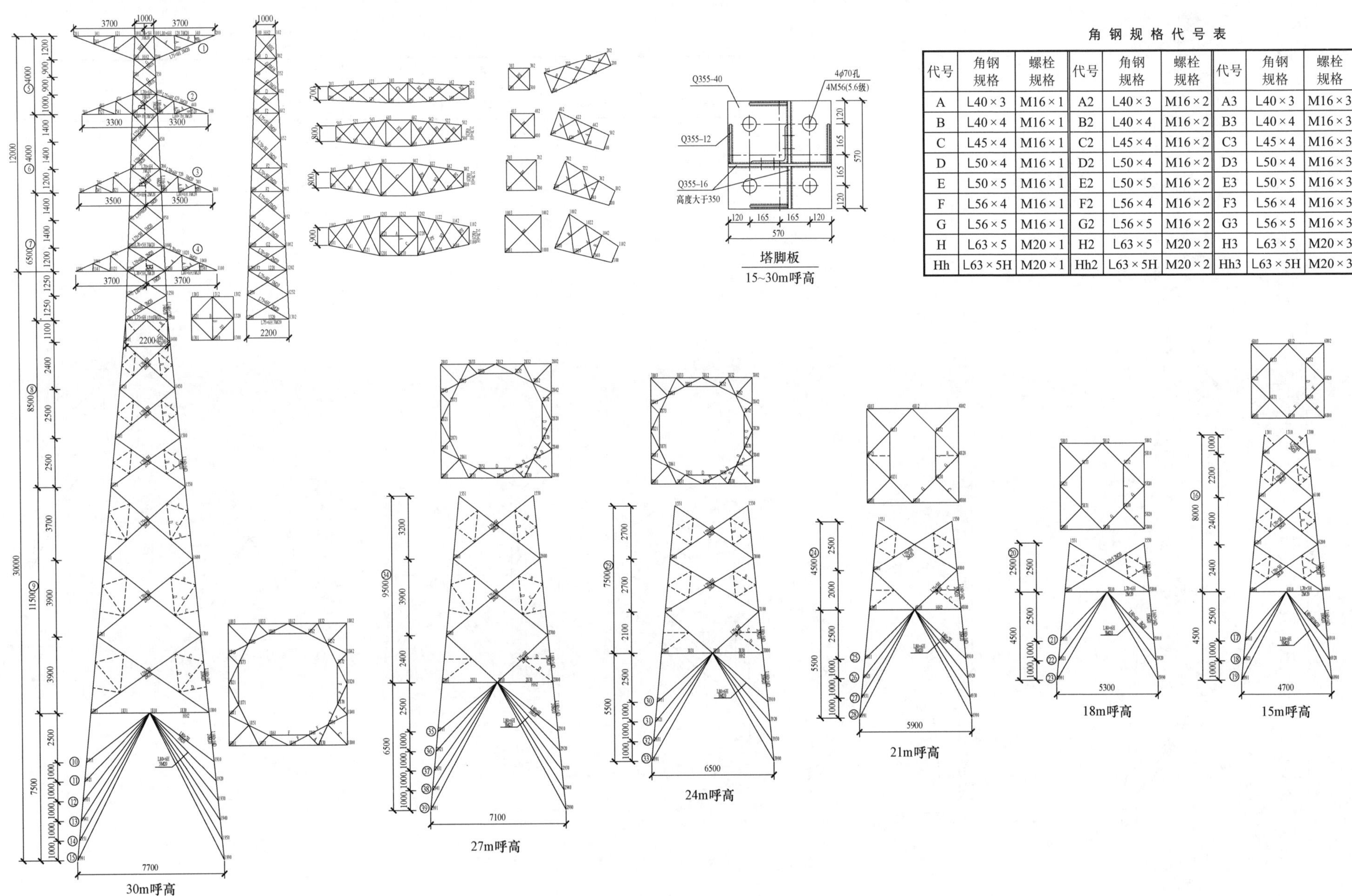

角钢规格代号表

代号	角钢规格	螺栓规格	代号	角钢规格	螺栓规格	代号	角钢规格	螺栓规格
A	L40×3	M16×1	A2	L40×3	M16×2	A3	L40×3	M16×3
B	L40×4	M16×1	B2	L40×4	M16×2	B3	L40×4	M16×3
C	L45×4	M16×1	C2	L45×4	M16×2	C3	L45×4	M16×3
D	L50×4	M16×1	D2	L50×4	M16×2	D3	L50×4	M16×3
E	L50×5	M16×1	E2	L50×5	M16×2	E3	L50×5	M16×3
F	L56×4	M16×1	F2	L56×4	M16×2	F3	L56×4	M16×3
G	L56×5	M16×1	G2	L56×5	M16×2	G3	L56×5	M16×3
H	L63×5	M20×1	H2	L63×5	M20×2	H3	L63×5	M20×3
Hh	L63×5H	M20×1	Hh2	L63×5H	M20×2	Hh3	L63×5H	M20×3

图 19-11　110-EG11S-JC1 塔司令图

19.8 110－EG11S－JC2 塔

19.8.1 设计条件

110－EG11S－JC2 塔导线型号及张力、使用条件、荷载见表 19－28～表 19－30。

表 19－28　导线型号及张力

电压等级	110kV	导线型号	2×JL3/G1A－240/30	最大使用张力（kN）	28.57	断线张力取值（%）	70	不均匀覆冰不平衡张力取值（%）	30
		地线型号	JLB20A－100	最大使用张力（kN）	32.11	断线张力取值（%）	100	不均匀覆冰不平衡张力取值（%）	40

表 19－29　使用条件

使用条件	呼高（m）	水平档距（m）	垂直档距（m）	代表档距（m）	转角度数（°）	K_v 值
数值	30	450	700/－350	200/450	20～40	—

表 19－30　荷载表　单位：N

气象条件（t/v/b）			正常运行情况			事故情况		安装情况	不均匀冰
			基本风速	覆冰	最低气温	未断线	断线		
			15/35/0	－5/0/0	－5/0/0	－5/0/0	－5/0/0	0/10/0	－5/0/0
水平荷载	导线		19992					1598	
	绝缘子及金具		862					70	
	跳线串		1380					113	
	地线		8174					665	
垂直荷载	导线		13917		12652	13917	13917	12652	
	绝缘子及金具		3400		3400	3400	3400	3400	
	跳线串		1771		1771	1771	1771	1771	
	地线		6387		5110	6387	6387	5110	
张力	导线	一侧	57144		31601	31601	40001	36090	
		另一侧	53243		44793	44793	0	48793	
		张力差	3901		13192	13192	40001	12703	
	地线	一侧	32110		24455	24455	32110	26377	
		另一侧	31379		32110	32110	0	34302	
		张力差	731		7655	7655	32110	7925	

注：导线水平导线荷载为下相导线荷载，表中（t/v/b）单位分别为：°、m/s、mm。

19.8.2 根开尺寸及基础作用力

110－EG11S－JC2 塔的根开尺寸及基础作用力见表 19－31 和表 19－32。

表 19－31　根开尺寸

呼高（m）	基础根开（mm）		地脚螺栓根开（mm）		地脚螺栓规格（5.6 级）
	正面根开	侧面根开	正面根开	侧面根开	
15	5250	5250	370	370	4M64
18	5940	5940	370	370	4M64
21	6630	6630	370	370	4M64
24	7320	7320	370	370	4M64
27	8010	8010	370	370	4M64
30	8700	8700	370	370	4M64

表 19－32　基础作用力

转角度数（°）	基础作用力（kN）					
	T_{max}	T_x	T_y	N_{max}	N_x	N_y
20～30	1309.83/－674.91	－177	－163	499.54/－1414.80	－193	－170
30～40	1589.69/－632.34	－210	－194	432.76/－1721.28	－228	－206

19.8.3 单线图及司令图

110－EG11S－JC2 塔单线图如图 19－12 所示，司令图如图 19－13 所示。

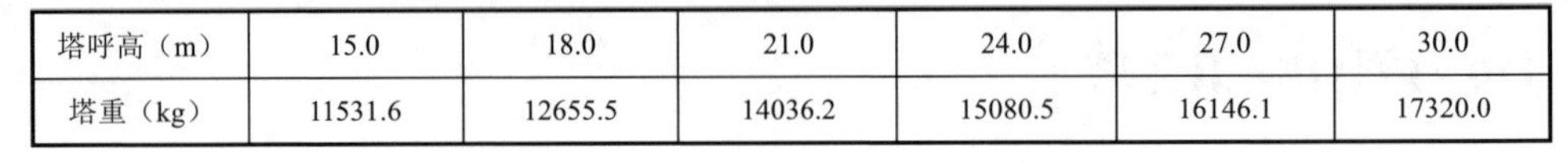

塔呼高（m）	15.0	18.0	21.0	24.0	27.0	30.0
塔重（kg）	11531.6	12655.5	14036.2	15080.5	16146.1	17320.0

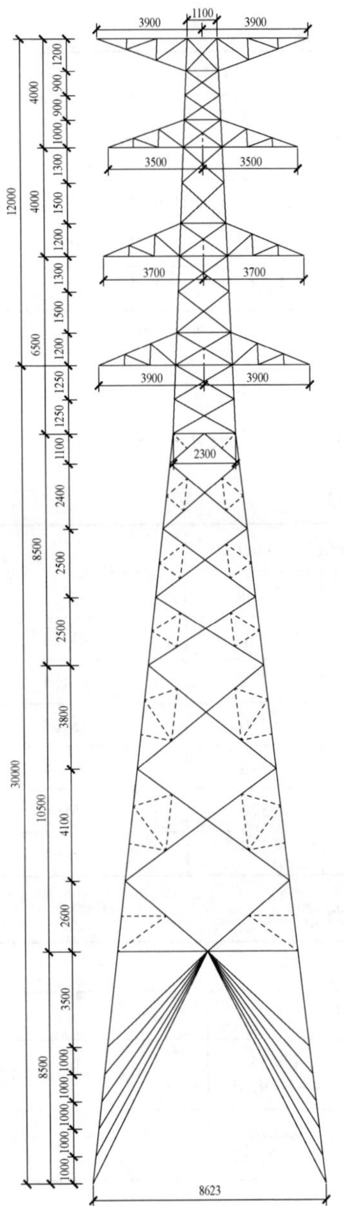

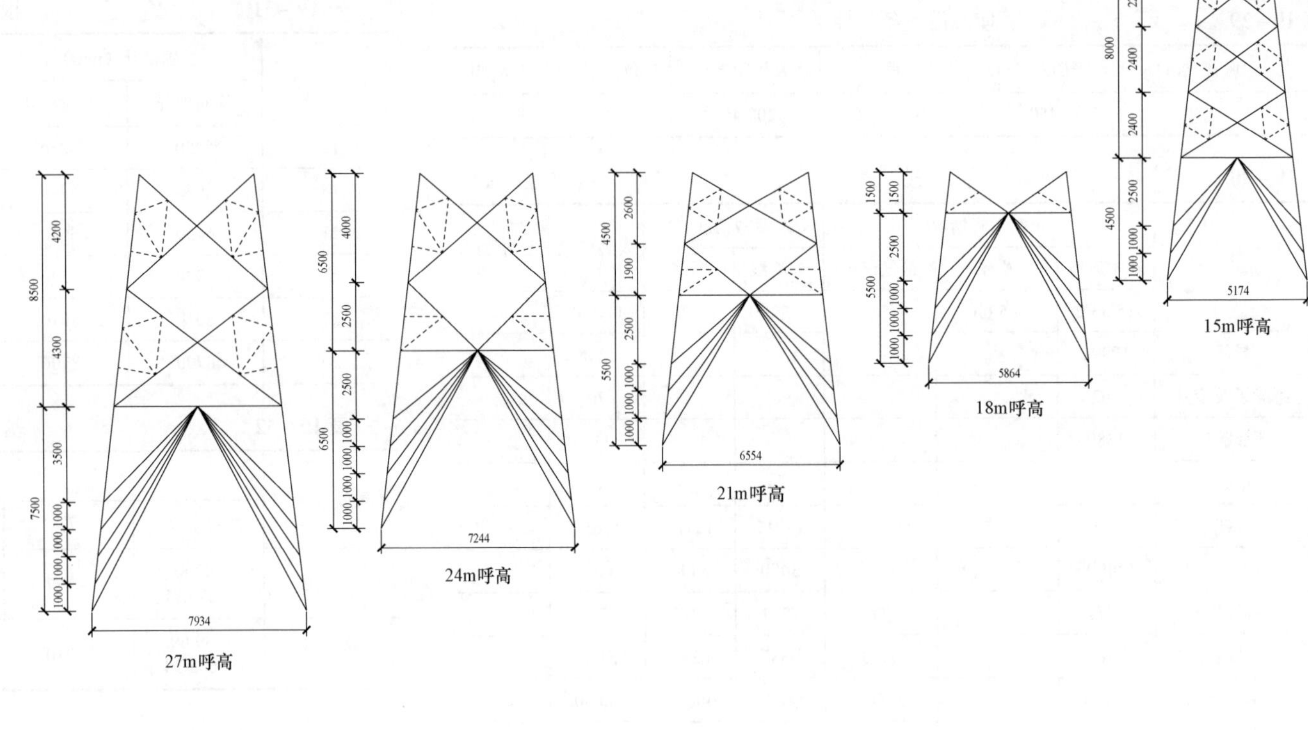

图 19－12　110－EG11S－JC2 塔单线图

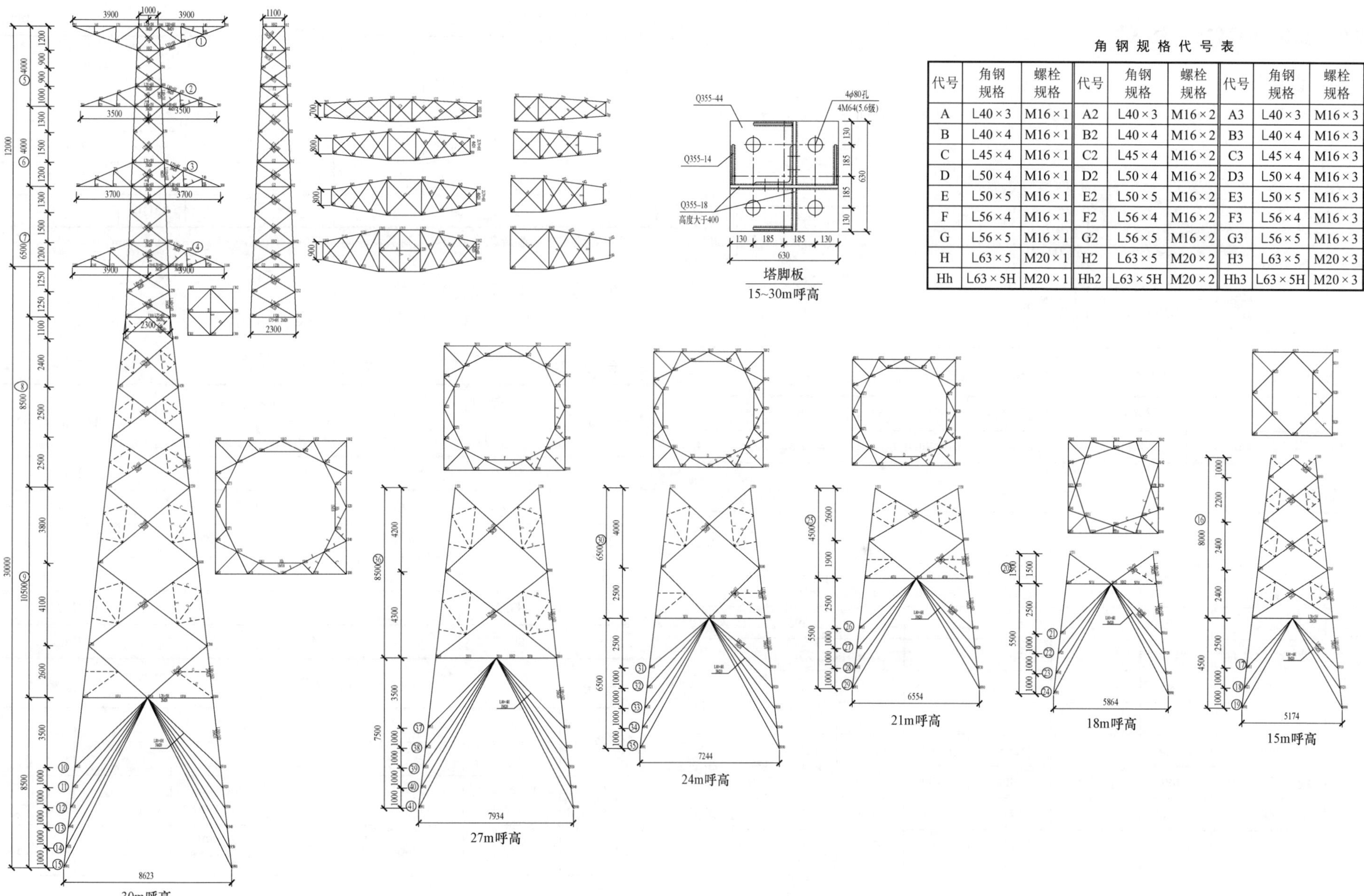

角钢规格代号表

代号	角钢规格	螺栓规格	代号	角钢规格	螺栓规格	代号	角钢规格	螺栓规格
A	L40×3	M16×1	A2	L40×3	M16×2	A3	L40×3	M16×3
B	L40×4	M16×1	B2	L40×4	M16×2	B3	L40×4	M16×3
C	L45×4	M16×1	C2	L45×4	M16×2	C3	L45×4	M16×3
D	L50×4	M16×1	D2	L50×4	M16×2	D3	L50×4	M16×3
E	L50×5	M16×1	E2	L50×5	M16×2	E3	L50×5	M16×3
F	L56×4	M16×1	F2	L56×4	M16×2	F3	L56×4	M16×3
G	L56×5	M16×1	G2	L56×5	M16×2	G3	L56×5	M16×3
H	L63×5	M20×1	H2	L63×5	M20×2	H3	L63×5	M20×3
Hh	L63×5H	M20×1	Hh2	L63×5H	M20×2	Hh3	L63×5H	M20×3

图 19-13　110-EG11S-JC2 塔司令图

19.9 110－EG11S－JC3 塔

19.9.1 设计条件

110－EG11S－JC3 塔导线型号及张力、使用条件、荷载见表 19－33～表 19－35。

表 19－33　导线型号及张力

电压等级	110kV	导线型号	2×JL3/G1A－240/30	最大使用张力（kN）	28.57	断线张力取值（%）	70	不均匀覆冰不平衡张力取值（%）	30
		地线型号	JLB20A－100	最大使用张力（kN）	32.11	断线张力取值（%）	100	不均匀覆冰不平衡张力取值（%）	40

表 19－34　使用条件

使用条件	呼高（m）	水平档距（m）	垂直档距（m）	代表档距（m）	转角度数（°）	K_v 值
数值	30	450	700/－350	200/450	40～60	—

表 19－35　荷载表　单位：N

气象条件（$t/v/b$）			正常运行情况			事故情况		安装情况	不均匀冰
			基本风速	覆冰	最低气温	未断线	断线		
			15/35/0	－5/0/0	－5/0/0	－5/0/0	－5/0/0	0/10/0	－5/0/0
水平荷载	导线		19992					1598	
	绝缘子及金具		862					70	
	跳线串		1380					113	
	地线		8174					665	
垂直荷载	导线		13917		12652	13917	13917	12652	
	绝缘子及金具		3400		3400	3400	3400	3400	
	跳线串		1771		1771	1771	1771	1771	
	地线		6387		5110	6387	6387	5110	
张力	导线	一侧	57144		31601	31601	40001	36090	
		另一侧	53243		44793	44793	0	48793	
		张力差	3901		13192	13192	40001	12703	

续表

气象条件（$t/v/b$）			正常运行情况			事故情况		安装情况	不均匀冰
			基本风速	覆冰	最低气温	未断线	断线		
			15/35/0	－5/0/0	－5/0/0	－5/0/0	－5/0/0	0/10/0	－5/0/0
张力	地线	一侧	32110		24455	24455	32110	26377	
		另一侧	31379		32110	32110	0	34302	
		张力差	731		7655	7655	32110	7925	

注：导线水平导线荷载为下相导线荷载，表中（$t/v/b$）单位分别为：°、m/s、mm。

19.9.2 根开尺寸及基础作用力

110－EG11S－JC3 塔的根开尺寸及基础作用力见表 19－36 和表 19－37。

表 19－36　根开尺寸

呼高（m）	基础根开（mm）		地脚螺栓根开（mm）		地脚螺栓规格（5.6 级）
	正面根开	侧面根开	正面根开	侧面根开	
15	5475	5475	420	420	4M72
18	6195	6195	420	420	4M72
21	6915	6915	420	420	4M72
24	7635	7635	420	420	4M72
27	8355	8355	420	420	4M72
30	9075	9075	420	420	4M72

表 19－37　基础作用力

转角度数（°）	基础作用力（kN）					
	T_{max}	T_x	T_y	N_{max}	N_x	N_y
40～50	1684.94/－542.08	－235	－221	367.33/－1795.86	－255	－225
50～60	1917.52/－481.75	－266	－251	300.20/－2034.75	－287	－256

19.9.3 单线图及司令图

110－EG11S－JC3 塔单线图如图 19－14 所示，司令图如图 19－15 所示。

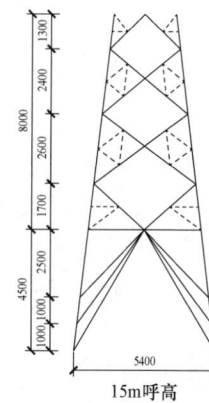

塔呼高（m）	15.0	18.0	21.0	24.0	27.0	30.0
塔重（kg）	12876.4	14098.0	15728.8	17099.2	18448.2	19903.3

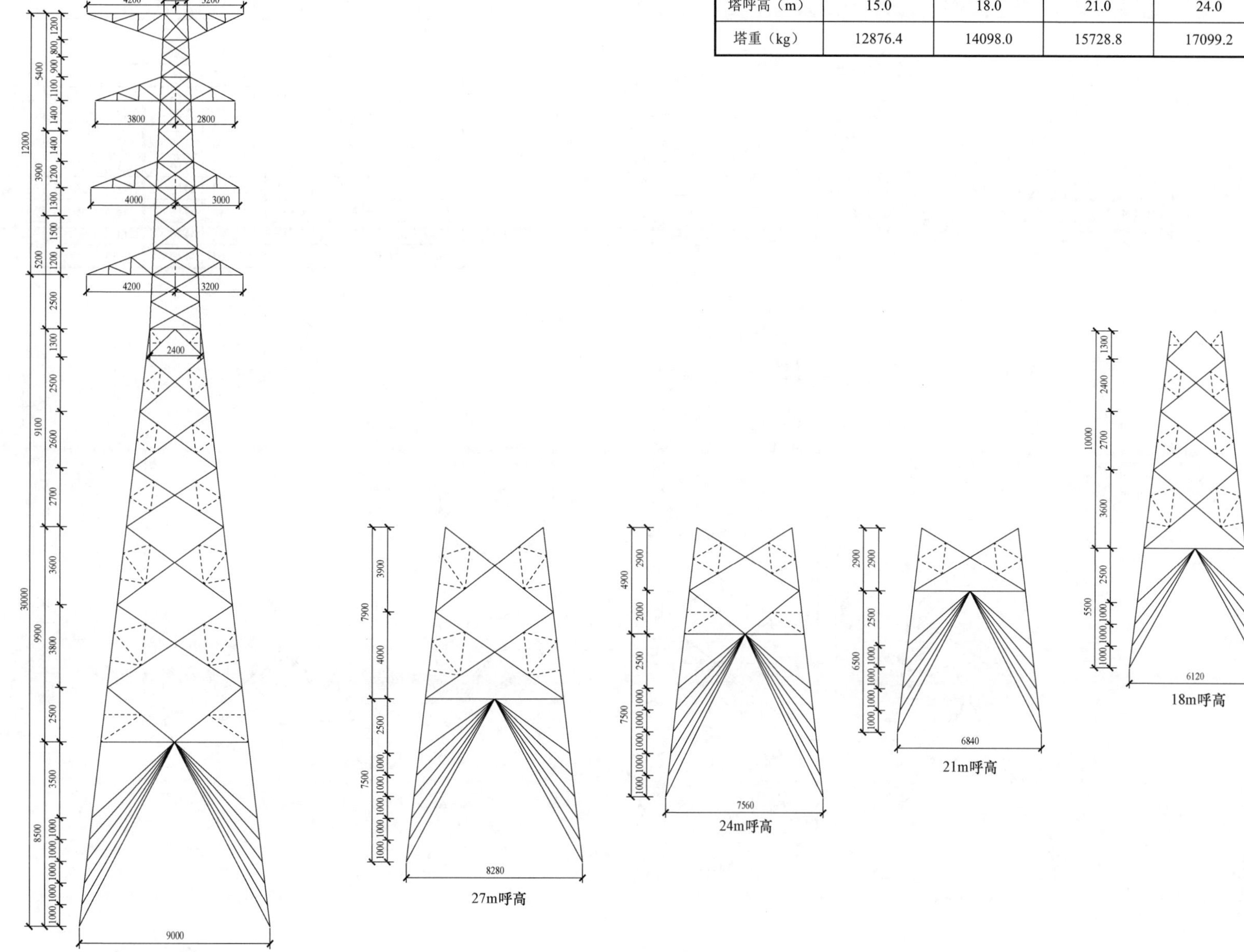

图 19-14　110-EG11S-JC3 塔单线图

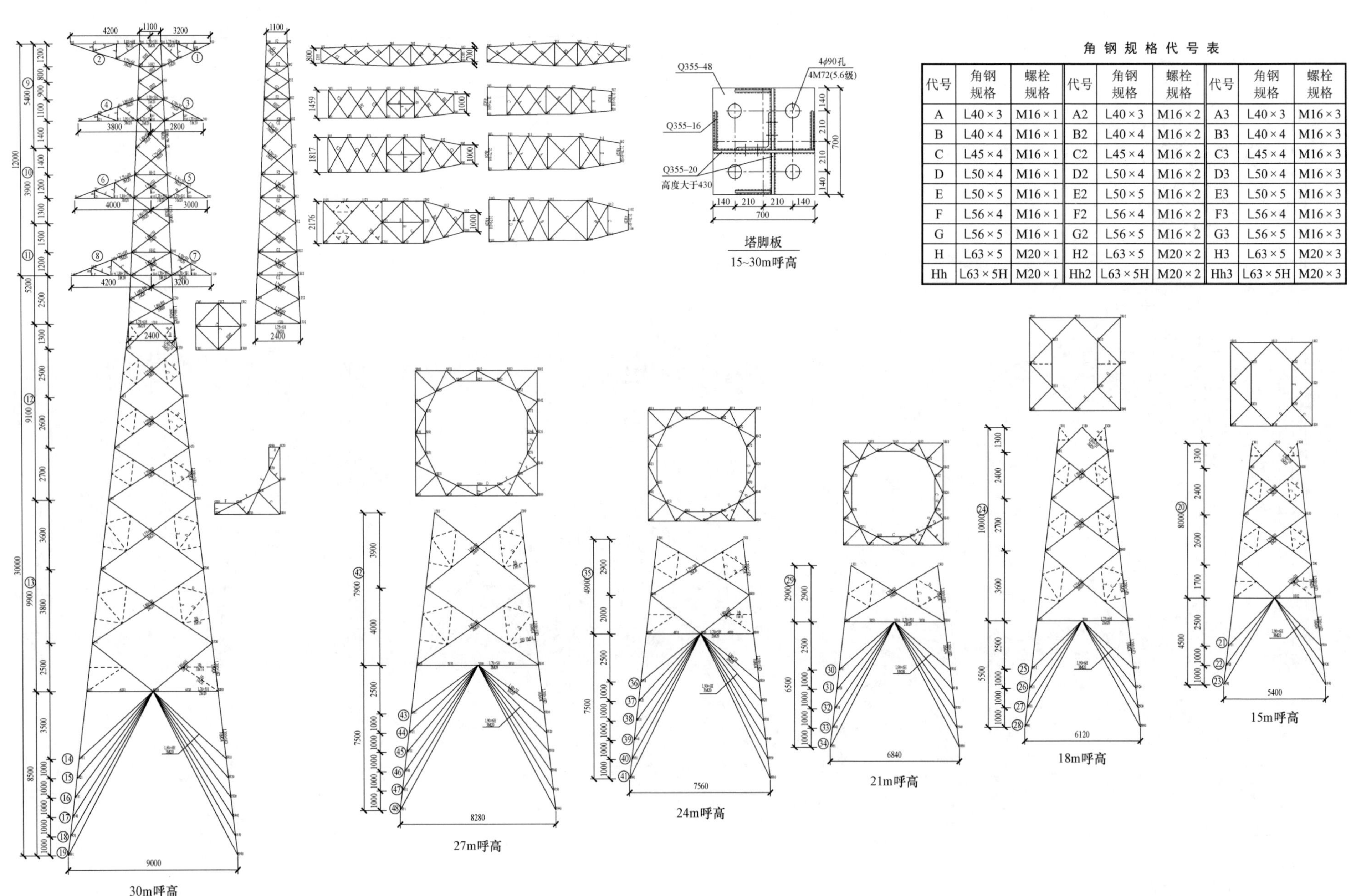

角钢规格代号表

代号	角钢规格	螺栓规格	代号	角钢规格	螺栓规格	代号	角钢规格	螺栓规格
A	L40×3	M16×1	A2	L40×3	M16×2	A3	L40×3	M16×3
B	L40×4	M16×1	B2	L40×4	M16×2	B3	L40×4	M16×3
C	L45×4	M16×1	C2	L45×4	M16×2	C3	L45×4	M16×3
D	L50×4	M16×1	D2	L50×4	M16×2	D3	L50×4	M16×3
E	L50×5	M16×1	E2	L50×5	M16×2	E3	L50×5	M16×3
F	L56×4	M16×1	F2	L56×4	M16×2	F3	L56×4	M16×3
G	L56×5	M16×1	G2	L56×5	M16×2	G3	L56×5	M16×3
H	L63×5	M20×1	H2	L63×5	M20×2	H3	L63×5	M20×3
Hh	L63×5H	M20×1	Hh2	L63×5H	M20×2	Hh3	L63×5H	M20×3

图 19-15 110-EG11S-JC3 塔司令图

19.10 110－EG11S－JC4 塔

19.10.1 设计条件

110－EG11S－JC4 塔导线型号及张力、使用条件、荷载见表 19－38～表 19－40。

表 19－38　　导 线 型 号 及 张 力

电压等级	110kV	导线型号	2×JL3/G1A－240/30	最大使用张力(kN)	28.57	断线张力取值（%）	70	不均匀覆冰不平衡张力取值（%）	30
		地线型号	JLB20A－100	最大使用张力(kN)	32.11	断线张力取值（%）	100	不均匀覆冰不平衡张力取值（%）	40

表 19－39　　使 用 条 件

使用条件	呼高（m）	水平档距（m）	垂直档距（m）	代表档距（m）	转角度数（°）	K_v 值
数值	30	450	700/－350	200/450	40～60	—

表 19－40　　荷 载 表　　单位：N

气象条件（$t/v/b$）			正常运行情况			事故情况		安装情况	不均匀冰
			基本风速	覆冰	最低气温	未断线	断线		
			15/35/0	－5/0/0	－5/0/0	－5/0/0	－5/0/0	0/10/0	－5/0/0
水平荷载	导线		19992					1598	
	绝缘子及金具		862					70	
	跳线串		1380					113	
	地线		8174					665	
垂直荷载	导线		13917		12652	13917	13917	12652	
	绝缘子及金具		3400		3400	3400	3400	3400	
	跳线串		1771		1771	1771	1771	1771	
	地线		6387		5110	6387	6387	5110	
张力	导线	一侧	57144		31601	31601	40001	36090	
		另一侧	53243		44793	44793	0	48793	
		张力差	3901		13192	13192	40001	12703	

续表

气象条件（$t/v/b$）			正常运行情况			事故情况		安装情况	不均匀冰
			基本风速	覆冰	最低气温	未断线	断线		
			15/35/0	－5/0/0	－5/0/0	－5/0/0	－5/0/0	0/10/0	－5/0/0
张力	地线	一侧	32110		24455	24455	32110	26377	
		另一侧	31379		32110	32110	0	34302	
		张力差	731		7655	7655	32110	7925	

注：导线水平导线荷载为下相导线荷载，表中（$t/v/b$）单位分别为：°、m/s、mm。

19.10.2 根开尺寸及基础作用力

110－EG11S－JC4 塔的根开尺寸及基础作用力见表 19－41 和表 19－42。

表 19－41　　根 开 尺 寸

呼高（m）	基础根开（mm）		地脚螺栓根开（mm）		地脚螺栓规格（5.6 级）
	正面根开	侧面根开	正面根开	侧面根开	
15	5950	5950	420	420	4M72
18	6760	6760	420	420	4M72
21	7570	7570	420	420	4M72
24	8380	8380	420	420	4M72
27	9190	9190	420	420	4M72
30	10000	10000	420	420	4M72

表 19－42　　基 础 作 用 力

转角度数（°）	基础作用力（kN）					
	T_{max}	T_x	T_y	N_{max}	N_x	N_y
60～70	1805.00/－354.68	－272	－259	1804.88/－352.71	－296	－264
70～80	2061.65/－319.59	－312	－300	122.91/－2189.38	－336	－307
80～90	2210.44/－250.68	－336	－318	62.86/－2339.34	－358	－330

19.10.3 单线图及司令图

110－EG11S－JC4 塔单线图如图 19－16 所示，司令图如图 19－17 所示。

塔呼高（m）	15.0	18.0	21.0	24.0	27.0	30.0
塔重（kg）	14842.1	16228.9	17715.1	19422.5	20913.7	22496.7

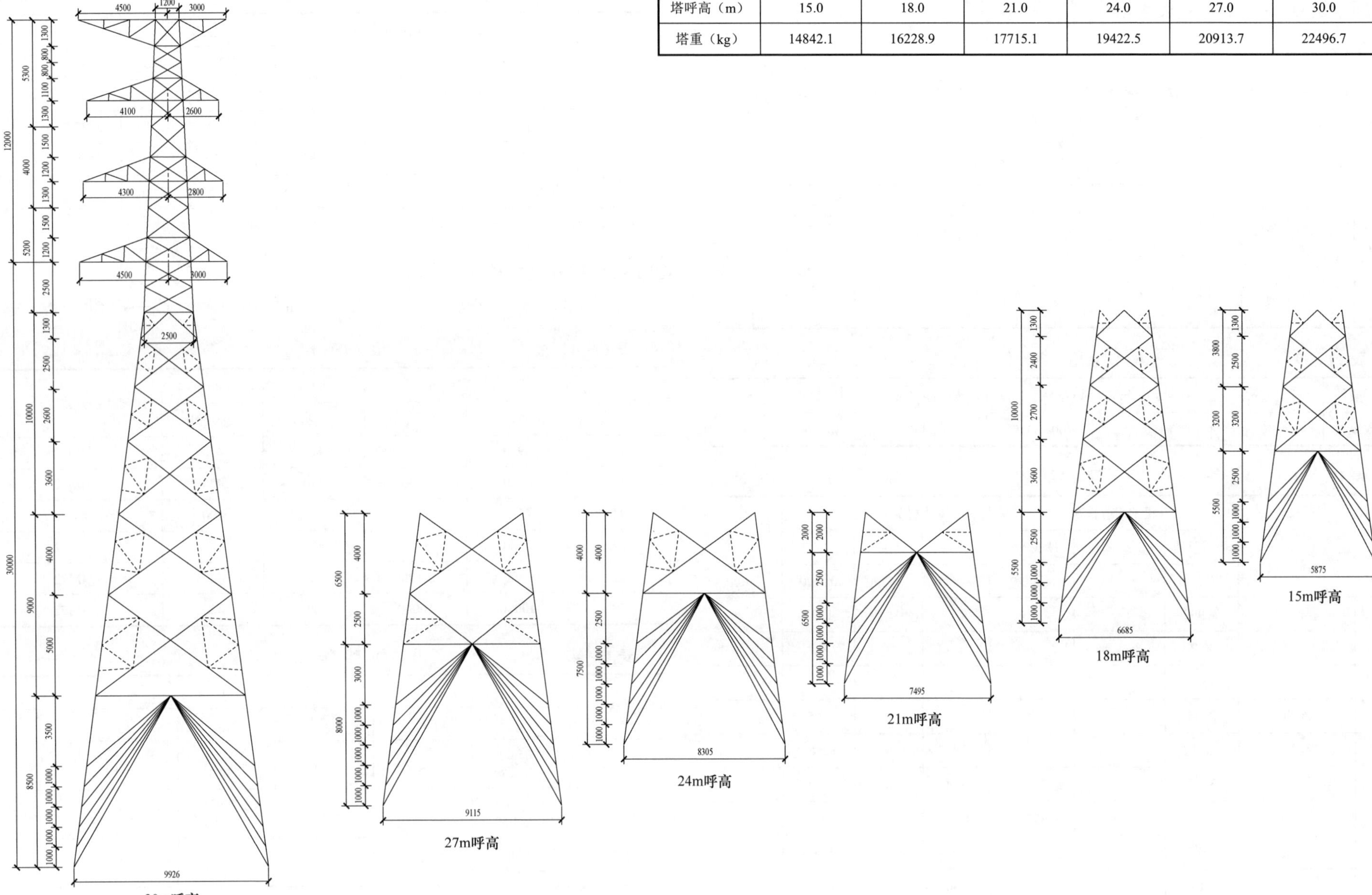

图 19－16　110－EG11S－JC4 塔单线图

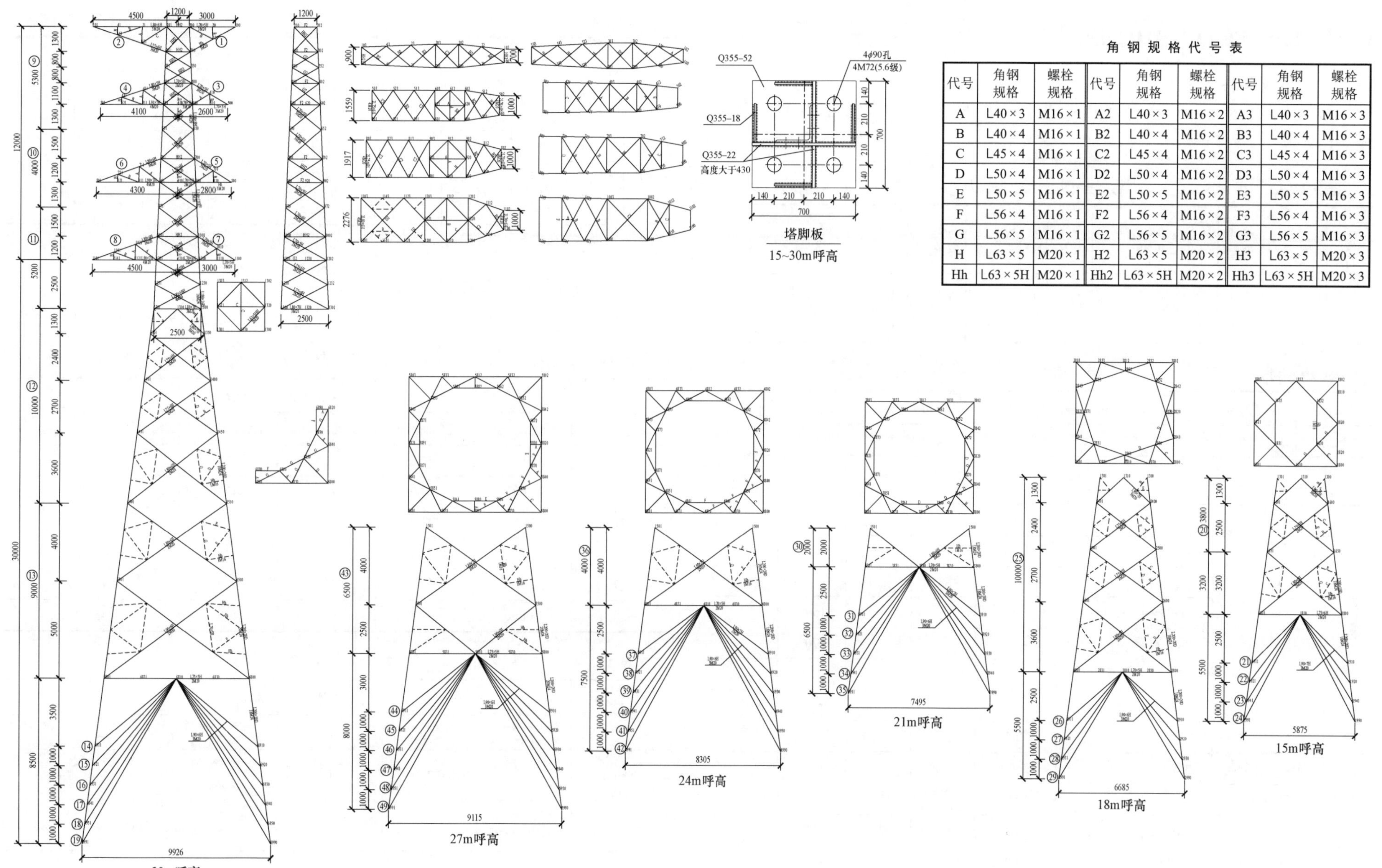

角钢规格代号表

代号	角钢规格	螺栓规格	代号	角钢规格	螺栓规格	代号	角钢规格	螺栓规格
A	L40×3	M16×1	A2	L40×3	M16×2	A3	L40×3	M16×3
B	L40×4	M16×1	B2	L40×4	M16×2	B3	L40×4	M16×3
C	L45×4	M16×1	C2	L45×4	M16×2	C3	L45×4	M16×3
D	L50×4	M16×1	D2	L50×4	M16×2	D3	L50×4	M16×3
E	L50×5	M16×1	E2	L50×5	M16×2	E3	L50×5	M16×3
F	L56×4	M16×1	F2	L56×4	M16×2	F3	L56×4	M16×3
G	L56×5	M16×1	G2	L56×5	M16×2	G3	L56×5	M16×3
H	L63×5	M20×1	H2	L63×5	M20×2	H3	L63×5	M20×3
Hh	L63×5H	M20×1	Hh2	L63×5H	M20×2	Hh3	L63×5H	M20×3

图 19－17　110－EG11S－JC4 塔司令图

19.11 110－EG11S－DJC 塔

19.11.1 设计条件

110－EG11S－DJC 塔导线型号及张力、使用条件、荷载见表 19－43～表 19－45。

表 19－43　　导线型号及张力

电压等级	110kV	导线型号	2×JL3/G1A－240/30	最大使用张力（kN）	28.57	断线张力取值（%）	70	不均匀覆冰不平衡张力取值（%）	30
		地线型号	JLB20A－100	最大使用张力（kN）	32.11	断线张力取值（%）	100	不均匀覆冰不平衡张力取值（%）	40

表 19－44　　使用条件

使用条件	呼高（m）	水平档距（m）	垂直档距（m）	代表档距（m）	转角度数（°）	K_v 值
数值	30	450	700/－350	200/450	0～90	—

表 19－45　　荷载表　　单位：N

气象条件（t/v/b）			正常运行情况			事故情况		安装情况	不均匀冰
			基本风速	覆冰	最低气温	未断线	断线		
			15/35/0	－5/0/0	－5/0/0	－5/0/0	－5/0/0	0/10/0	－5/0/0
水平荷载	导线		19992					1598	
	绝缘子及金具		862					70	
	跳线串		1380					113	
	地线		8174					665	
垂直荷载	导线		13917		12652	13917	13917	12652	
	绝缘子及金具		3400		3400	3400	3400	3400	
	跳线串		1771		1771	1771	1771	1771	
	地线		6387		5110	6387	6387	5110	
张力	导线	一侧	57144		31601	31601	40001	36090	
		另一侧	53243		44793	44793	0	48793	
		张力差	3901		13192	13192	40001	12703	
	地线	一侧	32110		24455	24455	32110	26377	
		另一侧	31379		32110	32110	0	34302	
		张力差	731		7655	7655	32110	7925	

注：导线水平荷载为下相导线荷载，表中（t/v/b）单位分别为：°、m/s、mm。

19.11.2 根开尺寸及基础作用力

110－EG11S－DJC 塔的根开尺寸及基础作用力见表 19－46 和表 19－47。

表 19－46　　根开尺寸

呼高（m）	基础根开（mm）		地脚螺栓根开（mm）		地脚螺栓规格（5.6 级）
	正面根开	侧面根开	正面根开	侧面根开	
15	5950	5950	420	420	4M72
18	6760	6760	420	420	4M72
21	7570	7570	420	420	4M72
24	8380	8380	420	420	4M72
27	9190	9190	420	420	4M72
30	10000	10000	420	420	4M72

表 19－47　　基础作用力

转角度数（°）	基础作用力（kN）					
	T_{max}	T_x	T_y	N_{max}	N_x	N_y
0～40	1896.67/－1757.87	－260	－304	1629.67/－2032.00	－334	－269
40～90	2121.49/－1380.69	－297	－340	1250.09/－2227.99	－366	－288

19.11.3 单线图及司令图

110－EG11S－DJC 塔单线图如图 19－18 所示，司令图如图 19－19 所示。

塔呼高（m）	15.0	18.0	21.0	24.0	27.0	30.0
塔重（kg）	16478.2	17697.7	19487.6	21343.5	22775.2	24547.4

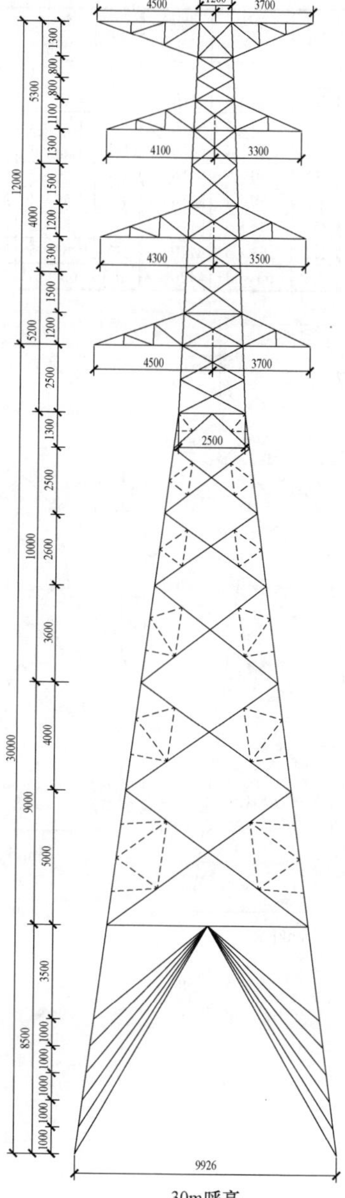

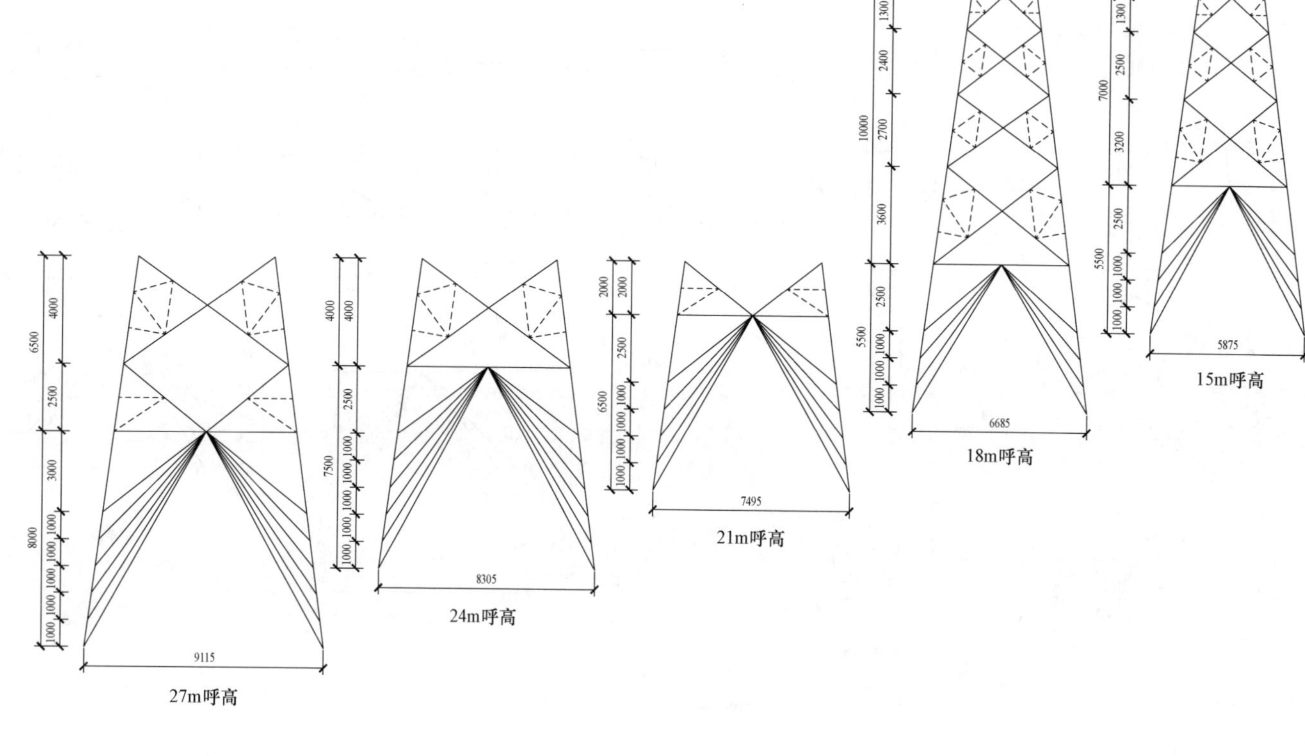

图 19-18　110-EG11S-DJC 塔单线图

角钢规格代号表

代号	角钢规格	螺栓规格	代号	角钢规格	螺栓规格	代号	角钢规格	螺栓规格
A	L40×3	M16×1	A2	L40×3	M16×2	A3	L40×3	M16×3
B	L40×4	M16×1	B2	L40×4	M16×2	B3	L40×4	M16×3
C	L45×4	M16×1	C2	L45×4	M16×2	C3	L45×4	M16×3
D	L50×4	M16×1	D2	L50×4	M16×2	D3	L50×4	M16×3
E	L50×5	M16×1	E2	L50×5	M16×2	E3	L50×5	M16×3
F	L56×4	M16×1	F2	L56×4	M16×2	F3	L56×4	M16×3
G	L56×5	M16×1	G2	L56×5	M16×2	G3	L56×5	M16×3
H	L63×5	M20×1	H2	L63×5	M20×2	H3	L63×5	M20×3
Hh	L63×5H	M20×1	Hh2	L63×5H	M20×2	Hh3	L63×5H	M20×3

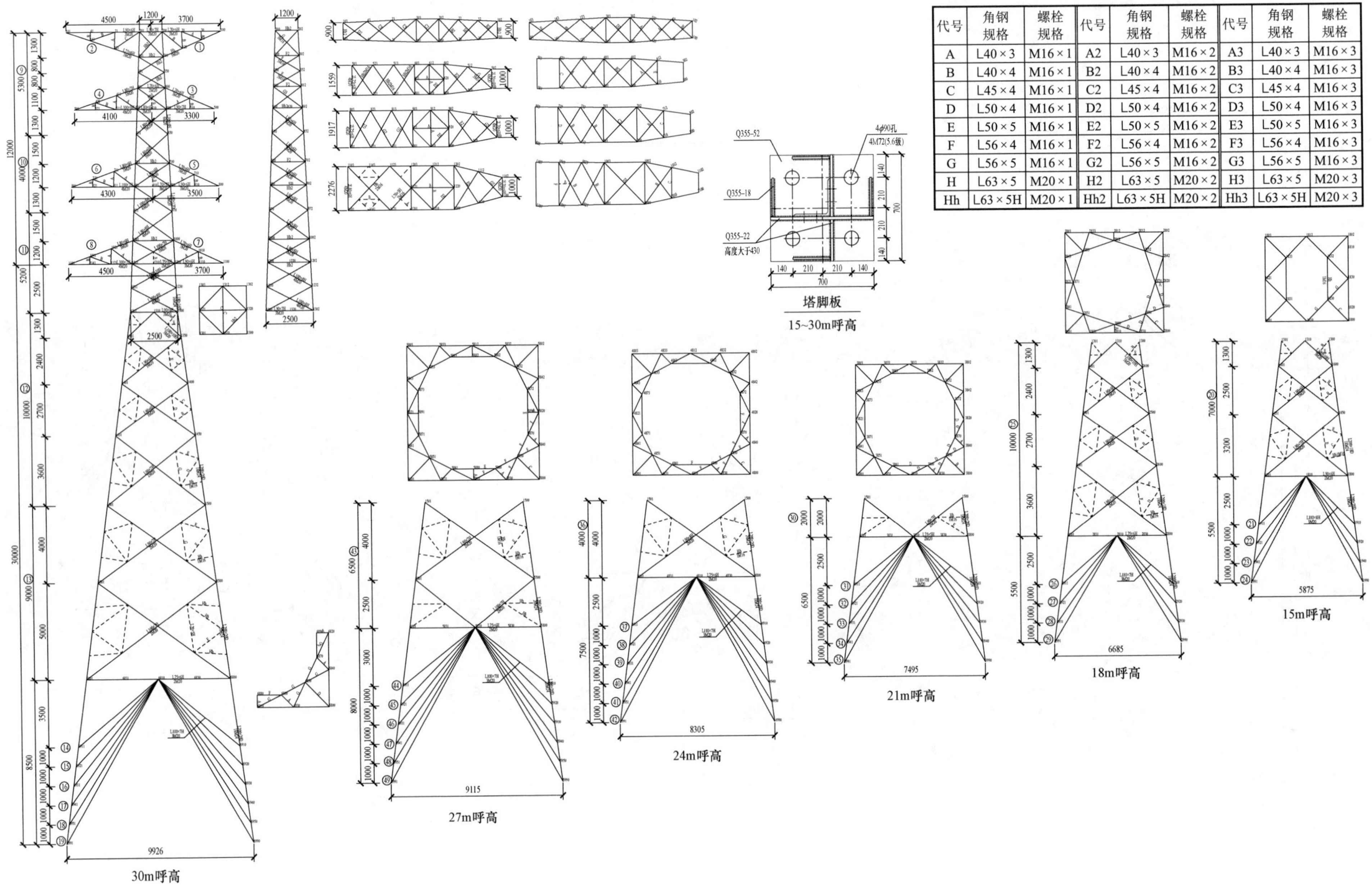

图 19-19 110-EG11S-DJC 塔司令图

国家电网有限公司
STATE GRID
CORPORATION OF CHINA

第 4 篇

110kV 输电线路钢管杆通用设计

20　110－DC21GS 子模块

20.1　模块说明

20.1.1　概述

根据国家电网公司《35kV～750kV 线路杆塔通用设计优化技术导则》和国网福建电力工作安排，福建永福电力设计股份有限公司负责 110kV 输电线路通用设计 110－DC21GS 子模块的设计工作。该模块为海拔 1000m 以内、设计基本风速为 27m/s（离地 10m）、覆冰厚度为 10mm，导线为 1×JL3/G1A－300/40（兼 1×JL3/G1A－240/30）的双回路钢管杆。直线杆按 3 杆系列规划，耐张杆按 5 杆系列规划，5 型转角杆兼做终端杆；该子模块共计 8 种塔型。

20.1.2　气象条件

110－DC21GS 子模块的气象条件见表 20－1。

表 20－1　　110－DC21GS 子模块的气象条件

项目	气温（℃）	风速（m/s）	覆冰厚度（mm）
最低气温	－10	0	0
年平均气温	15	0	0
基本风速	15	27	0
设计覆冰	－5	10	10
最高气温	40	0	0
安装情况	－5	10	0
操作过电压	15	15	0
雷电过电压	15	10	0
带电作业	15	10	0
年平均雷电日数	65		

20.1.3　导地线型号及参数

110－DC21GS 子模块的导地线型号及参数见表 20－2。

表 20－2　　110－DC21GS 子模块的导地线型号及参数

项目		导线		地线	
电线型号		JL3/G1A－300/40	JL3/G1A－240/30	JLB20A－100	JLB40－100
结构	铝［根数/直径（mm）］	24/3.99	24/3.60	—	—
	钢、铝包钢［根数/直径（mm）］	7/2.66	7/2.40	19/2.6	19/2.6
计算截面面积（mm²）		339	276	101	101
计算外径（mm）		23.9	21.6	13	13

续表

项目	导线		地线	
电线型号	JL3/G1A－300/40	JL3/G1A－240/30	JLB20A－100	JLB40－100
计算重量（kg/m）	1.132	0.9215	0.6767	0.4765
计算拉断力（N）	92360	75190	135200	68600
弹性系数（MPa）	70500	70500	153900	103600
线膨胀系数（1/℃）	19.4×10^{-6}	19.4×10^{-6}	13.0×10^{-6}	15.5×10^{-6}

设计使用时，导地线的保证拉断力为计算拉断力的95%。设计用导线安全系数为6.0，平均运行张力取保证拉断力的12%；进行电气配合时，地线型号选取JLB40－100，地线安全系数为7.0，平均运行张力取保证拉断力的12%；进行结构荷载计算时，地线型号选取JLB20A－100，地线安全系数为8.0，平均运行张力取保证拉断力的12%。

20.1.4 绝缘配置

悬垂串按“I”型布置，采用70kN盘式绝缘子，设计绝缘子高度为1314mm，爬电比距大于等于28mm/kV。

跳线串采用70kN盘式绝缘子，设计绝缘子高度为1314mm，爬电比距大于等于28mm/kV。

耐张串采用100kN盘式绝缘子，设计绝缘子高度为1314mm，爬电比距大于等于28mm/kV。

20.1.5 联塔金具

直线塔导线横担均按前、中、后三个挂点设计，挂点间距采用200＋200＝400（mm），以满足单、双联悬挂的需要，联塔金具采用ZBS－07/10－80挂板；地线悬垂串的联塔金具采用UB型挂板。

导地线耐张串均采用单挂点设计，导线联塔金具采用U型挂环，地线联塔金具采用U型挂环。跳线串联塔金具采用UB挂板。

20.2 110－DC21GS子模块杆塔一览图

110－DC21GS子模块杆塔一览图如图20－1所示。

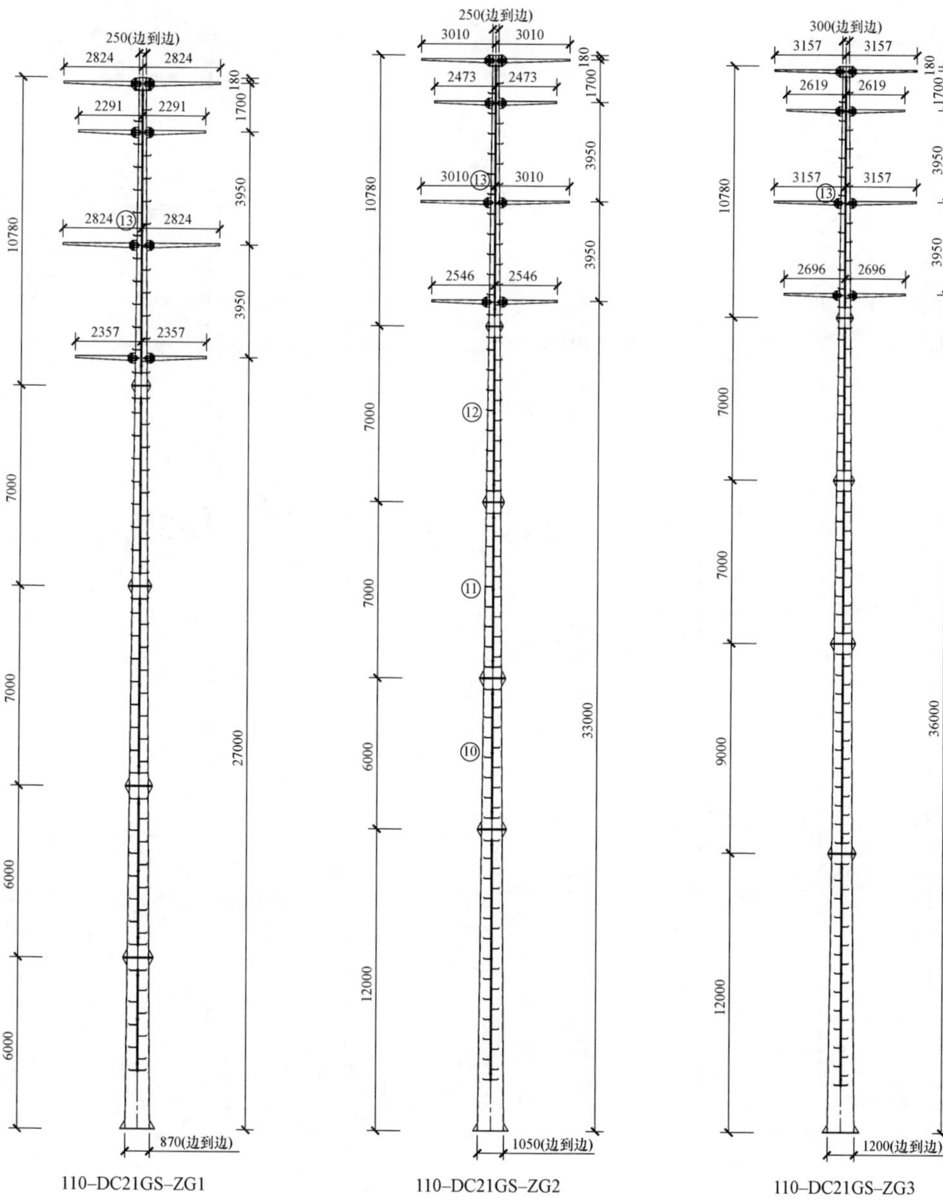

序号	塔型名称	呼高（m）	水平档距（m）	垂直档距（m）	塔重（kg）	允许转角（°）	串型
1	110-DC21GS-ZG1	27.0	150	200	9089	0	“I”串
2	110-DC21GS-ZG2	33.0	200	250	11701	0	“I”串
3	110-DC21GS-ZG3	36.0	250	350	14882	0	“I”串
4	110-DC21GS-JG1	30.0	200	250	13761	0～10	
5	110-DC21GS-JG2	30.0	200	250	15204	10～20	
6	110-DC21GS-JG3	30.0	200	250	18583	20～40	
7	110-DC21GS-JG4	30.0	200	250	22511	40～60	
8	110-DC21GS-JG5	30.0	200	250	27403	60～90 兼终端 0～60	

注：所有杆型计算呼高同为最高呼高。

图 20-1　110-DC21GS 子模块杆塔一览图（一）

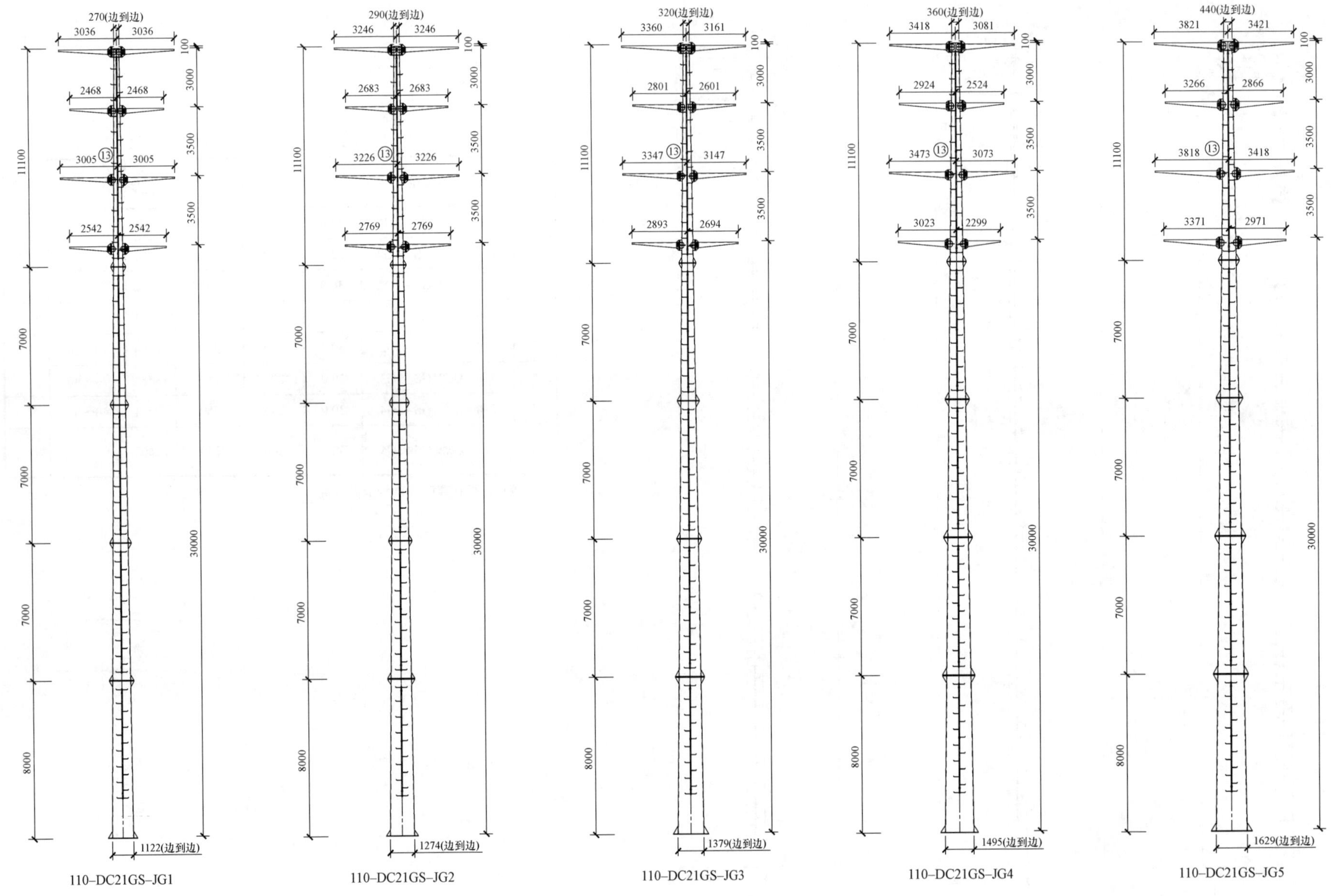
270(边到边)
3036 3036
2468 2468
3005 13 3005
2542 2542
11100
7000
7000
7000
8000
100
3000
3500
3500
30000
1122(边到边)
110–DC21GS–JG1
290(边到边)
3246 3246
2683 2683
3226 13 3226
2769 2769
1274(边到边)
110–DC21GS–JG2
320(边到边)
3360 3161
2801 2601
3347 13 3147
2893 2694
1379(边到边)
110–DC21GS–JG3
360(边到边)
3418 3081
2924 2524
3473 13 3073
3023 2299
1495(边到边)
110–DC21GS–JG4
440(边到边)
3821 3421
3266 2866
3818 13 3418
3371 2971
1629(边到边)
110–DC21GS–JG5

图 20-1　110-DC21GS 子模块杆塔一览图（二）

20.3 110-DC21GS-ZG1 塔

20.3.1 设计条件

110-DC21GS-ZG1 塔的导线型号及张力、使用条件、荷载见表 20-3～表 20-5。

表 20-3　　导线型号及张力

电压等级	110kV	导线型号	1×JL3/G1A-300/40	最大使用张力(kN)	14.62	断线张力取值(%)	50	不均匀覆冰不平衡张力取值(%)	10
		地线型号	JLB20A-100	最大使用张力(kN)	16.06	断线张力取值(%)	100	不均匀覆冰不平衡张力取值(%)	20

表 20-4　　使用条件

使用条件	呼高(m)	水平档距(m)	垂直档距(m)	代表档距(m)	转角度数(°)	K_v 值
数值	27	150	200	150	0	0.85

表 20-5　　荷载表　　单位：N

气象条件 (*t*/*v*/*b*)			正常运行情况			事故情况		安装情况	不均匀冰
			基本风速	覆冰	最低气温	未断线	断线		
			15/27/0	-5/10/10	-10/0/0	-5/0/10	-5/0/10	-5/10/0	-5/10/0
水平荷载	导线		2259	680				309	680
	绝缘子及金具		328	54				45	54
	跳线串								
	地线		1665	979				228	693
垂直荷载	导线		2442	4510	2220	4510	4510	2220	3993
	绝缘子及金具		1000	1530	1000	1530	1530	1000	1530
	跳线串								
	地线		1825	5027	1460	5027	5027	1460	4227
张力	导线	一侧					7312	9801	1462
		另一侧					0	9801	1462
		张力差					7312	0	0
张力	地线	一侧					16095	12456	3211
		另一侧					0	12456	3211
		张力差					16095	0	0

注：导线水平荷载为下相导线荷载，表中（*t*/*v*/*b*）单位分别为：°、m/s、mm。

20.3.2 根开尺寸及基础作用力

110-DC21GS-ZG1 塔的根开尺寸及基础作用力见表 20-6 和表 20-7。

表 20-6　　根开尺寸

呼高(m)	根径(mm)	地脚螺栓所在圆直径(mm)	地脚螺栓规格	地脚螺栓等级
15	668	860	14M42	8.8
18	718	910	16M42	8.8
21	769	990	14M48	8.8
24	819	1030	14M48	8.8
27	870	1080	14M48	8.8

表 20-7　　基础作用力

呼高(m)	水平力(kN)	垂直力(kN)	最大弯矩(kN·m)
15	42	102	778
18	44	109	907
21	46	116	1066
24	48	124	1235
27	50	132	1414

20.3.3 单线图及司令图

110-DC21GS-ZG1 杆单线图如图 20-2 所示，司令图如图 20-3 所示。

塔呼高（m）	15.0	18.0	21.0	24.0	27.0
塔重（kg）	5630	6135	7206	7889	9089

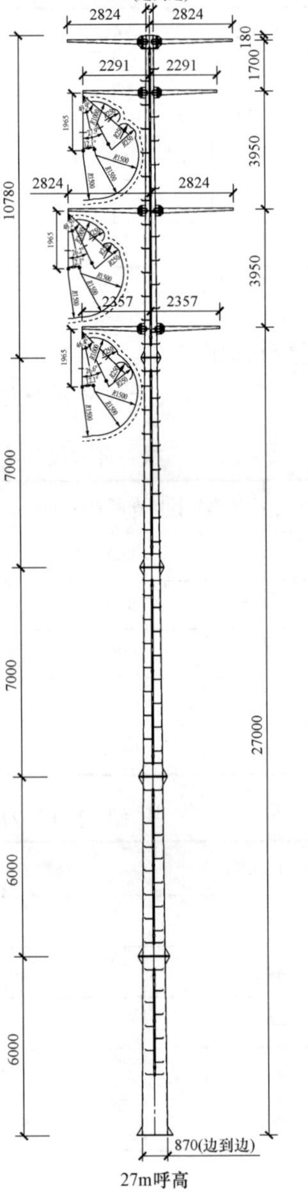

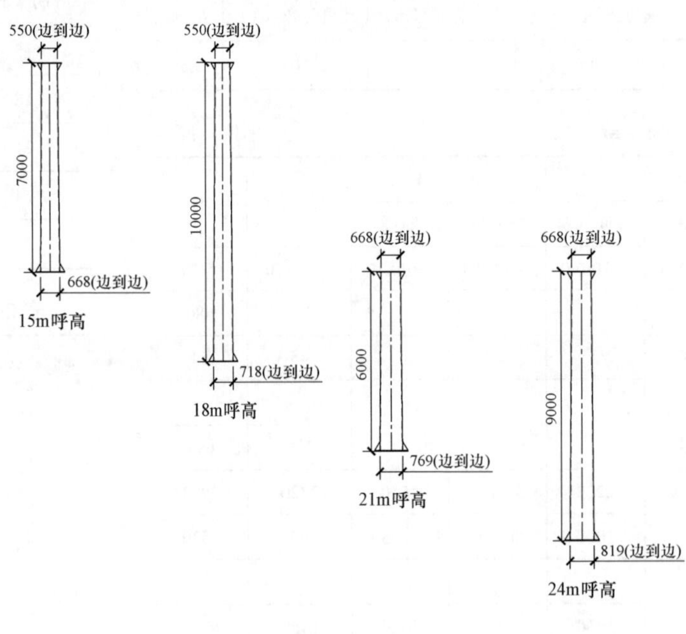

图 20－2　110－DC21GS－ZG1 杆单线图

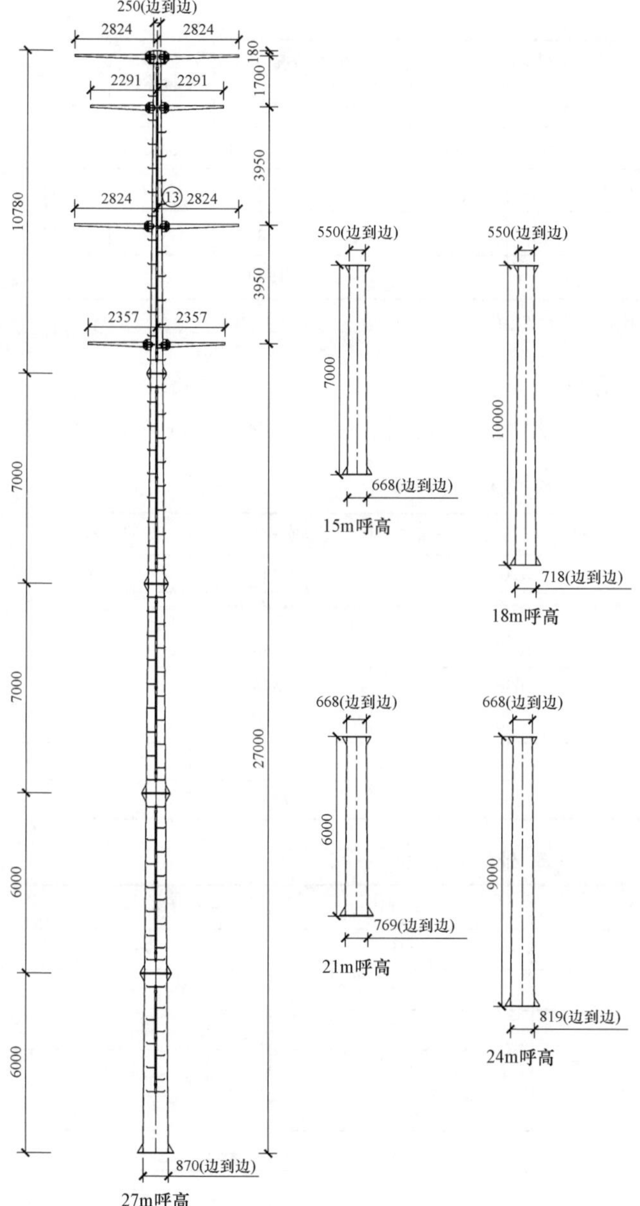

构件明细表

编号	名称	规格	长度（mm）	数量	重量（kg）		备注
					一件	小计	
1	钢管杆直线横担	Q355－10×560	2762.48	1	190.05	190.05	160＋160＋80＋160＝560
2	钢管杆直线横担	Q355－10×560	2762.48	1	190.05	190.05	160＋160＋80＋160＝560
3	钢管杆直线横担	Q355－6×560	2215.13	1	132.65	132.65	160＋160＋80＋160＝560
4	钢管杆直线横担	Q355－6×560	2215.13	1	129.57	129.57	160＋160＋80＋160＝560
5	钢管杆直线横担	Q355－6×560	2714.79	1	143.89	143.89	160＋160＋80＋160＝560
6	钢管杆直线横担	Q355－6×560	2714.79	1	143.89	143.89	160＋160＋80＋160＝560
7	钢管杆直线横担	Q355－6×560	2214.44	1	128.78	128.78	160＋160＋80＋160＝560
8	钢管杆直线横担	Q355－6×560	2214.44	1	129.55	129.55	160＋160＋80＋160＝560
9	钢管杆主杆杆节	Q420－10	5977	1	1593.36	1593.36	ϕ769/ϕ870－16 边形
10	钢管杆主杆杆节	Q420－10	5978	1	1339.49	1339.49	ϕ668/ϕ769－16 边形
11	钢管杆主杆杆节	Q420－10	6979	1	1275.09	1275.09	ϕ550/ϕ668－16 边形
12	钢管杆主杆杆节	Q420－10	6981	1	1012.27	1012.27	ϕ432/ϕ550－16 边形
13	钢管杆主杆杆节	Q420－8	10766	1	992.66	992.66	ϕ250/ϕ432－16 边形
14	钢管杆主杆杆节	Q420－10	6979	1	1310.45	1310.45	ϕ550/ϕ668－16 边形
15	钢管杆主杆杆节	Q420－10	9980	1	1833.48	1833.48	ϕ550/ϕ718－16 边形
16	钢管杆主杆杆节	Q420－10	5976	1	1404.43	1404.43	ϕ668/ϕ769－16 边形
17	钢管杆主杆杆节	Q420－10	8977	1	2003.58	2003.58	ϕ668/ϕ819－16 边形
18	钢管杆单爬梯（15m）	ϕ50T5	22380	3	51.37	154.12	
19	钢管杆单爬梯（18m）	ϕ50T5	25380	3	57.73	173.2	
20	钢管杆单爬梯（21m）	ϕ50T5	27580	4	47.72	190.88	
21	钢管杆单爬梯（24m）	ϕ50T5	30580	4	52.57	210.3	
22	钢管杆单爬梯（27m）	ϕ50T5	31180	5	43.47	217.36	

地脚螺栓配置表

呼高（m）	根径（mm）	地脚螺栓所在圆直径（mm）	地脚螺栓规格
15.0	668.0	860.0	14M42（8.8 级）
18.0	718.0	910.0	16M42（8.8 级）
21.0	769.0	990.0	14M48（8.8 级）
24.0	819.0	1030.0	14M48（8.8 级）
27.0	870.0	1080.0	14M48（8.8 级）

图 20－3　110－DC21GS－ZG1 杆司令图

20.4 110－DC21GS－ZG2 塔

20.4.1 设计条件

110－DC21GS－ZG2 塔导线型号及张力、使用条件、荷载见表 20－8～表 20－10。

表 20－8　　导 线 型 号 及 张 力

电压等级	110kV	导线型号	1×JL3/G1A－300/40	最大使用张力（kN）	14.62	断线张力取值（%）	50	不均匀覆冰不平衡张力取值（%）	10
		地线型号	JLB20A－100	最大使用张力（kN）	16.06	断线张力取值（%）	100	不均匀覆冰不平衡张力取值（%）	20

表 20－9　　使 用 条 件

使用条件	呼高（m）	水平档距（m）	垂直档距（m）	代表档距（m）	转角度数（°）	K_v 值
数值	33	200	250	150	0	0.80

表 20－10　　荷 载 表　　单位：N

气象条件（t/v/b）			正常运行情况			事故情况		安装情况	不均匀冰
			基本风速	覆冰	最低气温	未断线	断线		
			15/27/0	－5/10/10	－10/0/0	－5/0/10	－5/0/10	－5/10/0	－5/10/0
水平荷载	导线		3126	938				427	938
	绝缘子及金具		349	57				48	57
	跳线串								
	地线		2275	1335				312	946
垂直荷载	导线		3053	5638	4991	5638	5638	2775	4991
	绝缘子及金具		1000	1530	1000	1530	1530	1000	1530
	跳线串								
	地线		2281	6284	1825	6284	6284	1825	5284
张力	导线	一侧					7312	9801	1462
		另一侧					0	9801	1462
		张力差					7312	0	0
张力	地线	一侧					16095	12456	3211
		另一侧					0	12456	3211
		张力差					16095	0	0

注：导线水平荷载为下相导线荷载，表中（t/v/b）单位分别为：°、m/s、mm。

20.4.2 根开尺寸及基础作用力

110－DC21GS－ZG2 塔的根开尺寸及基础作用力见表 20－11 和表 20－12。

表 20－11　　根 开 尺 寸

呼高（m）	根径（mm）	地脚螺栓所在圆直径（mm）	地脚螺栓规格	地脚螺栓等级
15	713	920	12M48	8.8
18	769	980	14M48	8.8
21	826	1040	14M48	8.8
24	882	1090	16M48	8.8
27	938	1150	18M48	8.8
30	994	1210	18M48	8.8
33	1050	1260	20M48	8.8

表 20－12　　基 础 作 用 力

呼高（m）	水平力（kN）	垂直力（kN）	最大弯矩（kN·m）
15	52	118	964
18	55	125	1146
21	57	133	1341
24	59	141	1547
27	62	150	1764
30	65	160	1995
33	67	170	2236

20.4.3 单线图及司令图

110－DC21GS－ZG2 杆单线图如图 20－4 所示，司令图如图 20－5 所示。

塔呼高（m）	15.0	18.0	21.0	24.0	27.0	30.0	33.0
塔重（kg）	6076	6734	7902	8642	9459	10804	11701

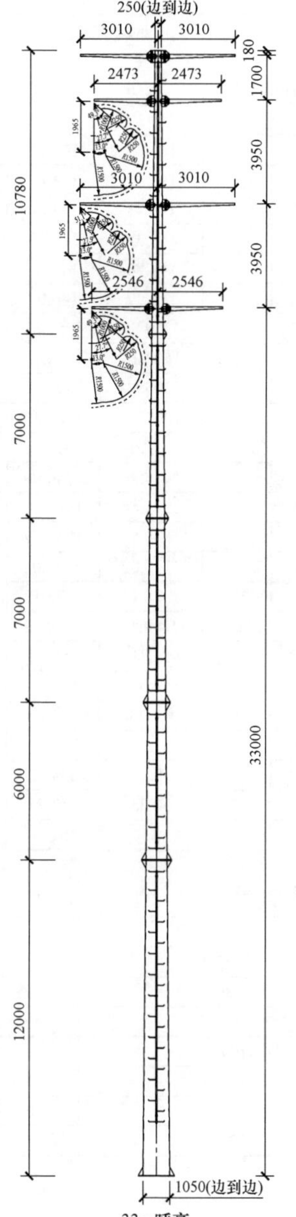

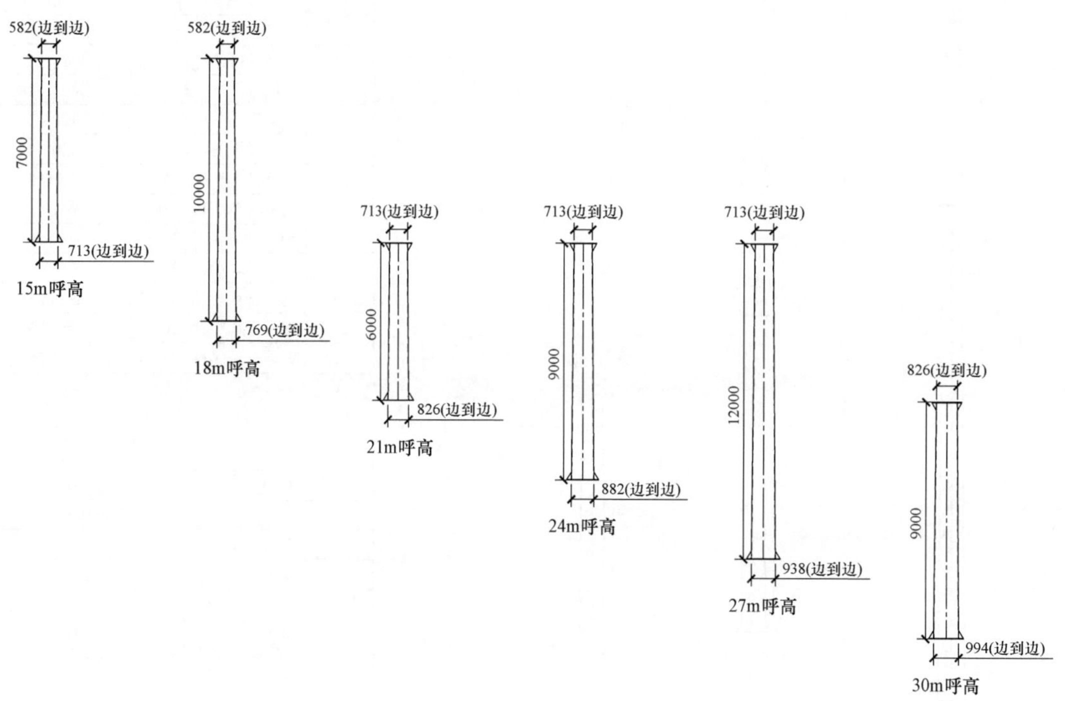

图 20-4　110-DC21GS-ZG2 杆单线图

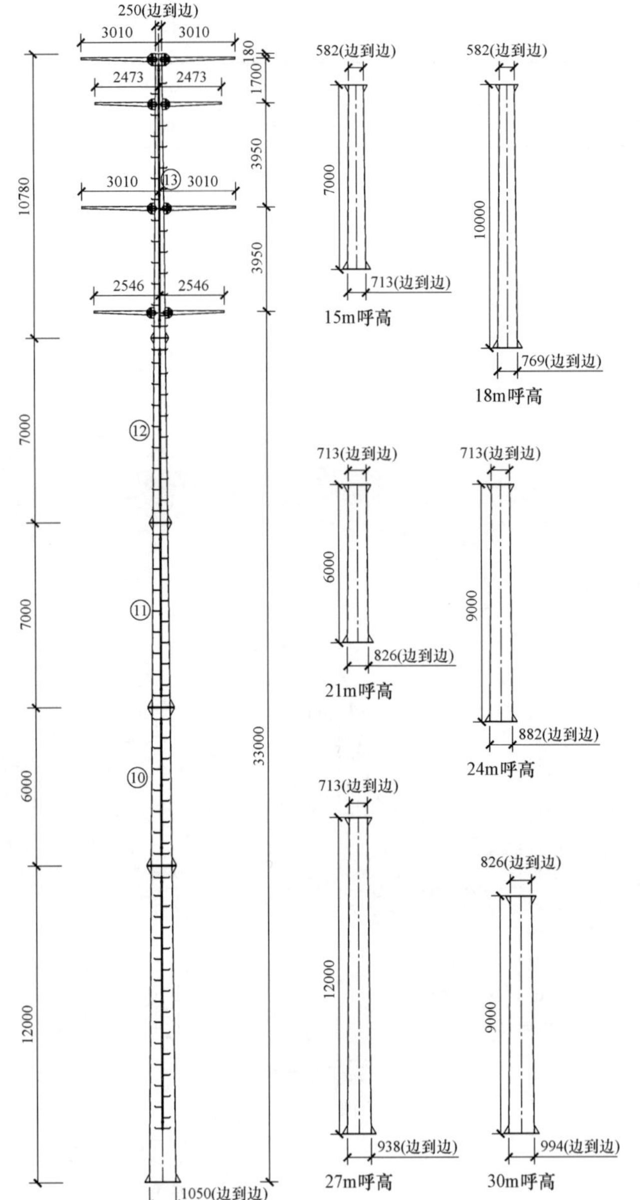

构件明细表

编号	名称	规格	长度（mm）	数量	重量（kg）		备注
					一件	小计	
1	钢管杆直线横担	Q355－12×560	2948.31	1	236.56	236.56	160＋160＋80＋160＝560
2	钢管杆直线横担	Q355－12×560	2948.31	1	236.56	236.56	160＋160＋80＋160＝560
3	钢管杆直线横担	Q355－6×560	2395.39	1	144.89	144.89	160＋160＋80＋160＝560
4	钢管杆直线横担	Q355－6×560	2395.39	1	144.89	144.89	160＋160＋80＋160＝560
5	钢管杆直线横担	Q355－8×560	2895.38	1	188.38	188.38	160＋160＋80＋160＝560
6	钢管杆直线横担	Q355－8×560	2895.38	1	188.38	188.38	160＋160＋80＋160＝560
7	钢管杆直线横担	Q355－6×560	2394.37	1	144.86	144.86	160＋160＋80＋160＝560
8	钢管杆直线横担	Q355－6×560	2394.37	1	146.97	146.97	160＋160＋80＋160＝560
9	钢管杆主杆杆节	Q420－10	11975	1	3259.87	3259.87	ϕ826/ϕ1050－16边形
10	钢管杆主杆杆节	Q420－10	5974	1	1504.18	1504.18	ϕ713/ϕ826－16边形
11	钢管杆主杆杆节	Q420－10	6977	1	1395.49	1395.49	ϕ582/ϕ713－16边形
12	钢管杆主杆杆节	Q420－10	6982	1	1067.53	1067.53	ϕ452/ϕ582－16边形
13	钢管杆主杆杆节	Q420－8	10767	1	1057.64	1057.64	ϕ250/ϕ452－16边形
14	钢管杆主杆杆节	Q420－10	6977	1	1430.99	1430.99	ϕ582/ϕ713－16边形
15	钢管杆主杆杆节	Q420－10	9978	1	1993.68	1993.68	ϕ582/ϕ769－16边形
16	钢管杆主杆杆节	Q420－10	5975	1	1538.52	1538.52	ϕ713/ϕ826－16边形
17	钢管杆主杆杆节	Q420－10	8974	1	2198.02	2198.02	ϕ713/ϕ882－16边形
18	钢管杆主杆杆节	Q420－10	11975	1	2878.13	2878.13	ϕ713/ϕ938－16边形
19	钢管杆主杆杆节	Q420－10	8975	1	2489.43	2489.43	ϕ826/ϕ994－16边形
20	钢管杆单爬梯（15m）	ϕ50T5	22380	3	52.71	158.14	
21	钢管杆单爬梯（18m）	ϕ50T5	25380	3	59.07	177.22	
22	钢管杆单爬梯（21m）	ϕ50T5	27580	4	49.06	196.24	
23	钢管杆单爬梯（24m）	ϕ50T5	30580	4	53.91	215.66	
24	钢管杆单爬梯（27m）	ϕ50T5	33580	4	58.68	234.73	
25	钢管杆单爬梯（30m）	ϕ50T5	35780	5	50.75	253.75	
26	钢管杆单爬梯（33m）	ϕ50T5	37180	5	52.51	262.56	

地脚螺栓配置表

呼高（m）	根径（mm）	地脚螺栓所在圆直径（mm）	地脚螺栓规格
15.0	713.0	920.0	12M48（8.8级）
18.0	769.0	980.0	14M48（8.8级）
21.0	826.0	1040.0	14M48（8.8级）
24.0	882.0	1090.0	16M48（8.8级）
27.0	938.0	1150.0	18M48（8.8级）
30.0	994.0	1210.0	18M48（8.8级）
33.0	1050.0	1260.0	20M48（8.8级）

图20－5　110－DC21GS－ZG2杆司令图

20.5 110－DC21GS－ZG3 塔

20.5.1 设计条件

110－DC21GS－ZG3 塔导线型号及张力、使用条件、荷载见表 20－13～表 20－15。

表 20－13　　导线型号及张力

电压等级	110kV	导线型号	1×JL3/G1A－300/40	最大使用张力（kN）	14.62	断线张力取值（%）	50	不均匀覆冰不平衡张力取值（%）	10
		地线型号	JLB20A－100	最大使用张力（kN）	16.06	断线张力取值（%）	100	不均匀覆冰不平衡张力取值（%）	20

表 20－14　　使用条件

使用条件	呼高（m）	水平档距（m）	垂直档距（m）	代表档距（m）	转角度数（°）	K_v 值
数值	36	250	350	150	0	0.70

表 20－15　　荷载表　　单位：N

气象条件（$t/v/b$）			正常运行情况			事故情况		安装情况	不均匀冰
			基本风速	覆冰	最低气温	未断线	断线		
			15/27/0	－5/10/10	－10/0/0	－5/0/10	－5/0/10	－5/10/0	－5/10/0
水平荷载	导线		3924	1174				534	1174
	绝缘子及金具		358	59				49	59
	跳线串								
	地线		2854	1670				391	1183
垂直荷载	导线		4274	7893	3885	7893	7893	3885	6988
	绝缘子及金具		1000	1530	1000	1530	1530	1000	1530
	跳线串								
	地线		3194	8798	2555	8798	8798	2555	7397
张力	导线	一侧					7312	9801	1462
		另一侧					0	9801	1462
		张力差					7312	0	0
张力	地线	一侧					16095	12456	3211
		另一侧					0	12456	3211
		张力差					16095	0	0

注：导线水平荷载为下相导线荷载，表中（$t/v/b$）单位分别为：°、m/s、mm。

20.5.2 根开尺寸及基础作用力

110－DC21GS－ZG3 塔的根开尺寸及基础作用力见表 20－16 和表 20－17。

表 20－16　　根开尺寸

呼高（m）	根径（mm）	地脚螺栓所在圆直径（mm）	地脚螺栓规格	地脚螺栓等级
15	787	990	14M48	8.8
18	846	1050	14M48	8.8
21	905	1110	16M48	8.8
24	964	1170	18M48	8.8
27	1023	1270	14M56	8.8
30	1082	1330	16M56	8.8
33	1141	1390	16M56	8.8
36	1200	1440	18M56	8.8

表 20－17　　基础作用力

呼高（m）	水平力（kN）	垂直力（kN）	最大弯矩（kN·m）
15	62	150	1155
18	65	158	1370
21	67	167	1599
24	70	176	1841
27	73	186	2095
30	76	203	2354
33	79	216	2633
36	82	229	2924

20.5.3 单线图及司令图

110－DC21GS－ZG3 杆单线图如图 20－6 所示，司令图如图 20－7 所示。

塔呼高（m）	15.0	18.0	21.0	24.0	27.0	30.0	33.0	36.0
塔重（kg）	6771	7491	8758	9579	10546	12616	13722	14882

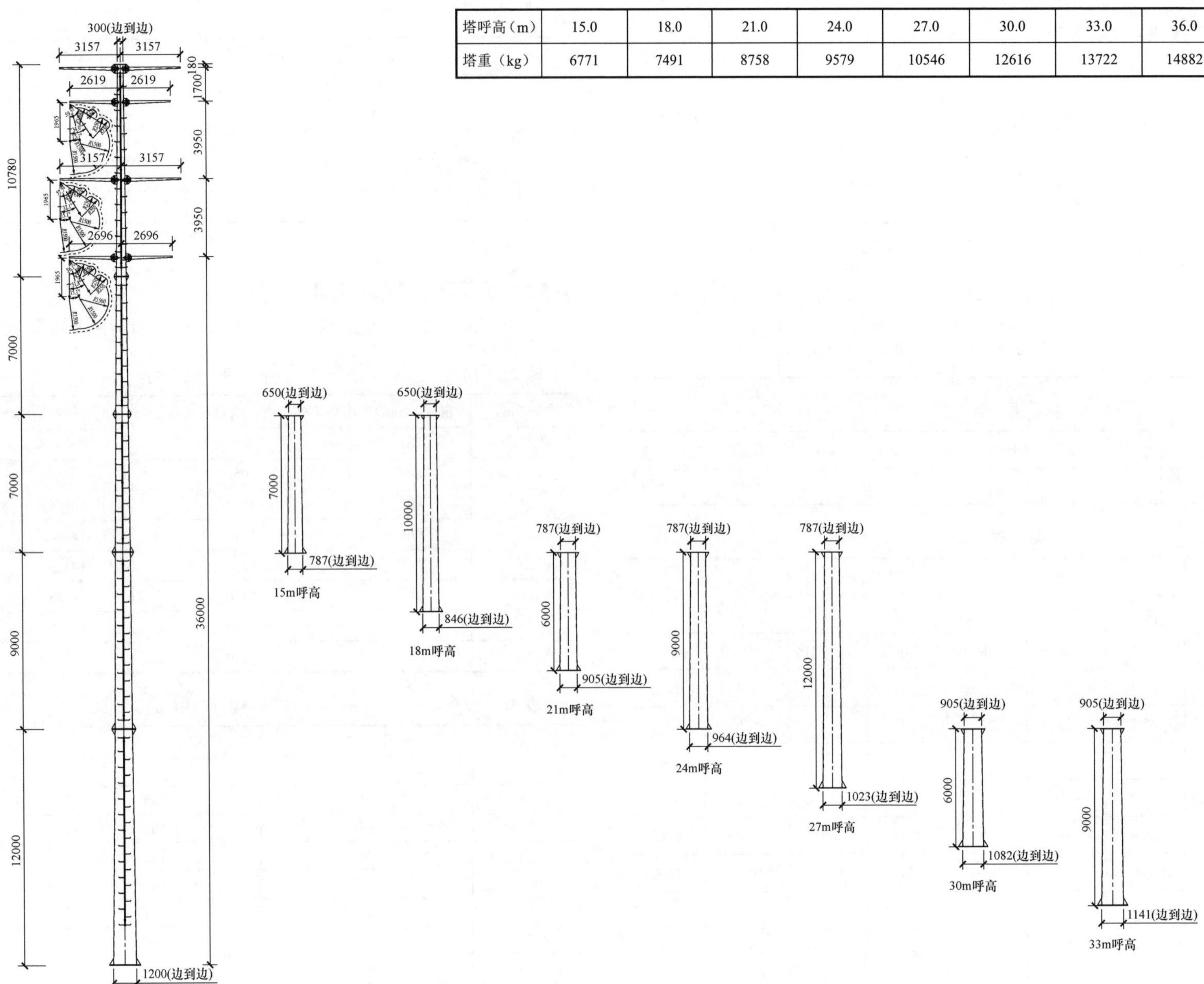

图 20－6　110－DC21GS－ZG3 杆单线图

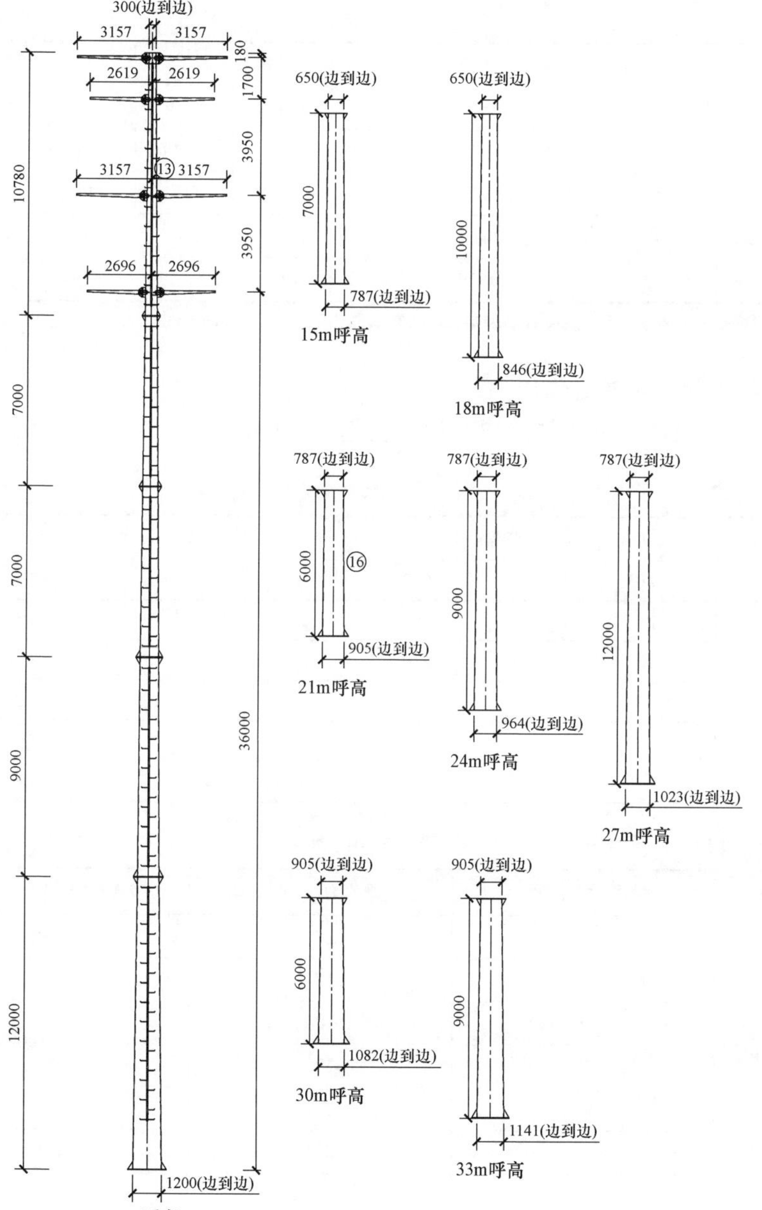

构件明细表

编号	名称	规格	长度（mm）	数量	重量（kg）		备注
					一件	小计	
1	钢管杆直线横担	Q355－14×560	3070.23	1	285.89	285.89	160＋160＋80＋160＝560
2	钢管杆直线横担	Q355－14×560	3070.23	1	285.89	285.89	160＋160＋80＋160＝560
3	钢管杆直线横担	Q355－8×560	2515.51	1	177.04	177.04	160＋160＋80＋160＝560
4	钢管杆直线横担	Q355－8×560	2515.51	1	177.04	177.04	160＋160＋80＋160＝560
5	钢管杆直线横担	Q355－10×560	3014.67	1	221.18	221.18	160＋160＋80＋160＝560
6	钢管杆直线横担	Q355－10×560	3014.67	1	214.87	214.87	160＋160＋80＋160＝560
7	钢管杆直线横担	Q355－8×560	2514.83	1	177.02	177.02	160＋160＋80＋160＝560
8	钢管杆直线横担	Q355－8×560	2514.83	1	177.02	177.02	160＋160＋80＋160＝560
9	钢管杆主杆杆节	Q420－12	11974	1	4344.14	4344.14	ϕ905/ϕ1200－16 边形
10	钢管杆主杆杆节	Q420－12	8977	1	2641.46	2641.46	ϕ787/ϕ905－16 边形
11	钢管杆主杆杆节	Q420－10	6980	1	1529.91	1529.91	ϕ650/ϕ787－16 边形
12	钢管杆主杆杆节	Q420－10	6982	1	1195.66	1195.66	ϕ512/ϕ650－16 边形
13	钢管杆主杆杆节	Q420－8	10766	1	1226.39	1226.39	ϕ300/ϕ512－16 边形
14	钢管杆主杆杆节	Q420－10	6979	1	1567.94	1567.94	ϕ650/ϕ787－16 边形
15	钢管杆主杆杆节	Q420－10	9978	1	2207.51	2207.51	ϕ650/ϕ846－16 边形
16	钢管杆主杆杆节	Q420－10	5976	1	1674.28	1674.28	ϕ787/ϕ905－16 边形
17	钢管杆主杆杆节	Q420－10	8978	1	2365.99	2365.99	ϕ787/ϕ964－16 边形
18	钢管杆主杆杆节	Q420－10	11974	1	3204.29	3204.29	ϕ787/ϕ1023－16 边形
19	钢管杆主杆杆节	Q420－12	5974	1	2325.36	2325.36	ϕ905/ϕ1082－16 边形
20	钢管杆主杆杆节	Q420－12	8973	1	3314.57	3314.57	ϕ905/ϕ1141－16 边形
21	钢管杆单爬梯（15m）	ϕ50T5	22380	3	52.71	158.14	
22	钢管杆单爬梯（18m）	ϕ50T5	25380	3	59.07	177.22	
23	钢管杆单爬梯（21m）	ϕ50T5	27580	4	49.06	196.24	
24	钢管杆单爬梯（24m）	ϕ50T5	30580	4	53.91	215.66	
25	钢管杆单爬梯（27m）	ϕ50T5	33580	4	58.68	234.73	
26	钢管杆单爬梯（30m）	ϕ50T5	35780	5	50.75	253.75	
27	钢管杆单爬梯（33m）	ϕ50T5	38780	5	54.63	273.17	
28	钢管杆单爬梯（36m）	ϕ50T5	40180	5	56.4	281.98	

地脚螺栓配置表

呼高（m）	根径（mm）	地脚螺栓所在圆直径（mm）	地脚螺栓规格
15.0	787.0	990.0	14M48（8.8 级）
18.0	846.0	1050.0	14M48（8.8 级）
21.0	905.0	1110.0	16M48（8.8 级）
24.0	964.0	1170.0	18M48（8.8 级）
27.0	1023.0	1270.0	14M56（8.8 级）
30.0	1082.0	1330.0	16M56（8.8 级）
33.0	1141.0	1390.0	16M56（8.8 级）
36.0	1200.0	1440.0	18M56（8.8 级）

图 20－7　110－DC21GS－ZG3 杆司令图

20.6 110－DC21GS－JG1 塔

20.6.1 设计条件

110－DC21GS－JG1 塔导线型号及张力、使用条件、荷载见表 20－18～表 20－20。

表 20－18 导线型号及张力

电压等级	110kV	导线型号	1×JL3/G1A－300/40	最大使用张力(kN)	14.62	断线张力取值（%）	100	不均匀覆冰不平衡张力取值（%）	30
		地线型号	JLB20A－100	最大使用张力(kN)	16.06	断线张力取值（%）	100	不均匀覆冰不平衡张力取值（%）	40

表 20－19 使用条件

使用条件	呼高（m）	水平档距（m）	垂直档距（m）	代表档距（m）	转角度数（°）	K_v 值
数值	30	200	250	100/200	0～10	—

表 20－20 荷载表 单位：N

气象条件（t/v/b）			正常运行情况			事故情况		安装情况	不均匀冰
			基本风速	覆冰	最低气温	未断线	断线		
			15/27/0	－5/10/10	－10/0/0	－5/0/10	－5/0/10	－5/10/0	－5/10/0
水平荷载	导线		3094	929				423	929
	绝缘子及金具		513	84				70	84
	跳线串		607	136				83	136
	地线		2237	1312				307	929
垂直荷载	导线		3053	5638	2775	5638	5638	2775	4991
	绝缘子及金具		3000	4059	3000	4059	4059	3000	4059
	跳线串		1667	2337	1667	2337	2337	1667	2337
	地线		2281	6284	1825	6284	6284	1825	5284
张力	导线	一侧	9994	14624	9818	14624	14624	10658	14624
		另一侧	10743	14624	8326	14624	0	9496	14624
		张力差	749	0	1492	0	14624	1162	0

续表

气象条件（t/v/b）			正常运行情况			事故情况		安装情况	不均匀冰
			基本风速	覆冰	最低气温	未断线	断线		
			15/27/0	－5/10/10	－10/0/0	－5/0/10	－5/0/10	－5/10/0	－5/10/0
张力	地线	一侧	11766	18298	14133	18298	16055	14658	18298
		另一侧	11574	20227	10326	20227	0	11064	20227
		张力差	192	1929	3807	1929	16055	3594	1929

注：导线水平荷载为下相导线荷载，表中（t/v/b）单位分别为：°、m/s、mm。

20.6.2 根开尺寸及基础作用力

110－DC21GS－JG1 塔的根开尺寸及基础作用力见表 20－21 和表 20－22。

表 20－21 根开尺寸

呼高（m）	根径（mm）	地脚螺栓所在圆直径（mm）	地脚螺栓规格	地脚螺栓等级
15	803	1030	16M56	8.8
18	867	1100	16M56	8.8
21	931	1170	16M56	8.8
24	995	1230	18M56	8.8
27	1058	1300	20M56	8.8
30	1122	1360	20M56	8.8

表 20－22 基础作用力

呼高（m）	水平力（kN）	垂直力（kN）	最大弯矩（kN·m）
15	83	167	1810
18	86	177	2088
21	89	188	2368
24	91	199	2651
27	94	211	2936
30	97	224	3223

20.6.3 单线图及司令图

110－DC21GS－JG1 杆单线图如图 20－8 所示，司令图如图 20－9 所示。

塔呼高（m）	15.0	18.0	21.0	24.0	27.0	30.0
塔重（kg）	7527	8397	9889	10882	12615	13761

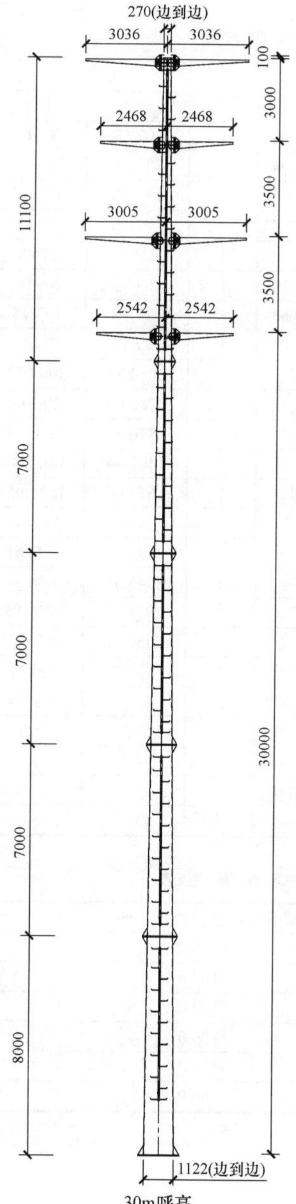

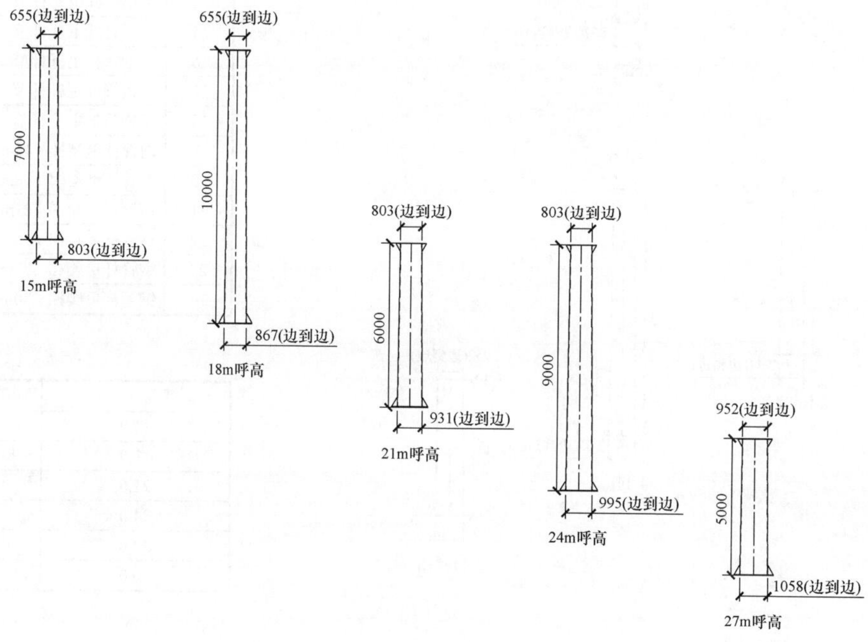

图 20-8　110-DC21GS-JG1 杆单线图

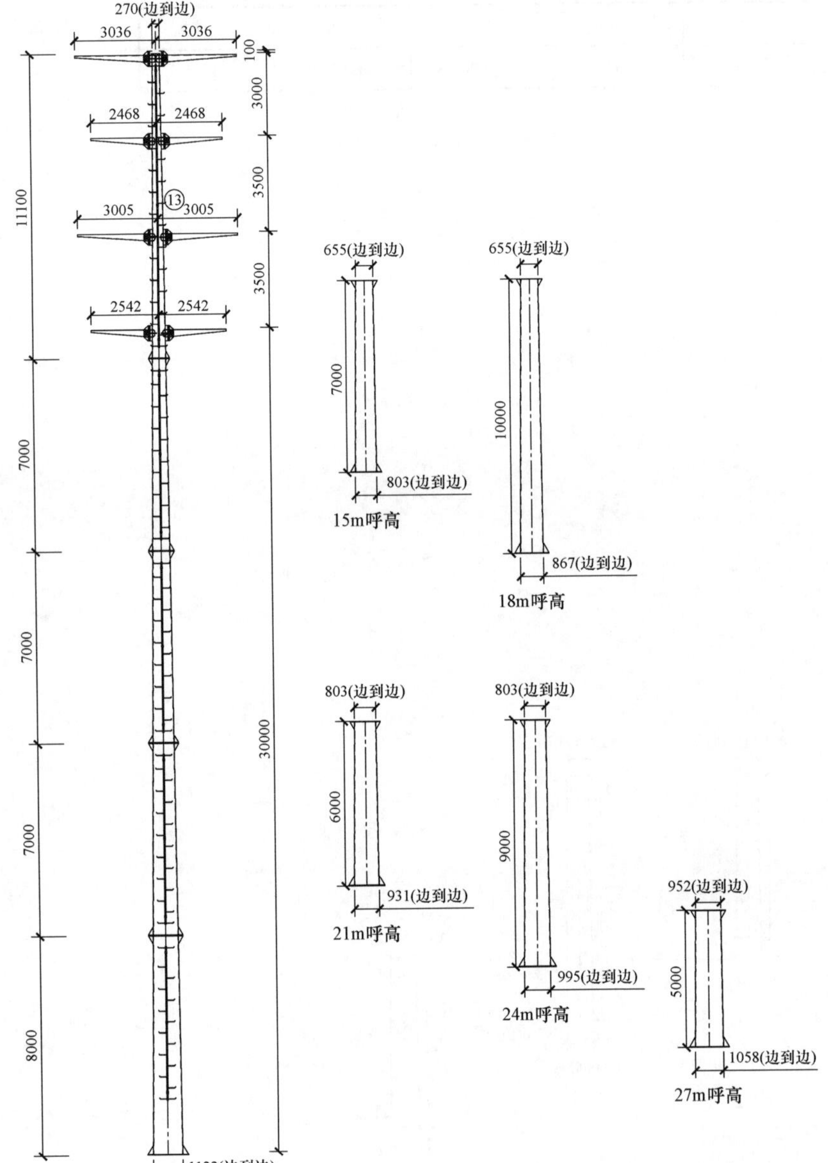

构件明细表

编号	名称	规格	长度（mm）	数量	重量（kg）		备注
					一件	小计	
1	钢管杆直线横担	Q355－6×730	2809.94	1	207.68	207.68	250＋200＋80＋200＝730
2	钢管杆直线横担	Q355－6×730	2809.94	1	207.68	207.68	250＋200＋80＋200＝730
3	钢管杆直线横担	Q355－6×730	2225.05	1	177.16	177.16	250＋200＋80＋200＝730
4	钢管杆直线横担	Q355－6×730	2225.05	1	177.16	177.16	250＋200＋80＋200＝730
5	钢管杆直线横担	Q355－6×730	2724.84	1	216.8	216.8	250＋200＋80＋200＝730
6	钢管杆直线横担	Q355－6×730	2724.84	1	209.99	209.99	250＋200＋80＋200＝730
7	钢管杆直线横担	Q355－6×730	2224.63	1	177.15	177.15	250＋200＋80＋200＝730
8	钢管杆直线横担	Q355－6×730	2224.63	1	177.15	177.15	250＋200＋80＋200＝730
9	钢管杆主杆杆节	Q420－12	7973	1	3063.73	3063.73	ϕ952/ϕ1122－16边形
10	钢管杆主杆杆节	Q420－12	6977	1	2282.04	2282.04	ϕ803/ϕ952－16边形
11	钢管杆主杆杆节	Q420－12	6979	1	1876.99	1876.99	ϕ655/ϕ803－16边形
12	钢管杆主杆杆节	Q420－12	6981	1	1462.44	1462.44	ϕ506/ϕ655－16边形
13	钢管杆主杆杆节	Q420－10	11086	1	1634.06	1634.06	ϕ270/ϕ506－16边形
14	钢管杆主杆杆节	Q420－12	6977	1	1905.8	1905.8	ϕ655/ϕ803－16边形
15	钢管杆主杆杆节	Q420－12	9976	1	2692.61	2692.61	ϕ655/ϕ867－16边形
16	钢管杆主杆杆节	Q420－12	5974	1	2046.31	2046.31	ϕ803/ϕ931－16边形
17	钢管杆主杆杆节	Q420－12	8974	1	2928.15	2928.15	ϕ803/ϕ995－16边形
18	钢管杆主杆杆节	Q420－12	4974	1	2050.11	2050.11	ϕ952/ϕ1058－16边形
19	钢管杆单爬梯（15m）	ϕ50T5	22700	3	53.42	160.27	
20	钢管杆单爬梯（18m）	ϕ50T5	25700	3	59.78	179.34	
21	钢管杆单爬梯（21m）	ϕ50T5	27900	4	49.59	198.36	
22	钢管杆单爬梯（24m）	ϕ50T5	30900	4	54.45	217.78	
23	钢管杆单爬梯（27m）	ϕ50T5	33100	5	47.36	236.8	
24	钢管杆单爬梯（30m）	ϕ50T5	34500	5	49.12	245.61	

地脚螺栓配置表

呼高（m）	根径（mm）	地脚螺栓所在圆直径（mm）	地脚螺栓规格
15.0	803.0	1030.0	16M56（8.8级）
18.0	867.0	1100.0	16M56（8.8级）
21.0	931.0	1170.0	16M56（8.8级）
24.0	995.0	1230.0	18M56（8.8级）
27.0	1058.0	1300.0	20M56（8.8级）
30.0	1122.0	1360.0	20M56（8.8级）

图20－9　110－DC21GS－JG1杆司令图

20.7　110－DC21GS－JG2 塔

20.7.1　设计条件

110－DC21GS－JG2 塔导线型号及张力、使用条件、荷载见表 20－23～表 20－25。

表 20－23　　导线型号及张力

电压等级	110kV	导线型号	1×JL3/G1A－300/40	最大使用张力(kN)	14.62	断线张力取值(%)	100	不均匀覆冰不平衡张力取值(%)	30
		地线型号	JLB20A－100	最大使用张力(kN)	16.06	断线张力取值(%)	100	不均匀覆冰不平衡张力取值(%)	40

表 20－24　　使用条件

使用条件	呼高（m）	水平档距（m）	垂直档距（m）	代表档距（m）	转角度数（°）	K_v 值
数值	30	200	250	100/200	10～20	—

表 20－25　　荷载表　　单位：N

气象条件（$t/v/b$）			正常运行情况			事故情况		安装情况	不均匀冰
			基本风速	覆冰	最低气温	未断线	断线		
			15/27/0	－5/10/10	－10/0/0	－5/0/10	－5/0/10	－5/10/0	－5/10/0
水平荷载	导线		3094	929				423	929
	绝缘子及金具		513	84				70	84
	跳线串		607	136				83	136
	地线		2237	1312				307	929
垂直荷载	导线		3053	5638	2775	5638	5638	2775	4991
	绝缘子及金具		3000	4059	3000	4059	4059	3000	4059
	跳线串		1667	2337	1667	2337	2337	1667	2337
	地线		2281	6284	1825	6284	6284	1825	5284
张力	导线	一侧	9994	14624	9818	14624	14624	10658	14624
		另一侧	10743	14624	8326	14624	0	9496	14624
		张力差	749	0	1492	0	14624	1162	0
	地线	一侧	11766	18298	14133	18298	16055	14658	18298
		另一侧	11574	20227	10326	20227	0	11064	20227
		张力差	192	1929	3807	1929	16055	3594	1929

注：导线水平荷载为下相导线荷载，表中（$t/v/b$）单位分别为：°、m/s、mm。

20.7.2　根开尺寸及基础作用力

110－DC21GS－JG2 塔的根开尺寸及基础作用力见表 20－26 和表 20－27。

表 20－26　　根开尺寸

呼高（m）	根径（mm）	地脚螺栓所在圆直径（mm）	地脚螺栓规格	地脚螺栓等级
15	906	1110	16M56	8.8
18	979	1190	18M56	8.8
21	1053	1260	20M56	8.8
24	1126	1340	20M56	8.8
27	1200	1410	22M56	8.8
30	1274	1490	22M56	8.8

表 20－27　　基础作用力

呼高（m）	水平力（kN）	垂直力（kN）	最大弯矩（kN·m）
15	106	175	2007
18	109	186	2358
21	112	198	2725
24	115	210	3104
27	118	224	3499
30	121	239	3906

20.7.3　单线图及司令图

110－DC21GS－JG2 杆单线图如图 20－10 所示，司令图如图 20－11 所示。

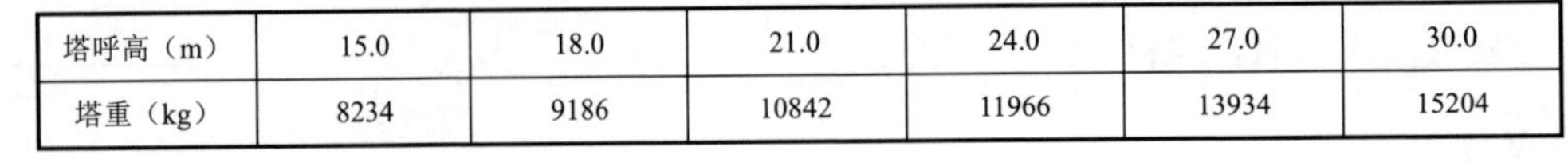

塔呼高（m）	15.0	18.0	21.0	24.0	27.0	30.0
塔重（kg）	8234	9186	10842	11966	13934	15204

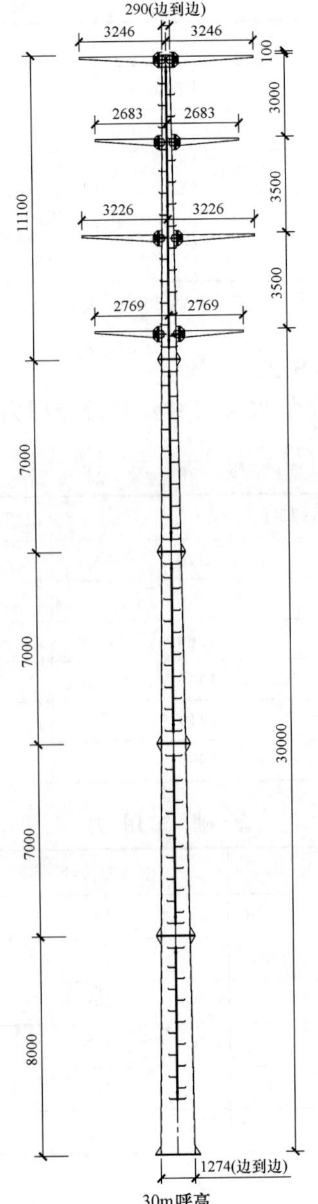

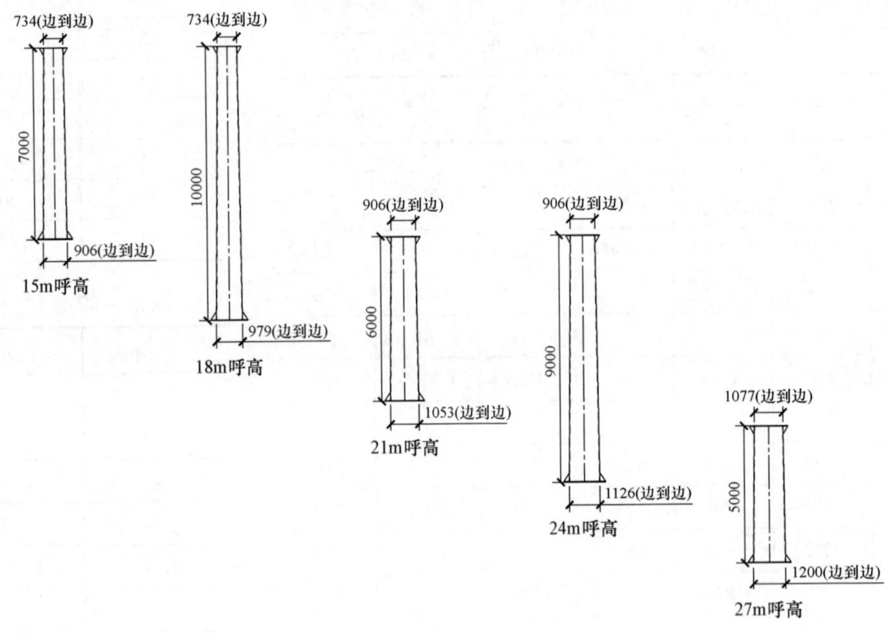

图 20-10　110-DC21GS-JG2 杆单线图

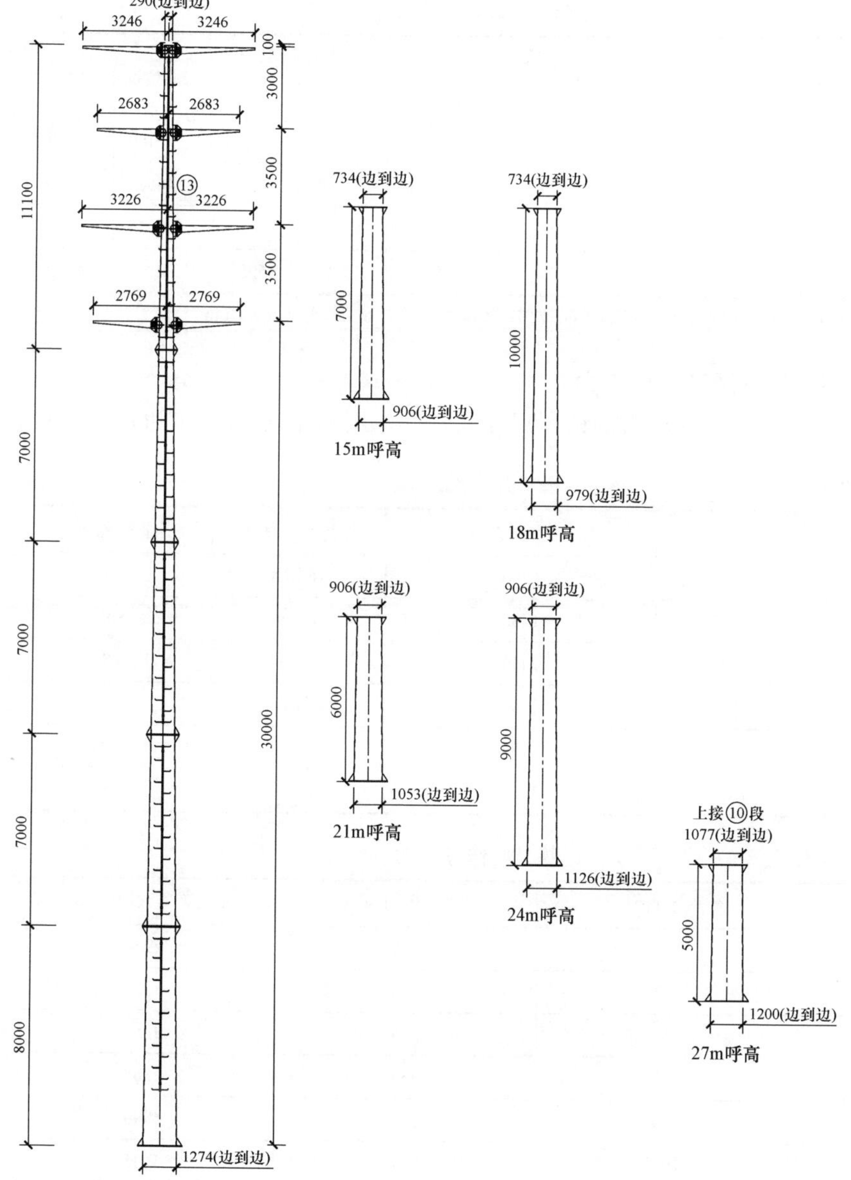

构件明细表

编号	名称	规格	长度（mm）	数量	重量（kg）		备注
					一件	小计	
1	钢管杆直线横担	Q355－6×730	3024.77	1	236.07	236.07	250＋200＋80＋200＝730
2	钢管杆直线横担	Q355－6×730	3024.77	1	236.07	236.07	250＋200＋80＋200＝730
3	钢管杆直线横担	Q355－6×730	2425.02	1	189.66	189.66	250＋200＋80＋200＝730
4	钢管杆直线横担	Q355－6×730	2425.02	1	168.17	168.17	250＋200＋80＋200＝730
5	钢管杆直线横担	Q355－8×730	2925.14	1	228.04	228.04	250＋200＋80＋200＝730
6	钢管杆直线横担	Q355－8×730	2925.14	1	228.04	228.04	250＋200＋80＋200＝730
7	钢管杆直线横担	Q355－6×730	2425.25	1	189.67	189.67	250＋200＋80＋200＝730
8	钢管杆直线横担	Q355－6×730	2425.25	1	189.67	189.67	250＋200＋80＋200＝730
9	钢管杆主杆杆节	Q420－12	7972	1	3517.12	3517.12	ϕ1077/ϕ1274－16 边形
10	钢管杆主杆杆节	Q420－12	6976	1	2580.39	2580.39	ϕ906/ϕ1077－16 边形
11	钢管杆主杆杆节	Q420－12	6979	1	2112.02	2112.02	ϕ734/ϕ906－16 边形
12	钢管杆主杆杆节	Q420－12	6981	1	1626.03	1626.03	ϕ562/ϕ734－16 边形
13	钢管杆主杆杆节	Q420－10	11086	1	1728.74	1728.74	ϕ290/ϕ562－16 边形
14	钢管杆主杆杆节	Q420－12	6973	1	2225.56	2225.56	ϕ734/ϕ906－16 边形
15	钢管杆主杆杆节	Q420－12	9975	1	3071.31	3071.31	ϕ734/ϕ979－16 边形
16	钢管杆主杆杆节	Q420－12	5975	1	2344.59	2344.59	ϕ906/ϕ1053－16 边形
17	钢管杆主杆杆节	Q420－12	8974	1	3332.69	3332.69	ϕ906/ϕ1126－16 边形
18	钢管杆主杆杆节	Q420－12	4973	1	2364.7	2364.7	ϕ1077/ϕ1200－16 边形
19	钢管杆单爬梯（15m）	ϕ50T5	22700	3	53.42	160.27	
20	钢管杆单爬梯（18m）	ϕ50T5	25700	3	59.78	179.34	
21	钢管杆单爬梯（21m）	ϕ50T5	27900	4	49.59	198.36	
22	钢管杆单爬梯（24m）	ϕ50T5	30900	4	54.45	217.78	
23	钢管杆单爬梯（27m）	ϕ50T5	33100	5	47.36	236.8	
24	钢管杆单爬梯（30m）	ϕ50T5	34500	5	49.12	245.61	

地脚螺栓配置表

呼高（m）	根径（mm）	地脚螺栓所在圆直径（mm）	地脚螺栓规格
15.0	906.0	1110.0	16M56（8.8 级）
18.0	979.0	1190.0	18M56（8.8 级）
21.0	1053.0	1260.0	20M56（8.8 级）
24.0	1126.0	1340.0	20M56（8.8 级）
27.0	1200.0	1410.0	22M56（8.8 级）
30.0	1274.0	1490.0	22M56（8.8 级）

图 20－11　110－DC21GS－JG2 杆司令图

20.8 110－DC21GS－JG3 塔

20.8.1 设计条件

110－DC21GS－JG3 塔导线型号及张力、使用条件、荷载见表 20－28～表 20－30。

表 20－28　　导线型号及张力

电压等级									
电压等级	110kV	导线型号	1×JL3/G1A－300/40	最大使用张力（kN）	14.62	断线张力取值（%）	100	不均匀覆冰不平衡张力取值（%）	30
		地线型号	JLB20A－100	最大使用张力（kN）	16.06	断线张力取值（%）	100	不均匀覆冰不平衡张力取值（%）	40

表 20－29　　使用条件

使用条件	呼高（m）	水平档距（m）	垂直档距（m）	代表档距（m）	转角度数（°）	K_v 值
数值	30	200	250	150	20～40	—

注：上拔侧按 50%垂直档距考虑，下压侧按 80%垂直档距考虑。

表 20－30　　荷载表　　单位：N

气象条件（$t/v/b$）			正常运行情况			事故情况		安装情况	不均匀冰
			基本风速	覆冰	最低气温	未断线	断线		
			15/27/0	－5/10/10	－10/0/0	－5/0/10	－5/0/10	－5/10/0	－5/10/0
水平荷载	导线		3094	929				423	929
	绝缘子及金具		513	84				70	84
	跳线串		607	136				83	136
	地线		2237	1312				307	929
垂直荷载	导线		3053	5638	2775	5638	5638	2775	4991
	绝缘子及金具		3000	4059	3000	4059	4059	3000	4059
	跳线串		1667	2337	1667	2337	2337	1667	2337
	地线		2281	6284	1825	6284	6284	1825	5284
张力	导线	一侧	9994	14624	9818	14624	14624	10658	14624
		另一侧	10743	14624	8326	14624	0	9496	14624
		张力差	749	0	1492	0	14624	1162	0
	地线	一侧	11766	18298	14133	18298	16055	14658	18298
		另一侧	11574	20227	10326	20227	0	11064	20227
		张力差	192	1929	3807	1929	16055	3594	1929

续表

注：导线水平导线荷载为下相导线荷载，表中（$t/v/b$）单位分别为：°、m/s、mm。

20.8.2 根开尺寸及基础作用力

110－DC21GS－JG3 塔的根开尺寸及基础作用力见表 20－31 和表 20－32。

表 20－31　　根开尺寸

呼高（m）	根径（mm）	地脚螺栓所在圆直径（mm）	地脚螺栓规格	地脚螺栓等级
15	983	1250	16M64	8.8
18	1062	1330	18M64	8.8
21	1142	1410	18M64	8.8
24	1221	1490	20M64	8.8
27	1300	1570	22M64	8.8
30	1379	1650	22M64	8.8

表 20－32　　基础作用力

呼高（m）	水平力（kN）	垂直力（kN）	最大弯矩（kN·m）
15	149	190	2928
18	153	204	3378
21	156	219	3854
24	159	235	4368
27	163	253	4899
30	166	271	5445

20.8.3 单线图及司令图

110－DC21GS－JG3 杆单线图如图 20－12 所示，司令图如图 20－13 所示。

塔呼高（m）	15.0	18.0	21.0	24.0	27.0	30.0
塔重（kg）	9854	11048	13159	14531	17023	18583

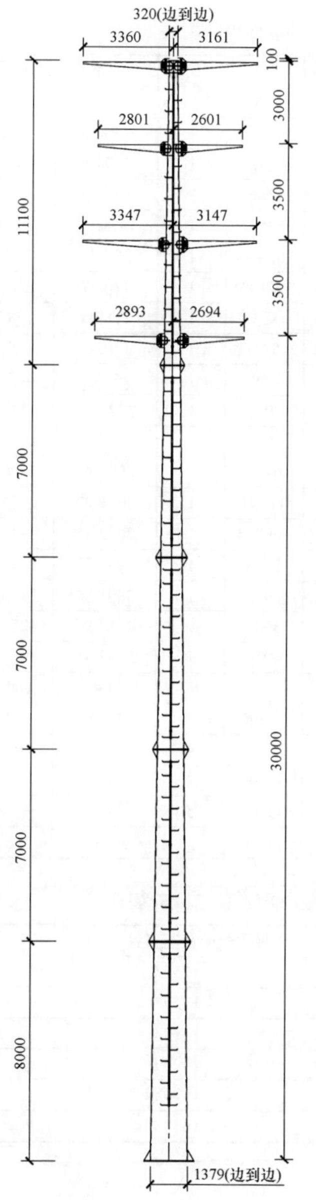

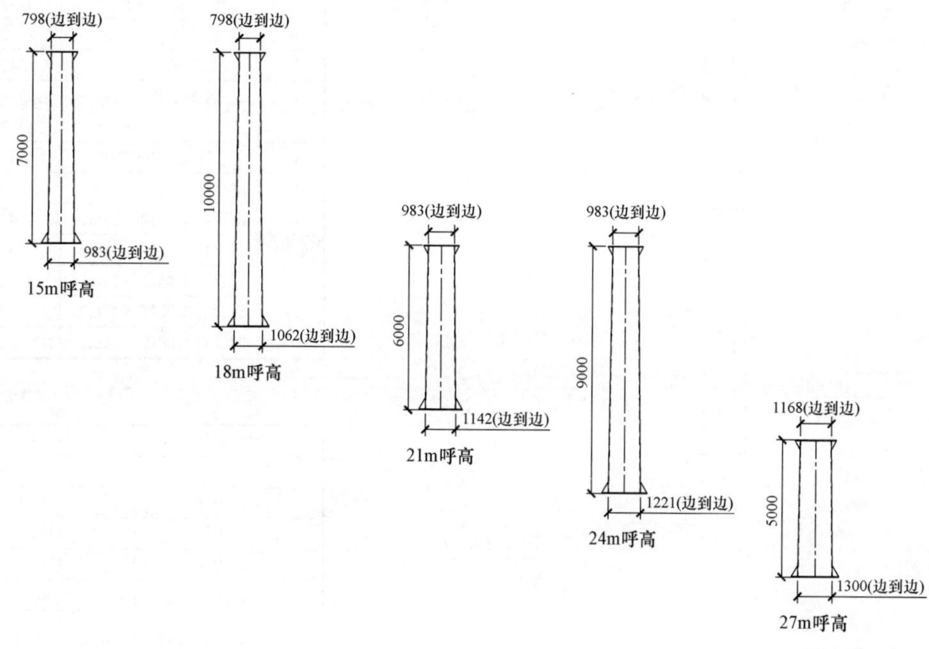

图 20-12　110-DC21GS-JG3 杆单线图

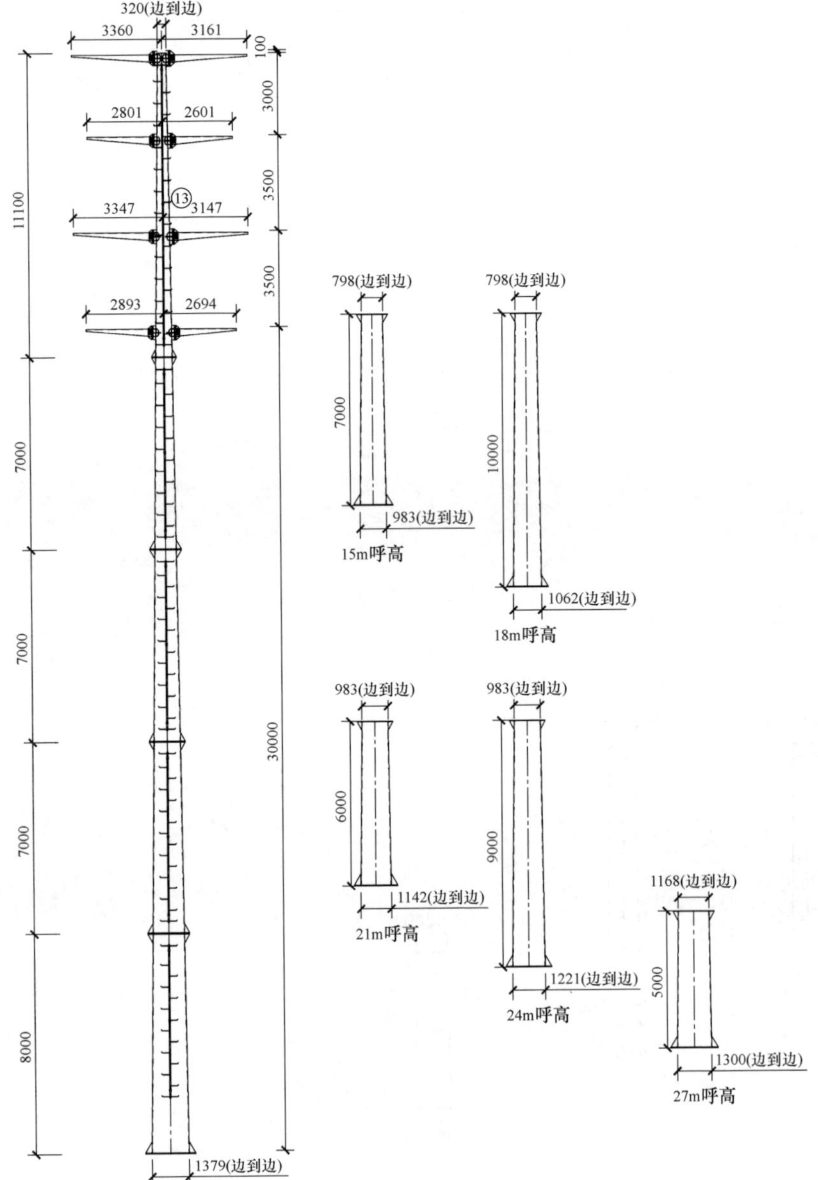

构件明细表

编号	名称	规格	长度（mm）	数量	重量（kg）		备注
					一件	小计	
1	钢管杆直线横担	Q355－6×760	2924.68	1	230.55	230.55	280＋200＋80＋200＝760
2	钢管杆直线横担	Q355－6×760	3123.68	1	209.46	209.46	280＋200＋80＋200＝760
3	钢管杆直线横担	Q355－6×760	2325.09	1	173.68	173.68	280＋200＋80＋200＝760
4	钢管杆直线横担	Q355－6×760	2525.09	1	164.94	164.94	280＋200＋80＋200＝760
5	钢管杆直线横担	Q355－6×760	2824.89	1	207.29	207.29	280＋200＋80＋200＝760
6	钢管杆直线横担	Q355－8×760	3024.89	1	210.77	210.77	280＋200＋80＋200＝760
7	钢管杆直线横担	Q355－6×760	2325.7	1	178.05	178.05	280＋200＋80＋200＝760
8	钢管杆直线横担	Q355－6×760	2524.7	1	170.17	170.17	280＋200＋80＋200＝760
9	钢管杆主杆杆节	Q420－14	7969	1	4478.7	4478.7	ϕ1168/ϕ1379－16 边形
10	钢管杆主杆杆节	Q420－14	6975	1	3242.81	3242.81	ϕ983/ϕ1168－16 边形
11	钢管杆主杆杆节	Q420－14	6977	1	2689.39	2689.39	ϕ798/ϕ983－16 边形
12	钢管杆主杆杆节	Q420－14	6979	1	2096.42	2096.42	ϕ613/ϕ798－16 边形
13	钢管杆主杆杆节	Q420－12	11085	1	2064.02	2064.02	ϕ320/ϕ613－16 边形
14	钢管杆主杆杆节	Q420－14	6972	1	2842.91	2842.91	ϕ798/ϕ983－16 边形
15	钢管杆主杆杆节	Q420－14	9973	1	3932.75	3932.75	ϕ798/ϕ1062－16 边形
16	钢管杆主杆杆节	Q420－14	5969	1	2998.86	2998.86	ϕ983/ϕ1142－16 边形
17	钢管杆主杆杆节	Q420－14	8970	1	4251.94	4251.94	ϕ983/ϕ1221－16 边形
18	钢管杆主杆杆节	Q420－14	4970	1	3033.76	3033.76	ϕ1168/ϕ1300－16 边形
19	钢管杆单爬梯（15m）	ϕ50T5	22700	3	53.42	160.27	
20	钢管杆单爬梯（18m）	ϕ50T5	25700	3	59.78	179.34	
21	钢管杆单爬梯（21m）	ϕ50T5	27900	4	49.59	198.36	
22	钢管杆单爬梯（24m）	ϕ50T5	30900	4	54.45	217.78	
23	钢管杆单爬梯（27m）	ϕ50T5	33100	5	47.36	236.8	
24	钢管杆单爬梯（30m）	ϕ50T5	34500	5	49.12	245.61	

地脚螺栓配置表

呼高（m）	根径（mm）	地脚螺栓所在圆直径（mm）	地脚螺栓规格
15.0	983.0	1250.0	16M64（8.8 级）
18.0	1062.0	1330.0	18M64（8.8 级）
21.0	1142.0	1410.0	18M64（8.8 级）
24.0	1221.0	1490.0	20M64（8.8 级）
27.0	1300.0	1570.0	22M64（8.8 级）
30.0	1379.0	1650.0	22M64（8.8 级）

图 20－13　110－DC21GS－JG3 杆司令图

20.9 110－DC21GS－JG4 塔

20.9.1 设计条件

110－DC21GS－JG4 塔导线型号及张力、使用条件、荷载见表 20－33～表 20－35。

表 20－33 导线型号及张力

电压等级	110kV	导线型号	1×JL3/G1A－300/40	最大使用张力（kN）	14.62	断线张力取值（%）	100	不均匀覆冰不平衡张力取值（%）	30
		地线型号	JLB20A－100	最大使用张力（kN）	16.06	断线张力取值（%）	100	不均匀覆冰不平衡张力取值（%）	40

表 20－34 使用条件

使用条件	呼高（m）	水平档距（m）	垂直档距（m）	代表档距（m）	转角度数（°）	K_v 值
数值	30	200	250	100/200	40～60	—

注：上拔侧按 50%垂直档距考虑，下压侧按 80%垂直档距考虑。

表 20－35 荷载表 单位：N

气象条件（t/v/b）			正常运行情况			事故情况		安装情况	不均匀冰
			基本风速	覆冰	最低气温	未断线	断线		
			15/27/0	－5/10/10	－10/0/0	－5/0/10	－5/0/10	－5/10/0	－5/10/0
水平荷载	导线		3094	929				423	929
	绝缘子及金具		513	84				70	84
	跳线串		607	136				83	136
	地线		2237	1312				307	929
垂直荷载	导线		3053	5638	2775	5638	5638	2775	4991
	绝缘子及金具		3000	4059	3000	4059	4059	3000	4059
	跳线串		1667	2337	1667	2337	2337	1667	2337
	地线		2281	6284	1825	6284	6284	1825	5284
张力	导线	一侧	9994	14624	9818	14624	14624	10658	14624
		另一侧	10743	14624	8326	14624	0	9496	14624
		张力差	749	0	1492	0	14624	1162	0

续表

气象条件（t/v/b）			正常运行情况			事故情况		安装情况	不均匀冰
			基本风速	覆冰	最低气温	未断线	断线		
			15/27/0	－5/10/10	－10/0/0	－5/0/10	－5/0/10	－5/10/0	－5/10/0
张力	地线	一侧	11766	18298	14133	18298	16055	14658	18298
		另一侧	11574	20227	10326	20227	0	11064	20227
		张力差	192	1929	3807	1929	16055	3594	1929

注：导线水平导线荷载为下相导线荷载，表中（t/v/b）单位分别为：°、m/s、mm。

20.9.2 根开尺寸及基础作用力

110－DC21GS－JG4 塔的根开尺寸及基础作用力见表 20－36 和表 20－37。

表 20－36 根开尺寸

呼高（m）	根径（mm）	地脚螺栓所在圆直径（mm）	地脚螺栓规格	地脚螺栓等级
15	1070	1310	20M64	8.8
18	1150	1400	20M64	8.8
21	1240	1480	22M64	8.8
24	1325	1570	24M64	8.8
27	1410	1660	24M64	8.8
30	1495	1740	24M64	8.8

表 20－37 基础作用力

呼高（m）	水平力（kN）	垂直力（kN）	最大弯矩（kN·m）
15	197	208	4080
18	198	225	4702
21	198	244	5329
24	202	264	5960
27	205	285	6596
30	209	308	7235

20.9.3 单线图及司令图

110－DC21GS－JG4 杆单线图如图 20－14 所示，司令图如图 20－15 所示。

塔呼高（m）	15.0	18.0	21.0	24.0	27.0	30.0
塔重（kg）	11577	13054	15770	17467	20595	22511

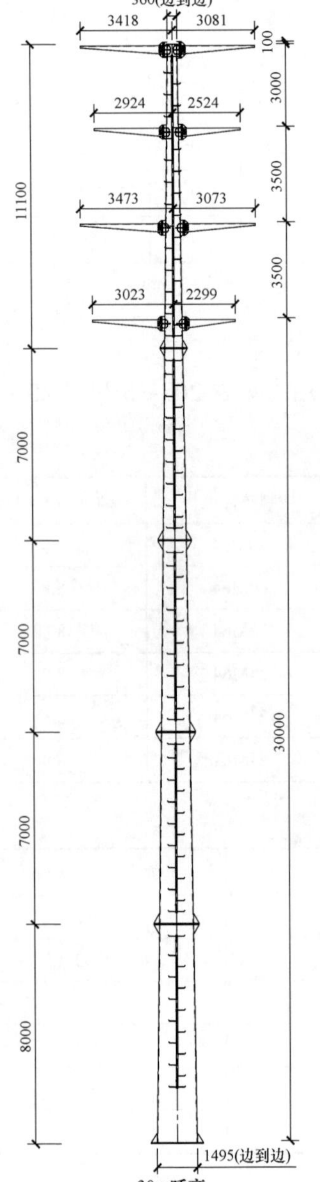

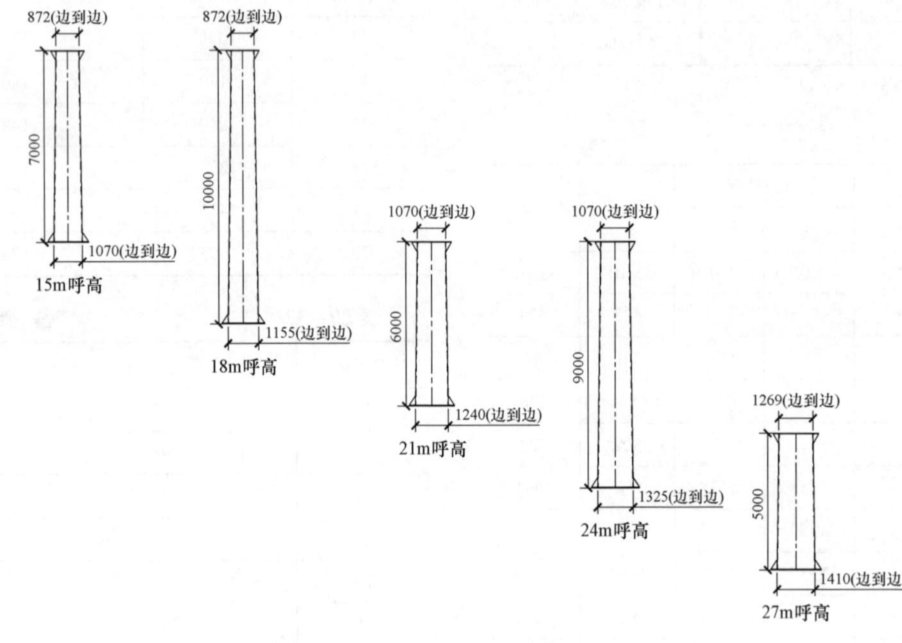

图 20－14　110－DC21GS－JG4 杆单线图

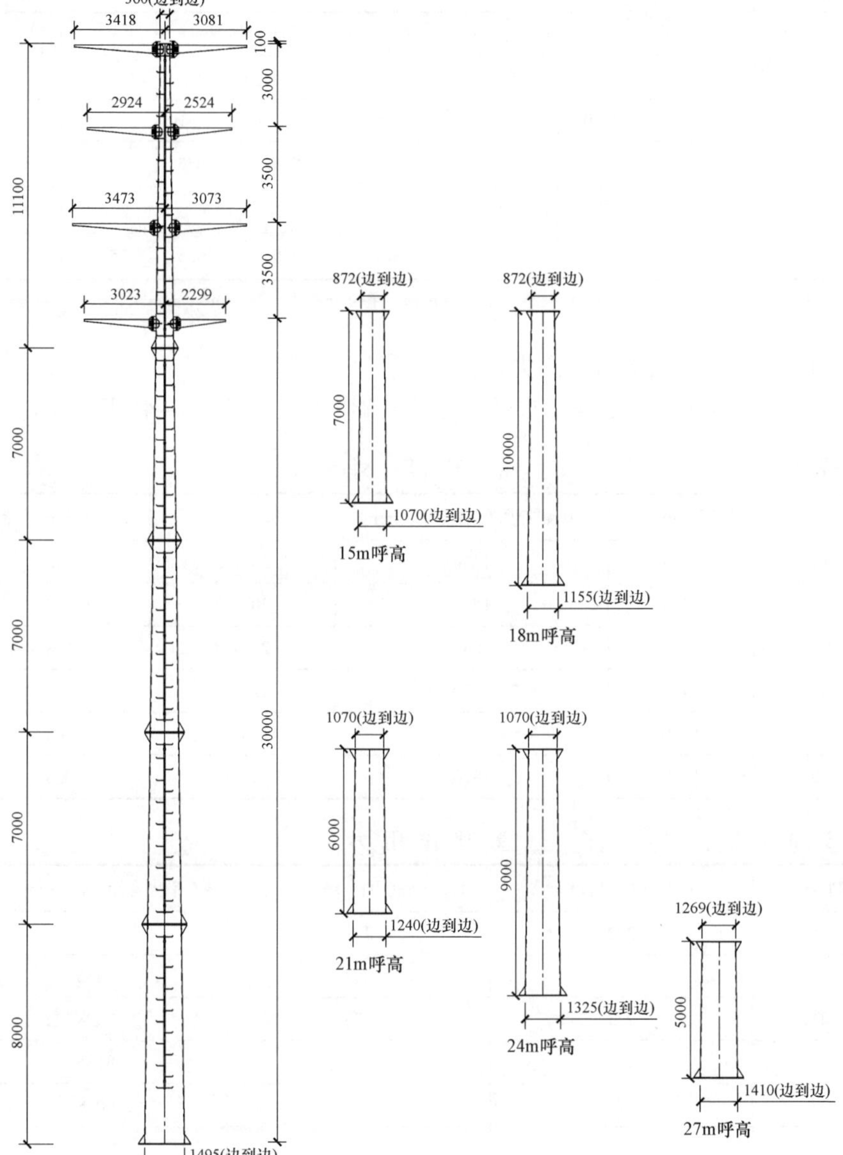

构件明细表

编号	名称	规格	长度（mm）	数量	重量（kg）		备注
					一件	小计	
1	钢管杆直线横担	Q355－6×780	2824.59	1	216.96	216.96	300＋200＋80＋200＝780
2	钢管杆直线横担	Q355－6×780	3161.59	1	200.78	200.78	300＋200＋80＋200＝780
3	钢管杆直线横担	Q355－6×780	2225.15	1	169.91	169.91	300＋200＋80＋200＝780
4	钢管杆直线横担	Q355－6×780	2625.15	1	162.38	162.38	300＋200＋80＋200＝780
5	钢管杆直线横担	Q355－6×780	2724.65	1	194.42	194.42	300＋200＋80＋200＝780
6	钢管杆直线横担	Q355－6×780	3124.65	1	201.22	201.22	300＋200＋80＋200＝780
7	钢管杆直线横担	Q355－6×780	1901.14	1	138.85	138.85	300＋200＋80＋200＝780
8	钢管杆直线横担	Q355－6×780	2625.14	1	162.38	162.38	300＋200＋80＋200＝780
9	钢管杆主杆杆节	Q420－16	7968	1	5512.58	5512.58	ϕ1269/ϕ1495－16 边形
10	钢管杆主杆杆节	Q420－16	6972	1	4110.8	4110.8	ϕ1070/ϕ1269－16 边形
11	钢管杆主杆杆节	Q420－16	6973	1	3373.91	3373.91	ϕ872/ϕ1070－16 边形
12	钢管杆主杆杆节	Q420－16	6977	1	2585.04	2585.04	ϕ674/ϕ872－16 边形
13	钢管杆主杆杆节	Q420－14	11085	1	2527.53	2527.53	ϕ360/ϕ674－16 边形
14	钢管杆主杆杆节	Q420－16	6971	1	3434.38	3434.38	ϕ872/ϕ1070－16 边形
15	钢管杆主杆杆节	Q420－16	9970	1	4810.88	4810.88	ϕ872/ϕ1155－16 边形
16	钢管杆主杆杆节	Q420－16	5969	1	3691.17	3691.17	ϕ1070/ϕ1240－16 边形
17	钢管杆主杆杆节	Q420－16	8970	1	5226.75	5226.75	ϕ1070/ϕ1325－16 边形
18	钢管杆主杆杆节	Q420－16	4968	1	3743.94	3743.94	ϕ1269/ϕ1410－16 边形
19	钢管杆单爬梯（15m）	ϕ50 T5	22700	3	53.42	160.27	
20	钢管杆单爬梯（18m）	ϕ50 T5	25700	3	59.78	179.34	
21	钢管杆单爬梯（21m）	ϕ50 T5	27900	4	49.59	198.36	
22	钢管杆单爬梯（24m）	ϕ50 T5	30900	4	54.45	217.78	
23	钢管杆单爬梯（27m）	ϕ50 T5	33100	5	47.36	236.8	
24	钢管杆单爬梯（30m）	ϕ50 T5	34500	5	49.12	245.61	

地脚螺栓配置表

呼高（m）	根径（mm）	地脚螺栓所在圆直径（mm）	地脚螺栓规格
15.0	1070.0	1310.0	20M64（8.8 级）
18.0	1155.0	1400.0	20M64（8.8 级）
21.0	1240.0	1480.0	22M64（8.8 级）
24.0	1325.0	1570.0	24M64（8.8 级）
27.0	1410.0	1660.0	24M64（8.8 级）
30.0	1495.0	1740.0	24M64（8.8 级）

图 20－15　110－DC21GS－JG4 杆司令图

20.10 110－DC21GS－JG5 塔

20.10.1 设计条件

110－DC21GS－JG5 塔导线型号及张力、使用条件、荷载见表 20－38～表 20－40。

表 20－38　导线型号及张力

电压等级	110kV	导线型号	1×JL3/G1A－300/40	最大使用张力（kN）	14.62	断线张力取值（%）	100	不均匀覆冰不平衡张力取值（%）	30
		地线型号	JLB20A－100	最大使用张力（kN）	16.06	断线张力取值（%）	100	不均匀覆冰不平衡张力取值（%）	40

表 20－39　使用条件

使用条件	呼高（m）	水平档距（m）	垂直档距（m）	代表档距（m）	转角度数（°）	K_v 值
数值	30	200	250	100/200	60～90 兼终端 0～60	—

注：上拔侧按 50%垂直档距考虑，下压侧按 80%垂直档距考虑。

表 20－40　荷载表　单位：N

气象条件（t/v/b）			正常运行情况			事故情况		安装情况	不均匀冰
			基本风速	覆冰	最低气温	未断线	断线		
			15/27/0	－5/10/10	－10/0/0	－5/0/10	－5/0/10	－5/10/0	－5/10/0
水平荷载	导线		3094	929				423	929
	绝缘子及金具		513	84				70	84
	跳线串		607	136				83	136
	地线		2237	1312				307	929
垂直荷载	导线		3053	5638	2775	5638	5638	2775	4991
	绝缘子及金具		3000	4059	3000	4059	4059	3000	4059
	跳线串		1667	2337	1667	2337	2337	1667	2337
	地线		2281	6284	1825	6284	6284	1825	5284
张力	导线	一侧	9994	14624	9818	14624	14624	10658	14624
		另一侧	10743	14624	8326	14624	0	9496	14624
		张力差	749	0	1492	0	14624	1162	0

续表

气象条件（t/v/b）			正常运行情况			事故情况		安装情况	不均匀冰
			基本风速	覆冰	最低气温	未断线	断线		
			15/27/0	－5/10/10	－10/0/0	－5/0/10	－5/0/10	－5/10/0	－5/10/0
张力	地线	一侧	11766	18298	14133	18298	16055	14658	18298
		另一侧	11574	20227	10326	20227	0	11064	20227
		张力差	192	1929	3807	1929	16055	3594	1929

注：导线水平导线荷载为下相导线荷载，表中（t/v/b）单位分别为：°、m/s、mm。

20.10.2 根开尺寸及基础作用力

110－DC21GS－JG5 塔的根开尺寸及基础作用力见表 20－41 和表 20－42。

表 20－41　根开尺寸

呼高（m）	根径（mm）	地脚螺栓所在圆直径（mm）	地脚螺栓规格	地脚螺栓等级
15	1184	1450	20M72	8.8
18	1273	1550	20M72	8.8
21	1362	1640	20M72	8.8
24	1451	1730	22M72	8.8
27	1540	1810	22M72	8.8
30	1629	1910	22M72	8.8

表 20－42　基础作用力

呼高（m）	水平力（kN）	垂直力（kN）	最大弯矩（kN·m）
15	272	231	5610
18	272	253	6456
21	273	276	7308
24	274	301	8165
27	275	327	9028
30	275	355	9895

20.10.3 单线图及司令图

110－DC21GS－JG5 杆单线图如图 20－16 所示，司令图如图 20－17 所示。

塔呼高（m）	15.0	18.0	21.0	24.0	27.0	30.0
塔重（kg）	13925	15614	19074	20942	24781	27403

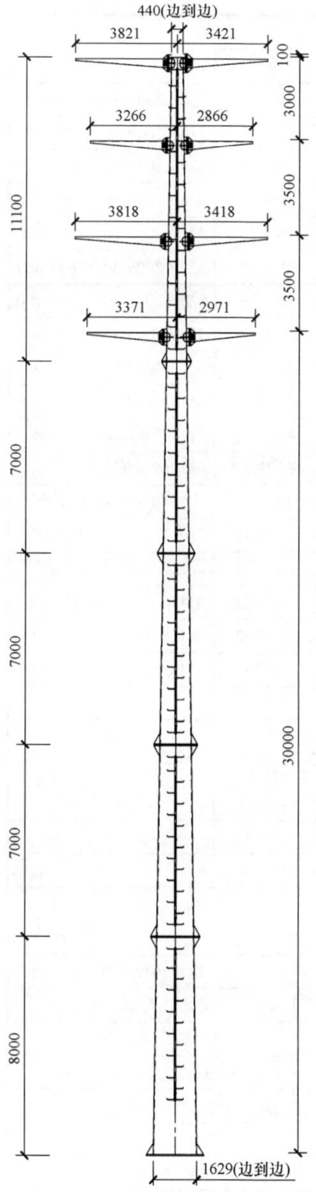

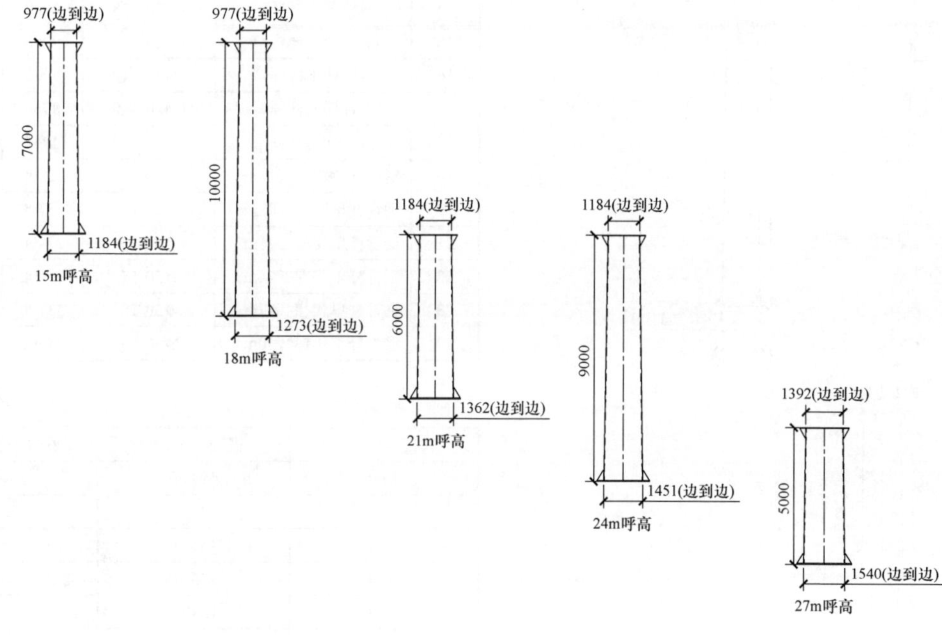

图 20-16　110-DC21GS-JG5 杆单线图

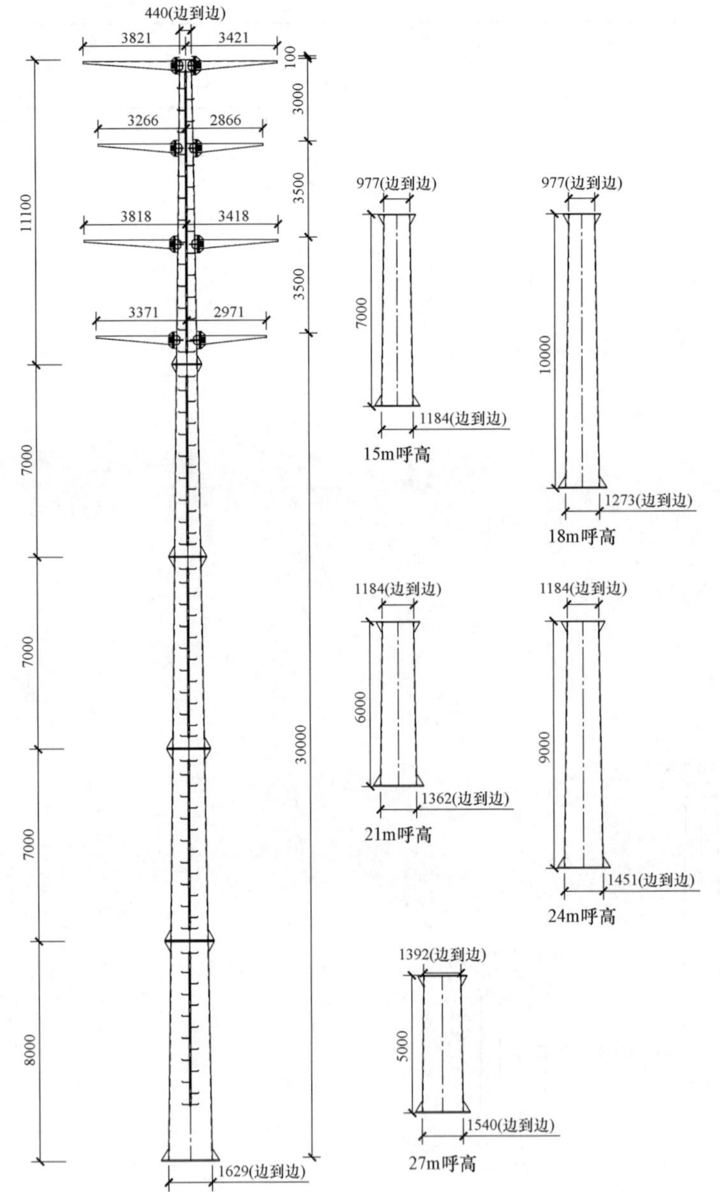

构件明细表

编号	名称	规格	长度（mm）	数量	重量（kg）		备注
					一件	小计	
1	钢管杆直线横担	Q355－6×800	3124.52	1	287.25	287.25	320＋200＋80＋200＝800
2	钢管杆直线横担	Q355－6×800	3524.52	1	241.72	241.72	320＋200＋80＋200＝800
3	钢管杆直线横担	Q355－6×800	2525.06	1	206.25	206.25	320＋200＋80＋200＝800
4	钢管杆直线横担	Q355－6×800	2925.06	1	188.73	188.73	320＋200＋80＋200＝800
5	钢管杆直线横担	Q355－6×800	3025.19	1	241.73	241.73	320＋200＋80＋200＝800
6	钢管杆直线横担	Q355－6×800	3425.19	1	233.92	233.92	320＋200＋80＋200＝800
7	钢管杆直线横担	Q355－6×800	2526.32	1	206.29	206.29	320＋200＋80＋200＝800
8	钢管杆直线横担	Q355－6×800	2926.32	1	193.12	193.12	320＋200＋80＋200＝800
9	钢管杆主杆杆节	Q420－18	7963	1	6878.62	6878.62	ϕ1392/ϕ1629－16 边形
10	钢管杆主杆杆节	Q420－18	6970	1	5109.88	5109.88	ϕ1184/ϕ1392－16 边形
11	钢管杆主杆杆节	Q420－18	6972	1	4239.62	4239.62	ϕ977/ϕ1184－16 边形
12	钢管杆主杆杆节	Q420－18	6975	1	3293.69	3293.69	ϕ769/ϕ977－16 边形
13	钢管杆主杆杆节	Q420－14	11083	1	3073.73	3073.73	ϕ440/ϕ769－16 边形
14	钢管杆主杆杆节	Q420－18	6969	1	4334.31	4334.31	ϕ977/ϕ1184－16 边形
15	钢管杆主杆杆节	Q420－18	9968	1	6063.25	6063.25	ϕ977/ϕ1273－16 边形
16	钢管杆主杆杆节	Q420－18	5965	1	4628.02	4628.02	ϕ1184/ϕ1362－16 边形
17	钢管杆主杆杆节	Q420－18	8966	1	6553.02	6553.02	ϕ1184/ϕ1451－16 边形
18	钢管杆主杆杆节	Q420－18	4964	1	4666.61	4666.61	ϕ1392/ϕ1540－16 边形
19	钢管杆单爬梯（15m）	ϕ50 T5	22700	3	53.42	160.27	
20	钢管杆单爬梯（18m）	ϕ50 T5	25700	3	59.78	179.34	
21	钢管杆单爬梯（21m）	ϕ50 T5	27900	4	49.59	198.36	
22	钢管杆单爬梯（24m）	ϕ50 T5	30900	4	54.45	217.78	
23	钢管杆单爬梯（27m）	ϕ50 T5	33100	5	47.36	236.8	
24	钢管杆单爬梯（30m）	ϕ50 T5	34500	5	49.12	245.61	

地脚螺栓配置表

呼高（m）	根径（mm）	地脚螺栓所在圆直径（mm）	地脚螺栓规格
15.0	1184.0	1450.0	20M72（8.8 级）
18.0	1273.0	1550.0	20M72（8.8 级）
21.0	1362.0	1640.0	20M72（8.8 级）
24.0	1451.0	1730.0	22M72（8.8 级）
27.0	1540.0	1810.0	22M72（8.8 级）
30.0	1629.0	1910.0	22M72（8.8 级）

图 20－17　110－DC21GS－JG5 杆司令

21 110－DD21GS 子模块

21.1 模块说明

21.1.1 概述

根据国家电网公司《35kV～750kV 线路杆塔通用设计优化技术导则》和国网电力公司工作安排，福建永福电力设计股份有限公司负责 110kV 输电线路通用设计 110－DD21GS 子模块的设计工作。该模块为海拔 1000m 以内、设计基本风速为 29m/s（离地 10m）、覆冰厚度为 10mm，导线为 1×JL3/G1A－300/40（兼 1×JL3/G1A－240/30）。直线杆按 4 杆系列规划，耐张杆按 5 杆系列规划，5 型转角杆兼做终端杆；该子模块共计 9 种塔型。

21.1.2 气象条件

110－DD21GS 子模块的气象条件见表 21－1。

表 21－1　110－DD21GS 子模块的气象条件

项目	气温（℃）	风速（m/s）	覆冰厚度（mm）
最低气温	－10	0	0
年平均气温	15	0	0
基本风速	15	29.0	0
设计覆冰	－5	10	10
最高气温	40	0	0
安装情况	－5	10	0
操作过电压	15	15.5	0
雷电过电压	15	15	0
带电作业	15	10	0
年平均雷电日数	65		

21.1.3 导地线型号及参数

110－DD21GS 子模块的导地线型号及参数见表 21－2。

表 21－2　110－DD21GS 子模块的导地线型号及参数

项目		导线		地线	
电线型号		JL3/G1A－300/40	JL3/G1A－240/30	JLB20A－100	JLB40－100
结构	铝［根数/直径（mm）］	24/3.99	24/3.60	—	—
	钢、铝包钢［根数/直径（mm）］	7/2.66	7/2.40	19/2.6	19/2.6
计算截面面积（mm²）		339	276	101	101
计算外径（mm）		23.9	21.6	13	13
计算重量（kg/m）		1.132	0.9215	0.6767	0.4765
计算拉断力		92360	75190	135200	68600
弹性系数（MPa）		70500	70500	153900	103600
线膨胀系数（1/℃）		19.4×10^{-6}	19.4×10^{-6}	13.0×10^{-6}	15.5×10^{-6}

设计使用时，导地线的保证拉断力为计算拉断力的 95%。设计用导线安全系数为 6.0，平均运行张力取保证拉断力的 12%；进行电气配合时，地线型号选取 JLB40－100，地线安全系数为 7.0，平均运行张力取保证拉断力的 12%；进行结构荷载计算时，地线型号选取 JLB20A－100，地线安全系数为 8.0，平均运行张力取保证拉断力的 12%。

21.1.4 绝缘配置

悬垂串按“I”型布置，采用 70kN 盘式绝缘子，设计绝缘子高度为 1314mm，爬电比距大于等于 28mm/kV。

跳线串采用 70kN 盘式绝缘子，设计绝缘子高度为 1314mm，爬电比距大于等于 28mm/kV。

耐张串采用 100kN 盘式绝缘子，设计绝缘子高度为 1314mm，爬电比距大于等于 28mm/kV。

21.1.5 联塔金具

直线塔导线横担均按前、中、后三个挂点设计，挂点间距采用 200＋200＝400（mm），以满足单、双联悬挂的需要，联塔金具采用 ZBS－07/10－80 挂板；地线悬垂串的联塔金具采用 UB 型挂板。

导地线耐张串均采用单挂点设计，导线联塔金具采用 U 型挂环，地线联塔金具采用 U 型挂环。跳线串联塔金具采用 UB 挂板。

21.2　110－DD21GS 子模块杆塔一览图

110－DD21GS 子模块杆塔一览图如图 21－1 所示。

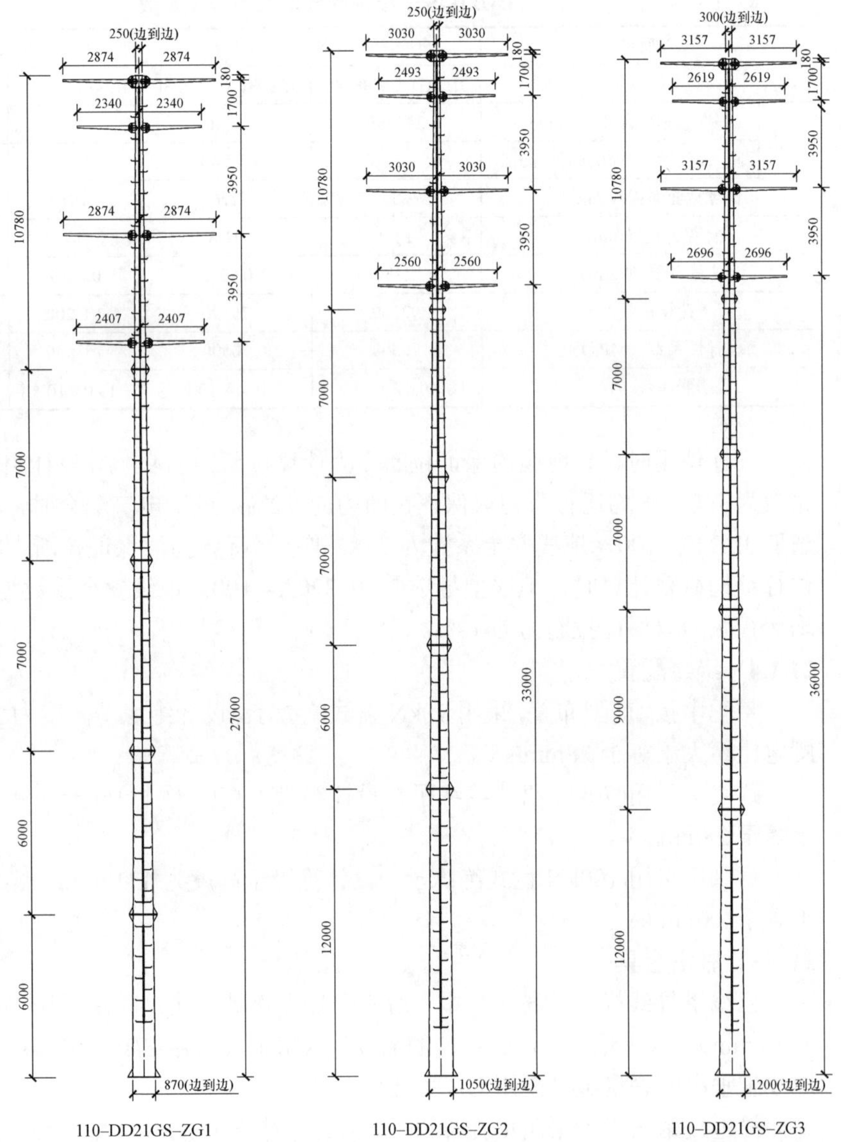

序号	塔型名称	呼高（m）	水平档距（m）	垂直档距（m）	塔重（kg）	允许转角（°）	串型
1	110－DD21GS－ZG1	27.0	150	200	9104.7	0	“I”串
2	110－DD21GS－ZG2	33.0	200	250	11707.5	0	“I”串
3	110－DD21GS－ZG3	36.0	250	350	14976.3	0	“I”串
4	110－DD21GS－ZGK	45.0	200	250	19701.8	0	“I”串
5	110－DD21GS－JG1	30.0	200	250	13846.5	0～10	
6	110－DD21GS－JG2	30.0	200	250	15260.7	10～20	
7	110－DD21GS－JG3	30.0	200	250	18738.9	20～40	
8	110－DD21GS－JG4	30.0	200	250	22715.1	40～60	
9	110－DD21GS－JG5	30.0	200	250	27576.7	60～90 兼终端0～60	

注：所有杆型计算呼高同为最高呼高。

图 21－1　110－DD21GS 子模块杆塔一览图（一）

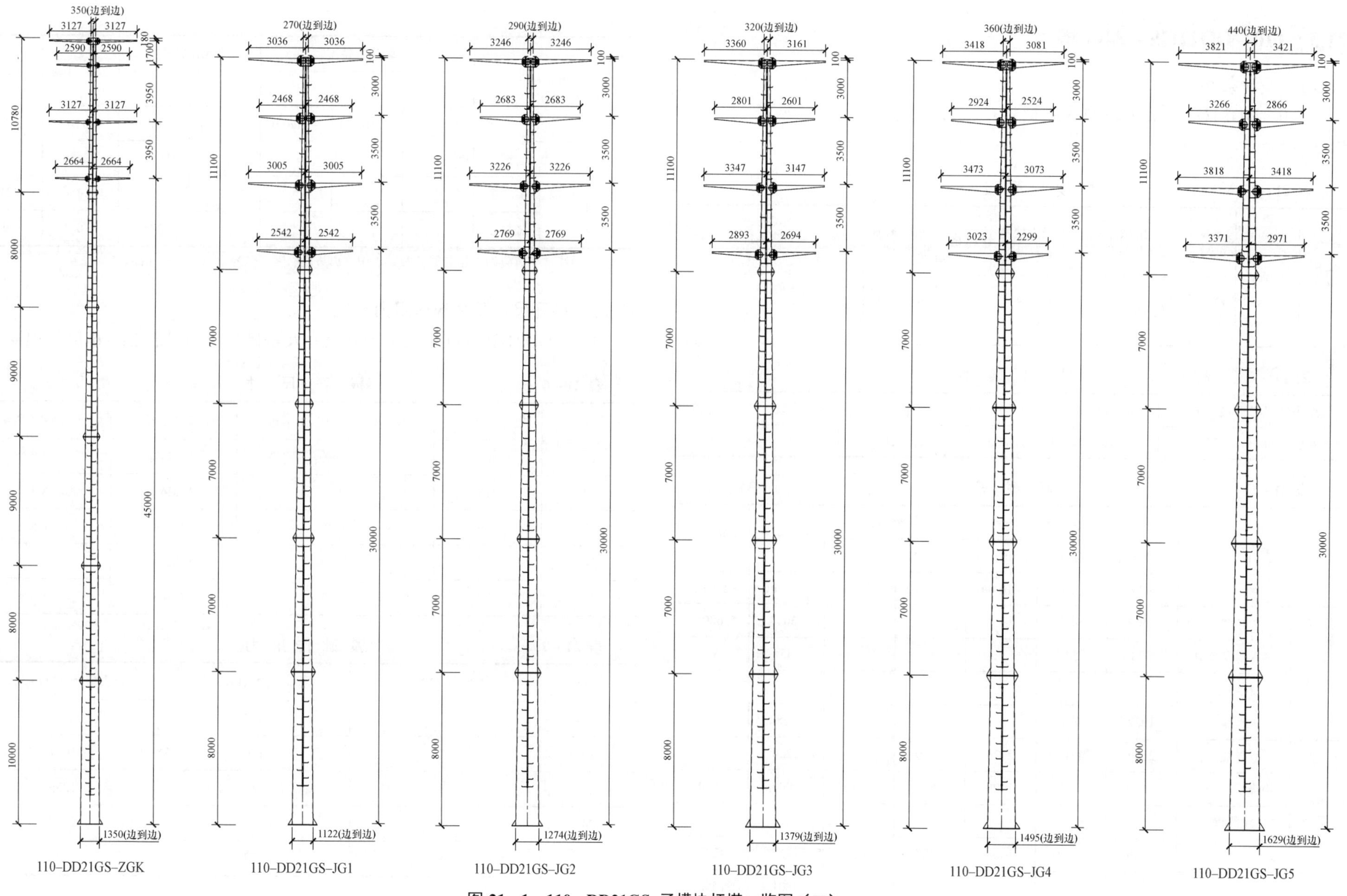

350(边到边)
3127
3127
2590
2590
3127
3127
2664
2664
10780
8000
9000
9000
8000
10000
45000
1350(边到边)
110-DD21GS-ZGK
270(边到边)
3036
3036
2468
2468
3005
3005
2542
2542
11100
7000
7000
7000
8000
30000
1122(边到边)
110-DD21GS-JG1
290(边到边)
3246
3246
2683
2683
3226
3226
2769
2769
1274(边到边)
110-DD21GS-JG2
320(边到边)
3360
3161
2801
2601
3347
3147
2893
2694
1379(边到边)
110-DD21GS-JG3
360(边到边)
3418
3081
2924
2524
3473
3073
3023
2299
1495(边到边)
110-DD21GS-JG4
440(边到边)
3821
3421
3266
2866
3818
3418
3371
2971
1629(边到边)
110-DD21GS-JG5

图 21-1　110-DD21GS 子模块杆塔一览图（二）

21.3 110－DD21GS－ZG1 塔

21.3.1 设计条件

110－DD21GS－ZG1 塔的导线型号及张力、使用条件、荷载见表 21－3～表 21－5。

表 21－3　　导 线 型 号 及 张 力

电压等级	110kV	导线型号	1×JL3/G1A－300/40	最大使用张力（kN）	14.62	断线张力取值（%）	50	不均匀覆冰不平衡张力取值（%）	10
		地线型号	JLB20A－100	最大使用张力（kN）	16.06	断线张力取值（%）	100	不均匀覆冰不平衡张力取值（%）	20

表 21－4　　使 用 条 件

使用条件	呼高（m）	水平档距（m）	垂直档距（m）	代表档距（m）	转角度数（°）	K_v 值
数值	27	150	200	150	0	0.85

表 21－5　　荷 载 表　　单位：N

气象条件（$t/v/b$）			正常运行情况			事故情况		安装情况	不均匀冰
			基本风速	覆冰	最低气温	未断线	断线		
			15/29/0	－5/10/10	－10/0/0	－5/0/10	－5/0/10	－5/10/0	－5/10/10
水平荷载	导线		2609	680				309	680
	绝缘子及金具		378	54				45	54
	跳线串								
	地线		1922	979				228	693
垂直荷载	导线		2442	4510	2220	4510	4510	2220	3993
	绝缘子及金具		1000	1530	1000	1530	1530	1000	1530
	跳线串								
	地线		1825	5027	1460	5027	5027	1460	4227
张力	导线	一侧					7312	9801	1462
		另一侧					0	9801	1462
		张力差					7312	0	0
张力	地线	一侧					16055	12456	3211
		另一侧					0	12456	3211
		张力差					16055	0	0

注：导线水平荷载为下相导线荷载，表中（$t/v/b$）单位分别为：°、m/s、mm。

21.3.2 根开尺寸及基础作用力

110－DD21GS－ZG1 塔的根开尺寸及基础作用力见表 21－6 和表 21－7。

表 21－6　　根 开 尺 寸

呼高（m）	根径（mm）	地脚螺栓所在圆直径（mm）	地脚螺栓规格	地脚螺栓等级
15	668	860	14M42	8.8
18	718	910	16M42	8.8
21	769	990	14M48	8.8
24	819	1030	14M48	8.8
27	870	1080	14M48	8.8

表 21－7　　基 础 作 用 力

呼高（m）	水平力（kN）	垂直力（kN）	最大弯矩（kN·m）
15	48	103	880
18	51	110	1051
21	53	117	1236
24	55	125	1432
27	58	133	1640

21.3.3 单线图及司令图

110－DD21GS－ZG1 杆单线图如图 21－2 所示，司令图如图 21－3 所示。

塔呼高（m）	15.0	18.0	21.0	24.0	27.0
塔重（kg）	5646.9	6151.0	7221.6	7904.6	9104.7

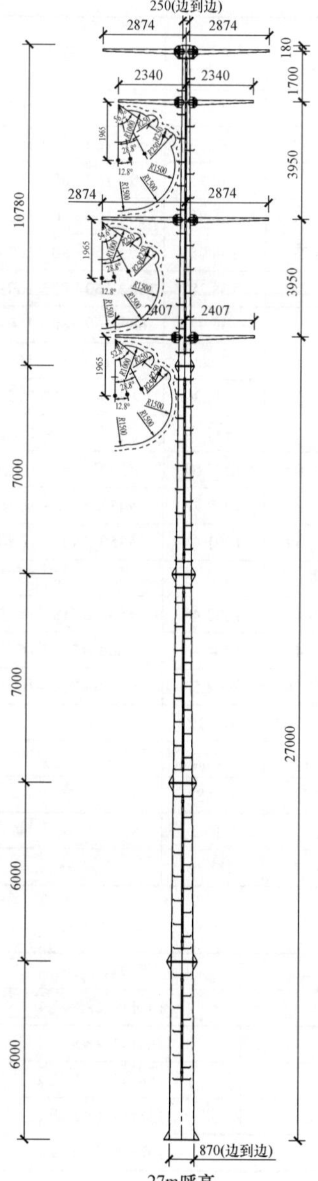

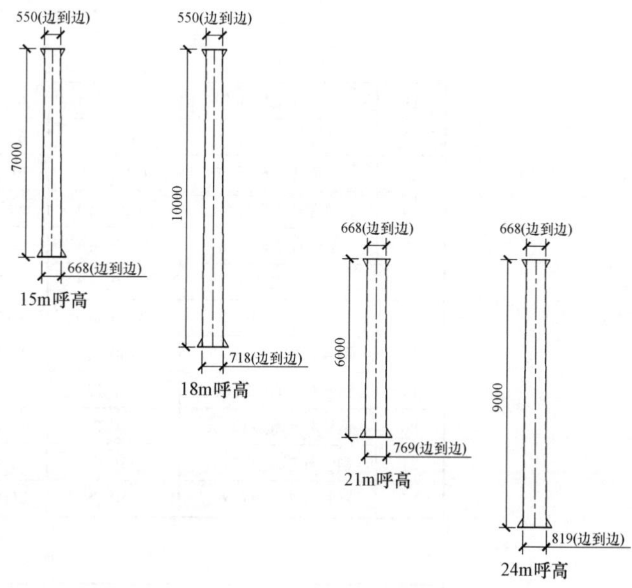

图 21－2　110－DD21GS－ZG1 杆单线图

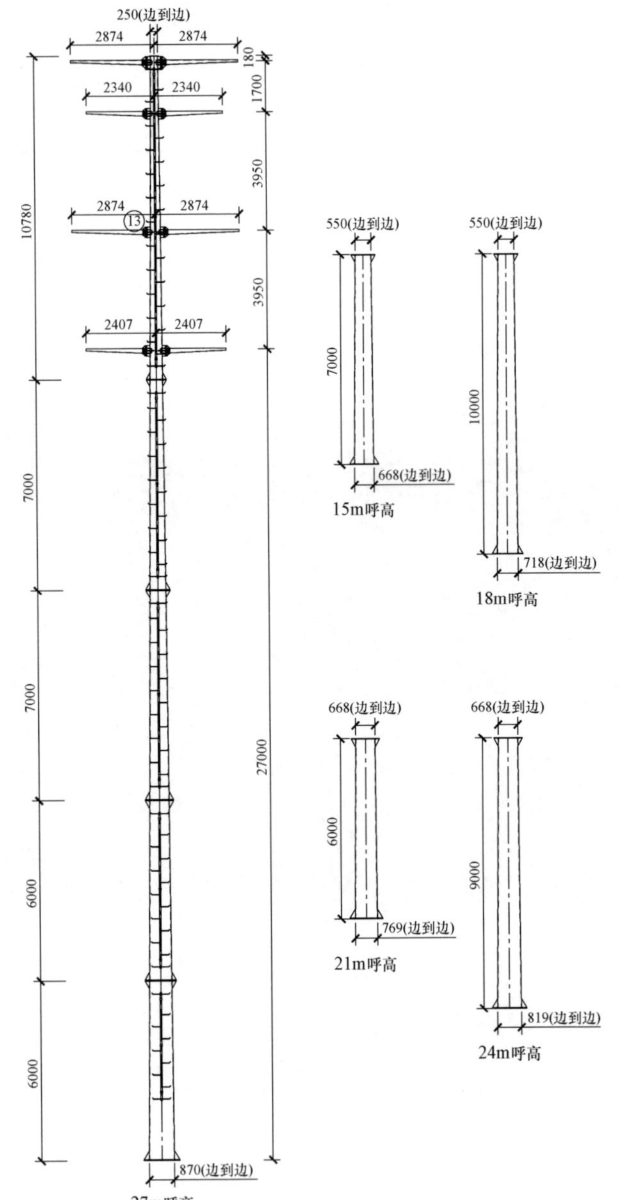

构 件 明 细 表

编号	名称	规格	长度（mm）	数量	重量（kg）		备注
					一件	小计	
1	钢管杆直线横担	Q355－10×560	2732.48	1	189.7	189.7	160＋160＋80＋160＝560
2	钢管杆直线横担	Q355－10×560	2732.48	1	187.59	187.59	160＋160＋80＋160＝560
3	钢管杆直线横担	Q355－6×560	2264.13	1	140.77	140.77	160＋160＋80＋160＝560
4	钢管杆直线横担	Q355－6×560	2264.13	1	136.91	136.91	160＋160＋80＋160＝560
5	钢管杆直线横担	Q355－6×560	2764.79	1	158.28	158.28	160＋160＋80＋160＝560
6	钢管杆直线横担	Q355－6×560	2764.79	1	158.28	158.28	160＋160＋80＋160＝560
7	钢管杆直线横担	Q355－6×560	2264.44	1	136.92	136.92	160＋160＋80＋160＝560
8	钢管杆直线横担	Q355－6×560	2264.44	1	137.69	137.69	160＋160＋80＋160＝560
9	钢管杆主杆杆节	Q420－10	5977	1	1593.36	1593.36	ϕ769/ϕ870－16 边形
10	钢管杆主杆杆节	Q420－10	5978	1	1339.49	1339.49	ϕ668/ϕ769－16 边形
11	钢管杆主杆杆节	Q420－10	6979	1	1275.09	1275.09	ϕ550/ϕ668－16 边形
12	钢管杆主杆杆节	Q420－10	6981	1	1012.27	1012.27	ϕ432/ϕ550－16 边形
13	钢管杆主杆杆节	Q420－8	10766	1	1001.49	1001.49	ϕ250/ϕ432－16 边形
14	钢管杆主杆杆节	Q420－10	6979	1	1310.45	1310.45	ϕ550/ϕ668－16 边形
15	钢管杆主杆杆节	Q420－10	9980	1	1833.48	1833.48	ϕ550/ϕ718－16 边形
16	钢管杆主杆杆节	Q420－10	5976	1	1404.43	1404.43	ϕ668/ϕ769－16 边形
17	钢管杆主杆杆节	Q420－10	8977	1	2003.58	2003.58	ϕ668/ϕ819－16 边形
18	钢管杆单爬梯(15m)	ϕ50 T5	22380	3	51.37	154.12	
19	钢管杆单爬梯(18m)	ϕ50 T5	25380	3	57.73	173.2	
20	钢管杆单爬梯(21m)	ϕ50 T5	27580	4	47.72	190.88	
21	钢管杆单爬梯(24m)	ϕ50 T5	30580	4	52.57	210.3	
22	钢管杆单爬梯(27m)	ϕ50 T5	31180	5	43.47	217.36	

地 脚 螺 栓 配 置 表

呼高（m）	根径（mm）	地脚螺栓所在圆直径（mm）	地脚螺栓规格
15.0	668.0	860.0	14M42（8.8 级）
18.0	718.0	910.0	16M42（8.8 级）
21.0	769.0	990.0	14M48（8.8 级）
24.0	819.0	1030.0	14M48（8.8 级）
27.0	870.0	1080.0	14M48（8.8 级）

图 21－3　110－DD21GS－ZG1 杆司令图

21.4　110－DD21GS－ZG2 塔

21.4.1　设计条件

110－DD21GS－ZG2 塔导线型号及张力、使用条件、荷载见表 21－8～表 21－10。

表 21－8　　导 线 型 号 及 张 力

电压等级	110kV	导线型号	1×JL3/G1A－300/40	最大使用张力（kN）	14.62	断线张力取值（%）	50	不均匀覆冰不平衡张力取值（%）	10
		地线型号	JLB20A－100	最大使用张力（kN）	16.06	断线张力取值（%）	100	不均匀覆冰不平衡张力取值（%）	20

表 21－9　　使 用 条 件

使用条件	呼高（m）	水平档距（m）	垂直档距（m）	代表档距（m）	转角度数（°）	K_v 值
数值	33	200	250	150	0	0.80

表 21－10　　荷 载 表　　单位：N

气象条件（$t/v/b$）			正常运行情况			事故情况		安装情况	不均匀冰
			基本风速	覆冰	最低气温	未断线	断线		
			15/29/0	－5/10/10	－10/0/0	－5/0/10	－5/0/10	－5/10/0	－5/10/10
水平荷载	导线		3612	938				427	938
	绝缘子及金具		402	57				48	57
	跳线串								
	地线		2626	1335				312	946
垂直荷载	导线		3053	5638	2775	5638	5638	2775	4991
	绝缘子及金具		1000	1530	1000	1530	1530	1000	1530
	跳线串								
	地线		2281	6284	1825	6284	6284	1825	5284
张力	导线	一侧					7312	9801	1462
		另一侧					0	9801	1462
		张力差					7312	0	0
张力	地线	一侧					16055	12456	3211
		另一侧					0	12456	3211
		张力差					16055	0	0

注：导线水平荷载为下相导线荷载，表中（$t/v/b$）单位分别为：°、m/s、mm。

21.4.2　根开尺寸及基础作用力

110－DD21GS－ZG2 塔的根开尺寸及基础作用力见表 21－11 和表 21－12。

表 21－11　　根 开 尺 寸

呼高（m）	根径（mm）	地脚螺栓所在圆直径（mm）	地脚螺栓规格	地脚螺栓等级
15	713	920	12M48	8.8
18	769	980	14M48	8.8
21	826	1040	14M48	8.8
24	882	1090	16M48	8.8
27	938	1150	18M48	8.8
30	994	1210	18M48	8.8
33	1050	1260	20M48	8.8

表 21－12　　基 础 作 用 力

呼高（m）	水平力（kN）	垂直力（kN）	最大弯矩（kN·m）
15	60	120	1110
18	63	127	1319
21	65	135	1543
24	68	143	1779
27	71	152	2029
30	74	161	2294
33	77	171	2570

21.4.3　单线图及司令图

110－DD21GS－ZG2 杆单线图如图 21－4 所示，司令图如图 21－5 所示。

塔呼高（m）	15.0	18.0	21.0	24.0	27.0	30.0	33.0
塔重（kg）	6082.3	6740.6	7908.9	8648.4	9466.2	10810.4	11707.5

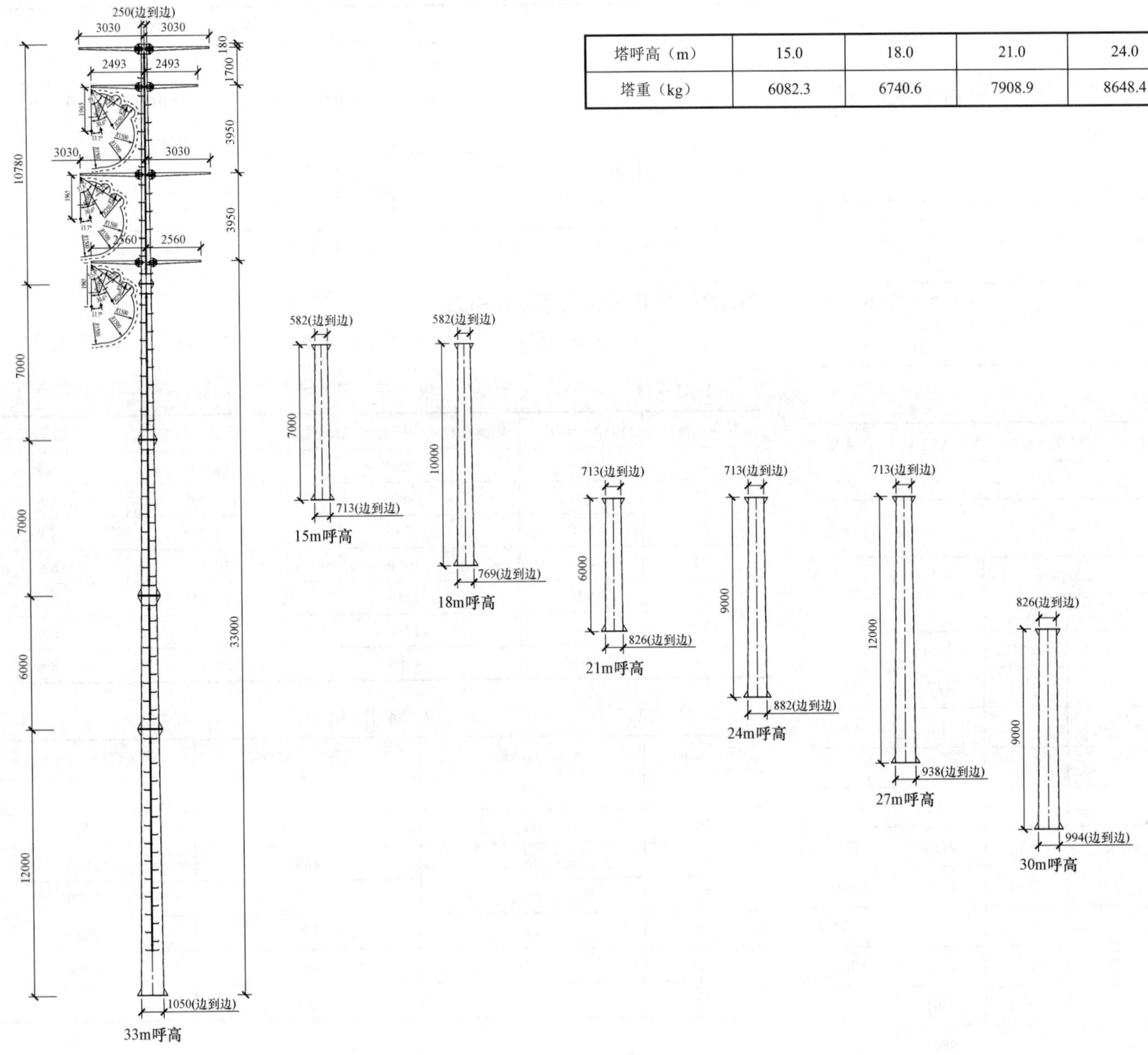

图 21-4　110-DD21GS-ZG2 杆单线图

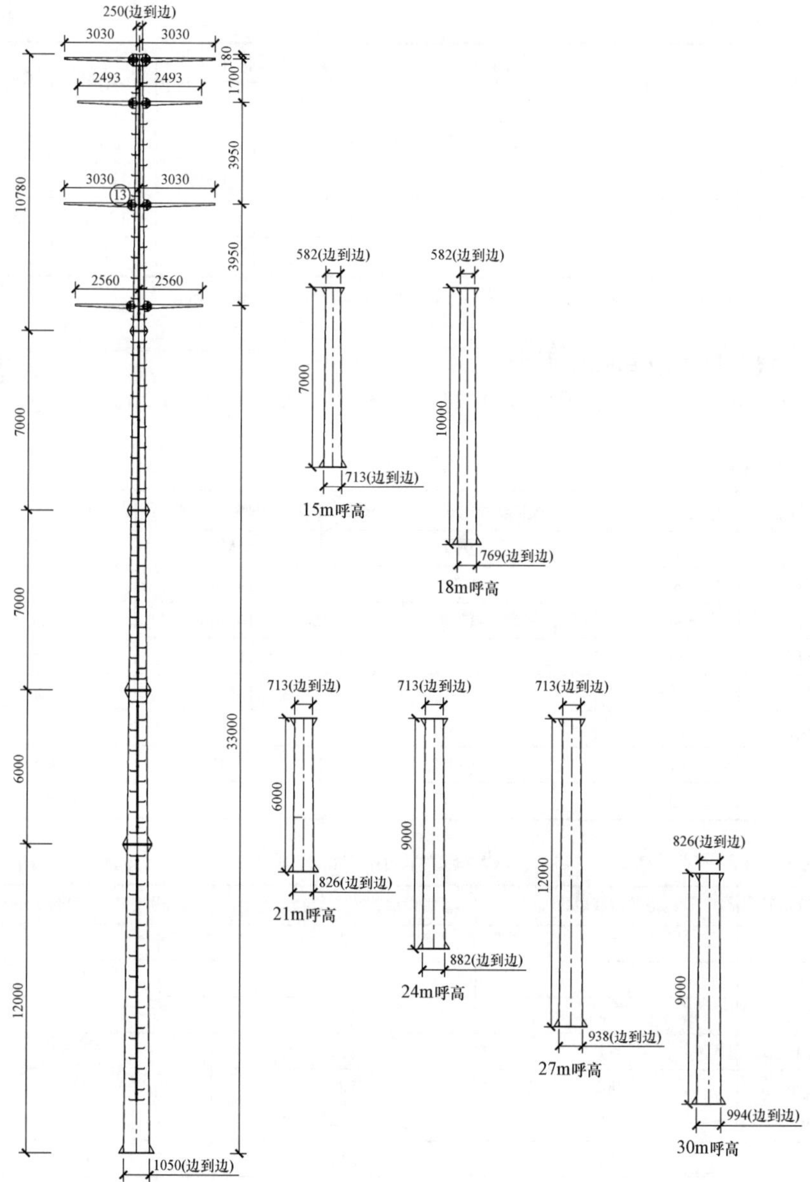

构件明细表

编号	名称	规格	长度（mm）	数量	重量（kg）		备注
					一件	小计	
1	钢管杆直线横担	Q355－12×560	2968.31	1	257.55	257.55	160＋160＋80＋160＝560
2	钢管杆直线横担	Q355－12×560	2968.31	1	261.53	261.53	160＋160＋80＋160＝560
3	钢管杆直线横担	Q355－8×560	2415.39	1	167.19	167.19	160＋160＋80＋160＝560
4	钢管杆直线横担	Q355－8×560	2415.39	1	167.19	167.19	160＋160＋80＋160＝560
5	钢管杆直线横担	Q355－8×560	2915.38	1	193.47	193.47	160＋160＋80＋160＝560
6	钢管杆直线横担	Q355－8×560	2915.38	1	193.47	193.47	160＋160＋80＋160＝560
7	钢管杆直线横担	Q355－8×560	2408.37	1	166.94	166.94	160＋160＋80＋160＝560
8	钢管杆直线横担	Q355－8×560	2408.37	1	166.94	166.94	160＋160＋80＋160＝560
9	钢管杆主杆杆节	Q420－10	11975	1	3259.87	3259.87	ϕ826/ϕ1050－16 边形
10	钢管杆主杆杆节	Q420－10	5974	1	1504.18	1504.18	ϕ713/ϕ826－16 边形
11	钢管杆主杆杆节	Q420－10	6977	1	1395.49	1395.49	ϕ582/ϕ713－16 边形
12	钢管杆主杆杆节	Q420－10	6982	1	1067.53	1067.53	ϕ452/ϕ582－16 边形
13	钢管杆主杆杆节	Q420－8	10767	1	1064.06	1064.06	ϕ250/ϕ452－16 边形
14	钢管杆主杆杆节	Q420－10	6977	1	1430.99	1430.99	ϕ582/ϕ713－16 边形
15	钢管杆主杆杆节	Q420－10	9978	1	1993.68	1993.68	ϕ582/ϕ769－16 边形
16	钢管杆主杆杆节	Q420－10	5975	1	1538.52	1538.52	ϕ713/ϕ826－16 边形
17	钢管杆主杆杆节	Q420－10	8974	1	2198.02	2198.02	ϕ713/ϕ882－16 边形
18	钢管杆主杆杆节	Q420－10	11975	1	2878.13	2878.13	ϕ713/ϕ938－16 边形
19	钢管杆主杆杆节	Q420－10	8975	1	2489.43	2489.43	ϕ826/ϕ994－16 边形
20	钢管杆单爬梯（15m）	ϕ50 T5	22380	3	52.71	158.14	
21	钢管杆单爬梯（18m）	ϕ50 T5	25380	3	59.07	177.22	
22	钢管杆单爬梯（21m）	ϕ50 T5	27580	4	49.06	196.24	
23	钢管杆单爬梯（24m）	ϕ50 T5	30580	4	53.91	215.66	
24	钢管杆单爬梯（27m）	ϕ50 T5	33580	4	58.68	234.73	
25	钢管杆单爬梯（30m）	ϕ50 T5	35780	5	50.75	253.75	
26	钢管杆单爬梯（33m）	ϕ50 T5	37180	5	52.51	262.56	

地脚螺栓配置表

呼高（m）	根径（mm）	地脚螺栓所在圆直径（mm）	地脚螺栓规格
15.0	713.0	920.0	12M48（8.8 级）
18.0	769.0	980.0	14M48（8.8 级）
21.0	826.0	1040.0	14M48（8.8 级）
24.0	882.0	1090.0	16M48（8.8 级）
27.0	938.0	1150.0	18M48（8.8 级）
30.0	994.0	1210.0	18M48（8.8 级）
33.0	1050.0	1260.0	20M48（8.8 级）

图 21－5　110－DD21GS－ZG2 杆司令图

21.5 110－DD21GS－ZG3 塔

21.5.1 设计条件

110－DD21GS－ZG3 塔导线型号及张力、使用条件、荷载见表 21－13～表 21－15。

表 21－13　　导线型号及张力

电压等级	110kV	导线型号	1×JL3/G1A－300/40	最大使用张力（kN）	14.62	断线张力取值（%）	50	不均匀覆冰不平衡张力取值（%）	10
		地线型号	JLB20A－100	最大使用张力（kN）	16.06	断线张力取值（%）	100	不均匀覆冰不平衡张力取值（%）	20

表 21－14　　使用条件

使用条件	呼高（m）	水平档距（m）	垂直档距（m）	代表档距（m）	转角度数（°）	K_v 值
数值	36	250	350	150	0	0.70

表 21－15　　荷载表　　单位：N

气象条件（t/v/b）			正常运行情况			事故情况		安装情况	不均匀冰
			基本风速	覆冰	最低气温	未断线	断线		
			15/29/0	－5/10/10	－10/0/0	－5/0/10	－5/0/10	－5/10/0	－5/10/10
水平荷载	导线		4536	1174				534	1174
	绝缘子及金具		413	59				49	59
	跳线串								
	地线		3295	1670				391	1183
垂直荷载	导线		4274	7893	3885	7893	7893	3885	6988
	绝缘子及金具		1000	1530	1000	1530	1530	1000	1530
	跳线串								
	地线		3194	8798	2555	8798	8798	2555	7397
张力	导线	一侧					7312	9801	1462
		另一侧					0	9801	1462
		张力差					7312	0	0
	地线	一侧					16055	12456	3211
		另一侧					0	12456	3211
		张力差					16055	0	0

注：导线水平荷载为下相导线荷载，表中（t/v/b）单位分别为：°、m/s、mm。

21.5.2 根开尺寸及基础作用力

110－DD21GS－ZG3 塔的根开尺寸及基础作用力见表 21－16 和表 21－17。

表 21－16　　根开尺寸

呼高（m）	根径（mm）	地脚螺栓所在圆直径（mm）	地脚螺栓规格	地脚螺栓等级
15	787	990	14M48	8.8
18	846	1050	14M48	8.8
21	905	1110	16M48	8.8
24	964	1170	18M48	8.8
27	1023	1270	14M56	8.8
30	1082	1330	16M56	8.8
33	1141	1390	16M56	8.8
36	1200	1440	18M56	8.8

表 21－17　　基础作用力

呼高（m）	水平力（kN）	垂直力（kN）	最大弯矩（kN·m）
15	72	151	1335
18	75	159	1583
21	78	168	1847
24	81	177	2126
27	84	187	2419
30	87	204	2719
33	91	217	3040
36	94	231	3376

21.5.3 单线图及司令图

110－DD21GS－ZG3 杆单线图如图 21－6 所示，司令图如图 21－7 所示。

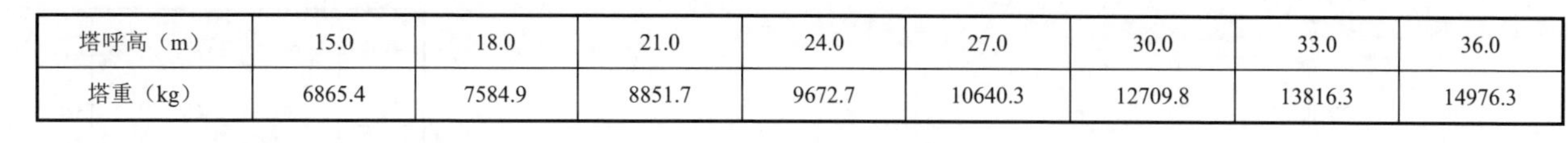

塔呼高（m）	15.0	18.0	21.0	24.0	27.0	30.0	33.0	36.0
塔重（kg）	6865.4	7584.9	8851.7	9672.7	10640.3	12709.8	13816.3	14976.3

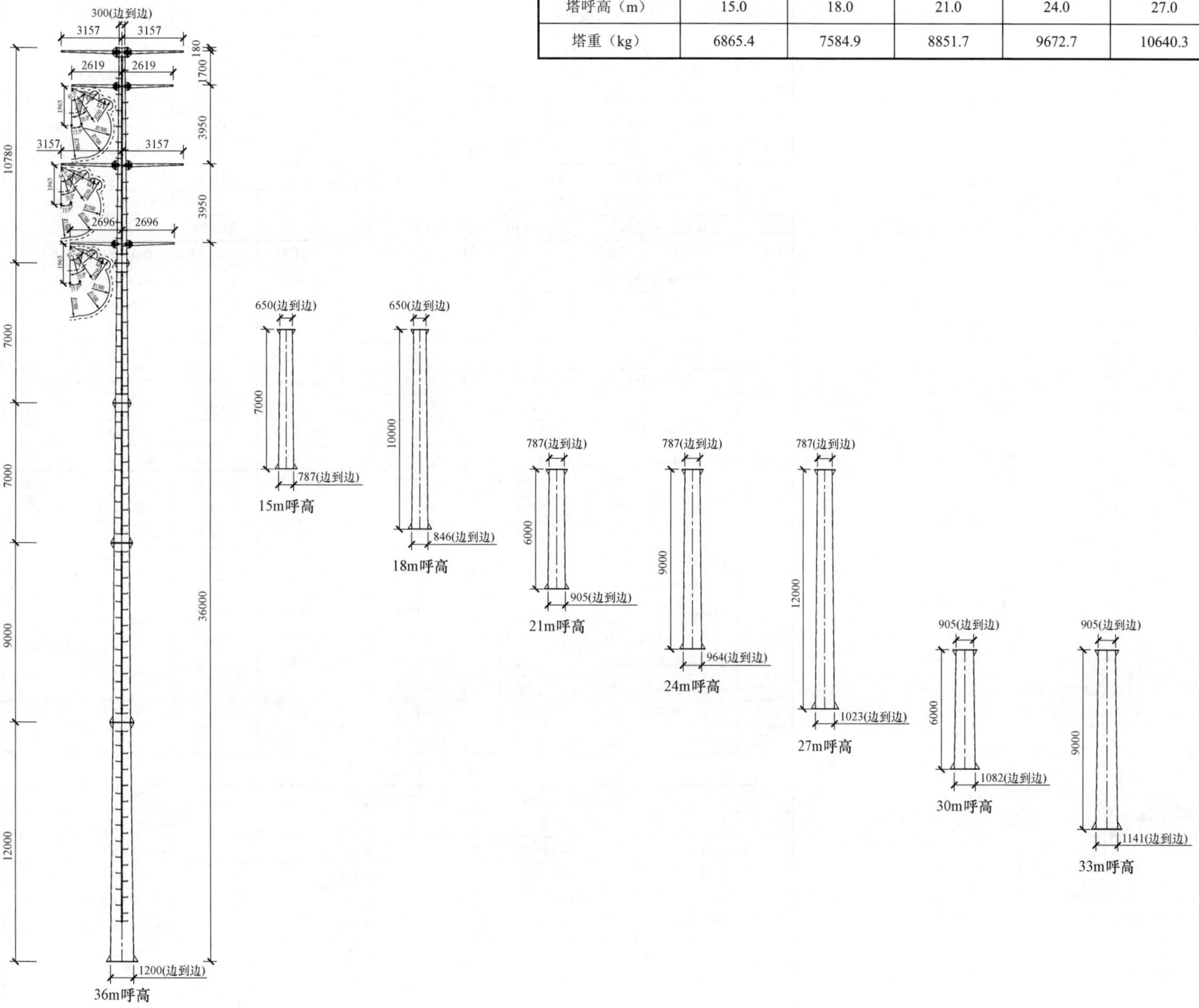

图 21－6　110－DD21GS－ZG3 杆单线图

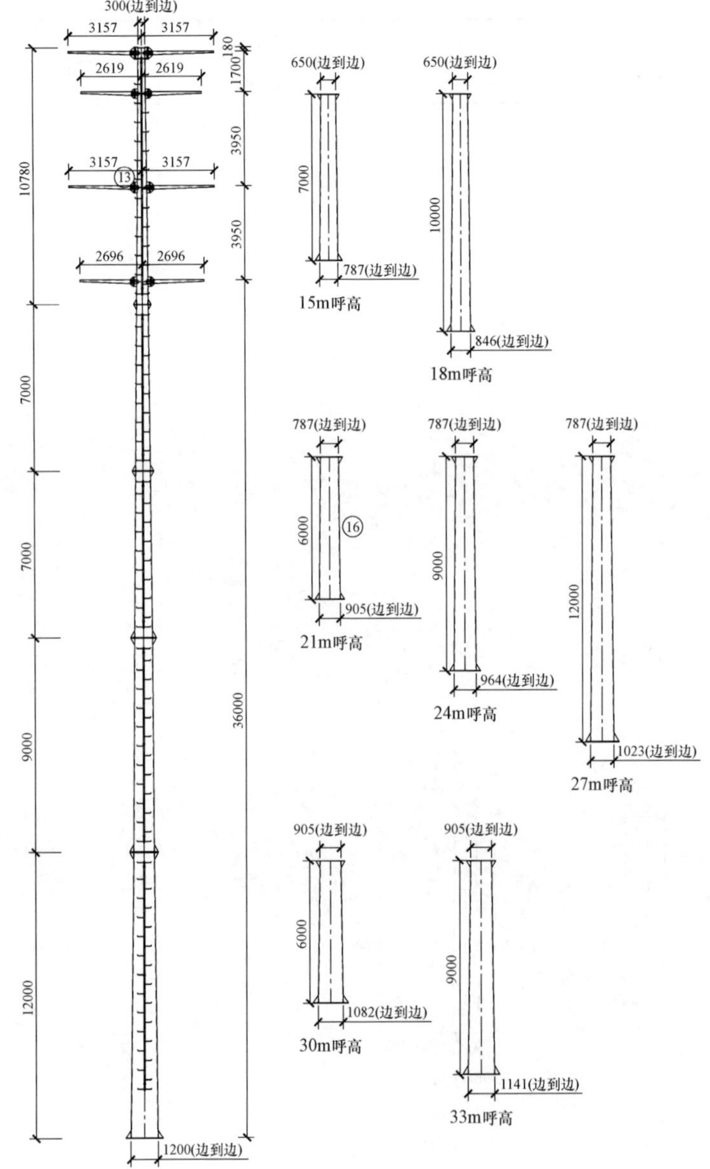

构件明细表

编号	名称	规格	长度（mm）	数量	重量（kg）		备注
					一件	小计	
1	钢管杆直线横担	Q355－14×560	3070.23	1	304.09	304.09	160＋160＋80＋160＝560
2	钢管杆直线横担	Q355－14×560	3070.23	1	304.09	304.09	160＋160＋80＋160＝560
3	钢管杆直线横担	Q355－10×560	2515.51	1	185.12	185.12	160＋160＋80＋160＝560
4	钢管杆直线横担	Q355－10×560	2515.51	1	185.12	185.12	160＋160＋80＋160＝560
5	钢管杆直线横担	Q355－10×560	3014.67	1	225.91	225.91	160＋160＋80＋160＝560
6	钢管杆直线横担	Q355－10×560	3014.67	1	221.54	221.54	160＋160＋80＋160＝560
7	钢管杆直线横担	Q355－10×560	2514.83	1	185.09	185.09	160＋160＋80＋160＝560
8	钢管杆直线横担	Q355－10×560	2514.83	1	185.09	185.09	160＋160＋80＋160＝560
9	钢管杆主杆杆节	Q420－12	11974	1	4361.34	4361.34	ϕ905/ϕ1200－16 边形
10	钢管杆主杆杆节	Q420－12	8977	1	2658.71	2658.71	ϕ787/ϕ905－16 边形
11	钢管杆主杆杆节	Q420－10	6980	1	1529.91	1529.91	ϕ650/ϕ787－16 边形
12	钢管杆主杆杆节	Q420－10	6983	1	1191.91	1191.91	ϕ512/ϕ650－16 边形
13	钢管杆主杆杆节	Q420－8	10767	1	1258.58	1258.58	ϕ300/ϕ512－16 边形
14	钢管杆主杆杆节	Q420－10	6979	1	1567.94	1567.94	ϕ650/ϕ787－16 边形
15	钢管杆主杆杆节	Q420－10	9978	1	2207.51	2207.51	ϕ650/ϕ846－16 边形
16	钢管杆主杆杆节	Q420－10	5976	1	1674.28	1674.28	ϕ787/ϕ905－16 边形
17	钢管杆主杆杆节	Q420－10	8978	1	2365.99	2365.99	ϕ787/ϕ964－16 边形
18	钢管杆主杆杆节	Q420－10	11974	1	3204.29	3204.29	ϕ787/ϕ1023－16 边形
19	钢管杆主杆杆节	Q420－12	5974	1	2342.56	2342.56	ϕ905/ϕ1082－16 边形
20	钢管杆主杆杆节	Q420－12	8973	1	3331.77	3331.77	ϕ905/ϕ1141－16 边形
21	钢管杆单爬梯（15m）	ϕ50 T5	22380	3	52.71	158.14	
22	钢管杆单爬梯（18m）	ϕ50 T5	25380	3	59.07	177.22	
23	钢管杆单爬梯（21m）	ϕ50 T5	27580	4	49.06	196.24	
24	钢管杆单爬梯（24m）	ϕ50 T5	30580	4	53.91	215.66	
25	钢管杆单爬梯（27m）	ϕ50 T5	33580	4	58.68	234.73	
26	钢管杆单爬梯（30m）	ϕ50 T5	35780	5	50.75	253.75	
27	钢管杆单爬梯（33m）	ϕ50 T5	38780	5	54.63	273.17	
28	钢管杆单爬梯（36m）	ϕ50 T5	40180	5	56.4	281.98	

地脚螺栓配置表

呼高（m）	根径（mm）	地脚螺栓所在圆直径（mm）	地脚螺栓规格
15.0	787.0	990.0	14M48（8.8 级）
18.0	846.0	1050.0	14M48（8.8 级）
21.0	905.0	1110.0	16M48（8.8 级）
24.0	964.0	1170.0	18M48（8.8 级）
27.0	1023.0	1270.0	14M56（8.8 级）
30.0	1082.0	1330.0	16M56（8.8 级）
33.0	1141.0	1390.0	16M56（8.8 级）
36.0	1200.0	1440.0	18M56（8.8 级）

图 21－7　110－DD21GS－ZG3 杆司令图

21.6 110－DD21GS－ZGK 塔

21.6.1 设计条件

110－DD21GS－ZGK 塔导线型号及张力、使用条件、荷载见表 21－18～表 21－20。

表 21－18 导线型号及张力

电压等级	110kV	导线型号	1×JL3/G1A－300/40	最大使用张力（kN）	14.62	断线张力取值（%）	50	不均匀覆冰不平衡张力取值（%）	10
		地线型号	JLB20A－100	最大使用张力（kN）	16.06	断线张力取值（%）	100	不均匀覆冰不平衡张力取值（%）	20

表 21－19 使用条件

使用条件	呼高（m）	水平档距（m）	垂直档距（m）	代表档距（m）	转角度数（°）	K_v 值
数值	45	200	250	150	0	0.70

表 21－20 荷载表 单位：N

气象条件（t/v/b）		正常运行情况			事故情况		安装情况	不均匀冰
		基本风速	覆冰	最低气温	未断线	断线		
		15/29/0	－5/10/10	－10/0/0	－5/0/10	－5/0/10	－5/10/0	－5/10/10
水平荷载	导线	3980	1037				471	1037
	绝缘子及金具	443	63				53	63
	跳线串							
	地线	2838	1445				337	1024
垂直荷载	导线	3053	5638	2775	5638	5638	2775	4991
	绝缘子及金具	1000	1530	1000	1530	1530	1000	1530
	跳线串							
	地线	2281	6284	1825	6284	6284	1825	5284

续表

气象条件（t/v/b）			正常运行情况			事故情况		安装情况	不均匀冰
			基本风速	覆冰	最低气温	未断线	断线		
			15/29/0	－5/10/10	－10/0/0	－5/0/10	－5/0/10	－5/10/0	－5/10/10
张力	导线	一侧					7312	9801	1462
		另一侧					0	9801	1462
		张力差					7312	0	0
	地线	一侧					16055	12456	3211
		另一侧					0	12456	3211
		张力差					16055	0	0

注：导线水平荷载为下相导线荷载，表中（t/v/b）单位分别为：°、m/s、mm。

21.6.2 根开尺寸及基础作用力

110－DD21GS－ZGK 塔的根开尺寸及基础作用力见表 21－21 和表 21－22。

表 21－21 根开尺寸

呼高（m）	根径（mm）	地脚螺栓所在圆直径（mm）	地脚螺栓规格	地脚螺栓等级
33	1131	1380	14M56	8.8
36	1186	1430	16M56	8.8
39	1240	1490	18M56	8.8
42	1295	1540	18M56	8.8
45	1350	1600	20M56	8.8

表 21－22 基础作用力

呼高（m）	水平力（kN）	垂直力（kN）	最大弯矩（kN·m）
33	90	186	2896
36	94	197	3236
39	98	209	3595
42	103	233	3950
45	107	248	4341

21.6.3 单线图及司令图

110－DD21GS－ZGK 杆单线图如图 21－8 所示，司令图如图 21－9 所示。

塔呼高（m）	33.0	36.0	39.0	42.0	45.0
塔重（kg）	13422.8	14316.6	15413.6	18393.1	19701.8

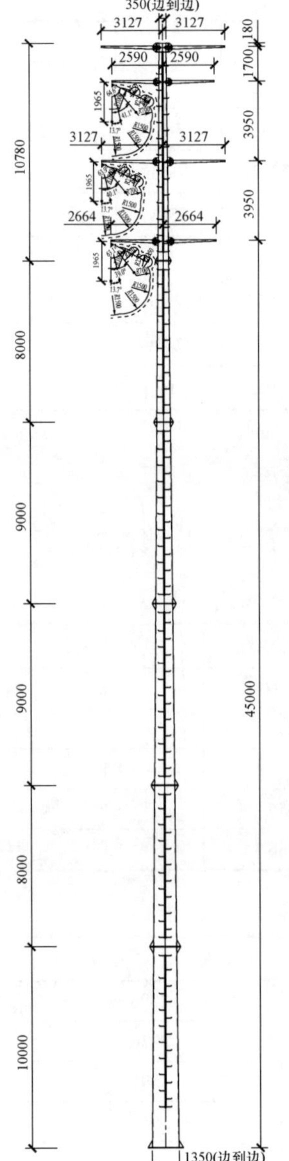

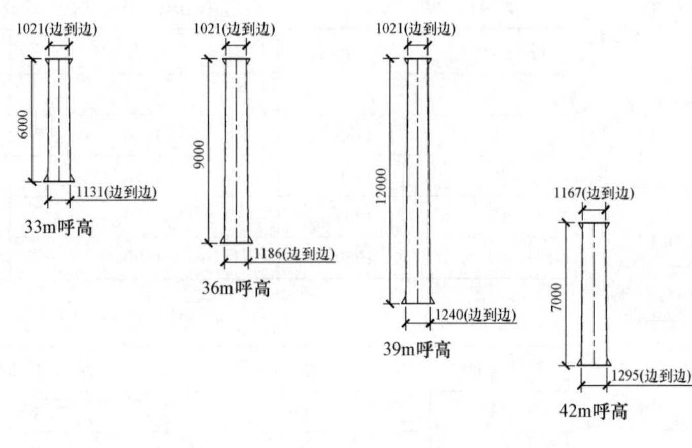

图 21-8　110-DD21GS-ZGK 杆单线图

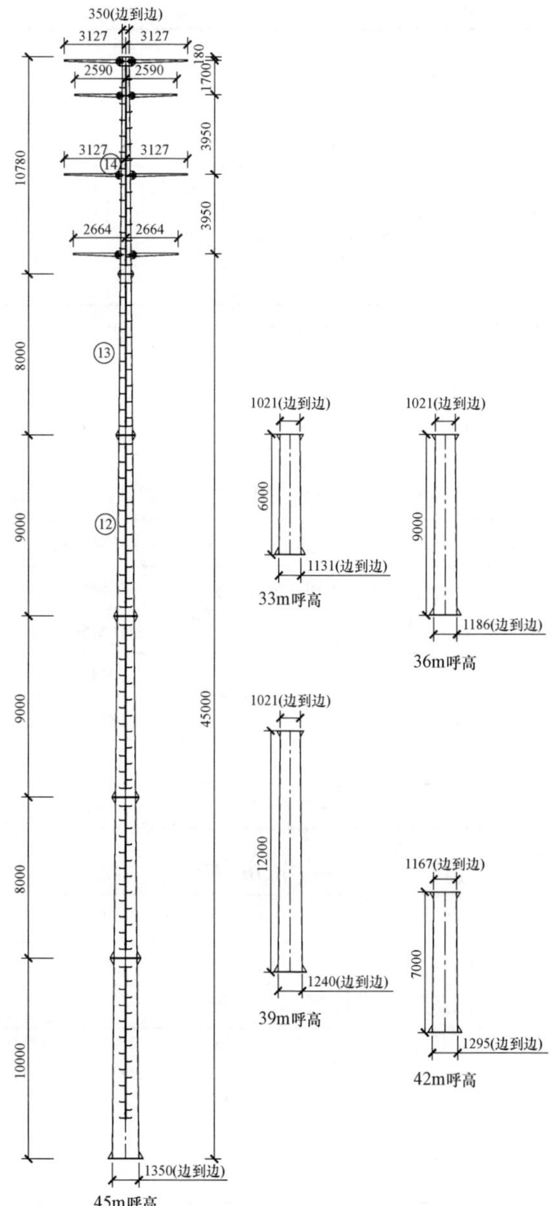

构件明细表

编号	名称	规格	长度（mm）	数量	重量（kg）		备注
					一件	小计	
1	钢管杆直线横担	Q355－12×560	3015.36	1	257.61	257.61	160＋160＋80＋160＝560
2	钢管杆直线横担	Q355－12×560	3015.36	1	257.61	257.61	160＋160＋80＋160＝560
3	钢管杆直线横担	Q355－10×560	2462.82	1	191.06	191.06	160＋160＋80＋160＝560
4	钢管杆直线横担	Q355－10×560	2462.82	1	191.06	191.06	160＋160＋80＋160＝560
5	钢管杆直线横担	Q355－10×560	2963.73	1	217.67	217.67	160＋160＋80＋160＝560
6	钢管杆直线横担	Q355－10×560	2963.73	1	215.21	215.21	160＋160＋80＋160＝560
7	钢管杆直线横担	Q355－10×560	2464.64	1	194.08	194.08	160＋160＋80＋160＝560
8	钢管杆直线横担	Q355－10×560	2464.64	1	194.08	194.08	160＋160＋80＋160＝560
9	钢管杆主杆杆节	Q420－12	9969	1	4534.55	4534.55	ϕ1167/ϕ1350－16边形
10	钢管杆主杆杆节	Q420－12	7974	1	3162.68	3162.68	ϕ1021/ϕ1167－16边形
11	钢管杆主杆杆节	Q420－10	8977	1	2522.99	2522.99	ϕ857/ϕ1021－16边形
12	钢管杆主杆杆节	Q420－10	8979	1	2041.65	2041.65	ϕ693/ϕ857－16边形
13	钢管杆主杆杆节	Q420－10	7981	1	1428.34	1428.34	ϕ547/ϕ693－16边形
14	钢管杆主杆杆节	Q420－8	10766	1	1319.13	1319.13	ϕ350/ϕ547－16边形
15	钢管杆主杆杆节	Q420－10	5971	1	2221.38	2221.38	ϕ1021/ϕ1131－16边形
16	钢管杆主杆杆节	Q420－10	8974	1	3066.75	3066.75	ϕ1021/ϕ1186－16边形
17	钢管杆主杆杆节	Q420－10	11974	1	3990.72	3990.72	ϕ1021/ϕ1240－16边形
18	钢管杆主杆杆节	Q420－12	6971	1	3295.28	3295.28	ϕ1167/ϕ1295－16边形
19	钢管杆单爬梯（33m）	ϕ50 T5	38780	5	54.57	272.83	
20	钢管杆单爬梯（36m）	ϕ50 T5	41780	5	58.45	292.25	
21	钢管杆单爬梯（39m）	ϕ50 T5	44780	5	62.26	311.32	
22	钢管杆单爬梯（42m）	ϕ50 T5	46980	6	55.06	330.34	
23	钢管杆单爬梯（45m）	ϕ50 T5	48380	6	56.52	339.15	

地脚螺栓配置表

呼高（m）	根径（mm）	地脚螺栓所在圆直径（mm）	地脚螺栓规格
33.0	1131.0	1380.0	14M56（8.8级）
36.0	1186.0	1430.0	16M56（8.8级）
39.0	1240.0	1490.0	18M56（8.8级）
42.0	1295.0	1540.0	18M56（8.8级）
45.0	1350.0	1600.0	20M56（8.8级）

图 21－9　110－DD21GS－ZGK 杆司令图

21.7 110－DD21GS－JG1 塔

21.7.1 设计条件

110－DD21GS－JG1 塔导线型号及张力、使用条件、荷载见表 21－23～表 21－25。

表 21－23　导线型号及张力

电压等级	110kV	导线型号	1×JL3/G1A－300/40	最大使用张力（kN）	14.62	断线张力取值（%）	100	不均匀覆冰不平衡张力取值（%）	30
		地线型号	JLB20A－100	最大使用张力（kN）	16.06	断线张力取值（%）	100	不均匀覆冰不平衡张力取值（%）	40

表 21－24　使用条件

使用条件	呼高（m）	水平档距（m）	垂直档距（m）	代表档距（m）	转角度数（°）	K_v 值
数值	30	200	250	100/200	0～10	—

表 21－25　荷载表　单位：N

气象条件（t/v/b）			正常运行情况			事故情况		安装情况	不均匀冰
			基本风速	覆冰	最低气温	未断线	断线		
			15/29/0	－5/10/10	－10/0/0	－5/0/10	－5/0/10	－5/10/0	－5/10/10
水平荷载	导线		3575	929				423	929
	绝缘子及金具		592	84				70	84
	跳线串		700	136				83	136
	地线		2582	1312				307	929
垂直荷载	导线		3053	5638	2775	5638	5638	2775	4991
	绝缘子及金具		3000	4059	3000	4059	4059	3000	4059
	跳线串		1667	2337	1667	2337	2337	1667	2337
	地线		2281	6284	1825	6284	6284	1825	5284
张力	导线	一侧	10646	14624	9818	14624	14624	10658	14624
		另一侧	11541	14624	8326	14624	0	9496	14624
		张力差	895	0	1492	0	14624	1162	0
张力	地线	一侧	12148	18298	14133	18298	16060	14658	18298
		另一侧	12251	20227	10326	20227	0	11064	20227
		张力差	103	1929	3807	1979	16060	3594	1929

注：导线水平荷载为下相导线荷载，表中（t/v/b）单位分别为：°、m/s、mm。

21.7.2 根开尺寸及基础作用力

110－DD21GS－JG1 塔的根开尺寸及基础作用力见表 21－26 和表 21－27。

表 21－26　根开尺寸

呼高（m）	根径（mm）	地脚螺栓所在圆直径（mm）	地脚螺栓规格	地脚螺栓等级
15	803	1030	16M56	8.8
18	867	1100	16M56	8.8
21	931	1170	16M56	8.8
24	995	1230	18M56	8.8
27	1058	1300	20M56	8.8
30	1122	1360	20M56	8.8

表 21－27　基础作用力

呼高（m）	水平力（kN）	垂直力（kN）	最大弯矩（kN·m）
15	93	168	1811
18	96	177	2090
21	99	188	2425
24	103	199	2777
27	106	211	3145
30	109	225	3528

21.7.3 单线图及司令图

110－DD21GS－JG1 杆单线图如图 21－10 所示，司令图如图 21－11 所示。

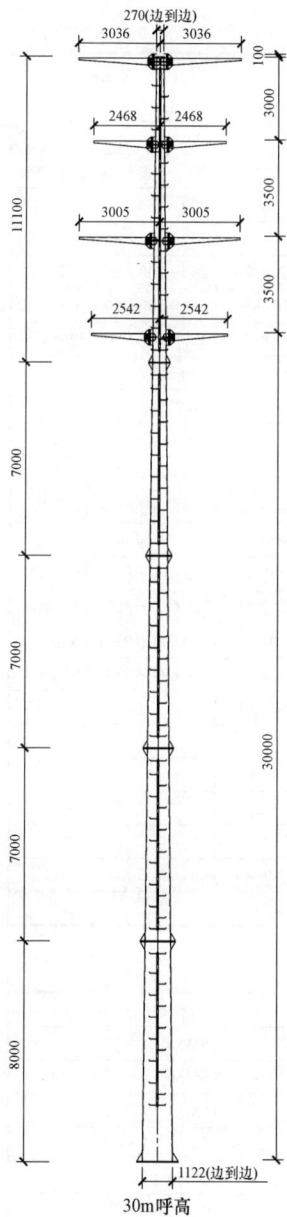

塔呼高（m）	15.0	18.0	21.0	24.0	27.0	30.0
塔重（kg）	7611.7	8481.9	9974.5	10967.6	12700.5	13846.5

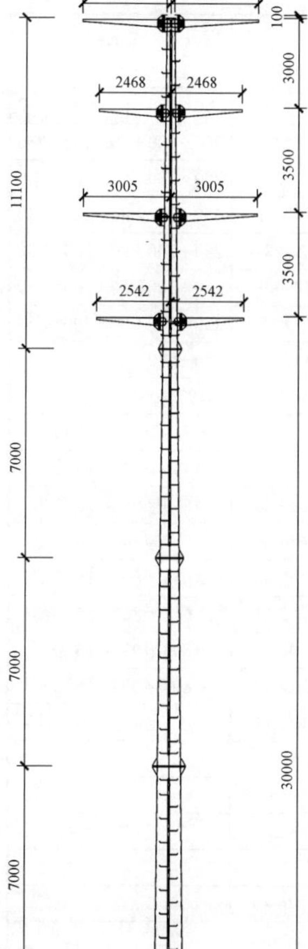

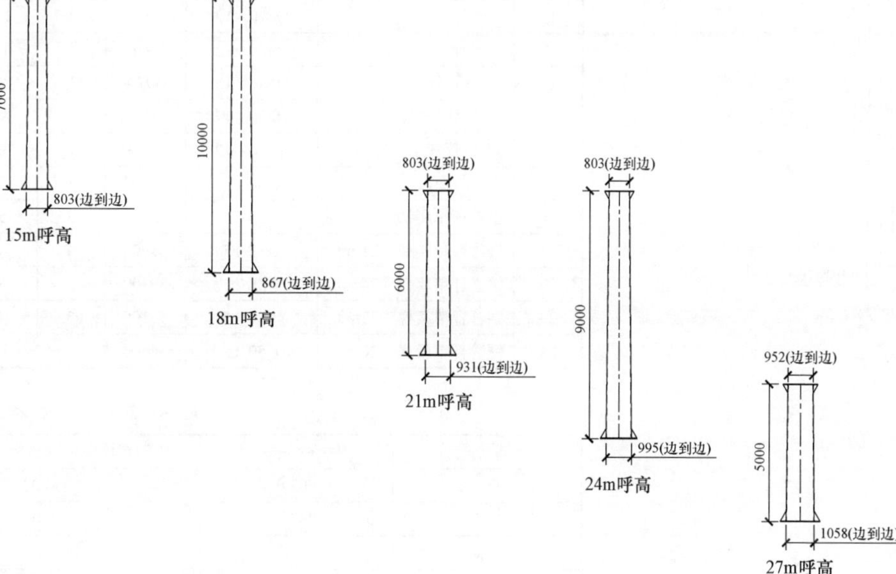

图 21－10　110－DD21GS－JG1 杆单线图

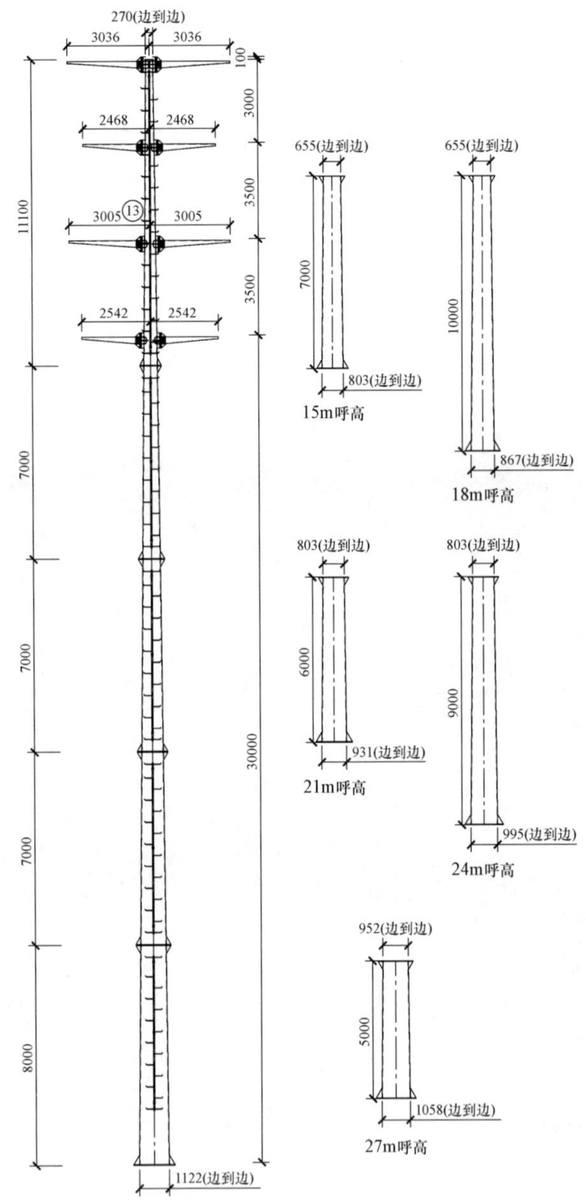

构件明细表

编号	名称	规格	长度（mm）	数量	重量（kg）		备注
					一件	小计	
1	钢管杆直线横担	Q355－6×730	2809.94	1	214.96	214.96	250＋200＋80＋200＝730
2	钢管杆直线横担	Q355－6×730	2809.94	1	214.96	214.96	250＋200＋80＋200＝730
3	钢管杆直线横担	Q355－6×730	2225.05	1	177.16	177.16	250＋200＋80＋200＝730
4	钢管杆直线横担	Q355－6×730	2225.05	1	177.16	177.16	250＋200＋80＋200＝730
5	钢管杆直线横担	Q355－6×730	2724.84	1	216.8	216.8	250＋200＋80＋200＝730
6	钢管杆直线横担	Q355－6×730	2724.84	1	209.99	209.99	250＋200＋80＋200＝730
7	钢管杆直线横担	Q355－6×730	2224.63	1	177.15	177.15	250＋200＋80＋200＝730
8	钢管杆直线横担	Q355－6×730	2224.63	1	177.15	177.15	250＋200＋80＋200＝730
9	钢管杆主杆杆节	Q420－12	7973	1	3063.73	3063.73	ϕ952/ϕ1122－16 边形
10	钢管杆主杆杆节	Q420－12	6977	1	2282.04	2282.04	ϕ803/ϕ952－16 边形
11	钢管杆主杆杆节	Q420－12	6979	1	1876.99	1876.99	ϕ655/ϕ803－16 边形
12	钢管杆主杆杆节	Q420－12	6981	1	1462.44	1462.44	ϕ506/ϕ655－16 边形
13	钢管杆主杆杆节	Q420－10	11086	1	1634.06	1634.06	ϕ270/ϕ506－16 边形
14	钢管杆主杆杆节	Q420－12	6977	1	1905.8	1905.8	ϕ655/ϕ803－16 边形
15	钢管杆主杆杆节	Q420－12	9976	1	2692.61	2692.61	ϕ655/ϕ867－16 边形
16	钢管杆主杆杆节	Q420－12	5974	1	2046.31	2046.31	ϕ803/ϕ931－16 边形
17	钢管杆主杆杆节	Q420－12	8974	1	2928.15	2928.15	ϕ803/ϕ995－16 边形
18	钢管杆主杆杆节	Q420－12	4974	1	2050.11	2050.11	ϕ952/ϕ1058－16 边形
19	钢管杆单爬梯（15m）	ϕ50 T5	22700	3	53.42	160.27	
20	钢管杆单爬梯（18m）	ϕ50 T5	25700	3	59.78	179.34	
21	钢管杆单爬梯（21m）	ϕ50 T5	27900	4	49.59	198.36	
22	钢管杆单爬梯（24m）	ϕ50 T5	30900	4	54.45	217.78	
23	钢管杆单爬梯（27m）	ϕ50 T5	33100	5	47.36	236.8	
24	钢管杆单爬梯（30m）	ϕ50 T5	34500	5	49.12	245.61	

地脚螺栓配置表

呼高（m）	根径（mm）	地脚螺栓所在圆直径（mm）	地脚螺栓规格
15.0	803.0	1030.0	16M56（8.8 级）
18.0	867.0	1100.0	16M56（8.8 级）
21.0	931.0	1170.0	16M56（8.8 级）
24.0	995.0	1230.0	18M56（8.8 级）
27.0	1058.0	1300.0	20M56（8.8 级）
30.0	1122.0	1360.0	20M56（8.8 级）

图 21－11　110－DD21GS－JG1 杆司令图

21.8 110－DD21GS－JG2 塔

21.8.1 设计条件

110－DD21GS－JG2 塔导线型号及张力、使用条件、荷载见表 21－28～表 21－30。

表 21－28 导线型号及张力

电压等级	110kV	导线型号	1×JL3/G1A－300/40	最大使用张力（kN）	14.62	断线张力取值（%）	100	不均匀覆冰不平衡张力取值（%）	30
		地线型号	JLB20A－100	最大使用张力（kN）	16.06	断线张力取值（%）	100	不均匀覆冰不平衡张力取值（%）	40

表 21－29 使用条件

使用条件	呼高（m）	水平档距（m）	垂直档距（m）	代表档距（m）	转角度数（°）	K_v 值
数值	30	200	250	100/200	10～20	—

表 21－30 荷载表 单位：N

气象条件（*t/v/b*）			正常运行情况			事故情况		安装情况	不均匀冰
			基本风速	覆冰	最低气温	未断线	断线		
			15/29/0	－5/10/10	－10/0/0	－5/0/10	－5/0/10	－5/10/0	－5/10/10
水平荷载	导线		3575	929				423	929
	绝缘子及金具		592	84				70	84
	跳线串		700	136				83	136
	地线		2582	1312				307	929
垂直荷载	导线		3053	5638	2775	5638	5638	2775	4991
	绝缘子及金具		3000	4059	3000	4059	4059	3000	4059
	跳线串		1667	2337	1667	2337	2337	1667	2337
	地线		2281	6284	1825	6284	6284	1825	5284
张力	导线	一侧	10646	14624	9818	14624	14624	10658	14624
		另一侧	11541	14624	8326	14624	0	9496	14624
		张力差	895	0	1492	0	14624	1162	0

续表

气象条件（*t/v/b*）			正常运行情况			事故情况		安装情况	不均匀冰
			基本风速	覆冰	最低气温	未断线	断线		
			15/29/0	－5/10/10	－10/0/0	－5/0/10	－5/0/10	－5/10/0	－5/10/10
张力	地线	一侧	12148	18298	14133	18298	16060	14658	18298
		另一侧	12251	20227	10326	20227	0	11064	20227
		张力差	103	1929	3807	1979	16060	3594	1929

注：导线水平荷载为下相导线荷载，表中（*t/v/b*）单位分别为：°、m/s、mm。

21.8.2 根开尺寸及基础作用力

110－DD21GS－JG2 塔的根开尺寸及基础作用力见表 21－31 和表 21－32。

表 21－31 根开尺寸

呼高（m）	根径（mm）	地脚螺栓所在圆直径（mm）	地脚螺栓规格	地脚螺栓等级
15	906	1110	16M56	8.8
18	979	1190	18M56	8.8
21	1053	1260	20M56	8.8
24	1126	1340	20M56	8.8
27	1200	1410	22M56	8.8
30	1274	1490	22M56	8.8

表 21－32 基础用力

呼高（m）	水平力（kN）	垂直力（kN）	最大弯矩（kN·m）
15	118	175	2238
18	122	186	2632
21	126	198	3044
24	129	211	3471
27	133	225	3915
30	136	239	4374

21.8.3 单线图及司令图

110－DD21GS－JG2 杆单线图如图 21－12 所示，司令图如图 21－13 所示。

塔呼高（m）	15.0	18.0	21.0	24.0	27.0	30.0
塔重（kg）	8290.1	9242.8	10899.0	12022.6	13990.6	15260.7

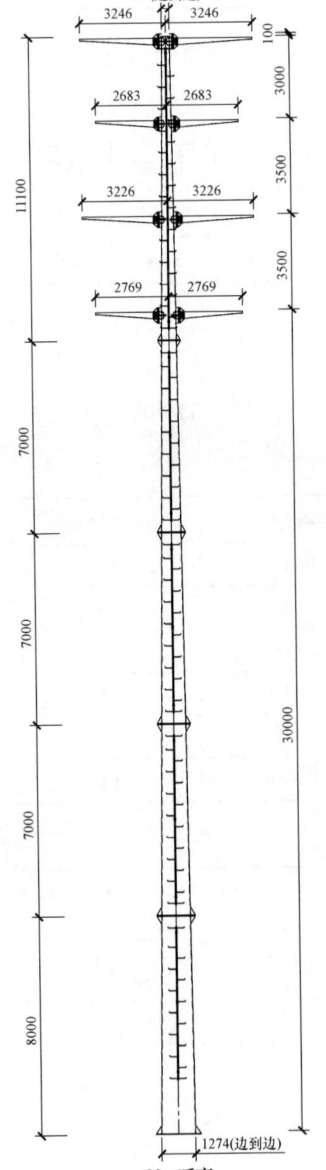

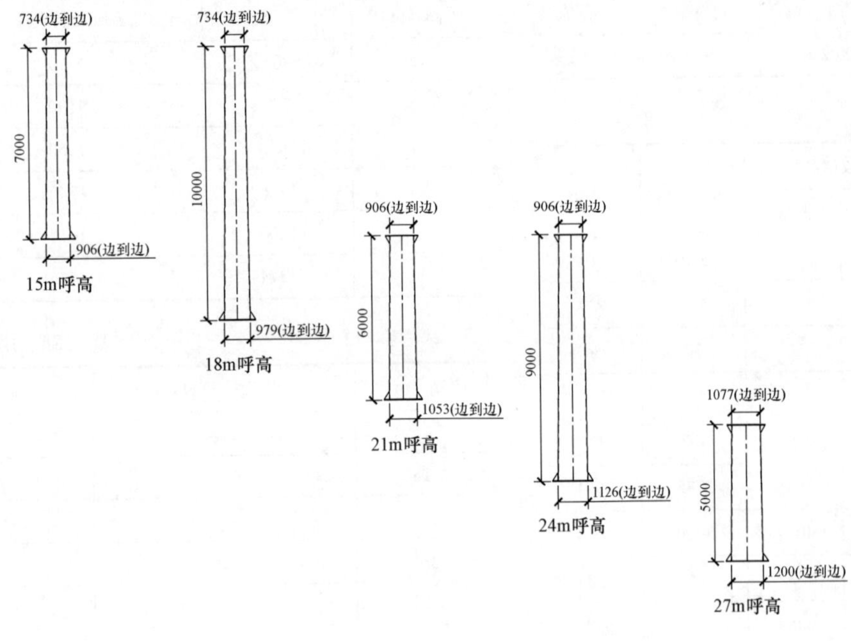

图 21-12　110-DD21GS-JG2 杆单线图

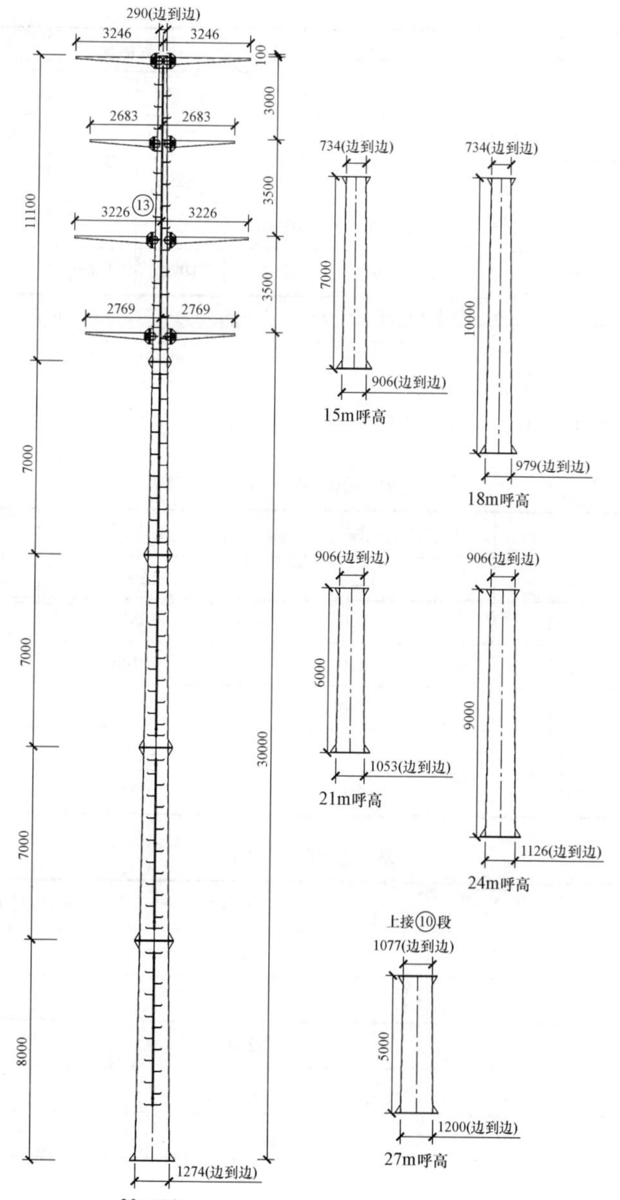

构件明细表

编号	名称	规格	长度（mm）	数量	重量（kg）		备注
					一件	小计	
1	钢管杆直线横担	Q355－6×730	3024.77	1	236.07	236.07	250＋200＋80＋200＝730
2	钢管杆直线横担	Q355－6×730	3024.77	1	236.07	236.07	250＋200＋80＋200＝730
3	钢管杆直线横担	Q355－6×730	2425.02	1	195.94	195.94	250＋200＋80＋200＝730
4	钢管杆直线横担	Q355－6×730	2425.02	1	174.45	174.45	250＋200＋80＋200＝730
5	钢管杆直线横担	Q355－8×730	2925.14	1	235.62	235.62	250＋200＋80＋200＝730
6	钢管杆直线横担	Q355－8×730	2925.14	1	235.62	235.62	250＋200＋80＋200＝730
7	钢管杆直线横担	Q355－6×730	2425.25	1	195.95	195.95	250＋200＋80＋200＝730
8	钢管杆直线横担	Q355－6×730	2425.25	1	195.95	195.95	250＋200＋80＋200＝730
9	钢管杆主杆杆节	Q420－12	7972	1	3482.17	3482.17	ϕ1077/ϕ1274－16 边形
10	钢管杆主杆杆节	Q420－12	6976	1	2580.39	2580.39	ϕ906/ϕ1077－16 边形
11	钢管杆主杆杆节	Q420－12	6979	1	2112.02	2112.02	ϕ734/ϕ906－16 边形
12	钢管杆主杆杆节	Q420－12	6981	1	1626.03	1626.03	ϕ562/ϕ734－16 边形
13	钢管杆主杆杆节	Q420－10	11086	1	1728.74	1728.74	ϕ290/ϕ562－16 边形
14	钢管杆主杆杆节	Q420－12	6973	1	2190.6	2190.6	ϕ734/ϕ906－16 边形
15	钢管杆主杆杆节	Q420－12	9975	1	3036.36	3036.36	ϕ734/ϕ979－16 边形
16	钢管杆主杆杆节	Q420－12	5975	1	2309.63	2309.63	ϕ906/ϕ1053－16 边形
17	钢管杆主杆杆节	Q420－12	8974	1	3297.74	3297.74	ϕ906/ϕ1126－16 边形
18	钢管杆主杆杆节	Q420－12	4973	1	2329.75	2329.75	ϕ1077/ϕ1200－16 边形
19	钢管杆单爬梯（15m）	ϕ50 T5	22700	3	53.42	160.27	
20	钢管杆单爬梯（18m）	ϕ50 T5	25700	3	59.78	179.34	
21	钢管杆单爬梯（21m）	ϕ50 T5	27900	4	49.59	198.36	
22	钢管杆单爬梯（24m）	ϕ50 T5	30900	4	54.45	217.78	
23	钢管杆单爬梯（27m）	ϕ50 T5	33100	5	47.36	236.8	
24	钢管杆单爬梯（30m）	ϕ50 T5	34500	5	49.12	245.61	

地脚螺栓配置表

呼高（m）	根径（mm）	地脚螺栓所在圆直径（mm）	地脚螺栓规格
15.0	906.0	1110.0	16M56（8.8 级）
18.0	979.0	1190.0	18M56（8.8 级）
21.0	1053.0	1260.0	20M56（8.8 级）
24.0	1126.0	1340.0	20M56（8.8 级）
27.0	1200.0	1410.0	22M56（8.8 级）
30.0	1274.0	1490.0	22M56（8.8 级）

图 21－13　110－DD21GS－JG2 杆司令图

21.9 110－DD21GS－JG3 塔

21.9.1 设计条件

110－DD21GS－JG3 塔导线型号及张力、使用条件、荷载见表 21－33～表 21－35。

表 21－33 导线型号及张力

电压等级	110kV	导线型号	1×JL3/G1A－300/40	最大使用张力（kN）	14.62	断线张力取值（%）	100	不均匀覆冰不平衡张力取值（%）	30
		地线型号	JLB20A－100	最大使用张力（kN）	16.06	断线张力取值（%）	100	不均匀覆冰不平衡张力取值（%）	40

表 21－34 使用条件

使用条件	呼高（m）	水平档距（m）	垂直档距（m）	代表档距（m）	转角度数（°）	K_v 值
数值	30	200	250	150	20～40	—

注：上拔侧按 50%垂直档距考虑，下压侧按 80%垂直档距考虑。

表 21－35 荷载表 单位：N

气象条件（t/v/b）			正常运行情况			事故情况		安装情况	不均匀冰
			基本风速	覆冰	最低气温	未断线	断线		
			15/29/0	－5/10/10	－10/0/0	－5/0/10	－5/0/10	－5/10/0	－5/10/10
水平荷载	导线		3575	929				423	929
	绝缘子及金具		592	84				70	84
	跳线串		700	136				83	136
	地线		2582	1312				307	929
垂直荷载	导线		3053	5638	2775	5638	5638	2775	4991
	绝缘子及金具		3000	4059	3000	4059	4059	3000	4059
	跳线串		1667	2337	1667	2337	2337	1667	2337
	地线		2281	6284	1825	6284	6284	1825	5284
张力	导线	一侧	10646	14624	9818	14624	14624	10658	14624
		另一侧	11541	14624	8326	14624	0	9496	14624
		张力差	895	0	1492	0	14624	1162	0

续表

气象条件（t/v/b）			正常运行情况			事故情况		安装情况	不均匀冰
			基本风速	覆冰	最低气温	未断线	断线		
			15/29/0	－5/10/10	－10/0/0	－5/0/10	－5/0/10	－5/10/0	－5/10/10
张力	地线	一侧	12148	18298	14133	18298	16060	14658	18298
		另一侧	12251	20227	10326	20227	0	11064	20227
		张力差	103	1929	3807	1979	16060	3594	1929

注：导线水平导线荷载为下相导线荷载，表中（t/v/b）单位分别为：°、m/s、mm。

21.9.2 根开尺寸及基础作用力

110－DD21GS－JG3 塔的根开尺寸及基础作用力见表 21－36 和表 21－37。

表 21－36 根开尺寸

呼高（m）	根径（mm）	地脚螺栓所在圆直径（mm）	地脚螺栓规格	地脚螺栓等级
15	983	1250	16M64	8.8
18	1062	1330	18M64	8.8
21	1142	1410	18M64	8.8
24	1221	1490	20M64	8.8
27	1300	1570	22M64	8.8
30	1379	1650	22M64	8.8

表 21－37 基础作用力

呼高（m）	水平力（kN）	垂直力（kN）	最大弯矩（kN·m）
15	165	191	3153
18	168	205	3688
21	172	220	4242
24	176	237	4812
27	180	254	5400
30	184	272	6005

21.9.3 单线图及司令图

110－DD21GS－JG3 杆单线图如图 21－14 所示，司令图如图 21－15 所示。

塔呼高（m）	15.0	18.0	21.0	24.0	27.0	30.0
塔重（kg）	10010.2	11203.5	13314.7	14686.6	17178.8	18738.9

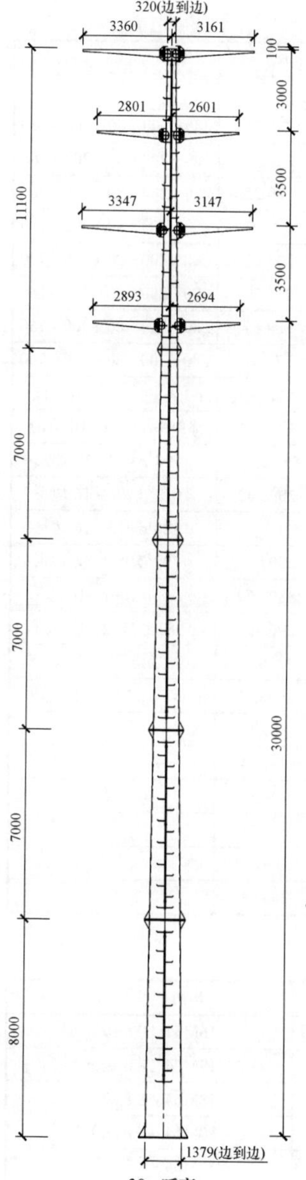

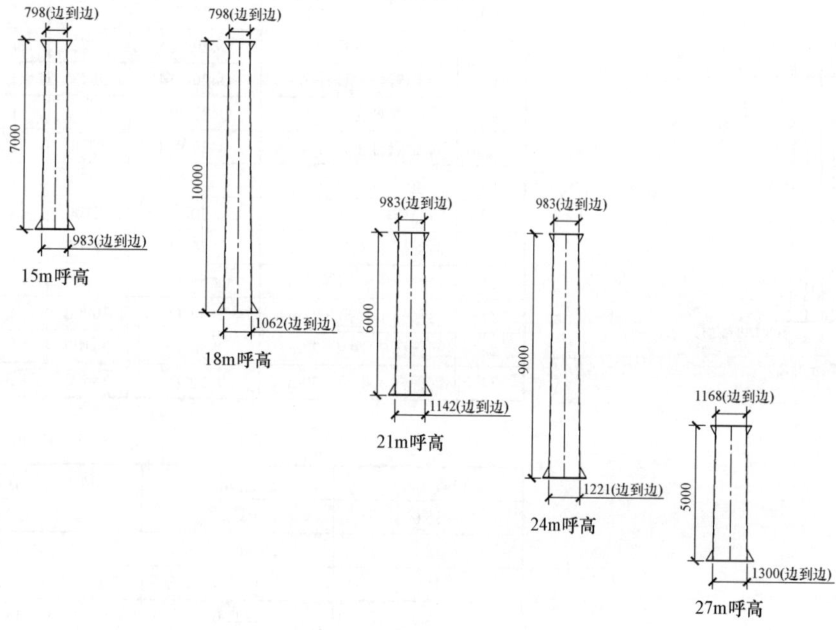

图 21－14　110－DD21GS－JG3 杆单线图

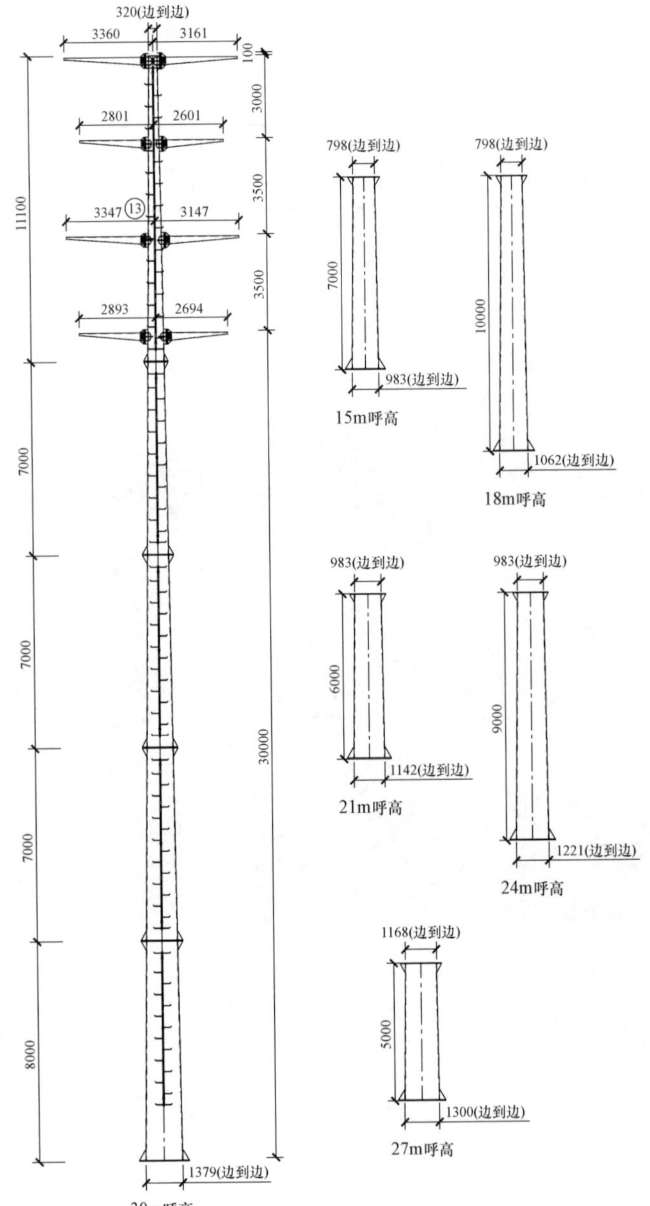

构件明细表

编号	名称	规格	长度（mm）	数量	重量（kg）		备注
					一件	小计	
1	钢管杆直线横担	Q355－6×760	2924.68	1	238.81	238.81	280＋200＋80＋200＝760
2	钢管杆直线横担	Q355－6×760	3123.68	1	218.29	218.29	280＋200＋80＋200＝760
3	钢管杆直线横担	Q355－6×760	2325.09	1	180.25	180.25	280＋200＋80＋200＝760
4	钢管杆直线横担	Q355－6×760	2525.09	1	172.07	172.07	280＋200＋80＋200＝760
5	钢管杆直线横担	Q355－8×760	2824.89	1	233.02	233.02	280＋200＋80＋200＝760
6	钢管杆直线横担	Q355－8×760	3024.89	1	219.32	219.32	280＋200＋80＋200＝760
7	钢管杆直线横担	Q355－6×760	2325.7	1	184.62	184.62	280＋200＋80＋200＝760
8	钢管杆直线横担	Q355－6×760	2524.7	1	177.31	177.31	280＋200＋80＋200＝760
9	钢管杆主杆杆节	Q420－14	7969	1	4443.75	4443.75	ϕ1168/ϕ1379－16边形
10	钢管杆主杆杆节	Q420－14	6975	1	3242.81	3242.81	ϕ983/ϕ1168－16边形
11	钢管杆主杆杆节	Q420－14	6977	1	2689.39	2689.39	ϕ798/ϕ983－16边形
12	钢管杆主杆杆节	Q420－14	6979	1	2096.42	2096.42	ϕ613/ϕ798－16边形
13	钢管杆主杆杆节	Q420－12	11085	1	2065.5	2065.5	ϕ320/ϕ613－16边形
14	钢管杆主杆杆节	Q420－14	6972	1	2807.96	2807.96	ϕ798/ϕ983－16边形
15	钢管杆主杆杆节	Q420－14	9973	1	3897.79	3897.79	ϕ798/ϕ1062－16边形
16	钢管杆主杆杆节	Q420－14	5969	1	2963.91	2963.91	ϕ983/ϕ1142－16边形
17	钢管杆主杆杆节	Q420－14	8970	1	4216.99	4216.99	ϕ983/ϕ1221－16边形
18	钢管杆主杆杆节	Q420－14	4970	1	2998.81	2998.81	ϕ1168/ϕ1300－16边形
19	钢管杆单爬梯（15m）	ϕ50 T5	22700	3	53.42	160.27	
20	钢管杆单爬梯（18m）	ϕ50 T5	25700	3	59.78	179.34	
21	钢管杆单爬梯（21m）	ϕ50 T5	27900	4	49.59	198.36	
22	钢管杆单爬梯（24m）	ϕ50 T5	30900	4	54.45	217.78	
23	钢管杆单爬梯（27m）	ϕ50 T5	33100	5	47.36	236.8	
24	钢管杆单爬梯（30m）	ϕ50 T5	34500	5	49.12	245.61	

地脚螺栓配置表

呼高（m）	根径（mm）	地脚螺栓所在圆直径（mm）	地脚螺栓规格
15.0	983.0	1250.0	16M64（8.8级）
18.0	1062.0	1330.0	18M64（8.8级）
21.0	1142.0	1410.0	18M64（8.8级）
24.0	1221.0	1490.0	20M64（8.8级）
27.0	1300.0	1570.0	22M64（8.8级）
30.0	1379.0	1650.0	22M64（8.8级）

图21－15　110－DD21GS－JG3杆司令图

21.10 110－DD21GS－JG4 塔

21.10.1 设计条件

110－DD21GS－JG4 塔导线型号及张力、使用条件、荷载见表 21－38～表 21－40。

表 21－38　导线型号及张力

电压等级	110kV	导线型号	1×JL3/G1A－300/40	最大使用张力（kN）	14.62	断线张力取值（%）	100	不均匀覆冰不平衡张力取值（%）	30
		地线型号	JLB20A－100	最大使用张力（kN）	16.06	断线张力取值（%）	100	不均匀覆冰不平衡张力取值（%）	40

表 21－39　使用条件

使用条件	呼高（m）	水平档距（m）	垂直档距（m）	代表档距（m）	转角度数（°）	K_v 值
数值	30	200	250	100/200	40～60	—

注：上拔侧按 50%垂直档距考虑，下压侧按 80%垂直档距考虑。

表 21－40　荷载表　单位：N

气象条件（t/v/b）			正常运行情况			事故情况		安装情况	不均匀冰
			基本风速	覆冰	最低气温	未断线	断线		
			15/29/0	－5/10/10	－10/0/0	－5/0/10	－5/0/10	－5/10/0	－5/10/10
水平荷载	导线		3575	929				423	929
	绝缘子及金具		592	84				70	84
	跳线串		700	136				83	136
	地线		2582	1312				307	929
垂直荷载	导线		3053	5638	2775	5638	5638	2775	4991
	绝缘子及金具		3000	4059	3000	4059	4059	3000	4059
	跳线串		1667	2337	1667	2337	2337	1667	2337
	地线		2281	6284	1825	6284	6284	1825	5284
张力	导线	一侧	10646	14624	9818	14624	14624	10658	14624
		另一侧	11541	14624	8326	14624	0	9496	14624
		张力差	895	0	1492	0	14624	1162	0
	地线	一侧	12148	18298	14133	18298	16060	14658	18298
		另一侧	12251	20227	10326	20227	0	11064	20227
		张力差	103	1929	3807	1979	16060	3594	1929

注：导线水平导线荷载为下相导线荷载，表中（t/v/b）单位分别为：°、m/s、mm。

21.10.2 根开尺寸及基础作用力

110－DD21GS－JG4 塔的根开尺寸及基础作用力见表 21－41 和表 21－42。

表 21－41　根开尺寸

呼高（m）	根径（mm）	地脚螺栓所在圆直径（mm）	地脚螺栓规格	地脚螺栓等级
15	1070	1310	20M64	8.8
18	1150	1400	20M64	8.8
21	1240	1480	22M64	8.8
24	1325	1570	24M64	8.8
27	1410	1660	24M64	8.8
30	1495	1740	24M64	8.8

表 21－42　基础作用力

呼高（m）	水平力（kN）	垂直力（kN）	最大弯矩（kN·m）
15	209	208	4081
18	213	226	4703
21	217	245	5371
24	222	265	6077
27	226	286	6804
30	230	309	7549

21.10.3 单线图及司令图

110－DD21GS－JG4 杆单线图如图 21－16 所示，司令图如图 21－17 所示。

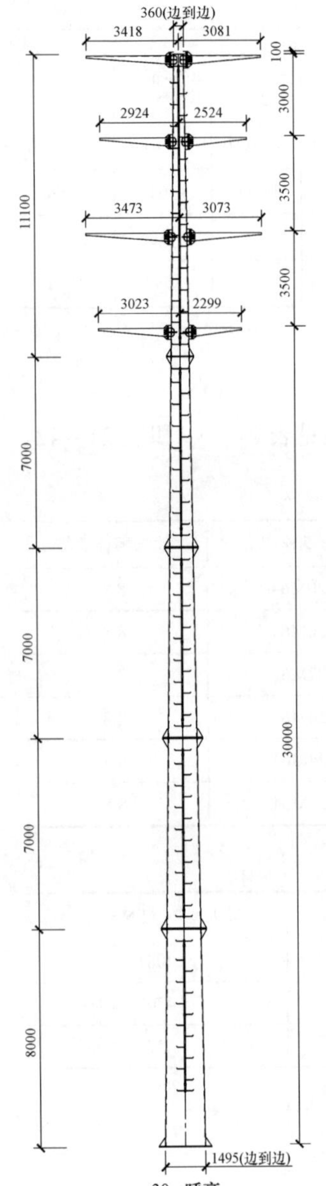

塔呼高（m）	15.0	18.0	21.0	24.0	27.0	30.0
塔重（kg）	11781.1	13257.5	15974.1	17670.6	20798.5	22715.1

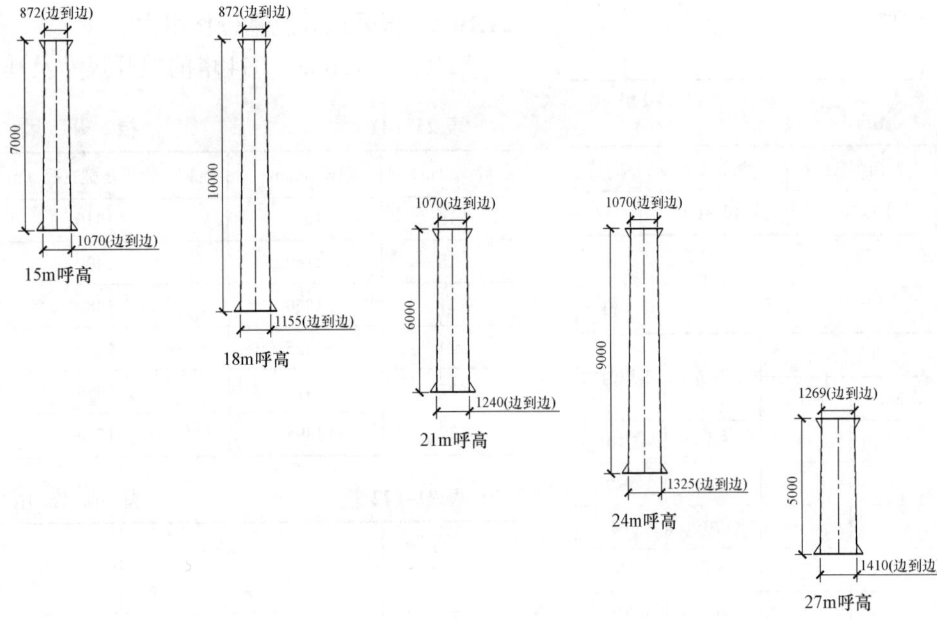

图 21－16　110－DD21GS－JG4 杆单线图

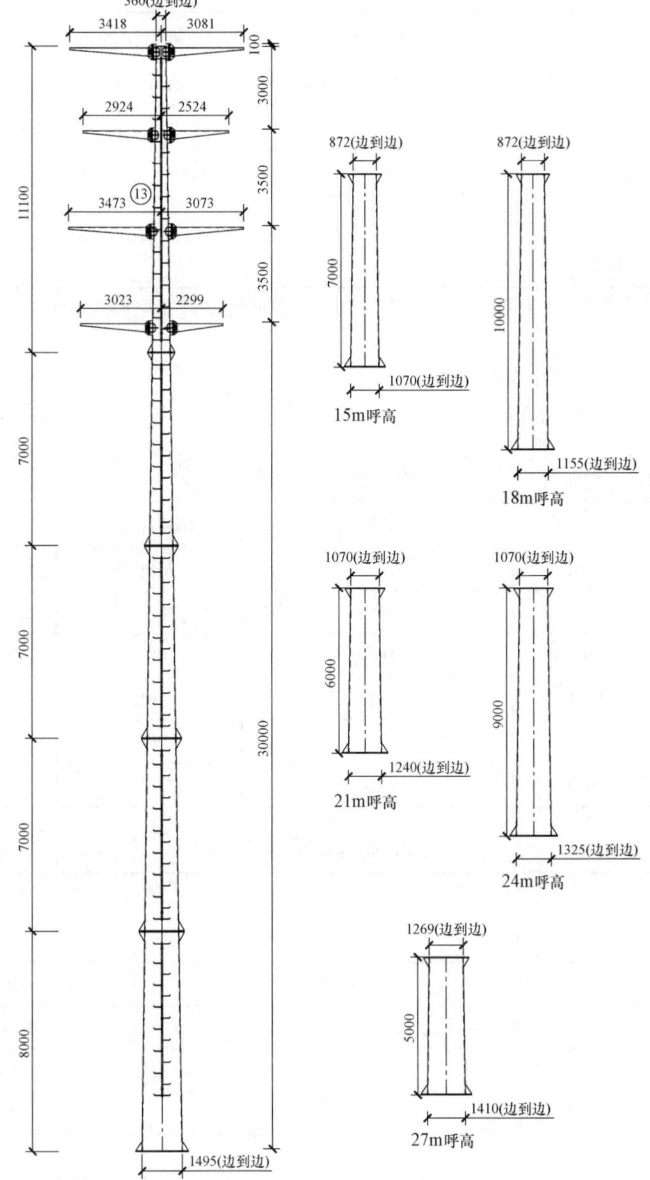

构 件 明 细 表

编号	名称	规格	长度（mm）	数量	重量（kg）		备注
					一件	小计	
1	钢管杆直线横担	Q355－6×780	2824.59	1	233.81	233.81	300＋200＋80＋200＝780
2	钢管杆直线横担	Q355－6×780	3161.59	1	219.64	219.64	300＋200＋80＋200＝780
3	钢管杆直线横担	Q355－6×780	2225.15	1	169.91	169.91	300＋200＋80＋200＝780
4	钢管杆直线横担	Q355－6×780	2625.15	1	162.38	162.38	300＋200＋80＋200＝780
5	钢管杆直线横担	Q355－6×780	2724.65	1	210.68	210.68	300＋200＋80＋200＝780
6	钢管杆直线横担	Q355－6×780	3124.65	1	210.54	210.54	300＋200＋80＋200＝780
7	钢管杆直线横担	Q355－6×780	1901.14	1	138.85	138.85	300＋200＋80＋200＝780
8	钢管杆直线横担	Q355－6×780	2625.14	1	162.38	162.38	300＋200＋80＋200＝780
9	钢管杆主杆杆节	Q420－16	7968	1	5512.58	5512.58	ϕ1269/ϕ1495－16 边形
10	钢管杆主杆杆节	Q420－16	6972	1	4110.8	4110.8	ϕ1070/ϕ1269－16 边形
11	钢管杆主杆杆节	Q420－16	6973	1	3373.91	3373.91	ϕ872/ϕ1070－16 边形
12	钢管杆主杆杆节	Q420－16	6977	1	2585.04	2585.04	ϕ674/ϕ872－16 边形
13	钢管杆主杆杆节	Q420－14	11085	1	2527.53	2527.53	ϕ360/ϕ674－16 边形
14	钢管杆主杆杆节	Q420－16	6971	1	3434.38	3434.38	ϕ872/ϕ1070－16 边形
15	钢管杆主杆杆节	Q420－16	9970	1	4810.88	4810.88	ϕ872/ϕ1155－16 边形
16	钢管杆主杆杆节	Q420－16	5969	1	3691.17	3691.17	ϕ1070/ϕ1240－16 边形
17	钢管杆主杆杆节	Q420－16	8970	1	5226.75	5226.75	ϕ1070/ϕ1325－16 边形
18	钢管杆主杆杆节	Q420－16	4968	1	3743.94	3743.94	ϕ1269/ϕ1410－16 边形
19	钢管杆单爬梯（15m）	ϕ50 T5	22700	3	53.42	160.27	
20	钢管杆单爬梯（18m）	ϕ50 T5	25700	3	59.78	179.34	
21	钢管杆单爬梯（21m）	ϕ50 T5	27900	4	49.59	198.36	
22	钢管杆单爬梯（24m）	ϕ50 T5	30900	4	54.45	217.78	
23	钢管杆单爬梯（27m）	ϕ50 T5	33100	5	47.36	236.8	
24	钢管杆单爬梯（30m）	ϕ50 T5	34500	5	49.12	245.61	

地 脚 螺 栓 配 置 表

呼高（m）	根径（mm）	地脚螺栓所在圆直径（mm）	地脚螺栓规格
15.0	1070.0	1310.0	20M64（8.8 级）
18.0	1155.0	1400.0	20M64（8.8 级）
21.0	1240.0	1480.0	22M64（8.8 级）
24.0	1325.0	1570.0	24M64（8.8 级）
27.0	1410.0	1660.0	24M64（8.8 级）
30.0	1495.0	1740.0	24M64（8.8 级）

图 21－17　110－DD21GS－JG4 杆司令图

21.11　110－DD21GS－JG5 塔

21.11.1　设计条件

110－DD21GS－JG5 塔导线型号及张力、使用条件、荷载见表 21－43～表 21－45。

表 21－43　　导 线 型 号 及 张 力

电压等级	110kV	导线型号	1×JL3/G1A－300/40	最大使用张力（kN）	14.62	断线张力取值（%）	100	不均匀覆冰不平衡张力取值（%）	30
		地线型号	JLB20A－100	最大使用张力（kN）	16.06	断线张力取值（%）	100	不均匀覆冰不平衡张力取值（%）	40

表 21－44　　使 用 条 件

使用条件	呼高（m）	水平档距（m）	垂直档距（m）	代表档距（m）	转角度数（°）	K_v 值
数值	30	200	250	100/200	60～90 兼终端 0～60	—

注：上拔侧按 50%垂直档距考虑，下压侧按 80%垂直档距考虑。

表 21－45　　荷 载 表　　单位：N

气象条件（t/v/b）			正常运行情况			事故情况		安装情况	不均匀冰
			基本风速	覆冰	最低气温	未断线	断线		
			15/29/0	－5/10/10	－10/0/0	－5/0/10	－5/0/10	－5/10/0	－5/10/10
水平荷载	导线		3575	929				423	929
	绝缘子及金具		592	84				70	84
	跳线串		700	136				83	136
	地线		2582	1312				307	929
垂直荷载	导线		3053	5638	2775	5638	5638	2775	4991
	绝缘子及金具		3000	4059	3000	4059	4059	3000	4059
	跳线串		1667	2337	1667	2337	2337	1667	2337
	地线		2281	6284	1825	6284	6284	1825	5284
张力	导线	一侧	10646	14624	9818	14624	14624	10658	14624
		另一侧	11541	14624	8326	14624	0	9496	14624
		张力差	895	0	1492	0	14624	1162	0
	地线	一侧	12148	18298	14133	18298	16060	14658	18298
		另一侧	12251	20227	10326	20227	0	11064	20227
		张力差	103	1929	3807	1979	16060	3594	1929

续表

注：导线水平导线荷载为下相导线荷载，表中（t/v/b）单位分别为：°、m/s、mm。

21.11.2　根开尺寸及基础作用力

110－DD21GS－JG5 塔的根开尺寸及基础作用力见表 21－46 和表 21－47。

表 21－46　　根 开 尺 寸

呼高（m）	根径（mm）	地脚螺栓所在圆直径（mm）	地脚螺栓规格	地脚螺栓等级
15	1184	1450	20M72	8.8
18	1273	1550	20M72	8.8
21	1362	1640	20M72	8.8
24	1451	1730	22M72	8.8
27	1540	1810	22M72	8.8
30	1629	1910	22M72	8.8

表 21－47　　基 础 作 用 力

呼高（m）	水平力（kN）	垂直力（kN）	最大弯矩（kN・m）
15	272	231	5611
18	275	253	6458
21	277	276	7310
24	281	301	8167
27	286	327	9029
30	291	355	9897

21.11.3　单线图及司令图

110－DD21GS－JG5 杆单线图如图 21－18 所示，司令图如图 21－19 所示。

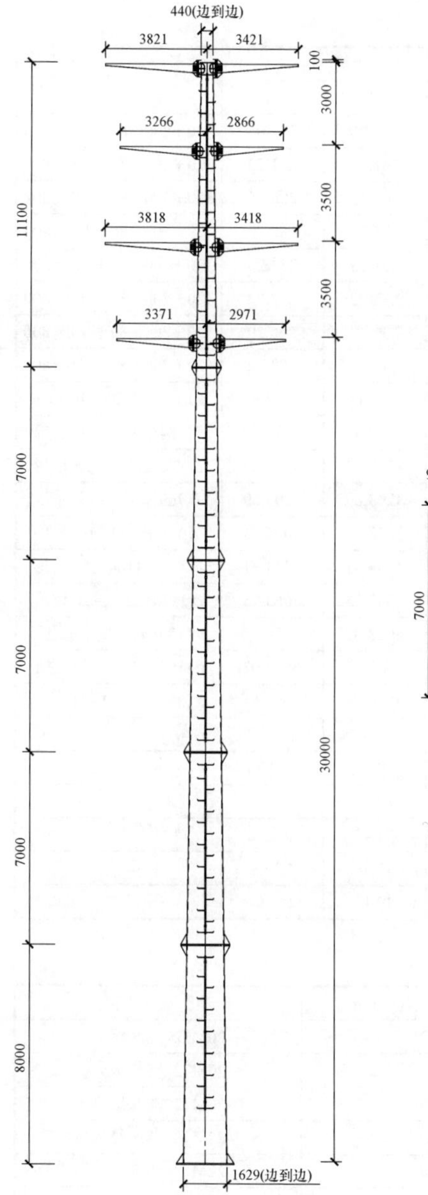

塔呼高（m）	15.0	18.0	21.0	24.0	27.0	30.0
塔重（kg）	14098.4	15788.0	19247.5	21115.9	24954.5	27576.7

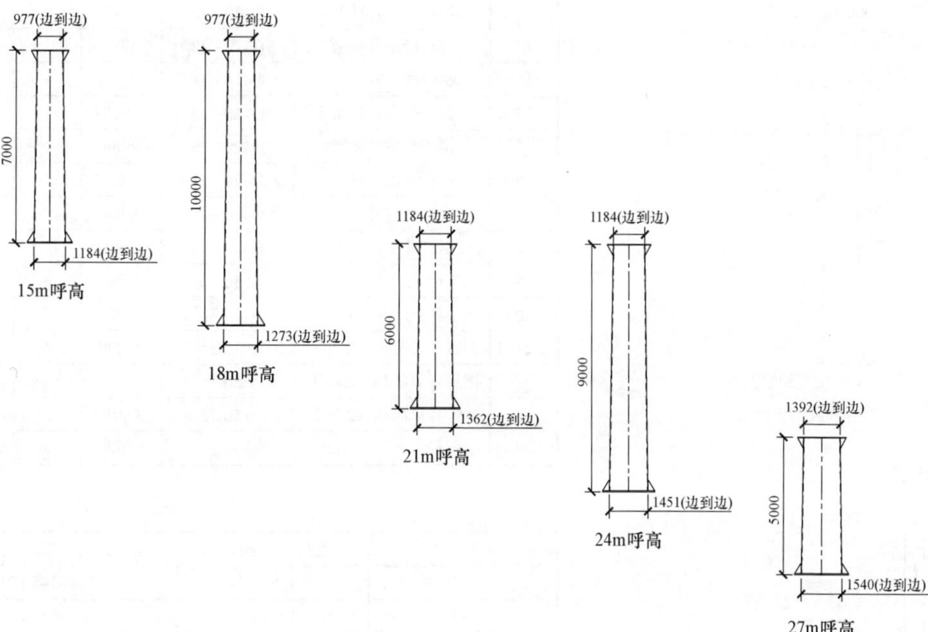

图 21－18　110－DD21GS－JG5 杆单线图

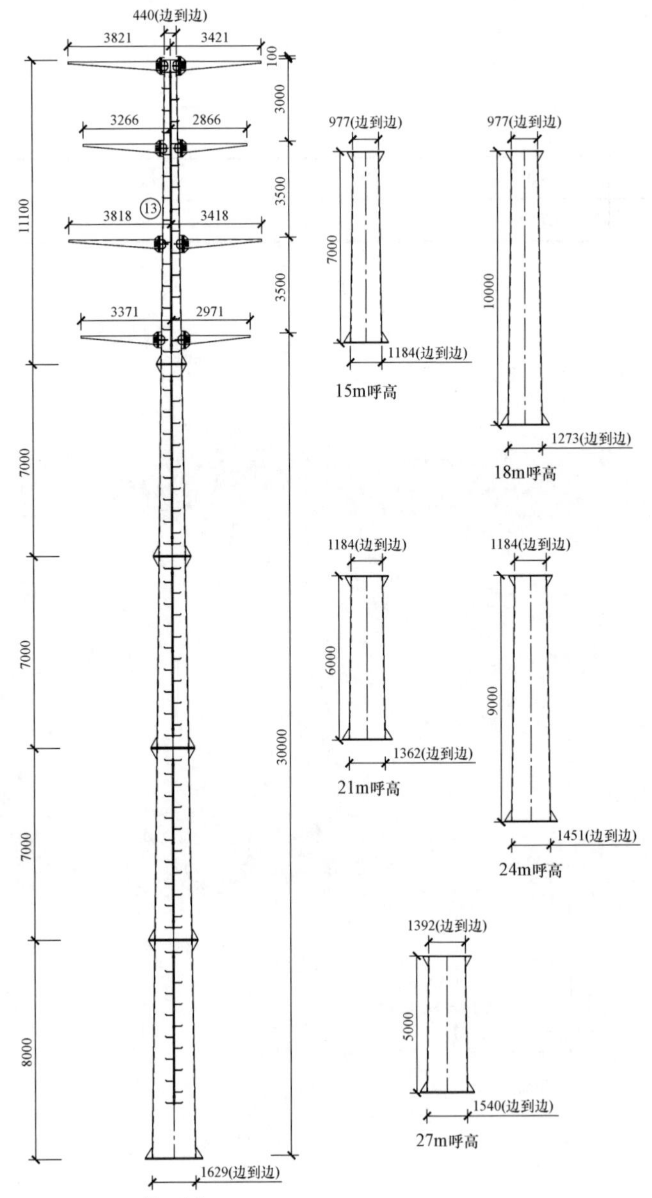

构件明细表

编号	名称	规格	长度（mm）	数量	重量（kg）		备注
					一件	小计	
1	钢管杆直线横担	Q355－6×800	3124.52	1	297.06	297.06	320＋200＋80＋200＝800
2	钢管杆直线横担	Q355－6×800	3524.52	1	241.72	241.72	320＋200＋80＋200＝800
3	钢管杆直线横担	Q355－6×800	2525.06	1	206.25	206.25	320＋200＋80＋200＝800
4	钢管杆直线横担	Q355－6×800	2925.06	1	188.73	188.73	320＋200＋80＋200＝800
5	钢管杆直线横担	Q355－6×800	3025.19	1	251.23	251.23	320＋200＋80＋200＝800
6	钢管杆直线横担	Q355－6×800	3425.19	1	233.92	233.92	320＋200＋80＋200＝800
7	钢管杆直线横担	Q355－6×800	2526.32	1	206.29	206.29	320＋200＋80＋200＝800
8	钢管杆直线横担	Q355－6×800	2926.32	1	193.12	193.12	320＋200＋80＋200＝800
9	钢管杆主杆杆节	Q420－18	7963	1	6878.62	6878.62	ϕ1392/ϕ1629－16 边形
10	钢管杆主杆杆节	Q420－18	6970	1	5109.88	5109.88	ϕ1184/ϕ1392－16 边形
11	钢管杆主杆杆节	Q420－18	6972	1	4239.62	4239.62	ϕ977/ϕ1184－16 边形
12	钢管杆主杆杆节	Q420－18	6975	1	3293.69	3293.69	ϕ769/ϕ977－16 边形
13	钢管杆主杆杆节	Q420－14	11083	1	3073.73	3073.73	ϕ440/ϕ769－16 边形
14	钢管杆主杆杆节	Q420－18	6969	1	4334.31	4334.31	ϕ977/ϕ1184－16 边形
15	钢管杆主杆杆节	Q420－18	9968	1	6063.25	6063.25	ϕ977/ϕ1273－16 边形
16	钢管杆主杆杆节	Q420－18	5965	1	4628.02	4628.02	ϕ1184/ϕ1362－16 边形
17	钢管杆主杆杆节	Q420－18	8966	1	6553.02	6553.02	ϕ1184/ϕ1451－16 边形
18	钢管杆主杆杆节	Q420－18	4964	1	4666.61	4666.61	ϕ1392/ϕ1540－16 边形
19	钢管杆单爬梯（15m）	ϕ50 T5	22700	3	53.42	160.27	
20	钢管杆单爬梯（18m）	ϕ50 T5	25700	3	59.78	179.34	
21	钢管杆单爬梯（21m）	ϕ50 T5	27900	4	49.59	198.36	
22	钢管杆单爬梯（24m）	ϕ50 T5	30900	4	54.45	217.78	
23	钢管杆单爬梯（27m）	ϕ50 T5	33100	5	47.36	236.8	
24	钢管杆单爬梯（30m）	ϕ50 T5	34500	5	49.12	245.61	

地脚螺栓配置表

呼高（m）	根径（mm）	地脚螺栓所在圆直径（mm）	地脚螺栓规格
15.0	1184.0	1450.0	20M72（8.8 级）
18.0	1273.0	1550.0	20M72（8.8 级）
21.0	1362.0	1640.0	20M72（8.8 级）
24.0	1451.0	1730.0	22M72（8.8 级）
27.0	1540.0	1810.0	22M72（8.8 级）
30.0	1629.0	1910.0	22M72（8.8 级）

图 21－19　110－DD21GS－JG5 杆司令

22 110－CF11GS 子模块

22.1 模块说明

22.1.1 概述

根据国家电网公司《35kV～750kV 线路杆塔通用设计优化技术导则》和国网福建电力工作安排，福建永福电力设计股份有限公司负责 110kV 输电线路通用设计 110－CF11GS 子模块的设计工作。该模块为海拔 1000m 以内、设计基本风速为 33m/s（离地 10m）、覆冰厚度为 0mm，导线为 1×JL3/G1A－300/40 的双回路钢管杆。直线杆按 3 杆系列规划，耐张杆按 5 杆系列规划，5 型转角杆兼做终端杆；该子模块共计 8 种塔型。

22.1.2 气象条件

110－CF11GS 子模块的气象条件见表 22－1。

表 22－1　　110－CF11GS 子模块的气象条件

项目	气温（℃）	风速（m/s）	覆冰厚度（mm）
最低气温	－5	0	0
年平均气温	20	0	0
基本风速	10	33	0
设计覆冰	－5	10	0
最高气温	40	0	0
安装情况	0	10	0
操作过电压	15	17	0
雷电过电压	15	15	0
带电作业	15	10	0
年平均雷电日数	65		

22.1.3 导地线型号及参数

110－CF11GS 子模块的导地线型号及参数见表 22－2。

表 22－2　　110－CF11GS 子模块的导地线型号及参数

项目		导线	地线	
电线型号		JL3/G1A－300/40	JLB20A－100	JLB40－100
结构	铝［根数/直径（mm）］	24/3.99	—	—
	钢、铝包钢［根数/直径（mm）］	7/2.66	19/2.6	19/2.6
计算截面面积（mm²）		339	101	101
计算外径（mm）		23.9	13	13
计算重量（kg/m）		1.132	0.6767	0.4765
计算拉断力（N）		92360	135200	68600
弹性系数（MPa）		70500	153900	103600
线膨胀系数（1/℃）		19.4×10^{-6}	13.0×10^{-6}	15.5×10^{-6}

导线安全系数为 6.0，平均运行张力取计算拉断力的 12%；计算地线荷载时，按 JLB20A－100 铝包钢绞线选取地线参数，安全系数为 8.0，平均运行张力取计算拉断力的 12%；计算地线支架高度、校核导地线间隙时，按 JLB40－100 铝包钢绞线选取地线参数，安全系数为 8.0，平均运行张力取计算拉断力的 12%。电气计算时考虑导、地线新线系数 0.95。

设计使用时，导地线的保证拉断力为计算拉断力的 95%。设计用导线安全系数为 6.0，平均运行张力取保证拉断力的 25%；进行电气配合时，地线型号选取 JLB40－100，地线安全系数为 6.0，平均运行张力取保证拉断力的 25%；进行结构荷载计算时，地线型号选取 JLB20A－100，地线安全系数为 8.0，平均运行张力取保证拉断力的 25%。

22.1.4 绝缘配置

悬垂串按“I”型布置，采用 FXBW4－220/120 复合绝缘子，结构高度为 2470mm，最小电弧距离为 2190mm，最小公称爬电距离为 6930mm。

跳线串采用 100kN 复合绝缘子，实际爬电距离大于等于 7040mm，有效绝缘长度大于等于 2550mm。

耐张串采用 FXBW4－220/210 复合绝缘子，结构高度为 2470mm，最小电弧距离为 2190mm，最小公称爬电距离为 6930mm。

22.1.5 联塔金具

直线塔导线横担均按前、中、后三个挂点设计，挂点间距采用 300＋300＝600（mm），以满足单、双联悬挂的需要，联塔金具采用 UB－12T；地线悬垂串的联塔金具采用 UB－10。

导地线耐张串均采用单挂点设计，导线联塔金具采用 U－42S，地线联塔金具采用 U－12，跳线串联塔金具采用 UB－7。

22.2　110－CF11GS 子模块杆塔一览图

110－CF11GS 子模块杆塔一览图如图 22－1 所示。

序号	塔型名称	呼高（m）	水平档距（m）	垂直档距（m）	塔重（kg）	允许转角（°）	串型
1	110－CF11GS－ZG1	27.0	150	200	11935.1	0	“I” 串
2	110－CF11GS－ZG2	33.0	200	250	15204.0	0	“I” 串
3	110－CF11GS－ZG3	36.0	250	350	19422.7	0	“I” 串
4	110－CF11GS－JG1	30.0	200	250	18324.7	0～10	
5	110－CF11GS－JG2	30.0	200	250	20603.7	10～20	
6	110－CF11GS－JG3	30.0	200	250	22441.8	20～40	
7	110－CF11GS－JG4	30.0	200	250	24584.0	40～60	
8	110－CF11GS－JG5	30.0	200	250	28169.8	60～90 兼终端0～60	

注：所有杆型计算呼高同为最高呼高。

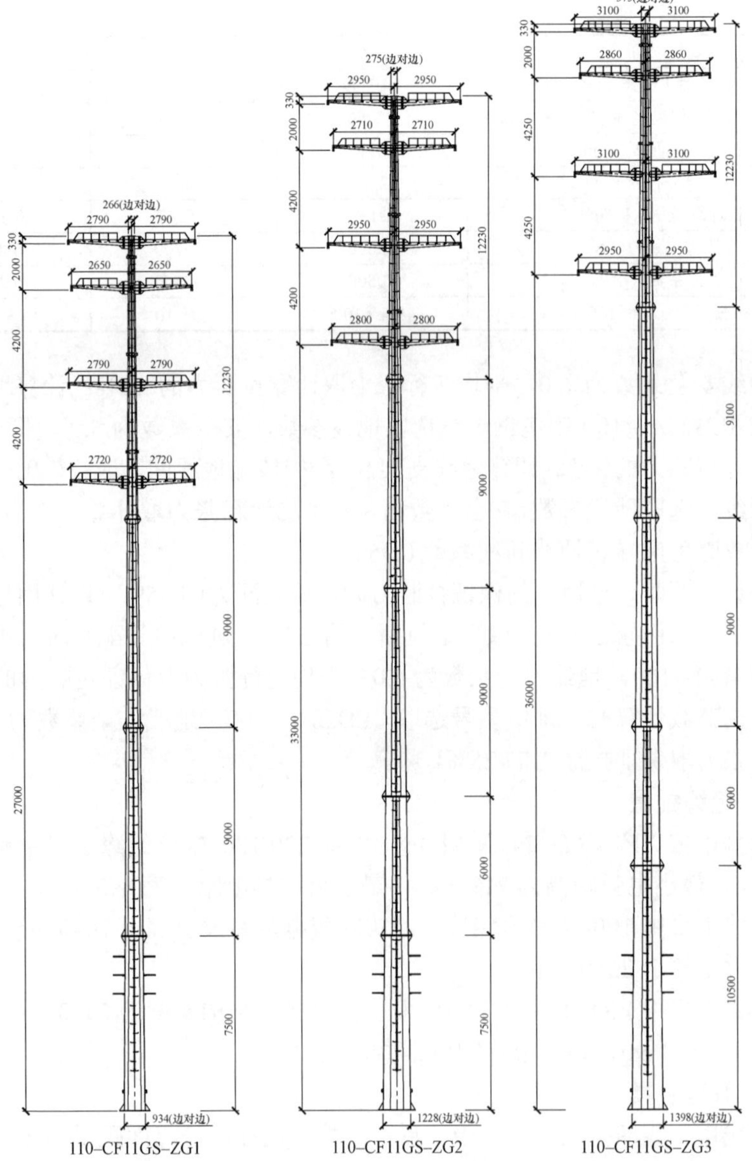

图 22－1　110－CF11GS 子模块杆塔一览图（一）

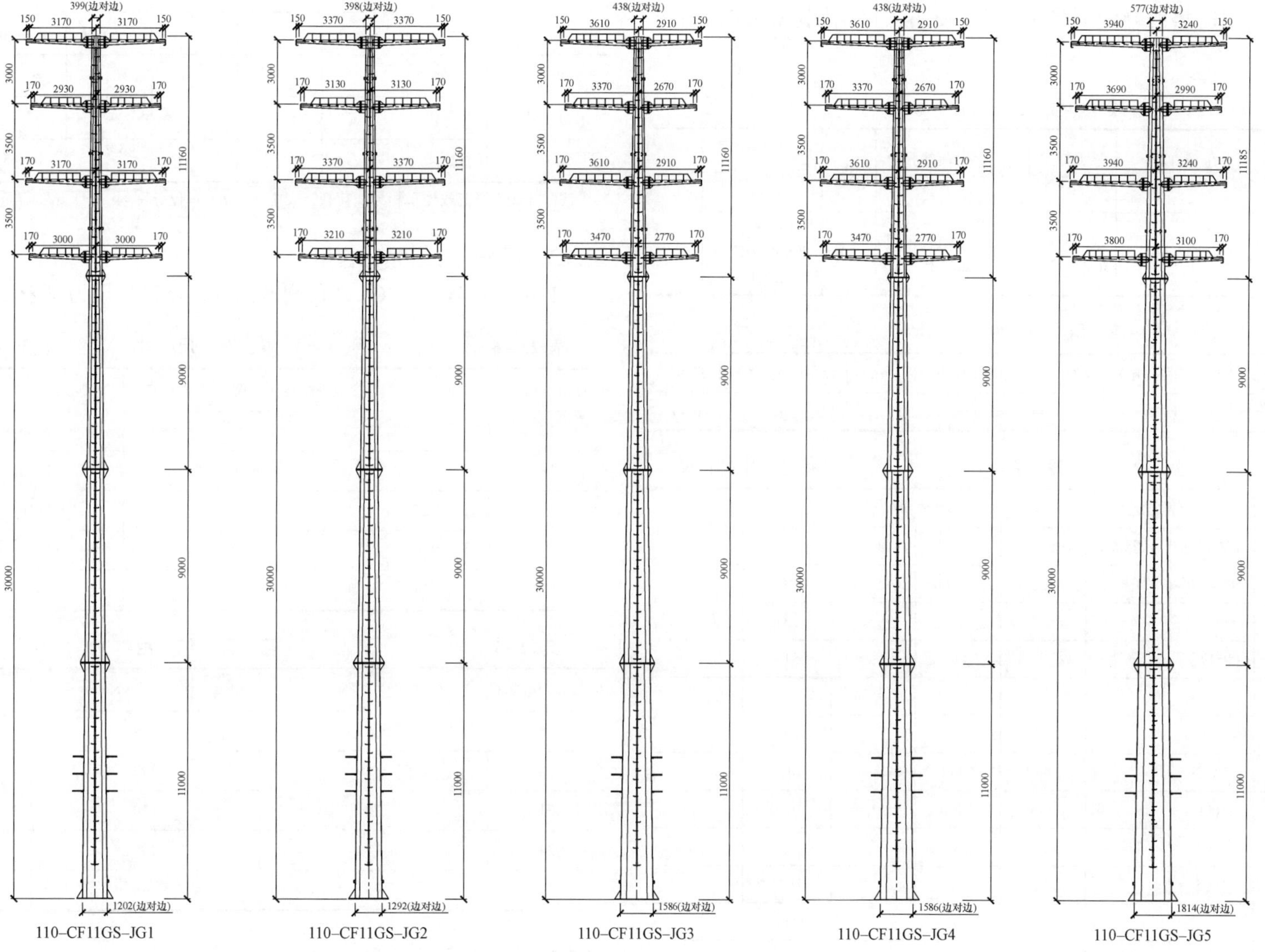

图 22-1　110-CF11GS 子模块杆塔一览图（二）

22.3 110－CF11GS－ZC1 塔

22.3.1 设计条件

110－CF11GS－ZG1 塔的导线型号及张力、使用条件、荷载见表 22－3～表 22－5。

表 22－3　　导线型号及张力

电压等级	110kV	导线型号	1×JL3/G1A－300/40	最大使用张力（kN）	35.09	断线张力取值（%）	100	不均匀覆冰不平衡张力取值（%）	—
		地线型号	JLB20A－100	最大使用张力（kN）	33.80	断线张力取值（%）	50	不均匀覆冰不平衡张力取值（%）	—

表 22－4　　使用条件

使用条件	呼高（m）	水平档距（m）	垂直档距（m）	代表档距（m）	转角度数（°）	K_v 值
数值	27	150	200	150	0	0.85

表 22－5　　荷载表　　单位：N

气象条件（t/v/b）			正常运行情况			事故情况		安装情况	不均匀冰
			基本风速	覆冰	最低气温	未断线	断线		
			15/33/0	—	－5/0/0	－5/0/0	－5/0/0	0/10/0	—
水平荷载	导线		3682					337	
	绝缘子及金具		512					512	
	跳线串								
	地线		2503					230	
垂直荷载	导线		2442		2442	2442		2442	
	绝缘子及金具		1000		1000	1000		1000	
	跳线串								
	地线		1825		1825	1825		1825	
张力	导线	一侧						11171	
		另一侧							
		张力差					7312		

续表

气象条件（t/v/b）			正常运行情况			事故情况		安装情况	不均匀冰
			基本风速	覆冰	最低气温	未断线	断线		
			15/33/0	—	－5/0/0	－5/0/0	－5/0/0	0/10/0	—
张力	地线	一侧						15691	
		另一侧							
		张力差					16095		

注：导线水平荷载为下相导线荷载，表中（t/v/b）单位分别为：°、m/s、mm。

22.3.2 根开尺寸及基础作用力

110－CF11GS－ZG1 塔的根开尺寸及基础作用力见表 22－6 和表 22－7。

表 22－6　　根开尺寸

呼高（m）	根径（mm）	地脚螺栓所在圆直径（mm）	地脚螺栓规格	地脚螺栓等级
15	715	920	16M56	5.6
18	770	980	16M56	5.6
21	825	1040	18M56	5.6
24	880	1090	20M56	5.6
27	934	1150	20M56	5.6

表 22－7　　基础作用

呼高（m）	水平力（kN）	垂直力（kN）	最大弯矩（kN·m）
15	65	114	1194
18	67	122	1424
21	70	130	1670
24	72	138	1922
27	75	146	2130

22.3.3 单线图及司令图

110－CF11GS－ZG1 杆单线图如图 22－2 所示，司令图如图 22－3 所示。

塔呼高（m）	15.0	18.0	21.0	24.0	27.0
塔重（kg）	7758.7	8429.7	9163.9	10946.2	11935.1

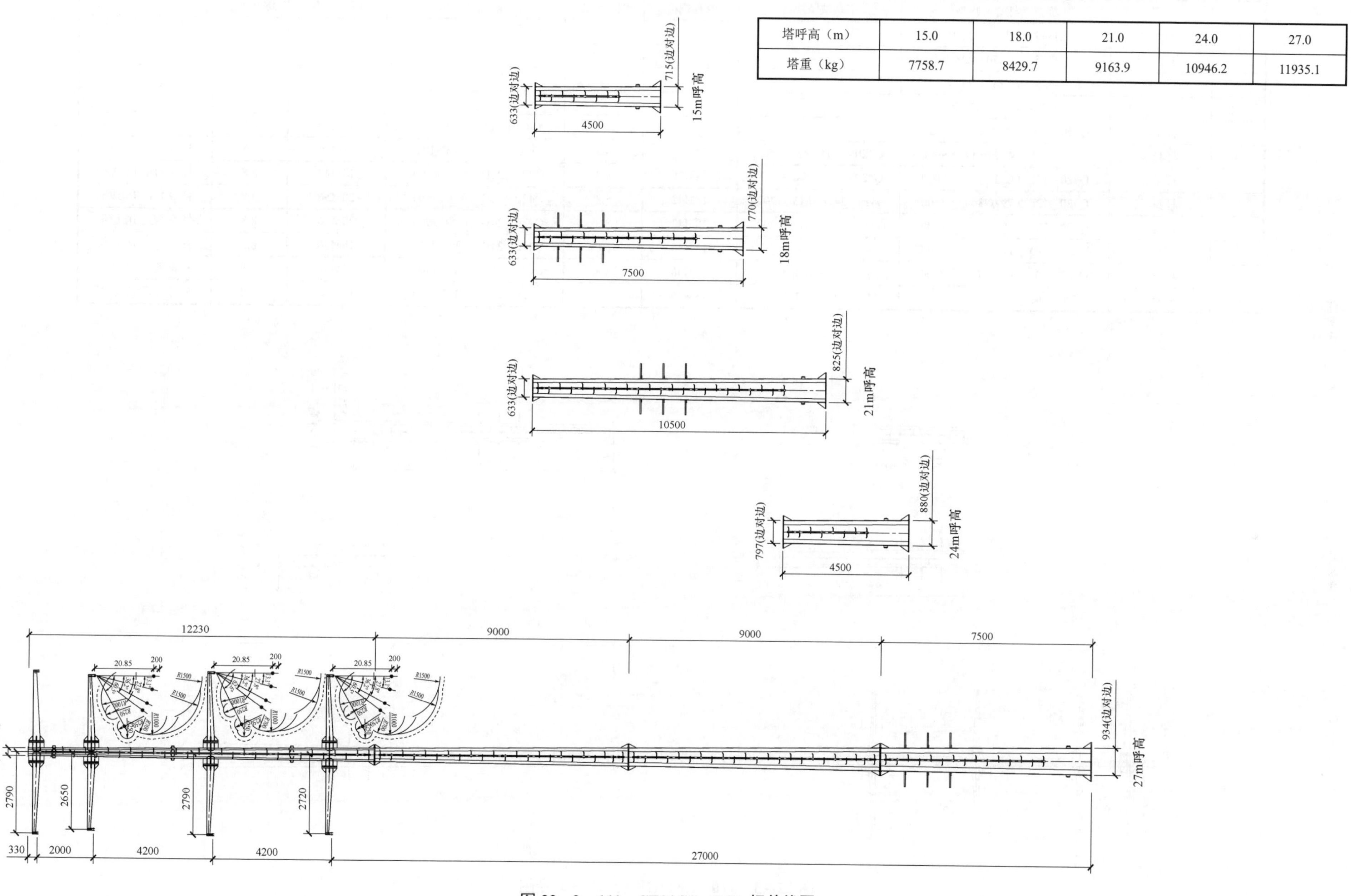

图 22－2　110－CF11GS－ZG1 杆单线图

材 料 表

段号	名称	横担（杆身）规格	上端法兰规格	螺栓规格	螺栓等级	下端法兰规格	螺栓规格	螺栓等级	备注
1	地线横担	Q355－6×250×2440							
2	上导线横担	Q355－6×250×2285							
3	中导线横担	Q355－6×250×2390							
4	下导线横担	Q355－6×250×2285							
5	杆身 1	Q420－8D（270/470）×12230				Q420－20D（480/710）	14M30	8.8	杆身为正 16 边形
6	杆身 2	Q420－10D（470/633）×9000	Q420－20D（480/710）	14M30	8.8	Q420－20D（646/910）	18M36	8.8	杆身为正 16 边形
7	杆身 3	Q420－12D（633/797）×9000	Q420－20D（646/910）	18M36	8.8	Q420－24D（813/1120）	18M42	8.8	杆身为正 16 边形
8	杆身 4	Q420－12D（797/934）×7500	Q420－24D（813/1120）	18M42	8.8	Q420－24D（953/1350）	20M56	8.8	杆身为正 16 边形
9	杆身 5	Q420－12D（797/880）×4500	Q420－24D（813/1120）	18M42	8.8	Q420－24D（898/1290）	20M56	8.8	杆身为正 16 边形
10	杆身 6	Q420－10D（633/825）×10500	Q420－20D（646/910）	18M36	8.8	Q420－24D（842/1250）	18M56	8.8	杆身为正 16 边形
11	杆身 7	Q420－10D（633/770）×7500	Q420－20D（646/910）	18M36	8.8	Q420－24D（786/1180）	16M56	8.8	杆身为正 16 边形
12	杆身 8	Q420－10D（633/715）×4500	Q420－20D（646/910）	18M36	8.8	Q420－24D（730/1130）	16M56	8.8	杆身为正 16 边形

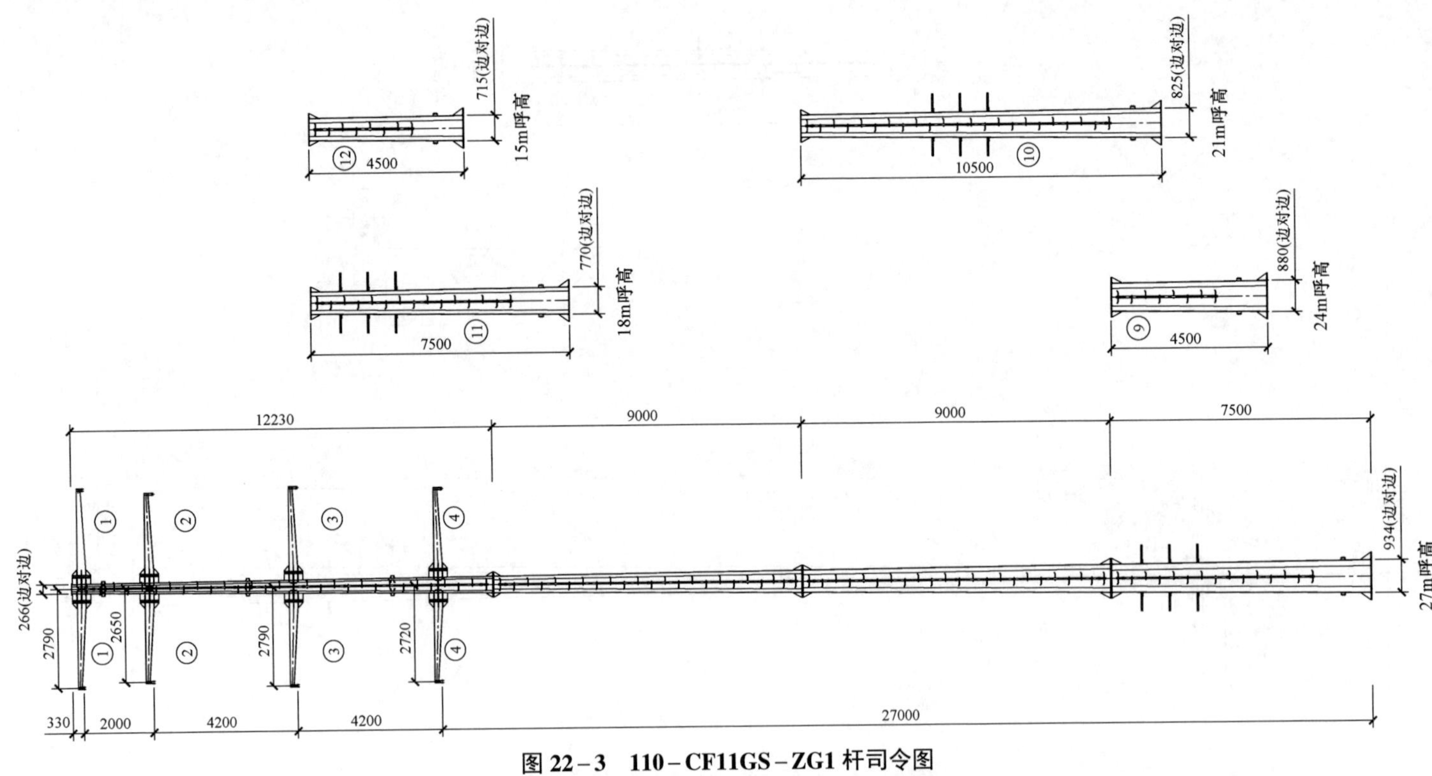

图 22－3　110－CF11GS－ZG1 杆司令图

22.4 110－CF11GS－ZC2 塔

22.4.1 设计条件

110－CF11GS－ZG2 塔导线型号及张力、使用条件、荷载见表 22－8～表 22－10。

表 22－8 导线型号及张力

电压等级	110kV	导线型号	1×JL3/G1A－300/40	最大使用张力（kN）	35.09	断线张力取值（%）	100	不均匀覆冰不平衡张力取值（%）	—
		地线型号	JLB20A－100	最大使用张力（kN）	33.80	断线张力取值（%）	50	不均匀覆冰不平衡张力取值（%）	—

表 22－9 使用条件

使用条件	呼高（m）	水平档距（m）	垂直档距（m）	代表档距（m）	转角度数（°）	K_v 值
数值	33	200	250	150	0	0.80

表 22－10 荷载表 单位：N

气象条件（*t*/*v*/*b*）			正常运行情况			事故情况		安装情况	不均匀冰
			基本风速	覆冰	最低气温	未断线	断线		
			15/33/0	—	－5/0/0	－5/0/0	－5/0/0	0/10/0	—
水平荷载	导线		5041					460	
	绝缘子及金具		559					51	
	跳线串								
	地线		3420					314	
垂直荷载	导线		3053		3053	3053		3053	
	绝缘子及金具		1000		1000	1000		1000	
	跳线串								
	地线		2281		2281	2281		2281	
张力	导线	一侧						11171	
		另一侧							
		张力差					7312		
	地线	一侧						15691	
		另一侧							
		张力差					16095		

注：导线水平荷载为下相导线荷载，表中（*t*/*v*/*b*）单位分别为：°、m/s、mm。

22.4.2 根开尺寸及基础作用力

110－CF11GS－ZG2 塔的根开尺寸及基础作用力见表 22－11 和表 22－12。

表 22－11 根开尺寸

呼高（m）	根径（mm）	地脚螺栓所在圆直径（mm）	地脚螺栓规格	地脚螺栓等级
15	824	1040	26M56	5.6
18	890	1100	24M56	5.6
21	958	1170	22M56	5.6
24	1024	1238	22M56	5.6
27	1090	1300	20M56	5.6
30	1158	1370	18M56	5.6
33	1228	1440	16M56	5.6

表 22－12 基础作用力

呼高（m）	水平力（kN）	垂直力（kN）	最大弯矩（kN·m）
15	81	126	1504
18	85	136	1783
21	89	147	2077
24	93	157	2390
27	97	167	2719
30	101	177	3066
33	105	187	3435

22.4.3 单线图及司令图

110－CF11GS－ZG2 杆单线图如图 22－4 所示，司令图如图 22－5 所示。

塔呼高（m）	15.0	18.0	21.0	24.0	27.0	30.0	33.0
塔重（kg）	8517.6	9292.0	10127.7	11554.0	12499.3	13468.7	15201.4

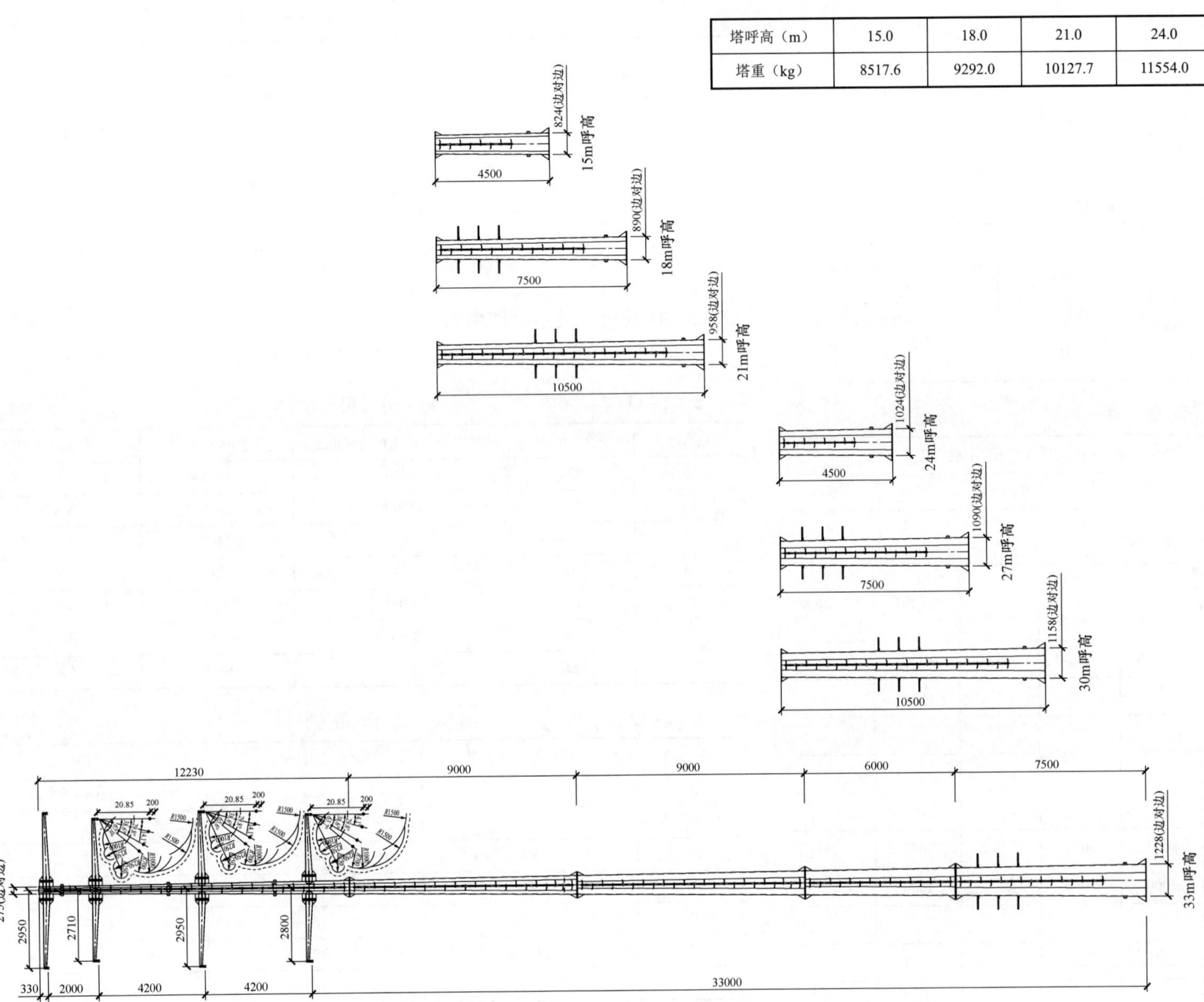

图 22－4　110－CF11GS－ZG2 杆单线图

材 料 表

段号	名称	横担（杆身）规格	上端法兰规格	螺栓规格	螺栓等级	下端法兰规格	螺栓规格	螺栓等级	备注
1	地线横担	Q355－6×250×2600							
2	上导线横担	Q355－6×250×2340							
3	中导线横担	Q355－6×250×2540							
4	下导线横担	Q355－6×250×2340							
5	杆身 1	Q420－10D（280/524）×12230				Q420－18D（535/770）	16M30	8.8	杆身为正 16 边形
6	杆身 2	Q420－10D（524/724）×9000	Q420－18D（535/770）	16M30	8.8	Q420－20D（739/1010）	20M36	8.8	杆身为正 16 边形
7	杆身 3	Q420－10D（724/924）×9000	Q420－20D（739/1010）	20M36	8.8	Q420－22D（943/1250）	22M42	8.8	杆身为正 16 边形
8	杆身 4	Q420－10D（924/1057）×6000	Q420－22D（943/1250）	22M42	8.8	Q420－24D（1078/1390）	24M42	8.8	杆身为正 16 边形
9	杆身 5	Q420－10D（1057/1228）×7500	Q420－24D（1078/1390）	24M42	8.8	Q420－24D（1253/1640）	26M56	8.8	杆身为正 16 边形
10	杆身 6	Q420－10D（924/1158）×10500	Q420－22D（943/1250）	22M42	8.8	Q420－24D（1181/1570）	24M56	8.8	杆身为正 16 边形
11	杆身 7	Q420－10D（924/1090）×7500	Q420－22D（943/1250）	22M42	8.8	Q420－24D（1112/1500）	22M56	8.8	杆身为正 16 边形
12	杆身 8	Q420－10D（924/1024）×4500	Q420－22D（943/1250）	22M42	8.8	Q420－24D（1045/1430）	22M56	8.8	杆身为正 16 边形
13	杆身 9	Q420－10D（724/958）×10500	Q420－20D（739/1010）	20M36	8.8	Q420－24D（977/1370）	20M56	8.8	杆身为正 16 边形
14	杆身 10	Q420－10D（724/890）×7500	Q420－20D（739/1010）	20M36	8.8	Q420－24D（908/1300）	18M56	8.8	杆身为正 16 边形
15	杆身 11	Q420－10D（724/824）×4500	Q420－20D（739/1010）	20M36	8.8	Q420－26D（730/1230）	16M56	8.8	杆身为正 16 边形

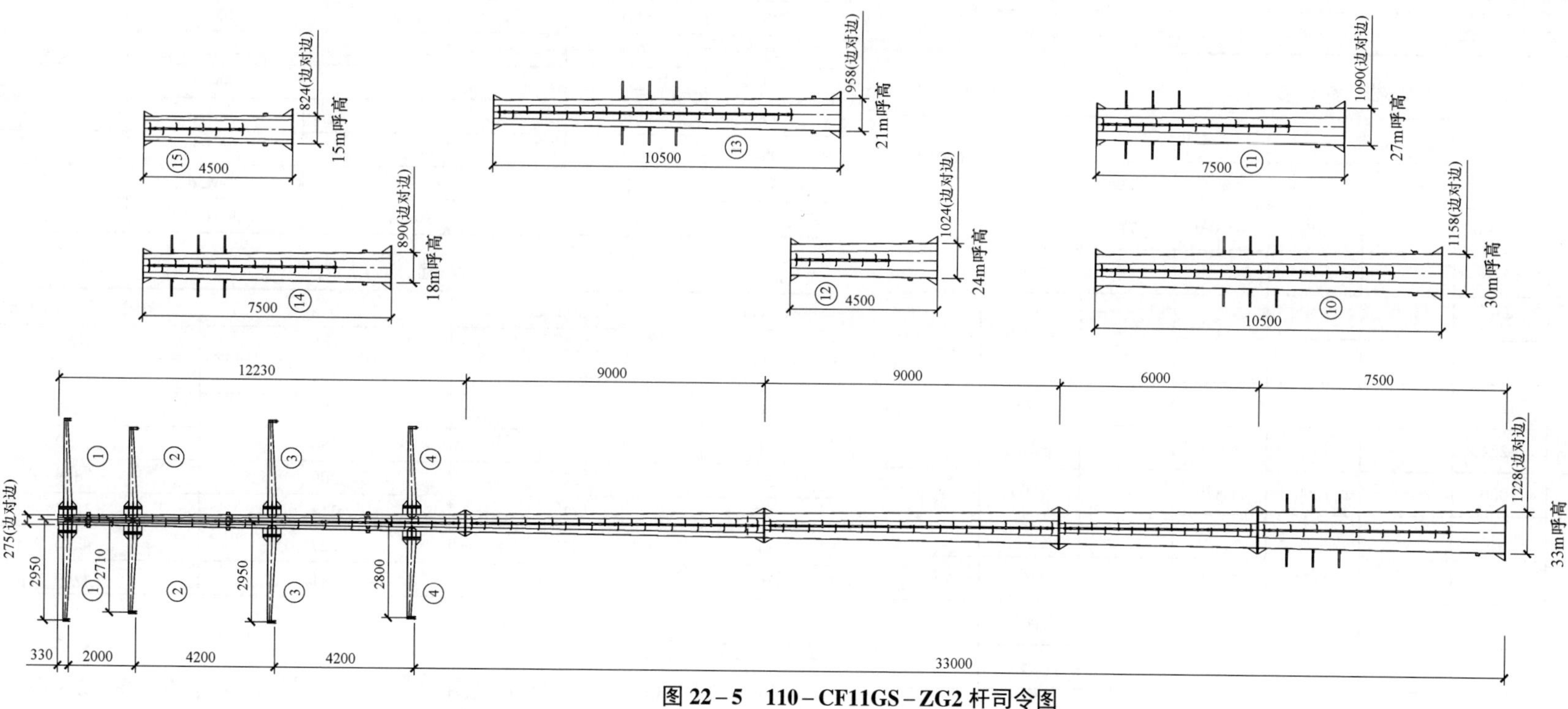

图 22－5　110－CF11GS－ZG2 杆司令图

22.5 110－CF11GS－ZC3 塔

22.5.1 设计条件

110－CF11GS－ZG3 塔导线型号及张力、使用条件、荷载见表 22－13～表 22－15。

表 22－13　　导线型号及张力

电压等级	110kV	导线型号	1×JL3/G1A－300/40	最大使用张力（kN）	35.09	断线张力取值（%）	100	不均匀覆冰不平衡张力取值（%）	—
		地线型号	JLB20A－100	最大使用张力（kN）	33.80	断线张力取值（%）	50	不均匀覆冰不平衡张力取值（%）	—

表 22－14　　使用条件

使用条件	呼高（m）	水平档距（m）	垂直档距（m）	代表档距（m）	转角度数（°）	K_v 值
数值	36	250	350	150	0	0.70

表 22－15　　荷载表　　单位：N

气象条件（t/v/b）			正常运行情况			事故情况		安装情况	不均匀冰
			基本风速	覆冰	最低气温	未断线	断线		
			15/33/0	—	－5/0/0	－5/0/0	－5/0/0	0/10/0	—
水平荷载	导线		6326					576	
	绝缘子及金具		571					52	
	跳线串								
	地线		4297					394	
垂直荷载	导线		4274		4274	4274		4274	
	绝缘子及金具		1000		1000	1000		1000	
	跳线串								
	地线		3194		3194	3194		3194	
张力	导线	一侧						11171	
		另一侧							
		张力差					7312		

续表

气象条件（t/v/b）			正常运行情况			事故情况		安装情况	不均匀冰
			基本风速	覆冰	最低气温	未断线	断线		
			15/33/0	—	－5/0/0	－5/0/0	－5/0/0	0/10/0	—
张力	地线	一侧						15691	
		另一侧							
		张力差					16095		

注：导线水平荷载为下相导线荷载，表中（t/v/b）单位分别为：°、m/s、mm。

22.5.2 根开尺寸及基础作用力

110－CF11GS－ZG3 塔的根开尺寸及基础作用力见表 22－16 和表 22－17。

表 22－16　　根开尺寸

呼高（m）	根径（mm）	地脚螺栓所在圆直径（mm）	地脚螺栓规格	地脚螺栓等级
15	924	1130	20M56	5.6
18	990	1210	20M56	5.6
21	1058	1280	22M56	5.6
24	1124	1350	24M56	5.6
27	1190	1410	26M56	5.6
30	1258	1480	28M56	5.6
33	1328	1550	30M56	5.6
36	1398	1620	30M56	5.6

表 22－17　　基础作用力

呼高（m）	水平力（kN）	垂直力（kN）	最大弯矩（kN·m）
15	102	146	1886
18	107	159	2233
21	112	173	2600
24	117	186	2989
27	122	200	3399
30	127	213	3827
33	132	227	4286
36	137	241	4764

22.5.3 单线图及司令图

110－CF11GS－ZG3 杆单线图如图 22－6 所示，司令图如图 22－7 所示。

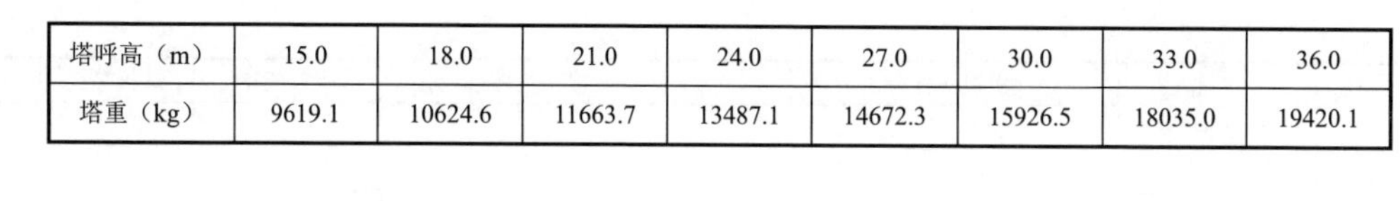

塔呼高（m）	15.0	18.0	21.0	24.0	27.0	30.0	33.0	36.0
塔重（kg）	9619.1	10624.6	11663.7	13487.1	14672.3	15926.5	18035.0	19420.1

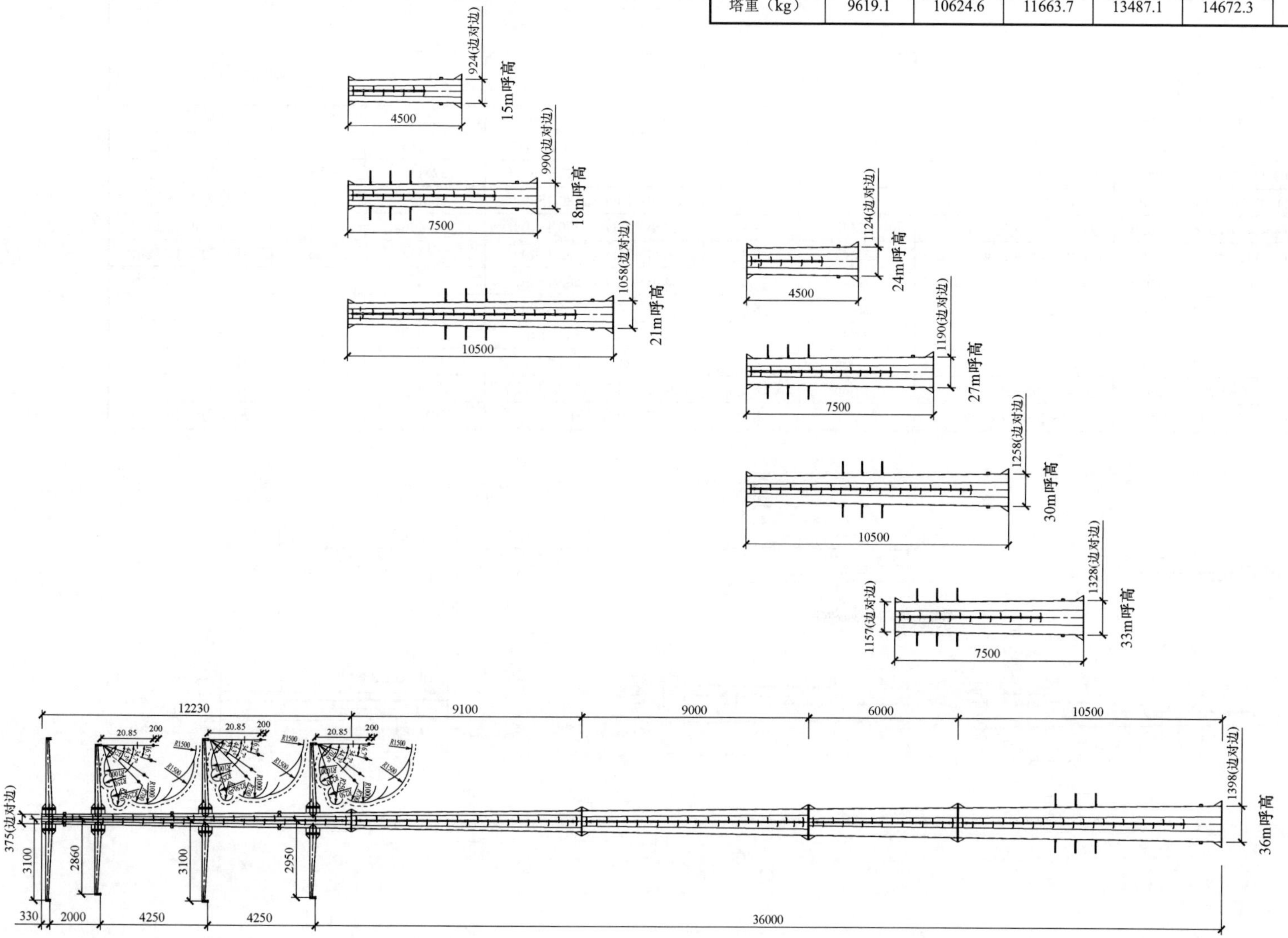

图 22－6　110－CF11GS－ZG3 杆单线图

材 料 表

段号	名称	横担（杆身）规格	上端法兰规格	螺栓规格	螺栓等级	下端法兰规格	螺栓规格	螺栓等级	备注
1	地线横担	Q355－6×250×2700							
2	上导线横担	Q355－6×250×2440							
3	中导线横担	Q355－6×250×2640							
4	下导线横担	Q355－6×250×2440							
5	杆身 1	Q420－10D（380/624）×12230				Q420－18D（637/870）	18M30	8.8	杆身为正 16 边形
6	杆身 2	Q420－10D（624/824）×9100	Q420－18D（637/870）	18M30	8.8	Q420－20D（841/1120）	22M36	8.8	杆身为正 16 边形
7	杆身 3	Q420－10D（824/1024）×9000	Q420－20D（841/1120）	22M36	8.8	Q420－24D（1045/1360）	22M42	8.8	杆身为正 16 边形
8	杆身 4	Q420－10D（1024/1157）×6000	Q420－24D（1045/1360）	22M42	8.8	Q420－24D（1180/1500）	26M42	8.8	杆身为正 16 边形
9	杆身 5	Q420－10D（1157/1398）×1050	Q420－24D（1180/1500）	26M42	8.8	Q420－24D（1420/1810）	30M56	8.8	杆身为正 16 边形
10	杆身 6	Q420－10D（1157/1328）×7500	Q420－24D（1180/1500）	26M42	8.8	Q420－24D（1355/1740）	30M56	8.8	杆身为正 16 边形
11	杆身 7	Q420－10D（1024/1258）×1050	Q420－24D（1045/1360）	22M42	8.8	Q420－24D（1283/1670）	28M56	8.8	杆身为正 16 边形
12	杆身 8	Q420－10D（1024/1190）×7500	Q420－24D（1045/1360）	22M42	8.8	Q420－24D（1214/1600）	26M56	8.8	杆身为正 16 边形
13	杆身 9	Q420－10D（1024/1124）×4500	Q420－24D（1045/1360）	22M42	8.8	Q420－24D（1147/1540）	24M56	8.8	杆身为正 16 边形
14	杆身 10	Q420－10D（824/1058）×10500	Q420－20D（841/1120）	22M36	8.8	Q420－24D（1079/1470）	22M56	8.8	杆身为正 16 边形
15	杆身 11	Q420－10D（824/990）×7500	Q420－20D（841/1120）	22M36	8.8	Q420－24D（1010/1400）	20M56	8.8	杆身为正 16 边形
16	杆身 12	Q420－10D（824/924）×4500	Q420－20D（841/1120）	22M36	8.8	Q420－24D（943/1320）	20M56	8.8	杆身为正 16 边形

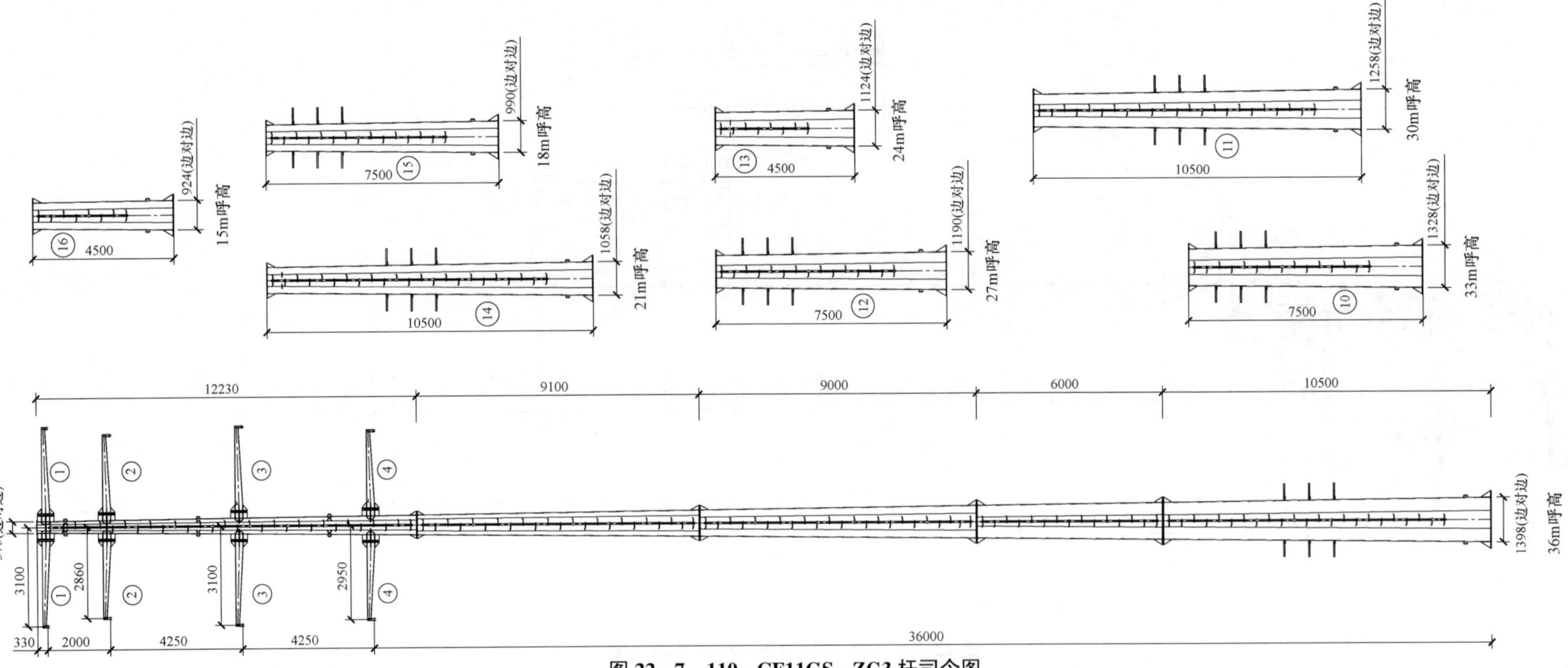

图 22－7 110－CF11GS－ZG3 杆司令图

22.6　110－CF11GS－JG1 塔

22.6.1　设计条件

110－CF11GS－JG1 塔导线型号及张力、使用条件、荷载见表 22－18～表 22－20。

表 22－18　　导线型号及张力

电压等级	110kV	导线型号	1×JL3/G1A－300/40	最大使用张力（kN）	35.09	断线张力取值（%）	100	不均匀覆冰不平衡张力取值（%）	—
		地线型号	JLB20A－100	最大使用张力（kN）	33.80	断线张力取值（%）	50	不均匀覆冰不平衡张力取值（%）	—

表 22－19　　使用条件

使用条件	呼高（m）	水平档距（m）	垂直档距（m）	代表档距（m）	转角度数（°）	K_v 值
数值	30	200	250	100/200	0～10	—

表 22－20　　荷载表　　单位：N

气象条件（*t*/*v*/*b*）			正常运行情况			事故情况		安装情况	不均匀冰
			基本风速	覆冰	最低气温	未断线	断线		
			15/33/0	—	－5/0/0	－5/0/0	－5/0/0	0/10/0	—
水平荷载	导线		4949					452	
	绝缘子及金具		816					75	
	跳线串		963					88	
	地线		3349					307	
垂直荷载	导线		3053		3053	3053		3053	
	绝缘子及金具		3000		3000	3000		3000	
	跳线串		1667		1667	1667		1667	
	地线		2281		2281	2281		2281	
张力	导线	一侧						13687	
		另一侧							
		张力差					14624		
张力	地线	一侧						16711	
		另一侧							
		张力差					16055		

注：导线水平荷载为下相导线荷载，表中（*t*/*v*/*b*）单位分别为：°、m/s、mm。

22.6.2　根开尺寸及基础作用力

110－CF11GS－JG1 塔的根开尺寸及基础作用力见表 22－21 和表 22－22。

表 22－21　　根开尺寸

呼高（m）	根径（mm）	地脚螺栓所在圆直径（mm）	地脚螺栓规格	地脚螺栓等级
15	902	1140	18M64	5.6
18	962	1200	20M64	5.6
21	1022	1280	20M64	5.6
24	1082	1340	18M72	5.6
27	1142	1410	18M72	5.6
30	1202	1470	20M72	5.6

表 22－22　　基础作用力

呼高（m）	水平力（kN）	垂直力（kN）	最大弯矩（kN·m）
15	128	176	2333
18	133	191	2831
21	138	206	3335
24	143	221	3833
27	148	236	4322
30	151	251	4714

22.6.3　单线图及司令图

110－CF11GS－JG1 杆单线图如图 22－8 所示，司令图如图 22－9 所示。

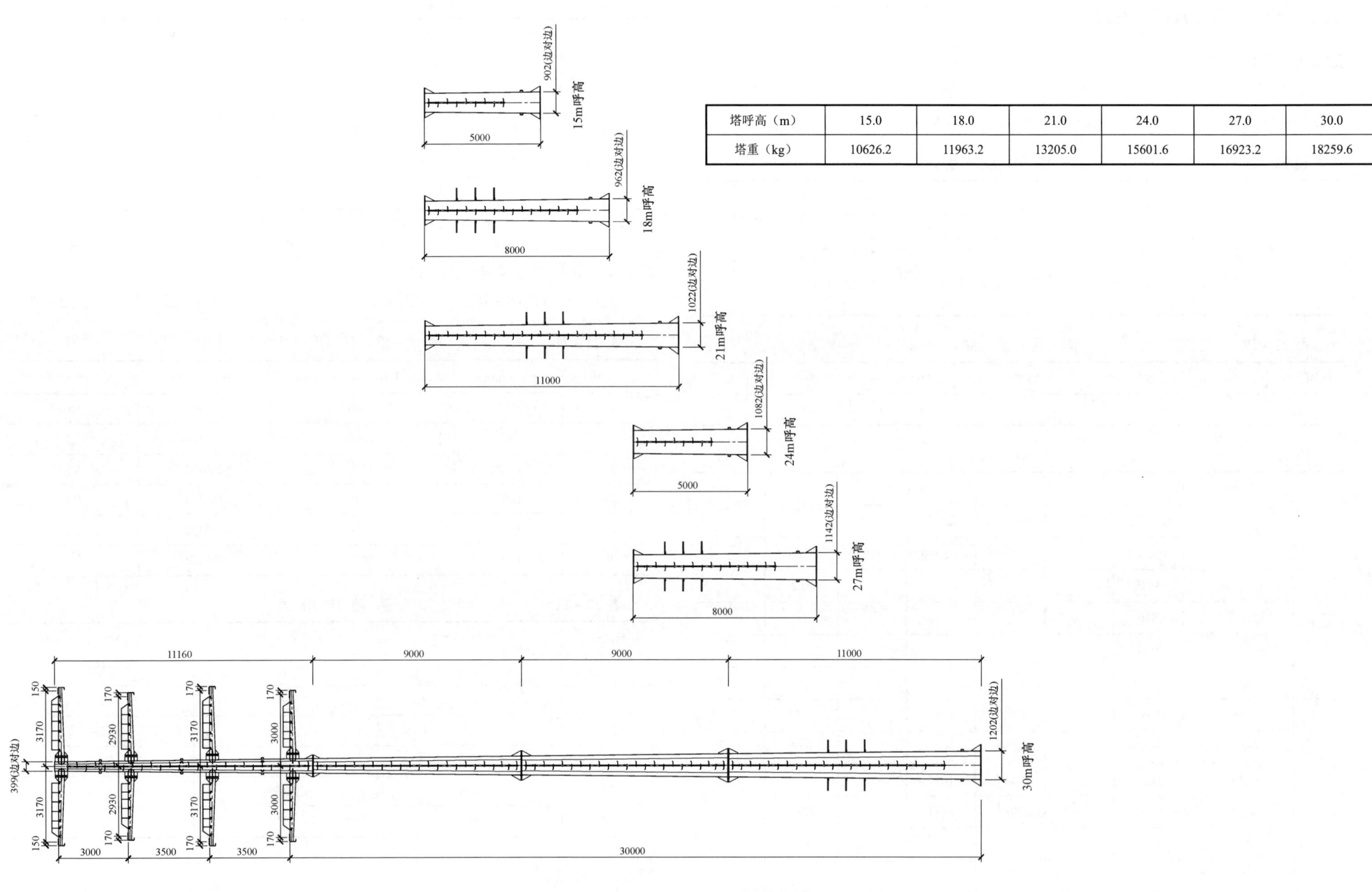

塔呼高（m）	15.0	18.0	21.0	24.0	27.0	30.0
塔重（kg）	10626.2	11963.2	13205.0	15601.6	16923.2	18259.6

图 22－8　110－CF11GS－JG1 杆单线图

材　料　表

段号	名称	横担（杆身）规格	上端法兰规格	螺栓规格	螺栓等级	下端法兰规格	螺栓规格	螺栓等级	备注
1	地线横担	Q355－6×250×3105							
2	上导线横担	Q355－6×250×2850							
3	中导线横担	Q355－6×250×3055							
4	下导线横担	Q355－6×250×2850							
5	杆身 1	Q420－10D（400/622）×11160				Q420－24D（635/920）	14M36	8.8	杆身为正 16 边形
6	杆身 2	Q420－12D（622/802）×9000	Q420－24D（635/920）	14M36	8.8	Q420－26D（818/1250）	18M42	8.8	杆身为正 16 边形
7	杆身 3	Q420－14D（802/982）×9000	Q420－26D（818/1250）	18M42	8.8	Q420－34D（1002/1410）	18M56	8.8	杆身为正 16 边形
8	杆身 4	Q420－16D（982/1202）×11000	Q420－34D（1002/1410）	18M56	8.8	Q420－34D（1226/1740）	20M72	8.8	杆身为正 16 边形
9	杆身 5	Q420－14D（982/1142）×8000	Q420－34D（1002/1410）	18M56	8.8	Q420－34D（1165/1680）	18M72	8.8	杆身为正 16 边形
10	杆身 6	Q420－14D（982/1082）×5000	Q420－34D（1002/1410）	18M56	8.8	Q420－34D（1104/1610）	18M72	8.8	杆身为正 16 边形
11	杆身 7	Q420－14D（802/1022）×11000	Q420－26D（818/1250）	18M42	8.8	Q420－28D（1043/1597）	20M64	8.8	杆身为正 16 边形
12	杆身 8	Q420－14D（802/962）×8000	Q420－26D（818/1250）	18M42	8.8	Q420－26D（981/1430）	20M64	8.8	杆身为正 16 边形
13	杆身 9	Q420－12D（802/902）×5000	Q420－26D（818/1250）	18M42	8.8	Q420－26D（920/1380）	18M64	8.8	杆身为正 16 边形

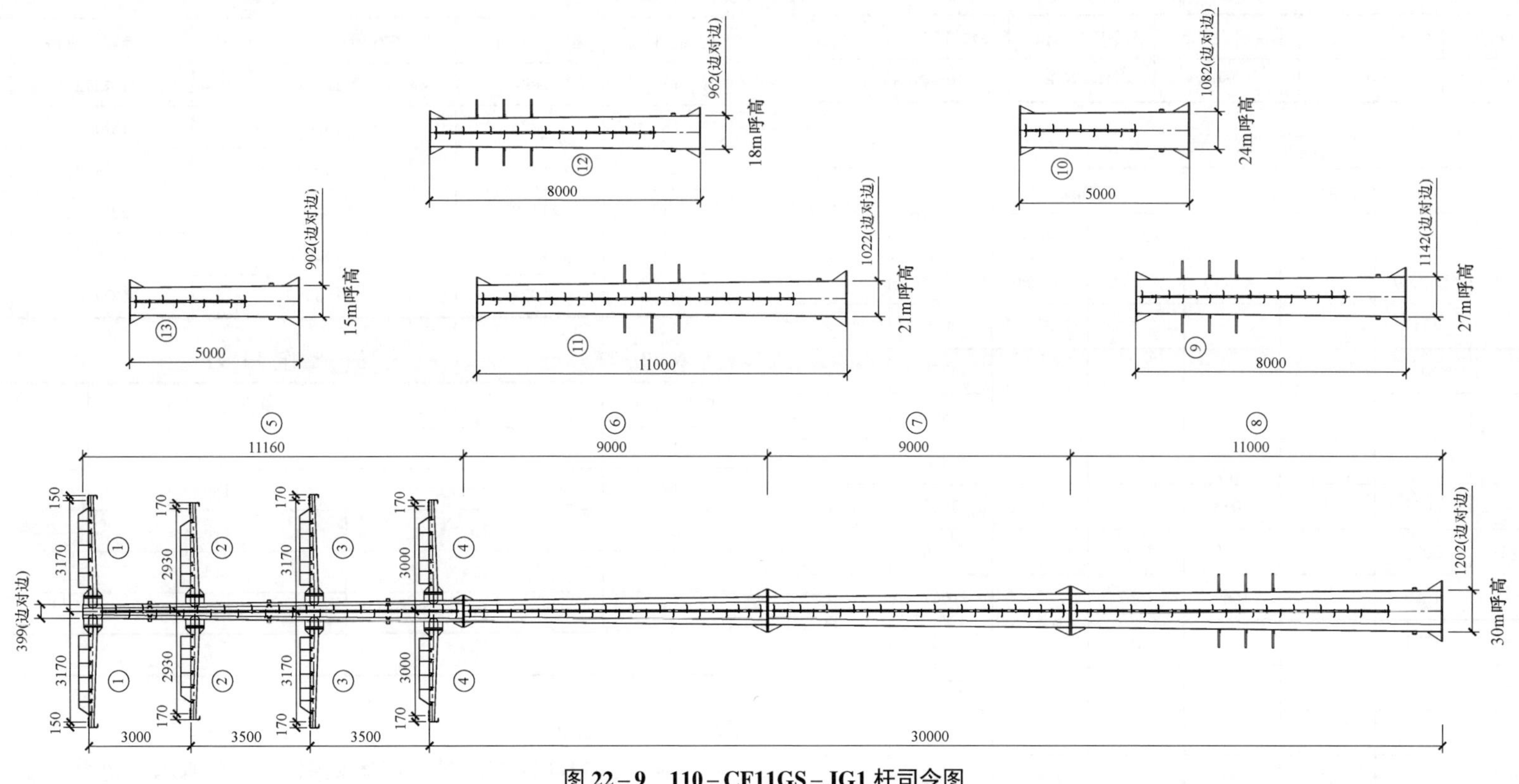

图 22－9　110－CF11GS－JG1 杆司令图

22.7 110－CF11GS－JG2 塔

22.7.1 设计条件

110－CF11GS－JG2 塔导线型号及张力、使用条件、荷载见表 22－23～表 22－25。

表 22－23 导线型号及张力

电压等级	110kV	导线型号	1×JL3/G1A－300/40	最大使用张力（kN）	35.09	断线张力取值（%）	100	不均匀覆冰不平衡张力取值（%）	—
		地线型号	JLB20A－100	最大使用张力（kN）	33.80	断线张力取值（%）	50	不均匀覆冰不平衡张力取值（%）	—

表 22－24 使用条件

使用条件	呼高（m）	水平档距（m）	垂直档距（m）	代表档距（m）	转角度数（°）	K_v 值
数值	30	200	250	100/200	10～20	—

表 22－25 荷载表 单位：N

气象条件（t/v/b）			正常运行情况			事故情况		安装情况	不均匀冰
			基本风速	覆冰	最低气温	未断线	断线		
			15/33/0	—	－5/0/0	－5/0/0	－5/0/0	0/10/0	—
水平荷载	导线		4949					452	
	绝缘子及金具		816					75	
	跳线串		963					88	
	地线		3349					307	
垂直荷载	导线		3053		3053	3053		3053	
	绝缘子及金具		3000		3000	3000		3000	
	跳线串		1667		1667	1667		1667	
	地线		2281		2281	2281		2281	
张力	导线	一侧						13687	
		另一侧							
		张力差					14624		

续表

气象条件（t/v/b）			正常运行情况			事故情况		安装情况	不均匀冰
			基本风速	覆冰	最低气温	未断线	断线		
			15/33/0	—	－5/0/0	－5/0/0	－5/0/0	0/10/0	—
张力	地线	一侧						16711	
		另一侧							
		张力差					16055		

注：导线水平荷载为下相导线荷载，表中（t/v/b）单位分别为：°、m/s、mm。

22.7.2 根开尺寸及基础作用力

110－CF11GS－JG2 塔的根开尺寸及基础作用力见表 22－26 和表 22－27。

表 22－26 根开尺寸

呼高（m）	根径（mm）	地脚螺栓所在圆直径（mm）	地脚螺栓规格	地脚螺栓等级
15	958	1230	16M72	5.6
18	1025	1300	18M72	5.6
21	1090	1400	18M72	5.6
24	1158	1440	20M72	5.6
27	1225	1520	18M80	5.6
30	1292	1600	18M80	5.6

表 22－27 基础作用力

呼高（m）	水平力（kN）	垂直力（kN）	最大弯矩（kN·m）
15	159	169	2942
18	164	180	3540
21	169	198	4144
24	174	213	4740
27	179	232	5331
30	184	260	5783

22.7.3 单线图及司令图

110－CF11GS－JG2 杆单线图如图 22－10 所示，司令图如图 22－11 所示。

塔呼高（m）	15.0	18.0	21.0	24.0	27.0	30.0
塔重（kg）	11609.3	12815.3	14055.5	17212.6	18979.8	20538.6

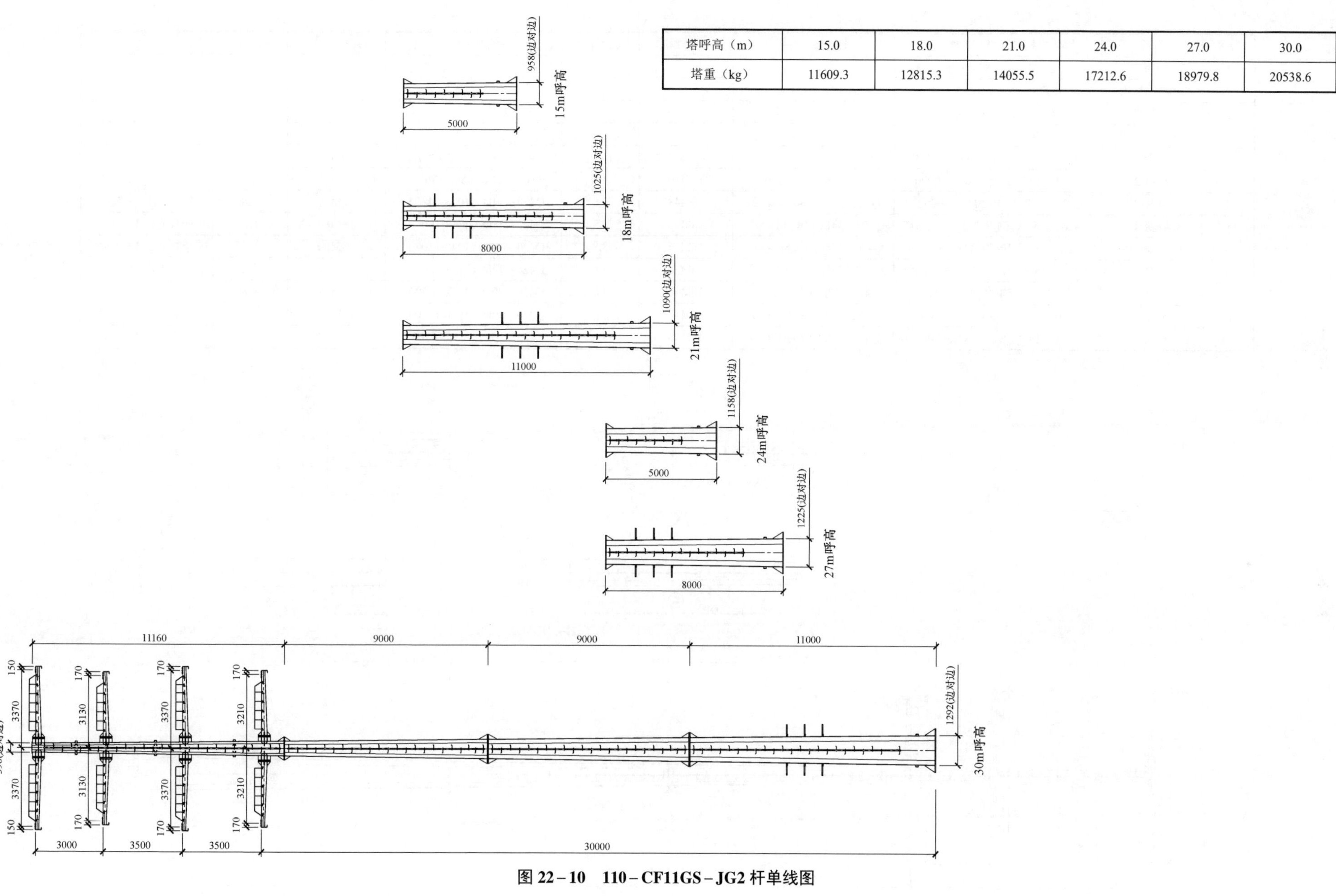

图 22－10　110－CF11GS－JG2 杆单线图

材 料 表

段号	名称	横担（杆身）规格	上端法兰规格	螺栓规格	螺栓等级	下端法兰规格	螺栓规格	螺栓等级	备注
1	地线横担	Q355－6×250×3105							
2	上导线横担	Q355－6×250×2850							
3	中导线横担	Q355－6×250×3055							
4	下导线横担	Q355－6×250×2850							
5	杆身 1	Q420－10D（400/646）×11160				Q420－20D（659/1000）	18M36	8.8	杆身为正 16 边形
6	杆身 2	Q420－14D（646/846）×9000	Q420－20D（659/1000）	18M36	8.8	Q420－30D（863/1265）	16M48	8.8	杆身为正 16 边形
7	杆身 3	Q420－16D（846/1047）×9000	Q420－30D（863/1265）	16M48	8.8	Q420－34D（1068/1480）	18M56	8.8	杆身为正 16 边形
8	杆身 4	Q420－16D（1047/1292）×11000	Q420－34D（1068/1480）	18M56	8.8	Q420－38D（1318/1900）	18M80	8.8	杆身为正 16 边形
9	杆身 5	Q420－16D（1047/1225）×8000	Q420－34D（1068/1480）	18M56	8.8	Q420－38D（1249/1800）	18M80	8.8	杆身为正 16 边形
10	杆身 6	Q420－16D（1047/1158）×5000	Q420－34D（1068/1480）	18M56	8.8	Q420－34D（1181/1680）	20M72	8.8	杆身为正 16 边形
11	杆身 7	Q420－14D（846/1090）×11000	Q420－30D（863/1265）	16M48	8.8	Q420－30D（1112/1650）	18M72	8.8	杆身为正 16 边形
12	杆身 8	Q420－14D（846/1025）×8000	Q420－30D（863/1265）	16M48	8.8	Q420－30D（1046/1550）	18M72	8.8	杆身为正 16 边形
13	杆身 9	Q420－14D（846/958）×5000	Q420－30D（863/1265）	16M48	8.8	Q420－32D（977/1470）	16M72	8.8	杆身为正 16 边形

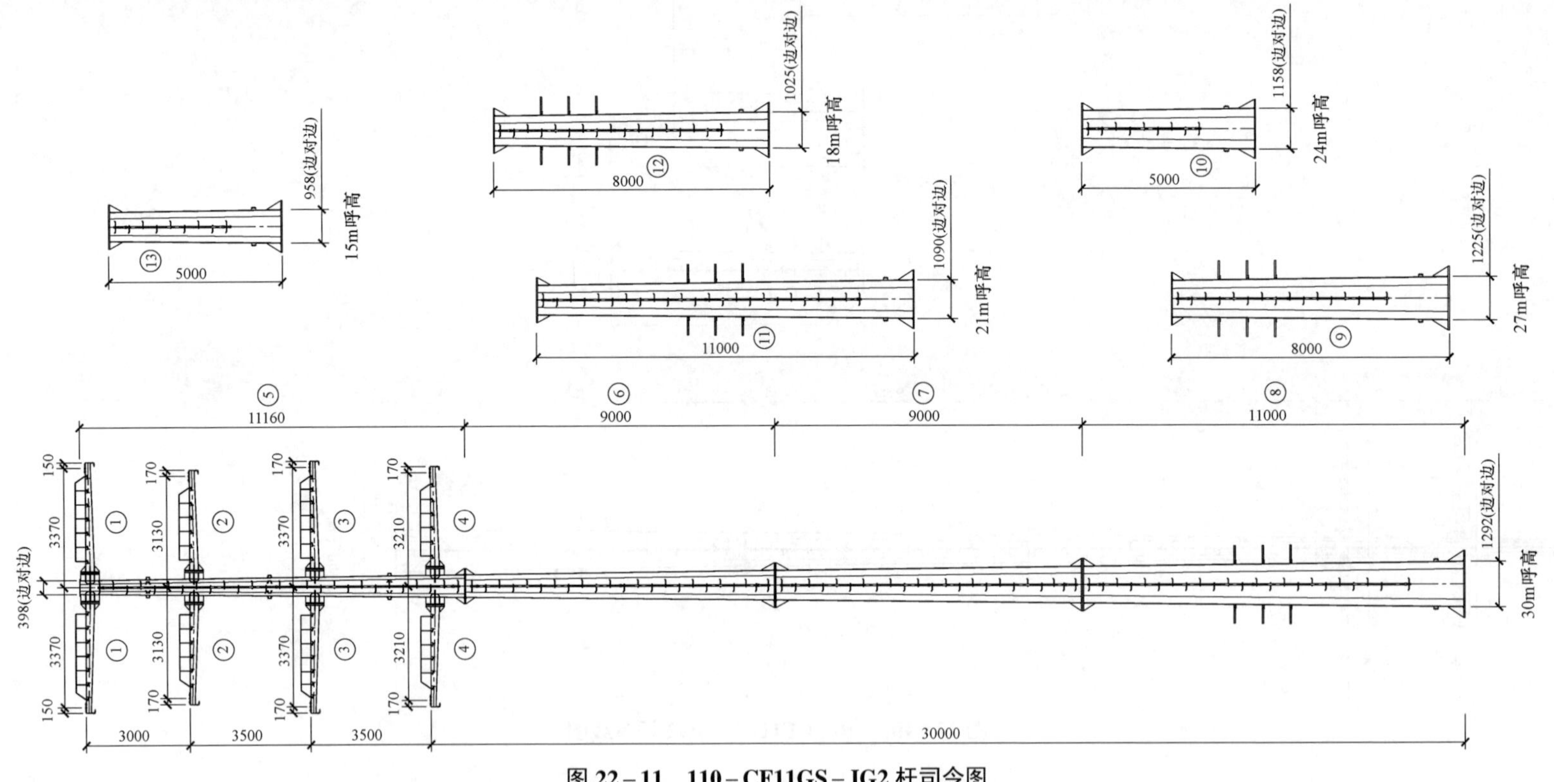

图 22－11　110－CF11GS－JG2 杆司令图

22.8 110－CF11GS－JG3 塔

22.8.1 设计条件

110－CF11GS－JG3 塔导线型号及张力、使用条件、荷载见表 22－28～表 22－30。

表 22－28　　导线型号及张力

电压等级	110kV	导线型号	1×JL3/G1A－300/40	最大使用张力（kN）	35.09	断线张力取值（%）	100	不均匀覆冰不平衡张力取值（%）	—
		地线型号	JLB20A－100	最大使用张力（kN）	33.80	断线张力取值（%）	100	不均匀覆冰不平衡张力取值（%）	—

表 22－29　　使用条件

使用条件	呼高（m）	水平档距（m）	垂直档距（m）	代表档距（m）	转角度数（°）	K_v 值
数值	30	200	250	150	20～40	—

注：上拔侧按 50%垂直档距考虑，下压侧按 80%垂直档距考虑。

表 22－30　　荷载表　　单位：N

气象条件（t/v/b）			正常运行情况			事故情况		安装情况	不均匀冰
			基本风速	覆冰	最低气温	未断线	断线		
			15/33/0	—	－5/0/0	－5/0/0	－5/0/0	0/10/0	—
水平荷载	导线		4949					452	
	绝缘子及金具		816					75	
	跳线串		963					88	
	地线		3349					307	
垂直荷载	导线		3053		3053	3053		3053	
	绝缘子及金具		3000		3000	3000		3000	
	跳线串		1667		1667	1667		1667	
	地线		2281		2281	2281		2281	
张力	导线	一侧						13687	
		另一侧							
		张力差					14624		
	地线	一侧						16711	
		另一侧							
		张力差					16055		

注：导线水平导线荷载为下相导线荷载，表中（t/v/b）单位分别为：°、m/s、mm。

22.8.2 根开尺寸及基础作用力

110－CF11GS－JG3 塔的根开尺寸及基础作用力见表 22－31 和表 22－32。

表 22－31　　根开尺寸

呼高（m）	根径（mm）	地脚螺栓所在圆直径（mm）	地脚螺栓规格	地脚螺栓等级
15	1157	1430	18M72	5.6
18	1243	1510	20M72	5.6
21	1329	1610	22M72	5.6
24	1414	1700	22M72	5.6
27	1500	1790	24M72	5.6
30	1586	1870	26M72	5.6

表 22－32　　基础作用力

呼高（m）	水平力（kN）	垂直力（kN）	最大弯矩（kN·m）
15	220	181	4099
18	226	200	4898
21	231	219	5690
24	237	238	6489
27	243	257	7269
30	249	276	7892

22.8.3 单线图及司令图

110－CF11GS－JG3 杆单线图如图 22－12 所示，司令图如图 22－13 所示。

塔呼高（m）	15.0	18.0	21.0	24.0	27.0	30.0
塔重（kg）	12926.8	14385.8	15830.7	18946.4	20635.0	22388.0

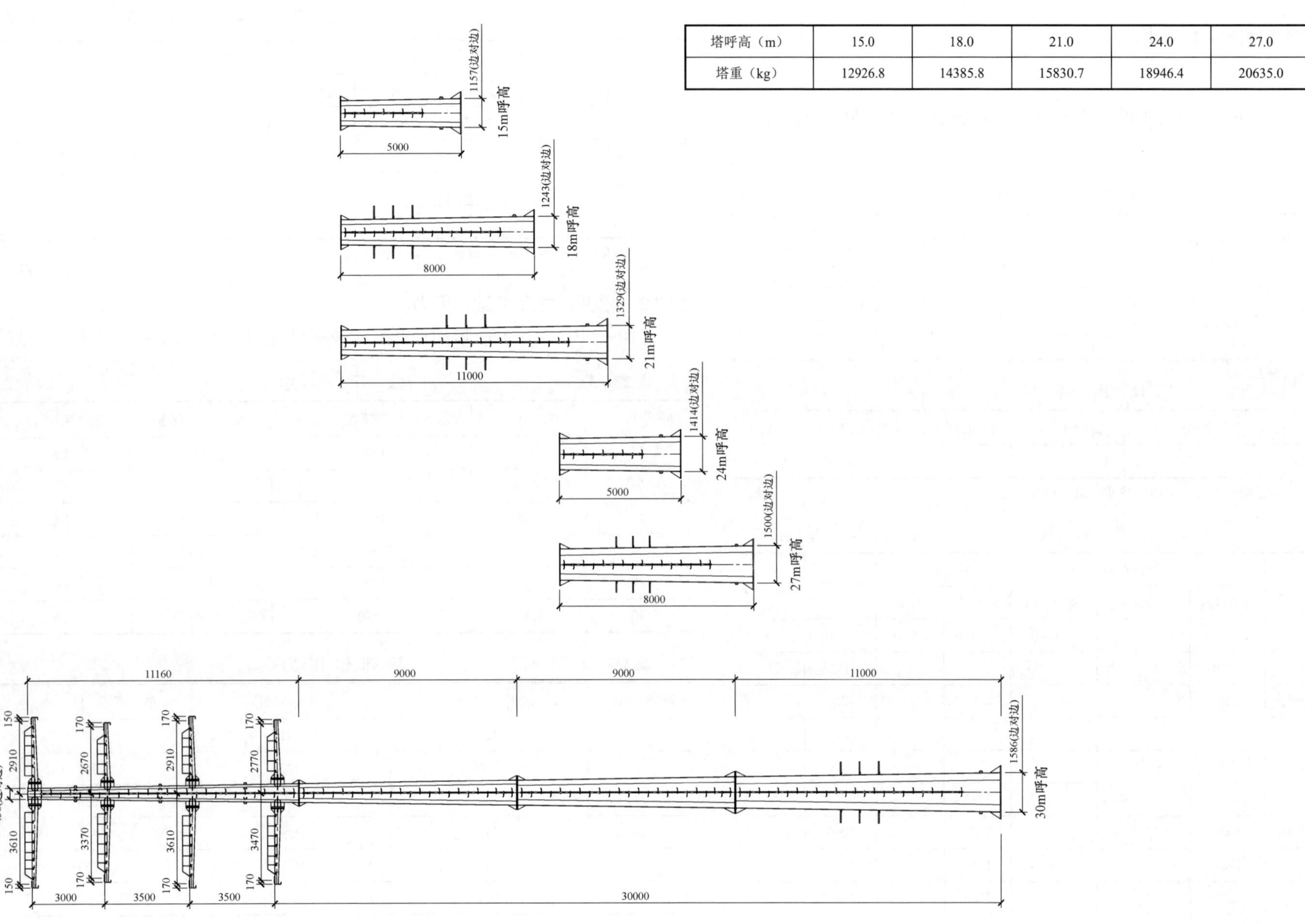

图 22-12 110-CF11GS-JG3 杆单线图

材 料 表

段号	名称	横担（杆身）规格	上端法兰规格	螺栓规格	螺栓等级	下端法兰规格	螺栓规格	螺栓等级	备注
1	外侧地线横担	Q355－6×250×3325							
2	内侧地线横担	Q355－6×250×2625							
3	外侧上导线横担	Q355－6×250×3060							
4	内侧上导线横担	Q355－6×250×2360							
5	外侧中导线横担	Q355－6×250×3250							
6	内侧中导线横担	Q355－6×250×2550							
7	外侧下导线横担	Q355－6×250×3060							
8	内侧下导线横担	Q355－6×250×2360							
9	杆身 1	Q420－10D（440/757）×11160				Q420－20D（772/1050）	20M36	8.8	杆身为正 16 边形
10	杆身 2	Q420－14D（757/1014）×9000	Q420－20D（772/1050）	20M36	8.8	Q420－28D（1034/1370）	20M48	8.8	杆身为正 16 边形
11	杆身 3	Q420－14D（1014/1271）×9000	Q420－28D（1034/1370）	20M48	8.8	Q420－32D（1296/1700）	24M56	8.8	杆身为正 16 边形
12	杆身 4	Q420－14D（1271/1586）×11000	Q420－32D（1296/1700）	24M56	8.8	Q420－32D（1618/2140）	26M72	8.8	杆身为正 16 边形
13	杆身 5	Q420－14D（1271/1500）×8000	Q420－32D（1296/1700）	24M56	8.8	Q420－32D（1530/2050）	24M72	8.8	杆身为正 16 边形
14	杆身 6	Q420－14D（1271/1414）×5000	Q420－32D（1296/1700）	24M56	8.8	Q420－34D（1442/1960）	22M72	8.8	杆身为正 16 边形
15	杆身 7	Q420－14D（1014/1329）×11000	Q420－28D（1034/1370）	20M48	8.8	Q420－32D（1356/1880）	22M72	8.8	杆身为正 16 边形
16	杆身 8	Q420－14D（1014/1243）×8000	Q420－28D（1034/1370）	20M48	8.8	Q420－34D（1268/1780）	20M72	8.8	杆身为正 16 边形
17	杆身 9	Q420－14D（1014/1157）×5000	Q420－28D（1034/1370）	20M48	8.8	Q420－34D（1180/1700）	18M72	8.8	杆身为正 16 边形

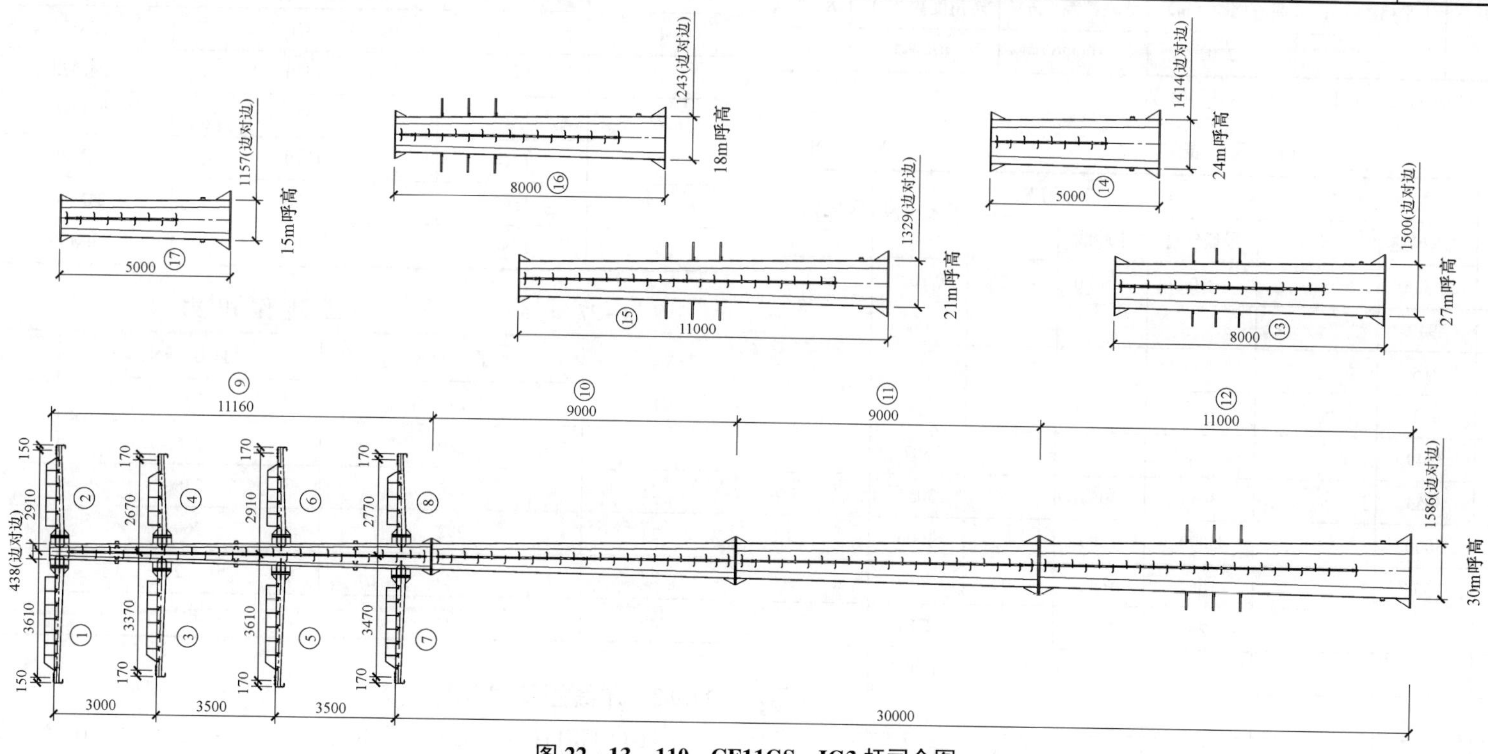

图 22－13 110－CF11GS－JG3 杆司令图

22.9　110－CF11GS－JG4 塔

22.9.1　设计条件

110－CF11GS－JG4 塔导线型号及张力、使用条件、荷载见表 22－33～表 22－35。

表 22－33　　导 线 型 号 及 张 力

电压等级	110kV	导线型号	1×JL3/G1A－300/40	最大使用张力（kN）	35.09	断线张力取值（%）	100	不均匀覆冰不平衡张力取值（%）	—
		地线型号	JLB20A－100	最大使用张力（kN）	33.80	断线张力取值（%）	100	不均匀覆冰不平衡张力取值（%）	—

表 22－34　　使 用 条 件

使用条件	呼高（m）	水平档距（m）	垂直档距（m）	代表档距（m）	转角度数（°）	K_v 值
数值	30	200	250	100/200	40～60	—

注：上拔侧按 50%垂直档距考虑，下压侧按 80%垂直档距考虑。

表 22－35　　荷 载 表　　单位：N

气象条件（t/v/b）			正常运行情况			事故情况		安装情况	不均匀冰
			基本风速	覆冰	最低气温	未断线	断线		
			15/33/0	—	－5/0/0	－5/0/0	－5/0/0	0/10/0	—
水平荷载	导线		4949					452	
	绝缘子及金具		816					75	
	跳线串		963					88	
	地线		3349					307	
垂直荷载	导线		3053		3053	3053		3053	
	绝缘子及金具		3000		3000	3000		3000	
	跳线串		1667		1667	1667		1667	
	地线		2281		2281	2281		2281	
张力	导线	一侧						13687	
		另一侧							
		张力差					14624		

续表

气象条件（t/v/b）			正常运行情况			事故情况		安装情况	不均匀冰
			基本风速	覆冰	最低气温	未断线	断线		
			15/33/0	—	－5/0/0	－5/0/0	－5/0/0	0/10/0	—
张力	地线	一侧						16711	
		另一侧							
		张力差					16055		

注：导线水平导线荷载为下相导线荷载，表中（t/v/b）单位分别为：°、m/s、mm。

22.9.2　根开尺寸及基础作用力

110－CF11GS－JG4 塔的根开尺寸及基础作用力见表 22－36 和表 22－37。

表 22－36　　根 开 尺 寸

呼高（m）	根径（mm）	地脚螺栓所在圆直径（mm）	地脚螺栓规格	地脚螺栓等级
15	1157	1450	22M72	5.6
18	1243	1550	24M72	5.6
21	1329	1620	22M80	5.6
24	1414	1710	22M80	5.6
27	1500	1800	24M80	5.6
30	1586	1900	26M80	5.6

表 22－37　　基 础 作 用 力

呼高（m）	水平力（kN）	垂直力（kN）	最大弯矩（kN·m）
15	274	194	5197
18	280	216	6190
21	286	238	7188
24	292	260	8180
27	298	282	9170
30	303	302	9824

22.9.3　单线图及司令图

110－CF11GS－JG4 杆单线图如图 22－14 所示，司令图如图 22－15 所示。

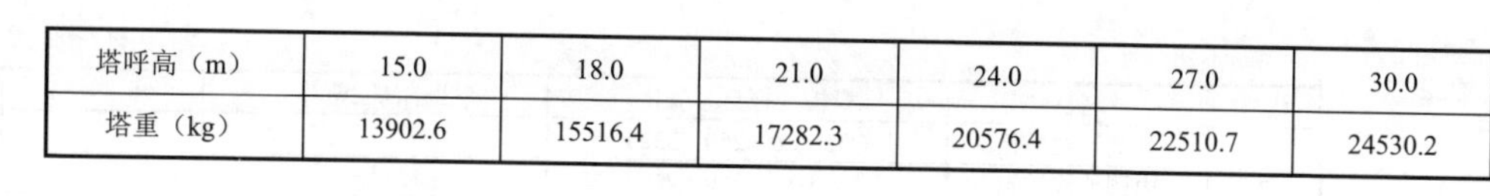

塔呼高（m）	15.0	18.0	21.0	24.0	27.0	30.0
塔重（kg）	13902.6	15516.4	17282.3	20576.4	22510.7	24530.2

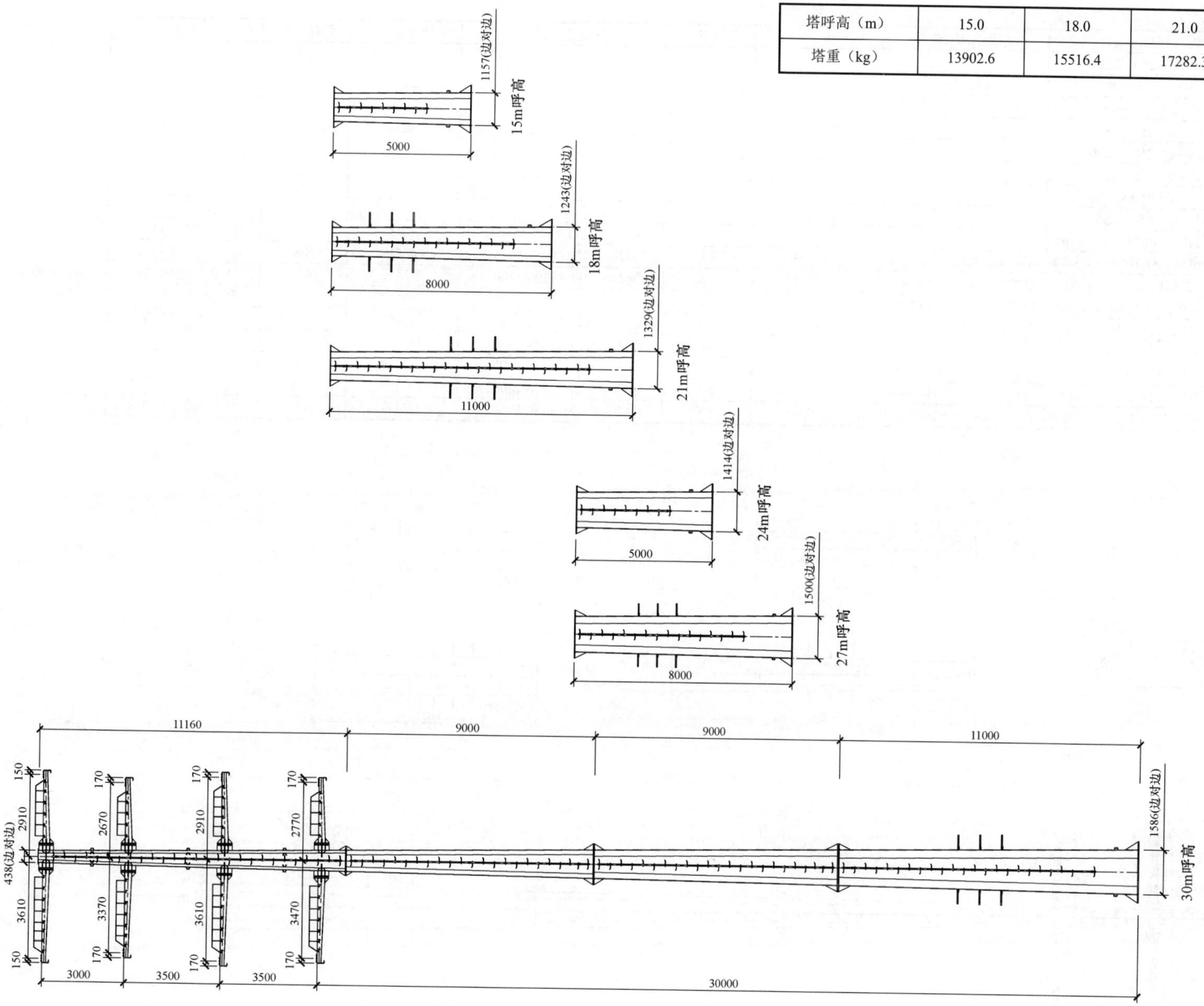

图 22－14　110－CF11GS－JG4 杆单线图

材 料 表

段号	名称	横担（杆身）规格	上端法兰规格	螺栓规格	螺栓等级	下端法兰规格	螺栓规格	螺栓等级	备注
1	外侧地线横担	Q355－6×250×3325							
2	内侧地线横担	Q355－6×250×2625							
3	外侧上导线横担	Q355－6×250×3060							
4	内侧上导线横担	Q355－6×250×2360							
5	外侧中导线横担	Q355－6×250×3250							
6	内侧中导线横担	Q355－6×250×2550							
7	外侧下导线横担	Q355－6×250×3060							
8	内侧下导线横担	Q355－6×250×2360							
9	杆身 1	Q420－12D（440/757）×11160				Q420－18D（772/1050）	24M36	8.8	杆身为正 16 边形
10	杆身 2	Q420－16D（757/1014）×9000	Q420－18D（772/1050）	24M36	8.8	Q420－24D（1034/1450）	24M48	8.8	杆身为正 16 边形
11	杆身 3	Q420－16D（1014/1271）×9000	Q420－24D（1034/1450）	24M48	8.8	Q420－32D（1296/1700）	24M56	8.8	杆身为正 16 边形
12	杆身 4	Q420－16D（1271/1586）×11000	Q420－32D（1296/1700）	24M56	8.8	Q420－36D（1618/2180）	26M80	8.8	杆身为正 16 边形
13	杆身 5	Q420－16D（1271/1500）×8000	Q420－32D（1296/1700）	24M56	8.8	Q420－36D（1530/2080）	24M80	8.8	杆身为正 16 边形
14	杆身 6	Q420－16D（1271/1414）×5000	Q420－32D（1296/1700）	24M56	8.8	Q420－36D（1442/1990）	22M80	8.8	杆身为正 16 边形
15	杆身 7	Q420－16D（1014/1329）×11000	Q420－24D（1034/1450）	24M48	8.8	Q420－34D（1356/1900）	22M80	8.8	杆身为正 16 边形
16	杆身 8	Q420－16D（1014/1243）×8000	Q420－24D（1034/1450）	24M48	8.8	Q420－28D（1268/1800）	24M72	8.8	杆身为正 16 边形
17	杆身 9	Q420－16D（1014/1157）×5000	Q420－24D（1034/1450）	24M48	8.8	Q420－28D（1180/1700）	22M72	8.8	杆身为正 16 边形

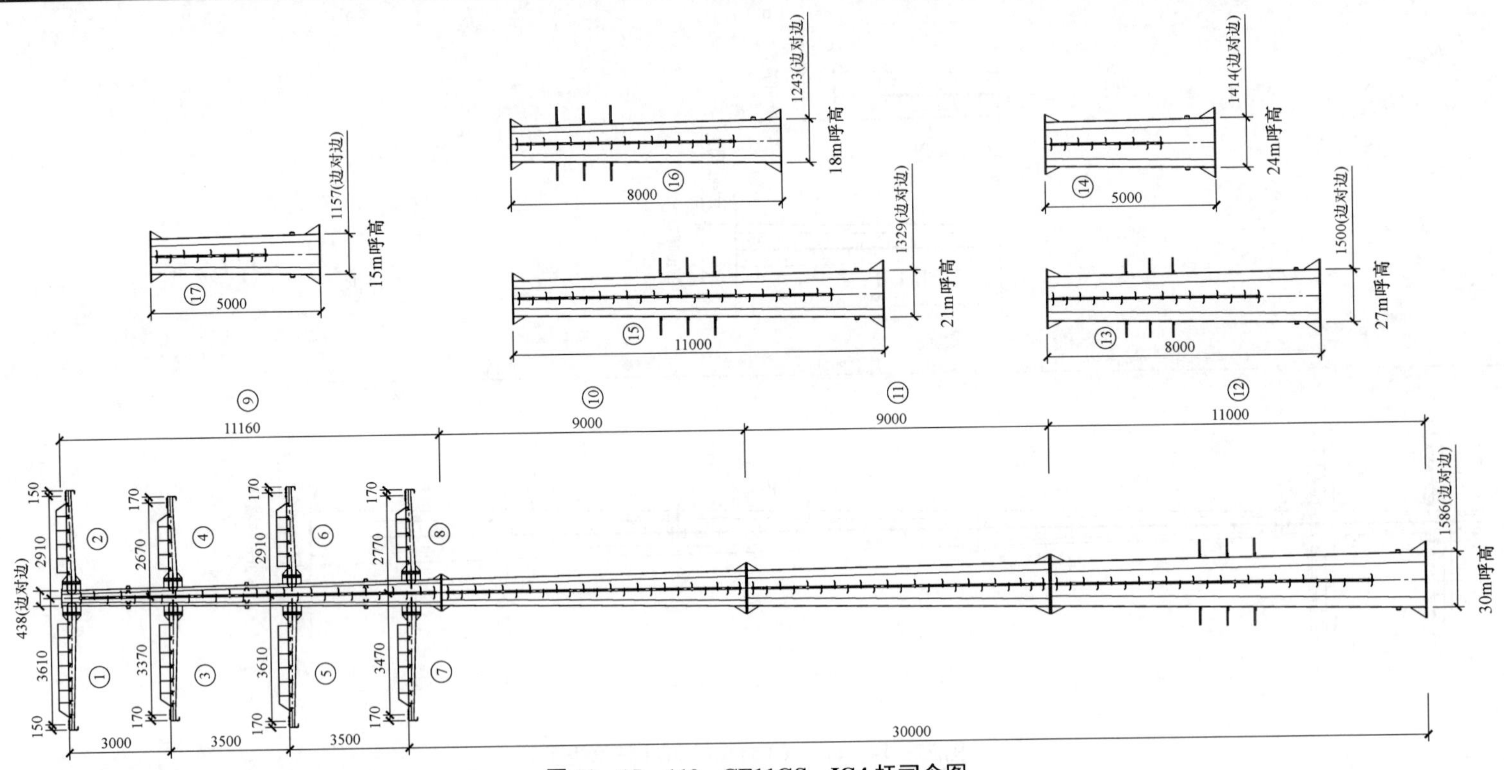

图 22－15 110－CF11GS－JG4 杆司令图

22.10　110－CF11GS－JG5 塔

22.10.1　设计条件

110－CF11GS－JG5 塔导线型号及张力、使用条件、荷载见表 22－38～表 22－40。

表 22－38　　导 线 型 号 及 张 力

电压等级	110kV	导线型号	1×JL3/G1A－300/40	最大使用张力（kN）	35.09	断线张力取值（%）	100	不均匀覆冰不平衡张力取值（%）	—
		地线型号	JLB20A－100	最大使用张力（kN）	33.80	断线张力取值（%）	100	不均匀覆冰不平衡张力取值（%）	—

表 22－39　　使 用 条 件

使用条件	呼高（m）	水平档距（m）	垂直档距（m）	代表档距（m）	转角度数（°）	K_v 值
数值	30	200	250	100/200	60～90 兼终端 0～60	—

注：上拔侧按 50%垂直档距考虑，下压侧按 80%垂直档距考虑。

表 22－40　　荷 载 表　　单位：N

气象条件（t/v/b）			正常运行情况			事故情况		安装情况	不均匀冰
			基本风速	覆冰	最低气温	未断线	断线		
			15/33/0	—	－5/0/0	－5/0/0	－5/0/0	0/10/0	—
水平荷载	导线		4949					452	
	绝缘子及金具		816					75	
	跳线串		963					88	
	地线		3349					307	
垂直荷载	导线		3053		3053	3053		3053	
	绝缘子及金具		3000		3000	3000		3000	
	跳线串		1667		1667	1667		1667	
	地线		2281		2281	2281		2281	
张力	导线	一侧						13687	
		另一侧							
		张力差					14624		

续表

气象条件（t/v/b）			正常运行情况			事故情况		安装情况	不均匀冰
			基本风速	覆冰	最低气温	未断线	断线		
			15/33/0	—	－5/0/0	－5/0/0	－5/0/0	0/10/0	—
张力	地线	一侧						16711	
		另一侧							
		张力差					16055		

注：导线水平导线荷载为下相导线荷载，表中（t/v/b）单位分别为：°、m/s、mm。

22.10.2　根开尺寸及基础作用力

110－CF11GS－JG5 塔的根开尺寸及基础作用力见表 22－41 和表 22－42。

表 22－41　　根 开 尺 寸

呼高（m）	根径（mm）	地脚螺栓所在圆直径（mm）	地脚螺栓规格	地脚螺栓等级
15	1353	1650	20M80	5.6
18	1445	1740	22M80	5.6
21	1537	1850	24M80	5.6
24	1630	1950	26M80	5.6
27	1722	2030	26M80	5.6
30	1814	2120	28M80	5.6

表 22－42　　基 础 作 用 力

呼高（m）	水平力（kN）	垂直力（kN）	最大弯矩（kN·m）
15	351	218	6691
18	358	243	7899
21	365	268	9115
24	372	293	10320
27	377	318	11525
30	385	342	12531

22.10.3　单线图及司令图

110－CF11GS－JG5 杆单线图如图 22－16 所示，司令图如图 22－17 所示。

塔呼高（m）	15.0	18.0	21.0	24.0	27.0	30.0
塔重（kg）	16724.8	18500.5	20480.3	23891.6	26021.7	28119.0

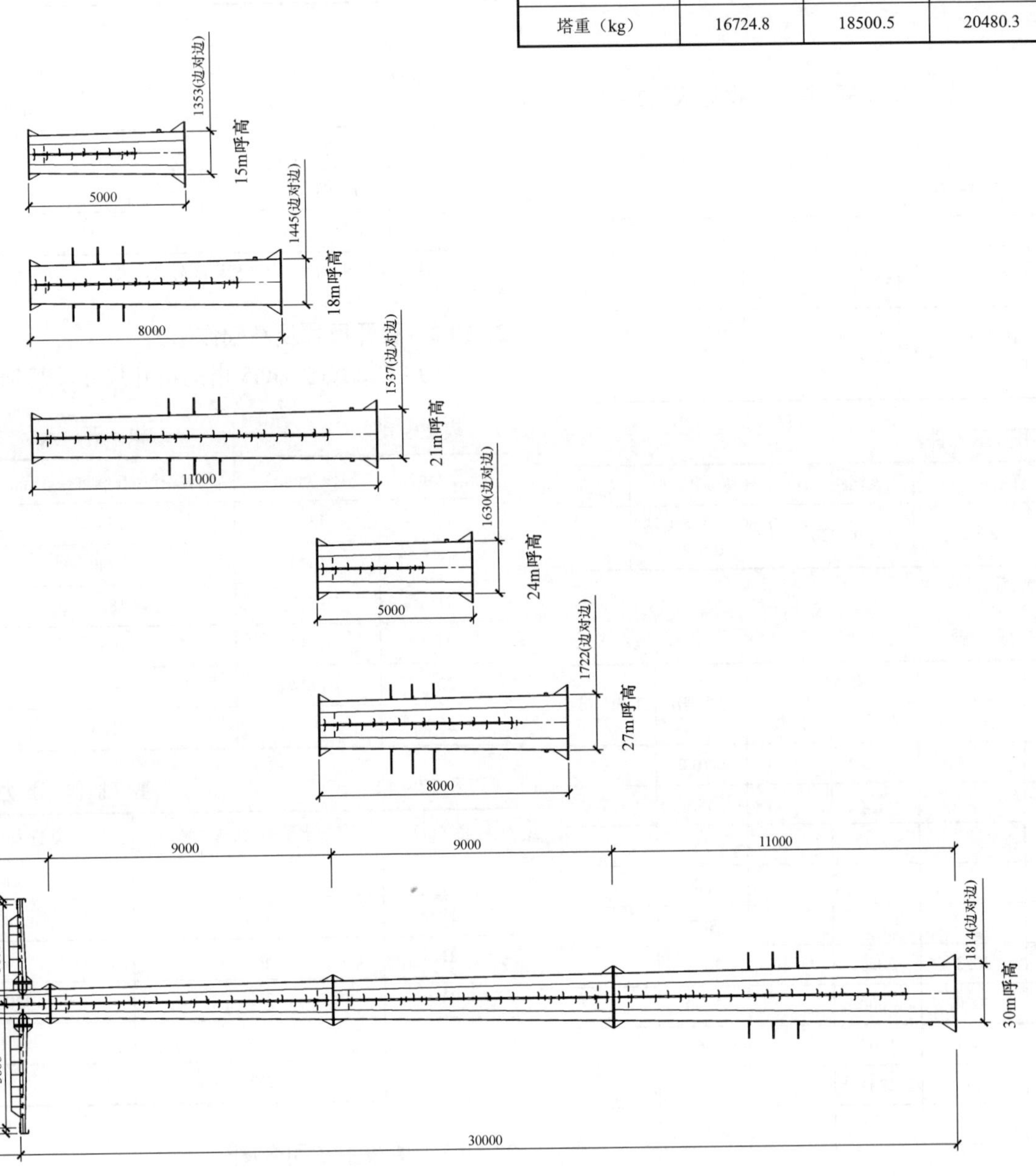

图 22－16　110－CF11GS－JG5 杆单线图

材 料 表

段号	名称	横担（杆身）规格	上端法兰规格	螺栓规格	螺栓等级	下端法兰规格	螺栓规格	螺栓等级	备注
1	外侧地线横担	Q355－6×250×3580							
2	内侧地线横担	Q355－6×250×2880							
3	外侧上导线横担	Q355－6×250×3300							
4	内侧上导线横担	Q355－6×250×2600							
5	外侧中导线横担	Q355－6×250×3500							
6	内侧中导线横担	Q355－6×250×2800							
7	外侧下导线横担	Q355－6×250×3300							
8	内侧下导线横担	Q355－6×250×2600							
9	杆身 1	Q420－12D（580/921）×11185				Q420－26D（772/1050）	20M42	8.8	杆身为正 16 边形
10	杆身 2	Q420－16D（921/1198）×9000	Q420－26D（772/1050）	20M42	8.8	Q420－26D（1034/1450）	28M48	8.8	杆身为正 16 边形
11	杆身 3	Q420－16D（1198/1475）×9000	Q420－26D（1034/1450）	28M48	8.8	Q420－32D（1296/1700）	28M56	8.8	杆身为正 16 边形
12	杆身 4	Q420－16D(1475/1814)×11000	Q420－32D（1296/1700）	28M56	8.8	Q420－36D（1618/2180）	28M80	8.8	杆身为正 16 边形
13	杆身 5	Q420－16D（1475/1722）×8000	Q420－32D（1296/1700）	28M56	8.8	Q420－36D（1530/2080）	26M80	8.8	杆身为正 16 边形
14	杆身 6	Q420－16D（1475/1630）×5000	Q420－32D（1296/1700）	28M56	8.8	Q420－34D（1442/1990）	26M80	8.8	杆身为正 16 边形
15	杆身 7	Q420－16D(1198/1537)×11000	Q420－26D（1034/1450）	28M48	8.8	Q420－34D（1356/1900）	24M80	8.8	杆身为正 16 边形
16	杆身 8	Q420－16D(1198/11445)×8000	Q420－26D（1034/1450）	28M48	8.8	Q420－36D（1268/1800）	22M80	8.8	杆身为正 16 边形
17	杆身 9	Q420－16D（1198/1353）×5000	Q420－26D（1034/1450）	28M48	8.8	Q420－38D（1180/1700）	20M80	8.8	杆身为正 16 边形

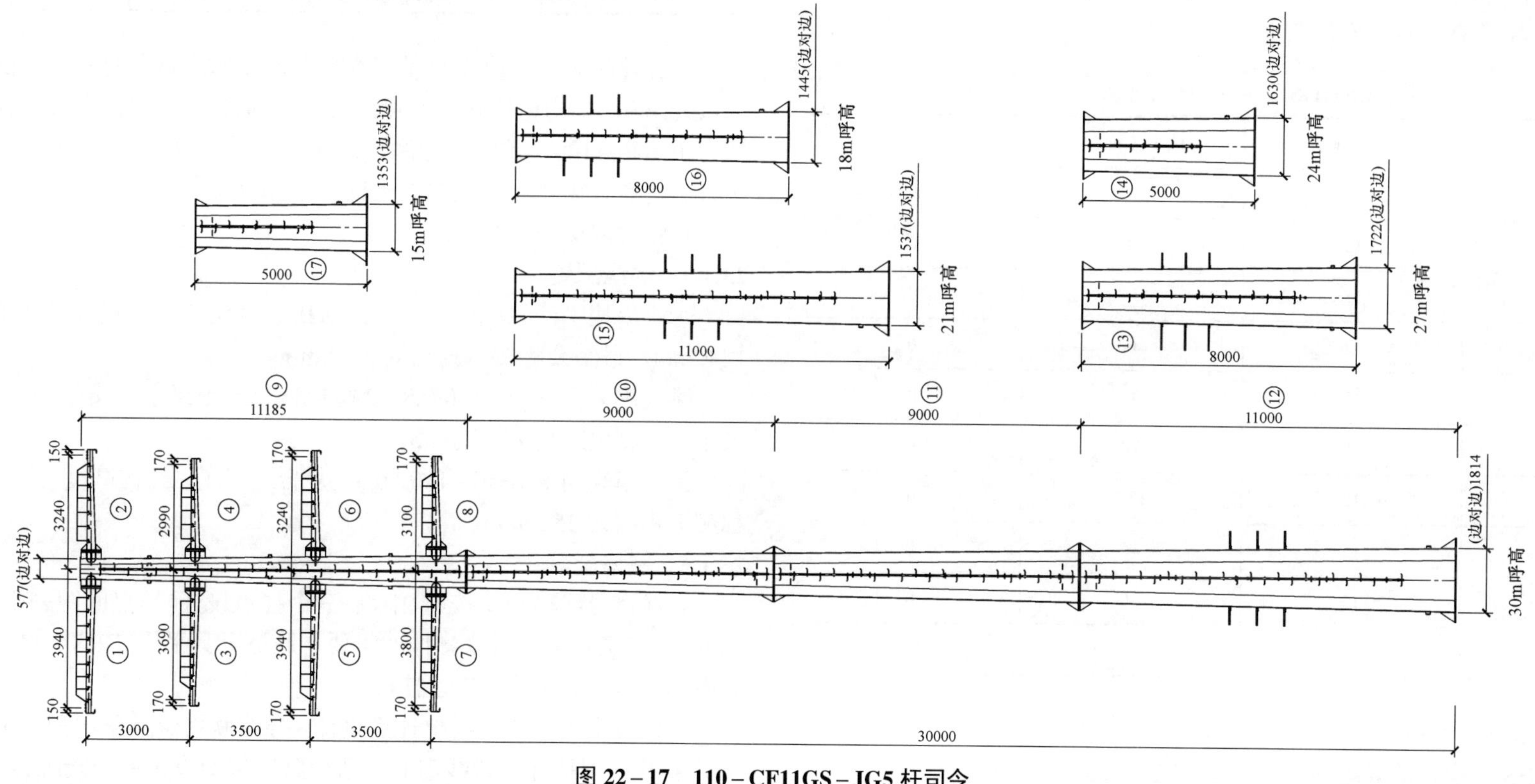

图 22－17　110－CF11GS－JG5 杆司令

23　110－EF11GS 子模块

23.1　模块说明

23.1.1　概述

根据国家电网公司《35kV～750kV 线路杆塔通用设计优化技术导则》和国网福建电力工作安排，福建永福电力设计股份有限公司负责 110kV 输电线路通用设计 110－EF11GS 子模块的设计工作。该模块为海拔 1000m 以内、设计基本风速为 33m/s（离地 10m）、覆冰厚度为 0mm，导线为 2×JL3/G1A－240/30 兼 1×JL3/G1A－400/35 的双回路钢管杆。直线杆按 4 杆系列规划，耐张杆按 5 杆系列规划，5 型转角杆兼做终端杆；该子模块共计 9 种塔型。

23.1.2　气象条件

110－EF11GS 子模块的气象条件见表 23－1。

表 23－1　　110－EF11GS 子模块的气象条件

项目	气温（℃）	风速（m/s）	覆冰厚度（mm）
最低气温	－5	0	0
年平均气温	15	0	0
基本风速	15	33	0
设计覆冰	－5	0	0
最高气温	40	0	0
安装情况	0	10	0
操作过电压	15	17.6	0
雷电过电压	15	15	0
带电作业	15	10	0
年平均雷电日数	65		

23.1.3　导地线型号及参数

110－EF11GS 子模块的导地线型号及参数见表 23－2。

表 23－2　　110－EF11GS 子模块的导地线型号及参数

项目		导线		地线	
电线型号		JL3/G1A－240/30	JL3/G1A－400/35	JLB20A－100	JLB40－100
结构	铝［根数/直径（mm）］	24/3.60	48/3.22	—	—
	钢、铝包钢［根数/直径（mm）］	7/2.40	7/2.50	19/2.6	19/2.6
计算截面面积（mm^2）		276	425	101	101
计算外径（mm）		21.6	26.8	13	13
计算重量（kg/m）		0.9215	1.3486	0.6767	0.4765
计算拉断力（N）		75190	103700	135200	68600
弹性系数（MPa）		70500	65900	153900	103600
线膨胀系数（1/℃）		19.4×10^{-6}	20.3×10^{-6}	13.0×10^{-6}	15.5×10^{-6}

设计使用时，导地线的保证拉断力为计算拉断力的 95%。设计用导线安全系数为 6.0，平均运行张力取保证拉断力的 12%；进行电气配合时，地线型号选取 JLB40－100，地线安全系数为 7.0，平均运行张力取保证拉断力的 12%；进行结构荷载计算时，地线型号选取 JLB20A－100，地线安全系数为 8.0，平均运行张力取保证拉断力的 12%。

23.1.4　绝缘配置

悬垂串按“I”型布置，采用 FXBW－110/70－3 复合绝缘子，结构高度为 1440mm，最小公称爬电距离为 3520mm。

跳线串采用 FSP－110/0.8－2 防风偏复合绝缘子，实结构高度为 1440mm，最小公称爬电距离为 3520mm。

耐张串采用 FXBW－110/70－3 复合绝缘子，结构高度为 1440mm，最小公称爬电距离为 3520mm。

23.1.5　联塔金具

直线塔导线横担均按前、中、后三个挂点设计，挂点间距采用 200＋200＝400（mm），以满足单、双联悬挂的需要，联塔金具采用 ZBS－07/10－80；地线悬垂串的联塔金具采用 UB 型挂板。

导地线耐张串均采用单挂点设计，导线联塔金具采用 U 型挂环，地线联塔金具采用 U 型挂环。跳线串联塔适配防风偏绝缘子低压端螺栓。

23.2 110－EF11GS 子模块杆塔一览图

110－EF11GS 子模块杆塔一览图如图 23－1 所示。

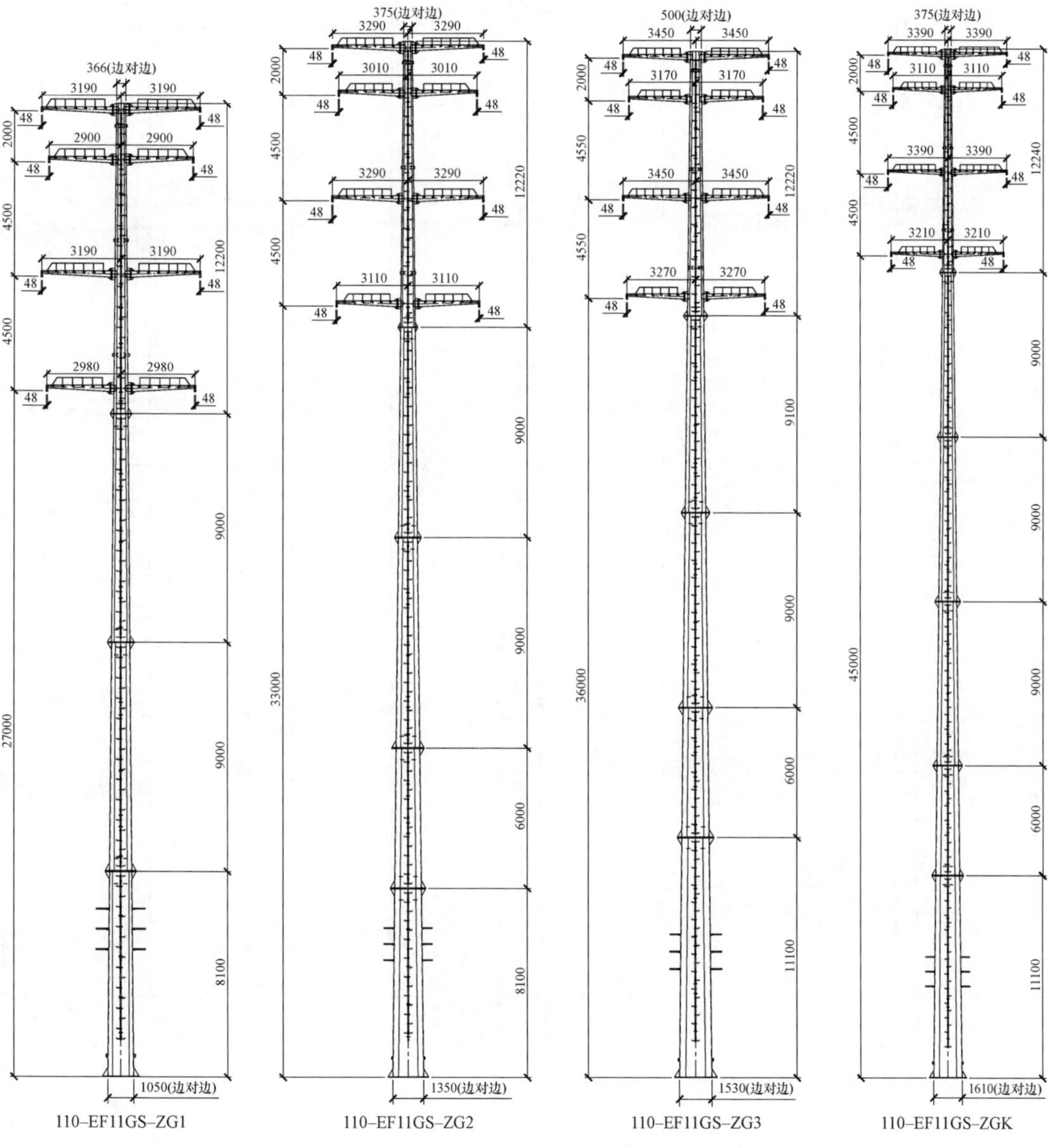

序号	塔型名称	呼高（m）	水平档距（m）	垂直档距（m）	塔重（kg）	允许转角（°）
1	110－EF11GS－JG1	30.0	200	250	19386.7	0～10
2	110－EF11GS－JG2	30.0	200	250	22569.6	10～20
3	110－EF11GS－JG3	30.0	200	250	25024.1	20～40
4	110－EF11GS－JG4	30.0	200	250	30558.6	40～60
5	110－EF11GS－JG5	30.0	200	250	34206.2	60～90
6	110－EF11GS－ZG1	27.0	150	200	12727.1	0
7	110－EF11GS－ZG2	33.0	200	250	17622.4	0
8	110－EF11GS－ZG3	36.0	250	350	22966.6	0
9	110－EF11GS－ZGK	45.0	200	250	28314.4	0

图 23－1　110－EF11GS 子模块杆塔一览图（一）

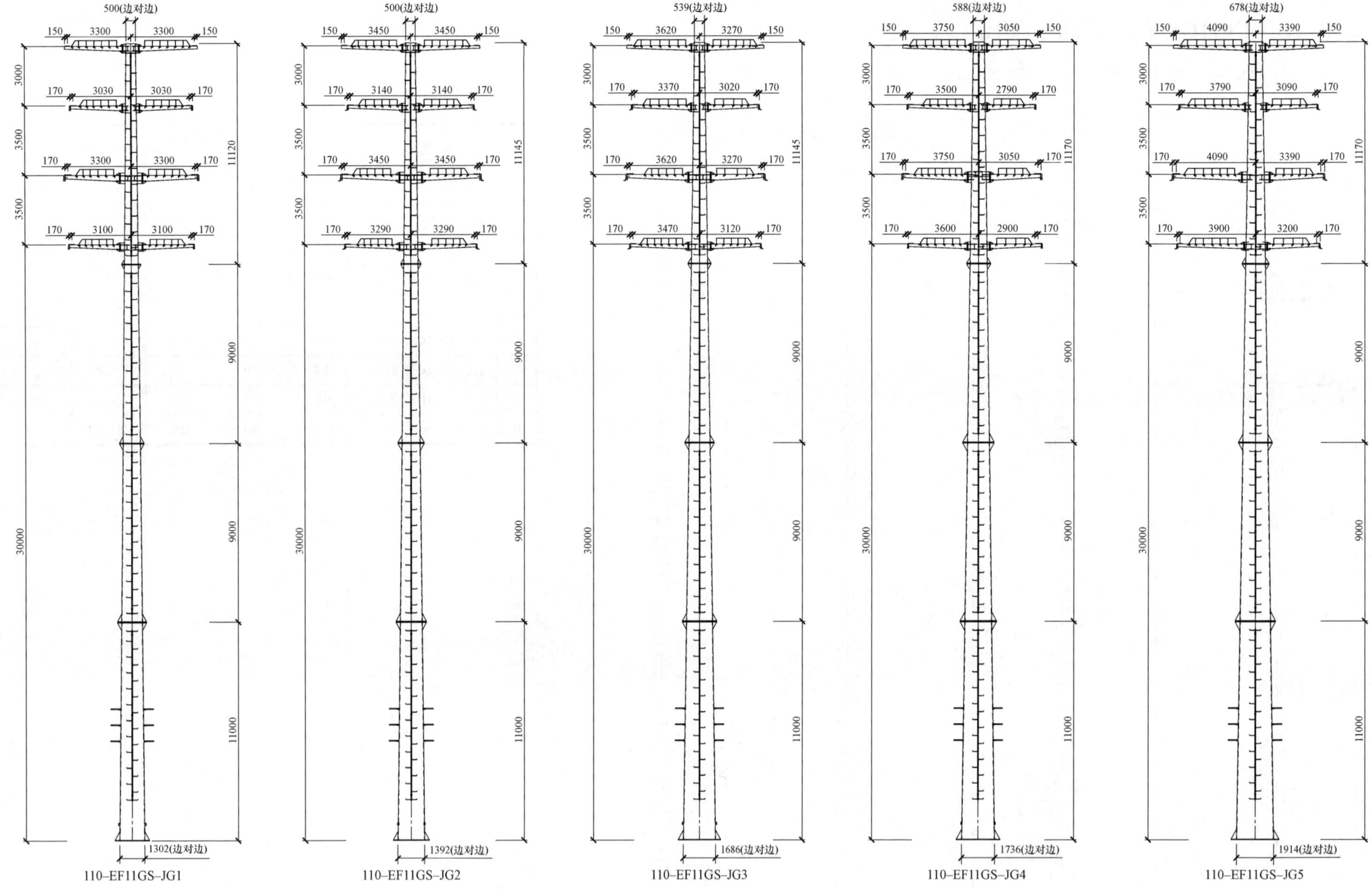

图 23－1　110－EF11GS 子模块杆塔一览图（二）

23.3 110-EF11GS-ZG1 塔

23.3.1 设计条件

110-EF11GS-ZG1 塔的导线型号及张力、使用条件、荷载见表 23-3～表 23-5。

表 23-3　　导线型号及张力

电压等级	110kV	导线型号	2×JL3/G1A-240/30	最大使用张力（kN）	11.91	断线张力取值（%）	25	不均匀覆冰不平衡张力取值（%）	10
		地线型号	JLB20A-100	最大使用张力（kN）	16.06	断线张力取值（%）	100	不均匀覆冰不平衡张力取值（%）	20

表 23-4　　使用条件

使用条件	呼高（m）	水平档距（m）	垂直档距（m）	代表档距（m）	转角度数（°）	K_v 值
数值	27	150	200	150	0	0.85

表 23-5　　荷载表　　单位：N

气象条件（t/v/b）			正常运行情况			事故情况		安装情况	不均匀冰
			基本风速	覆冰	最低气温	未断线	断线		
			15/33/0	-5/0/0	-5/0/0	-5/0/0	-5/0/0	0/10/0	-5/0/0
水平荷载	导线		6090					555	
	绝缘子及金具		488					45	
	跳线串								
	地线		2510					230	
垂直荷载	导线		3976		3615	3976	3976	3615	
	绝缘子及金具		1000		1000	1000	1000	1000	
	跳线串								
	地线		1825		1460	1825	1825	1460	
张力	导线	一侧					5953	16563	
		另一侧					0	16563	
		张力差					5953	0	
	地线	一侧					16055	15691	
		另一侧					0	15691	
		张力差					16055	0	

续表

注：导线水平荷载为下相导线荷载，表中（t/v/b）单位分别为：°、m/s、mm。

23.3.2 根开尺寸及基础作用力

110-EF11GS-ZG1 塔的根开尺寸及基础作用力见表 23-6 和表 23-7。

表 23-6　　根开尺寸

呼高（m）	根径（mm）	地脚螺栓所在圆直径（mm）	地脚螺栓规格	地脚螺栓等级
15	836	1080	16M56	8.8
18	889	1140	18M56	8.8
21	943	1190	18M56	8.8
24	996	1250	20M56	8.8
27	1050	1290	20M56	8.8

表 23-7　　基础作用力

呼高（m）	水平力（kN）	垂直力（kN）	最大弯矩（kN·m）
15	97	154	1789
18	101	164	2121
21	105	175	2473
24	109	186	2847
27	113	198	3238

23.3.3 单线图及司令图

110-EF11GS-ZG1 杆单线图如图 23-2 所示，司令图如图 23-3 所示。

塔呼高（m）	27.0	24.0	21.0	18.0	15.0
塔重（kg）	12727.1	11638.3	9999.7	9092.3	8150.2

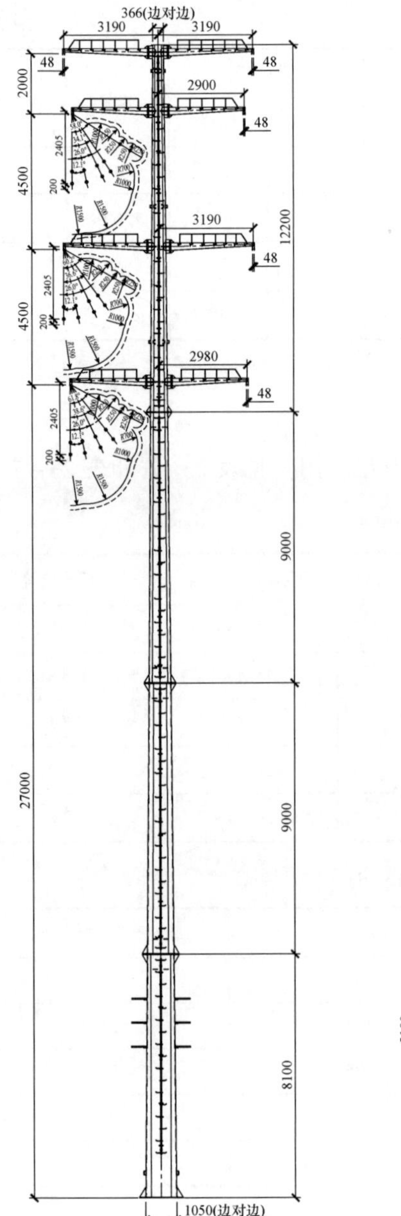

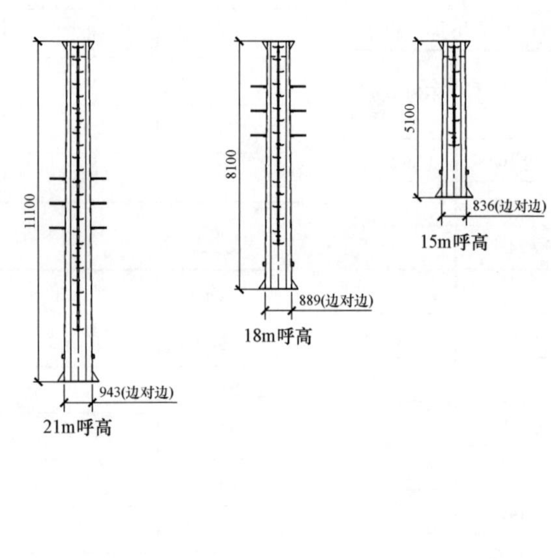

图 23－2　110－EF11GS－ZG1 杆单线图

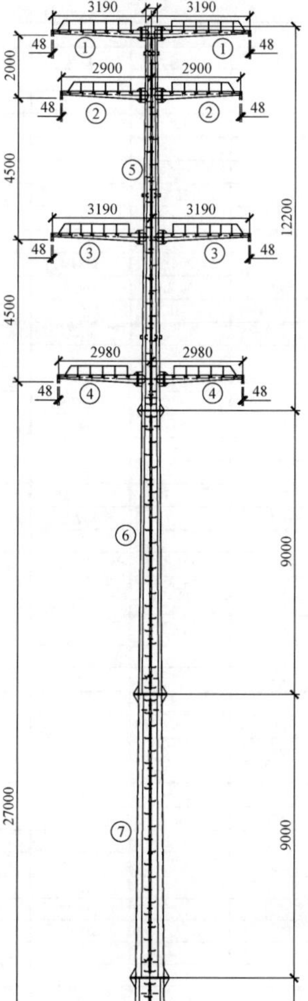

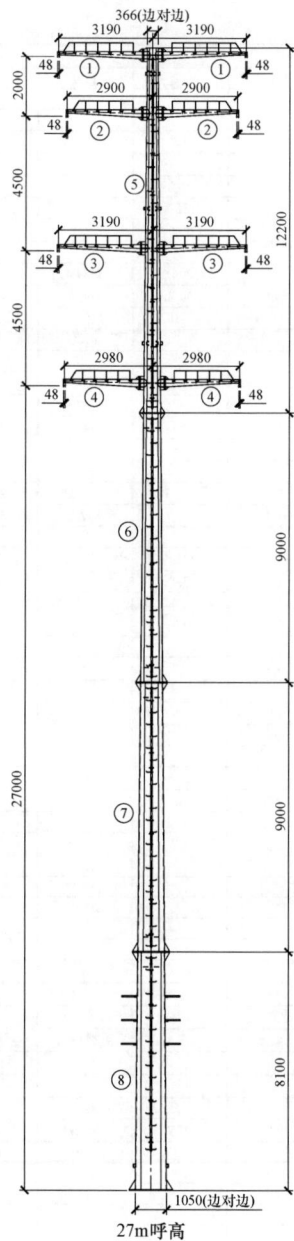

地脚螺栓配置表

呼高（m）	根径（mm）	地脚螺栓所在圆直径（mm）	地脚螺栓规格
27.0	1050.0	1290.0	20M56（8.8 级）
24.0	996.0	1230.0	20M56（8.8 级）
21.0	943.0	1180.0	18M56（8.8 级）
18.0	889.0	1120.0	18M56（8.8 级）
15.0	836.0	1080.0	16M56（8.8 级）

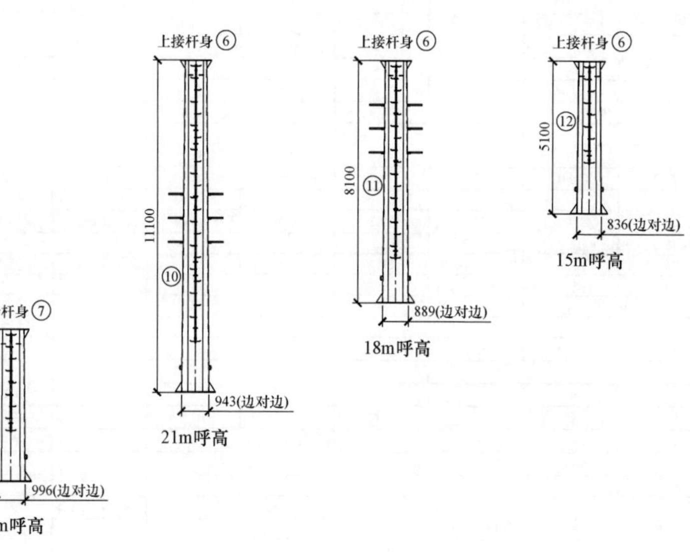

图 23－3　110－EF11GS－ZG1 杆司令图（一）

材料汇总表

材料	材质	规格	段号												呼称高（m）				
			1	2	3	4	5	6	7	8	9	10	11	12	15.0	18.0	21.0	24.0	27.0
角钢	Q235	L45×4								8.2	8.2	8.2	8.2	8.2	8.2	8.2	8.2	8.2	8.2
		小计								8.2	8.2	8.2	8.2	8.2	8.2	8.2	8.2	8.2	8.2
钢板	Q420	−28								187.8									187.8
		−26									164.2	158.3					158.3	164.2	
		−24							110.0	110.0	110.0		137.0	135.2	135.2	137.0		220.0	220.0
		−22						80.0	80.0			80.0	80.0	80.0	160.0	160.0	160.0	160.0	160.0
		−16					39.3	39.3							78.6	78.6	78.6	78.6	78.6
		−12						1789.5	2307.9	2585.9	1647.3	2911.3	2078.2	1294.9	3084.4	3867.7	4700.8	5744.7	6683.3
		−10					29.3	83.3	54.0			54.0	54.0	54.0	166.6	166.6	166.6	166.6	166.6
		−8					1158.6								1158.6	1158.6	1158.6	1158.6	1158.6
		−6					61.4								61.4	61.4	61.4	61.4	61.4
		小计					1288.6	1992.1	2551.9	2883.7	1921.5	3203.6	2349.2	1564.1	4844.8	5629.9	6484.3	7754.1	8716.3
	Q355	−6	336.9	299.7	331.5	299.7									1267.8	1267.8	1267.8	1267.8	1267.8
		−8	11.4	10.6	10.6	10.6	111.2	3.7	3.7	3.7	2.8	3.7	3.7	2.8	160.9	161.8	161.8	164.6	165.5
		−10					21.6	7.0	7.0	7.0	3.5	7.0	7.0	3.5	32.1	35.6	35.6	39.1	42.6
		−12	17.4	47.0	47.0	47.0	3.7								162.1	162.1	162.1	162.1	162.1
		−14					37.7	81.3	127.7	184.7	173.0	134.9	157.4	115.3	234.3	276.4	253.9	419.7	431.4
		−16	49.1	49.1	49.1	49.1	196.4								392.8	392.8	392.8	392.8	392.8
		小计	414.8	406.4	438.2	406.4	370.6	92.0	138.4	195.4	179.3	145.6	168.1	121.6	2250.0	2296.5	2274.0	2446.1	2462.2
	Q235	−6					4.6	3.4	3.4	3.4	3.4	3.4	3.4	3.4	11.4	11.4	11.4	14.8	14.8
		−8								3.4	3.4	3.4	3.4	3.4	3.4	3.4	3.4	3.4	3.4
		−10								2.7	2.7	2.7	2.7	2.7	2.7	2.7	2.7	2.7	2.7
		小计					4.6	3.4	3.4	9.5	9.5	9.5	9.5	9.5	17.5	17.5	17.5	20.9	20.9
圆钢	Q355	ϕ12					3.8								3.8	3.8	3.8	3.8	3.8
		ϕ16						5.8	5.8	2.9	2.9	2.9	2.9	2.9	8.7	8.7	8.7	14.5	14.5
		ϕ48×3.5					44.9	33.4	33.4	25.0	12.7	35.7	25.0	12.7	91.0	103.3	114.0	124.4	136.7
		小计					48.7	39.2	39.2	27.9	15.6	38.6	27.9	15.6	103.5	115.8	126.5	142.7	155.0
	Q235	ϕ16	29.6	25.2	29.0	25.2	12.2	9.5	9.5	7.2	4.2	9.9	7.2	4.2	134.9	137.9	140.6	144.4	147.4
		小计	29.6	25.2	29.0	25.2	12.2	9.5	9.5	7.2	4.2	9.9	7.2	4.2	134.9	137.9	140.6	144.4	147.4
法兰螺栓	8.8级	M24×100	13.0	13.0	13.0	13.0									52.0	52.0	52.0	52.0	52.0
		M36×115					39.3								39.3	39.3	39.3	39.3	39.3
		M42×135						53.0							53.0	53.0	53.0	53.0	53.0
		M45×145							96.1									96.1	96.1
		小计	13.0	13.0	13.0	13.0	39.3	53.0	96.1						144.3	144.3	144.3	240.4	240.4
护笼		0.45M护笼					32.8								32.8	32.8	32.8	32.8	32.8
		1.05M护笼								43.8	43.8		43.8	43.8	43.8	43.8		43.8	43.8
		1.25M护笼					248.4	47.5	47.5	142.5	47.5		142.5	47.5	343.4	438.4	295.9	390.9	485.9
		1.85M护笼						186.3	186.3			248.4			186.3	186.3	434.7	372.6	372.6
		防爬装置								6.4	6.4	6.4	6.4	6.4	6.4	6.4	6.4	6.4	6.4
		小计					281.2	233.8	233.8	192.7	97.7	254.8	192.7	97.7	612.7	707.7	769.8	846.5	941.5
螺栓	6.8级	M16×40	8.1	6.9	8.1	6.9									30.0	30.0	30.0	30.0	30.0
		M16×50					0.3			1.9	1.9	1.9	1.9	1.9	2.2	2.2	2.2	2.2	2.2
		M16×90					0.9	0.7	0.7	0.7	0.5	0.7	0.7	0.5	2.1	2.3	2.3	2.8	3.0
		小计	8.1	6.9	8.1	6.9	1.2	0.7	0.7	2.6	2.4	2.6	2.6	2.4	34.3	34.5	34.5	35.0	35.2
		螺栓合计	8.1	6.9	8.1	6.9	1.2	0.7	0.7	2.6	2.4	2.6	2.6	2.4	34.3	34.5	34.5	35.0	35.2
合计（kg）			465.5	451.5	488.3	451.5	2046.4	2423.7	3073.0	3327.2	2238.4	3672.8	2765.4	1823.3	8150.2	9092.3	9999.7	11638.3	12727.1

图 23－3　110－EF11GS－ZG1 杆司令图（二）

23.4 110－EF11GS－ZG2 塔

23.4.1 设计条件

110－EF11GS－ZG2 塔导线型号及张力、使用条件、荷载见表 23－8～表 23－10。

表 23－8　　导 线 型 号 及 张 力

电压等级	110kV	导线型号	2×JL3/G1A－240/30	最大使用张力（kN）	11.91	断线张力取值（%）	25	不均匀覆冰不平衡张力取值（%）	10
		地线型号	JLB20A－100	最大使用张力（kN）	16.06	断线张力取值（%）	100	不均匀覆冰不平衡张力取值（%）	20

表 23－9　　使 用 条 件

使用条件	呼高（m）	水平档距（m）	垂直档距（m）	代表档距（m）	转角度数（°）	K_v 值
数值	33	200	250	150	0	0.80

表 23－10　　荷 载 表　　单位：N

气象条件（t/v/b）			正常运行情况			事故情况		安装情况	不均匀冰
			基本风速	覆冰	最低气温	未断线	断线		
			15/33/0	－5/0/0	－5/0/0	－5/0/0	－5/0/0	0/10/0	
水平荷载	导线		8452					768	
	绝缘子及金具		520					48	
	跳线串								
	地线		3429					315	
垂直荷载	导线		4970		4518	4970	4970	4518	
	绝缘子及金具		1000		1000	1000	1000	1000	
	跳线串								
	地线		2281		1825	2281	2281	1825	
张力	导线	一侧					5953	16563	
		另一侧					0	16563	
		张力差					5953	0	
张力	地线	一侧					16055	15691	
		另一侧					0	15691	
		张力差					16055	0	

注：导线水平荷载为下相导线荷载，表中（t/v/b）单位分别为：°、m/s、mm。

23.4.2 根开尺寸及基础作用力

110－EF11GS－ZG2 塔的根开尺寸及基础作用力见表 23－11 和表 23－12。

表 23－11　　根 开 尺 寸

呼高（m）	根径（mm）	地脚螺栓所在圆直径（mm）	地脚螺栓规格	地脚螺栓等级
15	954	1190	16M56	8.8
18	1020	1260	20M56	8.8
21	1086	1330	20M56	8.8
24	1152	1390	24M56	8.8
27	1218	1460	24M56	8.8
30	1284	1530	24M56	8.8
33	1350	1590	24M56	8.8

表 23－12　　基 础 作 用 力

呼高（m）	水平力（kN）	垂直力（kN）	最大弯矩（kN·m）
15	125	166	2305
18	127	178	2691
21	135	190	3165
24	141	204	3633
27	146	218	4123
30	151	232	4636
33	156	248	5175

23.4.3 单线图及司令图

110－EF11GS－ZG2 杆单线图如图 23－4 所示，司令图如图 23－5 所示。

塔呼高（m）	33.0	30.0	27.0	24.0	21.0	18.0	15.0
塔重（kg）	17622.4	15359.3	14124.2	12892.3	10931.6	9878.0	8894.8

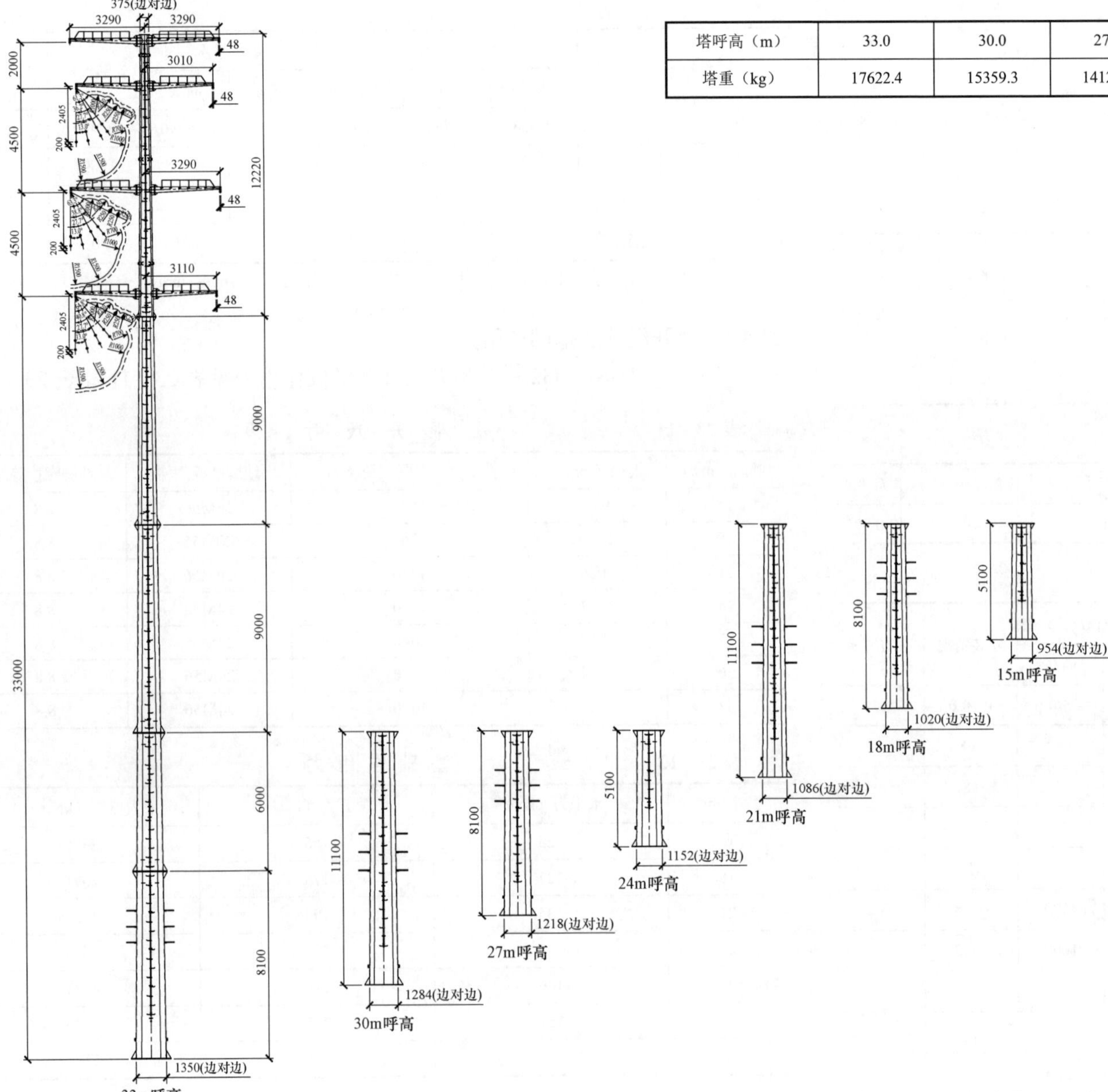

图 23－4　110－EF11GS－ZG2 杆单线图

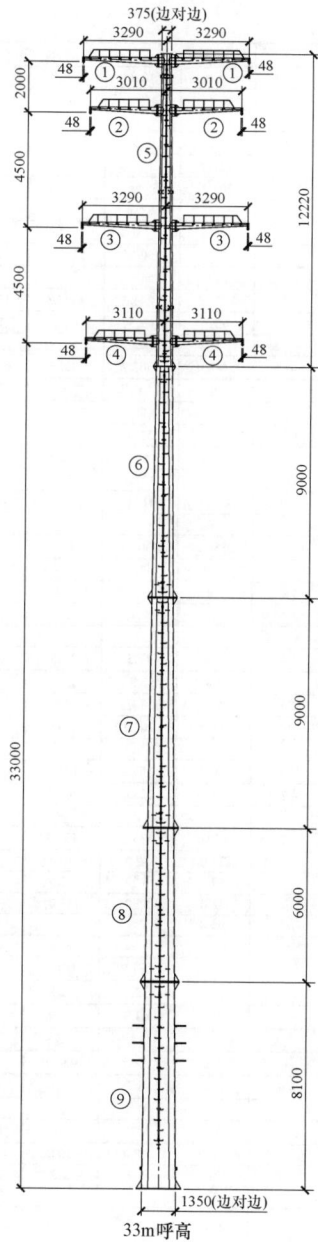

地脚螺栓配置表

呼高（m）	根径（mm）	地脚螺栓所在圆直径（mm）	地脚螺栓规格
33.0	1350.0	1590.0	24M56（8.8 级）
30.0	1284.0	1530.0	24M56（8.8 级）
27.0	1218.0	1460.0	24M56（8.8 级）
24.0	1152.0	1390.0	24M56（8.8 级）
21.0	1086.0	1330.0	20M56（8.8 级）
18.0	1020.0	1260.0	20M56（8.8 级）
15.0	954.0	1190.0	16M56（8.8 级）

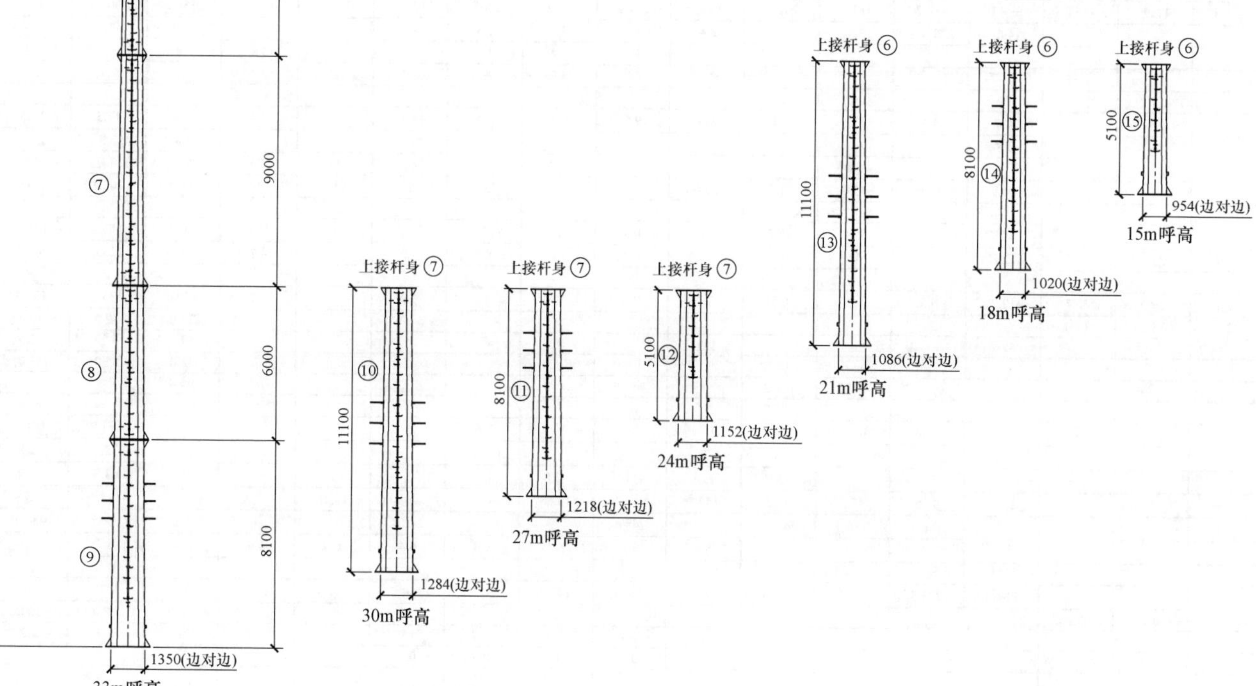

图 23-5　110-EF11GS-ZG2 杆司令图（一）

材料汇总表

材料	材质	规格	段号 1	2	3	4	5	6	7	8	9	10	11	12	13	14	15	呼称高（m） 15.0	18.0	21.0	24.0	27.0	30.0	33.0
角钢	Q235	L45×4									8.2	8.2	8.2	8.2	8.2	8.2	8.2	8.2	8.2	8.2	8.2	8.2	8.2	8.2
		小计									8.2	8.2	8.2	8.2	8.2	8.2	8.2	8.2	8.2	8.2	8.2	8.2	8.2	8.2
钢板	Q420	－28									232.3						171.2	171.2						232.3
		－26						102.1	247.4	301.3	156.0	355.3	343.9	332.7	283.4	272.4	102.1	204.2	374.5	385.5	682.2	693.4	704.8	806.8
		－16					33.8	33.8										67.6	67.6	67.6	67.6	67.6	67.6	67.6
		－14															147.6	147.6						
		－12						2068.3	2593.9	2097.9	3318.6	4011.6	2881.4	1670.4	3384.3	2432.1	1428.9	3497.2	4500.4	5452.6	6332.6	7543.6	8673.8	10078.7
		－10					27.2	27.4	95.5	95.5		95.5	95.5	218.4				54.6	54.6	54.6	368.5	245.6	245.6	245.6
		－8					1243.3											1243.3	1243.3	1243.3	1243.3	1243.3	1243.3	1243.3
		－6					62.3											62.3	62.3	62.3	62.3	62.3	62.3	62.3
		小计					1366.6	2231.6	2936.8	2494.7	3706.9	4462.4	3320.8	2221.5	3667.7	2704.5	1849.8	5448.0	6302.7	7265.9	8756.5	9855.8	10997.4	12736.6
	Q355	－6	345.2	308.3	339.9	308.3												1301.7	1301.7	1301.7	1301.7	1301.7	1301.7	1301.7
		－8	17.8	10.6	10.6	10.6	127.5	3.7	3.7	3.2	3.7	3.7	3.7	2.8	3.7	3.7	2.8	183.6	184.5	184.5	187.3	188.2	188.2	191.4
		－10					21.6	7.0	7.0	5.3	7.0	7.0	7.0	3.5	7.0	7.0	3.5	32.1	35.6	35.6	39.1	42.6	42.6	47.9
		－12	17.4	47.0	47.0	47.0	3.7											162.1	162.1	162.1	162.1	162.1	162.1	162.1
		－14					37.7	103.5	170.5	232.4	295.5	268.9	250.9	234.3	180.7	165.8	153.3	294.5	307.0	321.9	546.0	562.6	580.6	839.6
		－16	60.3	49.1	49.1	49.1	207.6											415.2	415.2	415.2	415.2	415.2	415.2	415.2
		小计	440.7	415.0	446.6	415.0	398.1	114.2	181.2	240.9	306.2	279.6	261.6	240.6	191.4	176.5	159.6	2389.2	2406.1	2421.0	2651.4	2672.4	2690.4	2957.9
	Q235	－6					4.6	3.4	3.4	3.4	3.4	3.4	3.4	2.3	3.4	3.4	2.3	10.3	11.4	11.4	13.7	14.8	14.8	18.2
		－8									3.4	3.4	3.4	3.4	3.4	3.4	3.4	3.4	3.4	3.4	3.4	3.4	3.4	3.4
		－10									2.7	2.7	2.7	2.7	2.7	2.7	2.7	2.7	2.7	2.7	2.7	2.7	2.7	2.7
		小计					4.6	3.4	3.4	3.4	9.5	9.5	9.5	8.4	9.5	9.5	8.4	16.4	17.5	17.5	19.8	20.9	20.9	24.3
圆钢	Q355	ϕ12					3.8											3.8	3.8	3.8	3.8	3.8	3.8	3.8
		ϕ16						5.8	5.8	5.8	2.9	2.9	2.9	2.9	2.9	2.9	2.9	8.7	8.7	8.7	14.5	14.5	14.5	20.3
		ϕ48×3.5					44.9	33.4	33.4	21.9	25.0	35.7	25.0	12.7	35.7	25.0	12.7	91.0	103.3	114.0	124.4	136.7	147.4	158.6
		小计					48.7	39.2	39.2	27.7	27.9	38.6	27.9	15.6	38.6	27.9	15.6	103.5	115.8	126.5	142.7	155.0	165.7	182.7
	Q235	ϕ16	30.0	22.7	29.3	22.7	12.2	9.5	9.5	6.5	7.2	9.9	7.2	4.2	9.9	7.2	4.2	130.6	133.6	136.3	140.1	143.1	145.8	149.6
		小计	30.0	22.7	29.3	22.7	12.2	9.5	9.5	6.5	7.2	9.9	7.2	4.2	9.9	7.2	4.2	130.6	133.6	136.3	140.1	143.1	145.8	149.6
法兰螺栓	8.8 级	M24×100		13.0	13.0	13.0												39.0	39.0	39.0	39.0	39.0	39.0	39.0
		M30×105	25.7				32.2											57.9	57.9	57.9	57.9	57.9	57.9	57.9
		M42×145						55.0										55.0	55.0	55.0	55.0	55.0	55.0	55.0
		M48×155							140.2	140.2											140.2	140.2	140.2	280.4
		小计	25.7	13.0	13.0	13.0	32.2	55.0	140.2	140.2								151.9	151.9	151.9	292.1	292.1	292.1	432.3
护笼		0.45M 护笼					32.8											32.8	32.8	32.8	32.8	32.8	32.8	32.8
		1.05M 护笼								43.8	43.8		43.8	43.8		43.8	43.8	43.8	43.8		43.8	43.8		87.6
		1.25M 护笼					248.4	47.5	47.5	47.5	142.5		142.5	47.5		142.5	47.5	343.4	438.4	295.9	390.9	485.9	343.4	533.4
		1.85M 护笼						186.3	186.3	62.1		248.4			248.4			186.3	186.3	434.7	372.6	372.6	621.0	434.7
		防爬装置									6.4	6.4	6.4	6.4	6.4	6.4	6.4	6.4	6.4	6.4	6.4	6.4	6.4	6.4
		小计					281.2	233.8	233.8	153.4	192.7	254.8	192.7	97.7	254.8	192.7	97.7	612.7	707.7	769.8	846.5	941.5	1003.6	1094.9
螺栓	6.8 级	M16×40	8.1	6.9	8.1	6.9												30.0	30.0	30.0	30.0	30.0	30.0	30.0
		M16×50					0.3				1.9	1.9	1.9	1.9	1.9	1.9	1.9	2.2	2.2	2.2	2.2	2.2	2.2	2.2
		M16×90					0.9	0.7	0.7	0.7	0.7	0.7	0.7	0.5	0.7	0.7	0.5	2.1	2.3	2.3	2.8	3.0	3.0	3.7
		小计	8.1	6.9	8.1	6.9	1.2	0.7	0.7	0.7	2.6	2.6	2.6	2.4	2.6	2.6	2.4	34.3	34.5	34.5	35.0	35.2	35.2	35.9
		螺栓合计	8.1	6.9	8.1	6.9	1.2	0.7	0.7	0.7	2.6	2.6	2.6	2.4	2.6	2.6	2.4	34.3	34.5	34.5	35.0	35.2	35.2	35.9
合计（kg）			504.5	457.6	497.0	457.6	2144.8	2687.4	3544.8	3067.5	4261.2	5065.6	3830.5	2598.6	4182.7	3129.1	2145.9	8894.8	9878.0	10931.6	12892.3	14124.2	15359.3	17622.4

图 23－5　110－EF11GS－ZG2 杆司令图（二）

23.5 110－EF11GS－ZG3 塔

23.5.1 设计条件

110－EF11GS－ZG3 塔导线型号及张力、使用条件、荷载见表 23－13～表 23－15。

表 23－13 导线型号及张力

电压等级	110kV	导线型号	2×JL3/G1A－240/30	最大使用张力（kN）	11.91	断线张力取值（%）	25	不均匀覆冰不平衡张力取值（%）	10
		地线型号	JLB20A－100	最大使用张力（kN）	16.06	断线张力取值（%）	100	不均匀覆冰不平衡张力取值（%）	20

表 23－14 使用条件

使用条件	呼高（m）	水平档距（m）	垂直档距（m）	代表档距（m）	转角度数（°）	K_v 值
数值	36	250	350	150	0	0.70

表 23－15 荷载表 单位：N

气象条件（t/v/b）			正常运行情况			事故情况		安装情况	不均匀冰
			基本风速	覆冰	最低气温	未断线	断线		
			15/33/0	－5/0/0	－5/0/0	－5/0/0	－5/0/0	0/10/0	－5/0/0
水平荷载	导线		10642					962	
	绝缘子及金具		534					49	
	跳线串								
	地线		4305					395	
垂直荷载	导线		6958		6326	6958	6958	6326	
	绝缘子及金具		1000		1000	1000	1000	1000	
	跳线串								
	地线		3194		2555	3194	3194	2555	
张力	导线	一侧					5953	16563	
		另一侧					0	16563	
		张力差					5953	0	

续表

气象条件（t/v/b）			正常运行情况			事故情况		安装情况	不均匀冰
			基本风速	覆冰	最低气温	未断线	断线		
			15/33/0	－5/0/0	－5/0/0	－5/0/0	－5/0/0	0/10/0	－5/0/0
张力	地线	一侧					16055	15691	
		另一侧					0	15691	
		张力差					16055	0	

注：导线水平荷载为下相导线荷载，表中（t/v/b）单位分别为：°、m/s、mm。

23.5.2 根开尺寸及基础作用力

110－EF11GS－ZG3 塔的根开尺寸及基础作用力见表 23－16 和表 23－17。

表 23－16 根开尺寸

呼高（m）	根径（mm）	地脚螺栓所在圆直径（mm）	地脚螺栓规格	地脚螺栓等级
15	1072	1350	18M64	8.8
18	1137	1410	18M64	8.8
21	1203	1480	20M64	8.8
24	1268	1540	22M64	8.8
27	1334	1610	22M64	8.8
30	1399	1680	22M64	8.8
33	1465	1740	24M64	8.8
36	1530	1810	24M64	8.8

表 23－17 基础作用力

呼高（m）	水平力（kN）	垂直力（kN）	最大弯矩（kN·m）
15	154	194	2871
18	160	207	3386
21	166	221	3927
24	175	251	4888
27	178	251	5095
30	184	267	5720
33	190	284	6375
36	196	312	7037

23.5.3 单线图及司令图

110－EF11GS－ZG3 杆单线图如图 23－6 所示，司令图如图 23－7 所示。

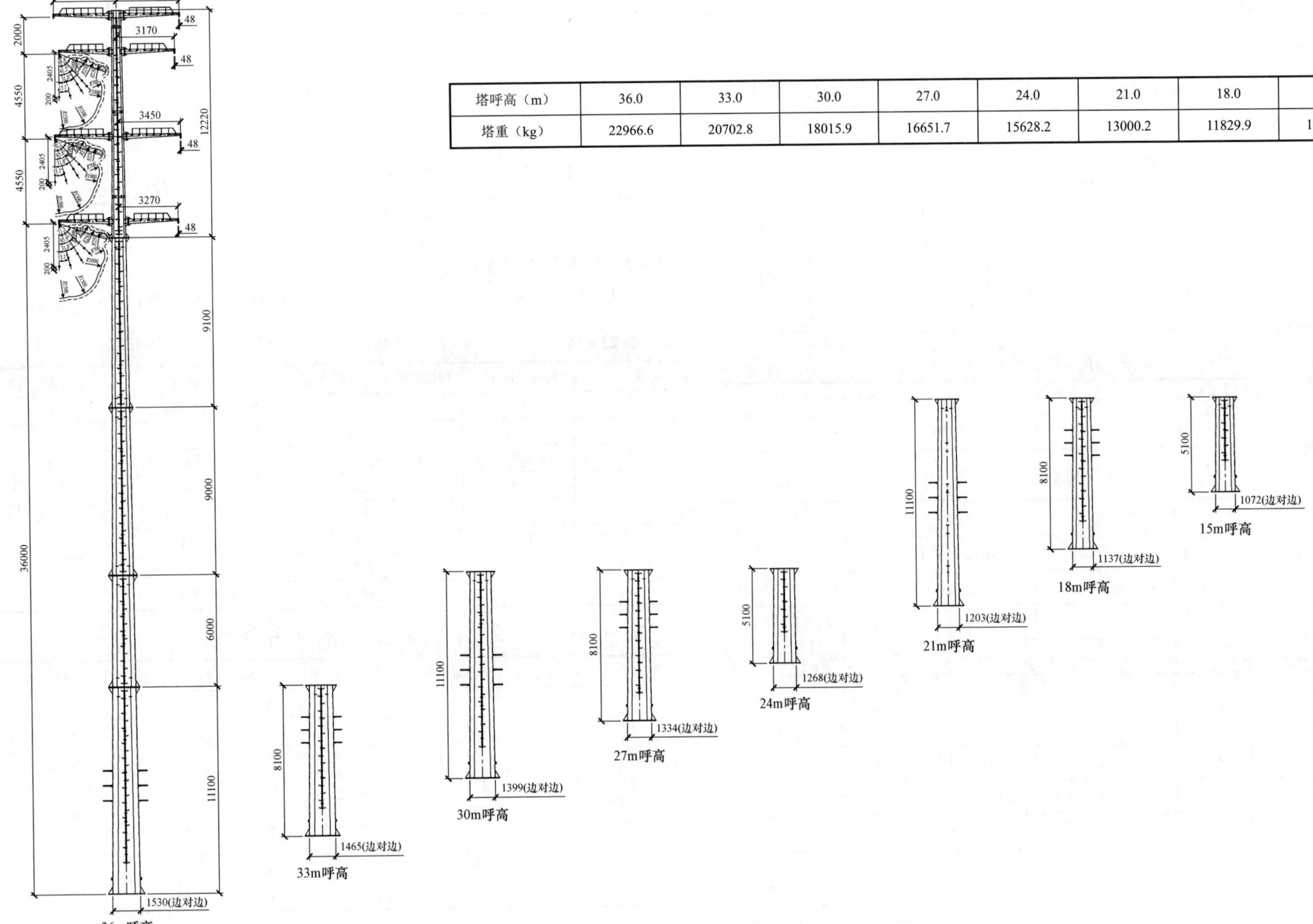

塔呼高（m）	36.0	33.0	30.0	27.0	24.0	21.0	18.0	15.0
塔重（kg）	22966.6	20702.8	18015.9	16651.7	15628.2	13000.2	11829.9	10680.2

图 23－6　110－EF11GS－ZG3 杆单线图

地脚螺栓配置表

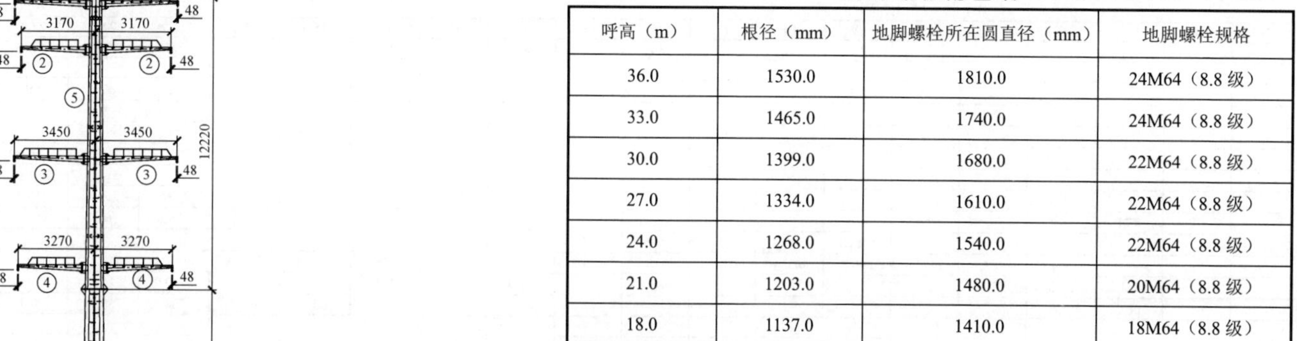

呼高（m）	根径（mm）	地脚螺栓所在圆直径（mm）	地脚螺栓规格
36.0	1530.0	1810.0	24M64（8.8 级）
33.0	1465.0	1740.0	24M64（8.8 级）
30.0	1399.0	1680.0	22M64（8.8 级）
27.0	1334.0	1610.0	22M64（8.8 级）
24.0	1268.0	1540.0	22M64（8.8 级）
21.0	1203.0	1480.0	20M64（8.8 级）
18.0	1137.0	1410.0	18M64（8.8 级）
15.0	1072.0	1350.0	18M64（8.8 级）

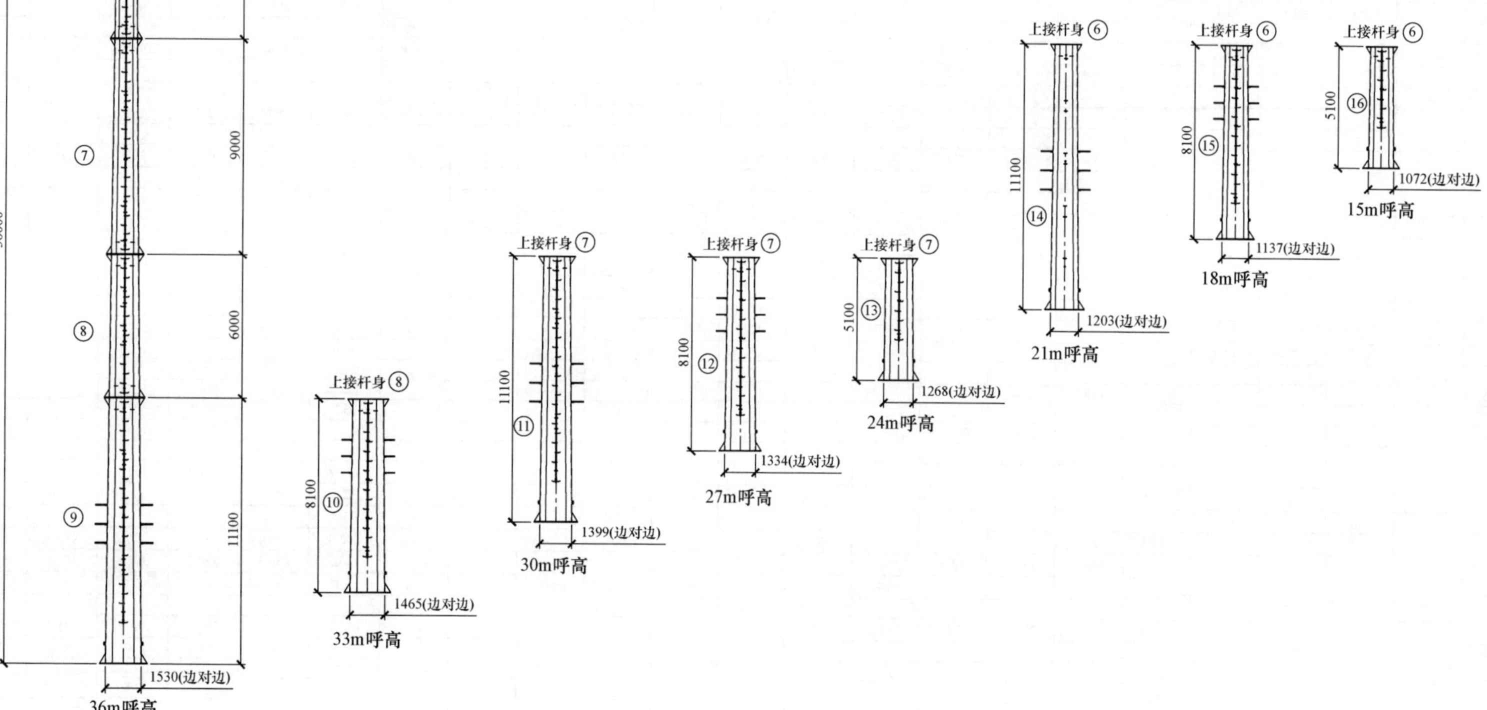

图 23－7　110－EF11GS－ZG3 杆司令图（一）

材料汇总表

材料	材质	规格	段号																呼称高（m）							
			1	2	3	4	5	6	7	8	9	10	11	12	13	14	15	16	15.0	18.0	21.0	24.0	27.0	30.0	33.0	36.0
角钢	Q235	L45×4									8.2	8.2	8.2	8.2	8.2	8.2	8.2	8.2	8.2	8.2	8.2	8.2	8.2	8.2	8.2	8.2
		小计									8.2	8.2	8.2	8.2	8.2	8.2	8.2	8.2	8.2	8.2	8.2	8.2	8.2	8.2	8.2	8.2
钢板	Q420	−32										326.8													326.8	
		−30									321.7		298.7											298.7		321.7
		−28								224.3	224.3	224.3		264.6	264.5	243.2	229.9			229.9	243.2	264.5	264.6		448.6	448.6
		−26							190.7	190.7			190.7	190.7	190.7			205.9	205.9			381.4	381.4	381.4	381.4	381.4
		−24						125.4	125.4							125.4	125.4	125.4	250.8	250.8	250.8	250.8	250.8	250.8	250.8	250.8
		−20					83.1	83.1											166.2	166.2	166.2	166.2	166.2	166.2	166.2	166.2
		−14									5461.1				2127.2							2127.2				5461.1
		−12						2344.7	2982.9	2473.9	340.3	3633.8	4561.1	3318.7	305.2	3747.7	2674.1	1679.4	4024.1	5018.8	6092.4	5632.8	8646.3	9888.7	11435.3	8141.8
		−10					1961.1	121.8	77.0							77.0	77.0	77.0	2159.9	2159.9	2159.9	2159.9	2159.9	2159.9	2159.9	2159.9
		−6					60.0												60.0	60.0	60.0	60.0	60.0	60.0	60.0	60.0
		小计					2104.2	2675.0	3376.0	2888.9	6347.4	4184.9	5050.5	3774.0	2887.6	4193.3	3106.4	2087.7	6866.9	7885.6	8972.5	11042.8	11929.2	13205.7	15229.0	17391.5
	Q355	−6	354.6	318.0	348.5	318.0													1339.1	1339.1	1339.1	1339.1	1339.1	1339.1	1339.1	1339.1
		−8	17.8	10.6	10.6	10.6	174.7	3.7	3.7	3.2	3.7	3.7	3.7	3.7	3.7	3.7	3.7	2.8	230.8	231.7	231.7	235.4	235.4	235.4	238.6	238.6
		−10					30.3	7.0	7.0	5.3	7.0	7.0	7.0	7.0	7.0	7.0	7.0	3.5	40.8	44.3	44.3	51.3	51.3	51.3	56.6	56.6
		−12	17.4	47.0	47.0	47.0	5.1												163.5	163.5	163.5	163.5	163.5	163.5	163.5	163.5
		−14					98.4	141.0	213.4	282.3	383.9	358.1	306.9	294.7	267.9	223.4	215.5	200.5	439.9	454.9	462.8	720.7	747.5	759.7	1093.2	1119.0
		−16	60.3	49.1	49.1	49.1	207.6												415.2	415.2	415.2	415.2	415.2	415.2	415.2	415.2
		小计	450.1	424.7	455.2	424.7	516.1	151.7	224.1	290.8	394.6	368.8	317.6	305.4	278.6	234.1	226.2	206.8	2629.3	2648.7	2656.6	2925.2	2952.0	2964.2	3306.2	3332.0
	Q235	−6					4.6	3.4	3.4	3.4	3.4	3.4	3.4	3.4	3.4	3.4	3.4	2.3	10.3	11.4	11.4	14.8	14.8	14.8	18.2	18.2
		−8									3.4	3.4	3.4	3.4	3.4	3.4	3.4	3.4	3.4	3.4	3.4	3.4	3.4	3.4	3.4	3.4
		−10									2.7	2.7	2.7	2.7	2.7	2.7	2.7	2.7	2.7	2.7	2.7	2.7	2.7	2.7	2.7	2.7
		小计					4.6	3.4	3.4	3.4	9.5	9.5	9.5	9.5	9.5	9.5	9.5	8.4	16.4	17.5	17.5	20.9	20.9	20.9	24.3	24.3
圆钢	Q355	φ12					3.8												3.8	3.8	3.8	3.8	3.8	3.8	3.8	3.8
		φ16						5.8	5.8	5.8	2.9	2.9	2.9	2.9	2.9	2.9	2.9	2.9	8.7	8.7	8.7	14.5	14.5	14.5	20.3	20.3
		φ48×3.5					44.9	33.8	33.4	21.9	35.7	25.0	35.7	25.0	12.7	35.7	25.0	12.7	91.4	103.7	114.4	124.8	137.1	147.8	159.0	169.7
		小计					48.7	39.6	39.2	27.7	38.6	27.9	38.6	27.9	15.6	38.6	27.9	15.6	103.9	116.2	126.9	143.1	155.4	166.1	183.1	193.8
	Q235	φ16	30.0	22.7	30.0	22.7	12.2	9.5	9.5	6.5	9.9	7.2	9.9	7.2	4.2	9.9	7.2	4.2	131.3	134.3	137.0	140.8	143.8	146.5	150.3	153.0
		小计	30.0	22.7	30.0	22.7	12.2	9.5	9.5	6.5	9.9	7.2	9.9	7.2	4.2	9.9	7.2	4.2	131.3	134.3	137.0	140.8	143.8	146.5	150.3	153.0
法兰螺栓	8.8 级	M24×100		13.0	13.0	13.0													39.0	39.0	39.0	39.0	39.0	39.0	39.0	39.0
		M30×105	25.7																25.7	25.7	25.7	25.7	25.7	25.7	25.7	25.7
		M48×155						116.8											116.8	116.8	116.8	116.8	116.8	116.8	116.8	116.8
		M48×165					95.7												95.7	95.7	95.7	95.7	95.7	95.7	95.7	95.7
		M56×185							188.3	205.4												188.3	188.3	188.3	393.7	393.7
		小计	25.7	13.0	13.0	13.0	95.7	116.8	188.3	205.4									277.2	277.2	277.2	465.5	465.5	465.5	670.9	670.9
护笼		0.45M 护笼					32.8												32.8	32.8	32.8	32.8	32.8	32.8	32.8	32.8
		1.05M 护笼								43.8		43.8		43.8	43.8		43.8	43.8	43.8	43.8		43.8	43.8		87.6	43.8
		1.25M 护笼					248.4	47.5	47.5	47.5		142.5		142.5	47.5		142.5	47.5	343.4	438.4	295.9	390.9	485.9	343.4	533.4	390.9
		1.85M 护笼						186.3	186.3	62.1	248.4		248.4			248.4			186.3	186.3	434.7	372.6	372.6	621.0	434.7	683.1
		防爬装置									6.4	6.4	6.4	6.4	6.4	6.4	6.4	6.4	6.4	6.4	6.4	6.4	6.4	6.4	6.4	6.4
		小计					281.2	233.8	233.8	153.4	254.8	192.7	254.8	192.7	97.7	254.8	192.7	97.7	612.7	707.7	769.8	846.5	941.5	1003.6	1094.9	1157.0
螺栓	6.8 级	M16×40	8.1	6.9	8.1	6.9													30.0	30.0	30.0	30.0	30.0	30.0	30.0	30.0
		M16×50					0.3				1.9	1.9	1.9	1.9	1.9	1.9	1.9	1.9	2.2	2.2	2.2	2.2	2.2	2.2	2.2	2.2
		M16×90					0.9	0.7	0.7	0.7	0.7	0.7	0.7	0.7	0.7	0.7	0.7	0.5	2.1	2.3	2.3	3.0	3.0	3.0	3.7	3.7
		小计	8.1	6.9	8.1	6.9	1.2	0.7	0.7	0.7	2.6	2.6	2.6	2.6	2.6	2.6	2.6	2.4	34.3	34.5	34.5	35.2	35.2	35.2	35.9	35.9
		螺栓合计	8.1	6.9	8.1	6.9	1.2	0.7	0.7	0.7	2.6	2.6	2.6	2.6	2.6	2.6	2.6	2.4	34.3	34.5	34.5	35.2	35.2	35.2	35.9	35.9
合计（kg）			513.9	467.3	506.3	467.3	3063.9	3230.5	4075.0	3576.8	7065.6	4801.8	5691.7	4327.5	3304.0	4751.0	3580.7	2431.0	10680.2	11829.9	13000.2	15628.2	16651.7	18015.9	20702.8	22966.6

图 23－7　110－EF11GS－ZG3 杆司令图（二）

23.6 110－EF11GS－ZGK 塔

23.6.1 设计条件

110－EF11GS－ZGK 塔导线型号及张力、使用条件、荷载见表 23－18～表 23－20。

表 23－18　　导线型号及张力

电压等级	110kV	导线型号	2×JL3/G1A－240/30	最大使用张力（kN）	11.91	断线张力取值（%）	25	不均匀覆冰不平衡张力取值（%）	10
		地线型号	JLB20A－100	最大使用张力（kN）	16.06	断线张力取值（%）	100	不均匀覆冰不平衡张力取值（%）	20

表 23－19　　使用条件

使用条件	呼高（m）	水平档距（m）	垂直档距（m）	代表档距（m）	转角度数（°）	K_v 值
数值	45	200	250	150	0	0.70

表 23－20　　荷载表

气象条件（$t/v/b$）			正常运行情况			事故情况		安装情况	不均匀冰
			基本风速	覆冰	最低气温	未断线	断线		
			15/33/0	－5/0/0	－5/0/0	－5/0/0	－5/0/0	0/10/0	－5/0/0
水平荷载	导线		9315					849	
	绝缘子及金具		572					53	
	跳线串								
	地线		3681					338	
垂直荷载	导线		4970		4518	4970	4970	4518	
	绝缘子及金具		1000		1000	1000	1000	1000	
	跳线串								
	地线		2281		1825	2281	2281	1825	
张力	导线	一侧					5953	16563	
		另一侧					0	16563	
		张力差					5953	0	
	地线	一侧					16055	15691	
		另一侧					0	15691	
		张力差					16055	0	

注：导线水平荷载为下相导线荷载，表中（$t/v/b$）单位分别为：°、m/s、mm。

23.6.2 根开尺寸及基础作用力

110－EF11GS－ZG3 塔的根开尺寸及基础作用力见表 23－21 和表 23－22。

表 23－21　　根开尺寸

呼高（m）	根径（mm）	地脚螺栓所在圆直径（mm）	地脚螺栓规格	地脚螺栓等级
33	1347	1620	24M64	8.8
36	1413	1690	24M64	8.8
39	1478	1760	26M64	8.8
42	1544	1820	26M64	8.8
45	1610	1900	26M64	8.8

表 23－22　　基础作用力

呼高（m）	水平力（kN）	垂直力（kN）	最大弯矩（kN·m）
33	174	268	5636
36	180	287	6259
39	187	307	6910
42	194	328	7594
45	200	349	8303

23.6.3 单线图及司令图

110－EF11GS－ZGK 杆单线图如图 23－8 所示，司令图如图 23－9 所示。

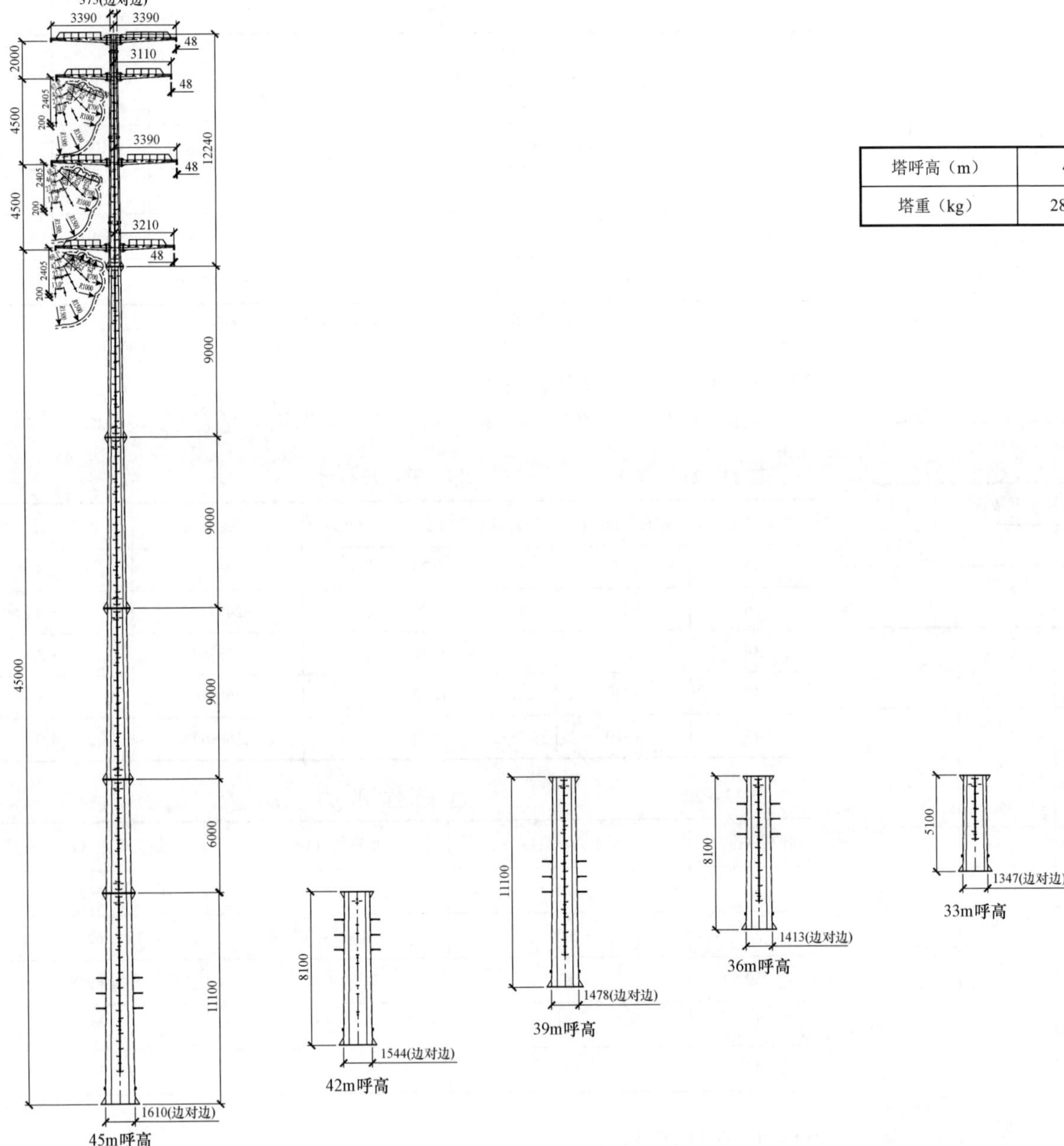

塔呼高（m）	45.0	42.0	39.0	36.0	33.0
塔重（kg）	28314.4	26527.1	23353.4	21698.2	20066.5

图 23－8　110－EF11GS－ZGK 杆单线图

地 脚 螺 栓 配 置 表

呼高（m）	根径（mm）	地脚螺栓所在圆直径（mm）	地脚螺栓规格
45.0	1610.0	1900.0	26M64（8.8 级）
42.0	1544.0	1820.0	26M64（8.8 级）
39.0	1478.0	1760.0	24M64（8.8 级）
36.0	1413.0	1690.0	24M64（8.8 级）
33.0	1347.0	1620.0	24M64（8.8 级）

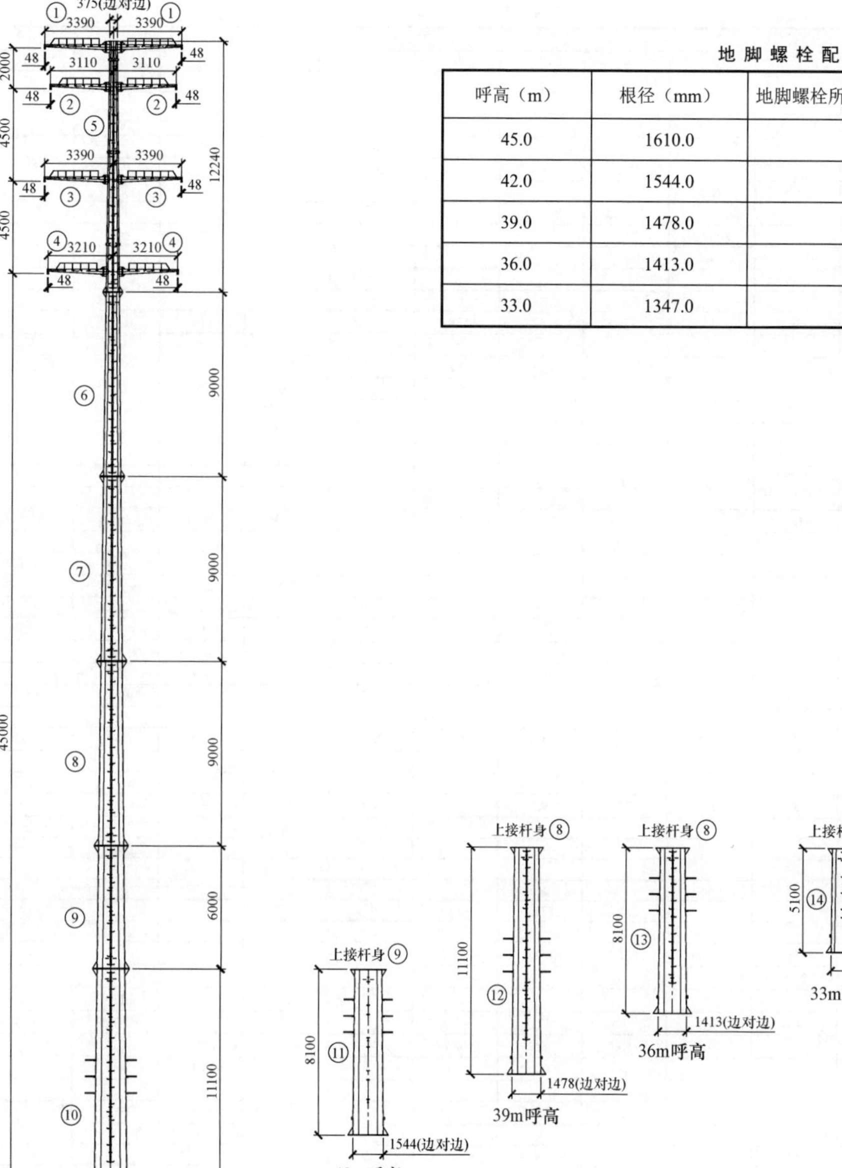

图 23-9　110-EF11GS-ZGK 杆司令图（一）

材 料 汇 总 表

材料	材质	规格	段号														呼称高（m）				
			1	2	3	4	5	6	7	8	9	10	11	12	13	14	33.0	36.0	39.0	42.0	45.0
角钢	Q235	L45×4										8.2	8.2	8.2	8.2	8.2	8.2	8.2	8.2	8.2	8.2
		小计										8.2	8.2	8.2	8.2	8.2	8.2	8.2	8.2	8.2	8.2
钢板	Q420	−30										344.0	321.3	313.8					313.8	321.3	344.0
		−28						130.9	317.4	404.7	454.9	236.7	236.7	218.2	496.7	483.1	1336.1	1349.7	1071.2	1544.6	1544.6
		−26					81.4	81.5									162.9	162.9	162.9	162.9	162.9
		−14							3084.0	3877.6	3079.3	6198.4	4531.6	5644.2	4120.1	2635.9	9597.5	11081.7	12605.8	14572.5	16239.3
		−12						2069.3	73.4								2142.7	2142.7	2142.7	2142.7	2142.7
		−10					1590.4	33.7									1624.1	1624.1	1624.1	1624.1	1624.1
		−6					64.9										64.9	64.9	64.9	64.9	64.9
		小计					1736.7	2315.4	3474.8	4282.3	3534.2	6779.1	5089.6	6176.2	4616.8	3119.0	14928.2	16426.0	17985.4	20433.0	22122.5
	Q355	−6	351.9	318.0	349.5	318.0											1337.4	1337.4	1337.4	1337.4	1337.4
		−8	24.0	10.6	10.6	10.6	140.6	3.7	3.7	3.7	3.2	3.7	3.7	3.7	3.7	2.8	210.3	211.2	211.2	214.4	214.4
		−10					21.6	7.0	7.0	7.0	5.3	7.0	7.0	7.0	7.0	3.5	46.1	49.6	49.6	54.9	54.9
		−12	17.4	47.0	47.0	47.0	3.7										162.1	162.1	162.1	162.1	162.1
		−14					37.7	103.0	170.4	253.0	327.6	437.6	415.3	364.4	344.1	325.1	889.2	908.2	928.5	1307.0	1329.3
		−16		49.1	49.1	49.1	147.3										294.6	294.6	294.6	294.6	294.6
		−18	81.8				81.8										163.6	163.6	163.6	163.6	163.6
		小计	475.1	424.7	456.2	424.7	432.7	113.7	181.1	263.7	336.1	448.3	426.0	375.1	354.8	331.4	3103.3	3126.7	3147.0	3534.0	3556.3
	Q235	−6					4.6	3.4	3.4	3.4	3.8	3.4	3.4	3.4	3.4	3.4	18.2	18.2	18.2	22.0	22.0
		−8										3.4	3.4	3.4	3.4	3.4	3.4	3.4	3.4	3.4	3.4
		−10										2.7	2.7	2.7	2.7	2.7	2.7	2.7	2.7	2.7	2.7
		小计					4.6	3.4	3.4	3.4	3.8	9.5	9.5	9.5	9.5	9.5	24.3	24.3	24.3	28.1	28.1
圆钢	Q355	φ12					3.8										3.8	3.8	3.8	3.8	3.8
		φ16						5.8	5.8	5.8	5.8	2.9	2.9	2.9	2.9	2.9	20.3	20.3	20.3	26.1	26.1
		φ48×3.5					44.9	33.4	33.4	33.4	21.9	35.7	25.0	35.7	25.0	12.7	157.8	170.1	180.8	192.0	202.7
		小计					48.7	39.2	39.2	39.2	27.7	38.6	27.9	38.6	27.9	15.6	181.9	194.2	204.9	221.9	232.6
	Q235	φ16	30.0	22.7	30.0	22.7	12.2	9.5	9.5	9.5	6.5	9.9	7.2	9.9	7.2	4.2	150.3	153.3	156.0	159.8	162.5
		小计	30.0	22.7	30.0	22.7	12.2	9.5	9.5	9.5	6.5	9.9	7.2	9.9	7.2	4.2	150.3	153.3	156.0	159.8	162.5
法兰螺栓	8.8 级	M24×100		13.0	13.0	13.0											39.0	39.0	39.0	39.0	39.0
		M36×125	40.5														40.5	40.5	40.5	40.5	40.5
		M42×145					36.7										36.7	36.7	36.7	36.7	36.7
		M48×165						95.7									95.7	95.7	95.7	95.7	95.7
		M56×185							171.2	171.2	222.5						342.4	342.4	342.4	564.9	564.9
		小计	40.5	13.0	13.0	13.0	36.7	95.7	171.2	171.2	222.5						554.3	554.3	554.3	776.8	776.8
护笼		0.45M 护笼					32.8										32.8	32.8	32.8	32.8	32.8
		1.05M 护笼									43.8		43.8		43.8	43.8	43.8	43.8		87.6	43.8
		1.25M 护笼					248.4	47.5	47.5	47.5	47.5		142.5		142.5	47.5	438.4	533.4	390.9	580.9	438.4
		1.85M 护笼						186.3	186.3	186.3	62.1	248.4		248.4			558.9	558.9	807.3	621.0	869.4
		防爬装置										6.4	6.4	6.4	6.4	6.4	6.4	6.4	6.4	6.4	6.4
		小计					281.2	233.8	233.8	233.8	153.4	254.8	192.7	254.8	192.7	97.7	1080.3	1175.3	1237.4	1328.7	1390.8
螺栓	6.8 级	M16×40	8.1	6.9	8.1	6.9											30.0	30.0	30.0	30.0	30.0
		M16×50					0.3					1.9	1.9	1.9	1.9	1.9	2.2	2.2	2.2	2.2	2.2
		M16×90					0.9	0.7	0.7	0.7	0.7	0.7	0.7	0.7	0.7	0.5	3.5	3.7	3.7	4.4	4.4
		小计	8.1	6.9	8.1	6.9	1.2	0.7	0.7	0.7	0.7	2.6	2.6	2.6	2.6	2.4	35.7	35.9	35.9	36.6	36.6
		螺栓合计	8.1	6.9	8.1	6.9	1.2	0.7	0.7	0.7	0.7	2.6	2.6	2.6	2.6	2.4	35.7	35.9	35.9	36.6	36.6
合计（kg）			553.7	467.3	507.3	467.3	2554.0	2811.4	4113.7	5003.8	4284.9	7551.0	5763.7	6874.9	5219.7	3588.0	20066.5	21698.2	23353.4	26527.1	28314.4

图 23－9　110－EF11GS－ZGK 杆司令图（二）

23.7 110－EF11GS－JG1 塔

23.7.1 设计条件

110－EF11GS－JG1 塔导线型号及张力、使用条件、荷载见表 23－23～表 23－25。

表 23－23　　导线型号及张力

电压等级	110kV	导线型号	2×JL3/G1A－240/30	最大使用张力（kN）	11.91	断线张力取值（%）	70	不均匀覆冰不平衡张力取值（%）	30
		地线型号	JLB20A－100	最大使用张力（kN）	16.06	断线张力取值（%）	100	不均匀覆冰不平衡张力取值（%）	40

表 23－24　　使用条件

使用条件	呼高（m）	水平档距（m）	垂直档距（m）	代表档距（m）	转角度数（°）	K_v 值
数值	30	200	250	100/200	0～10	—

表 23－25　　荷载表

气象条件（$t/v/b$）			正常运行情况			事故情况		安装情况	不均匀冰
			基本风速	覆冰	最低气温	未断线	断线		
			15/33/0	－5/0/0	－5/0/0	－5/0/0	－5/0/0	0/10/0	－5/0/0
水平荷载	导线		8411					765	
	绝缘子及金具		767					70	
	跳线串		1227					113	
	地线		3349					307	
垂直荷载	导线		4970		4518	4970	4970	4518	
	绝缘子及金具		3000		3000	3000	3000	3000	
	跳线串		1771		1771	1771	1771	1771	
	地线		2281		1825	2281	2281	1825	
张力	导线	一侧	23810		18639	18639	16667	20037	
		另一侧	23810		13569	13569	0	15504	
		张力差	0		5070	5070	16667	4533	

续表

气象条件（$t/v/b$）			正常运行情况			事故情况		安装情况	不均匀匀冰
			基本风速	覆冰	最低气温	未断线	断线		
			15/33/0	－5/0/0	－5/0/0	－5/0/0	－5/0/0	0/10/0	－5/0/0
张力	地线	一侧	14995		12799	16055	16055	16711	
		另一侧	16055		18639	12799	0	13617	
		张力差	1060		5840	3256	16055	3094	

注：导线水平荷载为下相导线荷载，表中（$t/v/b$）单位分别为：°、m/s、mm。

23.7.2 根开尺寸及基础作用力

110－EF11GS－JG1 塔的根开尺寸及基础作用力见表 23－26 和表 23－27。

表 23－26　　根开尺寸

呼高（m）	根径（mm）	地脚螺栓所在圆直径（mm）	地脚螺栓规格	地脚螺栓等级
15	1002	1245	20M56	8.8
18	1062	1300	20M56	8.8
21	1122	1390	20M64	8.8
24	1182	1460	20M64	8.8
27	1242	1520	20M64	8.8
30	1302	1580	22M64	8.8

表 23－27　　基础作用力

呼高（m）	水平力（kN）	垂直力（kN）	最大弯矩（kN·m）
15	182	201	3289
18	187	216	3887
21	193	234	4506
24	198	252	5155
27	204	271	5829
30	209	291	6526

23.7.3 单线图及司令图

110－EF11GS－JG1 杆单线图如图 23－10 所示，司令图如图 23－11 所示。

塔呼高（m）	30.0	27.0	24.0	21.0	18.0	15.0
塔重（kg）	19386.7	17777.7	16148.6	13555.4	12052.4	10683.6

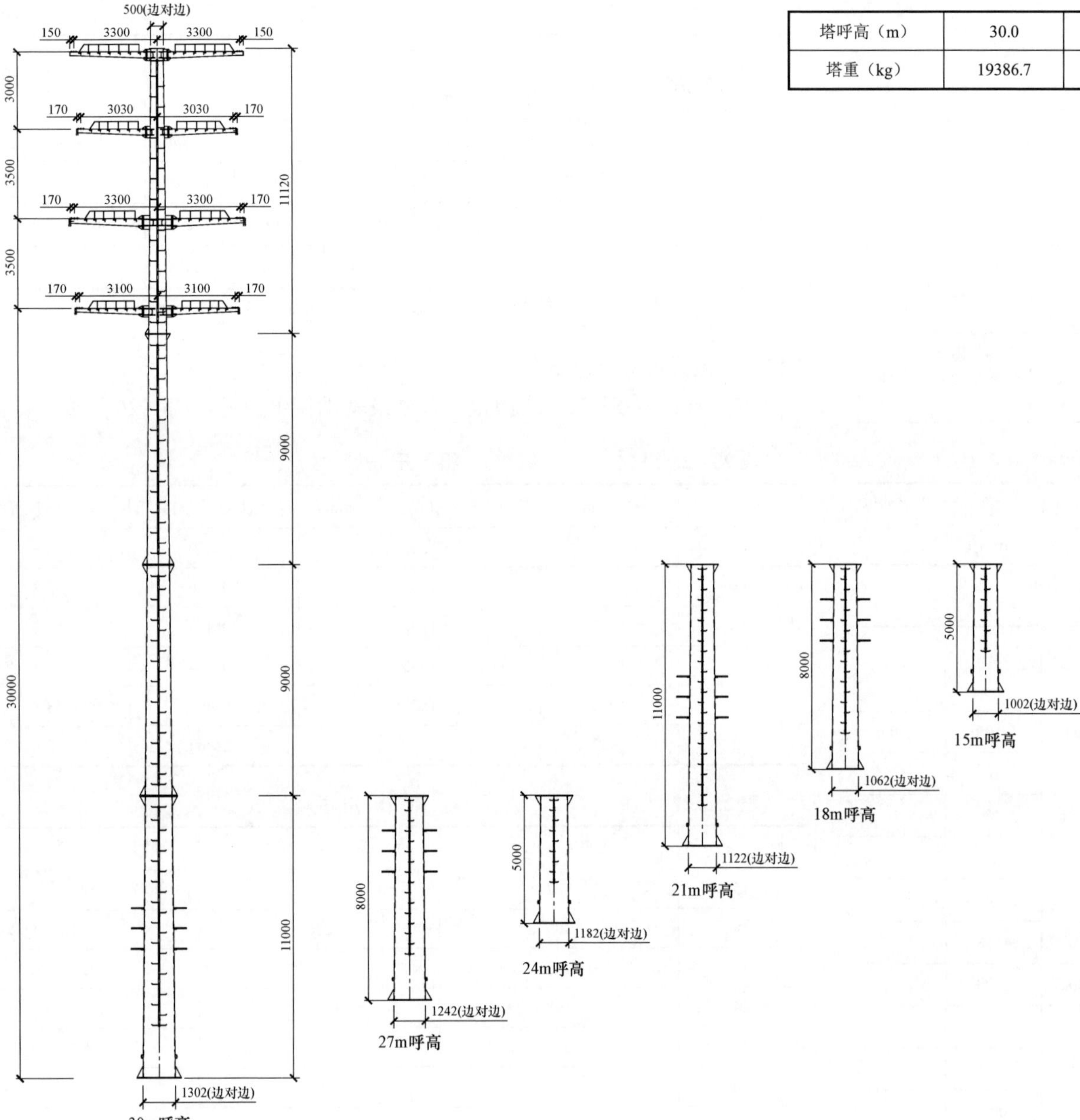

图 23－10　110－EF11GS－JG1 杆单线图

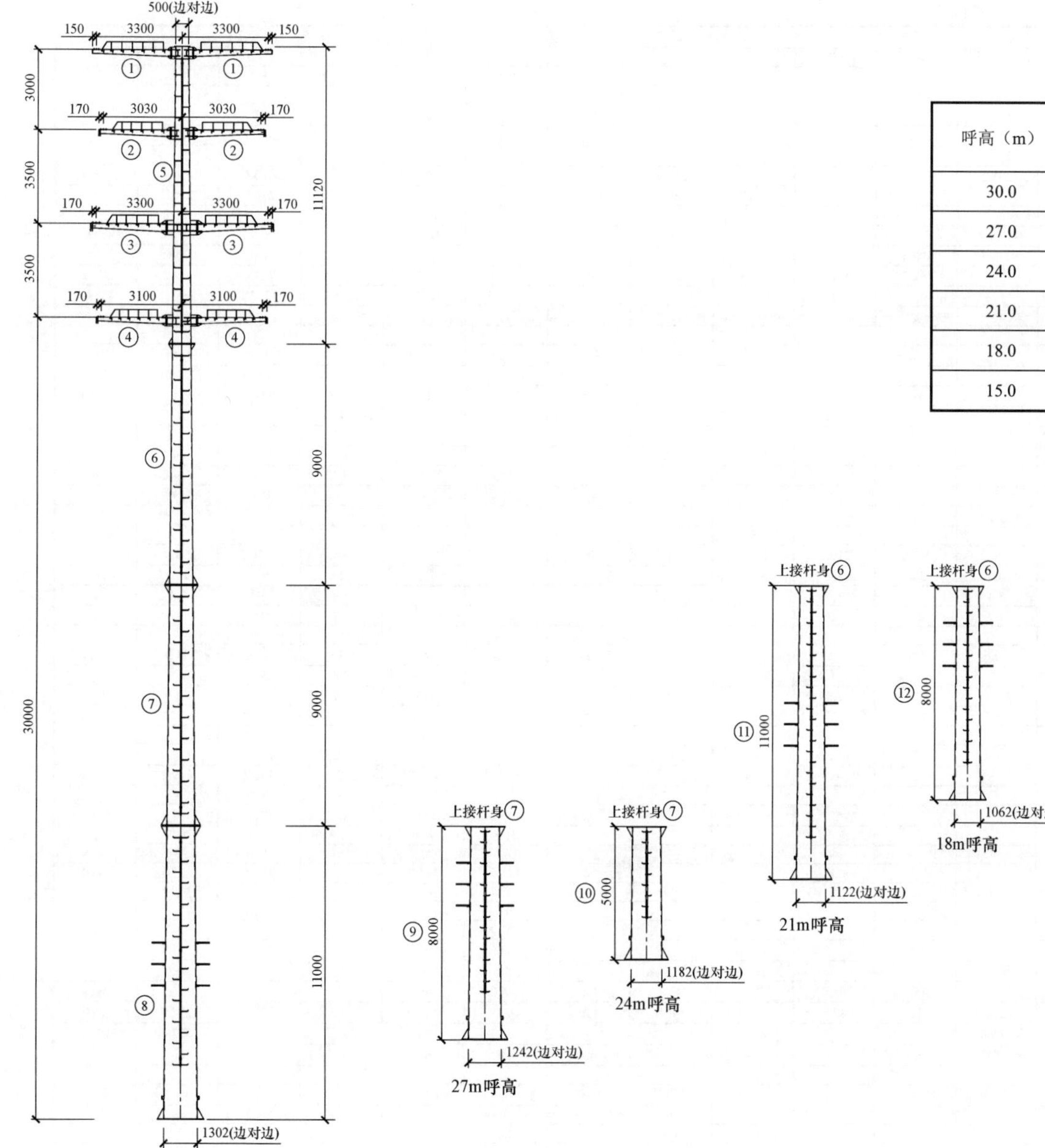

地脚螺栓配置表

呼高（m）	根径（mm）	地脚螺栓所在圆直径（mm）	地脚螺栓规格
30.0	1302.0	1580.0	22M64（8.8 级）
27.0	1242.0	1520.0	20M64（8.8 级）
24.0	1182.0	1460.0	20M64（8.8 级）
21.0	1122.0	1390.0	20M64（8.8 级）
18.0	1062.0	1300.0	20M56（8.8 级）
15.0	1002.0	1245.0	20M56（8.8 级）

图 23－11　110－EF11GS－JG1 杆司令图（一）

材料汇总表

材料	材质	规格	段号													呼称高（m）					
			1	2	3	4	5	6	7	8	9	10	11	12	13	15.0	18.0	21.0	24.0	27.0	30.0
角钢	Q235	L45×4								8.2	8.2	8.2	8.2	8.2	8.2	8.2	8.2	8.2	8.2	8.2	8.2
		小计								8.2	8.2	8.2	8.2	8.2	8.2	8.2	8.2	8.2	8.2	8.2	8.2
钢板	Q420	−36									321.9	308.9							308.9	321.9	
		−34								316.3			272.7					272.7			316.3
		−30							205.2	205.2	205.2	205.2		202.0	192.5	192.5	202.0		410.4	410.4	410.4
		−28						138.0	138.0				138.0	138.0	138.0	276.0	276.0	276.0	276.0	276.0	276.0
		−22					64.9	64.9								129.8	129.8	129.8	129.8	129.8	129.8
		−16							3560.3	5229.4	3702.7	2249.4	4440.3	3131.6	1893.7	1893.7	3131.6	4440.3	5809.7	7263.0	8789.7
		−14						2550.2			200.6					2550.2	2550.2	2550.2	2550.2	2750.8	2550.2
		−12					36.5	127.4	233.1	340.2	142.2	327.4	259.1	221.5	225.5	389.4	385.4	423.0	724.4	539.2	737.2
		−8					1354.2									1354.2	1354.2	1354.2	1354.2	1354.2	1354.2
		−6					64.8									64.8	64.8	64.8	64.8	64.8	64.8
		小计					1520.4	2880.5	4136.6	6091.1	4572.6	3090.9	5110.1	3693.1	2449.7	6850.6	8094.0	9511.0	11628.4	13110.1	14628.6
	Q355	−6	354.0	287.1	306.5	286.5										1234.1	1234.1	1234.1	1234.1	1234.1	1234.1
		−8	11.4	43.2	48.8	48.8	159.0	3.7	3.7	3.7	3.7	2.8	3.7	3.7	2.8	317.7	318.6	318.6	321.4	322.3	322.3
		−10					30.7	7.0	7.0	7.0	7.0	3.5	7.0	7.0	3.5	41.2	44.7	44.7	48.2	51.7	51.7
		−12					5.1									5.1	5.1	5.1	5.1	5.1	5.1
		−14					46.2	132.9	165.0	250.2	236.3	203.8	171.1	160.6	150.1	329.2	339.7	350.2	547.9	580.4	594.3
		−18	89.0				55.2									144.2	144.2	144.2	144.2	144.2	144.2
		−20		75.4	90.9	90.9	257.2									514.4	514.4	514.4	514.4	514.4	514.4
		−22		51.8	51.8	51.8										155.4	155.4	155.4	155.4	155.4	155.4
		小计	454.4	457.5	498.0	478.0	553.4	143.6	175.7	260.9	247.0	210.1	181.8	171.3	156.4	2741.3	2756.2	2766.7	2970.7	3007.6	3021.5
	Q235	−6					3.4	4.5	4.5	4.5	3.4	3.4	4.5	4.5	4.5	12.4	12.4	12.4	15.8	15.8	16.9
		−8								3.4	3.4	3.4	3.4	3.4	3.4	3.4	3.4	3.4	3.4	3.4	3.4
		−10								2.7	2.7	2.7	2.7	2.7	2.7	2.7	2.7	2.7	2.7	2.7	2.7
		小计					3.4	4.5	4.5	10.6	9.5	9.5	10.6	10.6	10.6	18.5	18.5	18.5	21.9	21.9	23.0
圆钢	Q355	φ12					3.8									3.8	3.8	3.8	3.8	3.8	3.8
		φ16						5.8	5.8	2.9	2.9	2.9	2.9	2.9	2.9	8.7	8.7	8.7	14.5	14.5	14.5
		φ48×3.5					40.3	33.4	33.4	35.7	25.0	12.7	35.7	25.0	12.7	86.4	98.7	109.4	119.8	132.1	142.8
		小计					44.1	39.2	39.2	38.6	27.9	15.6	38.6	27.9	15.6	98.9	111.2	121.9	138.1	150.4	161.1
	Q235	φ16	29.3	26.8	28.5	27.4	11.0	9.5	9.5	9.9	7.2	4.2	9.9	7.2	4.2	136.7	139.7	142.4	146.2	149.2	151.9
		小计	29.3	26.8	28.5	27.4	11.0	9.5	9.5	9.9	7.2	4.2	9.9	7.2	4.2	136.7	139.7	142.4	146.2	149.2	151.9
法兰螺栓	8.8级	M24×100	11.8													11.8	11.8	11.8	11.8	11.8	11.8
		M30×115		26.6												26.6	26.6	26.6	26.6	26.6	26.6
		M36×125			40.5	40.5	40.5									121.5	121.5	121.5	121.5	121.5	121.5
		M48×165						107.7								107.7	107.7	107.7	107.7	107.7	107.7
		M56×185							171.2										171.2	171.2	171.2
		小计	11.8	26.6	40.5	40.5	40.5	107.7	171.2							267.6	267.6	267.6	438.8	438.8	438.8
护笼		0.45M护笼					65.6									65.6	65.6	65.6	65.6	65.6	65.6
		1.05M护笼					131.4				43.8	43.8		43.8	43.8	175.2	175.2	131.4	175.2	175.2	131.4
		1.25M护笼						47.5	47.5		142.5	47.5		142.5	47.5	95.0	190.0	47.5	142.5	237.5	95.0
		1.85M护笼						186.3	186.3	248.4			248.4			186.3	186.3	434.7	372.6	372.6	621.0
		防爬装置								6.4	6.4	6.4	6.4	6.4	6.4	6.4	6.4	6.4	6.4	6.4	6.4
		小计					197.0	233.8	233.8	254.8	192.7	97.7	254.8	192.7	97.7	528.5	623.5	685.6	762.3	857.3	919.4
螺栓	6.8级	M16×40	8.2	7.0	7.0	7.0										29.2	29.2	29.2	29.2	29.2	29.2
		M16×50					0.3			1.9	1.9	1.9	1.9	1.9	1.9	2.2	2.2	2.2	2.2	2.2	2.2
		M16×90					0.7	0.7	0.7	0.7	0.7	0.5	0.7	0.7	0.5	1.9	2.1	2.1	2.6	2.8	2.8
		小计	8.2	7.0	7.0	7.0	1.0	0.7	0.7	2.6	2.6	2.4	2.6	2.6	2.4	33.3	33.5	33.5	34.0	34.2	34.2
		螺栓合计	8.2	7.0	7.0	7.0	1.0	0.7	0.7	2.6	2.6	2.4	2.6	2.6	2.4	33.3	33.5	33.5	34.0	34.2	34.2
合计（kg）			503.7	517.9	574.0	552.9	2370.8	3419.5	4771.2	6676.7	5067.7	3438.6	5616.6	4113.6	2744.8	10683.6	12052.4	13555.4	16148.6	17777.7	19386.7

图 23－11　110－EF11GS－JG1 杆司令图（二）

23.8 110－EF11GS－JG2 塔

23.8.1 设计条件

110－EF11GS－JG2 塔导线型号及张力、使用条件、荷载见表 23－28～表 23－30。

表 23－28　　导线型号及张力

电压等级	110kV	导线型号	2×JL3/G1A－240/30	最大使用张力（kN）	11.91	断线张力取值（%）	70	不均匀覆冰不平衡张力取值（%）	30
		地线型号	JLB20A－100	最大使用张力（kN）	16.06	断线张力取值（%）	100	不均匀覆冰不平衡张力取值（%）	40

表 23－29　　使用条件

使用条件	呼高（m）	水平档距（m）	垂直档距（m）	代表档距（m）	转角度数（°）	K_v 值
数值	30	200	250	100/200	10～20	—

表 23－30　　荷载表　　单位：N

气象条件（$t/v/b$）			正常运行情况			事故情况		安装情况	不均匀冰
			基本风速	覆冰	最低气温	未断线	断线		
			15/33/0	－5/0/0	－5/0/0	－5/0/0	－5/0/0	0/10/0	－5/0/0
水平荷载	导线		8411					765	
	绝缘子及金具		767					70	
	跳线串		1227					113	
	地线		3349					307	
垂直荷载	导线		4970		4518	4970	4970	4518	
	绝缘子及金具		3000		3000	3000	3000	3000	
	跳线串		1771		1771	1771	1771	1771	
	地线		2281		1825	2281	2281	1825	
张力	导线	一侧	23810		18639	18639	16667	20037	
		另一侧	23810		13569	13569	0	15504	
		张力差	0		5070	5070	16667	4533	

续表

气象条件（$t/v/b$）			正常运行情况			事故情况		安装情况	不均匀冰
			基本风速	覆冰	最低气温	未断线	断线		
			15/33/0	－5/0/0	－5/0/0	－5/0/0	－5/0/0	0/10/0	－5/0/0
张力	地线	一侧	14995		12799	16055	16055	16711	
		另一侧	16055		18639	12799	0	13617	
		张力差	1060		5840	3256	16055	3094	

注：导线水平荷载为下相导线荷载，表中（$t/v/b$）单位分别为：°、m/s、mm。

23.8.2 根开尺寸及基础作用力

110－EF11GS－JG2 塔的根开尺寸及基础作用力见表 23－31 和表 23－32。

表 23－31　　根开尺寸

呼高（m）	根径（mm）	地脚螺栓所在圆直径（mm）	地脚螺栓规格	地脚螺栓等级
15	1058	1330	20M64	8.8
18	1125	1400	20M64	8.8
21	1190	1470	22M64	8.8
24	1258	1540	24M64	8.8
27	1325	1600	24M64	8.8
30	1392	1670	28M64	8.8

表 23－32　　基础作用力

呼高（m）	水平力（kN）	垂直力（kN）	最大弯矩（kN·m）
15	226	215	4149
18	231	232	4880
21	237	258	5628
24	243	279	6414
27	248	302	7223
30	254	326	8056

23.8.3 单线图及司令图

110－EF11GS－JG2 杆单线图如图 23－12 所示，司令图如图 23－13 所示。

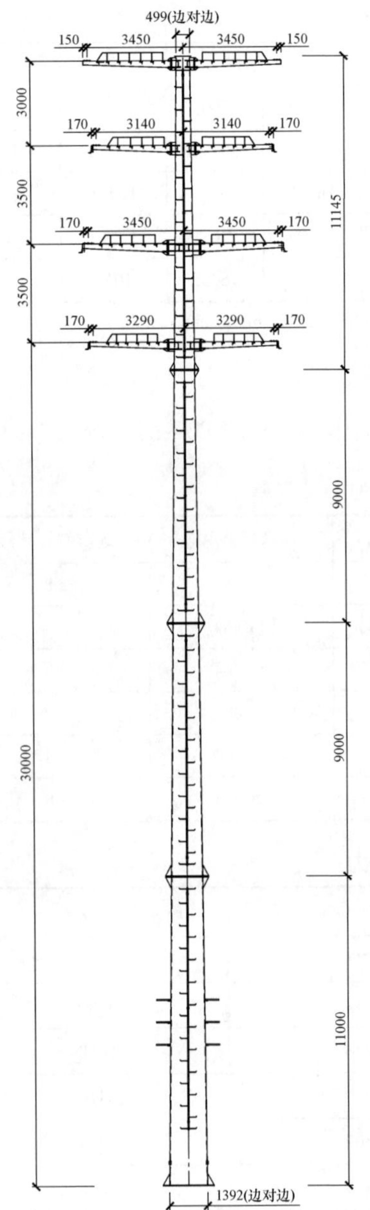

塔呼高（m）	30.0	27.0	24.0	21.0	18.0	15.0
塔重（kg）	22569.6	20597.9	18699.5	15746.1	13654.6	12204.5

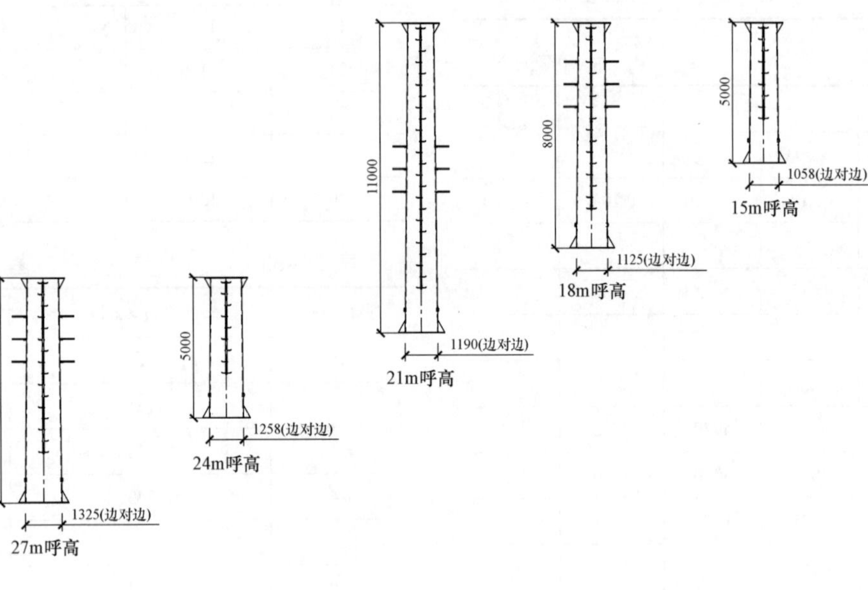

图 23-12　110-EF11GS-JG2 杆单线图

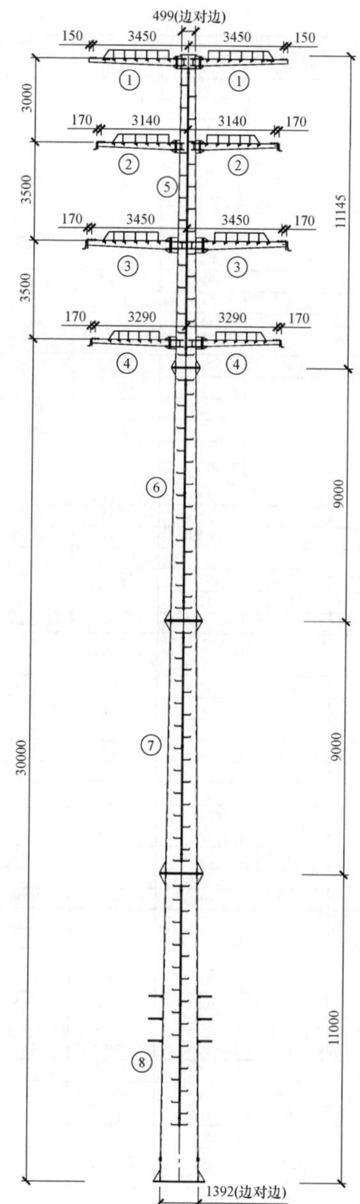

地脚螺栓配置表

呼高（m）	根径（mm）	地脚螺栓所在圆直径（mm）	地脚螺栓规格
30.0	1392.0	1670.0	28M64（8.8 级）
27.0	1325.0	1600.0	24M64（8.8 级）
24.0	1258.0	1540.0	24M64（8.8 级）
21.0	1190.0	1470.0	22M64（8.8 级）
18.0	1125.0	1400.0	20M64（8.8 级）
15.0	1058.0	1330.0	20M64（8.8 级）

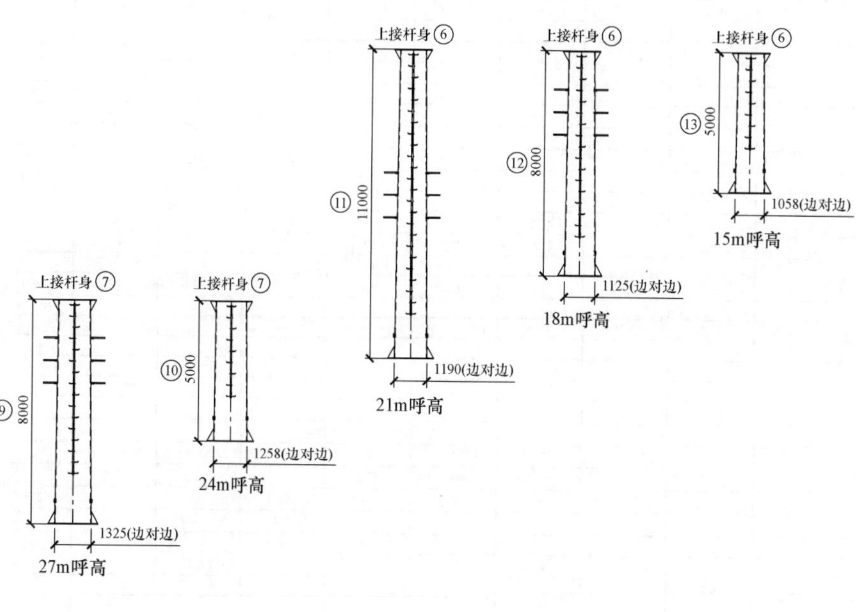

图 23－13　110－EF11GS－JG2 杆司令图（一）

材料汇总表

材料	材质	规格	段号 1	2	3	4	5	6	7	8	9	10	11	12	13	呼称高（m） 15.0	18.0	21.0	24.0	27.0	30.0
角钢	Q235	L45×4								8.2	8.2	8.2	8.2	8.2	8.2	8.2	8.2	8.2	8.2	8.2	8.2
		小计								8.2	8.2	8.2	8.2	8.2	8.2	8.2	8.2	8.2	8.2	8.2	8.2
钢板	Q420	−32								315.0	300.0									300.0	315.0
		−30						181.6	400.0	218.4	218.4	492.1	441.7	427.0	413.2	594.8	608.6	623.3	1073.7	800.0	800.0
		−24					80.8	80.8								161.6	161.6	161.6	161.6	161.6	161.6
		−18							4223.5	6264.5	4432.5	2691.5	5273.1					5273.1	6915.0	8656.0	10488.0
		−16						3035.6						3301.9	1993.7	5029.3	6337.5	3035.6	3035.6	3035.6	3035.6
		−12					46.4	162.9	278.6	402.9	377.1	375.5	310.5	291.3	290.5	499.8	500.6	519.8	863.4	865.0	890.8
		−10					1729.5									1729.5	1729.5	1729.5	1729.5	1729.5	1729.5
		−8					21.4									21.4	21.4	21.4	21.4	21.4	21.4
		−6					49.6									49.6	49.6	49.6	49.6	49.6	49.6
		小计					1927.7	3460.9	4902.1	7200.8	5328.0	3559.1	6025.3	4020.2	2697.4	8086.0	9408.8	11413.9	13849.8	15618.7	17491.5
	Q355	−6	366.4	297.7	50.4	303.8										1018.3	1018.3	1018.3	1018.3	1018.3	1018.3
		−8	0.8	26.2	386.9	26.2	4.1	3.7	3.7	3.7	3.7	2.8	3.7	3.7	2.8	450.7	451.6	451.6	454.4	455.3	455.3
		−10	21.1	21.1	21.1	21.1	262.4	7.0	7.0	7.0	7.0	3.5	7.0	7.0	3.5	357.3	360.8	360.8	364.3	367.8	367.8
		−12					5.1									5.1	5.1	5.1	5.1	5.1	5.1
		−14					48.7	124.6	182.4	270.9	248.6	234.0	194.1	183.2	170.8	344.1	356.5	367.4	589.7	604.3	626.6
		−18	101.7				67.9									169.6	169.6	169.6	169.6	169.6	169.6
		−20		75.4			75.4									150.8	150.8	150.8	150.8	150.8	150.8
		−22		51.8	134.7	134.7	165.8									487.0	487.0	487.0	487.0	487.0	487.0
		小计	490.0	472.2	593.1	485.8	629.4	135.3	193.1	281.6	259.3	240.3	204.8	193.9	177.1	2982.9	2999.7	3010.6	3239.2	3258.2	3280.5
	Q235	−6					3.4	4.5	4.5	4.5	3.4	3.4	4.5	4.5	4.5	12.4	12.4	12.4	15.8	15.8	16.9
		−8								3.4	3.4	3.4	3.4	3.4	3.4	3.4	3.4	3.4	3.4	3.4	3.4
		−10								2.7	2.7	2.7	2.7	2.7	2.7	2.7	2.7	2.7	2.7	2.7	2.7
		小计					3.4	4.5	4.5	10.6	9.5	9.5	10.6	10.6	10.6	18.5	18.5	18.5	21.9	21.9	23.0
圆钢	Q355	φ12					3.8									3.8	3.8	3.8	3.8	3.8	3.8
		φ16						5.8	5.8	2.9	2.9	2.9	2.9	2.9	2.9	8.7	8.7	8.7	14.5	14.5	14.5
		φ48×3.5					40.3	33.4	33.4	35.7	25.0	12.7	35.7	25.0	12.7	86.4	98.7	109.4	119.8	132.1	142.8
		小计					44.1	39.2	39.2	38.6	27.9	15.6	38.6	27.9	15.6	98.9	111.2	121.9	138.1	150.4	161.1
	Q235	φ16	30.6	24.9	29.3	25.4	11.0	9.5	9.5	9.9	7.2	4.2	9.9	7.2	4.2	134.9	137.9	140.6	144.4	147.4	150.1
		小计	30.6	24.9	29.3	25.4	11.0	9.5	9.5	9.9	7.2	4.2	9.9	7.2	4.2	134.9	137.9	140.6	144.4	147.4	150.1
法兰螺栓	8.8级	M30×105	25.7													25.7	25.7	25.7	25.7	25.7	25.7
		M30×115		26.6	26.6	26.6										79.8	79.8	79.8	79.8	79.8	79.8
		M39×135					51.5									51.5	51.5	51.5	51.5	51.5	51.5
		M56×185						154.0	188.3							154.0	154.0	154.0	342.3	342.3	342.3
		小计	25.7	26.6	26.6	26.6	51.5	154.0	188.3							311.0	311.0	311.0	499.3	499.3	499.3
护笼		0.45M 护笼					65.6									65.6	65.6	65.6	65.6	65.6	65.6
		1.05M 护笼					131.4				43.8	43.8		43.8	43.8	175.2	175.2	131.4	175.2	175.2	131.4
		1.25M 护笼						47.5	47.5		142.5	47.5		142.5	47.5	95.0	190.0	47.5	142.5	237.5	95.0
		1.85M 护笼						186.3	186.3	248.4			248.4			186.3	186.3	434.7	372.6	372.6	621.0
		防爬装置								6.4	6.4	6.4	6.4	6.4	6.4	6.4	6.4	6.4	6.4	6.4	6.4
		小计					197.0	233.8	233.8	254.8	192.7	97.7	254.8	192.7	97.7	528.5	623.5	685.6	762.3	857.3	919.4
螺栓	6.8级	M16×40	8.2	7.0	8.2	8.1										31.5	31.5	31.5	31.5	31.5	31.5
		M16×50					0.3			1.9	1.9	1.9	1.9	1.9	1.9	2.2	2.2	2.2	2.2	2.2	2.2
		M16×90					0.7	0.7	0.7	0.7	0.7	0.5	0.7	0.7	0.5	1.9	2.1	2.1	2.6	2.8	2.8
		小计	8.2	7.0	8.2	8.1	1.0	0.7	0.7	2.6	2.6	2.4	2.6	2.6	2.4	35.6	35.8	35.8	36.3	36.5	36.5
		螺栓合计	8.2	7.0	8.2	8.1	1.0	0.7	0.7	2.6	2.6	2.4	2.6	2.6	2.4	35.6	35.8	35.8	36.3	36.5	36.5
合计（kg）			554.5	530.7	657.2	545.9	2865.1	4037.9	5571.2	7807.1	5835.4	3937.0	6554.8	4463.3	3013.2	12204.5	13654.6	15746.1	18699.5	20597.9	22569.6

图 23－13　110－EF11GS－JG2 杆司令图（二）

23.9 110－EF11GS－JG3 塔

23.9.1 设计条件

110－EF11GS－JG3 塔导线型号及张力、使用条件、荷载见表 23－33～表 23－35。

表 23－33　　导线型号及张力

电压等级	110kV	导线型号	2×JL3/G1A－240/30	最大使用张力（kN）	11.91	断线张力取值（%）	70	不均匀覆冰不平衡张力取值（%）	30
		地线型号	JLB20A－100	最大使用张力（kN）	16.06	断线张力取值（%）	100	不均匀覆冰不平衡张力取值（%）	40

表 23－34　　使用条件

使用条件	呼高（m）	水平档距（m）	垂直档距（m）	代表档距（m）	转角度数（°）	K_v 值
数值	30	200	250	150	20～40	—

注：上拔侧按 50%垂直档距考虑，下压侧按 80%垂直档距考虑。

表 23－35　　荷载表　　单位：N

气象条件（$t/v/b$）			正常运行情况			事故情况		安装情况	不均匀冰
			基本风速	覆冰	最低气温	未断线	断线		
			15/33/0	－5/0/0	－5/0/0	－5/0/0	－5/0/0	0/10/0	－5/0/0
水平荷载	导线		8411					765	
	绝缘子及金具		767					70	
	跳线串		1227					113	
	地线		3349					307	
垂直荷载	导线		4970		4518	4970	4970	4518	
	绝缘子及金具		3000		3000	3000	3000	3000	
	跳线串		1771		1771	1771	1771	1771	
	地线		2281		1825	2281	2281	1825	
张力	导线	一侧	23810		18639	18639	16667	20037	
		另一侧	23810		13569	13569	0	15504	
		张力差	0		5070	5070	16667	4533	
	地线	一侧	14995		12799	16055	16055	16711	
		另一侧	16055		18639	12799	0	13617	
		张力差	1060		5840	3256	16055	3094	

注：导线水平导线荷载为下相导线荷载，表中（$t/v/b$）单位分别为：°、m/s、mm。

23.9.2 根开尺寸及基础作用力

110－EF11GS－JG3 塔的根开尺寸及基础作用力见表 23－36 和表 23－37。

表 23－36　　根开尺寸

呼高（m）	根径（mm）	地脚螺栓所在圆直径（mm）	地脚螺栓规格	地脚螺栓等级
15	1257	1530	22M64	8.8
18	1343	1620	24M64	8.8
21	1429	1710	24M64	8.8
24	1514	1795	28M64	8.8
27	1600	1880	28M64	8.8
30	1686	2000	28M72	8.8

表 23－37　　基础作用力

呼高（m）	水平力（kN）	垂直力（kN）	最大弯矩（kN·m）
15	313	229	5809
18	319	249	6803
21	326	271	7827
24	333	294	8884
27	339	318	9968
30	346	344	11078

23.9.3 单线图及司令图

110－EF11GS－JG3 杆单线图如图 23－14 所示，司令图如图 23－15 所示。

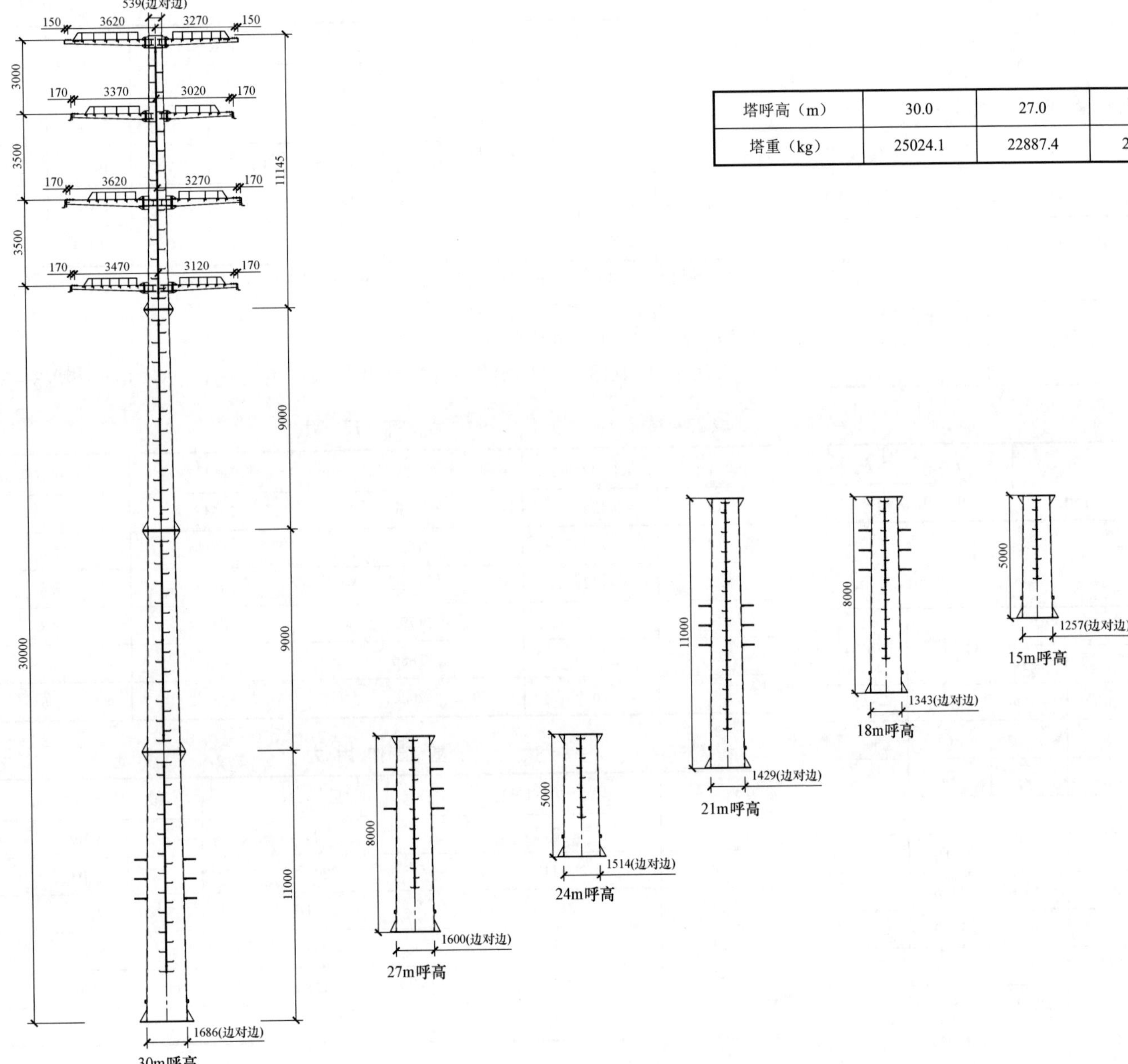

塔呼高（m）	30.0	27.0	24.0	21.0	18.0	15.0
塔重（kg）	25024.1	22887.4	20843.6	17427.1	15624.3	13887.9

图 23－14　110－EF11GS－JG3 杆单线图

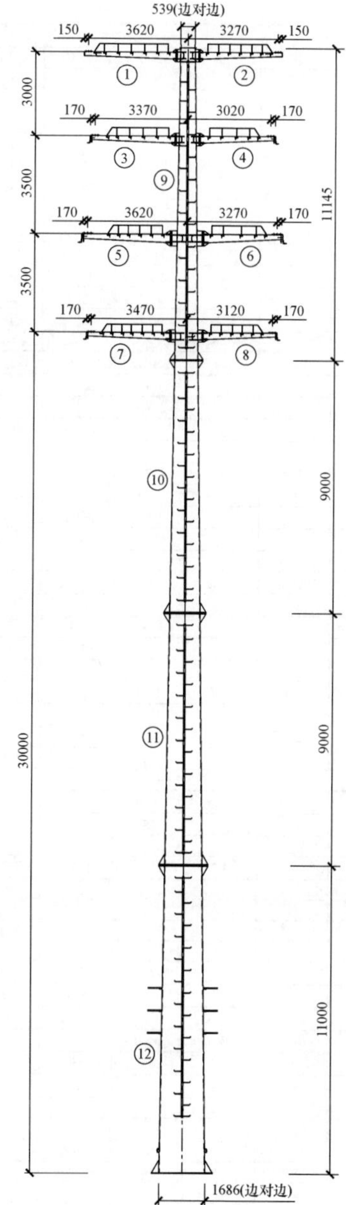

地脚螺栓配置表

呼高（m）	根径（mm）	地脚螺栓所在圆直径（mm）	地脚螺栓规格
30.0	1686.0	2000.0	28M72（8.8 级）
27.0	1600.0	1880.0	28M64（8.8 级）
24.0	1514.0	1795.0	28M64（8.8 级）
21.0	1429.0	1710.0	24M64（8.8 级）
18.0	1343.0	1620.0	24M64（8.8 级）
15.0	1257.0	1530.0	22M64（8.8 级）

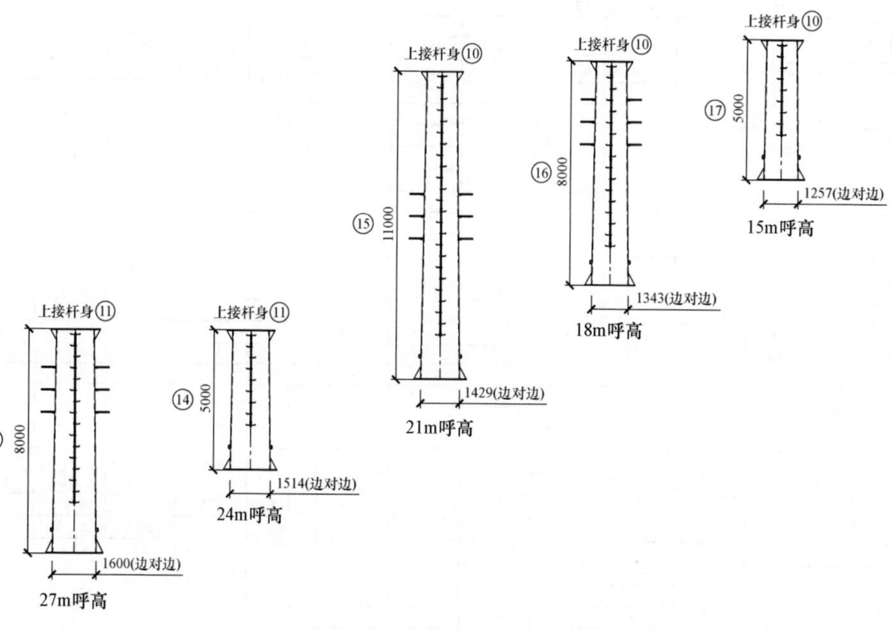

图 23－15　110－EF11GS－JG3 杆司令图（一）

材料汇总表

材料	材质	规格	段号																	呼称高（m）					
			1	2	3	4	5	6	7	8	9	10	11	12	13	14	15	16	17	15.0	18.0	21.0	24.0	27.0	30.0
角钢	Q235	L45×4												8.2	8.2	8.2	8.2	8.2	8.2	8.2	8.2	8.2	8.2	8.2	8.2
		小计												8.2	8.2	8.2	8.2	8.2	8.2	8.2	8.2	8.2	8.2	8.2	8.2
钢板	Q420	−34															344.7					344.7			
		−32										226.1	501.6	704.6	632.2	620.4	226.1	531.0	511.7	737.8	757.1	452.2	1348.1	1359.9	1432.3
		−26									120.9	120.9								241.8	241.8	241.8	241.8	241.8	241.8
		−16										3535.5	4455.7	6705.8	4734.1	2867.6	5575.7	3915.0	2357.4	5892.9	7450.5	9111.2	10858.8	12725.3	14697.0
		−14										148.6	357.6	209.0	209.0	209.0	148.6	148.6	148.6	297.2	297.2	297.2	715.2	715.2	715.2
		−12									63.8	63.8		271.6	278.9	251.2	217.9	210.7	186.8	314.4	338.3	345.5	378.8	406.5	399.2
		−10									1948.7									1948.7	1948.7	1948.7	1948.7	1948.7	1948.7
		−8									22.4									22.4	22.4	22.4	22.4	22.4	22.4
		−6									50.7									50.7	50.7	50.7	50.7	50.7	50.7
		小计									2206.5	4094.9	5314.9	7891.0	5854.2	3948.2	6513.0	4805.3	3204.5	9505.9	11106.7	12814.4	15564.5	17470.5	19507.3
	Q355	−6	194.4	172.4	157.1	137.7	29.4	150.6	157.1	137.7										1136.4	1136.4	1136.4	1136.4	1136.4	1136.4
		−8	0.4	0.4	13.1	13.1	200.4	13.1	13.1	13.1	4.1	3.7	3.7	3.7	3.7	2.8	3.7	3.7	2.8	277.3	278.2	278.2	281.0	281.9	281.9
		−10	10.6	10.6	10.6	10.6	10.6	10.6	10.6	10.6	366.9	7.0	7.0	7.0	7.0	3.5	7.0	7.0	3.5	462.2	465.7	465.7	469.2	472.7	472.7
		−12									6.2									6.2	6.2	6.2	6.2	6.2	6.2
		−14									64.1	169.8	262.7	399.0	375.7	352.8	278.5	258.9	238.2	472.1	492.8	512.4	849.4	872.3	895.6
		−18	18.0	51.9																69.9	69.9	69.9	69.9	69.9	69.9
		−20	37.7			37.7		37.7		37.7	75.4									226.2	226.2	226.2	226.2	226.2	226.2
		−22			69.5	28.0	69.5	28.0	69.5	28.0	248.7									541.2	541.2	541.2	541.2	541.2	541.2
		小计	261.1	235.3	250.3	227.1	309.9	240.0	250.3	227.1	765.4	180.5	273.4	409.7	386.4	359.1	289.2	269.6	244.5	3191.5	3216.6	3236.2	3579.5	3606.8	3630.1
	Q235	−6									3.4	4.5	4.5	4.5	3.4	3.4	4.5	4.5	4.5	12.4	12.4	12.4	15.8	15.8	16.9
		−8												3.4	3.4	3.4	3.4	3.4	3.4	3.4	3.4	3.4	3.4	3.4	3.4
		−10												2.7	2.7	2.7	2.7	2.7	2.7	2.7	2.7	2.7	2.7	2.7	2.7
		小计									3.4	4.5	4.5	10.6	9.5	9.5	10.6	10.6	10.6	18.5	18.5	18.5	21.9	21.9	23.0
圆钢	Q355	φ12									3.8									3.8	3.8	3.8	3.8	3.8	3.8
		φ16										5.8	5.8	2.9	2.9	2.9	2.9	2.9	2.9	8.7	8.7	8.7	14.5	14.5	14.5
		φ48×3.5									40.3	33.4	33.4	35.7	25.0	12.7	35.7	25.0	12.7	86.4	98.7	109.4	119.8	132.1	142.8
		小计									44.1	39.2	39.2	38.6	27.9	15.6	38.6	27.9	15.6	98.9	111.2	121.9	138.1	150.4	161.1
	Q235	φ16	16.9	14.5	13.0	10.7	15.0	13.6	13.0	10.7	11.0	9.5	9.5	9.9	7.2	4.2	9.9	7.2	4.2	132.1	135.1	137.8	141.6	144.6	147.3
		小计	16.9	14.5	13.0	10.7	15.0	13.6	13.0	10.7	11.0	9.5	9.5	9.9	7.2	4.2	9.9	7.2	4.2	132.1	135.1	137.8	141.6	144.6	147.3
法兰螺栓	8.8 级	M30×115	13.3	13.3	13.3	13.3	13.3	13.3	13.3	13.3										106.4	106.4	106.4	106.4	106.4	106.4
		M48×155									93.4									93.4	93.4	93.4	93.4	93.4	93.4
		M56×185										171.2	222.5							171.2	171.2	171.2	393.7	393.7	393.7
		小计	13.3	13.3	13.3	13.3	13.3	13.3	13.3	13.3	93.4	171.2	222.5							371.0	371.0	371.0	593.5	593.5	593.5
护笼		0.45M 护笼									65.6									65.6	65.6	65.6	65.6	65.6	65.6
		1.05M 护笼									131.4				43.8	43.8		43.8	43.8	175.2	175.2	131.4	175.2	175.2	131.4
		1.25M 护笼										47.5	47.5		142.5	47.5		142.5	47.5	95.0	190.0	47.5	142.5	237.5	95.0
		1.85M 护笼										186.3	186.3	248.4			248.4			186.3	186.3	434.7	372.6	372.6	621.0
		防爬装置												6.4	6.4	6.4	6.4	6.4	6.4	6.4	6.4	6.4	6.4	6.4	6.4
		小计									197.0	233.8	233.8	254.8	192.7	97.7	254.8	192.7	97.7	528.5	623.5	685.6	762.3	857.3	919.4
螺栓	6.8 级	M16×40	4.7	4.1	3.5	2.9	4.1	3.5	3.5	2.9										29.2	29.2	29.2	29.2	29.2	29.2
		M16×50									0.3			1.9	1.9	1.9	1.9	1.9	1.9	2.2	2.2	2.2	2.2	2.2	2.2
		M16×90									0.7	0.7	0.7	0.7	0.7	0.5	0.7	0.7	0.5	1.9	2.1	2.1	2.6	2.8	2.8
		小计	4.7	4.1	3.5	2.9	4.1	3.5	3.5	2.9	1.0	0.7	0.7	2.6	2.6	2.4	2.6	2.6	2.4	33.3	33.5	33.5	34.0	34.2	34.2
		螺栓合计	4.7	4.1	3.5	2.9	4.1	3.5	3.5	2.9	1.0	0.7	0.7	2.6	2.6	2.4	2.6	2.6	2.4	33.3	33.5	33.5	34.0	34.2	34.2
合计（kg）			296.0	267.2	280.1	254.0	342.3	270.4	280.1	254.0	3321.8	4734.3	6098.5	8625.4	6488.7	4444.9	7126.9	5324.1	3587.7	13887.9	15624.3	17427.1	20843.6	22887.4	25024.1

图 23－15　110－EF11GS－JG3 杆司令图（二）

23.10 110-EF11GS-JG4 塔

23.10.1 设计条件

110-EF11GS-JG4 塔导线型号及张力、使用条件、荷载见表 23-38～表 23-40。

表 23-38 导线型号及张力

电压等级	110kV	导线型号	2×JL3/G1A-240/30	最大使用张力（kN）	11.91	断线张力取值（%）	70	不均匀覆冰不平衡张力取值（%）	30
		地线型号	JLB20A-100	最大使用张力（kN）	16.06	断线张力取值（%）	100	不均匀覆冰不平衡张力取值（%）	40

表 23-39 使用条件

使用条件	呼高（m）	水平档距（m）	垂直档距（m）	代表档距（m）	转角度数（°）	K_v 值
数值	30	200	250	100/200	40～60	—

注：上拔侧按 50%垂直档距考虑，下压侧按 80%垂直档距考虑。

表 23-40 荷载表 单位：N

气象条件（t/v/b）			正常运行情况			事故情况		安装情况	不均匀冰
			基本风速	覆冰	最低气温	未断线	断线		
			15/33/0	-5/0/0	-5/0/0	-5/0/0	-5/0/0	0/10/0	-5/0/0
水平荷载	导线		8411					765	
	绝缘子及金具		767					70	
	跳线串		1227					113	
	地线		3349					307	
垂直荷载	导线		4970		4518	4970	4970	4518	
	绝缘子及金具		3000		3000	3000	3000	3000	
	跳线串		1771		1771	1771	1771	1771	
	地线		2281		1825	2281	2281	1825	
张力	导线	一侧	23810		18639	18639	16667	20037	
		另一侧	23810		13569	13569	0	15504	
		张力差	0		5070	5070	16667	4533	
	地线	一侧	14995		12799	16055	16055	16711	
		另一侧	16055		18639	12799	0	13617	
		张力差	1060		5840	3256	16055	3094	

注：导线水平导线荷载为下相导线荷载，表中（t/v/b）单位分别为：°、m/s、mm。

23.10.2 根开尺寸及基础作用力

110-EF11GS-JG4 塔的根开尺寸及基础作用力见表 23-41 和表 23-42。

表 23-41 根开尺寸

呼高（m）	根径（mm）	地脚螺栓所在圆直径（mm）	地脚螺栓规格	地脚螺栓等级
15	1307	1640	20M72	8.8
18	1393	1730	22M72	8.8
21	1479	1820	24M72	8.8
24	1564	1910	24M72	8.8
27	1650	2000	26M72	8.8
30	1736	2060	28M72	8.8

表 23-42 基础作用力

呼高（m）	水平力（kN）	垂直力（kN）	最大弯矩（kN·m）
15	395	253	7366
18	403	280	8609
21	411	308	9884
24	418	338	11199
27	426	370	12546
30	430	402	13908

23.10.3 单线图及司令图

110-EF11GS-JG4 杆单线图如图 23-16 所示，司令图如图 23-17 所示。

塔呼高（m）	30.0	27.0	24.0	21.0	18.0	15.0
塔重（kg）	30558.6	28066.6	25447.0	21143.1	18726.0	16480.6

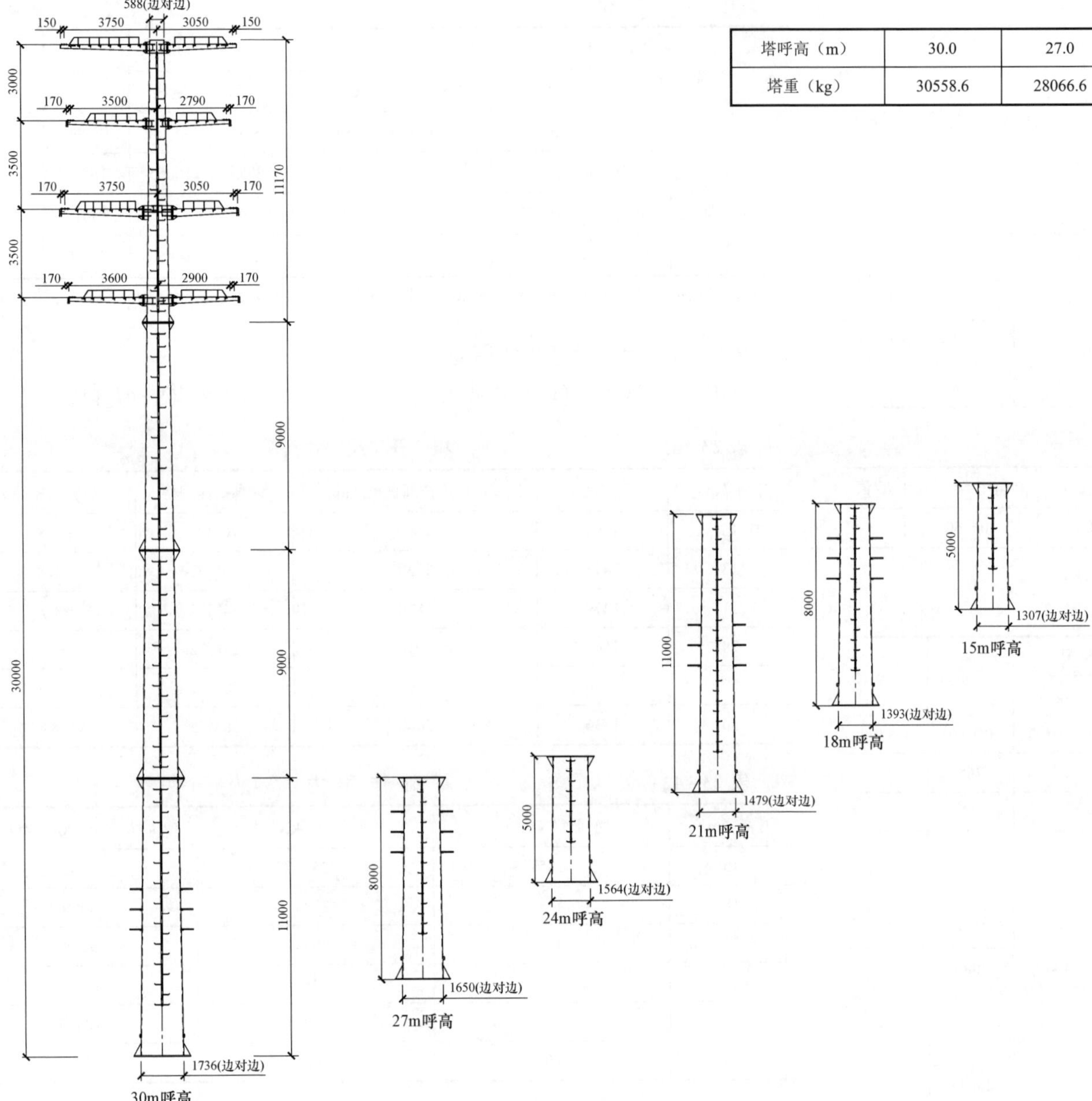

图 23－16　110－EF11GS－JG4 杆单线图

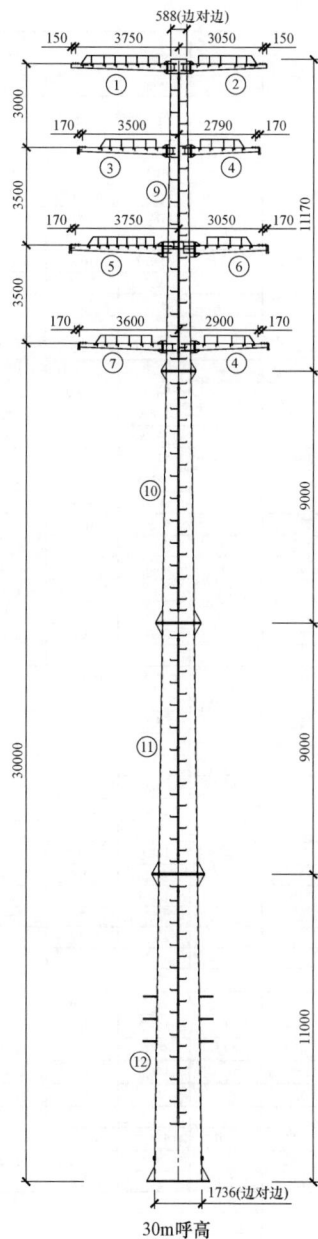

地脚螺栓配置表

呼高（m）	根径（mm）	地脚螺栓所在圆直径（mm）	地脚螺栓规格
30.0	1736.0	2060.0	28M72（8.8 级）
27.0	1650.0	2000.0	26M72（8.8 级）
24.0	1564.0	1910.0	26M72（8.8 级）
21.0	1479.0	1820.0	24M72（8.8 级）
18.0	1393.0	1702.0	26M64（8.8 级）
15.0	1307.0	1610.0	26M64（8.8 级）

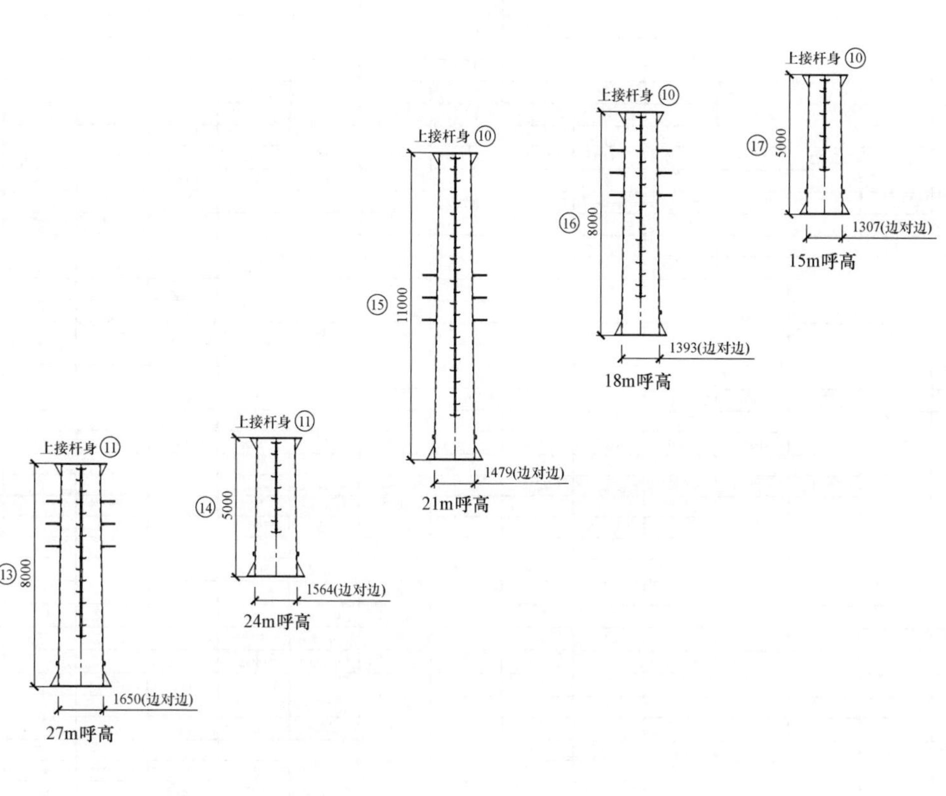

图 23-17　110-EF11GS-JG4 杆司令图（一）

材料汇总表

材料	材质	规格	段号																	呼称高（m）					
			1	2	3	4	5	6	7	8	9	10	11	12	13	14	15	16	17	15.0	18.0	21.0	24.0	27.0	30.0
角钢	Q235	L45×4												8.2	8.2	8.2	8.2	8.2	8.2	8.2	8.2	8.2	8.2	8.2	8.2
		小计												8.2	8.2	8.2	8.2	8.2	8.2	8.2	8.2	8.2	8.2	8.2	8.2
钢板	Q420	−36											378.6	883.8	888.0	861.7	456.4					456.4	1240.3	1266.6	1262.4
		−30									146.1	402.2	256.0				256.0	575.4	556.1	1104.4	1123.7	804.3	804.3	804.3	804.3
		−20											5795.0	8651.2	6174.8	3704.9	7314.2	5146.7	3099.9	3099.9	5146.7	7314.2	9499.9	11969.8	14446.2
		−18										4180.3								4180.3	4180.3	4180.3	4180.3	4180.3	4180.3
		−14									77.0	77.0	263.8	648.8	263.8	263.8				154.0	154.0	154.0	681.6	681.6	1066.6
		−12									2497.7	199.8	199.8		347.9	341.9	503.6	469.2	442.6	3140.1	3166.7	3201.1	3239.2	3245.2	2897.3
		−8									25.2									25.2	25.2	25.2	25.2	25.2	25.2
		−6									59.0									59.0	59.0	59.0	59.0	59.0	59.0
		小计									2805.0	4859.3	6893.2	10183.8	7674.5	5172.3	8530.2	6191.3	4098.6	11762.9	13855.6	16194.5	19729.8	22232.0	24741.3
	Q355	−6	198.9	165.5	160.9	126.1	29.4	134.8	165.3	126.5										1107.4	1107.4	1107.4	1107.4	1107.4	1107.4
		−8	0.4	0.4	13.1	13.1	205.1	13.1	13.1	13.1	4.1	3.7	3.7	3.7	3.7	2.8	3.7	3.7	2.8	282.0	282.9	282.9	285.7	286.6	286.6
		−10	14.5								119.5	7.0	7.0	7.0	7.0	3.5	7.0	7.0	3.5	144.5	148.0	148.0	151.5	155.0	155.0
		−12			17.4	17.4	17.4	17.4	17.4	22.8	263.1									372.9	372.9	372.9	372.9	372.9	372.9
		−14									71.1	185.2	283.5	283.5	377.4	374.9	297.5	294.8	257.0	513.3	551.1	553.8	914.7	917.2	823.3
		−18	58.9	58.9		40.9				40.9	81.8									281.4	281.4	281.4	281.4	281.4	281.4
		−20						45.4												45.4	45.4	45.4	45.4	45.4	45.4
		−22			78.0	28.0	78.0	28.0	78.0	28.0	300.0									618.0	618.0	618.0	618.0	618.0	618.0
		小计	272.7	224.8	269.4	225.5	329.9	238.7	273.8	231.3	839.6	195.9	294.2	294.2	388.1	381.2	308.2	305.5	263.3	3364.9	3407.1	3409.8	3777.0	3783.9	3690.0
	Q235	−6									3.4	4.5	4.5	4.5	3.4	3.4	4.5	4.5	4.5	12.4	12.4	12.4	15.8	15.8	16.9
		−8												3.4	3.4	3.4	3.4	3.4	3.4	3.4	3.4	3.4	3.4	3.4	3.4
		−10												2.7	2.7	2.7	2.7	2.7	2.7	2.7	2.7	2.7	2.7	2.7	2.7
		小计									3.4	4.5	4.5	10.6	9.5	9.5	10.6	10.6	10.6	18.5	18.5	18.5	21.9	21.9	23.0
圆钢	Q355	φ12									3.8									3.8	3.8	3.8	3.8	3.8	3.8
		φ16										5.8	5.8	2.9	2.9	2.9	2.9	2.9	2.9	8.7	8.7	8.7	14.5	14.5	14.5
		φ48×3.5									40.3	33.4	33.4	35.7	25.0	12.7	35.7	25.0	12.7	86.4	98.7	109.4	119.8	132.1	142.8
		小计									44.1	39.2	39.2	38.6	27.9	15.6	38.6	27.9	15.6	98.9	111.2	121.9	138.1	150.4	161.1
	Q235	φ16	16.9	12.7	13.2	10.6	15.0	10.7	13.6	10.6	11.0	9.5	9.5	9.9	7.2	4.2	9.9	7.2	4.2	128.0	131.0	133.7	137.5	140.5	143.2
		小计	16.9	12.7	13.2	10.6	15.0	10.7	13.6	10.6	11.0	9.5	9.5	9.9	7.2	4.2	9.9	7.2	4.2	128.0	131.0	133.7	137.5	140.5	143.2
法兰螺栓	8.8 级	M36×125	20.3	20.3																40.6	40.6	40.6	40.6	40.6	40.6
		M36×135			20.9	20.9	20.9	20.9	20.9	20.9										125.4	125.4	125.4	125.4	125.4	125.4
		M48×165									95.7									95.7	95.7	95.7	95.7	95.7	95.7
		M64×200										275.7	300.8							275.7	275.7	275.7	576.5	576.5	576.5
		小计	20.3	20.3	20.9	20.9	20.9	20.9	20.9	20.9	95.7	275.7	300.8							537.4	537.4	537.4	838.2	838.2	838.2
护笼		0.45M 护笼									65.6									65.6	65.6	65.6	65.6	65.6	65.6
		1.05M 护笼									131.4				43.8	43.8		43.8	43.8	175.2	175.2	131.4	175.2	175.2	131.4
		1.25M 护笼										47.5	47.5		142.5	47.5		142.5	47.5	95.0	190.0	47.5	142.5	237.5	95.0
		1.85M 护笼										186.3	186.3	248.4			248.4			186.3	186.3	434.7	372.6	372.6	621.0
		防爬装置												6.4	6.4	6.4	6.4	6.4	6.4	6.4	6.4	6.4	6.4	6.4	6.4
		小计									197.0	233.8	233.8	254.8	192.7	97.7	254.8	192.7	97.7	528.5	623.5	685.6	762.3	857.3	919.4
螺栓	6.8 级	M16×40	4.7	3.5	3.5	2.9	4.1	4.1	3.5	2.9										29.2	29.2	29.2	29.2	29.2	29.2
		M16×50									0.3			1.9	1.9	1.9	1.9	1.9	1.9	2.2	2.2	2.2	2.2	2.2	2.2
		M16×90									0.7	0.7	0.7	0.7	0.7	0.5	0.7	0.7	0.5	1.9	2.1	2.1	2.6	2.8	2.8
		小计	4.7	3.5	3.5	2.9	4.1	4.1	3.5	2.9	1.0	0.7	0.7	2.6	2.6	2.4	2.6	2.6	2.4	33.3	33.5	33.5	34.0	34.2	34.2
		螺栓合计	4.7	3.5	3.5	2.9	4.1	4.1	3.5	2.9	1.0	0.7	0.7	2.6	2.6	2.4	2.6	2.6	2.4	33.3	33.5	33.5	34.0	34.2	34.2
合计（kg）			314.6	261.3	307.0	259.9	369.9	274.4	311.8	265.7	3996.8	5618.6	7775.9	10802.7	8310.7	5691.1	9163.1	6746.0	4500.6	16480.6	18726.0	21143.1	25447.0	28066.6	30558.6

图 23－17　110－EF11GS－JG4 杆司令图（二）

23.11 110－EF11GS－JG5 塔

23.11.1 设计条件

110－EF11GS－JG5 塔导线型号及张力、使用条件、荷载见表 23－43～表 23－45。

表 23－43 导线型号及张力

电压等级	110kV	导线型号	2JL3/G1A－240/30	最大使用张力（kN）	11.91	断线张力取值（%）	70	不均匀覆冰不平衡张力取值（%）	30
		地线型号	JLB20A－100	最大使用张力（kN）	16.06	断线张力取值（%）	100	不均匀覆冰不平衡张力取值（%）	40

表 23－44 使用条件

使用条件	呼高（m）	水平档距（m）	垂直档距（m）	代表档距（m）	转角度数（°）	K_v 值
数值	30	200	250	100/200	60～90 兼终端 0～60	—

注：上拔侧按 50%垂直档距考虑，下压侧按 80%垂直档距考虑。

表 23－45 荷载表 单位：N

气象条件（t/v/b）			正常运行情况			事故情况		安装情况	不均匀冰
			基本风速	覆冰	最低气温	未断线	断线		
			15/33/0	－5/0/0	－5/0/0	－5/0/0	－5/0/0	0/10/0	－5/0/0
水平荷载	导线		8411					765	
	绝缘子及金具		767					70	
	跳线串		1227					113	
	地线		3349					307	
垂直荷载	导线		4970		4518	4970	4970	4518	
	绝缘子及金具		3000		3000	3000	3000	3000	
	跳线串		1771		1771	1771	1771	1771	
	地线		2281		1825	2281	2281	1825	
张力	导线	一侧	23810		18639	18639	16667	20037	
		另一侧	23810		13569	13569	0	15504	
		张力差	0		5070	5070	16667	4533	

续表

气象条件（t/v/b）			正常运行情况			事故情况		安装情况	不均匀冰
			基本风速	覆冰	最低气温	未断线	断线		
			15/33/0	－5/0/0	－5/0/0	－5/0/0	－5/0/0	0/10/0	－5/0/0
张力	地线	一侧	14995		12799	16055	16055	16711	
		另一侧	16055		18639	12799	0	13617	
		张力差	1060		5840	3256	16055	3094	

注：导线水平导线荷载为下相导线荷载，表中（t/v/b）单位分别为：°、m/s、mm。

23.11.2 根开尺寸及基础作用力

110－EF11GS－JG5 塔的根开尺寸及基础作用力见表 23－46 和表 23－47。

表 23－46 根开尺寸

呼高（m）	根径（mm）	地脚螺栓所在圆直径（mm）	地脚螺栓规格	地脚螺栓等级
15	1453	1770	24M72	8.8
18	1545	1860	26M72	8.8
21	1637	1960	28M72	8.8
24	1730	2050	28M72	8.8
27	1822	2145	30M72	8.8
30	1914	2240	32M72	8.8

表 23－47 基础作用力

呼高（m）	水平力（kN）	垂直力（kN）	最大弯矩（kN·m）
15	499	273	9405
18	507	340	10962
21	514	298	12553
24	522	331	14182
27	529	401	15842
30	536	438	17532

23.11.3 单线图及司令图

110－EF11GS－JG5 杆单线图如图 23－18 所示，司令图如图 23－19 所示。

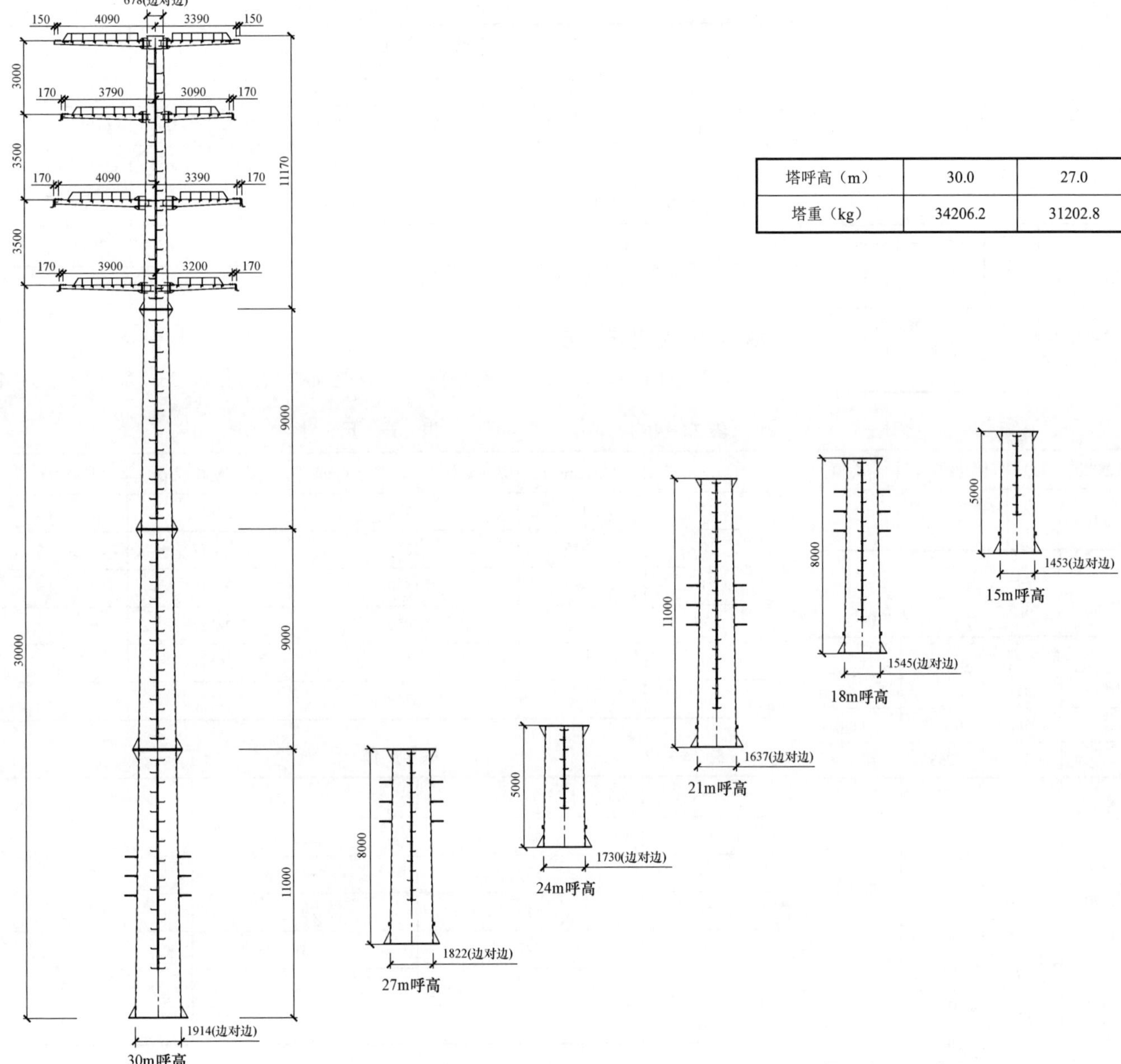

塔呼高（m）	30.0	27.0	24.0	21.0	18.0	15.0
塔重（kg）	34206.2	31202.8	28383.4	23532.1	20970.5	18525.9

图 23－18　110－EF11GS－JG5 杆单线图

地 脚 螺 栓 配 置 表

呼高（m）	根径（mm）	地脚螺栓所在圆直径（mm）	地脚螺栓规格
30.0	1914.0	2240.0	32M72（8.8 级）
27.0	1822.0	2145.0	30M72（8.8 级）
24.0	1730.0	2050.0	28M72（8.8 级）
21.0	1637.0	1960.0	28M72（8.8 级）
18.0	1545.0	1860.0	26M72（8.8 级）
15.0	1453.0	1770.0	24M72（8.8 级）

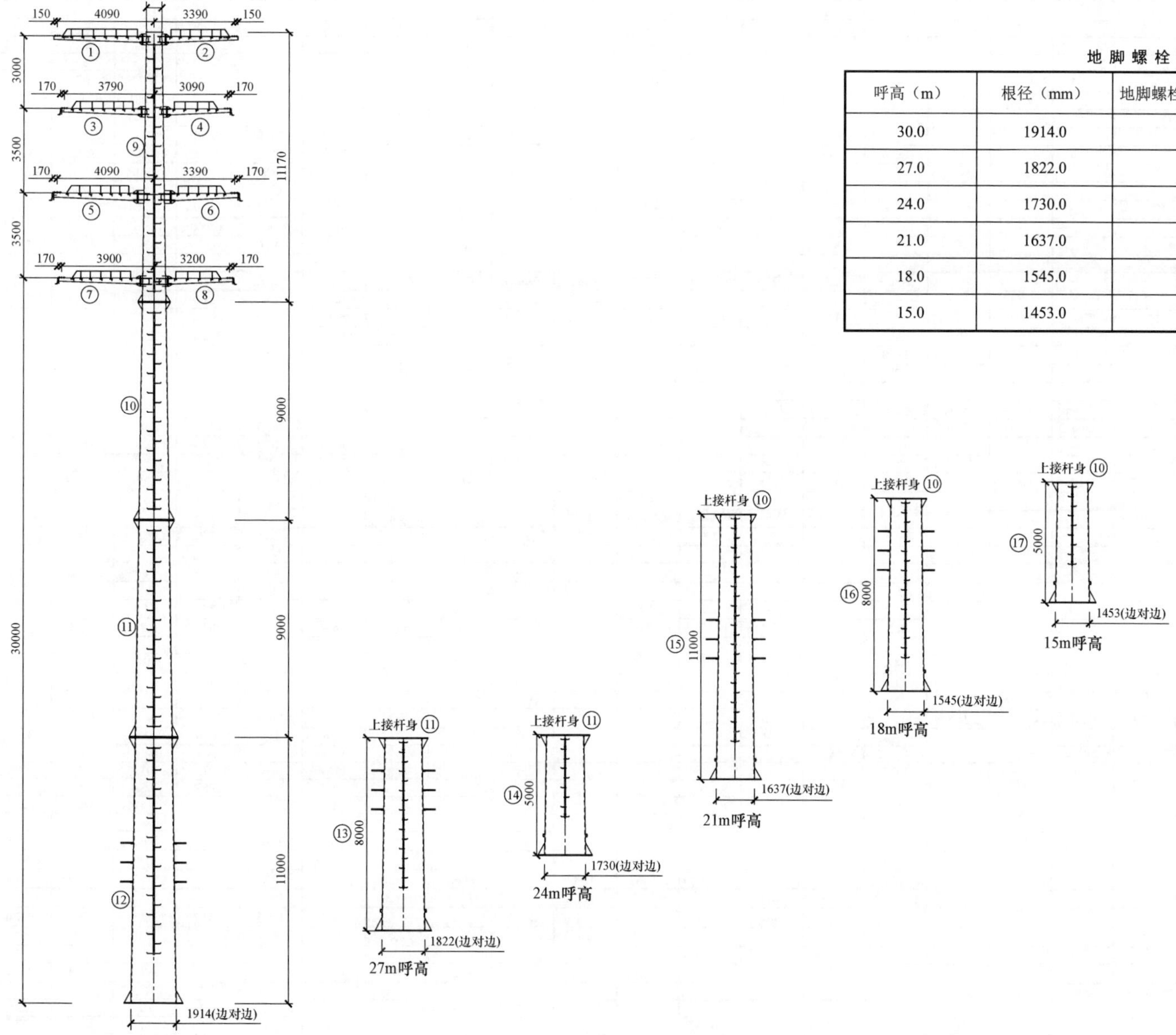

图 23－19　110－EF11GS－JG5 杆司令图（一）

材料汇总表

材料	材质	规格	段号																	呼称高（m）					
			1	2	3	4	5	6	7	8	9	10	11	12	13	14	15	16	17	15.0	18.0	21.0	24.0	27.0	30.0
角钢	Q235	L45×4												8.2	8.2	8.2	8.2	8.2	8.2	8.2	8.2	8.2	8.2	8.2	8.2
		小计												8.2	8.2	8.2	8.2	8.2	8.2	8.2	8.2	8.2	8.2	8.2	8.2
钢板	Q420	−36											409.7	961.7	930.1	909.4		449.0			449.0		1319.1	1339.8	1371.4
		−34															452.8		404.3	404.3		452.8			
		−32										261.5	261.5				261.5	261.5	261.5	523.0	523.0	523.0	523.0	523.0	523.0
		−28									153.6	153.6								307.2	307.2	307.2	307.2	307.2	307.2
		−20											6438.7	9560.4	6762.8	4102.7	8044.6	5660.8	3417.5	3417.5	5660.8	8044.6	10541.4	13201.5	15999.1
		−18										4679.0								4679.0	4679.0	4679.0	4679.0	4679.0	4679.0
		−14									92.9	261.4	472.7	737.8	304.2	686.4	543.7	168.5	168.5	522.8	522.8	898.0	1513.4	1131.2	1564.8
		−12									2838.0				378.6			307.3	284.9	3122.9	3145.3	2838.0	2838.0	3216.6	2838.0
		−8									95.7									95.7	95.7	95.7	95.7	95.7	95.7
		小计									3180.2	5355.5	7582.6	11259.9	8375.7	5698.5	9302.6	6847.1	4536.7	13072.4	15382.8	17838.3	21816.8	24494.0	27378.2
	Q355	−6	39.0	26.4	29.4	21.0	29.4	25.2	29.4	25.2										225.0	225.0	225.0	225.0	225.0	225.0
		−8	237.7	174.2	207.8	167.5	221.8	181.4	208.0	167.5	4.1	3.7	3.7	3.7	3.7	2.8	3.7	3.7	2.8	1576.5	1577.4	1577.4	1580.2	1581.1	1581.1
		−10	14.5	14.5		16.9			19.0	19.0	124.7	7.0	7.0	7.0	7.0	3.5	7.0	7.0	3.5	219.1	222.6	222.6	226.1	229.6	229.6
		−12			17.4		22.8	22.8			333.8									396.8	396.8	396.8	396.8	396.8	396.8
		−14									89.7	229.6	348.1	529.0	486.4	459.1	367.1	336.5	317.2	636.5	655.8	686.4	1126.5	1153.8	1196.4
		−18	18.0	58.9																76.9	76.9	76.9	76.9	76.9	76.9
		−20	45.4			45.4		53.9		53.9	71.3									269.9	269.9	269.9	269.9	269.9	269.9
		−22			28.0	28.0	28.0	28.0	87.3	28.0										227.3	227.3	227.3	227.3	227.3	227.3
		−24			54.5		64.7				388.2									507.4	507.4	507.4	507.4	507.4	507.4
		小计	354.6	274.0	337.1	278.8	366.7	311.3	343.7	293.6	1011.8	240.3	358.8	539.7	497.1	465.4	377.8	347.2	323.5	4135.4	4159.1	4189.7	4636.1	4667.8	4710.4
	Q235	−6									3.4	4.5	4.5	4.5	3.4	3.4	4.5	4.5	4.5	12.4	12.4	12.4	15.8	15.8	16.9
		−8												3.4	3.4	3.4	3.4	3.4	3.4	3.4	3.4	3.4	3.4	3.4	3.4
		−10												2.7	2.7	2.7	2.7	2.7	2.7	2.7	2.7	2.7	2.7	2.7	2.7
		小计									3.4	4.5	4.5	10.6	9.5	9.5	10.6	10.6	10.6	18.5	18.5	18.5	21.9	21.9	23.0
圆钢	Q355	ϕ12									3.8									3.8	3.8	3.8	3.8	3.8	3.8
		ϕ16										5.8	5.8	2.9	2.9	2.9	2.9	2.9	2.9	8.7	8.7	8.7	14.5	14.5	14.5
		ϕ48×3.5									40.3	33.4	33.4	35.7	25.0	12.7	35.7	25.0	12.7	86.4	98.7	109.4	119.8	132.1	142.8
		小计									44.1	39.2	39.2	38.6	27.9	15.6	38.6	27.9	15.6	98.9	111.2	121.9	138.1	150.4	161.1
	Q235	ϕ16	18.9	12.7	15.1	10.9	15.9	12.6	15.2	11.8	11.0	9.5	9.5	9.9	7.2	4.2	9.9	7.2	4.2	137.8	140.8	143.5	147.3	150.3	153.0
		小计	18.9	12.7	15.1	10.9	15.9	12.6	15.2	11.8	11.0	9.5	9.5	9.9	7.2	4.2	9.9	7.2	4.2	137.8	140.8	143.5	147.3	150.3	153.0
法兰螺栓	8.8级	M36×135	20.9	20.9	20.9	20.9														83.6	83.6	83.6	83.6	83.6	83.6
		M42×135					23.6	23.6	23.6	23.6										94.4	94.4	94.4	94.4	94.4	94.4
		M48×165									107.7									107.7	107.7	107.7	107.7	107.7	107.7
		M56×185										205.4								205.4	205.4	205.4	205.4	205.4	205.4
		M64×200											325.8										325.8	325.8	325.8
		小计	20.9	20.9	20.9	20.9	23.6	23.6	23.6	23.6	107.7	205.4	325.8							491.1	491.1	491.1	816.9	816.9	816.9
护笼		0.45M护笼									65.6									65.6	65.6	65.6	65.6	65.6	65.6
		1.05M护笼									131.4				43.8	43.8		43.8	43.8	175.2	175.2	131.4	175.2	175.2	131.4
		1.25M护笼										47.5	47.5		142.5	47.5		142.5	47.5	95.0	190.0	47.5	142.5	237.5	95.0
		1.85M护笼										186.3	186.3	248.4			248.4			186.3	186.3	434.7	372.6	372.6	621.0
		防爬装置												6.4	6.4	6.4	6.4	6.4	6.4	6.4	6.4	6.4	6.4	6.4	6.4
		小计									197.0	233.8	233.8	254.8	192.7	97.7	254.8	192.7	97.7	528.5	623.5	685.6	762.3	857.3	919.4
螺栓	6.8级	M16×40	5.3	3.5	4.1	2.9	4.1	3.5	4.1	3.5										31.0	31.0	31.0	31.0	31.0	31.0
		M16×50									0.3			1.9	1.9	1.9	1.9	1.9	1.9	2.2	2.2	2.2	2.2	2.2	2.2
		M16×90									0.7	0.7	0.7	0.7	0.7	0.5	0.7	0.7	0.5	1.9	2.1	2.1	2.6	2.8	2.8
		小计	5.3	3.5	4.1	2.9	4.1	3.5	4.1	3.5	1.0	0.7	0.7	2.6	2.6	2.4	2.6	2.6	2.4	35.1	35.3	35.3	35.8	36.0	36.0
		螺栓合计	5.3	3.5	4.1	2.9	4.1	3.5	4.1	3.5	1.0	0.7	0.7	2.6	2.6	2.4	2.6	2.6	2.4	35.1	35.3	35.3	35.8	36.0	36.0
合计（kg）			399.7	311.1	377.2	313.5	410.3	351.0	386.6	332.5	4556.2	6088.9	8554.9	12124.3	9120.9	6301.5	10005.1	7443.5	4998.9	18525.9	20970.5	23532.1	28383.4	31202.8	34206.2

图 23－19　110－EF11GS－JG5 杆司令图（二）